Birkhäuser

Publications des Archives Henri Poincaré
Publications of the Henri Poincaré Archives

Textes et Travaux, Approches Philosophiques en Logique, Mathématiques et Physique autour de 1900
Texts, Studies and Philosophical Insights in Logic, Mathematics and Physics around 1900

Éditeur/Editor: Gerhard Heinzmann, Nancy, France

Conversations avec Jules Hoüel

Regards sur la géométrie non euclidienne et l'analyse infinitésimale vers 1875

Philippe Henry
Philippe Nabonnand
éditeurs

Birkhäuser

Editors
Philippe Henry
LHPS – Archives Henri Poincaré
Nancy, France

Philippe Nabonnand
LHPS – Archives Henri Poincaré
Université de Lorraine
Nancy, France

Publications des Archives Henri Poincaré Publications of the Henri-Poincaré Archives
ISBN 978-3-319-56402-9 ISBN 978-3-319-56403-6 (eBook)
DOI 10.1007/978-3-319-56403-6

Library of Congress Control Number: 2017947493

Printed on acid-free paper

This book is published under the trade name Birkhäuser, www.birkhauser-science.com
The registered company is Springer International Publishing AG
The registered company address is: Gewerbestrasse 11, 6330 Cham, Switzerland

Table des matières

Préambule

Jules Hoüel (1823-1886) a laissé de multiples traces de correspondances échangées avec plus de quarante mathématiciens, libraires, étudiants ou professeurs de mathématiques de toute l'Europe. Résolument ouvert aux nouvelles théories mathématiques de son temps, Hoüel commence très tôt à constituer un réseau de correspondants. À partir de la création du *Bulletin des sciences mathématiques et astronomiques* en 1870, il est amené à l'élargir du fait de ses activités de rédacteur et surtout de responsable du bulletin bibliographique de ce nouveau journal.

Une grande partie de la correspondance adressée à Hoüel est conservée aux Archives de l'Académie des sciences de Paris grâce à des dons successifs de sa famille. On trouve aussi quelques éléments de correspondance à la Bibliothèque de l'Institut, à la Bibliothèque municipale de Caen et à l'Institut Mittag-Leffler à Djursholm. Certains extraits ou parfois même l'intégralité de plusieurs de ces documents ont déjà été publiés [1].

Dans cet ouvrage, nous publions l'intégralité de la correspondance entretenue par Jules Hoüel avec Joseph Marie De Tilly entre 1870 et 1885 [2]. Nous y ajoutons la discussion [3] de Hoüel avec Gaston Darboux concernant, entre autres, l'élaboration de son cours d'analyse car cette question est aussi traitée dans la correspondance avec De Tilly. De même, les lettres échangées par Hoüel et Victor Amédée Le Besgue que nous publions concernent le postulat des parallèles puisque ce thème est abondamment traité dans la correspondance avec De Tilly. Elles sont aussi révélatrices de la position occupée par Hoüel à Bordeaux et dans la Société des sciences physiques et naturelles de cette ville puisqu'il demande l'aide de Le Besgue pour clôre un débat autour d'une nouvelle démonstration du postulat des parallèles.

En outre, ces trois correspondances sont les seules (avec celle échangée avec Gösta Mittag-Leffler [4]) pour lesquelles nous disposons des lettres des deux protagonistes, ce qui justifie le titre de notre ouvrage. Celui-ci comprend, outre un appareil critique, une introduction historique à plusieurs questions mathématiques évoquées dans les trois correspondances, une bibliographie et un *index nominum*. Nous avons complété la bibliographie des travaux de Hoüel [5] établie par son successeur à Bordeaux, Georges Brunel [6] et celle des travaux de De Tilly publiée par Paul Mansion [7]. Dans l'introduction, nous avons choisi de revenir longuement sur le contexte de la

1. [Bar26], [Neu84], [Pon86], [Gis87], [Gis90], [FG91],[CG96], [BGT98].
2. Dans son article pour le *Bulletin des sciences mathématiques* [Bar26], Paul Barbarin n'a publié que quelques extraits choisis d'une dizaine de lettres.
3. Par « discussion », nous entendons le moment de correspondance active et passive dont nous disposons (décembre 1874 - avril 1875).
4. Au sujet de cette dernière correspondance, voir la thèse de François Plantade.
5. Dans celle-ci, une astérisque après la référence au travail signifie que celui-ci n'est pas signé.
6. [Bru88].
7. [Man13].

discussion des géométries non euclidiennes dans les années 1870 ainsi que sur celui des fondements de l'analyse, ceux-ci étant au cœur des échanges entre Hoüel et De Tilly. Nous présentons dans celle-ci les textes auxquels Hoüel et ses interlocuteurs se réfèrent. Par ailleurs, nous sommes entrés dans les détails de certaines démonstrations car les lettres de Hoüel et De Tilly ont souvent, explicitement ou implicitement, un caractère technique. Il nous a donc semblé indispensable de saisir les modes de démonstration en cours dans ces textes de référence pour comprendre exactement les enjeux des questions de géométrie et d'analyse abordées dans les lettres. Nous reprenons ainsi les moments essentiels de la réception de la géométrie hyperbolique dans les années 1870. La polémique avec le mathématicien belge Philippe Gilbert et l'incompréhension entre Hoüel et Darboux en ce qui concerne la manière d'aborder les théorèmes fondamentaux du calcul infinitésimal nous ont paru aussi nécessiter un détour par l'histoire des fonctions « saugrenues », à savoir les fonctions continues non dérivables.

Sauf mention contraire, toutes les lettres publiées dans cet ouvrage sont conservées aux Archives de l'Académie des sciences (AAS). Les lettres adressées par Hoüel à Darboux se trouvent dans les fonds de la Bibliothèque de l'Institut (BI). Le manuscrit de la traduction des *Études géométriques sur la théorie des parallèles* de Lobatchevski (FIGURE 2.1), la lettre adressée par Le Besgue le 4 janvier 1868 à Hoüel ainsi que les deux lettres adressées par Beltrami à Hoüel le 24 mai 1868 et le 8 juillet 1870 sont conservés à la Bibliothèque municipale de Caen (BC). Les ouvrages photographiés pour la FIGURE 2.3 et la FIGURE 2.4 proviennent du fonds de la Bibliothèque universitaire des sciences et techniques de Bordeaux. Nous remercions ces institutions d'avoir autorisé la publication de ces documents.

Ce travail n'aurait pu voir le jour sans l'aide que nous avons reçue dans nos recherches bibliographiques. Nous remercions chaleureusement les Archives de l'Académie des sciences de Paris, la Bibliothèque municipale de Caen, la Bibliothèque universitaire des sciences et techniques de Bordeaux, l'Institut Mittag-Leffler à Djursholm (IML) ainsi que la Bibliothèque de l'Institut. Nous exprimons toute notre reconnaissance aux personnels de ces institutions pour leur accueil et leur disponibilité. Nous remercions Pierre Édouard Bour, Olivier Bruneau, Barnabé Croizat, Claire-Lise Gauvain, Étienne Ghys, Hélène Gispert, Jules Henri Greber, Isadora Hongler, Nicolas Monod, Jeanne Peiffer, Mikael Rågstedt, Laurent Rollet, Marie-Noëlle Vivier et Gerhard Wanner pour leur aide apportée à différents moments de l'élaboration de cet ouvrage. Un grand merci également à Martin Anderegg, Jean-Pierre Gabriel et Jean-Claude Pont pour leur relecture attentive de certaines parties du texte.

Philippe HENRY & Philippe NABONNAND
Décembre 2016

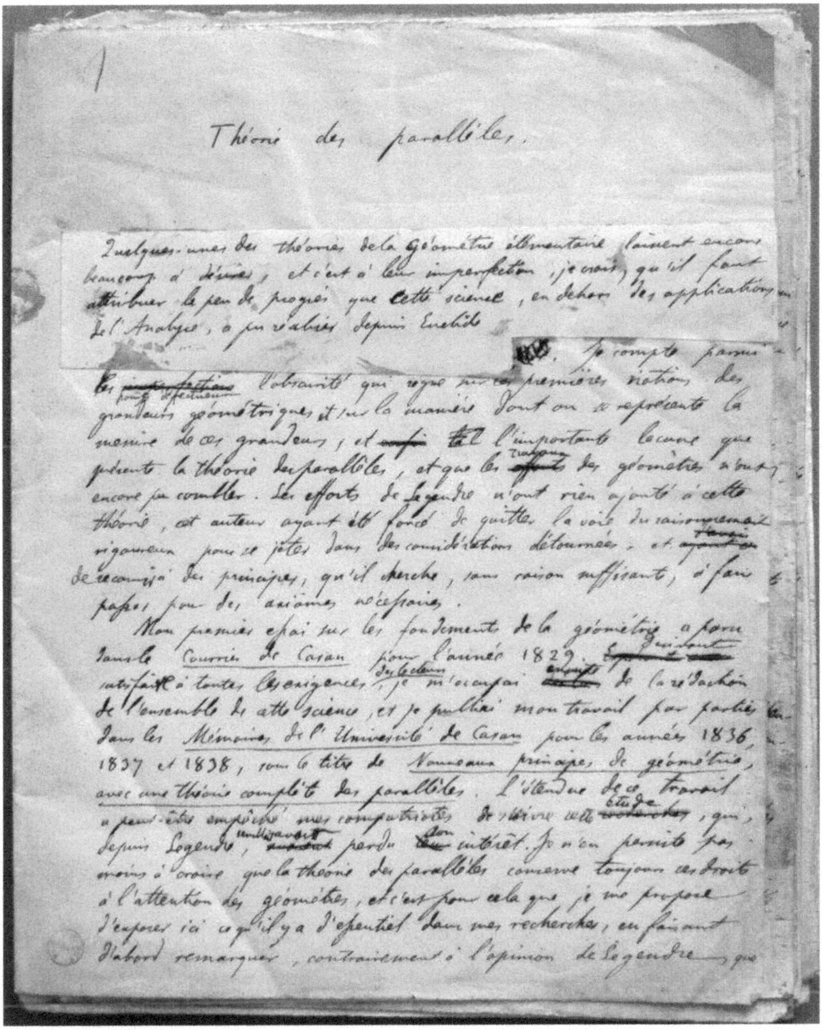

1

Théorie des parallèles.

Quelques-unes des théories de la géométrie élémentaire laissent encore beaucoup à désirer, et c'est à leur imperfection, je crois, qu'il faut attribuer le peu de progrès que cette science, en dehors des applications de l'Analyse, a pu réaliser depuis Euclide. Je compte parmi les points défectueux l'obscurité qui règne sur les premières notions des grandeurs géométriques et sur la manière dont on se représente la mesure de ces grandeurs, et la lacune importante que présente la théorie des parallèles, et que les travaux des géomètres n'ont pas encore pu combler. Les efforts de Legendre n'ont rien ajouté à cette théorie, cet auteur ayant été forcé de quitter la voie du raisonnement rigoureux pour se jeter dans des considérations détournées, et de recourir à des principes, qu'il cherche, sans raison suffisante, à faire passer pour des axiomes nécessaires.

Mon premier essai sur les fondements de la géométrie a paru dans le Courrier de Casan pour l'année 1829. Espérant satisfaire à toutes les exigences, je m'occupai ensuite de la rédaction de l'ensemble de cette science, et je publiai mon travail par parties dans les Mémoires de l'Université de Casan pour les années 1836, 1837 et 1838, sous le titre de Nouveaux principes de géométrie, avec une théorie complète des parallèles. L'étendue de ce travail a peut-être empêché mes compatriotes de suivre cette étude, qui, depuis Legendre, [illegible] perdu son intérêt. Je n'en persiste pas moins à croire que la théorie des parallèles conserve toujours ses droits à l'attention des géomètres, et c'est pour cela que je me propose d'exposer ici ce qu'il y a d'essentiel dans mes recherches, en faisant d'abord remarquer, contrairement à l'opinion de Legendre, que

FIGURE 1 – Première page de la traduction [H27] de Hoüel des *Études géométriques sur la théorie des parallèles* de Lobatchevski (© Bibliothèque municipale de Caen).

FIGURE 2 – Portrait de Guillaume Jules Hoüel (1823-1886) effectué probablement entre 1860 et 1869 par un ancien professeur de physique et de chimie au lycée de Bordeaux du nom d'Alexandre Floire. Cette photographie appartient à un album contenant une collection de photographies d'époque de mathématiciens (© Archiv des mathematischen Forschungsinstitut Oberwolfach).

FIGURE 3 – Portrait de Hoüel extrait de [Bru88] (© Bibliothèque de Genève).

Chapitre 1

Introduction

1.1 Les identités de Jules Hoüel

Dans une lettre adressée le 3 mars 1867 à son cousin [1] Charles Hippolyte Berger, professeur de mathématiques au lycée Charlemagne (Paris), Jules Hoüel définit son projet d'intervention auprès de ses collègues mathématiciens français comme « celui de démolir l'édifice de la routine, en travaillant à la façon des termites ». Sans céder à l'illusion biographique [2] consistant à forcer une cohérence à la trajectoire de Hoüel, on peut néanmoins tenter de considérer son activité de traducteur, ses travaux sur la géométrie non euclidienne, le calcul différentiel et intégral, les quantités complexes ou les tables numériques, tout comme son investissement dans la rédaction du *Bulletin des sciences mathématiques* ou son implantation en province comme autant d'interventions pour promouvoir soit un point de vue moderne sur les mathématiques, soit une conception de l'enseignement des mathématiques fondée sur la facilité et la naturalité de l'apprentissage et de l'application.

Jules Hoüel naît à Thaon (Calvados) dans une famille protestante normande le 7 avril 1823. Il restera fidèle tout au long de sa vie à sa région natale y séjournant régulièrement au moment des vacances. En 1843, il intègre l'École normale supérieure après des études au lycée de Caen et au collège Rollin à Paris [3]. Il suit alors les cours à la Sorbonne ; à cette époque les titulaires des chaires de mathématiques et de mécanique étaient Louis Lefébure de Fourcy (calcul différentiel et intégral), Louis-Benjamin Francœur (algèbre supérieure), Guillaume Libri (mathématiques appliquées) et Charles Sturm (mécanique). On peut aussi penser, car Hoüel se réfère à celui-ci comme à l'un de ses maîtres, qu'il assiste aux enseignements de Jean-Marie Duhamel qui suppléait Francœur à cette époque. En 1847, Hoüel est agrégé de mathématiques et occupe successivement des postes de professeurs de lycée à Bourges (1846-47), Bordeaux (1847-49), Pau (1849-51), Alençon (1851-

1. Bibliothèque municipale de Caen, Ms. in-4° 333, folio 38.

2. P. Bourdieu, L'illusion biographique, *Actes de la recherche en sciences sociales* 62-63, 1986, p. 69-72.

3. Le collège Rollin (aujourd'hui lycée Jacque Decour) était un établissement où l'on préparait les concours aux grandes écoles.
Hoüel est dans la même promotion de l'École normale supérieure que son cousin Charles Berger et Louis Pasteur. Il rencontre aussi certainement durant cette période son ami Justin Bourget qui avait été reçu à l'École normale supérieure une année auparavant. D'après l'annuaire de l'École normale, la promotion scientifique de 1843 comporte 12 élèves dont 6 réussiront l'agrégation en mathématiques (1846-47), 4 celle de physique (1846-47) et 2 celle de sciences (1853).

P. Henry, P. Nabonnand (eds.), *Conversations avec Jules Hoüel*, Publications des Archives Henri Poincaré Publications of the Henri-Poincaré Archives, DOI 10.1007/978-3-319-56403-6_1

55) et Caen (1856) [4]. Dans le même temps, il prépare une thèse qu'il soutient le 18 août 1855 à la Sorbonne [5].

Le titre de la thèse principale est *Sur l'intégration des équations différentielles dans les problèmes de mécanique* [6] et celui de la thèse complémentaire (en astronomie) *Applications de la méthode de M. Hamilton aux perturbations de Jupiter* [7]. Les troisième et quatrième parties de celle-ci consacrées à la théorie des perturbations dans le cadre hamiltonien sont les plus originales et motivent les offres que Hoüel reçut de la part d'Urbain Le Verrier à rejoindre l'Observatoire de Paris [8].

Après la soutenance de sa thèse, Hoüel reste dans l'expectative quant à la suite de sa carrière ; il n'envisage pas de retourner enseigner dans un lycée et a quelques difficultés à trouver un point de chute dans l'enseignement supérieur. Dans une lettre adressée à son cousin, il exprime même un certain désarroi [9] :

> « Je suis si ennuyé de tout ce souci de placement que j'enverrais facilement tout au diable et moi par dessus le marché. Si tu pouvais te figurer combien je suis peu apte à faire de la sollicitation ! Je ne sais pas s'il existe en France quelqu'un plus âne que moi en cette matière. J'ai fait une énorme bêtise en refusant d'aller à Lille (tu en as dit une bien grosse en m'approuvant). Je l'ai fait, espérant pouvoir prendre un parti, auquel il m'a bien fallu renoncer. Mais, après cela, bernique pour les facultés ! Il y a dix mille à parier contre un qu'on ne m'en donnera pas maintenant que j'en demanderais. Quant à l'Observatoire, c'est ma seule ressource, et si elle me manque, je suis fait. Car je ne rentrerai pour rien au monde dans un lycée. (...) Je voudrais bien aussi, pour faire une dernière tentative, saisir le moment où le père Lebesgue [10] sera à Paris, vers la fin de septembre, m'a-t-il écrit. Tout cela est fort ennuyeux. »

Durant ce congé en partie involontaire (entre 1855 et 1859), Hoüel commence son activité de traducteur en s'intéressant à plusieurs articles de Gustav Lejeune-Dirichlet pour le *Journal de mathématiques pures et appliquées* [11]. Dans le même temps, il publie une table de logarithmes [12] dont Francisque Lefort [13] fait une re-

4. Source F/17/3166/1 et [Ray97, p. 179].

5. Le jury était composé de Augustin Louis Cauchy (président), de Duhamel et Sturm.

6. L'objet de la thèse de Hoüel [H1] est de développer les méthodes proposées par Hamilton en dynamique. Elle comporte quatre parties. Dans la première, il expose un théorème de Hamilton et examine les modifications qu'il subit sous différentes hypothèses. Dans la deuxième partie, il s'intéresse au mouvement relatif de deux corps s'attirant ainsi qu'au mouvement de rotation d'un solide autour d'un point fixe. Les troisième et quatrième parties contiennent de nouvelles preuves simplifiées de résultats connus.

7. [H2].

8. Antoine d'Abbadie écrit à Hoüel le 4 juin 1863 :

> « J'étais dernièr^{t}. chez M. Leverrier que je vois rarement et je lui demandai s'il était vrai, comme le bruit en a couru qu'il voulait vous donner une position à l'observ^{a}. Il me dit qu'oui, mais que vous n'aviez pas répondu à la lettre. Je répliquai que vous étiez l'homme le plus exact pour répondre et que j'allais vous en écrire. "Non, non, dit Mr L., c'est par un intermédiaire que je me suis adressé à M. Hoüel". J'en ai conclu que vous aviez refusé et je ne puis que vous en féliciter, car notre célèbre astronome est des plus durs à vivre. »
>
> (AAS, dossier d'Abbadie)

9. Lettre adressée à Berger datée du 12 août, Bibliothèque municipale de Caen, Ms. in-4° 333, folio 40. Cette lettre est envoyée entre 1856 et 1859.

10. Il s'agit de Victor Amédée Le Besgue.

11. [H4], [H5], [H7], [H8], [H9], [H12*], [H13], [H14], [H15].

12. [H10].

13. Lefort est un ingénieur en chef des Ponts et Chaussée. Il avait publié en 1856 avec Jean Baptiste Biot, le grand-père de son épouse, la *Correspondance de J. Collins et d'autres savants célèbres du XVIIe siècle, relative à l'Analyse supérieure.*

cension très favorable dans *Les Nouvelles annales de mathématiques* [14] :

> « Les Tables à cinq décimales de M. Hoüel peuvent fournir, avec cinq figures exactes, le logarithme d'un nombre ou le nombre d'un logarithme, et faire connaître, à 5 secondes près, un arc donné par le logarithme de son sinus. Ainsi elles suffisent largement aux besoins des ingénieurs civils et militaires, des architectes, des arpenteurs-géomètres, etc., dont les travaux reposent sur des opérations et sur des formules, qui sont loin, en général, de présenter un pareil degré d'approximation. À plus forte raison peuvent-elles suffire aux nécessités de l'instruction publique, car les élèves trouveront, dans les diverses parties qui les composent, le moyen d'approfondir et d'appliquer tous les principes qui leur sont enseignés. Sous ce dernier rapport, le prix minime auquel l'ouvrage est mis en vente, n'est pas une considération à dédaigner. »

En 1859, Hoüel succède à Victor-Amédée Le Besgue [15] sur la chaire de mathématiques pures de l'université de Bordeaux. Il y restera jusqu'à sa retraite, se satisfaisant apparemment d'une carrière provinciale :

> « Tu aimes Paris. Tant mieux, puisque tu y es. Mais je t'affirme que tout ce que j'en ai vu et entendu dire par toi et les autres qui ont quitté la province pour s'y fixer ne me donne pas la moindre envie d'en faire autant. Je ne pourrais jamais me résigner à une vie dans laquelle on doit dire adieu à tout repos. Aussi, quand quelque flatteur vient me dire que je devrais aspirer à Paris, il faut voir avec quelle indignation je le rembarre ! Je t'assure que si le ministre venait me supplier de choisir une place à Paris, celle que je voudrais, créée, s'il le fallait exprès pour moi, avec un siège au sénat par-dessus le marché, je lui répondrais comme Diogène : Otez-vous de devant mon soleil, et flanquez-moi la paix ! C'est bien le cas de dire que tous les goûts sont dans la nature : mais je deviens de plus en plus parisophobe [16]. »

Les activités scientifiques de Hoüel s'organisent alors autour de ses travaux de traduction qu'il poursuit jusqu'à la fin de sa vie [17], la rédaction et la publication de ses cours et d'articles, la direction du *Bulletin des sciences mathématiques* et de sa participation active à la vie de la Société des sciences physiques et naturelles de Bordeaux [18]. Ses traductions et ses activités éditoriales l'amènent à entretenir un vaste réseau épistolaire comprenant des mathématiciens de toute l'Europe.
En arrivant à Bordeaux, Hoüel poursuit pour le *Journal de mathématiques pures et appliquées* son programme de traduction d'articles de Lejeune-Dirichlet [19] et commence un peu plus tard (en 1866), encouragé par Charles Hermite, à publier une série de traductions d'articles de Leopold Kronecker dans les *Annales de l'École normale supérieure* [20] :

> « Je m'empresse de vous exprimer toute la satisfaction que m'a causée votre traduction de l'important article de M^{r}. Kronecker que je trouve excellente,

14. [Lef58, p. 58].
Hoüel publie aussi avec Lefort une note dans le bulletin bibliographique du même tome des *Nouvelles annales* dans laquelle il critique les tables de Callet [H11]. Jean François Callet (1744-1798) avait publié plusieurs tables de logarithmes, dont une version augmentée et perfectionnée de la table portative de logarithmes de Bremiker [Cal95]. Cette table venait en 1853 de faire l'objet d'un nouveau tirage.

15. Pour des détails sur la vie de Le Besgue, on peut consulter la notice nécrologique rédigée par Hoüel pour les *Nouvelles annales de mathématiques* [H62].

16. Lettre adressée à Berger datée du 13 janvier 1867, Bibliothèque municipale de Caen, Ms. in-4° 333, folio 37.

17. Son dernier travail publié est une traduction d'un opuscule sur Niels Abel [H68].

18. Hoüel contribue énergiquement à l'édition des *Mémoires* de cette société.

19. [H12*], [H13], [H14], [H15].

20. [H16], [H30], [H31], [H32], [H33].

> vous engageant bien vivement à poursuivre votre travail en faisant connaître aux géomètres Français tout ce qu'a écrit cet auteur dans les *Comptes Rendus de l'Académie de Berlin* [21]. »

Durant cette période du début des années 60, Hoüel multiplie les travaux concernant les tables numériques (tables arithmétiques, logarithmiques, interpolation, ...) [22]. Dès 1863, il s'intéresse aussi aux principes de la géométrie euclidienne en publiant un essai dans les *Archiv der Mathematik und Physik* [23] dans lequel il défend une position empiriste sur l'origine des axiomes. Hoüel avait préalablement proposé son article aux *Nouvelles annales de mathématiques* mais Eugène Prouhet, l'un des deux rédacteurs, recommande une publication dans les *Archiv* car ce journal accepte des articles longs alors que « le petit format des *Nouvelles annales* ne lui permet d'admettre que des *Kleinere Mittheilungen* [24] ». Ce dernier ajoute que « l'idée de fonder la géométrie sur l'expérience n'est pas neuve » et renvoie au livre que vient de publier Joseph Delbœuf [25]. Dans cette même lettre, Prouhet critique le point de vue empiriste et invite Hoüel à approfondir ses réflexions :

> « Si vous alliez au fond de la pensée de ceux qui parlent d'abstraction, vous verriez qu'ils considèrent le cerveau de l'homme comme un alambic qui extrait la partie la plus spirituelle des notions sensibles et rejette les parties terreuses et le *caput mortuum* [26]. Je crains bien que dans ce que vous dites de l'expérience comme donnant l'idée de l'invariabilité des corps, il n'y ait quelque équivoque de ce genre. Je vous engage donc à éclaircir ce point [27]. »

Hoüel poursuit ses travaux sur les principes de la géométrie dans deux directions ; d'abord en menant entre 1866 et 1870, un programme de traduction et de présentation des œuvres géométriques de Nicolaï Ivanovitch Lobatchevski, Hermann Helmholtz, János Bolyai, Bernhard Riemann et Eugenio Beltrami [28], puis en développant ses propres réflexions sur les principes de la géométrie avec plusieurs notes sur l'impossibilité de démontrer le postulat des parallèles à partir des autres axiomes de la géométrie et sur le rôle de l'expérience dans les sciences exactes [29]. Dans le même champ, Hoüel publie quelques notes relatives à l'enseignement de la géométrie et de la trigonométrie [30], activités qu'il poursuit dans le *Bulletin des sciences mathématiques* en rédigeant lui-même ou en sollicitant des notices sur les nouveaux traités destinés à l'enseignement des mathématiques. En 1869, dans une note consacrée au débat suscité par la décision de revenir aux *Éléments* d'Euclide pour enseigner la géométrie élémentaire en Italie [31], Hoüel traduit la réponse de Luigi Cremona et Francesco Brioschi aux critiques de cette décision qu'ils avaient

21. Lettre de Hermite adressée à Hoüel datée du 7 février 1866, Bibliothèque municipale de Caen, Ms. in-4° 333, folio 33.
22. [H20], [H21], [H22], [H23], [H24], [H25], [H26], [H28], [H29].
23. [H19].
24. Lettre de Prouhet datée du 8 mars 1863, Bibliothèque municipale de Caen, Ms. in-4° 333, folio 18.
25. [Del60].
26. Littéralement, « chapitre mort ». D'après le Littré, *Caput mortuum* est un terme de chimie ancienne qui sert à désigner « un résidu dont on ne peut plus rien tirer ». De manière figurative et par dénigrement, cette expression signifie aussi « la valeur réelle, les restes définitifs de travaux, d'efforts, de combinaisons, de théories, etc. qui promettaient monts et merveilles, et qui ont avorté en grande partie ».
27. Bibliothèque municipale de Caen, Ms. in-4° 333, folio 19.
28. [H27], [H38], [H39], [H40], [H43], [H52], [H53].
29. [H35], [H36], [H49a], [H49b], [H60].
Sur la naissance du concept d'espace non euclidien, voir [Voe16].
30. [H45], [H61], [H66].
31. [H45].

inspirées, en soulignant qu'il espère que les « rédacteurs de programmes y pourront puiser d'utiles conseils » :

> « On nous dit ensuite que dans Euclide la théorie des parallèles est *faultry*, et que l'*axiome* euclidien sur les parallèles peut se déduire comme conséquence de la notion de *direction* et de la définition des parallèles comme *des droites ayant la même direction*. Voilà donc que M. Wilson[32], avec le mot magique de *direction*, a résolu la grande difficulté qui, pendant plusieurs siècles a travaillé le cerveau des commentateurs d'Euclide, et sur laquelle Legendre, lui-même, s'est fatigué pendant tant d'années ! La question aujourd'hui est effectivement résolue, mais dans un sens tout différent, par les recherches de Gauss, de Lobatchevsky et de Bolyai ; les professeurs Baltzer[33] et Hoüel ont appelé l'attention publique sur cette solution, qui avait passé inaperçue, et dernièrement le professeur Beltrami a fait paraître dans le *Giornale* un remarquable Mémoire qui dissipe toutes les obscurités du sujet, et met en pleine lumière l'essence de la géométrie euclidienne et de la géométrie non euclidienne. De ces recherches, il ressort clairement que la théorie des parallèles, dans la géométrie réelle, ne peut être fondée sans un axiome expérimental (celui d'Euclide ou un autre équivalent), et l'on est forcé d'admirer la puissance de logique du géomètre de l'Antiquité, qui vit si nettement ce qu'il était nécessaire et suffisant d'emprunter à l'expérience, et ce qui pouvait se déduire au moyen du raisonnement abstrait. C'est là une importante question de logique qu'il importe de ne pas masquer par une fausse théorie des parallèles, comme celle que M. Wilson propose de substituer à la méthode euclidienne[34] . »

Cette citation montre que les efforts conjugués dans les années 1865-70 pour analyser, développer, diffuser les travaux de géométries non euclidiennes et pour en tirer les conséquences dans l'enseignement de la géométrie élémentaire commençaient à emporter la conviction d'un nombre croissant de mathématiciens. Hoüel apparaît alors comme un des acteurs principaux de la diffusion de ces nouveaux points de vue.

Hoüel est attentif aux innovations en mathématiques. Ainsi, il s'intéresse d'abord à la théorie des déterminants et traduit en 1861 un ouvrage de Richard Baltzer sur cette question[35]. Il essayera plus tard de transmettre son enthousiasme pour cette théorie à son cousin en lui vantant l'intérêt des déterminants en géométrie analytique :

> « Ainsi, je crois très-bon de mettre l'équation en s, dans les surfaces du second degré, sous la forme
>
> $$\begin{vmatrix} A-s, & B'', & B' \\ B'', & A'-s, & B \\ B', & B, & A''-s \end{vmatrix} = 0$$
>
> Cette forme est bien plus aisée à retenir que la forme développée et, quelque habitude que l'on ait des déterminants, sa composition est bien plus facile à saisir. Mais c'est là pour moi une simple notation, plus commode que l'ancienne[36]. »

32. James Maurice Wilson était professeur de mathématiques et avait publié en 1868 un manuel intitué *Elementary Geometry*. Il est l'auteur de l'article critique de l'exposition d'Euclide auquel répondent Cremona et Brioschi.
33. [Bal70].
34. [H45, p. 280-281].
35. [H18].
36. Lettre adressée à Berger et datée du 13 janvier 1867, Bibliothèque municipale de Caen, Ms. in-4° 333, folio 36.

De la même manière, il est l'un des premiers en France à s'intéresser à la théorie des équipollences de Giusto Bellavitis [37] ainsi qu'aux quaternions auxquels il consacre plusieurs chapitres de sa *Théorie élémentaire des quantités complexes* [38]. Même si Hoüel est très attentif aux nouveautés en mathématiques et en particulier aux travaux innovants des mathématiciens étrangers, comme en atteste son activité dans le *Bulletin*, il manifeste souvent un certain conservatisme en argumentant du point de vue de l'apprentissage. De plus, certaines de ses références sont anciennes ; ainsi, son attachement à la présentation du calcul différentiel par Duhamel l'amènera à ne pas comprendre les considérations de Gaston Darboux au sujet de la question des éléments de l'analyse [39]. De même, au sujet des géométries non euclidiennes, le point de vue méthodologique adopté par Hoüel est essentiellement celui de la géométrie classique. En géométrie analytique, si, comme on l'a vu, il est partisan de l'utilisation des déterminants comme outil heuristique, il n'envisage pas pour autant d'adopter le point de vue des transformations géométriques dans l'enseignement de la géométrie :

> « Fonder la géométrie analytique tout entière sur des substitutions linéaires et autres choses profondes, c'est interdire aux élèves de voir clair dans ce qu'ils font [40]. »

Cette position n'empêche bien sûr pas Hoüel de défendre l'introduction des déterminants comme un outil précieux dans l'enseignement des mathématiques élémentaires, innovation justifiée par le fait que de nombreux pays étrangers l'ont déjà fait et qu'il ne s'agit à ses yeux que d'un outil :

> « (...) il ne me semble pas raisonnable ni sensé de se refuser à adopter un progrès que les Anglais, les Italiens et les Allemands ont introduit universellement dans leur enseignement élémentaire [41]. »

À partir de la création en 1870 du *Bulletin des sciences mathématiques et astronomiques* [42], une grande part de l'activité de Hoüel sera consacrée à l'édition de ce journal ; en particulier il se chargera d'assurer l'exhaustivité du bulletin bibliographique. Il cherchera avec plus ou moins de succès à susciter les collaborations de multiples mathématiciens européens dont Joseph Marie De Tilly [43]. Il en profitera

37. [H46].
Sur la réception en France du calcul d'équipollence de Bellavitis, on peut consulter la thèse de Jérôme Auvinet [Auv11].

38. [H41].

39. Voir le paragraphe 1.3.7.

40. Lettre adressée à Berger et datée du 13 janvier 1867, Bibliothèque municipale de Caen, Ms. in-4° 333, folio 36.

41. Lettre adressée à Berger le 3 mars 1867, Bibliothèque municipale de Caen, Ms. in-4° 333, folio 39.

42. Le rédacteur principal du nouveau journal est Darboux auquel sont associés Hoüel et Maurice Lœwy. Dans la préface signée Darboux, l'intention du journal est clairement annoncée :

> « Le nouveau Bulletin sera exclusivement consacré aux Mathématiques et à l'Astronomie. Il comprendra trois Parties principales : 1. les comptes rendus de Livres ; 2. les analyses de Mémoires ; 3. les Communications de peu d'étendue, et les traductions de Mémoires importants et peu répandus. Nous recevrons avec reconnaissance les renseignements, les traductions, notes historiques, livres, brochures qu'on voudra bien nous adresser, et nous tâcherons de mettre en oeuvre tous les matériaux réunis de manière à être utiles à la fois aux auteurs des Mémoires, et aux personnes qui désirent simplement se tenir au courant des progrès de la science. »

Le journal devient le *Bulletin des sciences mathématiques* en 1885.

43. Hoüel sollicite plusieurs de ses correspondants dans les années 1870 pour leur demander de collaborer à la revue bibliographique du *Bulletin*. Voir par exemple la lettre qu'il adresse à De Tilly le 25 juin 1870.

par ailleurs pour promouvoir les travaux qu'il juge important ou qui l'intéressent directement. Dès le premier numéro, il propose une notice sur la vie et les travaux de Lobatchevski [44] ainsi que de multiples présentations critiques, dont entre autres, celles du premier volume du traité des fonctions d'une variable complexe de Felice Casorati, de l'article de Hermann Hankel sur les fonctions « oscillantes », du sixième tome d'un dictionnaire édité par Ludwig Hoffmann et Leopold Natani, d'un article de V. Imchenetsky sur les équations différentielles [45], des tables de logarithmes à sept décimales éditées par Carl Bruhns ou d'un traité de calcul géométrique de Göran Dillner [46]. Les correspondances avec De Tilly et Darboux montrent le souci quasi-quotidien de Hoüel pour obtenir des comptes rendus réguliers des revues européennes de mathématiques et des recensions des ouvrages publiés.
Bordelais, soucieux de la place de l'université parmi les élites locales, il s'occupe avec le même soin des *Mémoires de la Société des sciences physiques et naturelles de Bordeaux*. Son intérêt pour cette société et ses *Mémoires* est souligné dans le panégyrique que son successeur, Georges Brunel [47], lui consacre :

> « La Société des Sciences physiques et naturelles de Bordeaux doit à Hoüel d'être connue et d'être appréciée. En publiant aujourd'hui dans ses *Mémoires* cette notice sur celui qui lui a fourni des travaux si importants, qui a attiré à elle des sympathies si vives et si nombreuses, elle ne fait que payer bien faiblement une dette qu'elle a contractée depuis longtemps [48]. »

Hoüel était particulièrement attentif aux mathématiques qui se faisaient hors de France ; que ce soit comme traducteur, rédacteur ou dans ses propres contributions, il s'attache à diffuser les nouvelles théories élaborées par les mathématiciens allemands, italiens, russes, belges,... souvent au nombre de ses interlocuteurs. Les premières lettres échangées avec le mathématicien belge De Tilly en sont un exemple.

1.2 De l'impossibilité de démontrer le *postulatum*

Les débuts des échanges entre Hoüel et De Tilly sont consacrés à une discussion autour d'un mémoire de géométrie non euclidienne [49] publié par De Tilly en 1870 à l'Académie royale de Bruxelles. Ce dernier n'en était pas à son premier essai dans ce domaine et avait même proposé en 1860 une tentative de démonstration du *postulatum* [50].

44. [H53].
45. Hoüel publie aussi une traduction de l'article de Imchenetsky dans le *Giornale di Matematiche* [H54].
46. [H75], [H78], [H79], [H80], [H81].
47. Georges-Édouard-Auguste Brunel (1856-1900) est né à Abbeville. Ancien élève de l'École normale supérieure, il part une année en Allemagne dès son agrégation obtenue (1880). À son retour, il est nommé préparateur à l'École normale supérieure avant d'être chargé du cours de mécanique rationnelle à l'École des sciences d'Alger (1882). Une fois sa thèse soutenue, il devient chargé de cours à la Faculté des sciences de Bordeaux (1884) puis titulaire de la chaire, transformée en chaire de calcul infinitésimal en 1867 [Ray97, p. 180-181].
48. [Bru88, p. 3].
49. [DT6].
50. [DT1].

1.2.1 Une tentative de « démonstration » du *postulatum* par De Tilly

En essayant de démontrer le postulat des parallèles, De Tilly inscrit son nom sur la longue liste des « postulateurs ». Il s'inspire de la stratégie proposée par Adrien-Marie Legendre consistant à démontrer deux inégalités afin de prouver que la somme des angles d'un triangle est égale à deux angles droits (sans utiliser l'axiome des parallèles) [51] ; son ambition est donc de démontrer de manière rigoureuse que la somme des angles d'un triangle ne peut ni être inférieure, ni excéder deux angles droits. Dans un premier temps, il propose de démontrer le théorème suivant :

« Dans un triangle, la somme des trois angles ne peut dépasser deux angles droits. »

En raisonnant par l'absurde, on suppose qu'il existe un triangle $\triangle ABC$ tel que la somme des mesures de ses angles $\measuredangle A + \measuredangle B + \measuredangle C$ soit égale à $2D + x$ avec $x > 0$. De Tilly fait aussi, comme Legendre, l'hypothèse que ce triangle est placé de sorte que AB soit un plus grand côté et BC soit un plus petit côté. Soit D le milieu de BC.

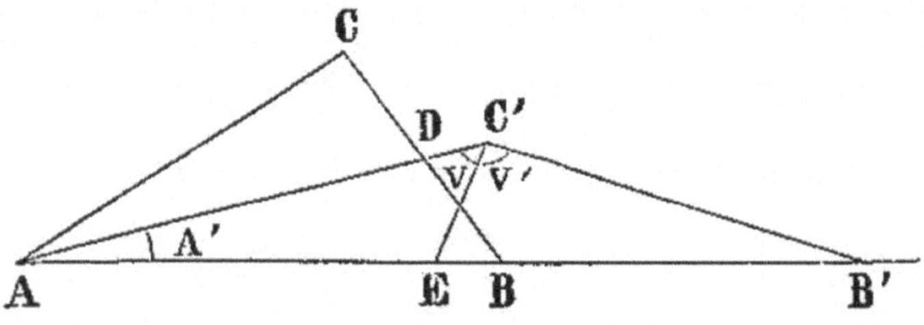

De Tilly [52] commence par montrer qu'alors le segment AD est plus petit que le côté AB ; pour cela, il reprend une proposition de Legendre [53] pour prouver que la perpendiculaire à BC issue de A « tombe au-dessus » du milieu D de BC. En effet, si elle tombait en dessous de D, on aurait $AC > AB$ et AB ne serait pas un plus grand côté, contrairement à l'hypothèse. Le point C' de la droite AD tel que $AC' = AB$ est donc « hors du triangle » et le point E de AB tel que $AE = AD$ est situé « entre A et B » [54].

En notant B' le point de la droite AB tel que $EB' = AE$, « B' tombera à droite de B ». En effet, l'hypothèse sur les côtés entraîne $\measuredangle B \geq \measuredangle A \geq A'$ d'où $AD \geq DB$ et donc $AB \leq AD + DB \leq 2AD = 2AE = AE + EB' = AB'$ [55].

Comme les triangles $\triangle ADB$ et $\triangle AEC'$ sont égaux par construction, on obtient les égalités $C'E = DB\ (= CD)$, $\measuredangle B = \measuredangle V$ (1) et $\measuredangle ADB = \measuredangle AEC'$ ou $\measuredangle ADC = \measuredangle B'EC'$.

51. [DT1, p. 15].
Pour plus de détails sur les « démonstrations » successives de Legendre et les critiques qu'elles ont suscitées, on peut voir [Pon86, p. 405-455].

52. [DT1, p. 32-34].

53. « Si d'un point A situé hors d'une droite DE on mène la perpendiculaire AB sur cette droite, et différentes obliques AE, AC, AD, etc., à différents points de cette même droite : 1° La perpendiculaire AB sera plus courte que toute oblique. 2° Les deux obliques AC, AE, menées de part et d'autre de la perpendiculaire à des distances égales BC, BE, seront égales. 3° De deux obliques AC et AD, ou AE et AD, menées comme on voudra, celle qui s'écarte le plus de la perpendiculaire sera la plus longue. » [Leg23, p. 17]

54. Legendre n'explicite pas cet argument. Il place directement les points C' et E sur la figure.

55. À nouveau, il s'agit d'un ajout de De Tilly par rapport à la démonstration initiale de Legendre.

Les triangles $\triangle ADC$ et $\triangle B'EC'$ sont donc égaux d'où $\measuredangle A - A' = \measuredangle B'$ ou $\measuredangle A = A' + \measuredangle B'$ (2), $\measuredangle C = V'$ (3) et $AC = B'C'$.
En ajoutant les égalités (1), (2) et (3) on trouve

$$\measuredangle A + \measuredangle B + \measuredangle C = A' + \measuredangle B' + \measuredangle V + V' = A' + \measuredangle B' + \measuredangle C'.$$

En outre, puisque $AB' \geq AB = AC'$ et $AC' = AB \geq AC = B'C'$, « on voit donc que le second triangle $[\triangle AB'C']$ est posé comme le premier, et que, par suite, la construction peut se répéter ». Comme $C'B' \leq AC'$ on a $A' \leq \measuredangle B'$ ce qui, avec (2), entraîne $A' \leq \frac{\measuredangle A}{2}$.
En itérant la construction, il existe donc un triangle $\triangle abc$ tel que $\measuredangle a \leq \frac{\measuredangle A}{2^n} < x$.

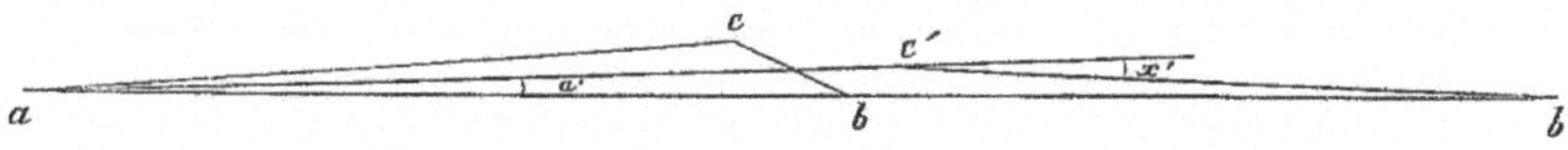

Si on construit le triangle suivant $\triangle a'b'c'$, on a

$$2^D + x = \measuredangle A + \measuredangle B + \measuredangle C = \measuredangle a + \measuredangle b + \measuredangle c = \measuredangle a' + \measuredangle b' + \measuredangle c' = \measuredangle a' + \measuredangle b' + 2^D - x'.$$

Ainsi, on obtient $x = \measuredangle a' + \measuredangle b' - x'$ mais cette égalité est absurde car, par hypothèse et construction, on a $x > \measuredangle a = \measuredangle a' + \measuredangle b'$ [56].
De Tilly signale en note que sa démonstration est « semblable » au début de celle de Legendre et met en garde à propos de la suite de celle-ci [57]. En effet, en itérant cette construction, Legendre conclut que l'on peut poursuivre « jusqu'à ce que l'angle a soit moindre que tout angle donné ». La somme des angles $a' + b'$ du « triangle suivant $\triangle a'b'c'$ » sera donc aussi plus petite que tout angle donné et la somme des angles du triangle $\triangle a'b'c'$ « se réduit presque au seul angle c' ». Legendre poursuit en montrant que la somme des angles de ce triangle est exactement égale à $2D + a' + b' - x'$ d'où il en conclut que cette somme se réduit à $2D$. Ce passage à la limite téméraire de Legendre, ce « point douteux, ou, pour mieux dire, [ce] véritable postulatum [58] », est discuté par De Tilly dans la Note II de son mémoire où, selon Paul Mansion [59], « il montre très bien le point faible de la démonstration [60] » :

> « [Les angles] a' et b' sont moindres que toute quantité donnée, et l'auteur les supprime, mais il supprime la quantité x' pour la même raison, et là git le vice de sa théorie.
> Pourquoi x' est-il infiniment petit ? On me répondra : Parce que $a'c'$ et $b'c'$ sont sensiblement couchées l'une sur l'autre ; mais n'est-il pas évident que c'est admettre implicitement que l'angle x' vaut la somme des angles a' et b', c'est-à-dire admettre ce qu'il s'agit, en définitive, de démontrer ? Legendre a dit [61]

56. [DT1, Prop. I.XXV, p. 32-34].
57. « Plusieurs lecteurs seront frappés de l'analogie qui existe entre cette démonstration et la XIXe de Legendre, et ils essaieront peut être d'appliquer le raisonnement mot pour mot à la seconde partie de la démonstration, auquel cas tout serait terminé, comme cela est en apparence dans Legendre. Il est superflu de prévenir ceux qui ont étudié cette théorie à fond qu'ils n'y parviendront pas. Mais il est peut être bon de prévenir les autres, pour éviter un labeur inutile. » [DT1, p. 34]
58. [DT1, p. 108].
59. [Man95, p. 3].
60. La critique de De Tilly est la même qu'une de celles déjà adressées par Bouniakovski en 1850 [Pon86, p. 448].
61. Il a en effet donné des verges pour se faire battre : « En examinant les choses avec plus d'attention nous sommes resté convaincu que pour démontrer complètement notre *postulatum* il fallait déduire de la définition de la ligne droite une propriété caractéristique de cette ligne qui exclût toute ressemblance avec la forme d'une hyperbole comprise entre ses deux asymptotes. » [Leg23, p. 279] De Tilly écrit que « plus on examine cette opinion, plus on la trouve rationnelle et profonde » [DT1, p. 16].

que la difficulté de la théorie des parallèles consiste en ce que l'on ne parvient pas à trouver à la ligne droite une propriété qui différencie sa forme de celle d'une hyperbole. Or, si l'on traçait les lignes $a'c'$ et $b'c'$ en forme d'hyperboles,

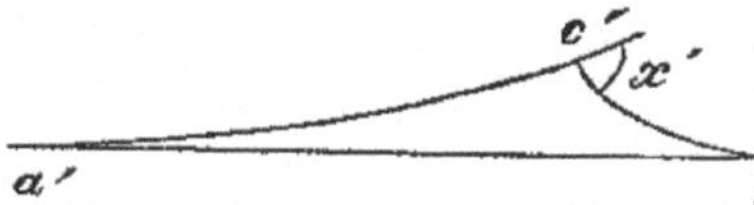

comme dans la figure [ci-dessous], à quoi verrait-on que l'angle x' est infiniment petit ? On ne pourrait pas le prouver, et cela indique clairement qu'on ne le prouvait pas davantage tout à l'heure, et que la figure, au lieu de guider le raisonnement, l'égarait en lui faisant admettre comme évident un fait indémontré et indémontrable. Pour rester dans le vrai, la somme des angles se réduit, non pas à $2D$, comme dans Legendre, mais à $2D - x'$. Donc, ainsi que je dis dans la préface, il est parfaitement prouvé que la somme des trois angles ne peut dépasser $2D$, mais nullement qu'elle doit atteindre cette valeur [62]. »

La contribution véritablement originale de De Tilly réside donc dans sa tentative d'effectuer la seconde partie de la démonstration, c'est-à-dire de prouver la seconde inégalité. D'après lui, c'est bien ici que le problème se situe car « le nœud de la difficulté consiste dans cette idée de la limite inférieure, que l'on cherche presque au hasard et sans avoir sur elle aucune idée précise [63] ». La démonstration de De Tilly repose sur le fait que si la somme des angles d'un triangle est toujours plus grande qu'une quantité strictement positive, alors nécessairement, celle-ci est égale à deux angles droits :

> « (...) j'ai démontré rigoureusement que si l'on parvenait à trouver pour la somme des trois angles une limite inférieure, fût-elle $\frac{1}{50}$ d'angle droit, il en résulterait immédiatement que cette somme est exactement deux angles droits. La difficulté consistait donc à déterminer cette limite inférieure et plusieurs essais infructueux me l'avaient fait croire insurmontable, lorsque je suis parvenu à l'éluder par un tour de démonstration [64]. »

L'idée de De Tilly est de considérer la quantité M que l'on définirait aujourd'hui comme l'infimum de l'ensemble des sommes d'angles de tous les triangles équilatéraux et de montrer que $M > 0$ [65]. La distinction entre infimum et minimum n'apparaît pas chez De Tilly et il pense à M comme étant un minimum [66]. De fait, De Tilly raisonne comme si M était strictement supérieur à 0 ce que montre le corollaire obtenu immédiatement de la définition de M (voir la FIGURE 1.1, gauche) :

> « Deux droites, AD, BE, formant avec une sécante AB deux angles moindres que $\frac{M}{3}$ doivent se rencontrer. En effet, sur AB construisons un triangle équilatéral ABC. La somme de ses angles valant au moins M, et les trois étant égaux, chacun de ses angles vaut au moins $\frac{M}{3}$. Dès lors, AD, renfermée dans l'angle CAB, pour sortir du triangle ABC, devra rencontrer BC en D, et BE, pour sortir du triangle ABD, rencontrera AD [67]. »

62. [DT1, p. 109].
63. [DT1, p. 16].
64. [DT1, p. 16].
65. Le choix de De Tilly de renvoyer la preuve de cette inégalité à une note témoigne peut-être du fait qu'il n'en était pas entièrement satisfait mais rend surtout compte du cheminement de sa pensée. On peut penser qu'il a dû obtenir assez rapidement la structure de sa preuve quitte à admettre que $M > 0$, ce dont il a mis du temps à se convaincre.
66. [DT1, p. 31].
67. [DT1, Corollaire I.XXIV, p. 32].

De Tilly poursuit ses raisonnements, en supposant toujours implicitement que M est supérieur à 0. Il imagine d'abord sa preuve de la minoration de la somme des angles par deux angles droits [68] pour tout triangle possédant un angle plus petit que $\frac{M}{3}$. Sous l'hypothèse que la somme des angles d'un tel triangle vaut $2D - x$ avec $x > 0$, il montre à l'aide du corollaire, en utilisant un procédé itératif à la manière de Legendre, que l'on peut construire pour tout $n \in \mathbf{N}^*$ un triangle dont la somme des angles est plus petite que $2D - 2^n x$ ce qui est absurde. Il montre ensuite, toujours à l'aide d'une itération de constructions, qu'à partir de tout triangle on peut en construire un autre possédant un angle plus petit que $\frac{M}{3}$ et dont la somme des angles est plus petite que celle du triangle initial. Par conséquent, ses arguments montrent que si $M > 0$, alors la somme des angles vaut π d'où $M = \pi$. De Tilly n'a fait ici que remplacer le postulat d'Euclide par un autre axiome !

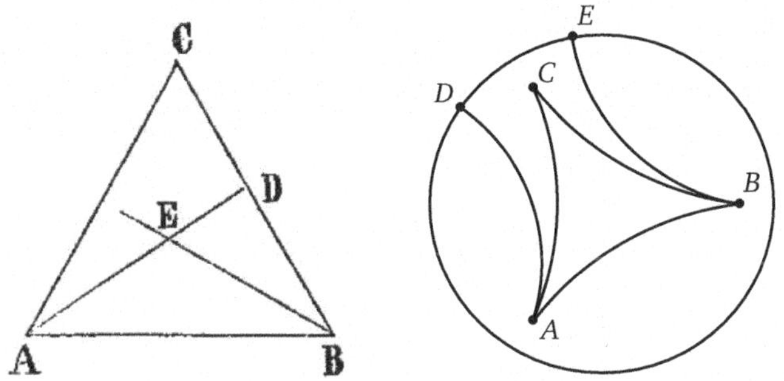

FIGURE 1.1 – Puisqu'en géométrie hyperbolique $M = 0$, aussi petits que soient deux angles non nuls donnés $\angle DAB$ et $\angle ABE$, il existe un triangle équilatéral $\triangle ABC$ tel que les droites AD et BE soient à l'extérieur du triangle et donc ne s'intersectent pas.

De Tilly est pleinement conscient de la nécessité de démontrer l'assertion cruciale $M > 0$: « Il faut donc, afin de rendre la théorie rigoureuse, examiner si la quantité M, introduite dans le livre Ier, est bien une quantité finie [69] », c'est-à-dire, dans la langue de De Tilly, une quantité strictement positive. Il discute longuement les arguments selon lesquels il pourrait exister des triangles dont la somme des angles serait aussi petite que l'on veut. S'il conclut, en 1860, en écrivant qu'il lui semble avoir réfuté les objections à son raisonnement, De Tilly se rendra compte que ses arguments sont quelque peu légers. Au moment où il débute sa correspondance avec Hoüel, il est pleinement convaincu de l'inutilité de l'entreprise d'une démonstration du *postulatum*. De fait, il a déjà publié ses *Études de mécanique abstraite* [70] dans lesquelles il dit sa conviction de l'indépendance de l'axiome des parallèles par rapport aux autres axiomes :

> « (...) la nouvelle hypothèse qui sert de base à la géométrie abstraite ou imaginaire ne peut conduire à aucune conséquence en opposition avec la logique, ce qui permet de la considérer comme possible aussi bien que celle d'Euclide [71]. »

68. [DT1, Proposition I.XXVI, p. 34-36].
69. [DT1, p. 103].
70. [DT6].
71. [DT6, p. 3].

En 1870, cette opinion commence à s'imposer ; pour autant, les résistances, y compris dans les institutions les plus prestigieuses comme l'Académie des sciences, restent vivaces. Les débuts de la correspondance entre Hoüel et De Tilly ont pour toile de fond une autre tentative de démonstration.

1.2.2 L'affaire Carton

À la fin de l'année 1869, l'Académie des sciences de Paris va être le théâtre d'une polémique au sujet d'une nouvelle tentative de démonstration du *postulatum*. Cet épisode a un relief particulier dans la mesure où Joseph Bertrand lui-même prend parti et semble convaincu de la justesse de cette démonstration :

> « (...) comme on doit le faire lors même qu'on n'accepte pas l'évidence du *postulatum* d'Euclide, M. Carton s'efforce de démontrer ce *postulatum* avec la même rigueur que les autres propositions de la Géométrie élémentaire, et il nous semble qu'il y est parvenu [72]. »

Par ailleurs, un grand nombre de critiques seront émises au sujet de cette démonstration, ce qui témoigne des connaissances au sujet de la nouvelle géométrie au sein des communautés mathématiques [73].

Une « preuve » du *postulatum* exposée à l'Académie des sciences

Jules Carton, enseignant de mathématiques au lycée impérial de Saint-Omer, croit être parvenu à démontrer le *postulatum* d'Euclide. Il solicite alors, avec empressement, l'avis de Joseph Bertrand.

> « Quand ce Monsieur Carton qui est extrêmement tenace est venu présenter sa démonstration à M. Bertrand, celui-ci l'a envoyé promener. Mais enfin M. Bertrand a été obligé par la persistance de M. Carton d'examiner la proposition et la démonstration présentée. Il l'a trouvée juste et comme la situation de M. Carton est intéressante il en a profité pour faire un rapport très élogieux à l'Académie. Il faut vous dire que M. Bertrand ne croit pas à la Géométrie imaginaire. Là-dessus M. Liouville s'est levé, s'est opposé aux Conclusions du rapport uniquement pour la raison singulière que l'Académie ne doit pas s'occuper du postulatum d'Euclide. Enfin on a décidé d'insérer la démonstration aux *Comptes Rendus* où vous la verrez dimanche. Entre nous, je crois que cela va être une source d'ennuis pour M. Bertrand (...) [74]. »

Lors de la séance du 5 juillet 1869, Carton adresse son mémoire intitulé *Nouveau moyen de lever la difficulté de la théorie des parallèles* accompagné d'une lettre de présentation et d'un texte de six pages qu'il projette de lire en séance [75]. Le mémoire est renvoyé, comme c'est l'usage, pour étude à la Section de Géométrie [76] et plusieurs semaines s'écoulent avant que Bertrand ne présente, dans la séance

72. [Ber69, p. 1267].

73. À propos de l'affaire Carton, voir aussi [Pon86, p. 637-649 & p. 656-659].

74. Lettre non datée (décembre 1869) de Darboux à Hoüel, [Gis87, p. 87-88].

75. La possibilité de lire ce texte ne lui en a probablement pas été offerte.

76. Ceci est indiqué dans les *Comptes rendus* LXIX, 1869, p. 44 et noté sur le mémoire lui-même conservé dans la pochette de la séance. Celle-ci contient plusieurs documents de la main de Carton. Outre la lettre et son mémoire de plus de trente pages, on y trouve un cahier de dix-sept pages, extrait de son mémoire, rédigée après que Carton soit informé en date du 10 juillet 1869 que son « travail sera examiné par une Commission composée de M. M. les Membres de la Section de Géométrie ». Une lettre datée du 29 juillet 1869 nous apprend qu'il a transmis ce cahier à Bertrand « avec prière de vouloir bien faire passer cet extrait le plus tôt possible à Monsieur Chasles ».

du 20 décembre 1869, une note exposant la preuve de Carton du *postulatum*[77]. L'introduction de cette note *Sur la somme des angles d'un triangle*[78] est l'occasion de souligner la place prépondérante que Bertrand accorde à l'évidence dans sa pratique des mathématiques.

> « Aucun géomètre depuis Euclide n'a conçu de doutes sérieux sur la valeur de la somme des angles d'un triangle : un *postulatum* est nécessaire pour prouver qu'elle est égale à deux angles droits ; mais l'évidence de ce *postulatum* permet aux esprits de bonne foi de l'accepter comme un axiome, et les dialecticiens curieux de disputer, non de s'instruire, peuvent seuls en contester l'évidence. Jamais, nous devons l'avouer, il ne nous a paru bien nécessaire de les réduire au silence ; la Géométrie, en effet, conserverait même après ce succès des difficultés bien autrement insolubles ; la prétention de faire reposer la science sur le raisonnement seul, sans y laisser intervenir le sentiment intime relatif aux idées d'espace, semble absolument chimérique ; l'évidence, quoi qu'on fasse, doit être invoquée, c'est sur elle seulement que peuvent reposer les idées premières de ligne droite et de plan[79]. »

Bertrand concède néanmoins un certain intérêt aux travaux liés à la recherche d'une démonstration du *postulatum*, en particulier aux « recherches fort singulières et d'une nature toute spéciale » menées par Lobatchevski. Il reconnaît à ce dernier un « esprit puissant et sagace » et admet que « par une suite de raisonnements solidement liés à ses prémisses » il est parvenu à constituer une « Géométrie nouvelle » dont Gauss « a singulièrement grandi l'importance » en affirmant qu'il en possédait certains résultats depuis longtemps. Toutefois Bertrand ajoute : « sans avoir sans doute aucun disciple sérieusement convaincu, Lobatchewski a entraîné plus d'un admirateur à poursuivre après lui le caprice de cette débauche de logique »[80]. Et Beltrami de commenter :

> « D'ailleurs le dernier Compte-rendu (...) m'a un peu consolé. M. Bertrand admet, à proprement parler, le défaut d'une base rationnelle en ce qui concerne la théorie des parallèles, et il s'incline devant la synthèse de Lobatcheffsky ; seulement il la regarde comme une *débauche de logique*, et comme une œuvre de *dialecticien*. C'est déjà quelque chose. Le différend n'est déjà plus que d'appréciation, et toute *débauche* n'est en somme qu'une affaire de morale... indépendante[81]. »

Bertrand soutient une conception des mathématiques dont les théories et les concepts se doivent de reposer sur l'intuition. Comme il peine à se construire une intuition des géométries non euclidiennes, il les présente comme une fantaisie logique.

La démonstration de Carton repose sur le « premier théorème » de Legendre[82] donnée dans la 3e édition (1800) de ses *Éléments*. Bertrand explique que les efforts de Legendre pour démontrer que la somme des angles d'un triangle est égale à deux angles droits « n'ont pas été infructueux » car « il a établi en toute rigueur qu'elle ne peut être plus grande ». Il termine[83] : « C'est le point de départ de M.

77. Une feuille volante datée du 3 septembre 1869 et insérée par Serret dans le mémoire de Carton nous permet de savoir qu'entre temps, outre lui-même, d'autres géomètres se sont probablement intéressés au travail de Carton. Serret écrit : « J'ai lu le mémoire de Mr Carton. Il y a lieu de le soumettre à l'examen de MMrs Bonnet et Chasles. »

78. [Ber69].

79. [Ber69, p. 1265-1266].

80. [Ber69, p. 1266].

81. Lettre de Beltrami à Hoüel du 30 décembre 1869, [BGT98, p. 111].

82. « La somme des trois angles d'un triangle rectiligne ne peut être plus grande que deux angles droits. » [Leg33, Prop. A, p. 369-371]

83. [Ber69, p. 1267].

Carton, et nous l'admettons avec lui. »
Outre ce résultat, Carton s'appuie sur un lemme dont Bertrand donne, dans sa présentation, une démonstration reposant sur un résultat de Lobatchevski : « si l'on élève une perpendiculaire AP à une droite AB, et que par son extrémité P on élève une perpendiculaire PX à AP, les points de PX seront tous à une distance de AB égale *au moins* à AP » et s'ils « ne sont pas à la même distance de la droite AB, ils s'en éloignent de plus en plus à mesure qu'on s'avance sur cette droite en s'éloignant du point P »[84].

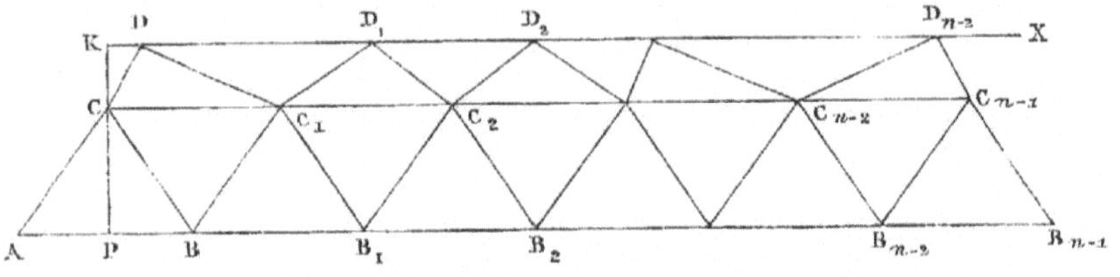

FIGURE 1.2 – Dessin de Bertrand pour la preuve de Carton [Ber69, p. 1269].

Bertrand poursuit en présentant sa propre version de la démonstration de Carton : considérons le triangle $\triangle ABC$ (voir la FIGURE 1.2) et puisque celui-ci possède au moins deux angles aigus, on suppose que ceux-ci sont les angles de sommets A et B adjacents à la base AB. En prolongeant la base AB et pour n entier, construisons les $n-1$ points B_i tels que $AB = BB_1 = B_1B_2 = \ldots = B_{n-2}B_{n-1}$. Ceci permet de former $n-1$ triangles égaux (congruents) au $\triangle ABC$: $\triangle BB_1C_1$, $\triangle B_1B_2C_2$, ..., $\triangle B_{n-2}B_{n-1}C_{n-1}$. Soit CP la hauteur du triangle $\triangle ABC$ issue de C. En joignant les points C, C_1,..., C_{n-1}, Bertrand peut affirmer, grâce au lemme précédent, que tous les points de ces segments sont à distance $\leq CP$ de la droite passant par A et B. Par conséquent, si l'on prolonge le segment CP et que l'on prend K tel que $KP > CP$ alors la perpendiculaire KX à KP sera toujours au-dessus des points $C, C_1, \ldots, C_{n-1}$ et donc la ligne droite ou brisée $C \cdots C_{n-1}$ sera entièrement sous la droite KX. Choisissons sur cette dernière $n-1$ points arbitraires $D, D_1, \ldots, D_{n-2}$ et formons les $n-1$ triangles $\triangle CDC_1, \triangle C_1D_1C_2, \ldots, \triangle C_{n-2}D_{n-2}C_{n-1}$. L'hexagone $CDD_{n-2}C_{n-1}B_{n-1}A$ est alors composé de $n + 2(n-1) + (n-2) = 4n - 4$ triangles parmi lesquels au moins n sont égaux au triangle $\triangle ABC$.
Par l'absurde, supposons que la somme des angles du triangle $\triangle ABC$ soit $2D - \alpha$. Ainsi, d'une part la somme des angles des $4n-4$ triangles sera égale à

$$n(2D-\alpha) + \sum_{i=1}^{3n-4}(2D - x_i) = 2nD - n\alpha + (3n-4)2D - \sum_{i=1}^{3n-4} x_i = 8nD - n\alpha - 8D - x$$

où x est « la somme faite, pour tous les autres triangles de la figure, de l'excès de deux angles droits sur la somme de leurs angles ». D'autre part, en notant Σ la somme des angles de l'hexagone (*i.e.* $\measuredangle A + \measuredangle C + \measuredangle D + \measuredangle D_{n-2} + \measuredangle C_{n-1} + \measuredangle B_{n-1}$) et en additionnant respectivement les angles du bas, milieu et haut de la figure, cette même somme vaudra

$$\Sigma + (n-1)2D + (n-2)4D + (n-3)2D = \Sigma + 8nD - 16D.$$

84. [Ber69, p. 1267-1268].

Enfin, en égalant les deux expressions on a

$$\Sigma = 8D - n\alpha - x.$$

Il existe donc $n \in \mathbf{N}$ tel que $\Sigma < 0$ ce qui est absurde. Par conséquent, on a $\alpha = 0$ et le *postulatum* d'Euclide est démontré !

Réactions diverses

Avant de recevoir les *Comptes Rendus*, Darboux n'a pas connaissance des détails de la preuve de Carton. Il sait uniquement « qu'elle est fondée sur une considération employée autrefois par Legendre, celle de triangles égaux juxtaposés [85] ». Après lecture, il écrit à Hoüel qu'il trouve plusieurs points « très contestables pour ne pas dire plus » mais ne les mentionne pas. Il ajoute :

> « (...) je regrette pour lui [Bertrand] qu'il se soit engagé dans cette affaire. Il aurait dû examiner plus sérieusement la question dont il ne paraît pas avoir posé les véritables termes [86]. »

Le lendemain, Darboux se rend à l'Académie et, une fois de retour à sa table de travail, il ajoute un post-scriptum confidentiel à la lettre destinée à Hoüel :

> « Je rouvre ma lettre pour vous dire que j'ai été à l'Institut aujourd'hui. On n'a pas encore reçu d'objection à la démonstration de M. Bertrand. Après y avoir bien réfléchi je crois que cette démonstration est inexacte, mais je vous prie de ne pas faire mention de mon opinion à ce sujet. La démonstration est du reste très spécieuse, vous trouverez sans peine le point où elle est en défaut. Je me range dorénavant tout à fait à l'opinion que vous avez émise et dont je n'étais pas très convaincu. Il est impossible de démontrer le postulatum [87]. »

Ajoutons que dans une autre lettre à Hoüel, Darboux écrit que « cette affaire a appelé l'attention sur la Géométrie non euclidienne et [que] bien des personnes profitent de l'occasion pour faire des études sérieuses sur le sujet [88]. »

Eugenio Beltrami écrit à Hoüel le 23 décembre 1869 qu'il est informé de « la petite bataille au sujet du postulat d'Euclide » par la revue *Cosmos* [89] et exprime lui-aussi une certaine satisfaction que cela ait attiré en France l'attention sur le sujet. Une semaine plus tard, en ayant survolé la preuve sans l'avoir lue en détail, il se rend tout de suite compte que l'approche suivie n'est pas la bonne. Sans parler ici de l'impossibilité de démontrer le résultat, il souligne que l'approche de Carton ne peut être correcte puisque les hypothèses admises par ce dernier « appartiennent à la surface pseudosphérique et à ses géodésiques [90] ».

Dans ses lettres des 4 et 14 janvier 1870, il fait part de deux critiques concernant la démonstration précédente de Bertrand [91]. La seconde fait intervenir le modèle

85. [Gis87, p. 88].
86. [Gis87, p. 90].
87. [Gis87, p. 91].
88. [Gis87, p. 92].
89. Le tome VII (3e série, 2e semestre, 1869, p. 684-685) relate un épisode de la séance de l'Académie des sciences du 6 décembre 1869 ([Pon86, p. 654-655] ou [BGT98, p. 109]) dont il n'est pas fait mention dans les *Comptes rendus* : Bertrand demande à l'Académie de féliciter Carton et de le recommander au ministre de l'Instruction publique. S'ensuit alors une discussion de deux heures durant laquelle Joseph Liouville et Irénée-Jules Bienaymé soutiennent l'impossibilité de démontrer le *postulatum*, le premier semblant même croire à l'existence de « trois géométries également vraisemblables ». Ceci n'est pas l'avis de Charles Dupin qui déclare que la géométrie euclidienne est la seule vraie et que le « *postulatum* doit être admis sans démonstration spéciale, laquelle d'ailleurs est impossible ».
90. Lettre de Beltrami à Hoüel du 30 décembre 1869, [BGT98, p. 111].
91. [BGT98, p. 119-120 & p. 124-125]. Pour la première objection, nous renvoyons aux ouvrages [Pon86, p. 645-646] et [BGT98].

de Beltrami-Klein dans lequel l'équidistante à la droite passant par A et B est une ellipse et « semble bien représenter la manière dont les choses se passent, ce qui nous suffit[92] » (voir la FIGURE 1.3) :

> « Du point X où KX rencontre le cercle limite, on tire XZ tangente en Z à l'ellipse. Pour tous les sommets C_{n-1} dont les représentants tombent entre Z et L les droites menées à un point quelconque de KX font un angle *fini* avec l'ellipse ; donc, pour un sommet C_{n-1} suffisamment rapproché de L, la droite représentative du côté $C_{n-1}C_{n-2}$ doit tomber dans l'intérieur de cet angle, car l'angle qu'elle fait elle-même avec l'ellipse peut devenir moindre que toute grandeur donnée. Donc, pour n suffisamment grand, les droites qui vont de C_{n-1} à des points de KX tombent toutes dans l'intérieur du triangle $C_{n-2}C_{n-1}B_{n-2}$, en rendant illusoire la démonstration Bertrand-Carton[93]. »

Ainsi, en utilisant « son modèle », Beltrami observe que puisque les droites traversent le triangle, il n'est plus possible de compter les sommes des angles des $4n-4$ triangles comme dans la preuve de Carton et donc le raisonnement ne tient plus. Une représentation de la situation dans le demi-plan de Poincaré met en évidence l'objection de Beltrami. Sur la FIGURE 1.4, nous avons représenté le triangle ABC ainsi que deux de ses translatés. Dans ce modèle, l'équidistante à la droite passant par A et B est un cercle dessiné en pointillés. Nous avons indiqué également la tangente XZ de Beltrami ainsi que le point L considéré dans sa lettre.

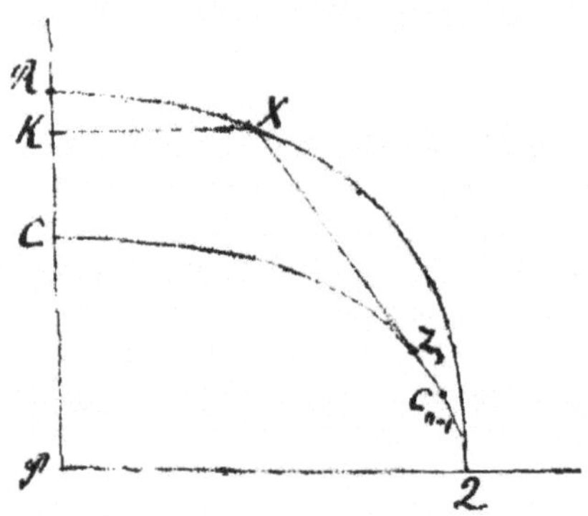

FIGURE 1.3 – Dessin de Beltrami pour sa seconde objection à la preuve de Carton extrait de sa lettre à Hoüel du 4 janvier 1870 (AAS, dossier Beltrami).

Dans une autre lettre adressée à Hoüel le 6 janvier 1870, Beltrami annonce qu'il a appris par Genocchi que la démonstration de Carton n'est en fait pas neuve. Vingt ans plus tôt, Angelo Genocchi avait communiqué aux *Nouvelles annales* une démonstration semblable découverte par Camillo Minarelli de Bologne[94]. Beltrami transcrit aussi à son correspondant un passage de la réponse de Bertrand à Genocchi après que ce dernier ait attiré son attention sur ce fait :

92. [BGT98, p. 125].

93. [BGT98, p. 120].

94. Le raisonnement de Minarelli [Min49] utilise un pentagone au lieu d'un hexagone. Sa démonstration avait suscité une objection de Lionnet (voir la note 5 du document 2.193). Dans une lettre adressée à Quetelet (consulter [Gen73a, p. 193]), Genocchi fait un historique complet de cette démonstration publiée en Italie dès 1826.

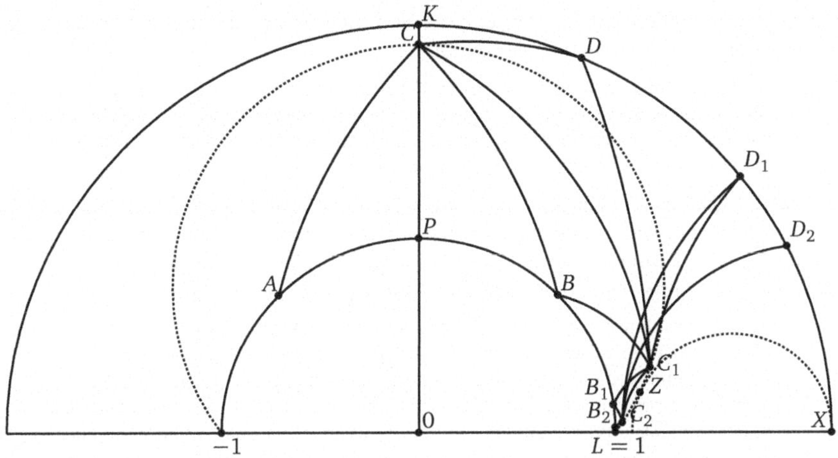

FIGURE 1.4 – La seconde objection de Beltrami vue dans le modèle du demi-plan de Poincaré : le triangle ABC de sommets $(-\frac{\sqrt{2}}{2}, \frac{\sqrt{2}}{2})$, $(\frac{\sqrt{2}}{2}, \frac{\sqrt{2}}{2})$, $(0, 2)$ et deux itérés par la translation hyperbolique $z \mapsto \frac{\sqrt{2}z+1}{z+\sqrt{2}}$.

> « M. Genocchi en a écrit à M. Bertrand, en déclarant cependant qu'il renonçait volontiers à la "priorité d'une bévue". M. Bertrand lui a répondu qu'il tiendra compte de cet avertissement dans un prochain n° des Comptes Rendus, sans nommer Mr. Genocchi, et il dira, à propos de la démonstration de Carton, que (ce sont les propres mots de M. Bertrand) "pour la juger en elle-même, il faut s'entendre sur le but qu'on se propose. Est-ce un pur exercice de logique, applicable par cela même aux surfaces pseudosphériques ? Dans ce cas il a tort sans contredit. Mais s'agit-il du plan et de la réalité ? En ce cas, comme je l'ai dit au commencement de l'exposition qui a paru au Compte rendu, le droit d'invoquer l'évidence et la possibilité de la figure me paraît alors incontestable." M. Genocchi ajoute : *Ella vede che il Bertrand si ritira già un poco* et il prononce un jugement très dur[95]. »

Le 3 janvier 1870, Bertrand revient sur sa précédente note en publiant une nouvelle communication dans les *Comptes rendus*[96]. Darboux signale alors à Hoüel dans une lettre non datée que « Bertrand a fait amende honorable au moins en ce qui concerne la démonstration car, tout en rendant justice aux travaux de Lobatschefsky, il garde ses idées sur le postulatum d'Euclide » et il suppose que Bertrand « doit être maintenant à regretter les expressions qu'il a employées dans son rapport » car elles paraissent « un peu fortes »[97]. Bertrand argumente en reprenant l'alternative exposée dans sa lettre à Genocchi sans expliquer pourquoi la démonstration de Carton ne s'applique pas « aux surfaces pseudosphériques ». Il semble ne pas être convaincu par la nouvelle géométrie qui se développe à partir de la négation du *postulatum* sans pour autant la trouver fausse. Il s'agit pour lui, comme nous l'avons déjà vu, d'une « débauche de logique » ou d'un « exercice de logique ». Pour Bertrand, l'espace est euclidien et par conséquent les résultats obtenus en géo-

95. Lettre de Beltrami à Hoüel du 6 janvier 1870, [BGT98, p. 121].
96. [Ber70].
97. [Gis87, p. 94].

métrie non euclidienne ne se rattachent à rien. Leur étrangeté peut même servir de justification de l'évidence du *postulatum* :

> « Celui qui prétend démontrer le *postulatum* d'Euclide s'adresse naturellement aux esprits assez difficiles pour n'en pas admettre l'évidence, et cherche à leur montrer, dans le cas où ils refuseraient de l'accepter, des conséquences tellement absurdes, qu'il soit impossible à personne de s'y arrêter [98]. »

Bertrand explique que les géomètres qui développent la géométrie imaginaire admettent quatre propriétés de la ligne droite [99] et l'existence « d'une surface indéfinie nommée *plan* » contenant toute ligne droite passant par deux de ses points, la géométrie n'étant alors plus qu'un jeu déductif à partir de ces hypothèses :

> « Sur ces principes, on n'a pas d'explication à donner, ils sont la base de la science, il faut les accepter si l'on veut étudier la géométrie ; mais cela fait, tout doit être démontré par des syllogismes dont les prémisses soient prises parmi les principes précédents, et toute phrase qui commence par : *Il est évident que...* est absolument interdite, on n'en écoute pas la fin, et la démonstration où elle figure est par cela même déclarée insuffisante. *Rien n'est évident*, les principes énoncés ne le sont pas plus que le reste ; on les admet : voilà tout, et l'on exerce sur eux sa logique [100]. »

Bertrand comprend alors la « déception » de ces géomètres devant le travail de Carton car ce dernier fait appel « à ce sentiment intime relatif à la ligne droite, dont il est impossible d'affranchir le géomètre ». Quant à lui, l'évidence du *postulatum* le « satisfait complètement ». Il ajoute que celui-ci « équivaut à cette idée, inséparable de celle de la ligne droite, qu'on peut exprimer (...) en disant que "la ligne droite ne peut présenter aucune déviation, si légère qu'elle soit" » et que « la démonstration de M. Carton suppose seulement que les lignes qui composent sa figure ne sont pas entièrement crochues [101] ». L'objection de contradicteurs qui contestent « la possibilité de réunir ces deux lignes [$CC_1C_2 \ldots C_{n-1}$ et $KDD_1 \ldots D_{n-2}$] par une droite $C_{n-1}D_{n-2}$, partant du point C_{n-1} et *ne pénétrant pas au-dessous de la première* » est certes « autorisée par les règles du jeu, telles que les ont faites les auteurs de la géométrie imaginaire » mais n'atteint pas l'« entière évidence » de l'assertion de Carton [102].

Bertrand termine sa communication en soulignant une contradiction qu'il décèle chez ses opposants au sujet des affirmations évidentes que l'on doit admettre et de celles qui ne le sont pas :

> « Dans cette affectation de pure logique, n'y a-t-il pas même une contradiction choquante ? On admet que d'un point à un autre on ne peut mener qu'une seule ligne droite ; cela ne se démontre ni ne peut se démontrer, cela est *évident* (il faut bien se résigner à le dire), mais cela cesse de l'être dès que l'on admet les lignes droites contournées qu'exige la géométrie imaginaire. On répondra, je le sais, qu'il s'agit d'une vérité de définition, et qu'évidente ou non, on se borne à en suivre les conséquences ; mais les autres principes sur la ligne droite sont aussi des vérités de définition ; et n'est-ce pas s'écarter de la saine logique que d'accumuler dans une définition plus de conditions qu'il n'est nécessaire [103] ? »

98. [Ber70, p. 18].
99. Ces « principes » de la ligne droite sont : par deux points distincts on peut mener une unique droite, une droite peut être prolongée indéfiniment dans les deux directions, deux morceaux de droite peuvent coïncider, la droite est le plus court chemin d'un point à un autre.
100. [Ber70, p. 18].
101. [Ber70, p. 18-19].
102. [Ber70, p. 19].
103. [Ber70, p. 20].

Darboux et Beltrami ne sont pas les seuls à avoir exprimé des doutes ou des objections dès la lecture de la preuve de Bertrand-Carton. Le débat autour du mémoire de Carton déclenche une série de contributions.

Lors de la séance du 10 janvier 1870, Eugène Lionnet, ancien professeur de mathématiques au Lycée Louis-le-Grand, prie le secrétaire perpétuel de bien vouloir ouvrir un pli cacheté qu'il fait parvenir à l'Académie. L'enveloppe indique qu'il a été « accepté le 27 x^{bre} » et porte la maxime : « Dans la géométrie *non euclidienne* il faut souvent, pour raisonner droit, faire les figures de travers. » Le document à l'intérieur, rédigé au soir du 20 décembre, contient l'objection suivante :

> « La démonstration donnée par Mr Bertrand, dans la dernière séance de l'Académie des sciences, suppose que les triangles CC_1D, $C_1C_2D_1, \ldots$ sont tous situés d'un même côté de la ligne brisée $CC_1C_2C_3\ldots$, condition inadmissible quand on raisonne dans l'hypothèse où la somme des angles d'un triangle est moindre que deux angles droits [104]. »

Alexis Boillot [105], quant à lui, rédige une lettre de deux pages datée du 25 décembre 1869 qu'il souhaite voir insérée dans les *Comptes rendus* car il affirme s'être « beaucoup occupé de la théorie des parallèles ». Son objection concerne la valeur de la somme des angles d'un triangle :

> « Toute la démonstration de M. Carton repose sur la rigueur ou l'inexactitude du raisonnement suivant :
> Si la somme des trois angles d'un triangle est plus petite que deux angles droits, on peut supposer qu'elle en diffère d'une quantité α fixée, *déterminée*.
> Ensuite, la conclusion de la démonstration dont il s'agit, consiste à dire qu'on peut choisir arbitrairement un nombre n de telle façon que le produit $n\alpha$ soit égal ou supérieur à un nombre entier donné A ; attendu qu'on peut disposer de n à volonté.
> Or, l'hypothèse ainsi faite sur α ne saurait être accordée, car cette valeur est tout à fait indéterminée ; on n'a sur elle aucun indice qui permette de la fixer.
> De plus, il n'est pas permis, bien entendu, de prendre pour *n l'infini* [106]. »

Dans une lettre rédigée le 31 décembre 1869 [107], Fleury rappelle son mémoire *Géométrie affranchie du postulatum d'Euclide*, reçu lors de la séance du 20 décembre 1869 [108], dans lequel il prétend avoir prouvé que le *postulatum* est indémontrable contrairement à l'affirmation de Bertrand :

> « Voilà donc en présence l'une de l'autre, deux propositions très-contradictoires, qui se donnent le plus formel démenti. On comprend qu'il est dans l'intérêt de la science que la question se vide d'une manière décisive [109]. »

C'est également pour attirer l'attention sur son propre travail que Fuix envoie d'Amiens une lettre datée du 6 janvier 1870 dans laquelle il affirme être parvenu à une « démonstration rigoureuse, indépendante de la considération de l'infini » du *postulatum* [110].

---

104. Pochette de la séance du 10 janvier 1870, AAS.
105. A. Boillot est rédacteur, avec Ernest Menault (1830-1903), d'une publication annuelle intitulée *Le mouvement scientifique*.
106. Pochette de la séance du 10 janvier 1870, AAS.
107. Cette lettre est écrite sur un papier à l'entête de l'Institution Fleury à Marseille chargée de la préparation des élèves aux baccalauréats et aux écoles du gouvernement.
108. *Comptes rendus* LXIX, 1869, p. 1331.
109. Pochette de la séance du 3 janvier 1870, AAS.
110. Il rappelle qu'il a présenté la « démonstration de ce théorème » dans son travail *Programme d'un nouveau mode d'enseignement de la géométrie élémentaire* dont il avait déjà envoyé un exemplaire à l'Académie en septembre 1867. « Dans la crainte que cet exemplaire se soit égaré », il en adresse un nouveau.

Camille Flye Sainte-Marie expose lui aussi ses critiques dans la séance du 22 janvier 1870 de la *Société philomathique de Paris* en expliquant que la démonstration de Carton repose sur un *postulatum* dont la forme « se rapproche de celle qu'Euclide a choisie [111] » :

> « Les droites KX et PY [perpendiculaires aux extrémités d'une troisième PK] étant construites (...), toute perpendiculaire à l'une de ces droites rencontrera l'autre, à quelque distance qu'elle soit menée de la perpendiculaire commune PK [112]. »

Dans son ouvrage [Fly71], il précise son objection (voir la FIGURE 1.5) :

> « (...) mais on a le droit de se demander si, quel que soit le nombre n de triangles égaux qu'on construira, la figure présentera toujours la disposition nécessaire au raisonnement.
> Pour préciser cette objection, je suppose qu'il soit possible d'élever sur la droite AY, suffisamment prolongée, une perpendiculaire ST (fig. 63, pl. VIII) [voir la FIGURE 1.5] ne rencontrant pas KX. Je peux supposer, au même titre, que la ligne $CC_1C_2\ldots$, composée d'éléments rectilignes qui, dans l'hypothèse où je me place, formeraient une ligne brisée, fournira dans l'angle TSY, si le nombre des sommets C, C_1, C_2, ... est suffisamment grand, des éléments tels que C_pC_{p+1} dont les prolongements ne rencontreraient jamais ST. S'il pouvait en être ainsi, les deux triangles $C_pC_{p+1}D_p$ et $C_pC_{p+1}B_p$, au lieu d'être, comme le raisonnement prédédent [de Carton] le supposait, et comme le représente la figure 62 [voir la FIGURE 1.2], situés de part et d'autre du côté C_pC_{p+1}, se trouveraient être situés d'un même côté de leur base commune, comme le représente la figure 63, et le raisonnement précédent cesserait dès lors d'être applicable.
> Ainsi, ce raisonnement suppose implicitement que les deux triangles qui, d'après la construction, ont pour base commune l'un des côtés CC_1, C_1C_2, ..., $C_{n-1}C_{n-2}$, sont toujours situés de part et d'autre de leur côté commun. Cette proposition n'est nullement démontrée, et elle équivaut au postulatum suivant : *Si deux droites L et L′ sont perpendiculaires à une troisième, toute perpendiculaire à L, suffisamment prolongée, rencontre L′* [113]. »

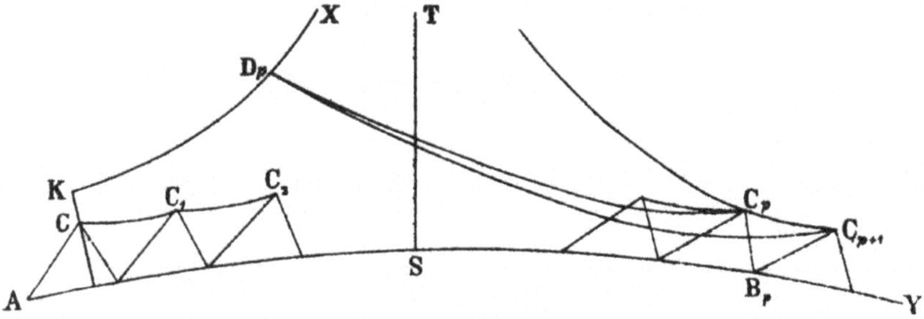

FIGURE 1.5 – Dessin pour l'objection de Flye Sainte-Marie à la preuve de Carton [Fly71, fig. 63].

111. [Fly70, p. 12-13].
Sur les contributions de Flye Sainte-Marie, on peut consulter l'ouvrage de Jean Daniel Voelke intitulé *Renaissance de la géométrie non euclidienne entre 1860 et 1900* [Voe05].
112. [Fly70, p. 12-13].
113. [Fly71, p. 132-133].

Le 4 mai 1870, Baltzer présente un court texte à la *Sächsische Akademie der Wissenschaften zu Leipzig* [114]. Il explique que le fait que chacun des quadrilatères $ABCD$, AB_1C_1D, AB_2C_2D, ... soit inclus dans le suivant est une hypothèse tacitement admise :

> « Wenn der Winkel BAC ein Theil des Winkels BAD, und der Punkt D weiter als die Spitze C von der Basis AB des Dreiecks ABC entfernt ist : so wird angenommen, dass der Winkel ADC im Wachsen bleibt [*i.e.* $ADC_n \leq ADC_{n+1}$], wärend die Basis AB des unveränderten Dreiecks ABC auf der Geraden AB in der Richtung von A nach B fortschreitet. Man mache $BB_1C_1 \simeq ABC[\simeq B_1B_2C_2 \simeq \ldots]$. Gesetzt, die Winkelsumme in ABC, ACD, CBC_1, CC_1D betragen $180° - w$, $180° - w'$, $180° - w''$, $180° - w'''$, so beträgt die Winkelsumme in $ABCD$ $[2 \cdot 180° - w - w']$ nicht mehr als $2 \cdot 180° - w$, in AB_1C_1D $5 \cdot 180° - 2w - w' - w'' - w''' - 3 \cdot 180°$, d. i. nicht mehr als $2 \cdot 180° - 2w$, in einem andern Viereck $[AB_2C_2D]$ nicht mehr als $2 \cdot 180° - 3w$, u. s. w.
> Die zuletzt ausgesprochene Hypothese, vermöge deren von dem folgenden Viereck das vorhergehende eingeschlossen wird, liegt dem ähnlichen nur etwas complicirteren Beweis *Minarellis* zu Grunde, welchen Herr *Genocchi* (...) mitgetheilt hat, sowie dem auf denselben Principien ruhenden noch mehr complicirten Beweis *Cartons*, welchen Herr *Bertrand* neulich in dem *Compte rendu* vertreten hat. Man hatte nur den Fehler begangen, die erforderliche Hypothese *stillschweigend* zuzulassen [115]. »

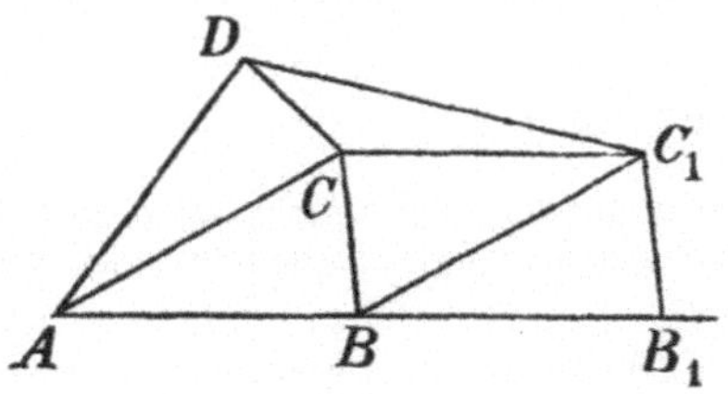

FIGURE 1.6 – Dessin de Baltzer pour son objection [Bal70, p. 373].

Ainsi, l'hypothèse de la croissance de l'angle ADC_n n'est pas compatible avec le fait que la somme des angles du quadrilatère AB_nC_nD soit plus petite que $2 \cdot 180° - (n+1)w$ qui décroît strictement. Les angles des quadrilatères devant décroître, ils ne sont donc plus inclus les uns dans les autres.

Hoüel s'implique activement dans cette discussion et publie plusieurs notes en liaison avec celle ci [116]. Au cours de ses échanges avec Darboux, ce dernier lui apprend qu'il est en fait indirectement, par ses travaux de traduction, à l'origine de cette « petite mésaventure géométrique dans l'Académie des sciences [117] ».

> « À propos de la démonstration de Carton, il faut que je vous raconte un trait inédit et qui vous étonnera beaucoup. C'est que vous êtes l'auteur de l'incident. Bertrand avait lu *Geometrische Untersuchungen* [118] et il avait buté au point que je vous ai indiqué, il ne comprenait pas, et il m'avait signalé ce point qui l'a

114. Cet article est reproduit plus tard dans le *Journal für die reine und angewandte Mathematik* [Bal70].
115. [Bal70, p. 373].
116. [H49a], [H49b]. Voir le paragraphe suivant.
117. [And70, p. 310].
118. [H27].

> empêché de croire Lobatschevsky. Je crois qu'il a changé d'avis, du reste le seul nom de Gauss aurait dû lui inspirer plus de prudence. Plus tard la Pangéométrie [119] m'a bien fait comprendre et je n'ai eu quant à moi plus rien à objecter [120]. »

Darboux estime que « la question est jugée » et « que si c'était à refaire, il [Bertrand] se garderait bien de publier la note de M. Carton [121] ». Ce n'est pas l'opinion de Carton qui s'accroche toujours à sa tentative de preuve comme Darboux l'apprendra à Hoüel un peu plus tard :

> « J'avais l'intention de vous envoyer le programme de l'ouvrage de Carton [122]. Je l'avais conservé pour vous, mais je vois avec plaisir que, bien que vous soyez dans un pays de ruraux mathématiques, vous êtes très au courant. Je n'ai eu connaissance de cet ouvrage que par hasard.
> Vous ne connaissez pas Carton. Je l'ai vu ce petit homme, il est singulièrement collant. Il voulait m'exposer ses démonstrations et une fois que j'étais avec Bonnet nous avons eu toutes les peines du monde à nous en débarrasser. C'est qu'il n'a jamais voulu reconnaître qu'il s'était trompé. À l'institut, il était superbe il causait à tout le monde. Si vous l'aviez vu le jour où Bertrand exposait sa démonstration au tableau, il rayonnait, et le jour où Bertrand est venu exposer au tableau que... dame il ne rayonnait plus du tout. Ce jour là pourtant il me semblait qu'il était convaincu de son erreur mais il a bien vite repris le dessus. Deux ou trois jours après, il avait trouvé de nouvelles démonstrations, il était sûr de son affaire, Lobatschefsky n'était qu'un petit garçon, etc, etc [123]. »

1.2.3 Les notes de Hoüel

Hoüel est le premier mathématicien à avoir publié une note affirmant que les résutats obtenus par Beltrami permettent d'établir l'indémontrabilité du postulatum, avis qui est aussi partagé par ce dernier [124]. Il va donc s'employer à propager cette idée et aura probablement une plus grande audience que d'autres si l'on en juge par le nombre de fois où ses notes [H49a] et [H49b] seront imprimées. Sa légitimité acquise par ses traductions et le fait que, contrairement à bon nombre de ses contemporains, il n'utilise pas le prétexte de l'affaire Carton pour mettre en avant ses propres travaux, mais attire l'attention sur ceux d'un géomètre étranger participe aussi probablement de l'effet désiré :

> « (...) M. Hoüel, en outre de son autorité scientifique bien connue, a une compétence toute spéciale pour s'occuper de cette question, puisqu'on lui doit la traduction des travaux du professeur russe Lobatschewsky et de l'officier hongrois J. Bolyai (...) [125]. »

À Bordeaux, lors de la séance du 30 décembre 1869 de la *Société des sciences physiques et naturelles*, Hoüel donne lecture d'une *Note sur l'impossibilité de démontrer par une construction plane le principe de la théorie des parallèles* [H49a]. Après les

119. [Lob56].
120. Lettre non datée de Darboux à Hoüel, [Pon86, p. 658-659].
121. [Pon86, p. 659].
122. [Car70].
123. Lettre de Darboux à Hoüel du 4 juillet 1871, Bibliothèque municipale de Caen, Ms. in-4° 333, folio 116.
124. Dans une lettre adressée à Hoüel le 2 janvier 1870 [BGT98, p. 114], Beltrami exprime son accord avec la position de Hoüel : « Votre avis sur l'impossibilité de démontrer planimétriquement l'axiome XI, en tant qu'il peut découler de mon *Saggio*, est aussi le mien. »
125. Bert, *Bulletin Soc. phil.* VII, 1870, p. 39.

échanges polémiques qui se sont déroulés à l'Académie des sciences de Paris, il souhaite ramener la discussion sur son « véritable terrain » et attirer l'attention sur le mémoire de Beltrami dont la traduction qu'il en a faite [126] n'est pas encore parue au moment de son intervention à la tribune [127].

L'introduction de la note vise à accrocher le lecteur (ou l'auditeur) en rappelant le rôle de Gauss, Lobatchevski et Bolyai qui ont amené la question des parallèles « bien près de son point de maturité ». Hoüel pense que la situation est aujourd'hui mûre pour son intervention car, depuis la période des pionniers, de « nouveaux documents » rédigés par les « géomètres les plus éminents » – Riemann et Beltrami – sont venus enrichir le débat. Hoüel s'est forgé depuis plusieurs années l'intuition que le *postulatum* est indémontrable [128]. Il suffit d'ailleurs pour cela de considérer la succession des échecs :

> « L'échec des innombrables tentatives [129] faites jusqu'à ce jour pour arriver à la démonstration du fameux principe pouvait paraître une raison suffisante de croire à l'impossibilité de cette entreprise. L'instinct mathématique semblait dire qu'une vérité aussi simple, aussi primordiale, si elle était démontrable, ne pouvait l'être que par des considérations simples, tirées de la nature même du sujet, et non d'un long échafaudage de constructions compliquées et artificielles [130]. »

Avant d'entrer dans le cœur du sujet, Hoüel rappelle la définition de la courbure due à Gauss et introduit ensuite la notion de surface pseudosphérique (surface à courbure constante négative) ainsi que celle d'horisphère (ou horosphère) [131]. Il ne semble alors pas conscient qu'une horosphère est une surface de l'espace hyperbolique ; il parle des « surfaces sphériques », « surfaces pseudosphériques » et de l'« horisphère » qu'il distingue selon leur courbure :

> « Ces deux classes de surfaces ont une limite commune, pour laquelle la courbure devient nulle. C'est de la fixation de cette limite que dépend la question des parallèles. Cette surface de courbure nulle, limite d'une sphère de rayon infini, a reçu de Lobatchefsky le nom de *sphère-limite* ou d'*horisphère* [132]. »

Hoüel ne reprend donc pas ici le point de vue selon lequel la géométrie euclidienne est un cas particulier d'une nouvelle géométrie plus générale. En préambule, il explique les propriétés principales des surfaces pseudosphériques en les comparant à celles que l'on a pour les autres types de surfaces. Selon Hoüel, le fait que ces

126. [H39].
127. Hoüel indique qu'elle « paraît en ce moment » [H49a, p. XII].
128. En 1863, il attribue ceci à « un faux point de vue métaphysique » :

> « (...) si, jusqu'ici, les efforts de tant d'esprits éminents n'ont abouti à aucun résultat satisfaisant, il est peut être permis d'en conclure qu'en poursuivant ces recherches, on a fait fausse route, et qu'on s'est attaqué à un problème insoluble, dont on s'est exagéré l'importance, par suite d'idées inexactes sur la nature et l'origine des vérités primordiales de la science de l'étendue. » [H19, p. 171] (même texte dans [H36, p. 1])

Vingt ans plus tard, en reprenant son texte dans [H67, p. 3], Hoüel passe sous silence l'impossibilité de démontrer le postulatum en supprimant ce paragraphe et en le remplaçant par quelques mots sur les découvertes en géométrie non euclidienne qui ont « rendu de grands services à l'Analyse ».

129. Dans sa notice sur Hoüel [Bru88], Brunel donne une liste impressionnante de tentatives de démonstration du postulat d'Euclide afin de montrer le bien fondé de la démarche de Hoüel : « On reconnaîtra, en la parcourant, combien il y avait avantage à montrer l'inutilité des efforts tentés dans cette voie et à détourner vers des régions plus fructueuses l'activité des chercheurs. » [Bru88, p. 24]
130. [H49a, p. XII].
131. Sa manière de parler de l'horisphère provoquera des remarques de De Tilly (voir les notes 22 et 23 de la lettre 2.2 et la lettre adressée à Hoüel par Beltrami le 4 octobre 1869 [BGT98, p. 98].
132. [H49a, p. XIII].

propriétés soient différentes « découle des caractères fondamentaux qui distinguent les trois classes de surfaces de courbure constante », causes aussi de « la diversité des propriétés des figures tracées » sur ces surfaces :

> « Dans une surface de courbure constante nulle ou négative, on ne peut, dans aucun cas, mener entre deux points donnés plus d'une ligne géodésique. (...) Dans les surfaces pseudosphériques, on peut mener par un point une infinité de lignes géodésiques qui ne rencontrent point une ligne géodésique donnée, et qui sont comprises dans une région angulaire plus ou moins étendue. (...) Dans les surfaces pseudosphériques, l'excès triangulaire est négatif, et il est encore proportionnel à l'aire du triangle. Il suit de là que l'aire d'un triangle géodésique de ces surfaces ne peut plus croître indéfiniment, et qu'elle a un maximum correspondant au cas où les côtés sont infinis et les angles nuls [133]. »

Les raisonnements de Hoüel pour montrer l'impossibilité de démontrer le *postulatum* n'utilisent pas explicitement les résultats du « beau travail de M. Beltrami ». Son argumentation consiste à constater que s'il existait une preuve du postulat des parallèles sur l'horisphère (« la géométrie euclidienne du plan n'étant autre chose que celle de l'horisphère [134] »), on en aurait alors une aussi sur « la » pseudosphère puisque l'on admet les mêmes hypothèses sur les deux surfaces. Hoüel fait donc apparaître le *postulatum* comme un « caractère distinctif » qui n'est pas vérifié sur la pseudosphère :

> « (...) on ne pourra pas établir que la somme des angles d'un triangle horisphérique est égale à deux angles droits, en se servant d'une construction applicable dans tous ses détails à la pseudosphère, puisqu'elle donnerait sur celle-ci un résultat contraire à la réalité.
> Or, d'après ce qu'ont démontré Lobatchefsky et Bolyai, c'est des propriétés caractéristiques en question que dépend la possibilité sur l'une des surfaces d'une construction impossible sur l'autre, et, tant que la propriété caractéristique ne sera pas établie, toute construction exécutable sur l'une devra être regardée comme l'étant aussi sur l'autre. Ce ne serait donc que par une pétition de principe que l'on prétendrait tirer cette propriété caractéristique elle-même d'une construction faite sans sortir de la surface [135]. »

Hoüel en conclut qu'« il est donc démontré par là qu'aucune construction plane, non fondée implicitement sur le principe des parallèles, ne peut être employée pour établir ce principe, sous peine de conduire à un cercle vicieux [136]. »

Dans sa note résumée [H49b], Hoüel change un peu de point de vue en présentant la géométrie euclidienne comme un cas particulier de la géométrie de Lo-

133. [H49a, p. XIII-XIV].
134. Dans plusieurs lettres à Hoüel, Beltrami insiste sur le fait qu'il a démontré que l'élément linéaire de l'horisphère est identique à celui du plan euclidien et sur les conséquences qu'il est possible d'en déduire. Il se garde bien de considérer l'horisphère comme un plan, ce qu'il écrit à Hoüel le 8 janvier 1869 [BGT98, p. 72] :

> « (...) je trouve que l'horisphère de Lobatschewsky ou la surface F de Bolyai est une surface dont l'élément linéaire est réductible à la forme $\sqrt{dx^2 + dy^2}$. Cela veut bien dire que la géométrie de cette surface n'est que la planimétrie ordinaire, mais ne veut pas du tout dire que la surface soit un plan, ni même une surface développable. Elle le serait, si l'espace dans lequel on en conçoit l'existence était l'espace ordinaire, mais, comme on raisonne précisément dans l'hypothèse contraire, il faut s'en tenir tout simplement au premier point, c'est-à-dire que la géométrie de cette surface est la même que celle du plan. »

135. [H49a, p. XV].
136. [H49a, p. XV-XVI].

batchevski-Bolyai et il explique l'impossibilité de la démonstration du postulat des parallèles de la manière suivante :

> « (...) ces constructions, pour être concluantes, doivent être faites sans s'appuyer sur le principe que l'on veut établir, et, par suite, en admettant l'hypothèse contraire. Or, dans ce cas, comme l'ont établi Lobatchefsky et Bolyai, la Géométrie du plan rentrera, comme cas particulier, dans celle des surfaces de courbure constante négative, et les constructions faites sur le plan ne pourront jamais conduire à des conclusions autres que celles qu'on en tirerait si elles étaient faites sur ces surfaces courbes. Mais on sait que, sur une surface de courbure constante négative, la somme des angles de tout triangle géodésique est moindre que deux angles droits. Donc les constructions dont il s'agit, ne pouvant amener à une conclusion contraire sur la surface courbe, ne le pourront jamais non plus sur le plan [137]. »

Il expose aussi son objection à la démonstration de Bertrand-Carton en soulignant que l'aire des hexagones considérés ne tend pas vers l'infini si l'on réalise la construction sur une surface à courbure négative. Hoüel reste dans le cadre de la géométrie plane et, à cette date, il se garde bien d'affirmer que la démonstration du *postulatum* est impossible si on recourt à des constructions spatiales. Nous verrons au paragraphe suivant que la cause de cette position est certainement liée à l'approche suivie par Beltrami [138].

Après la lecture de sa note à Bordeaux, Hoüel souhaite également en faire connaître le contenu à ceux qui sont à l'origine de l'affaire et diffuser les idées qu'elle contient à Paris. Il essaye donc de la faire publier dans les *Comptes rendus* pour lui assurer une plus large audience académique. Pour cela, il en rédige un résumé qu'il adresse à son ami Antoine d'Abbadie, membre de la section de géographie et de navigation depuis 1867 [139]. Sa note sera en effet adressée par d'Abbadie à Léonce Élie de Beaumont, le secrétaire perpétuel de l'Académie pour les sciences mathématiques depuis 1853, et l'institution en accusera reception lors de sa séance du 10 janvier 1870 [140]. Toutefois, malgré la bonne volonté de d'Abbadie, le texte de Hoüel, toujours conservé dans la pochette de la séance, ne sera jamais publié dans les *Comptes rendus*. Sa contribution obtient le même accueil que toutes celles soumises sur cette question : sa note est transmise aux personnes compétentes [141].

1.2.4 Les travaux d'Eugenio Beltrami

Hoüel s'est certainement senti conforté dans sa conviction de l'impossibilité de démontrer le postulat des parallèles à l'aide des autres axiomes euclidiens [142] en découvrant les résultats obtenus par Lobatchevski et Bolyai. Son travail de traduction des œuvres pionnières est particulièrement formateur pour sa pensée. Poursuivant

---

137. [H49b, p. 95-96].

138. Dans sa note résumée [H49b, p. 95], Hoüel écrit que Ampère a indiqué « en passant » qu'« on peut espérer trouver dans les constructions à trois dimensions le moyen d'arriver à la solution tant cherchée » et qu'il ne veut pas « préjuger la question ».

139. Voir à ce sujet les lettres adressées à Hoüel par d'Abbadie les 5 janvier et 8 janvier 1870 (dossier de d'Abbadie aux Archives de l'Académie des sciences).

140. *Comptes rendus* LXX, 1870, p. 90. Le texte présente la note de Hoüel comme adressée à l'Académie par l'intermédiaire de d'Abbadie.

141. En haut à droite du grand feuillet quadrillé utilisé par Hoüel est inscrit en rouge : « Renvoi à la Section de géométrie ».

142. Voir la note 128.

dans cette voie, il traduit deux articles de Beltrami au sujet des géométries non euclidiennes [143] et correspond régulièrement avec son collègue italien [144].

Vers 1865, Beltrami s'intéresse aux surfaces pouvant être projetées sur le plan de sorte que leurs géodésiques puissent correspondre à des droites [145]. Une telle question de théorie des surfaces le conduit à s'intéresser, un peu malgré lui, à la géométrie de Lobatchevski et Bolyai.

> « Qu'il me soit permis d'affirmer que cette question est précisément celle, si je ne me trompe, où j'ai introduit un élément véritablement nouveau dans la recherche analytique concernant la nature des espaces, et cela est d'autant plus vrai que c'est en frayant cette voie que je suis entré, sans le vouloir et presque sans le savoir, dans les théories de Lobatchevsky et Riemann, etc., où je suis allé ensuite chercher des vérifications qui, à leur tour et par la suite, m'ont suggéré d'autres recherches complémentaires auxquelles, autrement, je n'aurais pas pensé [146]. »

À l'automne 1867, après avoir étudié la traduction des *Études géométriques sur la théorie des parallèles* de Lobatchevski publiée par Hoüel [147], Beltrami entreprend la rédaction de son *Saggio di interpretazione della geometria non-euclidea* [148]. Dans ce mémoire, il donne une interprétation des conceptions planimétriques de la géométrie imaginaire s'inscrivant dans le cadre connu de la géométrie différentielle des surfaces. Ainsi, cette nouvelle théorie trouve « un substrat réel [149] » suivant « un procédé (...) tout à fait conforme aux bonnes traditions de l'investigation scientifique [150] »

On peut réaliser la géométrie euclidienne en considérant des figures tracées sur un cylindre ou un cône. Le projet de Beltrami est d'obtenir une représentation de la géométrie non euclidienne (entendue comme géométrie hyperbolique) sur une surface à courbure constante négative, qu'il propose d'appeler *surface pseudosphèrique*. En étudiant « l'élément linéaire » (première forme fondamentale) d'une telle surface qui vérifie que « toute équation linéaire par rapport à u et v représente une ligne géodésique » et réciproquement [151], Beltrami en vient à observer que ses calculs montrent la possibilité de construire un système de coordonnées tel que « chaque point de la surface [soit] déterminé comme intersection de deux lignes géodésiques » menées perpendiculairement aux deux lignes géodésiques fondamentales $u = 0$ et $v = 0$. Comme ses calculs n'ont de sens que pour les valeurs telles que $u^2 + v^2 \leq a^2$, il les représente à l'intérieur d'un cercle sur un « plan auxiliaire », cercle auquel il donne le nom de « cercle-limite ». Ainsi, Beltrami parvient à une représentation d'une portion ou « région » d'une surface pseudosphérique :

> « (...) sur la région considérée, à chaque couple de valeurs réelles de u, v satisfaisant à la condition $[u^2 + v^2 \leq a^2]$ correspond un point réel, unique et déterminé ; et réciproquement, à chaque point correspond un couple unique et déterminé de valeurs réelles de u, v satisfaisant à la condition en question.
> Si donc nous désignons par x, y les coordonnées rectangulaires des points d'un

143. [Bel68], [Bel69].
144. [BGT98].
145. Voir [BGT98, p. 3-4] et [Bel66].
146. Lettre de Beltrami à d'Ovidio du 25 décembre 1872, [Boi95, p. 269].
147. [H27].
148. [Bel68].
149. Hoüel traduit par « base réelle » l'expression « substrato reale ».
150. [H39, p. 251-252].
151. Beltrami avait étudié cette question dans son article [Bel66] au sujet des projections géodésiques sur le plan.

plan auxiliaire, les équations $x = u$, $y = v$ établissent une représentation de la région considérée, représentation dans laquelle à chaque point de cette région correspond un point unique et déterminé du plan, et réciproquement ; et toute la région se trouve représentée à l'intérieur d'un cercle de rayon a, ayant pour centre l'origine des coordonnées, et que nous appellerons *cercle-limite*. Dans cette représentation, aux lignes géodésiques de la surface correspondent les cordes du cercle limite, et, en particulier, aux lignes géodésiques coordonnées correspondent les lignes parallèles aux deux axes coordonnés [152]. »

Il conclut qu'« à l'intérieur du cercle-limite se trouve représentée toute la région réelle de [la] surface [153] », les points du cercle-limite étant le « le lieu des points à l'infini de la surface ». L'étude de la représentation des surfaces pseudosphériques permet à Beltrami, guidé par ses équations, de mettre au jour un système concret dans lequel apparaissent, au travers d'une fenêtre sur la géométrie pseudosphérique, les premières idées de la géométrie imaginaire. Bien que la surface soit abstraite [154], il en décrit la géométrie sur son modèle en étudiant le système des géodésiques :

« De ce qui précède, il résulte que les lignes géodésiques de la surface sont représentées, dans leur développement total (réel), par les cordes du cercle-limite, tandis que les prolongements de ces cordes en dehors de ce même cercle n'ont aucune représentation réelle. D'autre part, deux points réels de la surface sont représentés par deux points, également réels, intérieurs au cercle-limite, lesquels déterminent *une* corde de ce cercle. On voit donc que deux points réels de la surface, *choisis d'une manière quelconque*, déterminent *toujours une ligne géodésique unique*, qui est représentée sur le plan auxiliaire par la corde passant par leurs points correspondants. Ainsi, les surfaces de courbure constante négative *ne sont pas sujettes* aux exceptions qui ont lieu sous ce rapport dans les surfaces de courbure constante positive, et, par suite, on peut leur appliquer les théorèmes de la Planimétrie non euclidienne. Il y a plus, ces théorèmes, en grande partie, ne sont susceptibles d'une interprétation concrète que si on les rapporte précisément à ces surfaces, au lieu du plan, comme nous allons le démontrer tout à l'heure avec détail [155]. »

Beltrami explique alors que le système des cordes du cercle-limite vérifie la propriété selon laquelle « par un point (réel) quelconque de la surface, on peut toujours mener *deux* lignes géodésiques (réelles), parallèles à une même ligne géodésique (réelle) qui ne passe pas par ce point, et ces deux lignes géodésiques font entre elles un angle qui diffère à la fois de 0 et de 180 degré [156] » (voir la FIGURE 1.7). La conclusion de Beltrami est qu'à la terminologie près, « ce résultat s'accorde (...) avec ce qui forme la base de la géométrie non euclidienne ».

Pour concrétiser « l'accord de la Géométrie pseudosphérique avec la Planimétrie non euclidienne », Beltrami montre, par un calcul mené à l'aide de son « analyse habituelle », que la formule pour l'angle de parallélisme pseudosphérique coïncide avec celle donnée par Lobatchevski. D'autre part, il montre que la somme des angles d'un triangle géodésique pseudosphérique est plus petite que 180° et étudie les « circonférences géodésiques » qui, lorsque leur « centre est à l'infini », correspondent aux « horicycles » de Lobatchevski. De si nombreuses coïncidences

152. [H39, p. 257].
153. [H39, p. 258].
154. En travaillant à partir de la première forme fondamentale, on peut dire aujourd'hui que Beltrami étudie les surfaces à courbure négative à difféomorphismes isométriques près.
155. [H39, p. 259].
156. [H39, p. 262].

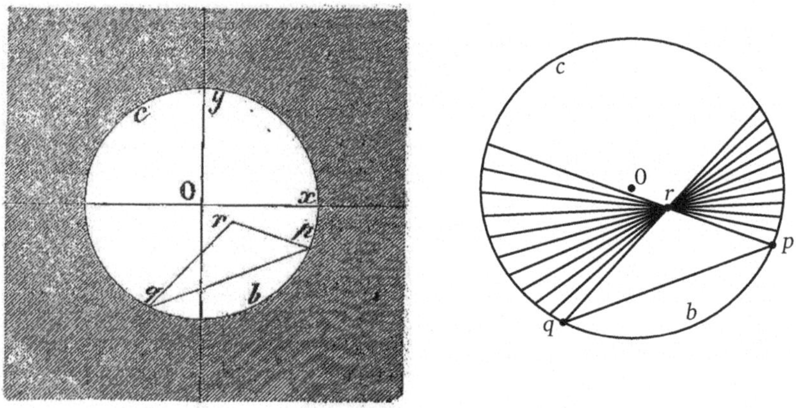

FIGURE 1.7 – À gauche, dessin de Beltrami extrait de [Bel68, p. 291] ; à droite, des droites parallèles.

ne laissent guère de doute : « Les résultats précédents nous semblent faire pleinement ressortir la correspondance qui a lieu entre la Planimétrie non euclidienne et la Géométrie pseudosphérique [157]. »
La représentation d'une surface pseudosphérique n'existe toutefois pour l'heure que dans ses calculs. Beltrami va introduire une surface à courbure constante négative que l'on peut représenter dans l'espace euclidien sous la forme d'une surface de révolution et ceci toujours en raisonnant à partir de l'« élément linéaire ». Il explique que la surface de révolution s'enroule sur elle-même une infinité de fois. Ce point est au cœur d'une discussion avec Angelo Genocchi [158] :

> « La longueur de la zone [de surface pseudosphérique qui peut être réellement transformée en surface de révolution] est indéfinie, et par suite la zone s'enroule un nombre infini de fois sur la surface de révolution ; à cette occasion, il faut observer que les points qui se superposent de cette manière les uns aux autres, doivent être toujours considérés comme distincts, sans quoi le théorème, que par deux points de la surface passe une seule ligne géodésique, cesserait d'être vrai. En d'autres termes, on devra concevoir la surface de révolution comme la limite d'un hélicoïde dont le pas converge vers zéro [159]. »

Beltrami précise que « la courbe méridienne » de la surface de révolution dont il s'agit est une tractrice, « ligne connue aux tangentes égales » et que « la surface engendrée est celle que l'on regarde ordinairement comme le type des surfaces de courbure constante négative [160]. » (Voir la FIGURE 1.8.)
Beltrami peut alors répéter sa conviction que la géométrie imaginaire s'applique aux surfaces pseudosphériques. Néanmoins, il doute qu'une semblable interprétation soit valable pour la stéréométrie non euclidienne puisqu'il manque une notion d'espace idoine. En effet, à défaut d'une notion d'espace différente de l'espace ordinaire, même si « les considérations précédentes [étaient] susceptibles d'être éten-

157. [H39, p. 268].
158. Voir le paragraphe suivant.
159. [H39, p. 275-276].
160. [H39, p. 278].

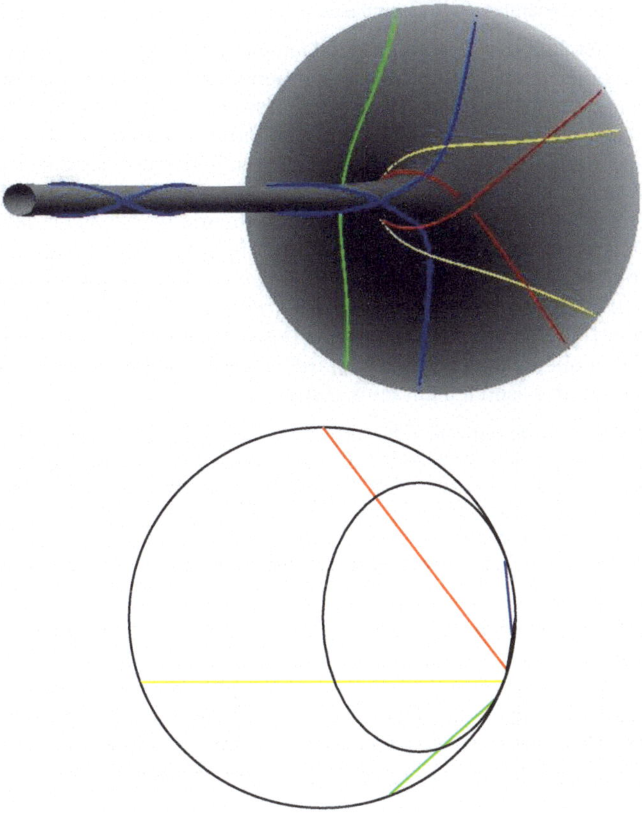

FIGURE 1.8 – Quatre géodésiques sur la pseudosphère de révolution et les cordes du « cercle-limite » correspondantes dans le modèle de Beltrami-Klein.

dues du champ de deux variables à celui de trois [161], les résultats obtenus dans ce dernier cas ne pourraient toutefois être construits par la Géométrie ordinaire [162] ». Dans un article ultérieur au sujet de la théorie des espaces à courbure constante, Beltrami développe complètement les calculs en dimension trois et étend sa théorie à l'espace. Pour autant, il reste dubitatif quand à l'application de celle-ci pour obtenir une interprétation concrète de la stéréométrie non euclidienne :

> « (...) toutes les conceptions de la géométrie non euclidienne trouvent une correspondance parfaite dans la géométrie de l'espace de courbure constante négative. Il faut seulement observer que, tandis que les conceptions de la planimétrie reçoivent une interprétation vraie et propre, puisqu'elles sont *constructibles* sur une surface *réelle*, celles, au contraire, qui embrassent trois dimensions ne sont susceptibles que d'une représentation analytique, puisque l'espace dans lequel une telle représentation pourrait se réaliser est différent de celui auquel

161. Beltrami entreprend en particulier cette recherche qui aboutit à un autre mémoire qui sera lui aussi traduit par Hoüel [H40].

162. [H39, p. 279-280].

on applique généralement le nom d'*espace* [163]. »

Beltrami ne cherche pas à montrer l'indépendance de la géométrie imaginaire vis à vis de la géométrie euclidienne ; il ne mentionne pas non plus la question de la consistance logique de cette nouvelle théorie. Dans son *Saggio*, il n'exprime aucune opinion au sujet de la possibilité ou non de démontrer le *postulatum* dans le plan ou dans l'espace. Sans doute, ne conçoit-il pas la géométrie non euclidienne comme un système abstrait d'axiomes. En outre, nous avons vu que d'après lui, ce n'est pas en cherchant à construire un modèle de la théorie de Lobatchevski et Bolyai ou en cherchant à la justifier qu'il a obtenu son interprétation. Voyant alors apparaître naturellement les conceptions non euclidiennes dans ses propres recherches, il n'a certainement pas douté de leur validité. Puisque la question de l'impossibilité de démontrer le postulatum est liée à la progression de ses propres recherches, Beltrami n'aura que quelques mois plus tard l'intuition de l'impossibilité d'une démonstration par un raisonnement dans l'espace :

> « (...) la surface pseudosphérique peut être, comme je l'ai démontré, représentée complètement sur la surface finie d'un cercle ordinaire *point par point*. Je vais plus loin, et je crois qu'en s'aidant de la possibilité de représenter de même l'espace pseudosphérique dans l'intérieur d'une sphère finie ordinaire, il sera possible de démontrer l'impossibilité d'établir le postulat *a priori*, soit par une construction plane soit même par une construction à trois dimensions. Songez y [164]. »

Pour mieux comprendre la géométrie des géodésiques de la pseudosphère de révolution de la FIGURE 1.8, on peut considérer le modèle du demi-plan de Poincaré qui ne sera découvert que quelques années plus tard. La FIGURE 1.9 met en évidence l'enroulement de la pseudosphère de révolution sur une partie du plan hyperbolique $\mathbf{H}^2$ et permet d'observer comment chaque géodésique de $\mathbf{H}^2$ donne naissance à une géodésique sur la pseudosphère de révolution [165].

1.2.5 La note de De Tilly

Inspiré par la lecture des brochures que Hoüel lui a envoyées [166], De Tilly rédige une *Note sur les surfaces à courbure moyenne constante* [167] dont l'objectif est d'établir que le *postulatum* ne peut se démontrer ni par la géométrie plane ni par « la mécanique des systèmes plans [168] ». Un autre but est de montrer qu'il suit de ses *Études de mécanique abstraite* [169] que « la géométrie euclidienne des pseudosphères est la même que la géométrie non euclidienne du plan [170] » et donc de rattacher son travail au résultat de Beltrami dont il affirme qu'il « peut se démontrer en moins de lignes que ce savant n'y consacre de pages [171] ».

163. [H40, p. 372].
164. Lettre de Beltrami à Hoüel du 11 juillet 1871, [BGT98, p. 158].
165. Dans la FIGURE 1.9, on passe de la pseudosphère au plan hyperbolique $\mathbf{H}^2$ par l'application $(\varphi,\sigma) \mapsto (\varphi, e^{\sigma})$ où $\varphi \in [0,2\pi[$ est l'angle par rapport au méridien de référence et $\sigma \in [0,+\infty[$ est la longueur d'arc.
166. Voir la lettre 2.2.
167. [DT8].
Nous publions le texte *in extenso* de cette note aussi bien dans sa version manuscrite qu'imprimée (voir le document 2.192).
168. [DT10, p. 294].
169. [DT6].
170. [DT8, p. 32].
171. [DT8, p. 30].

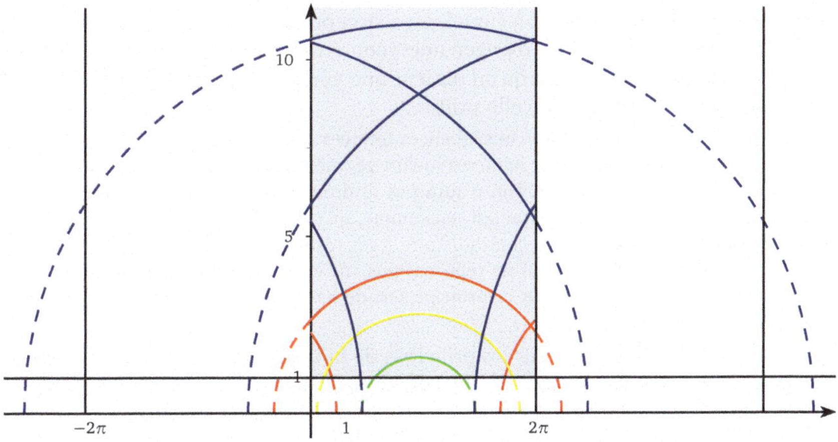

FIGURE 1.9 – Le modèle du demi-plan de Poincaré comme revêtement universel de la pseudosphère de révolution et les quatre géodésiques de la FIGURE 1.8 ramenées dans la même « feuille » (représentée en gris clair).

À la fin du mois de novembre 1871, De Tilly envoie à Hoüel, en même temps que la lettre 2.34, le compte rendu du tome XXX des *Bulletins de l'Académie royale de Belgique*. Puisque ce volume renferme sa note [DT8], c'est donc lui qui rédige pour le *Bulletin des sciences mathématiques et astronomiques* une analyse de son propre travail. Il rectifie d'emblée une erreur de terminologie. En effet, à la suite de Bertrand [172], De Tilly avait utilisé dans sa note l'expression « courbure moyenne » pour désigner la courbure dite de nos jours « de Gauss ». Dans sa réponse (voir la lettre 2.18), le mathématicien de Bordeaux confirme que sous le terme « courbure », il faut toujours entendre l'expression « consacrée par l'usage », à savoir le produit des courbures principales.

Le texte du rapporteur François Folie publié dans les *Bulletins* à l'occasion de la publication de la note de De Tilly [173] illustre les incompréhensions que suscitaient ce type de recherches. Folie commence son rapport en assimilant la question de l'impossibilité de démontrer le postulat des parallèles avec l'affirmation de sa fausseté :

> « Jusqu'au commencement de ce siècle, personne n'avait songé à douter un instant de l'exactitude absolue du postulatum invoqué par le célèbre géomètre grec [Euclide], quoiqu'on ne fût pas entièrement satisfait des différentes démonstrations qu'on avait essayé d'en donner; mais il s'est trouvé récemment des esprits qui ont été jusqu'à le regarder comme n'étant qu'approximativement exact, c'est-à-dire, pour m'exprimer mathématiquement, qu'ils l'on rejeté comme absolument faux [174]. »

Pour Folie, prétendre que le postulat des parallèles pourrait ne pas se déduire des principes qui le précèdent, comme De Tilly l'affirme dans sa note [175], revient à envisager qu'il puisse être faux. Il pose en préalable de son rapport que cette position,

172. Voir [Ber64, p. 741].
173. [Fol70].
174. [Fol70, p. 15].
175. [DT10, p. 294].

qu'il attribue à Lobatchevski et à Hoüel, est inacceptable [176]. Pour autant, bien qu'il ne concoive pas la possibilité d'ériger une géométrie reposant sur la négation du *postulatum*, Folie est conscient qu'on obtient une géométrie plus générale en réduisant le nombre des axiomes qu'elle utilise :

> « Mais, tout en rejetant les conséquences fondées sur la négation du postulatum, on peut parfaitement admettre qu'un géomètre n'invoque pas ce postulatum dans ses travaux, et l'on n'aura pas le droit de s'étonner qu'il n'arrive à aucune contradiction : il ne fait, en somme, qu'omettre un principe, sans le remplacer par un principe contradictoire : ses résultats seront donc, les uns, d'accord avec tous ceux qui ne reposent pas sur ce principe ; les autres, plus généraux que ceux auxquels ce principe sert de base, mais renfermant ceux-ci comme cas particuliers [177]. »

Après une longue digression sur les principes de la cinématique, Folie se concentre plus spécifiquement sur la note de De Tilly dont il souligne l'intérêt : les résultats de Beltrami et ceux développés dans les *Études de mécanique abstraite* [178], « considérés d'abord comme appartenant à une géométrie purement imaginaire, sont entièrement applicables à la géométrie euclidienne des surfaces à courbure moyenne constante et négative, appelées pseudosphères par M. Beltrami [179] ». Folie revient alors sur la conclusion de l'impossibilité de démontrer le postulat des parallèles à laquelle Hoüel et De Tilly pensent arriver mais ne semble guère convaincu puisqu'il essaye de retourner l'argument de De Tilly en envisageant la possibilité de démontrer « qu'un quadrilatère formé de deux lignes géodésiques et de deux équidistantes sur une surface à courbure moyenne constante peut avoir quatre angles droits [180] ». Mais, comme Folie l'avoue, il est « peu familier avec cette géométrie » et conclut :

> « Par son travail, M. De Tilly a apporté son contingent à ces recherches qui méritent de fixer l'attention des philosophes, et desquelles sortira un jour une démonstration du postulatum qui convaincra les plus incrédules [181]. »

Avec Folie, De Tilly a donc raté l'un de ses objectifs ! Il attribue cela au fait, comme il le mentionne, que le contenu géométrique de sa note n'est pas indépendant et repose sur son travail antérieur *Études de mécanique abstraite* [182] « ce qui en rend l'étude difficile [183] ». Quoi qu'il en soit, De Tilly semble fier de sa note et écrira :

> « (...) j'ai ajouté aux travaux de MM. Beltrami et Hoüel un commentaire qui, d'après moi, simplifie la question, parce que, au lieu d'appliquer les raisonnements à une pseudo-sphère quelconque, je les rapporte à une surface pseudo-sphérique de révolution, très simple, et bien connue de tous les géomètres : celle qui est engendrée par la tractoire ou la courbe aux tangentes égales, tournant autour de son asymptote [184]. »

1.2.6 Le compte-rendu du livre de Flye Sainte-Marie par De Tilly

De Tilly accède à la demande de Hoüel de collaborer au *Bulletin des sciences mathématiques et astronomiques* en rédigeant entre autres des comptes-rendus critiques d'ouvrages et de périodiques. Signe de son investissement dans l'étude des

176. [Fol70, p. 15].
177. [Fol70, p. 17].
178. [DT6].
179. [Fol70, p. 21-22].
180. [Fol70, p. 21-22].
181. [Fol70, p. 22].
182. [DT6].
183. [DT10, p. 295].
184. [DT18, p. 127].

nouvelles géométries, il propose de se charger d'une recension d'un livre récemment publié par Camille Flye Sainte-Marie [185]. Après avoir indiqué brièvement le contenu de chacun des chapitres et trouvé la « partie analytique » de l'ouvrage « digne d'éloges » car les formules obtenues « de calculs forts compliqués présentés avec le plus grand soin » sont d'une « simplicité inespérée », De Tilly se dit « plus réservé » concernant la « partie philosophique ». Il reproche à Flye Sainte-Marie de croire avoir déduit « rigoureusement de ses résultats que le *postulatum* d'Euclide ne peut être démontré par le raisonnement, aidé des axiomes antérieurs, et sans appel nouveau à l'expérience [186] ».

L'idée de Flye Sainte-Marie pour démontrer qu'il est impossible de prouver le *postulatum* est la suivante. Il considère un horocycle (« arc de rayon infini ») fixé et introduit ce qu'il nomme les « coordonnées paramétrales » : une origine est choisie sur l'horocycle et un point du plan est repéré à l'aide de la longueur de la normale à l'horocycle issue du point et de la longueur d'arc sur l'horocycle. Après avoir établi que le rapport de deux segments d'horocycles parallèles compris entre deux normales communes ne dépend que de la distance z entre les horocycles, il note ce rapport $f(z)$ et obtient l'expression [187]

$$f(z)=e^{\frac{z}{k}} \quad \text{où} \quad k=\frac{1}{f'(0)}.$$

En géométrie euclidienne, $f(z) = 1$ et donc le paramètre k vaut ∞. En supposant k fini, la fonction f lui permet de rechercher l'expression de la longueur d'arc et donc ensuite « l'équation de la plus courte ligne qui puisse être menée dans le plan » entre deux points, ce qui « représentera une ligne droite ». Flye Sainte-Marie exhibe un grand nombre d'autres « formules paramétrales » et applique la même approche dans l'espace où il détermine « l'équation paramétrale du plan [188] ». Son idée est claire :

> « (...) si dans la démonstration d'une proposition de géométrie on ne s'appuie que sur des axiomes auxquels les formules soient soumises, on pourra reproduire le même raisonnement, et en tirer la même conclusion, sans l'intermédiaire de la figure, en s'attaquant directement aux formules qui, de quelque manière qu'on les combinent, laisseront toujours indéterminée la longueur absolue k. Il serait donc prouvé que la théorie des parallèles, qui suppose k infini, exige un postulatum, s'il était reconnu que, tant qu'on s'en affranchit, tous les axiomes dont on peut faire usage sont toujours vérifiés par les formules paramétrales, quelque valeur qu'on suppose au paramère absolu [189]. »

Il lui faut donc constater que ses formules satisfont à tous les axiomes autres que le *postulatum* et, une fois convaincu, il écrit :

> « (...) [comme] on sait déjà qu'on ne peut tirer des formules paramétrales seules aucune démonstration du postulatum d'Euclide. De là cette conclusion

185. [Fly71].
Voir la lettre 2.37. Flye Sainte-Marie sera d'ailleurs ravi du travail [DT13] de De Tilly comme nous l'apprend la lettre de Darboux à Hoüel du 30 mai 1872 (AAS, dossier Darboux) :

> « Nous avons bien fait de mettre de Tilly puisque Flye a été si content qu'il a commandé un tirage à part. »

186. [DT13, p. 133].
187. [Fly71, p. 19].
188. [Fly71, p. 53].
189. [Fly71, p. 32].

> que : *Le postulatum d'Euclide n'est pas une conséquence des autres axiomes de la géométrie*[190]. »

La conclusion de Flye Sainte-Marie est ainsi valable aussi bien pour les démonstrations dans le plan que dans l'espace, ce qui représente une amélioration[191]. De Tilly croit lui aussi à l'impossibilité de démontrer le postulat d'Euclide et ne conteste donc pas « d'une manière absolue l'exactitude des raisonnements » mais avoue « qu'ils laissent le doute » dans son esprit. Il suggère alors de rechercher une « interprétation réelle et concrète de tous les résultats trouvés dans la Géométrie imaginaire, afin qu'à toute contradiction dans cette dernière corresponde une contradiction dans la Géométrie euclidienne elle-même[192] ». Il rappelle que c'est la stratégie suivie par Hoüel et Beltrami puisqu'ils ont montré « qu'à toute contradiction dans la Géométrie imaginaire du plan en correspondrait une autre dans la Géométrie réelle des pseudo-sphères[193] ».
De Tilly en profite alors pour proposer son « interprétation réelle de tous les résultats de la Géométrie abstraite » dans l'espace. Pour cela, il se sert, comme il le dit, des expressions trouvées par Flye Sainte-Marie. En se plaçant « dans la géométrie ordinaire », il propose donc sans explication des formules pour définir l'élément linéaire d'une pseudo-distance et écrit la forme de l'équation des pseudo-droites et celle des pseudo-plans données dans [Fly71]. De Tilly affirme qu'à l'aide de ces expressions il est possible de déduire « immédiatement par l'analyse » plusieurs axiomes qu'il énonce et qui selon lui suffisent « pour établir toute la Géométrie dans ce nouvel ordre d'idées ». En suivant cette ligne argumentative, il reprend la théorie de Flye Sainte-Marie, son apport personnel se limitant à l'examen du « mouvement d'un système solide » dans la pseudo-géométrie. L'interprétation qu'il souhaite donner consiste donc en une tentative pour rapprocher les formules d'une signification géométrique « réelle ». Il conclut que puisque les pseudo-éléments de la pseudo-géométrie obéissent aux « mêmes principes que l'on admettait (...) antérieurement au *postulatum* d'Euclide, une démonstration du postulat des parallèles à partir de ces principes n'est pas possible puisqu'« on pourrait la répéter pour un triangle pseudo-rectiligne et l'on démontrerait que dans un tel triangle la somme des trois pseudo-angles vaut deux angles droits, ce qui n'est pas exact[194] ». Cependant, les raisonnements sur lesquels il fonde sa conclusion sont allusifs ou seulement esquissés ce qui ne semble guère être du goût de Darboux :

> « C'est bien assez de cet abominable de Tilly qui a rempli une page avec des pseudolongueurs, pseudoaires, pseudodroites, pseudovolumes, pseudoplans. Ne vous laissez donc pas intimider. Klein est fort, de Tilly ne l'est guère, Beltrami l'est. Mais dans l'intérêt même de la géométrie abstraite, modérez de Tilly (sur ce sujet). Il sont là un certain nombre (Folie, Catalan, lui) qui n'entendent pas grand chose aux mathématiques. Remarquez bien que dans notre zèle nous devons ne présenter que des choses excellentes sur un sujet si nouveau[195]. »

Pour sa défense, il faut noter que De Tilly croit « inutile d'allonger cette Note en développant les calculs » et que sa revendication à l'originalité de son interprétation n'est guère vigoureuse ; il se contente d'apporter sa contribution à la résolution de

190. [Fly71, p. 69].
191. Pour un exposé des développements de Flye Sainte-Marie, on peut consulter l'ouvrage de Jean-Daniel Voelke [Voe05].
192. [DT13, p. 134].
193. [DT13, p. 134].
194. [DT13, p. 137].
195. Lettre de Darboux à Hoüel du 18 avril 1872, AAS dossier Darboux.

la discussion sur la possibilité de démontrer le postulat des parallèles. Sa conclusion est sans appel puisqu'il affirme que l'on peut « dire maintenant avec certitude que l'axiome XI d'Euclide n'est pas une conséquence des principes antérieurs de la Géométrie et ne peut être introduit que comme principe expérimental séparé », mais il concède sans difficulté que « cette certitude » ne découle pas uniquement des explications qu'il a données.

1.2.7 Les objections du « terrible » Genocchi

Le *Saggio* de Beltrami [196] et la lecture qu'en ont faite Hoüel et De Tilly ont suscité de nombreuses observations ou critiques, entre autres de la part d'Angelo Genocchi. Celui-ci ne remet nullement en question la valeur de ce mémoire mais émet un certain nombre de doutes sur la manière dont Hoüel et De Tilly utilisent les travaux de Beltrami pour affirmer l'impossibilité de démontrer le postulat d'Euclide.

Au mois de juin 1873, Genocchi écrit à Adolphe Quetelet [197], secrétaire perpétuel de l'Académie royale de Belgique, car il a été informé que De Tilly a présenté dans le travail [DT17] des observations critiques sur l'un de ses mémoires et souhaite donc être mis au courant pour pouvoir répondre et se défendre, ce qu'il fera dans une seconde lettre [198]. Il profite de l'occasion de cette première lettre pour faire quelques remarques sur la « géométrie abstraite ». Il débute en écrivant :

> « J'ai aussi rendu justice aux découvertes de M. Beltrami [dans [Gen69b]], en indiquant combien la théorie des surfaces pseudosphériques était utile pour trouver le vice caché de certaines démonstrations spécieuses du fameux postulatum. Mais je n'ai pas osé en conclure l'impossibilité d'une démonstration rationnelle et rigoureuse ; et, même à présent, j'hésite à retenir comme complètement prouvée cette impossibilité par les raisonnements de MM. Hoüel et De Tilly [199]. »

Quelques années plus tard, Genocchi prend la peine de réitérer ses critiques et d'en ajouter de nouvelles. En répondant aux arguments qui ont été avancés contre lui entre temps, il précise son point de vue. S'il ne met nullement en cause l'étude de la géométrie des surfaces à courbure constante proposée par Beltrami, il pose la question de leur existence :

> « Je ne conteste pas l'utilité de cette nouvelle voie ouverte à l'analyse : seulement on aurait tort de laisser supposer qu'on croit à la réalité de la signification géométrique des noms employés [200]. »

La question de l'existence du plan hyperbolique apparaît ainsi d'emblée en filigrane. La thèse principale contre les arguments donnés en vue d'établir l'impossibilité de démontrer le *postulatum* est le fait que « l'existence de la pseudosphère, telle qu'on doit l'employer pour conclure à l'impossibilité de démontrer le postulatum d'Euclide, n'a pas encore été établie [201] ». Le problème est en fait de savoir ce que signifie l'« existence ». Il s'agirait soit de trouver une surface dans l'espace euclidien susceptible de représenter un plan dont la géométrie soit non euclidienne, soit de donner un sens à l'idée de « surface abstraite ». Dans le *Saggio*, Beltrami fonde en effet ses raisonnements et ses calculs sur l'« élément linéaire » d'une surface

196. [Bel68].
197. [Gen73a].
198. [Gen73b].
199. [Gen73a, p. 185].
200. [Gen77b, p. 387].
201. [Gen73a, p. 185].

pseudosphérique sans démontrer l'existence d'une surface à courbure constante négative, continue, qui s'étende à l'infini dans tous les sens et qui soit simplement connexe[202], propriétés qui font partie, pour Genocchi, de la définition de la pseudosphère :

> « Je nomme *pseudosphère* une surface à courbure constante négative, continue, indéfinie, et simplement connexe[203]. »

Pour lui, il est nécessaire de donner « une construction géométrique de cette surface ou de son équation ; les mots de *surfaces flexibles*, d'*enroulement*, de *déroulement* ne suffisent pas à résoudre la question[204] » ; il ajoute :

> « On connaît bien quelques surfaces à courbure constante négative, mais elles ne possèdent pas les autres caractères : ainsi la surface de révolution engendrée par la *tractoire* ou courbe à tangentes égales n'est pas infinie dans tous les sens, n'est pas simplement connexe. On a dit que cette surface de révolution pouvait être regardée comme le type des surfaces pseudosphériques : c'est comme si l'on disait que la surface d'un cylindre droit est le type des surfaces planes[205]. »

Pour Genocchi, même si l'existence de cette « vraie pseudosphère » était prouvée, la géométrie imaginaire ne serait pas pour autant « une nouvelle géométrie s'élevant à côté de l'ancienne géométrie d'Euclide[206] ». Que Beltrami l'ait rattachée à l'étude des lignes géodésiques de certaines surfaces amène Genocchi à penser que la nouvelle géométrie « est fondée sur les principes de la géométrie euclidienne » et que par conséquent « les découvertes de M. Beltrami ont tué la géométrie de Lobatscheffsky[207] ». Il explicite son point de vue dans un mémoire ultérieur en argumentant que si « la Géométrie elliptique n'est que la Géométrie euclidienne des surfaces appliquables à la sphère, et la Géométrie hyperbolique n'est que la Géométrie euclidienne des surfaces à courbure constante négative[208] », il n'y a aucune raison de considérer plusieurs géométries. Et plus loin :

> « J'observe encore que la théorie de M. Beltrami se fonde sur un postulatum comme la géométrie d'Euclide, c'est-à-dire sur l'existence admise mais non démontrée de surfaces ayant certaines propriétés, qu'il suppose, et qui sont analogues à celles du plan ; mais quoi qu'il en soit, il faudra toujours reconnaître qu'on ne pouvait invoquer les écrits de cet auteur comme favorables aux principes des géométries non euclidiennes : puisque on ne pourrait d'après lui tirer des ces géométries aucun résultat qu'on ne puisse également tirer des principes euclidiens, et l'on se passerait ainsi très-bien de ce nouvel échafaudage[209]. »

La réticence de Genocchi n'est pas motivée par une difficulté de compréhension. Il saisit parfaitement la façon dont ses contradicteurs veulent faire concevoir la pseudosphère à partir de la surface engendrée par la tractrice :

> « M. Beltrami regarde la surface pseudosphérique comme enroulée une infinité de fois sur la surface de révolution engendrée par la ligne aux tangentes égales. Mais pour l'enrouler une ou plusieurs fois il faudrait avoir démontré qu'elle existe. On peut bien admettre que cette surface de révolution soit une surface

202. Voir la lettre 2.79 de De Tilly à Hoüel. En 1901, Hilbert montrera qu'il est impossible de réaliser un modèle de la géométrie hyperbolique à l'aide d'une surface de l'espace euclidien. Voir la référence indiquée dans la note 2 de la lettre 2.19.
203. [Gen77b, p. 390].
204. [Gen77b, p. 395].
205. [Gen73a, p. 186].
206. [Gen73a, p. 191].
207. [Gen73a, p. 192].
208. [Gen77b, p. 383-384].
209. [Gen77b, p. 385].

> flexible, et aussi qu'une infinité de surfaces flexibles égales à celle-là lui soient superposées, mais comment avec toute ces surfaces on puisse former une seule surface continue et que ces surfaces ou nappes superposées puissent se dérouler et donner naissance à la vraie pseudosphère, c'est une question qui fait désirer quelques éclaircissements. Tant que ces surfaces restes adhérentes à la surface de révolution, il n'y a, au point de vue de la Géométrie, qu'une seule surface, la surface de révolution ; pour obtenir une autre surface, il faut une opération qui n'est pas bien précisée dans ses détails et dont la possibilité a besoin d'être démontrée [210]. »

De plus :

> « (...) la ligne droite, élément du plan, existe sans altération sur les surfaces cylindriques, tandis que les géodésiques de la pseudosphère n'existent pas probablement sur la surface de révolution susdite, ce qui doit augmenter la difficulté d'expliquer le mode de développement propre à passer de l'une de ces surfaces à l'autre [211]. »

Genocchi demande donc plus de précisions et aimerait en avoir « une idée nette » ce qui, selon lui, ne sera possible que lorsqu'il sera précisé la manière dont on peut « exprimer [cela] par le calcul [212] ». En particulier, il s'agit de savoir le nombre de tours autour de la pseudosphère de révolution qu'il est nécessaire d'effectuer :

> « On devrait encore préciser s'il faut enrouler la pseudosphère un nombre fini ou infini de fois : car, par exemple, à un cylindre de révolution on enroule une portion de plan une infinité de fois, à un cône on l'enroule un nombre fini de fois, et si on l'enroulait un plus grand nombre de fois qu'il n'est nécessaire, on n'obtiendrait plus dans le déroulement un plan simple mais plusieurs plans superposés et par conséquent une surface *à connexion multiple* [213]. »

En outre, comme il l'observe, en connaissant le plan on comprend bien comment l'enrouler sur un cylindre « mais il serait moins facile, si l'on ne connaissait que les surfaces cylindriques, d'en déduire les surfaces planes [214] ».
Outre le fait que la pseudosphère de révolution ne possède qu'un point à l'infini et donc qu'elle ne soit pas « infinie dans toutes les directions », la conception de la surface pseudosphérique en nappes a pour conséquence la coïncidence de certains points de cette surface lorsqu'il s'agit de la représenter dans l'espace [215]. Ainsi, dans son mémoire *Sur les variables complexes dans une surface quelconque*, Beltrami écrit :

> « La possibilité de la coïncidence, en un même endroit de l'espace, de deux points n'ayant pas les mêmes coordonnées curvilignes, n'arrive justement que lorsqu'on considère ou que l'on sous-entend une configuration déterminée de la surface [216]. »

210. [Gen77b, p. 393].
211. [Gen73a, p. 187].
212. [Gen73a, p. 186].
213. [Gen77b, p. 393-394].
214. [Gen73a, p. 186-187].
215. Dans une lettre non datée [BGT98, p. 234], Bellavitis fait part à Genocchi de ses remarques sur ce sujet :

> « Je voudrais qu'on me dise ce qu'est au juste cette pseudosphère, dont la géométrie de Lobat. s'applique à l'entière extension réelle. Je crains que Beltrami ne me réponde qu'il ne s'agit ni de cette surface-ci, ni de celle-là, mais de toutes ensemble ; que si par hasard deux points coïncident, il s'agit d'une circonstance accessoire et contingente ; que les deux points coïncidents sont différents, comme on le voit en dépliant la surface ; qu'il faut considérer une feuille de surfaces, etc. Tout cela pourrait me mettre dans l'embarras. »

Cette même idée est liée au fait qu'il n'y ait pas unicité de la géodésique entre deux points de la pseudosphère de révolution ce qui préoccupe Genocchi et Bellavitis, comme le montre la suite de la lettre.
216. [Bel67, p. 329].

Et Genocchi d'observer :

> « Une telle réflexion paraitrait rendre extrêmement douteuses toutes les conclusions auxquelles parvenait l'auteur, car quelle que soit la surface à laquelle on veuille les appliquer, on peut toujours affirmer qu'elle a une *configuration déterminée*, et cette configuration peut la mettre dans un cas d'exception [217]. »

Genocchi s'appuie aussi sur l'affirmation de Felix Klein selon laquelle « l'interprétation de la géométrie hyperbolique au moyen des surfaces de courbure constante négative "malheureusement semble ne pouvoir jamais fournir l'intuition du plan tout entier" [218] » pour insister sur son objection principale :

> « (...) M. Beltrami suppose mais ne démontre pas l'existence de la pseudosphère telle qu'on l'a définie. M. Helmholtz [219] paraît (d'accord avec M. Klein) exprimer très-nettement qu'une surface pseudosphérique, continue, indéfinie, n'existe pas (...) [220]. »

Dans la recherche d'une représentation des résultats de Lobatchevski et Bolyai, Genocchi différencie explicitement le caractère analytique et géométrique. Selon lui, le premier n'est pas celui qui offre l'interprétation la plus concrète et il reproche aux géomètres de vouloir donner une existence réelle à ce qui n'existe que dans le calcul, de la même manière « (...) les questions relatives aux espaces d'un nombre quelconque de dimensions [qui] ne sont que des questions d'analyse [221] ». Sa vision de la géométrie ne souffre pas un éloignement trop important d'une image concrète et si Genocchi doit faire un choix pour asseoir un nouveau résultat c'est probablement celui des méthodes géométriques qu'il ferait. Bien que ce soit le même choix que Hoüel et De Tilly, ceci ne va pas leur éviter l'opposition directe avec le mathématicien italien.

De Tilly est directement visé par Genocchi qui a lu ses travaux et même sa tentative de preuve du *postulatum* contenue dans ses *Recherches sur les éléments de la géométrie* [222]. Dans sa *Note sur les surfaces* [223], De Tilly tente de prouver que le *postulatum* n'est pas démontrable par des constructions planes et affirme qu'il est possible de voir ce résultat d'une manière plus simple que celle proposée par Beltrami [224]. Genocchi, après avoir résumé la méthode de De Tilly, insiste, dans sa lettre à Quetelet, sur la « prétendue simplification » du belge :

> « M. De Tilly, en choisissant cette même surface de révolution [celle engendrée par la tractrice] pour y appuyer ses raisonnements, a prétendu démontrer que les lignes géodésiques de cette surface jouissent de la propriété d'être pleinement déterminées par deux de leurs points, comme les lignes droites. C'est une erreur : M. Bellavitis, par des considérations intuitives [225], et tout récemment M. Beltrami, par le calcul, ont prouvé que deux géodésiques d'une telle surface

---

217. [Gen77b, p. 391].
218. [Gen77b, p. 384-385], [Kle71a, p. 247].
L'affirmation de Klein est démontrée par Hilbert. Voir la note 2 de la lettre 2.19.
219. Genocchi fait certainement allusion au mémoire erroné de Helmholtz dans lequel il affirme pouvoir écarter la géométrie elliptique et la géométrie hyperbolique en affirmant l'infinité de l'espace [Hel68a]. Sur les conditions de parution de ce mémoire, voir [Vol93].
220. [Gen77b, p. 392].
221. [Gen77b, p. 384].
222. [DT1]. Voir le paragraphe 1.2.1.
223. [DT8, p. 34-37].
224. Voir le paragraphe 1.2.5. Rappelons que dans son mémoire, Beltrami ne traite pas explicitement de la possibilité ou non de démontrer le *postulatum* (voir le paragraphe 1.2.4).
225. Voir la lettre (non datée) adressée par Giusto Bellavitis à Gennochi, [BGT98, p. 234-235].

> peuvent se rencontrer en plusieurs points. (...) Ainsi la démonstration de M. De Tilly pèche par sa base [226]. »

De Tilly répond au mathématicien italien dans un rapport [227] sur la lettre de Genocchi. Afin de se soustraire à l'objection précédente, il commence par donner une définition intuitive du plan hyperbolique en utilisant une analogie avec le plan euclidien et le cylindre. Il distingue la surface qui est enroulée indéfiniment telle « une feuille de papier plane et indéfinie sur un cylindre » du cylindre lui-même qu'il appelle le noyau :

> « On voit que mon savant contradicteur a uniquement en vue, tant pour la pseudo-sphère que pour le cylindre, la surface-noyau, car si l'on considère la surface cylindrique enroulée, l'hélice et la génératrice ne s'y rencontre qu'en un seul point. Or, c'est la surface enroulée et non le noyau qu'il faut considérer [228]. »

Toutefois, même s'il explique à nouveau sa méthode qu'il juge « simple et précise [229] », ses arguments sont bien trop intuitifs et insuffisants pour Genocchi :

> « La surface de révolution considérée étant à courbure constante, une partie quelconque de la surface enroulée peut glisser sur cette dernière surface par flexion, mais sans extension, contraction, déchirure ni duplicature. De plus, il ne peut exister entre deux points quelconques de cette même surface, qu'une seule ligne géodésique, ou un seul plus court chemin, ce que l'on voit en amenant ces deux points sur une même ligne géodésique méridienne, par le glissement d'une portion de surface qui les contient. Cela suffit pour prouver que toute démonstration du postulatum sur le plan réussirait aussi sur la pseudosphère de révolution ; or, là le principe des parallèles ne peut pas exister, puisqu'on voit clairement que toutes les lignes géodésiques méridiennes sont asymptotes entre elles [230]. »

En 1873, Genocchi doute que l'on puisse fonder une démonstration rigoureuse du *postulatum* sur des pures notions de géométrie et pense qu'il est plus probable qu'il faille utiliser la statique ou la cinématique [231]. Quelques années plus tard, il précise ses critiques envers les arguments précédents de De Tilly et continue à exiger un traitement mathématique rigoureux :

> « (...) M. De Tilly a mis à découvert le vice du raisonnement, car l'existence de la vraie pseudosphère n'est pas démontrée, et cette surface de révolution, comme on le reconnaît maintenant, manque d'une propriété qui sert de base au raisonnement, celle de n'admettre entre deux points quelconques qu'une seule ligne géodésique. Pour lever cette objection, M. De Tilly appelle noyau le corps terminé par la même surface de révolution, et imagine une surface flexible enroulée indéfiniment sur ce noyau : le raisonnement ne doit pas s'appliquer au noyau mais à la surface enroulée qui jouit effectivement *à son avis* de la propriété énoncée. Il suppose que cette surface, composée d'un nombre infini de nappes superposées et distinctes, est *fabriquée* directement sur le noyau. Ainsi en parlant d'une surface flexible, d'une surface fabriquée et indéfiniment enroulée, M. De Tilly est convaincu que toutes les difficultés disparaissent, et que *l'existence d'une surface à courbure constante négative dont les géodésiques ne peuvent avoir qu'un point commun est démontrée.* J'observerai, que si l'on peut

226. [Gen73a, p. 186].
227. [DT18].
228. [DT18, p. 130].
229. [DT18, p. 128].
230. [DT18, p. 128].
231. [Gen73a, p. 190].

> accorder qu'une ou plusieurs surfaces flexibles soient fabriquées sur le même noyau, il reste à expliquer comment avec toutes ces surfaces on forme une seule surface simplement connexe, et continue [232]. »

De plus, le transport d'une construction plane susceptible de démontrer que sur la pseudosphère le *postulatum* n'est pas vérifié n'est pas facile à imaginer :

> « (...) il est assez difficile de se faire une idée claire de certaines constructions de la géométrie plane transportées à cet amas de nappes pseudosphériques superposées. Une ligne droite se prolonge indéfiniment sur un plan dans les deux sens : mais on ne voit pas bien nettement comment on prolongera une géodésique d'une nappe à l'autre [233]. »

Cette difficulté n'effraie pas De Tilly. Si on lui reproche le fait que la surface qu'il utilise ne s'étend pas à l'infini dans toutes les directions, il juge cette condition « inutile », « l'arrêt brusque, ou le rebroussement, qui se produit le long du parallèle maximum n'est point un obstacle à la reproduction, sur la pseudo-sphère, de tout raisonnement qui serait censé démontrer le postulatum sur le plan [234] ». Il propose simplement de commencer la construction assez loin pour avoir une place suffisante :

> « Les lignes géodésiques ne sont pas infinies dans les deux sens et s'arrêtent brusquement au parallèle maximum, mais cela n'infirme en rien la possibilité de répéter sur la pseudo-sphère, les constructions qui seraient censées démontrer le postulatum sur le plan, car, ces constructions devant, dans chaque hypothèse possible, être limitées, on pourrait toujours les commencer, sur la pseudo-sphère, en un point situé assez loin du parallèle maximum pour qu'elles ne pussent jamais arriver jusqu'à ce parallèle [235]. »

Genocchi peut répliquer que dans la théorie des parallèles, il est nécessaire de garantir « la possibilité de prolonger indéfiniment les lignes droites » et que rien ne garantit qu'il ne faille pas « considérer plusieurs nappes superposées avec toutes les difficultés qu'elles entraînent [236] » dans le cas où il s'agit de faire tenir sur la surface une construction donnée. De plus, selon lui, la stratégie qui consiste à projeter une construction plane sur la surface pseudosphérique est vouée à l'échec car, « si en supposant faux le postulatum d'Euclide on parvenait à cette conclusion absurde que deux droites se coupent en deux points, l'absurdité pourrait s'évanouir pour la figure pseudosphérique dans laquelle les points correspondants viendraient se réunir en un seul [237] ».

Les explications de De Tilly sur l'impossibilité de démontrer le *postulatum* « par un raisonnement géométrique quelconque » contenues dans son compte rendu du livre de Flye Sainte-Marie [238] (voir le paragraphe 1.2.6) ne satisfont pas non plus Genocchi qui écrit que De Tilly « a voulu remplacer la pseudosphère par une surface courbe appelée *pseudoplan* [239] » sans toutefois tenir compte de la tentative de Flye Sainte-Marie d'établir les formules d'une géométrie non euclidienne dans l'espace. Selon Genocchi, pour conclure à l'impossibilité de démontrer le *postulatum*, il faudrait commencer par démontrer que toutes les propriétés de la droite et du

232. [Gen77b, p. 397].
233. [Gen77b, p. 398].
234. [DT18, p. 130].
235. [DT18, p. 130].
236. [Gen77b, p. 398-399].
237. [Gen77b, p. 399].
238. De Tilly reproduit avec des changements minimes ce passage dans [DT18].
239. [Gen73a, p. 189].

plan sont aussi vérifiées par la pseudodroite et le pseudoplan, ce qui lui paraît difficile, sinon impossible. Toutefois, quelques années plus tard, Genocchi a eu le temps d'étudier l'ouvrage de Flye Sainte-Marie et admet (en précisant qu'il ne change pas d'avis en ce qui concerne les arguments de De Tilly) que les développements de ce dernier lui semble presque concluants :

> « Ainsi, la nouvelle interprétation donnée par M. De Tilly aux calculs et formules de M. Flye Ste Marie est loin de conduire à une démonstration rigoureuse et complète de l'impossibilité de prouver le postulatum d'Euclide. Mais cette impossibilité serait-elle une conséquence des mêmes calculs et formules pris dans leur interprétation primitive ? Après un examen attentif des recherches de M. Flye Ste Marie, j'avoue que je serais assez disposé à l'admettre [240]. »

Du fait de la position qu'il défend, Genocchi va passer aux yeux de ses contemporains comme n'étant pas favorable à la nouvelle géométrie. Il sera bien souvent la cause de l'état d'exaspération de Hoüel [241] partagé dans une certaine mesure par De Tilly. Durant le débat qui oppose le mathématicien de Turin aux deux hommes, Hoüel ne veut pas prendre le temps de considérer les critiques et regarder de plus près ce qui mathématiquement les justifie. Lorsqu'il s'agit de rédiger un compte rendu pour le *Bulletin* du mémoire [Gen77b] de Genocchi, il demande à son ami Paul Tannery de se charger du travail. Une personne neutre pourra peut-être s'aquitter de la tâche sans envenimer la discussion. De plus, si Tannery partage l'avis de Hoüel, ce dernier se sentira forcément conforté dans son opinion.

Dans son compte rendu pour le *Bulletin* de l'article de Genocchi [Gen77b], Paul Tannery distingue clairement l'argument principal de l'ancien avocat de Turin [242] : « l'impossibilité où l'on a été jusqu'à présent de démontrer l'existence d'une surface à courbure constante, négative, continue, indéfinie et simplement connexe [243] ». Il observe que les surfaces pseudosphériques utilisées par Beltrami ne satisfont pas à toutes ces propriétés « et qu'elles ont seulement avec cette surface, jusqu'à présent seulement idéale, de la *pseudosphère*, une analogie comme celle, par exemple, du cône au plan [244] ». Hoüel ajoute à cet endroit une note qu'il signe de ses initiales et qui illustre sa position (partagée par De Tilly [245]) face aux arguments de Genocchi :

> « Nous ferons cependant remarquer que, si l'on suppose la surface d'un cône composée, comme les surfaces de Riemann, d'un nombre indéfini de nappes enroulées, toute figure tracée sur le plan pourra être appliquée sur le cône, et réciproquement, de sorte que la Géométrie du plan peut être regardée comme identique avec celle du cône. Pourquoi n'en serait-il pas de même pour la pseudosphère et la surface de révolution engendrée par la tractoire ? »

Cette interrogation de Hoüel est quelque peu naïve puisque le débat se situe à une hauteur mathématique supérieure. L'analogie entre d'une part « la pseudosphère et la surface de révolution engendrée par la tractoire » et d'autre part le plan euclidien et le cylindre, aussi intuitive soit-elle, ne prouve évidemment pas l'existence du plan hyperbolique, ce que Genocchi exprimait fort bien, comme on l'a vu plus haut, en disant « c'est comme si l'on disait que la surface d'un cylindre droit est le type des surfaces planes [246] ».

240. [Gen77b, p. 402].
241. Voir les lettres à De Tilly 2.80, 2.85, 2.87, 2.104 ainsi que la lettre à Darboux 3.27.
242. Au sujet de l'élaboration de ce compte rendu, voir les échanges entre Hoüel et Tannery dans [Tan39, p. 217-222].
243. [Tan78, p. 208].
244. [Tan78, p. 208-209].
245. Voir la lettre 2.139.
246. [Gen73a, p. 186].

1.3 Controverses sur les fonctions « saugrenues »

1.3.1 Le compte rendu de Hoüel du mémoire de Hankel

L'intérêt de Hoüel pour les « principes du calcul infinitésimal » participe du même élan que celui qu'il a déjà manifesté en géométrie pour l'établissement d'une plus grande clarté et pour plus de rigueur dans l'exposition des fondements de cette discipline. Son compte rendu [247] pour le *Bulletin* du mémoire de Hermann Hankel *Recherches sur les fonctions ayant une infinité d'oscillations et sur les fonctions discontinues* [248] est l'occasion pour lui de faire connaître en France les nouvelles idées sur la nature des fonctions qui depuis plusieurs années se diffusent en Allemagne. Comme Hoüel l'indique, son texte reprend l'introduction du mémoire de Hankel dont il constitue pour l'essentiel une traduction ou une paraphrase de ses parties principales [249].

Après un bref historique de la notion de fonction et, principalement, de la manière dont celles-ci sont apparues entachées de discontinuités que les géomètres ont dû traiter, Hoüel introduit le travail de Hankel.

> « M. Hankel a pensé que le seul moyen d'éclaircir ce qui concerne ces discontinuités, et de préparer la solution du problème de la nature des fonctions, c'était de s'affranchir de toutes les représentations que les mathématiciens les plus récents rattachent encore à la conception d'Euler [250], et d'établir des distinctions parmi la multitude des relations possibles entre les grandeurs de deux variables, qui sont renfermées dans la pure conception de la fonction d'après Dirichlet [251], en portant principalement son attention sur les fonctions *illégitimes* [252], si peu étudiées jusqu'ici. L'objet de son Mémoire est de traiter ces cas paradoxaux des fonctions, en considérant d'abord les variables *réelles* et les valeurs *réelles et finies* des fonctions d'une variable indépendante [253]. »

À l'instar de Hankel, Hoüel insiste d'emblée sur la nécessité d'abandonner l'évidence géométrique [254]. Ceci n'a pas été le cas de certains géomètres par les temps

247. [H78].
248. [Han70].
249. La traduction de Hoüel n'est pas exempte de raccourcis malheureux. Ainsi, la première phrase du compte rendu explique que « ce qui manquait surtout aux mathématiciens de l'antiquité, c'était l'idée de *variabilité* » [H78, p. 117] alors qu'au début de son introduction, Hankel écrit que l'usage scientifique fait de la notion de variabilité distingue la mathématique ancienne de celle plus moderne qui lui est contemporaine.
250. Pour Euler, suivant en cela Johann Bernoulli, une fonction est « une expression analytique composée d'une manière quelconque de cette quantité variable et de nombres ou de quantités constantes » [Hen07, p. 144].
251. Hoüel a suivi Hankel en expliquant que le nom de Dirichlet est associé à une conception de la notion de fonction « aussi générale que possible » et qu'il nomme « *fonction* de x toute quantité y qui, dans un certain intervalle, prend, pour chaque valeur attribuée à x, une valeur déterminée, la loi de dépendance pouvant, dans cet intervalle, varier d'une manière arbitraire, et n'être exprimable par aucune des opérations mathématiques » [H78, p. 120]. Toutefois, dans son mémoire de 1837 cité, Dirichlet ne considère que des fonctions continues bien qu'il connaisse évidemment l'existence de fonctions discontinues [Med91, p. 60-63].
252. Ce terme *illegitime Functionen* est utilisé par Hankel : « (...) des fonctions complètement arbitraires, n'obéissant à aucune loi simple, ou assujetties à des lois différentes dans leurs différentes parties (funct. discontinuae), que j'appellerai *illégitimes* ».
253. [H78, p. 121].
Ce texte est une traduction libre de celui de Hankel [Han70, trad., p. 146].
254. Hoüel reprend à cet égard un passage de Hankel : « (...) l'existence d'une tangente en chaque point d'une courbe étant considérée comme d'une évidence géométrique immédiate et comme une conséquence forcée de la loi de continuité devant laquelle on s'inclinait comme devant une nécessité naturelle, inhérente aux lois mathématiques » [H78, p. 122-23].

passés. Hoüel cite la « tentative faite par André-Marie Ampère » (1806) pour prouver l'existence de la dérivée d'une fonction continue qu'il juge « rien moins que satisfaisante [255] » et note que « malgré l'approbation de géomètres éminents », le travail de Anatole-Henri-Ernest Lamarle sur le même sujet [256] « n'a pas encore réuni l'assentiment général [257] ». Il plaide alors en faveur de l'existence de la dérivée comme d'une conséquence qui ne suit pas de la continuité. L'hypothèse de dérivabilité, bien que satisfaite par la plupart des fonctions utiles dans la pratique, est à ajouter et n'entretient pas la relation qu'on lui prête avec la continuité. Hankel et Hoüel encouragent l'émancipation des recherches en mathématiques pures et s'opposent à leur cantonnement dans un carcan dont il est devenu temps de se libérer. Cette position est comparable à celle qu'Hoüel adopte vis à vis de la géométrie non euclidienne à laquelle le texte va d'ailleurs faire allusion.

> « Mais lors même que cette mystérieuse loi de continuité régirait en réalité tous les mouvements dans la nature, ce ne serait pas une raison pour restreindre, en aucune façon, le domaine des mathématiques pures, et cette sorte d'évidence intuitive que l'on invoque a déjà conduit, dans les recherches géométriques, à trop de conclusions erronées pour que l'on soit en droit de la placer sur la même ligne qu'une démonstration scientifique. L'opinion qui semble prévaloir aujourd'hui, et qui fut celle de Gauss, de Dirichlet et de Jacobi [258], est que l'existence de la dérivée d'une fonction continue n'est pas une conséquence nécessaire de la continuité, mais constitue une hypothèse particulière, qui se trouve naturellement satisfaite par les fonctions définies au moyen de l'intégration ; et, bien qu'il y ait encore plus d'un mathématicien qui fasse profession de ne pas croire aux fonctions continues sans dérivées, le travail de M. Hankel, qui nous montre des fonctions exprimées *analytiquement* par des séries absolument convergentes, et n'admettant pas néanmoins de dérivée, nous semble devoir modifier ces convictions [259]. »

Ainsi, Hoüel accepte sans réticences les résultats de Hankel qui cependant défient l'intuition et fait le choix de rester toujours très proche d'une traduction littérale du texte de l'introduction de son mémoire. L'auteur de ce travail se présentant d'ailleurs comme inspiré par les travaux de Riemann [260], et en particulier par son mémoire [Rie67], toute méfiance serait superflue.

Le but du compte rendu de Hoüel n'est bien sûr pas de discuter en détail des résultats de Hankel. Son mémoire utilise des concepts fondamentaux (limite, continuité, etc.), expose des idées nouvelles et il souhaite donc tout naturellement le faire connaître. En particulier, Hankel donne une classification des fonctions réelles dont

255. Il partage en cela l'avis de Philippe Gilbert qui la juge lui aussi « très-insuffisante » [Gil73a, p. i].
256. Hoüel se réfère ici au premier tome du livre de Lamarle [Lam61] et ne mentionne pas son mémoire [Lam55]. Hankel, quant à lui, cite Ampère mais ne connaît pas le mémoire [Lam55] de Lamarle ; il écrit en note : « La tentative d'Ampère, la seule à ma connaissance (...) a complètement échoué » [Han70, trad., p. 146]. Ceci fait écrire à Gilbert que le travail de Lamarle [Lam55], jugé « remarquable », « paraît avoir échappé à l'attention d'un bon nombre de géomètres » [Gil73a, p. ii].
257. [H78, p. 123].
258. Ce n'est pas l'avis de Weierstrass (voir le paragraphe 1.3.4).
259. [H78, p. 123]. Le texte de Hoüel s'appuie sur [Han70, trad., p. 146-147].
260. Hankel écrit [Han70, trad., p. 143] :

> « Cette étude m'a surtout été inspirée par les écrits de Riemann, auquel je suis redevable, par son brillant mémoire sur les séries trigonométriques notamment, dont la parution nous autorise à nous pencher sur ce genre de question sans avoir d'excuses à chercher. Comme le remarque cet auteur, en accord avec Dirichlet, ces questions sont "intimement liées avec les principes du Calcul infinitésimal et peuvent servir à porter dans ses principes une plus grande clarté et une plus grande précision". »

il pense qu'elle répond définitivement à la question de savoir quelles sont les fonctions susceptibles d'intégration (voir l'Encadré 1.3.1) et expose son « principe de condensation des singularités » (voir le paragraphe 1.3.2). Toutefois, en rédigeant son compte rendu, Hoüel ne donne pas explicitement les exemples de fonctions traités par Hankel. Darboux, après avoir lu une version manuscrite de son compte rendu, avait ressenti ce manque et lui avait pourtant conseillé de les exhiber afin d'augmenter l'intérêt de son texte [261].

> « J'ai lu et envoyé à l'imprimerie votre article sur Hankel, ainsi que le Bulletin bibliographique que je vous enverrai. Dans votre article sur Hankel, la fin m'a paru de nature à devoir gagner si vous ajoutiez des exemples des fonctions et en particulier de ces séries que je ne serais pas faché de voir. Je pense que les lecteurs partageront ma manière de voir. Les exemples éclairciraient beaucoup et seraient intéressants. (...) Savez-vous, Monsieur, si le Mémoire de Riemann sur la Darstellbarkeit etc [262] est long et se vend à part. Je serais curieux de le connaître. J'en avais entendu parler mais je ne l'ai jamais vu [263]. »

Le compte rendu de Hoüel participe à la stimulation de l'intérêt souhaitée par Hankel, un souhait que le mathématicien de Bordeaux partage. Elle deviendra bientôt effective. L'existence d'exemples de fonctions continues qui n'ont pas de dérivées sur une partie dense attire l'attention. Hankel ne sait d'ailleurs pas s'il est possible d'aller plus loin et d'exhiber une fonction continue nulle part dérivable [264].

> « La question de savoir s'il est possible de représenter analytiquement (ou même de concevoir) des fonctions *continues* qui ne possèdent en *aucun* point d'un intervalle fini un quotient différentiel fini et bien déterminé reste en suspens. Car il faut distinguer clairement deux cas selon que le quotient différentiel est indéterminé en soi ou qu'il apparaît sous une forme dont nous ne pouvons déterminer la valeur [265]. »

Gilbert, qui a lu le travail de Hankel, ne partage pas ses conclusions relayées par Hoüel. Le but de son mémoire [Gil73a] est double. Tout d'abord, il souhaite combattre les conclusions du mathématicien allemand et, pour cela, il se propose de présenter les raisonnements de Hankel en indiquant où sont situées les erreurs. Ensuite, il reprend « sans y rien changer d'essentiel [266] » mais à sa manière le contenu du travail antérieur de Lamarle.

> « Nous croyons faire chose utile en mettant à nu l'erreur de raisonnement sur laquelle reposent de semblables paradoxes, qui, répandus dans le champ de la géométrie, auraient pour résultat d'en altérer l'esprit et d'entraîner dans de nouvelles erreurs les géomètres trop confiants. C'est ainsi que nous voyons M. Houël, dans un compte-rendu du mémoire de Hankel, en accepter sans restriction les déductions et les plus étranges résultats : il signale bien, il est vrai, une autre démonstration de l'existence de la dérivée, mais c'est uniquement celle que M. Lamarle a donnée dans son *Exposé géométrique du calcul différentiel* ; ce n'est guère qu'une simple induction géométrique. Quant au consciencieux mémoire dont nous avons parlé plus haut, M. Houël n'en dit rien. Si des hommes de ce talent peuvent être le jouet de telles illusions, que faut-il attendre des jeunes géomètres [267] ! »

261. Voir aussi la note 294.
262. [Rie67].
263. Lettre non datée de Darboux à Hoüel, BC, Ms. in-4° 333, folio 265.
264. Sur ces questions, voir [Vol89] & [Vol11].
265. [Han70, trad., p. 157-158].
266. [Gil73a, p. v].
267. [Gil73a, p. iv-v].

Encadré 1.3.1 : la classification des fonctions réelles selon Hankel

L'architecture du mémoire [Han70] fait apparaître une hiérarchie parmi les fonctions réelles définies sur un intervalle $[a, b]$. Hankel se propose ainsi de les classifier afin de mieux les étudier et de révéler leurs propriétés.

I. Fonctions continues (§2, §3)
Elles ont la propriété que pour tout $\sigma > 0$, le nombre d'oscillations† dont l'amplitude est supérieure à σ est fini dans tout intervalle.

I.i Fonctions à un nombre fini d'oscillations
Il existe une certaine limite telle que le nombre des oscillations dont l'amplitude est supérieure à σ ne la dépasse pas quel que soit $\sigma > 0$.
Ex. fonctions polynomiales ; $f(x) = \cos(x)$; « fonctions escaliers ».

I.ii Fonctions à un nombre infini d'oscillations d'amplitude infiniment petite
Le nombre des oscillations dont l'amplitude est supérieure à σ est fini mais croît au-delà de toute limite lorsque σ tend vers zéro.
Ex. $f(x) = x\sin(1/x)$ sur $[-1, +1]$.

II. Fonctions discontinues en un nombre fini de points
Ex. $f(x) = \sin(1/x)$ si $x \neq 0$, $f(0) = 0$ sur $[-1, +1]$.

III. Fonctions discontinues linéairement (§6, §7)
Ce sont les fonctions discontinues en une infinité de points (« d'un segment fini »).

III.i Fonctions ponctuellement discontinues
Ce sont les fonctions discontinues linéairement telles qu'elles possèdent des points de continuité dans tout intervalle fini aussi petit soit-il.
Ex. sur $[0, 1]$, $f(x) = 1$ sauf si $x = \frac{1}{2^n}$ pour $n \geq 1$ au quel cas $f(x) = 0$; en général, les fonctions continues dont on a modifié la valeur en une infinité de points isolés ; sur $[0, 1]$, $f(0) = 0$ et $f(x) = \frac{1}{2^n}$ pout tout $x \in](\frac{1}{2})^{n+1}, (\frac{1}{2})^n]$ où $n \geq 0$.

III.ii Fonctions totalement discontinues
Ce sont les fonctions discontinues linéairement telles qu'il existe au moins un intervalle fini dans lequel il n'y a pas de point de continuité††.
Ex. sur $[0, 1]$, $d(x) = 0$ si $x \in \mathbf{Q}$ et $d(x) = 1$ sinon ; sur $[0, 1]$, la fonction g qui suit est totalement discontinue sur une infinité d'intervalles : $g(x) = 1$ sauf sur les intervalles $[(\frac{1}{2})^n - \frac{\xi^n}{2}, (\frac{1}{2})^n + \frac{\xi^n}{2}]$ pour $n \geq 1$ avec $\xi < \frac{1}{4}$ (pour qu'ils soient disjoints) où $g = d$.

Hankel sait que les fonctions des classes I et II sont intégrables et s'occupe alors du problème de l'intégration des fonctions de la classe III (§8). S'il est clair qu'une fonction de la classe III.ii n'est jamais intégrable, Hankel pense avoir démontré que toutes les fonctions de la classe III.i sont intégrables. Toutefois, il se trompe ; la source de son erreur réside dans le fait qu'il pense à tort que tout ensemble nulle part dense est, comme on dirait aujourd'hui, de mesure de Lebesgue nulle.

†. Hankel « nomme *oscillation* un morceau de la fonction situé entre un maximum et un minimum, la différence entre la valeur maximale et minimale étant l'amplitude » [Han70, trad., p. 153].

††. Pour Hankel, les points de discontinuité « remplissent un segment » [Han70, trad., p. 170].

1.3.2 Le mémoire de Gilbert

Lors de la séance du 2 mars 1872 de la classe des sciences de l'Académie royale de Belgique, un manuscrit de Gilbert « sur l'existence de la dérivée dans les fonctions continues » est renvoyé à l'examen d'Eugène Catalan [268]. Dans son rapport lu le 6 mai 1872 [269] et dont les conclusions sont partagées par le second commisaire Michel Steichen, Catalan décrit minutieusement le contenu de ce travail. Il partage la conclusion de la première partie du mémoire de Gilbert, dans laquelle sont critiquées certaines conclusions du mémoire de Hankel [270], selon laquelle « *le principe de la condensation des singularités* [271] ne repose sur aucun fondement, et que l'existence de fonctions toujours continues, n'ayant point de dérivée déterminée, pour une infinité de valeurs de la variable qui se succèdent sans intervalle assignable, reste encore à démontrer [272] ». Bien qu'il admette que « M. Gilbert discute, avec beaucoup de sagacité, les paralogismes commis par M. Hankel [273] », Catalan regrette que Gilbert n'ait pas « rendu son travail encore plus intéressant et plus instructif » en démontrant directement que certaines équations du mathématicien allemand, d'où « il tire des conséquences si paradoxales », sont fausses. Le doute subsiste encore dans son esprit, mais Gilbert a cependant réussi à le convaincre que la seconde partie de son mémoire, dans laquelle il « reprend et simplifie » la méthode de Lamarle pour montrer l'existence de la dérivée d'une fonction continue, suffit à réfuter les conclusions de Hankel [274].
Néanmoins, comme témoignage de ses doutes, il attire d'ailleurs l'attention de Gilbert sur une fonction qu'il propose en note à la fin de son rapport (voir l'Encadré 1.3.2). En conclusion à son rapport, Catalan risque un parallèle entre la question de la dérivée et celle du *postulatum* d'Euclide. Nous observons qu'il accepte l'impossibilité de le démontrer car... celui-ci est « évident » :

> « La longue analyse dont je viens de donner lecture fera comprendre, je l'espère, l'importance et le mérite du nouveau travail de M. Gilbert. Si, malgré les éclaircissements qu'il m'a donnés par lettres, quelques-uns des arguments de notre savant confrère n'ont pas amené chez moi une conviction complète, la raison en est due sans doute à la difficulté du sujet que nous discutions : on sait qu'il est presque toujours impossible de prouver ce que l'on est tenté de regarder comme évident ; par exemple, le postulatum d'Euclide.
> Quoi qu'il en soit, M. Gilbert a montré la fausseté des démonstrations employées par un géomètre qui pouvait *faire école* ; il a traité, avec beaucoup de talent, une question de principe, sur laquelle la plupart des auteurs ne s'arrêtaient pas ; il a donc complété, dans une partie importante, l'enseignement du calcul différentiel [275]. »

Dans l'introduction de son mémoire, Gilbert se situe par rapport aux travaux de ses prédécesseurs ou de ses contemporains. Il est de ceux qui regrettent que la question de l'existence de la dérivée ne soit pas étudiée par la plupart des auteurs qui traitent du calcul différentiel, ceux-ci se contentant « d'admettre l'existence de la dérivée dans les fonctions qu'ils considèrent, sauf, bien entendu, pour des va-

268. *Bulletins* XXXIII (2), 1872, p. 169-171.
269. [Cat72].
270. [Han70].
271. Voir la section 1.3.2.1.
272. [Gil73a, p. 13], [Cat72, p. 364].
273. [Cat72, p. 364].
274. [Cat72, p. 364-365].
275. [Cat72, p. 367].

leurs exceptionnelles de la variable [276] ». S'il admet que la démonstration d'Ampère est « très-insuffisante [277] », il n'est pas de cet avis en ce qui concerne le mémoire [Lam55] de Lamarle. Un des buts de son mémoire est de faire sortir son compatriote de l'oubli puisque son travail n'est cité ni par Hankel [278] ni par Hoüel [279]. Pour Gilbert, Lamarle est le seul qui ait « traité cette question de manière approfondie » dans son travail « remarquable [280] ». Peut-on expliquer autrement que par la méconnaissance de ce mémoire le fait que des géomètres soutiennent qu'il existe des fonctions continues non dérivables, par exemple pour toutes valeurs rationnelles ?

Que certaines fonctions continues puissent être non dérivables « pour des valeurs particulières de x, séparées les unes des autres par des intervalles déterminés [281] » ne pose aucun problème à Gilbert (voir la FIGURE 1.10) :

> « Ainsi, les géomètres connaissaient des fonctions, telles que $f(x) = a-(\sin x)^{2/3}$, dont la dérivée devient infinie pour un nombre illimité de valeurs de la variable, c'est-à-dire des courbes présentant une infinité de rebroussements, séparés l'un de l'autre par des intervalles déterminés. Ils admettaient même que ces intervalles puissent décroître indéfiniment, à mesure que l'abscisse x se rapproche d'une limite déterminée, en sorte que les *saillies* (*Spitzen*) se resserrent de plus en plus ; mais un intervalle déterminé séparait toujours nécessairement deux saillies consécutives, puisque la notion même du point de rebroussement implique deux arcs continus, si petits qu'ils soient, qui y aboutissent [282]. »

Par contre, il reste dubitatif devant les « des exemples de fonctions continues de x dont la dérivée deviendrait infinie pour toutes les valeurs *commensurables* de la variable x, en sorte qu'entre deux points quelconques, si rapprochés qu'on les suppose, la courbe représentative d'une telle fonction admettrait un nombre infini de rebroussements [283] ».

De même, « des exemples de fonctions telles que, la variable s'approchant indéfiniment d'une valeur particulière, la fonction tend elle-même vers une certaine limite par une succession indéfinie de valeurs alternativement croissantes et décroissantes, en présentant ainsi des *oscillations* en nombre indéfiniment croissant, mais d'une amplitude de plus en plus petite : telle est la fonction $f(x) = x \sin \frac{1}{x}$ dans le voisinage de $x = 0$ [284] » sont bien connus. En ce point la dérivée n'est pas déterminée mais de tels exemples ne heurtent pas l'intuition géométrique, au contraire des exemples que donne Hankel de fonctions qui présentent ce type de comportement en chaque point rationnel :

> « Mais M. Hankel donne les équations de courbes indéfiniment oscillantes dans le voisinage de chaque point qui répond à une valeur commensurable de x, et n'admettant aucune tangente en ces points : tellement qu'on ne peut concevoir aucun intervalle, si petit qu'il soit, qui ne renferme un nombre infini de valeurs de x pour lesquelles la dérivée est indéterminée [285]. »

L'évidence géométrique est du côté de Gilbert puisqu'il est difficile de s'imaginer une courbe continue non dérivable sur un sous-ensemble dénombrable dense. En

276. [Gil73a, p. i].
277. [Gil73a, p. i].
278. Et pour cause : il ne connaît pas ce travail (voir la lettre 2.65).
279. [Gil73a, p. vi].
280. [Gil73a, p. ii].
281. [Gil73a, p. ii].
282. [Gil73a, p. iii].
283. [Gil73a, p. iii].
284. [Gil73a, p. iv].
285. [Gil73a, p. iv].

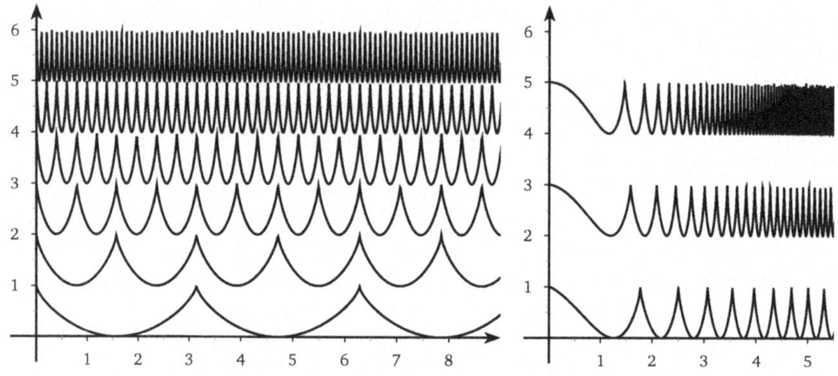

FIGURE 1.10 – Certaines fonctions admises par Gilbert : $f_n(x) = n - \sin(2^{n-1}x)^{\frac{2}{3}}$ pour $n = 1, \ldots, 6$ et $g_n(x) = 2n + 1 - \sin(x^{2+\frac{n}{2}})^{\frac{2}{3}}$ pour $n = 0, 1, 2$.

reproduisant de larges extraits de l'introduction de Hankel, Gilbert en profite pour souligner qu'il juge l'assertion selon laquelle « l'évidence ne peut être considérée comme une démonstration scientifique » comme « curieuse chez un géomètre [286] ».

Encadré 1.3.2 : « une petite discussion amicale »

À la fin de son rapport sur le mémoire de Gilbert [Gil73a], Catalan lui propose d'étudier une « courbe » dont il lui soumet la définition [Cat72, p. 367-368]. Pour $n \geq 1$ fixé, Catalan introduit la fonction continue

$$f_n(x) = \frac{1}{n} \sum_{k=1}^{n} \left(\tfrac{k}{n} - x\right) \sin\left(\frac{1}{\frac{k}{n} - x}\right) \tag{1.1}$$

qui reproduit le comportement de la fonction $x \sin(1/x)$ aux points $\frac{1}{n}, \frac{2}{n}, \ldots, 1$ et qui n'est donc pas dérivable en ces points. La fonction limite $f = \lim_{n\to\infty} f_n$ n'est-elle pas de celles dont Gilbert pense avoir établi l'impossibilité ?

> « Si l'on fait croître n indéfiniment, le second membre de l'équation (1.1) tend vers une certaine fonction de x, $f(x)$, continue (...). (...) *il semble* que $y = f(x)$ représente une courbe ayant une *infinité de points à tangente indéterminée*, dont les abscisses sont comprises entre 0 et 1. »

Si tel est le cas, l'édifice de Lamarle-Gilbert s'écroule. Dans sa réponse du 1er juin, Gilbert cite les propos de Catalan † :

> « La dérivée [de f_n] étant indéterminée pour $x = \frac{1}{n}, \frac{2}{n}, \ldots, \frac{n}{n}$, il semble que la fonction-limite doive présenter l'indétermination de la dérivée pour une infinité de valeurs de x comprises dans le plus petit intervalle, et si d'ailleurs cette fonction-limite est continue, nous aurons là *un fait* inconciliable avec la théorie de M. Gilbert. » (*Bulletins* XXXIII (2), 1872, p. 499)

†. Ceux-ci sont peut-être contenus dans l'une de ses lettres et légèrement modifiés car, dans son rapport, Catalan ne s'exprime pas de cette façon.

286. [Gil73a, p. 2].

Gilbert poursuit :

« D'une manière générale, il se pourrait qu'il me fût impossible de répondre à une difficulté de cette espèce, sans qu'il en résultât aucune présomption contre la théorie exposée : car la définition de la fonction choisie comme exemple pourrait ne pas se prêter facilement à l'étude de ses propriétés. Mais au reste, dans le cas actuel, la solution est très-simple et s'est offerte à mon esprit dès le premier instant. La fonction-limite existe, elle est parfaitement continue, et sa dérivée est finie et déterminée pour toutes les valeurs de x depuis $x = 0$ jusqu'à $x = 1$. » (p. 499)

Gilbert a raison : Catalan n'a pas proposé un contre-exemple à son « théorème ». Pour le voir, Gilbert transforme l'expression de f_n en

$$f_n(x) = \frac{1}{n}\sum_{k=1}^{n}(x - \tfrac{k}{n})\sin\left(\frac{1}{x - \frac{k}{n}}\right) = \frac{1}{n}\sum_{k=1}^{n}\varphi(x - \tfrac{k}{n}) \tag{1.2}$$

où φ est la fonction continue $x\sin(1/x)$ ($\varphi(0) = 0$). Pour $x \in \mathbf{R}$ fixé, le membre de droite de (1.2) représente l'approximation de l'aire sous la courbe représentée par φ entre $x-1$ et x par une suite de rectangles construits à l'aide d'une partition de $[x-1, x]$ en n sous-intervalles égaux. Ainsi, à la limite, on a

$$f(x) = \int_{x-1}^{x}\varphi(t)\,dt. \tag{1.3}$$

Comme φ est intégrable, considérons la fonction continue $F(x) = \int_0^x \varphi(t)\,dt$. Gilbert observe que puisque

$$f(x) = \int_{x-1}^{0}\varphi(t)\,dt + \int_0^x \varphi(t)\,dt = -F(x-1) + F(x),$$

la fonction f est continue et sa dérivée est

$$f'(x) = x\sin\left(\tfrac{1}{x}\right) - (x-1)\sin\left(\tfrac{1}{x-1}\right).$$

L'intuition sous-jacente est claire :

« On s'explique facilement, au reste, comment il se fait que, la courbe (1.1) présentant une tangente indéterminée pour toutes les valeurs de x de la forme $x = \frac{i}{n}$ (i entier), la courbe (1.3) n'admet plus aucune tangente indéterminée. (...) à mesure que nous attribuons à n des valeurs de plus en plus grandes, les points de la courbe (1.1) pour lesquels la sécante oscille indéfiniment se resserrent bien de plus en plus, mais en même temps l'amplitude des oscillations diminue et tend vers zéro, tellement que dans la courbe limite (1.3) la tangente est partout entièrement déterminée. » (p. 500-501)

Catalan est alors entièrement convaincu :

« L'ingénieuse démonstration imaginée par M. Gilbert dissipe les doutes que son mémoire m'avait laissés. Il me paraît bien remarquable qu'une courbe présentant, dans un intervalle déterminé, un nombre *indéfiniment grand* d'oscillations, ait pour limite une ligne qui en soit complétement dépourvue. Loin de prévoir ce résultat, je m'attendais plutôt à ce que la *fonction-limite*, $f(x)$, fût indéterminée. Cette petite discussion, amicale autant que scientifique, n'aura donc pas été inutile. » (p. 502)

1.3.2.1 La réfutation du principe de condensation des singularités de Hankel

Hankel appuie sa présentation des fonctions qu'il qualifie d'« illégitimes[287] » sur un principe qu'il appelle le « principe de condensation des singularités ». Étant donné une fonction $\varphi : [-1,1] \to [-1,1]$ qui vérifie $\varphi(0) = 0$ et qui possède une singularité en 0 (par exemple un dérivée infinie ou indéterminée), l'idée est d'« imprégner une fonction $f(x)$ de cette singularité, qui n'affecte la fonction $\varphi(y)$ qu'en un seul point $y = 0$, de telle sorte qu'elle la possède en une infinité de points d'un intervalle fini[288] ». Pour cela, Hankel considère la série convergente

$$f(x) = \sum_{n=1}^{\infty} \frac{\varphi(\sin(nx\pi))}{n^s} \quad s > 3. \tag{1.4}$$

Selon lui, cette série définit une fonction continue[289] telle que « la singularité de $\varphi(y)$ au point $y = 0$ se transmettra à la fonction $f(x)$ en tout point x *rationnel*[290] » et telle qu'« en tout point *irrationnel* (...) elle [possède] (...) un quotient différentiel fini et bien déterminé[291] ». Par conséquent, suivant Hankel, si on choisit par exemple $\varphi(y) = y^{2/3}$ ou $\varphi(y) = y\sin(1/y)$, ce qui est en jeu ici est l'existence de fonctions continues avec « la propriété remarquable[292] » d'être non dérivables sur un sous-ensemble dense. De telles fonctions ne font pas partie de celles admises par Gilbert. Dans son introduction, il observe :

> « En sorte qu'entre deux valeurs quelconques de x, si rapprochées qu'elles soient, il en existerait une infinitié [des singularités] qui ne seraient séparées par aucun intervalle assignable, et pour lesquelles la dérivée de la fonction serait infinie ou indéterminée[293]. »

Gilbert étudie avec soin le quatrième paragraphe du mémoire de Hankel et y relève plusieurs négligences[294]. Il décèle aussi une erreur qui pourrait ruiner les conclusions du mémoire.

---

287. [Han70, trad., p. 159].
288. [Han70, trad., p. 159].
289. Gilbert donne une preuve « directe et très-simple » de la continuité de la fonction f à l'aide de l'égalité (1.5) ci-dessous [Gil73a, p. 6-7].
290. [Han70, trad., p. 162].
291. [Han70, trad., p. 160].
292. [Gil73a, p. 4].
293. [Gil73a, p. 5].
294. Gilbert n'est pas le seul à les avoir observées. Suite à la publication du mémoire, Cantor écrit une recension du travail de Hankel. Après avoir expliqué l'idée de Hankel consistant à construire une fonction f reproduisant pour toutes les valeurs rationnels de la variable une singularité donnée et possédant une dérivée aux points irrationnels, il écrit :

> « Concernant ce dernier point, il apparaît que la preuve fournie n'est pas correcte ; la grandeur ε mentionnée est à déterminer en fonction de certaines conditions, après le choix du nombre m, qui permettent de la rendre tellement petite que εm^{s-1} ne tendrait pas vers l'infini. La fonction $f(x)$ pourrait être ainsi encore plus singulière que ce qui est indiqué par l'auteur et il faudrait s'interroger pour quels irrationnels x est restreinte l'existence d'un quotient différentiel. Les développements futurs de l'ouvrage qui sont liés à ce paragraphe ne peuvent être accueillis qu'avec prudence. »
> (trad., *Literarisches Centralblatt für Deutschland,* 18 Februar 1871, p. 150)

Ajoutons que Cantor insiste aussi sur l'importance des exemples pour mettre en évidence la fait que la continuité d'une fonction n'entraîne pas sa dérivabilité : « De telles fautes, qui se basent sur la mauvaise attribution de propriétés de fonctions couramment utilisées à une notion plus générale, peuvent le mieux être réfutées au travers d'exemples (...). » (p. 150)

Pour un entier $m \geq 1$ fixé et $s > 1$, Hankel observe que l'on a, « d'après des règles bien connues »[295],

$$\sum_{n=m+1}^{\infty} \frac{1}{n^s} < \frac{1}{(s-1)m^{s-1}}.$$

Par conséquent, si l'on considère les m premiers termes de la série (1.4), la valeur absolue du reste est de la forme $\frac{h}{m^{s-1}}$ avec $0 < h < 1$. Pour $\varepsilon > 0$ fixé, on a alors

$$f(x+\varepsilon)-f(x) = \sum_{n=1}^{m} \frac{\varphi(\sin(n(x+\varepsilon)\pi)) - \varphi(\sin(nx\pi))}{n^s} + \frac{h'}{m^{s-1}} \text{ avec } -1 < h' < 1. \tag{1.5}$$

Ensuite, si $\sin(nx\pi) \neq 0$, alors on a $[\varphi(\sin(nx\pi))]' = \varphi'(\sin(nx\pi))\cos(nx\pi)n\pi$ et donc si ε est assez petit pour que $\sin(nx\pi)$ ne s'annule pas dans l'intervalle $[x, x+\varepsilon]$, on a[296]

$$\begin{aligned}\varphi(\sin(n(x+\varepsilon)\pi)) &- \varphi(\sin(nx\pi)) \\ &= n\varepsilon\pi\varphi'(\sin(n(x+\theta_n\varepsilon)\pi))\cos(n(x+\theta_n\varepsilon)\pi)n\pi \end{aligned} \tag{1.6}$$

avec $0 < \theta_n < 1$. Par suite, en appliquant m fois (1.6), l'égalité (1.5) devient, en divisant par ε,

$$\frac{f(x+\varepsilon)-f(x)}{\varepsilon} = \pi \sum_{n=1}^{m} \frac{\varphi'(\sin(n(x+\theta_n\varepsilon)\pi))\cos(n(x+\theta_n\varepsilon)\pi)\pi}{n^{s-2}} + \frac{h'}{\varepsilon m^{s-1}}. \tag{1.7}$$

Hankel traite alors cette égalité en « précis[ant] la relation entre la croissance de m et la décroissance de ε », c'est-à-dire qu'il suppose que l'on peut faire tendre ε vers 0 et m vers ∞ de sorte que l'on ait $\varepsilon m \to 0$, $\varepsilon m^{s-1} \to \infty$ (par exemple en prenant $\varepsilon = \frac{1}{m^\alpha}$ avec $1 < \alpha < s-1$) et

$$f'(x) = \lim_{\varepsilon \to 0} \frac{f(x+\varepsilon)-f(x)}{\varepsilon} = \pi \sum_{n=1}^{\infty} \frac{\varphi'(\sin(nx\pi))\cos(nx\pi)\pi}{n^{s-2}}. \tag{1.8}$$

Puisque pour x irrationnel on a $\sin(nx\pi) \neq 0$ quel que soit $n \geq 1$, Hankel conclut : « la dérivée (...) est bien déterminée en tout point irrationnel et complètement indépendante de la diminution de ε. La fonction se comporte par conséquent de manière tout à fait légitime en tout point irrationnel[297] ». Gilbert trouve dans ce raisonnement « le vice capital de la théorie de M. Hankel[298] ». Il peut alors attaquer ce qui précède :

> « Dans l'équation (1.7), figurent deux quantités, l'une très-petite, ε ; l'autre très-grande, m. Si l'on attribue à m une valeur aussi grande qu'on le veut, mais *invariable*, on pourra évidemment, en faisant décroître suffisamment ε, satisfaire

295. Pour $s > 1$, on a la majoration

$$\sum_{n=m+1}^{\infty} \frac{1}{n^s} \leq \sum_{n=m+1}^{\infty} \int_{n-1}^{n} \frac{1}{x^s}\,dx = \int_m^\infty \frac{1}{x^s}\,dx = \left.\frac{x^{1-s}}{1-s}\right|_m^\infty = \frac{1}{(s-1)m^{s-1}}.$$

296. Comme Gilbert le remarque, Hankel écrit toujours $\cos nx\pi$ au lieu de $\cos n(x+\theta\varepsilon)\pi$. Le facteur $n\pi$ est absent de l'équation chez Hankel. Le facteur n est absent chez Gilbert.

297. [Han70, trad., p. 161].

298. [Gil73a, p. 8].

à la condition que $m\varepsilon$ tombe au-dessous d'une très-petite quantité donnée, et que la somme d'un nombre déterminé de termes

$$\sum_{n=1}^{n=m} \frac{\varphi'[\sin n(x+\theta\varepsilon)\pi]\cos n(x+\theta\varepsilon)\pi}{n^{s-1}}$$

diffère aussi peu qu'on le voudra de la somme des limites de ces termes

$$\sum_{n=1}^{n=m} \frac{\varphi'(\sin nx\pi)\cos nx\pi}{n^{s-1}}.$$

Mais alors, on ne voit plus que le reste $\frac{h'}{\varepsilon m^{s-1}}$, dont le dénominateur tend ici vers zéro, ait lui-même pour limite zéro. Si, au contraire, dans l'équation (1.7), on regarde ε comme très-petit, mais fixe, et m comme indéfiniment croissant, on peut bien faire décroître $\frac{h'}{\varepsilon m^{s-1}}$ au-dessous de toute grandeur donnée, mais, dans les termes sous le signe Σ, le produit $n\varepsilon$ ne reste pas indéfiniment petit, donc $\sin nx\pi$ passe par zéro une ou plusieurs fois entre les valeurs x et $x+\varepsilon$ de la variable ; $\varphi'[\sin n(x+\theta\varepsilon)\pi]$ peut donc être infini ou indéterminé, et même la formule (1.6) n'est plus dans le cas d'être appliquée. Ce n'est donc pas arbitrairement, mais par une nécessité de sa démonstration, que M. Hankel, pour tirer la formule (1.8) de la formule (1.7), suppose que l'on fasse varier *simultanément* ε et m, de façon que m croisse *indéfiniment* à mesure que ε converge vers zéro : cette dépendance entre m et ε est indispensable pour que $m\varepsilon$ reste très-petit en même temps que εm^{s-1} tend vers l'infini. Ainsi, *tandis que l'accroissemenet ε de la variable tend vers la limite zéro, le nombre m reçoit des valeurs de plus en plus grandes, et le nombre des termes renfermés dans l'expression*

$$\sum_{n=1}^{n=m} \frac{\varphi'[\sin n(x+\theta\varepsilon)\pi]}{n^{s-1}}\cos n(x+\theta\varepsilon)\pi$$

croît au delà de toute limite [299]. »

Et Gilbert d'ajouter :

« Or, il n'est nullement démontré, ou plutôt le contraire est démontré vrai dans un grand nombre de cas, que *la somme d'un nombre indéfiniment croissant de termes qui, pris isolément, tendent respectivement vers des limites déterminées, ait pour limite la somme de la série formée par les limites des différents termes.* Il n'est donc pas permis de dire, sans plus ample preuve, que la somme (1.7) ait pour limite (1.8) [300]. »

Gilbert poursuit ses critiques contre le raisonnement de Hankel en expliquant que la démonstration de l'absence de dérivée de la série (1.4) pour toutes les valeurs rationnelles est sujette à caution pour des raisons analogues [301].

299. [Gil73a, p. 8-9].

300. [Gil73a, p. 10].
Dans son rapport, Catalan fait allusion à cette erreur et rappelle que les égalités $1=\frac{1}{2}+\frac{1}{2}$, $1=\frac{1}{3}+\frac{1}{3}+\frac{1}{3}$, etc. peuvent conduire à l'égalité $1=0$. Il écrit :

« L'un d'eux [des paralogismes commis par Hankel], réduit à sa plus simple expression, peut être énoncé ainsi : *La limite d'une somme composée d'un nombre indéfiniment grand de parties, est égale à la somme des limites de ces parties* ; et l'on sait que ce principe faux conduit aisément à l'équation $1=0$. » (*Bulletins* XXXIII (2), 1872, p. 364)

301. Voir [Gil73a, p. 12].

1.3.2.2 Une construction inspirée par Lamarle

Dans la seconde partie de son mémoire intitulée « Existence de la dérivée dans les fonctions continues d'une seule variable », Gilbert s'inspire du travail antérieur de Lamarle [Lam55]. Il souhaite d'abord définir « nettement les fonctions sur lesquelles portera [son] investigation [302] » : elles sont réelles, finies, déterminées, à détermination simple et continues. Le troisième adjectif signifie que, si c'est possible, les fonctions qu'il considère sont toujours prolongées par continuité. Une suite de raisonnements jugés par Catalan « très-serrés et même très-abstraits [303] » va le conduire à proposer une démonstration du résultat suivant :
« *Si la fonction $f(x)$ jouit dans l'intervalle (A,B) des propriétés que nous venons de mentionner et si, à partir d'une valeur quelconque x de la variable comprise entre A et B, on donne à x un accroissement infiniment petit h, le rapport*

$$\frac{f(x+h)-f(x)}{h}$$

de l'accroissement de la fonction à celui de la variable, lorsque h tendra vers la limite zéro pourra :

(i) *tendre vers la limite zéro ;*

(ii) *croître indéfiniment ;*

(iii) *osciller indéfiniment entre deux valeurs déterminées, sans tendre vers aucune limite fixe ;*

(iv) *converger vers une limite déterminée, finie et différente de zéro.*

Chacune de ces hypothèses peut se réaliser pour des valeurs particulières de la variable x, mais la dernière seule peut subsister d'une manière permanente dans toute l'étendue d'un intervalle déterminé, quelque petit qu'on le suppose. Ainsi, le rapport tendra généralement vers une limite finie, déterminée, et différente de zéro, pour des valeurs quelconques de x comprises dans l'intervalle (A,B) ; en sorte que les valeurs de x pour lesquelles cette condition n'est point vérifiée seront, nécessairement, des valeurs isolées, exceptionnelles, séparées les unes des autres par des intervalles déterminés [304]. »
L'idée de la preuve consiste à tenter de démontrer que chacune des situations (i), (ii) et (iii) ne peut pas se présenter pour toutes les valeurs de l'intervalle ou pour un sous-ensemble dénombrable dense d'entre elles. Par exemple, Gilbert écarte la situation (i) en reproduisant une justification du fait que l'hypothèse entraîne que la fonction est constante et alors, selon lui, « n'est point fonction de x dans cet intervalle [305] ». Toutes les justifications sont fondées sur un lemme permettant à Gilbert de définir « le signe définitif de l'accroissement » :

> « *Si, à partir d'une valeur quelconque x de la variable comprise dans l'intervalle (A,B), on donne à cette variable un accroissement h* [306]*, l'accroissement correspondant $f(x+h)-f(x)$ de la fonction finira,* EN GÉNÉRAL [307]*, par rester constamment*

302. [Gil73a, p. 17].
303. [Cat72, p. 366].
304. [Gil73a, p. 22 & p. 31].
305. [Gil73a, p. 23].
306. Gilbert ajoute en note : « Cet accroissement h sera toujours regardé comme positif dans tout ce qui suit. »
307. Gilbert explique précisément ce qu'il entend par ce terme [Gil73a, p. 18-19] :

> « Cela signifie que, pour certaines valeurs de x, la différence $f(x+h)-f(x)$ pourra bien passer indéfiniment par des valeurs alternativement positives et négatives lorsque

de même signe lorsque h tendra indéfiniment vers la limite zéro [308]. »

Ce lemme, dont Gilbert donne une justification par l'absurde (voir la FIGURE 1.11), le conduit à affirmer que « l'intervalle (A,B) se décomposera toujours en un nombre déterminé d'intervalles dans chacun desquels la fonction $f(x)$ sera, ou *constamment croissante*, ou *constamment décroissante* [309] ». La démonstration de cet énoncé ne tardera pas à éveiller des soupçons chez Darboux.

Admettons, d'abord, que pour toutes les valeurs de x, depuis une valeur x_0 jusqu'à une autre valeur X, l'accroissement $f(x+h)-f(x)$ de la fonction change indéfiniment de signe lorsque h tend vers la limite zéro. Concevons que la variable passe de la valeur x, à une valeur $x_n < \mathrm{X}$ par une succession d'accroissements positifs $h_0, h_1, \ldots h_{n-1}$, supposés aussi petits qu'on le veut, et choisis de telle manière que, pour chacune des valeurs correspondantes $x_0, x_1, \ldots x_{n-1}$ de la variable, l'accroissement

$$k_i = f(x_i + h_i) - f(x_i) \quad > 0$$

de la fonction $f(x)$ soit positif. On aura donc

$$f(x_n) - f(x_0) = k_0 + k_1 + \ldots + k_{n-1} > 0,$$

et comme les accroissements h_i peuvent décroître autant qu'on le veut, il est permis évidemment d'admettre que la valeur finale x_n diffère de X d'une quantité moindre que toute quantité donnée. A cause de la continuité de la fonction $f(x)$, $f(x_n)$ différera donc de $f(\mathrm{X})$ d'une quantité aussi petite que l'on voudra, et la relation précédente entraînera celle-ci :

$$f(\mathrm{X}) - f(x_0) > 0.$$

Mais, d'un autre côté, on peut concevoir également que l'on passe de la valeur x_0 à la valeur X, ou à une valeur aussi peu différente qu'on le veut de X, par une succession d'accroissements h_i tellement choisis, que les accroissements correspondants k_i de la fonction soient constamment négatifs, et un raisonnement tout à fait semblable au précédent conduira à l'inégalité

$$f(\mathrm{X}) - f(x_0) < 0.$$

Celle-ci étant contradictoire avec la précédente, il est clair que l'hypothèse d'où nous sommes partis était absurde.

FIGURE 1.11 – La justification du lemme de Gilbert [Gil73a, p. 19].

h convergera vers zéro, de sorte que $f(x+h)$ s'approchera de sa limite $f(x)$ en oscillant indéfiniment au-dessus et au-dessous de cette limite ; mais cette circonstance ne pourra se réaliser que pour des valeurs *isolées* de la variable, séparées les unes des autres par des intervalles déterminés. Elle ne pourra subsister pour *toutes* les valeurs de x comprises entre deux limites données, quelque voisines qu'elles soient : ni pour des valeurs *discontinues* de x telles qu'entre deux consécutives il n'existe aucun intervalle assignable : par exemple, pour toutes les valeurs incommensurables de x comprises dans le plus petit intervalle donné. »

308. [Gil73a, p. 18].
309. [Gil73a, p. 22].

1.3.3 Le côté épistolaire de l'affaire Gilbert

Dans sa lettre à Hoüel du 15 août 1872 [310], De Tilly informe son correspondant de la parution en Belgique de « quelques ouvrages importants » susceptibles d'être recensés dans le *Bulletin*. Gilbert vient de publier le premier tome de son *Cours d'analyse infinitésimale* [311] et De Tilly sait aussi que Gilbert a présenté à l'Académie de Belgique son mémoire mais que « la lumière ne s'étant pas faite complètement pour [lui] », il n'a pas encore d'opinion sur « cette question difficile ». Hoüel ne connaît point encore le mémoire mais a déjà vu de quoi son auteur était capable ; il vient d'avoir affaire avec lui. En effet, après la publication du compte rendu [H73] d'un traité d'analyse de Schlömilch dans les *Nouvelles annales*, Hoüel s'est vu critiqué par Gilbert dans une lettre adressée à la rédaction du journal le 22 mars 1872 :

> « Cet ouvrage [de Schlömilch] est fort bien fait, et mérite les éloges de M. Hoüel ; mais, pour cette raison même, j'aurais désiré que certains points défectueux fussent signalés à l'attention de l'auteur et du lecteur [312]. »

Dans sa lettre, Gilbert insiste entre autres sur la « démonstration inexacte » de l'égalité $\frac{\partial^2 f}{\partial x \partial y} = \frac{\partial^2 f}{\partial y \partial x}$ donnée dans l'ouvrage [313] et il ne partage pas l'opinion de l'auteur de ce compte rendu non signé qui certainement est de la plume de Hoüel :

> « (...) je ne saurais partager l'opinion de ce dernier [l'auteur de l'article du *Bulletin*] sur la légitimité des démonstrations du même théorème qui sont fondées sur ce *lemme* : Si $F(x,\alpha)$ est infiniment petit en même temps que α, quel que soit x, il en sera de même de $D_x F(x,\alpha)$. « Cette proposition, dit-il, qui se vérifie sur toutes les fonctions continues que l'on rencontre, nous semble être une hypothèse que l'on doit admettre au même titre que l'on admet, pour toute fonction continue d'une seule variable, l'existence d'une dérivée, c'est-à-dire que l'on exclut d'avance les fonctions discontinues ou oscillantes qui ne jouiraient pas de cette propriété. » Il me semble qu'il y a entre les deux cas une différence assez sensible. L'existence de la dérivée d'une fonction continue $f(x)$ *en général*, c'est-à-dire abstraction faite de valeurs isolées ou exceptionnelles de la variable, est une propriété qui découle de la continuité de la fonction et se démontre *à priori*. (...) Mais il en est autrement du lemme indiqué ci-dessus (...). Aussi, bien loin qu'il se vérifie sur toutes les fonctions continues, peut-on citer un bon nombre de cas dans lesquels il est en défaut [314] »

Gilbert propose le contre-exemple $F(x,\alpha) = \alpha \sin(x/\alpha)$ qui n'impressionne guère Hoüel puisque, dans sa lettre à De Tilly du 21 août [315], il affirme « l'écart[er] expressément du champ de [s]es considérations ». Pour lui, « le Calcul infinitésimal s'applique aux fonctions qui ont une dérivée » et, comme il est facile de montrer que le lemme est vérifié pour « les fonctions usuelles », « pour les autres cas, on en fait une *hypothèse* ». Comme nous l'avons vu dans le paragraphe 1.3.1, Hoüel pense que Hankel a « pleinement raison sur tous les points ». Si tel est le cas, Gilbert ne peut qu'avoir tort en affirmant pouvoir démontrer l'existence de la dérivée

310. Voir la lettre 2.54.
311. [Gil72a].
312. [Gil72b, p. 217-218].
313. L'erreur a du reste été signalée par Lindelöf dans un article dont le compte rendu a été publié dans le *Bulletin* ; L. LINDELÖF, Remarques sur les différentes manières d'établir la formule $\frac{d^2 f}{dx\,dy} = \frac{d^2 f}{dy\,dx}$, *Acta Societatis scientiarum Fennicæ* VII, 1863 ; compte rendu dans le *Bulletin* I, 1870, p. 275
314. [Gil72b, p. 218-219].
315. Voir la lettre 2.55.

d'une fonction continue, exception faite de quelques points isolés. Ce dernier avis est partagé par Bonnet et Darboux :

> « Bonnet et moi, nous sommes de votre avis en un point contre cet ane [316] de Gilbert. On ne peut pas démontrer l'existence de la dérivée, quoi qu'il en pense et je crois que vous auriez tort de lui répondre. Il veut faire du bruit pour vendre son bouquin [317] et, du reste, il est excessivement ennuyeux, avec Aoust, il a eu une discussion qui a duré des années [318], et je crois qu'il va me fournir une occasion prochainement de l'éreinter, je taperai pour deux, soyez tranquille. Ces cléricaux, c'est de la mauvaise graine. (...) Remarquez que Catalan et Gilbert sont pour le moment les Chasles-Bertrand-Serret-Liouville-Bonnet-Delaunay-Mannheim [319] de la Belgique [320]. »

La suite de l'année 1872 semble plus calme puisque les lettres conservées de Darboux ne font pas d'allusion étendue à l'affaire Gilbert. Darboux souhaite que Hoüel patiente et se montre bien certain de pouvoir bientôt venir en aide à son ami qui se trouve face à un adversaire dont il pense avoir un temps surestimé la force.

> « Quant à l'article de Gilbert [321], il ne me parait pas enrichir beaucoup votre bibliothèque. Le grand belge est vraiment moins fort que je ne l'aurais cru [322]. »

> « Vous savez que Brisse n'est plus chez Gauthier[-Villars] mais il m'a dit il y a déjà assez longtemps qu'il allait insérer un article sur votre ouvrage [323]. Ainsi ne vous inquiétez pas. Un de ces jours je vous rendrai le service de pulvériser Gilbert et sa démonstration de l'existence des dérivées des fonctions continues. Vous serez ainsi débarrassé d'un rival qui est plus prétentieux que fort [324]. »

Il est vraisemblable que, vers la fin de l'année, Hoüel ait reçu de Gilbert une version du mémoire contenant la démonstration en question [325]. Darboux, quant à lui, n'aura ce travail entre les mains que plus tard, au mois de février 1873. Hoüel entretient certainement Darboux sur le contenu du mémoire [Gil73a] et ce dernier l'encourage alors à écrire à Hankel. La lettre expédiée, il faut attendre sa réponse...

316. *Sic.* Il arrive à Darboux de ne pas écrire les accents. Hoüel lui en fait d'ailleurs le grief (voir les lettres 3.44 et 3.46).

317. Son livre se termine par la remarque suivante [Gil72a, p. 472] :

> « La *Note II*, concernant l'existence de la dérivée dans les fonctions continues et la continuité de cette dérivée, exigerait des développements étendus, dépassant les limites qui nous sont imposées, pour être traitée avec la rigueur convenable. Nous la supprimerons donc, nous bornant à renvoyer au mémoire de M. Lamarle sur cette question, tout en pensant que sa démonstration pourrait être complétée sur certains points et simplifiée sur d'autres. »

318. Gilbert et l'abbé Aoust ont eu l'un contre l'autre une longue querelle de priorité qui a débuté en 1867. Voir à ce sujet Aoust, Nouvelles observations sur un débat de priorité entre M. Gilbert, professeur à l'Université de Louvain, et M. l'abbé Aoust, professeur à la Faculté des sciences de Marseille, *Mémoires de l'Académie des sciences, belles-lettres et arts de Marseille*, 1868-1869, p. 291-330 et les références citées.

319. Les six premiers sont tous académiciens en 1872 : Chasles, Bertrand, Serret, Bonnet dans la section de géométrie et Liouville, Delaunay dans la section d'astronomie. Amédée Mannheim (1831-1906) est professeur de géométrie descriptive à l'École Polytechnique et remporte le prix Poncelet de l'année 1872. Gilbert est professeur à l'Université Catholique de Louvain dès 1855. Il est aussi membre associé de l'Académie de Belgique dès 1867 ; d'un père français et d'une mère belge, il possède la nationalité française [Maw92].

320. Lettre de Darboux à Hoüel du 30 mai 1872, AAS, dossier Darboux.

321. Très certainement [Gil73a].

322. Lettre de Darboux à Hoüel du 10 novembre 1872, AAS, dossier Darboux.

323. [H55].

324. Lettre de Darboux à Hoüel du 28 décembre 1872, BC, Ms. in-4° 333, folio 144.

325. Il est certain que c'est Gilbert qui lui a envoyé son mémoire (voir la lettre 2.61), seule la date est incertaine.

L'argument de l'autorité de Weierstrass qui vient de présenter une fonction continue nulle part dérivable (voir l'Encadré 1.3.3) laisse penser à Darboux que la partie sera facilement gagnée mais qu'il faut tout de même être prudent.

> « Quant à Gilbert le grand Belge, nous avons grand besoin d'agir avec prudence et il faut bien choisir notre moment pour lui asséner un coup terrible et dont ce grand Belge ne puisse se relever. Il attaque Hankel, c'est bien. Hankel est de force à répondre. Écrivez-lui puisque vous le connaissez et attendons. C'est là le premier point. Quand Hankel aura répondu d'une manière victorieuse, je n'en doute pas, nous arriverons à la rescousse et gare Gilbert. Nous aurons la partie d'autant plus belle qu'à Berlin il y a aussi des géomètres pointus et que *Weierstrass* † a lu un article sur les fonctions qui n'ont pas de dérivée [326]. Je reprendrai la démonstration de Gilbert que j'affirme être fausse, sans l'avoir vue ; avec ses articles stupides des nouvelles annales [327], sur Saltel dans le Bulletin de l'académie de Belgique et sur les solutions singulières [328] je vous promets que nous l'assommerons. Mais prenons notre temps d'autant plus qu'ici Gilbert s'est fait un tort énorme par ses dernières campagnes et puis nous venons de le louer dans le Bulletin [329], nous ne pouvons pas l'accabler tout de suite [330]. »

Encadré 1.3.3 : l'exemple de Weierstrass

Dans sa communication [Wei72] lue à l'Académie de Berlin le 18 juillet 1872, Weierstrass donne le premier exemple public d'une fonction continue nulle part dérivable. Après avoir discuté en introduction d'une autre fonction donnée par Riemann, il expose l'idée de son exemple sans détails. Dans son mémoire [BR75, p. 30-31], Du Bois-Reymond est le premier à publier cet exemple de Weierstrass. Il donnera une preuve détaillée qui est certainement fortement inspirée des idées du maître † car Weierstrass a eu « la bonté » de lui communiquer son exemple dans une lettre afin de « dissiper ses doutes » et il espère bien que ses contemporains lui seront reconnaissants de mettre en lumière cette fonction ††. Weierstrass revendique néanmoins la paternité de l'exemple et de la preuve :

> « Es ist aber von mir der Beweis geführt worden, dass die Function $\sum_{\nu=0}^{\infty} b^\nu \cos a^\nu \pi t$, sobald $ab > 1 + \frac{3}{2}\pi$ ist, für keinen Werth von t einen bestimmten Differentialquotienten besitzt. (...) Dieser Beweis ist von Hrn. P. du Bois-Reymond, dem ich ihn brieflich mitgetheilt hatte, im 79sten Bande von Borchardt's Journal S. 30 veröffentlicht. » (Weierstrass, [Wei86, p. 92])

†. Plus tard, Goursat a également présenté l'exemple de Weierstrass dans son *Cours d'analyse mathématique*, Gauthier-Villars, Paris, troisième édition, 1917, p. 75-77. L'exemple apparaît dès la première édition de 1902.

††. [BR75, p. 29].

†. Son nom est souligné deux fois.

326. Voir l'Encadré 1.3.3. Darboux a peut-être obtenu cette information en lisant les *Monatsberichte der Königlich Preussischen Akademie der Wissenschaften zu Berlin* de 1872 (imprimé en 1873) où la page 560 contient les mots : « 18. Juli. Gesammtsitzung der Akademie. Hr. Weierstrass las über stetige Funktionen ohne bestimmte Differentialquotienten. »

327. [Gil72b].

328. Voir la note 356.

329. Le *Bulletin* IV, 1873, p. 33-35 publie un compte rendu du *Cours d'analyse infinitésimale* de Gilbert rédigé par Painvin. Celui-ci cite un avis de Puiseux : « les notions usuelles du Calcul différentiel et du Calcul intégral y sont exposées avec la clarté et la méthode qui caractérisent les autres Ouvrages du savant professeur de Louvain. » (p. 33)

330. Lettre non datée (fin 1872-début 1873) de Darboux à Hoüel, AAS, dossier Darboux.

Soit $F(x)=\sum_{n=0}^{\infty} b^n \cos a^n \pi x$ où $0<b<1$, a est un entier impair et $ab>1+\frac{3}{2}\pi$. Cette fonction est continue. Pour $x_0 \in \mathbf{R}$ et un entier $m \geq 1$ fixés, notons $Q := \frac{F(x_0+h)-F(x_0)}{h} = A_m + B_m$ où

$$A_m := \frac{1}{h}\sum_{n=0}^{m-1} b^n[\cos(a^n\pi(x_0+h)) - \cos(a^n\pi x_0)],$$

$$B_m := \frac{1}{h}\sum_{n=m}^{\infty} b^n[\cos(a^n\pi(x_0+h)) - \cos(a^n\pi x_0)].$$

Par le théorème des accroissements finis, on a

$$\left|\cos(a^n\pi(x_0+h)) - \cos(a^n\pi x_0)\right| \leq \pi a^n|h| \text{ d'où } |A_m| \leq \pi\sum_{n=0}^{m-1} b^n a^n = \pi\frac{(ab)^m-1}{ab-1}.$$

Comme $ab-1>0$, on obtient donc $|A_m| \leq \pi\frac{(ab)^m}{ab-1}$. Nous cherchons maintenant à minorer $|B_m|$. Dans ce but, écrivons

$$a^m x_0 = \alpha_m + \xi_m \quad \text{où} \quad \alpha_m \in \mathbf{Z} \quad \text{et} \quad -\tfrac{1}{2} < \xi_m \leq \tfrac{1}{2}.$$

Si l'on pose $x_m^{\pm} := \frac{\alpha_m \pm 1}{a^m}$ ainsi que $h_m^{\pm} := x_m^{\pm} - x_0 = \frac{\alpha_m\pm 1}{a^m} - \frac{\alpha_m+\xi_m}{a^m} = \frac{\pm 1-\xi_m}{a^m}$, alors l'hypothèse sur ξ_m entraîne que $h_m^{\pm}$ est du même signe que le terme ± 1 et donc $x_m^- < x_0 < x_m^+$. De plus, $|h_m^{\pm}| \leq \frac{3}{2a^m}$ et lorsque m tend vers l'infini $|h_m^{\pm}|$ tend vers zéro. Si $n \geq m$, pour ces valeurs particulières de l'accroissement h nous avons d'une part $a^n\pi(x_0+h_m^{\pm}) = a^{n-m}a^m\pi(x_0+h_m^{\pm}) = a^{n-m}\pi(\alpha_m \pm 1)$ d'où $\cos(a^n\pi(x_0+h_m^{\pm})) = (-1)^{\alpha_m+1}$ car, puisque a est impair, le produit $a^{n-m}(\alpha_m \pm 1)$ est de la même parité que α_m+1. D'autre part, nous avons $\cos(a^n\pi x_0) = \cos(a^{n-m}a^m\pi x_0) = \cos(a^{n-m}\pi(\alpha_m + \xi_m)) = \cos(a^{n-m}\pi\alpha_m)\cos(a^{n-m}\pi\xi_m)$ d'où $\cos(a^n\pi x_0) = (-1)^{\alpha_m}\cos(a^{n-m}\pi\xi_m)$ car $a^{n-m}\alpha_m$ est de la même parité que α_m. Ainsi, nous obtenons l'expression

$$B_m = \frac{(-1)^{\alpha_m+1}}{h_m^{\pm}}\sum_{n=m}^{\infty} b^n[1+\cos(a^{n-m}\pi\xi_m)].$$

Comme tous les termes de la série $\sum_{n=m}^{\infty} b^n[1+\cos(a^{n-m}\pi\xi_m)]$ sont positifs, la somme de la série est plus grande que son premier terme $b^m[1+\cos(\pi\xi_m)]$ qui est lui même plus grand que b^m car $-\frac{1}{2} < \xi_m \leq \frac{1}{2}$. Par conséquent,

$$|B_m| > \frac{b^m}{|h_m^{\pm}|} \geq \frac{2}{3}(ab)^m.$$

Si nous supposons que $\frac{2}{3}(ab)^m > \pi\frac{(ab)^m}{ab-1}$, ce qui est équivalent à l'inégalité $ab > 1+\frac{3}{2}\pi$, alors puisque nous avons $\frac{2}{3}(ab)^m < |B_m| = |Q-A_m| \leq |Q|+|A_m| \leq |Q|+\pi\frac{(ab)^m}{ab-1}$ nous trouvons finalement

$$\left|\frac{F(x_m^{\pm})-F(x_0)}{x_m^{\pm}-x_0}\right| \geq |B_m|-|A_m| > \frac{2}{3}(ab)^m - \pi\frac{(ab)^m}{ab-1} = \frac{2}{3}(ab)^m\left(\frac{ab-1-\frac{3}{2}\pi}{ab-1}\right) \geq 0.$$

Lorsque m tend vers l'infini, $x_m^{\pm}$ convergent vers x_0 et nous avons minoré le quotient différentiel par une expression qui tend vers l'infini. Ainsi, la fonction F n'est pas dérivable en x_0.

Au début de l'année 1873, Hoüel reçoit la preuve que le mémoire de Gilbert est bien accueilli en Belgique :

> « Je me suis trop peu expliqué dans ma dernière lettre touchant la démonstration de l'équation $\frac{d^2u}{dxdy} = \frac{d^2u}{dydx}$ par M. Gilbert. C'est dans son excellent cours de Calcul infinitésimal que se trouve insérée sa démonstration. Les mémoires in 8° de l'académie de Belgique contiendront prochainement sa démonstration de l'existence de la dérivée pour les fonctions continues [331]. J'ai lu en épreuves ce travail ingénieux, et j'espère que comme moi, vous en serez content, quand vous l'aurez lu, surtout si vous le comparez au grand travail de M. Lamarle sur le même sujet, dans les mémoires in 4° de l'académie [332]. Lamarle a indiqué la méthode à suivre dans la démonstration, mais M. Gilbert a eu le mérite d'en faire un usage rigoureux [333]. »

Darboux patiente encore un mois avant d'avoir entre les mains le texte de Gilbert. Ce sujet lui plaît et il est soulagé d'avoir repéré rapidement un argument fallacieux dans le lemme (voir la FIGURE 1.11) du géomètre belge car il a bien vu, par l'intermédiaire de Gilbert, que le travail de Hankel [334] contenait aussi des erreurs et que l'on ne pouvait pas s'appuyer complètement sur lui pour affirmer l'existence des fonctions continues sans dérivée. Il manque encore à Darboux le mémoire de Hankel pour avoir une vue d'ensemble, mais il a déjà très envie de consacrer l'un de ses travaux à cette question (voir le paragraphe 1.3.6).

> « Gilbert m'a envoyé deux exemplaires de son fameux Mémoire et je l'ai parcouru. Rien n'est perdu mais si Gilbert rapporte exactement les raisonnements de Hankel nous sommes dans notre tort. Hankel s'est trompé dans ses raisonnements et il faudrait examiner les séries qu'il apporte de nouveau. Je me rappelle que je vous demandais des exemples, j'avais bien raison [335].
> Heureusement que comme je l'avais prévu la démonstration de Gilbert est aussi fausse. En sorte que nous pourrons l'attraper. J'ai bien envie de faire un article la dessus. Voici le vice du raisonnement de Gilbert pour son premier théorème page 18 2e partie.
> Il suppose qu'on puisse passer de x_0 à X par deux séries de valeurs les unes pour lesquelles les accroissements sont positifs, les autres pour lesquelles les accroissements sont négatifs. Or il est facile de voir que celà est inexactement démontré. En effet partons de x_0 et soit x_1 la plus grande valeur telle que $f(x_1) > f(x_0)$ soit ensuite x_2 la plus grande valeur telle que $f(x_2) > f(x_1)$ et ainsi de suite. Rien ne prouve qu'en continuant indéfiniment ainsi on arrive à X. On peut tendre vers une limite inférieure à X et alors la démonstration de Gilbert tombe dans l'eau [336]. (...)
> Je suis tout joyeux de voir que nous nous tirerons des griffes de Gilbert, du reste j'en étais sur à priori. Klincksieck [337] doit avoir le mémoire d'Hankel. Je vais aller le chercher. Le sujet en vaut la peine [338]. »

331. [Gil73a].
332. [Lam55].
333. Lettre de Mansion à Hoüel du 21 janvier 1873, BC, Ms. in-4° 333, folio 146.
334. [Han70].
335. Voir l'extrait de la lettre de Darboux à Hoüel cité au paragraphe 1.3.1.
336. Darboux n'a pas vu que Gilbert avait prévu cette objection comme on peut le voir un peu plus loin dans son texte. Toutefois, sa manière de la lever [Gil73a, p. 20-21] est illusoire.
337. Ce libraire reçoit des publications mathématiques étrangères. Hoüel affirme n'avoir « jamais [eu] de relations avec d'autres libraires que Gauthier-Villars et Klincksieck, ce dernier pour la librairie étrangère » (Lettre de Hoüel à Mittag-Leffler du 4 avril 1878, IML). Une vignette jaune collée sur un ouvrage provenant de cette librairie contient les trois lignes : C. Klincksieck ; Libraire de l'Institut de France ; 11, rue de Lille, Paris.
338. Lettre de Darboux à Hoüel du 18 février 1873, AAS, dossier Darboux.

Le 12 mars 1873, De Tilly écrit à Hoüel[339] qu'il a eu « l'occasion d'approfondir la question des dérivées des fonctions continues » et qu'il croît que « M. Gilbert a raison » et que « M. Hankel s'est complétement trompé ». Dans sa réponse du 26 mars[340], Hoüel est conscient que « la fausseté, s'ils sont faux, [des exemples de Hankel] ne prouverait rien contre l'existence possible des fonctions continues n'ayant point de dérivée » mais avoue que « le temps [lui a] manqué jusqu'ici pour [se] faire une opinion personnelle motivée avec précision ». Il apprend à De Tilly que « Darboux étudie en ce moment la question » et qu'« il a cru entrevoir un défaut dans le raisonnement » de Gilbert. Darboux a aussi commencé à lire et à traduire le mémoire de Riemann [Rie67] et a écrit à Hoüel quelques jours auparavant que « la lecture de ce travail confirme pleinement les vues générales de Hankel ». Il envoie à son ami une ébauche de sa traduction :

> « Procédons avec méthode. Je viens de préparer la réponse à Gilbert la première et j'ai commencé ma semaine en traduisant ce qu'il y a de plus dur dans le mém[oire] de Riemann Ueber die Darstellbarkeit. Il y a quelques phrases que j'ai laissées dans la précipitation de ma traduction. Mais j'ai tout compris c'est l'essentiel. Je vous envoye le tout pour que vous critiquiez. En même temps vous seriez bien aimable d'ajouter la partie historique qui serait la plus intéressante pour nos lecteurs[341]. Je le ferai bien mais voila mes leçons à la Faculté qui vont me tenir jusqu'à vendredi je les ferais mal pour finir le Riemann. Ainsi voyez si vous avez le temps, critiquez. (...) Sur ce comme je suis fourbu pour avoir fait cela [la traduction] en deux soirées permettez-moi d'aller me coucher. J'attends le mém[oire] de Hankel que Klincksieck a demandé depuis longtemps[342]. »

Hoüel a naturellement accepté de l'aider :

> « Vous êtes bien aimable de compléter la traduction du mémoire de Riemann. C'est le premier acte de la réponse à Gilbert. Il y a tous les principes nécessaires, dans ce mémoire, pour montrer une foule de fonctions continues qui n'ont pas de dérivées. J'en ai indiqué l'autre jour plusieurs à la Société mathématique[343]. Mais il serait bien important d'avoir une réponse d'Hankel que vous feriez bien de relancer. Il faut qu'il dise son opinion que diable[344]. »

Bien qu'Hankel tarde à répondre, Darboux parvient à se forger une opinion définitive basée uniquement sur la démonstration de Gilbert et sur le mémoire de Riemann (voir le paragraphe 1.3.6) :

> « Vous êtes bien aimable d'avoir fini le Riemann. Voila un beau morceau et qui ne sera pas apprécié. Mais il y a une perle que tout le monde y découvrira, je l'espère. C'est la définition de l'intégrale définie. C'est de là que j'ai tiré une foule de fonctions continues qui n'ont pas de dérivées. J'en ai montré une l'autre jour à la Société mathématique. Ce brave Gilbert va être vexé, mais je le ménagerai et tâcherai de l'écorcher sans le faire crier. (...) Et Hankel, il est assommant. S'il continue à ne pas vous répondre, je l'éreinte. J'ai demandé sa brochure. C'est ce qui me retarde. Espérons qu'elle finira par arriver et alors gare Gilbert[345]. »

339. Voir la lettre 2.60.
340. Voir la lettre 2.61.
341. Il s'agit des trois premiers paragraphes dans lesquels Riemann expose « une histoire des recherches et des opinions des géomètres sur les fonctions arbitraires données graphiquement, et sur la possibilité de les représenter par des séries trigonométriques » [HD73, p. 21].
342. Lettre de Darboux à Hoüel du 18 mars 1873, AAS, dossier Darboux.
343. Voir la note 3 de la lettre 2.65 de Hoüel à De Tilly.
344. Lettre de Darboux à Hoüel du 24 mars 1873, AAS, dossier Darboux.
345. Lettre de Darboux à Hoüel du 30 mars 1873, AAS, dossier Darboux.

Quant à De Tilly, dans sa lettre du 31 mars 1873[346], il écrit à Hoüel qu'il a examiné consciencieusement la démonstration de Gilbert mais qu'il ne lui a « pas été possible de découvrir le moindre défaut de raisonnement ». Il souhaite s'en entretenir avec Darboux. Quelques jours plus tard, Darboux reçoit enfin le mémoire de Hankel et sent qu'il va avoir du travail, probablement car il s'« impos[e] le devoir de revenir sur quelques-unes [des propositions de Hankel] (...) » afin de les mettre « à l'abri de toute critique[347] » :

> « J'ai aussi reçu hier seulement le paquet qui contient Hankel (...). J'ai parcouru Hankel, il est clair que Gilbert ne lui prête que les boulettes qu'il a commises, mais comme Gilbert se trompe, nous pourrons garder nos avantages. Seulement cela va être long, je vous en préviens[348]. »

Dans sa réponse à De Tilly du 21 avril[349], Hoüel lui écrit que Darboux a trouvé des exemples et qu'il « est d'accord avec Hankel sur le fond de la question ». Plusieurs semaines s'écoulent encore avant que Hoüel ne reçoive enfin une réponse de Hankel[350] mais l'état de santé de ce dernier ne lui permet pas de s'intéresser de très près aux discussions lancées par son travail. Il se contente d'affirmer qu'il est « en partie facile de réfuter » les critiques de Gilbert et que « la partie positive » du travail de Gilbert, celle qui reproduit la preuve de Lamarle, « contient des fautes ». Une telle réponse ne satisfait guère Darboux :

> « Je trouve que Hankel n'est pas très net. La question n'est pas de savoir si Gilbert se trompe dans la partie *positive* de son mémoire mais si lui Hankel a fait des raisonnements inexacts ou plutot (il en a fait) s'il a un moyen de remplacer les raisonnements inexacts par d'autres rigoureux. Gilbert est inouï, il raisonne comme un Peau-Rouge. Il dit, le raisonnement de H[ankel] est faux (accordé) et il conclut la proposition de H[ankel] est fausse[351]. Ah ! Gilbert tu es bien de Louvain. Avez-vous remarqué du reste combien ces Belges sont médiocres et insupportables. Folie, Graindorge, Gilbert en tête sans compter le terrible Catalan[352]. »

La lettre de De Tilly à Hoüel du 19 juin[353] nous apprend qu'il est maintenant « radicalement converti à (...) [la] manière de voir » de Hoüel et, trois jours plus tard[354], il lui écrit spécialement sur ce sujet. Gilbert vient de lire à l'Académie sa note rectificative [Gil73b] et De Tilly fait part du désir de Gilbert de voir sa note publiée avant toute réponse de Darboux. Gilbert a aussi fait cette demande directement à Darboux.

> « J'ai aussi reçu une lettre de Gilbert qui est devenu plat depuis que Ruchonnet l'a remis à sa place dans les n^{elles} annales[355]. Je vous réponds qu'il ne parait

346. Voir la lettre 2.62.
347. [Dar75, p. 58].
348. Lettre de Darboux à Hoüel du 11 avril 1873, AAS, dossier Darboux.
349. Voir la lettre 2.63.
350. Hoüel transcrit la réponse du professeur de Tübingen à De Tilly dans sa lettre du 13 juin. Voir la lettre 2.65.
351. Dans l'introduction de son mémoire, Gilbert écrit [Gil73a, p. v] : « Dans la première [partie], nous analysons le travail de M. Hankel, en nous bornant toutefois à ce qui concerne les fonctions continues et leurs dérivées ; nous reproduisons la suite des raisonnements, et nous mettons en relief quelques-unes des principales erreurs qu'ils renferment, de manière à ne laisser aucun doute, nous l'espérons du moins, sur l'inanité des conclusions. »
352. Lettre de Darboux à Hoüel du 16 juin 1873, AAS, dossier Darboux.
353. Voir la lettre 2.66.
354. Voir la lettre 2.67.
355. Dans la lettre [Gil72b], Gilbert conteste la validité d'une formule utilisée par Charles Ruchonnet (1832-1914) dans un article des *Nouvelles annales* IX (2), p. 457-463 pour calculer la distance d'un point

> plus d'humeur à écrire des phrases comme celle-ci. *Il y a deux ans M. Darboux prétendit* et cette *assertion* pouvait paraitre *étrange*[356]. Il me fait remarquer qu'il a vu dans les nouvelles annales que je m'occupais de la question des fonctions continues sans dérivée[357] et il me prie de vouloir bien attendre avant de publier mon travail qu'il m'ait envoyé la Note rectificative dont de Tilly vous a parlé. Je vais lui répondre sur le même ton. C'est un homme à ménager, il est clérical. Qui sait s'il ne sera pas ministre de France-Belgique avant un an ou deux et alors gare, il vous fera aller à la messe[358]. »

S'il « voi[t] très-clairement maintenant où est l'erreur de la démonstration » de Gilbert, De Tilly attribue son manque de clairvoyance précédent à l'habitude ; il répétait « sans défiance » un raisonnement que ses professeurs et tous les ouvrages qu'il a pu lire reproduisaient. Hoüel[359] est heureux d'apprendre que Gilbert a reconnu son erreur et suggère à De Tilly de demander à Gilbert d'envoyer à Hankel un exemplaire de son nouveau travail ce qui pourrait lui faire « grand plaisir ». De son côté, Darboux poursuit ses recherches et se voit déçu par le travail de Hankel[360] :

> « À propos de Hankel ce géomètre baisse décidément dans mon estime, il me parait un singe de Riemann, mais les bottes que lui a portées Gilbert sont parfaitement justes et nous aurions été enfoncés si Gilbert après avoir démoli ses adversaires n'avait pas cédé à la malheureuse tentation d'édifier à son tour. Mais hélas il a bâti sur le sable mouvant et il est obligé d'en faire son mea culpa[361]. »

Pour Hoüel[362], cette histoire prouve « la nécessité de restreindre la notion de fonction par des hypothèses qui rapprochent les fonctions à étudier des fonctions algébriques, les seules dont les propriétés puissent s'établir *a priori* d'une manière rigoureuse ». Il attribue ces idées à Hankel et à son mémoire qui, malgré ce qu'il qualifie d'« erreurs de calcul », fait son « grand mérite ». La réception de la note rectificative de Gilbert[363] le conforte encore dans cette position[364]. Nous verrons qu'il la défendra vaillament face à Darboux quelques mois plus tard[365]. Pour le moment, Darboux cherche à réunir tous les documents nécessaires à la poursuite de ses études en vue de la rédaction de son grand travail [Dar75]. Même si ses recherches sur les principes ne sont pas en priorité destinées aux élèves des cours

---

d'une courbe gauche « à la sphère osculatrice correspondant à un point infiniment voisin ». Ce dernier maintient la validité de sa formule et montre que celle proposée en remplacement par Gilbert est fausse (*Nouvelles annales* XI (2), 1872, p. 380-381). Gilbert admet son erreur dans une note publiée dans le même journal (*Nouvelles annales* XII (2), 1873, p. 131-133).

356. Darboux fait allusion à une phrase qu'il cite de mémoire et qui est contenue dans un rapport de Gilbert lu le 3 août 1872 sur une note de Mansion ayant pour sujet les solutions singulières des équations différentielles du premier ordre (*Bulletins* XXXIV (2), 1872, p. 143).

357. Ce passage est le suivant (*Nouvelles annales* XII (2), 1873, p. 231) :

> « Nous avons reçu de M. Ph. Gilbert, professeur à l'Université de Louvain, un *Mémoire sur l'existence de la dérivée dans les fonctions continues*, où l'auteur critique un Mémoire de M. Hankel, professeur à l'Université de Tubingue, qui admet l'existence de fonctions continues n'ayant pas de dérivée. M. Darboux a récemment communiqué à ce sujet, à la Société mathématique de France, une Note *Sur les intégrales des fonctions discontinues et sur les fonctions continues qui n'ont pas de dérivées*. Nous y reviendrons. »

358. Lettre de Darboux à Hoüel du 26 juin 1873, BC, Ms. in-4° 333, folio 154.
359. Voir la lettre 2.68.
360. Hankel est déjà très gravement malade et s'éteindra à la fin du mois d'août âgé de 34 ans.
361. Lettre de Darboux à Hoüel du 9 juillet 1873, AAS, dossier Darboux.
362. Voir la lettre 2.68
363. [Gil73b].
364. Voir la lettre 2.82.
365. Voir le paragraphe 1.3.7.

élémentaires, Darboux est persuadé qu'à terme la rigueur et la simplicité sauront s'unir :

> « Incontestablement (quel adverbe !) il y a à tenir grand compte de la simplicité dans un cours élémentaire et dût-on sacrifier la rigueur il faut avant tout que les démonstrations soient abordables. D'autre part, on ne peut pas contester aux savants le droit de chercher le moyen de mettre les principes à l'abri de toute discussion et de donner au moins pour les élèves déjà forts des démonstrations pleinement rigoureuses. J'ajoute que de telles études quand elles auront été poussées assez loin sauront réunir les deux qualités essentielles, la simplicité et la rigueur[366]. »

Au moment où Darboux termine son travail, un nouvel acteur, Hermann Amandus Schwarz, apparaît.

> « J'ai reçu de mon côté la note de Schwarz et je l'ai lue avec plaisir. Mon travail sur les principes est achevé. J'ai des fonctions continues qui ne sont ni croissantes ni décroissantes dans aucun intervalle donné. Je vous renverrai cette note et le mémoire de Hankel dès que j'aurai terminé ce qui ne tardera pas. Mais j'ai la tête cassée, je vous prie de le croire[367]. »

1.3.4 La note de Schwarz

En juin 1872, Hermann Amandus Schwarz, qui occupe alors un poste de professeur à l'École polytechnique fédérale de Zürich, est au courant de la lettre de Gilbert [Gil72b] publiée dans les *Nouvelles Annales* et écrit à son maître Weierstrass :

> « (...) dans l'un des derniers numéros des *Nouvelles Annales*, un certain Gilbert, si je ne me trompe, affirme de nouveau l'absurdité qu'il est tout à fait évident qu'une fonction continue possède une dérivée ; mais, sans doute, ne peut-on en faire le reproche à un mathématicien français de province[368], puisque Bertrand débute son Traité par une prétendue démonstration de cette affirmation[369]. Ne serait-il pas utile d'envoyer deux lignes à la rédaction des *Nouvelles Annales* rédigées comme suit : On demande à Monsieur Bertrand de prouver que la fonction
>
> $$\sin x + \frac{\sin 4x}{4} + \frac{\sin 9x}{9} + \dots$$
>
> possède une dérivée[370]. »

Un mois plus tard, Weierstrass présente à l'Académie de Berlin sa note [Wei72] dans laquelle il cite cette série trigonométrique avant de présenter son exemple de fonction continue nulle part dérivable. Cette série avait été évoquée par Riemann comme exemple d'une fonction continue non dérivable sans que l'énoncé précis de son affirmation ou une éventuelle démonstration n'aient été conservés. Dans l'introduction de sa note, Weierstrass s'interroge : est-elle partout non dérivable ou non dérivable sur une partie dense[371] ?

366. Lettre de Darboux à Hoüel du 1er décembre 1873, AAS, dossier Darboux.
367. Lettre de Darboux à Hoüel du 23 décembre 1873, AAS, dossier Darboux.
368. Rappelons que Gilbert enseigne à Louvain.
369. [Ber64, p. 2-3].
370. Lettre de Schwarz à Weierstrass du 20 juin 1872, trad. citée dans [Maw92].
371. [Wei72, p. 71-72].
En fait, il se trouve que la fonction proposée par Riemann est dérivable en certains points et ceci ne sera démontré que bien plus tard. En 1916, Hardy prouve que cette fonction ne possède pas de quotient différentiel fini pour toutes les valeurs de x de la forme $\xi\pi$ où ξ est irrationnel ou rationnel d'une forme déterminée. Toutefois, les travaux de Gerver publiés en 1970 et 1971 montrent que la fonction est dérivable en certains autres multiples rationnels de π [Med91, p. 222].

Si le projet de s'adresser à la rédaction des *Nouvelles Annales* ne semble pas avoir été mis à exécution, Schwarz n'a cependant pas manqué d'écrire à Gilbert pour lui communiquer son « exemple curieux », « très-simple, presque classique », comme ce dernier le qualifie, et ceci peu de temps après la publication du mémoire [Gil73a] [372]. À l'instar de Hoüel quelques années auparavant, qui avait publié une note afin de tarir le flot des tentatives de preuves du postulat des parallèles (voir le paragraphe 1.2.3), Schwarz souhaite faire imprimer une note contenant « un nouvel exemple d'une fonction continue qui n'admet pas de dérivée ». Pour lui, il s'agit de faire cesser au plus vite les tentatives de démonstration de l'existence de la dérivée pour les fonctions continues en donnant un contre-exemple. Simultanément publiée en version allemande et française, cette note lue fin août 1873 vise un public contenant celui atteint par Gilbert. Le professeur de Zürich a fait le choix de la publication du texte en français dans les *Archives des sciences physiques et naturelles* éditées à Genève qui offre probablement une plus large diffusion dans l'aire francophone bien que les mathématiques ne soient pas un des domaines principaux de ce journal [373].

Schwarz avait assisté au cours de Weierstrass donné en 1861 au Gewerbeinstitut de Berlin et il cite d'emblée une phrase que le maître aurait prononcée à cette occasion : « on doit considérer comme manquées, et cela sans exception, toutes les tentatives qui ont été faites pour établir, d'une manière générale, l'existence nécessaire de la dérivée de toute fonction à argument réel [374] ». Un contre-exemple évitera de rechercher l'« erreur fondamentale » contenue dans tous les travaux qui prétendent le contraire. Celui qu'il propose « ne sera peut-être pas sans intérêt à cause de sa simplicité, sans prétendre à aucune supériorité sur les autres déjà connus [375] » (voir l'Encadré 1.3.4).

Dans sa lettre du 16 novembre 1873 [376], De Tilly communique à Hoüel ce nouvel exemple « fort utile » de Schwarz. Un an et demi plus tard, dans sa lettre du 12 mai 1875 [377], De Tilly, bien qu'admettant l'existence de fonctions continues non dérivables, éprouve « souvent encore des scrupules à ce sujet » puisqu'il est toujours guidé par l'interprétation physique que l'on peut donner aux fonctions continues. Il n'a pas « étudi[é] à fond » la fonction de Schwarz bien qu'elle « parai[sse] si simple ». Ce n'est le cas ni de Darboux ni de Gilbert. Le premier reprendra la fonction φ, introduite par Schwarz, dans son travail sur les fonctions discontinues [378] pour construire la série

$$f(x) = \sum_{n=1}^{\infty} a_n \varphi(nx)$$

qui converge uniformément si $\sum_{n=1}^{\infty} na_n$ converge. En utilisant l'idée de la preuve de Schwarz, il prouve que sa fonction f possède une dérivée « infinie dans le sens positif pour toutes les valeurs commensurables de x » et montre en outre que si

372. Gilbert écrit [Gil73b, p. 713] : « L'exemple suivant, qui m'a été communiqué par M. Schwarz (...) a été le point de départ des réflexions qui précèdent (...). » Les adjectifs sont cités dans [Gil78, p. 478].

373. Les éditeurs ajoutent en note au bas de la page [Sch73a, p. 33] que cette communication ne se prêtant pas par sa nature à un compte rendu abrégé, Schwarz a demandé de l'insérer in extenso « et quoique les mathématiques pures ne soient point du domaine des *Archives*. »
La version allemande de cette note est publiée dans les *Verhandlungen der Schweizerischen Naturforschenden Gesellschaft* (*Actes de la Société Helvétique des Sciences Naturelles*) 56, 1873, p. 252-258.

374. [Sch73a, p. 33-34].

375. [Sch73a, p. 34].

376. Voir la lettre 2.89.

377. Voir la lettre 2.103.

378. [Dar75, p. 98-103].

$a_n = \frac{1}{n^4}$, alors « il y a des incommensurables pour lesquelles la dérivée existe et est finie, d'autres pour lesquelles elle est infinie ». Quant à Gilbert, il va présenter l'exemple de Schwarz dans sa note rectificative [Gil73b].

Encadré 1.3.4 : l'exemple de Schwarz

Soit $E(x)$ « le plus grand entier contenu dans x », c'est-à-dire la partie entière de x ou l'unique entier tel que

$$E(x) \leq x < E(x) + 1.$$

Schwarz considère la fonction

$$\varphi(x) = E(x) + \sqrt{x - E(x)} \quad \text{pour} \quad x \geq 0.$$

Cette « courbe (...) se compose d'une suite infinie d'arcs de parabole, et présente un point saillant (*Ecke*) à la jonction de deux arcs de parabole consécutifs » [Sch73a, p. 35] (voir la FIGURE 1.12, droite). Il peut alors définir la fonction (voir la FIGURE 1.12, gauche)

$$f(x) = \sum_{n=0}^{\infty} \frac{\varphi(2^n x)}{2^n \cdot 2^n} \quad \text{pour} \quad x \geq 0.$$

La fonction f est continue puisque la série converge uniformément†, elle est croissante et possède la propriété suivante : « quelque petit que soit un intervalle $x_0 \ldots X$, il se trouve toujours un nombre infini de valeurs x' comprises entre ces limites, pour lesquelles le quotient $\frac{f(x'+h)-f(x')}{h}$ dépassera un nombre g pris aussi grand qu'on le voudra, h partant d'une grandeur positive pour se rapprocher de plus en plus de zéro » [Sch73a, p. 35].
En effet, Schwarz considère un entier m tel que $\frac{1}{2^m} < \frac{1}{2^{m-1}} < |X - x_0|$ ainsi que m' impair tel que $x_0 < \frac{m'}{2^m} < X$††. Si $x' = \frac{m'}{2^m}$ et $0 < h < \frac{1}{2^m}$, on a alors

$$\begin{aligned} \frac{f(x'+h) - f(x')}{h} &= \sum_{n=0}^{\infty} \frac{\varphi(2^n x' + 2^n h) - \varphi(2^n x')}{4^n h} > \frac{\varphi(2^m x' + 2^m h) - \varphi(2^m x')}{4^m h} \\ &= \frac{\varphi(m' + 2^m h) - \varphi(m')}{4^m h} = \frac{\sqrt{2^m h}}{4^m h} = \frac{1}{(2\sqrt{2})^m \sqrt{h}} \xrightarrow{h \to 0^+} +\infty. \end{aligned}$$

†. Schwarz utilise cet argument sans plus de justification : « la série (...) converge de la même manière (*in gleichem Grade*) pour toutes les valeurs de x » [Sch73a, p. 36]. Il donne en outre une preuve directe de la continuité, « si on ne veut pas faire usage de cette considération que la dite série converge toujours de la même manière », en montrant que $f(x+h) - f(x) \leq 3\sqrt{h}$ pour $x \geq 0$ et $0 \leq h \leq 1$ [Sch73a, p. 36-37]. Justifions la convergence uniforme : puisque $|\varphi(x)| \leq x + \frac{1}{4}$ pour tout $x \geq 0$, le critère de Weierstrass entraîne que la série converge uniformément sur tout compact, d'où la continuité.

††. L'hypothèse que m' soit impair n'est pas cruciale. Schwarz l'utilise probablement car il souhaite considérer des fractions irréductibles. Notons que l'existence est assurée par le fait qu'il y a au moins deux nombres de la forme considérée par Schwarz à l'intérieur de l'intervalle car $2 \cdot \frac{1}{2^m} < |X - x_0|$.

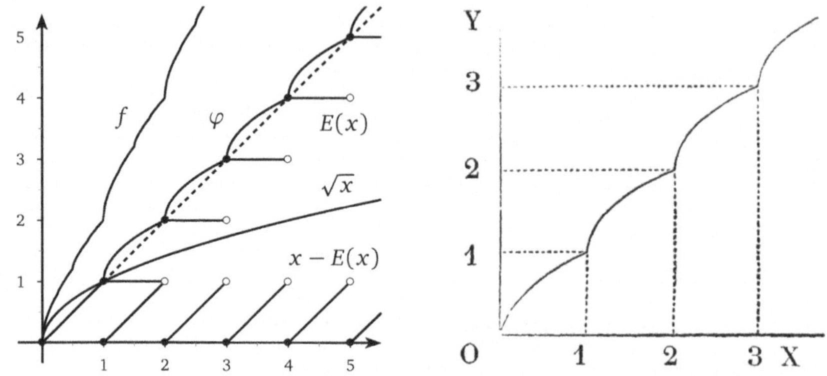

FIGURE 1.12 – L'exemple de Schwarz : à gauche, la fonction f proposée par Schwarz ainsi que les fonctions qui permettent de la fabriquer ; à droite, la fonction φ extraite de [Sch73a, p. 35].

1.3.5 La note rectificative de Gilbert

Dans son mémoire [379], Gilbert proposait une démonstration du fait qu'une fonction continue ne peut pas se trouver dans la situation (ii) de son théorème [380] pour toutes les valeurs d'un intervalle ou pour une famille dénombrable dense d'entre elles. Pourtant, la fonction proposée par Schwarz appartient à cette dernière classe ! Il est alors bien obligé d'admettre « le côté défectueux » du raisonnement « plausible, classique » [381] qu'il a utilisé.

Étant donné une fonction f définie sur $[x_0, X]$, Gilbert raisonnait par l'absurde et supposait que la dérivée est infiniment grande en chaque point de l'intervalle. Soient $\frac{f(X)-f(x_0)}{X-x_0} = R$ et $h_0, h_1, \ldots, h_{n-1}$ une suite d'accroissements positifs tels que $\sum_{i=0}^{n-1} h_i = X - x_0$ et supposés assez petits pour que $\frac{f(x_i+h_i)-f(x_i)}{h_i} > R$ où $x_{i+1} = x_i + h_i$. Si $k_i = f(x_i+h_i) - f(x_i)$, on a alors

$$\frac{f(X)-f(x_0)}{X-x_0} = \frac{k_0+k_1+\ldots+k_{n-1}}{h_0+h_1+\ldots+h_{n-1}} > R,$$

ce qui est absurde. Il écrivait en outre :

> « Si les valeurs de x pour lesquelles $\frac{k}{h}$ a pour limite l'infini, sans former une suite continue, n'étaient séparées les unes des autres par aucun intervalle assignable ; ou si la valeur h' de h, au-dessous de laquelle le rapport $\frac{k}{h}$ reste constamment $> R$, tendait vers zéro lorsque x s'approche indéfiniment d'une valeur particulière x' comprise entre x_0 et X, on voit facilement, par les détails dans lesquels nous sommes entrés précédemment, comment il faudrait modifier la démonstration [382]. »

Dans sa note [383], Gilbert reconnaît que « la valeur h' au-dessous de laquelle doit descendre l'accroissement h pour que le rapport $\frac{k}{h}$ surpasse une quantité donnée R,

379. [Gil73a, p. 24-25].
380. Voir p. 53.
381. Pour se trouver en bonne compagnie dans l'erreur, il a soin d'indiquer que son raisonnement a été « employé par bon nombre de géomètres » et cite Duhamel, Bertrand et Lamarle [Gil73b, p. 711].
382. [Gil73a, p. 25].
383. [Gil73b, p. 711].

dépend à la fois, et de R, et de la valeur de x à partir de laquelle l'accroissement est donné ». Il écrit $h' = F(x,R)$ et explique que ceci détruit la preuve qu'il avait imaginée :

> « Or, cette fonction h', sans se réduire à zéro pour aucune des valeurs de x comprises dans la suite proposée, ce qui serait contre l'hypothèse, peut cependant *tendre* vers zéro pour celles d'entre ces valeurs de x qui satisfont à une certaine loi déterminée. Cette difficulté, je l'avais aperçue dans le mémoire de M. Lamarle, et c'est pour la résoudre que j'ai examiné séparement, dans ma démonstration, le cas où cette quantité h' convergerait vers zéro à mesure que la variable x s'approche d'une certaine valeur x' comprise entre x_0 et X : dans ce cas, la difficulté se lève sans peine.
> Mais il y a une autre hypothèse, que je n'ai point considérée : c'est celle où la fonction h' convergerait vers zéro, par exemple, pour les valeurs de x exprimées par des fractions d'une certaine forme dont les deux termes croîtraient indéfiniment, valeurs qui, évidemment, se succèdent sans intervalle assignable[384]. »

Gilbert pense toujours qu'une partie de sa preuve peut encore être sauvée et qu'en se restreignant à l'intervalle $[x_0, x']$ il est en mesure de conclure. Toutefois, la valeur R dépend des bornes de l'intervalle et il est illusoire de chercher à garder la structure de l'argumentation. Ensuite, Gilbert présente la fonction f de Schwarz comme un « cas d'exception possible » à sa démonstration. Dans ses explications, il reprend l'exposition de Schwarz en ne s'encombrant pas d'un intervalle donné : « (...) si la théorie présentée par M. Lamarle et par moi était exacte, la dérivée $f'(x)$ ne saurait être infinie pour des valeurs de x indéfiniment rapprochées les unes des autres : or, il est très-facile de montrer, au contraire, que $f'(x)$ est infini pour toutes les valeurs de x comprises dans le type $x = \frac{m'}{2^m}$, m et m' étant des nombres entiers aussi grands qu'on le veut, ce qui fait que ces valeurs de x peuvent être aussi rapprochées qu'on le veut[385] ». En conclusion, il souhaite un réexamen des résultats fondamentaux. Pour lui, tout comme pour De Tilly qui questionne Hoüel dans sa lettre du 22 juin 1873[386], d'autres démonstrations sont devenues suspectes.

> « Il est à peine nécessaire de faire observer que les mêmes objections s'appliquent aux autres parties de la démonstration concernant l'existence de la dérivée ; par exemple, à celle où l'on établit que la dérivée ne saurait être constamment nulle sans que la fonction se réduise à une constante. Une révision de toute cette théorie sera donc nécessaire pour fixer nettement les caractères distinctifs des fonctions auxquelles le théorème est applicable, ainsi que pour apporter à certains points fondamentaux du calcul différentiel les compléments de démonstration indispensables. Je compte revenir sur cette question, mais un géomètre très-habile s'en occupant actuellement, je crois utile d'attendre la publication de ses recherches sur ce sujet difficile[387]. »

Gilbert reviendra en effet sur cette question. La seconde édition de son cours contient en note un paragraphe intitulé « fonctions continues sans dérivée[388] ». Gilbert y expose entre autres l'exemple de Schwarz, un exemple de Hankel, l'exemple de Weierstrass et d'autres de Darboux. La note est principalement consacrée à l'exposé des résultats contenus dans le mémoire de Darboux [Dar75].

384. [Gil73b, p. 712].
385. [Gil73b, p. 714-715].
386. Voir la lettre 2.67.
387. [Gil73b, p. 716-717].
388. [Gil78, p. 473-475].

1.3.6 Le mémoire de Darboux sur les fonctions discontinues

Poussé par le climat fort propice, Darboux s'est décidé à rédiger un travail sur les principes de l'analyse. Son œuvre capitale sur ce sujet est son *Mémoire sur les fonctions discontinues* [389] dont certaines parties du contenu ont été présentées à la Société mathématique lors des séances du 19 mars 1873 et du 28 janvier 1874 [390]. En introduction, Darboux assigne quatre buts à son étude, ceux-ci étant tous utiles pour légitimer les « fonctions continues sans dérivée » :

1. Revenir sur quelques uns des résultats de Hankel critiqués par Gilbert afin de « limiter [les propositions qu'il avait données] en les mettant à l'abri de toute objection ».
2. Reprendre la définition de l'intégrale définie donnée par Riemann et montrer « comment cette définition doit conduire à une infinité de fonctions n'ayant pas de dérivées ».
3. Exposer les « principes sur les séries dont les termes sont des fonctions de la variable indépendante ».
4. Utiliser le point 3 afin de « former directement une foule de fonctions continues qui n'ont pas de dérivée pour une infinité de valeurs de la variable indépendante, comprises dans tout intervalle ou même qui n'ont de dérivée pour aucune valeur de la variable » [391].

Darboux adresse son mémoire aux *Annales scientifiques de l'École normale supérieure*. Certainement surcharché de « besogne », il s'est décidé à différer une partie de son étude et à condenser son texte, ce qui explique probablement qu'une publication ultérieure vienne compléter ce premier travail [393].

> « Pour moi, j'ai diminué ma besogne en remettant à des temps meilleurs toute une partie de mon travail mais l'autre est terminée et je vais de ce pas la porter à M. Deville et lui demander s'il en veut pour les Annales de l'École [394]. Pourvu qu'il ne me fasse pas attendre trop longtemps. Malheureusement c'est trop long pour le Bulletin et puis nous avons déjà un article de Mélanges de Painvin [395] que j'espacerai un petit peu comme on dit chez moi [396]. »

389. [Dar75].
390. Voir la note 3 de la lettre 2.65 de Hoüel à De Tilly.
391. Plus tard, Darboux insistera davantage sur l'aspect fondamental de sa recherche lorsqu'il aura à écrire quelques lignes sur ce travail dans la *Notice sur les travaux scientifiques* [Dar84] qu'il rédige à l'occasion de son élection à l'Académie des sciences en 1884 [Dar84, p. 29] :

> « L'objet de ce Mémoire est au fond une étude des principes sur lesquels repose le Calcul intégral. Tout une école de géomètres a obtenu en suivant les traces de Cauchy, une foule de résultats importants. Dans les études de ce genre on s'appuie uniquement sur quelques propositions extrêmement générales ; il paraît donc nécessaire de faire une étude attentive des principes sur lesquels reposent toutes ces déductions et de les exposer avec toute la rigueur dont ils paraissent susceptibles. C'est la voie que paraît suivre M. Weierstrass dans le Cours malheureusement inédit qu'il professe depuis longtemps. Le travail que j'ai publié m'a surtout été inspiré par l'étude attentive d'un beau Mémoire de Riemann sur les séries trigonométriques [392]. »

393. [Dar79].
394. Les *Annales scientifiques de l'École normale supérieure* ont été fondés par Louis Pasteur en 1867. Il en dirige la première série jusqu'en 1870. Dès 1872, le chimiste Henri Sainte-Claire Deville (1818-1881) prend en charge la deuxième série (voir N. Hulin, *Culture scientifique et humanisme*, L'Harmattan, Paris, 2011, p. 136).
395. Il s'agit probablement du travail L. Painvin, Note sur l'intersection de deux courbes, *Bulletin* V, 1873, p. 138-144.
396. Lettre de Darboux à Hoüel du 19 janvier 1874, AAS, dossier Darboux.

Darboux espère une impression rapide de son mémoire mais sera déçu et devra intervenir auprès de la rédaction. Le travail paraîtra dans le volume de l'année 1875 bien que la fin du texte imprimé porte la date du 20 janvier 1874.

> « Vous me proposez aussi de reprendre notre fameuse discussion [397]. À ce propos je vous demanderai un service. Un mémoire sur l'existence de la dérivée que j'ai donné il y a neuf mois à l'École normale et qu'on aurait imprimé dans dix ans si je ne m'étais un peu faché est en train de s'imprimer. Auriez vous la bonté de jeter un coup d'oeil sur les épreuves que je vous enverrai et de me faire des critiques tant que vous pourrez. J'en serais bien content [398]. »

Le plan du mémoire communiqué par Darboux à Hoüel quelques semaines avant d'en rendre une version définitive montre que la rédaction du travail a subi des changements. Par exemple, l'idée de débuter le mémoire par la notion de suite a été abandonnée. Darboux commence directement par la section intitulée « Des fonctions et de la continuité ». Il y démontre en particulier que si f est telle que $A \leq f(x) \leq B$ pour tout $x \in [x_0; x_1]$, alors il existe $M := \sup f$ (« limite maximum »), $m := \inf f$ (« limite minimum ») [399] et que si f est continue, alors on a $f([x_0, x_1]) = [m, M]$ [400] :

> « Voici le plan de mon travail sur les principes du Calcul diff[érentiel]. J'approfondis d'abord l'idée de limite et je montre que la condition necessaire pour que le terme général d'une suite
>
> $$a_1 \quad a_2 \quad \dots \quad a_n \quad \dots$$
>
> ait une limite c'est que on puisse prendre n assez grand pour que
>
> $$a_{n+p} - a_n < \varepsilon \quad \text{en valeur absolue.}$$
>
> Après cela je passe à la définition des fonctions continues ; à leurs propriétés et je définis une classe de fonctions discontinues [401].
> Les séries dont les termes sont des fonctions de x donnent lieu à des distinctions que j'établis d'après les allemands. Il y a des séries également convergentes dans un intervalle donné (gleichmässig) et celles qui ne le sont pas. Il y a une différence capitale entre ces séries [402]. Après cela j'étudie la définition de l'intégrale de Riemann en la rendant rigoureuse (c'est bien long) et j'en déduis directement l'existence de fonctions continues qui n'ont pas de dérivées [403]. J'en donne une foule développées en séries. Il y en a une qui n'est ni croissante ni décroissante dans un intervalle fini.
> J'ai l'intention de terminer par quelques remarques sur les intégrales définies et les conditions sous lesquelles on peut différentier sous le signe $\int$, point qui est encore très difficile à élucider [404].
> Si l'on ne se moque pas de moi je continuerai ces études petit à petit [405]. »

397. Voir le paragraphe 1.3.7.
398. Lettre de Darboux à Hoüel du 22 octobre 1874, AAS, dossier Darboux.
399. [Dar75, p. 61].
400. [Dar75, p. 62-64].
401. Il s'agit probablement des fonctions discontinues qui sont intégrables [Dar75, p. 70].
402. Darboux insiste ici sur la notion que l'on nomme aujourd'hui la convergence uniforme. Dans son mémoire [Dar75, p. 77], il renvoie au travaux de Heine, Thomae et Cantor publiés dans le *Journal für die reine und angewandte Mathematik* au sujet « des séries à égale convergence et de leur emploi dans la représentation des fonctions en séries trigonométriques ».
403. Dans le mémoire, les sections II, III, et IV consacrées à l'intégrale de Riemann viennent avant la Section V qui traite des séries de fonctions.
404. Une telle étude est absente de [Dar75].
405. Lettre de Darboux à Hoüel du 23 décembre 1873, AAS, dossier Darboux.

La rigueur[406] est pour Darboux l'unique moyen de lutter contre les réticences de l'esprit à admettre des propositions qui peuvent paraître paradoxales :

> « Bien des points, qu'on regardait à bon droit comme évidents ou que l'on accordait dans les applications de la science aux fonctions usuelles, doivent être soumis à une critique rigoureuse dans l'exposé des propositions relatives aux fonctions les plus générales. Par exemple, on verra qu'il existe des fonctions continues qui ne sont ni croissantes ni décroissantes dans aucun intervalle, qu'il y a des fonctions discontinues qui ne peuvent varier d'une valeur à une autre sans passer par toutes les valeurs intermédiaires.
> On conçoit qu'en présence de propositions aussi singulières on éprouve le besoin d'apporter la plus grande rigueur dans les déductions et de n'admettre que les propositions les mieux démontrées[407]. »

Un de ces points regardés comme « évidents » concerne l'intégration terme par terme des séries de fonctions. On pense et on « démontre » que si une fonction est représentée par une série convergente, alors la série obtenue en intégrant terme par terme convergera vers l'intégrale de la fonction représentée. Darboux sait que ce résultat énoncé ainsi est inexact et qu'il y a besoin d'une hypothèse supplémentaire pour être vérifié :

> « Je viens de recevoir un petit écrit de Klein sur l'idée de fonction[408], qui m'a paru bien obscur mais je crois qu'il y a quelque chose à faire et je continue mon travail. Que diriez-vous mon cher ami si je vous montrais une série
>
> $$f(x) = \varphi_1(x) + \varphi_2(x) + \ldots$$
>
> convergente quel que soit x, la série des intégrales étant aussi convergente
>
> $$\int_0^x \varphi_1(x) + \int_0^x \varphi_2(x) + \ldots$$
>
> et cette série ne représentant pas l'intégrale $\int_0^x f(x)\,dx$[409]. »

Au mois de décembre 1874, Darboux rappelle à Hoüel que le théorème d'intégration terme par terme qu'il expose à ses étudiants et qui apparaît dans son *Cours de calcul infinitésimal* est faux (voir la FIGURE 1.13). Il lui donne un contre-exemple qu'il a déjà traité dans son mémoire[410]. Celui-ci consiste à prendre la série télescopique (voir la FIGURE 1.14, droite)

406. Par exemple, Hawkins écrit [Haw01, p. 27] : « One cannot read this work without being impressed by its lucidity and rigor ; among the leading French mathematicians (with the exception of Ossian Bonnet), this degree of precision was uncommon. »

407. [Dar75, p. 59].

408. F. KLEIN, Ueber den allgemeinen Functionsbegriff und dessen Darstellung durch eine willkürliche Curve, *Sitzungsberichte der physikalisch-medicinischen Societät zu Erlangen vom 8. December 1873* ; *Mathematische Annalen* XXII, 1883, p. 249-259.

409. Lettre de Darboux à Hoüel du 30 décembre 1873, AAS, dossier Darboux.

410. [Dar75, p. 84]. Voir aussi les lettres 3.1 et 3.2.
Dans une lettre que Darboux adresse à Hoüel le 23 décembre 1875 (AAS, dossier Darboux), il lui communique une seconde fois ce contre-exemple en prenant soin d'expliciter les calculs :

> « Gardez-vous bien de renoncer à votre ouvrage. Je serais désolé si mes observations produisaient ce résultat car elles ont un but contraire l'amélioration et non la destruction de ce qui existe. Du reste elles ne portent que sur un petit nombre de points. Pour le moment je vais vous donner un exemple où votre théorème du n°191 serait faux sans la restriction proposée.
> Considérons la série
>
> $$\sum_1^\infty \left[2x(n+1)^2 e^{-x^2(n+1)^2} - 2xn^2 e^{-x^2n^2}\right]$$

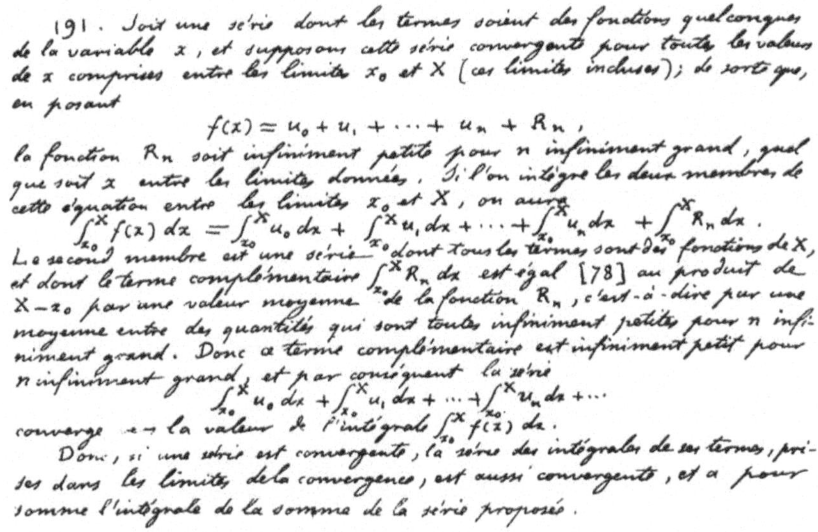

191. Soit une série dont les termes soient des fonctions quelconques de la variable x, et supposons cette série convergente pour toutes les valeurs de x comprises entre les limites x_0 et X (ces limites incluses); de sorte que, en posant

$$f(x) = u_0 + u_1 + \cdots + u_n + R_n,$$

la fonction R_n soit infiniment petite pour n infiniment grand, quel que soit x entre les limites données. Si l'on intègre les deux membres de cette équation entre les limites x_0 et X, on aura

$$\int_{x_0}^{X} f(x)\,dx = \int_{x_0}^{X} u_0\,dx + \int_{x_0}^{X} u_1\,dx + \cdots + \int_{x_0}^{X} u_n\,dx + \int_{x_0}^{X} R_n\,dx.$$

Le second membre est une série dont tous les termes sont des fonctions de X, et dont le terme complémentaire $\int_{x_0}^{X} R_n\,dx$ est égal [78] au produit de $X - x_0$ par une valeur moyenne de la fonction R_n, c'est-à-dire par une moyenne entre des quantités qui sont toutes infiniment petites pour n infiniment grand. Donc ce terme complémentaire est infiniment petit pour n infiniment grand, et par conséquent la série

$$\int_{x_0}^{X} u_0\,dx + \int_{x_0}^{X} u_1\,dx + \cdots + \int_{x_0}^{X} u_n\,dx + \cdots$$

converge vers la valeur de l'intégrale $\int_{x_0}^{X} f(x)\,dx$.

Donc, si une série est convergente, la série des intégrales de ses termes, prises dans les limites de la convergence, est aussi convergente, et a pour somme l'intégrale de la somme de la série proposée.

FIGURE 1.13 – Un théorème « évident » exposé par Hoüel dans la version autographiée de son *Cours de calcul infinitésimal* [H55, I, p. 112-113].

$$g(x) = -2xe^{-x^2} = \sum_{n=1}^{\infty} g_n(x) \quad \text{avec} \quad g_n(x) = -2n^2xe^{-n^2x^2} + 2(n+1)^2xe^{-(n+1)^2x^2}.$$

L'intégrale $\int_0^x g(t)\,dt$ vaut $e^{-x^2} - 1$ et n'est pas égale à la somme des intégrales des termes de la série qui vaut e^{-x^2} car

$$\int_0^x g_n(t)\,dt = (e^{-n^2x^2} - 1) + (-e^{-(n+1)^2x^2} + 1).$$

Dans la Section V de son mémoire, Darboux se propose « d'apporter la plus grande précision dans l'étude de quelques propositions de la théorie des séries [411] » et, pour cela, il introduit d'emblée la notion de convergence uniforme d'une suite ou d'une série de fonctions :

> « Nous dirons qu'une série $\varphi_0(x)$, $\varphi_1(x)$, $\varphi_2(x)$, ... dont tous les termes sont des fonctions continues ou discontinues de x est *également* ou *uniformément*

(...)

Ainsi, voila un cas dans lequel
1° la série est toujours convergente et représente une fonction continue de x.
2° la série des intégrales est toujours convergente.
3° l'intégrale de la somme n'est pas la somme des intégrales.
Cela tient à ce que la série proposée n'est pas uniformément convergente dans l'intervalle donné d'intégration $(0, x)$.
Je crois donc que vous feriez bien d'introduire la petite restriction que je vous signale. Remarquez que vous auriez bien tort de vous décourager. Votre théorème est dans Serret, dans Hermite et tutti quanti. Seulement je voudrais que chez vous il fût énoncé d'une manière correcte. »

411. [Dar84, p. 29].

> (*gleichmässig*) *convergente* dans un intervalle donné (a, b) quand on peut prendre n assez grand pour que le reste R_n de la série soit inférieur à une quantité σ aussi petite qu'on le veut pour toutes les valeurs de x égales à a, b, ou comprises entre a et b [412]. »

Pour que ses lecteurs comprennent le sens de cette définition, il prend le soin de la faire suivre de deux exemples de séries qui convergent simplement mais non uniformément. Le premier est (voir la FIGURE 1.14, gauche)

$$f(x) = x^2e^{-x^2} = \sum_{n=1}^{\infty}[n^2x^2e^{-n^2x^2} - (n+1)^2x^2e^{-(n+1)x^2}]$$

et cette série « n'est pas également convergente dans l'intervalle $(0, 1)$ » puisque

> « (...) le reste R_n a pour expression $R_n = n^2x^2e^{-n^2x^2}$; il tend vers zéro avec $\frac{1}{n}$, quelle que soit la valeur fixe donnée à x. Mais, dans l'intervalle $(0, 1)$, il y a toujours une valeur de x égale à $\frac{1}{n}$ pour laquelle on a $R_n = \frac{1}{e}$. Donc R_n ne peut pas être rendu, quel que soit x, plus petit que σ pour une valeur fixe donnée à n ; *son maximum ne tend pas vers zéro quand n augmente indéfiniment* [413]. »

Dans le second exemple, Darboux observe que pour la série $g(x) = \sum_{n=1}^{\infty} g_n(x)$ considérée ci-dessus le reste $|R_n|$ où $R_n(x) = 2n^2xe^{-n^2x^2}$ tend aussi vers zéro mais est non borné (car $|R_n|(\pm\frac{1}{\sqrt{2}n}) = \frac{2n}{\sqrt{2e}}$).

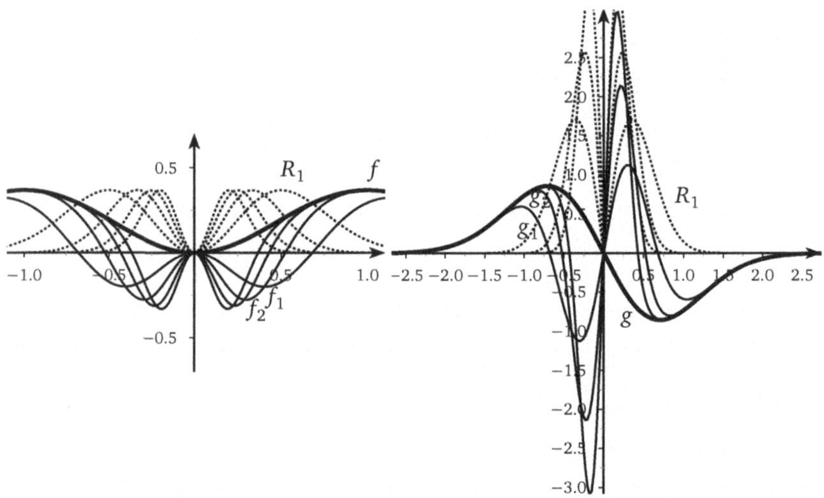

FIGURE 1.14 – Deux exemples donnés par Darboux de séries qui convergent simplement mais non uniformément [Dar75, p. 77-78 & p. 84] : à gauche la fonction $f(x) = x^2e^{-x^2} = \sum_{n=1}^{\infty}[n^2x^2e^{-n^2x^2} - (n+1)^2x^2e^{-(n+1)x^2}]$ avec reste borné, à droite $g(x) = -2xe^{-x^2} = \sum_{n=1}^{\infty}[-2n^2xe^{-n^2x^2} + 2(n+1)^2xe^{-(n+1)^2x^2}]$ avec reste non borné.

Darboux démontre ensuite des résultats aujourd'hui classiques parmi lesquels celui affirmant que l'hypothèse de convergence uniforme est suffisante pour obtenir

412. [Dar75, p. 77].
413. [Dar75, p. 77-78].

la continuité de la fonction limite d'une série de fonctions continues [414]. Il démontre aussi, en particulier, que lorsque qu'une série de fonctions continues converge uniformément, alors l'intégrale de la fonction limite est la somme des intégrales de tous les termes [415].

Ces résultats n'auraient pas pu être établis si Darboux n'avait pas eu recours à la définition de l'intégrale donnée par Riemann. Celle-ci est exposée dans le mémoire d'habilitation de Riemann présenté en 1854 à l'Université de Göttingen [416]. Darboux est profondément impressionné par ce travail :

> « Le mémoire de Riemann est un chef d'œuvre sembable à ces vieux tableaux dont quelques parties en pleine lumière vous fait regretter ce que le temps a détruit ou ce que l'auteur a négligé [417]. »

> « Voila un beau morceau et qui ne sera pas apprécié. Mais il y a une perle que tout le monde y découvrira, je l'espère. C'est la définition de l'intégrale définie. C'est de là que j'ai tiré une foule de fonctions continues qui n'ont pas de dérivées [418]. »

Après un historique des recherches sur la représentation des fonctions par des séries trigonométriques, Riemann commence son quatrième paragraphe par « quelques remarques sur la notion de l'intégrale définie, et sur la généralité dont elle est susceptible » afin de préciser ce que l'on « doit entendre par $\int_a^b f(x)\,dx$ [419] ». Pour cela, il considère une partition $a = x_0 < x_1 < x_2 < \ldots < x_{n-1} < x_n = b$ de l'intervalle $[a,b]$; pour des $0 < \varepsilon_i < 1$ avec $i = 1,\ldots,n$, il forme la « somme de Riemann »

$$S = \sum_{i=1}^{n} \delta_i f(x_{i-1} + \varepsilon_i \delta_i) \quad \text{où} \quad \delta_i = x_i - x_{i-1}.$$

Il peut ainsi donner la définition suivante :

> « Il est clair que la valeur de la somme dépendra du choix des intervalles δ et des fractions ε. Si elle a la propriété, de quelque manière que les δ et les ε puissent être choisis, de s'approcher indéfiniment d'une limite fixe A, quand les δ tendent tous vers zéro, cette limite s'appelle la valeur de l'intégrale définie $\int_a^b f(x)\,dx$ [420]. »

S'interrogeant ensuite sur la classe de fonctions satisfaisant sa définition, Riemann est amené à introduire la notion d'oscillation d'une fonction sur un intervalle [421]

414. [Dar75, p. 78-79].
415. [Dar75, p. 82-83].
416. Ce mémoire a été traduit par Darboux et Hoüel pour le *Bulletin* sous le titre *Sur la possibilité de représenter une fonction par une série trigonométrique* [HD73]. Le mémoire de Riemann avait été publié par Dedekind [Rie67] avec une courte présentation reprise dans la traduction [HD73, p. 20] :

> « Ce Mémoire a été présenté par l'auteur, en 1854, à la Faculté de Philosophie pour son habilitation à l'Université de Gœttingue. Bien que l'auteur ne semble pas l'avoir destiné à la publicité, cependant l'impression de ce travail sans aucun changement de forme paraîtra suffisamment justifiée tant par l'intérêt considérable qui s'attache au sujet, que par la manière dont y sont traités les principes les plus importants de l'Analyse infinitésimale. »

417. Lettre de Darboux à Hoüel du 18 mars 1873, AAS, dossier Darboux.
418. Lettre de Darboux à Hoüel du 30 mars 1873, AAS, dossier Darboux.
419. [HD73, p. 34].
420. [HD73, p. 34].
421. « (...) désignons la plus grande oscillation de la fonction entre a et x_1, c'est-à-dire la différence entre sa plus grande et sa plus petite valeur dans cet intervalle par D_1, de même (...) entre x_1 et x_2 par D_2, ... » [HD73, p. 35]

et démontre alors une condition nécessaire et suffisante pour que la somme S converge. En reprenant ses termes, le critère s'énonce ainsi :

> Soit f une fonction toujours finie. La somme S converge quand tous les δ tendent vers zéro si et seulement si, quel que soit σ, la grandeur totale s des intervalles dans lesquels les oscillations de la fonction sont plus grandes que σ peut être rendue infiniment petite.

En démontrant cette équivalence, Riemann utilise implicitement le fait que la convergence de S est équivalente au fait que

$$\sum_{i=1}^{n} \delta_i D_i \to 0 \quad \text{lorsque} \quad \max_i \delta_i \to 0. \tag{1.9}$$

Le critère de Riemann est alors nécessaire : si une fonction est intégrable, la propriété (1.9) est vérifiée et la fonction $\Delta(d) = \max\left\{\sum_{i=1}^{n} \delta_i D_i \mid \max_i \delta_i \leq d\right\}$ tend vers 0 lorsque d tend vers 0. Riemann observe alors que

$$\sigma s \leq \delta_1 D_1 + \delta_2 D_2 + \ldots + \delta_n D_n \leq \Delta \quad \text{d'où} \quad s \leq \frac{\Delta}{\sigma}.$$

Comme $\dfrac{\Delta}{\sigma} \to 0$ pour $d \to 0$, il en est de même pour s. Réciproquement, le critère est suffisant car

$$\delta_1 D_1 + \delta_2 D_2 + \ldots + \delta_n D_n \leq s(M - m) + (b - a)\sigma$$

où $M - m$ « est la plus grande oscillation de la fonction entre a et b, oscillation qui est finie par hypothèse ». Ainsi, puisqu'il est possible de choisir σ arbitrairement petit, en faisant ensuite tendre s vers zéro (hypothèse), la condition (1.9) est vérifiée et on peut « renfermer la somme S entre des limites aussi rapprochées qu'on le voudra ».

Darboux définit la notion d'intégrale en s'inspirant fortement de la présentation de Riemann et en se restreignant clairement au cas des fonctions bornées. Il s'affranchit de la question du choix indéfini des points utilisés dans la définition de l'intégrale de Riemann en introduisant ce qu'il est convenu aujourd'hui de nommer les « sommes de Darboux » inférieure et supérieure [422]. Celles-ci permettent de définir une intégrale supérieure, une intégrale inférieure [423] et de définir l'intégrale comme leur valeur commune, si elle existe. L'oscillation est ici définie comme la différence entre un supremum et un infimum :

> « Nous formerons (...) n intervalles, et nous désignerons par M_i, m_i, Δ_i la limite maximum, la limite minimum et l'oscillation dans le $i^{\text{ième}}$ intervalle. Formons les trois sommes
>
> $$M = M_1\delta_1 + M_2\delta_2 + \ldots + M_n\delta_n, \; m = m_1\delta_1 + m_2\delta_2 + \ldots + m_n\delta_n,$$
> $$\Delta = \Delta_1\delta_1 + \Delta_2\delta_2 + \ldots + \Delta_n\delta_n,$$
>
> entre lesquelles existe la relation identique $\Delta = M - m$. Je dis que, *lorsqu'on prendra n suffisamment grand, et que tous les intervalles δ tendront vers zéro, les trois sommes précédentes, quelle que soit la fonction considérée, continue ou discontinue, tendront chacune vers une limite finie et déterminée, ne dépendant que de la nature de la fonction et des valeurs extrêmes a, b qui limitent l'intervalle considéré* [424]. »

422. Voir par exemple [HW96, p. 221-222].
423. Comme le montre Darboux, celles-ci existent toujours [Dar75, p. 65-66].
424. [Dar75, p. 65].

Darboux démontre que « ces trois limites [qu'il note respectivement M_{ab}, m_{ab}, Δ_{ab}] demeurent toujours les mêmes, de quelque manière que les intervalles tendent vers zéro [425] ». Il définit alors deux classes de fonctions, la première pour laquelle $\Delta_{ab} = 0$, $M_{ab} = m_{ab}$ dont il montrera qu'elle est identique aux fonctions intégrables au sens de Riemann, et la seconde classe pour laquelle « $\Delta_{a,b}$ sera en général une fonction de a et de b, différente de zéro [426] ». Il justifie l'équivalence de sa définition avec celle de Riemann en prouvant une nouvelle fois le critère de Riemann, c'est-à-dire en montrant que Δ tend vers zéro si et seulement si « la grandeur totale des intervalles pour lesquels l'oscillation est plus grande que σ ten[d] vers zéro quand n augmente indéfiniment ». Puis, il considère la somme de Riemann qu'il note Σ (au lieu de S) et observe l'inégalité

$$\delta_i m_i \leq \delta_i f(x_{i-1} + \theta_i \delta_i) \leq \delta_i M_i \quad \text{quel que soit} \quad \theta_i$$

qui lui permet d'obtenir l'équivalence entre sa définition et celle de Riemann [427]. La modification de l'approche ainsi que la précision apportée aux détails amènent Darboux à déclarer :

> « J'établis pour la première fois, d'une manière rigoureuse, les conditions nécessaires et suffisantes pour qu'une fonction continue ou totalement discontinue soit susceptible d'intégration [428]. »

Il termine la section en démontrant que les fonctions continues sont intégrables [429]. Cependant, manquant d'un critère d'intégrabilité maniable (et de la notion de continuité uniforme), la preuve n'est pas impeccable.

Riemann avait donné dans son article un exemple de fonction qui « entre deux limites aussi rapprochées qu'on le veut, devient discontinue un nombre infini de fois [430] » tout en restant néanmoins intégrable :

$$f(x) = \frac{(x)}{1} + \frac{(2x)}{4} + \frac{(3x)}{9} + \ldots = \sum_{n=1}^{\infty} \frac{(nx)}{n^2} \text{ où } (x) = \begin{cases} x - \langle x \rangle & \text{si } x \neq m + \frac{1}{2}, m \in \mathbf{Z} \\ 0 & \text{sinon} \end{cases}$$

et où $\langle x \rangle$ désigne l'entier le plus proche de x. Il décrit le comportement de cette fonction :

> « Cette série converge, comme il est facile de le voir, pour toutes les valeurs de x ; sa valeur, toutes les fois que l'argument tend d'une manière continue vers une valeur x, soit par des valeurs décroissantes, soit par des valeurs croissantes, tend vers une limite fixe, et l'on a, si $x = \frac{p}{2n}$ (p et n étant premiers entre eux),
>
> $$f(x + \mathrm{o}) = f(x) - \frac{1}{2n^2}(1 + \frac{1}{9} + \frac{1}{25} + \ldots) = f(x) - \frac{\pi^2}{16n^2},$$
> $$f(x - \mathrm{o}) = f(x) + \frac{1}{2n^2}(1 + \frac{1}{9} + \frac{1}{25} + \ldots) = f(x) + \frac{\pi^2}{16n^2}.$$
>
> Pour toutes les valeurs de x qui ne sont pas de la forme $\frac{p}{2n}$, on a
>
> $$f(x + \mathrm{o}) = f(x), \quad f(x - \mathrm{o}) = f(x).$$

425. [Dar75, p. 66-70].
426. [Dar75, p. 70].
427. [Dar75, p. 72].
428. [Dar84, p. 29].
429. [Dar75, p. 73-74].
430. [HD73, p. 37].

> Cette fonction est donc discontinue pour toute valeur rationelle de x qui, réduite à sa plus simple expression, a un dénominateur pair ; elle est donc discontinue un nombre infini de fois dans un intervalle, si petit qu'il soit, mais *de telle manière* que le nombre des variations brusques qui sont supérieures à une grandeur donnée est toujours fini. Elle est pourtant susceptible d'intégration[431]. »

Darboux étudie en détail cet exemple de Riemann d'une fonction « discontinue dans tout intervalle » et souhaite montrer « comment les découvertes de ce grand géomètre établissent implicitement ce fait qu'il existe des fonctions continues n'ayant pas de dérivée pour une infinité de valeurs de x comprises dans tout intervalle[432] ». La série

$$f(x) = \sum_{n=1}^{\infty} a_n(nx)$$

est uniformément convergente si $\sum_{n=1}^{\infty} a_n$ converge[433]. Sur l'intervalle $(0, 1)$, la fonction (x) est discontinue en $\frac{1}{2}$, $(2x)$ en $\frac{1}{4}$, $\frac{3}{4}$, $(3x)$ en $\frac{1}{6}$, $\frac{3}{6}$, $\frac{5}{6}$ et ainsi de suite[434] (voir la FIGURE 1.15, gauche). La fonction f cumule les discontinuités en tous les points $\frac{p}{2q}$ avec p impair mais est continue partout ailleurs :

> « (...) pour toute valeur incommensurable de x ou pour toute valeur commensurable de la forme $\frac{p}{2q+1}$, nx ne sera jamais égal, quel que soit n, à un entier plus $\frac{1}{2}$ et, par conséquent, la fonction (nx) sera continue. On aura donc, pour toute valeur de x de la forme indiquée,
>
> $$\lim f(x \pm h) = f(x).$$
>
> La fonction $f(x)$ est continue pour toutes les valeurs incommensurables de x et pour toutes les valeurs de la forme $\frac{p}{2q+1}$[435]. »

Concernant les limites à gauche et à droite de la fonction f aux points de discontinuité, Darboux observe d'abord que si $x = \frac{p}{2q}$ (p impair) on aura

$$(qx \pm o) = (\tfrac{p}{2} \pm o) = \mp\frac{1}{2} = (qx) \mp \frac{1}{2}, \quad (3qx \pm o) = (3qx) \mp \frac{1}{2},$$
$$(5qx \pm o) = (5qx) \mp \frac{1}{2}, \ \ldots.$$

Comme le premier terme de f pour lequel x est un point de discontinuité est $a_q(qx)$ et que seuls les termes $a_{3q}(3qx)$, $a_{5q}(5qx)$, ... seront encore discontinus en ce même point[436], Darboux trouve[437]

$$f(x \pm o) = f(x) \mp \frac{1}{2}(a_q + a_{3q} + a_{5q} + \ldots). \tag{1.10}$$

431. [HD73, p. 37-38].
432. [Dar84, p. 29].
433. Cela découle du critère de Weierstrass car $(x) \leq 1/2$ quel que soit x.
434. En effet, on a $nx = m + \frac{1}{2}$ si et seulement si $x = \frac{2m+1}{2n}$, valeur que l'on peut désigner par $\frac{p}{2q}$ avec p impair.
435. [Dar75, p. 81].
436. Car $\frac{p}{2q} = \frac{3p}{2\cdot 3q} = \frac{5p}{2\cdot 5q} = \ldots$ et les numérateurs doivent être impairs.
437. Il a observé auparavant [Dar75, p. 80] que « si les termes d'une série uniformément convergente $f(x) = \varphi_1(x) + \ldots + \varphi_n(x) + \ldots$ sont des fonctions $\varphi_n(x)$ pour lesquelles $\varphi_n(x + o)$ ou $\varphi_n(x - o)$ existent, la série jouit de la même propriété, et l'on a $f(x + o) = \varphi_1(x + o) + \ldots + \varphi_n(x + o) + \ldots$, $f(x - o) = \varphi_1(x - o) + \ldots + \varphi_n(x - o) + \ldots$. » En d'autres termes, « une série uniformément convergente dans un intervalle donné peut, en quelque sorte, être traitée comme les sommes composées d'un nombre limité de termes. »

Il peut conclure :

> « Ainsi la fonction $f(x)$ est discontinue de telle manière qu'il y ait une limite pour $f(x+h)$ et $f(x-h)$ quand h tend vers zéro par des valeurs positives, et cela pour une infinité de valeurs de x dans tout intervalle donné[438]. »

Lorsque $s=2$, on retrouve les limites à gauche et à droite annoncées par Riemann ci-dessus[439].

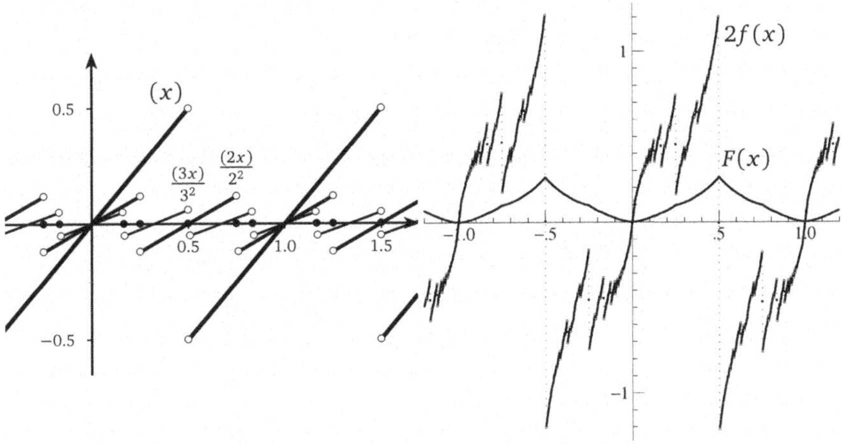

FIGURE 1.15 – L'exemple de Riemann repris par Darboux [Dar75, p. 93-94] : à gauche la fonction $\frac{(nx)}{n^2}$ pour $n=1,2,3$ et à droite la fonction intégrable $2f$ ainsi que $F(x)=\int_0^x 2f(t)\,dt$ dessinées par Gerhard Wanner (pour ces figures $s=2$).

Darboux cherche ensuite à intégrer la fonction

$$f(x)=\frac{(x)}{1^s}+\frac{(2x)}{2^s}+\frac{(3x)}{3^s}+\ldots=\sum_{n=1}^{\infty}\frac{(nx)}{n^s},\qquad s>1.$$

Elle est intégrable car chaque terme l'est[440] et il a prouvé quelques pages avant que si une série de fonctions intégrables converge uniformément, alors la fonction limite est intégrable et son intégrale est la somme des intégrales de tous les termes[441]. Ainsi, il considère[442]

$$\int_0^x f(t)\,dt=\sum_{n=1}^{\infty}\int_0^x\frac{(nt)\,dt}{n^s}.$$

438. [Dar75, p. 82].

439. Pour $x=\frac{p}{2n}$, on a $f(x\pm o)=f(x)\mp\frac{1}{2}(\frac{1}{n^2}+\frac{1}{(3n)^2}+\frac{1}{(5n)^2}+\ldots)$ et $1+\frac{1}{3^2}+\frac{1}{5^2}+\ldots=\sum_{n=1}^{\infty}\frac{1}{n^2}-\sum_{n=1}^{\infty}\frac{1}{(2n)^2}=\frac{\pi^2}{6}-\frac{1}{4}\frac{\pi^2}{6}=\frac{\pi^2}{8}$.

440. Darboux sait que la propriété d'une fonction d'être susceptible d'intégration « subsiste si la fonction, tout en étant généralement continue, devient discontinue pour certaines valeurs en nombre limité $l, l', l'', \ldots$ de la variable x ; car alors les oscillations de la fonction ne pourront demeurer plus grandes que σ dans les intervalles $l-h, l+h$; $l'-h, l'+h$; $l''-h, l''+h, \ldots$, dont la grandeur totale peut être rendue aussi petite qu'on le veut »[Dar75, p. 75].

441. [Dar75, p. 82-83].

442. Darboux utilise la variable x aussi comme variable d'intégration. Nous l'avons remplacée par la variable t.

Les intégrales des termes « s'effectuent sans difficulté ». En effet, par homothétie, on a

$$\int_0^x (nt)\,dt = \frac{1}{n}\int_0^{nx} (t)\,dt = \frac{1}{2n}[nx]^2 \text{ où } [x] = \begin{cases} \frac{1}{2} & \text{si } x = m + \frac{1}{2}, m \in \mathbf{Z} \\ (x) & \text{sinon.} \end{cases}$$

Par conséquent, on a

$$F(x) = 2\int_0^x f(t)\,dt = \frac{[x]^2}{1^{1+s}} + \frac{[2x]^2}{2^{1+s}} + \frac{[3x]^2}{3^{1+s}} + \ldots = \sum_{n=1}^{\infty} \frac{[nx]^2}{n^{1+s}}.$$

Darboux trouve alors que la fonction continue F (voir la FIGURE 1.15, droite) n'est dérivable pour aucune des valeurs de la forme $x = \frac{p}{2q}$ (p impair) car, à l'aide de (1.10), on a[443] :

$$\lim \frac{F(x+h) - F(x)}{h} = 2f(x+\text{o}) = 2f(x) - \frac{1}{q^s}(1 + \frac{1}{3^s} + \frac{1}{5^s} + \ldots),$$

$$\lim \frac{F(x-h) - F(x)}{-h} = 2f(x-\text{o}) = 2f(x) + \frac{1}{q^s}(1 + \frac{1}{3^s} + \frac{1}{5^s} + \ldots).$$

Pour les autres valeurs $F'(x) = 2f(x)$.

Darboux donne aussi d'autres exemples personnels[444] de fonctions continues ne possédant de dérivée pour aucune valeur de la variable comme (voir la FIGURE 1.16) :

$$\sum_{n=1}^{\infty} \frac{\sin((n+1)!x)}{n!}.$$

Mais le temps lui manque[445] car le *Bulletin* n'a bientôt plus rien de prêt à être imprimé :

> « (...) nous sommes un peu à court. Ce diable de mémoire que j'ai à finir et que j'ai déjà limité beaucoup sur les fonctions continues qui n'ont pas de dérivée va me prendre quelques jours. Puis j'abatterai avant de me mettre à un autre travail tout ce qu'il y a en souffrance au Bulletin[446]. »

Dans la dernière section du mémoire, Darboux s'emploie à montrer qu'« il existe des fonctions discontinues qui jouissent d'une propriété que l'on regarde quelquefois comme le caractère distinctif des fonctions continues, celle de ne pouvoir varier d'une valeur à une autre sans passer par toutes les valeurs intermédiaires[447] ». Ainsi, cette propriété « n'est pas caractéristique des fonctions continues[448] ». Pour justifier son affirmation, Darboux démontre d'abord le théorème que l'on peut

443. Le mémoire original de Darboux comporte à cet endroit [Dar75, p. 94] une faute d'impression. Le contenu des parenthèses des membres de droite qui suivent n'est pas $(1 + \frac{1}{2^s} + \frac{1}{3^s} + \ldots)$.

444. Dans [Dar84, p. 29], Darboux prend le soin de préciser que ses exemples étaient nouveaux et avaient été élaborés indépendamment de ceux de Weierstrass. Il ajoute en note : « Depuis la communication de mon Mémoire à la rédaction du Journal, j'ai appris, par un travail de M. du Bois-Reymond, que M. Weierstrass possède des exemples du même genre. » (Voir l'Encadré 1.3.3.)

445. Darboux sentira le besoin de revenir sur cet exemple car ce « point du Mémoire précédent avait été mal expliqué » [Dar84, p. 30]. Dans [Dar79], Darboux explique sa méthode de construction et l'applique pour donner d'autres de fonctions nulle part dérivables très semblables au précédent.

446. Lettre de Darboux à Hoüel du 12 janvier 1874, AAS, dossier Darboux.

447. [Dar75, p. 109]. Au début de son mémoire, pour démontrer que les fonctions continues satisfont cette propriété, Darboux [Dar75, p. 62] renvoie à [Cau21, Note III].

448. [Dar75, p. 62].

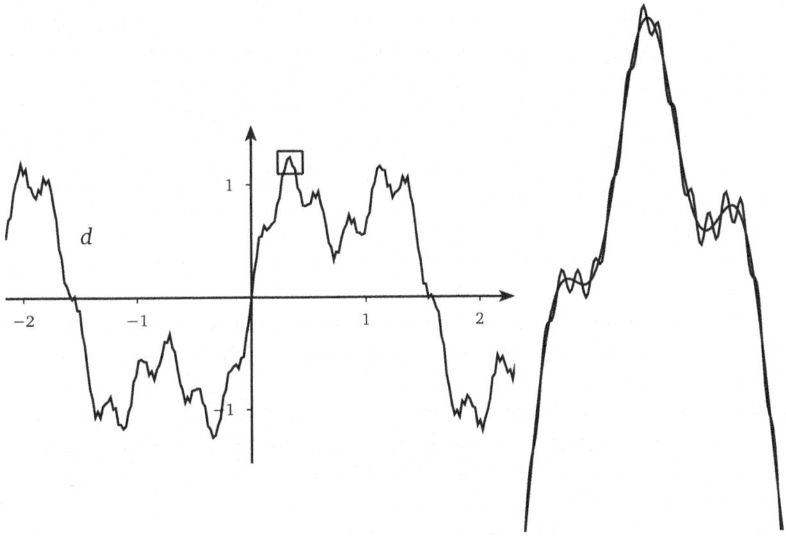

FIGURE 1.16 – La fonction de Darboux $d(x) = \sum_{n=1}^{\infty} \frac{\sin((n+1)!x)}{n!}$ « qui n'a de dérivée pour aucune valeur de la variable » [Dar75, p. 107] et un agrandissement du petit rectangle montrant d ainsi que la fonction obtenue en prenant la somme des quatre premiers termes.

énoncer de la manière suivante [449] : si F est une fonction dérivable sur $[a, b]$ et si $M \in \mathbf{R}$ satisfait $F'(b) < M < F'(a)$, alors il existe $c \in (a, b)$ tel que $F'(c) = M$. Il suffit ensuite à Darboux de construire une fonction dérivable dont la dérivée soit discontinue, par exemple pour toutes les valeurs rationnelles de la variable. Il considère alors la fonction

$$\varphi(x) = x^2 \sin\left(\tfrac{1}{x}\right) \quad \text{dont la dérivée} \quad \varphi'(x) = \begin{cases} 2x\sin\left(\tfrac{1}{x}\right) - \cos\left(\tfrac{1}{x}\right) & x \neq 0 \\ 0 & x = 0 \end{cases}$$

est continue sauf en $x = 0$. S'inspirant des méthodes de Hankel [450], il pose

$$f(x) = \sum_{n=1}^{\infty} f_n(x) \quad \text{avec} \quad f_n(x) = \pi a_n \varphi'(\sin n\pi x)\cos(n\pi x) \quad \text{et} \quad \sum_{n=1}^{\infty} a_n < \infty.$$

Chaque terme de cette série uniformément convergente est une fonction discontinue (f_n est discontinue aux points $\frac{k}{n}$ avec $k \in \mathbf{Z}$) intégrable. Ainsi, la fonction

$$F(x) = \int_0^x f(t)\,dt = \sum_{n=1}^{\infty} \frac{a_n}{n} \varphi(\sin n\pi x)$$

est « *une fonction continue dont la dérivée est discontinue pour toutes les valeurs commensurables de x, mais existe pour toutes les valeurs de x* » car Darboux a prouvé [451]

449. Ce résultat porte aujourd'hui son nom (voir par exemple [Abb01, p. 136] ou [Spi80, p. 199]).
450. [Han70].
451. [Dar75, p. 83-84].

que si une série convergente de fonctions dérivables $g = \sum_{n=1}^{\infty} g_n$ est telle que la série obtenue en dérivant chaque terme $\sum_{n=1}^{\infty} g_n'$ converge uniformément sur un intervalle donné vers h et si ses termes g_n' sont intégrables, alors $h = g'$.

Le mémoire de Darboux concentre ainsi plusieurs travaux qui y sont refondus, corrigés ou étendus. S'il ne semble pas qu'il ait suscité d'autres travaux en France sur le même sujet au moment de sa parution, il occupe en revanche une place capitale dans l'architecture actuelle de l'analyse réelle et a permis l'enracinement du développement futur de la discipline ce qui sera unanimement reconnu plus tard.

1.3.7 La « première querelle » entre Darboux et Hoüel

Après la publication des deux volumes de son *Cours de calcul infinitésimal* autographié[452] en 1871 et 1872, Hoüel envisage l'édition d'une version étendue et définitive de son cours. Cependant, la récente tentative de Gilbert pour démontrer qu'une fonction continue est « en général » dérivable et le contre-exemple donné par Schwarz ont montré qu'une réinspection en profondeur de la théorie n'est pas inutile. Le doute a commencé à s'immiscer dans plusieurs esprits. Suite à cette affaire, De Tilly n'est plus certain de connaître une démonstration rigoureuse du fait qu'une fonction continue dont la dérivée est toujours nulle est constante, ce « dont [il] n'avai[t] jamais douté[453] ». Le 25 juin 1873, Hoüel communique à De Tilly sa preuve, qu'il pense absolument rigoureuse[454]. Elle est une version améliorée de celle exposée par Sturm dans son *Cours d'analyse de l'École polytechnique*[455] et se base sur la relation

$$\frac{k}{h} = y' + \alpha,$$

présentée par Sturm dès la première leçon, relation dans laquelle $k = f(x+h) - f(x)$ et α est « une quantité, fonction de x et de h, qui doit tendre vers zéro en même temps que h[456] » (voir la FIGURE 1.17). Dans sa réponse du 26 juin[457], De Tilly remarque précisément le point faible de la preuve et tente de convaincre son correspondant bordelais que les conditions sur le partage de l'intervalle qu'il utilise ne peuvent être vérifiées. Mais Hoüel pense, à tort, que ses conditions découlent de la définition de la dérivée. Pour lui[458], l'existence de la dérivée d'une fonction f sur l'intervalle $[x_0,X]$ entraîne que pour tout $\omega > 0$ donné il existe « h assez petit » pour que

$$\left|\frac{f(x+h)-f(x)}{h} - f'(x)\right| < \omega \quad \text{pour tout } x \in [x_0,X]. \tag{1.11}$$

452. [H55].
453. Voir la lettre 2.67.
454. Voir la lettre 2.68.
455. [Stu57].
456. [Stu57, I, p. 10-11].
457. Voir la lettre 2.69.
458. Voir la lettre 2.70.

Or, cette condition entraîne la continuité de la dérivée et ne découle donc pas de la définition[459]. Dans sa lettre à De Tilly du 13 juillet[460], Hoüel avoue que la preuve de cette proposition occupe une part des discussions qu'il entretient avec Darboux et qu'il a dû se « défendre ». Darboux lui a déjà donné plusieurs arguments et le dernier en date n'a pas non plus convaincu Hoüel :

> « Analysez le Thomae. Je viens de faire venir la deuxième édition puisque Radau garde la première sans l'analyser[461]. Elle n'est pas très augmentée mais en voila un qui philosophe sur tous mes arguments. Pour la fameuse démonstration quand une fonction a sa dérivée constamment nulle elle se réduit à une constante, aux arguments que je vous ai développés il en ajoute un assez joli et que voici : la dém[onstration] de Sturm et la votre ne considèrent que des accroissements positifs. Cela est clair donc elle suppose seulement que la dérivée $\lim \frac{f(x+h)-f(x)}{h}$ est nulle quand h tend vers zéro en demeurant positive. Or on peut citer un exemple d'une fonction à laquelle la démonstration s'appliquerait et pour laquelle le théorème est faux, à savoir $f(x) = 0$ de a à b, $f(x) = 1$ pour b et de b à c. La dérivée prise dans le sens positif de cette fonction est toujours nulle et cependant la fonction n'est pas constante[462]. »

Après l'été 1873, De Tilly et Hoüel ne reparlerons plus de cette question mais la discussion se poursuivra pendant de longs mois entre Darboux et Hoüel.

Au début de l'année 1874, quelques jours seulement avant de remettre son *Mémoire sur les fonctions discontinues*[463] pour l'impression, Darboux exprime à Hoüel son avis sur l'état du calcul infinitésimal et souligne la différence de traitement qu'il existe entre la géométrie et l'analyse, ce qui lui fait penser que son jugement est le bon :

> « Quant aux théorèmes du Calcul intégral, je crois de plus en plus que tout cela aurait besoin d'être repris à fond et que l'on devrait s'astreindre à une double loi : bien définir les hypothèses sur lesquelles on s'appuye, *ne donner que celles qui sont nécessaires pour l'exactitude du théorème.* Quant au point de vue de l'enseignement, il me semble qu'il y a bien quelque avantage de ce côté à avoir la rigueur d'Euclide si c'est possible. Il faudrait qu'on n'eût plus à répéter le mot de D'Alembert allez en avant la foi vous viendra[464]. Si quelqu'un venait vous

---

459. Soit f une fonction continue sur $[x_0;X]$ et dérivable sur $]x_0;X[$. La condition (1.11) de Hoüel entraîne la continuité de f' sur $]x_0;X[$. En effet, il faut démontrer que cette condition entraîne :

$$\forall a \in]x_0;X[,\ \forall \varepsilon > 0,\ \exists \delta > 0 \text{ tel que } |x-a| < \delta \Rightarrow |f'(x) - f'(a)| < \varepsilon.$$

Soient $a \in]x_0;X[$ et $\varepsilon > 0$ fixés. Pour $x \in]x_0;X[$, on a

$$\begin{aligned} &|f'(x) - f'(a)| \\ &= \left| f'(x) - \frac{f(x+h)-f(x)}{h} + \frac{f(x+h)-f(x)}{h} - \frac{f(a+h)-f(a)}{h} + \frac{f(a+h)-f(a)}{h} - f'(a) \right| \\ &\leq \left| f'(x) - \frac{f(x+h)-f(x)}{h} \right| + \left| \frac{f(x+h)-f(x)}{h} - \frac{f(a+h)-f(a)}{h} \right| + \left| \frac{f(a+h)-f(a)}{h} - f'(a) \right| \end{aligned}$$

Par la condition (1.11), il existe h tel que le premier et le troisième terme soit $< \varepsilon/3$. Pour le second terme qui est majoré par $\frac{1}{|h|}\Big[|f(x+h)-f(a+h)|+|f(a)-f(x)|\Big]$, on utilise la continuité uniforme de f sur $[x_0;X]$ qui assure l'existence de $\delta > 0$ tel que $|f(x)-f(a)| < \varepsilon|h|/6$ et $|f(x+h)-f(a+h)| < \varepsilon|h|/6$ si $|x-a| < \delta$. Ainsi, on a $|f'(x) - f'(a)| < \frac{\varepsilon}{3} + \frac{1}{|h|}(2\frac{\varepsilon|h|}{6}) + \frac{\varepsilon}{3} = \varepsilon$ si $|x-a| < \delta$.

460. Voir la lettre 2.72.

461. Il s'agit sans doute de la seconde édition de l'ouvrage intitulé « Abriss einer Theorie der komplexen Funktionen und der Thetafunktionen einer Veränderlichen » publiée à Halle en 1873. (La première édition date de 1870.)

462. Lettre de Darboux à Hoüel du 9 juillet 1873, AAS, dossier Darboux.

463. [Dar75].

464. Selon Pierre Dugac, cette phrase n'aurait pas été prononcée par d'Alembert mais adressée par

Reprenons la formule

$$k = (y' + \alpha) h;$$

on peut en déduire que *si la dérivée d'une fonction est nulle pour toutes les valeurs de* x *comprises entre* a *et* b, *cette fonction a une valeur constante dans cet intervalle.*

Nous supposerons $a < b$. Puisque $\lim \frac{k}{h} = 0$ par hypothèse, on aura, pour une valeur quelconque de x comprise entre a et b, $\frac{k}{h} < \varepsilon$ en valeur absolue, pourvu que h soit suffisamment petit; ε étant d'ailleurs une quantité déterminée qu'on peut prendre aussi petite que l'on voudra. On déduit de là

$$k < \varepsilon h.$$

Considérons actuellement deux valeurs quelconques de x, x_1 et x_2, comprises entre a et b; je dis que les valeurs y_1 et y_2 correspondantes seront égales. En effet, donnons à x une suite de valeurs comprises entre x_1 et x_2, croissant d'ailleurs par degrés égaux ou inégaux, mais assez petits pour que l'on ait, pour une quelconque de ces valeurs, $k < \varepsilon h$, k étant pris en valeur absolue. Nous aurons ainsi une suite d'inégalités de la même forme; et si nous les ajoutons, il en résultera que la somme des accroissements successifs de la fonction y pris tous positivement sera plus petite que la somme des produits εh, c'est-à-dire plus petite que le produit de la quantité ε par la somme des accroissements de la variable x, savoir $x_2 - x_1$. Donc à fortiori la somme des accroissements successifs de la fonction pris avec leurs signes, ou $y_2 - y_1$, est plus petite que $\varepsilon (x_2 - x_1)$, donc

$$y_2 - y_1 < \varepsilon (x_2 - x_1);$$

et comme ε peut être rendu aussi petit que l'on voudra, il s'ensuit que $y_2 - y_1$ est plus petit que toute quantité donnée, c'est-à-dire

$$y_2 - y_1 = 0, \quad \text{ou} \quad y_2 = y_1.$$

La fonction y conserve donc la même valeur pour toutes les valeurs de x comprises dans l'intervalle considéré. Ce qu'il fallait démontrer.

FIGURE 1.17 – La preuve donnée par Sturm d'un fait dont on ne peut pas douter [Stu57, I, p. 15-16].

dire je ne comprends pas l'égalité des triangles dans Euclide vous ne lui diriez pas allez en avant la foi vous viendra. Mais bien quelque chose comme ceci. Mon ami vous êtes une oie. Laissez là les mathématiques, retournez au Capitole. Pourquoi cette différence entre deux sciences qui devraient être également exactes [465]. »

Dans la réponse perdue à cette lettre, Hoüel sollicite l'avis de son ami sur les propriétés des fonctions qu'il est en droit d'admettre et d'utiliser. La discussion entre les deux hommes se poursuit sur l'enseignement. Entre alors en scène le théorème des accroissements finis dont le rôle de pivot est clairement aperçu par Darboux :

> « Vous me demandez une réponse sur cette question. Une fonction algébrique ou quasi algébrique étant continue ainsi que toutes ses dérivées sauf pour un nombre de valeur fini dans un espace donné, quelles sont les propriétés que l'on peut admettre dans les théories générales ? Peut-on démontrer ou admettre que si $f(x, \varepsilon)$ est infiniment petit d'ordre n pour ε infiniment petit quel que soit x, $D_x f(x, \varepsilon)$ sera un infiniment petit du même ordre ?
> À cela je réponds on pourrait peut être le démontrer sous certaines réserves, mais on ne doit pas l'admettre.
> Pour ce qui concerne la question générale de l'enseignement du Calcul Différentiel voici ce que je soutiens. Il y a eu une époque où les géomètres grisés par la découverte du Calcul Différentiel et intégral ont fait des applications, sont allés en avant sans se préoccuper de la rigueur en admettant un tas de choses plus ou moins bien limitées. Cette époque est passée depuis la publication de l'analyse algébrique [466]. On a le droit actuellement de demander à un traité de Calcul Infinitésimal d'être ou d'essayer d'être dans l'exposition de la théorie, je ne dis pas dans les applications, aussi rigoureux que tout traité de Géométrie (je parle de la Géométrie des anciens car celle des modernes est au point de vue de la rigueur un micmac insensé). Voilà mon opinion.

Alexis Fontaine (1705-1771) à Charles Bossut (1730-1814) qui peinait à comprendre certains raisonnements de l'*Analyse des infiniment petits* du marquis de L'Hospital [Gis83, p. 62].

465. Lettre de Darboux à Hoüel du 12 janvier 1874, AAS, dossier Darboux.

466. [Cau21].

> Et remarquez que cela ne complique pas beaucoup. La démonstration par exemple que Bonnet a donnée du théorème des accroissements finis est d'une simplicité excessive ; elle n'admet qu'une hypothèse c'est que la dérivée existe (si cela vous intéresse je vous montrerai qu'elle subsiste même quand la dérivée devient infinie pourvu que ce soit de telle manière que la courbe $y = f(x)$ ait un point d'inflexion à tangente verticale, ce qui a lieu dans l'immense majorité des cas).
> Une fois cette démonstration admise vous démontrez rigoureusement qu'une fonction dont la dérivée est constamment nulle se réduit à une constante, tout ce qui concerne la variation des fonctions, la série de Taylor, etc. J'ajoute que la démonstration Bonnet est plus simple que la démonstration Duhamel quoique vous vous obstiniez à soutenir le contraire[467]. »

Darboux souhaiterait que Hoüel adopte dans son cours la preuve de Bonnet du théorème des accroissements finis[468]. Bien qu'il juge la démonstration de Hoüel fondée sur l'intégration[469] « irréprochable et très-élégante[470] », elle suppose la continuité de la dérivée, ou tout au moins le théorème dit de Darboux[471], ainsi que d'avoir établi le théorème fondamental de l'analyse. De plus, la démonstration de ce théorème que donne Hoüel manque de rigueur[472]. La correspondance publiée en annexe et les extraits de lettres transcrits ci-dessous permettent de mettre en lumière la première phase de la discussion entre Hoüel et Darboux, discussion qui va se poursuivre sur ce sujet entre les mois de décembre 1874 et d'avril 1875 dans la correspondance que nous publions.

Dans la lettre du 24 janvier 1874[473], Darboux met en évidence l'utilisation par Hoüel d'infiniment petits pour démontrer « la formule fondamentale » $f(X) - f(x_0) = \int_{x_0}^{X} f'(x)dx$, ce qui peut induire en erreur. Dans son raisonnement[474], Hoüel obtient cette égalité par les passages à la limite

$$\begin{aligned} &f(X) - f(x_0) \\ &\quad = \lim[f'(x_0)dx_0 + \ldots + f'(x_{n-1})dx_{n-1}] + \lim(\varepsilon_0 dx_0 + \ldots + \varepsilon_{n-1}dx_{n-1}) \\ &\quad = \int_{x_0}^{X} f'(x)dx \end{aligned}$$

qui font intervenir des infiniment petits ε_i qui dépendent des deux variables x_i et $h_i = x_{i+1} - x_i$:

$$\varepsilon_i(x_i, h_i) = \frac{f(x_i + h_i) - f(x_i)}{h_i} - f'(x_i).$$

Or, Hoüel admet implicitement qu'un tel infiniment petit $\varepsilon_i(x_i, h_i)$, qui tend vers zéro avec h_i lorsque x_i reste fixe, possède aussi la propriété de tendre vers zéro avec h_i lorsque x_i varie dans l'intervalle, or « [on] ne [sait] plus ce qu'il devient ».

467. Lettre de Darboux à Hoüel du 19 janvier 1874, AAS, dossier Darboux.
468. Voir la note α de la lettre 3.1.
469. Voir la note 9 de la lettre 3.1.
470. Voir la lettre 3.51.
471. Ce théorème affirme que si F est une fonction dérivable sur $[a, b]$ et si $M \in \mathbf{R}$ satisfait $F'(b) < M < F'(a)$, il existe alors $c \in (a, b)$ tel que $f'(c) = M$. Voir par exemple [Abb01, p. 106] ou [Spi80, p. 199] et la fin du paragraphe 1.3.6 (p. 68).
472. Voir la note α de la lettre 3.2.
473. Voir la lettre 3.51.
474. Voir la note α de la lettre 3.2.

Pour justifier son affirmation, Darboux lui propose alors le contre-exemple

$$\varepsilon(x,h) = \frac{h^2}{x-a+h}$$

pour lequel on a $\lim_{h\to 0} \varepsilon(x,h) = 0$ quel que soit $x \in \mathbf{R}$ fixé ; mais, si x tend vers a de sorte que $x = a - h + h^4$, alors $\lim_{h\to 0} \varepsilon(a-h+h^4,h) = \lim_{h\to 0} \frac{1}{h^2} = \infty$. Darboux se voit obligé de répéter ses explications dans la lettre du 29 janvier[475] car c'est « un point essentiel » à propos duquel Hoüel n'a pas compris la nature des objections. Pour enfoncer le clou, Darboux montre encore à Hoüel dans sa lettre du 4 février[476] que sa manière de raisonner conduit à l'égalité $1 = 0$. Toutefois, les réponses perdues de Hoüel ne permettent pas de faire avancer le débat puisque, quelques jours plus tard, Darboux lui écrit :

> « Pour ce qui concerne les principes du Calcul Différentiel nous ne pouvons pas nous entendre. Comment je vous dis ceci a peu près : Vous faites un raisonnement. S'il est bon je puis l'appliquer *dans les mêmes conditions* à toute fonction satisfaisant à toutes les hypothèses nécessaires au raisonnement. Or je prends le votre et vous en démontre l'inexactitude sur un exemple et vous me répondez à coté. Quant aux démonstrations de Bonnet que je vous signale elles sont plus simples à mon avis que les votres et de plus elles resistent à toutes ces fonctions bizarres.
>
> Vous pouvez mettre dans le premier quart de la première leçon de Calcul Différentiel le théorème des accroissements finis tel que le démontre Bonnet et il domine alors toute la théorie. Du reste ce cours de Weierstrass que vantent tant les allemands me parait taillé à peu près sur le même modèle et je crois qu'il y aurait eu un réel avantage pour vous à adopter cette nouvelle marche[477]. »

L'argument principal de Hoüel est d'évoquer la possibilité, par des hypothèses bien choisies, d'écarter les « fonctions bizarres » de la théorie. Comme il l'expliquait déjà à De Tilly dans ses lettres du 21 août 1872 et du 26 mars 1873[478], le calcul différentiel est par définition « l'étude des fonctions qui ont une dérivée ». Le rapprochement de la géométrie et de l'analyse que Hoüel effectue via le rôle que jouent les hypothèses du *postulatum* d'Euclide d'un côté et de l'existence de la dérivée d'une fonction de l'autre, l'amène à penser que l'on peut « créer une analyse imaginaire, dans laquelle une fonction n'aurait pas de dérivée, et qui serait l'analogue de la géométrie pseudosphérique[479] ». Ainsi, l'analyse infinitésimale « euclidienne » de Hoüel peut *a priori* se montrer hermétique aux contre-exemples de Darboux car ceux-ci ne sont pas soumis au même postulat et appartiennent par conséquent à un monde différent. Ce qui intéresse Hoüel est de « savoir quelles restrictions [il] serai[t] obligé d'apporter pour rendre vraies les démonstrations élémentaires » car il « regretterai[t] d'être forcé de [les] remplacer par d'autres plus difficiles[480] ». Une grande partie de la lettre de Darboux du 19 février 1874 a pour but de faire comprendre à Hoüel qu'il doit se résigner à revoir l'architecture de plusieurs parties de son cours et absolument abandonner certaines méthodes de démonstration quand bien même il aurait l'intention de publier un cours pour « des commençants » :

> « Vous avez beau inscrire sur la porte de votre édifice le Calcul Différentiel est la théorie des fonctions qui ont une dérivée, pour mettre en défaut vos

475. Voir la lettre 3.52.
476. Voir la lettre 3.53.
477. Lettre de Darboux à Hoüel du 16 février 1874, AAS, dossier Darboux.
478. Voir les lettres 2.55 et 2.61.
479. Voir la lettre 2.70.
480. Voir la lettre 2.104 de Hoüel à De Tilly.

raisonnements j'ai le droit de prendre toute fonction pourvu qu'elle satisfasse non pas aux conditions que vous énoncez sans vous en servir, *mais aux seules conditions employées dans votre raisonnement*[481]. »

Un mois se passe, si bien que Darboux « [croit] la paix signée » mais, début avril 1874, Hoüel relance « les hostilités[482] » en jugeant la démonstration de Bonnet-Serret du théorème des accroissements finis « peu naturelle ». Il reprend ses raisonnements basés sur la condition (1.11) : étant donné $\varepsilon > 0$, il considère maintenant explicitement la fonction δ définie pour une fonction dérivable f sur $[x_0,X]$ en supposant que

$$\frac{f(x+h)-f(x)}{h} - f'(x) < \varepsilon \quad \text{si} \quad h \leq \delta_x.$$

Il pense à tort que cette fonction admet un minimum non nul « comme toute espèce de fonction ». Darboux insiste sur le fait que Hoüel ne sait rien sur sa fonction, « pas même si elle est continue », et que si tel n'est pas le cas « l'idée de maximum ou de minimum disparaît complètement ». L'extrait de la réponse de Hoüel cité par Darboux[483] montre que son correspondant ne comprend pas l'objection et a « oublié la définition » de δ. Quelques jours plus tard, un résumé envoyé de Bordeaux permet de poursuivre la discussion[484]. L'erreur de Hoüel consiste toujours à penser que la fonction δ (qui s'appelle maintenant H) possède un minimum non nul. Darboux lui donne alors l'exemple de la fonction discontinue $f(x) = x$ si $x \neq 0$ et $f(0) = 1$ qui n'est jamais nulle comme δ et qui n'atteint pas son minimum sur $[0,+\infty[$. Anticipant les objections du professeur bordelais, il ajoute que l'on n'est « pas le maître » de la fonction δ et que rien ne permet de la supposer continue. Il demande à Hoüel de « faire l'essai loyal » du mode d'exposition qu'il propose[485] avant de renoncer à changer les opinions de son ami :

> « Pourquoi donc êtes vous si furieux contre les autres à propos de l'Enseignement supérieur où il y a des intérêts en question quand à propos d'une simple question scientifique où l'intérêt seul de la vérité est engagé, vous fermez les yeux à la lumière. Vous bannissez la logique et le raisonnement ; voila ce qu'il y a de plus clair dans votre affaire. En vain je vous demande de me démontrer les points que je conteste. Vous vous réfugiez derrière une évidence qui est démentie par les faits et l'examen précis de la question. Tant pis pour vous, je vous ai averti, à Bordeaux vous m'avez mis dedans en esquivant la discussion. Je renonce à vous convaincre car vous ne répondez à rien de ce que [je vous] dis, et nous pourrions batailler jusqu'à la fin du monde[486]. »

Cette abdication ne va pas sans une certaine colère :

> « Oui je suis furieux contre vous de votre obstination à refuser d'admettre que si, comme vous êtes obligé de le faire, vous entendez le mot fonction dans son sens le plus général, vous n'avez pas le droit d'admettre votre postulatum. Prenez une fonction égale à $\frac{1}{q}$ pour $x = \frac{p}{q}$ et à 1 pour x incommensurable, elle ne sera jamais nulle entre 1 et 2 et n'aura pas de minimum.
> Je sais bien ce que vous allez me dire, vous ne voulez pas de ces fonctions ; mais je vous repeterai pour la millième fois que la fonction au sujet de laquelle nous

481. Extrait de la lettre 3.54.
482. Voir la lettre 3.55.
483. Voir la lettre 3.56.
484. Voir la lettre 3.58.
485. Voir la lettre 3.59.
486. Lettre de Darboux à Hoüel du 12 mai 1874, AAS, dossier Darboux.

> discutons n'est pas de celles que vous puissiez écarter puisqu'elle s'introduit dans vos raisonnements sans que vous ayiez le droit de rien supposer sur son compte[487]. »

Darboux, dans sa lettre du 26 mai[488], tente de reprendre « une fois pour toute cette question » en réitérant ses arguments mais rien n'y fait :

> « Quant à notre grande discussion il est clair qu'elle est sans issue. Vous ne voulez pas raisonner. Il n'y a pas moyen de s'entendre[489]. »

Hoüel minimise probablement aussi la divergence de point de vue et ne saisit pas l'enjeu de la discussion. Après tout, les résultats sont certainement corrects et il émane des preuves données dans son cours comme un parfum d'intuition plausible ; Hoüel se voit à son tour prisonnier de l'évidence... comme les « postulateurs » qu'il avait combattus :

> « Quand à notre querelle elle n'est pas aussi arrangée que vous voulez bien le dire. Vous raisonnez absolument comme Bertrand quand il admettait qu'étant donnée une figure de géométrie on peut toujours la faire sur une feuille de papier assez grande[490]. C'est vous qui avez rompu des lances pour faire introduire dans les éléments la démonstration du plus court chemin à la surface de la sphère[491] qui vous contentez de démonstrations qui n'en sont pas. Mais enfin je me place sur votre terrain et je soutiens que si vous voulez faire l'essai loyal, la marche générale que je vous propose est mille fois plus simple et plus féconde que la votre et qu'elle introduit une grande unité dans toutes les parties du calcul différentiel. Toute cette théorie, toute sa difficulté, est ramenée à la démonstration du théorème des accroissements finis. Démontrez le donc nettement et vous aurez fait un pas immense, introduisez le moins possible d'hypothèses dans un théorème qui sert de base presque unique et vous aurez rendu son application mille fois plus sure[492]. »

Pour Darboux, l'espoir de convaincre Hoüel succède aux regrets. Les réticences de son ami alimentent probablement son envie d'argumenter afin de pouvoir l'amener à adhérer à ses propositions.

> « Je regrette de vous voir persister dans votre endurcissement au sujet de notre discussion. Permettez-moi de vous dire que j'ai aussi quelque expérience pédagogique. Dans mon enseignement de Louis le Grand et à l'École Normale. Je me suis fort bien trouvé d'adopter la méthode que je vous recommande et que vous n'avez pas essayée. (...) Et puis il y a une distinction que vous ne voulez pas voir et faire et qui est essentielle. On a le droit dans les énoncés des théorèmes de faire toutes les suppositions restrictives que l'on veut. Cela n'est pas permis dans le courant des démonstrations. Or cette célèbre fonction au sujet de laquelle nous discutons, elle ne figure pas dans l'énoncé. Elle est introduite pour les besoins de la cause de la démonstration et comme vous ne savez rien à son sujet, il est clair que faire des hypothèses sur son compte équivaut à se passer du raisonnement. Je regrette beaucoup qu'à Bordeaux nous nous soyions trouvés momentanément d'accord car sans cela j'aurais pu, ce qui est difficile dans une lettre, vous faire voir les avantages de la marche que je vous propose.

487. Lettre de Darboux à Hoüel du 21 mai 1874, AAS, dossier Darboux.
488. Voir la lettre 3.60.
489. Lettre de Darboux à Hoüel du 6 juin 1874, AAS, dossier Darboux.
490. Dans sa note [Ber70, p. 19], Bertrand écrivait : « (...) on conteste alors la possibilité de former sur un plan un quadrilatère aussi grand qu'on le voudra. Les partisans de la géométrie imaginaire n'admettent rien. Ils ne contestent pas davantage ; on fait appel à l'évidence, cela leur suffit, ils ne se chargent plus d'apprécier. »
491. [H35].
492. Lettre de Darboux à Hoüel du 9 juin 1874, BC, Ms. in-4° 333, folio 166.

Je suis convaincu que si l'année prochaine vous voulez faire l'essai loyal vous ne voudriez plus entendre parler d'autre chose. Vous tenez trop aux méthodes de Duhamel qui avait du bon sans doute mais qui a fait de bien mauvaises choses. Vous arriveriez, je vous en réponds, avec le talent que vous avez mis dans une foule de vos leçons à concilier la rigueur d'Euclide avec la simplicité qui est toujours nécessaire dans un livre d'enseignement, je suis le premier à le reconnaitre [493]. »

Et, douze jours plus tard :

« Je vois bien qu'il faut que nous renoncions à nous entendre sur le sujet qui nous divise. Heureusement cela n'a pas la gravité des discussions de l'illustre Commission des Trente [494] ni de la sous-commission des trois. Pourtant à mes yeux comme je vous l'ai déjà dit, la question a une réelle importance parce que le théorème au sujet duquel nous bataillons est la base même du Calcul Différentiel, et c'est pour cela que je serais heureux de vous convaincre. Voila une conquête dont je serais fier.
Un point qui devrait pourtant, il me semble, vous frapper est celui-ci. Quand Euclide ou les autres admettent des postulatums, ils peuvent au moins les énoncer clairement et indépendamment de tout théorème. Quand à celui que vous tenez à admettre, le seul moyen de l'énoncer serait le suivant : la quantité désignée par ε (p.   ) (théorème   ) est une quantité au sujet de laquelle je fais telles et telles hypothèses, ou bien : la démonstration du théorème des accroissements finis n'est pas exacte telle que je la donne, mais le théorème lui-même s'applique à une foule de fonctions.
Réfléchissez-y. Vous verrez que c'est là que vous êtes au point où nous sommes arrivés de notre discussion [495]. »

La fin de l'été et le début de l'automne se passent apparemment sans de plus amples allusions à leur différent. Cette « première querelle », amicale, a pris fin sans que Hoüel ne se soit rendu. Si, de son côté, Darboux semble prêt à laisser l'affaire en suspens, Hoüel souhaite tout de même aller au fond du débat et c'est lui qui relance le sujet, d'abord timidement.

« (...) à ce propos vous revenez sur notre discussion. Mais hélas j'ai perdu depuis longtemps l'espoir de vous convaincre. Il y a un point que vous ne voulez pas admettre et que je vous ai expliqué tout au long sans que vous vouliez m'écouter. C'est que si dans les énoncés on est parfaitement libre de faire toutes les restrictions qu'on juge convenables, il n'en est plus de même dans les raisonnements. Si pour les besoins de votre raisonnement vous introduisez dans la démonstration la considération d'une fonction, rien ne vous dit qu'elle ne sera pas une de ces fonctions exceptionnelles que vous avez en horreur. Ainsi voila le point de vue auquel je me place. Dans les énoncés vous avez certes le droit de faire toutes les suppositions que vous voudrez mais je me crois en droit de vous demander toute la rigueur possible dans les raisonnements surtout quand je vous propose une marche qui unit les avantages de la simplicité à ceux de la rigueur [496]. »

Darboux a alors l'idée de faire lire à Hoüel les épreuves de son *Mémoire sur les fonctions discontinues* [497] qui s'imprime alors [498]. Sans doute espère-t-il de cette lecture

493. Lettre de Darboux à Hoüel du 23 juin 1874, AAS, dossier Darboux.
494. Cette commission composée de trente membres est chargée de la rédaction d'une constitution pour la France après la chute du Second Empire.
495. Lettre de Darboux à Hoüel du 5 juillet 1874, BC, Ms. in-4° 333, folio 168.
496. Lettre de Darboux à Hoüel du 20 octobre 1874, AAS, dossier Darboux.
497. [Dar75].
498. Voir l'extrait de la lettre de Darboux à Hoüel du 22 octobre 1874 cité au paragraphe 1.3.6 (p. 68).

une prise de conscience qui mettrait Hoüel sur la voie d'une reddition. Toutefois, ce dernier a la tête dure et Darboux n'est pas au bout de ses peines ; après une nouvelle tentative visant à le faire adopter sa manière de procéder...

> « Essayez, mon cher ami, la marche que je vous ai proposée. Le théorème des accroissements finis en tête et démontré avec la généralité dont il est susceptible. Vous verrez que vous serez très content de cette marche et que la suite sera devenue très facile[499]. »

...il suppose sans illusion que son ami a repris son cours à la Faculté de Bordeaux sans changer ses habitudes :

> « Et vous que devenez vous. Vous avez sans doute commencé votre cours et je crains bien que vous demeuriez dans l'impénitence et que vous n'ayiez pas adopté la marche que je vous proposais. Ah comme vous m'avez attrapé quand je suis venu à Bordeaux. Vous avez fui la discussion avouez-le[500]. »

499. Lettre de Darboux à Hoüel du 4 novembre 1874, AAS, dossier Darboux.
500. Lettre de Darboux à Hoüel du 5 décembre 1874, AAS, dossier Darboux.

Chapitre 2

La correspondance avec Joseph-Marie De Tilly (1870-1885)

Joseph-Marie De Tilly naît à Ypres le 16 août 1837 et meurt à Schaerbeek le 4 août 1906. Après avoir suivi sa scolarité à Bruges et à Tournai, il entre au mois d'octobre 1853 à l'École militaire dans la section de l'artillerie et du génie. Deux ans plus tard, il poursuit sa formation à l'École d'application et quitte cet établissement avec le grade de sous-lieutenant d'artillerie au mois de mai 1858.
Une fois sorti de l'École militaire, De Tilly est chargé de donner un cours de mathématiques à l'École régimentaire durant trois années consécutives. C'est à cette occasion qu'il commence ses recherches sur les fondements de la géométrie qui aboutissent à ses *Recherches sur les éléments de la géométrie* [1]. Ce n'est qu'une fois nommé lieutenant d'artillerie et répétiteur du cours d'artillerie à l'École militaire en 1864 que De Tilly fait imprimer de nouveaux travaux. En 1867, il publie son *Cours d'artillerie* et, l'année suivante, son *Cours de mécanique* [2]. Ses tâches d'enseignement ne l'empêchent pas de poursuivre ses recherches géométriques. Il se voit bientôt conforté dans son opinion que la négation du *postulatum* d'Euclide ne peut conduire à aucune contradiction [3] en lisant la *Géométrie imaginaire* [4] de Lobatchevski ainsi que la traduction de Hoüel des *Études géométriques sur la théorie des parallèles* [5] du mathématicien de Kazan. Cette nouvelle hypothèse que De Tilly exploite en mécanique rationnelle lui permet de proposer une nouvelle présentation de cette science : l'année 1870 voit la parution de ses *Études de mécanique abstraite* [6]. C'est par l'envoi de ce travail à Hoüel que débute, en avril 1870, la longue correspondance que nous publions ici et qui ne prendra fin qu'à la mort du mathématicien de Bordeaux.

Les quatorzes premières lettres échangées ont pour toile de fond l'affaire Carton [7] et la publication du mémoire de De Tilly. Les deux hommes s'entretiennent

1. [DT1]. Voir aussi le paragraphe 1.2.1.
2. [DT4], [DT5].
3. [DT6, p. 3].
4. [Lob37].
5. [H27].
6. [DT6].
7. Voir le paragraphe 1.2.2.

P. Henry, P. Nabonnand (eds.), *Conversations avec Jules Hoüel*, Publications des Archives Henri Poincaré Publications of the Henri-Poincaré Archives, DOI 10.1007/978-3-319-56403-6_2

également au sujet de la définition du plan et de la droite par Bolyai père et, suite à la demande de Hoüel, De Tilly accepte de lui fournir régulièrement des informations bibliographiques pour le *Bulletin* [8]. Ces premiers échanges sont interrompus par Hoüel qui met presque un an à répondre à la dernière lettre reçue de Belgique car la guerre franco-prussienne a débuté.

Lorsque la correspondance reprend, les discussions concernent, entre autres, la publication de comptes rendus et d'analyses pour le *Bulletin*. De Tilly se propose d'écrire le compte rendu des *Études analytiques sur la théorie des parallèles* de Flye Sainte-Marie [9] et cette publication lui donne l'occasion d'approfondir ses recherches. Au mois d'août 1872, Hoüel et De Tilly abordent la question de l'existence de la dérivée pour les fonctions continues suite à la publication de plusieurs travaux sur cette question [10]. La discussion se poursuivra durant l'année 1873 et ce thème sera approfondi par Hoüel dans sa correspondance avec Darboux [11]. Cette même année est aussi celle qui voit s'ouvrir un long débat avec Genocchi au sujet de l'interprétation de la géométrie non euclidienne à l'aide des surfaces pseudosphériques [12]. Les échanges entre Hoüel et De Tilly vont permettre à chacun d'eux d'affuter leurs arguments.

À partir de 1873, un grand nombre de lettres font allusion à la future publication par De Tilly de son travail intitulé *Essai sur les principes fondamentaux de la géométrie et de la mécanique* [13]. Celui-ci constitue une nouvelle tentative d'exposition des bases de la science de l'espace mais, cette fois-ci, à l'aide de la notion de distance entre deux points. Selon Mansion, même si ce texte n'a pas connu en Belgique un grand retentissement, il a permis à De Tilly de prendre « une part considérable (...) à l'établissement de la Géométrie comme *Physique mathématique des distances* et comme science absolument rigoureuse [14] ». Au début de l'année 1876, De Tilly affirme à son correspondant que son manuscrit est terminé. Toutefois, au mois de mai 1877, il avoue qu'il a recommencé son travail et il enverra la première partie de son texte à Hoüel au mois de juillet 1878. Il faudra attendre la fin de l'année 1878 pour que toutes les pages de son ouvrage soient imprimées par les bons soins de l'imprimerie Gounouilhou à Bordeaux [15].

En mars 1877, De Tilly est nommé major et se voit proposer la sous-direction de l'arsenal de construction d'Anvers. Membre de la Société scientifique de Bruxelles puis, dès le mois de décembre 1878, de la Classe de sciences de l'Académie royale de Belgique, il a publié à cette date, outre son *Essai*, un grand nombre des travaux parmi lesquels certains sont en rapport avec les questions militaires [16], plusieurs comptes rendus pour le *Bulletin* [17] ainsi qu'une histoire des mathématiques en Belgique entre 1772 et 1872 [18].

Dans ses dernières années, la correspondance entre les deux hommes ne retrouvera jamais l'activité de ses débuts. Si De Tilly s'intéresse désormais au calcul

8. Voir la lettre 2.13.
9. [Fly71]. Voir le paragraphe 1.2.6.
10. Voir le paragraphe 1.3.
11. Voir le paragraphe 1.3.
12. Voir le paragraphe 1.2.7.
13. [DT54].
14. [Man95, p. 5 & p. 8].
15. Gustave Gounouilhou est imprimeur à Bordeaux depuis 1859. Il publie entre autre le quotidien républicain *La Petite Gironde*.
16. [DT11], [DT14], [DT20], [DT23], [DT31], [DT32], [DT43], [DT50].
17. [DT10], [DT13], [DT13b], [DT24], [DT25], [DT30], [DT41].
18. [DT15].

intégral, en particulier aux équations différentielles, Hoüel ne participe pas vraiment à la discussion. Celui-ci se montre très affecté par le décès de sa deuxième fille survenu en 1881 et sa correspondance souffre de silences de plusieurs mois. L'une des dernières lettres envoyées par De Tilly informe Hoüel de l'heureuse occasion d'une rencontre qui finalement n'aura jamais eu lieu.

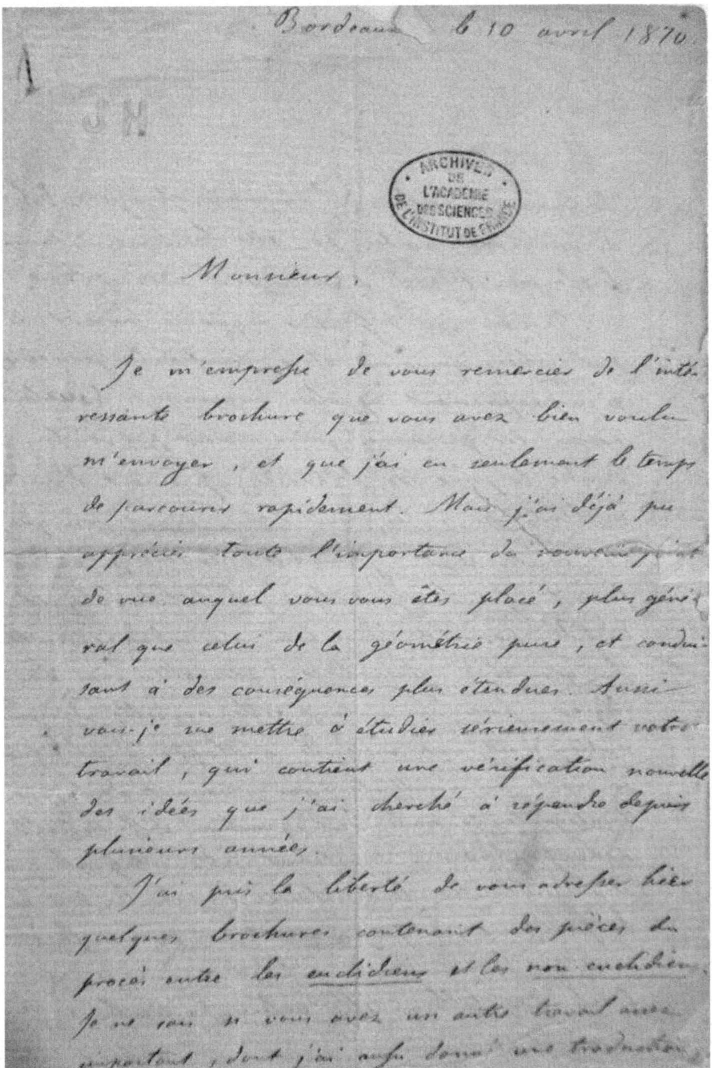
Bordeaux le 10 avril 1870.

Monsieur,

Je m'empresse de vous remercier de l'intéressante brochure que vous avez bien voulu m'envoyer, et que j'ai eu seulement le temps de parcourir rapidement. Mais j'ai déjà pu apprécier toute l'importance du nouveau point de vue auquel vous vous êtes placé, plus général que celui de la géométrie pure, et conduisant à des conséquences plus étendues. Aussi vais-je me mettre à étudier sérieusement votre travail, qui contient une vérification nouvelle des idées que j'ai cherché à répandre depuis plusieurs années.

J'ai pris la liberté de vous adresser hier quelques brochures contenant des pièces du procès entre les euclidiens et les non-euclidiens. Je ne sais si vous avez un autre travail aussi important, dont j'ai aussi donné une traduction

FIGURE 2.1 – Première page de la première lettre de Hoüel à De Tilly (© Archives de l'Académie des sciences).

Figure 2.2 – Portrait de Joseph-Marie De Tilly (1837-1913) extrait de [Man13].

2.1 Lettre de Hoüel à De Tilly du 10 avril 1870

Bordeaux, le 10 avril 1870.

Monsieur,

Je m'empresse de vous remercier de l'intéressante brochure [1] que vous avez bien voulu m'envoyer, et que j'ai eu seulement le temps de parcourir rapidement. Mais j'ai déjà pu apprécier toute l'importance du nouveau point de vue auquel vous vous êtes placé, plus général que celui de la géométrie pure, et conduisant à des conséquences plus étendues. Aussi vais-je me mettre à étudier sérieusement votre travail, qui contient une vérification nouvelle des idées que j'ai cherché à répandre depuis plusieurs années [2].

J'ai pris la liberté de vous adresser hier quelques brochures contenant des pièces du procès entre les *euclidiens* et les *non euclidiens* [3]. Je ne sais si vous avez un autre travail assez important, dont j'ai aussi donné une traduction, « La Science absolue de l'Espace » de Jean Bolyai [4]. Si vous ne possédez pas cette brochure, j'aurai le plaisir de vous en envoyer un exemplaire [5].

Je crois, en définitive, que le concert de protestations qui s'est élevé contre la Géométrie, si improprement appelée imaginaire [6] (surtout parmi les personnes

1. [DT6].

2. Le premier travail de Hoüel ayant pour but la diffusion de la géométrie hyperbolique est sa traduction [H27] des *Études géométriques sur la théorie des parallèles* de Lobatchevski datant de 1866. L'année suivante, il publie la traduction de l'*Appendix* de Bolyai [H38].

3. D'après la réponse de De Tilly, Hoüel lui a envoyé six brochures. Il s'agit probablement des travaux [H27], [H36], [H39], [H40], [H43], [H49a] ou [H49b] tous consacrés à la nouvelle géométrie (voir la note 8 de la lettre 2.2).

4. Il s'agit de la traduction de Hoüel [H38]. Bolyai introduit l'adjectif « absolue » pour désigner les propositions valides en géométrie euclidienne et hyperbolique :

> « (...) nous désignerons par Σ la système de géométrie qui repose sur l'hypothèse de la vérité de l'axiôme XI d'Euclide, et par S la système fondé sur l'hypothèse contraire.
> Tous les résultats que nous énoncerons, sans désigner expressément si c'est dans le système Σ ou dans le système S qu'ils ont lieu, devront être considérés comme énoncés d'une manière absolue, c'est-à-dire qu'ils seront donnés comme vrais, soit qu'on se place dans le système Σ, soit qu'on se place dans le système S. » [H38, p. 214]

5. C'est ce que fera Hoüel le 16 avril (voir la lettre 2.3).

6. Il peut sembler que Lobatchevski n'ait pas toujours utilisé de manière identique ce nom qu'il a choisi pour sa nouvelle géométrie comme en témoignent les trois citations ci-dessous :

> « (...) j'ai tâché de prouver que rien n'autorise, si ce ne sont les observations directes, de supposer dans un triangle rectiligne la somme des angles égale à deux angles droits, et que la géométrie n'en peut pas moins exister, si non dans la nature, au moins dans l'analyse, lorsqu'on admet l'hypothèse de la somme des angles moindre que la demi-circonférence du cercle. (...) cette géométrie nouvelle que je veux nommer *imaginaire*. » [Lob37, p. 295]
> « La seconde hypothèse [que dans tous les triangles la somme des angles est $< \pi$] peut être également admise, sans conduire à aucune espèce de contradiction dans les résultats, et elle sert de base d'une nouvelle théorie géométrique, à laquelle j'ai donné le nom de *Géométrie imaginaire* (...). » [H27, p. 9-10]
> « Le résultat principal auquel j'aboutis (...) autorise la possibilité de l'existence d'une géométrie dans un sens plus étendu que celui d'Euclide. Je donnai le nom de *Géométrie Imaginaire* à la science ainsi élargie où entre comme cas particulier la *Géométrie Usuelle* (...) » [Lob35, Introd., p. 5]

Si la dernière citation peut faire penser que la *géométrie imaginaire* correspond à la *géométrie absolue* de Bolyai, cette interprétation ne tient pas au regard de deux premiers extraits. La première citation donne aussi une explication du choix de cet adjectif : c'est une géométrie qui existe dans notre imagination. Ajoutons que l'avis exprimé par Hoüel reprend celui dont Balzer lui a fait part dans une lettre :

qui n'avaient pas voulu prendre la peine de l'étudier), provient d'un malentendu, les euclidiens ayant cru que l'on niait leur géométrie, tandis qu'on ne faisait que la généraliser, Lobatchefsky et Euclide pouvant fort bien s'accorder ensemble. La géométrie *généralisée* [7] (permettez-moi de risquer, pour un instant cette nouvelle dénomination) est une méthode analogue à celle que suivrait un analyste qui, venant de trouver l'intégrale générale de l'équation différentielle d'un problème, discuterait cette intégrale *avant* de particulariser la constante d'après les données du problème ; ce qui ne serait en aucune façon nier que la constante arbitraire doive recevoir finalement telle ou telle valeur particulière. Quant aux euclidiens arriérés, à ceux qui cherchent des *démonstrations du postulatum*, je ne puis mieux les comparer qu'à ceux qui chercheraient dans l'équation différentielle elle-même la détermination de la constante d'intégration.

Lobatchefsky, outre les deux ouvrages que vous connaissez [8], a laissé un assez grand nombre d'autres travaux sur la géométrie, écrits la plupart en langue russe [9]. Un des plus remarquables [10], son dernier, a été écrit en français, sous le titre de *Pangéométrie* [11]. On peut se le procurer aisément, grâce à la traduction italienne qu'en a fait paraître M. Battagline [12] dans son journal de Mathématiques de Naples [13] ; cette brochure, qui a été tirée à part, a pour titre : « Pangeometria, o Sunto du Geometria fondata sopra una teoria generale e rigorosa delle parallele ; per N. Lobatschewsky, etc., Napoli, 1867. » In-4°, 64 p., prix 3 fr, 50 [14].

Lobatchefsky a consacré aussi un volumineux Mémoire à la recherche des inté-

---

> « Der Name "imaginäre Geometrie" war freilich abschreckend und unpassend, Lobatsch. hat ihn selbst aufgegeben. » (Lettre de Balzer à Hoüel du 19 juillet 1866, AAS dossier Hoüel)

Voir aussi la note 11.

7. Cette expression sera encore utilisée par Hoüel dans une lettre à De Tilly plus de cinq ans après celle-ci (voir la lettre 2.106). Dans son *Essai critique*, il propose aussi le terme de *géométrie abstraite* [H36, p. 77]. Voir aussi la note 11.

8. Les travaux [Lob37] et [H27] sont cités par De Tilly dans les premières lignes de l'Introduction à [DT6].

9. Hoüel publie dans sa notice sur la vie et les travaux de Lobatchevski [H53, p. 324-328] une bibliographie commentée (avec de nombreuses références en russe).

10. D'après Hoüel, c'est « un des plus remarquables par la clarté de la rédaction. » [H53, p. 328]

11. Dans cet ouvrage [Lob56], Lobatchevski utilise ce terme en remplacement de celui de géométrie imaginaire et dans l'acception qui correspond aujourd'hui à la géométrie hyperbolique :

> « Ainsi il n'y a que deux suppositions possibles : ou la somme des trois angles de tout triangle rectiligne est égale à deux angles droits, cette supposition donne la géométrie connue – ou dans tout triangle rectiligne cette somme est moindre que deux angles droits et cette supposition sert de base à une autre géométrie, à laquelle j'avais donné le nom de géométrie imaginaire, mais qu'il est peut être plus convenable de nommer Pangéométrie parce que ce nom désigne une théorie géométrique générale, qui comprend la géométrie ordinaire comme cas particulier. » [Lob56, p. 281]

Le préfixe *pan* provient du grec πᾶς, πᾶσα, πᾶν signifiant *tout, tout entier*. Cette idée de globalité est utilisée dans le sens qu'il s'agit d'une géométrie générale car celle-ci contient la géométrie euclidienne comme cas limite.

12. *Sic.*
Giuseppe Battaglini (1826-1894) est nommé professeur de géométrie à l'Université de Naples en 1860. Il est surprenant que Hoüel orthographie incorrectement son nom car il entretient avec lui une correspondance depuis au moins avril 1867. Les lettres de Battaglini à Hoüel conservées aux Archives de l'Académie des sciences sont éditées par Paola Calleri et Livia Giacardi [CG96, p. 61-156].

13. Il s'agit du *Giornale di matematiche*, plus connu sous le nom de *Giornale di Battaglini*, qui est publié à Naples entre 1863 et 1946. Battaglini est un acteur important de la diffusion de la géométrie non euclidienne en Italie et publie plusieurs mémoires sur ce sujet dans son journal. Mentionnons en particulier une traduction de l'*Appendix* de Bolyai qui paraît en 1868.

14. Hoüel donne la référence du tiré à part de l'article paru dans le tome V du *Giornale di matematiche*.

grales définies par ses méthodes géométriques [15]. Il a été bien au delà de ce qu'il a donné dans le journal de Crelle [16]. Je me propose de publier une étude sur les travaux de géométrie et de calcul intégral de Lobatchefsky, ce qui me fournira l'occasion d'examiner de plus près ce Mémoire sur les intégrales définies, dont la lecture ne me paraît pas facile au premier abord [17].

Veuillez agréer, Monsieur, l'assurance de ma haute sympathie et de ma considération la plus distinguées.

J. Hoüel

2.2 Lettre de De Tilly à Hoüel du 13 avril 1870

Bruxelles, le 13 avril 1870.

Monsieur,

C'est avec le plus vif plaisir que j'ai reçu et lu votre lettre et les six brochures que vous avez bien voulu y joindre. Je m'empresse de vous adresser mes remerciements [1].

Vous avez rendu, selon moi, par vos traductions [2] et votre « note sur l'impossibilité etc [3] » un véritable service à la science. Profitera-t-il aux chercheurs de démonstrations ? Ce n'est pas sûr. Hier, rendant visite à un professeur de physique de l'École Militaire, je le surpris en train de démontrer le postulatum d'Euclide, et à côté de lui se trouvait ma brochure « Études de mécanique abstraite [4] » qu'il venait de lire. Cette lecture avait donc produit sur lui l'effet in[verse] de celui qu'on était en droit d'en attendre. Je lui annonçai les communications que j'avais reçues de vous et il consentit à suspendre ses *études* jusqu'au moment où il aura pris connaissance des vôtres. Je suis très heureux d'apprendre que vous vous proposez d'étudier le mémoire que je vous ai envoyé [5] ; comme vous voulez bien le dire, je crois que les idées [et la] partie nouvelle qui y sont développées ont une certaine importance et peuvent conduire à de nombreuses applications, même en dehors du sujet actuel [6]. Cette opinion se fortifiera encore chez vous, j'espère, si vous voulez bien

15. [Lob36].
Dans sa bibliographie des travaux de Lobatchevski [H53, p. 327], Hoüel présente ce travail en précisant qu'il fait suite aux mémoires de Lobatchevski sur la géométrie imaginaire.
16. [Lob37].
17. Dans les travaux de Hoüel, il n'y a pas d'étude approfondie sur cette question.
1. Voir la note 3 de la lettre 2.1.
2. Voir la note 2 de la lettre 2.1.
3. [H49a] ou [H49b].
4. [DT6].
5. Voir la lettre 2.1.
6. Avec ses *Études de mécanique abstraite*, De Tilly se propose d'exposer les prémisses d'une mécanique fondée sur la géométrie hyperbolique :

> Mais il faut aussi que cette même hypothèse [l'hypothèse de Lobatchevski], transportée dans la mécanique rationnelle, permette d'édifier cette science sans aucune contradiction. [...] Je vais exposer ci-dessous mes principaux résultats ; ils suffisent, je pense, pour faire présumer qu'il en est de la mécanique comme de la géométrie ; deux hypothèses y sont également possibles ; elles conduisent à deux mécaniques différentes, mais qui coïncident dans l'infiniment petit et, par une approximation très-suffisante, dans les systèmes très-petits que nous considérons à la surface de la terre. ([DT6] p. 4-5)

De Tilly développe en une centaine de pages une trigonométrie, une cinématique et une dynamique dans l'hypothèse où la somme des angles d'un triangle serait plus petite que deux droits ; il en conclut :

> 1° Dans la géométrie et la mécanique théoriques, rien ne s'oppose à admettre que la

jetter un coup d'oeil sur la petite note ci-incluse, qui m'est inspirée par la lecture [de vos] six brochures et que je compte présenter à l'académie de Belgique dans la prochaine réunion de sa classe de science [7]. Vous remarquerez que dans cette note je cite tous ceux de vos ouvrages (sur cette question) qui ne sont pas encore cités dans les « Études de mécanique abstraite » [8]. Je ne prends pas le même soin pour tous les autres écrits. En effet, mes compatriotes pourront trouver dans vos livres, s'ils le veulent, l'indication des sources. S'ils ne veulent pas lire vos livres, écrits non seulement en français, mais en très bon français, ils liront moins encore l'allemand, le russe et l'italien [9].

Dans cette note, j'admets que la démonstration de Bolyai, *que je ne connais pas* s'appuie aussi, soit sur des constructions hors du plan, soit sur [d]es imaginaires [10]. J'ai compté ici sur votre obligeance pour me prévenir à temps de mon erreur s'il y a lieu. Si je ne craignais d'abuser de cette obligeance, j'accepterais l'offre que vous me faites de m'envoyer votre traduction de Bolyai [11].

J'ai présenté à l'académie des sciences de Paris dans sa séance du 28 février une « note sur la théorie des parallèles » [12]. J'ai vu qu'on l'a renvoyée à une « commission des parallèles » et M. Élie de Beaumont [13] m'a fait l'honneur de m'écrire que cette commission se compose de membres de la section de géométrie [14]. Vous de-

---

somme des angles d'un triangle rectiligne soient moindre que deux angles droits ;
2° La science abstraite résultant de cette hypothèse est conçue sur un plan plus général que la science usitée, qui n'en est qu'un cas particulier, et qui en dérive dans la supposition des lignes infiniment petites, de sorte que cette dernière science n'est sous ce rapport qu'une science différentielle ;
3° Les mesures directes prises à la surface de la terre ne nous montrent, dans la somme des angles des triangles rectilignes, même les plus grands, aucune déviation de deux angles droits ; il s'ensuit que la science abstraite ne peut avoir d'application que dans l'analyse, ou bien dans l'astronomie et la mécanique céleste ;
4° Lors même que la science abstraite serait la seule rigoureuse, l'emploi de la science usitée ne peut conduire à aucune contradiction, ni théorique, ni pratique ; ni théorique, parce que tous les raisonnements que l'on fait sont rigoureux et doivent se vérifier si les figures sur lesquelles on raisonne sont infiniment petites, ce que l'on peut toujours supposer, celles que l'on trace en grandeur finie pouvant être considérées comme conventionnelles et symboliques ; ni pratique (sauf peut-être en astronomie ou en mćanique céleste), parce que les erreurs inhérentes à toute expérience humaine et terrestre sont bien supérieures à la différence qui devrait exister entre les résultats dans les deux sciences ;
5° Comme il résulte des 3° et 4° que l'on peut, en toute sécurité, employer la science usitée dans les applications terrestres et que, par conséquent, la science abstraite n'y sert à rien ; et que d'ailleurs il n'est pas encore établi que cette dernière puisse conduire aux applications indiquées dans ces deux numéros, il convient peut-être, après en avoir posé les bases, d'ajourner la continuation de son étude jusqu'à ce qu'il soit prouvé qu'elle puisse être autre chose qu'un objet de curiosité. » [DT6, p. 97-98]

7. De Tilly joint à sa lettre une version manuscrite de la note [DT8]. Nous renvoyons au document 2.192 pour sa transcription ainsi que celle de la version imprimée.

8. Dans les *Études de Mécanique abstraite*, seule la traduction du texte de Lobatchevski [H27] est citée. Dans la note dont il est question, De Tilly cite les autres travaux envoyés par Hoüel.

9. De Tilly ne cite que les traductions de Hoüel et non les références originales des travaux.

10. La théorie de Bolyai est une théorie spatiale et utilise des nombres complexes pour les formules trigonométriques.

11. Voir la lettre 2.1.

12. Voir le document 2.193.

13. Le géologue Léonce Élie de Beaumont (1798-1874) devient secrétaire perpétuel de l'Académie des sciences à la mort de François Arago (1786-1853).

14. Nous lisons dans les *Comptes rendus* :

> « M. De Tilly soumet au jugement de l'Académie une « Note sur la théorie des parallèles ». À cette Note est joint un Mémoire imprimé, intitulé « Études de Mécanique abstraite », dont quelques passages sont nécessaires à l'intelligence de la Note elle-même.

vez savoir mieux que moi que si les académiciens français sont disposés à s'occuper sérieusement des questions que nous traitons, dispositions que je ne trouve guère chez les académiciens belges [15]. Quoiqu'il en soit, je vous enverrai demain ou après demain une copie de cette note [16]. Vous y trouverez certaines choses que vous considérerez comme puériles, mais j'avais affaire à ceux que vous appelez les *euclidiens arriérés*, dans la comparaison très juste que vous faites entre les géomètres et les analystes [17]. C'est bien dans l'équation différentielle que ces messieurs cherchent la constante. D'autres parties auraient été présentées différemment si j'avais su alors ce que je sais aujourd'hui, grâce à vous. Mais je vous [enver]rai la note telle qu'elle est. Si l'on imprime ici la [nouv]elle note ci-incluse [18], j'en enverrai un exemplaire à Paris.

Je vous remercie encore pour les nombreuses indications que renferme votre lettre ; après l'interprétation de la géométrie abstraite, la question des intégrales définies est naturellement la plus sérieuse ; reste à voir si l'on peut en tirer des *découvertes* ou seulement des *vérifications* [19].

Ma brochure, ma lettre, et la note manuscrite qu'elle renferme doivent vous montrer que nous sommes d'accord sur bien des choses ; permettez moi maintenant de vous signaler un point sur lequel nous différons.

Il s'agit de votre mémoire : « Note sur l'impossibilité, etc » édition de Bordeaux [20]. Quand un géomètre non-euclidien écrit, il fait bien, me semble-t-il, d'indiquer toujours dans quelle géométrie il raisonne et de ne pas passer de l'une à l'autre sans en avertir le lecteur [21]. Mes « Études de mécanique abstraite » sont écrites dans

---

> Cette Note est renvoyée à la Commission nommée pour les travaux relatifs à la théorie des parallèles. » (*Comptes rendus* LXX, 1870, p. 442)

La pochette de la séance du 28 février 1870 renferme toujours une partie de sa note ainsi que son mémoire [DT6] accompagnés d'une lettre (voir la note 13 de la lettre 2.5 pour sa transcription). Le morceau de la note de De Tilly conservé est identique à celui qui lui correspond dans le note que recevra Hoüel le 18 avril 1870. Nous observons que le tiré à part du mémoire de la pochette n'est que partiellement coupé. On peut y lire l'introduction et les premières pages de chacune des cinq parties qui le composent.

15. La note [DT8] de De Tilly est pourtant commentée de manière favorable par Folie et Liagre dans le volume des *Bulletins* où elle paraît. Le premier écrit que « par son travail, M. De Tilly a apporté son contingent à ces recherches qui méritent de fixer l'attention des philosophes » et juge la communication « intéressante ». Le second se « rallie (...) entièrement aux conclusions » du rapport de son « savant confrère ».
16. Voir le document 2.193.
17. Voir la lettre 2.1.
18. Elle sera publiée dans une version légèrement différente [DT8].
19. Voir la note 15 de la lettre 2.1.
20. [H49a].
21. Cette préoccupation essentielle pousse à une mise au jour explicite des principes. Une remarque assez semblable est à l'origine du fait que Beltrami ait différé la publication de son *Saggio* comme il l'explique à Genocchi dans sa lettre du 23 juillet 1868 :

> « L'année dernière, alors que personne ne connaissait ce travail fondamental de Riemann [*Ueber die Hypothesen, welche der Geometrie zu Grunde liegen*], j'avais communiqué à l'excellent Cremona l'un de mes manuscrits où je donnais une interprétation de la planimétrie non euclidienne qui me semblait satisfaisante. Cremona n'en jugea pas autrement, mais me fit une objection de principe en me disant que, puisque j'employais l'analyse ordinaire, qui est fondée sur des principes euclidiens, je ne pouvais pas tenir pour certain qu'avec elle je n'avais pas porté préjudice au résultat final.
> Ce discours, à la vérité ne me satisfaisait pas car il me semblait que, quand quelqu'un explique un nouveau phénomène par des lois connues, on ne peut prétendre légitimement qu'il doive encore prouver que le même phénomène ne puisse s'expliquer avec d'autres lois, distantes des lois communes. Dans ce cas, il ne pourrait jamais y avoir d'hypothèse scientifiquement prouvée. Quoi qu'il en soit, cette objection fit en sorte que je laissais dormir l'article, et de cela je suis maintenant content car, à la fin, j'avais risqué un juge-

la science non-euclidienne ; ma note ci-incluse au contraire est écrite dans le système euclidien. Mais votre brochure, je ne vois pas bien dans quel système elle est écrite. Prenons ce passage « On sait que l'on entend...(page 2)...de sphère-limite ou d'horisphère (page 3)[»][22]. Si nous sommes dans la géométrie euclidienne, il est inutile de parler d'horisphère ; c'est le plan qui est la limite commune des deux classes de surfaces. Si nous sommes dans la géométrie abstraite, je ne comprends plus la courbure des surfaces, ni leur classification sous ce rapport. Il me faudrait pour cela une théorie nouvelle. Existe-elle[23] ? Dans ce cas, je confesse mes torts. Mais je ne la vois pas a priori. Et pourquoi dites vous, page 3, que l'horisphère a une courbure nulle ? Sans doute parce que vous prenez $\frac{1}{\rho}$ comme mesure de la courbure d'une ligne et que dans l'horicycle $\rho = \infty$, mais cela suppose qu'il y ait toujours un cercle osculateur ce qui n'est pas vrai, et d'ailleurs à ce compte les lignes équidistantes d'une droite auraient une courbure négative, car elles sont moins courbes que l'horicycle, ou bien il faudrait leur attribuer une courbure imaginaire, ce qui n'est pas plus satisfaisant. Il faut donc rejeter $\frac{1}{\rho}$ comme mesure de la courbure[†] (dans la géom n. e.) et adopter à cet effet $\frac{w}{v}$, comme dans mon mémoire[24]. Alors la courbure d'une horisphère n'est pas nulle mais égale à $1+\frac{1}{2\cdot 3}+\frac{1}{2\cdots 5}+\ldots$ comme

---

ment sur la stéréométrie non euclidienne qu'aujourd'hui je ne crois pas juste. » [BGT98, p. 198]

22. De Tilly se réfère au passage suivant :

> « On sait que l'on entend par *mesure de la courbure*, ou simplement par *courbure* d'une surface en un point, le produit des courbures de ses deux sections principales en ce point. Ce produit est positif ou négatif, suivant que les deux sections principales tournent leur convexité dans le même sens ou en sens contraire.
>
> Gauss a démontré que ce produit ne change pas lorsqu'on déforme la surface par simple flexion, sans extension ni contraction de ses éléments linéaires, comme cela arrive, par exemple, lorsqu'on applique un plan sur une surface développable, ou *vice versa*.
>
> La condition nécessaire et suffisante pour qu'une portion quelconque de surface puisse s'appliquer par simple flexion sur toute autre portion de la même surface, est que la courbure de la surface soit la même en tous ses points. S'il en est ainsi, on pourra transporter une figure tracée sur la surface en un autre lieu quelconque de cette même surface, sans altérer la grandeur de ses lignes et de ses angles, absolument comme cela aurait lieu sur un plan ou sur une surface développable.
>
> Les surfaces de courbure constante positive, ou surfaces *sphériques*, comprennent la sphère et les surfaces qui en dérivent par simple flexion. Les surfaces de courbure constante négative, ou surfaces *pseudosphériques*, sont celles qui font l'objet du Mémoire de M. Beltrami.
>
> Ces deux classes de surfaces ont une limite commune, pour laquelle la courbure devient nulle. C'est de la fixation de cette limite que dépend la question des parallèles. Cette surface de courbure nulle, limite d'une sphère de rayon infini, a reçu de Lobatchefsky le nom de *sphère-limite* ou d'*horisphère*. » [H49a, pp. XII-XIII]

23. Dans le dernier paragraphe de la citation de la note précédente, Hoüel semble placer toutes les surfaces qu'il considère dans l'espace non euclidien, ce qui justifie la remarque de De Tilly quant à la définition de la courbure. Le théorème *egregium* citè par Hoüel ne suffit pas.

†. ~~et ad~~

24. Dans la deuxième partie de son mémoire [DT6, p. 38-39] intitulée « compléments de géométrie », De Tilly considère une droite MN, son équidistante à distance h et la tangente à cette dernière en un point B. Il « imagine que cette base [MN] s'éloigne, tandis que la tangente BT reste fixe, et que l'on trace toujours par le point B les équidistantes correspondantes à toutes les positions de la base ». Il écrit alors : « (...) j'observe que dans toute courbe uniforme, le rapport $\frac{w}{v}$ de la vitesse angulaire de rotation de la tangente à la vitesse de glissement du point décrivant peut être considéré comme mesure conventionnelle de la courbure ».

je l'ai montré (p. 41) [25]. Donc selon moi, de deux choses l'une, ou il faut donner à l'horisphère le nom de plan, ou il ne faut pas dire que sa courbure est nulle. Les deux observations que je viens de présenter me paraissent détruire la prétendue classification de la page 3 [26]. Il est bien entendu que c'est là une question de détail n'infirmant en rien vos excellentes conclusions.

Si je me permets d'ailleurs de signaler dans votre brochure ce qui me parait un léger défaut, je suis très certain qu'il y a dans les miennes des défauts bien plus graves et je vous serai très reconnaissant de vouloir bien me les signaler et m'adresser une critique de mes travaux.

Veuillez agréer, Monsieur, l'assurance de mes sentiments de respect et de haute sympathie,

Jh. De Tilly
rue Geefs, 42, Schaerbeek-les Bruxelles

25. De Tilly montre [DT6, p. 39-40], en utilisant des développements en série, que lorsque h tend vers l'infini le rapport $\frac{w}{v}$ converge et donc qu'il « obtient encore une courbe-limite parfaitement déterminée ». Il remarque que cette « courbe limite uniforme (...) est absolument la même que la courbe-limite ou horicycle de Lobatschewsky ».

26. De Tilly définit une courbe uniforme comme résultant du mouvement d'un point A sur une droite (la tangente) en rotation autour de ce point ([DT6, p. 9]), les deux mouvements de glissement du point sur la droite et de rotation de la droite autour du point étant uniformes. Il en déduit une notion de « courbure » des courbes uniformes :

> "(...) j'observe que dans toute courbe uniforme, le rapport $\frac{\omega}{v}$ de rotation de la tangente à la vitesse de glissement du point décrivant peut être considérée comme mesure conventionnelle de la courbure et, en même temps, comme déterminant complétement la courbe." [DT6, p. 39]

Dans le cas d'un cercle de centre O et de rayon R décrit par un point A glissant uniformément (avec une vitesse uniforme v) sur une droite en rotation uniforme autour de A (avec une vitesse de rotation constante ω), le centre O est entrainé d'une part par la rotation de la droite avec une vitesse $\omega\frac{\text{circ}\,R}{\text{circ}\,1}$ où circ R est la longueur d'un cercle de rayon R ; il se meut d'autre part sur l'équidistante à la droite de hauteur R avec une vitesse $v\text{eq}\,R$ où eq a est « le rapport de la longueur d'une portion d'équidistante de hauteur a à sa base » ; De Tilly précise que ce rapport est indépendant de la base. Comme le centre O est immobile, on a donc l'égalité

$$\frac{\omega}{v} = \frac{\text{eq}\,R\,\text{circ}\,1}{\text{circ}\,R}.$$

Dans le cas euclidien, on retrouve évidemment $\frac{1}{R}$. Dans le cas hyperbolique, modulo une « hypothèse faite sur l'unité de mesure », De Tilly retrouve les formules établies par Lobatchevski :

$$\text{circ}\,R = \pi(e^R - e^{-R}) \qquad \text{et} \qquad \text{eq}\,R = \frac{1}{2}(e^R + e^{-R}).$$

En faisant tendre R vers $+\infty$, De Tilly établit que la quantité $\frac{\omega}{v}$ tend vers

$$1 + \frac{1}{2\cdot 3} + \frac{1}{2\ldots 5} + \ldots$$

ce qui lui permet d'affirmer que la courbure d'une horisphère n'est pas nulle. Le seul problème est que, sauf dans le cas euclidien, la « courbure » de De Tilly n'a pas grand chose à voir avec la notion de courbure des variétés. Beltrami avait développé deux arguments pour justifier la nullité de la courbure des horisphères, le premier en montrant que la métrique induite sur l'horisphère était identique à la métrique euclidienne, la seconde en montrant que la géométrie des horicycles sur l'horisphère vérifiait les axiomes de la géométrie euclidienne (Voir [H40, 371-372], les lettres de Beltrami adressées à Hoüel les 8 janvier 1869, 14 février 1869 et le 14 février 1869 [BGT98, 71-78] et la réponse de Hoüel du 17 avril 1870).

2.3 Lettre de Hoüel à De Tilly du 17 avril 1870

Bordeaux, le 17 avril 1870.

Monsieur,

J'ai été tellement occupé ces jours derniers que je n'ai pas encore eu le temps de consacrer à votre brochure [1] l'étude qu'elle mérite. J'ai pu voir seulement que la manière dont vous aborder la question est beaucoup plus claire et plus conforme à nos habitudes de langage que celle des inventeurs russes ou hongrois. Vous avez donc fait une œuvre utile, éminemment utile, en ôtant aux *euclidiens quand même* jusqu'au prétexte de paresse. Si on ne vous lit pas, c'est que l'on ne tiendra pas à s'éclairer sur la question.

J'ai eu du moins le temps de lire votre intéressante note manuscrite [2], où vous avez la bonté de me citer d'une manière si bienveillante. Il me semble que vous avez complétement raison sur tous les points. Seulement je crois qu'il y aurait un mot à ajouter à votre définition de la *translation* d'une figure sur une surface de courbure constante : il faut qu'une ligne de la figure fasse un angle constant avec la trajectoire géodésique, ou que l'on pose quelque condition équivalente [3].

Quant à la définition de la courbure d'une surface, il faut suivre la marche inverse de celle qu'a suivie Gauss dans ses *Disquisitiones circa superficies curvas* [4]. Dans ce Mémoire, il part de la forme de la surface *dans l'espace* pour en tirer une expression de la courbure au moyen de mesures prises dans la surface même, et cette expression ne dépend que de trois coefficients E, F, G, qui entrent dans l'expression de l'élément linéaire [5]. Dans les recherches de M. Beltrami, on prend pour point de départ l'expression de l'élément linéaire, dans un système de coordonnées géodésiques et, d'après la forme de cette expression, on peut calculer la courbure, puis, comme l'a fait Gauss, la somme des angles d'un triangle géodésique, ou du moins une relation entre la somme des angles et la surface du triangle [6].

On détermine d'abord les conditions que doivent remplir les coefficients E, F, G pour que l'expression donnée par Gauss pour le produit $\frac{1}{R_1R_2}$, et que l'on prend maintenant comme définition de la courbure, soit constante. Maintenant, suivant

1. [DT6].
2. Voir le document 2.192.
3. Suite à cette remarque, De Tilly modifie sa définition en exigeant que deux points de la figure suivent la géodésique. La formulation proposée par Hoüel, plus générale que celle adoptée par De Tilly, montre qu'il conçoit déjà la notion généralisée de translation comme un transport parallèle.
4. [Gau28].
5. De nos jours, en théorie des surfaces, l'expression « élément linéaire » est remplacée par celle de « première forme fondamentale » ou plus généralement par celle de métrique. Le théorème *egregium* (*remarquable*) de Gauss exprime que la courbure d'une surface en un point définie par le produit des deux courbures principales est intrinsèque dans le sens qu'elle est invariante par difféomorphismes isométriques. Pour Hoüel, ceci signifie : « Gauss a démontré que [le produit des courbures des deux sections principales en un point] ne change pas lorsqu'on déforme la surface par simple flexion, sans extension ni contraction de ses éléments linéaires, comme cela arrive, par exemple, lorsqu'on applique un plan sur une surface développable, ou *vice versa*. » [H49a, p. XII-XIII]
6. En avril 1870, Hoüel semble ainsi avoir résolu ses difficultés de compréhension de la notion de métrique comme en témoigne sa lettre à Gennochi du 10 juin 1869 [FG91, p. 180-181] :

> « J'ai entrepris la lecture des récents travaux de M. Beltrami sur cette nouvelle géométrie. Seulement, dans ses travaux et surtout dans ceux de Riemann et Helmholtz sur le même sujet, je rencontre une difficulté fondamentale qui m'arrête dès l'abord. C'est l'idée d'*élément linéaire* posée *a priori*, avant qu'on ait donné aucune définition de forme géométrique en prétendant au contraire tirer de là les définitions des formes fondamentales, la ligne droite et le plan. »

que cette expression est positive, nulle ou négative, la surface sera appelée sphère, horisphère ou pseudosphère, sans que l'on ait à s'inquiéter en quoi que ce soit de sa forme absolue dans l'espace, et en la supposant parfaitement flexible. De ces seules données on peut déduire aisément les *trois* trigonométries.

Cela fait, la question se pose ainsi. Euclide a défini le plan comme une surface superposable à elle même *par retournement*, afin de faire servir sa définition à la fois à la géométrie de 2 dimensions et à celle de trois dimensions [7]. Le plan ainsi défini coïncide-t-il avec une surface horisphérique, ou bien fait-il partie de la série des pseudosphères ? L'axiôme XI d'Euclide tranche la question en faveur de la première hypothèse ; et cette hypothèse a pour elle l'expérience. Il est donc permis de l'admettre dans la géométrie usuelle, puisqu'il est démontré d'ailleurs que les expériences faites ont un degré de précision suffisant pour que nous ne puissions jamais en apercevoir l'erreur, si elle existe [8].

Mais pour arriver à quelques données sur la comparaison du plan avec l'horisphère, il faudrait partir de la définition de la courbure de Gauss généralisée, et déduite d'une expression de l'élément linéaire dans l'espace à trois dimensions. Vous savez qu'on a commencé déjà les études dans ce sens, et que le second mémoire de Beltrami est relatif à ce sujet [9]. Malheureusement il y a bien des points que j'ai dû me contenter de traduire, n'ayant pas encore eu le loisir nécessaire pour approfondir cette nouvelle question, bien plus compliquée que celle des espaces à deux dimensions.

Je vois, d'après votre lettre, qu'il vous est arrivé auprès de l'Académie des Sciences la même chose qu'à moi. J'avais adressé, dès le premier janvier, à l'Académie la petite note [10] qui a paru depuis dans les *Nouvelles Annales de Mathématiques*, et qui est un résumé de la *première* Note que j'avais lue l'avant veille devant la Société des Sciences physiques et naturelles [11]. Une circonstance imprévue empêcha ma note de parvenir avant la séance du 10 [12], où elle arriva en même temps qu'une

7. Ce n'est pas la Définition 7 du Livre I : « Une surface plane est celle qui est placée de manière égale par rapport aux droites qui sont sur elle » [Euc90, I, p. 156]. Dans son *Essai critique*, Hoüel écrit [H36, p. 68] :

> « L'expérience fait naître en nous l'idée d'une surface superposable à elle-même par retournement, et par suite comprenant toute entière une ligne droite avec laquelle elle a deux points communs. Cette surface est le *plan*. »

8. Hoüel fait allusion ici aux recherches de Lobatchevski : « Lobatchefsky, s'appuyant sur les observations relatives à la parallaxe annuelle des étoiles, a rigoureusement déduit de ses formules que parmi tous les triangles rectilignes, si grands qu'ils soient, que les hommes auront jamais à mesurer, il ne s'en trouvera pas un seul dans lequel la somme des angles puisse différer de deux angles droits d'une quantité appréciable. » [H49a, p. XVII].

9. Hoüel se réfère au travail de Beltrami sur les espaces à courbure constante [Bel69] qu'il a traduit [H40].

10. Nous lisons dans les *Comptes rendus* : « M. J. Hoüel adresse, par l'intermédiaire de M. d'Abbadie, une "Note sur l'impossibilité de démontrer par une construction plane le principe de la théorie des parallèles, dit postulatum d'Euclide" ». (*Comptes rendus* LXX, 1870, p. 90)

11. Hoüel lit sa note [H49a] à Bordeaux le 30 décembre 1869 et son résumé est [H49b].

12. En effet, Antoine d'Abbadie était absent de Paris :

> « Je n'aurais pas pris la plume (...) si je ne venais de recevoir de Paris votre lettre du 30 X^{re} avec une note pour les Comptes Rendus. J'ai fort hésité à cet égard. Ayant quitté Paris le 23 et n'ayant fait suivre aucun journal de science, je ne sais si vous êtes très-pressé. Les membres de l'Académie dont je suis très-sûr appartiennent aux sciences naturelles et donneraient votre note sans y rien comprendre. Parmi les mathématiciens, je ne *compterais bien* que sur M. Faye, mais en sa qualité d'inspecteur de l'Académie, il peut être absent de Paris.
> Voulez-vous attendre mon retour à Paris où je serai le 11 au plus tard ? Le 9 ou le 10 au

demi-douzaine de démonstration du postulatum, les postulateurs ayant vu que le moment était favorable pour placer leurs produits auxquels on faisait si bon accueil [13]. On a profité de la circonstance pour renvoyer ma note avec les autres à la Commission, c'est-à-dire pour l'enterrer, attendu qu'elle aurait pu causer quelque peine à certains membres de la dite commission. C'est alors que je me suis empressé d'en envoyer copie aux *Nouvelles Annales*. Il paraît que vous avez éprouvé le même sort, de manière que, pour n'être pas désagréable à certains membres, l'Académie laissera, dans ses Comptes rendus, le dernier mot à M. Carton [14] et à ses apologistes.

Je n'ai pas encore reçu votre « Note sur la théorie des parallèles » mais, lorsqu'elle me sera parvenue, consentiriez-vous à m'autoriser à la publier, en totalité ou par extraits, dans les Procès-verbaux de notre Société [15] ? Ce serait une bien petite compensation à la non insertion dans les Comptes rendus de Paris ; mais cela suffirait au moins pour que votre travail ne fût pas perdu.

J'ai mis hier à la poste, à votre adresse la brochure de Bolyai [16], avec quelques essais mathématiques, que je vous prie de vouloir bien accepter. Vous verrez en lisant la vie de J. Bolyai, qu'il a laissé des papiers, parmi lesquels, au milieu de fatras et de rêveries, on pourrait peut-être trouver des trésors, par exemple, des recherches sur la géométrie non-euclidienne à 3 dimensions. M. Schmidt, l'auteur de la notice, a tout mis en œuvre pour avoir communication de ces papiers [17]. Le

---

> soir, j'irai vous voir en arrivant à Bordeaux, et dans tous les cas. (...)
> Si vous êtes bien pressé pour votre note, je l'adresserai dès votre réponse à M. E. de Beaumont, Secrétaire perpétuel, avec un billet pour qu'il publie au plus vite. »
> (Lettre de d'Abbadie à Hoüel du 5 janvier 1870, AAS dossier d'Abbadie)

13. Les communications de Lionnet, Boillot et Fuix sont conservées dans la pochette de la séance. Voir le paragraphe 1.2.2 et aussi p. 90 des *Comptes rendus* LXX, 1870.

14. Jules Carton est enseignant de mathématiques au lycée impérial de Saint-Omer. Voir le paragraphe 1.2.2.

15. Hoüel recevra cette note le lendemain. Celle-ci est transcrite en annexe comme document 2.193 et ne sera pas publiée car De Tilly émet à cette publication quelques réticences à la fin de sa lettre du 20 avril 1870 (voir la lettre 2.5).

16. [H38].

17. Hoüel fait allusion à un bref inventaire des papiers de J. Bolyai dressé par Franz Schmidt (1827-1901) (des élégies, six hexamètres latins à la mémoire de Gauss, des cahiers illisibles, une géographie mathématique, des recherches sur le théorème de Wilson et d'autres sur les fractions continues) ainsi qu'aux passages suivants de sa notice : « (...) le peu que nous savons de lui [J. Bolyai] nous donne le droit de penser que les manuscrits qu'il a laissés doivent receler plus d'un trésor caché », et plus loin, « ces papiers doivent comprendre plus de mille pages » et « se trouvent dans un complet désordre » [H38, Notice de Schmidt, p. 203-204].

Paul Stäckel a rédigé une notice nécrologique de Schmidt [Stä02] dans laquelle nous pouvons lire la transcription d'un passage de la lettre que Hoüel lui a adressée le 17 février 1867 :

> « Auriez Vous quelques moyens d'obtenir des renseignements sur la vie et les ouvrages de deux mathématiciens du nom de Bolyai, habitant l'un et l'autre un pays voisin du Vôtre, à Maros Vásárhely ? L'un d'eux, Wolfgang Bolyai, a été le compagnon d'étude de Gauss. Il aurait, s'il vivait encore, au moins 92 ans. Il a composé en 1829 un ouvrage latin intitulé : Tentamen juventutem studiosam in elementa matheseos purae, elementaris etc. introducendi, 2 vol. Maros Vásárhelyini. L'ouvrage est terminé par un Appendice, composé (d'après les renseignements que je dois à M. le Dr. Baltzer, à Dresde) par un géomètre du même nom, son parent sans doute (si ce n'est pas le même). L'ouvrage a été aussi traduit vers le même temps en langue hongroise.
> Cet *Appendice* est un travail de la plus grande valeur. Il renferme les idées découvertes en même temps par l'auteur et par le géomètre russe Lobatschewsky, sur la théorie des parallèles, idées que Gauss avait trouvées depuis longtemps, mais qu'il n'avait pas publiées. L'auteur de l'Appendice a fait paraître depuis, en 1851, un opuscule très curieux dont le titre, qui tient sur une page toute entière, commence par : Kurzer Grundriss eines

prince Boncompagni [18] est intervenu et a fait des démarches auprès du ministère hongrois [19]. On a répondu au prince, on a fait des promesses. Mais en somme les Hongrois semblent de l'indifférence la plus parfaite pour le seul mathématicien digne de ce nom qu'ait produit leur pays [20].

Veuillez agréer, Monsieur, l'assurance de mes sentiments de respectueux et sincère dévouement.

J. Hoüel

2.4 Lettre de Hoüel à De Tilly du 19 avril 1870

Bordeaux, le 19 Avril 1870.

Monsieur,

J'ai reçu hier la copie de la Note que vous avez adressée à l'Académie des Sciences [1], et je ne m'étonne nullement qu'on l'ait renvoyée à une commission (c'est-à-dire enterrée), au lieu de l'insérer au compte rendu. Elle tourne trop à la confusion des défenseurs de M. Carton pour qu'on n'ait pas tenu à leur éviter ce déplaisir. Vous avez parfaitement fait sentir, (à un point de vue autre que celui que j'ai indiqué, mais dont j'avais dit quelques mots dans une lettre à M. Liouville [2]) quel est le point faible de la prétendue démonstration, en se plaçant sur le terrain de la géométrie plane, et les considérations dans lesquelles vous êtes entré me semblent tout à fait dignes d'attention.

Versuchs u. s. w. - in 12°, 88 S. Maros Vásárhely, sans nom d'auteur. Je possède ce petit volume.
Vous serait-il possible, Monsieur, d'ajouter quelque chose au peu de renseignements que je possède sur l'auteur de ces remarquables travaux ? Ne connaissant personne qui habitât plus près que Vous de la Transsylvanie, j'ai pensé que les rapports de la Hongrie avec ce pays pourraient bien être faciles, et j'ai compté sur Votre obligeance pour me procurer des informations qui me seront très-utiles pour la rédaction d'un volume que je vais faire imprimer sur les principes de la géométrie élémentaire, et dont une partie déjà a été publiée en 1863 (Grunerts Archiv. d. Math. u. Physik, Bd XL). J'espère avoir l'honneur de Vous offrir un exemplaire de ce travail, dès qu'il sera terminé.
Veuillez me pardonner, Monsieur, la liberté que je prends de m'adresser à Vous ; mais j'ai pensé que Vous m'aideriez volontiers dans les efforts que je fais pour faire connaître les mérites de Votre éminent compatriote. » [Stä02, p. 142-143]

18. L'intérêt du prince Baldassare Boncompagni (1821-1894) pour l'histoire des mathématiques l'aménera à éditer le *Bollettino di bibliografia e di storia delle scienze matematiche e fisiche* de 1878 à 1887.

19. C'est ce qu'explique aussi Hoüel à Genocchi dans sa lettre du 4 août 1869 :

> « (...) J. Bolyai n'a jamais fait imprimer que sa *Science absolue de l'espace*, et (...) ses papiers, qui renferment sans doute des recherches de la plus haute importance, sont restés enfouis dans la bibliothèque du Collège de Maros Vàsàrhely. M. Schmidt et moi, nous avons fait de vains efforts pour obtenir sur ces papiers des renseignements quelconques. Dernièrement, M. le prince Boncompagni a entrepris auprès du ministère hongrois des démarches ayant pour but d'intéresser le gouvernement de Pest au triage et à la publication de ces précieuses reliques d'un homme à qui les circonstances ont peut-être seules manqué pour devenir un géomètre de premier ordre. Si le gouvernement italien, ou quelque grand corps savant comme l'Académie de Turin s'intéressait à cet objet, on parviendrait peut-être a vaincre l'inertie des Magyars. » [FG91, p. 183]

20. Hoüel oublie Farkas (Wolfgang) Bolyai (1775-1856), le père de János. Il attribue d'ailleurs à tort l'ouvrage [BolF51] à János (voir la note 2 de la lettre 2.12).

1. Voir le document 2.193.

2. Cette lettre est perdue.

Vous avez aussi, soit dit entre nous, donné au *jeune* M. B... une leçon de convenances bien méritée, à cause de la légéreté avec laquelle il s'est exprimé à l'endroit des imitateurs de Gauss, et par suite de Gauss lui-même [3]. La lecture que j'ai faite avec le plus grand intérêt de la biographie de Gauss par Sartorius von Waltershausen [4], ainsi que de la correspondance du grand géomètre avec Schumacher [5], m'a un peu initié à son caractère, et je puis me figurer sans peine la grimace qu'il aurait faite si, de son vivant, quelqu'un eût osé traiter les conclusions de ses méditations de 60 années de *débauche de logique* [6] ! On peut certainement discuter les opinions de Gauss, quoique, par le fait, on ne l'ait pas encore, que je sache, pris en défaut. Sa devise *pauca sed matura* [7] lui a fait perdre la priorité de bien des découvertes, mais elle lui a valu une réputation d'infaillibilité assez bien établie. Mais qu'on discute ses opinions, je l'admets parfaitement. Qu'on ne les *prenne pas au sérieux*, c'est autre chose.

La Note de décembre [8] est donc un spécimen rare de légéreté. Celle du 3 janvier [9], je ne saurais la qualifier, de crainte de tomber sous le coup des reproches d'irrévérence que j'adressais tout à l'heure. On croirait en la lisant qu'il ne s'agit pas d'établir une vérité objective, mais de gagner une cause ou une partie ; que l'on veut donner, non une démonstration, mais un plaidoyer ; qu'il y a des *règles du jeu*, comme dans une partie de whist ou dans un duel [10]. Cela respire un scepticisme qui fait peine.

Joignez à cela que les 5 conditions prétendues que doit remplir la droite se réduisent bel et bien à 4 [11], et qu'il suffit, pour s'en assurer, de lire les 20 premières propositions d'Euclide, et surtout les ouvrages de M. Duhamel [12], l'oncle de M. Bertrand et son premier maître [13].

3. Hoüel fait certainement allusion à Joseph Bertrand et au passage suivant de sa note [Ber69] : « L'illustre Gauss en [la géométrie de Lobatchevski] a singulièrement grandi l'importance en la déclarant *construite de main de maître* et conforme, dans les traits principaux, à des résultats qu'il possédait depuis longtemps. » [Ber69, p. 1266]

4. W. Sartorius von Waltershausen, *Gauss zum Gedächtniss*, S. Hirzel, Leipzig, 1856.

5. Les lettres de Gauss à Schumacher sont publiées dans le tome 5 de ses œuvres complètes (p. 205-218). Hoüel en a publié des extraits traduits en appendice de sa traduction du mémoire de Lobatchevski [H27].

6. Hoüel cite ici les mots de Bertrand : « (...) sans avoir sans doute aucun disciple sérieusement convaincu, Lobatchewski a entraîné plus d'un admirateur à poursuivre après lui le caprice de cette débauche de logique. » [Ber69, p. 1266]

7. Gauss reprend cette devise « peu mais mûr » sur son ex-libris qui comporte aussi le dessin d'un arbre ne portant que sept fruits. Hoüel la juge « un peu égoïste » [H49a, p. XI].

8. [Ber69].

9. [Ber70].

10. Dans son texte, Bertrand admet qu'une objection adressée à la preuve de Carton « est autorisée par les règles du jeu, telles que les ont faites les auteurs de la géométrie imaginaire » [Ber70, p. 19].

11. Voir la note 99 du paragraphe 1.2.2 de l'introduction.

12. Jean-Marie Constant Duhamel (1797-1872) est à la retraite depuis 1869 et a été remplacé dans sa chaire de la faculté des sciences et à l'École polytechnique par Charles Hermite. Il était marié avec la sœur du médecin Alexandre Bertrand, le père de Joseph.

13. Dans son article publié aux *Nouvelles annales de mathématiques* [H49b], Hoüel précise ce reproche dans une note :

> « Les conditions qu'impliquent l'existence de la ligne droite ont été énumérées dans l'article de M. Bertrand (...). Il nous semble que l'auteur indique une condition de trop en affirmant que la propriété de la ligne droite d'être la plus courte entre deux de ses points doit être admise sans démonstration. *Voy.* les *Éléments d'Euclide*, livre I, proposition 20, et l'Ouvrage de M. Duhamel (*Des Méthodes dans les Sciences de raisonnement*, tome II, pages 7, 312, 319 et le chapitre VI, pages 411 à 417). » [H49b, p. 94-95]

Le deuxième tome du traité de Duhamel comprend un chapitre traitant de la géométrie euclidienne.

Vous avez trouvé quelques difficultés dans la démonstration que W. Bolyai [14] donne de l'existence du plan et de la ligne droite [15]. J'y en ai trouvé aussi, indépendamment de celles qui proviennent du style hiérophantique de l'auteur. Je crois même qu'il ne démontre pas tout ce qu'il croît avoir démontré, et en revenant dernièrement sur ce sujet, à propos de l'étude que je fais des travaux géométriques de Lobatchefsky [16], je crois avoir aperçu assez clairement que le raisonnement prouve l'existence de la ligne droite *dans le plan*, mais non celle de la ligne droite *dans l'espace*, d'après la distinction si judicieuse qu'a fait M. Beltrami dans son *Essai d'interprétation de la Géométrie non euclidienne* (page 3 de la traduction) [17]. La notion de la ligne droite dans l'espace reste donc jusqu'à présent une notion purement expérimentale [18].

Lobatchefsky a traité aussi la même question que W. Bolyai, et bien avant lui ; mais son raisonnement me semble manquer de rigueur, et faire, sans qu'il s'en aperçoive, de fréquents appels à l'espèce d'expérience qu'on appelle quelquefois *intuition*, et qui n'est autre que l'expérience faite au moyen du sens de la vue [19].

---

14. Farkas Bolyai, le père de Janos Bolyai, est parfois désigné sous le nom de Wolfgang Bolyai.

15. Hoüel parle de la définition de la ligne droite et du plan que Farkas Bolyai donne dans le *Tentamen* [BolF32, I, p. 468 et suiv.] ainsi que dans [BolF51, §33 et suiv.] (voir aussi la note 2 de la lettre 2.12). Il est plus précis dans sa lettre à Genocchi du 4 août 1869 :

> « La définition de W. Bolyai et de Lobatchefsky présente quelques difficultés qu'il n'est pas cependant impossible de surmonter. Elle a pour but de remplacer les deux postulats, de la droite et du plan, par un seul, celui de la sphère. Mais pour être établie rigoureusement, elle demande des développements longs et délicats. Lobatchefsky manque, à cet endroit, entièrement de rigueur. » [FG91, p. 184]

Bolyai considère deux sphères de même rayon qui s'intersectent en un cercle. La famille des cercles obtenus lorsque les rayons varient est par définition le plan. Lobatchevski donne une définition semblable [Lob35], [Lob56]. Dans la note III de son *Essai critique sur les principes fondamentaux de la géométrie élémentaire* [H36], Hoüel rappelle les définitions proposées par F. Bolyai et Lobatchevski. En particulier, il indique que la ligne droite est l'ensemble de tous les points immobiles d'un plan lorsqu'on fait tourner celui-ci autour de deux de ses points.

16. [H53].

17. À cette page [H39, p. 253], Beltrami s'intéresse à la ligne droite qui est « l'élément le plus essentiel des figures et des constructions de la Géométrie ». Il distingue deux interprétations de l'axiome selon lequel une droite est déterminée par deux de ses points :

> « Le caractète spécifique de [la ligne droite] est d'être complètement déterminé par deux de ses points seulement en sorte que deux droites ne peuvent passer par deux points donnés de l'espace sans coïncider dans toute leur étendue. Cependant dans la géométrie plane ce caractère n'est pas employé dans toute son extension, puisque, en regardant les choses de près, on voit que la droite n'est introduite dans les considérations de la Planimétrie qu'en vertu du *postulat* suivant : "En faisant coïncider deux plans, sur chacun desquels existe une droite, il suffit que les deux droites se superposent en deux points pour qu'elles se confondent dans toute leur étendue" »

Beltrami ajoute que ce dernier axiome s'étend aux surfaces à courbure constante.

18. Hoüel se réfère à ses réflexions sur la définition de la ligne droite [H36, Note IV].

19. Hoüel exprime les mêmes réticences dans son article sur la vie et l'œuvre de Lobatchevski publié dans le tome 1 du *Bulletin des sciences matématiques et astronomiques* [[H53]]. Dans le résumé qu'il donne des *Nouveaux principes de Géométrie* de Lobatchevski [[Lob35]], Hoüel insiste particulièrement sur le chapitre II consacré à « la démonstration de l'existence du plan et de la ligne droite, en partant d'un axiome unique : l'existence de la sphère ». Après avoir rappelé que la méthode classique fondée sur l'existence de points fixes n'est pas satisfaisante car « on ne peut jamais vérifier l'hypothèse [de l'immobilité de certains points] en toute rigueur », il expose la nouvelle méthode proposé par Lobatchevski et par J. Bolyai qui selon ses auteurs n'emprunterait « à l'expérience que des relations de situation, toujours exactement vérifiables » :

> « La sphère est le lieu des points équidistants d'un point fixe. C'est une surface simple et complètement fermée.
> D'un centre donné on peut toujours décrire une sphère, et une seule qui passe par un

Avant que cette question ne soit bien éclaircie, il faudra que quelque géomètre prenne la peine de développer et de rendre accessibles au public les idées profondes, mais d'un abord difficile, qu'ont eues sur ce sujet deux des plus grands esprits scientifiques de l'Allemagne moderne, Riemann et Helmholtz [20]. Dejà M. Beltrami, dans son Mémoire sur la *Théorie fondamentale des espaces de courbure constante* [21], est entré dans cette voie, et a éclairci bien des points obscurs. Mais je crois que tout n'est pas encore dit sur ce sujet, et que l'on n'a pas encore tiré des découvertes de Gauss tout ce qu'elles contiennent.

M. Genocchi a fait, comme vous le savez, sans doute, un travail, que je cite dans mes Notes sur le postulatum [22], et dans lequel il rapproche la théorie des parallèles de la Statique, en prouvant que cette théorie revient à admettre le principe d'Archimède qui conduit au parallélogramme des forces [23]. C'est une autre manière de

point donné.
Une sphère ne peut avoir qu'un seul centre.
Si, de deux centres fixes et avec une distance convenable, on décrit deux sphères égales, l'intersection de ces sphères est un *cercle*, ayant les deux centres fixes pour *pôles*. Le lieu des cercles décrits des mêmes pôles est une surface indéfinie, superposable à elle-même par retournement, et que l'on appelle *plan*.
Si l'on fait tourner un plan autour de deux de ses points, supposés fixes, il y a un ensemble de points qui restent immobiles (ou du moins qui reviennent sur eux-mêmes au bout d'un demi-révolution) ; ces points forment une ligne indéfinie dans les deux sens, que l'on appelle *la ligne droite*. [...]
Si cet enchaînement de propositions pouvait s'établir d'une manière à la foi simple et rigoureuse, il n'est pas douteux que les principes de la Géométrie n'eussent ainsi acquis une base plus solide et plus indépendante des erreurs de l'expérimentation. Cette méthode conduirait en même temps plus directement à un grand nombre de proprétés des figures formées par des droites ou par des plans.
Il nous semble malheureusement que les déductions de Lobatchefsky et de J. Bolyai sont mêlées de suppositions qu nécessitent de nouveaux appels à l'expérience, et que, tout au plus, leur raisonnement démontre l'existence de la ligne droite *dans le plan*, mais non celle de la ligne droite *dans l'espace*. Nous laissons de côté la question de la simplicité qui est d'un intérêt secondaire tant qu'il ne s'agit pas d'une application à l'enseignement él émentaire.
Il ne faut pas toutefois renoncer à l'idée de voir un jour les fondements de la Géométrie établis sur cette base d'une manière pleinement rigoureuse. Des tentatives récentes, encore inédites, dues á un géomètre qui a profondément étudié la question, nous font pérer une prochaine solution des difficultés qui restent encore à vaincre. » [H53, p. 387-388]

20. Hoüel a déjà traduit un travail de Helmholtz [H43] et dans l'année il publiera sa traduction du mémoire d'habilitation de Riemann [H52]. Il fait allusion entre autre à l'axiome de libre mobilité utilisé par Riemann et Helmholtz pour caractériser les espaces à courbure constante parmi ceux à courbure variable. Cet axiome entraîne en particulier que les géodésiques sont localement superposables. Dans sa lettre à Genocchi du 18 août 1869, Hoüel avait déjà évoqué ce point :

> « Je ne sais si je me trompe ; mais je crois avoir le premier (par ordre de publication), insisté sur la nécessité d'une notion expérimentale qui domine toute la géométrie, savoir, la notion de l'invariabilité de la forme indépendament de la position. Je défie qu'on définisse géométriquement cette invariabilité sans pétition de principe. J'ai été heureux de retrouver des idées analogues dans les travaux de Riemann et de Helmholtz. » [FG91, p. 188]

Voir aussi [H19].

21. [Bel69].

22. Dans [H49a, p. XVII] et [H49b, p. 95], Hoüel cite le travail de Genocchi qui a pour titre *Dei primi Principii della Meccanica e della Geometria in relazione al Postulato d'Euclide* publié à Florence en 1869 [Gen69b]. Dans [DT18, p. 126], De Tilly affirme qu'il ne connaît pas ce travail de Genocchi et que c'est cette lettre de Hoüel qui lui en apprend l'existence.

23. Le théorème du parallélogramme des forces en statique affirme que deux forces $\vec{F}_1$ et $\vec{F}_2$ appliquées en un même point possèdent une résultante unique représentées par la diagonale du parallélo-

poser la question et d'en indiquer une solution expérimentale. Je trouve seulement dans le Mémoire de M. Genocchi une tournure euclidienne un peu trop prononcée, quoiqu'il soit loin de rejeter comme non sérieux les travaux de Lobatchefsky. En revanche, les assertions de M. Bertrand lui ont produit, comme à vous et à moi, un bien singulier effet, et il n'en a été rien moins que satisfait [24].

Veuillez agréer, Monsieur, l'assurance de mes sentiments d'estime et de vive sympathie.

Votre dévoué serviteur,

J. Hoüel

2.5 Lettre de De Tilly à Hoüel du 20 avril 1870

Bruxelles, le 20 Avril 1870.

Monsieur,

J'ai reçu votre aimable lettre et je m'empresse d'y répondre. Je vous remercie d'abord pour le soin que vous avez pris de me signaler une faute dans ma définition de la translation [1] ; ce n'est pas *un point*, ce sont *deux points* qui doivent glisser sur la ligne géodésique qui les joint. Je corrigerai cela ; j'ai d'ailleurs d'autres changements de détails à faire.

J'ai reçu votre nouveau paquet de brochures ; je suis confus de votre obligeance et surtout de ne pouvoir y répondre par des envois équivalents ; jusqu'à présent j'ai plus réfléchi que rédigé, et les « Études de Mécanique abstraite » sont mon premier travail académique [2]. Depuis lors j'en ai présenté d'autres [3] ; il va sans dire que vous les recevrez, mais l'académie de Belgique est lente à imprimer, comme vous pouvez en juger par une brochure qui porte en tête la date du 1er août 1868.

J'ai parcouru votre traduction de Bolyai [4] ; j'ai vu qu'il sort du plan comme Lobatschewsky ; je n'ai donc rien à changer à ma note sous ce rapport [5].

Je lirai avec le plus vif intérêt vos travaux sur les équipollences [6] et sur les quantités complexes [7] et je vous prouverai que je les ai lus en vous envoyant mes réflexions sur ces travaux.

J'étudierai les équipollences la première fois que j'aurais deux jours de congé ; pour les quantités complexes, je dois demander du temps.

J'arrive à la question de la courbure, sur laquelle nous sommes maintenant d'accord. Mais la rédaction des pages 2 et 3 de la « Note sur l'impossibilité etc. »

gramme construit sur ces deux forces. La démonstration de ce théorème nécessite évidemment l'admission de l'axiome des parallèles (voir par exemple [Poi37, p. 35]).

24. Dans sa lettre à Genocchi du 23 février 1870, Hoüel évoque le rôle joué par Bertrand dans l'affaire Carton et reprend un avis antérieur de son correspondant italien : « Vous voyez, Monsieur, que je suis absolument de votre avis sur la conduite scientifique de ce géomètre, qui entre si prématurément aux Invalides, quoique la science eût encore tant de beaux travaux à espérer de lui. » [FG91, p. 197]

1. Voir la note 3 de la lettre 2.3.

2. De Tilly a déjà publié plusieurs cours avant de faire paraître les *Études de Mécanique abstraite* [DT6] dont la rédaction de son cours de géométrie [DT1] basé sur celui de Legendre [Leg23].

3. En 1870, De Tilly publie deux notes dans les recueils de l'Académie de Bruxelles [DT7], [DT8].

4. [H38].

5. De Tilly insiste dans sa note *Sur la théorie des parallèles* sur le fait que ses méthodes n'emploient que la géométrie plane à l'inverse de celles de Lobatchevski. Voir le document 2.193.

6. [H46].

7. Ce sont les premières parties de [H41].

édition de Bordeaux : « On sait que l'on entend... sphère-limite ou [d']horisphère »[8] m'avait trompé et trompera bien des lecteurs. Il semble qu'il s'agisse là de la *courbure mesurée comme dans la géometrie usitée* et alors il ne peut plus être question d'horisphère.

S'il ne s'agit au contraire que de mesures conventionnelles ou, comme vous le dites fort bien, de mesures prises dans la surface même, tout s'explique[9].

Et voici maintenant comment j'entends la classification dans la géométrie abstraite :

Il suffit d'admettre a priori qu'il existe des surfaces pouvant glisser sur elles-mêmes par simple flexion ; alors tous les calculs de ma brochure peuvent encore s'établir *dans une troisième acception*. Arrivé à l'équation (21) qui doit s'écrire en général

$$\frac{\operatorname{circ} 2R}{\operatorname{circ} R} = 2\sqrt{1 \pm \frac{\operatorname{circ}^2 R}{m^2}} \quad \text{ou} \quad \operatorname{eq}^2 R = 1 \pm \frac{\operatorname{circ}^2 R}{m^2},$$

on appellerait *mesure conventionnelle de la courbure la quantité* $\frac{(1-\operatorname{eq}^2 R)4\pi^2}{\operatorname{circ}^2 R}$. On appellerait de plus *sphères* les surfaces pour lesquelles il faut choisir le signe $-$, *pseudosphères* [les surfaces pour lesquelles il faut choisir le signe] $+$, *horisphères* [les surfaces pour lesquelles le signe est indifférent, ce qui correspond à $m = \infty$.

Il résulte de là que dans les sphères la courbure est positive puisqu'elle peut se représenter par $\frac{4\pi^2}{m^2}$, que dans les pseudosphères elle est négative et égale à $-\frac{4\pi^2}{m^2}$ et qu'elle est évidemment nulle dans les horisphères. Et en même temps la question des parallèles se pose alors comme suit : « Le plan est-il une horisphère ou une pseudosphère ? » ce qui, du reste, n'avance en rien sa solution.

Mais ce qui est remarquable, c'est que cette *mesure conventionelle* $\frac{(1-\operatorname{eq}^2 R)4\pi^2}{\operatorname{circ}^2 R}$ ou $\pm\frac{4\pi^2}{m^2}$ (+ dans la sphère, $-$ dans la pseudosphère, $\pm$ dans l'horisphère) devient la *mesure réelle* de la courbure dans la géométrie usitée. Je ne donne pas cela comme entièrement nouveau, mais je vais l'établir plus clairement que mes prédécesseurs.

Passons donc à la géométrie usitée.

1° L'horisphère est alors le plan, et la mesure indiquée ci-dessus est nulle, ce qui est exact.

2° Dans la sphère de rayon a on a (page 32) $m = \operatorname{circ} a = 2\pi a$, $\frac{4\pi^2}{m^2} = \frac{1}{a^2}$ ce qui est bien la mesure ordinaire de la courbure.

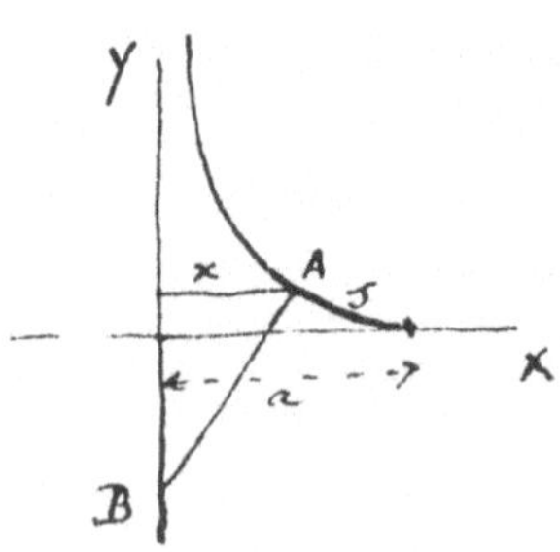

3° Quant aux pseudosphères, on peut les ramener toutes à celle de révolution dont la méridienne a pour équation

$$y = \frac{a}{2}\operatorname{Log}\frac{a+\sqrt{a^2-x^2}}{a-\sqrt{a^2-x^2}} - \sqrt{a^2-x^2}.$$

Le rayon de courbure de la méridienne en A est $\frac{a\sqrt{a^2-x^2}}{x}$. Le rayon de courbure AB de l'autre section principale est $\frac{ax}{\sqrt{a^2-x^2}}$.

8. Voir la note 22 de la lettre 2.2.
9. Voir la note 26 de la lettre 2.2.

La mesure de la courbure est donc $-\frac{1}{a^2}$ (– parce que les deux sections principales comprennent le plan tangent entre elles).

Il reste donc à démontrer que $-\frac{4\pi^2}{m^2} = -\frac{1}{a^2}$, ou que $m = 2\pi a$ comme dans la sphère, a jouant ici le rôle de rayon pseudosphérique. Pour cela, on peut remarquer que circ a et circ x sont deux arcs semblables d'horicycles pseudosphériques dont les rayons géodésiques diffèrent de s. On a donc

$$\frac{a}{x} = \frac{\frac{m}{2}\left(e^{\frac{2\pi(\rho+s)}{m}} - e^{-\frac{2\pi(\rho+s)}{m}}\right)}{\frac{m}{2}\left(e^{\frac{2\pi\rho}{m}} - e^{-\frac{2\pi\rho}{m}}\right)} = e^{\frac{2\pi s}{m}}, \quad \text{puisque } \rho = \infty.$$

D'où $s = \frac{m}{2\pi}\,\mathrm{Log}\frac{a}{x}$.

D'autre part $s = \int_x^a dx\sqrt{1+\frac{dy^2}{dx^2}} = a\,\mathrm{Log}\frac{a}{x}$.

La comparaison des deux valeurs de s fournit $m = 2\pi a$ ce à quoi on arriverait aussi en exprimant de deux manières l'aire de révolution engendrée par s autour de l'axe.

Je vous suis très reconnaissant de la proposition que vous me faites de publier ma « note sur la théorie des parallèles » et je ne considérerai pas l'impression de mes travaux dans les « Procès verbaux de la société des sciences de Bordeaux » comme une *bien petite compensation* ; au contraire, je trouve qu'en ce qui concerne la philosophie géométrique, la société de Bordeaux est bien plus avancée que l'Académie de Paris [10], à en juger par les deux notes de M. Bertrand [11]. Mais cette communication, que vous devez avoir reçue maintenant, vaut-elle bien la peine d'être imprimée [12] ? C'est plutôt de la polémique que de la science. Elle s'adresse aux arriérés de Paris et ne peut rien vous apprendre.

En outre ma position vis à vis de l'Académie des Sciences n'est pas exactement la même que la vôtre. J'avais *demandé* le renvoi de ma note à la commission des parallèles, ignorant que la mission de celle-ci fût d'enterrer les communications qu'elle recevrait [13]. Ne vaudrait-il pas mieux, si vous le jugiez convenable, attendre

10. Les traductions de Lobatchevski [H27] et Bolyai [H38] ont été publiées à Bordeaux par la *Société des sciences physiques et naturelles*.

11. [Ber69], [Ber70].

12. Cette note ne sera pas publiée. Voir le document 2.193.

13. Voici la transcription de la lettre qui accompage la note et le travail [DT6], tous deux présentés par De Tilly à l'Académie des sciences de Paris dans la séance du 28 février 1870 :

Bruxelles, le 24 février 1870.

Monsieur le secrétaire perpétuel,

J'ai l'honneur de vous envoyer, en même temps que cette lettre,

1° une note manuscrite sur la théorie des parallèles, que je vous prie de vouloir bien présenter à l'Académie dans la séance du lundi 28 février

2° un mémoire imprimé, extrait du Tome XXI des *Mémoires couronnés et autres mémoires*, publiés par l'Académie Royale de Belgique, et intitulé : « Études de Mécanique abstraite », dont je fais hommage à l'Académie, et auquel je renvoie dans ma note manuscrite.

Vous savez, monsieur le secrétaire perpétuel, qu'une commission est actuellement chargée par l'Académie de l'examen de toutes les notes relatives à la théorie des parallèles reçues dans ces derniers temps. Je désirerais vivement que la mienne lui fût aussi communiquée.

Toutefois je n'ai reçu les comptes rendus hebdomadaires que jusqu'au 7 février. Si, depuis, la commission dont il s'agit avait terminé ses travaux et si l'Académie avait décidé qu'elle ne s'occupera plus des communications qu'elle recevrait encore sur la même question, en d'autres termes si ma Note arrivait trop tard, je vous prierais de vouloir bien ne pas la présenter, et la considérer comme non-avenue, afin de m'éviter un refus d'examen qui me serait pénible.

que vous eussiez eu le temps de lire complètement mon mémoire [14] et aussi que l'Académie de Belgique eut pris une décision relative à une nouvelle note [15], puis insérer dans le Compte-rendu de votre Société un résumé très succint de mes idées, comme vous savez si bien les faire, en y englobant ce qu'il y a de bon et de réellement intéressant dans mes deux notes et dans mes lettres [16] ?

Veuillez agréer, monsieur, l'assurance de mes sentiments de haute sympathie.

Jh. De Tilly

2.6 Lettre de De Tilly à Hoüel du 11 mai 1870

Bruxelles, le 11 mai 1870.

Monsieur,

J'ai reçu et lu avec intérêt les quatre brochures que vous venez encore de m'envoyer [1]. Les résumés que vous donnez de l'*Arithmétique* et de l'*Algèbre* de Baltzer [2] me font voir que ces ouvrages sont dignes de la *Géométrie* [3] que je connais depuis deux ans, grâce à vous encore, car c'est dans une de vos brochures que j'ai rencontré pour la première fois le nom du savant professeur de Dresde [4]. Ce traité de géométrie, que j'ai consulté plusieurs fois utilement, me parait bien supérieur à ceux qui se publient tous les jours en Belgique et même en France, et dans la plupart desquels, comme vous le dites fort bien, la banalité du fond est dissimulée sous la surcharge des accessoires [5]. La connaissance approfondie que vous possédez de la langue allemande me fait penser que vous pourrez rendre facilement un grand service à l'enseignement élémentaire en traduisant les « Elemente der Mathematik » [6]. Il est vrai que vous devez être déjà accablé de besogne, pour le « Bulletin des siences mathématiques et astronomiques ». Lorsque j'ai vu, dans un des comptes rendus de l'Institut (je crois), votre nom figurer parmi ceux des trois rédacteurs

---

Veuillez agréer, monsieur le secrétaire perpétuel, l'hommage de mon profond respect,

Jh De Tilly
capitaine d'artillerie belge ;
professeur à l'école militaire de Bruxelles.

14. [DT6].
15. En 1870, ne paraît sur les questions de géométrie que la *Note sur les surfaces* [DT8].
16. Hoüel ne fera jamais de recension des travaux de De Tilly.
1. Il s'agit, en tous les cas pour deux d'entre elles, de tirés à part d'analyses d'ouvrages effecuées par Hoüel pour le premier numéro du *Bulletin*.
2. [Bal68].
Après avoir enseigné dans le secondaire, Heinrich Richard Baltzer (1818-1887) devient, en 1869, professeur de mathématiques à l'Université de Giessen. Hoüel a donc envoyé à De Tilly un tiré à part de son compte rendu de la troisième édition du premier tome des *Die Elemente der Mathematik* de Richard Baltzer [H77]. Plusieurs années auparavant Hoüel avait traduit un autre ouvrage de Baltzer sur la théorie des déterminants [H18].
3. [Bal67].
4. Hoüel avait déjà fait un compte rendu de la seconde partie du livre de Baltzer comprenant la géométrie [H70]. Il en parle dans son *Essai critique* [H36, p. VII] en considérant cet ouvrage comme « le seul Traité de Géométrie élémentaire vraiment scientifique qui ait paru de nos jours ». Voir aussi la note 6 de la lettre 2.7.
5. Le livre de Baltzer est écrit « sous une forme concise, mais claire et complète », aussi n'est-il pas « destiné aux personnes qui veulent étudier sans maître ». Hoüel ajoute alors que « les livres élémentaires qui se publient dans notre pays semblent s'éloigner de plus en plus de cet idéal, les auteurs cherchant à dissimuler la banalité du fond par la surcharge des accessoires »[H77, p. 81].
6. Voir la note 6 de la lettre suivante.

de ce Bulletin qui sera bien utile aux géomètres, je me suis dit que ce n'était pas une sinécure que vous acceptiez là. Depuis j'avais parcouru le 1er numéro, mais je n'avais pas encore vu les suivants [7].

J'ai lu vos trois autres notices avec le même intérêt que celle qui est relative à M. Baltzer. L'ouvrage de M. Casorati [8] rentre dans un ordre d'idées dont vous vous êtes spécialement occupé et je me propose de le lire si, comme je n'en doute pas, je m'y sens entrainé par l'étude que je vous ai promis de faire de votre propre travail sur les quantités complexes [9].

J'ai lu mais non pas réellement *étudié* encore les équipollences [10]. Vous savez probablement qu'une traduction de Bellavitis, par Béziat [11], parait dans le Journal des sciences militaires (Paris Corréard). Il y a des articles à ce sujet dans les nos d'août et de 7bre 1869 ; cela ne continue pas dans le no d'octobre (si je me rappelle bien) et depuis 9bre l'École Militaire n'a plus reçu ce journal, bien qu'elle n'ait pas renoncé à l'abonnement.

Je dois encore un mot de réponse à votre dernière lettre, qui s'est croisée avec la mienne. Je suis d'accord sur tous les points avec vous, sauf en ce qui concerne la démonstration de l'existence de la ligne droite et du plan par Bolyai (pages 60 à 63 de votre *Essai critique*) [12].

Pour moi, elle prouve bien ce que l'auteur veut prouver, sauf à y faire la petite addition que je me suis permise [13]. En effet elle montre qu'il existe des lignes telles qu'il suffise d'en fixer deux points pour fixer la ligne tout entière ; c'est là pour moi le caractère de la ligne droite dans *l'espace* ; et comme l'auteur démontre aussi l'existence du plan, c'est à dire de la surface superposable à elle même par retournement, il devient évident que la ligne droite de l'espace peut être placée tout entière dans le plan [14]. Alors on démontre aisément, comme vous le dites en

7. Le premier numéro du *Bulletin des sciences mathématiques et astronomiques* vient de paraître. Les trois rédacteurs en sont G. Darboux, J. Hoüel et M. Lœwy. Ce dernier ne poursuivra pas l'aventure. Dans une lettre adressée à Hoüel du 10 mai 1872, Darboux, en parlant de Lœwy, écrit « votre bête noire » (AAS, dossier Darboux).

8. [H75].
Felice Casorati (1835-1890) est professeur de mathématiques à l'Université de Pavie.

9. Voir la lettre 2.5.

10. [H46].

11. Louis Béziat publie en 1870 un note dans laquelle il applique la méthode des équipollences de Bellavitis à la résolution de quelques problèmes de géométrie [Bez70].

12. Dans la Note III de [H36], Hoüel expose les « définition du plan et de la droite »selon « la vraie théorie des parallèles », à savoir les théories de Lobatchevski et de Bolyai. La théorie de Bolyai ne s'appuie selon Hoüel que sur une définition de l'égalité des distances indépendante « de la ligne qui sert à les mesurer ». Une telle définition suffit pour développer une théorie des sphères dont on déduit la notion de plan :

> Si l'on construit ainsi deux séries de sphères égales [de centre O et O'], s'étendant d'une manière continue jusqu'à l'infini, le lieu des cercles suivant elles se coupent deux à deux s'étendra indéfiniment, et formera une surface pouvant glisser sur elle-même, lorsqu'on la fait tourner autour des points O et O', et superposable à elle-même par retournement. Nous appellerons cette surface un *plan*. [H36, 62]

La ligne droite est obtenue comme l'ensemble des points fixes lorsque l'on considère un retournement de la figure précédente. Dans un tel retournement, chaque cercle d'intersection possède deux points fixes et « l'ensemble de tous ces points forme une ligne qui reste immobile lorsqu'on la fait tourner autour de deux de ces points. Cette ligne s'appelle la *ligne droite* » [H36, 62].

Dans sa présentation des travaux de Lobatchevski [H53], Hoüel est plus critique sur cette présentation (Voir Lettre 2.4 et la note 17 p. 114), ce avec quoi De Tilly semble ne pas être d'accord.

13. Voir la note ⋆ du manuscrit de l'annexe 2.192 (p. 402).

14. Voir la note 15 de la lettre 2.4.
De Tilly oublie dans son raisonnement la question de l'indépendance de la définition de la droite par rapport au plan. Hoüel exprime cette idée d'une autre manière dans la lettre 2.7.

réponse à M. Bertrand, que dans le plan elle est minima entre deux de ses points et la démonstration se ferait absolument de la même manière dans l'espace [15]. Si l'on prétendait qu'au fond Bolyai s'appuie encore sur l'expérience ou l'intuition, cela deviendrait alors une affaire de mots. Suivant moi la question doit se résumer ainsi : Un esprit droit et sincère peut il douter du postulatum d'Euclide ? Oui. Peut-il douter des axiomes relatifs à la droite et au plan ? Non.

Depuis ma dernière lettre, j'ai vu de plus près le *second* mémoire de Beltrami [16]. Il est vraiment profond. Mais je me demande s'il est bien nécessaire d'aller chercher si loin l'interprétation de la géométrie non euclidienne ? Je ne sais si je m'avance trop en vous disant que j'ai dans la tête une autre interprétation, qui m'est inspirée sans doute par Beltrami et que je n'eusse jamais trouvée autrement, mais qui vous paraîtrait plus avantageuse que la sienne sur ce que je compte interpréter la géométrie non-euclidienne à deux dimensions *sans sortir du plan* et la g. n. e. à 3 dimensions *sans sortir de l'espace ordinaire*, d'où résulterait accessoirement que le postulatum n'est pas plus démontrable par trois dimensions que par deux. Beltrami dit : (1er mém. p. 279) : « Si donc il nous manquait la notion des surfaces non applicables sur le plan, il [nous] serait impossible, etc » [17]. Appliquée à une extension de *sa* méthode, cette assertion est très fondée, mais je crois qu'on ne doit pas la prendre dans un sens trop absolu, car il doit y avoir d'autres systèmes d'interprétation. Après cela, je le répète, je n'ai les calculs que dans la tête ; je ne puis m'occuper d'abstractions que dans mes moments perdus qui sont rares ; si les calculs ne réussissaient pas sur le papier, je vous prierais de considérer ce qui précède comme non avenu, et d'excuser ma légèreté. Si au contraire ils sont bons, je me propose de vous les envoyer vers la fin du mois [18].

Veuillez agréer, monsieur, l'assurance de mes sentiments d'estime et de haute sympathie.

Jh. De Tilly

2.7 Lettre de Hoüel à De Tilly du 15 mai 1870

Bordeaux, le 15 mai 1870.

Monsieur,

Je me proposais depuis plusieurs jours de répondre à votre excellente lettre du 20 avril, quand j'ai reçu votre nouvelle lettre, dont je ne puis différer plus longtemps

15. Voir la note 13 de la lettre 2.4.

16. [H40].

17. À la fin de son mémoire, Beltrami écrit [H39, p. 279-280] que son travail « semble confirmer en tout point l'interprétation annoncée de la Planimétrie non euclidienne au moyen des surfaces de courbure constante négative ». Or, son approche le pousse à douter d'une semblable interprétation pour la géométrie de l'espace non euclidien : « La nature même de cette interprétation laisse facilement prévoir qu'il ne peut y avoir d'interprétation analogue, également réelle, pour la Stéréométrie non euclidienne ». Le passage cité par De Tilly est l'explication que Beltrami donne de ses doutes. Il insiste sur le fait qu'« il a fallu substituer au plan une surface irréductible au plan, c'est-à-dire dont l'élément linéaire ne peut en aucune manière se réduire à la forme $\sqrt{dx^2+dy^2}$ » et poursuit : « Si donc il nous manquait la notion des surfaces non applicables sur le plan, il nous serait impossible, d'attribuer une véritable signification géométrique à la construction développée jusqu'ici. » Pour poursuivre l'analogie, Beltrami a besoin « d'un espace dont l'élément linéaire *ne soit pas* réductible à la forme $\sqrt{dx^2+dy^2+dz^2}$ » ce qui « semble nous manquer, ou du moins semble dépasser le domaine de la Géométrie ordinaire ».

18. De Tilly ne fera pas de tel envoi.

à vous remercier. Je vois, par les intéressants développements que vous me donnez, que vous êtes en possession d'une théorie générale bien plus féconde que celles de Lobatchefsky et de Bolyai, dont tous les résultats se tirent si simplement de vos formules.

Pour la communication de votre Note en réponse à M. Carton [1], je crois qu'il serait fâcheux que vos ingénieuses considérations restent complètement enfouies dans les papiers de l'Institut, et tout en me rendant aux raisons d'opportunité que vous faites valoir, je n'en pense pas moins que le fond de la note, dégagé des considérations de personnes et d'actualité, contient encore d'excellents sujets de méditation pour les géomètres. Je serais heureux de pouvoir contribuer en quelque façon à la publicité de vos recherches. Il y a tant de gens qui ont l'oreille dure, qu'il est bon de reprendre les vérités de cent façons différentes, jusqu'à ce qu'on en ait trouvé une qu'ils puissent entendre. Si donc, vous avez le temps de rédiger un résumé de votre méthode, et que vous consentez à la communiquer à notre Société, vous pouvez être sûr qu'il sera accueilli avec reconnaissance. Fait par vous-même, ce résumé présenterait beaucoup plus d'intérêt et d'autorité, et vos idées ne risqueraient pas d'être interprétées d'une manière incomplète [2].

M. Battaglini, professeur à l'Université de Naples et rédacteur du *Giornale di Matematiche*, dont vous connaissez d'ailleurs les travaux sur la géométrie non euclidienne [3], ayant appris par moi que vous vous occupez avec succès de la question, m'a chargé de vous demander comment il pourrait se procurer votre brochure [4], qu'il a grand désir de connaître [5].

Il y a bien longtemps que j'ai songé à traduire en français la Géométrie de Baltzer [6], comme j'avais déjà traduit les Déterminants [7]. Malheureusement au bout de tout cela il y a la question financière. Il faut des avances considérables pour l'impression d'un tel ouvrage, et, dans le pays de programmes et de routine où nous vivons, serait-on bien sûr de rentrer jamais dans nos frais ? Avec les traditions qui règnent dans le corps enseignant et parmi les examinateurs des grandes Écoles de l'État, plus un ouvrage sera conçu d'après les saines idées scientifiques, moins il aura de chances d'être accepté. Voyez plutôt une des Géométries recommandées par certains inspecteurs généraux de l'Instruction publique, la géométrie de Compagnon [8]. On croirait par moment que c'est le résultat d'une gageure ou d'un parti pris de bouleverser l'ordre imposé par le sens commun. Hé bien ! ce sont ces détestables bouquins qui font maintenant la fortune de leurs auteurs.

---

1. Voir le document 2.193.
2. De Tilly ne fera pas de tel résumé tout de suite mais publiera [DT54] en 1878.
3. Voir la note 13 de la lettre 2.1. Hoüel a aussi traduit un mémoire de Battaglini sur les travaux de Lobatchevski [H130].
4. [DT6].
5. Battaglini écrit à Hoüel le 5 mai 1870 : « Vi sarei obbligato se potreste darmi notizia dove il Sig.Tilly abbia esposte le sue considerazioni sulla Geometria e sulla Meccanica astratta, per prenderne conoscenza. » [CG96, p. 90]
6. Il s'agit de la seconde partie d'un ouvrage dont Hoüel a déjà fait un compte rendu [H70] et qui contient « un cours complet et détaillé de géométrie élémentaire et de trigonométrie, rédigé d'après un nouveau plan, et où l'auteur [Baltzer] s'est placé au point de vue élevé de la Géométrie moderne. » [H70, p. 124-125] Hoüel souhaitait d'ailleurs qu'une traduction française permettent à ce livre de « se répandre dans notre pays, où l'on trouve si peu de traités élémentaires qui soient en rapport avec les progrès de la Géométrie, progrès auxquels les savants français ont tant contribués ! » [H70, p. 131] Il existe par ailleurs une traduction en italien publiée par Luigi Cremona : : R. Baltzer, *Elementi di matematica*, Istituto Sordo-Muti, Genova, 1865-1868.
7. [H18].
8. P.-F. Compagnon, *Éléments de géométrie* & *Abrégé des Éléments de géométrie*, Gauthier-Villars, Paris, 1868.

J'avais bien entendu dire que Béziat s'occupait de traduire les Mémoires de Bellavitis ; mais j'ignorais où il publiait sa traduction. Je vous remercie de l'indication que vous me donnez, et dont je profiterai à l'occasion [9].

Voici, relativement à la démonstration de Bolyai, ce que je crois qu'on en peut conclure. Elle me semble bien prouver, en partant de la notion de la sphère, qu'il existe une surface indéfinie, et superposable à elle-même par retournement. *Dans cette surface*, il existe une ligne, aussi indéfinie, qui revient coïncider avec elle-même en même temps que la surface, c'est-à-dire *après une demi-révolution*. Il résulte de la 20e proposition d'Euclide que cette ligne est la ligne géodésique *du plan*.

Mais quand Bolyai croit établir que lorsque la géodésique du plan tourne autour de 2 de ses points, non-seulement elle revient sur elle-même *après une demi-révolution*, mais encore elle ne cesse, *à aucune époque de son mouvement*, de coïncider avec sa position initiale, je crois qu'il se trompe, en prenant une notion d'évidence expérimentale pour une chose démontrée [10].

La différence que je trouve entre l'axiôme de la droite dans l'espace et celui des parallèles, c'est que l'on peut indépendamment de celui-ci construire une géométrie complète, ayant beaucoup de parties communes avec la géométrie usuelle ; tandis qu'en se privant de la notion de la ligne droite, on se priverait d'un terme de comparaison essentiel, et l'on ne pourrait pas aller bien loin.

Ce que vous me dites de votre nouveau système d'interprétation m'intéresse vivement, et j'ai grande hâte de le connaître. Je vous remercie donc bien sincèrement de la communication que vous m'en promettez [11].

Votre brochure [12] me reviendra incessamment de la reliure, et je me mettrai aussitôt à l'étudier avec soin, pour me préparer à la lecture de vos recherches ultérieures.

Si vous aviez quelque Mémoire à publier sur ce sujet, je pense que M. Battaglini l'accueillerait bien volontiers dans son journal, qui vous offrirait un moyen de publication très efficace.

Veuillez agréer, Monsieur, l'assurance de mes sentiments de respectueux attachement et de vive sympathie.

J. Hoüel

2.8 Lettre de De Tilly à Hoüel du 26 mai 1870

Gand, le 26 mai 1870.

Monsieur,

Je réponds un peu tard à votre dernière lettre ; n'en accusez que mes nombreuses occupations qui me laissent bien peu de temps à consacrer à la science pure.

J'accepte avec grand plaisir la proposition que vous me faites. Lorsque l'Académie de Belgique aura terminé l'examen de la Note que je lui ai remise et lorsque je serai fixé sur la possibilité d'une interprétation plus simple que celle de Beltrami, je

9. Voir la lettre 2.6.
10. Voir la note 15 de la lettre 2.4.
11. Voir la note 18 de la lettre 2.6.
12. [DT6].

ferai, pour la société des sciences de Bordeaux, un résumé de toutes les idées que j'ai eues sur les fondements de la science de l'espace [1].

Il est bien possible que vous ayiez raison en ce qui concerne la traduction de Baltzer. Je ne connais pas la géométrie de Compagnon [2] et ce que vous m'en dites ne me donne pas envie de l'étudier. En Belgique, comme en France nous avons des programmes, mais nous n'avons plus d'auteur recommandé. Jusqu'en 1865, je pense, l'auteur recommandé pour l'École Militaire était Legendre (c'est dans Legendre que j'ai étudié moi-même), et l'on peut dire sans exagération que l'École Militaire fait la loi en cette matière dans notre pays, c'est à dire que si elle adoptait un auteur pour les examens d'entrée, presque tous les établissements d'instruction seraient obligés de s'y conformer.

En 1865, on a voulu changer les programmes et les auteurs recommandés, mais on s'est trouvé en présence de difficultés que l'on a jugées insurmontables et l'on s'est borné à effacer les noms des auteurs sans apporter aucune modification aux programmes. Depuis lors, sans qu'il y ait rien d'obligatoire, nous constatons aux examens que la grande majorité des élèves étudient d'après *Blanchet* [3].

Notre jury n'est pas routinier du tout et j'ai la conviction que si on pouvait lui indiquer un ensemble de livres classiques présentant une supériorité réelle sur les autres, il chercherait à les faire adopter, mais pour constater cette supériorité, il faut d'abord que l'ouvrage existe et par conséquent, comme vous le dites, ce serait une chance à courir.

J'ai envoyé à M. Battaglini un exemplaire de mes « Études de Mécanique abstraite » [4] et je l'ai inscrit sur la liste des personnes à qui j'enverrai mes travaux futurs.

Puisque vous faites une étude nouvelle des œuvres de Lobatschwesky, je pense que l'une des parties qu'il serait le plus essentiel de traduire est celle qui renferme le détail des observations astronomiques et des calculs sur lesquels il base cette conviction que jamais les hommes n'auront à mesurer des triangles où la somme des angles diffèrera sensiblement de deux angles droits [5].

Je reviens maintenant à la ligne droite et je vous remercie d'abord d'avoir précisé votre objection, ce qui me permet d'y répondre.

Vous admettez [6] que Bolyai démontre l'existence du plan et de la droite dans le plan [7], d'où l'on peut conclure toute la géométrie plane sauf ce qui dépend du postulatum d'Euclide. Mais vous n'admettez pas que cette droite du plan soit aussi la droite de l'espace c'est à dire que, retournant le plan en laissant immobiles deux points de la droite, la droite du plan sortirait de celui-ci pendant le mouvement et n'y rentrerait qu'après le retournement complet ou la demi révolution complète.

Je vais essayer de vous faire voir que cela est impossible.

1. Voir la note 2 de la lettre 2.7.
2. Voir la note 8 de la lettre 2.7.
3. A. Blanchet a préparé une version des *Éléments de géométrie* de Legendre avec des « additions et modifications » qui a connu des dizaines d'éditions.
4. [DT6].
5. Voir [Tor78, p. 63-65].
6. Voir la lettre 2.7.
7. Voir la note 15 de la lettre 2.4.

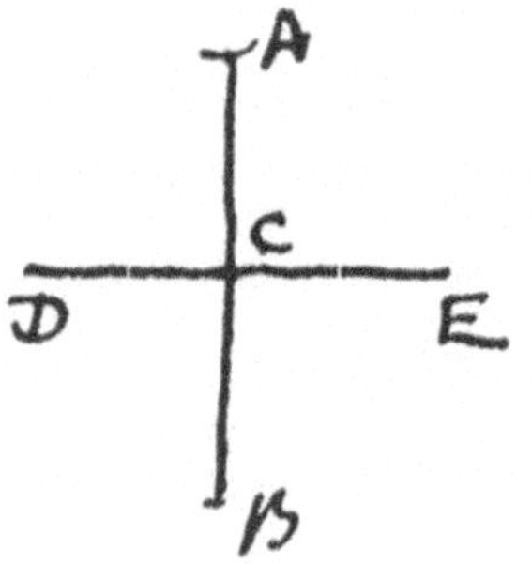

Soient A, B, les deux points fixes pendant le retournement. Au point C, milieu de AB, menons lui la perpendiculaire DE (n'oubliez pas que vous admettez toute la géométrie plane non-euclidienne) et étudions le mouvement du point C pendant la demi-révolution. Tout d'abord, A et B étant fixes, C ne peut plus décrire qu'un cercle (Bolyai) c'est à dire une courbe fermée jouissant de la propriété de glisser sur elle-même sans déformation. Il en résulte 1° qu'une portion déterminée de la courbe peut toujours être amenée à coïncider avec une autre partie de cette même courbe commençant en un point désigné 2° que la courbe décrite par le point C ne peut pas avoir de noeud ou de point multiple ; en d'autres termes qu'en un point quelconque de cette courbe il n'y a sur la courbe que deux routes possibles, car s'il y avait un noeud ou un point multiple quelconque 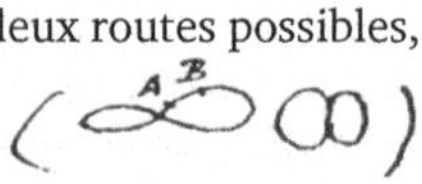

on devrait pouvoir faire coïncider une partie de la courbe commençant en A par exemple et comprenant le noeud avec une autre partie commençant en B ce qui est absurde puisque le noeud ne serait pas semblablement placé sur ces deux parties par rapport au point initial.

Imaginons maintenant que la trajectoire complète de C autour de A et B soit rigidifiée et invariablement liée au plan, puis retournons celui-ci autour des points A et B. Après le retournement complet, les circonstances seront les mêmes qu'avant et si l'on commence alors une nouvelle rotation autour de A et de B dans le même sens que la première, le point C devra décrire la même trajectoire dans l'espace absolu ; d'ailleurs il devra décrire aussi sa trajectoire rigidifiée ; il faut donc que celle-ci conserve la même position dans l'espace quand on retourne le plan, c'est à dire qu'elle soit symétrique par rapport à celui-ci, ou en d'autres termes qu'à chaque point de la trajectoire de C situé au dessus du plan, corresponde un point semblablement placé au dessous et réciproquement.

Supposons maintenant que la trajectoire de C rencontre le plan ailleurs qu'au point C lui-même. Dans le retournement ce point de rencontre C' a dû passer du côté opposé de AB et comme, après le retournement la trajectoire de C coïncide avec sa première position, il devrait y avoir sur la trajectoire un autre point de rencontre C'' avec le plan, point symétrique à C par rapport AB.

Remettons les choses dans leur état primitif et faisons tourner la figure dans son plan autour du point C. Après une demi révolution, B viendra en A, A en B et le point de rencontre supposé C' viendra prendre une position C'' sur la droite $C'CC''$. D'ailleurs les circonstances restant encore les mêmes qu'avant le mouvement la trajectoire rigidifiée doit être venue se replacer sur elle même ; elle possédait donc dès l'abord le point C'' symétrique de† C' par rapport au centre C.

Tout ceci posé et la figure étant de nouveau remise en place, suivons la trajectoire rigidifiée à partir du point C et dans les deux seules directions possibles. D'abord elle doit sortir du plan à partir du point C car si elle y restait, elle ne saurait être symétrique à la fois par rapport à AB et par rapport à C qu'en coïncidant avec la ligne DE, ce qui est absurde. Continuons donc à la suivre hors du plan, par exemple en faisant glisser deux mobiles sur ses deux branches, de manière à

†. à

leur faire occuper toujours des positions correspondantes par rapport au plan. La courbe doit se fermer, cela ne pourra d'ailleurs arriver que quand les deux mobiles reviendront dans le plan et aussi à ce moment précis la courbe sera *terminée* puisqu'elle ne saurait avoir de point multiple. Or elle n'aura ainsi que deux points dans le plan, savoir le point C et le point où se fait la fermeture (point différent de C sans quoi il y aurait au moins un point multiple) et les symétriques de ce dernier n'existeraient pas. Ainsi donc il y a contradiction à supposer que le point C décrive une trajectoire quelconque, donc il est immobile.

Il résulte de là qu'en divisant AB en 2^m parties égales, tous les points de division sont immobiles, donc tous les points le sont car si un point I décrivait une trajectoire K on pourrait par division en 2^m parties trouver un point fixe I' assez près de I pour que la trajectoire supposée K ne pût être placée sur la sphère trop petite de rayon $I'I$.

Ainsi donc avec la partie que vous trouvez bonne, on peut reconstruire, ce me semble, celle que vous trouvez douteuse. Mais votre objection n'en est pas moins digne d'attention car elle prouve au moins que la forme de la démonstration de Bolyai doit être modifiée.

Peut être même vaut il mieux recommencer le tout et c'est ce que je vais essayer en réclamant votre indulgence.

1. Définition de la sphère. Comme Bolyai [8].

2. Théorème : Si une sphère fait partie d'un système rigide, et que l'on fasse tourner ce système autour du centre de la sphère et d'un autre point quelconque O, il y aura sur la surface de la sphère deux points immobiles et pas plus de deux.

En effet si l'on considère un point de la surface de la sphère on prouve comme Bolyai qu'il ne peut décrire qu'un cercle, c'est à dire une courbe fermée pouvant glisser sur elle-même, et comme il doit y avoir au moins un point mobile soit M le cercle qu'il décrit. Dans l'intérieur de ce cercle [*] et sur la surface de la sphère je prends un point A et je fais recommencer le mouvement ; le point A décrit aussi un cercle et un cercle intérieur au précédent, car A n'appartient pas à la sphère OM et si sa trajectoire coupait le cercle M, les sphères OA et OM décrites du même centre se couperaient. Soit donc N le cercle décrit par A. Prenons un point intérieur B et continuons ainsi à rétrécir indéfiniment les cercles. Ceux ci devront avoir une limite ou un cercle-limite, lequel n'aura plus d'*intérieur*. Devant cependant rester fermé ce ne pourra être qu'un point ou une ligne pliée double 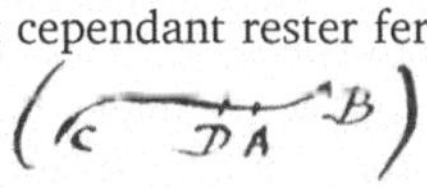 mais ce dernier cas est impossible, la portion AB considérée comme double ne pouvant jamais coïncider sans déformation avec une portion simple CD.

Donc on arrivera, à la limite, à un point, et ce point est immobile pendant le mouvement du système.

8. Les considérations de Bolyai reviennent à définir la sphère comme le lieu des points équidistants à un point donné : « le lieu de tous les points p dont chacun est tel qu'étant donné deux points c, b on ait généralement $c_* p = c_* b$ s'appelle *sphère* ». La notation $a_* b = a'_* b'$ signifie qu'il existe un « mouvement pour lequel a' peut tomber où a était et b' où b était » [BolF51, p. 51].

*. Tant qu'il n'y a qu'un seul cercle tracé, l'intérieur peut se dire également de l'un ou de l'autre côté, mais après il n'en est plus ainsi, l'intérieur du dernier cercle étant le côté où il n'y en a pas encore d'autres.

Le raisonnement pouvant se répéter pour l'autre côté du cercle M, il y a un second point fixe.

Il est du reste évident que, dans le raisonnement qui précède, on peut choisir les points intérieurs successifs A, B, ... aussi près que l'on veut du dernier cercle tracé. Alors chaque cercle différera extrêmement peu du précédent et l'on n'arrivera au point unique qu'après avoir passé par tous les états de grandeur et après avoir rencontré tous les points de la calotte pendant le rétrécissement continu du cercle primitivement tracé.

De là résulte qu'il ne peut y avoir sur la surface sphérique un 3me point immobile. En effet ce point K se trouverait dans l'une des deux calottes séparées par le cercle M et par conséquent il appartiendrait lui même à l'un des cercles résultant du rétrécissement. Ceci ne suffit pas encore pour établir que le point K n'est pas immobile, parce que l'on pourrait à toute force prétendre que si dans le mouvement il ne peut pas décrire un autre chemin que le cercle qui le contient, cela ne prouve pas qu'il soit obligé de décrire ce chemin. Mais alors considérons un point K' très voisin de K. Étant invariablement relié au point fixe K, il ne peut plus décrire autour de ce dernier sur la surface qu'une trajectoire très petite ; or ce moyen terme est impossible. De deux choses l'une : ou le point K' est absolument immobile, ou bien il décrit un cercle K' lequel diffère aussi peu que l'on veut du cercle K, mais non pas de zéro. On serait donc alors conduit à admettre que K' et par conséquent tous les points voisins de K sont aussi immobiles et de proche en proche on verrait qu'alors la sphère entière est immobile et par suite tout le système rigide. Mais du moment que le mouvement existe, il y a sur la surface sphérique deux points immobiles et pas plus de deux.

Je continuerai cette exposition dans une lettre qui suivra de près celle-ci.

En attendant veuillez agréez, monsieur, l'assurance de mes sentiments de respectueuse sympathie.

Jh. De Tilly

Suite†.

3. Considérons la sphère s décrite du point A et un point extérieur B. Si du point B comme centre on décrit une série de sphères passant respectivement par une série de points successifs choisis sur la sphère A, comme au §2, les intersections de ces sphères avec la sphère A seront précisément les cercles successifs que nous avons considérés précédemment et à la limite on obtiendra une sphère qui ne rencontre plus la sphère A qu'en un seul point, c'est à dire au point-limite que nous avons obtenu alors. Donnons lui le nom sphère tangente. Comme il y avait deux points limites, il y aura aussi deux sphères tangentes. Soit B la plus petite. Elle ne saurait comprendre le point A dans son intérieur, sans quoi la sphère A qui lui est tangente devrait lui être intérieure, mais alors la plus grande sphère tangente décrite du point B ne rencontrerait plus la sphère A. Ainsi donc A est intérieur à la sphère B comme B à la sphère A.†† On acquiert ainsi la notion des sphères tangentes extérieurement. Les sphères A et B étant tracées, augmentons ou diminuons progressivement la sphère A selon qu'elle est plus petite‡ ou plus grande que l'autre, et traçons du point B comme centre une série de sphères tangentes aux

†. Le second feuillet envoyé à Hoüel n'est pas daté.

††. ~~Les deux sphères sont donc extérieures l'une à l'autre et~~

‡. ~~grande~~

sphères A. Elles varieront en sens inverse et la relation entre les deux sphères sera bientôt renversée. Dans l'intervalle elles auront dû passer par l'égalité. On acquiert ainsi la notion des sphères égales tangentes extérieurement.

4. Génération de la ligne droite dans l'espace. Soit un système rigide ayant deux points immobiles A et B. Décrivons toutes les sphères ayant A pour centre. Sur chacune de ces sphères il y a deux points immobiles (2). L'ensemble de tous ces points forme une ligne continue passant par A et par B (A correspondant à la sphère nulle B étant l'un des points immobiles de la sphère AB), et sur laquelle il n'y a jamais à partir d'un point que deux directions possibles (ou deux chemins). Cette ligne est indéfinie dans les deux sens parce que la sphère peut grandir jusqu'à l'infini, et ne revient jamais sur elle-même, les deux points immobiles d'une même sphère devant toujours rester distincts. Je l'appelle ligne droite. Observons ici la nécessité de toutes les parties du §2. Si sur une sphère ayant A pour centre il pouvait y avoir 3 points immobiles, on ne pourrait plus démontrer que la droite est continue, qu'il n'y a sur elle que deux chemins possibles à partir d'un point, ni même qu'elle passe par le point B, lequel pourrait être alors un point isolé faisant partie du lieu géométrique des points immobiles.

Corollaire. Les points A et B déterminent la droite qui passe par ces points ; en d'autres termes, par deux points quelconques de l'espace, on peut faire passer une droite et une seule.

5. Théorème. Si une ligne droite a deux de ses points équidistants de deux points A et B de l'espace, tous les points de la droite sont équidistants des points A et B.

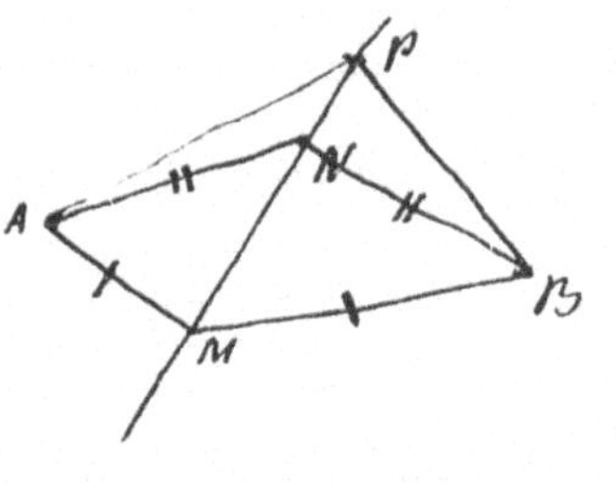

Soit $AM = MB$, $AN = NB$; je dis que $AP = PB$, P étant quelconque sur MN. Pour le démontrer, faisons tourner la figure $MNPB$ dans l'espace autour des points M et N. P restera immobile. B décrira le cercle intersection des sphères MB, NB et comme A se trouve sur le cercle, B finira par coïncider avec A. À ce moment les droites PB, PA coïncideront. Elles sont donc égales.

Observation : Ce qui précède démontre accessoirement l'égalité de deux triangles dans l'espace, lorsque ces triangles ont les 3 côtés égaux. On démontrerait aussi facilement les autres cas d'égalité, sans invoquer la notion du plan. Le cas d'un angle égal compris entre côtés égaux se traite par simple superposition. Le cas d'un côté égal compris entre deux angles égaux se traite facilement en employant deux surfaces coniques dont l'axe commun serait le côté égal, dont les sommets seraient les deux extrémités de ce côté égal, et dont l'intersection, qui est un cercle, représenterait la trajectoire du troisième sommet. On peut ainsi démontrer un assez grand nombre de théorèmes de géométrie dans l'espace antérieurement à la définition du plan, par exemple la propriété de la droite d'être le plus court chemin entre deux de ses points (au moyen de deux sphères ayant pour centres les deux points communs, tangentes entre elles sur la droite et dont tout autre chemin devrait sortir).

6. Génération du plan. Reprenons les deux sphères égales tangentes extérieurement dont on prouvé l'existence au §3, puis faisons grandir progressivement leurs rayons, les sphères restant égales. Le lieu géométrique de leurs intersections successives sera appelé plan. Le point unique de contact des deux sphères égales primitives sera le centre du plan. Les centres des sphères seront les pôles du plan. On

voit que cette conception est la même que celle de Bolyai ; sauf qu'il est inutile de laisser un vide au milieu du plan [9]. Celui-ci peut donc être superposé à lui-même par retournements. Il peut en outre glisser sur lui même, le centre restant immobile et les cercles glissant sur eux mêmes. Le plan ainsi engendré jouit évidemment de cette propriété que tous ses points sont équidistants des deux pôles et il n'y a hors du plan aucun point qui jouisse de cette propriété, car sans cela il devrait se trouver sur deux sphères égales dont l'intersection fait partie du plan. *Le plan est donc le lieu géométrique des points équidistants de deux points donnés.* En le définissant tout d'abord de cette manière, on eut pu l'engendrer par la rotation d'une droite équidistante de deux points [⋆] autour de ces deux points, mais pour ne laisser aucun vide dans le plan il faudrait faire passer la droite génératrice par le milieu de celle qui joint les deux pôles. On obtient alors le mode de génération le plus simple.

7. Une ligne droite qui a deux points dans un plan s'y trouve tout entière. En effet, ces deux points étant dans le plan sont équidistants de ses pôles, donc (5) il en est de même de tous les points de la droite, il en résulte (6) que tous ces points sont aussi dans le plan.

Nous avons maintenant plus de données qu'il n'en faut pour continuer la géométrie d'après un auteur quelconque. J'ose vous prier de vouloir bien me dire si vous trouvez encore quelque objection grave contre la démonstration ainsi présentée. Dans la négative, vous devrez admettre avec moi qu'entre l'axiome des parallèles et celui de la droite (dans l'espace ou autrement) il y a, outre la différence résultant de ce que le second est indispensable, cette autre différence tout aussi capitale que le second est *géométriquement certain*.

Je viens de recevoir de M. Battaglini une lettre très aimable accompagnée de plusieurs brochures ; l'une est celle que vous avez traduite [10] ; les autres, extraites comme la première des publications de l'Académie de Naples, sont relatives à des questions de Mécanique.

Veuillez agréer, monsieur, la nouvelle assurance de mes sentiments de respectueuse sympathie.

Jh. De Tilly

2.9 Lettre de Hoüel à De Tilly du 1er juin 1870

Bordeaux, le 1er juin 1870.

Monsieur,

Je vous remercie bien vivement des communications que vous voulez bien me faire dans vos deux lettres, et d'abord je me réjouis pour notre Société scientifique bordelaise de la bonne fortune que vous lui promettez en lui destinant en résumé de vos intéressants travaux sur la Géométrie, qui prendront très bien leur place à la suite des travaux de vos prédécesseurs Lobatchefesky et Bolyai [1].

En fait de Traités de géométrie français, je n'en connais guère qu'un dont je puisse dire du bien sans de nombreuses restrictions. C'est le *Manuel de Géométrie* de Terquem, faisant partie de la collection des Manuels-Roret, publiés dans le format

9. Voir la note 8 de cette lettre.

⋆. C'est à dire dont tous les points en seraient équidistants.

10. [H130].

1. Voir la note 2 de la lettre 2.7.

in-18, et la plupart assez mal imprimés[2]. La mauvaise exécution typographique de cet excellent livre, jointe aux précieuses qualités qui le font sortir de la routine officielle, telles sont, je crois les causes qui ont empêché à ce Manuel d'arriver à la notoriété qu'il méritait. D'après ce que j'ai dit dans mon *Essai critique*, vous pouvez voir que je n'ai pas une bien haute opinion des ouvrages en vogue, y compris *Blanchet*[3].

Avant de discuter la fin de votre rectification des démonstrations de Lobatchefesky et de Bolyai pour l'existence de la ligne droite dans l'espace, il faut que je vous dise toute de suite que le début même de votre raisonnement est sujet aux difficultés qui m'ont de plus en plus arrêté, à mesure que j'ai voulu creuser davantage ce sujet. En essayant de reconstituer cette théorie, présentée par Lobatchefsky (*Nouveaux principes de Géométrie*, Kazan, 1835-38[4]) avec beaucoup moins de soin, il est vrai, que par W. Bolyai, je suis arrivé précisément à chercher la démonstration du théorème que vous énoncez : que lorsqu'une sphère tourne autour de son centre et d'un autre point de l'espace, il y a deux points de la sphère qui restent fixes. Cela revient à dire, en prenant la figure de Bolyai, que si un système de deux sphères tourne autour des deux centres fixes, parmi tous les cercles que décrit un point donné sur une des sphères, il y en aura deux qui se réduiront à de simples points. Là gît toute la difficulté, et cela démontré, l'existence de la droite dans l'espace s'ensuivrait immédiatement. J'ai tourné et retourné la question de toutes les manières. Mais je me suis aperçu que, toutes les fois que je croyais aboutir à une conclusion satisfaisante, je faisais en réalité un appel à l'expérience, en admettant, d'après la forme de la sphère, comme expérimentalement, cette proposition, que l'on ne dédaigne pas de démontrer plus tard comme un théorème : Que deux sphères qui se coupent n'ont qu'un seul cercle commun, et qu'elles ne sont pas situées l'une par rapport à l'autre comme le seraient les surfaces qui auraient des profils comme ceci : 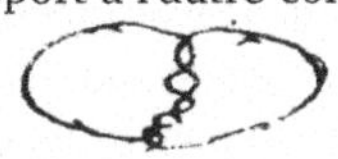 . Or, s'il faut, à un moment ou à l'autre, faire un appel à l'expérience, j'aimerais autant le faire tout d'abord en admettant l'existence de la droite dans l'espace, d'où l'on déduit ensuite celle du plan (Voy. *Giornale di Matematiche*, n° de novembre-décembre 1869[5]), au lieu de prendre un axiome qui ne me paraît pas plus évident, et qui entraîne un long raisonnement. Rien ne prouve, en dehors de l'expérience et antérieurement à toute proposition géométrique, que deux sphères ne peuvent pas avoir plusieurs cercles communs et que le dernier cercle commun, lorsqu'on diminue les rayons des sphères égales, se réduit à un seul point. La difficulté de démontrer cela me semble insurmontable.

J'en dirai autant de la droite qui tourne avec son plan autour de deux de ses points. Rien ne prouve que l'intersection des positions successives du plan demeure immobile. Comment se déplace-t-elle ? Je ne vois aucun moyen de le déterminer *a priori*. Les sphères décrites des deux points fixes comme centres et passant par le

2. O. Terquem, *Nouveau manuel de géométrie ou exposition élementaire des principes de cette science*, Libraire encyclopédique de Roret, Paris, deuxième édition, 1838.

3. Voir la note 3 de la lettre 2.8. Hoüel dit explicitement que sa publication [H36] est « une protestation contre les tendances fâcheuses qui continuent à prévaloir dans la rédaction des ouvrages de Géométrie élémentaire » [H36, p. V] et trouve « regrettable qu'on ait cessé en France de lire et de comprendre l'admirable Traité d'Euclide, dont nos auteurs semblent ignorer l'existence, quand l'étude leur en serait si profitable » [H36, p. VI].

4. Il existe la traduction française [Lob35] de ce texte.

5. Hoüel fait allusion à l'article . V. Valeriani, Del piano, sua definizione. Assioma del piano elevato a teorema, *Giornale di matematiche* VII, 1869, p. 376. Il le cite également dans [H53, p. 386].

milieu de la droite n'ont-elles en commun qu'un cercle seul ?

Ici je ne puis dire que j'admette la géométrie non-euclidienne, pour tout ce qui sort du plan. Elle ne peut pas exister tant que je n'aurai pas défini la figure fondamentale (la droite), à laquelle je rapporte toutes les autres.

Pardonnez-moi donc, je vous prie, si je fais encore quelques difficultés pour me rendre à vos arguments. Je voudrais bien voir auparavant pourquoi deux sphères égales qui se coupent d'abord, et dont on fait ensuite décroître les rayons d'une manière continue, ont pour limite de leur intersection un cercle se réduisant à un seul point. Si l'on admet tout cela, l'existence de la droite dans l'espace est démontrée et tout le reste s'ensuit.

Quel que soit l'intérêt de cette question, qui déduit les principes fondamentaux de la géométrie de considérations tout à fait élémentaires, je crois que c'est plutôt du côté des idées de Riemann et de Helmholtz qu'il faut se tourner pour trouver la solution du grand problème. Hemlholtz a publié récemment un article bien remarquable, reproduit dans le *Moniteur scientifique* de Quesneville (n° du 19 mars 1870), et où il donne un aperçu des idées profondes qu'il a tirées de ses longues méditations sur ce sujet. Je crois que la lecture de cet article vous offrira le plus vif intérêt[6].

J'ai hâte de savoir comment vous lèverez mes doutes ; car je désirerais fortement m'être trompé dans mon appréciation des démonstrations de Bolyai et de Lobatechfsky. Cela n'est pas impossible ; car pour étudier ce sujet, il faut une contention d'esprit que je ne puis pas toujours supporter. Or ce point là vidé, tout le reste de votre exposition se trouve pleinement justifié.

Je remarque en passant que la propriété des sphères de n'avoir qu'un seul cercle commun lorsqu'elles se coupent et d'entrer l'une dans l'autre (sans faire comme les figures $ACBD$, $A'C'B'D'$) est celle que vous invoquez pour démontrer les théorèmes de géométrie plane antérieurement à la définition du plan. Ces démonstrations sont donc sujettes à mon objection.

Vous me pardonnerez, j'espère, ces légères dissidences, qui ne peuvent guère troubler l'harmonie d'idées qui existe entre nous.

J'ai reçu, en même temps que la vôtre, une lettre de M. Battaglini, qui me parle du plaisir que lui a fait votre brochure[7].

Veuillez agréer, Monsieur, l'assurance de mes sentiments de respects et d'affectueuse sympathie.

J. Hoüel

6. Il s'agit de H. L. Helmholtz, Les axiomes de la géométrie, *Le Moniteur scientifique* VII (2), 1870, p. 257-262.

7. Hoüel se garde de transmettre à De Tilly une légère critique formulée par Battaglini. En effet, celui-ci a écrit à Hoüel le 25 mai 1870 :

> « Ho ricevuto la Memoria del de Tilly *Études de Mécanique abstraite*. L'esposizione della geometria astratta, mi è piaciuta moltissimo. Un campo vastissimo di ricerche viene poi offerto dalla Meccanica ; parmi però che i risultati ottenuiti dall'Autore si potrebbero esporre in modo generale, senza dover distinguere moltissimi casi speciali, ammettendo il concetto dello *spazio ideale al di là dell'infinito*, che io accennai nella mia Nota sulla Geometria immaginaria di Lobatschewsky, concetto che meriterebbe di essere sviluppato, e sul quale forse ritornerò ancora. » [CG96, p. 95-96]

2.10 Lettre de De Tilly à Hoüel du 13 juin 1870

Bruxelles, le 13 juin 1870.

Monsieur,

Non seulement je vous *pardonne* (comme vous le dites dans votre dernière lettre à laquelle je n'ai pu répondre plus tôt), les dissidences que vous me signalez, mais je ne vous pardonnerai pas si vous les dissimuliez en feignant de me donner raison, sauf à conserver vos doutes in petto. Je vous remercie donc de votre nouvelle objection et je vous en suis très reconnaissant. Elle m'a forcé à rentrer de nouveau et plus profondément encore dans le sujet. Je vais vous exposer le résultat de cet examen et vous expliquer aussi pourquoi l'objection n'ébranle pas ma conviction, que je voudrai vous faire partager, car nous sommes d'accord sur tant de points qu'il doit être possible, je pense, de nous accorder partout.

Pour plus de clarté et bien que selon moi les deux paragraphes les plus importants de ma note précédente puissent être conservés, je reprends le tout en raisonnant dans votre hypothèse, c'est à dire en admettant que deux sphères puissent se couper suivant une foule de cercles à la fois.

1. Définition de la sphère. Comme Bolyai [1]. Considérons deux sphères qui se coupent et qui forment un système rigide ; faisons tourner ce système autour des centres des deux sphères. Chacune des sphères restant sur elle-même, leur intersection reste aussi sur elle même, donc chaque point de cette intersection doit, ou rester immobile, ou glisser sur l'intersection même. On peut donc décomposer celle-ci en deux parties 1° les points immobiles 2° les points qui glissent sur l'intersection dans l'espace. Les points immobiles peuvent être isolés ou former des lignes continues, mais dans ce dernier cas il ne peut pas y avoir de points mobiles sur ces lignes, car l'intersection faisant partie du système rigide, ces points mobiles entraîneraient les points voisins. Les points mobiles doivent nécessairement former des lignes continues dont tous les points décrivent dans le même temps des chemins égaux. Ces lignes doivent être fermées, sinon le mouvement serait impossible. Elles ne peuvent avoir de noeuds ou de point multiple, sinon une partie contenant un noeud ne pourrait se transporter par glissement sur une partie égale qui ne le contiendrait pas ou dont l'extrémité en serait inégalement distante. Elles doivent de plus posséder un côté intérieur, c'est à dire diviser la sphère en deux zones distinctes sans cela devant être fermées et ne pouvant avoir de point multiple, elle se réduiraient à un trait plié double 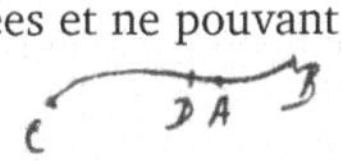 ce qui est impossible, la partie AB considérée comme double ne pouvant jamais coïncider sans déformation sur la partie simple CD. Cela reviendrait du reste à avoir des points multiples.

Lorsque le mouvement des deux sphères autour de leurs centres a commencé par un glissement de la ligne fermée M appartenant à l'intersection, sur elle-même et dans le sens de la flèche, on peut toujours le faire continuer de la même manière puisque les circonstances restent identiques et que cette ligne reste semblablement placée par rapport aux deux points fixes, et bien que, jusqu'à preuve contraire, il puisse

1. Voir la note 8 de la lettre 2.8.

y avoir aussi d'autres moyens de faire continuer le mouvement.

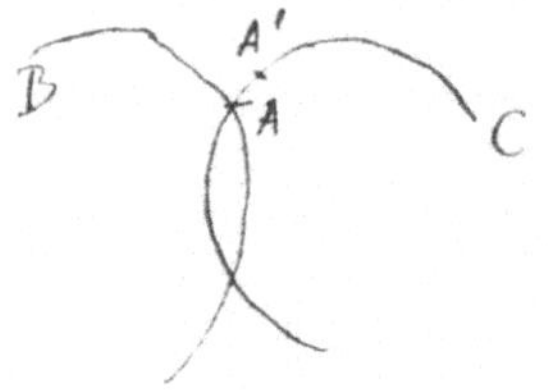

Deux lignes continues et fermées composées de points mobiles et app[artenant] à l'int[érieur] ne peuvent avoir aucun point commun car un point commun tel que A ne pouvant se mouvoir *à la fois* sur les deux lignes devrait pouvoir décrire à volonté le chemin AB ou le chemin AC, mais en lui faisant décrire par exemple le chemin AB, le point A' pris sur AC devrait rester très voisin de A et cependant décrire la courbe AC, ce qui est impossible, à moins que par A' ne passe également une seconde courbe enveloppant AB et faisant partie de l'intersection. Mais comme alors le même raisonnement pourrait s'appliquer successivement à tous les points de AC, on démontrera aisément que les deux sphères coïncident dans toute leur étendue ce qui absurde.

Les lignes continues, mobiles, fermées et distinctes qui font partie de l'intersection de deux sphères s'appelleront à l'avenir cercles.

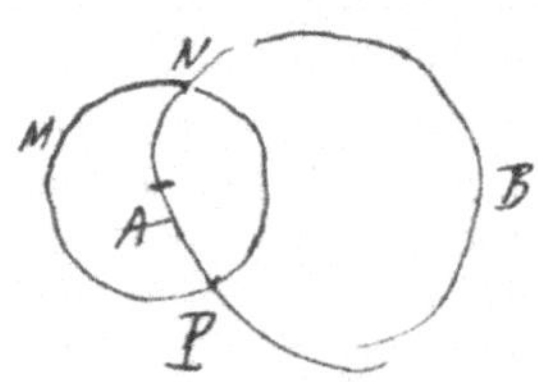

Il est impossible qu'un point de l'int[érieur] soit tantôt mobile, tantôt immobile, car, pouvant se mouvoir, ce point A devrait appartenir à un cercle AB, donc, d'après ce qui précède lorsque le point A serait immobile, tout le cercle AB le serait. Du point A comme centre décrivons une sphère qui coupe l'une des sphères données suivant une intersection MNP que l'on peut tracer au compas sur la sphère (cette image n'est pas indispensable). Tous les points de la courbe MNP, supposée mobile*, ont même vitesse, puisque A est aussi un centre fixe ; donc N et P étant immobiles, cette courbe entière reste immobile, cont[rairement] à l'hyp[othèse]. De proche en proche, on verrait que des points qui peuvent être mobiles ne peuvent ensuite devenir immobiles que par la cessation complète du mouvement des deux sphères.

On peut compléter maintenant ce qui a été dit plus haut et dire que quand le mouvement des deux sphères autour de leurs centres commence par un glissement du cercle AB sur lui-même il doit *nécessairement* continuer de la même manière (sauf à changer de sens). En effet aucun point du cercle ne peut devenir immobile sans que les deux sphères ne le deviennent et aucun point ne peut changer de voie puisqu'il n'y a pas dans l'intersection deux cercles qui se rencontrent.

2. Si une sphère fait partie d'un système rigide et que l'on fasse tourner ce système autour du centre de la sphère et d'un autre point quelconque O, il y aura sur la surface de la sphère deux points immobiles et pas plus de deux.

*. (donc fermée, voir plus haut)

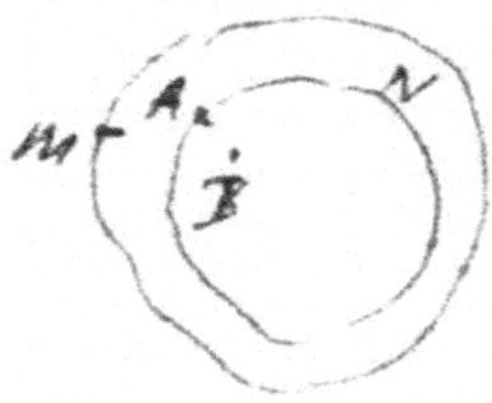

En effet comme il doit y avoir sur la sphère au moins un point mobile, ce point M appartiendra à l'une des lignes mobiles continues fermées et distinctes qui font partie de l'intersection de la sphère donnée et de la sphère OM. Dans l'intérieur de ce cercle[**] et sur la surface de la sphère je prends un point A extrèmement voisin du cercle tracé et je recommence le mouvement total ; le point A est mobile, sinon le point M n'aurait pu se mouvoir que sur l'un des cercles intersections de la sphère donné et de la sphère très petite AM et non pas sur le cercle primitivement tracé. Dès lors le point A décrit aussi un cercle et un cercle intérieur au précédent, car si A appartient[†] à la sphère OM, son cercle ne peut couper le cercle M (§1) et s'il n'y appartient pas, le cercle N ne peut couper le cercle M sans que les sphères OA et OM décrites du même centre ne se coupent. Soit donc N le cercle décrit par A. Prenons un point intérieur B et continuons ainsi à retrécir indéfiniment les cercles. Ceux-ci devront avoir une limite ou un cercle-limite lequel n'aura plus d'intérieur et se réduira par conséquent à un point. Ce point est évidemment immobile pendant le mouvement général du système. Le raisonnement pouvant se répéter pour l'autre côté du cercle primitif, il y a un second point fixe. Il est du reste évident que dans le raisonnement qui précède on peut choisir les points intérieurs successifs A, B, ... aussi près que l'on veut du dernier cercle tracé. Alors chaque cercle différera extrêmement peu du précédent et l'on n'arrivera au point unique qu'après avoir passé par tous les états de grandeur et après avoir rencontré tous les points de la calotte pendant le rétrécissement continu du cercle primitivement tracé. De là résulte qu'il ne peut y avoir sur la surface sphérique un 3me point immobile puisqu'il se trouverait en même temps sur l'un des cercles réellement mobiles dont nous avons recouvert toute la sphère.

3. Génération de la ligne droite. Soit un système rigide ayant deux points immobiles A et B. Décrivons toutes les sphères ayant A pour centre. Sur chacune de ces sphères il y a deux points immobiles (2). L'ensemble de ces points forme une ligne continue passant par A et par B (A correspondant à la sphère nulle, B étant l'un des deux points immobiles de la sphère AB) et sur laquelle il n'y a jamais à partir d'un point que deux directions possibles. Cette ligne est indéfinie dans les deux sens parce que la sphère peut grandir jusqu'à l'infini et ne revient jamais sur elle-même, les deux points immobiles d'une même sphère devant toujours rester distincts. Appelons la *ligne droite*. Observons ici la nécessité de toutes les parties du §2. Si, sur la sphère ayant A pour centre il pouvait y avait 3 points immobiles, on ne pourrait plus démontrer que la ligne droite est continue, qu'il n'y a sur elle que deux directions possibles à partir d'un point ni même qu'elle passe par le point B, lequel pourrait être alors un point isolé faisant partir du lieu géométrique des points immobiles.
Corollaire. Les deux points A et B déterminent la droite qui passe par ces points ; en d'autres termes, par deux points quelconques de l'espace on peut faire passer une droite et une seule.

Je pourrais, à la rigueur, m'arrêter ici, puisque vous admettez qu'une fois l'exis-

**. Tant qu'il n'y a qu'un seul cercle tracé, l'intérieur peut se dire également de l'un ou de l'autre côté, mais plus loin il n'en est plus ainsi, l'intérieur du dernier cercle étant le côté où il n'y en a pas encore d'autres.

†. ~~n'appartient pas~~

tence de la ligne droite établie, le reste peut se faire ; vous me renvoyez même à cet égard à un article du Giornale di Matematiche que je lirai certainement[2] (je profiterai également des autres indications de votre lettre), mais l'existence du plan ne peut plus être démontrée comme je le faisais, ni comme Bolyai, parce que bien que l'existence de la droite soit prouvée, deux sphères peuvent encore se couper suivant plusieurs lignes distinctes.

Je reprendrai donc cette seconde partie dans une lettre qui suivra celle-ci *de très près*.

Veuillez, je vous prie, Monsieur, en recevant ici la nouvelle assurance de mes sentiments de respect et de sympathie, croire toujours que la discussion peut être un peu longue à laquelle je me livre m'est inspirée uniquement par l'amour de la vérité et que la ténacité que j'y mets ne le se changera pas en entêtement le jour où vous me communiquerez une objection à laquelle je ne saurais répondre. Votre tout dévoué,

Jh. De Tilly

2.11 Lettre de De Tilly à Hoüel du 14 juin 1870

Bruxelles, le 14 juin 1870.

Monsieur,
J'achève ce que j'ai commencé hier.

Deuxième partie.

1. J'appelle angle la figure formée par deux droites qui se rencontrent. Laissant immobile l'une des droites qui forment l'angle ou l'un des côtés *AC* faisons tourner l'autre *AB* autour du premier, l'angle formant un système rigide. Un point quelconque *B* pris sur *AB* ne peut se mouvoir que sur un cercle faisant partie de l'intersection des sphères *AB* et *DB*, *D* étant un point quelconque de *AC*, donc le point *B* décrit une courbe fermée et *AB* décrit par conséquent une surface qui revient sur elle-même après un tour complet et que j'appellerai surface conique.

Deux surfaces coniques ayant le même sommet et le même axe ne peuvent occuper que deux positions relatives ; ou bien elles coïncident, ou bien l'une est entièrement intérieure à l'autre.

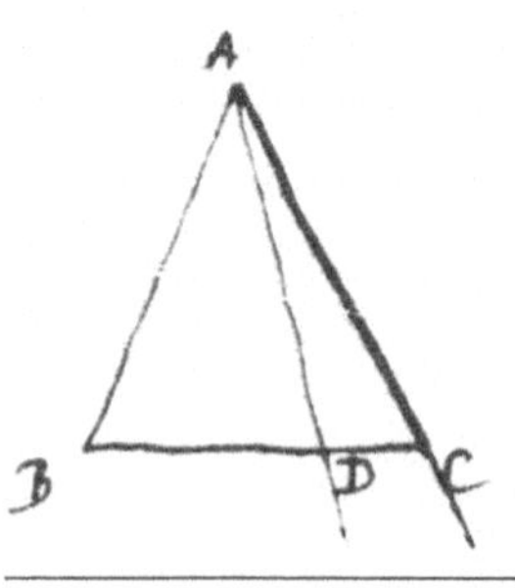

2. Un angle peut coïncider avec lui même par retournement.

En effet sur les deux côtés de l'angle portons deux longueurs égales *AB*, *AC*[⋆], et traçons la droite *BC*. Faisons tourner la droite *AC* autour du point *A* de manière à ce qu'elle s'appuie toujours sur la droite *CB*, par exemple en *D*. Dans chacune de ses positions comparons les deux cônes *DAC*, *DAB* ayant pour axe commun *DA*. Au début du mouvement le cône *DAC* sera intérieur à l'autre

2. Voir la note 5 de la lettre 2.9.

⋆. Inutile de faire observer que la comparaison des longueurs rectilignes résulte de la prop[riété] de la droite d'être déterminée par 2 points.

puisqu'il se rapprochera autant que l'on veut de son axe ; à la fin du mouvement ce sera évidemment le cône DAB qui sera intérieur, donc dans l'intervalle les cônes variant par continuité ont dû coïncider.

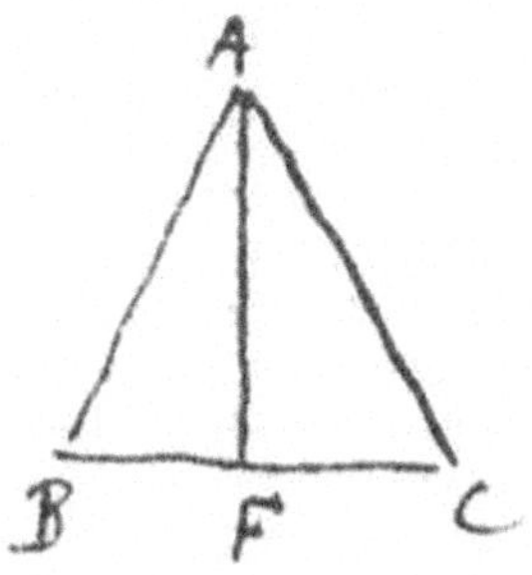

Soit AF la position correspondante de AD. En faisant tourner le triangle ABC autour de AF, AC mobile peut donc être amené sur AB fixe, à ce moment C mobile sera sur B fixe (puisque $AB = AC$), donc CF mobile sera sur BF fixe, FB mobile sur FC fixe, B mobile sur C fixe (parce que $BC = CB$) donc enfin AB mobile sera sur AC fixe et l'angle donné coïncidera avec lui-même par retournement.

3. De la démonstration qui précède résulte aussi que dans tout triangle isocèle[1] la droite qui joint le sommet au milieu de la base forme avec celle-ci deux angles AFB, AFC qui peuvent coïncider et qui peuvent coïncider de deux manières d'après le n°2. J'appellerai la droite AF perpendiculaire sur BC.

Corollaire 1. D'un point A extérieur à une droite BC on peut lui mener une perpendiculaire AF. Car on peut toujours trouver sur cette droite deux points B, C, équidistants de A, au moyen d'une sphère suffisamment grande pour que BC doive y pénétrer.

[Corollaire] 2. Tout point d'une perpendiculaire au milieu d'une droite est équidistant des deux extrémités de cette droite.

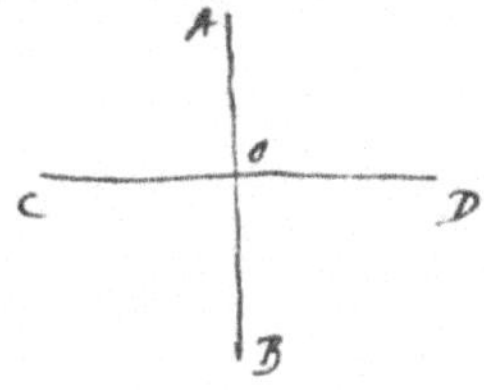

4. Si AO est perpendiculaire à CD, son prolongement BO est aussi perpendiculaire à CD et de plus DO et CO sont perpendiculaires à AB. La première partie est évidente, car lorsqu'on place AOD sur AOC, DOB tombe en même temps sur COB. Pour démontrer la seconde, plaçons AOD sur COA, OA tombant sur OC et OD sur OA ; alors BOD se trouvera sur DOA.

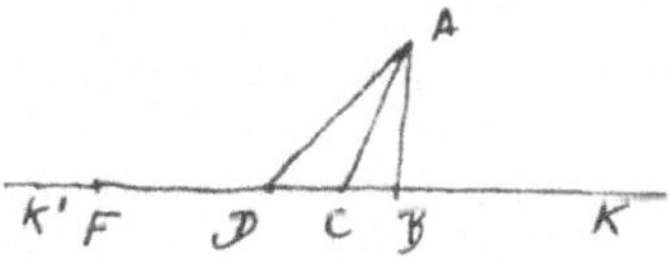

5. D'un point extérieur à une droite on ne peut lui mener qu'une seule perpendiculaire. Soient AB et AC deux perpendiculaires à BC. Portons $CD = CB$ et joignons AD. En portant ACB sur ACD, B tombera en D et BK sur DK'. Donc $AB = AD$ et de plus AD est une nouvelle perpendiculaire à KK'. Portons maintenant $DF = DB$, etc ; nous arriverons finale-

1. Hoüel corrige sur la lettre en « isoscèle ». Il tient à une certaine rigueur de l'orthographe :

« C'est à tort que plusieurs auteurs français se permettent d'écrire, au mépris de l'étymologie, *isocèle* pour *isoscèle*. C'est la même négligence que si l'on écrivait *cène* pour *scène*. Nous dirons en passant que plusieurs autres mots du langage mathématique sont généralement défigurés par un usage qui, malheureusement, tend de plus en plus à prévaloir. Cependant, malgré toutes les autorités qu'on pourrait nous citer, nous persisterons toujours à dire que *hypothénuse*, *parallélipipède*, etc., mis pour *hypoténuse*, *parallélépipède*, etc., constituent de véritables fautes d'orthographe. » [H36, p. 51]

ment à prouver qu'on pourrait mener du point A à un point situé à l'infini sur KK' une droite de longueur finie AB, ce qui est absurde.

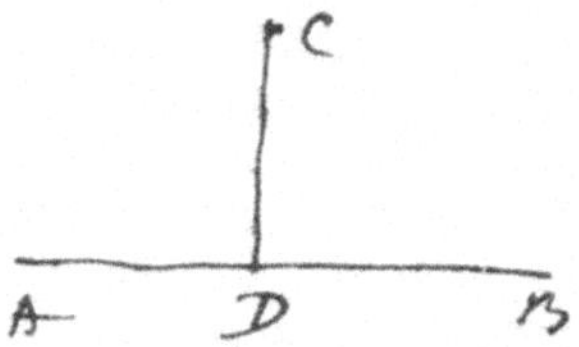

6. La perpendiculaire est sur la plus courte distance d'un point à une droite. Faisons en effet cheminer un mobile du point D sur la demi-droite DA. La distance rectiligne au point C devra ou augmenter toujours, ou diminuer toujours, car si l'on rencontrait un maximum ou un minimum on pourrait, dans son voisinage, trouver deux points équidistants de C. Alors entre ces deux droites égales devrait se trouver une perpendiculaire (3) ce qui est impossible (5). Mais on ne peut admettre que la distance diminue toujours sans quoi les points situés à l'infini sur DA seraient à une distance fini du point C. Donc la distance augmente toujours au fur et à mesure que le mobile s'écarte de D. Le même raisonnement pouvant se répéter sur la demi-droite DB, on voit que CD est un minimum absolu.

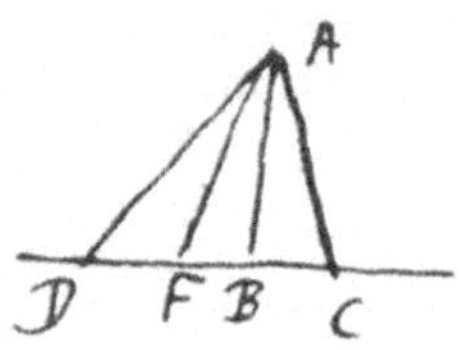

7. De deux obliques, celle qui s'écarte le plus du pied de la perpendiculaire est la plus longue et réciproquement. Si les deux obliques sont du même côté de la perpendiculaire, cela résulte directement du raisonnement employé au n°6. Si elles sont de côté différent, comme AC et AD, en faisant $BF = FC$, on pourra faire coïncider ABC avec ABF donc $AC = AF$ et l'on rentrera dans le cas précédent.

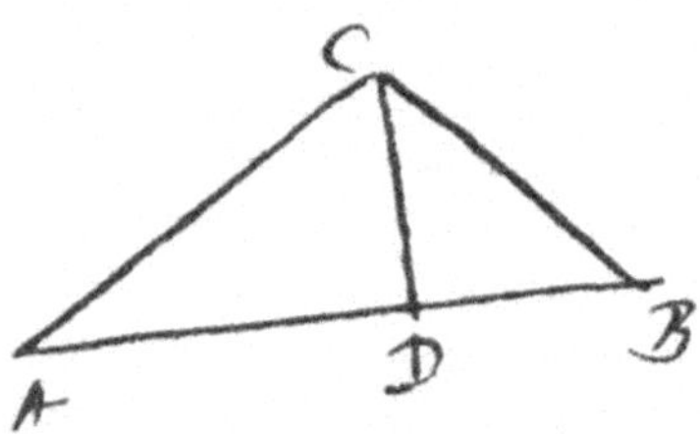

8. Un côté d'un triangle est plus petit que la somme des deux autres. Je dis que $AB < AC + CB$. Pour le démontrer du point C j'abaisse une perpendiculaire sur AB. Si son pied tombe en dehors de la longueur AB, le théorème est démontré car alors l'une des droites AC ou CB se trouve être une oblique plus longue [†] qu'une perpendiculaire dont AB n'est qu'une partie. Le cas le plus défavorable est donc celui que représente la figure où D tombe entre A et B. Mais alors même on a $AD < AC$, $BD < BC$ et en ajoutant $AB < AC + CB$.

Remarque. On voit en même temps que si AB est le plus grand côté du triangle, ou en d'autres termes s'il vaut au moins chacun des deux autres, la perp[endiculaire] doit nécessairement tomber entre A et B.

†. ~~courte~~

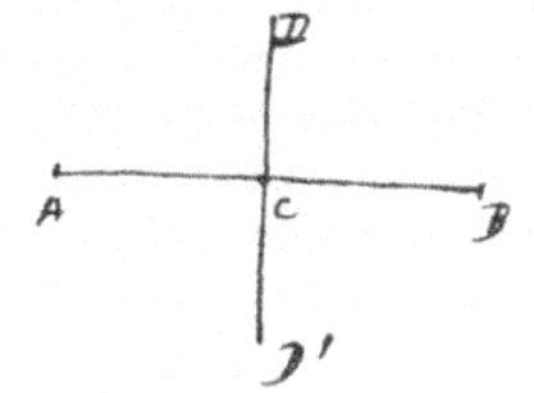

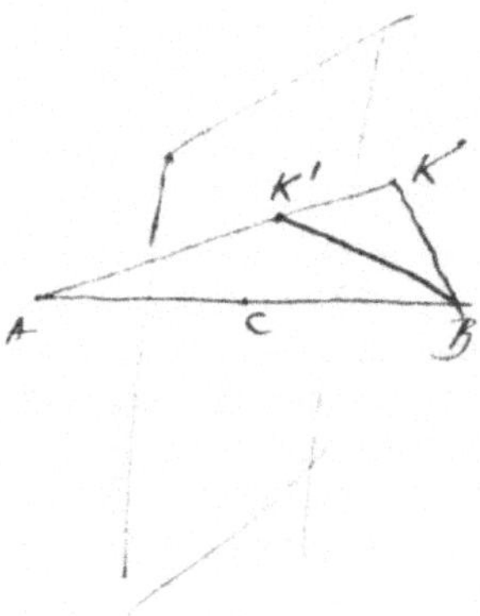

9. J'appelle *plan* la surface décrite par une droite DD' tournant autour d'une droite AB à laquelle elle est perpendiculaire. Le plan s'étend à l'infini dans tous les sens et divise l'espace en deux régions telles qu'on ne peut passer de l'une dans l'autre sans rencontrer le plan. Portons $CA = CB$ ces distances étant d'ailleurs quelconques, et appelons A et B les pôles du plan. Tous les points du plan sont équidistants de A et de B d'après ce qui précède. Je dis de plus qu'aucun point K de l'espace pris hors du plan ne saurait jouir de la même propriété. Car l'une des droites KA, KB devrait percer le plan en K' et l'on aurait

$$KB < KK' + K'B \text{ (8)} \qquad \text{et} \qquad K'B = K'A,$$

donc $KB < KA$.

Il résulte de là que toutes les perpendiculaires que l'on peut mener par le point C à la droite AB sont situées dans le plan que l'on vient d'engendrer, ou en d'autres termes que deux perpendiculaires menées à une même droite en un même point peuvent toujours être amenées à coïncider par une rotation autour de cette droite.

10. Deux triangles qui ont les trois côtés égaux sont superposables.

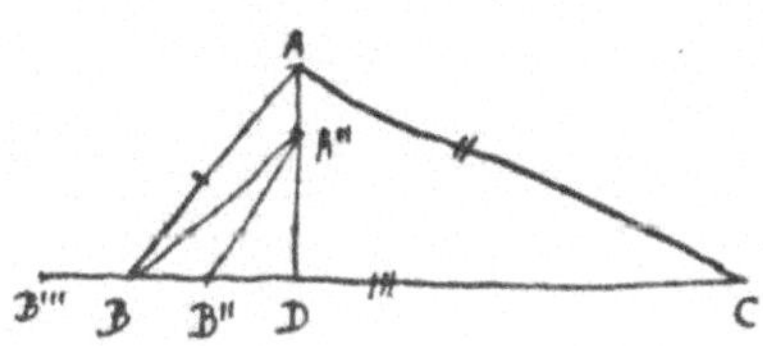

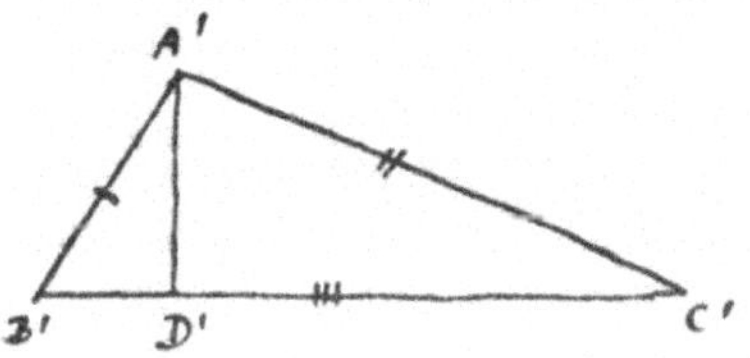

Soient BC, $B'C'$ les plus grands côtés des deux triangles (sans exclure le cas des triangles isoscèles ou équilatéraux). Des sommets opposés abaissons sur eux des perpendiculaires tombant aux points D et D' entre les deux autres sommets (8, Remarque). Je dis d'abord que $AD = A'D'$. Car sinon soit AD la plus grande de ces lignes. Transportons $B'D'C'$ sur BDC de manière que D' tombe en D et $D'B'$ dans le sens DB puis par rotation autour de BDC faisons coïncider la perpendiculaire $D'A'$ avec DA quant à la direction ce qui est possible (9). A' tombera par exemple en A'' et B' ne pourra tomber que entre D et B, ou bien en B ou bien en dehors de B.

1er cas. Soit en B''. Joignons $A''B$. On aurait par les propriétés des obliques et des perpendiculaires (§7 et 4) $BA > BA''$, $A''B > A''B''$, donc $AB > A''B''$ ou $A'B'$, ce qui est contraire à l'hypothèse.

2me cas. Si B' tombe en B on a encore BA'' ou $B'A' < BA$ ce qui est aussi contraire à l'hypothèse.

Il faut donc que B' tombe au delà de B, par exemple en B'''. Donc DB''' ou $D'B' > DB$. On démontrerait de la même manière que $D'C' > DC$ et en ajoutant on aurait $B'C' > BC$, ce qui est encore contraire à l'hypothèse, donc aucune des droites AD, $A'D'$ ne peut être plus grande que l'autre, donc elles sont égales. Alors en transportant les figures l'une sur l'autre comme on vient de le faire, $A'B'$ et AB devront coïncider comme obliques égales, de même que $A'C'$ et AC et ces deux triangles seront superposés.

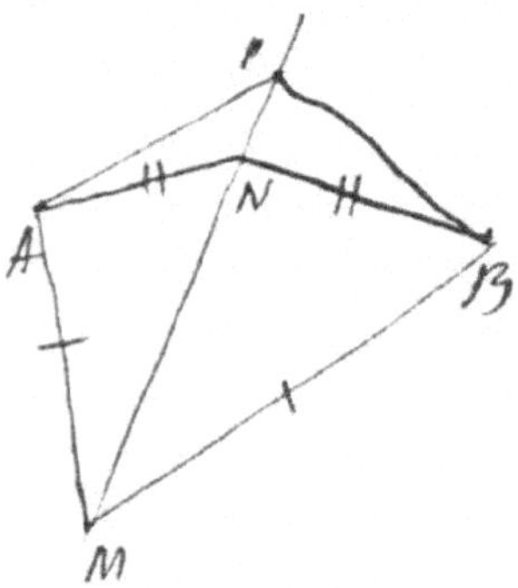

11. Si une ligne droite a deux de ses points également distants de deux points A et B de l'espace, tous les points de la droite sont équidistants des points A et B. Soit $AM = MB$, $AN = NB$; je dis que

$$AP = PB,$$

P étant quelconque sur MN. En effet les triangles MNA, MNB ayant les trois côtés égaux peuvent coïncider (10) M restant à sa place ainsi que N, B tombant en A. Mais alors P conserve aussi sa place, donc PB coïncide avec PA.

12. Une ligne droite qui a deux points dans un plan s'y trouve tout entière. En effet ces deux points étant dans le plan sont équidistants de ses pôles (9), donc il en est de même de tous les points de la droite (11), donc tous ces points sont aussi dans le plan (9).

Nous avons maintenant plus de données qu'il n'en faut soit pour rétablir la propriété contestée de la sphère, soit de préférence pour continuer la géométrie d'après un auteur quelconque.

J'ai hâte de connaître les objections que vous pourriez encore faire contre cette nouvelle exposition.

En attendant veuillez agréer, monsieur, la nouvelle assurance de mes sentiments de respect et de sympathie.

Jh. De Tilly

P. S. J'ignore encore si mon interprétation nouvelle de la géométrie non-euclidienne est bonne ou mauvaise. J'ai à m'occuper de trop de sujets à la fois [2].

2.12 Lettre de Hoüel à De Tilly du 25 juin 1870

Bordeaux, le 25 juin 1870.

Monsieur,

J'ai reçu vos deux intéressantes et savantes lettres, et j'en ai fait une première lecture, qui m'a satisfait pleinement *jusqu'ici*. Mais jusqu'à ce que j'aie pu les relire et les étudier avec toute l'attention qu'elles méritent, je n'ose encore vous présenter

2. Battaglini sait aussi que De Tilly s'occupe d'une interprétation de la géométrie non euclidienne comme en témoigne la lettre de Battaglini à Hoüel du 10 juin 1870 : « Mi scrive il de Tilly che attualmente si occupa a trovare un'interpretazione generale della scienza non euclidea. » [CG96, p. 97]

comme définitive ma première impression, à cause de toutes les difficultés dont ce sujet me semble hérissé. J'espère cependant ne pas être forcé de changer d'avis, tant j'ai le désir de pouvoir une fois de plus donner raison à mon héros, Lobatchefsky, et faire ressortir l'honneur qui vous reviendra d'avoir mis hors de doute les vérités que Lobatchefsky a si bien pensées, mais si mal expliquées.

La nouvelle manière dont vous abordez la question me semble fort ingénieuse, et je ne vois jusqu'ici aucune critique à y faire. Je la relirai avec d'autant plus d'attention que les erreurs peuvent échapper plus aisément et je pense que vous me saurez gré de me montrer aussi difficile que possible pour les preuves.

Je vois que vous suivez à peu près la marche indiquée par Lobatchefsky pour établir la première proposition de géométrie plane. On peut, en effet, abréger beaucoup de choses, lorsqu'on a établi les principales propriétés du cercle, entre autres, la propriété que deux cercles ne peuvent se couper en plus de deux points.

J'ai commencé une série d'articles sur les travaux de Lobatchefsky dans le *Bulletin des Sciences mathématiques et astronomiques*, dont je vous envoie un spécimen [1]. Dans mon premier article sur les travaux *géométriques*, j'indique rapidement la manière dont Lobatchefsky a voulu établir l'existence de la ligne droite et du pan, et je ne dissimule pas ce que ses raisonnements me semblent présenter d'insuffisant, ainsi que ceux de Bolyai, quoique plus rigoureux [2]. Je termine par une allusion à

1. La partie biographique de l'article de Hoüel [H53] se base sur la traduction de Potocki d'un texte de E. Ianichefsky qui a pour titre « Notice historique sur la vie et les travaux de Nicolas Ivanovitch Lobatchefsky, Discours prononcé dans la séance solennelle de l'Université impériale de Kazan le $\frac{5}{17}$ novembre 1868 » et qui est publiée dans le *Bolletino di bibliografia e di storia delle scienze matematiche e fisiche* II, 1869, p. 223-263. Ce discours ne traite pas des travaux mathématiques de Lobatchevski : « Je n'entreprendrai pas de vous exposer l'objet et le mérite des travaux de Lobatchefsky ; il me serait difficile d'y réussir devant des personnes qui ne sont pas initiées aux mystères des symboles mathématiques. » (p. 259)

2. En faisant le compte rendu du deuxième chapitre du travail de Lobatchevski intitulé « Nouveaux principes de Géométrie, avec une Théorie complète des parallèles » (en six articles, *Mémoires de l'Université de Kazan*, 1835-1838), Hoüel écrit :

> « L'objet du Chapitre II (26 pages) est la démonstration de l'existence du plan et de la ligne droite, en partant d'un axiome unique : l'existence de la sphère.
> Jusqu'à présent on avait admis comme première hypothèse de la Géométrie l'existence d'une suite continue de points, qui restent immobiles, lorsqu'un système solide dont ils font partie tourne autour de deux de ces points, supposés fixes ; et l'ensemble de tous ces points immobiles forme une ligne, indéfinie dans les deux sens, et que l'on appelle *ligne droite*.
> De la notion de la ligne droite on peut déduire celle du plan, lieu des positions d'une droite mobile qui glisse sur deux droites fixes partant d'un même point.
> Mais la constatation expérimentale de l'immobilité de certains points d'un système rigide ne peut se faire qu'au moyen de mesures approximatives, et l'on ne peut jamais vérifier l'hypothèse en toute rigueur. À cette hypothèse, qui repose seulement sur une induction, Lobatchefsky et J. Bolyai ont voulu en substituer une autre, n'empruntant à l'expérience que des relations de situation, toujours exactement vérifiables.
> Étant admise la notion indéfinissable de la solidité, la distance de deux points A, B est dite *égale* à celle de deux autres points A', B', si l'on peut faire coïncider successivement les deux mêmes points d'un système solide d'abord avec A et B, puis avec A' et B'.
> La sphère est le lieu des points équidistants d'un point fixe. C'est une surface simple et complétement fermée.
> D'une centre donné on peut toujours décrire une sphère, et une seule, qui passe par un point donné.
> Une sphère ne peut avoir qu'un seul centre.
> Si, de deux centres fixes et avec une distance convenable, on décrit deux sphères égales, l'intersection de ces sphères est un *cercle*, ayant les deux centres fixes pour *pôles*.
> Le lieu des cercles décrits des mêmes pôles est une surface indéfinie, superposable à elle-même par retournement, et que l'on appelle *plan*.
> Si l'on fait tourner un plan autour de deux de ses points, supposés fixes, il y a un ensemble

vos travaux, en manifestant l'espoir qu'ils apporteront bientôt la lumière dans cette question[3]. Je serai plus explicite dès que je serai en mesure de faire partager ma conviction au lecteur. En attendant, je pense être d'accord avec vous en élevant des doutes sur la rigueur des déductions de Bolyai et de Lobatchefsky.

À propos de Bolyai, ce que j'ai mis dans mon *Essai critique* est, je dois vous le dire, du Bolyai arrangé *bearbeitet*)[4]. Le Bolyai du texte n'est rien moins que facile à comprendre, et ce n'a pas été pour moi un petit travail que d'essayer à débrouiller ses idées, où je crois cependant n'avoir omis aucun intermédiaire essentiel. Si vous désiriez avoir le curieux opuscule d'où ce travail est tiré, un libraire allemand pourrait vous le faire venir de Maros Vásárhely, en Transylvanie, où il y en a encore un certain nombre d'exemplaires à vendre. J'ai fait venir le mien d'Allemagne, l'ayant vu sur un catalogue d'ouvrages anciens[5]. Du reste, dans l'état actuel des choses, cet opuscule est plus curieux qu'utile.

[†]J'ai commencé la lecture de votre brochure sur la *géométrie abstraite*[6]. Il y a au début une petite difficulté qui m'a un peu arrêté, et dont je vous demanderai l'explication. v et v' étant les composantes rectangulaires de la vitesse u, vous admettez que kv et kv' seront celles de la vitesse ku. Mais n'est-ce pas là admettre le principe de similitude en cinématique, tandis qu'en géométrie on sait que ce principe est absolument équivalent au principe des parallèles[7] ? Je sais bien que vous aviez besoin de considérations analogues pour fonder la trigonométrie plane, ou plutôt la Goniométrie que Lobatchefsky, lui, fonde sur la considération de la sphère-limite. Mais il y a là *pour moi* une petite difficulté que je vous prierai de m'aider à lever.

> de points qui restent immobiles (ou du moins qui reviennent sur eux-mêmes au bout d'une demi-révolution) ; ces points forment une ligne indéfinie dans les deux sens, que l'on appelle *la ligne droite*. » [H53, p. 386-387]
>
> ∗ Hoüel cite ici l'ouvrage [BolF51] dont la première page ne comporte pas de nom d'auteur et qui est attribué par conséquent à tort à János Bolyai. Cette erreur n'est pas commise dans [H36, p. 60].

Après avoir énoncé quelques propriétés de la droite, du plan et affirmé qu'ensuite on peut établir celles de la sphère, du cercle, etc. Hoüel poursuit :

> « Si cet enchaînement de propositions pouvait s'établir d'une manière à la fois simple et rigoureuse, il n'est pas douteux que les principes de la Géométrie n'eussent ainsi acquis une base plus solide et plus indépendante des erreurs de l'expérimentation. Cette méthode conduirait en même temps plus directement à un grand nombre de propriétés des figures formées par des droites ou par des plans.
> Il nous semble malheureusement que les déductions de Lobatchefsky et de J. Boyai* sont mêlées de suppositions qui nécessitent de nouveaux appels à l'expérience, et que, tout au plus, leur raisonnement démontre l'existence de la ligne droite *dans le plan*, mais non celle de la ligne droite *dans l'espace*. Nous laissons de côté la question de simplicité qui est d'un intérêt secondaire tant qu'il ne s'agit pas d'une application à l'enseignement élémentaire. » [H53, p. 388]

Hoüel utilise la distinction qu'il affirme due à Beltrami et renvoie à [H39, p. 253] où ce dernier fait l'analogie entre les droites et les géodésiques d'une surface à courbure constante. Dans la Note III de [H36], Hoüel reprend plus longuement l'existence du plan et de la droite d'après Bolyai.

3. Hoüel écrit : « Il ne faut pas toutefois renoncer à l'idée de voir un jour les fondements de la Géométrie établis sur cette base d'une manière pleinement rigoureuse. Des tentatives récentes, encore inédites, dues à un géomètre qui a profondément étudié la question, nous font espérer une prochaine solution des difficultés qui restent encore à vaincre. » [H53, p. 388]

4. [H36].

5. La copie de Hoüel de l'ouvrage [BolF51] est conservée aujourd'hui à la Bibliothèque universitaire des sciences et techniques de l'Université de Bordeaux 1. Voir aussi la note 2 de la lettre 2.184.

†. Ce paragraphe est entouré de deux « X ».

6. [DT6].

7. De Tilly répond à cette objection dans la lettre suivante.

Permettez-moi de vous adresser, comme collaborateur du *Bulletin des sciences mathématiques* etc., une demande de service, que j'adresse à tous les géomètres avec lesquels j'ai le bonheur d'être en correspondance. C'est de vouloir bien me fournir tous les renseignements qu'ils pourront sur les publications qui paraissent dans leur pays. Notre *Bulletin* commence ; il a besoin d'aide et d'encouragement, pour pouvoir rendre à la science autant de services que nous le désirons. J'ose donc appeler votre intérêt sur cette publication, à laquelle vous pourrez être utile, en nous tenant au courant de ce qui se publie en Belgique, et nous envoyant toutes les annonces, les titres de Mémoires et d'ouvrages séparés, les nouvelles scientifiques que vous pourrez recueillir. Si vos loisirs vous permettent même une collaboration plus étendue, les analyses que vous pourrez nous faire seront reçues avec reconnaissance.

Veuillez agréer, Monsieur, l'assurance de mes sentiments les plus dévoués et les plus sympathiques.

J. Hoüel [††]

2.13 Lettre de De Tilly à Hoüel du 29 juin 1870

Bruxelles, le 29 juin 1870.

Monsieur,

J'ai lu avec une vive satisfaction ce que vous me dites de mes deux lettres relatives à la droite et au plan et je vous remercie de votre appréciation bienveillante ; j'espère qu'une nouvelle lecture ne vous fera pas changer d'avis, mais si vous trouviez la moindre objection, veuillez me la faire connaître afin que je l'étudie.

Je vous dois aussi des remerciements pour les deux brochures que vous m'envoyez. J'accepte avec plaisir la mission de vous tenir au courant de tout ce qui s'imprime en Belgique en fait de sciences mathématiques. La première liste me prendra peut être un peu de temps, mais une fois que j'aurai l'habitude de la chose, les listes se suivront régulièrement. En général, je me bornerai à citer les titres des ouvrages et il va sans dire que cela n'implique aucune approbation. Je ne supprimerai que ce qui me paraîtra tout à fait indigne d'être annoncé.

En ce moment je n'ose vous promettre une collaboration plus étendue ; j'espère pouvoir le faire plus tard. J'appellerai cependant votre attention sur certains travaux dont l'importance parait méconnue en Belgique et qui méritent d'être étudiés, par exemple en ce qui concerne le calcul des probabilités.

J'arrive maintenant à votre objection relative à la base de ma géométrie abstraite [1]. Sans doute en géométrie le principe de similitude est absolument équivalent au principe des parallèles, mais je ne vois pas l'analogie entre ce principe et celui que j'invoque, ou du moins si l'on peut y trouver une analogie, il me semble qu'elle confirme mon principe.

D'abord si les vitesses v et v' du point mobile se composent en u, et si je donne à ce point au même instant, deux nouvelles vitesses v et v', ces deux nouvelles vitesses peuvent encore se composer en u. C'est dire que les vitesses $2v$ et $2v'$ se composent en $2u$. Et de proche en proche Kv et Kv' se composent en Ku.

††. À gauche, sous la signature de Hoüel, De Tilly a inscrit : « question de l'applicabilité ».

1. [DT6].

Autrement : Je suppose que le point mobile M se trouve sur la feuille de papier supérieure (Études de mécanique abstraite page 7) et qu'il y ait $2K + 1$ feuilles superposées ; pour donner au point M les deux vitesses Kv et Kv' il me suffit de donner la vitesse v à chaque feuille impaire* (la feuille supérieure portant le n°1) et la vitesse v' a chaque feuille paire (la feuille inférieure restant fixe et représentant l'espace absolu). Le mouvement de la feuille $2K - 1$ par rapport à la feuille $2K + 1$ ou son mouvement absolu se compose de deux mouvements v et v' qui peuvent se remplacer par u, donc on peut enlever la feuille $2K$, et faire glisser la feuille $2K - 1$ sur $2K + 1$ avec la vitesse u, sans rien changer au mouvement du point mobile. Si l'on considère ensuite le mouvement de la feuille $2K - 3$ par rapport à $2K - 1$ on verra encore que l'on peut enlever la feuille $2K - 2$ et donner à $2K - 3$ un simple mouvement u par rapport à $2K - 1$. Continuant ainsi on verrait que l'on peut enlever les K feuilles paires et que chacune des K feuilles *mobiles* restantes aura alors par rapport à la feuille immédiatement inférieure le mouvement u, c'est à dire que la feuille supérieure (ou le point mobile considéré) aura par rapport à la feuille inférieure (ou à l'espace absolu), le mouvement Ku.

Dans ces deux raisonnements, on ne considère que le mouvement *actuel* du point, lequel est entièrement déterminé abstraction faite de ce qui pourra se passer plus tard, et c'est pour moi la meilleure manière de raisonner. Alors il n'est pas question de triangles, ni de similitude. Veut on, pour examiner l'objection sous toutes ses faces, démontrer la composition des vitesses comme le font généralement les auteurs en examinant ce qui se passe au bout de l'unité de temps ? Du moins je suis libre de choisir cette unité, donc de la prendre aussi petite que je veux et alors les triangles que je construirai restant dans une zone infiniment petite autour de la position actuelle du point, tous les raisonnements ordinaires sont applicables, car dans l'infiniment petit la géométrie abstraite est la même que la géométrie usitée. Si je choisis une unité de temps fini, le raisonnement ne réussit plus et je ne puis plus rien conclure, mais aussi cela est inutile, puisque ce qui se passe actuellement est entièrement déterminé et ne peut dépendre du choix de l'unité de temps. Autrement dit encore, tant qu'il ne s'agit que d'un seul point mobile, on peut le supposer mobile sur l'horisphère aussi bien que sur le plan comme je le fais remarquer à la page 43 [2]. Vous voyez donc que si mon principe a une analogie avec la similitude, ce n'est qu'avec la similitude dans le voisinage infiniment petit d'un point laquelle n'est pas contestée, mais non pas avec la similitude des figures finies. Je reste dans la différentielle, et je n'intègre que quand le moment est venu. Mais je répète que je préfère les deux premiers raisonnements parce qu'ils sont complets par eux mêmes ; les deux derniers montrent seulement que la géométrie abstraite ne renferme pas à son début un principe qui pourrait servir à établir la géométrie usitée.

Du reste, permettez moi de vous faire observer encore combien il est peu probable qu'en un point quelconque de mon mémoire j'admette quelque chose *de trop*. Si je prétendais démontrer le postulatum, c'est alors surtout qu'il y aurait lieu d'exa-

⋆. Ceci ne suppose pas implicitement la définition de la translation, ce qui d'ailleurs ne serait pas grave, mais il suffit de donner à la feuille un mouvement quelconque impliquant le mouvement voulu pour le point de cette feuille qui se superpose au point de la feuille supérieure dont on étudie le mouvement.

2. Après avoir observé que les équations qu'il obtient sont « les mêmes que dans la cinématique usitée », De Tilly écrit en note [DT6, p. 43] : « J'eusse pu me borner à faire observer que, tant qu'il ne s'agit que d'un seul point mobile, on peut le supposer mobile sur l'horisphère aussi bien que sur le plan, et cela eût démontré rigoureusement les résultats que je viens d'obtenir ; mais, ici comme plus loin, il n'est pas mauvais de montrer quelques vérifications. »

miner scrupuleusement si nulle part je ne l'introduis d'avance sous une forme déguisée ; mais l'introduire implicitement dans les prémisses, sans parvenir à le faire apparaître dans les conclusions serait une double maladresse. Malgré cela il est bien entendu que je vous prie instamment de me faire connaître tous vos doutes et même de revenir sur celui-ci dans le cas où les explications précédentes ne vous auraient pas entièrement satisfait.

Veuillez agréer, monsieur, la nouvelle assurance de mes sentiments chaque jours plus vifs de respect et de sympathie.

Jh. De Tilly

2.14 Lettre de De Tilly à Hoüel du 26 juillet 1870

Anvers, le 26 j[t] 1870.

Monsieur,

L'exécution de la promesse contenue dans ma dernière lettre est forcément ajournée par suite de circonstances bien indépendantes de ma volonté.

Je me trouve actuellement à l'armée d'Anvers [1], sans aucun livre de mathématiques et sans aucune possibilité de consulter les bibliothèques dans lesquelles je devais trouver les renseignements que vous m'avez demandés et que je serai très heureux de vous fournir [2].

Je vous réitère, monsieur, l'assurance de mes sentiments de respect et de sympathie,

Jh. De Tilly
Capitaine d'artillerie, hôtel
du grand miroir, rue du vieux
marché aux blés, *Anvers*.

2.15 Lettre de Hoüel à De Tilly du 16 juin 1871

Bordeaux, le 16 juin 1871.

Monsieur,

Il y a bientôt un an que je veux vous écrire. Vous voudrez bien accepter comme excuses, ou du moins comme circonstances atténuantes de mon silence, les douloureuses préoccupations qui sont venues fondre sur nous comme sur un peuple maudit, et nous arracher à nos paisibles habitudes, si indispensables pour la culture des sciences [1]. Depuis l'époque néfaste dont nous aurons bientôt à célébrer le triste anniversaire, le mouvement intellectuel s'est arrêté chez nous complètement, et je

1. La guerre Franco-Prussienne est déclenchée le 19 juillet 1870. La Belgique n'est pas impliquée dans ce conflit, mais dans l'éventualité d'une invasion prussienne, le gouvernement belge trasnfère les réserves d'or à Anvers.

2. Le 19 juillet, la France a déclaré la guerre à la Prusse ce qui explique le fait que De Tilly soit mobilisé à Anvers (voir la lettre 2.17). Cette guerre sera rapide : Napoléon III est capturé à Sedan le 2 septembre et l'armée prussienne occupe Paris dès le 18 septembre.

1. Hoüel fait allusion à la guerre franco-prussienne de la l'année 1870 et à la Commune de Paris qui vient de s'achever avec la « Semaine sanglante » (21-28 mai 1871).

n'aurais pu vous parler que de nos malheurs, que vous saviez du reste par les journaux. C'est ce qui m'a ôté le courage de vous écrire, malgré le regret que j'avais de l'interruption momentanée d'une correspondance qui avait été pour moi si agréable et si instructive. Je ne sais si les mauvais temps touchent à leur fin, et si nous en avons terminé avec les ennemis, si divers, de la civilisation qui nous assiègent aux quatre points cardinaux. Mais il est si doux de se leurrer de l'espoir de jours meilleurs qu'on n'ose pas insister sur les probabilités de nouvelles perturbations. Je tâche donc de faire comme si nous étions définitivement rendus au calme, à tourner de nouveau mes pensées vers cette pauvre science, dont on fait parfois un si mauvais usage.

Je commence par vous adresser, quoiqu'un peu tard, mes remerciements pour la promesse de collaboration que vous avez bien voulu me faire en faveur de notre *Bulletin* [2]. Ce pauvre Bulletin a été bien éprouvé par toutes ces interruptions, qui n'ont pas encore permis de faire paraître le numéro de septembre 1870 [3]. Il a besoin de tout l'intérêt de ceux qui aiment la civilisation française pour se mettre de nouveau à flot, et pouvoir soutenir la concurrence d'un recueil analogue qui vient de se fonder à Berlin [4]. En supposant donc, comme je l'espère, que notre publication reprenne son cours, j'implore plus que jamais votre aide pour nous secourir dans cette œuvre, pour laquelle les savants de notre pays ne nous apportent peut-être pas tout le concours que nous pourrions en attendre. Tout ce que vous pourrez me fournir de renseignements, sous une forme quelconque, sur les travaux mathématiques et astronomiques exécutés en Belgique et dans les pays voisins sera accueili par moi avec une profonde reconnaissance et utilisé pour le Bulletin. Vos articles seront publiés sous votre nom ou sans nom d'auteur, suivant que vous le jugerez convenable.

J'ai commencé, pour le Bulletin, un suite d'articles sur les Travaux de Lobatchefsky [5], et la continuation de ces articles, dont je ne me suis guère occupé depuis un an, va me ramener naturellement à rependre mes études sur le sujet dont nous nous sommes principalement entretenus jusqu'ici, et qui n'a rien perdu pour moi de son intérêt [6].

J'ai eu l'occasion de faire allusion dans un de mes articles aux recherches que

2. Voir la lettre 2.13.

3. Le nombre de pages des volumes des années 1870 et 1871 est le même que celui des volumes suivants. La rédaction du *Bulletin* rattrapera ce retard. Barnabé Croizat (conversation privée) nous indique que le numéro de septembre 1870 paraît durant la première semaine d'août 1871. La parution du tome daté de 1870 se termine avec le numéro de décembre 1870, publié au milieu du mois d'octobre 1871. Courant février 1872, paraît le numéro de juin 1871 ; la publication du tome daté de 1871 s'achève au début du mois d'avril 1872. Finalement le rythme de publication du *Bulletin* revient à la normale en juin 1872 ; en effet, Chasles présente à l'Académie des sciences le numéro de juin 1872 lors de la séance du 24 juin (voir *Comptes rendus des séances de l'Académie des sciences*, t. 74, p. 1607).

4. Hoüel fait certainement allusion au *Jahrbuch über die Fortschritte der Mathematik* créé en 1868 par les deux enseignants de lycée Carl Ohrtmann (1839-1885) et Felix Müller (1843-1928). Le premier volume de cette publication s'inspirant de *Die Fortschritte der Physik* fondé en 1845 couvre l'année 1868. Il est publié à Berlin en 1871. Dans la préface, les éditeurs expliquent le double but de ce nouveau journal :

> « Das Ziel, das uns vorschwebte, war einerseits : Demjenigen, der nicht in der Lage ist, alle auf dem umfangreichen Gebiete der Mathematik vorkommenden Erscheinungen selbstständig zu verfolgen, ein Mittel zu geben, sich wenigstens einen allgemeinen Ueberblick über das Fortschreiten der Wissenschaft zu verschaffen ; andrerseits : dem gelehrten Forscher seine Arbeit bei Auffindung des bereits Bekannten zu erleichtern. »

5. [H53].

6. Les trois articles [H53] publiés dans le *Bulletin* de 1870 n'auront pas de suite.

vous m'avez communiquées relativement à la démonstration de la ligne droite d'après Bolyai et Lobatchefsky[7]. J'espère que depuis lors vous n'aurez pas abandonné cette question, qui se présente comme fondamentale au début de la géométrie, et que vos profondes réflexions sur ce sujet vous permettront, sans aucun doute, d'élucider complètement.

L'Université de Kazan publie en ce moment une édition des œuvres de Lobatchefsky, dans le format in-4° [8]. J'en ai déjà reçu les premières feuilles, que l'édition a bien voulu m'envoyer. Elles comprennent une grande partie de ses travaux géométriques, avec les applications de sa théorie au calcul des intégrales définies.

J'espère, Monsieur, que vous voudrez bien m'envoyer bientôt une lettre de pardon, et renouer une correspondance qui m'est si précieuse. Veuillez agréer l'assurance de mes sentiments de respectueux et bien sincère dévouement.

J. Hoüel

2.16 Lettre de De Tilly à Hoüel du 21 juin 1871

Gand, le 21 juin 1871.

En grande hâte

Monsieur,

J'ai reçu avant hier soir votre lettre du 16. Je voulais vous répondre immédiatement, mais d'après toutes les idées qui me sont venues et qui me viennent encore, ma réponse sera assez longue. Pour l'écrire de manière à la rendre compréhensible, il me faudrait quelques heures. Je ne les ai pas. Une question urgente, une question de droit en quelque sorte, dans laquelle je défends les prétentions légitimes selon moi d'un de mes collègues et confrères, a absorbé tout mon temps depuis quelques jours. Obligé d'aller voir des avocats et d'entretenir une correspondance active entre Gand où me retient une circonstance fâcheuse et Bruxelles où la question se débat, je croyais avoir tout terminé hier soir et comptais employer ma journée d'aujourd'hui à rassembler mes idées et à vous répondre, lorsqu'il m'est arrivé ce matin un nouveau paquet de dépêches. Tout est à recommencer. Cela me prendra un ou deux jours. Mais je ne veux pas tarder davantage de vous accuser au moins réception de votre lettre que j'ai reçue avec un véritable bonheur et de vous renouveler mes promesses antérieures.

Veuillez agréer, monsieur, l'assurance de mes sentiments respectueux et d'une sympathie que vos malheurs ne font qu'augmenter.

Jh. De Tilly, marché aux boeufs, 9, Gand

2.17 Lettre de De Tilly à Hoüel du 27 juin 1871

Gand, le 27 juin 1871.

7. Voir la note 3 de la lettre 2.12.

8. Il s'agit probablement des premières pages de ce qui sera l'édition de la *Collection complète des œuvres géométriques de N. I. Lobatcheffsky* publiée en deux volumes par l'Université de Kasan en 1883 et 1886.

Monsieur,

Je trouve enfin quelques heures pour vous écrire. Et d'abord je vous répète que j'ai reçu avec le plus vif plaisir votre lettre du 16 dont j'ai dû me borner la semaine dernière à vous accuser réception. Vous m'avez devancé, car depuis près d'un mois je me proposais de vous écrire. Mes deux dernières lettres, l'une de juillet 1870 datée de Bruxelles [1], l'autre du mois d'août datée d'Anvers [2], étant restées sans réponse je crus que vous aviez été entraîné à un titre quelconque dans les événements politiques et militaires ; avec un profond regret je remis à des temps meilleurs la continuation d'une correspondance qui était pour moi pleine de charmes ; mais j'étais bien décidé à la renouer maintenant que ces temps meilleurs sont arrivés (du moins je l'espère comme vous). Votre lettre du 16 me montre que vous avez reçu au moins l'avant dernière de mes lettres de 1870, dans laquelle je vous promettais mon concours dans la mesure de mes forces et de mon temps. Quant à l'autre datée d'Anvers au mois d'août, vous n'y faites aucune allusion et j'ai toujours pensé d'ailleurs que, vu l'état précaire des communications à cette époque, vous pourriez bien ne pas l'avoir reçue.

J'y disais que, éloigné de Bruxelles et accablé d'affaires militaires (l'armée belge étant alors mobilisée et l'école militaire licenciée), je devais forcément ajourner le concours que j'avais promis.

Je rentrai à Bruxelles le 1er octobre, mais le *Bulletin* n'ayant plus paru depuis le n° du mois d'août, ce qui me confirmait dans l'idée que vous aviez cessé de vous en occuper, je m'en occupai d'autant moins de mon côté que je fus sans cesse absorbé par d'autres affaires.

Non seulement je n'ai pas pu m'occuper du Bulletin, mais je dois dire que je me suis très peu occupé de Mathématiques et que je ne suis guère plus avancé en Géométrie aujourd'hui qu'il y a un an ; nous pourrons donc reprendre notre correspondance au point où nous l'avions laissée.

Nous avons en effet ressenti en Belgique le contre-coup de la guerre et, en ce qui me concerne particulièrement, le cours ordinaire de mes études a été profondément troublé d'abord par la mobilisation de l'armée et le licenciement de l'école ; puis à la rentrée par l'accumulation des travaux et des leçons nécessaire pour regagner le temps perdu ; en dernier lieu par les maladies, qui nous valent en ce moment un congé forcé, dont j'espérais profiter pour m'occuper de science pure, mais que j'ai dû consacrer à des travaux plus urgents bien que moins agréables.

Je vous renouvelle maintenant la promesse de vous tenir régulièrement au courant de tout ce qui paraîtra en Belgique sur les sciences mathématiques et astronomiques. J'y joindrai des renseignements que je possède sur les pays étrangers et même la France, sur laquelle cependant vous en saurez sans doute beaucoup plus long que moi.

Vous voyez que je m'engage formellement, comme la première fois, en ce qui concerne les *renseignements* mais, comme la première fois, je dois être plus réservé en ce qui concerne les *analyses*. Faire d'un ouvrage une analyse qui soit autre chose qu'une table des matières, est un travail très difficile et pour lequel je suis loin de posséder votre talent. Je me borne à répéter que je ferai tout ce qui sera possible dans les limites de mes moyens et de mon temps [3].

---

1. C'est la lettre 2.13 du mois de juin 1870.

2. Il s'agit ou de la lettre 2.14 du mois de juillet 1870 ou peut-être d'une lettre perdue. Toutefois, vu le résumé de son contenu que fait De Tilly ci-dessous, la première hypothèse semble beaucoup plus probable.

3. De Tilly ne fera pas énormément de recension pour le *Bulletin*. Il rédigera [DT13], [DT24],

Je reviens maintenant à nos questions de géométrie philosophique. Et d'abord je dois vous dire en toute sincérité que si mes lettres ont été instructives pour vous, les vôtres l'ont été au moins autant pour moi. En effet avant que j'eusse l'honneur de correspondre avec vous, malgré mes recherches personnelles résumées dans mon mémoire de 1868 [4] et malgré la lecture des livres cités dans ce mémoire, le côté le plus important peut-être de la question m'échappait ; je veux parler de la relation qui existe entre les recherches relatives à la géométrie philosophique ou abstraite et la théorie de la courbure des surfaces, étendue aux espaces de nature diverse par Riemann, Helmholtz et Beltrami.

J'ai lu l'article du *Moniteur scientifique de Quesneville* que vous me signalez dans votre lettre du 1er juin 1870 [5] ; il a d'ailleurs beaucoup de points communs avec le petit mémoire de Helmholtz traduit par vous et que vous avez bien voulu m'envoyer [6]. Dans cette même lettre vous dites : « Quel que soit l'intérêt de cette question (mon essai de démonstration géométrique de l'existence de la droite) qui déduit les principes fondamentaux de la géométrie de considérations tout à fait élémentaires, je crois que c'est plutôt du côté des idées de Riemann et de Helmholtz qu'il faut se tourner pour trouver la solution du grand problème. » [7]

J'ai à faire quelques observations à cet égard. Dans ma démonstration de l'existence de la droite (que j'ai retouchée depuis un an et dont je vous enverrai un nouvel exemplaire), il est bien entendu que dès l'abord j'admets l'axiome de l'invariabilité des figures, c'est à dire la possibilité du mouvement d'une figure dans laquelle aucune longueur ne change. Ainsi je ne veux que déduire géométriquement l'existence de la droite de *l'axiome du mouvement possible d'un système invariable* [8].

Quand il s'agira au contraire d'élucider ce dernier axiome, il faudra avoir égard

---

[DT25], [DT30] et [DT41]. Les lettres 2.23, 2.25, 2.30, 2.32, 2.35, 2.54 contiennent des informations destinées au *Bulletin*.

4. Il s'agit certainement de [DT6] qui est publié deux ans plus tard. De Tilly avait déjà présenté son travail le 1er août 1868 à l'Académie de Belgique [Man13, p. 211].

5. Voir la note 6 de la lettre 2.9.

6. [H43].

7. Voir la lettre 2.9.

8. L'axiome du mouvement possible d'un système invariable est aussi appelé dans la littérature « axiome de libre mobilité ». Il est utilisé par Riemann et Helmholtz pour caractériser les variétés à courbure constante. Son utilisation dans la question des fondements de la géométrie fait apparaître sinon une aporie du moins une difficulté. Si on invoque cet axiome pour justifier l'idée de déplacement d'une règle pour définir la notion de métrique, comment définir la notion de système invariable sans faire appel à celle de métrique ?
Hoüel évoque cette difficulté dans la note 1 de [H36] en proposant une solution relevant d'un empirisme modéré :

> « Toute la Géométrie est fondée sur l'idée de l'invariabilité des formes. On commence par admettre qu'il existe dans les figures une certaine propriété, qui subsiste lorsque ces figures se trouvent transportées dans une autre région de l'espace.
> Cette propriété ne saurait être définie en termes géométriques, sans pétition de principe. L'idée d'invariabilité de forme nous vient de l'expfience. Après avoir acquis l'idée de grandeur ou d'étendue par la considération du mouvement, nous constatons que certains corps, ceux qui offrent au toucher le plus de résistance, nous présentent toujours, de quelque manière qu'on les déplace, des dimensions et des configurations que nous jugeons être les mêmes, c'est-à-dire qui, appréciées d'après le mouvement de l'œil, en tenant compte de l'éloignement plus ou moins grand, nous causent des impressions toujours identiques. Nous donnons à ces corps le nom de corps *solides*.
> Nous dépouillons ensuite, par abstraction, ces corps de toutes les parties dont la considération ne nous intérese pas ; ou, si l'on veut, nous supposons ces parties parfaitement translucides et pénétrables ; et l'ensemble des parties conservées ou restées visibles constitue ce qu'on appelle une *figure géométrique*. » [H36, p. 59]

aux belles recherches de Riemann, Helmholtz et Beltrami. Les deux théories se compléteront, bien loin de se contrarier.

Mais je crois qu'il importe de déblayer le terrain des problèmes les plus faibles avant d'aborder la grande question de l'invariabilité des figures, et si j'avais à tracer un programme des questions à traiter, je le ferais comme suit :

A. Axiome XI d'Euclide

a. Démontrer que l'on peut établir une géométrie et une mécanique complète sans son secours (cela est fait).

b. Démontrer que l'on ne peut le déduire rigoureusement, et sans faire un appel nouveau à l'expérience, des principes qui le précèdent. Cela est fait en ce qui concerne les démonstrations planes, et l'impossibilité d'une démonstration dans l'espace doit être implicitement contenue dans le mémoire de Beltrami sur les espaces à courbure constante. Il s'agit de l'en faire clairement ressortir. Je vous ai dit, il y a un an, que je m'en occupais. J'en suis au même point qu'alors.

B. Déduire toute la géométrie, jusqu'à l'axiome XI exclusivement, de l'axiome de l'invariabilité. C'est ce que j'ai essayé de faire en suivant une marche purement géométrique à l'exemple de Bolyai, mais en cherchant à raisonner plus rigoureusement que lui.

C. Étudier l'axiome de l'invariabilité.

Supposons les questions A et B entièrement résolues, ce qui n'est, je le crois fermement, qu'une affaire de temps, de sorte que le seul point encore obscur en géométrie sera alors l'axiome de l'invariabilité. Il s'agira donc à cet égard, de compléter et de géométriser (passez moi le mot) les conceptions de R H et B.

J'observe d'abord que tous les calculs de ces géomètres impliquent que l'on puisse a priori mesurer quelque chose dans l'espace, sous peine de n'avoir aucune interprétation réelle. Ce quelque chose ne me parait pouvoir être qu'une *longueur*. Ainsi en supposant même, ce qui n'est pas, qu'ils aient tranché la question de savoir si l'invariabilité des figures peut ou non se démontrer, ce serait en tous cas moyennant l'admission de l'*idée primordiale de longueur antérieure à celle de superposition*. Pour celui qui n'admettrait pas cette idée comme primordiale les calculs de R H et B n'auraient aucun sens géométrique et de plus l'axiome de l'invariabilité serait non seulement *indémontrable*, mais de plus *indéfinissable*. J'en conclus que si l'on veut pousser plus loin et suivre dans ce qu'elles ont de réel les conceptions analytiques des auteurs en questions, il faut accepter l'idée primordiale de la longueur d'une ligne.

En vain prétendrait-on que « s'il faut admettre quelque chose mieux vaut admettre la ligne droite » raisonnement assez ordinaire des contempteurs de la géométrie philosophique (qui est bon pour l'axiome XI et mauvais ici). Ce serait là se payer de mots. L'argument serait bon si dans l'idée que l'on accepte ne se trouvait pas comprise implicitement celle que l'on veut rejeter. Mais que l'on essaie d'énoncer d'une manière précise une seule des propriétés de la ligne dont on admet l'existence et l'on sera forcément ramené à l'idée primordiale de longueur.

Il est donc rationnel de rapporter tout à cette idée. À ce point de vue, la définition de la ligne droite de Legendre, si souvent critiquée (même par moi) peut être légitime. Seulement l'auteur eût dû y ajouter ces mots : « Il est bien entendu que, jusqu'à preuve contraire, il peut y avoir plusieurs lignes droites entre deux points »[9].

9. De Tilly critique cette définition de Legendre [DT1, p. 6] :

Moyennant l'idée de longueur, on peut démontrer que la géométrie ordinaire est vraie dans l'infiniment petit, c'est à dire que là il n'est pas plus nécessaire d'admettre le principe de l'invariabilité que l'axiome XI d'Euclide. On n'a même besoin, à la rigueur, pour comprendre cela, que de la comparaison de longueurs infiniment petites, mais l'une de ces idées primordiales implique l'autre.

On peut aussi définir l'invariabilité, plus simplement que ne l'a fait Helmholtz[10] en disant que dans le déplacement les longueurs des lignes minima entre chaque couple de points restent constantes, et l'on voit qu'ici on pourrait au lieu de l'idée de longueur invoquer uniquement celle d'une distance que l'on considérerait avec Cauchy comme un simple attribut du système de deux points, mais cette dernière idée conduit aussi à celle de longueur[11].

On peut encore démontrer que dans l'espace chaque point peut être défini par trois coordonnées et dans une surface par deux.

Mais c'est à peu près tout ce que je vois clairement. Ainsi en résumé, tout en estimant à leur haute valeur les travaux de R H et B, je me dis :

1° Si je n'admets pas à priori l'idée de longueur ces travaux n'ont pas pour moi de sens géométrique et alors aussi le principe de l'invariabilité est indéfinissable et a fortiori indémontrable.

2° En admettant l'idée des coordonnées comme dérivant de celle de longueur, et tant que l'on se borne comme R H et B à des combinaisons analytiques sur ces coordonnées, *il semble* que l'espace, uniquement connu par son extension indéfinie et la détermination de chacun de ses points par 3 coordonnées, se trouve dans les mêmes conditions qu'une surface quelconque étendue à l'infini et où chaque point est déterminé par deux coordonnées, d'où *il semble* résulter que jamais, avec des moyens aussi limités, on ne pourra démontrer le principe de l'invariabilité dans l'espace sous peine de devoir l'admettre aussi dans une surface indéfinie quelconque, c'est à dire là où il est manifestement faux.

3° Mais comme l'idée de coordonnées implique celle de *longueur*, on peut introduire cette dernière autrement que pour servir à mesurer des coordonnées, d'où il suit qu'une solution de la question est *possible*, en dehors des idées de R H et B.

Telle est *actuellement* ma manière de voir sur les points fondamentaux. Si vous

---

> « Chaque auteur de géométrie définit la ligne droite à sa manière, mais je ne pense pas qu'on l'ait fait jusqu'ici d'une manière bien satisfaisante. Legendre en donne cette définition : "La ligne droite est le plus court chemin d'un point à un autre." Or, cela ne suffit pas pour établir les propriétés de cette ligne et des figures qui en dépendent. Ce qui le prouve, c'est qu'avant d'entrer en matière, Legendre pose comme axiome (c'est son axiome IV) que d'un point à un autre on ne peut mener qu'une seule ligne droite, c'est-à-dire un seul plus court chemin, ce qui n'est pas du tout un axiome, mais bien un théorème qu'il faudrait démontrer. En outre, au moment où Legendre donne sa définition, il est impossible de comprendre ce que c'est qu'une ligne plus courte qu'une autre, puisque l'on n'a pas de terme de comparaison. »

10. [Hel68a] et [Hel68b].
De Tilly a dû lire la traduction proposée par Hoüel dans les Mémoires de la société des sciences physiques et naturelles de Bordeaux de « Über die thatsachlischen Grundlagen der Geometrie »[H43].

11. Dans l'ouvrage *Sept leçons de physique générale* (Gauthier-Villars, Paris, 1868, p. 48), Cauchy écrit :

> « Le point mathématique, qui n'a pas de dimensions, se trouve réalisé par la création d'un seul atome. La distance, ou l'espace réduit à une seule dimension, n'est qu'un rapport entre deux points mathématiques. Donc la distance est un attribut du système de deux atomes coexistants.Toutefois, cet attribut est de telle nature, qu'étant donnés un premier atome, et la distance de ce premier atome à un second, la position de ce second atome n'est pas complètement determinée. »

en savez quelque chose de plus que moi, ou bien si vous trouvez à reproche dans ce qui précède, vous me ferez un grand plaisir en me communiquant vos réflexions. Peut être arriverons nous un jour, en combinant nos idées, à un Credo géométrique satisfaisant et définitif alors qu'isolément chacun de nous fût resté impuissant. Je le souhaite vivement.

Je prends la liberté de vous envoyer en même temps que cette lettre deux petites notes extraites des publications de l'Académie de Belgique. La première est celle dont vous avez eu le manuscrit il y a un an[12] ; vous aurez pu remarquer que j'y emploie assez indifféremment les expressions *courbure* et *courbure moyenne*. Cette dernière est employée ici dans le sens que lui donne M. Bertrand (Calcul différentiel, pages 741 et suiv.) tandis que beaucoup de géomètres entendent par courbure moyenne la quantité $\frac{1}{2}(\frac{1}{\rho}+\frac{1}{\rho'})$. C'est là une courbure moyenne arithmétique tandis que $\frac{1}{\sqrt{\rho\rho'}}$ est la courbure moyenne géométrique. Je reconnais toutefois que cette dernière définition est en défaut lorsque les deux sections principales ont leurs courbures dirigées en sens contraire. Si c'était à refaire je dirais simplement *courbure*[13].

La seconde note traite d'un sujet bien différent mais non pas purement pratique, comme le titre pourrait le faire croire[14]. L'idée principale et dominante est celle-ci : lorsque deux surfaces sont en contact suivant une certaine étendue, il n'est pas évident qu'en chaque point de contact la pression totale de l'une des surfaces sur l'autre soit dirigée suivant la normale commune aux deux surfaces, même en supposant ces surfaces parfaitement rigides et parfaitement lisses, ce qui exclut tout frottement. Si l'on tient compte du frottement, il n'est pas évident que la pression totale soit contenue dans le plan de la normale et de la direction de frottement.

J'ai fait voir que l'équilibre d'une vis à un seul filet triangulaire est impossible si l'on admet à la fois que les pressions se répartissent également sur toute la surface du filet et que ces pressions n'ont en chaque point que deux composantes, l'une normale et l'autre constituant le frottement ; tandis que si l'on n'introduit pas cette dernière hypothèse, non seulement l'équilibre devient possible, mais ses conditions sont identiques à celles que l'on trouve pour la vis à plusieurs filets par une méthode indépendante de la considération des pressions qui s'exercent entre les surfaces.

Cette discussion était nécessaire pour justifier les méthodes mécaniques dans lesquelles on fait usage des pressions totales qui s'exercent aux différents points de contact des surfaces, méthodes dont je fais un usage fréquent dans mes leçons, et auxquelles un savant professeur de l'École Militaire reprochait de conduire à une contradiction dans le cas de la vis à filet triangulaire[15]. Elle peut être reprise sur des cas plus simples en apparence que celui que j'ai traité, par exemple sur deux troncs de cône pressés l'un dans l'autre par des forces dont la résultante est dirigée suivant leur axe commun. Si les génératrices sont peu inclinées sur l'axe et si les pressions sont normales aux surfaces tronconiques en contact, il faut que ces pressions soient énormes pour que leurs composantes suivant l'axe puissent équilibrer les forces qui pressent le cône intérieur dans le plus grand.

Est-ce bien ainsi que les choses se passent ?

Je vois avec plaisir que l'université de Kasan publie les œuvres complètes de Lo-

12. Il s'agit de [DT8] et du document 2.192.
13. Voir le paragraphe 1.2.5.
14. [DT7].
15. Il s'agit de Michel Steichen (1804-1891) cité dans [DT7, p. 4-5]. De Tilly lira le discours [DT88] à ses funérailles.

batschewsky [16]. C'est un hommage légitime rendu à ce grand géomètre qui honore son pays et l'école où il professait. Il a écrit en plusieurs langues. Laisse-t-on les écrits dans l'idiôme original, ou bien les traduit-on dans une langue unique [17] ?

C'est une question importante que de savoir si la géométrie abstraite est apte à faire faire des progrès réels au calcul intégral. Jusqu'ici les intégrales définies que l'on en a déduites peuvent s'obtenir par analyse pure.

Peut être les ouvrages de Lobatschewsky nous apporteront-ils encore des données importantes sur les questions de géométrie proprement dite qui nous restent à résoudre. Espérons aussi que la publication des recherches de Gauss sur la géométrie abstraite, recherches qui seront insérées parait-il dans le Tome IV de ses œuvres, nous apporteront des lumières nouvelles [18]

Je rentrerai à Bruxelles le 3 juillet et je commencerai dès lors à m'occuper des renseignements à vous fournir sur les travaux exécutés en Belgique.

En attendant, je vous prie monsieur, d'agréer la nouvelle assurance de mes sentiments de respectueuse sympathie.

Jh. De Tilly
(marché aux boeufs 9 Gand jusqu'au 2 jt inclusivement)
(rue Geefs 42 Sch-B à partir du 3 jt inclusivement)

2.18 Lettre de Hoüel à De Tilly du 6 juillet 1871

Bordeaux, le 6 juillet 1871.

Monsieur,

Pardonnez si je n'ai pas répondu plus vite à vos deux excellentes lettres et si j'ai tardé si longtemps à vous témoigner ce plaisir que me cause la reprise de notre correspondance. J'ai éprouvé ces derniers jours un peu de migraine, et vous savez que cette indisposition, si peu grave qu'elle soit au fond, suffit pour déranger la machine pensante. Aujourd'hui j'ai de vifs remerciements à vous faire pour les deux brochures que vous m'avez envoyées, et surtout pour votre lettre si intéressante, où vous me communiquez les résultats de vos dernières études.

Vous avez approfondi le sujet beaucoup plus que moi, et par conséquent je ne me croirais pas en état de critiquer vos idées, lors même que j'y rencontrerais quelques points obscurs. Vous savez à peu près comment je conçois *jusqu'à présent* le principe, ou plutôt le *postulatum* de l'invariabilité. C'est pour moi une *demande*, qu'il faut m'accorder avant que je commence l'étude de la géométrie. Je pars de ce fait, que je considère comme général, que toutes nos idées viennent de l'expérience, et que les matériaux de nos raisonnements ne sont que les divers points de vue sous lesquels nous pouvons considérer les faits observés par nos sens. L'abstraction consiste à isoler ces divers points de vue les uns des autres. L'idée physique d'invariabilité provient de l'identité d'impressions que nous produit un même corps,

16. Voir la note 8 de la lettre 2.15.

17. Les travaux de Lobatchevski sont publiés dans leur langue originale. Le premier tome renferme les travaux en russe et le second contient ceux en français et en allemand.

18. Le tome 4 des œuvres complètes de Gauss, publié en 1873, contient des travaux de calcul des probabilités et de géométrie (dont [Gau28]). Les recherches et les correspondances de Gauss au sujet des fondements de la géométrie et en géométrie abstraite seront publiées dans le tome 8. Hoüel a édité des extraits de la correspondance de Gauss avec son ami astronome Heinrich Christian Schumacher en 1866 [H27].

transporté dans l'espace et dans le temps. Nous appelons invariable de forme le corps qui cause toujours† la même impression sur la partie de nos sens qui nous sert à apprécier le mouvement, la grandeur, etc., toutes choses que nous ne pouvons définir, faute d'idées plus simples auxquelles on puisse les comparer. Un corps qui semble invariable de forme à une observation grossière, pourra révéler des changements à des sens plus délicats. De là, par cette faculté de perfectionnement indéfini, qui produit l'*idéal* dans le domaine des arts et de la morale, nous arrivons à concevoir un corps†† qui n'éprouverait aucun changement perceptible par les sens, si délicats qu'ils soient. Telle est l'idée de l'invariabilité de forme que je me suis faite, et qui contient comme cas particulier celle de l'invariabilité de la distance de deux points. Comme il faut bien que les mathématiques commencent quelque part, et qu'elles s'implantent par quelque point sur les notions vulgaires, il me semble que cette conception pourrait servir aussi bien qu'une autre de liaison entre la science et l'expérience de tous les jours. L'égalité de distance se vérifierait, comme le dit Bolyai, par la coïncidence successive des deux mêmes points d'un corps invariable mobile avec les extrémités des deux distances à comparer. J'ai beau me creuser la tête, je ne puis rien imaginer au delà.

Quant à ce que l'on dit sur l'invariabilité de forme d'un système infiniment petit, je vous avoue n'y rien comprendre. D'après la manière dont j'envisage le calcul infinitésimal, il n'y a pour moi que deux sortes de *grandeurs*, les constantes et les variables, et que deux sortes de *valeurs*, les valeurs finies et appréciables (théoriquement) et celles qui sont absolument nulles. Les infiniment petits sont des grandeurs variables *susceptibles* d'une dimension indéfinie, mais ayant toujours une valeur appréciable, sans quoi *elles n'existeraient plus*. Il peut arriver que le rapport de deux infiniment petits se compose de deux parties, l'une constante, l'autre infiniment petite ; on néglige celle-ci, pour ne s'occuper que de l'autre, qu'on nomme *limite*. Mais pour établir ce partage, il faut considérer l'infiniment petit comme ayant une valeur *actuelle*, absolument comme, dans l'étude d'une courbe, on fixe pour un instant les valeurs des coordonnées pour trouver la relation qu'elles ont entre elles. Donc il faut, avant de considérer la limite du cas des infiniment petits, étudier la relation entre leurs valeurs *variables*, mais *actuellement existantes*, et par conséquent finies, puisqu'il n'existe que des valeurs finies et le zéro absolu, lequel ne peut jouir d'aucunes propriétés. On doit donc commencer par l'étude des grandeurs *finies, les seules qui existent*, et ce n'est qu'après cela que l'on peut passer aux relations-limites des infiniment petits.

On pourrait, il est vrai, déduire ces relations-limites directement de l'expérience, aidée de l'induction, puis s'élever de là, par l'intégration, au cas des relations entre quantités finies. Ce procédé peut être exact quand il s'agit d'observer des phénomènes dont les éléments ont un sens bien défini, mais ne me semble avoir aucun sens lorsque ces éléments restent encore à définir et qu'il s'agit de poser les définitions elles-mêmes. Ainsi après avoir défini la longueur et l'angle, nous observons des triangles plans ou sphériques infiniment petits, où nous découvrons la constance de la somme des angles. Nous observons ensuite, autant que nous le permettent nos moyens *physiquement* bornés, des triangles plans infiniment grands. Le résultat nous conduit à induire que le cas-limite répond encore à la constance‡ de la somme. Mais tout cela suppose que nous savons ce que c'est qu'un angle, ce que c'est qu'une longueur, et nous ne pourrions nous servir de ce procédé pour les

†. Le texte de la lettre est entaché d'une grande flèche.
††. Le texte de la lettre est encore entaché d'une grande flèche.
‡. Nous retrouvons encore deux grosses flèches ici.

définir.

Nous vivons dans un espace de *courbure constante*, qui nous permet de transporter les corps sans leur faire perdre les propriétés de forme que nos sens constatent. Il en serait de même si nous vivions dans un espace à deux dimensions de courbure constante. Que deviendrait maintenant cette notion expérimentale si, réduit nous-même à l'état de *surface* pensante, nous habitions un milieu de courbure variable [1] ? Voilà un sujet de réflexions que je livre aux mathématiciens philosophes, et qui peut conduire à des résultats importants. Mais je crois avant tout qu'il faudrait bannir la notion d'infiniment petits considérés comme éléments *atomiques*. Je crois cette notion fausse, et je la regarde comme un pur produit de la métaphysique, laquelle, comme me l'écrivait Beltrami, appartient à la classe des « sciences inexactes », ni plus ni moins que l'astrologie et la chiromancie [2].

En partant de la notion de l'invariabilité telle que nous l'avons acquise dans l'espace à trois dimensions que nous habitons, on arrive tout naturellement à la génération bi-sphérique du plan d'après Lobatchefsky et Bolyai [3]. C'est là que commencent à naître les difficultés, et qu'il faut de grandes précautions pour ne pas tomber dans un cercle vicieux, en admettant tacitement la notion de la ligne droite, qui est précisément celle qu'on veut démontrer. Maintenant, comme vous avez beaucoup plus et beaucoup mieux réfléchi que moi sur cette dernière question, c'est vous, je crois, qui êtes préparé le mieux, parmi tous les géomètres, pour mener cette question à bonne fin.

Voici comment je termine un article qui paraîtra prochainement dans le *Bulletin*, et où je signale cette difficulté [4] :

« Il ne faut pas toutefois renoncer à l'idée de ne voir un jour les fondements de la Géométrie établis sur cette base d'une manière pleinement rigoureuse. Des tentatives, récentes, encore inédites, dues à un géomètre qui a profondément étudié la question, nous font espérer une prochaine solution des difficultés qui restent encore à vaincre. »

J'ai parcouru vos intéressantes brochures, dont l'une [5], qui traite d'un sujet un peu éloigné du cercle de mes études, me demandera un peu de travail pour être

1. Dans son mémoire sur les hypothèses qui servent de fondements à la géométrie (traduit en français en 1869 par Hoüel), Riemann associe la constance de la courbure à la libre mobilité des figures :

> « (...) dans les variétés où la mesure de courbure est constante, on peut donner aux figures une position arbitraire normale. » [H52, p. 92]

Helmholtz, dans une conférence sur l'origine et la signification des axiomes de la géométrie [Hel70a] reprend la question de l'axiome de libre mobilité en examinant quelle serait la géométrie intuitive d'« êtres raisonnables n'ayant que deux dimensions pouvant vivre et se mouvoir sur la surface d'une surface » [Hel70a, p. 1198]. Hoüel a certainement eu une connaissance de cette conférence grâce à la traduction partielle parue en 1870 dans le *Moniteur scientifique*. Poincaré utilise aussi la métaphore « d'êtres dénués d'épaisseur » doués « de raisonnement et capables de faire de la géométrie » pour expliquer le rôle de l'expérience dans nos choix relatifs à la spatialité [Poi02].

2. Beltrami écrivait à Hoüel le 13 mars 1869 :

> « Ce que vous m'écrivez au sujet de M. Transon est très-curieux, quoique on ne doive beaucoup s'en surprendre, si d'après ce que j'ai lu quelque part, ou qu'on m'a dit, il est vrai que ce géomètre, très respectable d'ailleurs, a été ardent saint-simonien. Mais en tout cas l'idée de ranger les sciences exactes dans la métaphysique n'est pas peu singulière à une époque où l'on est fort tenté au contraire de ranger la métaphysique parmi les sciences inexactes. » [BGT98, p. 80]

3. Voir la note 2 de la lettre 2.12.

4. Pour la troisième fois (voir les lettres 2.12 et 2.15), Hoüel écrit à De Tilly qu'il a fait une allusion à ses travaux dans son article [H53, p. 388].

5. [DT7].

bien comprise, quoique l'analyse que vous avez bien voulu m'en faire dans votre lettre doive me faciliter beaucoup cette lecture.

Quant à l'autre [6], j'y ai trouvé beaucoup de faits qui m'ont vivement intéressé, et vous y avez touché beaucoup de points d'une extrême importance. Je ne sais si je vous ai rapporté les objections que M. Genocchi persiste à faire contre les théories de Beltrami. Il prétend que Beltrami n'a nullement démontré l'existence d'une surface pseudosphérique indéfinie, sur laquelle deux lignes géodésiques ne puissent se couper en plus d'un point [7]. Les objections proviennent en partie, je crois, de ce qu'il n'a pas compris la nécessité de l'emploi des coordonnées curvilignes dans l'étude d'une surface considérée comme un monde complet à deux dimensions, et pouvant se déformer d'une manière quelconque par rapport à l'espace à trois dimensions, avec lequel ses habitants n'ont aucune espèce de rapports. Ce sont les coordonnées curvilignes qui seules peuvent exprimer les propriétés indépendantes de la déformation. Ce sont elles seules, par exemple, qui, même dans l'hypothèse euclidienne, peuvent servir à traiter simultanément les figures tracées sur un plan et sur une surface développable. Ce sont donc elles seules qu'il faut employer, lorsqu'on veut parler de la possibilité d'une démonstration par une construction *plane*.

L'objection à laquelle vous répondez (1°) au bas de la page 10 (35) de votre Note [8], ne pourrait-elle pas être écartée en disant qu'on admet la pseudosphère comme *déformable*, et que pour l'*observateur à deux dimensions*, la déformation que nécessite le retournement ne peut être sensible. Il en est de même de la déformation d'une portion de sphère qui changerait la concavité en convexité, comme quant on retourne un gant à l'envers.

Pour la courbure des surfaces, j'appellerais courbure moyenne *des sections principales* la quantité

$$\frac{1}{2\pi}\int_0^{2\pi}\Big(\frac{\cos^2\varphi}{\rho}+\frac{\sin^2\varphi}{\rho'}\Big)d\varphi=\frac{1}{2}\Big(\frac{1}{\rho}+\frac{1}{\rho'}\Big).$$

Mais par *courbure de la surface*, je pense qu'il faut toujours entendre ce qu'entendait Gauss, le produit $\frac{1}{\rho}\cdot\frac{1}{\rho'}$. L'expression est maintenant consacrée par l'usage [9].

Je vous quitte, dans l'espoir de continuer prochainement notre entretien géométrique, et en vous priant d'agréer l'assurance de mes sentiments les plus dévoués.

J. Hoüel

2.19 Lettre de De Tilly à Hoüel du 14 juillet 1871

Bruxelles, le 14 juillet 1871.

---

6. [DT9]. Voir aussi le document 2.192.
7. Voir le paragraphe 1.2.7 et [BGT98, p. 114].
8. À cette page, De Tilly écrit :

> « On pourrait dire que le plan jouit d'une d'une autre propriété fondamentale que ne possède pas la pseudosphère, le retournement. On répondra que le retournement n'est jamais nécessaire dans la géométrie plane ; on l'emploie quelquefois pour démontrer rapidement l'égalité de deux figures, mais cette égalité peut toujours se démontrer autrement. » [DT8, p. 35]

Voir aussi le document 2.192.

9. Dans sa note [DT8], De Tilly appelle « courbure moyenne » d'une surface la courbure de Gauss.

Monsieur,

Je saisis le premier moment de loisir pour répondre en détail aux observations contenues dans votre excellente lettre du 6.

Sur la question des pseudosphères, j'ai vu avec plaisir que vous trouvez encore des points importants dans ma petite brochure [1], dont j'ai puisé cependant les éléments dans le travail de M. Beltrami et dans le vôtre. Vous me parlez pour la première fois des objections de M. Genocchi. S'il se borne, comme vous le dites, à prétendre « que Beltrami n'a nullement démontré l'existence d'une surface pseudosphérique indéfinie, sur laquelle deux lignes géodésiques ne puissent se couper en plus d'un point », il pourrait bien être dans le vrai (sans que je veuille trancher la question), mais s'il croit infirmer par là la conclusion que vous avez tirée du travail de Beltrami en ce qui concerne l'impossibilité de démontrer le postulatum d'Euclide, son erreur est manifeste.

Je m'explique : dans la proposition qui d'après M. Genocchi n'a pas été démontrée, il y a d'abord une partie de trop, c'est la condition relative à l'intersection unique de deux lignes géodésiques. Une pseudosphère quelconque aura la même géométrie que l'une des pseudosphères de révolution dont j'ai parlé dans ma note. Or dans ces pseudosphères il n'existe qu'une seule ligne géodésique entre deux points « ce que l'on voit [⋆] en amenant ces deux points sur une même ligne géodésique méridienne par le glissement d'une portion de surface qui les contient ».

M. Genocchi doit donc se borner à prétendre « que Beltrami n'a pas démontré l'existence d'une pseudosphère indéfinie » et par le mot *indéfinie* j'entends *indéfinie dans tous les sens comme le plan*. Si je ne considère que les pseudosphères de révolution, M. Genocchi est dans le vrai ; elles sont limitées à un parallèle maximum. En est-il autrement pour d'autres pseudosphères ? Je suis tenté à priori de croire que non, sans pouvoir l'affirmer [2], et la question d'ailleurs n'a pas pour moi une importance capitale, car pour prouver l'indémontrabilité du postulatum je n'ai pas besoin d'une pseudosphère indéfinie dans tous les sens. Il me suffit qu'elle n'ait pour limite qu'une ligne déterminée telle que le parallèle maximum. En effet une construction servant à démontrer le postulatum ne peut jamais être indéfinie par elle-même ; elle ne peut que se composer d'une suite indéfinie de constructions limitées, de plus en plus grandes, correspondant chacune à une hypothèse dont on voudrait montrer la fausseté, et dès lors les constructions « devant [⋆⋆] dans chaque hypothèse possible, être limitées on pourrait toujours les commencer sur la pseudosphère en un point assez éloigné du parallèle maximum pour qu'elle ne puissent jamais arriver jusqu'à ce parallèle. »

Éclaircissons par un exemple. Pour démontrer que la somme des angles d'un triangle vaut 2^D, on suppose qu'elle puisse s'exprimer par $2 - x$ et on cherche à établir que $x = 0$. À cet effet on prouve que toute valeur *déterminée* de x, autre que 0, conduirait, après un nombre *limité* de constructions à une absurdité. Je suppose qu'on y soit parvenu dans le plan. Prenant alors un triangle pseudosphérique, je dis que la somme de ses angles ne pourra pas non plus être représentée par $2 - x$ quel que soit x. Pour le prouver, j'attribue provisoirement à x, comme dans le plan, une valeur déterminée. Pour cette valeur spéciale de x, je recommence d'abord les

1. [DT8].

⋆. page 10 (35).

2. En 1901, Hilbert démontrera qu'il n'existe aucune surface de l'espace euclidien dont la géométrie est susceptible de représenter celle du plan hyperbolique en entier : D. Hilbert, Über Flächen von constanter Gaußscher Krümmung, *Trans. Amer. Math. Soc.* 2, 1901, p. 87-99.

⋆⋆. page 11 (36).

constructions dans le plan sur un triangle ayant les mêmes côtés ; elles doivent, par hypothèse, être limitées, et montrer l'absurdité de la valeur $2 - x$ dans le plan ; je calcule ensuite la plus grande dimension D de la figure plane en fonction des côtés du triangle primitif, par les formules non-euclidiennes, mais en attribuant à M sa valeur correspondant à ma pseudosphère ; D étant connu, je fais glisser le triangle pseudos[phérique] par flexion vers le haut de la pseudosphère jusqu'à ce que sa distance minima au parallèle maximum soit plus grande que D. Alors seulement je répète sur la pseudosphère la construction plane ; elle s'y fera dans les mêmes conditions ; sa plus grande dimension sera D et par suite elle prouvera l'absurdité de l'hypothèse actuelle $2 - x$ sur la pseudosphère avant d'arriver au parallèle maximum. La même chose pouvant se dire de toute autre valeur de x, on voit que la démonstration se fait sans qu'il soit nécessaire de disposer d'une étendue illimitée dans tous les sens.

J'observe encore que si M. Genocchi, non content de prétendre que M. Beltrami n'a pas démontré l'existence de pseudosphères indéfinies, parvenait de son côté à démontrer l'impossibilité de pareilles pseudosphères, cela ne changerait absolument rien à ma manière de voir. En effet il ne peut pas y arriver a priori ; car cela reviendrait à trouver une contradiction dans notre géométrie plane non euclidienne, et cette contradiction devant toujours finir par apparaître dans une construction déterminée et limitée, on pourrait comme ci-dessus, la faire apparaître aussi sur la pseudosphère de révolution (à moins qu'il n'emploie les 3 dimensions ; alors il aurait démontré l'axiome XI et toute discussion ultérieure deviendrait oiseuse).

Il n'y arriverait donc que dans la géométrie ordinaire, c'est à dire en admettant d'avance le postulatum. Mais alors les non-euclidiens conserveraient le droit de supposer a priori qu'il y a des pseudosphères indéfinies (c'est à dire des surfaces indéfinies ayant pour géométrie celle des pseudosphères euclidiennes), parmi lesquelles le plan ; et lorsqu'ils admettraient momentanément les conséquences du postulatum pour en réfuter la démonstration, ils n'auraient plus besoin de pseudosphères indéfinies, comme on l'a vu plus haut.

Je suis d'ailleurs parfaitement d'accord avec vous en ce qui concerne l'emploi des coordonnées curvilignes, le mot *coordonnées* étant pris, bien entendu, dans son sens le plus général. Dans ce sens c'est aussi par des coordonnées curvilignes que j'ai traité la question.

Vous me demandez si l'objection à laquelle je réponds au bas de la page 10 (35) ne peut pas être écartée en disant qu'on admet la pseudosphère comme déformable et que pour l'observateur à deux dimensions (?) la déformation que nécessite le retournement ne peut être sensible... Je m'étais arrêté là d'abord dans la lecture et, me mettant à réfléchir, je me disais qu'on pourrait évidemment écarter l'objection de cette manière *si l'on admettait la pseudosphère comme déformable en dehors d'elle-même jusqu'au retournement complet*. Puis je pensai au cas plus simple d'une portion de sphère. Alors seulement, reportant les yeux sur le papier, je vis que la fin de votre phrase correspondait à ma pensée... « Il en est de même de la déformation d'une portion de sphère qui changerait la concavité en convexité, comme quand on retourne un gant à l'envers. » C'est tout à fait cela. Mais êtes vous bien sûr qu'on puisse retourner une portion de sphère comme un gant sans qu'il y ait extension, contraction, etc, pendant le retournement ? Si vous me démontrez cela, je serai d'accord avec vous et même je trouverai alors que votre manière d'écarter l'objection vaudrait mieux que la mienne parce qu'elle compléterait l'analogie entre le plan et les surfaces à courbure constante négative.

Mais si au contraire il faut admettre que pendant le mouvement les lignes aient changé de longueur bien qu'elles soient revenues à leurs longueurs primitives à la fin du[†] mouvement, il me semble que l'habitant de la surface ne peut plus dire que la déformation nécessaire au retournement n'a pas été sensible pour lui ; tandis que pendant toute la durée d'un glissement les lignes restent constantes de longueur et aucune déformation n'est sensible pour l'habitant de la surface.

Votre explication deviendrait donc alors plus compliquée, *bien qu'elle pût encore être exacte malgré les altérations de longueurs pendant le retournement.*

J'attendrai que je connaisse exactement votre pensée d'une manière plus précise avant d'entrer dans plus de détails à ce sujet.

Je vous enverrai bientôt un nouvel exemplaire de ma démonstration *perfectionnée* de la ligne droite et du plan. Mais je voudrais, dans l'Introduction, toucher à la question de l'invariabilité des formes, que j'admets dans cette démonstration, et sur laquelle nous sommes plus près de nous entendre que vous ne semblez le croire.

J'arrive donc de nouveau à cette grande question de l'invariabilité. Mais je dois forcément être long : l'espace et le temps vont me manquer ; *je remets cela à demain*, et je me borne à vous dire aujourd'hui que *j'entends les infiniment petits absolument comme vous*, ce qui ne m'empêche pas, pour les raisons que je vous détaillerai, de comprendre l'invariabilité d'un système infiniment petit.

M. Lamarle[3], à qui j'ai prêté toutes les brochures de Géom. Philosoph. que vous avez bien voulu m'envoyer, me charge de vous dire que, bien qu'il n'ait pas l'avantage d'entretenir des relations directes avec vous, il se félicite de vous voir reprendre vos travaux.

J'ai commencé à m'occuper des recherches pour le Bulletin[††]. J'ai repris au 1er juin 1871.

Connaissez-vous l'ouvrage de Mousson intitulé : Die Physik auf Grundlage der Erfahrung. Erster Band : Allgemeine und molecular-Physik[4]. Cela me parait mériter une traduction.

En attendant que je puisse vous envoyer la fin de mes observations dans une lettre qui, j'espère, suivra celle-ci de près, je vous prie, monsieur, d'agréer la nouvelle assurance de mes sentiments de respectueuse sympathie.

Jh. De Tilly

16 juillet.

P. S. J'ouvre ma lettre pour vous faire des excuses au sujet d'un fait bien indépendant de ma volonté, si toutefois il s'est produit. Lorsque je vous écrivis pour la première fois une lettre de 8 pages, je la présentai au bureau des postes où l'on me dit que l'affranchissement ordinaire suffisait. Je pris ce fait pour base dans la suite, en divisant toutes mes communications en portions de 8 pages et je ne me donnai plus la peine de les présenter au bureau. Hier cependant j'éprouvai un doute, heureusement, car on me prévint qu'il fallait un affranchissement double, sans doute à cause de la densité de ce papier. Mais comme je ne suis pas sûr de celui que j'ai employé jusqu'à présent, il se peut bien que vous aie envoyé déjà des lettres insuffisamment affranchies. S'il en était ainsi, je vous prierais de vouloir bien agréer mes

†. ~~retour~~

3. Ernest Lamarle (1806-1875) est, entre 1838 et 1871, professeur de constructions civiles à l'Université de Gand [EG32, p. 8].

††. le~~s~~ Bulletin~~s~~

4. Albert Mousson (1805-1890) a publié la seconde édition de cet ouvrage en trois volumes à Zürich chez Schulthess entre 1871 et 1875.

excuses. D'ailleurs si un fait pareil se produisait, je vous serais obligé de vouloir bien m'en prévenir, soit pour les lettres, soit pour les brochures.

2.20 Lettre de De Tilly à Hoüel du 22 juillet 1871

Bruxelles, le 22 juillet 1871.

Monsieur,

Je n'ai pu reprendre immédiatement la plume, comme je l'espérais. Je vous disais, je crois, à la fin de la lettre que je vous ai envoyée dimanche, qu'en ce qui concerne le principe de l'invariabilité nous sommes bien près d'être d'accord et nous différons plutôt dans la forme que dans le fond. Je résume de nouveau mon système : La Géométrie ayant pour but la mesure de l'étendue, son étude suppose a priori qu'il y ait, dans l'étendue indéfinie, quelque chose de mesurable. L'élément le plus simple de l'espace que l'on puisse considérer comme mesurable est, soit la longueur d'une ligne, soit la distance de deux points. L'une de ces idées implique l'autre, car, si les longueurs sont mesurables, on peut imaginer la plus courte de toutes les lignes entre deux points (cette ligne la plus courte ne fût-elle pas unique), et la prendre comme mesure de la distance. Si au contraire c'est la distance qui est conçue a priori, on pourra considérer la longueur d'une ligne quelconque comme la limite d'une somme de distances très petites. Ainsi

A. DEMANDE. On admet a priori que les longueurs de lignes et par conséquent les (plus courtes) distances des couples de points soient mesurables, c'est à dire comparables entre elles.

B. DEFINITION. On dit qu'un système de points est invariable lorsque les distances des couples de points restent constantes.

C. DEMANDE. Bien qu'un système de points soit invariable dans le sens de la définition qui précède, on peut 1° déplacer le système 2° le déplacer de manière à faire décrire à l'un de ses points une trajectoire déterminée[⋆], 3° le déplacer en laissant un et même deux points immobiles.

Avec cela, on peut continuer sans aucun postulat nouveau. Maintenant en quoi votre système diffère-t-il du mien ? Tout simplement en ce que, au lieu de détailler ce qu'il faut admettre, vous le présenter en bloc. Mais ma demande A est contenue dans la vôtre, car vous dites (page 59 de l'Essai critique) « nous constatons que certains corps nous présentent toujours des *dimensions*... que nous jugeons être les mêmes [1]. » Parmi ces dimensions sont bien certainement comprises les distances entre les couples de points et si vous jugez qu'elles sont les mêmes, c'est que vous admettez qu'elles sont comparables d'une manière quelconque. Ailleurs vous êtes encore plus explicite. Page 14, lignes 1 et 2 inf : « sans qu'aucun de ses éléments,

⋆. cela peut se faire de plusieurs manières, mais cette considération est inutile ici.

1. Le passage complet auquel De Tilly fait référence est le suivant :

> « (...) nous constatons que certains corps, ceux surtout qui offrent au toucher le plus de résistance, nous présentent toujours, de quelque manière qu'on les déplace, des dimensions et des configurations que nous jugeons être les mêmes, c'est-à-dire qui, appréciées d'après le mouvement de l'œil, en tenant compte de l'éloignement plus ou moins grand, nous causent des impressions toujours identiques. Nous donnons à ces corps le nom de *corps solides*. » [H36, p. 59]

distances mutuelles ou angles, change de grandeur [2] ». Mais là vous demandez trop. Il est inutile de parler des angles et par suite d'essayer de les définir. Dans votre dernière lettre encore vous dites : « Nous appelons invariable de forme le corps qui cause toujours la même impression sur la partie de nos sens qui nous sert à apprécier le mouvement, la *grandeur*, etc. » Ainsi vous admettez que l'on puisse, d'une manière quelconque, apprécier la grandeur. Plus loin dans cette même lettre vous dites que votre idée de l'invariabilité contient comme cas particulier celle de l'invariabilité de la distance de deux points. Moi j'en détache cette dernière idée, qui permet alors de définir le reste en termes géométriques. Mais quant à la manière de vérifier d'après Bolyai l'égalité de distance, elle renferme une pétition de principe quand on la considère d'une manière absolue (nous sommes d'ailleurs d'accord sur ce point).

En résumant donc, ma demande A est contenue dans la vôtre, mais dès lors celle-ci est trop complexe, car il ne faut emprunter au témoignage des sens que le moins de notions possibles et laisser le reste au raisonnement, or, la demande A admise, tout le reste peut *se définir* en termes géométriques. Je ne dis pas *se démontrer*. Une autre raison pour scinder le principe de l'invariabilité, c'est qu'en l'admettant nous pouvons être dans le vrai pour l'une de ses parties et dans le faux pour l'autre *aux yeux d'êtres d'une nature supérieure à la nôtre*. En effet, supposons que l'être dont parle Helmholtz et qui habite la surface d'une ellipsoïde [3] ait établi une géométrie analogue à celle du plan, de la sphère, ou de la pseudosphère. En quoi serait-il dans l'erreur *aux yeux de l'homme*? Pour la demande C seulement, mais pas pour la demande A.

Enfin une dernière raison c'est qu'en subdivisant votre demande en deux *dont la seconde s'exprime en termes géométriques*, je ne m'enlève pas absolument tout espoir de déduire un jour cette seconde demande de la première (quoique cela paraisse bien difficile), tandis que toute proposition indéfinissable doit être considérée a fortiori comme indémontrable. En supposant même que l'on ne puisse pas arriver à démontrer le principe C, peut-être construira-t-on une géométrie indépendante de ce principe comme on l'a fait pour celui des parallèles, mais elle ne sera indépendante que du §C et non pas du §A. Du moins cette dernière hypothèse serait au dessus de mon intelligence.

Parmi les matériaux que l'on devrait mettre en oeuvre pour arriver, soit à démontrer le principe C, soit à s'en passer, figurerait sans doute en première ligne la géométrie des systèmes infiniment petits, dont l'admission réduit en quelque sorte la géométrie des lignes finies à une question de calcul intégral. Mais comme l'énonciation de ce fait dans mon avant-dernière lettre vous a porté à croire que je faisais de la métaphysique, *tandis que j'entends les infiniment petits exactement comme vous*, je vous dois à ce sujet quelques développements.

Considérons un système quelconque de points et dans ce système deux points α et β dont je représenterai la plus courte distance par $\alpha\beta$ (le principe A est admis, bien entendu, sinon il n'y aurait plus de géométrie pour moi). Supposons que, le système se déplaçant (chaque point isolément), α et β viennent en α' et β'. Soit

2. Dans son commentaire sur la construction permettant de placer, à partir d'un point donné, une droite égale à une droite donnée, Hoüel affirme : « Cette proposition est devenue, pour les auteurs modernes, un cas particulier d'une demande plus générale que tous font, au moins tacitement, savoir : *Qu'une figure peut être transportée d'une manière quelconque dans son plan, ou plus généralement, dans l'espace, sans qu'aucun de ses éléments, distances mutuelles ou angles, change de grandeur.* » [H36, p. 14] Voir la note 8 de la lettre 2.17.

3. Voir la note 1 de la lettre 2.18.

$\alpha\alpha'$ le plus grand des deux plus courts chemins $\alpha\alpha'$ et $\beta\beta'$.

La variation subie par $\alpha\beta$ pourra se comparer à la grandeur primitive de cette distance ou bien au déplacement. Par rapport à sa grandeur primitive, soit $\frac{\pm(\alpha\beta-\alpha'\beta')}{\alpha\beta} = v$, et V la plus grande valeur de v pour tout le corps. Par rapport au déplacement, soit $\frac{\pm(\alpha\beta-\alpha'\beta')}{\alpha\alpha'} = v'$ ** et V' la plus grande valeur de v' pour tout le corps. Si l'on † admettait le principe de l'invariabilité on pourrait, pour chaque système de points, pour chacune des trois espèces de mouvement de ce système, et pour chaque valeur du déplacement maximum, rendre $V + V'$ nul ; en n'admettant pas ce principe, on peut cependant rendre cette quantité minima, et nous supposerons que le mouvement s'effectue de cette manière.

Cela posé, que l'on fasse converger à la fois vers zéro la plus grande dimension du système primitif et le plus grand des déplacements analogues à $\alpha\alpha'$ et je dis que $V + V'$, et par conséquent toutes les valeurs de v et de v', convergeront en même temps vers zéro. Voilà ce que j'exprime dans un langage laconique, mais symbolique, en disant :

« Si un système de dimensions infiniment petites subit un déplacement infiniment petit, la variation de chacune de ses dimensions peut être rendue infiniment petite 1° par rapport à cette dimension 2° par rapport au déplacement » et, dans un langage plus laconique, mais plus symbolique encore :

« Dans les systèmes infiniment petits, le principe de l'invariabilité est vrai ».

Il va sans dire que, pour le moment, je ne démontre pas ce principe ; la démonstration rigoureuse en serait peut être fort longue et j'ai malheureusement trop d'occupations plus urgentes. Je me borne à démontrer que *l'on peut comprendre l'énoncé du principe*, ce qui vous paraissait douteux.

Le principe lui-même n'est d'ailleurs pour moi qu'une extension (conforme aux résultats de Riemann, Helmholtz et Beltrami de ce qui existe en géométrie ordinaire dans les espaces à deux dimensions ; là en effet la surface se confond sur une étendue infiniment petite (passez-moi le mot eu égard à l'explication qui précède) avec une surface à courbure constante osculatrice et tant que le déplacement est aussi infiniment petit il revient au même de le considérer dans la surface donnée ou dans la surface osculatrice. On pourrait même remplacer cette dernière par le plan tangent. On voit donc qu'il y a, en tous cas, une grand différence entre le principe de l'invariabilité des systèmes quelconques, et celui des systèmes infiniment petits (c'est à dire ce même principe à la limite) : Admettre le premier serait attribuer à l'espace les propriétés des surfaces à courbure constante de la géométrie usitée ; admettre le second n'est que lui attribuer les propriétés des surfaces quelconques de cette même géométrie.

Si le principe de l'invariabilité était admis à la limite, on en déduirait l'existence de lignes droites et de plans *à la limite, en raisonnant d'abord sur des systèmes finis*, d'où toute la géométrie de l'infiniment petit, et comme les angles des systèmes infiniment petits sont des angles finis, on se trouverait armé de la notion de l'angle pour attaquer les systèmes finis. Si, au contraire on admet sans démonstration l'invariabilité des systèmes finis dans le sens qui lui a été attribué ci dessus, la notion de l'angle ne doit venir que plus tard.

Agréez, monsieur, la nouvelle assurance de mes sentiments de respectueuse sympathie.

Jh. De Tilly

**. Les deux quantités v et v' sont positives.

†. ~~n'a~~

2.21 Lettre de Hoüel à De Tilly du 28 juillet 1871

Bordeaux, le 28 juillet 1871.

Monsieur,

J'ai reçu vos deux excellentes lettres et les ai lues et relues avec le plus vif intérêt. Seulement je vous avouerai que je ne saisis pas encore très-bien la possibilité de traiter l'infiniment petit avant le fini, non plus que l'idée par laquelle vous débutez, celle de plus courte distance, placée antérieurement à celle d'invariabilité de forme. La seule manière dont je puisse parvenir à comprendre la géométrie est fondée uniquement sur l'expérience, et sur une expérience réalisable avec une approximation indéfinie.

Je définis *distances égales*, $AB = A'B'$ deux distances telles qu'un corps solide, faisant office de compas, puisse avoir ses mêmes points α, β appliqués d'abord sur A, B, puis sur A', B'. Qu'est-ce que donc, me direz-vous, qu'un corps solide ? Je n'en sais rien, et n'en puis rien savoir. Mon intime conviction est que toute définition précise d'un corps solide, autre que la vague notion physique que chacun en conçoit en naissant, renferme nécessairement un cercle vicieux, de quelque manière qu'on la retourne [1]. Je *demande* qu'on me l'accorde *ohne Weiteres* [2], comme disent les Allemands, avant que je puisse commencer mes explications ; sinon, je serai forcé de définir *unum per idem* [3].

Cela accordé, tout le reste s'ensuit, et l'on construit peu à peu l'édifice géométrique. On démontre que les cordes inscrites dans un arc de cercle donné font entre elles des angles compris entre des limites d'autant plus petites que l'arc est plus petit. On dit alors qu'un arc de cercle infiniment petit se comporte (avec une approximation indéfinie) comme une ligne droite ; puis on étend cette propriété à un arc d'une quelconque des courbes qui sont définies au moyen de fonctions continues. Mais c'est alors seulement, *après* avoir étudié les grandeurs finies, qu'on a le droit de parler d'infiniment petits. Le calcul des infiniment petits est fondé sur les limites des valeurs moyennes de rapports ou de sommes de quantités réellement existantes, c'est-à-dire *finies* ; car il n'y a qu'une seule espèce de quantités au monde : les quantités finies. Tout ce que l'on me dira des quantités infiniment petites, qui ne sera pas fondé sur l'étude des quantités finies, sera pour moi un mystère incompréhensible [4].

Il est bien vrai que ma *demande* préliminaire est beaucoup plus compréhensive que la vôtre. Mais comment définir la vôtre, sans indiquer un moyen de vérification expérimentale, et comment faire cette vérification sans posséder un corps invariable (ligne ou volume, peu importe) ? On aura toujours à concevoir en quoi consiste l'invariabilité de ce compas. Vous dites qu'il est invariable quand les distances mutuelles de tous ses points le sont. Qu'est-ce maintenant qu'une distance invariable ? Il faut un nouveau compas pour s'en assurer. Et ainsi de suite. Remarquez que le compas peut être l'une des figures AB, $A'B'$ elles-mêmes.

1. Voir la note 8 de la lettre 2.17.
Poincaré donnera une solution psycho-génétique de cette question dans son mémoire sur les fondements de la géométrie [Poi98]. Voir [Nab10].
2. C'est-à-dire « sans aller chercher plus loin ».
3. L'un par le même.
4. Hoüel utilise le même mode d'exposition dans son cours de calcul infinitésimal [H55].

En définitive, la définition de l'égalité des espaces est absolument de même nature que celle de l'égalité des temps. On peut seulement, à l'aide de nouvelles demandes, ramener cette dernière à la première. Mais il y a toujours là des choses inabordables à l'esprit humain, qui se retrouve à l'extrême limite de son domaine. Aussi faut-il prendre bravement son parti d'ignorer la source de nos idées sur l'espace et le temps. Nous posons des hypothèses, indiquées par le bon sens et l'expérience ; puis nous bâtissons la science sur ces fondements, reste à vérifier aussi souvent que possible que les conséquences continuent à s'accorder avec les faits.

Autre difficulté : l'invariabilité des distances mutuelles des points d'un système répond-elle bien à notre notion expérimentale de solidité, qui implique l'identité des impressions sous le rapport de la grandeur et sous celui de la forme ? C'est là un théorème de géométrie à démontrer et qu'on démontre, en effet, plus tard. Ce ne peut donc être un principe. Autrement, s'amuserait-on à démontrer que deux triangles sont égaux quand ils ont les trois côtés égaux chacun à chacun ?

Il m'est donc absolument impossible de faire un pas dans la géométrie si l'on me refuse d'admettre la notion de solidité. C'est plus tard que j'en démêlerai les éléments, en considérant à part les distances mutuelles et les angles. Mais il faut que l'on m'accorde la possibilité du transport d'un système, dans lequel tout ce qui est mesurable et appréciable sous le rapport de la grandeur et de la forme reste identique à lui-même, et j'entends ici par mesurable ce qui produit sur nos sens telle ou telle impression de grandeur. Il s'agit de mesurer au toucher et au coup-d'oeil. Ce sont là les fondements exprimentaux de la géométrie, qui y est contenue tout entière. L'étude ultérieure ne consiste qu'à démêler et classer les faits admis ainsi en bloc. Je sais bien qu'aux yeux d'un métaphysicien la géométrie perdrait par là *en dignité*. Mais pour nous qui n'avons pas grande confiance dans cette science de l'a priori, nous croyons, au contraire, que la géométrie gagne d'autant plus en solidité qu'elle dégage plus nettement ses bases de la science des entités.

Le raisonnement syllogistique, employé dans toutes les démonstrations des mathématiques, peut être assimilé à un outil, qui ne crée pas la matière, et qui ne fait que la façonner. Nous sommes nécessairement contraints *d'admettre*, comme résultat de l'expérience, toute la *matière géométrique*, si je puis m'exprimer ainsi. Nous la façonnons ensuite en théorèmes et en relations diverses. Il n'est donc pas étonnant que notre axiôme initial et fondamental soit extrêmement compréhensif, puisqu'avec trois ou quatre autres, d'importance secondaire, il doit constituer *toute la géométrie*. Ainsi la logique pure, tout aussi bien que l'étude attentive des faits, nous montre qu'il faut nécessairement placer en tête de la géométrie un vaste principe qui contienne presque toute la science. Vouloir créer des faits par le raisonnement, c'est un problème identique à celui du mouvement perpétuel ; c'est vouloir créer du travail sans force.

Fonder une science concrète, comme celle de l'espace, sur la considération de l'infiniment petit, avant d'avoir étudié le fini, c'est-à-dire sur la considération de la quantité *variable* avant d'avoir étudié la quantité constante, me semble d'une impossibilité tout aussi radicale. Je ne sais absolument rien sur les infiniment petits que ce que j'ai appris au moyen des quantités finies.

Au lieu de cela, on doit commencer par poser une ou plusieurs hypothèses, par en tirer les conséquences, jusqu'à ce qu'on en sache assez pour aborder la considération de l'infiniment petit. Alors cette considération pourra servir de nouvel outil pour mettre en œuvre la matière contenue dans les hypothèses. Mais l'emploi de l'infiniment petit au début même de la science (en tant que science concrète) me paraît tout à fait inadmissible.

Dans les calculs de Riemann, de Helmholtz, de Beltrami, on ne fait pas autre chose, en réalité. On part d'une hypothèse exprimée par une formule différentielle, et l'on en déduit les conséquences. Mais cette marche est précisément l'inverse de celle que l'on est obligé forcément de suivre, lorsqu'on étudie la science concrète directement, en partant d'expériences réelles. L'hypothèse de l'invariabilité est déjà comprise tout entière dans celle de la correspondance de cette formule différentielle avec la réalité concrète. Enfin l'idée de l'invariabilité de l'élément infiniment petit n'est pas du tout plus simple que celle de l'invariabilité d'une distance quelconque : au contraire, elle est compliquée de l'idée de limite de rapport, que n'implique pas la considération de la distance finie.

Il me semble donc que c'est d'un autre côté qu'il faut se tourner pour chercher la manière la plus convenable de poser les bases de la géométrie. On est privé ainsi de la satisfaction de tout expliquer, et l'on a, au contraire, le désagrément de tout admettre en bloc, et de n'avoir plus que la besogne du triage à faire. Mais je crois que c'est une loi générale de toutes les connaissances humaines.

Je vous remercie de l'indication que vous me donnez d'un nouvel ouvrage sur la physique générale. Je vous prierai seulement de me compléter les indications bibliographiques, pour que je puisse les insérer dans le *Bulletin*.

Pourriez-vous nous faire un petit article, de deux ou trois pages, par exemple, sur la nouvelle édition de l'Histoire des Mathématiciens belges par M. Quetelet[5] ? Ce sujet intéresserait certainement nos lecteurs.

Quant à ce que je vous disais au sujet du *retournement* des surfaces uni-convexes, on peut s'en faire une idée très nette, en supposant la portion de surface formée par un tissu de fils parfaitement élastiques, qui reprendraient exactement, après la déformation, leurs longueurs primitives. L'habitant à deux dimensions sentirait une secousse quelconque pendant la déformation ; mais après tout lui semblerait complètement remis en place. Je ne crois pas d'ailleurs qu'on puisse retourner une portion de sphère sans la déformer momentanément, par altération des éléments linéaires. Mais on le peut en rétablissant ensuite les longueurs de ces éléments. Il me semble que dans le cours de cette déformation, la surface doit passer à un certain instant par l'état de surface plane ou développable. Mais je serais fort embarrassé de le démontrer.

Je suis heureux que M. Lamarle veuille bien apprécier les efforts que j'ai faits pour vulgariser les idées des géomètres philosophes. L'approbation d'un mathématicien aussi éminent est pour moi un puissant encouragement.

Je m'empresse de vous dire que toutes vos lettres et tous vos envois me sont parvenus complètement affranchis. Soyez assez bon, je vous prie, pour me prévenir s'il n'en était pas toujours ainsi des miens.

Permettez-moi de vous adressez encore une demande : c'est de vouloir bien m'envoyer votre photographie, pour la joindre à celles qu'on bien voulu me donner mes divers correspondants scientifiques. Si je dois être encore longtemps privé du plaisir de faire votre connaissance personnelle, j'aurais du moins la compensation de regarder votre image dans mon album[6].

5. A. Quételet, *Histoire des sciences mathématiques et physiques : chez les Belges*, C. Muquardt, Bruxelles, 1871.

6. À la date de cette lettre, la photographie s'est largement démocratisée notamment grâce à André Adolphe Eugène Disdéri (1819-1889). En 1854, il dépose à Paris un brevet pour la « carte de visite ». Un appareil à quatre objectifs permet alors de prendre simultanément huit photographies d'environ $6,5 \times 11$ cm. Chacune de ces photos de la taille d'une carte de visite, montée ensuite sur un carton, se vendait autour de 5 francs soit moins de la moitié du prix d'un portrait ordinaire. La venue dans la boutique

Je vous prie, en attendant, de vouloir bien accepter la mienne ci-incluse.

Veuillez agréer, Monsieur, l'assurance de mes sentiments de haute estime et de sincère dévouement.

J. Hoüel

2.22 Lettre de De Tilly à Hoüel du 7 août 1871

Bruxelles, le 7 août 1871.

Monsieur,

Je suis bien en retard avec vous, mais j'ai consacré toute la semaine dernière à un travail urgent qui devait être terminé samedi. Maintenant je vous promets qu'à moins de circonstances tout à fait imprévues, et sauf mes leçons et l'impression de mon cours [1] qui ne peuvent subir d'interruption, je m'occuperai exclusivement à partir d'aujourd'hui de votre *Bulletin*, auquel je m'intéresse beaucoup, bien que je ne vous en aie pas encore fourni de preuve.

La confection de la première liste m'occupera encore quelques jours, parce que j'ai dû combiner une méthode de recherches telle que rien ne puisse m'échapper et que ces recherches me prennent cependant à l'avenir le moins de temps possible, quitte à m'en prendre un peu plus la première fois. Je suis en effet arrivé à ce résultat que, moyennant un jour de travail par mois, je vous renseignerai régulièrement et complètement sur tout ce qui paraîtra en Belgique. Mes premières listes contiendront aussi des ouvrages étrangers et même français parce que cela ajoute peu à ma besogne, mais je vous prierai de me signaler les renseignements à supprimer comme vous étant tout à fait inutiles.

Pour ce qui concerne la question de l'invariabilité, nous sommes d'accord sur beaucoup de points ; en désaccord sur quelques autres ; je crois que ce désaccord peut persister, au moins en partie, malgré toutes les explications, parce qu'il peut provenir de la nature différente des esprits ; tel esprit peut s'accomoder d'un certain axiome ; tel autre peut préférer un axiome différent dans la forme, sans que l'on puisse dire que l'un des deux se trompe. Voici cependant trois observations importantes sur votre lettre du 28 juillet.

1° Je vous accorde que l'on ne puisse pas traiter l'infiniment petit avant le fini, mais je ne l'ai jamais fait. Vous allez trop loin lorsque vous *semblez dire* qu'on ne peut pas chercher les relations qui existent entre les infiniment petits avant de connaître complètement celles qui existent entre les quantités finies correspondantes. Il suffit d'avoir prouvé que des relations qui existent entre ces quantités finies. Si les termes qui restent inconnus dans les relations convergent vers zéro en même temps que les quantités elles mêmes, on obtiendra les relations entre les infiniment petits sans passer par celles qui existent entre quantités finies. Par exemple si l'on essaie, dans une surface absolument quelconque, de faire mouvoir une figure en la déformant le moins possible, si l'on appelle A et A' les deux longueurs de la ligne qui a le plus varié ($A > A'$) et si l'on pose $\frac{A}{A'} = 1 + x$, on ne voit aucun moyen

du photographe des personnalités de premier plan attise l'engouement du public. Toutefois, l'essentiel de l'activité de Disdéri se situe entre 1854 et 1870 car le succès de son entreprise commence à faiblir quelques années plus tard lorsqu'il éprouve des difficultés à maintenir son train de vie somptuaire et en même temps à concurrencer la production à bon marché dont il a inauguré le commerce. Les portaits se vendent bien moins chers et un grand nombre d'ateliers proposent les mêmes services.

1. Il s'agit probablement de son cours d'artillerie [DT11].

de déterminer ce rapport dans le fini, et cependant si l'on fait diminuer indéfiniment les dimensions de la figure mobile, ainsi que le déplacement, on aura à la limite $\frac{A}{A'} = 1$, parce qu'alors on *démontre* que la surface ne s'écarte de son plan tangent que de quantités négligeables par rapport aux dimensions mêmes du système considéré. Je conviens parfaitement, d'ailleurs, pour répondre à un autre passage de votre lettre, que l'hypothèse de l'invariabilité des systèmes infiniment petits est déjà comprise tout entière dans la correspondance de la formule différentielle de Riemann, Helmholtz et Beltrami avec la réalité concrète et que par suite, dans votre système on ne saurait attacher aucun sens géométrique réel à leurs idées. Je vous dirai encore à ce sujet que ce matin, en faisant mes recherches pour votre *Bulletin*, j'ai trouvé parmi plusieurs mémoires assez récents du géomètre anglais Cayley un *Mémoire de géométrie abstraite*[2]. Je n'ai pu que le parcourir très rapidement, et il m'a semblé que, se plaçant à un point de vue au moins aussi analytique que celui de R. H. et B., il n'avancera guère notre géométrie réelle. Mais on peut toutefois puiser des idées.

2° Je vous accorde aussi que l'axiome adopté doit être fondé, non seulement sur l'expérience, mais sur une expérience réalisable avec une approximation indéfinie. « Comment définir votre demande ? » dites vous, « sans indiquer un moyen de vérification expérimentale, et comment faire cette vérification sans posséder un corps invariable, *ligne* ou volume, peu importe ? » C'est peut-être ici le noeud de la difficulté. Je ne vois pas qu'il me faille un corps invariable, même une ligne déjà matérialise ma pensée, je ne vois pas qu'il me faille un fil *rigide* ; il me suffit d'un fil inextensible. Or l'idée de rigidité implique l'idée d'inextensibilité et encore quelque chose de plus.

La comparaison des longueurs au moyen d'un fil flexible et inextensible est réalisable avec une approximation aussi indéfinie que la comparaison des distances au moyen de votre compas solide, et si l'on me demandait ce que c'est qu'un fil flexible et inextensible je répondrais comme vous je n'en sais rien et n'en puis rien savoir. Mais l'avantage capital, selon moi, de l'idée du fil inextensible, c'est qu'elle est encore légitime dans certains espaces où celle du corps solide ne l'est plus.

3° Il faut dites-vous « que l'on m'accorde la possibilité du transport d'un système dans lequel tout ce qui est mesurable est appréciable... reste identique à lui-même. » Encore une fois, vous demandez trop ; il me suffit à moi que les distances[†] restent constantes. J'admets que tout le reste change. Je démontrerai plus tard qu'il n'en est rien, mais je n'ai pas besoin de cette considération au début. J'aurai soin de rédiger mon mémoire sur la ligne droite et le plan de manière à ce qu'il ne reste pas de doute pour vous sur ce dernier point.

Faites moi le plaisir de réfléchir encore à tout cela ; j'y réfléchirai beaucoup de mon côté, car je sais par expérience combien je suis loin d'être infaillible. Examinez bien surtout si, par votre système, vous ne prenez pas vis à vis de moi la position que prennent vis à vis de nous deux certains géomètres euclidiens. Je ne parle pas de ceux qui démontrent tout, mais bien de ceux qui, tout en considérant avec nous le postulatum d'Euclide comme une vérité expérimentale, ne veulent cependant pas entendre parler de notre géométrie abstraite. Que nous disent ils en effet ? que le postulatum d'Euclide est pour eux une conséquence nécessaire, absolue, de l'idée

2. A. Cayley, A Memoir on Abstract Geometry, *Philosophical Transactions* CLX, 1870, p. 51-63 ou *The Collected Mathematical Papers of Arthur Cayley*, volume 6, p. 456-469. Ce mémoire de Cayley apparaît dans la liste communiquée à Hoüel par De Tilly dans sa lettre du 29 août 1871 (voir la lettre 2.23).

†. ~~longueurs~~

même qu'ils se font de la ligne droite⋆ ; qu'ils empruntent en bloc à l'expérience les notions de droite, de plan et de parallèles. Ils demandent qu'on leur accorde tout cela, *ohne weiterer*[3], avant qu'ils puissent commencer leurs explications. Et que leur répondons-nous ? que nous préférons distinguer, parce que l'admission préalable de certaines notions permet de définir, si pas de démontrer les autres, et parce que dans cet ensemble de principes, il peut y avoir des parties rigoureusement vraies et d'autres seulement approximatives ; qu'il peut aussi y avoir des parties indispensables à l'édification d'une science et d'autres qui ne le sont pas.

Les mêmes raisons peuvent exister dans la question de l'invariabilité.

J'espère (quoique nous ne soyons pas tout à fait voisins), que nous pourrons un jour discuter verbalement nos idées respectives sur les premiers fondements de la géométrie. Deux heures de discussion nous avanceraient plus qu'une longue correspondance, bien que j'aie beaucoup appris dans vos excellentes lettres, dont je ne saurais assez vous remercier. Vos objections et vos réflexions philosophiques m'ont obligé à rendre plus précises des idées qui n'existaient chez moi qu'à l'état d'intuition vague, et si un jour j'écrivais le résumé de mes idées sur les fondements de la science, je devrais y introduire la copie textuelle de plusieurs passages de vos lettres, qui sont entièrement conformes à ma pensée et que je ne saurais rédiger aussi bien. L'accord est parfait entre nous sur les principes philosophiques : nous ne différons que dans la manière de les appliquer.

Nous sommes aussi d'accord, et complètement cette fois, sur le retournement des surfaces. Je crois, comme je le disais déjà dans ma lettre précédente, que votre idée est juste ; mais je trouve la mienne plus simple ; le retournement n'est jamais nécessaire.

Vous me demandez un article de deux ou trois pages sur l'Histoire des mathématiciens belges par M. Quetelet. Je le ferai ; mais vous ne pourrez pas l'insérer au Bulletin, à moins qu'une nouvelle lecture ne modifie l'impression défavorable que cet ouvrage m'a laissée. Si mon impression ne se modifie pas, la note que je vous enverrai en sera la justification, car j'aurai besoin de justifier à vos yeux une appréciation qui vous paraîtra sans doute légère et présomptueuse de ma part.

Je suppose que vous entendez par « nouvelle édition » les deux volumes intitulés : Histoire des sciences mathématiques et physiques chez les Belges, Bruxelles, 1864 et Histoire des sciences mathématiques et physiques chez les Belges au commencement du XIXme siècle, Bruxelles, 1866[4].

Je voudrais savoir aussi si vous avez ces volumes sous la main. Si vous ne les avez pas, je vous les enverrai en communication, afin que vous puissiez vérifier si j'apprécie bien. Il est nécessaire aussi pour cela que vous possédiez l'Histoire des Mathématiques par Bossut[5].

J'ai reçu avec un vif plaisir votre photographie, que je me proposais d'ailleurs de vous demander. Je vous envoie la mienne.

Agréez, monsieur, l'assurance de mes sentiments de respectueuse sympathie et de sincère dévouement. Jh. De Tilly

⋆. Je copie cela dans une lettre que m'écrivait un euclidien très distingué, qui refusait d'examiner mon mémoire de Mécanique abstraite, pour lequel l'Académie de Bruxelles l'avait nommé commissaire.

3. *Sic.*

4. De Tilly ne semble pas au courant de la réédition de l'ouvrage de Quételet. Voir la note 5 de la lettre 2.21.

5. C. Bossut, *Essai sur l'histoire générale des mathématiques*, Louis, Paris, 1802 ou C. Bossut, *Histoire générale des mathématiques, depuis leur origine jusqu'à l'année 1808*, F. Louis, Paris, 1810.

2.23 Lettre de De Tilly à Hoüel du 29 août 1871

Anvers, le 29 août 1871.

Monsieur,

Je vous envoie ce que j'ai pu réunir de renseignements. Cette première liste est fort incomplète ; cela tient, d'une part à ce que l'une des bibliothèques les plus riches de Bruxelles est fermée pendant « les vacances », c'est-à-dire du 9 août au mois d'octobre ; d'autre part à ce que j'ai dû, depuis ma dernière lettre, faire passer des examens. Je le prévoyais en vous écrivant, mais j'espérais terminer ma liste avant de les commencer, ce qui n'a pas eu lieu. Or vous savez comme moi qu'on est plus bon à rien le soir quand on a interrogé des élèves pendant toute une journée. J'ai fini cette corvée le 24 ; j'ai dû partir le surlendemain, étant envoyé en mission, et c'est d'Anvers que je vous écris aujourd'hui.

J'espère que, grâce à ces explications, vous me pardonnerez d'avoir fait si peu de besogne. D'ailleurs ce qui est différé n'est pas perdu, c'est à dire que j'ai tenu bonne note des recueils que je n'ai pu compulser. C'est aussi eu égard au manque de temps qu'il † faut me pardonner de ne vous envoyer que des titres, sans analyse, et sans traduction pour ceux qui ne sont pas écrits en français. Plus tard, j'espère pouvoir faire davantage.

Ceci posé, voici les titres d'une partie des ouvrages reçus par nos bibliothèques depuis le 1er janvier 1871 :

a. ouvrages publiés en Belgique,
α. en dehors des recueils périodiques.

A. Quetelet, Anthropométrie ou mesure des différentes facultés de l'homme, Bruxelles, 1871 in 8°.

F. Folie, Note sur l'extension des théorèmes de Pascal et de Brianchon aux courbes planes et aux surfaces du 3me ordre ou de la 3me classe, Liège, 1871 in 8°.

Falisse (V) et Graindorge (J), Traité d'Algèbre élémentaire, Liège, 1871.

Clément (Ch), Fluidométrie, Arlon, 1870 in 8°.

Catalan (Eug), Application de l'algèbre au code civil, 2me éd Bruxelles 1871.

Lambert (Th), Eléments de géométrie, Namur, 1869.

Libert, Notions élémentaires de géométrie descriptive (ligne droite et plan), Bruxelles 1871.

Grashof, Etudes sur le mouvement permanent des gaz dans les canaux et les tuyaux de conduite, Traduction avec notes par L. Pérard, Liège et Paris, 1870 in 8°.

Catalan (Eug), Cours d'Analyse de l'université de Liège : Algèbre, Calcul différentiel, 1ere partie du Calcul intégral.

Graindorge, Sur quelques intégrales définies, Paris, 1870.

β. dans les recueils périodiques.
Académie royale de Belgique.
Mémoires des membres t. XXXVIII 1871.

Essai sur quelques questions de mécanique physique par M. Steichen.

Considérations sur l'étude des petits mouvements des étoiles par M. Houzeau.

Mémoire sur une transformation géométrique et sur la surface des ondes par M. Catalan.

---

†. ~~me~~

Sur une propriété des déterminants fonctionnels et son application au développement des fonctions implicites par M. Gilbert.

Bulletins t. XXXI 1871.

Sur l'équation de Riccati par M. Catalan.

b. Hollande

Baehr, Sur le mouvement de l'oeil, Amsterdam,1871 in 8°

c. Suisse

Mousson, Die Physik auf Grundlage der Erfahrung 1ster Band Allgemeine und molekular Physik 2te Auflage Zurich 1871.

d. Angleterre

Monthly notices of the royal astronomical society, London 1868 t. XXVIII.

The annual parallax of Sirius deduced from north polar distances observed with the transit circle of the royal observatory, cape of good hope 1856-1863 by Cleveland Abbe.

Some remarks on the value of the solar parallax as deduced from the parallactic inequality in the earth's motion by E. J. Stone.

On the phenomena which a very extended swarm of meteors coming from space presents after its entry into the solar system by M. Hoek. director of the observatory of Utrecht.

On the rejection of discordant observations by Stone.

A rediscussion of the observations of the transit of Venus 1769 by E. J. Stone.

t. XXIX

Note of the transit of Venus in 1874, and an exact determination of those points in the earth's surface at which internal contact are most accelerated and retarded by parallax. With an addendum referring to the possibility of determining the solar parallax by by the same sort of observations in 1874 as were made in 1769 by Richard A. Proctor.

On some points connected with the rediscussion of the observations of the transit of Venus 1769 by E. J. Stone.

On some effects of the comparative clinging of the limb of Venus to that of the sun in the transit of 1874 as compared with that of 1882 by E. J. Stone.

Note on the attraction of ellipsoids by prof. Cayley.

Note on the problem of determination of a planet's orbit from three observations by Cayley

Note on Lambert's theorem for elliptic motion by Cayley.

Note on the sun's motion in space and on relative distances of the fixed stars of various magnitude by Richard A. Proctor.

On the graphical construction of the umbral or penumbral curve at any instant during a solar eclipse by prof. Cayley.

On the geometrical theory of solar eclipses by prof. Cayley.

On a property of the Stereographic projection by id.

Memoirs of the royal astronomical society, tome XXXVIII 1871

On a determination of the orbit of a planet from three observations by prof. Cayley

Philosophical transactions 1870

A memoir on abstract geometry by prof. Cayley.

On the proof of the law of errors of observations By Morgan W. Crofton.

Proceedings of the royal society N°123.

On linear differential equation by Russell.

On Jacobi's theorem respecting the the relative equilibrium of a revolving ellipsoid of fluid and on Ivory's discussion of the theorem by Todhunter.

On the theory of continual beams by Heppel.

Remarks on M. Heppel's theory by M. Rankine.

e. Portugal

Jornal de sciencias mathematicas physicas e naturaes publicare sob os auspicios da academis real das sciencias de Lisboa.

A astronomica moderna e a questão das parallaxes sideraes par Henrique de Barros Gomes.

f. Italie

Memorie dell'Accademia della Sciense dell'Instituto di Bologna, tome IX, 4^{m} fasc. 1870.

Beltrami, Ricerche sulla geometria delle forme binarie cubiche.

Atti dell'Accademia poulificia de'nuovi Lincei 1870.

Condizioni algebriche a finie di ottenire la compensazione termometrica nei barometri per qualunque dei sistence atti a produrla par V. Volpicelli.

Su la teorica generale delle superficie par Mainardi.

Formula generale per la variazione del tono prodotto dal modo del corpo sonoro e dall'ascoltatories corollari di questa formula e considerazioni sul modo col quale credersi potersi spiegare lo spostamendo delle righe di Fraunhofer nello speltro del sole, a motivo del suo moto rotatorico, par Volpicelli.

Il est bien possible que vous soyez mieux au courant que moi de ce qui parait dans les revues étrangères et que tout ce qui précède ne puisse pas vous servir à grand'chose. Dans le doute, je vous l'envoie. Il ne me reste en fait de noter que le contenu très intéressant du Journal de Crelle 1871, mais pour ne pas retarder encore l'envoi de cette lettre déjà si tardive, j'en ferai l'objet d'une autre qui suivra celle-ci de très près.

Veuillez agréer, monsieur, l'expression de mes sentiments de respectueuse sympathie.

Jh. De Tilly
marché au boeufs, 9, Gand
(jusqu'au 9 septembre).

2.24 Lettre de Hoüel à De Tilly du 31 août 1871

Thaon (par Creully, Calvados), le 31 août 1871.

Monsieur,

Je vous aurais remercié plus tôt de l'envoi de votre photographie, ainsi que de votre intéressante lettre, si je n'avais pas été, pendant tout ce mois, absorbé par les examens du baccalauréat [1], puis dérangé par le voyage que je fais chaque année, avec ma famille, dans mon pays natal. Me voilà maintenant installé à la campagne pour deux mois entiers, et j'espère y trouver le temps de faire un peu de géométrie.

Je vous suis on ne peut plus reconnaissant du concours que vous voulez bien donner à notre *Bulletin*. Vous connaissez la forme et l'étendue des articles qui ont paru jusqu'ici, et vous voyez en même temps combien sont larges les limites entre lesquelles le rédacteur peut se mouvoir. La seule règle (qui n'est peut-être pas aussi scrupuleusement observée que nous le voudrions), c'est de proportionner autant que possible la longueur d'un article à l'importance de l'ouvrage. D'autre part, tout ce qui intéresse les mathématiques pures, et même appliquées, rentre dans notre cadre. Nous n'avons trouvé jusqu'ici aucun collaborateur qui s'occupât spécialement de mécanique. Vous nous rendriez un grand service en comblant cette lacune.

Si j'osais me permettre de vous indiquer une tâche, je vous prierais de nous analyser les travaux de l'Académie de Bruxelles, Bulletins et Mémoires, les Bulletins à partir de janvier 1870 (voir le n° de septembre de notre Bulletin, p. 281-282) ; les Mémoires pourraient être repris de plus haut. Vous y trouveriez l'occasion de nous donner l'analyse de vos propres travaux, ce que vous pourriez faire d'autant plus à votre aise que les articles de comptes-rendus ne sont pas signés. Vous pourrez aussi nous renseigner sur ce qui paraît en Hollande.

Connaissez-vous le Traité de Mécanique rationnelle de H. Laurent, qui a paru l'année dernière à Paris [2] ? Nous aurions besoin d'un article sur cet ouvrage. J'avais prié un de mes collègues de s'en charger; mais je crains que son amour pour les étoiles filantes ne lui en ôte la mémoire. [†]

Si vous ne pensez pas pouvoir faire sur les deux volumes de M. Quetelet un article *insérable*, cela prouve que le meilleur compte rendu que nous puissions faire de cet ouvrage est de le passer sous silence. J'ai eu le livre entre les mains, et j'y ai lu quelques anecdotes; mais je ne l'ai jamais étudié assez pour en porter un jugement quelconque, et vous avez tous les éléments qui me manquent pour l'apprécier sûrement. J'avais cru voir dans les catalogues de librairie l'annonce d'une nouvelle édition d'un de ces volumes. Lors même que nous ne parlerions pas de ce livre dans le Bulletin, je n'en suis pas moins curieux de connaître vos critiques, qui me mettront à même de lire le livre avec plus de profit. Il ne serait pas mal, cependant, que la presse scientifique avertit de temps en temps les demi-dieux qu'ils participent encore aux faiblesses de l'humanité. Faites toujours votre article; nous verrons ensuite ce que nous en ferons.

Je viens de voir dans le *Zeitschrift* de Schlömilch la *Recension* d'un ouvrage qui me semble intéressant pour les études que vous faites avec tant de fruit, et que je suis avec tant d'intérêt. Il est intitulé : Abhandlungen aus dem Grenzgebiete der Mathematik und Philosophie. Von J. C. Becker. Zürich, Druck und Verlag von Fr. Schulthess 1870.

Il est question quelque part, dans le compte rendu de cet ouvrage, de la nécessité d'invoquer, pour fonder la géométrie, l'intuition (Anschauung), sans laquelle

1. Une des principales tâches des professeurs des facultés des sciences et des lettres consiste en la collation du grade de bachelier : « Quand vous m'avez écrit, j'étais occupé par les examens, qui forment en France la tâche principale des professeurs de Faculté. Ce n'est pas la nouvelle loi qui diminuera ce mal ! » (Lettre de Hoüel à Mittag-Leffler du 29 septembre 1875, IML)

2. H. Laurent, *Traité de mécanique rationnelle à l'usage des candidats à la licence et à l'agrégation*, Gauthier-Villars, Paris, 1870.

†. À cet endroit figure trois mots illisibles certainement de la main de De Tilly.

un pur esprit ne saurait définir la gauche et la droite, ni expliquer pourquoi le même gant ne peut pas servir aux deux mains [3].

Il me semble qu'il faudra établir plus nettement, entre l'analyse et la géométrie, la distinction que je commence maintenant à entrevoir entre un algorithme abstrait et la possibilité d'en faire usage dans une application quelconque à la réalité. On peut ainsi imaginer des nombres complexes à plusieurs indices, $a + bi_1 + ci_2 + \cdots$; puis assujettir les opérations algébriques, exécutées sur ces nombres, à des conditions quelconques ; par exemple à ce que l'on ait $x + (y + z) = (x + y) + z$, ou à ce que l'on ait $x \times y = y \times x$, etc. On peut aussi construire autant d'algèbres *imaginaires,* plus ou moins simples, que l'on voudra. D'autre part, on peut construire un algorithme géométrique, comme celui des équipollences de Bellavitis, et choisir, parmi toutes les algèbres imaginaires, celle qui s'accorde avec cet algorithme réel. C'est aussi ce qui a lieu pour les quaternions d'Hamilton. Tout ce que je veux tirer de cette comparaison, c'est que l'analyse a un champ illimité, et qu'elle peut se plier à tout, moyennant des conventions convenables, tandis que la réalité concrète est beaucoup plus rebelle. Il importerait donc de bien distinguer, dans les fondements de la géométrie, ce qui doit être nécessairement emprunté au concret et à l'*Anschauung*, et ce qui n'est que de l'analyse déguisée.

Je ne vois pas trop [††], je vous l'avoue, ce que l'on gagnerait à séparer l'inextensibilité d'un fil de sa rigidité. Car si le fil est flexible, vous serez obligé de le rendre rigide en le tenant tendu. Maintenant il faudra voir si l'idée d'invariabilité d'une seule dimension suffit pour établir l'invariabilité dans les trois dimensions.

Quant aux infiniment petits, leur calcul est absolument le même que celui des quantités finies, si ce n'est que l'on abrège, en ne calculant pas les termes qui satisfont à certaines inégalités. En posant $\frac{A}{A'} = 1 + x$, si vous n'avez pas besoin de calculer la valeur de x, il faut du moins avoir les moyens de vérifier si $x < \varepsilon$. Or pour cette vérification, le procédé est un, que ε soit fini ou infiniment petit. Il faut pouvoir montrer que x *peut* être *égal* à une *partie* d'un *tout*, lequel est *égal* à ε. Je vous dirai, en passant, que je ne considère la notion d'*inégalité* comme complètement et nettement définie, que lorsque celle d'*égalité* l'est déjà.

---

3. Hoüel se réfère au passage suivant (*Literaturzeitung der Zeitschrift für Mathematik und Physik* 15, 1870, p. 93-94) :

> « In Nr. 1 wird die Natur des Raumes nach den Ansichten von Kant und Gauss besprochen und dabei an eine Bemerkung des Letzteren angeknüpft, welche folgendermassen lautet (II. Bd. S 177. der Werke) : "Dieser Unterschied zwischen rechts und links ist... in sich völlig bestimmt, wenn wir gleich unsere Anschauung des materiellen Unterschiedes Anderen nur durch Nachweisung an wirklich vorhandenen materiellen Dingen nachweisen können. Beide Bemerkungen hat schon Kant gemacht ; aber man begreift nicht wie dieser scharfsinnige Philosoph in der ersteren einen Beweis für seine Meinung dass der Raum nur Form unserer äusseren Anschauung sei, zu finden glauben konnte, da die zweite so klar das Gegentheil und dass der Raum unabhängig von unserer Anschauungsart eine reelle Bedeutung haben muss beweiset." (...) Rechte und linke Hand z. B. haben dieselben Bestandteile in gleicher Anordnung (auf den Daumen folgt allemal der Zeigefinger u. s. w.) ; wer also (wie Hegel) die Anschauung ignorirt und mit dem Begriffe Alles construirt zu haben glaubt, müsste demnach beide Hände für identisch erklären und den rechten Handschuh über die linke Hand ziehen können ; in der That besteht aber die Verschiedenheit, dass die Anordnung der gleichen Bestandtheile nach zwei entgegengesetzten Richtungen geht, und Das lässt sich durch keinen Begriff, sondern einzig und allein durch Anschauung erkennen. »

††. Ici, De Tilly a inscrit « Phrase à répondre ».

Je vous quitte, espérant recevoir bientôt de vos nouvelles. Veuillez agréer l'assurance de mes sentiments bien sincèrement dévoués.

J. Hoüel

2.25 Lettre de De Tilly à Hoüel du 2 septembre 1871

Gand, le 2 7bre 1871.

Monsieur,

Comme je le disais à la fin de ma dernière lettre, il ne me reste, en fait de Notes sur les publications parues en 1871, que le contenu du Journal de Crelle. Je le transcris ci-après ; si c'est un travail perdu, il n'est pas grand.

1ster Heft.

Ueber die Entwicklung analytischer Functionen in Reihen, die nach gegebenen Fonctionen fortschreiten, von Frobenius.

Ueber die pendelnde Bewegung einer Rugel unter dem Einflusse der inneren Reibung des umgebenden Mediums, von Herrn Meyer in Breslau.

Ueber einfache singuläre Punkte linearer Differentialgleichungen, von Pochhammer.

Notiz über die Herleitung der Hypergeometrischen Differentialgleichung, von Pochhammer.

Zusatz zu dem Aufsatze « Ueber einige Sätze von Steiner und ihren Zuzammenhang mit der zwei und zweigliedrigen Werwandschafts der Grundgebilde ersten Grades » von Eduard Weyr in Prag.

Ueber den Ausdruck des Tetraeders durch die Coordinaten der Eckpunkte von R. Baltzer in Giessen.

2 Heft.

Ueber diejenigen rationalen Substitutionen welche eine rationale Umkehrung zulassen, von Herrn Rosanes in Breslau.

Ueber die Druckkräfte welche auf Ringe wirksam sind, die in bewegte Flüssigkeitstauchen, von Boltzmann in Graz.

Ueber Relationen zwischen hypergeometrischen Integralen n^{ter} Ordnung, von Pochhammer.

Vibrationen einer Ringes in seiner Ebene von Hoppe.

Bemerkungen zu dem Aufsatze des Herrn Bischoff über die Tangenten algebraischer Curven in 56ten Bande dieses Journals, von Herrn Gundelfinger in Tübingen.

Verallgemeinerung einiger Theoreme des Herrn Aronhold von Gundelfinger in Tübingen.

Geometrische Theoreme (Bruchstücke aus den hinterlassenen Papieren von C. G. J. Jacobi mitgetheibt durch Herrn Hermes).

3te Band.

Die Jacobische Erzeugungsweise der Flächen zweiten Grades von Herrn Hermes.

Ueber eine Darstellung des Kreisbogens, des Logarithmus und elliptischen Integrales erster Art durch unendlicher Producte, von Herrn Ludwig Seidel in München.

Note sur la surface du quatrième ordre donnée de seize points singuliers et de seize plan singuliers par Cayley à Cambridge.

Notiz zu dem Aufsatze : Beweis, dass eine für jeden reellen Werth von x durch eine trigonometrische Reihe gegebene Function $f(x)$ sich nur auf eine einzige Weise in dieser Form darstellen lässt, von G. Cantor in Halle.

Veuillez agréer, monsieur, l'assurance de mes sentiments de respect et de sympathie.

Jh. De Tilly
marché aux boeufs, 9, Gand,
jusqu'au 11 septembre.

2.26 Lettre de De Tilly à Hoüel du 3 septembre 1871

Gand, le 3 7bre 1871.

Monsieur,

Je reçois à l'instant votre lettre du 31. Elle aura croisé la mienne du 30, et je vous ai écrit encore hier 2 7bre. Je vous réponds au galop, et sans trop savoir si la lettre vous parviendra, car l'adresse que vous me donnez parait incomplète.

Vous aurez vu par ma lettre du 30 que nous avons subi à peu près les mêmes empêchements : examens, puis voyage. Seulement, je vous envie vos deux mois de vacances.

La proposition que vous me faites d'analyser les travaux de l'Académie de Bruxelles me convient particulièrement, par suite de la circonstance que voici : l'Académie elle-même m'a condamné à faire l'analyse de tout ce qu'elle a publié en fait de Mathématiques pures depuis sa fondation et ce travail considérable doit être terminé le 1er mars prochain [1]. De cette analyse générale, je vous détacherai autant d'analyses spéciales que vous voudrez. Il y a, comme vous le verrez, des choses bien intéressantes dans les publications de l'Académie de Bruxelles, et quelques unes sont peu connues.

Je connais le traité de Mécanique rationnelle de M. Laurent, et je vous dirai qu'un examen rapide m'en a fait concevoir une opinion favorable. Je veux bien l'analyser, mais je regrette de devoir poser une condition qui entraînera un retard, c'est que cela puisse rentrer dans le cadre de mon grand travail d'analyse.

Voici comment : J'ai divisé mon travail en grands chapitres : 1° Analyse pure 2° Géométrie pure 3° Analyse appliquée à la Géométrie 4° Mécanique rationnelle... etc. [†] Or avant de traiter chacune de ces parties, je devrai les réétudier dans leur ensemble, et pour chacune d'elles je devrai choisir un auteur. Par exemple j'ai choisi Bertrand pour le Calcul infinitésimal et ses applications géométriques ; j'espère que son 3me volume paraîtra avant que j'aie fini les deux premiers [2]. Rien ne m'empêche de choisir Laurent pour la Mécanique rationnelle, sans à voir ailleurs les parties qui n'y seraient pas suffisamment développées, alors je vous en ferai une analyse sérieuse. Mais remarquez bien que je ne puis m'occuper de Mécanique rationnelle qu'en 4me lieu.

La Mécanique étant une partie spéciale, j'accepte volontiers *en principe* de faire l'analyse des œuvres nouvelles qui paraîssent sur cette branche, mais *en fait* le

1. [DT15].

†. ~~Pour~~

2. L'ouvrage de Bertrand ne comporte que deux volumes : *Traité de calcul différentiel et de calcul intégral*, Calcul différentiel, Gauthier-Villars, Paris, 1864 & Calcul intégral, intégrales définies et indéfinies, Gauthier-Villars, Paris, 1870.

temps me manque. Je *dois* faire paraître en février le 1er volume d'un Cours d'Artillerie qui comprendra 1000 pages de texte et 1000 dessins [3] ; en mars mon Rapport sur les travaux de l'Académie, et je suis déjà pris à partir du 1er mars pour rédiger une conférence militaire [4] assez étendue [⋆].

Ma position est très délicate ; je dois avoir soin de faire autant de travaux militaire que d'autres, afin de ne pas pouvoir être soupçonné d'exploiter ma position militaire pour m'occuper d'objets étrangers au service.

Quant à M. Quetelet, je crois en effet que vous pourriez passer son ouvrage sous silence. Je ne m'étonne pas que vous y ayez lu des anectodes. Il n'y a presque que cela. Voici le résumé du résumé que je pourrais faire de cet ouvrage (que je n'ai pas sous les yeux en ce moment) :

« Si l'on supprime tous les mathématiciens peu connus dont M. Quetelet se borne à raconter la vie, sans indiquer les titres sérieux qu'ils pourraient avoir à la reconnaissance de la postérité, il en reste cinq ou six, réellement illustres, qui sont effectivement ceux auxquels M. Quetelet propose, vers la fin de son livre, d'élever des statues. Or si dans la biographie de ces six hommes, on supprime encore tout ce qui est vague ou peu important, comme on devrait le faire dans un compte rendu, il reste pour ainsi dire la copie textuelle de ce qu'en dit *Bossut*. À partir de l'époque où s'arrête Bossut, le livre de Mr Q. devient plus vague encore et ne donne plus, selon moi une idée exacte du mouvement scientifique de notre pays. Une analyse en serait d'ailleurs inopportune au moment où l'Académie va publier l'analyse complète de ses travaux. De plus, pour qui sait lire entre les lignes, cette dernière partie du livre ressemble à une glorification des travaux de l'auteur. La géométrie pure y domine jusqu'en 1830, et depuis, l'observation des phénomènes périodiques. M. Quetelet, absorbé comme votre collègue par les étoiles filantes, ne daigne pas lire, j'en suis presque sûr, les travaux réellement scientifiques, et dès lors il ne peut les résumer que pour les hommes du monde. »

Tout ceci entre nous, car M. Quetelet est un brave homme, à qui il ne faut pas faire de peine.

Veuillez agréer, monsieur, l'assurance de mes sentiments sympathiques et dévoués

Jh. De Tilly
marché aux boeufs 9 Gand jusqu'au 11 7bre.

2.27 Lettre de Hoüel à De Tilly du 24 septembre 1871

Thaon (par Creully, Calvados), le 24 septembre 1871.

Mon cher Monsieur,

Pardonnez si j'ai tant tardé à vous remercier de vos deux lettres du 2 et du 3 de ce mois, et des renseignements précieux que vous m'envoyez. J'ai eu la visite de mon ami Bourget [1] au commencement de ce mois, et cela a interrompu com-

3. [DT11].

4. Il s'agit probablement d'une première version de [DT31].

⋆. J'oubliais de dire que j'ai à publier 3 mémoires relatifs à mon cours sur les app. de la M. à l'artil., tirage des voitures, Balistique, cerclage des canons, plus un mémoire de géométrie sur la droite et le plan. Je reviendrai sur l'invariabilité.

1. Il s'agit de Justin Bourget (1822-1887). Voir la note 3 de l'Introduction.

plètemente toutes mes écritures, sauf pour quelques travaux que nous avons faits ensemble [2].

Je commence par vous exprimer, en mon nom comme en celui de notre rédacteur en chef, combien nous vous serons reconnaissants de vouloir bien nous aider de votre collaboration. Le *Bulletin* publiera l'année prochaine, sur sa couverture, la liste de ses collaborateurs effectifs : vous voudrez bien, j'espère, consentir à nous appartenir à titre officiel [3].

J'avoue que je me sens effrayé par la liste des travaux que vous avez dû entreprendre, et qui doivent être achevés dans un si bref délai. Mais heureusement nos articles du *Bulletin* ne sont pas des ouvrages de longue haleine, et, en profitant de vos moments perdus, vous trouverez bien l'occasion de nous rédiger quelques petits articles. Nous accepterions de grand coeur des articles touchant un peu à l'art militaire, pourvu que ce ne se fût pas de la pratique pure.

Notre intention est de nous diviser le travail relatif aux publications périodiques. Naturellement nous comptons sur vous pour les publications belges. Vous avez pu voir quelle est la forme que nous adoptons (autant que possible) pour les analyses de journaux et de Mémoires académiques. Nous tâchons d'indiquer en quelques lignes, lorsque le sujet s'y prête, le contexte de chaque Mémoire. C'est ce que nous devons faire surtout pour les journaux qui contiennent des travaux de premier ordre comme le *Journal de Crelle-Borchardt*, les *Mathematische Annalen*, etc. Nous vous prions donc de vouloir bien nous envoyer l'analyse des Bulletins de l'Académie de Bruxelles pour les années 1870 et 1871. Vous n'oublierez pas de donner quelques détails sur vos travaux qui y sont insérés [4].

Je connais deux volumes de la Société royale de Liège. En a-t-il paru un troisième ?

Vous nous obligeriez beaucoup aussi si vous nous aidiez pour les publications hollandaises, parmi lesquelles il y a en d'importantes au point de vue astronomique.

Je vous remercie beaucoup de ce que vous m'apprenez sur les gros volumes publiés par M. Quetelet. D'après cela, comme ce savant a droit à notre reconnaissance pour ses travaux d'autrefois, le mieux qu'il y ait à faire, c'est peut-être de passer le livre sous silence, en indiquant seulement les nouvelles éditions dans la liste des livres nouveaux qui termine nos fascicules.

Je vous quitte, de peur de manquer l'heure du courrier, et en me proposant de reprendre bientôt notre entretien.

Votre bien dévoué
J. Hoüel

2.28 Lettre de De Tilly à Hoüel du 2 octobre 1871

Bruxelles, le 2 8bre 1871.

Mon cher Monsieur,

Je suis très honoré de l'offre que vous me faites de m'inscrire parmi les collaborateurs officiels du *Bulletin des sciences mathématiques* et j'accepte cette offre, tout

2. Le catalogue des travaux de Hoüel ne comporte pas de travail effectué en commun avec Bourget.
3. À la page 6 du tome 4 du *Bulletin* publié en 1873 est inséré une « liste des collaborateurs du Bulletin pendant les trois premières années » dans laquelle De Tilly apparaît parmi 22 collaborateurs.
4. [DT24].

en exprimant la crainte de ne pas pouvoir répondre aussi complètement que je le voudrais à ce que vous attendez de moi. J'analyserai les publications périodiques belges et hollandaises, ainsi que les ouvrages importants. Je commencerai par les Bulletins de l'Académie, années 1870 et 1871. Parmi les ouvrages dont je devrai vous parler se trouveront naturellement les Mémoires de la société des sciences de Liège. La collection de ces mémoires comprend plus de deux volumes. Je ne les ai pas sous la main, mais je sais qu'il y a deux séries, dont la première comprend au moins quatre volumes et la seconde au moins trois. Vous aurez vu probablement les deux premiers volumes de la deuxième série [1].

Par *astronomie*, vous entendez sans doute l'astronomie mathématique, car je dois avouer que j'ouvre rarement les gros volumes et mémoires remplis de chiffres dont M. Quetelet et d'autres nous gratifient périodiquement. Je vois du reste (pages 156, 157 et 163) du Bulletin, que vous ne donnez pas à ce genre de travail une importance exagérée.

Puisque vous avez l'intention de diviser la besogne entre vos collaborateurs et que je serai chargé des publications belges et hollandaises, je ne m'occuperai plus d'annoter le contenu des autres publications ; toutefois, pour que le Bulletin soit aussi complet et aussi bien renseigné que possible, je désire que vous vous assuriez qu'il n'existe pas dans nos bibliothèques bruxelloises de recueil dont aucun de vos collaborateurs n'aurait connaissance. C'est peu probable, mais ce n'est pas impossible. À cet effet je vous enverrai les listes des ouvrages périodiques que les principales bibliothèques de Bruxelles reçoivent régulièrement et je vous prierai de m'indiquer

1° Les ouvrages périodiques belges ou hollandais que vous connaîtriez et qui ne figureraient pas dans mes listes.

2° Les ouvrages périodiques d'autres pays que la Belgique et la Hollande, inscrits dans mes listes, et qu'aucun autre collaborateur ne pourrait se procurer facilement (hypothèse peu probable, je le répète).

Interrompant pour un instant l'analyse des cent cinquante cinq volumes de Mémoires et Bulletins de l'Académie de Bruxelles, j'ai lu l'ouvrage remarquable publié par M. Flye Ste Marie, capitaine de l'artillerie française sous ce titre : Etudes analytiques sur la théorie des parallèles, Paris, Gauthier Villars, 1871 [2]. L'auteur recherche ce que devient la géométrie analytique dans l'hypothèse non-euclidienne en adoptant comme coordonnées d'un point dans un plan la longueur de la normale menée de ce point à un horicycle fixe et la distance, comptée sur l'horicycle, du pied de cette normale à un point fixe ; comme coordonnées d'un point dans l'espace, la longueur de la normale menée de ce point à une horisphère fixe et les coordonnées horisphériques du point de cette normale analogues aux coordonnées rectangles de la géométrie usitée. Des conventions convenables sont faites sur les signes.

En employant ce mode de représentation l'auteur arrive, par des calculs assez compliqués dont je n'ai pas vérifié les détails, mais dont je n'ai aucune raison de suspecter l'exactitude, à un système complet de géométrie analytique, rem-

1. Les *Mémoires de la Société royale des sciences de Liège* sont publiés depuis 1843. La première série s'achève en 1866. Les deux premiers tomes de la deuxième série sont publiés en 1866 et 1867. La parution des *Mémoires* a des aléas puisque le troisième tome ne paraîtra qu'en 1873. Les deux premiers tomes de la seconde série comportent essentiellement des mathématiques (3 articles sur les 5 pour le tome 1, le deuxième tome étant consacré à des travaux de Catalan).

2. [Fly70].
De Tilly fera une analyse de cet ouvrage pour le *Bulletin* [DT13].

plaçant la géométrie analytique ordinaire et composé de formules plus simples et plus élégantes qu'on n'eut pu le supposer a priori. Je dois dire encore que M. Flye n'emprunte aucun résultat à ses devanciers : il établit d'abord la géométrie des triangles infiniment petits, puis la relation simple qui existe entre deux arcs d'horicycles terminés à deux normales communes ; le calcul des variations lui donne alors l'équation de la ligne droite ; [†] cette équation trouvée, la géométrie analytique plane n'offre plus d'autre difficulté que celle qui résulte de la complication des calculs, et l'auteur est remarquablement apte à la vaincre.

Il suit dans l'espace une marche analogue à celle du plan. De sa géométrie, il déduit aisément la trigonométrie, dont il se sert pour résoudre quelques problèmes de géométrie analytique relatifs aux angles. Il s'occupe aussi, accessoirement, des rectifications, aires et volumes.

En résumé, on peut dire que la géométrie analytique non-euclidienne à 2 et à 3 dimensions est faite ; cette partie du livre est digne d'éloges sans restrictions [3]. Mais je suis d'avis que l'auteur eût dû en rester là, car lorsqu'il essaie (pages II, III, 32 à 34, 37, 66 à 69, 102) de prouver que le postulatum d'Euclide n'est pas une conséquence des autres axiomes de la géométrie, ses raisonnements me paraissent bien sujets à caution. Je crois qu'il est dans le vrai en ce qui concerne le fait énoncé, mais les preuves qu'il en donne me semblent insuffisantes. J'appelle votre attention sur ce livre. Je tiens à savoir si vous en jugez comme moi.

Ne pourrait on pas rendre exacte l'idée vague et incomplète que voici :

« Toute démonstration du postulatum par une figure à trois dimensions pourrait être transformée, par les procédés de la géométrie descriptive, en une démonstration plane » ? (C'est une réflexion qui me vient ; cela n'est pas dans le livre)

Quant au chapitre complémentaire (pages 103 et suivantes) dans lequel l'auteur traite des axiomes antérieurs à la question des parallèles, je n'ai qu'un seul mot à en dire : la démonstration de l'existence du plan est exacte *en admettant tout ce qui précède*, mais ce qui précède laisse [††] à désirer.

Veuillez agréer, mon cher Monsieur, l'assurance de mes sentiments de respectueuse sympathie et de sincère dévouement,

Jh De Tilly

2.29 Lettre de De Tilly à Hoüel du 28 octobre 1871

Bruxelles, le 28 8bre 1871.

Mon cher monsieur,

Je vous envoie enfin l'analyse du Tome XXIX. Je crains que vous ne la trouviez trop longue, et c'est pour cela que je la détache des deux autres. Dès que vous m'aurez rassuré à cet égard, je vous expédierai *immédiatement* les analyses XXX et XXXI, qui sont plus courtes mais à cause du manque de matière [1].

Je suis d'avis que si j'abrège encore, mes analyses ne permettront plus au lecteur de juger si les mémoires analysés renferment ou non un point intéressant pour lui. Dire simplement : note sur la scintillation, ou Remarques sur $x^m - 1 = 0$; cela

†. ~~et~~

3. Pour une analyse de l'ouvrage de Flye Ste Marie, voir [Voe05].

††. ~~beaucoup~~

1. Le deuxième numéro du Bulletin de 1871 publie les analyses des tomes XXIX à XXXI des *Bulletins de l'Académie royale des sciences de Belgique* [DT10] mais le nom de De Tilly n'apparaît pas.

apprend peu de chose. J'ai d'ailleurs une autre raison : vous me demandez de dire quelque chose de mes travaux, mais il y a de moi dans le Bulletin (Tome XXX) que 9 pages. Si j'en dis quelque chose de compréhensible, il est juste que je traite proportionnellement les notes plus longues et tout aussi intéressantes, quoique moins abstraites, de mes confrères. Il m'est arrivé de devoir non seulement analyser, mais interpréter. Il en est ainsi pour la note de M. Quetelet à laquelle j'ai cru devoir ajouter quelque chose que l'auteur ne dit pas ou ne dit pas clairement, tout en supprimant une foule d'autres choses qu'il répète à satiété.

Il y a dans le Bulletin plusieurs notes sur la question importante et controversée des formes immatérielles existant chez les êtres vivants, mais je n'ai pas considéré cette question comme faisant partie des sciences mathématiques. J'ai remarqué que les analyses d'ouvrages périodiques ne sont pas signées dans le Bulletin ; je désire que l'on suive la même règle pour les miennes.

Comme vous me dites dans votre lettre du 31 août que vous êtes installé pour deux mois entiers à Thaon ; comme je suppose que vos cours ne reprendront qu'après les deux jours de fêtes religieuses ; et qu'enfin si je me trompe en vous supposant encore à Thaon ma lettre ne fera au maximum que deux voyages, tandis qu'elle pourrait en faire trois si je l'envoyais d'abord à Bordeaux et qu'elle vous croisât pendant votre retour, je me décide à[†] adresser encore cette lettre-ci à Thaon.

Veuillez agréer, mon cher Monsieur, l'expression de mes sentiments de sympathie et de dévouement,

Jh. De Tilly

Dites-moi très franchement ce que vous pensez de ma manière de faire des analyses ; je suis novice en cette matière.

2.30 Lettre non datée de De Tilly à Hoüel

Mon cher monsieur,

Je vous envoie les renseignements qui précèdent pour en faire l'usage indiqué dans ma dernière lettre[1]. J'espère qu'ils pourront vous servir à quelque chose.

Vous recevrez dans peu de jours l'analyse des trois derniers volumes des Bulletins. Vous devez me trouver bien lent, mais vous connaissez la cause de ma lenteur. Vous me dites, dans votre lettre du 24 7bre[2] que les articles du Bulletin ne sont pas des ouvrages de longue haleine et peuvent se rédiger dans les moments perdus ; mais ils entraînent quelque fois à des recherches et à des calculs. Je n'en cite qu'un exemple, et je l'emprunte précisément au dernier des volumes que je dois vous analyser.

Dans la note de M. Catalan sur l'équation de Riccati[3], il y a un a que l'auteur suppose réel dans son calcul sans le dire explicitement. Mais il est clair que son a peut être imaginaire. Un autre, plus fort que moi en analyse, verrait immédiatement si l'intégrale subsiste alors, mais, pour moi, je dois le vérifier.

†. ~~vous envoyer~~

1. Cette lettre débute par une « Liste des ouvrages périodiques que l'on peut consulter dans les Bibliothèques de Bruxellles ». Voir le document 2.194.

2. Voir la lettre 2.27.

3. Cette note est aussi analysée par De Tilly dans [DT10, p. 297-298]. Au sujet de l'histoire de cette équation, on peut consulter le troisième chapitre de l'ouvrage D. Tournès, *La construction tractionnelle des équations différentielles*, A. Blanchard, Paris, 2009.

Il y a encore la tension superficielle des liquides, de M. Van der Mensbrugghe [4]. Pour analyser cela d'une manière tout à fait consciencieuse, il y aurait énormément à lire. Je ne pourrai en faire qu'une analyse sommaire et je la terminerai par ces mots : *Nous y reviendrons*, mots que vous pourrez supprimer si vous le juger convenable [5]. Je veux dire que je devrai y revenir, moi, parce que la question des actions moléculaires des liquides est une de celles dont notre académie s'est le plus occupé, mais en ce moment cette étude n'est pas faite [⋆].

Je n'ai pas fait figurer dans la liste qui précède les publications militaires, au nombre de 30 environ, que nos bibliothèques reçoivent périodiquement. Elles publient assez rarement des travaux mathématiques. Le cas échéant, je les analyserais.

Je puis m'être trompé dans le renseignement que je vous ai donné sur la société des sciences de Liège. La 1ere série comprend au moins 20 volumes, mais il n'est pas certain que la 2me en comprenne plus de 2 ; on lit dans l'annuaire de l'académie, 1869, page 146 : Exposition nouvelle... Mém de la S. d. S. de Liège, 2me série, T III, 1868. Y aurait-il là une faute d'impression ? Le fait est que j'ai cherché ces tomes et que je n'en ai trouvé que deux [6].

Veuillez agréer, mon cher monsieur, la nouvelle assurance de mes sentiments sympathiques et dévoués,

Jh. De Tilly

2.31 Lettre de Hoüel à De Tilly du 3 novembre 1871

Bordeaux, le 3 novembre 1871.

Mon cher monsieur,

Il faut d'abord que je m'excuse du très long retard que j'ai mis à répondre à vos très intéressantes lettres, et à vous remercier des articles que vous voulez bien nous fournir pour notre *Bulletin*. Je suis, comme vous le voyez par la date de ma lettre, revenu à Bordeaux depuis hier ; mais mon départ a dû être précédé de mille préparatifs qu'exige un voyage de plus de 600 kilomètres, avec une nombreuse famille.

Lorsque j'ai reçu votre dernière lettre, j'avais chez moi mon collaborateur M. Darboux, qui se joint à moi pour vous remercier de l'aide que vous voulez bien nous prêter. Je lui envoie aujourd'hui même votre article sur les *Bulletins de l'Acad. de Bruxelles* qu'il avait oublié d'emporter. Je puis vous assurer que vos intéressantes analyses ne nous sembleront pas trop longues, et on fera en sorte de les insérer, sauf à séparer les articles relatifs aux divers volumes. Envoyez-moi donc, dès qu'ils seront terminés, les articles relatifs aux tomes XXX et XXXI.

Je vous suis aussi extrêmement obligé des précieuses indications de journaux scientifiques étrangers que vous m'avez envoyées dans vos précédentes lettres. Je vois que les bibliothèques de Bruxelles sont bien richement pourvues, et l'on aurait

4. Il s'agit de l'article qui a pour titre « Sur un principe de statique moléculaire avancé par M. Lüdtge » et qui sera analysé par De Tilly [DT10, p. 296-297].

5. Ces mots ont été maintenus dans la version imprimée [DT10, p. 297].

⋆. Soit dit en passant, je me propose de faire une analyse un peu plus détaillée des tomes 29, 30 et 31 que celle qui a été insérée à la page 282 de votre Bulletin pour les tomes 27 et 28 (appelé par erreur d'impression XXVII). Mais si vous trouviez mon analyse trop longue, il faudrait m'en prévenir. J'abrégerai. Je vous remercie pour la mention que vous faites page 388. Je tacherai que votre espoir ne soit pas déçu.

6. Voir la note 1 de la lettre 2.28.

peine à trouver en France un grand nombre des ouvrages et des recueils périodiques dont vous me donnez la liste.

Je vais profiter du catalogue des livres publiés en Belgique que vous me donnez. Pourriez-vous seulement ajouter l'indication des prix ? Je vous adresse sur un feuille détachée la liste abrégée des ouvrages, en vous priant de me la renvoyer avec les prix marqués, quand vous les connaîtrez, ainsi que les noms des libraires.

Qu'est-ce que le *Tijdschrift voor mathematiken physik* ? Pourriez-vous me donner des renseignements sur l'époque de la fondation de ce journal, sur les matières qu'il traite, sur son prix, etc. Peut-être m'y abonnerais-je à l'occasion. J'ai fait dernièrement l'acquisition du recueil de la Société « Een ouvermoeijde Arbeid, etc », et j'attends incessamment l'envoi du ballot. Le journal actuel a-t-il du rapport avec ce recueil ?

J'ai ici à ma disposition plusieurs recueils de périodiques hollandais : Les *Verhandelingen* et les *Verslagen* de l'Académie d'Amsterdam, les Mémoires de la Soc. Batave de Rotterdam, les Archives Néerlandaises de la Société de Haarlem. Mais, sauf les recueils d'Amsterdam, ils contiennent peu de mathématiques.

Vous pourrez voir dans le *Bulletin* quelques analyses de journaux signées d'initiales, telles que les analyses du *Giornale di matematiche*, qui sont faites par M. Battaglini. Mais il en sera pour vos articles absolument comme vous le désirerez.

Pour en revenir à la longueur des analyses, vous pouvez voir, en parcourant celles qui ont déjà été publiées, que nous n'avons pour cela aucune règle fine. Souvent, pour rattraper l'arriéré, nous avons mis simplement les titres des Mémoires. D'autres fois (comme pour les *Math. Ann.* ou le *Giorn. di matem.*) elles sont très développées. L'essentiel est qu'elles soient intéressantes, et les vôtres le sont.

Je vous signalerai la publication d'un Mémoire russe, qui vient de paraître à Kazan, intitulé : « Sur les systèmes caractéristiques de trois dimensions, par F. Souvorof. » Ce Mémoire (114 p. gr in-8°), écrit en langue russe, est un résumé de tous les travaux faits jusqu'ici sur la question des fondements de la géométrie, depuis Lobatchefsky et Bolyai jusqu'à Riemann, Helmholtz, Beltrami, Lipschitz, Christoffel, etc. Je le crois très intéressant, et je le traduirais bien volontiers, si je trouvais un éditeur pour une traduction [1].

Je vous quitte pour aujourd'hui, étant très-occupé pour remettre à jour ma correspondance, très-arriérée depuis une quinzaine. Agréez mes sincères remerciements et l'assurance de mes sentiments les plus dévoués .

J. Hoüel

P. S. M. Darboux m'a apporté le livre de M. Flye Sainte-Marie [2]. Cet auteur me semble très-ingénieux, quoi qu'un peu métaphysicien. Si c'est moi qui rends compte de cet ouvrage, je me permettrai de profiter de votre lettre du 2 octobre [3].

2.32 Lettre de Hoüel à De Tilly du 8 novembre 1871

Bordeaux, le 8 novembre 1871.

1. Hoüel ne traduira pas ce mémoire mais il traduira pour le *Bulletin* une analyse faite par l'auteur [H97].
2. [Fly71].
3. Voir la lettre 2.28 et en particulier sa note 2.

Mon cher monsieur,

Permettez-moi de vous demander un renseignement sur une publication hollandaise, dont je viens d'acquérir les premiers volumes et qui me semble d'une assez grande utilité dans l'enseignement des mathématiques pour que je désire avoir tout ce qui a paru de cette collection. Il s'agit des travaux de la Société avec la devise « Een onvermoeide arbeid komt alles te boven[1] » dont, j'ai reçu ces jours derniers les volumes suivants :

1° Verzameling van wiskundige voorstellen, t. 1-6, 1820-1836.

2° Verzameling van nieuwe wiskundige voorstellen, t. 1-2, 1841-1846.

3° Nieuwe wis-en natuurkundige verhandelingen, t. 1-2, 1844-1854.

4° Verzameling van wiskundige opgaren, t. 1-2, 1850-1854.

5° Verslagen van het verhandelde op de wetenschappelijke vergaderingen van het wiskundïg Genootschap, etc. Années 1842-1852. (Il me manque les *Verslagen* pour les années 1849-1850 et 1851-52).

6° Wiskunstige opgaven met derzelver outbindingen Stukje 1-6, 1855-1859, bl. 1-244. (Ce volume n'est pas terminé).

Je ne doute pas que cette collection ne se trouve dans quelque bibliothèque de Bruxelles. Je vous serai obligé, si vous trouvez l'occasion de l'examiner, et que vous vouliez bien me dire ce qu'il faut faire pour la compléter. La publication se continue-t-elle encore ?

Pardonnez si je vous importune de mes questions et si je suis forcé de terminer si brusquement ma lettre, en vous assurant de mes sentiments sympathiques et sincèrement dévoués.

J. Hoüel

Ouvrages à l'école[†].

2.33 Lettre de De Tilly à Hoüel du 11 novembre 1871

Bruxelles, le 11 novembre 1871.

Mon cher Monsieur,

Vous eussiez reçu déjà les analyses XXX et XXXI sans une circonstance que je ne pouvais prévoir. En analysant la note de M. Van der Mensbrugghe sur un principe de statique moléculaire[1], je me suis aperçu que je ne suis pas d'accord avec ce physicien sur l'un des faits que je dois nécessairement signaler dans l'analyse. Il n'y a là, très probablement, qu'une faute de copie, mais je n'ai pas osé dire dans l'analyse exactement le contraire de ce que l'auteur dit dans sa note, sans le consulter d'abord. J'attends sa réponse.

Je vous renverrai votre liste d'ouvrages, complétée avec les noms des libraires, et autant que possible avec les prix. Je vous donnerai aussi les renseignements que vous me demandez dans vos deux lettres sur les publications hollandaises ; mais en ce moment, je dois me borner à vous assurer que je ne perdrai pas cela de vue, la Bibliothèque de l'Académie n'était ouverte que les jours des séances. J'ai vérifié toutefois qu'elle n'a rien reçu de la Société « Een onvermoeijde arbeid » au moins depuis le 1er juin 1869[2].

1. Cette devise signifie littéralement : « un travail acharné vient par-dessus tout ».

†. Inscription de De Tilly.

1. Voir la note 4 de la lettre 2.30.

2. Voir la lettre précédente.

J'espère bien que vous trouverez un éditeur pour la traduction de Souvorof. Peut être cela rendrait-il inutile le mémoire que je vous ai promis depuis si longtemps, et que je n'ai pas le temps d'écrire. J'ai cependant en tête des idées qui vous plairont bien certainement, quant à la démonstration de l'existence de la droite, et abstraction faite du léger désaccord qui existe entre nous sur la manière d'énoncer le principe de l'invariabilité.

M. Abel Transon, membre de la Société philomathique de Paris, vient de nous lancer un bien lourd pavé, qui ne nous tuera pas cependant. J'ai oublié le titre de son *travail*, mais vous l'aurez vu sans doute [3]. Je vous quitte, en attendant que M. Van der Mensbrugghe m'ait répondu.

D'ici là je pourrai voir la Bibliothèque Royale. Il se peut qu'elle possède les ouvrages de la société *Een onvermoeijde arbeid*, mais si elle ne les a pas, je ne pourrai vous renseigner avant la prochaine séance de l'Académie, c'est à dire le 2 Décembre.

Agréez, mon cher monsieur, la nouvelle assurance de mes sentiments de respectueuse sympathie.

Jh De Tilly

2.34 Lettre de De Tilly à Hoüel du 25 novembre 1871

Bruxelles, le 25 novembre 1871.

Mon cher Monsieur,

Je vous envoie les analyses XXX et XXXI [1].

Les renseignements que je vous dois pour le Bulletin bibliographique sont encore en retard, ainsi que ceux qui se rapportent aux publications hollandaises ; n'en accusez que mes nombreuses occupations. J'ai devant moi un pupitre chargé de

3. Abel Transon (1805-1876) termine, au mois de mai 1871, la rédaction d'une brochure intitulée *De l'Infini, ou Métaphysique et géométrie à l'occasion d'une pseudo-géométrie* [Tra71] qu'il fait imprimer la même année. Dans celle-ci, il attaque avec force la nouvelle géométrie comme en témoigne d'emblée la phrase qu'il met en exergue, sur la première page de sa brochure : « Ce n'est pas l'étendue sensible qui est le lieu de la géométrie, c'est l'étendue intelligible ». Cette phrase s'applique par exemple, lorsque Transon, en parlant des triangles hyperboliques dont la longueur des côtés tend vers l'infini, utilise un terme de botanique désignant une pointe aiguë et écrit : « En un mot, tout triangle tendrait vers ce qu'on pourrait appeler un *tricuspide à côtés rectilignes*, c'est-à-dire vers quelque chose d'absolument impossible et dont la dénomination même implique une contradiction manifeste ! » [Tra71, p. 6] Plus loin, il constate tout de même que « les adeptes de la *géométrie imaginaire* ne prétendent pas établir *à priori* l'inexactitude de la géométrie actuelle ; seulement ils la considèrent comme fondée sur une pure hypothèse à laquelle ils opposent une hypothèse contraire » [Tra71, p. 7]. Après avoir expliqué la notion de parallèle de Bolyai et Lobatchevski, il écrit en note : « Mais tout ceci est-il sérieux ? Au milieu de cette fantaisie bizarre, on se demande si on rêve et si peut-être ce n'est pas un défi jeté par gageure au bon sens public ? » [Tra71, p. 9] Bien que Transon s'indigne à propos de la géométrie non euclidienne, lorsque celle-ci s'interprète sur une surface, cela lui pose moins de problèmes :

> « Quant à la *géométrie imaginaire*, on devra peut-être à cette PSEUDO-GÉOMÉTRIE une certaine reconnaissance en tant qu'elle aura occasionné la découverte et l'étude de la surface dite *pseudo-sphère*. Par suite de cette découverte, le plan sur lequel le triangle géodésique a la somme de ses angles toujours égale à deux droits devient comme l'intermédiaire des surfaces sphériques où elle est toujours plus grande et des surfaces pseudo-sphériques où elle est toujours moindre. » [Tra71, p. 25]

Ajoutons que dans [Tra71], ni Hoüel ni De Tilly ne sont cités nommément. Seul le premier apparaît lorsque Transon transcrit, sans référence, un extrait de [H49a].

1. [DT10].

paperasses et je ne sais pas où commencer, mais rien ne sera oublié. Vous voyez que je fais au moins preuve de bonne volonté.

Je crains toujours que l'on ne finisse par trouver mes analyses trop longues, relativement à celles d'autres ouvrages ou recueils, peut être plus scientifiques que les nôtres.

Je n'ai pas assez d'érudition analytique pour reconnaître si l'intégrale que M. Catalan signale comme *probablement connue* est connue ou non[2]. Je ne l'ai pas cherché d'ailleurs, dans Bierens de Haan[3], bien certain que M. Catalan aura vérifié lui même qu'elle ne s'y trouve pas.

Comme je l'ai dit dans une précédente communication, les mots *Nous y reviendrons* (mémoire de M. Van der Mensbrugghe) peuvent être supprimés si on le juge convenable[4]. M. van der M. m'a écrit qu'il y a effectivement une distraction dans son mémoire. Je l'ai rectifiée.

Si, en lisant mes analyses, ou en corrigeant les épreuves du Bulletin, vous ou M. Darboux trouviez moyen de remplacer quelques unes de mes expressions ou de mes tournures de phrases par des expressions ou des tournures plus heureuses ou mieux choisies, veuillez le faire sans aucun scrupule. Je vous en serai reconnaissant.

Les titres seuls, fussent-ils légèrement incorrects comme l'est d'après moi celui du mémoire de M. Duprez, doivent être respectés[5].

Le temps me manque pour *polir et repolir* ; par exemple, et bien que je vienne d'y faire un changement, les quatre lignes marquées d'une accolade à la page 1ere me paraissent laisser à désirer *au point de vue grammatical* et je ne veux plus retarder l'envoi.

Veuillez agréer monsieur l'assurance de ma sympathie et de mon dévouement.

Jh De Tilly

2.35 Lettre de De Tilly à Hoüel du 8 décembre 1871

Bruxelles, le 8 décembre 1871.

Mon cher Monsieur,

Je suis enfin en mesure de vous envoyer quelques uns des renseignements que vous m'avez demandés depuis si longtemps. J'ai vainement cherché les publications

2. De Tilly se réfère à l'article de Catalan intitulé « Sur la détermination de l'aire de l'ellipsoïde ». L'intégrale mentionnée est réécrite dans le compte rendu [DT10, p. 296] et l'expression de Catalan « probablement connue » est reprise telle quelle sans plus de précisions.

3. David Bierens de Haan (1822-1895) est, depuis 1866, professeur de mathématiques à l'Université de Leyde.
De Tilly fait allusion à deux travaux de D. Bierens de Haan, Tables d'intégrales définies, *Mémoires de l'Académie royale des sciences d'Amsterdam* IV, 1858 & *Nouvelles tables d'intégrales définies*, Engels, Leide, 1867.

4. Voir les lettres 2.30 et 2.33. La mention *Nous y reviendrons* n'est pas supprimé dans le texte publié

5. François-Joseph Duprez (1807-1884) est professeur agrégé à la faculté des sciences de l'Université de Gand et membre de l'Académie royale des Sciences et Belles-Lettres de Bruxelles.
Le titre du mémoire de Duprez est « Discussion des observations d'électricité atmosphériques recueillie à Gand, et comparaisons entre ces observations et celles faites en d'autres lieux ». De Tilly écrit : « Dans la première partie de ce travail, l'auteur a comparé les électricités positives et négatives de l'air sous le rapport de leur fréquence ; dans cette seconde partie, il les considère au point de vue de leurs tensions. Il examine l'influence des principales circonstances atmosphériques sur les deux électricités. » [DT10, p. 298]

de la Société « *Een onvermoeijde arbeid* ». Je crois pouvoir assurer qu'elles n'existent pas à Bruxelles [1].

Le *Jornal de sciencias mathematicas, physicas e naturaes* publié sous les auspices de l'Académie royale des sciences de Lisbonne paraît tous les semestres (chez Silva et Cie à Lisbonne et d'autres libraires) et doit comprendre actuellement onze livraisons, mais je n'en ai vu que trois, savoir

La 8ème, de x^{bre} 1869, prix 400 réaux

La 9ème de juin 1870, prix 500 réaux

La 10ème, de x^{bre} 1870, prix 400 réaux

Dans ces 3 livraisons, il n'y a, en fait de mathématiques pures, qu'un mémoire sur les coniques (9me liv). Il s'est glissé dans la Note que je vous ai envoyée une erreur de copie [2] : il faut lire *Tijdschrift van het Koninklijk instituut van ingenieurs*, au lieu de *Tijdschrift voor mathematik en physik*. Ce n'est donc pas un recueil de mathématiques pures, mais je ferai l'analyse des travaux mathématiques qu'il pourrait contenir dès que je me trouverai dans des conditions plus favorables qu'aujourd'hui.

Je recopie la liste des ouvrages à annoncer dans le Bulletin bibliographique ; j'en ai ajouté quelques uns, mais, en recherchant les prix, j'ai été amené à en supprimer d'autres, comme n'existant pas dans le commerce. Les exemplaires que j'avais vus étaient des *tirés à part* de travaux insérés dans des publications périodiques également comprises parmi celles que j'ai promis d'analyser plus tard. Par exemple Folie, *Extension du théorème de Pascal*, Grashof, *mouvement des gaz*, Graindorge, *Intégrales définies* sont des tirés à part [3].

J'ai pu indiquer presque partout les noms des libraires, mais, quant aux prix, je n'ai pu en connaître qu'un assez petit nombre.

A. Quetelet. Anthropométrie ou mesure des différentes facultés de l'homme, in 8° Bruxelles Muquardt... 12^{fr}.

Falisse et Graindorge (et non Folie et Graindorge). Traité d'Algèbre élémentaire 1ère partie. Liège 1870 in 8°.

Clément (Ch). Fluidométrie. Ailon 1870 in 8°.

Catalan (E). L'article 757. Applications de l'algèbre au code civil Bruxelles Hayez 1871 in 8°.

Lambert. Eléments de géométrie 1ère partie. G 'eométrie plane. Namur Wesmart-Charlier in 8°... 4^{fr}. 2ème partie Géométrie solide Wesmart-Charlier in 8°... ?.

Libert (A). Notions élémentaires de géom 'etrie descriptive (ligne droite et plan) Bruxelles Rosez, 1871, in 8°... 3^{fr}.

Catalan (E). Cours d'Analyse de l'université de Liège - Algèbre - Calcul différentiel - 1ere partie du Calcul intégral - Bruxelles Hayez - 1 vol in 8°.

Mousson. Die Physik auf Grundlage der Erfahrung 1ster Band. Allgemein und molekular Physik in 8° Zurich 1871 (à continuer)... 6^{f},53 (se trouve chez Muquardt à Bruxelles mais je ne puis indiquer le libraire suisse, n'ayant pu voir le livre cette fois ; ne l'aurais-je pas indiqué précédemment ?)

---

1. Voir les lettres 2.32 et 2.33.
2. Voir le document 2.194.
3. Ces tirés à part sont sans doute des versions de ce qui deviendra : F. FOLIE, Extension des théorèmes analogues à celui de Pascal à de nouvelles courbes tracées sur une surface quelconque, *Bulletins de l'Académie royale des sciences, des lettres et des beaux-arts de Belgique*, XXXVII (2), 1874, p. 811-815 ; GRASHOF, *Études sur le mouvement permanent des gaz dans les canaux et les tuyaux de conduite*, traduction de l'allemand avec notes par L. Pérard, Paris-Liège, 1870 ; J. GRAINDORGE, Note sur quelques intégrales définies nouvelles, *Mémoires de la Société des sciences de Liège* III (2), 1873.

Boudin. Cours de Technologie professé à l'Ecole spéciale du génie civil et des arts et manufactures de Gand 1867-1868, 2 vol. in 4° autographiés. Gand Lebrun-Devigne ... 24^{fr}.

Plücker (J). Photographie et Topographie. Le stéréographe, appareil photographique de poche. Anvers Van Mol in 8° 1871.

Barlet. Eléments de cosmographie. Malines. Van Velsen. in 8°.

Lefraniq. Cours de mathématiques en 4 années d'études. 1ère année. Arithmétique. St. Nicolas. Typog. Edom. in-12.

Graindorge. Mémoire sur l'intégration des équations de la Mécanique. Bruxelles Hayez in-8° 1871.

Veuillez agréer, mon cher Monsieur, la nouvelle assurance de mes sentiments de respectueuse sympathie.

Jh De Tilly

2.36 Lettre de Hoüel à De Tilly du 10 décembre 1871

Bordeaux, le 10 décembre 1871.

Cher Monsieur,

J'allais me mettre à répondre à votre lettre du 25 novembre, quand j'ai reçu votre dernière, d'avant-hier et je vous écris pour vous remercier des deux à la fois, de votre article, que je me suis empressé d'envoyer à Paris [1], et des renseignements bibliographiques que vous avez bien voulu colliger pour moi, et dont je ferai profiter le *Bulletin*.

Vos articles ne me paraissent nullement avoir besoin de corrections, et nous sommes heureux de compter en vous un collaborateur aussi actif et aussi consciencieux.

Voici deux articles que je trouve dans un catalogue de Calvary, à Berlin [2], que je viens de recevoir :

Tijdschrift ter bevordering der mathematische wetenschappen. Jahrg. I, III-VI. Purmerende, 1823-28. m. viel. Tflu. Selten-2 Thlr 15 Agr.

Tijdschrift voor Reken-, Stel- en Mectkunde, mitegegven van het Nederlandsche Onderwijzers Genootschap. Jahrg. 1-17. Amsterdam, 1853-69. Compl. Sammlung 10 Thlr.

(Vient ensuite l'annonce de vos *Études de Mécan. abstraite* [3]). Connaissez-vous ces recueils ? Il serait singulier que les bibliothèques si riches de la ville de Bruxelles ne continssent pas ces publications d'un pays si voisin.

Pour le *Verzameling* de la Société *Een onvermoeijde Arbeid*, etc, j'ai l'intention d'écrire directement à M. Bierens de Haan [4], ancien collaborateur, s'il ne l'est plus, de cette Société. Ce recueil, trop peu connu des auteurs de livres élémentaires, est une mine inépuisable d'exercices variés, dont un grand nombre peuvent être proposés aux élèves.

Le *Journal* de Lisbonne, dont le prix n'est pas très-élevé, bien qu'exprimé par des nombres de trois chiffres en monnaie portuguaise, pique ma curiosité, et je

1. [DT10]
2. Calvary est indiqué comme libraire à Berlin dans le *Manuel-annuaire de l'imprimerie, de la librairie et de la presse* publié par Ferdinand Grimont (Jannet, Paris, 1835).
3. [DT6].
4. Voir la note 3 de la lettre 2.34.

le ferai venir, comme une rareté [5] ; car on ne voit pas souvent de mathématiques sortant de la Péninsule Ibérique. Je trouve cependant dans le même catalogue de Calvary :

Boletin-Revista de la Universidad de Madrid. T. I-III. Madrid, 1869-79 (36 thlr.)... 24 thlr.

Cette fois, c'est bien cher, 30 fr. le volume ! Rien ne dit, d'ailleurs, qu'il y soit question de mathématiques.

Enfin le même catalogue annonce un exemplaire de (Bolyai, W.) : Tentamen, etc. 2 vol. Maros-Vásárhelyini, 1832. *Sehr selten.* 2 Thlr.

Le prix n'étant pas exagéré, vous pourriez profiter de l'occasion pour vous procurer ce livre singulier et original.

Le Catalogue de Friedländer (Berlin) [6] annonce :

Tijdschrift voor de wis-en natuurkundige wetenschappen mitgegeven d. Nederl. Instituut. 5 deelen. Amsterd. 1848-1852. Gr. -8. fig - 2 Thlr.

Cela fait un nombre considérable de journaux hollandais s'occupant de mathématiques. Je désirerais savoir quels sont ceux qui continuent à paraître.

Recevez, cher Monsieur, l'assurance de mes sentiments les plus distingués et les plus sympathiques.

J. Hoüel

2.37 Lettre de De Tilly à Hoüel du 15 décembre 1871

Bruxelles, le 15 x^bre^ 1871.

Mon cher Monsieur,

Un mot à la hâte et en courant à la plume. J'ai reçu votre lettre du 10. Je ferai des recherches plus complètes sur les publications hollandaises.

Tout ce que je puis affirmer en ce moment c'est que, de deux choses l'une, ou bien ces publications n'existent pas dans les Bibliothèques de Bruxelles ou bien ces publications ne se continuent plus.

Je n'ai examiné en effet que les catalogues des *publications périodiques existant actuellement.*

Quant aux ouvrages terminés ou publications interrompues, leur catalogue est interminable et même dans plusieurs bibliothèques il n'est pas fait. Par exemple la Bibliothèque royale, qui est superbe, n'a de catalogue que pour les ouvrages périodiques. On travaille à faire l'autre depuis mon enfance. À l'Académie, le Catalogue se compose de l'ensemble des listes des ouvrages présentés – car l'Académie n'achète rien. Pour avoir ce catalogue complet, il faudrait donc consulter toutes ces listes, au nombre de douze par an, depuis 1835. J'avoue que je ne les ai consultés que depuis 1865 ou 1866, ayant considéré comme n'existant plus toute publication qui n'aurait pas paru depuis cette époque. Je reviendrai sur tout cela et je tâcherai aussi de vous procurer une liste exacte et complète des publications périodiques actuelles de la Hollande, qu'elles existent ou qu'elles n'existent pas ici.

5. Ce journal apparaît au catalogue de la bibliothèque universitaire de Bordeaux qui a reçu le fonds « Hoüel ».

6. Friedländer est indiqué comme libraire à Berlin dans le *Manuel-annuaire de l'imprimerie, de la librairie et de la presse* publié par Ferdinand Grimont (Jannet, Paris, 1835).

J'ai fait commander l'ouvrage de Bolyai [1]. Ayant regardé le catalogue de Calvary j'ai été étonné, non seulement d'y voir mes Études de Mécanique abstraite, ce que vous m'aviez annoncé, mais encore du prix exhorbitant qui y est fixé (2 th). Je n'ai pas mis cette brochure dans le commerce, et je ne sais comment elle s'y trouve. Je me renseignerai à cet égard.

A-t-on déjà fait un article sur le livre de M. Flye-Ste-Marie [2] ? Si non, je désire en être chargé [3]. Hier par hasard, j'ai repris ce livre pour me distraire, ne me sentant plus capable d'un autre travail qu'une rêverie philosophique et je crois avoir constaté qu'il me fournit précisément les résultats de calculs qui me sont nécessaires pour prouver définitivement l'indémontrabilité de l'axiome XI dans le plan et dans l'espace, résultat devant la recherche desquels je reculais depuis un an et demi. Vous devez vous rappeler que je vous avais annoncé l'idée [4], mais il fallait un calculateur comme M. Flye pour la féconder. Maintenant je crois qu'il me suffit de deux pages pour en finir avec la question. Vous me direz que j'aurais mieux fait de vous envoyer ces deux pages là que celles que j'écris en ce moment. Mais je ne suis pas fixé sur la forme à donner à cela. Je tiens en tous cas à bien faire ressortir le mérite de M. Flye, puisque sans lui mes idées fussent restées à l'état embryonnaire et je crois que la meilleure forme sera celle d'un compte rendu de l'ouvrage de M. Flye lui-même. Si vous m'autorisez à l'écrire, veuillez avoir l'obligeance de me répondre immédiatement ; sous peu de jours vous recevrez l'article. En supposant même qu'en couchant mes idées sur le papier (car je n'ai rien écrit) je m'aperçoive que je me trompe, cela ne m'empêchera pas d'analyser le livre [5].

En attendant votre réponse, je vous prie, mon cher monsieur de croire à mes sentiments respectueux et sympathiques.

Jh De Tilly

2.38 Lettre de Hoüel à De Tilly du 17 décembre 1871

Bordeaux, le 17 décembre 1871.

Mon cher Monsieur,

Je vous remercie infiniment des renseignements bibliographiques que vous promettez, et je suis vraiment confus de vous donner tant de mal pour une recherche que je croyais toute simple. Je n'aurais pas pensé que les communications scientifiques ne fussent pas plus actives entre deux capitales si voisines l'une de l'autre, et qui étaient, il n'y a guère qu'une quarantaine d'années, unies politiquement [1]. Je ne puis attribuer le peu de diffusion des publications hollandaises qu'à l'usage de la langue nationale, qui n'est que bien peu étudiée par les étrangers, à cause des difficultés qu'elle présente à ceux mêmes qui connaissent le haut-allemand, et il faut bien le dire aussi, à cause de ses qualités peu harmonieuses. Les Hollandais devraient bien imiter les Flamands, et adopter la langue française, au moins pour leurs relations scientifiques.

---

1. Il s'agit de [BolF32]. Voir la lettre 2.36.
2. [Fly71].
3. De Tilly en fera le compte rendu [DT13].
4. Voir la fin de la lettre 2.6.
5. Voir le paragraohe 1.2.5.

1. La Belgique a fait partie entre 1815 et 1830, année de son indépendance, du Royaume uni des Pays-Bas.

Vous ne pouvez douter du plaisir avec lequel le *Bulletin* accueillera votre article sur l'ouvrage de Flye-Ste-Marie [2]. Non seulement cet article sera rédigé par un auteur éminemment compétent, mais encore la démonstration que vous m'annoncez sera pour le *Bulletin* une bonne fortune comme nous n'en avons pas tous les jours.

Je vais m'occuper de traduire ou d'analyser le travail de Souvorof sur le même sujet, et je vous le communiquerai aussitôt que possible [3].

Veuillez agréer, mon cher monsieur, l'assurance de mes sentiments affectueux et dévoués.

J. Hoüel

2.39 Lettre de De Tilly à Hoüel du 26 décembre 1871

Bruxelles, le 26 octobre 1871.

Cher Monsieur,

Lorsque j'ai commencé à rédiger les idées que m'avait suggérées la lecture du travail de M. Flye-Ste-Marie, ou plutôt celles que j'avais en tête depuis un an et demi, mais qui eussent été trop rebutantes pour le lecteur sans les simplifications que les résultats de calcul de M. Flye y apportent, j'ai vu que ces idées étaient bien exactes (du moins je n'y trouve encore aucune faute de raisonnement), mais plus compliquées que je ne le pensais lorsque je ne les avais que dans la tête.

Comme le compte rendu à faire du livre de M. Flye ne presse pas (du moins je le pense) je me suis dit qu'il ne serait pas mauvais de vous exposer d'abord ma théorie afin d'appeler sur elle le contrôle et même la contradiction, dont l'absence complète pourrait m'induire en erreur, bien que je crois voir clair maintenant dans l'interprétation réelle qu'il convient de donner à la géométrie non-euclidienne. Je me permets donc de vous présenter le résumé de mes idées.

J'ose vous prier de faire de cela un examen préalable, et de vous montrer sévère, car si, préparé comme vous l'êtes, je ne puis vous convaincre complètement, je puis moins encore espérer d'en convaincre d'autres.

Pour le cas où vous n'auriez pas sous la main le livre de Flye-Ste-Marie, il est à peine utile de vous dire que [1]

$$\left.\begin{array}{l} y = mx + n \\ (m^2+1)(x-P)\ldots\ldots \end{array}\right\}$$ sont les sont les équations d'une ligne droite dans la géométrie non-euclidienne.

$$x^2 + y^2 + Ax + \ldots\ldots \Big\}$$ l'éq. du plan.

$$\cos\alpha = \ldots\ldots \Big\}$$ l'une des formules de la trigonom. im. quand Ka, Kb, Kc sont les côtés.

Vous remarquerez que j'aurais pu éliminer toutes traces des recherches de M. Flye en laissant indéterminées les formes de toutes ces équations, ce qui reviendrait à charger le lecteur de tous les calculs et à lui dire : Au bout de tel nombre de calculs, vous trouverez la contradiction, ou bien vous ne la trouverez jamais. Mais l'introd. des résultats de M. Flye rend les choses bien plus claires, et d'ailleurs la preuve que

2. [DT13].
3. [H97].
1. De Tilly extrait ces équations de [Fly71, p. 52].

je n'y voyais pas moi-même assez clair auparavant pour écrire ces quatre pages, c'est que je ne les ai pas écrites. Je m'applique en ceci la phrase très juste de Pascal citée par M. Bertrand dans son Introduction [2].

Pensez-vous que la note ne soit pas trop longue pour l'intercaler dans le compte rendu ? Vaudrait-il mieux la mettre aux *Mélanges* ou ailleurs encore et y renvoyer dans le Compte-rendu [3] ? La répétition continuelle de substantifs comme commençant par *pseudo* ne sera pas agréable au lecteur [4] ; trouveriez-vous des expressions plus convenables ? D'ailleurs en continuant à s'exprimer ainsi dans la suite de la géométrie on aurait une pseudosphère qui n'est pas du tout celle de Beltrami. Mais cet inconvénient n'est pas fort grave.

Ne pensez vous pas que la considération des éléments pseudolinéaires, introduite dès l'origine de la géométrie, par exemple dans les recherches de Riemann et de Helmholtz pourrait éclaircir bien des choses ? J'attaquerai cette idée dès que je connaîtrai les recherches en question autrement que par des résumés toujours difficiles à bien saisir. C'est pourquoi j'attends avec une vive impatience votre *traduction* de Souvorof. Je dis *traduction*, car j'espère que vous ne vous arrêterez pas à une simple analyse [5]. Il est absolument trop dur pour moi, surchargé d'autres besognes, de lire des ouvrages écrits dans d'autres langues que le français ou le hollandais, et encore ce dernier me présente-t-il beaucoup plus de difficultés que le français, bien que je le parle tous les jours (très mal, s'entend).

Je suis presque sûr que des calculs de Helmholtz et de Riemann on peut tirer tout et que la démonstration géométrique que j'avais faite deviendra parfaitement inutile.

Je crois voir cela par l'analogie intime qu'il y a entre l'idée de la pseudodistance constante dans le mouvement, et celle d'une équation constante entre les coordonnées des couples de points (Quesneville, Helmholtz, page 261) [†] [6].

---

2. Dans la préface du premier volume *Traité de calcul différentiel et de calcul intégral*, Joseph Bertrand cite plusieurs fois Pascal. La citation à laquelle De Tilly fait allusion ici est la suivante :

> « Dès qu'on a vu une invention publiée, on ne peut persuader les autres qu'on l'aurait trouvée sans ce secours ni s'en assurer soi-même, parce que cette connaissance change les lumières et la disposition de l'esprit qui ne sont plus les mêmes qu'auparavant ; et quand on aurait pris de nouvelles voies, ce n'en serait pas une marque, parce que l'on sait qu'il est aussi facile de réduire à d'autres méthodes ce qui a été une fois découvert, qu'il est difficile de le découvrir la première fois ; qu'ainsi tout l'honneur consiste dans la première production que toutes les autres sont suspectes ; et que c'est pour éviter ce soupçon que les personnes qui prennent les choses comme il faut, suppriment leurs propres inventions, quand ils sont avertis qu'un autre les avaient auparavant produites, quelques preuves qu'il y ait qu'ils n'en avaient point eu de connaissance, aimant bien mieux se priver de ce petit avantage que de s'exposer à un reproche si facheux. » [Ber64, p. V]

3. En 1871, le *Bulletin des sciences mathématiques et astronomiques* est organisé en 3 rubriques : une revue bibliographique composée d'analyse d'ouvrages, des analyses d'articles provenant de « recueils académiques et de journaux » et des contributions originales réunies dans une rubrique intitulée « mélanges ».
Hoüel n'accèdera pas à cette demande.
4. Voir l'avis de Darboux exprimé dans sa lettre à Hoüel citée au paragraphe 1.2.6.
5. Hoüel se contentra de traduire une analyse par Souvorof de son travail [H97].
†. ~~Cette équation serait en effet celle qui correspond au minimum de l'intégrale de la pseudodistance.~~
6. À cette page, Helmholtz écrit :

> « J'ai supposé avec Riemann, que la position d'un point quelconque peut être déterminée par la mesure de trois quantités (les coordonnées) qui varient d'une manière continue pendant le mouvement du point. Comme, en entrant dans cette investigation, nous ne

Cela revient à dire que l'une de leurs pseudodistances reste constante [7]. Mais la suite de l'analogie m'échappe ; et j'espère la trouver et pouvoir matérialiser les recherches en question. Pour l'instant, je me borne à la question du postulatum.

Veuillez agréer, mon cher Monsieur, la nouvelle assurance de mes sentiments de respectueuse sympathie,

Jh De Tilly

2.40 Lettre de Hoüel à De Tilly du 28 décembre 1871

Bordeaux, le 28 décembre 1871.

Mon cher monsieur,

Je vous remercie de la communication que vous me faites de votre intéressante note [1]. Quoique je n'aie pas encore eu le temps de lire l'ouvrage de M. Flye-Ste-Marie [2], il m'a suffi d'admettre ses calculs comme exacts (ce qui n'est pas, que je sache, sujet à contestation) pour comprendre la marche et la portée de vos raisonnements. Il me semble que avez vraiment touché le fond de la question, et que si les *Pseudo*-euclidiens (le mot *pseudo* étant ici pris dans un sens tout différent de celui dans lequel vous l'employez) étaient capables d'ouvrir les yeux, ils devraient voir sans peine le néant de leurs tentatives postulatoires. Votre Note me semble très digne de l'insertion dans notre *Bulletin*. Elle figurera parfaitement à la suite de l'analyse de l'ouvrage de Flye Ste.-Marie, que M. Radau avait entreprise avant de savoir que vous vous en étiez chargé.

Permettez-moi deux petites remarques sur la formule fondamentale qui donne le cosinus du pseudoangle α. Ne faudrait-il pas, pour l'homogénéité, introduire au lieu des longueurs a, b, c, leurs rapports à la constante k, comme le fait Lobatchefsky ? Ensuite la valeur de $\cos\alpha$ se simplifierait notablement par l'emploi de la notation des fonctions hyperboliques, auquel cas elle deviendrait

$$\cos\alpha = \frac{1 - \operatorname{sech} b \operatorname{sech} c \cosh a}{\operatorname{tgh} b \operatorname{tgh} c}.$$

Si vous pensez qu'une de ces remarques soit fondée, je pourrai faire sur votre texte les corrections nécessaires avant de l'envoyer à l'imprimerie [3]. Cela fera bondir M. Transon, et il nous foudroiera peut-être de quelque nouvelle brochure [4]. Mais il y a de plus grands malheurs que celui-là, auxquels il faut pourtant se résigner.

connaissons encore aucune méthode pour mesurer des quantités dans l'espace, nous ne pouvons définir un corps parfaitement solide qu'en disant que, s'il est mis en mouvement, les coordonnées de chaque couple de points que l'on peut y prendre vérifient constamment une équation. » [Hel70, p. 261]

7. Une des intentions de Helmholtz est de caractériser les géométries euclidienne et non euclidienne à partir d'une série d'axiomes sur les mouvements des corps solides. Il est confronté à une difficulté puisqu'il ne peut se servir de la notion de distance pour caractériser les corps solides. Il résout ce problème de circularité en postulant qu'une équation entre les coordonnées de chaque couple de points du solide est conservée lors du mouvement. Son problème devient alors de déterminer des axiomes qui l'amèneront à identifier cette équation aux métriques à courbures constantes de Riemann. Cette question sera appelée le problème de Riemann-Hemlmholtz. Pour plus de précisions sur l'histoire de cette question, voir [Mer10].

1. [DT13].
2. [Fly71].
3. La correction sera effectuée. Voir la lettre 2.41.
4. Voir la lettre 2.33.

Je vais m'occuper de traduire la brochure de Souvorof[5], en me faisant un peu aider; car les préfaces, en quelque langue étrangère qu'elles soient écrites, mais surtout en russe, me donnent une peine diabolique à déchiffrer, et dans le cas actuel la préface me semble importante[6].

Veuillez agréer, cher Monsieur, l'assurance de mes sentiments sympathiques et dévoués.

J. Hoüel

2.41 Lettre de De Tilly à Hoüel du 30 décembre 1871

(En grande hâte) Bruxelles, le 30 X[bre] 1871.

Mon cher monsieur,

Je suis enchanté d'apprendre que mon idée vous a plu, car j'avais quelques craintes. Un auteur se persuade trop aisément qu'il est dans le vrai et le contrôle est bien nécessaire.

Puisque vous parlez d'envoyer à l'imprimerie la note même que je vous ai transmise[1], faites comme il vous plaira, mais ayez la bonté de la revoir bien attentivement, en vous mettant momentanément à la place d'un de ces géomètres plus spirituels que profonds qui pourraient chercher à se venger sur les détails de ce qu'ils ne comprennent pas l'ensemble de nos idées.

Je trouve que dans la phrase : Si... on prétendait *prouver* que la somme des angles..., le mot *prouver* doit être souligné. Un peu plus loin, se trouve le mot : démontrerait; il faut : prouverait; ou bien il faut lire : *démontrer*... démontrerait. Le verbe employé doit être le même. La seconde fois il ne doit naturellement pas être souligné.

Je pense encore que, pour éviter toute chicane, il faut après les mots : *on se trouve maintenant en mesure de continuer la géométrie*, ajouter *au moins jusqu'au postulatum* et après les mots : *on prétendait prouver (ou démontrer) que la somme des angles d'un triangle rectiligne vaut l'angle droit*, ajouter : *c'est à dire déduire logiquement ce fait des principes antérieurs*[2].

Si vous trouvez d'autres taches, effacez-les. Si même une nouvelle lecture vous suggérait des doutes, n'hésitez pas à remettre tout en question. J'admets votre seconde remarque. La première n'est exacte que si par distraction j'ai appelé a, b, c, les pseudolongueurs des trois côtés du triangle. Dans ma pensée, les pseudolongueurs étaient Ka, Kb, Kc ; alors a, b, c, sont réellement les rapports dont vous parlez.

Vous pouvez donc faire le changement de deux manières[3].

1° Soient Ka, Kb, Kc, les pseudolongueurs des trois côtés... Posons

$$\cos\alpha = \frac{1 - \operatorname{sech} b \operatorname{sech} c \cosh a}{\operatorname{tgh} b \operatorname{tgh} c}$$

5. [H97].
6. Voir la note 1 de la lettre 2.31.
1. [DT13].
2. La nouvelle rédaction retenue pour le paragraphe est : « S'il existait donc une démonstration de ce *postulatum* (ou, ce qui revient au même, de la somme des angles d'un triangle rectiligne) basée uniquement sur lesdits principes, on pourrait la répéter pour un triangle pseudo-rectiligne, et l'on démontrerait que dans un tel triangle la somme des trois pseudo-angles vaut deux angles droits, ce qui n'est pas exact. » [DT13, p. 137]
3. La rédaction imprimée reprend essentiellement le premier changement.

2° Soient a, b, c, les pseudolongueurs... Posons

$$\cos\alpha = \frac{1-\operatorname{sech}\frac{b}{K}\operatorname{sech}\frac{c}{K}\cosh\frac{a}{K}}{\operatorname{tgh}\frac{b}{K}\operatorname{tgh}\frac{c}{K}}.$$

Peut être croirez vous devoir ménager une transition entre la note de M. Radau et la mienne. Voici, pour simple information, celle que j'avais ménagée moi-même entre mon Analyse (non-écrite) et mon Interprétation [4] :
« Sans vouloir contester d'une manière absolue l'exactitude de ces raisonnements ; tout en admettant qu'ils puissent porter la conviction dans l'esprit de leur auteur, nous [*] devons déclarer qu'ils laissent le doute dans le nôtre. Pour faire disparaître ce doute, il nous semble qu'au lieu de transformer les opérations de calcul, il faut au contraire chercher une interprétation réelle et concrète de tous les résultats trouvés dans la géométrie imaginaire afin qu'à toute contradiction dans cette dernière corresponde une contradiction dans la géométrie euclidienne elle-même ».

Depuis ma dernière lettre, j'ai réfléchi encore sur les fondements de la géométrie antérieurs au postulatum ; il n'est plus certain pour moi que la conception a priori de la longueur soit nécessaire ; je pense que tout pourra être défini [5]. Je me propose de donner un grand coup de collier après avoir lu votre traduction de Souvorof, si toutefois cela est encore nécessaire.

Ma lettre devant vous parvenir vers le premier jour de la nouvelle année, je saisis avec empressement cette occasion de vous adresser mes souhaits bien sincères de bonheur et de prospérité, pour vous et votre famille, et aussi pour votre grand pays, qui ne me parait pas encore remis des secousses qu'il a reçues.

Recevez, cher monsieur, la nouvelle assurance de ma respectueuse sympathie.

Jh De Tilly

2.42 Lettre de Hoüel à De Tilly du 23 janvier 1872

Bordeaux, le 23 janvier 1872.

Mon cher monsieur,

J'ai été dérangé de mon travail par un voyage imprévu, qui a mis toute ma correspondance dans un tel retard que je n'ai pu encore vous remercier de votre intéressant article, ni y adapter les corrections et additions que vous m'avez indiquées dans votre lettre du 30 décembre. Avant de le faire, je vous adresserai une prière, c'est de vouloir bien nous rédiger un article sur l'ouvrage de Flye Ste.-Marie. M. Darboux, préférant de beaucoup, comme moi, que cet article fût fait par un auteur spécialement compétent en cette matière, s'est arrangé de manière à vous réserver ce travail, et il vous prie, avec moi, de vouloir bien vous en charger. Je vous renverrai, si vous le désirez, la note que vous m'avez communiquée, afin que vous puissiez l'incorporer dans le même article, ce qui en rehaussera de beaucoup l'intérêt.

4. À quelques modifications près, la version imprimée reprend cette formulation.

⋆. Ceci me rappelle que dans la note que vous avez et qui n'était pas destinée à l'impression immédiate, je parle au singulier depuis les mots : « J'ai cru inutile », jusqu'à la fin de la note. Veuillez examiner aussi si cela n'a pas besoin de modification.

5. Voir la note 7 de la lettre 2.39.
De Tilly semble donc proposer une stratégie plus ambitieuse que celle de Helmholtz en affirmant pouvoir se passer du concept *a priori* de longueur.

Vous trouverez, dans le tome IV des *Mathematische Annalen*, un article de 50 pages de M. Felix Klein, de Goettingue, *Ueber die sogenannte Nicht-Euklidische Geometrie*, qui contient une représentation de cette géométrie dans le cas de 2 et de 3 dimensions [1]. Je crois que cet article, dont un abrégé a paru dans les *Gelehrte Anzeigen* de Goettingue pour 1871, vous intéressera vivement [2].

Je viens enfin de terminer, au bout de 18 mois, l'impression de la 3e partie de mon travail sur les quantités complexes, et je vous en adresse un exemplaire [3]. J'ai tâché d'y expliquer avec détail la conception des surfaces de Riemann, en présentant un résumé du livre de Neumann sur le même sujet [4].

Pardonnez si je vous quitte déjà ; je dois absolument me remettre à mon travail arriéré. Recevez l'assurance de mes sentiments sympathiques et dévoués.

J. Hoüel

2.43 Lettre de De Tilly à Hoüel du 27 janvier 1872

Bruxelles, le 27 janvier 1872.

Mon cher monsieur,

Je vous ferai l'article que vous me demandez sur l'ouvrage de M. Flye-Ste-Marie. Je crois me rappeler que, lorsque vous m'avez dit il y a un mois que M. Radau se chargerait de ce travail, j'ai déchiré le papier sur lequel j'avais préparé quelques notes. Vous me feriez plaisir en me renvoyant celles que je vous ai adressées sur cette question. Comme vous le désirez, je fondrai le tout en un seul article, qui sera par conséquent assez long. Je lirai tout au moins l'abrégé du mémoire de M. Klein dans les Gelehrte Anzeigen de Goettingue [1] avant de vous envoyer une rédaction définitive.

Je viens de recevoir la troisième partie de votre très-intéressant et très-important ouvrage sur les quantités complexes [2] ; veuillez agréer mes remerciements pour cet envoi. Je dois vous remercier aussi pour l'envoi qui m'a été fait il y a quelques jours des cinq premiers fascicules (janvier-mai) du Bulletin de 1871. Celui de mai renferme un article de M. Lindelöf sur le Calcul des probabilités qui m'a été très utile en fixant mon opinion sur la marche à suivre pour établir les principes de ce calcul [3]. L'auteur aurait pu ajouter qu'il combat l'hypothèse de Hagen sous sa forme la moins absurde, car, dans certains cours, on considère α comme une quantité finie [4].

1. [Kle71b].
Cet article sera traduit en 1897 par L. Laugel dans les *Annales de la faculté des sciences de Toulouse* (1ère série) XI (4), 1897, p. G1-G6.
2. Hoüel a traduit cet abrégé [H135*].
3. Il s'agit donc de la troisième partie de [H41].
4. Le premier chapitre de cette troisième partie de [H41] introduit l'uniformisation des fonctions multiformes au moyen des surfaces de Riemann. L'ouvrage de Carl Neumann *Vorlesungen über Riemann's Theorie der Abel'schen Integrale* (Teubner, Leipzig, 1865) n'est pas cité.

1. [Kle71a].
2. [H41].
3. Il s'agit d'un compte rendu rédigé par Ernst Lindelöf mais non signé du livre de V. Neovius sur la méthode des moindres carrés (*Bulletin* II, 1871, p. 134-136) : V. Neovius, *Lärobok i minsta qudratmethoden*, Åbo, 1870.
4. L'hypothèse de Hagen est que « l'erreur qui affecte une observation quelconque est composée d'un nombre infini d'erreurs élémentaires infiniment petites, égales entre elles, mais pouvant être indistinctement positives ou négatives ». La quantité α représente « la grandeur absolue de chacune des erreurs élémentaires ».

Je vous envoie en même temps que cette lettre une petite note sur le roulement sans valeur scientifique. Elle est écrite pour les élèves de l'École Militaire, à qui l'on enseignait une théorie impossible [5]. Je viens d'y remarquer une faute d'impression ou de copie. Aux pages 9 et 10, il faut lire v_2 au lieu de v^2. Ces sortes de fautes font mon désespoir et je ne parviens pas à les éviter. Il y en a aussi dans le Bulletin. Dans la note de M. Lindelöf dont je parlais tout à l'heure (mai 1871, page 135) l'une des deux fractions qui expriment la valeur de $\frac{\varphi(v)}{\varphi(0)}$ doit avoir au numérateur le facteur $m-n+1$ au lieu de $m-n$ et la dernière égalité de cette même page doit être $\frac{n}{m} = \frac{v}{V}$ [6]. Heureusement, pour des cas aussi simples, si celui qui ne fait que lire ne voit pas les fautes, celui qui étudie les corrige. Mais pour des calculs compliqués, l'inconvénient peut devenir beaucoup plus gros.

Je n'ai pu avoir l'exemplaire de Bolyai annoncé dans le catalogue de Calvary. Il était vendu [7].

L'Académie Royale de Belgique célébrera au mois de mai prochain le centième anniversaire de sa fondation [8]. La solennité durera deux jours. Tous les associés de l'Académie seront invités à la fête et les compagnies savantes du pays et de l'étranger seront priées de s'y faire représenter. Comme la Société des sciences physiques de Bordeaux sera naturellement du nombre, ne vous serait-il pas agréable, si toutefois vos occupations vous le permettaient, de faire à cette époque un voyage de quelques jours à Bruxelles, comme délégué ? S'il en était ainsi, je vous prierais de venir chez moi. Je ne puis vous offrir qu'une hospitalité bien mesquine, et sans aucune cérémonie, mais du moins je vous l'offre de grand coeur. Je vous enverrai des renseignements officiels quand j'en aurai.

Veuillez agréer, cher monsieur, l'expression de mes sentiments de respectueuse sympathie.

Jh De Tilly

2.44 Lettre de Hoüel à De Tilly du 3 février 1872

Bordeaux, le 3 février 1872.

Mon cher monsieur,

Je vous adresse ci-incluse la Note que vous m'aviez communiquée, et dont vous désirez faire usage pour la rédaction de l'article que vous avez bien voulu promettre

5. [DT9].
6. Dans les deux cas, De Tilly a raison.
7. Voir les lettres 2.36 et 2.37.
8. L'Académie impériale et royale des Sciences et Belles Lettres de Bruxelles est fondée par l'impératrice Marie-Thérèse d'Autriche le 16 décembre 1772. Un ouvrage en deux volumes a été publié à l'occasion des célébrations de son centenaire : *Académie royale de Belgique. Centième anniversaire de fondation (1772-1872)*, Hayez, Bruxelles, 1872. Adolphe Quetelet évoque la fondation de l'Académie de Belgique :

> Heureusement la grande et noble Marie-Thérèse (...) s'attacha à rendre aux Belges l'existence politique qu'on avait semblé vouloir leur ravir successivement. Elle fut secondée dans ses desseins par le Comte de Cobenzl, son ministre plénipotentiaire au gouvernement des Pays-Bas. Ce ministre éclairé, qui savait honorer les sciences, cherchait à faire renaître l'ancienne splendeur dont elles avait brillé dans nos provinces : il proposa à l'Impératrice de créer parmis nous de nouvelles institutions qui pussent ramener les sciences, les lettres et les arts à des idées plus grandes et plus dignes d'Elle. (t. 1, p. 18)

au *Bulletin* [1].

Je vous remercie des corrections que vous m'indiquez pour le n° du Bulletin qui contient le travail de Lindelöf ; je les ai indiquées sur mon exemplaire.

Je voudrais bien pouvoir profiter de l'occasion qui s'offrira au mois de mai prochain pour faire connaissance avec la capitale de la Belgique, et surtout avec vous. Mais je ne pourrais guère le faire sans interrompre mes leçons, et le mois de mai n'est pas pour nous un temps de vacances. Je ferai toutefois mon possible, et je vous remercie en tous cas bien cordialement de la gracieuse hospitalité que vous voulez bien m'offrir. Je désire beaucoup que vous soyez plus voyageur que moi, afin que nous puissions au moins nous rencontrer en France, si nous ne le pouvons en Belgique.

Nous avons reçu à la Société des Sciences physiques et naturelles un numéro d'une revue publiée à Bruxelles, et intitulée, autant que je m'en souviens, Revue de Belgique [2]. Ce recueil paraît très-intéressant, et nous tâcherons d'établir avec lui des relations d'échange.

Pardonnez si je vous quitte si promptement. Je suis en ce moment accablé d'ouvrage arriéré. Votre tout dévoué

J. Hoüel

2.45 Lettre de De Tilly à Hoüel du 9 mars 1872

Bruxelles, le 9 mars 1872.

(En hâte)

Mon cher monsieur,

Vous devez croire que je vous oublie. Il n'en est rien cependant, mais j'ai eu des empêchements sans nombre.

L'analyse du livre de M. Flye-Ste-Marie est faite [1] ; je la copierai et vous l'enverrai un de ces jours, ainsi que l'Analyse du dernier semestre du Bulletin de l'Ac[adémie] [2].

Deux causes en ont retardé l'envoi. D'une part le travail que m'a imposé l'Académie et qui devait être fini le 1er mars ne l'est pas du tout [3]. J'aurai à y travailler encore environ deux mois. Le précis de mon cours est aussi en retard [4]. Une fois

1. Voir la lettre précédente.
2. Il s'agit d'une revue généraliste publiée à Bruxelles par Merzbach & Falk entre 1869 et 1914.

1. [DT13].
2. L'analyse [DT24] du tome XXXII (juillet-décembre 1871) des *Bulletins de l'Académie royale des sciences de Belgique* paraît dans le tome IV du *Bulletin*, 1873, p. 55-58. De Tilly rédige en particulier un compte rendu de [DT9].
3. Il s'agit de [DT15]. Voir la lettre 2.26.
4. Dans sa notice biographique sur De Tilly [Man13], Mansion évoque la préparation du cours d'artillerie [DT11] :

> « Le cours d'artillerie professé par De Tilly aux sections d'artillerie et du génie de l'École militaire, avec les données numériques relatives et les instructions sur les levers du matériel d'artillerie est un ouvrage beaucoup plus étendu que le cours abrégé fait antérieurement aux sections d'infanterie et de cavalerie de la même école. Il comporte plus de 700 pages in-4° autographiées d'une écriture très fine et très nette. Ce cours, dit l'avertissement, est une compilation où l'auteur fait de larges emprunts aux cours de ses prédécesseurs (...). Comme pour le cours abrégé, ce qui appartient en propre à l'auteur, c'est l'arrangement des matières et quelques vues théoriques. » [Man13, p. 215-216]

ces deux travaux terminés, je serai plus libre et je pourrai reprendre alors sérieusement et régulièrement toutes les publications belges et *hollandaises*, tandis que jusqu'ici je n'ai pu m'occuper que de l'Académie de Bruxelles. Croyez bien que si je suis obligé de différer l'exécution complète de mes promesses, du moins je ne les oublie pas.

Une seconde circonstance qui a retardé l'envoi de l'analyse de l'ouvrage de M. Flye est que cet ouvrage et la considération des pseudodistances dont il est question dans son analyse, m'ont amené à des réflexions nouvelles relatives aux axiomes antérieurs au postulatum d'Euclide. Je vous disais déjà il y a deux mois, que la considération des pseudodistances devait pouvoir éclairer singulièrement les fondements de la géométrie [5]. Je crois effectivement qu'il en est ainsi et j'ai bâti là dessus une théorie nouvelle qui me parait fort curieuse. Je ne l'ai que dans la tête, et comme je ne saurais entreprendre les calculs que son développement exigerait elle est toute hérissée de φ et de ψ et restera telle tant qu'un nouveau Flye-Ste-Marie ne fera pas les calculs pour moi. J'espère que votre Souvorof me viendra en aide. Si vous vous décidiez à assister à la fête de l'Académie *qui aura lieu les 28 et 29 mai*, je serais enchanté de pouvoir vous exposer verbalement mes idées dont vous tireriez peut être meilleur parti que moi. Ici je n'ai personne pour m'aider. Il est trop difficile de trouver réunies l'intelligence des matières abstraites et *la bonne volonté.*

J'ai fait surtout ces recherches à propos du *chapitre complémentaire* de M. Flye que j'aurais voulu apprécier [6] ; mais ces recherches m'ayant fait reconnaître que le dernier mot est loin d'être dit sur cette question, et ne pouvant naturellement pas me livrer à des conjectures dans un compte rendu plus ou moins hasardées, j'ai fini par n'en dire presque rien.

J'ai vu dans le Bulletin d'octobre mes analyses [7]. Il y a quelques petites fautes d'impressions, mais la seule qui se rapporte aux formules, facile à corriger d'ailleurs pour celui qui comprend ce qu'il lit, est celle de la page 298 où (-1) doit avoir k pour exposant et non pour indice dans la formule

$$y_k = \operatorname{tg}[c + (-1)^k \alpha].$$

J'oubliais de vous dire tout à l'heure qu'en dehors des deux travaux que je dois absolument achever dans un bref délai, je donne une leçon *tous les jours* et, deux jours par semaine, je perds toute ma matinée à interroger après la leçon.

Excusez donc tous mes retards ; j'espère pouvoir vous être plus utile dans l'avenir.

Veuillez agréer, mon cher monsieur, l'expression de mes sentiments de respectueuse sympathie.

Jh De Tilly

2.46 Lettre de De Tilly à Hoüel du 16 mars 1872

Bruxelles, le 16 mars 1872.

5. Voir la lettre 2.39.
6. De Tilly se réfère au dernier chapitre [Fly71, p. 102-133] dans lequel Flye Sainte-Marie s'intéresse plus particulièrement aux axiomes de la géométrie.
7. [DT10].

(En hâte)

Mon cher monsieur,

Auriez-vous la bonté d'introduire, s'il est temps encore, la phrase suivante dans mon article sur l'ouvrage de M. Flye-Ste-Marie. Entre les mots : *après avoir considéré l'arc de rayon infini ou horicycle* et les suivants : *il adopte comme coordonnées paramétrales.....* intercalez : *et recherché la relation très simple qui existe entre deux arcs de rayon infini terminés à deux normales communes et la longueur de ces normales.* [1]

J'ai reçu hier le n° du Bulletin de novembre 1871 renfermant la note de M. Klein que je n'avais pas encore lue [2]. Cette note me parait très savante et très intéressante, mais jusqu'à preuve du contraire, je ne crois pas que son interprétation rende la mienne inutile. Je ne sais pas en faire sortir clairement que toute contradiction dans la géométrie *hyperbolique* se traduirait par une contradiction dans la géométrie usitée, ce qui est cependant la condition principale d'une véritable interprétation [3]. Notons d'ailleurs que je suis en désaccord sur un point avec M. Klein. Il prétend que même en admettant les axiomes qui doivent précéder la ligne droite, et en admettant aussi l'existence de cette dernière entre deux points, mais non pas sa propriété d'être *ouverte* et infinie dans deux sens on pourrait établir trois systèmes de géométrie [4]. Selon moi, deux systèmes seulement sont possibles, la géométrie d'Euclide et celle de Lobatschewsky.

Il est vrai que M. Klein se borne à chercher une représentation de ces 3 géométries, mais de deux choses l'une : ou il en conclut qu'elles peuvent toutes trois exister logiquement, ou bien ses représentations ne sont pas des interprétations complètes, montrant l'impossibilité d'une contradiction dans les systèmes représentés [5].

---

1. Le changement a été effectué [DT13, p. 132].
2. [H135*].
3. Le programme de Klein annoncé dans [H135*] est d'établir des modèles projectifs des trois géométries euclidienne, hyperbolique et elliptique à partir de ce qu'il nomme « la détermination métrique générale de Cayley ». Une conséquence de ces modèles est la non contradiction de ces trois géométries relativement à la géométrie projective.
4. De Tilly fait allusion au passage où Klein introduit la géométrie elliptique :

> « Dans son écrit, Riemann fait observer que de ce que l'espace est illimité, il ne s'en suit pas forcément qu'il soit infini. Au contraire, on pourrait concevoir, sans tomber en contradiction avec notre intuition, qui ne s'applique jamais qu'à une portion finie de l'espace, que l'espace fût fini et rentrant sur lui-même ; la Géométrie de notre espace se présenterait alors comme la Géométrie sur une sphère de trois dimensions placée dans une multiplicité de quatre dimensions. (...) La ligne droite n'aurait plus alors de points à une distance infinie et l'on ne pourrait, par un point donné mener aucune parallèle à une droite donnée.
> Une Géométrie fondée sur ces conceptions occuperait, à côté de la Géométrie euclidienne ordinaire, une place toute semblable à la Géométrie de Gauss, de Lobatchefsky et de Bolyai, dont nous parlions tout à l'heure. Tandis que cette dernière attribue à la droite deux points à l'infini, l'autre Géométrie qui ne lui en attribue aucun (c'est-à-dire qu'elle lui attribue deux points imaginaires à l'infini). Entre les deux se place comme transition la Géométrie euclidienne ; elle attribue à la droite deux points à l'infini qui coïncident.
> Conformément à un mode de s'exprimer, en usage dans la nouvelle Géométrie, nous désignerons, dans ce qui va suivre, ces trois Géométries respectivement sous les noms de Géométrie *hyperbolique*, *elliptique* ou *parabolique*, suivant que les deux points à l'infini de la ligne droite sont réels, ou imaginaires, ou coïncidents. » [H135*, p. 343-344]

5. Klein est parfaitement conscient que ses modèles projectifs ne permettent de conclure à l'indépendance de l'axiome des parallèles par rapport aux autres axiomes de la géométrie euclidienne qu'à la condition d'avoir montré au préalable que l'on peut présenter la géométrie projective indépendemment de l'axiome des parallèles. Il donne une esquisse de cette démonstration [H135*, p. 349-351] et reviendra sur cette question plus précisément dans [Kle71b].

Pour le cas où l'on se proposerait d'ajouter un *Errata* à la fin du 2me volume, voici les fautes d'impression que j'ai remarquées dans le n° d'octobre. Il est bien entendu qu'aucune d'elles n'est assez grave pour exiger un errata si d'autres raisons n'engagent pas à en faire un [6] !

Page 294 ligne 13 au lieu de *tout* lisez *toute*
Page 295 ligne 13 .... *séries* lisez *série*
........................20.................*obtint* .... *obtient*
Page 297 ligne 5 inf .... *l'exposant* .... *l'exposant m*
id .... 2 inf .... *entier* .... *entier ;*
Page 298 .... 9 ....$(-1)_k$ .... $(-1)^k$
.... ligne 11 supprimez le renvoi (1) qui doit être reporté à la ligne 5 inf après le mot travail *
Même page ligne 17 au lieu de *force* lisez *forme*
.... 22 .... *recueillie* .... *recueilliez*
.... id .... *comparaisons* .... *comparaison*

À la prochaine lettre l'analyse du Bulletin de juin-décembre 1871.

Veuillez agréer, mon cher monsieur, l'expression de mes sentiments sympathiques et respectueux.

Jh De Tilly

2.47 Lettre de Hoüel à De Tilly du 12 avril 1872

Bordeaux, le 12 avril 1872.

Mon cher Monsieur,

Je suis bien en retard avec vous, et j'oserais m'adresser à votre indulgence, si je n'avais à vous donner comme explication, deux motifs principaux : l'un domestique, le mariage de ma fille aînée [1] ; l'autre judiciaire, j'ai siégé pendant près de trois semaines comme juré aux assises de mars. Je commence à me remettre un peu au travail ; mais j'ai beaucoup d'arriéré à rattraper.

Notre Bulletin attend avec impatience la *copie* que vous voudrez bien lui envoyer, et vous remercie des *errata* que vous signalez.

Il vient de paraître une nouvelle brochure sur la théorie des parallèles par un ingénieur, M. Saleta [2], qui me semble entendre très bien la question, et qui a retrouvé à peu près les mêmes résultats qu'Helmholtz. Cela fait regretter que, comme M. Flye Ste-Marie, il ait employé son temps à refaire ce qui était fait depuis longtemps, au lieu de réserver ses forces pour aller au-delà de ses prédécesseurs. Il avoue qu'il connaît à peine de nom le Mémoire d'Helmholtz, dont il estropie le nom comme si c'était le nom du premier venu [3].

---

6. Ces corrections ne seront pas publiées dans un *erratum*.

⋆. Il y avait à la ligne 11 un tout autre renvoi que l'on a oublié mais qu'il n'est pas indispensable de rétablir.

1. Jeanne Hoüel (1855-1887) épouse Henri Barckhausen (1834-1914) qui est professeur à la Faculté de droit de Bordeaux.

2. Il s'agit de [Sal72]. Hoüel donne la référence exacte ci-après.
Après des études à l'École polytechnique (1844) et à l'École des ponts et chaussées, François Felix Denis Onuphre Saleta (1826 - ?) effectue une carrière d'ingénieur des ponts et chaussée.

3. À la fin de sa préface rédigée en décembre 1871, Saleta écrit [Sal72, p. 10] :

> « En terminant, je prie le lecteur de me permettre une observation personnelle. Depuis que mon travail a été fait, quelques personnes à qui j'en ai donné communication m'ont

Il m'a envoyé sa brochure, d'une trentaine de pages et je crois qu'elle vous offrira de l'intérêt. Voici le titre exact :

« Exposé sommaire de l'idée d'espace au point de vue positif, ou Remarques sur les principes de la Géométrie, et notamment sur le postulatum d'Euclide. Par F. Saleta, ingénieur des Ponts et Chaussées. Paris, Dunod. Quai des Augustins, 49, 1872. » (in-8°, 32 p.)

Je crois que ce travail mériterait d'être signalé dans le *Bulletin*, afin d'encourager l'auteur, et aussi pour lui conseiller d'abréger sa route, en lisant ce qui s'est fait sur ce sujet, dont la littérature (comme disent les Allemands) est maintenant parfaitement connue. Voudriez-vous vous charger de la rédaction d'une courte note sur cette brochure [4] ?

En revanche, j'ai reçu ce matin l'envoi d'un exemplaire de la célèbre brochure du célèbre Carton, qui démontre de je ne sais combien de manières, toutes plus terribles les unes que les autres, l'impossibilité de la Géométrie non-euclidienne [5]. Quant à celui-là, je me dispenserai de le lire, et sa place est trouvée dans ma collection de curiosa, entre une quadrature du cercle et une démonstration de l'immobilité de la Terre. A fortiori garderons-nous, dans le *Bulletin*, le silence le plus complet sur cet intrépide auteur.

Un de mes anciens élèves, M. Potocki [6], auteur des articles du *Bulletin* signé A. P., travaille en ce moment à une analyse détaillée du Mémoire de Souvorof. Il s'occupe de condenser son travail pour en faire un article du *Bulletin* [7]. Quand il aura terminé, je le prierai de vous prêter l'extrait développé qu'il m'a fait [8].

Je suis toujours sans nouvelles aucunes de la Société *Een onvermoeide arbeid...* Ne connaîtriez-vous pas à Bruxelles quelqu'un qui fût en relation avec un membre mathématicien de l'Académie d'Amsterdam, tel que MM. Badon Ghijben [9], Bierens

---

parlé de divers géomètres qui auraient émis des idées plus ou moins analogues ; parmi eux il faudrait peut-être compter l'illustre Helmholtz. Les noms mêmes de ces auteurs, sauf celui d'Helmholtz, m'étaient complétement inconnus, et aujourd'hui encore je n'ai de leurs travaux, sans exception, qu'une idée bien vague, n'en sachant rien au delà de ce que j'ai pu en apprendre incidemment dans des conversations assez courtes. »

4. C'est ce que fera De Tilly dans [DT13b]. Il écrit :

> « Dans cet Opuscule, extrait d'un travail étendu sur l'idée d'espace, l'auteur étudie les axiomes de la Géométrie, et en particulier le Postulatum d'Euclide, en les considérant principalement comme des définitions. Sans avoir eu, ainsi qu'il le déclare, aucune connaissance des nombreux travaux déjà publiés sur ce sujet, il est arrivé par lui-même à des conclusions analogues à celles des géomètres qui, depuis Gauss, se sont occupés des problèmes abstraits de la Géométrie philosophique.
> Bien que, par suite de cette circonstance, on ne puisse signaler dans le Résumé de M. Saleta aucun résultat réellement nouveau, la compétence incontestable de l'auteur nous fait espérer qu'il ne tardera pas à publier son travail développé, lequel renfermera sans doute des données précieuses, notamment sous le point de vue analytique. Nous nous permettons de lui recommander de comparer ses méthodes avec celles de Riemann, de Helmholtz et de Beltrami. » [DT13b, p. 28]

5. [Car70].
6. A. Potocki est licencié ès sciences, conducteur des Ponts-et-Chaussées (liste des membres dans les *Mémoires* VII, 1869) et membre de la *Société des sciences physiques et naturelles de Bordeaux* pour laquelle il exerce des responsabilités administratives. Voir aussi la lettre 4.1 de Hoüel à Le Besgue.
7. Finalement, ce travail ne sera pas imprimé dans le *Bulletin*. Voir la lettre 2.59.
8. Hoüel tiendra parole. Voir la lettre 2.59.
9. Il s'agit probablement du mathématicien Jacob Badon Ghijben (1798-1870) dont Hoüel ignore le décès.

de Haan [10], Stamkart [11], etc. ? Ces messieurs ont collaboré au recueil, et savent certainement où la publication en est.

M. Genocchi n'est pas encore converti, et je ne puis lui mettre dans l'esprit [ce] qu'il en est, pour la déformation de la surface engendrée par la révolution de la tractoire, absolument comme pour celle d'un cylindre en un plan infini. Il ne veut pas entendre parler de l'infinité des feuilles dont on doit supposer la surface composée ; du moins il n'a pas du tout l'air de s'occuper de cette considération, que je lui ai cependant présentée avec insistance [12].

L'idée des *trois* géométries n'est pas de Klein ; elle remonte à Lejeune-Dirichlet, qui avait longuement médité sur ce sujet, mais qui, malheureusement ne nous a rien laissé d'écrit [13]. Lobatchefsky ne compte que *deux* géométries, parce qu'il exclut d'abord la troisième, en admettant, avec Euclide, que deux lignes droites ne peuvent renfermer un espace (Axiôme XII) [14]. Mais, en rejetant, cet axiôme, on a la géométrie elliptique de Klein, qui coïncide avec la géométrie ordinaire de la sphère. Du reste, Klein a développé son travail dans un Mémoire de 93 pages, inséré au tome IV des *Mathematische Annalen* [15].

Je regrette beaucoup de ne pouvoir profiter de l'occasion que votre solennité académique m'offrirait pour visiter Bruxelles et surtout pour faire votre connais-

10. Voir la note 3 de la lettre 2.34.

11. Franciscus Johannes Stamkart (1805-1882) est, depuis 1867, professeur de mathématiques à l'École polytechnique de Delft.

12. Hoüel écrit à Genocchi dans sa lettre du 16 juillet 1871 :

> « J'ai beaucoup réfléchi, depuis votre lettre, aux objections que vous m'avez présentées contre les théories de M. Beltrami. J'avoue franchement qu'il m'est impossible d'imaginer un autre moyen que les coordonnées curvilignes pour étudier les figures tracées sur des surfaces *considérées indépendemment des déformations qu'on peut leur faire subir par simple flexion.* Je ne vois aucune autre manière pour transporter aux surfaces développables les propriétés des figures planes. La coïncidence fortuite de deux points d'une surface, ne changeant rien aux propriétés des figures, pourvu qu'on fasse toujours, comme dans les surfaces de Riemann, la distinction des nappes de la surface auxquelles elles appartiennent, me semble une preuve de la nécessité d'employer des coordonnées qui se rapportent non aux points de l'espace fixe dans lequel flotte la surface mais aux points flottant eux-mêmes. Quand on considère la forme d'un poisson nageant dans l'eau on ne s'occupe pas des coordonnées des divers points de son corps dans l'espace, mais uniquement de la disposition mutuelle de ses parties, quelques replis qu'il forme en se contournant. » [FG91, p. 207-208]

13. Hoüel répète ici une information contenue dans une lettre que Catalan lui a écrite (voir la lettre 5.1). Le nom de Lejeune Dirichlet apparaît fort rarement associé avec celui des recherches sur les principes de la géométrie. Nous savons cependant qu'il était au courant des recherches de Fourier sur le même sujet, notamment car il a vécu à Paris entre 1822 et 1827. Dans une lettre à Olbers datée du 3 mai 1827, Gauss écrit : « Quand j'ai parlé à Dirichlet de la chose [indémontrabilité a priori de la géométrie] je me suis entendu répondre que Fourier lui avait communiqué son opinion presque dans les mêmes termes. » [Pon86, p. 533] Il est difficile de savoir quelle source Hoüel exploite pour faire une telle affirmation. Toutefois, dans un article relatant les débats de l'affaire Carton (*Cosmos* VII, 3e série, 2e semestre, 1869, p. 684-685) on lit : « M. Liouville, s'inspirant surtout des idée de Dirichlet, pense que le *Postulatum* est indémontrable (...). » [Pon86, p. 655]

14. Cet axiome apparaît comme douzième axiome dans [H36, p. 13]. Dans une note, Hoüel affirme qu'il est équivalent à l'axiome selon lequel il ne passe qu'une droite par deux points donnés. L'exemple de la géométrie elliptique (construite sur une demi-sphère dont on a identifié les points antipodaux de l'équateur) montre que ces deux axiomes ne sont pas équivalents. L'auteur euclidien distingue ces deux énoncés puisque la possibilité de mener une droite entre deux points est une demande tandis que l'affirmation « Et deux droites ne contiennent pas une aire » est rangée parmi les notions communes. Selon Heiberg et Heath [Euc90, I, p. 167, 179, 200 201], celle-ci serait une interpolation. Celle-ci est en effet utile pour la preuve de la Proposition I.4 des *Éléments* et plus généralement pour affirmer l'unicité de la droite joignant deux points.

15. [Kle71b].

sance de plus près. Malheureusement mes fonctions me retiennent dans cette saison, et il ne m'est guère possible de m'absenter de Bordeaux avant le mois d'août ou de septembre.

J'espère que vous viendrez bientôt à bout d'éclaircir complètement un sujet que vous possédez si bien, et que vous ferez là-dessus un travail développé. Si vous ne préfériez pas en disposer en faveur de quelque autre Recueil, vous savez que notre Société des Sciences physiques et naturelles serait heureuse de l'imprimer dans ses Mémoires.

Veuillez agréer l'assurance de mes sentiments de bien sincère dévouement.

J. Hoüel

2.48 Lettre de De Tilly à Hoüel du 15 avril 1872

Bruxelles, le 15 avril 1872.

Mon cher Monsieur,

J'ai reçu hier soir votre lettre du 12. Toutes mes félicitations au sujet de l'heureux évènement de famille que vous m'annoncez.

Je m'occuperai incessamment de l'affaire des publications hollandaises que j'ai dû négliger jusqu'ici, sans l'oublier, par suite de mes occupations nombreuses et pressantes.

Je regrette beaucoup que vous ne puissiez venir à Bruxelles le mois prochain ; espérons que les circonstances amèneront naturellement une occasion plus favorable de nous rencontrer.

Vous avez eu l'obligeance de m'offrir, il y a deux ans, de faire imprimer dans les Mémoires de la *Société des sciences physiques et naturelles* de Bordeaux le travail développé que je compte faire sur les fondements de la Géométrie (et peut être de la Mécanique) [1], et dans votre lettre actuelle vous renouvelez grâcieusement cette offre. Je l'accepte plus que jamais. C'est bien dans les Mémoires de votre société et dans aucun autre recueil que je me propose de publier cet ouvrage, dans lequel je résumerai toutes mes pensées sur ce grand sujet, en les rattachant entre elles et aux idées émises par d'autres géomètres. Mais vous comprendrez que je ne sois nullement pressé, et que je ne me presse pas encore de faire paraître ce travail. Je me félicite chaque jour davantage de ma lenteur. Des notions qui étaient d'abord bien vagues pour moi deviennent peu à peu plus précises, soit par mes réflexions, soit par mes lectures. J'espère faire un travail d'ensemble, définitif, aussi complet et aussi élémentaire que possible [2].

Je vous remercie de ce que vous voudrez bien engager M. Potocki à m'envoyer son extrait développé de Souworof. Je lirai aussi la brochure de M. Saleta et je me charge très volontiers de la rédaction d'une courte note sur cette brochure pour le *Bulletin* [3].

En me plaçant à un point de vue peut-être un peu égoïste, je ne saurais regretter que quelques auteurs emploient leur temps à refaire ce qui a déjà été fait. Ils ne le refont pas exactement de la même manière et il y a toujours quelques idées nouvelles à tirer de leurs écrits. Flye-Ste-Marie en est pour moi un exemple remarquable.

1. Voir la lettre 2.7.
2. [DT54].
3. [DT13b].

J'ai étudié de nouveau la géométrie elliptique. Elle se base, au fond, sur le principe suivant :
« La plus courte distance entre deux points quelconques de l'espace ne peut surpasser une grandeur finie assignable. »
Si l'on admet ce principe, cette géométrie peut en effet exister, et si elle ne paraît pas devoir être mise sur la même ligne que les deux autres, elle a au moins le grand avantage de faire voir la nécessité d'un principe ou d'un axiome contraire que l'on néglige habituellement de faire ressortir. Le travail de M. Klein aura donc ainsi été très-utile, bien qu'au fond les idées qu'il a développées ne lui appartiennent pas exclusivement. Je pense que sa méthode peut être énormément simplifiée et réduite à une forme analogue à celle que j'ai donnée à la méthode de M. Flye mais avec cette amélioration que les pseudodroites et pseudoplans seraient remplacés par les droites et les plans ordinaires et qu'il ne resterait que des pseudodistances et des pseudoangles. Toutefois je n'ai pas encore eu le temps de m'assurer que les pseudodistances seront toujours réelles et je crois qu'il n'y a pas lieu de compliquer par des imaginaires, puisque l'on peut l'éviter, des théories qui semblent déjà si abstraites à beaucoup de géomètres.

Pour le moment je m'en tiens donc au système de M. Flye, sauf à l'étendre à la Géométrie elliptique. Notons bien que le nombre des interprétations nécessaires s'élève alors à *quatre*, parce qu'il faut prouver que de l'impossibilité logique de l'une des deux géométries elliptique ou hyperbolique résulterait l'impossibilité logique de chacune *des deux autres* géométries. Mais deux de ces interprétations ne présenteront aucune difficulté.

J'ai été étonné de voir que votre Bulletin attend avec impatience une *copie* que je devrais lui envoyer. N'auriez-vous pas reçu le Compte rendu définitif de l'ouvrage de M. Flye-Ste-Marie, que je vous ai envoyé il y a environ *trois semaines* [4] ?

Je ne puis interpréter ce passage de votre lettre que de cette manière, et cependant je reste dans le doute, car je vous ai envoyé en outre il y a environ *quinze jours* une petite addition, à faire à ce Compte rendu [5] ; donc, de deux choses l'une : ou bien vous avez dû vous apercevoir alors qu'il vous manquait une de mes lettres, ou bien aujourd'hui il vous en manque *deux.*

J'attends un mot de réponse par retour du courier. Alors, s'il y a lieu, je ferai immédiatement une nouvelle copie du compte rendu que je pourrai heureusement retrouver dans mes brouillons et je ferai les réclamations nécessaires, mais il est probable qu'elles n'aboutissent à rien, l'administration belge pouvant rejeter les torts sur l'administration française.

Veuillez agréer, mon cher Monsieur, la nouvelle assurance de mes sentiments respectueux et dévoués,

Jh De Tilly

2.49 Lettre de Hoüel à De Tilly du 17 avril 1872

Bordeaux, le 17 avril 1872.

Mon cher Monsieur,

4. [DT13].
5. Voir la lettre 2.46.

Vous ne m'en voudrez pas si je vous avoue que depuis six semaines les dates et les événements se sont un peu brouillés dans ma tête, et si je vous ai réclamé un travail que j'avais non-seulement reçu, mais encore transmis à mon collègue Darboux. Je me rappelle parfaitement avoir reçu de vous un travail sur Flye Ste-Marie, suivi d'une feuille d'additions et corrections. Seulement j'avais confondu avec un autre travail que je vous avais renvoyé pour le retoucher [1]. Je vais, du reste, prier Darboux de me rafraîchir mes souvenirs à ce sujet, afin de pouvoir vous dire avec certitude s'il y a eu quelque chose d'égaré à la poste.

J'ai encore reçu deux autres travaux relatifs à la Géométrie non euclidienne. L'un est un volume in-12, de 69 p. intitulé : « Geometria rigorosa di Pietro Dott. Cassani, Prof. di Matematica e di Meccanica applicata presso l'Instituto tecnico di Venezia. 1872 [2] ». C'est un essai pour compléter la théorie de Bolyai et Lobatchefsky, fondant toute la géométrie sur la génération du plan par l'intersection de deux sphères. L'ouvrage se vend chez l'éditeur C. Coen, Venezia-Trieste-Milano. Je vais tâcher de le lire (si la fatigue d'yeux que j'éprouve en ce moment me le permet), et d'en dire ensuite quelques mots dans le *Bulletin*, à moins que vous ne vouliez vous en charger vous-même qui connaissez le sujet bien mieux que moi [3].

L'autre est une Note de 8 pages, extraite des *Nachrichten* de la Société de Goettingue, pour 1872, et intitulée : « Ueber eine reale Abbildung der s. g. Nicht-Euclidischen Geometrie, von Julius König in Pest [4] ». Cette Note se rattache à celle de Klein ; l'auteur propose une autre représentation, toujours réelle, comme l'indique le titre [5].

Je vous adresse ces deux opuscules, en vous priant de me les renvoyer quand vous en aurez pris une connaissance suffisante. Vous pourrez en faire l'objet d'un supplément à votre Note sur Flye.

Je suis heureux pour notre Société de la promesse que vous voulez bien lui faire d'enrichir ses Mémoires d'un travail aussi intéressant que celui dont vous vous occupez en ce moment.

Agréez, mon cher monsieur, l'assurance de mes sentiments d'affection et de dévouement.

J. Hoüel

2.50 Lettre de De Tilly à Hoüel du 20 avril 1872

Bruxelles, le 20 avril 1872.

1. Voir la lettre 2.44.
2. [Cas72].
3. De Tilly en fera le compte rendu [DT25].
4. [Kön72].
5. De Tilly en rédigera une analyse pour le *Bulletin*. On lit (voir aussi la lettre 2.51) :

> « L'auteur étudie les relations qui existent entre la Géométrie non-euclidienne et la Géométrie des complexes, dans laquelle la droite, considérée comme élément le plus simple de l'espace, est déterminée par les deux points où elle rencontre une surface et une ligne fondamentales. Suivant que l'on choisit, pour cette surface et cette ligne, un plan et une droite parallèle à un plan, une sphère et une circonférence de même rayon, ou bien un hyperboloïde de révolution à une nappe et une hyperbole, l'un et l'autre équilatères, ayant des axes de même longueur et convenablement disposés, la Géométrie des complexes ainsi formée présente des analogies remarquables avec la Géométrie euclidienne, la Géométrie non-euclidienne elliptique, ou bien la Géométrie non-euclidienne hyperbolique. » [DT13b, p. 38]

Mon cher Monsieur,

J'ai reçu votre lettre du 17 et les deux brochures que vous avez bien voulu me prêter.

J'ai vu avec plaisir que l'erreur de la poste n'est pas encore certaine. J'espère que M. Darboux aura reçu ma note [1]. (Dans tous les cas, il ne l'a pas insérée dans le n° de f[évrie]r 72 qui m'est parvenu il y a quelques jours.) Je ne la recopierai donc pas, sauf nouvel avis de votre part.

J'ai lu rapidement la brochure de M. König. Elle est très intéressante et l'interprétation qu'elle renferme me paraît plus belle que celle de M. Klein. Je me charge volontiers de résumer ses 7 pages en une pour le *Bulletin*, en même temps que j'analyserai l'ouvrage de M. Saleta, que j'aurai dans quelques jours [2].

Quant à la *Géométrie rigoureuse* de M. Cassani, que j'ai parcourue, il est certain qu'elle renferme des choses bien utiles, mais à mon grand regret, je n'y trouve pas la solution définitive de la question. L'auteur dit, à la page 7, si je le comprends bien :

« Lorsqu'un corps tourne autour de deux points fixes, chacun des points mobiles décrit une ligne qui revient sur elle-même et qui n'est jamais traversée par son point générateur ; c'est pourquoi cette ligne est appelée contour simple. Si le mouvement persiste après que le point est revenu dans sa première position, ce point repassera par les mêmes positions successives et décrira toujours la même ligne. » [3]

Or puisque l'auteur admet qu'il faut réduire le nombre des axiomes ou postulats au minimum, il y aurait lieu d'examiner si l'on ne peut pas transformer celui qui précède en théorème. Je penche vers l'affirmative. Mais si je le dis dans un Compte-rendu, j'aurai à prouver mon assertion. À la page 28 l'auteur, dont la méthode a d'ailleurs plusieurs points de contact avec la mienne, croit avoir démontré que deux droites qui ont deux points communs coïncident dans toute leur étendue et même, je pense, qu'une droite s'étend indéfiniment dans les deux sens. J'ai de forte raison de croire que sa démonstration ne peut pas être rigoureuse.

1. [DT13].
2. Voir la note 5 de la lettre 2.49 et la note 4 de la lettre 2.47.
3. Cette propriété est posée comme hypothèse par Helmholtz pour garantir « l'indépendance entre la forme des corps solides et leur rotation » [H43, p. 377]. Par analogie avec la théorie des fonctions complexes, il la nomme « monodromie » et en souligne la nécessité pour caractériser les géométries à courbure constante. Lie montrera que cette dernière affirmation est fausse. Voir sur cette question, [LiE93, p. 437-543] et [Mer10]. Dans une lettre envoyée à Poincaré en 1892, Lie souligne la lucidité de De Tilly concernant cette question (voir [PoiC4]).

Flye Sainte-Marie associe la propriété de monodromie à celle de libre mobilité des solides :

> « Soit, dans une figure invariable, un point P et une droite L passant par ce point ; la figure peut être transportée d'un lieu de l'espace dans un autre, de manière que le point P coïncide avec un point P' quelconque fixe dans l'espace, et que la droite L s'applique exactement sur une droite L' quelle qu'elle soit menée par le point P' (...). En outre si la figure ne se réduit pas à la droite L, elle pourra changer de lieu dans l'espace en tournant autour de deux points fixes pris sur cette ligne, et ce mouvement de rotation pourra être continué indéfiniment. » [Fly70, p. 104]

Dans son *Essai sur les principes fondamentaux* [DT54, p. 31-43], De Tilly souligne son originalité par rapport aux autres géomètres lorsqu'il aborde la question de la rotation d'un « système invariable autour de deux points fixes » :

> « (...) nous nous séparons en prétendant démontrer ce théorème, de géomètres de premier ordre (parmi lesquels il suffit de citer M. Helmholtz), avec qui nous sommes d'accord, pour le fond, sur presque toutes les questions, excepté celle-ci (...). C'est pourquoi nous appelons sur les déductions de ce paragraphe l'attention toute spéciale du lecteur. » [DT54, p. 31]

Seulement pour analyser le livre en connaissance de cause, je devrais d'abord le traduire complétement et vu le peu de temps dont je dispose cela sera long. Si donc vous estimez que ce travail n'est pas pressé, j'accepte de le faire. Dans le cas contraire, je vous prierait, eu égard surtout à ce que vous connaissez bien mieux l'italien que moi, de vous charger de ce travail.

Veuillez agréer, mon cher Monsieur, l'expression de mes sentiments affectueux et dévoués.

Jh De Tilly

2.51 Lettre de De Tilly à Hoüel du 15 mai 1872

Bruxelles, le 15 mai 1872.

Mon cher Monsieur,

Je conclus de votre long silence que ma note n'aura pas été égarée à la poste et que M. Darboux l'aura reçue[⋆], à moins toutefois que la fatigue d'yeux dont vous vous plaigniez dans votre dernière lettre (17 avril) n'ait augmenté et ne vous ait empêché d'écrire. J'espère qu'il n'en est rien.

Je vous dois un mot d'explication et peut-être de rectification au sujet de ce que je vous avais écrit du jubilé centenaire de l'Académie de Bruxelles [1]. Le programme que j'avais vu portait que toutes les sociétés savantes qui sont en relation avec l'Académie seraient invitées à se faire représenter par un de leurs membres. Or, dans la dernière séance de l'Académie, on a signalé que des sociétés très-connues et très-distinguées n'avaient reçu aucune espèce d'invitation. Mon programme n'était-il pas dans le vrai ? ou bien les résolutions prises d'abord ont-elles été modifiées ? ou enfin ont-elles été mal exécutées ? Je l'ignore, mais dans tous les cas ce programme n'était pas officiel. Jusqu'à présent, nous ne savons officiellement qu'une seule chose, c'est qu'il y aura un banquet le 28 mai et, si nous le savons, c'est qu'il a été indispensable de nous en informer pour nous faire souscrire. Quant au reste, M. Quetelet s'en charge seul. Or M. Quetelet, qui est d'ailleurs le meilleur homme du monde, a des idées à lui et de plus il a 77 ans [2] et il avoue qu'il a perdu la mémoire. Dans ces conditions, vous comprendrez comment les affaires de l'Académie doivent marcher. Quand on demande une explication, M. Quetelet jette ses papiers et déclare qu'il donne sa démission. Cependant, si vous aviez pu venir à Bruxelles, j'aurais certainement examiné si la Société des sciences physiques et naturelles avait reçu l'invitation à laquelle elle a droit et insisté, dans le cas contraire, pour la lui faire envoyer ; mais puisqu'il vous est impossible de venir, je me suis abstenu de toute intervention ; j'ai cru seulement devoir vous donner ces détails afin de n'être pas accusé de légèreté dans le cas fort possible où notre autocrate vous oublierait.

Après avoir lu complètement le mémoire de König, je n'ai pas conservé l'impression favorable que les premières pages m'avaient fait éprouver. Peu au courant de la géométrie des complexes, j'avais été séduit d'abord par l'exposition claire que l'auteur en fait, mais je crois avoir reconnu finalement que si son mémoire fait réellement progresser cette Géométrie (ce que j'ignore) il ne saurait plus faire faire

⋆. Cependant elle n'est pas encore insérée dans le *Bulletin* d'avril que je viens de recevoir lorsque cette lettre était déjà écrite.

1. Voir la fin de la lettre 2.43.

2. Adolphe Quetelet est né à Gand le 7 février 1796.

un pas à notre Géométrique philosophique, arrivés au point où elle en est. Voici pourquoi je pense que vous en jugerez comme moi : Pour représenter dans les complexes un point xyz d'un espace quelconque, on prend sur la surface fondamentale un point dont les coordonnées soient x et y, puis sur la ligne fondamentale un point dont la *coordonnée* unique soit z. On joint ces deux points par une droite qui correspond alors au point xyz de l'espace considéré. Mais pourquoi ne pas porter par exemple la longueur z sur une normale à la surface ? Alors au lieu d'une droite on aurait un point correspondant à un point d'un espace quelconque. Une ligne de l'espace quelconque, au lieu d'être représentée par une *congruence de droites* le serait par une ligne ; par exemple une droite de l'espace quelconque par une pseudodroite de l'espace ordinaire ; et remarquons bien que dans les deux systèmes il faudra définir le pseudoangle. Quant à la pseudodistance, elle se saisit mieux avec des points qu'avec des droites. Nous en revenons ainsi à l'interprétation que j'ai tirée des calculs de Flye-Ste-Marie [3], interprétation qui est la même *au fond* que celle de König, mais beaucoup plus simple. Je pense donc qu'il faudrait s'en tenir à une analyse sommaire telle que celle-ci [4] :
« L'auteur étudie les relations qui existent entre la géométrie non-euclidienne et la géométrie des complexes, dans laquelle la droite, considérée comme élément le plus simple de l'espace, est déterminée par les deux points où elle rencontre une surface et une ligne fondamentales. Suivant que l'on choisit, pour cette surface et cette ligne, un plan et une droite parallèle à ce plan, une sphère et une circonférence de même rayon, ou bien un hyperboloïde de révolution à une nappe et une hyperbole, tous deux équilatéraux, ayant des axes de même longueur et convenablement disposés, la géométrie des complexes ainsi formés présentera des analogies remarquables avec la géométrie euclidienne, la géométrie non-euclidienne elliptique, ou bien la géométrie non-euclidienne hyperbolique. »

Je vous envoie le livre de König en même temps que cette lettre.

J'ai lu la brochure de M. Saleta. Eu égard à ce que l'auteur ne connait pas les travaux de ses devanciers, son travail est une preuve de grand mérite et l'ouvrage développé que l'auteur nous annonce promet d'être très important [5]. Mais je dois dire que dans son résumé je ne trouve rien de nouveau, sauf peut-être quelques formules sans démonstration. Voici de plus quelques légères critiques :
1° L'explication de la longueur donnée à la page 6 n'est pas fort claire. J'aime mieux l'admission pure et simple de la notion première [6].

3. Voir le paragraphe 1.2.6.

4. Voir la note 5 de la lettre 2.49. Excepté des changements minimes, le texte suivant servira donc de compte rendu du travail de König pour le *Bulletin*.

5. Saleta écrit que son opuscule « est extrait, quant au fond, d'un travail assez étendu où l'idée d'espace sera considérée au point de vue positif dans ses trois formes successives : élémentaire, analytique et enfin transcendante » [Sal72, p. 5]. Il annonce ensuite la publication prochaine de [Sal73].

6. Saleta explique que « s'étant imposé la condition d'être très-court » [Sal72, p. 5] il a dû « admettre dans son travail une lacune importante » en se bornant à « des indications très-sommaires et nulles pour ainsi dire » sur ce qu'il entend par « une chose continue homogène et à un certain nombre de dimensions » [Sal72, p. 6]. Il explique alors :

> « (...) je m'en suis rapporté sur ce point à l'idée que ces mots éveilleront naturellement, sinon chez tout le monde, au moins chez tous les hommes suffisamment versés dans l'étude des questions géométriques, surtout s'ils veulent bien se donner la peine d'y réfléchir avec quelque attention. Par suite de cette omission volontaire, on se demandera sans doute ce qui nous autorise, à notre point de vue, à considérer toutes les lignes commes étant des quantités, des grandeurs mesurables, ou en d'autres termes comme ayant toutes une *longueur*. La seule explication que nous puissions donner ici à ce sujet consiste à dire que cette notion de *longueur* dérive nécessairement de la condition d'homogénéité ; car il résulte de cette condition que deux lignes quelconques peuvent toujours être divisées

2° Page 14 et suivantes. Les raisonnements de l'auteur, en les supposant rigoureux, prouvent seulement que l'on ne peut pas démontrer le postulatum d'Euclide par une construction plane. Mais ces raisonnements sont moins claires et moins complets que ce que l'on sait aujourd'hui sur les pseudosphères [7].
Page 22. La surface limitée, c'est-à-dire la sphère, satisfait au postulatum d'Euclide [8]... Oui, d'après l'énoncé de l'auteur (page 13, 2me note). Mais je crois qu'on a l'habitude de sous-entendre dans le postulatum que l'on peut mener une parallèle [9]. D'ailleurs ce n'est qu'une question de mots.
Page 26. Cet ensemble est ce qu'admettaient au fond ceux qui [10]... La plupart, oui, mais non pas tous, puisqu'Ampère et Lagrange croyaient que le postulatum d'Eu-

---

> en parties égales (dont le nombre est généralement infini) ; et si nous représentons par *a* et *b* les nombres de ces parties contenues respectivement dans les deux lignes en question, le quotient du nombre *a* par le nombre *b* exprimera le rapport qui existe entre les longueurs des deux lignes. » [Sal72, p. 6]

Certainement que De Tilly a fort peut goûté cette comparaison hardie de deux infinis.

7. Dans sa brochure, Saleta considère « une surface homogène et illimitée » définie par son « élément linéaire » et observe :

> « Toute droite qu'on y trace peut être prolongée indéfiniment dans les deux sens sans jamais revenir à son point de départ. En outre le principe que d'un point à un autre on ne peut mener qu'une seule ligne droite n'y comporte aucune exception, contrairement à ce qui a lieu pour la sphère. Mais d'un autre côté cette surface se distingue du plan géométrique, en ce que le postulatum d'Euclide n'y est pas applicable. Par un point donné dans une surface de ce genre, on peut toujours mener une infinité de droites qui ne rencontreront pas une droite donnée à quelque distance qu'on les prolonge. » [Sal72, p. 19-20]

Plus loin, il revient à la charge :

> « Or la théorie que nous avons exposée sur la surface homogène résout définitivement cette question. Car si le postulatum d'Euclide était une conséquence des autres principes, il serait vrai sans exception pour toute chose conforme à ces principes, c'est-à-dire pour toutes les surfaces homogènes où d'un point à un autre on ne peut jamais mener qu'une seule ligne droite. Il y aurait contradiction à le nier pour l'une quelconque de ces surfaces, et nous avons montré, au contraire, qu'il y a de ces surfaces qu'on peut concevoir sans contradiction, et qui pourtant ne satisfont pas au postulatum, à savoir celles que nous avons qualifié d'illimitées. » [Sal72, p. 26-27]

8. La phrase en entier est : « La surface limitée, c'est-à-dire la sphère, satisfait au postulatum d'Euclide, mais non au sixième des principes que nous avons posés plus haut, à savoir que d'un point à un autre on ne peut jamais mener qu'une seule ligne droite. » [Sal72, p. 22]

9. De Tilly met en évidence la version du postulatum d'Euclide donnée par Saleta qui ne suppose pas l'existence d'au moins une parallèle : « Ce principe [le postultum d'Euclide], présenté sous sa meilleure forme, consiste, comme on sait, à admettre que par un point donné dans un plan, on ne peut jamais mener plus d'une droite qui soit parallèle à une droite donnée dans le même plan, c'est-à-dire qui ne la rencontre pas à quelque distance qu'on prolonge l'une et l'autre. » [Sal72, p. 13, note (**)]

10. Saleta écrit que les premiers axiomes de la géométrie élémentaire tels qu'exprimés par Euclide affirment, dans la terminologie qu'il a adoptée, que le plan est « une surface homogène, c'est-à-dire une chose continue à deux dimensions, homogène, réelle et symétrique, et ensuite que sur cette surface on ne peut *jamais* mener d'un point à un autre qu'une seule ligne droite. » [Sal72, p. 25-26] Voici le début du paragraphe dont la phrase citée par De Tilly est extraite :

> « Cet ensemble [de principes] est ce qu'admettaient au fond ceux qui ont voulu démontrer le postulatum d'Euclide, et tous leurs efforts tendaient à l'établir sans le concours d'aucun autre principe. L'insuccès constant de ces tentatives les a discréditées depuis longtemps, et a confirmé le soupçon qu'il s'agit là d'un problème insoluble et contradictoire. On ne saurait pourtant se contenter de cette preuve empirique. Dans une science rationnelle, comme est la géométrie, la possibilité ou l'impossibilité de démontrer une proposition donnée constitue elle-même un théorème qu'on peut et qu'on doit démontrer. » [Sal72, p. 26]

clide pouvait se démontrer par l'emploi des trois dimensions [11]. En quoi consiste le principe supplémentaire qu'ils introduisaient implicitement ? Est-ce que la ligne droite dans le plan est la même que la ligne droite dans l'espace ?

Malgré tout cela, je le répète, la compétence et le haut mérite de l'auteur sont évidents, mais je pense, encore une fois, qu'il faudra se borner à une analyse sommaire telle que celle-ci [12] :

« Dans cet opuscule, extrait d'un travail étendu sur l'idée d'espace, l'auteur étudie les axiomes de la géométrie et en particulier le postulatum d'Euclide en les considérant principalement comme des définitions. Sans avoir eu, ainsi qu'il le déclare, aucune connaissance des nombreux travaux déjà publiés sur ce sujet, il est arrivé par lui-même à des conclusions analogues à celles des géomètres qui, depuis Gauss, se sont occupés des problèmes abstraits de la Géométrie philosophique.

Bien que par suite de cette circonstance, on ne puisse signaler dans le résumé de M. Saleta aucun résultat réellement nouveau, la compétence incontestable de l'auteur nous fait espérer qu'il ne tardera pas à publier son travail développé, lequel renfermera sans doute des données précieuses, notamment sous le point de vue analytique. Nous nous permettons de lui recommander de comparer ses méthodes avec celles de Riemann et de MM. Helmholtz et Beltrami. »

Voilà, je crois, tout ce qu'il faut dire dans le *Bulletin*, mais s'il était possible de communiquer à l'auteur les deux observations (qui en réalité n'en font qu'une) relatives aux pages 14 et 26, cela pourrait l'empêcher de poursuivre une idée qui est, d'après moi, sinon fausse, du moins incomplète.

Dans quelque temps, je vous enverrai l'analyse des Bulletins de l'Académie (juin-décembre 71) [13], puis probablement Cassani [14], puis les analyses en retard (sociétés autres que notre Académie, hollandaises [**] par exemple) et une liste d'ouvrages publiés en Belgique [15]. J'espère être complétement au courant avant le mois d'août, et travailler alors plus régulièrement.

Veuillez agréer, mon cher Monsieur, la nouvelle expression de mes sentiments respectueux et dévoués,

Jh De Tilly

2.52 Lettre de Hoüel à De Tilly du 17 mai 1872

Bordeaux, le 17 mai 1872.

11. À propos des recherches de Lagrange sur ce sujet, on peut consulter [Pon86, p. 231-240]. L'affirmation de De Tilly concernant Ampère est en contradiction avec son *Essai sur la philosophie des sciences* de 1834 :

> « Enfin, on sait que le théorème fondamental de la théorie des parallèles, lorsqu'on les considère comme existant réellement dans l'espace à trois dimensions, ne peut être rigoureusement démontré. » [Pon86, p. 522]

12. Voir la note 4 de la lettre 2.47. Le texte sera repris presque tel quel dans le *Bulletin*.
13. [DT24].
14. [DT25].

**. Vous ne sauriez croire les difficultés qu'on éprouve à se renseigner exactement sur les publications hollandaises autres que celles que notre Académie reçoit (heureusement ces dernières sont, je pense, les plus importantes). Les relations personnelles entre les mathématiciens belges et hollandais peuvent être considérées comme nulles. Je me suis adressé à un grand libraire qui ne m'a pas encore fourni tous les renseignements demandés.

15. Voir la lettre 2.54.

Mon cher Monsieur,

Pardonnez si je n'ai pas encore répondu à votre lettre du 20 avril. Après l'interruption assez longue de mon travail, causée tant par des affaires de famille que par l'indisposition dont je vous avais parlé et qui est heureusement tout à fait passée [1], je me suis trouvé tant d'ouvrages arriérés sur les bras que j'ai tout voulu faire à la fois, ce qui est un mauvais moyen pour avancer en besogne.

Je commence par vous remercier des deux nouvelles Notes que j'ai reçues ce matin dans votre lettre [2], et par vous annoncer que votre article sur Flye Ste-Marie est imprimé, et va paraître dans le n° de *mai* du *Bulletin* [3]. J'en ai corrigé ces jours-ci les épreuves.

Je vous remercie des renseignements que vous me donnez relativement à la Solennité académique qui se prépare à Bruxelles. Invité ou non par l'Académie, je n'en regrette pas moins de ne pouvoir faire un voyage aussi intéressant, et qui me procurerait le plaisir de vous voir. J'espère, par compensation, que vous aurez l'occasion de faire le voyage de Paris cet automne, et la Normandie, où je passe les vacances, n'est qu'à 5 ou 6 heures de chemin de fer de Paris.

J'ai reçu, il n'y a pas longtemps, des nouvelles de Pest, où l'on s'occupe de l'examen des papiers des deux Bolyai [4]. M. Schmidt, qui est adjoint à la commission académique chargée de ce travail, m'écrit que l'on n'a pas encore découvert grand'chose qui soit en état d'être imprimé, si ce n'est un supplément à l'*Appendix* de J. Bolyai. Du reste, ces papiers sont, à ce qu'il paraît, dans un tel désordre qu'il n'est pas impossible que de nouvelles fouilles amènent quelque nouveau résultat.

Je vais transmettre immédiatement vos deux notes à M. Darboux. Je vous prie de m'excuser si je vous quitte déjà; mais, comme je vous le disais, je suis entouré de lettres à répondre et je ne sais pas laquelle commencer. Veuillez agréer, cher Monsieur, l'assurance de mes sentiments affectueux et dévoués.

J. Hoüel

2.53 Lettre de De Tilly à Hoüel du 4 juin 1872

Bruxelles, le 4 juin 1872.

Mon cher Monsieur,

Je vous envoie l'analyse du Tome XXXII des *Bulletins* de notre Académie [1]. La Note de M. Houzeau [2] relative au prochain passage de Vénus a donné lieu ici à quelques observations de la part de M. Airy, observations auxquelles M. Houzeau a

1. Voir le début de la lettre 2.47 et la lettre 2.49.
2. [DT13b].
3. [DT13].
4. Le rôle de Hoüel dans la mise en valeur des papiers de Farkas et János Bolyai est évoqué par Paul Stäckel dans sa notice nécrologique de Franz Schmidt [Stä02, p. 144] :

> « Es hatte sich herausgestellt, dass Johann Bolyais mathematischer Nachlass nor vorhanden war und sich im Besitze des ev. ref. Kollegiums zu Maros Vásárhely befand. Um die Benutzung zu ermöglichen, rief Hoüel die Vermittlung des Fürsten Boncompagni an, der den damaligen ungarischen Kultusminister Baron Eötvös für die Sachen zu interessieren wusste. So wurde es erreicht, dass die Ungarische Akademie der Wissenschaften in Budapest im November 1869 die umfangreichen Manuskripte Johanns zur Durchsicht zugestandt erhielt, für die im Dezember 1872 eine besondere Kommission eigesetzt wurde. »

1. [DT24].
2. Jean-Charles Houzeau de Lehaie (1820-1888) est astronome et journaliste. En 1876, il deviendra

répondu dans la séance de samedi dernier. Il en sera question par conséquent, dans le Tome suivant des *Bulletins*[3].

Les fêtes du centenaire de l'Académie ont été brillantes et j'ai vivement regretté que vous n'ayez pu accepter notre invitation.

Quant à visiter la Normandie, je ne pense pas que je puisse le faire d'ici à longtemps, mais j'espère que je trouverai un jour l'occasion de vous rencontrer.

En comparant la note sur Flye-Ste-Marie insérée au *Bulletin* de mai[4] avec le brouillon que j'avais conservé, j'ai remarqué quelques fautes d'impression que je vous signale pour l'*Errata* :

Page 132, ligne 11, au lieu de *avec*, lisez *à*.
Page 133, ligne 7, après *circonférence*, placez une virgule.
Page 135, formule (1), au dénominateur, au lieu de *e* lisez *c*.
id, lignes 22 et 23, au lieu de *le même*, lisez *les mêmes*.
id, lignes 28 et 29, au lieu de *les sommes*, lisez *la somme*.
Page 136, ligne 6, supprimez la première virgule.

La première de ces corrections (page 132) est légèrement douteuse. On me fait dire à cette page *identiques avec* et à la page 137 *identiques à*. Vérification faite dans le brouillon, il y a deux fois *identiques à*, mais il est possible que je me sois trompé en copiant, ou bien que l'un des correcteurs ait cru devoir changer l'expression. Dans ce dernier cas, je n'insiste pas.

Outre les fautes qui précèdent, il n'y en a plus qu'une, mais elle est difficile à corriger ; je conçois qu'elle vous ait échappé, car ce que l'on me fait dire, bien qu'assez singulier, n'est pas absurde ; mais ce n'est pas cela que j'avais dit. Voici la correction complète de cette seule erreur[5] :

Page 13, ligne 4 au lieu · lisez ;
ligne 6, idem
ligne 8, idem
ligne 9, au lieu de *Ainsi*, lisez *ainsi* et au lieu de *, consi* lisez ·.
ligne 10, au lieu de *dirons* lisez *Considérons*.

Enfin bien que ce qui précède me paraisse déjà justifier un *Errata*, j'ai une raison particulière pour y tenir[6] ; c'est que j'ai commis moi-même une légère omission

directeur de l'Observatoire royal de Belgique. Sa note a pour titre « D'un moyen de mesurer directement la distance des centres du Soleil et de Vénus pendant le passage de cette planète ». Elle a pour but d'expliquer les mesures qui seront prises lors de l'observation du prochain passage de Vénus devant le Soleil en hiver 1874 [DT24, p. 56].

3. Un relevé sans commentaires des articles des tomes XXXIII à LX des *Bulletins de l'Académie des sciences, des lettres et des beaux-arts de Belgique* est publié dans la seconde partie du *Bulletin* I (2), 1877, p. 53-65.

4. [DT13].

5. Cette erreur change en effet le sens du texte de De Tilly :

> « De ces définitions nous déduisons immédiatement par l'analyse les conséquences suivantes :
> Par deux points quelconques de l'espace, on peut faire passer une, et une seule, pseudo-droite [;]
> Par trois points quelconques de l'espace non situés sur une même pseudo-droite, on peut faire passer un, et un seul, pseudo plan [;]
> Toute pseudo-droite qui a deux points dans un pseudo-plan s'y trouve toute entière [;]
> [a]insi que les théorèmes qui résultent de ces trois énoncés [.] Considérons deux pseudo-droites (...). » [DT13, p. 135]

6. Après que Hoüel ait fait part du désir de De Tilly à Darboux, celui-ci écrit : « Le capitaine bruxellois me paraît très exigeant, mais enfin nous tâcherons de le contenter. » (Lettre de Darboux à Hoüel du 9 juin 1872, AAS, dossier Darboux) Toutefois, le volume du *Bulletin* dans lequel l'analyse de De Tilly est

qui pourrait donner lieu à une critique, laquelle bien entendu n'atteindrait pas le fond de ma démonstration, mais qu'il est cependant désirable de prévenir. Voici la rectification de cette omission.
Page 135, ligne 26, ajoutez une note : on fait complètement abstraction du cas supplémentaire qui existe pour les triangles pseudo-rectilignes [7].

Veuillez agréer, mon cher Monsieur, la nouvelle assurance de mes sentiments respectueux et dévoués,

Jh De Tilly

2.54 Lettre de De Tilly à Hoüel du 15 août 1872

Gand, le 15 août 1872.

Mon cher Monsieur,

Votre long silence m'inquiétait et je me proposais depuis quelques jours de vous écrire, lorsque j'ai reçu le dernier *Bulletin* renfermant un article de vous [1], ce qui me rassure un peu et me fait espérer que de nombreuses occupations vous ont seules empêché de m'écrire. Je me trouve absolument dans le même cas et pendant plusieurs mois encore je serai en retard pour quelques-unes des communications que je vous dois. Je suppose que vous avez reçu la dernière, c'est-à-dire l'analyse des Bulletins de l'Académie de Bruxelles de juillet à décembre 1871 [2].

J'ai enfin des renseignements sur les publications hollandaises.

Voici une liste, qui m'est donnée comme exacte et complète, des ouvrages scientifiques périodiques qui se publient actuellement en Hollande.

1° *Verslagen* en mededeelingen der Koninklyke Akademie van wetenschappen. Afdeeling natuurkunde, Amsterdam, C. G. van der Post, in-8°.

2° *Verhandelingen* (natuurkundige) van de hollandisch maatschappy van wetenschappen te Haarlem ; erven Loosjes.

3° *Verhandelingen* van het Koninklijk instituut van ingenieurs, 'S Gravenhage, Gabr. J. en F. van Langenhuijsen, in-4°.

4° *Verhandelingen* der Koninklyke Akademie van wetenschappen (Afdeeling wis-en natuurkunde), Amsterdam, C. G. van der Post, in-4°.

5° *Tydschrift* (natuurkundig) voor Nederlandsch Indrë mitgegeven door de Koninklijke natuurkundige vereeniging in Nederlandsch Indrë, Batavia F. M. van Dorp ('S Gravenhage Martinus Nyhoff) in-8°.

6° *Maandblad* voor natuurwetenschappen, mitgegeven door de sectie voor natuurwetenschappen van het genootschap der leevordering van natuur-genees-enheelkunde, te Amsterdam, D. B. Canton, Amsterdam in-8°.

7° *Wiskundig Genootschap « Een unvermoeide arbeid komt alles te boven »*, Amsterdam, Weytingh et Brand, in-8° (ne paraît pas régulièrement).

---

publiée ne comportera pas ces corrections.

7. Dans son compte rendu, De Tilly veut dire que l'on retrouve les cas d'égalité des triangles de la géométrie euclidienne en géométrie non euclidienne mais s'exprime de manière maladroite en affirmant qu'ils « sont les mêmes que ceux des triangles rectilignes ordinaires » [DT13, p. 135]. Comme De Tilly le signale dans cette lettre, il y un cas supplémentaire en géométrie non euclidienne, à savoir celui de deux triangles qui possèdent trois angles égaux.

1. Il s'agit probablement d'une des analyses [H88], [H89] ou [H90]. Notons que la correspondance avec Darboux montre que ce n'est pas Hoüel mais Darboux qui est l'auteur de [H89].

2. [DT24]

8° *Archives néerlandaises* des sciences exactes et naturelles, par la société hollandaise des sceinces à Harlem et rédigées par E. M. von Baumhauer, avec la collaboration de R. van Rees, J. van der Hoeven, D. Bierens de Haan, C. A. J. A. Oudemans et W. Koster, La Haye, Martinus Nyhoff, in-8°.

9° *Archives* du musée Teyler, Harlem, Les héritiers Loosjes, in-4°.

10° *Archief* der wiskunde Mandschrift voor allen die rich op de hoogere gedeelten derer wetenschap teleggen onder redacti van G. A. Vorsterman van Oyen, Oostburg, A. J. Bronswyk in-4°.

11° *Album* der natuur. onder redactu van P. Harting, D. Lubach en W. M. Logeman, Haarlem, A. C. Kruseman, in-8°.

12° *Mededeelingen* betreffende het zeewezen mitgegeven door de zorg van van het departement van marins, 'S Gravenhage, Gebr. van Cleef in-8°.

Ces renseignements, que les libraires ne me donnaient pas, malgré leurs promesses, m'ont été fournis par un officier très-distingué de l'artillerie hollandaise, M. Hojel, professeur à l'École Militaire de Breda, dont j'ai fait récemment la connaissance [3]. J'ai saisi cette occasion pour lui demander de faire l'analyse de quelques-unes de ces publications, ce à quoi il s'est *plus ou moins* engagé. Je pense que vous pourriez trouver en lui un utile auxiliaire.

Il est probable que fort peu de Recueils indiqués ci-dessus renferment des mathématiques pures, mais je dois vous faire observer que M. Hojel traduit *natuurwetenschappen* par *sciences physiques* et non par *sciences naturelles*.

Il a paru en Belgique, dans ces derniers mois, quelques ouvrages importants. M. Gilbert a publié le *premier volume* du cours d'Analyse infinitésimale qu'il professe à Louvain [4]. Un examen rapide de ce volume m'en a fait concevoir une très-bonne opinion, mais un compte-rendu détaillé ne peut en être convenablement fait que par un professeur d'Analyse infinitésimale. C'est pourquoi je vous prierais de le faire, si toutefois vous pensiez qu'il ne faut pas attendre pour cela la publication du second volume. Je vous enverrai mon exemplaire, si vous n'avez pas l'ouvrage.

Le même professeur a présenté un Mémoire sur la continuité dans les fonctions, et sur l'existence de la dérivée [5]. Il y réfute les opinions de M. Hankel [6], dont vous avez analysé le travail dans votre *Bulletin* [7] ; j'ai eu déjà l'occasion de m'occuper de cette question difficile à propos des Mémoires publiés dans les recueils de l'Académie sur le théorème de Cauchy relatif au développement des fonctions par la série de Maclaurin ; mais la lumière ne s'étant pas faite complètement pour moi, j'ai dû me borner, dans mon Rapport encore inédit, à citer les dernières opinions, sans me prononcer entre elles [8] ; le mémoire de M. Gilbert me fournira une occasion de revenir sur cette question éminemment intéressante, à laquelle M. Clebsch fait allusion dans le *Bulletin* d'août (pp. 233 et 234) [9].

3. D'après le *Répertoire bibliographique des sciences mathématiques*, N.-B. Hojel a publié une monographie sur l'influence du mouvement diurne de la Terre sur le tir en 1873.

4. Il s'agit de l'ouvrage [Gil72a]. Une analyse signée L. P. (*i.e.* Louis Painvin) est publiée dans le *Bulletin* IV, 1873, p. 33-35. Voir aussi la note 5 de la lettre 2.55.

5. [Gil73a].

6. [Han70].

7. [H78].

8. De Tilly consacre un paragraphe de son *Rapport séculaire* aux « travaux relatifs à la convergence de la série de Mac-Laurin » [DT15, p. 17-33]. Il présente les travaux publiés à ce sujet par l'Académie de Belgique et faisant suite aux recherches de Cauchy.

9. Dans la traduction française d'un compte rendu rédigé par Clebsch de son livre intitulé *Theorie der binären algebraischen Formen* (Teubner, Leipzig, 1872) on lit :

« Depuis qu'il est devenu évident que l'idée de fonction ne peut guère se concevoir rigou-

M. Folie, professeur à Liège, a publié un travail important intitulé : « Fondements d'une géométrie supérieure cartésienne » [10].

Le dernier travail de M. Gilbert et celui de M. Folie étant publiés par notre Académie, je trouverai naturellement l'occasion de vous en envoyer l'analyse [11].

Veuillez agréer, mon cher Monsieur, l'expression de mes sentiments respectueux et dévoués.

Jh De Tilly
marché aux boeufs, 9, Gand.

2.55 Lettre de Hoüel à De Tilly du 21 août 1872

Caen, le 21 août 1872.

Mon cher Monsieur,

Vous voyez par la date de ma lettre que je me suis rapproché de vous en latitude, étant venu passer mes vacances dans mon pays natal.

J'ai reçu votre lettre avant mon départ de Bordeaux, et j'y aurais répondu immédiatement, si je n'avais été pressé par mes préparatifs de départ. Je profite des premiers instants de loisir que j'aie pu trouver depuis mon arrivée en Normandie pour vous faire mes excuses du long silence que j'ai gardé à votre égard, et dont la cause a été, outre mes occupations, une légère indisposition qui a interrompu mes travaux pendant tout le printemps, et qui est heureusement passée.

J'ai à vous remercier pour les articles que vous avez envoyés pour le *Bulletin* [1], et que j'ai transmis immédiatement à l'imprimerie. Je ne me rappelle plus la date à laquelle correspond votre dernier envoi sur les *Bulletins de l'Académie de Bruxelles* ; mais c'est probablement l'analyse du tome II de 1871 [2].

Je vous suis bien reconnaissant aussi des renseignements que vous me donnez sur les publications hollandaises. J'en connais déjà quelques-unes, que reçoit la Société des Sciences physiques et naturelles, et d'autres que je suis parvenu à me

reusement dans toute sa généralité ; que cette idée est condamnée à n'être en quelque sorte qu'une connaissance transitoire, se modifiant à chaque instant et ne répondant qu'à ce que nous apprend une revue générale de la science à chaque époque de son développement ; qu'elle ne correspond plus maintenant que pour l'état actuel à l'étendue des connaissances scientitiques, mais que l'expression la plus claire naguère de la conscience mathématique cesse à présent de l'être ; depuis, dis-je, que l'idée générale de fonction se présente comme un fondement incertain d'une recherche rigoureuse, on a dû sentir d'autant plus le besoin d'étudier de plus près les fonctions dont les propriétés se révèlent d'une manière claire et précise. Ces fonctions sont d'abord exclusivement les fonctions algébriques. (...). Si l'on veut soutenir que c'est autour de l'idée de fonction que se concentre généralement toute l'activité des mathématiciens, on peut alors partager, d'après leur tendance, les géomètres contemporains en deux classes : les uns cherchent à étendre l'idée de fonction en recherchant, en élucidant et délimitant de nouveaux cas ; les autres s'efforcent d'approfondir cette idée, en étudiant et présentant sous toutes ses faces la classe des seules fonctions fondamentales, des fonctions algébriques, en recherchant leurs singularités. » (*Bulletin* III, 1872, p. 233-234)

10. F. Folie, *Fondements d'une géométrie supérieure cartésienne*, F. Hayez, Bruxelles, 1872. Le *Bulletin* III (2), 1879, p. 278-288 publiera une analyse de ce travail faite par son auteur. Notons que ce mémoire a été présenté à l'Académie de Bruxelles en 1869 qui en a publié une version.
11. Ce travail n'a pas été exécuté par De Tilly.
1. [DT13] & [DT13b].
2. [DT24].

procurer. J'ai, entre autres, la collection à peu près complète des travaux de la Société : « Een onvermoeide arbeid, etc. ». J'ai eu l'idée de m'adresser directement à un libraire d'Amsterdam, qui m'a procuré ce qui me manquait, et qui m'a envoyé des spécimens d'autres publications auxquelles je me suis abonné, entre autres à l'*Archief der wiskunde* de Vorsterman van Oyen [3]. Notre Faculté des Sciences a fait aussi, dernièrement, l'acquisition des *Archives du Musée Teyler*, une magnifique publication [4].

Vous verrez dans un des prochains numéros du *Bulletin*, une analyse du traité d'Analyse infinitésimale de M. Gilbert, faite, je crois par M. Painvin [5], qui est on ne peut plus compétent [6]. Je me propose de faire l'acquisition du livre, dès que le second volume, le plus intéressant pour moi, aura paru.

À en juger par un article que M. Gilbert a publié dans les *Nouvelles Annales*, ses idées sur les fonctions et les objections qu'il fait aux profondes vues de Hankel ne seraient pas irréfutables. Je n'ai pas son article sous les yeux, mais son objection au théorème de Duhamel, que je regarde comme la pierre angulaire du Calcul infinitésimal, n'est rien moins que solide ; car, en combattant ce théorème, il prend un exemple que j'écarte expressément du champ de mes considérations. Vous trouverez l'article dans le numéro de mai ou de juin des *N.*[lles] *Annales* [7]. Je vous dirai que je ne crois nullement aux principes de mathématiques qui donnent lieu à de semblables discussions. Je procède tout autrement, et je m'en trouve très-bien. Je ne dirai pas : Toute fonction continue a une dérivée [8], attendu que je n'en suis nullement sûr, et que Hankel a donné des exemples du contraire [9]. Je dirai seulement que le Calcul infinitésimal s'applique aux fonctions qui ont une dérivée, fonctions que l'*expérience* fait connaître, ou qui, d'après leur formation à l'aide de l'intégration, ont par leur origine même une dérivée connue. De même, pour le théorème de Duhamel sur l'ordre infinitésimal de la dérivée. On le démontre pour les cas

3. Les *Archief* sont imprimées en néerlandais à Amsterdam entre 1859 et 1874. En 1875, elles deviennent les *Nieuw Archief voor wiskunde* qui existent encore de nos jours. Ce journal est édité par la société scientifique dont la devise est « een onvermoeide arbeid komt alles te Boven ».

4. Le Musée Teyler de Haarlem est le plus vieux musée des Pays-Bas. Il est fondé en 1784 pour abriter les collections du marchand et banquier Pieter Teyler van der Hulst (1702-1778). Celles-ci sont très vastes et vont de la paléontologie à la peinture en passant par des instruments de physique et des pièces ou médailles. Les *Archives* sont publiées en français entre 1866 et 1953. Le premier fascicule du premier tome de cette revue de science et d'art imprimée à Paris chez Gauthier-Villars et à Leipzig chez G. E. Schulze contient l'avis suivant : « Les Archives du Musée Teyler paraîtront de temps à temps en cahiers successifs, qui contiendront des mémoires scientifiques et les augmentations annuelles de la Bibliothèque et des collections Paléontologique etc. du Musée. »

5. En 1872, Louis Félix Painvin (1826-1875) supplée Gaston Darboux au lycée Louis Le Grand.

6. Voir la note 4 de la lettre 2.54.

7. Il s'agit non pas d'un article mais d'une lettre de Gilbert datée du 22 mars 1872 et publiée dans le fascicule du mois de mai de l'année en cours des *Nouvelles annales de mathématiques* [Gil72b]. Dans celle-ci, Gilbert regrette entre autres que Hoüel n'est pas mentionné « certains points défecteux » d'un ouvrage de Schlömilch dont il a fait un compte-rendu [H73]. En particulier, Gilbert critique l'utilisation dans la preuve de l'égalité $\frac{d^2f}{dxdy} = \frac{d^2f}{dydx}$ de l'énoncé dénommé par Hoüel « théorème de Duhamel » : « Si $F(x,\alpha)$ est infiniment petit en même temps que α, quel que soit x, il en sera de même de $D_xF(x,\alpha)$. » Gilbert propose comme contre-exemple la fonction $F(x,\alpha) = \alpha \sin(x/\alpha)$ puisqu'elle est « infiniment petite avec α, quel que soit x, tandis que sa dérivée $\cos(x/\alpha)$ ne tend alors vers aucune limite déterminée ». Voir la paragraphe 1.3.7.
Le « théorème de Duhamel » apparaît dans ses *Éléments de calcul infinitésimal* [Dhu56, I, p. 257].

8. Une telle affirmation est, par exemple, contenue dans la lettre de Gilbert : « L'existence de la dérivée d'une fonction continue $f(x)$ *en général*, c'est-à-dire abstraction faite de valeurs isolées et exceptionnelles de la variable, est une propriété qui découle de la continuité de la fonction et se démontre *à priori*. » [Gil72b, p. 219]

9. [Han70].

simples qui comprennent les fonctions usuelles ; pour les autres cas, on en fait une *hypothèse* ; c'est-à-dire que l'on exclut de la théorie toute fonction qui mettrait ce théorème en défaut. Hankel me semble avoir pleinement raison sur tous les points. C'est une tentative vaine que de vouloir démontrer quoi que ce soit sur les *fonctions* en général, attendu que l'on sait de moins en moins ce que c'est qu'une fonction. Je sais que ces opinions sont contraires à celles de MM. Gilbert et Lamarle [10] ; mais ma conviction intime, fondée sur des analogies de toute espèce, est que le théorème que toute fonction a une dérivée n'est pas plus démontrable que le *postulatum* d'Euclide [11]. Ce sont des questions de même genre, des pierres d'achoppement pour les chercheurs de notre siècle, qui veulent fonder tout sur les idées *a priori*, et qui croiraient rabaisser la science en l'asseyant sur le fondement le plus solide des connaissances humaines, sur l'expérience.

Je ne suis malheureusement pas assez exercé dans le maniement de l'analyse, et j'éprouve trop de difficultés dans la lecture des idées d'autrui pour pouvoir mettre en pleine lumière tous les vices de raisonnement que contiennent ces démonstrations. Mais je n'en suis pas moins convaincu qu'un plus habile que moi y parviendrait, comme j'ai pu le faire deux ou trois fois au sujet de démonstrations du postulatum. Il y a des *postulats* en analyse ; il faut les admettre, pour les cas que l'on rencontre dans la pratique, mais se défier des généralisations trop hâtées. Ces hypothèses sont vraies dans un champ assez vaste pour suffire à tous les besoins de la pratique, et fournir des renseignements immenses à la théorie. Il n'y a donc rien de désolant à dire que l'on ne doit les admettre qu'*a posteriori*. S'il fallait citer des autorités à l'appui de ces idées, celle de M. Clebsch, ajoutée à celle de Hankel, me semble suffisante. Tout cela est une suite de la querelle entre la métaphysique et la philosophie expérimentale, entre Aristote et Galilée.

J'aurai, j'espère, le plaisir de vous écrire plus souvent pendant les vacances. Inutile de vous dire avec quel intérêt nous accueillerons vos analyses des travaux de MM. Gilbert et Folie [12].

D'ici au 1er novembre, mon adresse sera à

Thaon, par Creully, Calvados.

Où en est la publication du cours d'Analyse de M. Catalan [13] ?

À mon retour à Bordeaux, j'espère pouvoir vous faire un envoi de mes nouveaux travaux, qui vous expliqueront du moins l'emploi de mon temps.

Recevez, cher Monsieur, l'assurance de mes sentiments les plus dévoués.

J. Hoüel

10. [Lam55].

11. Il y a cependant une différence essentielle entre les deux questions mentionnées par Hoüel : le théorème est *faux* et le postulat d'Euclide est *indémontrable*. Ceci est clairement mis en évidence par De Tilly dans sa notice sur Lamarle :

> « Une méthode qui a fait faire des découvertes ne peut jamais être dédaignée ; partout où notre regretté confrère applique la sienne, il rencontre des vérités nouvelles et importantes ; lorsqu'il échoue, c'est qu'il s'attaque à une question insoluble ; c'est qu'il essaie de démontrer un fait indémontrable, comme le postulatum d'Euclide, ou un fait inexact, comme l'existence de la dérivée dans toute fonction continue. Mais alors ses erreurs mêmes ne sont pas inutiles (...). » [DT53, p. 249]

12. Voir les notes 4 et 10 de la lettre 2.54.

13. E. Catalan, *Cours d'analyse de l'Université de Liège* (algèbre, calcul différentiel, 1re partie du calcul intégral), F. Hayez, Bruxelles, 1870. Une seconde édition revue et augmentée de ce volume paraît en 1879. Il semble que le second volume n'a pas été publié.

2.56 Lettre de De Tilly à Hoüel du 19 décembre 1872

Bruxelles, le 19 décembre 1872.

Mon cher Monsieur,

Je vous dois, à mon tour, des excuses pour mon long silence ; j'espère que vous me le pardonnerez si vous voulez bien jeter un coup d'oeil sur le *Rapport* que je vous envoie en même temps que cette lettre [1]. Bien que ce livre soit du nombre de ceux auxquels on [†] pourrait donner pour épigraphe : « qui trop embrasse mal étreint », vous pourrez juger de la quantité de travail qu'il a dû me coûter.

Je m'en étais peu occupé dans les premiers temps, parce que j'avais toujours d'autre besogne sous la main ; mais M. Quetelet a fini par me poursuivre, l'épée dans les reins, et j'ai dû m'exécuter, en écartant toute autre occupation étrangère à mon service obligatoire [2].

J'espère que mon livre, malgré son insuffisance, ne sera pas complétement dépourvu d'intérêt et donnera au moins une idée de ce que l'on peut trouver, en fait de mathématiques pures, dans les publications de notre Académie : c'est une table des matières développée, qui se continuera, à partir de 1872, dans votre *Bulletin* [3].

Vous me demandez, dans votre dernière lettre, où en est la publication du *Cours d'Analyse* de M. Catalan. Je pense que le second volume de ce cours se fera attendre, comme le second volume de M. Gilbert [4]. C'est, du reste, ce que MM. Catalan et Gilbert m'ont dit. Le premier volume d'un pareil Traité s'écoule assez facilement, parce qu'il renferme les matières que doivent connaître les élèves de toutes les écoles spéciales ; mais il n'en est pas de même du second volume, qui n'est indispensable qu'aux aspirants au doctorat en sciences, lesquels ne sont pas très nombreux en Belgique.

Je n'oublie pas les analyses que je vous dois, ni surtout la « Geometria rigorosa », dont je voudrais vous faire un compte-rendu détaillé et critique [5], comme je l'ai fait pour la Géométrie analytique de M. Flye-Ste-Marie [6]. Il me faudra encore quelque temps pour réaliser cette intention, et j'espère que vous ne m'en voudrez pas pour cela, d'autant plus que votre *Bulletin* doit avoir suffisamment de matières à insérer, puisque ma dernière analyse des publications de l'Académie de Bruxelles [7] n'y a pas encore paru.

Recevez, mon cher Monsieur, l'expression de mes sentiments de respectueuse sympathie.

Jh De Tilly

P. S. J'ajoute à mon envoi une petite note de Balistique [8], écrite surtout pour mes élèves, et je vous enverrai sous peu deux autres notes : l'une est destinée à

1. [DT15].
†. ~~peut~~
2. D'après Mansion, le travail [DT15] est « une histoire des mathématiques en Belgique pendant un siècle » [Man13, p. 222].
3. Ce ne sera pas vraiment le cas. De Tilly ne fera pas de travail aussi développé pour le *Bulletin*.
4. Voir la note 13 de la lettre 2.55 et la note 4 de la lettre 2.54. Il semble que le second volume du *Cours d'analyse infinitésimale* de Gilbert ne sera pas publié. Le premier volume sera réédité trois fois (1878, 1887, 1892).
5. [DT25].
6. [DT13].
7. [DT24].
8. [DT14].

justifier le silence que je garde, dans mon *Rapport* [9], sur un travail d'analyse de M. Genocchi, qui se trouve dans nos *Bulletins*, mais qui contient une erreur grave [10] ; l'autre, relative à la théorie des axes centraux de M. Chasles (Bulletin de Férussac, t. XIV) [11], est basée sur une idée que je crois nouvelle et qui rend cette théorie tellement évidente qu'on pourra la raconter au premier venu, dans la rue, selon l'expression de Gergonne [12].

2.57 Lettre de Hoüel à De Tilly du 4 janvier 1873

Bordeaux, le 4 janvier 1873.

Mon cher Monsieur,

J'ai reçu et lu avec un bien vif plaisir votre important travail sur les publications de l'Académie de Bruxelles [1]. Je vous remercie bien sincèrement de l'envoi de ce volume, qui forme un chapitre fort intéressant de l'histoire générale des mathématiques.

J'ai corrigé ces jours derniers les épreuves de votre article sur le t. XXXII des *Bulletins* de l'Académie de Bruxelles, lequel article va paraître dans le tome IV du *Bulletin*, n° de janvier 1873, p. 55-58 [2]. Quand vous voudrez bien nous envoyer la suite de ce travail, j'espère que l'impression s'en fera moins attendre.

Je vous remercie de l'article que vous nous promettez sur la *Geometria rigorosa* [3]. Je ne sais trop, d'après la manière dont M. Beltrami m'en a parlé, si cet ouvrage a une bien haute valeur [4]. C'est ce que vous verrez en analysant l'ouvrage, et vous lui consacrerez sans doute un article proportionné à son importance.

J'aurai encore recours à vous pour l'analyse d'un livre, tout à fait en dehors de mon cercle de connaissance, mais qui rentre complètement dans vos études spéciales. Vous connaissez sans doute le volume sur la Balistique extérieure que vient de publier le général Mayevski [5], dont j'ai vu le nom cité souvent dans votre

9. [DT15].

10. La note [DT17] concerne un travail publié par Genocchi dans le tome XX (1853) des *Bulletins* de l'Académie de Bruxelles. Dans le rapport [DT18] sur la lettre de Genocchi [Gen73a], De Tilly s'exprime pourtant de manière différente. Il déclare que cette note [DT17] forme « un commentaire et nullement une réfutation de l'analyse du célèbre géomètre italien » et qu'il n'a « point attribué de *faute* à M. Genocchi » [DT18, p. 124].

11. M. Chasles, Note sur les propriétés générales du système de deux corps semblables entr'eux, *Bulletin des sciences mathématiques, physiques et chimiques, 1re section du Bulletin universel* XIV, (novembre) 1830, p. 321-326.
Le *Bulletin général et universel des annonces et des nouvelles scientifiques*, souvent appelé Bulletin de Férussac paraît de 1823 à 1831 sous l'impulsion d'André d'Audebard de Férussac. Dès 1824, le Bulletin est divis é en 8 sections dont la première est consacrée à aux sciences mathématiques, astronomiques, physiques et chimiques. Pour plus de précisions sur André d'Audebard de Férussac, on peut consulter [BrM05].

12. [DT16].

1. [DT15].

2. [DT24].

3. [DT25].

4. Voir la note 3 de la lettre 2.63.

5. N. Mayevski, *Traité de balistique extérieure*, Gauthier-Villars, Paris, 1872. La balistique extérieure est la discipline qui a pour but d'établir les tables de tir et, plus généralement, l'étude des mouvements des projectiles. A.-J. Morin a publié dans les *Comptes rendus* 75, 1872, p. 647-649 une analyse de cet ouvrage. Elle se termine par l'éloge suivante :

> « Dans ces longues et laborieuses recherches, toujours dirigé par les principes de la science et guidé par la lumière de l'expérience, M. le général Mayevsky a non-seulement fait preuve, comme l'Académie en peut juger par cette courte analyse, des connaissances

Rapport [6]. L'auteur m'a envoyé son livre, dans l'espoir, sans doute, que le *Bulletin* lui consacrera un article. J'ai parcouru l'ouvrage, qui m'a paru intéressant et fait par un bon géomètre. Mais les connaissances nécessaires me manquent pour en faire autre chose qu'une sèche analyse, une simple paraphrase de la table des matières. Nous vous serions infiniment obligé s'il vous était possible de nous faire prochainement un article un peu développé sur ce livre, dans le cas où, comme je le suppose, la valeur de cet ouvrage le mériterait.

J'ai lu dernièrement avec grand plaisir une Note de M. Rosanes sur les idées de Riemann, relatives aux hypothèses de la Géométrie : « Ueber die neuesten Untersuchungen in Betreff unserer Anschauung vom Raume. Ein Vortrag gehalten zur Habilitation an der Universität Breslau am 30. April 1870. » - Breslau, 1871. (In-8, 20 p.) [7]. Il va s'en dire que cette brochure a été attaquée à outrance par les géomètres métaphysiciens, entre autres par Becker, dans ses « Abhandlungen aus dem Grenzgebiete der Mathematik und Philosophie. Zürich, 1870... [8] » [9].

Toutes ces questions deviendront oiseuses, ce me semble, si l'on ne faisait pas une confusion perpétuelle entre la science du réel et la science abstraite. La géo-

> les plus profondes et d'un esprit éminemment philosophique de discussion ; mais il a en outre montré envers tous les savants qui poursuivent les mêmes études un sentiment de justice et d'impartialité qui fait autant d'honneur à son caractère que ses travaux à son talent. »

De Tilly fera le compte rendu [DT23] de cet ouvrage qui sera finalement destiné aux *Mémoires* de Bordeaux. Voir la lettre 2.61.

6. [DT15].

7. J. Rosanes, *Ueber die neuesten Untersuchungen in Betreff unserer Anschauung vom Raume*, Maruschke & Berendt, Breslau, 1871. Il s'agit d'une exposition des idées contenues dans le célèbre mémoire de Riemann traduit par Hoüel [H52]. Voir la note 9 ci-dessous.

8. J. C. Becker, *Abhandlungen aus dem Grenzgebiete der Mathematik und Philosophie*, Friedrich Schulthess, Zürich, 1870.

9. Hoüel aura l'occasion de dire quelques mots dans le *Bulletin* IV, 1873, p. 207-208 au sujet de ces deux travaux lors d'une recension d'une analyse de ceux-ci signée S. E. et parue dans le *Zeitschrift für mathematischen und naturwissenschaflichen Unterricht* (Journal de Hoffmann) III, 1872 :

> « Le travail de M. Becker est l'œuvre d'un disciple et d'un admirateur de Kant, et c'est au point de vue du grand métaphysicien qu'il combat les idées de Gauss et de Riemann sur l'espace. Nous ne suivrons pas M. Becker sur un terrain qui n'est pas le nôtre, convaincu d'ailleurs que la Géométrie n'a rien à emprunter aux idées *a priori*, si ce n'est les procédés logiques qu'elle emploie comme toutes les autres sciences. Comme science abstraite, elle repose sur des hypothèses dont le choix a été déterminé uniquement par les données de l'expérience, et ces hypothèses étant préalablement admises et reconnues compatibles entre elles, la Géométrie sera absolument vraie, pourvu que l'on raisonne conformément aux règles de la logique, et cela indépendamment des applications au monde réel dont cette Géométrie sera susceptible.
>
> Il nous semble que l'on abuse du mot intuition (*Anschauung*) que l'on emploie pour désigner un moyen de connaître qui ne serait ni le raisonnement *a priori* ni l'expérience. Ce qu'on appelle intuition, au moins dans l'application à la Géométrie, n'est en réalité que l'expérience faite une première fois au moyen du sens de la vue et reproduite, en l'absence de l'objet, à l'aide de la mémoire, qui nous rappelle les formes observées et nous permet de les combiner de toutes les manières possibles. Aussi l'intuition ne peut-elle nous servir de guide pour l'étude d'un espace dont les lois seraient autres que celles de l'espace que nous sommes habitués à contempler.
>
> Le Mémoire de M. Rosanes, au contraire, est un exposé élémentaire des idées émises par Riemann, dans son célèbre Mémoire posthume : Sur les hypothèses qui servent de fondement à la Géométrie. Malgré les critiques de M. S. E., nous croyons que M. Rosanes a rendu un service aux géomètres, en contribuant à éclaircir les recherches si profondes de Riemann, dont les travaux de MM. Beltrami, Christoffel, Klein, Lipschitz, etc., font de plus en plus ressortir la haute portée. Ici l'intuition n'a plus de rôle à jouer, et les critiques soulevées en son nom ne peuvent qu'être impuissantes. »

métrie abstraite a pour origine et pour but la considération du monde réel. C'est la contemplation des formes observées et des propriétés expérimentales de l'espace qui a fait naître l'idée d'une science abstraite, dégagée de tout ce qui, dans le monde réel, est une cause inévitable d'incertitude, et opérant sur des êtres imaginaires, que notre esprit a créés de toutes pièces, et auxquels il attribue toutes les propriétés qu'il juge à propos, avec cette seule restriction, que ces propriétés ne soient pas contradictoires entre elles. On a, de cette manière, une science *exacte*, dont tous les résultats sont certains, pour celui qui se place au point de vue des hypothèses primitives. Si l'on fait varier ces hypothèses, on aura plusieurs géométries, toutes également vraies au point de vue abstrait. Une fois que l'on a fondé la géométrie abstraite, il faut, pour en faire usage, comparer ses résultats avec le monde réel, et là recommence le rôle de l'expérience, qui seule peut nous conduire dans le choix que nous aurons à faire entre les diverses géométries. Pour savoir donc si une géométrie est vraie au point de vue purement mathématique, il ne faut pas s'inquiéter de savoir si elle est d'accord avec le monde extérieur, avec nos sens, avec notre intuition, etc. Il faut voir seulement s'il y a contradiction entre les hypothèses admises. Or il n'y a pas de contradiction entre celles de la géométrie non-euclidienne ; donc cette géométrie est parfaitement vraie, mais ne semble pas applicable à l'espace dans lequel nous vivons. Voilà, je crois tout ce qu'il y aurait à dire sur cette question, à propos de laquelle on a écrit et l'on écrira encore tant de pages inutiles. Mais où en seraient les métaphysiciens, si l'on supprimait toutes les pages inutiles ?

Agréez, mon cher monsieur, l'assurance de mes sentiments les plus dévoués, ainsi que mes meilleurs souhaits pour l'année qui vient de s'ouvrir.

J. Hoüel

2.58 Lettre de De Tilly à Hoüel du 20 janvier 1873

Bruxelles, le 20 janvier 1873.

Mon cher Monsieur,

Je vous remercie des bons souhaits que vous m'adressez à l'occasion du renouvellement de l'année : veuillez croire que je fais, de mon côté, les voeux les plus sincères pour votre parfait bonheur.

Tout mon temps sera pris, jusqu'à la fin de janvier, par un travail obligatoire ; mais, dès les premiers jours de février, je m'occuperai de l'analyse développée de la Balistique de Mayevski, analyse que je vous enverrai sans retard [1]. D'autres, j'espère, suivront de près.

Je lirai la note de Rosanes [2]. Nous sommes, d'ailleurs, tout à fait d'accord sur la question des fondements de la géométrie. Si l'on pouvait (et je crois, d'une part, que cela est faisable ; d'autre part, que cela n'a pas encore été fait) :
1° établir une classification bien nette de tous les systèmes de géométrie logiquement possibles, en démontrant rigoureusement qu'aucun d'eux ne peut être renversé par le raisonnement seul ;
2° réduire, dans chaque système, les axiomes expérimentaux au strict nécessaire ;

1. Voir la note 5 de la lettre 2.57.
2. Voir les notes 7 et 9 de la lettre 2.57.

il ne resterait, en effet, qu'à choisir, parmi ces diverses géométries, celle qui parait s'accorder le mieux avec l'expérience, tout en étant la plus simple ; et je pense, comme vous, que tout ce que l'on pourrait alors écrire de plus sur ce sujet n'y apporterait aucune lumière nouvelle.

Si M. Potocki avait continué et terminé la traduction de l'ouvrage de Souworof, je serais enchanté de pouvoir la lire [3].

Recevez, mon cher Monsieur, l'assurance de mes sentiments respectueux et dévoués,

Jh De Tilly

2.59 Lettre de Hoüel à De Tilly du 26 janvier 1873

Bordeaux, le 26 janvier 1873.

Mon cher Monsieur,

Je vous adresse les Notes que M. Potocki m'a remises sur le travail de Souvorof [1]. Ces notes ne constituent pas, tant s'en faut, une traduction complète. M. Potocki s'est dispensé de reproduire les formules les plus compliquées, en se contentant de renvoyer au texte. Si vous désiriez les avoir, je me ferais un plaisir de vous les copier ; vous n'auriez qu'à m'envoyer les indications qui remplacent les formules non reproduites.

J'avais le dessein de tirer de ces notes un article pour le *Bulletin*, quand M. Souvorof lui-même m'a envoyé de Kazan une analyse de son travail, que je n'ai eu que la peine de traduire, ce qui m'a épargné une besogne assez considérable. Vous verrez, je pense, cette analyse dans un des prochains numéros du *Bulletin* [2].

Je vous suis bien reconnaissant du travail que vous me promettez sur le volume du général Mayevski, dont j'aurais été fort embarrassé de rendre compte, et qui me semble un beau travail de Mathématiques appliquées [3].

Comme complément de la note de Rosanes, et comme *curiosum*, je vous engage à lire les « *Abhandlungen aus dem Grenzebiete der Mathematik und Philosophie*, von J. C. Becker. » Zürich, 1870, in-8, 62 p [4]. Vous verrez comment les Kantistes traitent la question, et si jamais elle pourrait faire un seul pas avec de pareilles méthodes, quelqu'estime d'ailleurs que l'on doive avoir pour la compétence mathématique du grand métaphysicien. Kant, en effet, bien différent en cela de ses successeurs, savait les mathématiques, et je crois qu'en fouillant dans ses oeuvres, un géomètre y pourrait faire d'excellentes trouvailles [†]. Mais on n'est pas métaphysicien impunément. J'aime mieux être d'accord avec vous sur la question qu'avec tous les métaphysiciens de la terre. Ces braves gens, se voyant expulsés des sciences physiques, se rejettent maintenant sur la géométrie, et plaisantent agréablement sur la forme d'une saucisse, que, selon eux, Riemann indiquerait comme une des formes pos-

3. Voir la lettre 2.47.

1. Hoüel avait promis à De Tilly de lui prêter ces notes. Voir la lettre 2.47.

2. [H97].

3. Voir la lettre 2.58.

4. Hoüel a déjà entretenu De Tilly de ce travail dans la lettre 2.57. Voir en particulier les notes 8 et 9 de cette même lettre.

†. Cette dernière phrase est soulignée au crayon bleu.

sibles de l'espace [5]. Dans tous les cas, ce serait une saucisse autrement grande que *die grosse Wurst* du conte allemand [6].

Quant au dénombrement de tous les systèmes possibles de géométrie [7], je crois que ce serait une grosse affaire. Si l'on se borne, par exemple, aux systèmes à deux dimensions, on voit qu'il y en a déjà autant qu'il y a de fonctions des coordonnées géodésiques pour exprimer la mesure de la courbure, c'est-à-dire une infinité. Mais il me semble que, pour prouver qu'un système ne peut être renversé par le raisonnement quand ses hypothèses ne sont pas contradictoires, il suffit de faire ce qu'a fait Lobatchefsky, de montrer qu'on peut des hypothèses admises tirer toutes les règles nécessaires pour l'établissement des relations métriques [8].

Mais il importe avant tout de bien préciser ce qu'est au fond l'*intuition* (Anschauung), dont les métaphysiciens font un mode de connaissance intermédiaire entre l'*apriori* et l'expérience, et qui n'est tout simplement que l'expérience faite au

---

5. Hoüel doit faire allusion à la différence proposée par Riemann entre « espace illimité » et « espace infini » et aux réactions que cette thèse a pu produire :

> « Lorsqu'on étend les constructions de l'espace à l'immensurablement grand, il faut faire la distinction entre l'illimité et l'infini : le premier appartient aux rapports d'étendue, le second aux rapports métriques. Que l'espace soit une variété illimitée de trois dimensions, c'est là une hypothèse qui s'applique dans toutes conceptions du monde extérieur, qui nous sert à compléter à chaque instant le domaine de nos perceptions effectives et à construire les lieux possibles d'un objet cherché, et qui se trouve constamment vérifiée dans toutes ces applications. La propriété de l'espace d'être illimité possède donc une plus grande certitude empirique qu'aucune autre donnée externe de l'expérience. Mais l'infinité de l'espace n'en est en aucune manière la conséquence ; au contraire, si l'on suppose les corps indépendants du lieu, et qu'ainsi l'on attribue à l'espace une mesure de courbure constante, l'espace serait nécessairement fini, dès que cette mesure de courbure aurait une valeur positive, si petite qu'elle fût. » [Rie54, p. 295]

6. Hoüel fait probablement allusion à l'histoire des Schlidbürger et de leur « lange Wurst ». Pour punir un cochon d'avoir volé de la nourriture, ils décident de le tuer et d'utiliser ses intestins pour en faire une saucisse. Celle-ci étant très longue, ils ne trouvent pas de marmite assez grande pour pouvoir la cuire. Un des habitants croisant des oies au cours de sa promenade, les entend crier « Gigag, Gigag » mais comprend « zweifach, zweifach » (en deux fois) ce qui lui donne l'idée de rouler la saucisse pour la faire cuire ! Voir par exemple *Die Schildbürger oder : Das Lallen- und Narrenbuch*, herausgegeben von F. G. Haarer, Reutlingen, 1854, p. 99-100.

7. Cette suggestion est faite par De Tilly dans la lettre 2.58.

8. Hoüel suggère que dès que l'on a déduit les règles de trigonomètrie associées à un système d'axiomes, la géométrie est déterminée et donc exempte d'éventuelles contradictions. C'est la stratégie adoptée par Lobatchevsky dans les recherches géométriques traduites par Hoüel [H27] ; par contre, dans son article intitulé « géométrie imaginaire », il adopte une autre méthode :

> « Il y a à peu près cinq ans que j'ai fait insérer dans un journal scientifique qui paraissait à Cazan, quelques articles sur les élèmens de la géométrie. Après y avoir développé une nouvelle théorie des parallèles j'a tâché de prouver que rien n'autorise, si ce ne sont les observations directes , de supposer dans un triangle rectiligne la somme des angles égale à deux angles droits, et que la géométrie n'en peut pas moins exister, si non dans la nature, au moins dans l'analyse, lorsqu'on admet l'hypothèse de la sommme des angles moindre que la demi-circonférence du cercle. Dans les articles cités j'étais même parvenu, par des considérations toujours géométriques et ne m'appuyant que sur cette nouvelle hypothèse, à donner des équations fondamentales pour le rapport entre les côtés et les angles d'un triangle rectiligne ; enfin j'ai donné aussi les expressions générales pour les élémens différentiels des lignes courbes, des surfaces et du volume des corps dans cette géométrie nouvelle que je veux nommer *imaginaire*. [...] je me suis résolu à soumettre encore une fois au jugement des savants les résultats que j'ai obtenus, en les vérifiant d'une manière nouvelle. C'est en rebroussant pour ainsi dire chemin et en partant d'abord des équations fondamentales que je tâcherai d'introduire leur adoption dans la géométrie et de mettre hors de doute qu'ils puissent jalmais mener à une absurdité, sous quelque rapport que ce soit. » [Lob37, p. 295]

moyen de la vue, et reproductible indéfiniment à l'aide de la mémoire, qui conserve les impressions de la vue bien plus fidèlement que celles qui viennent des autres sens [9]. L'intuition nous sert de guide [10], ni plus ni moins que les figures matérielles que nous traçons. Mais l'essence de la démonstration se trouve dans les hypothèses abstraites auxquelles l'expérience nous a conduits, et que l'intuition sert à nous rappeler. Il faut, de plus, faire bien attention à ce que beaucoup de ces hypothèses ne sont pas énoncées explicitement, et l'œuvre du géomètre-philosophe consisterait à les bien préciser et à les énumérer complètement.

Agréez, mon cher Monsieur, l'assurance de mes sentiments les plus sincèrement dévoués.

J. Hoüel [††]

2.60 Lettre de De Tilly à Hoüel du 12 mars 1873

Bruxelles, le 12 mars 1873.

Mon cher Monsieur,

Je vous écris uniquement pour pour m'excuser d'un double retard : je ne vous ai pas remercié encore pour l'envoi du manuscrit de M. Potocki ; je comptais le faire en vous expédiant l'analyse de la Balistique de M. Mayevski, que je vous avais promise pour la première quinzaine de février, mais une foule de tracasseries m'ont empêché de terminer cette analyse et maintenant que nous approchons du milieu de mars, je n'ai pas cru pouvoir attendre davantage de vous adresser mes vifs remerciements, ainsi qu'à M. Potocki.

Je désirerais savoir si je puis, sans inconvénient, conserver quelque temps ce manuscrit, ou bien si vous ou M. Potocki en aurez besoin inscessamment. Dans le dernier cas, je le ferais copier, pour mon usage personnel bien entendu.

Quant à la Balistique de Mayevski, je dois terminer pour le samedi 5 avril un petit travail qui a beaucoup de rapport avec quelques unes des théories qui sont traitées dans cet ouvrage [1] ; j'espère bien terminer les deux en même temps et vous envoyer mon analyse le 5 avril au plus tard [2].

---

9. Cette idée sera reprise par Hoüel dans le *Bulletin* (voir la note 9 de la lettre 2.57).

10. Poincaré utilisera la même expression que Hoüel en affirmant que l'expérience sert de guide dans le choix des conventions :

> « Les axiomes de la géométrie [...] sont des *conventions* ; notre choix, parmi toutes les conventions possibles, est guidés par des faits expérimentaux. » [Poi02, p. 75]

††. Le verso du feuillet utilisé par Hoüel a servi de brouillon à De Tilly. Outre ce qui peut sembler un pense-bête (on lit par exemple « Errata du Bul des SM, Mém de l'Ac R des S de B T XXXIX » et les noms de Potocki, Folie et Gilbert), De Tilly a écrit au crayon gris plusieurs phrases. Un déchiffrage attentif permet la transcription suivante :

> « Monsieur, je regrette beaucoup de me trouver en désaccord avec votre honorable et savant confrère M. (...). Je n'ai nullement l'intention d'accentuer ce désaccord mais puisque M. le directeur demande si personne n'a d'observations à faire sur la note que M. (...) de lire, (...) le silence absolu pourrait passer pour une approbation (...) je dois déclarer (...) M ... n'a nullement réussi que la dém. (...) Les sciences (...) sont basées sur un certain nombre ~~de faits expérimentaux assignés par l'expérience~~ de faits primordiaux que l'expérience enseigne et que le raisonnement ne peut avoir la prétention de créer. Le postulatum d'Euclide est de ce nombre, et c'est pourquoi la tentative actuelle et les tentatives futures resteront aussi stériles que l'on été les innombrables tentatives du passé. »

1. Il s'agit probablement de [DT19].
2. Ce travail deviendra [DT23]. Voir aussi la note 5 de la lettre 2.57.

Je me suis arrangé de manière à n'avoir pas une besogne trop accablante cet été et je ne manquerai pas de vous transmettre plusieurs documents pour le *Bulletin*.

J'ai eu l'occasion d'approfondir la question des dérivées des fonctions continues et je crois pouvoir vous dire que M. Gilbert a raison dans cette question et que M. Hankel s'est complètement trompé[3]. Vous en jugerez par la lecture du mémoire de M. Gilbert qui paraîtra dans le Tome XXIII de nos mémoires in-8°[4]. Si vous le désiriez, je pourrais vous envoyer l'exemplaire (tiré à part) que je possède. L'auteur a d'ailleurs repris une ancienne démonstration de M. Lamarle[5], citée dans mon rapport, page 13[6], en la simplifiant sur certains points et en la complétant sur d'autres[7].

Je joins à ma lettre les deux petites notes dont je vous avais parlé et que j'avais conservées jusqu'ici comptant vous envoyer tout à la fois[8].

Recevez, mon cher Monsieur, l'assurance de mes sentiments respectueux et dévoués,

Jh De Tilly

2.61 Lettre de Hoüel à De Tilly du 26 mars 1873

Bordeaux, le 26 mars 1873.

Mon cher Monsieur De Tilly,

Je vous dois depuis quinze jours des remerciements pour l'annonce que vous me faites de l'envoi d'une analyse de la Balistique de M. Mayevski. Seulement je vous proposerai pour cette analyse un changement de destination, qui ne nuira en rien à sa publicité, et qui est nécessité par un malentendu entre mon collègue dans la rédaction du Bulletin et moi. Lorsque je vous priai, il y a quelque temps[1], de vouloir bien nous envoyer le compte rendu de cet ouvrage, j'ignorais que, de son côté, M. Darboux avait fait la même demande à M. le capitaine Laguerre[2], dont vous connaissez sans doute les travaux mathématiques, et qui s'est, comme vous, occupé spécialement de Balistique. Lorsque j'ai annoncé l'autre jour votre travail à M. Darboux, il venait de recevoir celui de M. Laguerre[3], et il s'est trouvé fort contrarié d'avoir déjà pris des engagements avant de connaître vos bonnes intentions à notre égard, et de priver le *Bulletin* d'un article d'un de nos meilleurs collaborateurs[4].

3. De Tilly changera d'avis. Voir la lettre 2.67.
4. [Gil73a].
5. [Lam55].
6. De Tilly a fait un compte rendu du travail de Lamarle dans [DT15, p. 13-14]. Il y reprend des expressions du type « on démontre aisément »...
7. C'est une affirmation de Gilbert : « nous complétons sur certains points sa démonstration », « nous croyons pouvoir établir plus simplement que ne l'a fait M. Lamarle » [Gil73a, p. v & p. vi]. Voir aussi le paragraphe 1.3.2.
8. Il s'agit de [DT16] et [DT17]. Voir le *post-scriptum* de la lettre 2.56.

1. Voir la lettre 2.57.
2. Edmond Laguerre (1834-1886) a effectué ses études à l'École polytechnique. Après une carrière militaire, il obtiendra la chaire de physique mathématique au Collège de France (1883) et sera élu membre de l'Académie des sciences (1885).
3. Il ne semble pas que le compte rendu de Laguerre ait été publié dans le *Bulletin*. Le livre de Mayevski n'est pas recensé dans le *Bulletin*. Par ailleurs, il n'y a aucun travaux de balistique dans les *Œuvres complètes* de Laguerre. Laguerre s'est peut-être occupé de balistique lorsqu'il exerçait comme officier d'artillerie à la manufacture d'armes de Mutzig (1854-1864).
4. Darboux écrit à Hoüel dans sa lettre du 18 mars 1873 (AAS, dossier Darboux) : « J'ai un compte rendu promis de Mayewski il est inutile que M. de Tilly le fasse. »

J'ai pensé que vous ne me refuseriez pas d'entrer dans un arrangement, qui peut réparer ce malentendu. Je vous avais demandé autrefois un article sur la Géométrie non-euclidienne pour le Recueil de la Société des Sciences physiques et naturelles de Bordeaux [5], et vous m'avez fait espérer de m'accorder cette demande. Je vous serais bien reconnaissant si vous vouliez bien donner à cette Société le travail que vous aviez préparé pour le *Bulletin* [6]. Vous pourriez, dans ce cas, donner à ce travail une plus grande étendue, et je puis vous assurer que la Société le recevrait avec le plus vif intérêt. Nous comptons parmi nos membres plusieurs officiers et ingénieurs pour qui ce sujet offrirait un grand attrait. La Société serait heureuse de vous envoyer des tirages à part.

Je n'ai pas revu M. Potocki depuis que j'ai reçu votre lettre. Mais je puis répondre pour lui qu'il vous laissera très-volontiers ses notes aussi longtemps que vous en aurez besoin. Pour compléter ces notes, vous pourrez lire dans un des prochains numéros du Bulletin une analyse de ce travail faite par M. Souvorof lui-même, et que j'ai traduite du russe [7]. Si vous désiriez quelques suppléments aux Notes de M. Potocki, lequel a omis de copier les formules, je vous les fournirais très-volontiers d'après le Mémoire original.

Notre Société a reçu dernièrement un envoi considérable de l'Académie de Bruxelles, contenant plusieurs volumes des Bulletins, un volume des Mémoires in-4°, un volume de la collection in-8° des Mémoires couronnés, et les deux volumes du *Centenaire* de l'Académie [8]. Nous comptons sur votre obligeance pour mettre à jour dans le *Bulletin* l'analyse de ces importantes publications.

M. Darboux étudie en ce moment la question sur laquelle M. Gilbert a soulevé un peu vivement un débat [9]. Avant d'aborder la discussion spéciale des exemples cités par Hankel, et dont la fausseté, s'ils sont faux, ne prouverait rien contre l'existence possible de fonctions continues n'ayant point de dérivées ; il a commencé l'étude du magnifique travail de Riemann : « Ueber die Darstellbarkeit einer Funktion durch eine trigonometrische Reihe » (Göttingen, 1867) [10]. La lecture de ce travail confirme, dit-il, pleinement les vues générales de Hankel, et la seule question qui resterait à examiner serait de savoir si Hankel a fait de ces vues une juste application. Il passera de là à l'examen de la démonstration de MM. Lamarle et Gilbert [11] ; déjà il a cru entrevoir un défaut dans le raisonnement, qui infirmerait les conclusions [12]. Pour ma part, quoique le temps m'ait manqué jusqu'ici pour me faire une opinion personnelle motivée avec précision, je serais porté à croire qu'en analyse, comme en géométrie, il y a des hypothèses indémontrables, et nécessaires cependant pour asseoir la science, et que l'existence de la dérivée est une de ces hypothèses. En d'autres termes, je définirais le calcul infinitésimal comme ayant pour objet l'étude *des fonctions qui ont une dérivée.*

Je vous remercie de l'offre obligeante que vous me faites de me prêter votre exemplaire du Mémoire de M. Gilbert, l'auteur ayant bien voulu lui-même m'envoyer son travail. J'ai encore d'autres remerciements à vous faire pour les deux Notes que vous m'avez adressées en même temps que votre lettre [13].

5. Voir la lettre 2.7.
6. [DT23].
7. [H97].
8. Voir la note 8 de la lettre 2.43.
9. Voir le paragraphe 1.3.6 de l'introduction (p. 68).
10. Hoüel et Darboux en publieront la traduction [HD73] dans le *Bulletin*.
11. [Lam55] & [Gil73a].
12. Voir le paragraphe 1.3.3.
13. Voir la note 8 de la lettre 2.60.

J'ai achevé dernièrement la rédaction, à l'usage de mes élèves, de mon cours de Calcul infinitésimal [14]. Je voulais vous en envoyer un exemplaire complet. Mais, à mon grand regret, je me suis aperçu que les exemplaires du premier volume, tiré à un petit nombre, que je m'étais réservés, sont entièrement épuisés, de sorte que je ne puis vous donner que des fragments de cette partie, qui du reste n'est pas toujours la plus intéressante. Je vous communiquerai ce que peuvent contenir de particulier les feuilles que je n'ai pu vous fournir, et dont j'ai pris note. La seconde partie est complète. Si, comme je l'espère, j'ai l'occasion de rééditer la première, je m'y prendrai de manière à vous servir à temps. Les fragments actuels vous donneront déjà une idée de la manière dont j'expose l'usage des infiniments petits.

Recevez, mon cher monsieur De Tilly, l'assurance de mes sentiments les plus sincèrement dévoués.

J. Hoüel

2.62 Lettre de De Tilly à Hoüel du 31 mars 1873

Bruxelles, le 31 mars 1873.

Mon cher Monsieur,

Je vous remercie bien vivement pour l'envoi que vous m'avez fait de votre beau *cours de Calcul infinitésimal* [1], qui me sera fort utile. Comme vous le dites, il vaut mieux que les lacunes existent dans la première partie que dans la seconde parce que beaucoup de professeurs ont publiés la première partie de leur cours, tandis que la seconde est en retard presque partout [2].

C'est avec grand plaisir que j'enverrai mon article sur la Balistique de M. Mayevski à la *Société des sciences physiques et naturelles* en lui donnant un peu plus de développement [3]. J'attendrai que j'aie lu celui de M. Laguerre.

Quant à l'autre article que j'ai promis, et dans lequel je me propose de résumer mes idées sur les fondements de la géométrie en particulier et des sciences mathématiques en général, je ne l'oublie nullement [4]. J'ai un cahier de notes dans lequel depuis plusieurs années j'inscris mes idées au fur et à mesure qu'elles se présentent. J'y ajoute les idées que me suggèrent mes lectures, mais je pense que Souworof et Cassani pourront en clôturer la liste et que j'ai assez réfléchi maintenant pour mettre la main à l'oeuvre. Seulement, je me demande quelquefois si, après tout ce qui a été écrit depuis sept ans sur la question, je pourrais encore produire quelque chose d'intéressant. Je me sens encouragé par ce que vous me disiez dans une de vos lettres : tant de gens ont l'oreille dure qu'il est bon de répéter les même choses sous diverses formes, jusqu'à ce qu'on en ait trouvé une qu'ils puissent entendre [5].

Je vous enverrai, avant le congé du mois d'août, outre l'article sur Mayevski et mon appréciation raisonnée de la géométrie de Cassani [6], les analyses de tout ce qui aura été publié jusqu'alors par l'Académie de Bruxelles [7] ; nous serons donc au

14. [H55].
1. [H55].
2. À ce sujet, voir aussi la lettre 2.56.
3. [DT23].
4. Voir la lettre 2.8. Il s'agit du futur [DT54].
5. Cette idée est exprimée par Hoüel au début de la lettre 2.7.
6. [DT25].
7. Le dernier compte rendu des *Bulletins de l'Académie de Bruxelles* recense le volume paru en 1871 [DT24]. De Tilly ne fera pas ce travail.

courant pour ces publications-là. J'ai ensuite un travail moitié scientifique, moitié militaire, que j'ai dû m'engager à remettre en septembre [8], et alors je compte en finir avec la question géométrique, à laquelle je pense depuis quatorze ans.

Dans la question des dérivées des fonctions continues, j'ai suivis la marche inverse que celle que suit M. Darboux. J'ai commencé par la démonstration de M. Gilbert [9]. Je l'ai examinée en détail (et avec des préventions, car je connaissais votre opinion à ce sujet) ; mais il ne m'a pas été possible de découvrir le moindre défaut de raisonnement, qui infirmerait les conclusions.

Je serais très-désireux de savoir ce que M. Darboux a pu trouver, et de discuter cette question avec lui, à moins qu'il ne préférât la discuter avec M. Gilbert lui-même, qui, naturellement, est encore mieux en état que moi de défendre son opinion.

Recevez, mon cher Monsieur, l'expression de mes sentiments tout dévoués,

Jh De Tilly

2.63 Lettre de Hoüel à De Tilly du 21 avril 1873

Bordeaux, le 21 avril 1873.

Mon cher Monsieur,

Je vous suis bien reconnaissant de ce que vous voulez bien consentir à collaborer aux travaux de la Société des Sciences physiques et naturelles, en nous donnant une analyse de l'important ouvrage du général Mayevski [1]. Permettez-moi seulement encore une prière. Je sais que M. Laguerre a rédigé un article pour le *Bulletin* ; mais ce que j'ignore, c'est quand cet article paraîtra. Or notre Société aurait grand intérêt à pouvoir publier votre article *avant* le mois d'août prochain, époque à laquelle elle aura besoin de faire valoir ses travaux auprès du Conseil départemental pour faire rétablir la subvention qu'elle recevait avant la guerre. Si nous pouvions avoir votre travail assez tôt pour le faire imprimer avant cette époque, vous pouvez être sûr qu'il ne serait pas le moins remarqué, et il attirerait l'attention bien plus qu'un travail de mathématiques pures. J'ose donc vous demander, si cela vous est possible, de nous donner cet article sans attendre la publication de celui de M. Laguerre. Quant à celui-ci, je vous en communiquerai les épreuves, si vous les désirez, aussitôt que je les aurais reçues.

Je ne sais si je vous ai parlé d'un opuscule que j'ai reçu il y a quelques temps, intitulé :

Absolute Geometrie nach Johann Bolyai bearbeitet von Dr. J. Frischauf, Professor an der Universität Graz. Leipzig, Teubner, 1872 (In-8, XII-96 p.) [2].

8. Il s'agit de [DT31] ou peut-être de [DT32].

9. [Gil73a].

1. [DT23].

2. Ce livre dont De Tilly fera le compte rendu [DT30] est une traduction libre de l'*Appendix* de Bolyai. Une seconde édition paraît en 1876. Bonola écrit à ce sujet [Bon55, p. 126] : « In that work reference is made to the writings of Lobatschewsky and the memoirs of other authors who about that time had taken up this study from a more advanced point of view. This volume remained for many years the only book in which these new doctrines upon space were brought together and compared. » Cette même année 1876, Frischauf publie aussi son travail intitulé *Elemente der absoluten Geometrie* (Leipzig, Teubner, 1876, in-8, VI-142 p.) qui sera envoyé par Hoüel à De Tilly (voir la lettre 2.109). Ce livre n'est pas le même ouvrage dont Hoüel fera le compte rendu [H126].

L'auteur a pour but d'exposer sous une forme plus simple et plus élémentaire l'*Appendix* de J. Bolyai. Je crois que cette brochure vous offrira de l'intérêt. Vous pourriez en rendre compte en même temps que l'ouvrage de Cassani, lequel, d'après la manière dont en parle Beltrami, ne doit pas être un chef-d'oeuvre [3].

Il reste toujours à faire un exposé clair de cette doctrine en langue française, et c'est une lacune que l'ouvrage auquel vous travaillez comblera [4]. Je crois que, plus que jamais, un tel travail est devenu nécessaire. Car il n'existe aucun ouvrage où ces idées soient prises depuis le commencement, et conduites jusqu'au point où en est maintenant la science. Un mathématicien de capacité moyenne ne connaissant que les anciennes doctrines, doit se trouver fort embarrassé, s'il veut se mettre au courant des doctrines nouvelles. Il lui faut étudier vingt Mémoires, parlant tous un langage différent, partant de points de vue différents ; il est obligé de faire un travail de synthèse, chose déjà difficile pour celui qui sait, presqu'impraticable pour celui qui ne sait pas. Beaucoup s'en consolent alors, en disant que cette théorie est inintelligible (pour eux) et, par suite, n'a pas le sens commun. Il est donc très important d'ôter tout prétexte aux esprits médiocres ou paresseux.

Nous ferons paraître bientôt dans le Bulletin la traduction, faite par Darboux et par moi, du Mémoire de Riemann : *Ueber die Darstellbarkeit*, etc. travail qui donne le dernier mot de ce qui a été fait jusqu'à présent sur la théorie des séries de Fourier [5]. Or M. Darboux en a déduit une grande variété d'exemples de fonctions continues n'ayant pas de dérivée [6]. Il est donc parfaitement d'accord avec Hankel sur le fond de la question. Il ne lui reste plus qu'à examiner les détails, et il s'en occupe en ce moment. Seulement, m'a-t-il dit, cette étude sera longue. Mais il entrevoit depuis longtemps le défaut de la démonstration de M. Gilbert. Je lui ai fait part du désir que vous auriez de pouvoir vous entretenir directement avec lui touchant cette question. Il se fera un plaisir de vous écrire. Seulement il est tellement surchargé de travail en ce moment qu'à peine il trouve le moment de m'écrire pour le service *Bulletin*. Vous voudrez donc bien l'excuser, s'il ne vous écrit pas aussi vite qu'il le désirerait.

Veuillez agréer, mon cher Monsieur, l'assurance de mes sentiments les plus dévoués.

J. Hoüel

2.64 Lettre de De Tilly à Hoüel du 23 avril 1873

Bruxelles, le 23 avril 1873.

Mon cher Monsieur,

J'ai reçu votre lettre d'avant-hier et je m'empresse de vous faire savoir que, selon votre demande, je rédigerai le plus tôt possible l'article sur la Balistique du général Mayevski de manière qu'il puisse être imprimé *avant* le mois d'août [1].

3. Dans sa lettre à Hoüel du 12 octobre 1872, Beltrami lui demande s'il a reçu la brochure de Cassani et ajoute : « Je vous le demande uniquement parce que j'en ai été prié par lui, mais je vous prie de ne me charger que d'une réponse par oui ou par non. J'ai mes raisons ; veuillez me pardonner cette déclaration de droits. » [BGT98, p. 169] Voir aussi la lettre 2.76.
4. [DT54].
5. [HD73].
6. Voir le paragraphe 1.3.6 de l'introduction (p. 68).
1. [DT23].

Je lirai encore la brochure de Frischauf, puisque vous jugez qu'elle m'offrira de l'intérêt ; je pense toutefois qu'il manquera à cet auteur ce qui manque à Bolyai (d'après ce que je connais de lui) ; ce qui manque à Cassani (dont les raisonnements m'ont paru insuffisants à première vue, bien que j'approuve son plan) ; enfin ce qui me manquait à moi-même, lorsque, il y a trois ans, j'eus pour la première fois l'honneur et l'inestimable avantage de correspondre avec vous.

Je vous donnerai une analyse sommaire des deux brochures de Frischauf et de Cassani en même temps [2]. Comme je vous l'ai dit déjà, je compte être complétement au courant avant le mois d'août et quant à l'analyse de Mayevski, elle pourra être imprimée avant cette époque, comme je vous l'ai promis plus haut.

J'espère alors pouvoir consacrer mon congé du mois d'août à coordonner et à rédiger toutes mes notes sur les fondements des sciences mathématiques, et en particulier de la Géométrie et de la Mécanique.

Je désire d'ailleurs que vous ne les présentiez à la Société de Bordeaux que quand, personnellement, vous en serez entièrement satisfait ; car je voudrais (s'il est permis de comparer les petits travaux aux grands), me conformer ici à la devise de l'illustre chef de l'école des géomètres-philosophes, et n'avoir plus à revenir sur la question, surtout pour changer d'avis [3].

Il me serait même fort agréable de pouvoir vous exposer l'ensemble de mes idées de vive voix de manière à les soumettre à l'épreuve d'une discussion contradictoire, ce qui est bien difficile par correspondance. Bordeaux est extrêmement loin de la Belgique, mais je ne renonce pas absolument, soit à vous voir à Bruxelles, soit à aller moi-même dans le Calvados pendant vos vacances.

Je vous remercie d'avoir bien voulu faire part à M. Darboux de mon désir de discuter avec lui la question des dérivées des fonctions continues. Je conçois parfaitement d'ailleurs qu'il ne désire entamer la discussion que lorsqu'il aura terminé l'étude de la difficulté et se croira sûr de ses conclusions.

Veuillez agréer, mon cher Monsieur, l'assurance de mes sentiments respectueux et dévoués.

Jh De Tilly

P. S. Je vous remercie pour le *tiré à part* du *Bulletin* que vous m'avez envoyé [4].

2.65 Lettre de Hoüel à De Tilly du 13 juin 1873

Bordeaux, le 13 juin 1873.

Mon cher monsieur,

Je suis vraiment honteux d'être resté aussi longtemps sans répondre à votre bonne lettre du 23 avril dernier. J'ai eu, depuis ce temps, bien des occupations étrangères aux mathématiques, qui m'ont dérobé le temps nécessaire pour mettre ma correspondance au courant.

J'ai à vous adresser les remerciements de notre Société des Sciences physiques et naturelles pour l'article que vous nous destinez sur la balistique de Mayevski [1]. Je puis vous assurer que cet article sera entendu et lu avec le plus vif intérêt.

2. [DT25] & [DT30].
3. De Tilly fait certainement allusion à la célèbre devise de Gauss. Voir la note 7 de la lettre 2.4.
4. Il s'agit peut-être d'un tiré à part de [DT13b].
1. [DT23].

Ce serait un bien vif plaisir pour moi si je pouvais, pendant les vacances, espérer m'entretenir avec vous de toutes les questions de philosophie mathématique qui nous préoccupent l'un et l'autre, et que vous possédez bien mieux que moi, le seul avantage que j'aie sur vous étant d'avoir pu lire Lobatchefsky dans l'original.

M. Darboux a commencé à s'occuper de la question de l'existence générale d'une dérivée d'une fonction continue. Il a commencé par l'étude de l'admirable travail de Riemann : « Ueber die Darstellbarkeit einer Function durch eine trigonometrische Reihe », travail trop peu connu, et dont vous trouverez une traduction française dans les deux prochains numéros du *Bulletin des Sciences* [2]. Il y a acquis la preuve de la possibilité de l'existence d'une fonction continue sans dérivée, et il a fait à ce sujet une ou deux communications à la Société Mathématique de Paris [3]. Ses occupations multipliées l'ont empêché jusqu'à présent de rédiger ses recherches sur cet objet ; mais pour lui, la question ne fait pas le moindre doute.

J'ai reçu en outre, il y a trois jours, une lettre de M. Hankel [4], qui a reçu seulement il y a peu de temps la brochure de M. Gilbert, et qui, à cause de son état de santé (il souffre de maux de tête), n'a pu que la parcourir rapidement. Voici ce qu'il ajoute à ce sujet : « Eine flüchtige Durchsicht hat mir gezeigt, dass seine (der Herrn Gilbert) Kritik theilweise leicht zu widerlegen ist, und es ist mir unzweifelhaft, dass der zweite, der positive Theil, der den Beweis von Lamarle enthält [⋆], Fehler in sich enthälht. Leider muss ich für jetzt darauf verzichten, eine Widerlegung des Mémoire von Hrn. Gilbert zu schreiben, da mir eines Kopftleidens wegen, vom Artzte die grösste Schonung auferlegt ist... »

En attendant donc les réfutations de MM. Darboux et Hankel, vous trouverez dans le *Bulletin* le travail de Riemann, qui est le vrai fondement du débat, et qui, joint au travail, bien connu, de Lejeune-Dirichlet [5], constitue tout ce qu'il y a d'essentiel à savoir sur la théorie des séries périodiques.

Vos articles sur Cassani et sur Frischauf seront bienvenus en ce moment, où nous sommes sur le point de sentir la disette des comptes rendus de livres.

J'ai reçu ce matin, pour la *Soc. des Sc. ph. et n.* le tome 3 des Mémoires de la Société Royale de Liège, où j'ai aperçu un Mémoire de Brasseur [6] sur une nouvelle méthode de présenter le Calcul différentiel, se rapprochant de la Théorie des fonctions analytiques de Lagrange [7]. Je vous avoue que je me défie *a priori* de ces

2. [HD73].

3. Dans la séance du 19 mars 1873, Darboux a fait une communication « Sur les intégrales des fonctions discontinues et sur les fonctions continues qui n'ont pas de dérivées » (*Bulletin de la Société mathématique de France* I, 1872-1873, p. 121). Darboux fera une autre communication « sur la théorie des fonctions » dans la séance du 28 janvier 1874 (*Bulletin de la Société mathématique de France* II, 1873-1874, p. 66). Le contenu de ces deux communications n'est pas précisé dans le *Bulletin*.

4. À notre connaissance, cette lettre est perdue.

⋆. « Hr. Gilbert hat recht, wenn er p. V die Vermüthung ausspricht, dass ich den Beweis von Lamarle nicht gekannt habe. »

5. G. Lejeune Dirichlet, Sur la convergence des séries trigonométriques qui servent à représenter une fonction arbitraire entre des limites données, *Journal für die reine und angewandte Mathematik* 4, 1829, p. 157-169.

6. Jean-Baptiste Brasseur (1802-1868) est professeur à l'Université de Liège et « semble être le premier Belge qui, après 1830, se soit occupé de géométrie » [EG32, p. 15]. Ses travaux traitent de géométrie descriptive et de l'étude des surfaces.

7. J.-B. Brasseur, Exposition nouvelle des principes du calcul différentiel et intégral (édité par son ancien élève F. Folie), *Mémoires de la Société royale des sciences de Liège* 3 (2), 1873. Il semble en exister une édition séparée publiée sous le même titre chez J. Desoer à Liège en 1868. Le *Bulletin* VI, 1874, p 38-39 contient un compte rendu anonyme de ce travail :

> « L'auteur, ne trouvant pas satisfaisante l'exposition du Calcul différentiel fondée sur la considération des limites, a cru préférable de revenir à la conception développée par

résurrections de théories tombées, fussent-elles même dues en principe à un mathématicien de génie [8]. Je trouve la théorie des infiniment petits fondée sur les limites tellement simple, tellement naturelle, que je ne conçois guère que l'on songe à lui adresser des objections, puisqu'on ne s'avise pas d'en faire à la règle pour l'extraction de la racine carrée ou pour la démonstration du carré de l'hypoténuse.

Veuillez agréer, mon cher monsieur, l'assurance de mes sentiments affectueux et dévoués.

J. Hoüel

2.66 Lettre de De Tilly à Hoüel du 19 juin 1873

Bruxelles, le 19 juin 1873.

Mon cher Monsieur,

Un mot à la hâte pour répondre à votre bonne lettre du 13.

Je m'occupe du travail de Balistique [1]. J'ai reçu depuis ma dernière lettre le tome Ier (Balistique) des *Mémoires scientifiques* de M. De Saint-Robert [2], auquel Mayevski a énormément emprunté. Si vous n'y voyiez pas d'inconvénient, je pourrais fondre deux analyses en une seule et leur donner pour titre : « Notice sur deux Traités récents de Balistique et sur l'état actuel de cette science » [3]. Pour rester fidèle à ma promesse d'envoyer la notice assez à temps pour être *imprimée avant le mois d'août*, je fixe dès à présent comme limite extrême la fin du mois de juin.

Vous me parlez de l'article sur Cassani [4]. Je vous étonnerai peut-être en vous disant que je suis assez embarassé sur ce point et que la confection de cet article demandera encore quelque temps. Ce n'est pas qu'il doive être long, *mais il doit être d'accord avec le Mémoire que j'écrirai plus tard* sur les fondements de la Géométrie [5]. Les deux rédactions devront donc plus ou moins être faites en même temps.

Lagrange dans sa *Théorie des fonctions analytiques*. Nous ne rappellerons pas ici les graves objections qui ont été faites au fondement même de la méthode de Lagrange, qui prend pour point de départ la possibilité du développement de l'accroissement de la fonction en une série ordonnée suivant les puissances de l'accroissement de la variable. Nous ferons seulement remarquer que c'est en vain que l'on espérerait éviter ainsi la considération des *limites* ; car le développement d'une fonction en série suppose nécessairement l'existence d'une limite de la somme d'un nombre indéfiniment croissant de termes de cette série, et nous ne voyons pas en quoi la conception de cette limite de somme est plus simple que celle de la limite du rapport de deux variables infiniment petites. Il semble qu'il y ait quelque malentendu entre l'auteur et les géomètres qui adoptent, sous une forme plus ou moins modifiée, les principes établis avec tant de netteté par Carnot, Cauchy et Duhamel. Sans cela il eût été inutile de prévenir le lecteur que dx ne sera jamais supposé égal à zéro, ni dans le calcul, ni dans les applications, cette quantité perdant son caractère d'infiniment petit, c'est-à-dire de *variable*, dès qu'on lui assigne une valeur constante, telle que zéro. L'auteur applique sa méthode aux problèmes fondamentaux de la théorie des courbes et de la Mécanique. »

8. Dans sa *Théorie des fonctions analytiques* (1797), Lagrange tente de fonder le calcul différentiel sur le développement des fonctions en série. Selon lui, ceci lui permet d'exposer les principes de ce calcul « d'une manière indépendante de toute supposition et de toute métaphysique » (p. 7), en particulier les voici « dégagés de toute considération d'infiniment petits ou de limites » (p. 5).

1. [DT23].

2. P. De Saint-Robert, *Mémoires scientifiques, réunis et mis en ordre : Tome I, Balistique*, V. Bona, Torino, 1872.

3. Ceci sera le titre définitif de la note.

4. [DT25].

5. [DT54].

Cependant, comme j'ai le livre depuis un an, je comprends qu'il faille en finir et je vous promets cet article au plus tard pour la fin d'août [6].

Quant aux autres analyses, assez nombreuses, dont je vous suis encore redevable, je ne saurais leur assigner de date précise, mais je vous promets de les mettre au premier rang, c'est-à-dire immédiatement après ma besogne obligatoire, tant que je ne serai pas au courant au moins des publications belges. Malheureusement, ma besogne obligatoire est très assujettissante et il me reste peu de loisirs.

Sur la question des dérivées, je suis radicalement converti à votre manière de voir. Je vous en écrirai spécialement.

Le mémoire de Brasseur dont vous me parlez date de 1868. Je crois, comme vous, que l'auteur s'est fait illusion sur la valeur de sa méthode [7].

Recevez, mon cher Monsieur, l'assurance de mes sentiments affectueux et dévoués.

Jh De Tilly

2.67 Lettre de De Tilly à Hoüel du 22 juin 1873

Bruxelles, le 22 juin 1873.

Mon cher Monsieur,

Je vous disais, dans la lettre que j'ai eu l'honneur de vous écrire il y a quelques jours, que je partage maintenant votre manière de voir sur la question des dérivées des fonctions continues. J'ai été converti par M. Gilbert lui-même qui a lu, dans la dernière séance de l'Académie, une Note rectificative du *Mémoire* que vous avez [1]. Je vois très-clairement maintenant où est l'erreur de la démonstration ; mais je ne l'aurais pas trouvée, parce que mon attention n'était pas éveillée sur ce point et que je répétais sans défiance un raisonnement auquel m'avaient habitué mes professeurs et tous les ouvrages que j'ai pu lire [2] ; car il y a bien d'autres principes encore dont la démonstration provoque des objections analogues et qui, par suite, ne sont plus démontrés pour moi. Je ne vois plus, par exemple, comment on prouverait rigoureusement que toute fonction continue dont la dérivée est toujours nulle se réduit à une constante, fait dont je n'avais jamais douté.

Dans votre excellent *Cours de Calcul infinitésimal* [3] ; dont j'apprécie de plus en plus le mérite, je n'ai pu voir si vous donnez une démonstration de ce fait, ou si vous l'admettez tout simplement, parce que les X pages dans lesquelles ces renseignements doivent se trouver (17 à 24) sont de celles qui me manquent.

En somme, je me suis trompé dans cette question et, en vous confessant mon erreur, je suis heureux de me rapprocher de votre opinion sur ce point comme sur tant d'autres. Je vous prierais de vouloir bien dire à M. Darboux que j'ai reconnu mon erreur, et le remercier en mon nom de la promesse qu'il avait bien voulu faire de m'écrire sur ce sujet [4].

---

6. Voir la lettre 2.81.
7. Voir la note 7 de la lettre 2.65.
1. [Gil73b].
2. Sur ce point, voir la lettre 2.69.
3. [H55].
4. Voir la fin de la lettre 2.63.

Vous me feriez aussi grand plaisir si vous pouviez, sans indiscrétion, conseiller à MM. Darboux et Hankel d'attendre, pour répondre à la première Note de M. Gilbert [5], que la seconde soit publiée [6].

Veuillez remarquer que la première (le mémoire que vous avez) n'a pas encore paru officiellement. Il n'en existe que les *tirés-à-part* envoyés par M. Gilbert lui-même, tandis que la seconde Note paraîtra au *Bulletin* de juin.

La rectification sera donc en quelque sorte anticipée.

Veuillez agréer, mon cher Monsieur, l'hommage de mes sentiments respectueux et dévoués.

Jh De Tilly

2.68 Lettre de Hoüel à De Tilly du 25 juin 1873

Bordeaux, le 25 juin 1873.

Mon cher Monsieur,

J'ai bien à vous remercier de vos deux lettres qui m'ont fait le plus grand plaisir. Il va sans dire que notre *Société des Sciences phys. et nat.* accueillera avec joie votre travail [1], sous quelque forme que vous jugiez à propos de le présenter. Nous n'avons pas sujet de nous plaindre si, au lieu de l'analyse d'un seul ouvrage, nous avons celle de deux livres qui se complètent réciproquement. S'il vous est possible de m'envoyer votre travail avant quinze jours, j'en donnerai lecture dans la séance de la Société qui doit avoir lieu de 10 juillet, et je ferai alors mon possible pour triompher des lenteurs habituelles de notre imprimeur [2].

Pour l'ouvrage de [DT25]., si vous jugez qu'il soit digne d'une analyse étendue, le Bulletin prendra patience. Mais je vous demanderais, en attendant, quelle opinion vous avez conçue de la valeur de cet auteur pour lequel quelques-uns de ses compatriotes (parmi les *non-euclidiens*) ne paraissent pas très-favorablement disposés [3]. Si son livre était sans grand mérite, quelques lignes suffiraient pour en informer les lecteurs du *Bulletin*, sans qu'il fût besoin d'entrer dans de grands détails.

Je suis heureux de voir que M. Gilbert ait lui-même reconnu l'insuffisance de la démonstration de M. Lamarle [4], et la nécessité de restreindre la notion de fonction par des hypothèses qui rapprochent les fonctions à étudier des fonctions algébriques, les seules dont les propriétés puissent s'établir *a priori* d'une manière rigoureuse [5]. Ce sont là des idées qui, malgré les quelques erreurs de calcul qu'il peut contenir, font le grand mérite du Mémoire de M. Hankel [6]. Je ne sais si je vous

5. [Gil73a].
6. [Gil73b].

1. [DT23].
2. Dans la séance du 10 juillet 1873 de la *Société des sciences physiques et naturelles*, « Hoüel commence la lecture d'une Note de M. de Tilly, capitaine d'artillerie et professeur à l'École Militaire de Bruxelles, sur deux publications récentes de MM. le général Mayevski et de Saint-Robert sur la Balistique » (*Mémoires* IX, 1873, p. XLIX). Deux semaines plus tard, « Hoüel termine la lecture du travail de M. de Tilly sur la Balistique. » (*Mémoires* IX, 1873, p. L)
3. Il s'agit d'une allusion à l'opinion de Beltrami. Voir les lettres 2.57, 2.63 et 2.76.
4. [Lam55].
5. Clebsch écrivait que les propriétés des fonctions algébriques « se révèlent de manière claire et précise ». Voir la note 9 de la lettre 2.54.
6. [Han70].

ai transmis sa dernière réponse, où il me disait qu'il souffre de douleurs de tête qui l'arrêtent dans ses travaux [7]. M. Gilbert lui ferait grand plaisir, s'il voulait bien lui envoyer son nouveau Mémoire [8], il a eu, à ce qu'il paraît, assez de peine à se procurer l'ancien.

Quant à la démonstration de ce théorème que, si $f'(x) = 0$ pour $x_0 \leqq x \leqq X$, on a $f(X) - f(x_0) = 0$, je la donne dans mon cours à peu près comme tout le monde. Elle consiste à faire voir que l'hypothèse d'une fonction 1° possédant une dérivée, 2° cette dérivée étant toujours nulle dans un intervalle fini, est incompatible avec la variabilité de la fonction dans cet intervalle. Voici à peu près comment j'expose cette démonstration [9].

Après avoir défini la dérivée par l'équation

$$\frac{f(x+h) - f(x)}{h} = f'(x) + \varepsilon,$$

ε étant infiniment petit en même temps que h, je *suppose* qu'une certaine fonction $f(x)$ soit telle que cette condition puisse être remplie pour toute valeur comprise entre x_0 et X. Si, de plus, la partie $f'(x)$ doit être toujours nulle, alors mon hypothèse se réduira à

$$\frac{f(x+h) - f(x)}{h} = \varepsilon.$$

Jusqu'ici, *je ne démontre rien*, je fais *des hypothèses*.

Cela posé, partageons l'intervalle $X - x_0$ en intervalles quelconques $x_1 - x_0$, $x_2 - x_1, \ldots, X - x_{n-1}$ et ajoutons les équations

$$f(x_1) - f(x_0) = (x_1 - x_0)\varepsilon_0,\ f(x_2) - f(x_1) = (x_2 - x_1)\varepsilon_1, \ldots ;$$

la somme des seconds membres, d'après un théorème d'algèbre élémentaire [10], sera égale à $X - x_0$ multiplié par une moyenne entre les quantités $\varepsilon_0, \varepsilon_1, \ldots$ que je désignerai par ε, de sorte que

$$f(X) - f(x_0) = (X - x_0)\varepsilon.$$

Mais, comme rien ne limitait le nombre ni la petitesse de mes intervalles partiels, j'ai pu les choisir de manière que chacune des quantités $\varepsilon_0, \varepsilon_1, \ldots$ fût moindre qu'une limite quelconque δ, aussi petite que l'on voudra [11]. Il en sera alors de même pour ε, et par suite aussi pour le produit $(X - x_0)\varepsilon$. Ainsi, la quantité $f(X) - f(x_0)$ est égale à une quantité que l'on peut supposer aussi petite que l'on voudra, et, comme cette quantité $f(X) - f(x_0)$ ne varie pas avec le mode de division de l'intervalle, il faut nécessairement qu'elle soit rigoureusement nulle.

Je crois ce raisonnement absolument rigoureux, et, si chez certains auteurs il peut laisser à désirer, c'est qu'on n'a pas eu assez de soin pour séparer la partie hypothétique de la partie démontrée.

Recevez, mon cher monsieur, l'assurance de mes sentiments bien sincèrement dévoués.

7. Hoüel l'a fait comme nous l'avons vu dans la lettre 2.65.
8. [Gil73b].
9. Voir le paragraphe 1.3.
10. Voir la note 11 de la lettre 3.2.
11. Comme le signalera De Tilly dans sa réponse (voir la lettre 2.69), le problème de la démonstration de Hoüel est d'affirmer que ses hypothèses sont suffisantes pour garantir un contrôle uniforme des ε_i lorsque le nombre de points tend vers l'infini.

J. Hoüel

P. S. Pour apprécier la rigueur des raisonnements du Calcul infinitésimal, il ne faut pas perdre de vue que, d'après les saines idées aujourd'hui adoptées par tout le monde, les infiniment petits sont des *variables* qui *peuvent* diminuer indéfiniment, mais qui *ont* toujours une valeur assignable et visible. Le mot *très-petit* n'a absolument aucun sens en mathématiques, et doit être rigoureusement banni d'un ouvrage d'enseignement. C'est de la confusion entre l'infiniment petit et le très-petit que naissent toutes les obscurités et tous les paradoxes qui embarrassent encore tant de bons esprits.

2.69 Lettre de De Tilly à Hoüel du 26 juin 1873

Bruxelles, le 26 juin 1873.

Mon cher Monsieur,

Je reçois à l'instant votre bonne lettre d'hier et je vous écris un mot à la hâte pour vous en remercier d'abord, puis pour vous promettre d'en finir avec Cassani le plus tôt possible [1] ; enfin et surtout pour vous parler de votre démonstration. Elle roule tout entièrement sur la phrase suivante que je copie textuellement :
« Mais, comme rien ne limitait le nombre ni la petitesse de mes intervalles partiels, j'ai pu les choisir de manière que chacune des quantités, $\varepsilon_0, \varepsilon_1, \dots$ fût moindre qu'une limite quelconque δ, aussi petite que l'on voudra. »

C'est précisément là le raisonnement que mes professeurs et mes lectures m'ont inculqué, le raisonnement qui m'empêchait d'apercevoir le vice des démonstrations de MM. Lamarle et Gilbert [2], et dont je n'ai reconnu l'insuffisance [†] que depuis quinze jours environ. Non, mon cher Monsieur, vous ne pouvez pas choisir vos intervalles partiels de manière que $\varepsilon_0, \varepsilon_1, \dots$ soient tous moindres que δ.

Pour vous en convaincre, admettons la division de l'intervalle $(x_0\, X)$ en deux, puis en quatre, etc. Sans doute, on peut diviser autrement cet intervalle, mais si ce mode de division précis et déterminé échoue, nous ne pouvons pas admettre à priori qu'un autre mode de division, vague et arbitraire, doive nécessairement réussir.

Il faudra chercher ce mode particulier de division, c'est-à-dire qu'il faudra faire une démonstration nouvelle.

Pour abréger le langage, considérons x_0 et X comme les abscisses des points A et B.

Comme j'aurai à diviser AB en deux, puis en quatre, etc, j'obtiendrai des points de division se rapprochant de plus en plus de A, donc à force de diviser, j'obtiendrai certainement *pour le point A* une valeur de ε moindre que δ.

1. [DT25].
2. [Lam55] & [Gil73a].
†. ~~inexactitude~~

Ainsi pour le point A, votre proposition est incontestable. Mais quand j'ai divisé en deux, j'ai introduit un point C, et il est *possible* que pour amener l'ε du point C à être inférieur à δ, je doive pousser la division bien plus loin que pour réaliser la même condition au point A. Cependant j'y parviendrai encore certainement pour le point *déterminé* C. Mais chaque fois que je diviserai, j'introduirai de nouveaux points en nombre égal au nombre de ceux qui existent déjà (B ne comptant pas), et des points sur lesquels je ne sais rien a priori ; des points pour lesquels la réduction de ε à une valeur moindre que δ exigera peut être de nouvelles divisions qui présenteront le même inconvénient ; donc enfin je n'aboutirai jamais.

Veuillez, je vous prie, examiner de près ce raisonnement : ce n'est pas du tout celui d'Achille et la Tortue[3]. Veuillez excuser le peu de soin que j'ai mis dans cette lettre : je suis littéralement encombré ; je travaille avec ardeur à la Note sur Mayevski et St Robert[4] qui ne laisse pas que d'offrir en certains points quelques difficultés quant à l'appréciation.

Recevez, mon cher Monsieur, l'expression de mes sentiments respectueux et dévoués.

Jh De Tilly

P. S. Si au lieu de *diviser AB*, vous prétendez partir de A pour arriver en B par des accroissements successifs, vous n'aboutirez pas davantage, mais comme vous n'avez pas émis cette idée, je ne veux pas la discuter d'avance.

2.70 Lettre de Hoüel à De Tilly du 28 juin 1873

Bordeaux, le 28 juin 1873.

Mon cher Monsieur,

Je reçois à l'instant votre lettre, et je m'empresse de vous répondre, pour établir une distinction qui sépare profondément le mode de raisonnement que j'emploie de celui qu'on est forcé d'employer pour démontrer l'existence de la dérivée, existence que je prends, au contraire, comme hypothèse fondamentale.

Si la fonction $f(x)$ est *supposée* avoir une dérivée pour *toute* valeur de x pour laquelle $x_0 \leqq x \leqq X$, cela veut dire, *par définition*, que, pour une telle valeur

$$\frac{f(x+h)-f(x)}{h} = f'(x)+\varepsilon$$

ε étant infiniment petit avec h, et par suite que, pour h assez petit, ε peut, quelque soit x, être rendu plus petit qu'une quantité ω, choisie à l'avance[1]. Je puis donc, s'il existe une dérivée comme je le *suppose*, faire en sorte que, pour *toute* valeur de x comprise entre x_0 et X, h soit assez petit pour que l'on ait $\varepsilon < \delta$[2]. En d'autres

3. Le célèbre raisonnement du philosophe grec Zénon d'Élée (Vème siècle av. J.-C.) exprime qu'étant donnée une légère avance à la Tortue, Achille ne pourra jamais rattraper le reptile bien qu'il soit le plus rapide des deux à la course. Pour une étude approfondie sur Zénon et ses paradoxes, voir [Cav02].

4. [DT23].

1. La seconde partie de cette affirmation est incorrecte : il n'est pas possible de faire varier x dans l'intervalle et ainsi obtenir la conclusion souhaitée. Hoüel, en supposant abusivement l'existence d'un h qui satisfait sa propostion, suppose implicitement que la fonction considérée est continûment dérivable. Les exemples qu'il traite ci-dessous sont d'ailleurs de cette nature. Voir le paragraphe 1.3.

2. Hoüel a écrit δ au lieu de ω.

termes, ε est une fonction de x et de h qui, pour chaque valeur de h, a son maximum à n'importe quelle valeur de x. Ce maximum étant fonction de h, je puis le réduire autant que je voudrai, en prenant $h < \delta$, δ étant une valeur assignable dans chaque cas particulier. C'est là une conséquence forcée de l'*hypothèse* de l'existence d'une dérivée, ou plutôt ce n'est qu'une autre manière d'énoncer cette hypothèse. C'est de là que je pars, et il me suffit de supposer tous mes intervalles $x_1 - x_0, x_2 - x_1, \ldots$ plus petits que δ pour que le reste de la démonstrations s'ensuive rigoureusement. Mais ce serait tout autre chose si je prétendais prouver l'existence de la dérivée. C'est alors que vos objections auraient toute leur puissance, tandis que, dans le cas actuel, je commence par me placer hors de leur portée.

Ainsi, si $f(x) = x^2$, d'où

$$\frac{f(x+h) - f(x)}{h} = 2x + h,$$

je n'ai qu'à prendre $h < \frac{1}{10^{10}}$ pour que, quel que soit x, ε soit $< \frac{1}{10^{10}}$. Si $f(x) = x^3$, d'où

$$\frac{f(x+h) - f(x)}{h} = 3x^2 + 3xh + h^2,$$

soit X la plus grande valeur de x ; on peut supposer $h^2 < h$. On aura $\varepsilon < \frac{1}{10^{10}}$, si l'on prend

$$(3X+1)h < \frac{1}{10^{10}}, \quad h < \frac{1}{(3X+1)10^{10}},$$

et de même pour toute fonction qui aura une dérivée [3].

Si la fonction $f(x)$ n'est pas donnée de forme, on ne pourra calculer cette limite, mais on ne peut se refuser à en admettre l'existence. Si l'on s'y refuse, je renonce à démontrer quoi que ce soit, et je déclare à l'avance que toute mon exposition du calcul infinitésimal est sujette à cette hypothèse.

Maintenant que j'ai trouvé la limite δ, je partage l'intervalle $X - x_0$ en parties $\leqq \delta$, et la démonstration est faite. Je pourrai la reprendre en choisissant un ω plus petit, puis un autre plus petit encore, et ainsi de suite, ce qui incompatible avec l'existence d'une différence quelconque autre les valeurs de $f(x_0)$ et $f(X)$.

Déjà j'avais eu une discussion sur ce sujet avec M. Darboux, qui avait été loin de me convaincre, et qui n'a pas, depuis, renouvelé ses objections [4]. Il est certain que, si l'on n'invoque pas tout d'abord les conséquences de l'hypothèse de l'existence d'une dérivée, la démonstration ne prouvera rien. Mais il en est tout autrement au point de vue où je me place.

En géométrie comme en analyse, je crois qu'il faut être très-coulant sur l'admission des hypothèses fondamentales, et prendre pour critérium de ces hypothèses, non des discussions a priori, toujours plus ou moins métaphysiques, et portant sur un terrain inaccessible à l'analyse, puisque l'hypothèse en question doit former une des limites du domaine analytique ; mais les résultats divers du développement de ces hypothèses, et leur accord avec la portion de la réalité objective, que ces hypothèses ont pour mission de représenter. La métaphysique peut fournir des moyens d'induction, jamais des moyens de démonstration. Que l'on s'y prenne comme on

3. Observons que dans le premier exemple nous avons $h = \varepsilon$. Dans le second, l'hypothèse $h^2 < h$ est équivalente à $0 < h < 1$ et Hoüel néglige donc le cas $h < 0$. Il effectue la majoration brutale $3x^2+3xh+h^2 < 3X^2+3Xh+h = 3X^2+(3X+1)h$ et pose $(3X+1)h < \frac{1}{10^{10}}$ pour avoir $\varepsilon = 3xh+h^2 < \frac{1}{10^{10}}$. La dernière affirmation est certainement audacieuse.

4. Voir les lettres échangées avec Darboux publiées dans le chapitre 3.

voudra pour choisir ses hypothèses. Les mathématiques ont pour seul but de développer les conséquences, et de fournir *a posteriori* des moyens propres à les modifier utilement. C'est toujours l'histoire de la géométrie non-euclidienne. L'existence de la dérivée, c'est le pendant de l'axiome XI[5]. La proposition que $f(x) = \text{const.}$ si $f'(x) = 0$, c'est, si vous voulez l'analogue du théorème sur la somme des angles d'un triangle. On pourrait, si cela en valait la peine, créer une analyse *imaginaire*, dans laquelle une fonction n'aurait pas de dérivée, et qui serait l'analogue de la géométrie pseudosphérique. Je laisse là ces considérations, que vous pourrez étendre indéfiniment.

La Société des Sciences physiques et naturelles doit se réunir de nouveau le 10 juillet. Dans la dernière séance, j'ai fait espérer à quelques-uns de mes collègues que je pourrais leur communiquer bientôt votre travail[6], et je puis vous répondre d'avance de l'intérêt avec lequel il sera écouté. La Société n'aura plus, je crois, que deux séances avant les vacances.

Veuillez agréer, cher Monsieur, l'assurance de mes sentiments affectueux et dévoués.

J. Hoüel

2.71 Lettre de De Tilly à Hoüel du 4 juillet 1873

Bruxelles, le 4 juillet 1873.

En hâte

Mon cher Monsieur,

Je vous envoie enfin ma Note[1]. Je crains d'avoir abusé de votre obligeance et de l'avoir faite un peu longue : j'ai été entraîné par le désir d'être aussi clair et aussi complet que possible, à faire plutôt le programme d'un Cours de Balistique qu'une véritable analyse de Mayevski et de St Robert. Toutefois ne vous effrayez pas à la réception du paquet : il y a plus de blanc que de texte.

En parlant de la similitude des trajectoires j'aurais dû, peut-être, citer M. Martin de Brettes, mais autant que j'ai pu en juger par une étude rapide, son théorème, plus général que celui de M. De Saint-Robert, serait inexact[2]. Je vais approfondir la question et je ferai amende honorable si je me suis trompé, mais actuellement je n'en ai rien dit[3].

Je joins à mon envoi quelques feuilles que vous m'avez envoyées en double et qui pourraient manquer à un autre exemplaire[4].

Je répondrai en détail à vos deux dernières lettres.

Recevez, mon cher Monsieur, l'expression de mes sentiments affectueux.

Jh De Tilly

5. C'est-à-dire du *postulatum* d'Euclide.
6. [DT23].
1. [DT23].
2. Jean Baptiste Martin de Brettes (1813-188 ?) a été chef d'escadron d'artillerie et professeur de sciences appliquées à l'École d'artillerie de la Garde impériale. Il publie en 1872 dans les *Comptes rendus* un note intitulée « Sur quelques lois de la pénétration des projectiles oblongs dans les milieux résistants (*Comptes rendus* LXXV, 1872, p. 1702-1704). Par ailleurs, De Tilly commente longuement [DT23, p. 383-384] un théorème de Saint-Robert sur les trajectoires des projectiles oblongs.
3. Voir la lettre 2.74.
4. Il s'agit probablement de feuilles appartenant à [H55]. Voir les lettres 2.61 et 2.62.

2.72 Lettre de Hoüel à De Tilly du 13 juillet 1873

Bordeaux, le 13 juillet 1873.

Mon cher Monsieur,

J'ai commencé jeudi dernier la lecture de votre intéressante Notice devant la Société des Sciences physiques et naturelles [1]. Elle a été écoutée avec le plus vif plaisir, et la Société me charge de vous en exprimer ses sincères remerciements. J'achèverai cette lecture dans la prochaine séance, qui aura lieu le 24 de ce mois, et je porterai, immédiatement après, votre manuscrit à l'imprimerie. Notre Société espère que vous voudrez bien lui continuer de temps en temps vos communications, qui contribueront beaucoup à la valeur de notre Recueil.

La petite discussion pendante entre nous deux en ce moment, et dans laquelle j'ai eu récemment aussi à me défendre contre M. Darboux [2], me semble fondée sur ce que l'on n'a pas encore suffisamment précisé l'objet et le point de départ des diverses branches scientifiques que l'on réunit sous le nom commun de Mathématiques. Cette indétermination a été déjà la source de toutes les disputes relatives aux principes de la géométrie et de la Mécanique. Pour ces deux sciences, le jour commence à se faire, et vous y avez vous-même contribué par vos travaux. Mais il s'en faut bien que tout ait été dit sur la nature et l'objet du Calcul infinitésimal. Il est certain que l'antagonisme entre la méthode des limites et celle des infiniment petits n'existe plus pour les bons esprits, qui ont universellement reconnu l'identité des deux méthodes. Mais il n'en est pas encore de même, par exemple, du sens qu'il faut attribuer au mot fonction. Le Mémoire de Hankel [3], malgré les fautes de Calcul que M. Gilbert y a relevées [4], n'en contient pas moins des considérations de la plus haute importance sur cet objet. Il est certain que l'on ne peut pas attribuer *a priori* à une fonction définie seulement par le tracé d'une courbe ou par une équation différentielle, toutes les propriétés que l'on a reconnues exister dans les fonctions algébriques, exponentielles, etc. Ce n'est donc qu'en vertu de certaines *hypothèses*, implicitement admises, que l'on peut raisonner sur ces fonctions comme on le fait sur les fonctions parfaitement continues. Voyez, par exemple, la discussion sur les solutions singulières, que Darboux a fini par éclaircir (*Bulletin*, t. IV, p. 158, mars 1873) [5]. Autrefois on n'y regardait pas de si près. On employait des

1. Voir la note 2 de la lettre 2.68.
2. Ce sont certainement les prémisses de la discussion exposée au paragraphe 1.3.7.
3. [Han70].
4. [Gil73a].
5. G. Darboux, Sur les solutions singulières des équations aux dérivées ordinaires du premier ordre, *Bulletin* IV, 1873, p. 158-176. À la fin de son mémoire (p. 166-167), Darboux écrit :

> « En terminant, nous devons nous demander quelle a été l'origine de l'erreur qui a duré si longtemps dans la théorie des solutions singulières. Cette erreur tient à une confusion, que presque tous les géomètres ont laissé s'établir dans toute cette question.
> Comme on forme les équations différentielles par l'élimination de constantes entre une équation finie et ses dérivées, les auteurs ont supposé, à tort selon nous, qu'étant donnée, par exemple, une équation différentielle du premier ordre, cette équation admet toujours une intégrale du premier ordre, définie par la formule
>
> $$(9) \qquad f(x,y,c)=0$$
>
> où f est une fonction qui, dans toute l'étendue du plan, possède les propriétés qu'on reconnaît généralement aux fonctions étudiées dans l'Analyse. Cette fonction f était pour eux plus ou moins difficile à trouver, mais dans leur esprit elle existait toujours. Or c'est là précisément le point contestable, et les recherches nouvelles sur la théorie des fonctions nous paraissent devoir changer cette manière de voir. (...)

séries, sans se demander si elles étaient convergentes ; on s'appuyait sur des équations différentielles sans savoir si elles étaient intégrables. Maintenant on est plus scrupuleux ; mais on ne l'est peut-être pas encore assez. Je crois que l'étendue des services que peut rendre le calcul infinitésimal ne serait en rien diminuée, si l'on ajoutait quelques restrictions ayant pour effet d'écarter des cas litigieux, qui ne se rencontrent jamais dans les applications.

Agréez, cher Monsieur, l'assurance de mes sentiments d'affection sincère.

J. Hoüel

2.73 Lettre de De Tilly à Hoüel du 20 juillet 1873

Bruxelles, le 20 juillet 1873.

Mon cher Monsieur,

J'ai reçu votre bonne lettre du 13. Je vous suis très-reconnaissant de la peine que vous avez prise de lire en séance la notice que je vous ai envoyée [1], et je suis aussi très-reconnaissant envers la *Société des sciences physiques et naturelles* de ce qu'elle a bien voulu s'intéresser à mon petit résumé. La manière favorable dont elle accueille la première communication que j'ai l'honneur de lui faire sera pour moi un encouragement à lui présenter d'autres travaux, lorsque certaines parties de mes études me paraîtront avoir pour elle un intérêt spécial.

Pour en revenir aux dérivées, et avant de préciser le seul point qui nous sépare, je tiens à constater notre accord sur tous les autres points et en partie sur toute la partie philosophique de la question. Nous ne sommes séparés que par une question de fait et elle se réduit à bien peu de chose. Je reprends vos exemples :

Si $f(x) = x^2$, $\frac{f(x+h)-f(x)}{h} = \overbrace{2x}^{f'(x)} + \overbrace{h}^{\varepsilon}$; pour avoir $\varepsilon < \frac{1}{10^{10}}$, quel que soit x, je n'ai qu'à prendre $h < \frac{1}{10^{10}}$;

Si $f(x) = x^3$, $\frac{f(x+h)-f(x)}{h} = \overbrace{3x}^{f'(x)} + \overbrace{3xh + h^2}^{\varepsilon}$; X étant la plus grande valeur de x dans l'intervalle considéré, et h^2 étant supposé plus petit que h, pour avoir $\varepsilon < \frac{1}{10^{10}}$, quel que soit x, je n'ai qu'à prendre $h < \frac{1}{(3X+1)10^{10}}$; et de même, dites vous, pour toute fonction qui aura une dérivée ; c'est-à-dire que vous excluez toute fonction f qui ne vous permettrait pas de faire un raisonnement analogue et de fixer d'avance $\varepsilon' = \frac{1}{10^{10}}$, par exemple, en calculant une valeur de h en dessous de laquelle le rapport $\frac{f(x+h)-f(x)}{h}$ serait toujours moindre que ε', quel que fût x (entre x_0 et X).

Maintenant deux questions différentes se présentent.

Mais comme rien ne démontre qu'une équation différentielle admette, en général, une intégrale de la forme (9), on voit qu'on devra séparer cette théorie en deux parties bien distinctes :

L'une, du ressort du Calcul différentiel, et dans laquelle on examine les équations différentielles formées par l'élimination des constantes ;

L'autre, appartenant au Calcul intégral, et où, ne supposant rien sur l'origine de l'équation différentielle, on est obligé de se tenir dans les hypothèses générales et de ne pas supposer l'existence d'une intégrale de la forme (9). C'est à ce dernier cas que se rapportent nos remarques. »

1. [DT23].

1° Cette extension d'une propriété vérifiée sur des fonctions simples et cette exclusion des fonctions qui ne la posséderait pas sont-elles légitimes ? Oui, certes, d'après moi, et il vaut mille fois mieux procéder ainsi et écarter des cas litigieux qui ne se présenteront peut-être jamais (sauf à les étudier *ab ovo* s'ils se présentaient) que de donner des démonstrations qui se trouvent fausses pas un excès de généralité. Nous sommes donc d'accord ici et je conviens qu'une fois ce qui précède admis, le reste est rigoureux.

2° Mais une autre question plus abstraite, moins utile, je le veux bien (surtout au point de vue d'un *Cours*) est de savoir si l'on ne pourrait pas trouver des fonctions $f(x)$ qui ne se prêteraient pas au raisonnement précédent, tout en ayant une dérivée $f'(x)$, et en donnant $f'(x) = 0$, entre x_0 et X. Je crois à cette possibilité, et d'autant plus que si votre méthode était générale, elle démontrerait, non seulement que quand $f(x)$ n'est pas une constante $f'(x)$ ne peut pas être toujours nul, mais qu'il ne peut pas même être nul pour un nombre infini de valeurs de x se succédant sans intervalle déterminé. Alors on en déduirait, je pense, que *la dérivée ne peut pas non plus être infinie pour un nombre infini de valeurs de la variable se succédant sans intervalle déterminé,* car si, dans la fonction continue $y = \psi(x)$, $\frac{dy}{dx}$ était infini pour un nombre infini de valeurs de x dans tout intervalle déterminé (entre x_0 et X), $\frac{dx}{dy}$ serait zéro pour ces mêmes valeurs de x et de y, et cependant $\frac{dx}{dy}$ serait me semble-t-il, le coefficient différentiel de l'une des expressions $x = \chi(y)$ que l'on pourrait déduire de $y = \psi(x)$[2]. Or nous admettons maintenant que l'on peut trouver des fonctions dont la dérivée soit infinie pour un nombre infini de valeurs de x se succédant sans intervalle assignable[3].

Puisque vous avez encore mon manuscrit, dont certaines parties ont dû être écrites un peu rapidement, j'en ait fait une nouvelle lecture et je vous prie de vouloir bien y apporter les petites améliorations suivantes. (N'ayant pas les pages, je dois citer les phrases. Elles se suivent dans l'ordre du texte.)[4]

1° Dans l'état actuel de la science, on peut faire sur les trajectoires trois études distinctes. Entre le mot *faire* et le mot *sur* intercalez *utilement.*

2° Mesurer la vitesse du projectile dans le sens horizontal en deux points de sa trajectoire assez voisins l'un de l'autre. Au lieu de la *vitesse*, veuillez écrire *les vitesses.*

3° Cette cause d'erreur a été supprimée... qui permettent de mesurer la vitesse d'un même projectile en plusieurs points... Au lieu de *la vitesse* : les vitesses.

4° Il reconnait ainsi que la même marche peut être suivie / ~~employée~~ adoptée ... C'est en effet la seule marche réellement { applicable / utile dans la pratique } et celle que l'auteur lui-même a appliquée / employée dans son Chapitre V. L'application... J'ignore si j'ai laissé

2. Rappelons que si $y = \psi(x)$ est telle qu'elle possède une dérivée non nulle entre x_0 et X et telle que la fonction inverse $x = \psi^{-1}(y) = \chi(y)$ existe sur ce même intervalle, alors ψ^{-1} est dérivable et l'on a $(\psi^{-1})'(x) = \frac{1}{\psi'(\psi^{-1}(x))}$ pour tout x compris entre x_0 et X.

3. Gilbert a présenté l'exemple de Schwarz dans sa note [Gil73b]. Voir le paragraphe 1.3.5.

4. Les modifications proposées ci-dessous ont été prises en compte dans la version publiée de [DT23]. Toutefois, une faute de composition du texte s'est glissée lors de la huitième modification : la répétition des mots « de précession » a été oubliée. En outre, le passage relatif à la neuvième modification a été remodifié par De Tilly après que Hoüel lui ait renvoyé son manuscrit (voir la lettre 2.88).

subsister, en recopiant, cette répétition de mots semblables. Il vaudrait mieux remplacer quelques expressions pareilles que j'ai écrites au dessous.

5° Au commencement du §II de la 1ère Section, après les mots : « Cette même hypothèse sera conservée dans tout ce qui suit », veuillez ajouter : Le calcul montre que le point d'application de la résistance est généralement en avant du centre de gravité du projectile, ce qui s'accorde avec les résultats des expériences de Magnus*. ∗ (note au bas de la page) Le mémoire dans lequel Magnus a décrit ses remarquables expériences a été publié, en français, dans la *Revue de Technologie Militaire*, Tome Ier. Les expériences se divisent en deux séries, la première relative aux projectiles sphériques, la seconde aux projectiles allongés.

6° La partie de la notice, comprenant une ou deux pages, dans laquelle il s'agit de la rotation d'un projectile qui décrirait une droite d'un mouvement uniforme ne m'a pas paru assez bien rédigée. Sa rédaction est fort difficile, parce qu'elle résume des idées éparses dans divers mémoires, lesquels ne sont pas toujours clairs ni d'accord entre eux (quant à la forme ; il n'y a point de doute sur le fond). J'en ai fait une nouvelle rédaction sur une feuille détachée ci-jointe, afin que vous puissiez la coller sur le manuscrit, en barrant le texte qu'elle doit remplacer. Les premiers mots indiquent l'endroit ; [†] et j'ai reproduit à la fin la phrase du texte qui doit suivre [5].

7° Au lieu de : « La méthode est reproduite dans son Traité actuel », veuillez écrire : La méthode est reproduite, avec quelques modifications, dans son Traité actuel.

8° Elle oscille, en réalité, entre zéro et le double de sa valeur moyenne. De là résulte que, pour pouvoir adopter une vitesse moyenne pendant un temps... Remplacez comme suit : Elle oscille, en réalité, entre zéro et le double de sa valeur moyenne. À l'origine [††] du mouvement et à la fin de chaque période, la vitesse de précession est nulle et la coïncidence de l'axe instantané avec l'axe de figure est alors absolue. De là résulte que, pour pouvoir adopter une vitesse de précession moyenne pendant un temps...

9° d'un mouvement de rotation fictif, dans lequel l'inclinaison et la vitesse auraient conservé toujours leurs valeurs actuelles et qui aurait amené le projectile dans la position précise qu'il occupe à l'instant considéré. On voit donc que cette origine du temps... Veuillez remplacer comme suit : d'un mouvement de rotation fictif, qui aurait amené le projectile dans la position et dans les conditions où il se trouve à l'instant considéré, mais qui aurait correspondu à une translation rectiligne et uniforme, dans laquelle la direction du mouvement du centre de gravité et sa vitesse eussent conservé toujours leurs valeurs actuelles. On voit que cette origine du temps...

Veuillez, mon cher Monsieur, me pardonner les embarras que je vous cause et agréer l'expression de mes sentiments respectueux et tout dévoués.

Jh De Tilly

2.74 Lettre de De Tilly à Hoüel du 22 juillet 1873

Bruxelles, le 22 juillet 1873.

---

†. ~~d'ailleurs~~

5. Cette feuille n'est plus conservée avec la lettre.

††. ~~et à la f~~

Mon cher Monsieur,

Je vous disais, dans la lettre qui accompagnait ma *Notice* [1], que j'avais passé sous silence le théorème de Martin de Brettes, relatif à la similitude des trajectoires, le croyant faux, tandis que j'ai cité un théorème de M. De Saint-Robert qui est vrai. J'ajoutais que je ferais amende honorable si, après une étude approfondie, je reconnaissais m'être trompé. Cette étude est terminée et elle a confirmé ma première appréciation ; le théorème que j'ai reproduit *in extenso* dans la *Notice* est le seul, énoncé jusqu'aujourd'hui, qui soit exact. Je me propose d'en faire connaître immédiatement une généralisation [2]. Lorsque j'ai commencé la rédaction de mon petit mémoire, je venais à peine de recevoir la *Mécanique* de Resal, publiée à Paris tout récemment [3]. Cependant j'y ai déjà fait allusion, comme vous avez pu le voir, en exprimant le regret que, dans sa solution du mouvement des projectiles oblongs, l'absence de toute application numérique m'empêchât de voir où l'on va avec les approximations. C'était aussi là une appréciation à vol d'oiseau que je me réservais de compléter [4].

Une étude approfondie de cette solution (qui est remarquable à certains égards) l'a toutefois confirmée (l'appréciation), mais en la précisant. Je vois clairement aujourd'hui que cette solution est sujette à une objection analogue à celle que j'adresse à la méthode de Mayevski. Mais ce qui est fort singulier, c'est que ces deux auteurs aboutissent aux mêmes équations différentielles abstraction faite des notations. Cela ne plaide pas en faveur de ma critique. Aussi je ne prétends pas que les résultats soient inexacts. Je me suis borné à dire qu'« il est permis de les révoquer en doute ». Mais ce ne serait pas la première fois qu'un raisonnement faux ou incomplet conduirait à un résultat exact. Ma critique aura pour effet, j'espère, d'attirer sur ces points d'une difficulté exceptionnelle une nouvelle discussion et par suite, peut-être, de nouvelles lumières.

Mais je voudrais, s'il en était temps encore, que la circonstance curieuse indiquée ci-dessus fût mentionnée. Il suffirait pour cela d'apporter à la partie du texte que je vais transcrire les modifications indiquées ci-dessous [5].

Texte actuel : Nous pensons qu'il serait plus sûr
Texte modifié : Nous pensons...
de ne pas se servir du résultat obtenu dans ce
...
cas purement idéal, de remonter aux équations
...
d'Euler et d'y introduire directement l'hypothèse générale du mouvement de rotation.
...
T. A. de la variabilité de l'inclinaison et de la vitesse.
T. M. ... double variation du moment de la résistance de l'air et [†] du plan qui était fixé dans le cas le plus simple.
C'est ce qui a été fait par M. Resal, dans la solution

1. Voir la lettre 2.71.

2. De Tilly le fera dans [DT27] qui peut être considéré comme la suite de [DT20]. Voir la note 4 de la lettre 2.96.

3. Le premier volume de l'ouvrage de Aimé-Henry Resal (1828-1896) intitulé *Traité de mécanique générale* (comprenant les leçons professées à l'École polytechnique) est publié à Paris chez Gauthier-Villars en 1873.

4. Resal consacre dans le tome 1 de son *Traité de mécanique générale* une note de 6 pages aux « formules relatives au mouvement des projectiles oblongs dans un milieu résistant [Res73, p. 386-392].

5. Les modifications proposées ci-dessous sont prises en compte dans le texte publié de [DT23].

†. ~~de la variation~~

C'est...
qu'il a proposée récemment pour le mouvement
...
des projectiles oblongs*. Mais ce géomètre n'a
... oblongs*. Mais cette solution†† renferme
pas fait suivre sa théorie d'une
plusieurs approximations dont la dernière, celle qui conduit l'auteur
application numérique, qui serait
aux équations différentielles du mouvement de l'axe de figure**, nous
nécessaire cependant pour juger
parait sujette à des objections analogues à celles que nous avons adressées
de l'influence des nombreuses
plus haut à la méthode du général Mayevski. Il est remarquable, d'ailleurs, que
approximations qu'on est obligé
les résultats des deux savants géomètres soient parfaitement d'accord entre eux,
d'admettre.
quant aux équations différentielles dont nous venons de parler, abstraction faite
L'expérience de Magnus etc...
des notations. L'expérience de Magnus, etc.

Mille pardons de ce gâchis, mon cher Monsieur, et veuillez agréer l'expression de mes sentiments respectueux et tout dévoués.

Jh De Tilly

2.75 Lettre de Hoüel à De Tilly du 25 juillet 1873

Bordeaux, le 25 juillet 1873.

Mon cher monsieur,

J'ai achevé hier devant la Société des Sciences physiques et naturelles la lecture de votre intéressante notice [1]. La Société vous en adressera ses remerciements officiels, en même temps qu'elle vous fera part de la nomination au titre de membre honoraire, qu'elle vous prie d'accepter, et auquel je devrai le plaisir de me trouver votre collègue [2].

J'ai reporté sur votre manuscrit les corrections que vous m'avez indiquées dans vos deux lettres, et aujourd'hui je vais le remettre à l'imprimeur.

Je suis heureux de me trouver d'accord avec vous sur tous les points litigieux; car il me semble que, même sur le dernier point réservé, nous sommes bien près de nous entendre. Je ne me figure pas la possibilité d'une fonction possédant, quelque que soit x, une dérivée déterminée et finie (car l'infini équivaut à l'absence de valeur), et oscillant un nombre infini de fois, comme les fonctions signalées par Hankel [3]. Peut-il exister une semblable fonction ? Je ne saurais démontrer le contraire mais j'ose affirmer que ce ne saurait être qu'un cas tellement exceptionnel qu'il est parfaitement licite de n'en tenir aucun compte dans la pratique. Je suis même

*. Résal, Traité de Mécanique générale, T. I, pp. 367 à 376 et 386 à 396.

††. ~~en~~

**. pp. 374 et 375.

1. Voir la note 2 de la lettre 2.68.
2. De Tilly est élu membre honoraire de la *Société des sciences physiques et naturelles de Bordeaux* lors de la séance du 24 juillet 1873 (*Mémoires* IX, 1873, p. L).
3. Voir les paragraphes 1.3.1 et 1.3.2.

persuadé qu'il ne serait pas bien difficile de démontrer que toute fonction ayant en chaque point une dérivée déterminée est nécessairement continue, et ne saurait être oscillante un nombre infini de fois dans un espace déterminé [4], bien que la réciproque de cette proposition ne soit pas vraie. Dans tous les cas, lors même que l'énoncé serait un peu trop général, les restrictions qu'il faudrait y apporter seraient, je crois, prématurées pour les commençants, et auraient pour effet bien plus de dérouter toutes leurs notions du vrai et du faux que de les disposer à la rigueur. Il en est de cela comme de la théorie des parallèles. Il suffit d'avertir les commençants de ne pas perdre leur temps à vouloir démontrer le postulatum, parce que les plus grands géomètres ont démontré par la haute analyse que la chose était impossible [5].

Je vous quitte pour aller faire des examens de bacheliers, besogne bien peu divertissante, que je dois faire encore pendant trois ou quatre semaines avant d'aller en vacances.

Veuillez agréer l'expression de mes sentiments de collègue bien dévoué.

J. Hoüel [†]

2.76 Lettre de Hoüel à De Tilly du 28 juillet 1873

Bordeaux, le 28 juillet 1873.

Mon cher Monsieur,

J'ai reçu ces jours-ci une lettre de M. Beltrami, d'après laquelle je vous adresserai aujourd'hui une petite requête. Depuis un an ou deux, M. Cassani, l'auteur de la *Geometria rigorosa*, ne cesse de persécuter M. Beltrami (qu'il a quelques fois l'occasion de rencontrer à Venise), pour que celui-ci lui obtienne dans notre *Bulletin des Sciences* un article, long ou court, laudatif ou critique, sur son opuscule [1]. Je voudrais pouvoir délivrer mon savant collègue de Bologne de cette persécution. Vous serait-il possible d'expédier en quelques lignes l'affaire de la *Geometria rigorosa*? Si le temps vous manque, envoyez-moi, je vous prie, l'exemplaire, et je tâcherai de faire un article là-dessus. Beltrami n'a pas de cet ouvrage une fort haute opinion [2], ce qui nous dispensera de nous livrer à un examen trop laborieux.

---

4. Hoüel affirme qu'une fonction dérivable ne peut pas avoir, en une infinité de points de son domaine, un comportement analogue à la fonction $\sin(1/x)$ au voisinage du point 0. On peut facilement construire un contre-exemple sur l'intervalle $]0,1]$ en imposant le comportement de $x^2\sin(1/x)$ en 0 aux centres d'une suite infinie d'intervalles disjoints.

5. Voir le chapitre 1.2 de l'introduction.

†. Au verso du feuillet utilisé par Hoüel voguent trois expressions probablement de la main de De Tilly. Celles-ci sont : $y = R\sqrt{\frac{\theta_1+\pi}{\theta_1-\pi}}$, $\frac{R}{r} = \sqrt{\frac{t+p}{t-p+2\frac{\pi}{t}}}$, $\frac{9}{5}\,\frac{10}{6}$.

1. Le 19 juillet, Beltrami a écrit à Hoüel [BGT98, p. 173] :

> « M. Cassani me harcèle sans cesse à ce sujet, et même, quelque fois, d'une manière pas tout-à-fait convenable. Ce n'est pas une réponse particulière qu'il demande, quoique, peut-être, il s'en contenterait ; mais ce qu'il veut c'est une recension au Bulletin, n'importe laquelle, défavorable même (quoique dans ce dernier cas je m'attendrais à des récriminations dans le genre inventé par le fameux Archevêque de Grenade). »

La remarque entre parenthèse fait allusion à l'épisode entre Gil Blas et l'Archevêque de Grenade dans le septième livre de l'*Histoire de Gil Blas de Santillane* de Alain René Lesage (1668-1747).

2. Dans la même lettre à Hoüel, Beltrami explique [BGT98, p. 173] :

> « (...) dès que [le livre] a paru, je me suis fait une loi de ne pas en parler, car je ne pourrais approuver une manière aussi légère de traiter un sujet aussi grave, et il me serait impossible d'ailleurs d'y trouver des mérites d'une autre nature, permettant de

Veuillez agréer, mon cher monsieur, l'assurance de mes sentiments bien sincèrement dévoués.

J. Hoüel

2.77 Lettre de De Tilly à Hoüel du 28 juillet 1873

Bruxelles, le 28 juillet 1873.

Mon cher Monsieur,

Je ne sais comment vous exprimer ma vive reconnaissance pour la nomination si inattendue et si honorable que vous m'annoncez [1].

Je puis vous dire maintenant que je nourrissais l'espoir de faire partie un jour de votre *Société*, si connue dans toute l'Europe, et à la réputation de laquelle vous avez tant contribué, en répandant des idées justes sur la philosophie des mathématiques.

Mais ce ne pouvait-être, dans ma pensée, qu'après avoir communiqué à la *Société* plusieurs travaux importants [2]. Aujourd'hui, je considère ma nomination prématurée comme due uniquement à votre bienveillance et à votre confiance et, en vous en remerciant, j'exprime l'espoir de les justifier dans l'avenir mieux que je n'ai pu le faire jusqu'à présent.

Recevez, monsieur et cher collègue, l'assurance de mes sentiments de respect, de reconnaissance et d'affection.

Jh De Tilly

2.78 Lettre de De Tilly à Hoüel du 3 août 1873

Bruxelles, le 3 août 1873.

Mon cher Monsieur,

J'ai reçu votre dernière lettre. Il serait vraiment trop « sans façon » de ma part de vous renvoyer le livre sans analyse après l'avoir conservé plus d'un an. D'ailleurs cela semblerait indiquer, envers l'auteur, un dédain qui ne serait pas juste, malgré l'opinion peut-être un peu absolue de M. Beltrami. Je pense qu'il y a, dans la Géométrie de Cassani, comme dans beaucoup d'autres ouvrages, du bon et du mauvais, mais au moins l'intention est très-bonne [1].

J'ai mis cette affaire en tête de mon ordre du jour, tout autre travail cessant, et vous recevrez dans peu de jours l'analyse que je vous dois depuis si longtemps [2].

---

passer outre sur le défaut fondamental. Je comprends donc parfaitement pourquoi ni vous, ni M. Flye de St. Marie, ni d'autres n'ont rien dit jusqu'ici sur la publication de M. Cassani. Aussi je vous rapporte tout cela pour décharger ma conscience, et parce que, si vous jugiez la chose d'une façon plus bienveillante, vous puissiez trouver quelque moyen terme pour contenter M. Cassani, dont je suis en ce moment la victime. »

1. Voir le début de la lettre 2.75.
2. À cette date, le travail [DT23] est le seul communiqué par De Tilly à la *Société des sciences physiques et naturelles de Bordeaux*. Dans le futur, seuls [DT47] et [DT54] seront publiés dans les *Mémoires* de cette société.

1. Voir la note 4 de la lettre 2.81.
2. [DT25].

Veuillez agréer, monsieur et cher collègue, l'assurance de mes sentiments respectueux et dévoués.

Jh De Tilly

2.79 Lettre de De Tilly à Hoüel du 14 août 1873

Gand, le 14 août 1873.

Mon cher Monsieur,

Je rentre d'un voyage de service que j'ai été obligé de faire ; je suis en congé et je ne m'occupe plus, du matin au soir, que de Cassani, jusqu'à ce que je vous l'aie expédié.

J'ai trouvé ici mon diplôme de membre honoraire, accompagné d'une lettre de M. le secrétaire général. Je viens de lui écrire. J'ai trouvé encore hier à Bruxelles, les tomes VIII et IX (1er cahier) des *Mémoires* de la *Société*. Je n'en ai pas parlé dans ma réponse à M. Serré Guino [1], parce qu'il m'a semblé que l'adresse était écrite par vous.

Dès ma rentrée à Bruxelles, j'aurai l'honneur de faire hommage à la *Société* des quelques travaux de ma composition dont je possède encore des exemplaires.

J'ai cherché à connaître vos règlements et en particulier les devoirs des membres honoraires envers la *Société* ; j'ai bien trouvé un règlement dans le Tome Ier des *Mémoires*, mais il ne parle pas des membres honoraires, qui figurent pour la première fois, je pense, dans le Tome VII ou même VIII.

Je suis entraîné, bien malgré moi, dans une polémique avec M. Genocchi. Vous recevrez bientôt les deux premières pièces du procès, ou du moins la deuxième, qui est de moi, mais je suppose que M. Genocchi vous enverra aussi la première. Dans le cas contraire, je vous enverrai le *Bulletin* de la séance du 2 août de notre *Académie*, qui renfermera les deux notes, encore en épreuves aujourd'hui. Vous verrez aussi dans ce *Bulletin* qu'il existe déjà une troisième pièce, et cela menace d'être long [2].

Je désire, à ce propos, vous consulter sur un point. M. Genocchi reproche à la pseudo-sphère de révolution qui a pour méridienne la courbe aux tangentes égales (courbe qu'il appelle *tractoire*), de n'être pas *simplement connexe* [3]. D'abord c'est un détail dans la question, mais ensuite cela ne me parait pas juste. J'ai lu,

1. Serré-Guino est professeur au Lycée impérial de Bordeaux et secrétaire général de la *Société des sciences physiques et naturelles*.

2. Dans le volume XX (1853) des *Bulletins* de l'Académie de Bruxelles, Genocchi publie une note d'analyse. Vingt ans plus tard, De Tilly rédige à son tour une note [DT17] qui « a pour objet principal de compléter, sous divers rapports, celle de Genocchi » [DT17, p. 31] et dans laquelle il souligne quelques inexactitudes commises par le géomètre de Turin. Genocchi, ne « désirant pas rester longtemps sous le coup des critiques » [Gen73a, p. 181], demande alors dans une lettre [Gen73a] adressée au secrétaire perpétuel de l'Académie Quetelet que l'on lui communique la note de De Tilly afin qu'il puisse répondre. Dans la seconde partie de cette lettre, il ajoute quelques « remarques sur la géométrie abstraite ». De Tilly répond alors à cette seconde partie dans son rapport [DT18]. La « troisième pièce du procès » est certainement la nouvelle lettre de Genocchi [Gen73b] dont De Tilly fera le rapport [DT21]. Voir aussi la note 10 de la lettre 2.56 et surtout le paragraphe 1.2.7.

3. Dans sa lettre [Gen73a, p. 185-186], Genocchi discute de la pertinence de la pseudosphère comme contre-exemple à la possibilité de démontrer le postulat des parallèles : « (...) la surface de révolution engendrée par la *tractoire* ou courbe à tangentes égales, n'est pas infinie dans tous les sens, n'est pas simplement connexe. On a dit que cette surface de révolution pouvait être regardé comme le type des surfaces pseudosphériques : c'est comme si l'on disait que la surface d'un cylindre droit est le type des surfaces planes. » [Gen73a, p. 186] (Voir le paragraphe 1.2.7.)

sur ce point, les Chapitres II et III de votre *Théorie des fonctions multiformes*[4] et voici comment j'entends les choses. Soit un cylindre droit limité par deux bases ou sections circulaires. Sa surface convexe est *doublement connexe* parce que, si je coupe suivant une génératrice par exemple, je ne détruis pas la connexité primitive et je transforme la surface donnée en une surface simplement connexe. Mais si, au lieu du cylindre-noyau, je considère une bande de papier d'une hauteur égale à celle du cylindre et d'une longueur indéfinie sans épaisseur, enroulée sans fin sur le cylindre, et si je veux assigner bien entendu, à cette nouvelle surface un certain ordre de connexité (ou de connexion) je dois dire qu'elle est simplement connexe, parce qu'ici la même section faite suivant une génératrice détruit la connexité[5].

Ce que je dis d'un cylindre, je le répéterai d'un cône et d'une pseudo-sphère de révolution.

De là résulte que M. Genocchi, qui s'abstient de préciser, doit s'occuper uniquement du noyau, tandis que je parle, moi, de la surface enroulée. C'est pourquoi nous ne saurions nous entendre, lui et moi, sur ce point spécial[6]. Il est vrai que nous ne nous entendons pas davantage sur d'autres, comme vous le verrez.

Je vous serais reconnaissant de vouloir bien me dire le plus tôt possible si nous sommes d'accord sur ce qui précède.

Recevez, en attendant, monsieur et cher collègue, l'expression de mes sentiments respectueux et dévoués.

Jh De Tilly
marché aux boeufs, 9, Gand.

2.80 Lettre de Hoüel à De Tilly du 19 août 1873

Bordeaux, le 19 août 1873.

Mon cher Monsieur,

Je vous félicite de vous trouver en vacances. J'y suis aussi, depuis hier au soir, ayant terminé mon travail d'examens, travail bien ingrat, vu la faiblesse des candidats au grade de bachelier.

4. Il s'agit des chapitres de la troisième partie de [H41].

5. Dans la troisième partie de [H41], Hoüel introduit d'abord la simple connexité des surfaces comme la propriété « de se transformer en *plan simple* par une déformation continue » [H41, p. 128] Ensuite, il montre que dans le cas des aires planes cette définition entraîne la suivante : « Une aire dont la connexité est détruite lorsqu'on y pratique une section transverse quelconque, est dite *simplement connexe.* » [H41, p. 136]. Ainsi, une coupure partage une aire simplement connexe en deux aires simplement connexes. Lorsqu'une coupure transforme l'aire en une aire simplement connexe, celle-ci est dite *doublement connexe* [H41, p. 137]. Hoüel généralise cette définition en envisageant la notion de *n-connexité* (il donne l'exemple du pantalon comme surface triplement connexe). Il étend enfin la définition de la connexité par les coupures aux surfaces quelconques.

6. Dans son rapport [DT18], De Tilly résume sa position (voir aussi [DT8]) :

> « Ayant construit un corps de révolution, ou un noyau, terminé extérieurement par la surface de révolution définie plus haut, j'imagine qu'une surface flexible soit enroulée indéfiniment sur ce noyau, de manière que toutes ses nappes se superposent, tout en restant distinctes, comme si l'on enroulait une feuille de papier plane et indéfinie sur un cylindre, mais avec cette différence que la feuille de papier enroulée sur le cylindre a été d'abord plane, tandis que la surface pseudo-sphérique est *fabriquée* directement sur son noyau. » [DT18, p. 128]

(Voir le paragraphe 1.2.7.)

Je m'empresse de vous mettre au courant des obligations auxquelles vous astreint votre nouvelle dignité. Elles consisteront simplement à recevoir les publications de la Société, gratis et franco, comme cela a lieu pour les autres membres honoraires. Nous espérons seulement que ce lien établi avec notre Société sera pour vous une nouvelle raison pour nous envoyer vos travaux, que nous serons très heureux de publier dans nos *Mémoires*.

Je suis abasourdi de voir combien deux géomètres aussi distingués que MM. Bellavitis et Genocchi montrent peu de bonne volonté, je dirais presque, d'intelligence dans un pareil débat. Il est faux qu'au point de vue où nous nous plaçons le cylindre et la pseudosphère de révolution soient des surfaces doublement connexes, attendu que nous supposons avant tout qu'on les a fendues par une section tranverse pour pouvoir les développer. D'ailleurs, elles sont considérées comme ayant une infinité de nappes ou de feuilles, et ne sont pas comparables aux surfaces de Riemann [1]. Ce sont là de détestables chicanes, qui annoncent un parti pris de ne rien entendre. Je crois donc que, dans cette discussion, vous devrez vous adresser seulement au public, qui vous donnera raison. Bellavitis et Genocchi sont deux *intransigeants*, dont il n'y a pas lieu d'espérer la conversion. Impossible de leur faire comprendre que la théorie de Gauss n'étudie que les propriétés des surfaces indépendantes de leur déformation [2]. Je ne sais même pas s'ils admettent la possibilité de la déformation d'une surface non-développable [3]. Dans tous les cas, leurs affirmations sont absurdes dans le cas même des surfaces développables. Vous ferez bien d'exposer en détail ce qu'il y a de faux dans leurs idées et de regrettable dans leur obstination à ne vouloir pas comprendre la question.

Je ne trouve de comparable à cette révolte contre l'évidence que la résistance qu'opposèrent jadis les scolastiques aux découvertes de Galilée, de Kepler, de Des-

1. En 1870, à partir de considérations sur les fonctions multiformes, Hoüel définit les surfaces de Riemann comme des plans multiples [H41, p. 110] ce qui l'amènera à développer la notion de n-connexité. Dans une lettre à Genocchi, Hoüel explique que sa connaissance des surfaces de Riemann l'a aidé à comprendre l'exemple de la pseudosphère de Beltrami :

> « Cette considération des surfaces à plusieurs couches, à laquelle on peut être conduit par la déformation des surfaces, a d'ailleurs été employée dans un autre but par Riemann dans ses profondes recherches sur les quantités complexes. J'ai eu l'occasion de résumer les recherches de ce géomètre, et je me suis trouvé ainsi tout préparé à la lecture de celles de M. Beltrami. » [FG91, p. 202]

Hoüel pointe ici sur la différence entre la surface pseudosphérique et les surfaces de Riemann pour insister sur la question de la simple connexité.

2. Hoüel avait lui-même fait part à Genocchi de sa difficulté à comprendre ce point. Voir la note 6 de la lettre 2.3. Dans sa lettre adressée à Genocchi le 1er février 1871, Hoüel présente la théorie de Gauss dans les mêmes termes [FG91, p. 200-201] :

> « Dans la nouvelle théorie des surfaces fondées par Gauss, l'idée fondamentale consiste à étudier l'espace à deux dimensions, en faisant complétement abstraction de ses relations avec l'espace à trois dimensions ; en d'autres termes, à étudier celles des propriétés des surfaces courbes qui subsistent lorsque ces surfaces subissent une déformation quelconque qui n'altère pas les triangles infinitésimaux dont elles se composent. »

3. Dans sa lettre à Quetelet [Gen73a], Genocchi admet cette possibilité mais demande à voir des calculs explicites :

> « On a parlé aussi du *développement* de la surface de révolution que j'ai indiquée [surface pseudosphérique] ; mais il est probable qu'on aura une idée nette de ce développement que quand on aura précisé comment on parviendra à l'exprimer par le calcul. En connaissant le plan, on conçoit très-bien comment on peut l'enrouler sur un cylindre ; mais il serait moins facile, si l'on ne connaissait que les surfaces cylindriques, d'en déduire les surfaces planes. » [Gen73a, p. 186-187]

cartes, qu'ils condamnaient comme contraire au sentiment d'Aristote. Je crains bien que ces messieurs ne meurent dans l'impénitence finale. Ils forment, avec M. Transon [4], un trio de fanatiques *anti-lobatchefskiens*, qui nous poursuivront jusqu'au bout. Je regrette de voir des esprits plus jeunes et plus ouverts, comme M. Catalan, s'associer à de pareils préjugés [5], et condamner *sans examen*, des théories sur lesquelles Gauss a médité toute sa vie. Je vous remercie de l'envoi que vous m'annoncez des pièces du procès. Je les lirai avec l'intérêt qu'inspire un bon plaidoyer d'une bonne cause.

Agréez, mon cher collègue, l'assurance de mes sentiments les plus dévoués.

J. Hoüel

La semaine prochaine, j'aurai pris mes quartiers d'automne à
Thaon, par Creully (Calvados),
où j'espère recevoir prochainement de vos nouvelles.

2.81 Lettre de De Tilly à Hoüel du 31 août 1873

Gand, le 31 août 1873.

Mon cher Monsieur,

J'ai enfin terminé l'étude de la Géométrie de Cassani. Comme vous devez le penser d'après le temps que j'y ai mis, ce n'est pas un véritable compte-rendu que j'en ai fait, mais bien une nouvelle édition, revue, corrigée, mais heureusement diminuée. Malgré cette diminution, j'ai trouvé mon analyse trop longue, et pour compenser la longue attente que je vous ai imposée, je vous offre deux analyses au lieu d'une. La première, très-sommaire, est contenue dans cette lettre [1] ; il me reste à recopier l'autre, qui suivra immédiatement, et qui est une exposition nouvelle des principes de la Géométrie [2]. Je dois vous dire que je trouve l'opinion de Beltrami un peu sévère [3] : il y a dans Cassani du bon et du mauvais ; j'ai tâché d'utiliser et de faire ressortir le bon, et de me passer de ce qui est ou me parait défectueux [4].

Je vous prie de choisir entre les deux analyses ; si vous vous décidiez pour la plus courte, je transformerais l'autre de manière à lui ôter la forme d'un Compte-rendu, et alors je la présenterais, si vous l'en jugiez digne, à la Société de Bordeaux [5].

Aujourd'hui le travail complet pourra vous servir, en quelque sorte, d'*Exposé des motifs* de l'autre. Je vous prierai de vouloir bien l'examiner de près et m'adresser les objections qu'il vous suggérerait.

Je renverrai le livre avec la dernière feuille de mon travail.

Veuillez agréer, monsieur et cher collègue, l'assurance de mes sentiments les plus dévoués.

4. Voir la lettre 2.33.
5. Voir la note 6 de la lettre 2.85.

1. [DT25].
2. Voir le document 2.195.
3. Voir les lettres 2.63 et 2.76.
4. Dans [DT25], De Tilly souligne l'intérêt de la présentation de la géométrie par Cassani qui commence avec l'étude de la sphère. De Tilly cite en particulier la « démonstration simple et ingénieuse de ce théorème, que deux sphères ne peuvent se toucher qu'en des points isolés » [DT23, p. 263]. Il approuve aussi le « mode de génération » de la ligne droite joignant deux points comme « le lieu des points de contact des sphères tangentes entre elles qui ont leur centre en ces deux points ».
5. On ne trouve pas de présentation de l'ouvrage de Cassani par De Tilly dans les *Mémoires de la société des sciences physiques et naturelles de Bordeaux*.

Jh De Tilly
marché aux boeux, 9, Gand.

2.82 Lettre de Hoüel à De Tilly du 2 septembre 1873

Thaon, le 2 septembre 1873.

Mon cher Monsieur,

Je viens de recevoir votre bonne lettre, avec l'excellente Notice que vous y avez jointe sur la *Geometria rigorosa* [1]. Je vous en remercie vivement, ainsi que de l'annonce que vous me faites d'un travail plus étendu, destiné à la Société des Sciences physiques et naturelles. Car, si vous n'y mettez pas obstacle, nous insérerons la Note d'aujourd'hui dans le *Bulletin*, où elle paraîtra plus promptement, à la grande satisfaction du Signor Cassani, et la Société des Sciences physiques et naturelles sera très-heureuse d'avoir à enregistrer un travail élémentaire et complet à la fois sur cette question, qu'elle a été une des premières à soulever, et dont vous lui apporterez le dernier mot au point de vue de la science actuelle. Comme moyen de publicité, je crois que le Recueil de la Société présente des garanties ; il est tiré à autant d'exemplaires au moins que le *Bulletin*. Si donc vous consentez à cet arrangement, je vous prierai de m'envoyer votre travail vers le commencement de novembre au plus tard, à Bordeaux. Si vous l'envoyez avant cette époque, vous voudrez bien me l'adresser pour en accélérer la réception, à Thaon, par Creully, Calvados, où je resterai jusqu'à la fin d'octobre.

J'ai reçu ces jours derniers la Note rectificative de M. Gilbert à propos de la question de la dérivée [2]. Cela fait voir que, de même que dans les Mathématiques appliquées (comprenant la Géométrie), on est forcé d'*admettre* des hypothèses fondées sur l'expérience, de même, dans les Mathématiques pures, pour traiter certaines théories, on est obligé d'imposer des restrictions aux notions trop générales. De chaque restriction imposée naissent des propriétés nouvelles. Sans restrictions, on a des êtres dénués de propriétés. C'est ce que Hegel a exprimé d'une manière très-juste, quoique paradoxale en apparence, en posant, au début de sa philosophie, l'identité de l'être et du non-être [3].

Veuillez agréer, cher monsieur, l'assurance des sentiments les plus affectueux de votre dévoué collègue

J. Hoüel

2.83 Lettre de De Tilly à Hoüel du 5 septembre 1873

Gand, le 5 septembre 1873.

---

1. [DT25].
2. [Gil73b].
3. Hoüel fait allusion à une célèbre citation de la *Science de la logique* de G. W. F. Hegel :

> « Le *néant*, en tant que néant immédiat, égal à soi-même, est de même, inversement, *la même chose* que l'*être*. La vérité de l'être, ainsi que du néant, est par suite l'*unité* des deux ; cette unité est le *devenir*. » (p. 204 de la traduction parue en 1970 chez Vrin)

Une traduction du texte original de Hegel (*Wissenschaft der Logik*, 1812) par Augusto Vera a été publiée en 1859 sous le titre de *Logique*.

Mon cher Monsieur,

Lorsque j'ai reçu hier au soir votre lettre du 2, je venais de jeter à la boîte les huit premières pages du Compte-Rendu détaillé [1]. Veuillez considérer cet envoi comme non avenu, car la combinaison que vous proposez me convient parfaitement [2]. Je transformerai mon travail en conséquence, et je crois qu'il y gagnera. La supression de ce qui se rapporte uniquement à l'ouvrage de M. Cassani me permettra, sans trop allonger, de développer certains autres passages qui, à force de concision, pourraient bien être obscurs.

Je vous enverrai le Mémoire le plus tôt possible [3]. Pour le cas où un doute me viendrait à l'esprit d'ici-là, je conserve encore l'ouvrage de Cassani. Si toutefois vous le désiriez, je le renverrais immédiatement.

J'ai reçu les extraits des procès-verbaux des séances du 21 novembre au 24 juillet. Je vous remercie pour cet envoi. J'ai remarqué que l'on a fait une petite erreur dans l'orthographe de mon nom qui s'écit avec un Grand D.

Veuillez agréer, monsieur et cher collègue, l'assurance de mes sentiments les plus affectueux,

Jh De Tilly

2.84 Lettre de De Tilly à Hoüel du 26 septembre 1873

Bruxelles, le 26 septembre 1873.

Mon cher Monsieur,

Je vous envoie, en même temps que cette lettre, mon Rapport sur le réquisitoire de M. Genocchi contre les pseudo-sphères, etc [1]. M. Genocchi doit avoir reçu maintenant ses tirés-à-part [2] ; s'il tardait trop de vous en donner un, je vous enverrais le *Bulletin* d'août, car il est bon de lire le pour et le contre, mais je pense bien que vous serez de mon avis.

En même temps, je vous envoie un tout petit Mémoire sur la similitude mécanique [3]. Vous vous rappellerez peut-être que, dans ma *Notice sur l'état actuel de la Balistique* [4], j'ai reproduit [†] un seul théorème sur la similitude, dû à M. De St Robert et que, dans ma lettre d'envoi [5], je vous disais qu'il existe deux théorèmes plus généraux, mais que je n'osais pas en parler, les croyant inexacts. Une étude approfondie de la question m'a montré qu'en effet il en est ainsi, et la seule vraie généralisation du théorème de la similitude est, d'après moi, celle que j'ai donnée dans ce petit Mémoire et dont l'énoncé, calqué sur celui de M. De St Robert, commence à la page 7 ligne 1 inf. et finit page 9, après le point [6].

1. Voir la lettre 2.81 et le document 2.195.
2. Voir la lettre 2.82.
3. De Tilly est très optimiste. La rédaction de son mémoire de géométrie [DT54] lui prendra plusieurs années. Il en enverra une version à Hoüel accompagnée de la lettre 2.122 en 1878.

1. [DT18].
2. [Gen73a].
3. Deux systèmes de points matériels en mouvement sont mécaniquement semblables si les systèmes de points sont géométriquement semblables, si les systèmes des vitesses de ces points sont aussi semblables (similitude cinématique), si les masses des points des systèmes sont proportionnelles (similitude matérielle) et si les forces qui s'appliquent sur ces systèmes sont également semblables [DT20, p. 160-161].
4. [DT23].

†. ~~donné~~

5. Il s'agit de la lettre 2.71. Voir aussi la lettre 2.74.
6. [DT20, p. 166-167].

Je regrette que cette généralisation, qui parait assez importante, ne soit pas indiquée dans ma *Notice*, mais je pense qu'il est trop tard maintenant pour y faire des additions [7].

J'espère être au courant, avant la fin de l'année, de tous les Comptes-rendus de publications belges que je vous dois, et aussi, bien entendu, vous avoir envoyé auparavant mon Mémoire de Géométrie [8].

Veuillez agréer, Monsieur et cher collègue, l'assurance de mes sentiments de respect et d'affection.

Jh De Tilly
rue Geefs, 42, Schaerbeek-Bruxelles

2.85 Lettre de Hoüel à De Tilly du 5 octobre 1873

Thaon (par Creully, Calvados), le 5 octobre 1873.

Mon cher Monsieur,

J'ai reçu avec le plus vif plaisir votre excellent rapport sur les aberrations, j'ose le dire, de l'éminent professeur de Turin [1]. Il est vraiment incroyable qu'un esprit aussi clairvoyant d'habitude se refuse avec une telle obstination à prendre la question comme on la lui pose, et à refuser de considérer la théorie des corps flexibles à deux dimensions dans le cas général, aussi bien qu'ils la considèrent dans le cas des surfaces développables. J'ai déjà épuisé avec M. Bellavitis mon arsenal de bonnes raisons pour le faire entrer dans la question [2]. Pas plus que M. Genocchi, il n'a voulu rien entendre, et il continuera jusqu'à épuisement de son encre à foudroyer la géométrie imaginaire dans la *Rivista di Giornali* qu'il fait paraître dans les *Atti del R. Istituto Veneto*. M. Genocchi ne m'a pas encore envoyé sa Note [3] ; mais, comme j'ai aussi discuté la question plus d'une fois avec lui, je connais ses arguments, qui sont identiques avec ceux de son collègue de Padoue. C'est un phénomène qui me stupéfie, que celui de [voir] deux géomètres aussi distingués, dont l'un, M. Bellavitis, a un esprit novateur et une grande imagination [4], s'entêter tous les deux à combattre une idée aussi simple, pour laquelle même M. Genocchi a fourni de bons arguments [5]. Mais je crains bien qu'ils ne meurent tous les deux dans l'impénitence finale. L'essentiel est donc d'éclairer ceux qui sont accessibles à la lumière, et tel sera, je crois, l'effet de votre rapport.

Mais ce n'est pas seulement en France et en Italie qu'il se trouve des récalcitrants. Il fut un temps où M. Catalan malmenait aussi très-durement la Géométrie imaginaire [6]. J'espère apprendre qu'il s'est, depuis, converti, et qu'un esprit aussi net que le sien ne combat plus avec nos adversaires.

7. L'énoncé du théorème est repris à quelques détails près dans [DT23, p. 383].

8. [DT54].

1. [DT18].

2. Aux *Archives de l'Académie des sciences* à Paris sont conservées 45 lettres, 14 cartes et 3 notes de Giusto Bellavitis à Hoüel.

3. [Gen73a].

4. Hoüel a contribué fortement à la réception du calcul des équipollences de Bellavitis en publiant, entre autres, [H46]. Pour plus de détails, on peut consulter [Auv11].

5. Voir le paragraphe 1.2.7.

6. Il semble que Hoüel fasse ici allusion à des conversations personnelles entre Catalan et lui-même. Voir les lettres 2.86 et 2.87.

Il est encore temps de faire toutes les additions que vous voudrez à votre *Note sur la Balistique* [7]. L'impression ne doit pas être commencée, notre imprimeur prenant toujours ses vacances quand je ne suis pas là pour le tourmenter. Envoyez-moi donc une Note additive ; ou, si vous préférez remanier la rédaction, je vous enverrai votre manuscrit aussitôt après mon retour.

J'ai transmis au *Bulletin* votre Note sur Cassani [8]. Avez-vous pris connaissance de la brochure de Frischauf [9], qu'il serait assez convenable de mentionner à la suite ?

Notre Société, en reprenant ses travaux dans six semaines d'ici, sera heureuse de recevoir votre Mémoire de Géométrie. Y aura-t-il des figures ?

Veuillez agréer, Monsieur et cher collègue, l'assurance de mes sentiments affectueux et dévoués.

J. Hoüel

2.86 Lettre de De Tilly à Hoüel du 14 octobre 1873

Bruxelles, le 14 octobre 1873.

Mon cher Monsieur,

J'ai reçu votre bonne lettre du 5, mais de nombreuses occupations m'ont empêché d'y répondre plus tôt. Puisqu'il est temps encore de faire des additions à la Note sur la Balistique [1], et que vous pouvez me renvoyer le mansucrit lors de votre retour à Bordeaux, je vous prierai de vouloir bien le faire. Je vous le retournerai immédiatement, avec la rédaction remaniée, au moins pour certains passages, en y joignant, bien entendu, le texte primitif, qui a été réellement lu en séance.

Je n'ai pas encore pu voir l'ouvrage de Frischauf. Je m'en occuperai bientôt [2].

J'espère que je pourrais rendre mon Mémoire de Géométrie [3] intelligible sans figures, c'est-à-dire que le texte suffira au lecteur pour construire les figures lui-même.

Je ne connais pas, d'une manière bien précise, l'opinion actuelle de M. Catalan sur notre Géométrie philosophique. Je n'ai pas lu non plus les passages dans lesquels il l'aurait « malmenée rudement ». Dans une Note qu'il a écrite en réponse à une attaque de M. Bertrand (Journal des savants) contre Brasseur, il nous appelle « d'inoffensifs et peut-être très-utiles *rêveurs* » [4]. Je pense que ces mots expriment

7. [DT23].
8. [DT25].
9. Voir la note 2 de la lettre 2.63
1. [DT23].
2. Voir la lettre précédente ainsi que la note 2 de la lettre 2.63. De Tilly enverra son compte rendu de ce livre en même temps que la lettre 2.96.
3. [DT54].
4. E. Catalan, Sur un article du *Journal des Savants, Bollettino di bibliografia e di storia delle scienze matematiche e fisiche* IV, 1871, p. 127-134. Cet texte est rédigé en réponse à un article de J. Bertrand sur le nouveau *Bollettino* publié dans le *Journal des Savants*, 1870, p. 593-607. Dans celui-ci, Bertrand reconnaît l'intérêt et la qualité de cette publication mais ne se gêne pas pour faire quelques moqueries, en particulier au sujet de Jean-Baptiste Brasseur et de l'un de ses résultats qu'il nomme « théorème fondamental ». Après avoir affirmé que la notice sur Brasseur publiée dans le journal « semble grandir un peu au delà des limites permises par l'amitié la mieux justifiée, l'importance d'un géomètre digne de grande estime, mais dont l'influence sur la marche de la science n'a jamais été considérable » (p. 604-605), Bertrand écrit :

> « La valeur d'un mémoire est chose impossible à discuter, et je concède volontiers qu'entre

assez bien son opinion. Il ne croit pas que nous ayons commis des erreurs, mais, n'ayant pas suivi la discussion de très-près, il ne voit pas nettement où nous voulons en venir, ni quelle influence nos recherches pourront avoir sur l'enseignement ou sur la rédaction des Traités futurs. À l'époque où j'ai présenté mon premier Mémoire à l'Académie de Bruxelles (Mécanique abstraite, 1868 [5]), il fut l'un des commissaires chargés de l'examiner. Cette besogne l'ennuya beaucoup, mais il finit par adhérer très-aimablement au Rapport favorable qui fut fait sur cet ouvrage [6]. Depuis lors j'ai évité de lui parler de Géométrie abstraite dans les nombreuses conversations que j'ai eues avec lui (je le rencontre tous les mois à peu près) ; mais je me propose, quand mon Mémoire de Géométrie sera imprimé et que je le lui enverrai, de lui demander s'il ne pense pas que le moment est venu, pour les auteurs de Traités élémentaires, de se mettre d'accord avec nous sur les principes fondamentaux, que je résumerai à la fin du Mémoire, sous la forme qu'ils devraient prendre dans de pareils Traités [7].

Veuillez agréer, Monsieur et cher collègue, l'assurance de mes sentiments respectueux et dévoués.

Jh De Tilly

2.87 Lettre de Hoüel à De Tilly du 22 octobre 1873

Thaon, le 22 octobre 1873.

Mon cher monsieur,

> deux juges compétents qui ne s'accordent pas, toutes les présomptions sont en faveur de celui qui admire. Mais il y a ici plus qu'une appréciation *esthétique*. Le théorème fondamental, dont les conséquences si naturellement enchaînées forment, dit-on, un ensemble admirable, est un théorème faux, les usages de la géométrie permettent même de dire une *proposition absurde*. » (p. 606)

Catalan vient au secours des victimes des critiques de Bertrand et commence son article de la manière suivante :

> « Si M. Bertrand avait seulement critiqué la publication entreprise, avec tant de zèle et de libéralité, par M. Balthasar Boncompagni, il n'y aurait rien à dire : il eût été dans son droit de Géomètre-journaliste. Ce droit, il me paraît l'avoir outrepassé : son soi-disant *Compte-rendu* n'est qu'une longue diatribe. Non content de déverser le ridicule sur d'inoffensifs et peut-être très-utiles rêveurs, M. Bertrand fait des plaisanteries, plus ou moins fines, sur quelques éloges décernés à l'auteur d'un beau Mémoire qu'il n'a sans doute pas lu. » (p. 127)

5. [DT6].

6. Les trois rapporteurs du travail [DT6] sont Liagre, Quetelet et Catalan. Seuls les deux premiers rédigent leurs conclusions (*Bulletins* XXVII, 1869, p. 615-620) : « M. E. Catalan, second commissaire, s'étant rallié aussi aux conclusions de M. Liagre, la classe décide, conformément à l'opinion de ses trois rapporteurs, l'impression du travail de M. De Tilly dans le recueil des mémoires in-8°. » (p. 620)

7. Le deuxième chapitre du mémoire de géométrie [DT54] est consacré à l'« exposition de la géométrie dans les traités élémentaires ». De Tilly présente sa démarche :

> « Maintenant que nous avons fait voir comment tous les principes de la géométrie peuvent se déduire des trois axiomes par une marche assez longue et assez compliquée, mais rigoureuse, nous allons indiquer les modifications qu'il faudrait, d'après nous, introduire dans les traités de géométrie élémentaire pour les mettre d'accord avec l'exposition la plus scientifique des principes fondamentaux, tout en conservant la simplicité que doit comporter l'enseignement, surtout au début. » [DT54, p. 76]

C'est probablement aujourd'hui la dernière fois que je vous écris d'ici ; je m'attends à repartir sous peu de jours pour Bordeaux, et l'un de mes premiers soins, en arrivant, sera de vous renvoyer votre manuscrit. Bien que la Note [1] ait été lue en séance, ce n'est pas cela qui doit vous empêcher de faire au texte primitif toutes les modifications que vous jugerez convenables. Notre Société ne pousse nullement la sévérité jusqu'à interdire les améliorations faites au dernier moment.

Si vous trouviez quelqu'embarras dans l'absence de figures pour votre Mémoire de Géométrie, que cela ne vous arrête pas ; nous pourrions sans grands frais faire lithographier une planche [2].

J'ai reçu ces jours derniers le Mémoire de M. Genocchi en forme de lettre à M. Quetelet [3]. Il va sans dire que je repousserai toujours en bloc toutes ses conclusions, tant qu'il ne voudra pas prendre en considération l'idée des surfaces déformables.

Il faut que je vous communique à ce propos un passage d'une lettre de M. Beltrami, du 8 octobre, qui se rapporte à votre travail [4].

« M. De Tilly vient de m'adresser plusieurs brochures, dont une relative aux controverses suscitées par M. Genocchi [5], qu'il résout de la manière la plus naturelle, excepté (à mon avis) lorsqu'il invoque les *pseudo-droites* et les *pseudo-plans* de M. Flye Sainte-Marie [6]. Ne vous semble-t-il pas que les variables *géodésiques-linéaires* [7], dont j'ai fait usage dans les deux Mémoires que vous avez traduits [8], conduisent au but d'une manière beaucoup plus naturelle ? Au restant, la forme adoptée par M. Flye Sainte-Marie pour l'élément linéaire rentre dans celle que j'ai indiquée dans l'équation (21)' de mon 2me Mémoire » [9].

M. Beltrami m'annonce en même temps qu'il va quitter prochainement Bologne, pour aller occuper une chaire à l'Université de Rome, que le Gouvernement italien veut, paraît-il, monter sur un grand pied [10]. Cela me fait craindre que l'Italie ne verse dans la même ornière où a versé la France depuis trois quarts de siècle, et qu'elle ne tue la vie intellectuelle en province, à force de la concentrer dans la capitale. En fait d'instruction publique, l'exemple de la France est, je l'avoue non sans douleur, le plus mauvais que l'on puisse choisir [11].

---

1. [DT23].
2. Voir la note 3 de la lettre 2.123.
3. [Gen73a].
4. Cette lettre du 8 octobre 1873 est transcrite dans son intégralité dans [BGT98, p. 174-176].
5. [DT18].
6. [Fly71].
7. Beltrami dénomme ainsi tout système de coordonnées pour lequel l'équation d'une géodésique s'exprime sous la forme d'un système d'équations linéaires.
8. Ce sont les mémoires [H39] & [H40]. En vérité, Beltrami a écrit : « les deux Mémoires que vous m'avez fait l'honneur de traduire » [BGT98, p. 175].
9. L'équation (21)' de [H40, p. 364] est l'une des formes de la métrique hyperbolique construite sur un faisceau de géodésiques parallèles et le système d'horosphères correspondant. Bien que De Tilly semble de prime abord d'un avis différent de celui de Beltrami (voir la lettre 2.89), il sera finalement d'accord avec l'opinion exprimée par le mathématicen italien (voir la lettre 2.107).
10. En 1873, Beltrami occupe la chaire de mécanique rationnelle à Bologne. Il part de cette ville cette même année pour aller travailler à Rome mais se voit rapidement déçu et souhaite alors quitter la capitale. Après avoir vaincu quelques difficultés rencontrées pour abandonner son nouveau poste, il repart en 1876 pour enseigner la physique mathématique à l'Université de Pavie. Voir les lettres à Hoüel dans [BGT98, p. 174-187].
11. Dans quelques jours, Hoüel écrira à Mittag-Leffler :

> « (...) vous voyez qu'en France l'instruction publique n'est pas mieux organisée qu'en Suède ; je crois même que nous gagnerions beaucoup à importer chez nous les institutions dont vous jouissez, notamment celle des grandes Universités, dont, seuls dans toute l'Europe, nous sommes privés. Vous devez voir que le haut enseignement, à Paris, laisse beaucoup à désirer. Mais que direz-vous quand vous aurez vu la manière dont il fonc-

Je serais bien aise d'apprendre que M. Catalan eût renoncé vis à vis de nos « rêveries » à la position hostile qu'il occupait encore lorsqu'il est venu l'année dernière au congrès de Bordeaux [12]. Nous ne devrions plus maintenant compter d'adversaires que dans la classe des *quadrateurs de cercle* ; il est fâcheux d'avoir à lutter contre des hommes considérables dans la science, comme MM. Genocchi et Bellavitis.

Veuillez agréer, cher Monsieur, l'assurance de mes sentiments affectueux et dévoués.

J. Hoüel

2.88 Lettre de Hoüel à De Tilly du 13 novembre 1873

Bordeaux, le 13 novembre 1873.

Mon cher Monsieur,

Je puis enfin vous envoyer votre manuscrit [1] ; mais ce n'est pas sans peine que j'y suis parvenu. Je suis arrivé à Bordeaux le 1er novembre. Dès le 3, je suis allé à l'imprimerie pour demander votre Mémoire. On avait commencé à l'imprimer et l'impression était presque terminée. On m'a dit alors d'attendre quelques jours pour vous envoyer en même temps les épreuves, sur lesquelles il vous serait plus facile de relire votre travail. J'ai attendu de jour en jour, demandant toujours que l'on se hatât. C'est ce soir seulement que je viens de recevoir le paquet, que je mettrai demain matin à la poste. Quoique l'ancien texte soit déjà imprimé, vous n'en pourrez pas moins ajouter, changer, retrancher comme vous le jugerez convenable. Vous pouvez user du droit de remaniement avec la plus entière liberté.

Je ne me souviens plus si vous avez le dessein de faire un article sur l'opuscule de Frischauf pour le *Bulletin*. Nous serions heureux de pouvoir encourager tous ceux qui travaillent à la destruction des antiques préjugés [2].

Vous savez sans doute que les papiers de J. Bolyai ont été transportés à Pest, pour être mis en ordre par les soins de l'Académie Hongroise. C'est M. König qui est chargé de la publication de ce qui sera susceptible d'être imprimé. Il paraît que l'on a trouvé un travail, achevé ou à peu près, sur la géométrie de l'Espace [3]. M. König prend largement son temps dans cette besogne. Il est vrai que, à en juger par quelques échantillons des papiers de Bolyai, que M. Schmidt m'a communiqués, la besogne de débrouiller ces feuilles ne doit pas être commode. J. Bolyai avait une très-belle écriture ; mais il ajoutait des notes, des notes de notes, et ainsi de suite ;

tionne en province ?
Malheureusement il en sera toujours ainsi tant que nous serons gouvernés par des hommes indifférents pour la science ou même animés contre elle de sentiments hostiles. »
(Lettre de Hoüel à Mittag-Leffler du 24 novembre 1873, IML)

12. Hoüel fait allusion au congrès fondateur de l'Association française pour l'Avancement des Sciences qui s'est tenu à Bordeaux en 1872. Pour plus de détails sur les premières années de cette association, on peut consulter [Gis02].

1. Afin d'effectuer quelques corrections, Hoüel a proposé à De Tilly de lui renvoyer le manuscrit de ce qui deviendra [DT23] dans la lettre 2.85.

2. Voir la note 2 de la lettre 2.63. De Tilly a promis de s'occuper de cette brochure dans les lettres 2.64 et 2.86.

3. Il s'agit probablement de son travail inachevé *Raumlehre*. Voir P. Stäckel, Johann Bolyais Raumlehre, *Mathematische und naturwissenschaftliche Berichte aus Ungarn* XIX (1901), 1904, p. 1-12.

il employait des notations et des abréviations connues de lui seul. J'ai copié, par curiosité, un travail sur la décomposition des fonctions rationnelles en fractions simples [4] ; mais je n'ose me flatter d'y avoir compris grand'chose.

Veuillez agréer, cher Monsieur, l'assurance de mes sentiments les plus dévoués.

Votre affectionné collègue,

J. Hoüel

Je vous adresse un Mémoire [5] d'un géomètre d'Uppsala, M. Dillner [6], qui m'en a envoyé plusieurs exemplaires à distribuer. Il serait bien aise de connaître votre jugement de son travail.

2.89 Lettre de De Tilly à Hoüel du 16 novembre 1873

Bruxelles, le 16 novembre 1873.

Mon cher Monsieur,

Je m'empresse de vous accuser réception de votre lettre et des envois qui l'accompagnent, avec mille remerciements.

Il me sera en effet plus facile de relire ma Note de Balistique [1] et de faire les corrections sur l'épreuve imprimée que sur le manuscrit. Je renverrai le tout aussitôt que possible.

Je ferai volontiers un article pour le *Bulletin* sur l'opuscule de Frischauf. Je l'enverrai en même temps que mon Mémoire *de Géométrie* [2].

Je vous suis très-reconnaissant de l'envoi du Mémoire de M. Dillner, qui me paraît d'une grande importance ainsi que votre *Théorie des quantités complexes* [3]. J'ai la conviction que ces théories sont destinées à faire faire des progrès immenses à l'Analyse. Malheureusement, elles sont encore bien peu cultivées même par beaucoup de professeurs qui font de l'Analyse leur spécialité, et quant à moi, dont les études sont principalement dirigées vers la Mécanique et les applications, je suis fort arriéré dans les questions de quantités complexes mais j'apprécie cependant l'utilité et le mérite des beaux travaux que vous m'avez envoyés sur ce sujet.

---

4. Bolyai s'est en effet intéressé à ce sujet comme en témoigne ses notes manuscrites. Voir E. Kiss, *Mathematical gems from the Bolyai chests : János Bolyai's discoveries in number theory and algebra as recently deciphered from his manuscripts*, Akadémiai Kiadó, Budapest, 2009, p. 63.

5. Il s'agit certainement de G. Dillner, Traité de calcul géométrique supérieur, *Nova Acta Regiæ societatis scientiarum Upsaliensis* VIII (3), 1873. Hoüel envoie ce même travail à Beltrami qui lui répondra :

> « (...) je n'ai pas pu voir, avant ces jours, le travail de M. Dillner, dont vous m'annonciez l'envoi. Je vais l'emporter avec moi (...) [et] je vous prie de remercier vivement l'Auteur, si vous lui écrivez, et de lui dire de ma part que je compte de l'étudier bientôt avec beaucoup d'intérêt et de profit. Au reste le nom de M. Dillner est déjà assez avantageusement connu pour que tout le monde ait à regretter, sans besoin d'autres preuves, qu'il n'occupe pas une position digne de son talent. » [BGT98, p. 176-177]

6. Le Suédois Göran Dillner (1832-1906) a initié la publication de la revue *Matematisk Tidskrift* et a fondé un lycée à Uppsala. Il a également participé à une réforme des curricula universitaires en Suède. Pour plus d'informations, voir L. Gårding, *Mathematics and Mathematicians, Mathematics in Sweden before 1950*, History of Mathematics 13, American Mathematical Society and London Mathematical Society, 1998.

1. [DT23].
2. [DT54].
3. [H41].

Je vous dois encore un mot de réponse à votre bonne lettre du 22 octobre. J'ai entendu dire[4] que M. Genocchi a adressé des remerciements à M. Quetelet pour l'accueil fait par notre Académie à son Mémoire et qu'il ne se plaint pas trop du Rapport peu laudatif cependant (il ne concluait à l'impression, comme vous l'avez vu, que pour éviter l'accusation de mettre la lumière sous le boisseau[5]).

Cela me fait espérer qu'à la suite du Rapport sur sa seconde lettre[6], que vous recevrez dans quelques jours et qui est plus favorable que le premier (mais il ne s'agit pas de la même question), M. Genocchi sera encore plus satisfait, de sorte que notre polémique pourrait s'arrêter là, ce qui me serait fort agréable. J'ai vu avec plaisir que M. Beltrami approuve la première partie de ma réponse à M. Genocchi, mais je ne saurais admettre complétement ce qu'il dit de la seconde partie.

Que la forme de l'élément linéaire donnée par M. Flye-Sainte-Marie coïncide avec l'équation (21)' de M. Beltrami, c'est incontestable[7].

Que la preuve de l'impossibilité de démontrer le postulatum d'Euclide soit déjà contenue *implicitement* dans les deux Mémoires de M. Beltrami[8] et même dans des travaux antérieurs aux siens, je l'accorde aussi.

Mais d'abord je doute que la méthode de M. Beltrami puisse être appelée *plus simple et plus naturelle*, même en la réduisant au strict nécessaire. En admettant toutefois qu'elle remplacerait avantageusement celle de M. Flye-Sainte-Marie, il resterait, pour faire la preuve *explicite* et complète de l'impossibilité en question, à donner une interprétation réelle des résultats dans la Géométrie ordinaire, et à faire voir que dans cette représentation réelle, la proposition qui correspondrait au postulatum est fausse. C'est ce que vous avez fait pour les deux dimensions[9], en suivant les indications de M. Beltrami lui-même (premier Mémoire).

Mais pour les trois dimensions, ce géomètre dit : (second mémoire, p. 26) « Il faut seulement observer que, tandis que les conceptions de la planimétrie reçoivent une interprétation vraie et propre, puisqu'elles sont *constructibles* sur une surface *réelle*, celles, au contraire, qui embrassent trois dimensions ne sont susceptibles que d'une représentation analytique puisque l'espace dans lequel une telle représentation pourrait se réaliser est différent de celui auquel on applique généralement le nom d'espace. »[10]

---

4. Sur ce point, voir aussi le début de la lettre 2.92.
5. Dans son rapport, De Tilly écrit :

> « Le Mémoire de l'auteur renferme encore d'autres observations intéressantes, mais elles ne touchent que très-indirectement aux deux grandes questions que j'ai spécialement traitées et sur lesquelles, comme on l'a vu plus haut, je ne puis faire aucune concession à mon éminent contradicteur.
> Sous le bénéfice des explications et des réserves qui précèdent, j'ai l'honneur de proposer à la classe l'insertion de la lettre de M. Genocchi dans les *Bulletins*. » [DT18, p. 139]

6. [DT21].
7. Voir la note 9 de la lettre 2.87.
8. [H39] & [H40].
9. [H49a] & [H49b].
10. [H40, p. 372]. Beltrami a certainement changé sa manière de voir à cette date, mais n'a pas publié ses idées. Il écrivait déjà à Hoüel le 11 juillet 1871 :

> « (...) la surface pseudosphérique peut être, comme je l'ai démontré, représentée complètement sur la surface finie d'un cercle ordinaire, *point* par *point*. Je vais plus loin, et je crois qu'en s'aidant de la possibilité de représenter de même l'espace pseudosphérique dans l'intérieur d'une sphère finie ordinaire, il sera possible de démontrer l'impossibilité d'établir le postulat *a priori*, soit par une construction plane soit même par une construction à trois dimensions. Songez y » [BGT98, p. 158].

Or, cette représentation géométrique réelle † que l'illustre géomètre italien considère comme impossible, elle est faite dans ma méthode des pseudo-distances et des pseudos-droites, moyennant un système convenable de *déformation* des lignes, lorsque celles-ci se meuvent, mais sans être obligé de considérer un autre espace que celui de la Géométrie ordinaire.

La seule chose admissible, c'est donc que j'aurais pu prendre la forme de mes équations dans Beltrami, au lieu de les prendre dans Flye-Sainte-Marie, pour les interpréter ensuite de la même manière, mais ce qui prouve que cela n'était ni plus simple, ni plus naturel, c'est que j'avais déjà échoué avec le premier lorsque j'ai réussi avec le second. Il est vrai que je n'ai jamais pu faire de cette question une étude assidue, mais il en était de même pour les deux méthodes. Et combien n'y a-t-il de géomètres qui seront dans le même cas, qui pourront lire mon explication, la comprendre à première vue et se convertir à nos idées qu'ils n'auront jamais le temps ou l'occasion d'étudier les profondes recherches de Beltrami ? J'ai déjà remarqué avec plaisir une semblable conversion chez un professeur de Physique expérimentale, qui ne cultive des mathématiques que leurs parties les plus élémentaires et pour qui les Mémoires de Beltrami eussent été lettres closes. J'en conclus que je n'ai pas fait un travail inutile.

Mais je répète qu'*au fond* tout peut être *implicitement* compris dans ces Mémoires. Je n'oserais le contester. Ceci me rappelle un fait plus ou moins analogue.

Toute la théorie des fonctions continues sans dérivée se †† trouve comprise, je n'en doute pas, dans les Mémoires de Riemann [11], mais ces Mémoires sont assez longs et le ‡ fait spécial que l'on y cherche se trouve noyé dans beaucoup d'autres auxquels souvent on n'a pas le temps de s'arrêter.

C'est pourquoi M. Schwarz a fait selon moi une chose fort utile en publiant dans les *Archives des sciences* de la Bibliothèque universelle pour septembre dernier un *Nouvel exemple d'une fonction continue qui n'admet pas de dérivée* [12]. Je suppose que vous en avez reçu un exemplaire.

En tous les cas, voici la fonction. Soit $E(x)$ le plus grand entier contenu dans x. Soit

$$\varphi(x) = E(x) + \sqrt{x - E(x)} \quad \text{et} \quad f(x) = \sum_{n-0}^{n=\infty} \frac{\varphi(2^n x)}{2^{2n}}.$$

La fonction f est finie, continue, toujours croissante, et n'admet pas de dérivée. La démonstration ne prend que deux ou trois pages [13].

Veuillez agréer, Monsieur et cher collègue, l'expression de mes sentiments affectueux et tout dévoués.

Jh De Tilly

†. ~~qu'il cos~~

††. ~~con~~

11. De Tilly pense certainement au mémoire de Riemann [Rie67] dont Hoüel et Darboux ont fait la traduction [HD73].

‡. ~~point~~

12. [Sch73a]. Voir le paragraphe 1.3.4.

13. Dans sa communication [Sch73a], Schwarz montre que la fonction f est continue et, comme l'on dit aujourd'hui, qu'il existe un ensemble dénombrable dense de points formé par les $x' = \frac{m'}{2^m}$ pour lesquels la dérivée f' n'existe pas : « Quelque petit que soit un intervalle $x_0 \dots X$, il se trouvera un nombre infini de valeur x' comprises entre ces limites, pour lesquelles le quotient $\frac{f(x'+h)-f(x')}{h}$ dépassera un nombre g pris aussi grand qu'on le voudra, h partant d'une grandeur positive pour se rapprocher de plus en plus de zéro. »

2.90 Lettre de De Tilly à Hoüel du 28 novembre 1873

Bruxelles, le 28 novembre 1873.

Mon cher Monsieur,

Je vous dois bien des excuses pour avoir conservé si longtemps l'épreuve que vous avez eu la bonté de m'envoyer. Mais vous me pardonneriez si vous aviez vu les embarras et les contrariétés qui m'ont assiégé et dont je ne suis pas complétement délivré encore. Enfin[†] j'en vois le terme, et l'épreuve vous sera expédiée demain ou *tout au plus tard* après-demain[1].

J'ai profité assez largement dans quelques passages, comme vous le verrez, de la permission que vous m'avez accordée[††] de modifier, de transposer et surtout d'ajouter[2].

Je vous remercie des peines que vous voulez bien vous donner et je vous prie, Monsieur et cher collègue, d'agréer la nouvelle assurance de mes sentiments respectueux et dévoués.

Jh De Tilly

2.91 Lettre de Hoüel à De Tilly du 9 décembre 1873

Bordeaux, le 9 décembre 1873.

Mon cher monsieur,

J'ai reçu votre paquet d'épreuves et je l'ai porté immédiatement à l'imprimerie, où l'on s'occupe en ce moment d'exécuter vos corrections. Vous avez très bien fait d'apporter à votre travail[1] toutes les modifications que vous avez jugées nécessaires, et qui ne feront qu'en augmenter l'intérêt.

J'ai reçu dernièrement deux lettres du terrible M. Genocchi, qui n'a pas été, je vous l'assure, satisfait le moins du monde de votre Rapport[2]. Il ne comprend pas qu'on « ne comprenne pas qu'une surface de révolution n'est pas infinie dans le sens perpendiculaire à l'axe, la section étant un cercle. » Mais lui ne veut pas comprendre que sur un cercle on puisse enrouler un fil infini[3]. Il ne veut pas croire, dit-il, que (malgré mes affirmations les plus catégoriques) je suis l'allié de pareilles doctrines. « Mais, ajoute-t-il, je ne suis pas épouvanté non plus de vos théories sur l'enroulement et le déroulement des corps à deux dimensions (s'agit-il du *ver rongeur* de M. Sylvester ?)[4]*. Tout cela est fort bien dit ; mais il ne s'ensuit pas le

†. ~~Mais~~

1. Rappelons qu'il s'agit de l'épreuve de [DT23].

††. ~~donnée~~

2. Voir les lettres 2.87 et 2.88.

1. [DT23].

2. [DT18].

3. Pour convaincre Genocchi, Hoüel a probablement utilisé l'analogie mettant en scène la définition des angles et des fonctions trigonométriques. Il a eu l'occasion d'expliquer à ses élèves : « Deux angles différant entre eux d'un nombre entier de *tours*, parcourus soit dans le sens direct, soit dans le sens rétrograde, sont déterminés par le même point du cercle. Il suffit donc (...) de savoir déterminer [la valeur de la fonction pour] tous les angles compris entre zéro et quatre angles droits. » [H66, p. 199]

4. En août 1869, Sylvester préside la rencontre de la *Mathematical and Physical Section* de la *British Association for the Advancement of Science* qui a lieu à Exeter. Il choisit, comme thème du discours d'ouverture qu'il doit lire, les attaques du biologiste Thomas Henry Huxley (1825-1895) au sujet de la nature de la recherche en mathématiques. Sylvester rapporte que selon Huxley, « [the] mathematical

moins du monde qu'il doive exister une surface à courbure constante négative dont les géodésiques n'ont jamais deux points communs. La vraie difficulté est là, et il ne faut pas la dissimuler, si l'on veut discuter de bonne foi. Une démonstration en règle est indispensable, une démonstration qui soit moins imparfaite que certaines tentatives de démonstration du postulatum : sans quoi on n'aura rien fait, et au lieu d'empêcher de nouvelles tentatives, on les encourage par le mauvais exemple. »[5]

Pour ma part, je ne vois pas de plus mauvais exemple que celui que donne M. Genocchi. Il sait parfaitement que *toutes* les démonstrations du postulatum sont fausses. Le simple bon sens indique qu'une question aussi simple, qui a résisté aux efforts soutenus des plus habiles géomètres, doit être insoluble[6]. Gauss et les autres n'ont nullement prétendu que la somme des angles d'un triangle différât de 2 droits. Ils ont dit seulement que cette égalité était une vérité *indépendante* des autres principes admis, et ils l'ont *démontré aussi rigoureusement que possible*, en faisant voir que, si l'on fait abstraction de ce principe, on n'en peut pas moins construire une géométrie parfaitement logique et absolument complète, que l'on peut pousser jusqu'à ses extrêmes conséquences sans rencontrer aucune contradiction. Cela conduit, il est vrai, à des conséquences qui choquent le bon sens, l'évidence, l'expérience, pour parler plus juste. Eh ! que disons-nous autre chose ? Le postulatum est prouvé par le bon sens ou plutôt par l'expérience. Est-il croyable, je vous le demande, qu'une recherche aussi simple, aussi naturelle ait pu faire ainsi jeter les hauts cris aux géométres ultra-conservateurs ? Il faut pourtant bien le croire, puisque nous le voyons. Mais on en rira bien dans quelques années, comme on hausse aujourd'hui les épaules quand on lit les objections des Cartésiens du siècle dernier contre *le système de M. le chevalier Newton*[7].

---

training is almost purely deductive » et que celui-ci pense : « Mathematics is that study which knows nothing of observation, nothing of experiment, nothing of induction, nothing of causation » [Syl08, p. 653-654]. Sylvester n'est pas de cet avis et donne des exemples. En particulier, il écrit [Syl08, p. 654-655] :

> « Lagrange (...) has expressed emphatically his belief in the importance to the mathematician of the faculty of observation ; Gauss has called mathematics a science of the eye (...) ; (...) Riemann has written a thesis to show that the basis of our conception of space is purely empirical, and our knowledge of its laws the result of observation, that other kinds of space might be conceived to exist subject to laws different from those wich govern the actual space in which we are immersed (...). Like his master Gauss, Riemann refuses to accept Kant's doctrine of space and time being forms of intuition, and regards them as possessed of physical and objective reality. I may mention that (...) [Gauss] used to say that he had laid aside several questions which he had treated analytically, and hoped to apply to them geometrical methods in a future state of existence, when his conceptions of space should have become amplified and extended ; for as we can conceive beings (like infinitely attenuated bookworms in an infinitely thin sheet of paper) which possess only the notion of space of two dimensions, so we may imagine beings capable of realising space of four or a greater number of dimensions. »

La référence à Kant va être la cause d'une vive polémique qui prendra place dans les pages de la revue *Nature* (voir [Syl08, p. 714-731]).

5. Dans son article *Essai d'interprétation de la géométrie non euclidienne* [H39], Beltrami paramétrise les surfaces pseudosphériques de sorte que les géodésiques soient représentées par des droites à l'intérieur d'un disque euclidien (modèle de Beltrami-Klein). Il en déduit que « deux point réels de la surface *choisis d'une manière quelconque*, déterminent *toujours une ligne géodésique unique*, qui est représenté sur le plan auxiliaire par la corde passant par leurs points correspondants » [H39, p. 259]. Genocchi n'est pas entièrement convaincu par cette démonstration car il ne souhaite considérer que des surfaces données sous la forme d'une équation. Par exemple, il écrivait à Betti le 4 février 1871 [BGT98, p. 241] : « Et notez que $c = f(x, y, z)$ doit représenter une surface à courbure constante négative, que les surfaces déjà connues de cette classe ne sont pas nombreuses (...). »

6. Cette idée sert déjà d'introduction à [H49a].

7. Sur ce point, voir par exemple R. TATON (dir.), *Histoire générale des sciences, tome II : La science*

Je viens encore de lire avec dégoût, j'ose le dire, un article d'un géomètre métaphysicien, Becker, sur la brochure de Frischauf, publié dans le *Zeitschrift* de Schlömilch [8]. Il s'agit bien ici vraiment de Kant et de toutes les opinions qu'il a professées tour à tour sur la réalité de l'espace [9] ! Ce ne sont pas toutes ces balivernes là qui établiront que Gauss n'avait pas de bon sens et que les métaphysiciens en ont. Aussi vous prierai-je de lire cet article avant de terminer votre article sur le même ouvrage, et de ne pas manquer l'occasion de traiter comme il faut tous ces charlatans qui prétendent créer des idées en embrouillant des paroles, c'est-à-dire faire quelque chose avec rien.

La vraie philosophie scientifique a fait, le 29 août dernier, une bien grande perte dans la personne de Hermann Hankel, mort à 34 ans [10], plus jeune que Riemann [11], dont il n'avait peut-être pas le génie, mais dont il aurait été le digne interprète et le continuateur. C'était en outre, malgré sa jeunesse, un vrai érudit. Il laisse, en manuscrit, une Histoire des Mathématiques qu'il n'a pas pu achever, mais dont la partie qu'il a terminée, et qui comprend l'antiquité et le moyen-âge, va paraître à

---

moderne (de 1450 à 1800), Presses universitaires de France, Paris, 1958.

8. J. C. BECKER, *Literaturzeitung der Zeitschrift für Mathematik und Physik* 18, 1873, p. 69-71. Oskar Schlömilch (1823-1901) a fondé ce journal en 1856.
Becker commence son compte rendu en reproduisant un passage de la préface de Frischauf. Ensuite, le ton adopté est d'emblée moqueur :

> « Jeder, der sich für diesen Gegenstand interessirt und nur einigermassen mit den Elementen der Mathematik vertraut ist, sich auf die leichteste Art eine vollkommene Uebersicht über die "Wissenschaft" erwerben kann, aus deren blosser Existenz die Unbeweisbarkeit des elften Axiome hervorgehen soll. » (p. 70)

Becker souhaite présenter les considérations qui lui sont venues à la lecture du livre et estime qu'elles mettent en lumière les confusions qui ont égaré les non euclidiens :

> « Was wir hier noch vorbringen wollen, sind einige Bedenken, die uns beim Lesen dieser Schrift gekommen sind und die uns immer mehr das ganze hier Vorgeführte wissenschaftliche Gebäude als eine jener sonderbaren Verirrungen erscheinen lässt, denen der menschliche Geist so leicht anheimfällt, wenn ihn die immer weiter gehende Abstraction allzusehr von der Quelle aller Erkenntniss, der unmittelbaren Anschauung, entfernt. » (p. 70)

Il explique qu'au lieu de faire des recherches plus approfondies sur l'axiome XI, les non euclidiens l'ont nié :

> « Statt dann das Axiom (...) näher zu untersuchen, stellt sie sich die Frage : Wie wäre es, wenn die Winkelsumme eines Dreiecks weniger als zwei Rechte betrüge ? Als Antwort erhält man dann eine Reihe von Ergebnissen, die Jeder, der ihnen mit der Anschauung folgen will, in die Worte zusammenfassen wird : "Ja, dann wären halt die geraden Linien eigentlich krumm !" » (p. 70)

Il ne doute pas de la véracité de cet axiome et semble convaincu qu'une preuve est toujours possible. D'une certaine manière, en abandonnant les tentatives, les non euclidiens ont choisi la facilité :

> « Die blosse Existenz der sogenannten absoluten Geometrie erscheint uns darum als ein *sehr schwacher Beweisgrund* für die Unbeweisbarkeit des Parallelenaxioms. » (p. 71)

Il termine en écrivant :

> « In der That erscheint doch der Versuch, Etwas zu beweisen, nicht als ein Ausdruck für den Zweifel an der Richtigkeit. Hat man den, so sucht man zu widerlegen, wie Lobatschewsky, und nicht zu beweisen, wie Legendre. » (p. 71)

9. Le nom de Kant n'est pas cité dans le compte rendu de Becker. L'allusion au philosophe provient de la lecture du livre de Becker cité dans la note 8 de la lettre 2.57. En outre, De Tilly ne mentionne pas Becker dans son compte rendu [DT30], ni aucunes des critiques des géomètres non euclidiens.

10. Hermann Hankel est né le 14 février 1839 à Halle et est décédé le 29 août 1873 à Schramberg. Pour plus de précisions, on peut consulter la nécrologie de W. von Zahn (*Mathematische Annalen*, 7 (1874), 583-590).

11. B. Riemann est décédé à l'âge de quarante ans.

Leipzig [12]. Il a pu quelques fois commettre des fautes de calcul; mais cela n'empêche pas son Mémoire sur les fonctions oscillantes [13] de contenir des vues générales aussi justes que profondes, et qui font de ce travail une oeuvre capitale au point de vue de la philosophie mathématique.

M. Schwarz a bien voulu m'envoyer son travail [14], où il touche aussi à une question sur laquelle M. Gilbert ne s'est pas trouvé de mon avis [15], la démonstration de l'égalité

$$\frac{\partial \frac{\partial f(x,y)}{\partial x}}{\partial y} = \frac{\partial \frac{\partial f(x,y)}{\partial y}}{\partial x}.$$

M. Schwarz ne trouve pas non plus ma démonstration (ou plutôt celle de Duhamel) satisfaisante [16]. Mais celle qu'il lui substitue, ainsi que celle de Serret (que M. Schwarz avait d'abord attaquée, mais dont il a, depuis, reconnu l'exactitude dans un article rectificatif [17]), sont tellement longues et compliquées qu'il y a là de quoi effrayer les commençants, et que je préfère introduire une hypothèse de plus (hypothèse vraie pour toutes les fonctions analytiques usuelles) plutôt que de renoncer

12. H. HANKEL, *Zur Geschichte der Mathematik in Alterthum und Mittelalter*, Teubner, Leipzig, 1874. Voir les lettres 3.5 et 3.23 de Hoüel à Darboux.

13. [Han70].

14. Le texte de son travail en français [Sch73b] publié dans les *Archives des sciences physiques et naturelles* est différent de la version en allemand [Sch90, II, p. 275-284] publiée à l'époque dans les *Verhandlungen der Schweizerischen Naturforschenden Gesellschaft*, 1873, p. 259-270.

15. Voir la note 7 de la lettre 2.55.

16. Schwarz qualifie les arguments repris dans [H55, I, p. 83-84] de « mode de raisonnement insuffisant » [Sch73b, p. 39].

17. Dans le texte en français [Sch73b, p. 39], Schwarz écrit que « cette démonstration inexacte se retrouve d'ailleurs ainsi (...) dans le cours [de calcul] différentiel et intégral de M. Serret (tome I; Paris, 1868 [p. 76-78]), dans lequel cette démonstration est attribuée à M. Ossian Bonnet (...). ». Il est plus nuancé dans la version allemande de sa note :

> « Der vorstehende Beweis hat eine gewisse Analogie mit demjenigen Beweise, den Herr Serret in seinem Cours de calcul différentiel et intégral für den in Rede stehenden Satz gegeben hat, und dessen Autorschaft derselbe Herrn Ossian Bonnet zuschreibt. Entgegen der Formulirung des bezüglichen Satzes in dem Lehrbuche des Herrn Serret scheint mir jedoch die Voraussetzung der Stetigkeit der beiden partiellen Ableitungen zweiter Ordnung, deren Gleichheit bewiesen werden soll, für die Gültigkeit dieses Beweises nicht entbehrt werden zu können, da eine bei dem erwähnten Beweise angewendete Schlussfolgerung die Stetigkeit dieser beiden Ableitungen implicite zur Voraussetzung hat. » [Sch90, p. 280]

Le 26 octobre 1873, il écrit une lettre adressée aux rédacteurs des *Archives des sciences physiques et naturelles* où il reconnaît son erreur :

> « J'ai l'honneur de vous communiquer que, par suite d'une erreur que je ne saurais assez regretter, il s'est glissé dans ma deuxième communication, publiée dans (...) votre estimable journal, une assertion incorrecte : la démonstration de M. Serret a été placée à tort sur la même ligne qu'une autre démonstration, contre laquelle M. Lindelöf a élevé des objections bien fondées.
> Depuis lors j'ai reconnu, à la suite d'un examen plus scrupuleux, que la démonstration de M. Serret, attribuée par lui à M. Ossian Bonnet, est rigoureusement exacte : elle n'est pas en désaccord, comme il m'avait paru antérieurement, avec l'exemple que j'ai donné dans une remarque jointe à ma communication, puisque cette démonstration suppose implicitement, dans sa conclusion finale, la continuité des dérivées de second ordre en question.
> Je viens donc, spontanément et de mon propre gré, vous prier de bien vouloir me donner l'occasion de réparer, dans votre estimable publication, une erreur dont je reconnais aujourd'hui avoir été victime et que je regrette sincèrement.
> Le reste de ma communication ne demande pas de modifications. »
> (*Archives des sciences physiques et naturelles*, XLVIII, p. 242)

à un raisonnement aussi simple et aussi naturel [18].

Veuillez agréer, cher monsieur, l'assurance des sentiments dévoués de votre affectionné collègue.

J. Hoüel

Quand pourrez-vous nous envoyer l'article Frischauf ?

* Je ne suis pas au courant de la signification de cette parenthèse.

2.92 Lettre de De Tilly à Hoüel du 11 décembre 1873

Gand, le 11 décembre 1873.

Mon cher Monsieur,

J'ai reçu votre bonne lettre d'avant-hier. J'apprends avec regret que M. Genocchi n'est pas satisfait de mon Rapport [1] ; j'avais entendu dire qu'il avait adressé une lettre de remerciements à M. Quetelet, et qu'il ne s'y plaignait pas du rapporteur. C'était, sans doute, une simple politique de sa part ; j'espère qu'il sera plus satisfait de l'autre Rapport [2], que vous recevrez sous peu, sur le développement de la fonction Γ et cependant je commence à en douter puisque, tout en reconnaissant qu'on trouve, dans trois des Mémoires de M. Genocchi sur ce sujet [3], tous les éléments d'une solution complète de la question qu'il s'était posée, j'ajoute (en termes mitigés) que ces trois Mémoires forment un vrai gâchis et je me permets d'indiquer l'ordre dans lequel il faudrait, selon moi, les refondre en un seul. D'ailleurs, M. Genocchi est aussi fort en Analyse qu'il est faible en Géométrie abstraite ; il me répondra peut-être sur la question des intégrales eulériennes et je suis tout disposé à continuer cette discussion, mais non pas l'autre : sur les questions de géométrie, je désire que M. Genocchi se pourvoie en appel ailleurs, s'il se croit mal apprécié par moi et par l'Académie qui a voté l'impression de mon Rapport.

Vous avez bien raison de traiter de *balivernes* tout ce qu'écrivent les métaphysiciens sur les questions mathématiques. Nous avons aussi en Belgique un métaphysicien ou un logicien, M. Delbœuf, professeur (et bon professeur, dit-on, mais de tout autre chose que de mathématiques), dans une de nos universités [4]. Il a publié

18. Voir la lettre 3.49 de Hoüel à Darboux et en particulier sa note 10.

1. [DT18].

2. [DT21].

3. A. Genocchi, Démonstration élémentaire d'une formule logarithmique de M. Binet, *Bulletins* XX, part. 2, 1853, p. 392-397 ; Sur quelques particularités de formules d'analyse mathématique, *Bulletins* XXI, 1854, p. 84-95 ; Sur quelques développements de la fonction $\log \Gamma(x)$, *Bulletins* XXXVI, 1873, p. 546-569.

4. Depuis 1868, Joseph Delbœuf (1831-1896) est professeur de philosophie à l'Université de Liège. Delbœuf s'est intéressé assez tôt aux mathématiques puisqu'il soutient, outre un doctorat en philosophie, un doctorat en mathématiques [Gil05, p. 49] :

> « (...) Delbœuf subit en 1855, avec la plus grande distinction, l'examen de docteur en philosophie, tout à la fois sur les matières philosophiques et les matières philologiques. En 1858, il subit avec distinction, l'examen de docteur en sciences physiques et mathématiques.
>
> La bourse de voyage à laquelle il avait droit lui permit de se rendre à l'Université de Bonn, où il s'attacha particulièrement à Ueberweg, avec lequel il discuta longuement les fondements philosophiques de la géométrie ; il étudia à fond Euclide, et amassa dans ses entretiens avec le savant allemand les matériaux de ses *Prolégomènes* (...). »

des « Prolégomènes philosophiques de la Géométrie et solution des postulats » et plus tard un « Essai de logique scientifique »[5].

Je puis vous conseiller la lecture du premier de ces ouvrages parce que, si elle n'est pas instructive, elle est du moins amusante. D'ailleurs, à la fin du livre, il y a une dissertation géométrique de Ueberweg[6], laquelle n'est pas sans mérite pour le temps où elle a paru (l'ouvrage de Delbœuf date de 1860). Il est à remarquer aussi que, dans le texte même, Delbœuf cite les recherches de Lobatschewsky, bien peu connues à cette époque[7]. Il va sans dire qu'il n'y comprend rien.

Mais quant à l'« Essai de logique scientifique » je n'en ai pas achevé la lecture, de crainte de perdre le peu de logique naturelle que je possède.

Les mathématiciens ne parlent jamais de ces aberrations de Delbœuf et il me semble qu'ils agiraient sagement en n'attachant[†] pas plus d'importance aux ouvrages de Becker, à moins toutefois que ces derniers ne renferment de bonnes choses, ce que j'ignore.

Il est vrai que l'on a essayé d'organiser contre nous aussi la conspiration du silence mais nous en avons déjà triomphé en partie et nous en triompherons complètement ; nos idées gagnent du terrain chaque jour, tandis que les métaphysiciens sont condamné à prêcher dans le désert jusqu'à la consommation des siècles.

La question des dérivées, au sujet de laquelle je rends hommage au talent et aux travaux du géomètre allemand que nous venons malheureusement de perdre[8], se représentera d'ici à peu de temps ; je crois, à notre Académie. À la première lecture

---

5. J. Delbœuf, *Prolégomènes philosophiques de la Géométrie et solution des postulats*, J. Desoer, Liège, 1860 ; J. Delbœuf, *Essai de logique scientifique : prolégomènes suivis d'une étude sur la question du mouvement considérée dans ses rapports avec le principe de contradiction*, J. Desoer, Liège, 1865.

6. Il s'agit de la traduction par Delbœuf d'un mémoire de Friedrich Ueberweg (1826-1871) intitulé « Exposition scientifique des principes de la géométrie précédée d'une discussion sur le fondement de la certitude des propositions premières de cette science ». Ce texte a d'abord été publié une première fois dans les *Archiv für Philologie und Paedagogik* XVII, 1851 avant que Ueberweg ne le modifie en vue de la traduction.

7. Le nom de Lobatchevski apparaît quatre fois dans cet ouvrage de Delbœuf (p. 76, p. 82, p. 84 et p. 126). Ses travaux sont introduit à la première occurrence de son nom :

> « Y aurait-il possibilité, en partant d'hypothèses autres que les axiomes reconnus, de construire une science enchaînée, quoique fausse, comme il arrive dans les sciences dites naturelles ? – À cet argument force nous aurait été de répondre *oui* sans pouvoir établir par le fait la justesse de notre réponse, s'il ne s'était pas trouvé quelqu'un qui s'est chargé de poser ce fait. Partant d'une idée qui avait été émise par Gauss, Lobatschewsky, recteur de l'université de Casan, a essayé de fonder une géométrie qu'il intitule *imaginaire*, dans la supposition que *la somme des trois angles d'un triangle soit plus petite que deux droits*. Il a développé ses idées dans une dissertation qu'on peut lire dans le journal de Crelle (1837, page 295) ; mais l'auteur y renvoie à un ouvrage publié par lui cinq ans auparavant dans un journal de Casan, que nous n'avons pu nous procurer ; il nous a été impossible ainsi de juger, nous ne disons pas de la certitude de ses raisonnements qui semblent rigoureux, mais de la signification de son hypothèse. » (p. 75-76)

Et Delbœuf de rajouter en note :

> « Peut-être le triangle est-il projeté sur une surface particulière, ce qui expliquerait comment ses angles deviennent rigoureusement égaux à deux droits quand il est infiniment petit. Il est d'ailleurs facile de démontrer d'une façon tout élémentaire que, la somme des angles étant différente de deux droits, elle s'en rapproche quand le triangle diminue. » (p. 76)

Plus loin dans son ouvrage, Delbœuf prend entre autres l'exemple de la géométrie de Lobatchevski pour nier l'affirmation selon laquelle « quand les conséquences sont d'accord entre elles, les prémisses sont vraies » (p. 83-84).

†. ~~faisant de même pour les~~

8. Hoüel a annoncé à De Tilly la mort de Hankel dans la lettre 2.91.

du Mémoire de M. Schwarz [9], j'ai trouvé que les explications sur l'égalité

$$\frac{\partial \frac{\partial f(x,y)}{\partial x}}{\partial y} = \frac{\partial \frac{\partial f(x,y)}{\partial y}}{\partial x}$$

n'étaient pas entièrement concluantes. Dans tous les cas, je suis d'accord avec vous sur la question, au point de vue de l'enseignement et notre opinion vient d'être confirmée pour moi par un exemple.

Un de mes cousins est entré récemment à l'École Militaire. On lui a parlé exclusivement, dans la première ou les deux premières leçons, des propriétés des fonctions *quelconques*. Le pauvre garçon est arrivé chez moi au désespoir, disant qu'il ne comprenait rien à tout cela et demandant des explications. J'ai dû lui répondre que, plusieurs de ces propriétés étant d'après moi contestables, je ne pouvais consciencieusement les lui démontrer, mais que je lui conseillais de les admettre, comme se vérifiant habituellement pour toutes les fonctions dont il sera question dans le Cours, et de passer outre, les leçons suivantes devant être beaucoup plus faciles. Il a suivi mon conseil et je crois qu'il s'en trouve bien.

Dès ma rentrée à Bruxelles, le 15 décembre, je m'occuperai de l'article à faire sur l'ouvrage de Frischauf.

Veuillez agréer, Monsieur et cher collègue, l'assurance de mes sentiments respectueux et dévoués.

Jh De Tilly

2.93 Lettre de De Tilly à Hoüel du 12 mars 1874

Bruxelles, le 12 mars 1874.

Mon cher Monsieur,

Vous devez croire que je vous oublie complètement. Mais je me trouve en ce moment dans une position difficile. Le déplacement de l'École Militaire, qui est reléguée presque aux confins de l'agglomération bruxelloise, à une lieue de la rue Geefs ; et, en même temps le départ de mon répétiteur, me donnent un supplément de besogne et de courses. On m'a aussi réclamé avec instance la *Conférence sur la Balistique* [1] que j'ai promise depuis longtemps et à laquelle je fais allusion dans la petite Note insérée dans vos *Mémoires* [2]. Elle est enfin remise.

Je m'arrange de manière à pouvoir consacrer aux travaux que je vous dois presque tout l'été (sauf mes leçons). Cette fois donc, j'ai l'espoir fondé de me remettre au courant. Je vous enverrai d'abord le Mémoire de Géométrie [3] (accompagné des deux documents que vous m'avez envoyés sur ce sujet) ; ensuite les analyses arriérées, qui sont maintenant tellement nombreuses qu'elles formeront aussi un petit cahier. Mais on les insérera quand on pourra.

J'ai lu l'ouvrage de Frischauf [4]. Cet auteur a rendu aux lecteurs allemands le service que vous avez rendu vous même, il y a longtemps, aux lecteurs français, en leur faisant connaître les idées de Bolyai, dans un langage plus clair que celui de

9. [Sch73b].
1. [DT31].
2. [DT23].
3. [DT54].
4. Voir la note 2 de la lettre 2.63.

l'auteur [5]. Mais ces idées mêmes sont aujourd'hui tellement arriérées que je pense qu'une simple mention au *Bulletin* pourrait suffire [6]. Il existe des méthodes bien plus simples et en même temps plus générales. J'en ai rédigé une que j'introduirai dans mon Mémoire de Géométrie. Au fond, elle se rapproche beaucoup de celle qui se trouve dans mes *Études de Mécanique abstraite* [7], mais elle est notablement simplifiée et généralisée. Je suis parvenu à la rendre indépendante des idées de M. Lamarle sur la génération des courbes, lesquelles ont arrêté beaucoup de lecteurs, mais ont constitué à l'origine mon principal moyen d'investigation, je ne dois pas l'oublier [8] ; de plus, j'y montre nettement comment cette méthode donne à la fois les trois systèmes de Géométrie, tandis que celle de Bolyai n'en donne que deux. Il ne soupçonnait pas la possibilité d'une géométrie de l'espace analogue à celle de la surface sphérique, ni moi non plus à l'époque où j'écrivais mon premier Mémoire, mais aujourd'hui une démonstration de ce genre est arrivée.

J'espère, mon cher Monsieur, que votre silence n'a eu, ainsi que le mien, aucune cause plus fâcheuse qu'une accumulation de besogne, et je vous prie d'agréer l'expression de mes sentiments respectueux et tout dévoués.

Jh De Tilly

2.94 Lettre de Hoüel à De Tilly du 21 avril 1874

Bordeaux, le 21 avril 1874.

Mon cher Collègue,

J'attendais pour vous écrire que j'eusse un envoi à vous annoncer, et cet envoi, chaque jour espéré, reculait toujours. Enfin j'ai reçu aujourd'hui de l'imprimerie des exemplaires des deux fascicules publiés par la Société des Sciences physiques et naturelles, et je vous les adresse, en même temps que quelques tirages à part de votre Note de la Balistique [1], que la Société vous prie de vouloir bien accepter.

Notre Société accueillera avec grand plaisir la Note que vous nous promettez sur la Géométrie, et dans laquelle vous nous mettrez au courant de l'état présent de la question, qui a fait de notables progrès depuis le temps de Lobatchefsky. Vous rendrez un grand service en rendant cette théorie abordable aux lecteurs qui ne sont pas initiés à la théorie des formes ou à la Géométrie projective [2], et en accomplissant ce que Frischauf n'a qu'imparfaitement réalisé.

Je vous remercie aussi d'avance des analyses que vous nous promettez pour le *Bulletin*. Nous avons toutes les raisons possibles de nous intéresser aux travaux qui se font en Belgique, et personne n'est plus à même que vous de nous tenir au courant. Je serai bien aise d'avoir une Note sur l'opuscule de Frischauf, et je fais un appel à votre obligeance pour que vous ayez la bonté de nous faire part du résultat de votre lecture. La Note n'a pas besoin d'être longue : un quart de page suffirait.

Comme vous le supposiez avec raison, j'ai laissé arriérée ma correspondance par l'impatience que j'avais de terminer une entreprise que j'avais commencée sans en

5. De Tilly introduit son compte rendu [DT30] quasiment dans les mêmes termes.
6. Voir la note 6 de la lettre 2.109.
7. [DT6].
8. Voir la note 6 du document 2.192.
1. [DT23].
2. Hoüel fait allusion d'une part aux travaux de Beltrami et d'autre part aux modèles projectifs de Klein.

pouvoir mesurer l'étendue d'avance. J'avais eu l'imprudence de promettre au public un opuscule sur les quaternions comme complément à mon travail sur les Quantités complexes[3]. Je voulais d'abord me borner à quelques préliminaires, comme l'a fait Bellavitis dans la Notice qu'il a publiée en 1857[4]. Et puis je me suis mis à lire l'ouvrage de Tait[5], et à en faire des extraits. J'ai vu le moment où j'allais me lancer dans la lectures des deux énormes volumes d'Hamilton[6]. Heureusement, j'y ai renoncé, sans quoi, j'en aurais eu encore pour dix ans.

Tel qu'il sera, mon travail comprendra plus de 200 pages[7]. J'ai été obligé de tout apprendre sur cette théorie, dont il y a un an, je ne savais pas le premier mot.

Je crois en avoir compris assez maintenant pour abréger le travail à ceux qui voudront pousser l'étude plus loin que je ne l'ai fait. Mais je puis vous certifier que ça été pour moi un rude travail[8] !

J'ai continué aussi à réfléchir sur les principes du Calcul infinitésimal, et j'ai discuté longuement et minutieusement avec un habile géomètre de mes amis[9] sur les principes que j'ai adoptés dans mon cours, comparés à ceux qu'emploie, par exemple, M. Ossian Bonnet[10], d'accord avec Weierstrass. La question n'est pas encore vidée tout à fait complètement entre nous. Mais, plus j'y songe, plus j'acquiers la conviction de l'unité absolue, *quant au fond*, de toutes les méthodes employées, y compris la mienne. Toutes s'appuient plus ou moins explicitement sur certaines hypothèses relatives à la continuité, qui sont pour l'Analyse ce que la théorie des parallèles est pour la géométrie, et je soupçonne fort mes hypothèses [de] ne différer que par la forme de celles qui sont admises sans contestation par la plupart des auteurs.

J'espère que maintenant que nous sommes délivrés l'un et l'autre de nos principales corvées, notre correspondance va devenir plus fréquente, et que j'aurai souvent le plaisir de causer avec vous des sujets qui nous intéressent tous les deux.

Veuillez agréer, mon cher monsieur, l'assurance de mes sentiments les plus dévoués.

J. Hoüel

3. Ce complément formera la quatrième partie de [H41].

4. G. Bellavitis, Calcolo dei Quaternioni di W. R. Hamilton e delle sua relazione col metodo delle Equipollenze, *Atti del Reale Istituto veneto di scienze, lettere ed arti* 3 (3), 1856-1857, p. 334-342 ; *Memorie della Società italiana della scienze residente in Modena* 1 (2), 1858, p. 126-184.
Sur la théorie des quaternions d'Hamilton, voir [Fla03].

5. P. G. Tait, *An Elementary Treatise on Quaternions*, Clarendon Press, Oxford, 1867 ; deuxième édition, 1873.

6. Sir W. R. Hamilton, *Lectures on Quaternions : Containing a Systematic Statement of a New Mathematical Method*, Hodges and Smith, Dublin, 1853 ; Sir W. R. Hamilton, *Elements of Quaternions*, Longmans Green & Co., London, 1866.

7. Le texte imprimé fera 298 pages.

8. Sur la réception de la théorie des quaternions en France, on peut consulter [Auv11] et [Auv13].

9. Il s'agit très certainement de Darboux. Voir les lettres publiées dans cet ouvrage.

10. Hoüel fait allusion aux travaux de Bonnet sur la convergence des séries [Bon43] ; Paul Appell y fait allusion dans la nécrologie qu'il consacre à O. Bonnet dans les *Comptes rendus hebdomadaires des séances de l'Académie des sciences* :

> « Le premier sujet traité par Bonnet est la théorie, toujours difficile et sans cesse renouvelée, des séries et des intégrales définies. Avec la méthode et la rigueur qu'il a apportées à toutes ses recherches, il fait une classification exacte et complète des différents ordres d'infiniment petits qui se présentent dans cette théorie, ce qui lui permet de rattacher à un principe unique les résultats nouveaux qu'il donne et ceux qu'on avait trouvés avant lui. » [App93, p. 1015]

2.95 Lettre de De Tilly à Hoüel du 28 avril 1874

Bruxelles, le 28 avril 1874.

Mon cher Monsieur,

Je ne veux pas tarder davantage de vous accuser réception des deux volumes de Mémoires, des tirés à part de ma petite Notice et de votre bonne lettre du 21, laquelle m'a fait d'autant plus de plaisir que je craignais qu'il ne vous fût arrivé un accident quelconque. Veuillez agréer mes vifs remerciements pour vos envois.

Je vous ferai très-prochainement l'analyse demandée sur l'ouvrage de Frischauf [1]. Je l'ai inscrite presque en tête du programme des travaux que je compte achever avant les vacances, programme qui est très-chargé et dans lequel figurent aussi le Mémoire de Géométrie [2] et toutes les analyses en retard.

J'ai bon espoir d'en sortir, bien que, à partir de demain en huit, je me trouverai dans des conditions assez peu avantageuses pour travailler, comme vous allez en juger.

J'aurai à donner une leçon tous les jours. Je devrai la préparer avant 9 heures, ou en partie la veille au soir. Je quitterai la maison à 9h pour être à l'École à 10, car je demeure maintenant à une lieue de l'École, comme je vous l'ai dit. Il y a bien des omnibus, tramways, etc, mais on n'est pas assez sûr de leurs heures pour réaliser par là une notable économie de temps. Je ne puis d'ailleurs déloger que le 1er juillet. Ma leçon a lieu de 10 à 11 1/2 ou midi, mais alors des interrogations, examens, expériences balistiques, et mille détails administratifs ou militaires me tiendront presque toujours à l'École jusqu'à 4 heures. Je rentrerai donc chez moi à 5, plus ou moins fatigué, et il sera bien rare qu'après le diner je sois capable d'un travail sérieux autre que de commencer à préparer ma leçon du lendemain.

Malgré tout cela, je le répète, j'espère ne pas voir s'achever l'été sans avoir satisfait à toutes mes promesses.

M. Genocchi a envoyé à l'Académie de nouvelles lettres pour lesquelles j'ai cru devoir décliner l'honneur d'être nommé commissaire [3].

En revanche, M. Cassani m'a remercié par lettre pour l'analyse de son livre publiée par le Bulletin [4]. Il m'a envoyé son portrait, et m'a dit qu'il attend avec impatience la publication de mon Mémoire sur un sujet analogue. Ce Mémoire est tout fait. Il ne reste plus qu'à le mettre en ordre et malheureusement il m'arrive toujours d'autres affaires qui m'intéressent bien moins, mais que je suis obligé d'expédier d'abord.

En lisant le dernier numéro de votre Bulletin, je me suis promis de vous dire que c'est une publication bien utile : j'y puise à chaque instant des renseignements précieux pour mes études de prédilection. J'ai vu dans l'un des numéros un article de M. Mansion, professeur à l'université de Gand [5]. C'est un jeune homme de grand talent et, je crois, de grand avenir. Sa collaboration est une bonne acquisition pour le *Bulletin*.

1. [DT30].
2. [DT54].
3. Voir la lettre 2.103.
4. [DT25].
5. Paul Mansion (1844-1919) apparaît pour la première fois dans la liste des collaborateurs du *Bulletin* au tome VIII (1875). Il publie en 1873 une notice sur les travaux de Julius Plücker [Man73].

Veuillez agréer, Monsieur et cher collègue, l'assurance de mes sentiments les plus dévoués.
Jh De Tilly

2.96 Lettre de De Tilly à Hoüel du 20 juillet 1874

Bruxelles, le 20 juillet 1874.

Mon cher Monsieur,

Je commence par m'excuser du long retard que j'ai mis à vous écrire. Je l'ai prévu et expliqué en partie dans ma lettre précédente, mais outre les difficultés que je prévoyais, d'autres encore se sont produites, par exemple une maladie de mon nouveau répétiteur. Enfin, je commence à respirer et j'espère pouvoir vous fournir plus de besogne que par le passé.

Je vous envoie ci-joint un projet de Compte-rendu pour Frischauf[1]. Je ne sais si vous le trouverez convenable. Il me tarde vivement de vous envoyer mon Mémoire de Géométrie, car je me sens mal à l'aise en écrivant ces Comptes-rendus, dans lesquels je signale toujours des améliorations possibles dans les travaux des autres, sans rien apporter à l'appui de mes critiques. J'espère que les auteurs critiqués voudront bien prendre patience comme M. Cassani, qui s'est montré satisfait de mon précédent article[2]. D'ailleurs, je ne perdrai pas un instant pour en finir avec cette affaire qui me tient à coeur et avec les autres travaux que je vous dois.

Vous vous rappellerez peut être que, dans ma Note sur les ouvrages de MM. Mayevski et De St. Robert, j'ai révoqué en doute l'exactitude d'un résultat obtenu par le premier de ces géomètres, ou du moins déclaré que je ne comprenais pas ses explications[3]. Depuis, j'ai trouvé comment il faut interpréter les équations pour les rendre rigoureuses. Cette théorie étant née dans mon esprit à propos d'une toute autre question, j'ai dû en donner la première indication dans les *Bulletins* de l'Académie de Bruxelles. Vous en recevrez sous peu un exemplaire[4].

M. F. Siacci, capitaine de l'artillerie italienne et professeur de Mécanique céleste à l'Université de Turin[5], à qui j'en avais envoyé le manuscrit, m'avait répondu d'abord qu'il trouvait ma théorie exacte, mais inutile. Il ne comprenait pas mes hésitations sur la méthode de Mayevski. Il a modifié cette appréciation[†] après la lecture

1. [DT30].
2. [DT25].
3. Voir [DT23] et la lettre 2.74.
4. Dans cette note [DT27], De Tilly reprend les hypothèses qui conduisent aux résultats de Martin de Brettes, Siacci et Mayevski ; s'il précise que ces résultats ne sont pas nouveaux, De Tilly souligne qu'ils sont approximatifs chez ses prédecesseurs alors que son point de vue conduit à des résultats rigoureux :

> « Cette rectification a été faite, en 1865, par M. le général Mayevski, mais, dans la théorie de ce dernier géomètre le résultat n'est qu'approximatif (...) tandis qu'ici le résultat est rigoureux (...) ; dans la théorie inexacte de M. de Saint-Robert l'axe auxiliaire de rotation devait être perpendiculaire à l'*axe instantané* ; que, dans le théorie approximative de M. le général Mayevski, cet axe devait être perpendiculaire *à l'axe de figure* et enfin, que dans mon explication, l'axe du couple perturbateur est perpendiculaire *à l'axe d'impulsion.* » [DT27, p. 824]

5. Francesco Siacci (1839-1907) fait ses études à Rome avant de partir en 1861 pour Turin où il choisit une carrière militaire. En 1871, il est professeur de balistique à l'École d'application militaire et enseigne également la mécanique céleste à l'Université de Turin. À partir de 1875, il devient professeur de mécanique supérieure. Siacci termine sa carrière à l'Université de Naples, ville assez rapprochée de Rome pour qu'il puisse exercer des activités politiques comme *Senatore del Regno* dans la capitale.

†. ~~à la suite~~

d'une nouvelle note que je n'ai pas fait imprimer, et où j'établis que la méthode de Mayevski, pour passer de la forme constante à celui de la forme variable, est sans aucune valeur. Je me propose, si vous le jugez utile, de vous envoyer ce dernier travail, convenablement remanié, avec une analyse complémentaire des résultats tirés par le général Mayevski de ses équations différentielles, analyse que je ne pouvais faire consciencieusement, tant que je ne connaissais pas le moyen d'établir rigoureusement ces équations. Je crois que cette question est de nature à intéresser les géomètres, non seulement pour le cas du projectile, mais aussi pour la Mécanique céleste, vu que le mouvement de la Terre, par exemple, a des analogies frappantes avec le mouvement des projectiles.

Un de vos compatriotes, occupant une position élevée, avait écrit récemment une Étude sur la théorie des parallèles (avec dém. du post. d'Euclide), dans laquelle M. Beltrami, vous et moi, apparaissions pour y recevoir des remontrances sévères [6]. Il a pris la précaution d'envoyer son manuscrit à un professeur d'une de nos universités, qui a demandé à l'auteur l'autorisation de me le soumettre. Je n'ai pas eu de peine, comme vous pensez bien, à réfuter l'ouvrage, mais, ce qui n'arrive pas tous les jours, c'est que l'auteur a reconnu qu'il était dans le faux.

Veuillez agréer, Monsieur et cher collègue, l'expression de mes sentiments respectueux et tout dévoués.

Jh De Tilly
rue van Aa, 81, Ixelles (Bruxelles)

2.97 Lettre de Hoüel à De Tilly du 3 août 1874

Bordeaux, le 3 août 1874.

Mon cher Monsieur,

C'était bien plutôt à moi de m'excuser du retard dont je me suis rendu coupable dans notre correspondance. Je retrouve, dans mon carton pour les lettres non répondues, votre bonne lettre du 4 avril [1], dont je me fais un reproche de ne vous avoir pas encore remercié. J'ai immédiatement transmis à qui de droit votre notice sur Frischauf, dont la Rédaction du *Bulletin* vous est bien reconnaissante.

Je puis vous proposer deux placements pour votre travail sur les équations différentielles de la Balistique [2], les *Mémoires* de notre Société des Sciences physiques et naturelles, et le *Bulletin*. Si vous choisissez la *Société*, cela vous assure, d'après notre nouveau réglement, le *droit* à 29 tirages à part gratuits. Pour le *Bulletin*, j'ai fait tous mes efforts pour qu'une mesure analogue soit adoptée ; je n'y suis pas encore parvenu, les intérêt de l'éditeur étant d'un grand poids dans la balance. C'est à vous de décider auquel des deux recueils vous donnez la préférence.

Je vois que la maladie postulatoire sévit toujours dans notre pays, où elle est passée à l'état endémique. Aujourd'hui encore, un médecin, membre de notre *Société*, m'a prié d'examiner une œuvre de ce genre, faite par un de ses clients. Je lui ai dit que le cas était éminemment du ressort de la pathologie ; cependant j'ai consenti à l'aider, si je puis, dans le traitement de son malade. Mais par malheur

6. Il n'a pas été possible d'identifier l'auteur de ce texte.

1. Il s'agit peut-être d'une erreur de Hoüel car aucune lettre ne porte la date du 4 avril et la correspondance ne semble pas souffrir d'une rupture.

2. De Tilly publie en 1877 une note sur la théorie de la rotation des projectiles et la similitude mécanique [DT47] dans les *Mémoires* de la Société de Bordeaux

ces affections là sont généralement incurables, et tout le monde n'a pas la chance que vous avez rencontrée de guérir le mal au premier coup. Seulement, gare aux rechutes !

J'ai toujours quelqu'occasion de mettre votre obligeance à l'épreuve. Il y a bien longtemps que nous n'avons rien reçu, à notre Société, de l'Académie de Bruxelles. J'espère qu'on ne nous oublie pas. Dans le dernier envoi, on avait commencé à nous accorder les Mémoires in-4° et les Mémoires couronnés in-8°, et nous avions reçu un volume de chacune de ces séries (Séance du 20 mars 1873). J'espère que le nouveau Secrétaire de l'Académie ne sera pas moins libéral envers nous que l'était M. Quetelet [3].

J'ai reçu aujourd'hui, comme spécimen, le premier numéro de la *Nouvelle correspondance mathématique* de MM. Catalan et Mansion ; je me suis empressé de m'y abonner [4].

J'emploie toujours votre secours pour le *Bulletin*, quand vous trouverez quelque loisir pour nous parler des publications de l'Académie de Bruxelles. Nous manquons de collaborateurs, et surtout de collaborateurs consciencieux et au courant de la science comme vous, et plus que jamais votre aide nous est indispensable [5].

J'ai été fort occupé ces derniers temps par des affaires administratives concernant notre *Société*, et par l'impression d'un travail, plus long que je ne m'y attendais, mais dont j'espère pouvoir vous faire part dans quelques semaines [6]. C'est ce qui vous explique mon long silence.

Veuillez agréer, mon cher Monsieur, l'assurance de mes sentiments les plus dévoués.

J. Hoüel

---

3. Le nouveau secrétaire de l'Académie est Jean-Baptiste Joseph Liagre. Voir la note 3 de la lettre 2.98.

4. La *Nouvelle correspondance mathématique* est créée en 1874 par E. Catalan, P. Mansion et J. Neuberg. La publication de ce journal s'arrêtera en 1880. Mansion et Neuberg poursuivront leur entreprise éditoriale avec la création du journal *Mathesis*. Le titre fait écho à la *Correspondance mathématique et physique* de A. Quetelet et J. G. Garnier.

5. Hoüel a raison de craindre que la nouvelle revue belge détourne De Tilly de sa collaboration pour le *Bulletin* car il ne fera plus grand chose pour cette publication.

6. Hoüel est sur le point de terminer la publication de la seconde édition de l'*Essai* [H58] du genèvois Jean Robert Argand (1768-1822). La correspondance conservée avec Darboux permet de suivre l'évolution du projet et le parcours du livre que Hoüel a utilisé pour cette réimpression (voir aussi la note 3 de la lettre 3.49 ainsi que la note 2 de la lettre 2.184) :

> « J'ai vu hier M. Chasles qui voulait vous renvoyer Argand. Il doit être content il m'a semblé. » (Lettre non datée de Darboux à Hoüel, AAS, dossier Darboux)
>
> « M. Chasles devait vous écrire. Je ne sais s'il l'a fait. Si vous voulez faire réimprimer Argand, il tient son exemplaire à votre disposition. Je crois qu'il vous est très reconnaissant de le lui avoir cédé. » (Lettre de Darboux à Hoüel du 27 août 1872, AAS, dossier Darboux)
>
> « Vous avez du recevoir (...) le livre d'Argand auquel j'espère vous allez faire une préface magnifique et soignée (...). » (Lettre de Darboux à Hoüel du 7 septembre 1872, AAS, dossier Darboux)
>
> « Pour Argand, Gauthier m'avait promis de l'imprimer mais maintenant il ne serait pas fâché que nous fissions l'impression dans le Bulletin. Qu'en dites vous ? Ce qu'il y a de sûr, c'est qu'il ne le fera pas imprimer à Bordeaux. » (Lettre de Darboux à Hoüel du 31 octobre 1872, AAS, dossier Darboux)
>
> « Le bonh[omme] Argand ne tombera pas dans l'eau car Gauthier m'avait promis, et il l'imprimera maintenant en bonne conscience. Vous ne pouvez lui demander de faire imprimer ailleurs que chez lui. » (Lettre de Darboux à Hoüel du 10 novembre 1872, AAS, dossier Darboux)

Sur le travail d'Argand, on peut consulter [Fla03].

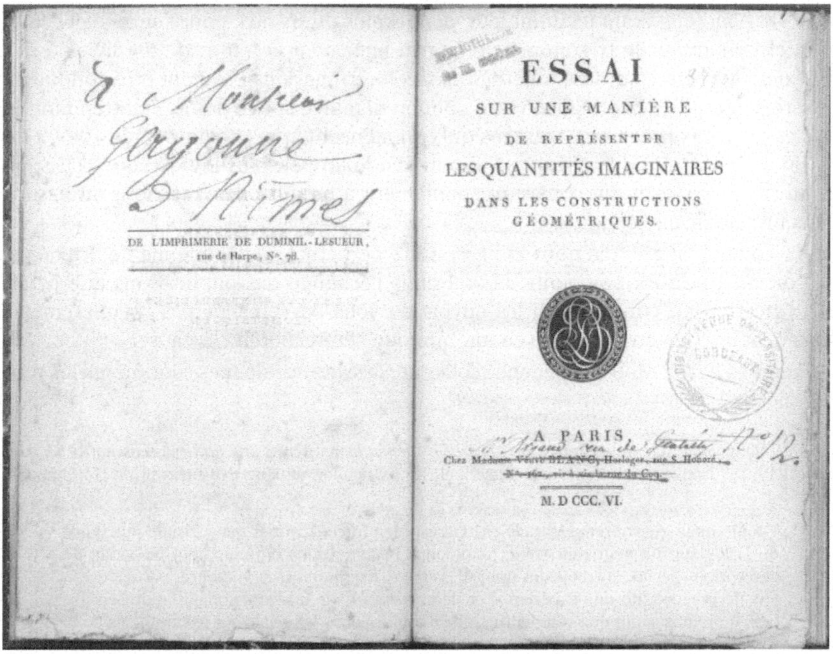

FIGURE 2.3 – L'exemplaire envoyé par Argand à Gergonne que Hoüel a reçu de Chasles pour travailler à sa réimpression [H58] (© Univ. Bordeaux, Bibliothèque universitaire des sciences et techniques, FR 32654).

2.98 Lettre de De Tilly à Hoüel du 17 octobre 1874

Bruxelles, le 17 octobre 1874.

Mon cher Monsieur,

J'ai reçu la nouvelle édition de l'ouvrage d'Argand [1], que vous avez bien voulu m'envoyer et, en vous remerciant, je saisis l'occasion de répondre à votre bonne lettre du 3 août, que d'incessantes occupations m'avaient fait négliger.

Le congé annuel des mois d'août et de septembre a été supprimé cette année, pour compenser la perte de temps résultée du déplacement de l'École. Cette circonstance a contribué à me mettre en retard pour les différents travaux dont je m'occupe, mais j'espère toujours qu'avant le fin de l'année je serai au courant de tout et en particulier des deux mémoires que je dois à la *Société*, l'un sur la Géométrie, l'autre sur les équations différentielles de la Balistique, et, en outre, des analyses en retard dans le *Bulletin* et déjà assez nombreuses.

J'ai remarqué, dans le numéro d'août du Bulletin, outre votre excellent article sur Hoffmann, celui que vous avez consacré à l'enseignement de la trigonométrie

1. D'après Hoüel, sa nouvelle édition [H58] de l'ouvrage d'Argand « contient la première trace connue de la représentation géométrique des imaginaires, dont on attribue à tort la première publication à Gauss. » Pour Hoüel, « on y trouve la théorie parfaitement complète, quoique l'auteur n'en ait pas tiré tout le parti qu'en ont tiré ses successeurs. » (Lettre de Hoüel à Mittag-Leffler du 1er novembre 1874, IML)
Sur la théorie de Gauss du plan complexe, voir [Fla03].

(p. 95) [2]. Quoique étant examinateur, depuis plus de six ans, pour l'entrée à l'École, et interrogeant sur la trigonométrie, je n'ai jamais eu le temps de me livrer à des réflexions sérieuses sur la manière dont ces interrogations devaient être conduites. Je serais heureux de connaître votre opinion détaillée sur ce point. En attendant, je vais essayer aux prochains examens qui commencent après demain lundi (de 9h du matin à 6h du soir) de me former une méthode un peu plus logique que celle que je suivais jusqu'ici et qui consistait simplement à prendre des questions au hasard dans un auteur quelconque.

Le colonel Liagre [3], le nouveau secrétaire perpétuel de l'Académie de Bruxelles, m'a dit qu'il ne sera pas moins libéral dans l'échange des publications que l'était M. Quetelet, au contraire. Si les envois ne vous parvenaient pas régulièrement, vous m'obligeriez en m'en prévenant, afin que j'en recherche la cause.

Veuillez agrér, Monsieur et cher collègue, l'assurance de mes sentiments les plus dévoués.

---

2. Hoüel profite du compte rendu du *Zeitschrift für mathematischen und naturwissenschaftlichen Unterricht* IV, 1873 pour donner son avis personnel. En particulier, au sujet d'un travail de Hoffmann, il écrit :

> « Toujours la question des parallèles ! On est bien forcé d'avouer que la seule puissance de la logique ne peut rien créer ; mais on a inventé, pour en tenir lieu, un mode de perception spécial, qui, sous les noms d'*évidence*, *d'intuition* (*Anschauung*), participe à la fois de la fécondité de l'expérience et de la certitude de la déduction. Il faudra encore bien du temps avant que cette entité aille rejoindre dans le néant tous les fantômes de la Scolastique.
> Nous ne nous lasserons pas de le répéter, l'intuition n'est autre chose que l'expérience faite sans se déranger, et dans laquelle la mémoire remplace l'activité physique. Par conséquent ses conclusions sont, pour le moins, aussi subjectives que celles de l'expérience matérielle. Dites à un observateur, dont la vue n'aura jamais franchi les murailles de son jardin, que deux voyageurs, partant de points différents, et marchant tous les deux vers le nord, finiront toujours par se rencontrer ; il ne manquera pas de traiter cette proposition d'absurde et de contraire à l'évidence. Sommes-nous vis-à-vis de l'espace infini dans une autre position que notre observateur vis-à-vis des dimensions du globe terrestre ?
> Avouons donc une bonne fois, sans croire notre dignité de géomètres rabaissée, que l'expérience joue un rôle considérable dans l'étude des propriétés de l'espace, et laissons à ceux qui regardent l'espace comme une pure conception intellectuelle sans existence propre la satisfaction de tirer de la raison pure, sans le secours des sens, les propriétés de cet être de raison. Pour nous qui croyons à sa réalité objective, résignons-nous à employer pour son étude les moyens ordinaires qui seuls nous ont réussi dans nos recherches sur le *non-moi.* » (*Bulletin* VII, 1874, p. 93-94)

Un travail sur l'enseignement de la trigonométrie publié dans la même revue lui donne l'occasion de dire :

> « Nous admettrons volontiers que quelquefois, surtout dans une longue série de calculs, l'usage de ces angles [les angles auxiliaires] donne plus de régularité aux opérations, et peut même, par exception, en abréger la durée ; mais ce que nous ne pouvons comprendre, c'est de voir soutenir que l'usage des Tables trigonométriques soit aussi simple et aussi prompt que celui des Tables des logarithmes des nombres. Si l'interpolation des Tables trigonométriques à cinq décimales est facile, celle des Tables de même étendue pour les nombres l'est encore bien plus, et, d'autre part, il est facile de se convaincre que l'introduction des angles auxiliaires, bien que donnant aux formules une apparence plus simple pour l'œil, ne diminue presque jamais le nombre des lectures nécessaires. » (*Bulletin* VII, 1874, p. 95-96)

Voir aussi la note 5 de la lettre 2.99.

3. Parallèlement à sa carrière militaire, Jean-Baptiste Joseph Liagre (1815-1891) est nommé correspondant de l'Académie de Bruxelles en 1850. Il devient président de cette institution et directeur de la classe de sciences en 1861 puis secrétaire perpétuel de 1874 à 1891. Entre 1879 et 1880, Liagre occupe le poste de ministre de la guerre.

Jh De Tilly
rue van Aa, 81, Ixelles (Bruxelles).

2.99 Lettre de De Tilly à Hoüel du 9 janvier 1875

Bruxelles, le 9 janvier 1875.

Mon cher Monsieur,

J'ai reçu votre excellente lettre du 31 décembre [1]. Accablé de besogne, je dois presque me borner aujourd'hui à vous remercier de vos souhaits de nouvel an, et à vous adresser les vœux bien sincères que je fais pour votre bonheur et pour celui de votre famille.

Je vous félicite de l'achèvement de votre grand et remarquable ouvrage sur la *Théorie des quantités complexes* [2]. C'est un sujet bien digne des réflexions des géomètres, et vous avez rendu un immense service aux lecteurs français et *belges*, car, quoiqu'on ait l'habitude de dire ici, dans les discours officiels, que nous profitons de ce qui s'écrit dans plusieurs pays, la vérité est que nous ne lisons que le français : nous déchiffrons les autres langues, ce qu'un français peut faire aussi. Je ne sais pas même si l'avantage n'est pas de votre côté. Vous apprenez le français d'abord, puis l'allemand, par exemple, au moyen du français. Mais nous qui, dès l'enfance, apprenons simultanément une langue latine et une langue germanique, nous finissons d'ordinaire par ne les connaître toutes deux que superficiellement.

J'ai reçu, outre le quatrième volume, les cartons supplémentaires [3]. Je vous remercie pour ces envois.

Je lirai votre article sur la Trigonométrie dans le recueil de la Société mathématique de Bohème, car il n'a pas encore paru, du moins dans la partie que nous avons [4]. M. Catalan qui me voyait, ce matin, feuilleter ce recueil, a été fort surpris d'entendre votre assertion relative aux formules calculables par logarithmes [5]. J'examinerai soigneusement cette question. J'en ai tenu note dans mon cahier d'examens de Trigonométrie.

Comme vous le dites, je suis bien en retard avec vous ; je promets toujours et je tarde d'accomplir mes promesses, mais je ne les oublie pas. J'espère vous faire un envoi assez considérable avant la fin de février.

---

1. Cette lettre est perdue. Les lettres de Hoüel conservées aux Archives de l'Académie des sciences sont numérotées et celle-ci devrait porter le numéro 41.

2. [H41].

3. Il s'agit de divers feuillets imprimés destinés à remplacer des passages de texte à corriger, probablement dans le *Bulletin*. Le quatrième volume de celui-ci couvre le premier semestre de l'année 1873.

4. À partir de 1875 la Société mathématique de Bohème publie, sous la direction de Emil Weyr, un recueil intitulé *Archiv mathematiky a fysiky*. Le début de cette parution est annoncée dans le *Bulletin* VIII, 1875, p. 112. Dans le premier tome de cette revue, Hoüel publie [H59] et [H60]. Il ne publie pas dans ce journal la note sur l'enseignement de la trigonométrie dont il est certainement question ici mais dans le *Giornale di matematiche* [H61].

5. Il est possible que dans la lettre perdue du 31 décembre 1874, Hoüel ait annoncé à De Tilly la publication prochaine de [H61] et lui ait fait part de son opinion sur la manière de mener les calculs dans un cours de trigonométrie. Celle-ci est certainement la même que celle qu'il exprime ci-dessous :

> « Disons maintenant quelques mots sur l'usage des angles auxiliaires employés pour transformer à tout prix les formules proposées en expressions monômes, quelque laborieuse que doive être cette transformation. Nous montrerons sans peine que les formules ainsi obtenues ne sont pas en général les plus aisément *calculables par logarithmes*, et que, la plupart du temps, la simplicité apparente des valeurs auxquelles on parvient n'est qu'un leurre et une illusion d'optique. » [H66, p. 203]

Vous avez reçu sans doute de M. Zambelli une note [6] dans laquelle (p. 30) il refuse d'admettre complètement vos idées en matière de postulatum d'Euclide, parce que l'on pourrait *trovare qualche cosa* qui empêcherait de répéter sur la pseudosphère les constructions du plan, ou, plus généralement, de répéter, dans une pseudo-géométrie, tous les raisonnements de la Géométrie ordinaire. Il ne veut pas comprendre que ce *qualche cosa* serait alors un nouveau postulatum, probablement moins bon que celui d'Euclide. D'après ce que m'écrit M. Cassani, il y voit plus clair que son collègue Zambelli.

Veuillez agréer, Monsieur et cher collègue, l'expression de mes sentiments affectueux et dévoués.

Jh De Tilly

2.100 Lettre de Hoüel à De Tilly du 8 février 1875

Bordeaux, le 8 février 1875 [†].

Mon cher monsieur,

Je n'aurais pas attendu un mois pour vous répondre, sans un évènement de famille qui est venu jeter le trouble dans mes occupations habituelles : la mort de ma belle-mère, que nous avons perdue le 19 janvier dernier, et qui s'est éteinte au moment le moins prévu, à un âge avancé, 76 ans passés [1]. Cet évènement, le voyage que j'ai dû faire dans le nord de la France, les divers soins qui sont venus ensuite, tout cela explique mon silence.

J'ai grand besoin de votre aide pour m'aider à me reconnaître dans tous les ouvrages sur la théorie des parallèles qui me sont arrivés depuis un mois ou deux. Sans vous parler de celui du Sig. Zambelli, que vous connaissez, un de vos compatriotes (à en juger par le lieu d'impression de sa brochure), M. Claudel a fait une distribution générale aux professeurs bordelais, et sans doute à bien d'autres, d'un opuscule [2], où il établit que les géomètres japonais comprennent bien mieux les choses que nous autres barbares de l'Occident, et qu'il leur a suffi de *définir* convenablement les parallèles pour que toute difficulté disparaisse. Je ne vous dirai pas que

Je suais sang et eau pour voir si du Japon
Il viendrait à bon port au fait... [3]

des parallèles ; j'étais sûr d'avance du résultat. Mais j'ai vu un de mes collègues, d'ailleurs professeur éminent, qui s'y est d'abord laissé prendre ; il est vrai qu'il s'est aussi facilement laissé détromper.

---

6. A. ZAMBELLI, *Sui principi fondamentali della geometria : discorso letto all'Ateneo Veneto nell' adunanza del 23 aprile 1874 da Zambelli Dr. Andrea, professore di geometria descrittiva all'Istituto tecnico di Venezia*, Reale Tipografia di Giovanni Cecchini, Venezia, 1874.

†. Cette lettre est rédigée sur du papier de deuil.

1. La belle-mère de Hoüel, Anne Jeanne Perrotte épouse Le Cerf, était née en 1798.
2. M. CLAUDEL, *La théorie des parallèles selon les géomètres japonais*, Bruxelles, 1875.
3. Dans *Les plaideurs* de Jean Racine, à la troisième scène du troisième acte, on lit :

« Avocat incommode,
Je suais sang et eau pour voir si, du Japon,
Il viendrait à bon port au fait de son chapon ;
Et vous l'interrompez par un discours frivole.
Parlez donc, avocat. »

Outre ces deux hérétiques, j'ai reçu les envois de plusieurs orthodoxes[4].

1° Hermann Wagner. Lehrbuch der ebenen Geometrie. Nach Grundsätzen Bolyai's für Gymnasien und Realschulen bearbeiter. Hamburg, 1874. In-8, 150 p.

2° Carl Spitz. Die ersten Sätze vom Dreiecke und die Parallelen. Nach Bolyai's Grundsätzen bearbeitet. Eine Beigabe zu des Verfassers Lehrbuch der ebenen Geometrie. Leipzig und Heidelberg, 1875. In-8, 44 p.

3° Gustav v. Escherich. Die Geometrie auf den Flächen constanter negativer Krümmung. (Sitzungeberichte der Wiener Akademie, 12. Februar 1874) In-8, 30 p.

Je voudrais pouvoir insérer dans le *Bulletin* un article d'ensemble sur ces divers écrits. En connaissez-vous quelques-uns[5] ?

Pour vous édifier sur l'utilité des angles auxiliaires[6], veuillez comparer le calcul qu'exigerait la 3ᵉ méthode, indiquée par Serret comme *la plus convenable dans la plupart des cas* (*Trigonom.*, p. 183[7]), avec le calcul du même exemple traité sans angles auxiliaires. Je prends les nombres de l'exemple de Serret (p. 180). Les formules sont

$$\cos c = \cos a \cos b(1 + \tan a \tan b \cos C) = \cos a \cos b(1 - N)$$

$$\cot A = \frac{\tan b}{\tan a} \cdot \frac{\cos b}{\sin C}(1 + N'), \quad N' = \frac{\tan a}{\tan b} \cos C$$

$$\cot B = \frac{\tan a}{\tan b} \cdot \frac{\cos a}{\sin C}(1 + N''), \quad N'' = \frac{\tan b}{\tan a} \cos C$$

Voici les calculs *tout au long*, sans omettre aucun chiffre dont l'écriture soit nécessaire[8] :

4. Chacun des trois ouvrages qui suivent fait l'objet d'une recension dans le *Jahrbuch über die Fortschritte der Mathematik* VI, 1876. De Tilly donnera son opinion sur ces travaux dans la lettre 2.109.

5. Si l'on en croît la *Table générale des matières et noms d'auteurs contenue dans la première série du Bulletin* (*Bulletin* XI, 1876, p. 313-351) les deux premiers travaux n'ont pas été mentionnés dans le *Bulletin*. Seul le dernier travail a fait l'objet d'un compte rendu de De Tilly [DT41] comme il s'en explique dans la lettre 2.109.

6. En trigonométrie, on introduit un angle auxiliaire dans une formule afin de simplifier les calculs numériques en utilisant des tables de logarithmes. Par exemple, Serret [Ser68, p. 179], lorsqu'il utilise la formule

$$\sin^2 \tfrac{1}{2}c = \sin^2 \tfrac{1}{2}(a-b) + \sin a \sin b \sin^2 \tfrac{1}{2}C$$

pour déterminer le côté c d'une triangle sphérique en fonction des côtés a, b et de l'angle C, considère l'angle auxiliaire ω tel que

$$\operatorname{tang} \omega = \frac{\sin \frac{1}{2}C}{\sin \frac{1}{2}(a-b)} \sqrt{\sin a \sin b}.$$

On obtient alors c par la formule

$$\sin \tfrac{1}{2}c = \frac{\sin \frac{1}{2}(a-b)}{\cos \omega}.$$

7. J.-A. Serret, *Traité de Trigonométrie*, Gauthier-Villars, Paris, 4ème édition, 1868 ; 5ème édition, 1875.
À la page 183 de la 4ème édition, Serret écrit :

> « Troisième méthode. – La solution la plus simple du problème qui nous occupe s'obtient par le moyen des trois formules dans chacune desquelles figurent les données avec l'une des inconnues. Cette méthode, qui exige le calcul de deux angles auxiliaires, est celle qui convient d'employer dans la plupart des cas. »

8. Le calcul qui suit est identique à celui présenté dans [H61] et [H66]. Avec cet exemple, l'objectif de Hoüel est de montrer que le calcul direct à partir des formules trigonométriques, sans passer par l'intermédiaire de formules utilisant des angles auxiliaires, et d'une table de logarithmes est plus économique :

$$\begin{array}{l}
a = 113^\circ.\,2'.56'',64 \\
b = 82.39.28,40 \\
C = 138.50.13,69 \\
\hline
\sin C \ldots\ldots\ldots \bar{1},8183589 \\
\hline
\cos a \ldots\ldots -\bar{1},5927532 \\
\cos b \ldots\ldots\ldots \bar{1},1065091 \\
1+N \ldots\ldots\ldots 1,1682617 \\
\hline
\cos c \ldots\ldots -\bar{1},8675240 \\
\qquad c = 137^\circ 2' 56'' 64 \\
\hline
\frac{\text{tang}\, b}{\text{tang}\, a} \ldots\ldots -0,5188004 \\
\frac{\cos b}{\sin C} \ldots\ldots\ldots \bar{1},2881502 \\
1-N' \ldots\ldots \bar{1},8876267 \\
\hline
\cot A \ldots\ldots -\bar{1},6945773 \\
\qquad A = 116^\circ 20' 2'',21 \\
\hline
\end{array}$$

$$\begin{array}{l}
\cos C \ldots\ldots\ldots -\bar{1},8767036 \\
\text{tang}\, a \ldots\ldots -0,3711149 \\
\text{tang}\, b \ldots\ldots\ldots 0,8899153 \\
\hline
N \ldots\ldots\ldots\ldots\ldots 1,1377338 \\
N' \ldots\ldots\ldots\ldots\ldots \bar{1},3579032 \\
N'' \ldots\ldots\ldots\ldots\ldots 0,3955040 \\
\hline
N = 13,73200 \\
N' = 0,2279834 \\
N'' = 2,4860165 \\
\hline
\frac{\text{tang a}}{\text{tang}\, b} \ldots\ldots -\bar{1},4811996 \\
\frac{\cos a}{\sin C} \ldots\ldots\ldots -\bar{1},7743943 \\
1-N'' \ldots -0,1720236 \\
\hline
\cot B \ldots\ldots\ldots -\bar{1},4276175 \\
\qquad B = 104^\circ 59' 8'',38 \\
\hline
\end{array}$$

Comparez même ce calcul avec celui qu'exigent les formules de Neper [9], lesquelles conduisent à des additions, soustractions et divisions d'angles, qui, avec l'absurdissime division sexagésimale que l'on s'entête à conserver [10], équivalent bien à des recherches de logarithmes, surtout dans la Table des nombres. Par cette expérience, que chacun peut répéter sur toutes les formules de la Trigonométrie, la question me semble jugée [11]. J'ai envoyé une Note au *Periodico*, journal d'enseignement secon-

> « Personne d'abord ne niera que la recherche d'un logarithme dans les Tables trigonométriques, si perfectionnées qu'elles soient, exige beaucoup plus de temps et d'attention que la recherche analogue dans les Tables des logarithmes des nombres : la moindre pratique du calcul suffit pour faire apprécier la différence. La substitution de la Table trigonométrique à la Table des logarithmes des nombres ne peut être avantageuse qu'autant qu'elle diminue notablement le nombre des *lectures*. Or, c'est précisément le contraire qui arrive dans la plupart des cas. » [H66, p. 203]

9. [Ser68, p. 155].

10. Dans sa note [H50], Hoüel expose les « facilités que chacune des divisions proposées offre pour la construction de Tables trigonométriques d'un usage commode » [H50, p. 1389] et souligne les avantages qu'il y aurait à ses yeux d'adopter la division décimale du quadrant pour mesurer les angles.

11. Hoüel est plus explicite dans [H66, p. 205-206]. Juste après avoir reproduit le tableau ci-dessus, il écrit :

> « Nous avons inscrit dans ce tableau *tous* les calculs qu'un opérateur un peu exercé ne doit pas faire *de tête* ou à l'aide de la règle à calcul. Le nombre des lectures serait encore diminué de 3, si l'on faisait usage des Tables de logarithmes d'addition et de soustraction. On peut maintenant juger de la différence de longueur entre les calculs actuels et les opérations faites d'après les méthodes artificielles, où l'on emploie les angles auxiliaires, ou même celles qui, comme les analogies de Neper ou les formules de Delambre et Gauss, exigent un assez grand nombre d'additions et de soustractions d'angles.
> Nous concluons de là que l'usage direct des formules fondamentales de la Trigonométrie sphérique est de tous les procédés de calcul le plus expéditif, et c'est une pure illusion de croire que l'on gagne quoi que ce soit à transformer ces formules en expressions monômes, soit à l'aide d'angles auxiliaires, soit même à l'aide de formules qui se prêtent d'elles-mêmes à cette transformation. Il convient donc de rayer des livres d'enseignement cette locution, aussi mal choisie que la méthode qu'elle sert à désigner : « Rendre une formule calculable par logarithmes ».
> Il se rencontre, nous en convenons, des cas spéciaux où l'emploi des angles auxiliaires est avantageux ; mais ces cas ne se présentent jamais dans les théories qui constituent les Éléments de Trigonométrie. Tout au plus conviendrait-il de donner, *comme simples*

daire qui paraît à Rome [12].

Quoi que vous en disiez, je crois que c'est une facilité pour vos compatriotes de pouvoir apprendre dès l'enfance le flamand, qui conduit à l'allemand comme le français conduit à l'italien, et qui n'empêchent pas bon nombre d'auteurs belges d'être des écrivains distingués dans notre langue. Pour nous Français, la difficulté de l'allemand nous rebute bien souvent, et quoique j'en lise peut-être plus que de français, je trouve toujours des phrases dont je ne puis venir à bout.

Agréez, mon cher monsieur, l'assurance des sentiments les plus dévoués de Votre affectionné collègue

J. Hoüel

2.101 Lettre de De Tilly à Hoüel du 18 février 1875

Bruxelles, le 18 février 1875.

Monsieur et cher collègue,

J'ai appris avec un vif regret la perte que vous venez de faire et je vous prie d'agréer l'expression de mes sincères condoléances [1].

La sympathie que vous m'avez constamment témoignée depuis l'époque où je vous envoyai mon premier travail académique [2], alors que je n'étais nullement connu comme géomètre dans mon pays et que l'excommunication lancée par M. Bertrand n'était pas de nature à m'encourager [3] ; l'influence heureuse que vos idées si claires et si simple ont eue sur mon esprit, encore un peu indécis en 1870, influence dont vous pouvez vous convaincre en comparant ma première brochure avec les suivantes et surtout avec le travail manuscrit que je vous promets depuis si longtemps et que vous recevrez bientôt ; tout cela a fait que je ne vous considère pas uniquement comme un correspondant scientifique, mais comme un guide bienveillant, envers qui je me sens lié par des sentiments de reconnaissance et de sincère amitié. Ainsi, rien de ce qui vous touche ne me laissera jamais indifférent.

Parmi les ouvrages que vous me citez, il en est deux que je n'ai pas : Wagner et Spitz [4]. Si vous pouviez me les prêter, je ferais volontiers un article sur ces ouvrages et sur celui de v. Escherich [5] ; puis je vous les renverrais en même temps que celui de Cassani et le manuscrit de M. Potocki, que je conserve depuis si longtemps ; car je me trouve maintenant, pour un mois ou deux, en position de m'occuper de Géométrie pure, si rien d'inattendu n'y vient mettre obstacle, et je veux profiter de cette bonne fortune pour en finir avec mon arriéré et vous envoyer tout ce que je vous ai promis.

---

exercices, quelques exemples de ces transformations, et de saisir par là une occasion pour en faire ressortir, non les avantages, mais les inconvénients. »

12. Hoüel destine d'abord l'article [H61] au nouveau *Periodico di scienze matematiche e naturali per l'insegnamento secondario* créé à Rome en 1873. Toutefois, comme nous l'apprend une note de Battaglini (*Giornale di Matematiche* XIII, 1875, p. 72), à peine lancé, le journal a déjà cessé de paraître et Battaglini publie alors l'article de Hoüel dans son journal. Le *Periodico* survivra tout de même et deviendra quelques années plus tard le *Periodico di matematica per l'insegnamento secondario*.

1. Voir la lettre précédente 2.100.
2. [DT6].
3. De Tilly fait évidemment référence à l'affaire Carton. Voir le paragraphe 1.2.2.
4. Voir la lettre 2.100.
5. Voir la lettre 2.100.

[DT41].

Je vous écris sur la Trigonométrie, mais ma lettre s'allonge toujours, et je ne veux pas tarder davantage de vous répondre.

J'ai quelques brochures pour vous et pour la Société. Ce sera aussi pour le prochain envoi.

Veuillez agréer, mon cher collègue, l'expression de mes sentiments les plus affectueux.

Jh De Tilly

2.102 Lettre de Hoüel à De Tilly du 21 février 1875

Bordeaux, le 21 février 1875 [†].

Monsieur et cher collègue,

Je m'empresse de vous remercier de votre excellente lettre, de la sympathie que vous voulez bien me témoigner en cette circonstance, et de tout ce que vous me dites de si obligeant relativement aux services scientifiques que je puis vous avoir rendus. J'ai été assez heureux pour vous servir quelques fois de bureau de renseignements, lorsque le hasard m'avait fait tomber quelque bonne trouvaille entre les mains. C'est ainsi que j'ai eu la chance de me procurer l'opuscule de Lobatchefsky, et de trouver moyen d'en publier la traduction [1]. Je fus frappé d'y rencontrer l'explication d'une circonstance qui m'avait frappé : l'impossibilité de démontrer le *postulatum*.

J'étais bien convaincu qu'une proposition qui avait résisté aux efforts de tous les géomètres était bien indémontrable ; mais je n'en pouvais encore alléguer d'autre preuve que ma confiance dans l'habileté des chercheurs. J'éprouvai une vive satisfaction quand je vis enfin le *pourquoi*, et je cherchai à répandre le plus possible mes renseignements.

Il paraît que la question était mûre à cette époque, car, peu de temps, après la publication de mes traductions de Lobatchefsky et de Bolyai [2], parurent, indépendamment de ces publications, vos recherches sur le même sujet, puis celles de Flye-Ste-Marie et de Saleta. D'autre part Riemann, Helmholtz, Cayley, Beltrami, Battaglini, Klein et d'autres encore traitaient le même sujet en partant d'un point de vue plus transcendant. Ces recherches ont dépassé de beaucoup ce que je pouvais soupçonner.

Je vous ai adressé aujourd'hui par la poste les brochures de Wagner et de Spitz. J'ai compris que vous aviez celle de v. Escherich [3] ; si j'ai mal compris, je vous la ferai parvenir au plus vite. Vous nous rendrez un bien grand service en nous envoyant un article pour notre *Bulletin*, et *a fortiori* en nous en envoyant plusieurs. Si l'imprimeur voit la copie abonder, cela le décidera peut-être à se dépêcher d'imprimer.

J'ai hâte de lire le travail que vous promettez à notre Société. Je vous prierai de vouloir bien en accompagner l'envoi d'une notice destinée à être lue dans la séance de présentation à la Société et à être insérée dans le procès-verbal. Vous nous aviez fait espérer aussi une Note sur les équations différentielles de la Balistique [4].

---

†. Cette lettre est rédigée sur du papier de deuil.
1. [H27].
2. [H38].
3. Voir la lettre 2.100.
4. Voir la lettre 2.96.

Je suis occupé en ce moment de l'étude de l'Histoire des mathématiques de Hankel [5], sur laquelle je voudrais faire un article dans le Bulletin [6]. C'est une besogne qui ne manque pas d'intérêt, mais qui est bien longue et bien difficile, surtout pour moi qui n'ai pas du tout l'étoffe d'un historien. Je crains bien de ne pas réussir à faire une analyse digne du livre !

Agréez, mon cher collègue l'assurance de mes sentiments de sincère amitié.

J. Hoüel

2.103 Lettre de De Tilly à Hoüel du 12 mai 1875

Bruxelles, le 12 mai 1875.

Mon cher Monsieur,

Vous devez bien m'en vouloir pour le long silence que je garde après vous avoir fait tant de promesses et vous devez me mettre, dans votre pensée, sur la même ligne que ceux de vos compatriotes dont vous me dites que vous ne pouvez rien en obtenir.

Je viens timidement m'excuser et vous donner l'assurance formelle que les travaux que je vous dois* sont inscrits maintenant en tête de ma liste, c'est-à-dire immédiatement après ma besogne quotidienne et obligatoire.

Malheureusement, celle-ci est terriblement assujettissante et de plus, je passe une bonne partie de mon temps en chemin de fer, allant très-souvent voir ma femme, qui se trouve à Gand, dans sa famille ; elle a donné le jour à une fille, il y a trois semaines, et n'est pas rétablie. Quoiqu'il en soit, après les petits travaux que je vous envoie aujourd'hui et qui étaient plus ou moins obligés, vous ne verrez plus rien paraître de moi**, sans que j'ai satisfait d'abord à mes obligations envers vous.

J'ai reçu votre Note sur le rôle de l'expérience dans les sciences exactes [1], et je l'ai lue avec plaisir. Inutile de dire que nous sommes d'accord sur tous les points. Les deux derniers volumes de *Mémoires* que vous m'avez envoyés portent en tête ; respectivement :

Tome X, 1er cahier
Tome I (2e série), 1er cahier

J'ignore si le second cahier du Tome X doit encore paraître.

Je vous ai dit, il y a longtemps déjà, que je me ralliais à votre opinion, ainsi qu'à celle de M. Darboux, sur la possibilité de fonctions continues sans dérivées, résultant des travaux de Riemann, Hankel, Weierstrass et autres. Toutefois, j'éprouve souvent des scrupules à ce sujet et je me propose d'étudier à fond l'une de ces fonctions, par exemple celle de M. Schwarz, qui parait si simple [2] :

$$x = \varphi(t) = \sum_{n=0}^{n=\infty} \frac{E(2^n t) + \sqrt{2^n t - E(2^n t)}}{4^n}$$

5. [Han74].
6. [H117].
1. [H60].
2. Voir la fin de la lettre 2.89. La simplicité est présentée par Schwarz comme le principal intérêt de son exemple : « Le nouvel exemple donné dans la présente communication ne sera peut-être pas sans intérêt à cause de sa simplicité, sans prétendre à aucune supériorité sur les autres déjà connus » [Sch73a, p. 34]. Voir aussi le paragraphe 1.3.4.

pour débarrasser mon esprit d'une objection qui me fait encore douter quelquefois.

La voici : t représentant le temps et x l'espace parcouru par un point (sur l'axe des abscisses par exemple) au bout du temps t, dire que la dérivée $\frac{\partial x}{\partial t}$ peut ne pas exister pour certaines valeurs de t, c'est dire que, en certains endroits du parcours, le point mobile n'a pas de vitesse déterminée, car la vitesse ne serait autre que la dérivée.

Il faut donc d'abord se représenter un point en mouvement continu, sans vitesse déterminée. Ceci n'est pas impossible, car on peut prétendre que la notion dynamique de vitesse résulte de l'expérience, et que cette expérience n'a pu porter que sur des *points matériels* ; que si l'on dépouille les points de leur matérialité pour considérer leur mouvement d'une manière purement géométrique, on leur enlève en même temps la propriété générale et absolue d'avoir une vitesse déterminée.

Mais, à côté du point géométrique qui décrit l'axe des abscisses, imaginons un[†] point matériel qui suive le mouvement du premier sous l'action de forces dirigées aussi suivant l'axe des abscisses (positives ou négatives) mais dont je règle à mon gré l'intensité. Parviendrai-je ou ne parviendrai-je pas à donner le même mouvement au point matériel qu'au point géométrique ?

Ne pas pouvoir parvenir à donner au point matériel un mouvement déterminé et continu serait étrange, puisque je dispose à mon gré des forces motrices.

Si j'y parviens, au contraire, la notion absolue de vitesse n'existe plus même pour le point matériel (puisqu'il a alors le même mouvement que l'autre) ; elle se trouve expulsée de la Dynamique aussi bien que de la Cinématique. Cela me parait grave.

Je suis loin de prétendre qu'il n'y ait pas de réponse possible, mais je crois que tant que l'on n'aura pas répondu clairement à cette question, on ne comprendra pas bien le pourquoi de la propriété que Riemann a cherché à établir.

Dans un Mémoire de M. du Bois-Reymond, qui a paru dans un des derniers cahiers du Journal de Crelle [3], l'auteur traite des fonctions dont la dérivée est indéterminée et il cite un extrait des recherches de M. Weierstrass, qui est arrivé à former des fonctions n'ayant de dérivée pour aucune valeur de la variable et qui pourtant sont continues [4]. C'est de plus en plus fort.

J'aurai à étudier de nouveau ce sujet à propos d'une *Notice* sur la vie et les travaux de M. Lamarle (que nous venons de perdre), notice que l'Académie m'a chargé d'écrire [5]. Il y a beaucoup d'idées justes, ingénieuses et peu connues dans

---

†. ~~autre~~

3. [BR75].

4. Dans une communication à l'Académie royale de Berlin le 18 juillet 1872, Weierstass présente un exemple de fonction continue nulle part dérivable : $f(x) = \sum_{n=0}^{\infty} b^n \cos(a^n \pi x)$ où a est un entier impair, $0 < b < 1$ et $ab > 1 + \frac{3}{2}\pi$ [Wei72]. Dans son article, Du Bois-Reymond expose la preuve de Weierstrass [BR75, p. 30-31]. Voir l'encadré 1.3.3.

5. Dans [DT53], De Tilly revient sur les interrogations provoquées en cinématique par la question des fonctions continues non dérivables qu'il vient d'évoquer :

> « Comme nous l'avons dit plus haut, la différentielle d'une grandeur quelconque, sans cesse variable, est la vitesse du point qui décrit le segment de droite substitué, comme équivalent numérique, à cette même grandeur.
>
> Mais la vitesse d'un point qui se meut suivant une loi quelconque, constitue-t-elle une notion claire *a priori* ?
>
> Oui, d'après Lamarle, qui précise son opinion dans la phrase suivante (*Essai sur les principes fondamentaux de l'analyse transcendante*, Liège, 1845 ; Introduction, page 1) :
>
> « Un corps se meut. Il y a vitesse, c'est-à-dire réalisation d'un état particulier, en vertu duquel le mouvement subsiste. Que cet état demeure constant, ou bien qu'il varie avec continuité, il n'en est lui-même, ni plus, ni moins, facile à concevoir. Autre chose est de la vitesse estimée par l'espace et le temps. »

les travaux de Lamarle. Puissé-je contribuer à en mettre quelques-unes en lumière ! Mais il faut du temps pour cela. Dans aucun cas, la Notice ne paraîtra avant la fin 1876.

J'ai appris hier indirectement (car il ne m'a jamais fait l'honneur de m'écrire) que M. Genocchi est, de nouveau, très-mécontent de moi. Comme il pourrait y faire allusion dans sa correspondance avec vous, je tiens à ce que vous sachiez à quoi se réduisent mes méfaits à l'égard de cet irritable personnage. Des lettres de lui sur le développement de la fonction $\ell.\Gamma(x)$ me furent envoyées à l'examen en février 1874 (Bull, T. 37, p. 160) ; à la séance suivante (Bull, p. 270), j'exprimai le désir de me voir remplacé, *pour des motifs personnels*, dans les fonctions de commissaire [6]. Celui qui me remplaça n'autorisa l'impression que d'un paragraphe des lettres. Elle eut lieu dans le même Bulletin (p. 351) [7]. Je répondis alors, seulement à la partie publiée (T. 38, p. 67 ou *tiré à part* que je vous envoie aujourd'hui [8]). Or, M. Genocchi n'a lu cette réponse que récemment et il est mécontent, soit de la réponse même, soit de n'en avoir pas reçu de *tiré-à-part*. Aussi se plaint-il non seulement de moi, mais de M. Liagre et de toute l'Académie.

Je trouve cette prétention exagérée. Vous jugerez si la réponse est de nature à irriter qui que ce soit, et quant aux *tirés-à-part*, M. Genocchi devrait comprendre, d'après l'ensemble de cette affaire, que je n'ai aucune raison de chercher à lui être particulièrement agréable. Je lui dois la loyauté et la courtoisie, comme à tout le monde, mais non une prévenance spéciale. M. Liagre et l'Académie ne la lui doivent pas davantage.

Je regrette d'autant plus ce dissentiment que je suis menacé aussi d'une polémique avec M. Maximilien Marie [9], à propos d'un autre petit rapport que je vous

---

> Lagrange disait que tout le monde a *ou croit avoir* une idée claire de la vitesse. Il exprimait donc un léger doute. Aujourd'hui le doute n'est plus possible : un point géométrique qui se mouvrait suivant une loi *quelconque*, de manière à réaliser, comme Lamarle le voulait, la marche d'une fonction, même continue, ne posséderait pas nécessairement une vitesse déterminée à chaque instant. La notion de vitesse n'est donc pas une notion claire *a priori*.
> Si, au lieu de définir la dérivée au moyen de la *vitesse*, on tentait de la définir au moyen de la direction, on rencontrerait les mêmes difficultés.
> On doit admettre, en mécanique rationnelle, que tout point *matériel* possède à chaque instant une direction et une vitesse déterminées, mais on ne peut, ni transporter ces propriétés à un point immatériel, ni admettre qu'un point matériel puisse se mouvoir de manière à représenter par son mouvement la marche d'une fonction quelconque, même continue. Le calcul infinitésimal, comme l'entendait Lamarle, ne serait donc applicable qu'aux fonctions dont la marche peut être représentée par le mouvement d'un point *matériel*. Il est possible d'ailleurs que cette restriction soit réellement nécessaire et, en tout cas, elle laisse intactes les applications les plus utiles de ce calcul. » [DT53, p. 223-224]

Voir aussi la note 6 de la lettre 2.105.

6. L'Académie désigne Ernest Quetelet (1825-1878), le fils aîné d'Adolphe Quetelet, pour remplacer De Tilly.

7. À la suite du rapport de Ernest Quetelet, l'Académie décide d'imprimer les paragraphes dans lesquels Genocchi signale l'antériorité, par rapport à ceux de Gilbert, de ses résultats concernant le développement de $\log \Gamma(x)$:

> « Je ferai remarquer que les séries semblables à celle de Binet, données par M. Gilbert (...) avaient déjà été publiées par moi, dans deux écrits qui ont paru en 1855 et 1859 dans les Annales de M. Tortolini (...), avec quelques autres résultats qui ne sont pas dépourvus d'intérêt. » (p. 351-352)

8. Dans [DT28], De Tilly revient sur la revendication de priorité de Genocchi et en modère les termes en signalant qu'une des formules de Gilbert est « plus générale que toutes celles qui sont données par M. Genocchi. » [DT28, p. 68]

9. Après des études à l'École polytechnique, Maximilien Marie (1819-1891) embrasse brièvement

envoie [10]. Cette polémique a déjà commencé par lettres et sous forme courtoise ; j'espère qu'elle n'ira pas plus loin.

Je n'ai pas envoyé toutes mes petites brochures à la Société. Je lui enverrai un paquet en même temps que mon Mémoire de Géométrie.

Je vous prie, mon cher collègue, d'agréer l'expression de mes sentiments affectueux et dévoués.

Jh De Tilly

*Géométrie, article pour le Bulletin, équations différentielles de la Balistique.

**sauf encore deux petites notes envoyées à la *Nouvelle Correspondance mathématique* et qui paraîtront *peut être* un jour. Les rédacteurs de cette publication ont beaucoup de peine à faire marcher leur imprimeur. *Trois* fascicules seulement ont paru, tandis qu'il en faudrait *cinq* d'après le prospectus [11].

2.104 Lettre de Hoüel à De Tilly du 26 juin 1875

Bordeaux, le 26 juin 1875 [†].

Mon cher Monsieur,

Vous avez grand tort de craindre des plaintes de ma part, pour ne pas m'avoir répondu assez tôt. J'ai trop besoin moi-même de l'indulgence des autres pour n'en avoir pas pour eux une illimitée. J'aurais dû, en effet, ne pas attendre six semaines pour vous remercier de votre bonne lettre du 12 mai et des intéressantes brochures qui l'accompagnaient. J'en ai lu les plus courtes avec grand plaisir. Je réserve les plus longues pour le temps des vacances.

J'espère que vos préoccupations relatives à la santé de madame De Tilly ont cessé [1], et que maintenant son rétablissement est complet. C'est seulement quand on est délivré de tels soucis que l'on peut se remettre de tout cœur au travail.

Je vous suis bien reconnaissant des travaux dont vous me promettez l'envoi pour le *Bulletin* et pour notre *Société*, qui l'un et l'autre ont grand besoin de collaborateurs comme vous.

J'espère que vous avez reçu le 2e cahier du tome X des *Mémoires* de la *Société*. Vous recevrez d'ici à deux ou trois jours le complément de ce Volume, contenant des extraits des Procès-Verbaux, la table générale des 10 premiers volumes et quelques renseignements plus ou moins administratifs. Comme les diverses parties de ce tome X ont été l'objet de plusieurs envois successifs, je vous prierai de comparer ce que vous avez reçu avec la table des matières du *volume* (immédiatement après le titre), afin de voir si rien ne vous manque.

---

une carrière militaire. En 1862, il est nommé repétiteur de mécanique puis examinateur d'admission (1875) à l'École polytechnique.

10. L'Académie de Bruxelles propose un concours de mathématiques pour l'année 1874 dont la première question est : « Perfectionner, en quelque point important, soit dans ses principes, soit dans ses applications, la théorie des fonctions d'une variable imaginaire. » Dans son rapport [DT29], De Tilly qualifie le mémoire soumis par Marie en réponse à cette question de « tissu d'assertions sans preuves » [DT29, p. 717] tout en reconnaissant que les propositions qu'il contient sont certainement exactes. De Tilly en conclut que la question doit être reproposée au concours de 1876. Il sera à nouveau commissaire et rapportera plus favorablement sur la soumission de Marie [DT45].

11. [DT33] & [DT34].

†. Cette lettre est rédigée sur du papier de deuil.

1. Voir la lettre précédente.

Je conviens bien avec vous qu'il est étrange que l'on ne puisse pas toujours trouver des forces capables de faire décrire à un point matériel une courbe représentée par une équation donnée. Mais les définitions mêmes de la vitesse et de l'accélération sont précisément en défaut dans le cas cité. Alors les formules et les théorèmes de Mécanique cessent d'exister, et je ne crois pas que l'on soit en droit d'en rien conclure contre un fait d'Analyse.

Une chose certaine, c'est que les principes admis autrefois dans la théorie générale des fonctions ont reçu dans ces derniers temps de rudes atteintes, et beaucoup d'anciens axiômes réputés incontestables sont passés à l'état de simples hypothèses, ni plus ni moins que le principe des parallèles. C'est en grande partie aux profondes recherches de Weierstrass qu'est due cette révolution. Il est malheureux que ce grand analyste répugne tant à écrire. On ne connaît la plupart de ses idées que par les souvenirs de ses élèves, dont plusieurs, dit-on, ont mieux retenu les découvertes que le nom de l'auteur [2]. Je vous assure que, pour beaucoup de principes, cela devient terriblement *pointu*. Je fais mon possible pour me mettre un peu au courant, en consultant un des initiés [3]. Mais est-ce la faute de mon maître ou celle de mon entendement ? je ne suis pas encore parvenu à mettre mes idées en ordre sur ce sujet. C'est ce qui rend de plus en plus problématique l'exécution de mon ancien projet, de faire imprimer mes Leçons lithographiées [4]. Je ne voudrais y rien mettre qui fût contraire à la vérité naturelle, et, pour cela, je voudrais savoir quelles restrictions je serais obligé d'apporter pour rendre vraies les démonstrations élémentaires que j'ai données, et que je regretterais d'être forcé de remplacer par d'autres plus difficiles. C'est sur ce point que je ne suis pas encore parvenu à m'entendre avec le maître.

Je ne savais pas la perte que la science belge vient de faire dans la personne de M. Lamarle [5]. Il n'avait pas encore accompli sa 69e année. Je possède son Calcul différentiel [6] ; mais je vous avoue ne pas l'avoir étudié. La lecture de cet ouvrage m'a paru assez difficile, et les considérations qu'il emploie au début ne me semble pas toujours avoir toute la netteté désirable [7].

Vous avez pu voir dans les *Comptes rendus* que nous avons perdu ici mon savant prédécesseur M. Le Besgue, qui est mort dans sa quatre-vingt-quatrième année. Il avait depuis plusieurs années cessé de produire activement ; cependant jusqu'à ses derniers moments, malgré l'affaiblissement de ses facultés, il s'intéressait toujours

---

2. Dans sa lettre à Mittag-Leffler du 9 mai 1875 dont une copie est conservée à l'Institut Mittag-Leffler, Hoüel écrit :

> « D'après ce que vous me dites, je vois avec plaisir que Gordan ne s'est pas rendu coupable d'un véritable plagiat, et qu'il n'a fait que ramasser ce que Weierstrass sème d'une main vraiment trop libérale. Il est regrettable que cet homme de génie écrive si peu. Beaucoup de paroles qu'il sème tombent sur la bonne terre ; mais aussi combien sont perdues ! Vous êtes bien heureux de pouvoir profiter d'un pareil enseignement, et surtout d'avoir la forme d'esprit mathématique nécessaire pour vous approprier ces savantes leçons ! Vous devez bien plaindre les Français, qui se privent des ressources qu'ils pourraient tirer chez eux, tandis que les Allemands, par l'organisation de leur enseignement, tirent parti de la science de leurs géomètres. »

Pour une étude des contributions de Weierstrass aux principes de l'analyse, voir P. DUGAC, Éléments d'analyse de Karl Weierstrass, *Archive for History of Exact Sciences* 10, 1973, p. 41-174.

3. Il s'agit bien entendu d'une allusion à Darboux.

4. [H55].

5. Lamarle est mort à Douai le 14 mars 1875.

6. [Lam61].

7. La première partie de ce livre de Lamarle s'intitule « Cinématique du point, de la droite et du plan ».

aux Mathématiques. C'est le 10 juin qu'il est mort, et non le 12, comme le dit le *Compte rendu* [8].

Il y a longtemps que je n'ai échangé de lettres avec M. Genocchi. C'est ma faute si la correspondance est momentanément interrompue, car c'est lui qui m'a écrit le dernier. Mais je vous avoue que cela m'agaçait d'avoir à défendre l'existence des surfaces pseudo-sphériques contre un adversaire bien mieux armé que moi pour cette guerre, et dont je devais respecter le talent, quoiqu'il l'employât au service de la mauvaise cause. Je l'ai assez pratiqué pour m'apercevoir qu'il peut n'être pas toujours d'un commerce commode.

Quant à votre autre adversaire, il a fait voir, dans certaines réponses à M. Puiseux (Journal de Liouville, t. 17 ou 18), qu'il peut devenir grincheux à l'occasion [9]. Espérons qu'il ne le deviendra pas avec vous.

Nos contrées du sud-ouest de la France sont maintenant dans la désolation à cause des ravages terribles produits par les inondations. À l'heure où je vous écris, la Garonne atteint à Bordeaux une hauteur qu'on n'avait pas vue de mémoire d'homme. Heureusement le niveau de la ville est supérieur à celui de la rivière [10].

Agréez, mon cher monsieur, l'assurance de mes sentiments les plus affectueux.

J. Hoüel

2.105 Lettre de De Tilly à Hoüel du 22 octobre 1875

Bruxelles, le 22 8bre 1875.

Monsieur et cher collègue,

Je vous écris à Thaon, parce que, d'après vos lettres des années précédentes, je dois supposer que vous y êtes encore jusqu'à la fin du mois.

Si j'ai tardé si longtemps de répondre à votre bonne lettre du 26 juin (! !), c'est que, jusqu'au dernier moment, j'ai espéré pouvoir joindre à la présente l'envoi que je promets depuis si longtemps et pour le retard duquel je suis encore obligé de m'excuser et de demander votre pardon, pour la dernière fois, j'espère.

Depuis que mes préoccupations relatives à la santé de ma femme ont cessé, j'ai travaillé avec toute l'ardeur et l'esprit de suite compatibles avec mes occupations de toute espèce ; j'espérais finir pour aujourd'hui ; j'ai été sur le point d'y réussir, mais finalement j'ai échoué et, comme vous le comprendrez aisément, c'est un travail [1] que je ne désire pas diviser, ou envoyer avant d'en être tout à fait content. J'aurais pu, il est vrai, commencer par les analyses, en retard de presque trois ans. Mais si la plupart des articles sont de nature à être écrits rapidement et facilement,

---

8. Victor-Amédée Le Besgue est né à Grandviliers dans l'Oise le 2 octobre 1791. Il est le premier titulaire de la chaire de mathématiques pures à la Faculté des sciences de Bordeaux qu'il occupe du 12 octobre 1838 au 15 novembre 1858. Il consacre principalement ses recherches à la théorie des nombres. Le 27 avril 1845, Le Besgue est fait chevalier de la Légion d'honneur et, le 8 février 1847, il est élu correspondant de l'Académie des sciences. Hoüel a coécrit la notice [H62] consacrée à son prédécesseur. Voir aussi le chapitre 4.

9. Hoüel fait allusion à un rapport de Puiseux sur deux mémoires présentés par Marie (*Journal de Mathématiques Pures et Appliquées* 18 (2), 1873, p. 180-184) et à une note de ce dernier y faisant suite (*Journal de Mathématiques Pures et Appliquées* 18 (2), 1873, p. 185-201).

10. La crue exceptionnelle de la Garonne causée par de fortes pluies coïncidant avec la fonte des neiges provoque des dégâts considérables dans tout le bassin, en particulier vers Toulouse. La *Revue des deux mondes* XI donne, dans sa livraison du 1er octobre 1875, un compte rendu détaillé de ces inondations (p. 522-567). Cet événement aurait inspiré la nouvelle de Émile Zola intitulée *l'Inondation*.

1. [DT54].

quelques-uns (et naturellement les plus importants) me demanderont une étude plus ou moins longue et je ne me sens pas le courage de la faire avant d'en avoir définitivement fini avec les principes de la Géométrie.

J'avais fixé l'échéance d'aujourd'hui, parce que je commence demain mon *Cours de Balistique*, pour lequel je dois travailler beaucoup en dehors des leçons[2]. Il en résultera un retard d'un mois environ pour les autres travaux. Il est vrai que pendant mon Cours de Balistique, et à cette occasion même, je pourrai écrire ma *Note supplémentaire* sur les travaux récents de Balistique ainsi que sur l'établissement et l'intégration des équations différentielles du mouvement de rotation du projectile[3]. Aussi, d'après le nouvel arrangement que je me trouve forcé d'adopter, vous recevrez ce travail-là en même temps que la Géométrie, puis, peu de temps après, les analyses des publications belges, de manière à nous remettre au courant. Une fois cela fait, j'analyserai les travaux qui paraîtront en Belgique *à mesure* que je les connaîtrai.

J'espère que vous ne m'en voudrez pas trop pour cette montagne de promesses, qui jusqu'à présent n'accouche pas même d'une souris ; croyez à ma bonne volonté et à la peine sincère que j'éprouve de n'en pouvoir pas fournir plus rapidement les preuves matérielles.

J'aime à penser, en revanche, que vous serez content de mes études de Géométrie. Vous savez qu'elles ne seront pas un travail primesautier mais bien le résultat de réflexions qui datent d'une quinzaine d'années, presque sans interruption. Mes idées sont devenues plus précises et plus pratiques il y a cinq ans, lorsque j'eus l'honneur et l'avantage d'entrer en correspondance avec vous ; mais depuis quelques mois, j'ai creusé de nouveau le sujet, et je crois aboutir à une exposition basée au fond sur les idées de Leibnitz et de W. Bolyai, mais à la fois plus rigoureuse et surtout beaucoup plus simple. Aussi je brûle d'impatience de vous la communiquer, mais je dois y renoncer pour un mois environ pour les motifs indiqués plus haut. Il ne s'agit ici que de la ligne droite et du plan ; quant aux parallèles, je conserve ma méthode primitive mais en la simplifiant aussi beaucoup.

Je vous prie donc, mon cher collègue, de patienter encore un peu et d'agréer, en attendant, l'expression de mes sentiments bien sincèrement dévoués.

Jh De Tilly

P. S. Vous me parliez dans votre dernière lettre du Calcul différentiel de Lamarle[4]. Ce géomètre qui, bien entendu, ne connaissait pas le premier mot des idées *nouvelles* sur les fonctions, partait de l'idée de *vitesse* comme d'une notion première, et définissait la dérivée par la vitesse, au lieu de faire l'inverse[5].

Je ne pense pas que cette manière de procéder doive rester dans la science, mais, ayant été plus ou moins nourri des idées de Lamarle, j'ai pensé à me figurer un *point matériel* qui se meut sans avoir de vitesse déterminée, et auquel les lois de la dynamique ne sont pas applicables. Je suis loin de vouloir trancher la question,

2. Ce cours sera publié en 1878 [DT50].
3. Ce projet deviendra probablement [DT42].
4. [Lam61].
5. Voir la note 5 de la lettre 2.103. Dans son *Exposé géométrique* [Lam61], Lamarle inscrit sa tentative de fonder le calcul différentiel et intégral sur la géométrie dans une tradition héritée des XVIIème et XVIIIème siècles [Lam61, p. 6]. Il définit la différentielle de la manière suivante : « La différentielle d'une grandeur quelconque incessamment variable est la vitesse du point qui décrit le segment de droite substitué comme équivalent numérique à cette même grandeur. » [Lam61, p. 8].

d'autant plus que Lagrange semble avoir prévu la difficulté quand il écrivait : « Tout le monde a *ou croit avoir* une notion claire de la vitesse » [6].

2.106 Lettre de Hoüel à De Tilly du 1er décembre 1875

Bordeaux, le 1er décembre 1875 [†].

Monsieur et cher collègue,

J'ai reçu votre aimable lettre à Thaon, où je me trouvais encore, et depuis mon retour je n'ai pu trouver un instant pour vous en remercier, ainsi que de l'envoi que vous m'annoncez de vos deux Notes, géométrique et balistique. Ce sera une bonne fortune pour le recueil de notre Société, après avoir publié les premiers travaux qui aient été faits sur la Géométrie *généralisée*, de publier aussi le vôtre, qui donnera, je crois, le dernier mot sur cette question. Votre travail sur l'intégration des équations du mouvement d'un projectile sera un complément très-intéressant de l'analyse que vous nous avez donnée de la théorie générale [1].

Notre pauvre *Bulletin* a aussi grand besoin de vous. Les collaborateurs nous manquent, et de là vient le retard fâcheux qu'a subi cette année notre publication. On est en train de rattraper l'arriéré ; mais je crains que cela ne se fasse en *tirant un peu à la page*. Aussi serons-nous heureux de vous voir reprendre votre poste dans nos rangs ; nous avons grand besoin d'aides comme vous.

Comme la besogne est considérable, et, il faut bien l'avouer, pas toujours intéressante, ce ne serait pas de trop si vous pouviez nous recruter quelques nouveaux auxiliaires. J'ai envie d'écrire à ce sujet à M. Graindorge [2] ; parlez-lui en, je vous prie, de votre côté si vous avez l'occasion de le voir. Nous aurions besoin de comptes rendus des importantes publications faites à Liège par lui et par d'autres.

Notre éditeur vient de prendre une excellente mesure. Tout auteur de compte rendu aura droit à une rémunération de 2 francs par page d'impression, plus à un tirage à part de 25 exemplaires, sur sa demande [3]. De cette manière, en fournissant une demi-feuille par an, on deviendra abonné gratuit, à moins qu'on ne préfère toucher l'indemnité en espèces ou en livres du catalogue de Gauthier-Villars. Soyez

---

6. Au début de sa *Théorie des fonctions analytiques* de 1797, Lagrange écrit :

> « *Newton*, pour éviter la supposition des infiniment petits, a considéré les quantités mathématiques comme engendrées par le mouvement, et il a cherché une méthode pour déterminer directement les vîtesses ou plutôt le rapport des vîtesses variables avec lesquelles ces quantités sont produites ; c'est ce qu'on appelle, d'après lui, la *méthode des fluxions* ou *le calcul fluxionnel*, parce qu'il a nommé ces vîtesses fluxions des quantités. Cette méthode ou ce calcul s'accorde pour le fond et pour les opérations, avec le calcul différentiel, et n'en diffère que par la métaphysique qui paraît en effet plus claire, parce que tout le monde a ou croit avoir une idée de la vîtesse. » (p. 3-4)

†. Cette lettre a été utilisée par De Tilly comme pense-bête. L'entête comporte ainsi des annotations qui se sont vues ensuite vigoureusement rayées.

1. [DT23].

2. En 1874, Louis Arnold Joseph Graindorge (1843-1896) se présente comme docteur en sciences physico-mathématiques, répétiteur à l'École des mines de Liège et membre de la Société royale des sciences de Liège ainsi que de la Société mathématique de Paris. On trouve un compte rendu de sa thèse dans le *Bulletin* II, 1871, p. 199-200. À partir de 1876, il devient professeur de géométrie analytique et de mécanique analytique à l'Université de Liège.

3. Voir la lettre 3.35 de Darboux à Hoüel et la réponse 3.36.

assez bon, je vous prie, pour communiquer cet avis à toutes les personnes dont vous jugerez que le concours pourrait nous être utile.

Il faut que nous tâchions d'arriver à lutter avec succès contre l'excellente publication qui se fait à Berlin : *Jahrbuch für die Fortschritte der gesammten Mathematik*. Pour cela, il nous faut avoir, comme les rédacteurs du *Jahrbuch*, beaucoup de collaborateurs, et de bons [4]. Nous comptons sur votre concours, tant pour la rédaction que pour le recrutement.

Je n'aurai guère de temps cette année pour m'occuper d'autre chose que de la correction des épreuves. Je dois commencer prochainement l'impression de mon cours de Calcul infinitésimal, et ce n'est pas un petit travail [5]. Il faudra tout revoir, au pont de vue de la forme et du fond. Je vais commencer immédiatement ce travail préparatoire.

Veuillez agréer, mon cher collègue, l'assurance de mes sentiments de bien sincère dévouement.

J. Hoüel

2.107 Lettre de De Tilly à Hoüel du 25 janvier 1876

Bruxelles, le 25 janvier 1876.

Monsieur et cher collègue,

Si j'ai tardé si longtemps de répondre à votre bonne lettre du 1er décembre, c'est que je voulais vous envoyer en même temps mon Mémoire de Géométrie [1], qui peut être considéré comme terminé. Mais une nouvelle affaire, me tombant sur les bras aujourd'hui, va me prendre quelques jours encore et cependant je ne veux pas laisser passer le mois de janvier sans vous adresser mes souhaits de nouvel an. Veuillez croire à la sincérité des vœux que je fais pour votre parfait bonheur.

Je ne dirai rien ici de mon Mémoire : vous en jugerez et j'espère qu'il répondra à votre attente. Veuillez seulement, si vous écrivez à M. Beltrami, lui dire que j'admets complétement sa critique relative à ma réponse à M. Genocchi. Tout ce que j'ai écrit est exact, bien entendu (et M. Beltrami ne le contestait pas), mais tout pouvait en effet se déduire bien plus facilement des calculs de M. Beltrami que de ceux de M. Flye-Sainte-Marie. C'est ce que je fais maintenant [2].

J'ai reçu votre remarquable Mémoire sur le développement de la fonction perturbatrice, et je vous en remercie [3].

Mon travail sur l'intégration des équations de la Balistique se réduira presque à un Compte-rendu vu que l'un de vos compatriotes, M. le comte Magnus de Sparre [4], capitaine d'artillerie, a publié (dans les Bulletins de la Société de Statistique de

4. La page XXXIV du quatrième volume du *Jahrbuch* (couvrant l'année 1872 et publié en 1875) présente une liste de 39 collaborateurs qui ont contribué aux quatre premiers numéros de ce journal.

5. [H64].

1. [DT54].

2. Voir la lettre 2.87 ainsi que la lettre 2.89.

3. [H59].

4. Magnus Louis Marie de Sparre (1849-1933) est chargé de cours à la faculté des sciences de l'université catholique de Lyon à partir de 1877. Il est nommé professeur dans cette même faculté en 1882 après avoir soutenu une thèse de mathématique consacrée au *mouvement du pendule conique à la surface de la Terre* (1882).

l'Isère), un magnifique travail sur cette question, où la solution est poussée plus loin que je n'avais osé l'espérer [5].

Une fois débarrassé de la Géométrie et de la Balistique, comptez sur moi pour le *Bulletin*.

Je n'ai pas l'avantage de connaître personnellement M. Graindorge, mais je le connais de réputation et je pense, comme vous, que sa collaboration serait très-utile au *Bulletin* [6].

Je vous quitte pour aujourd'hui, mon cher collègue, mais à bientôt l'envoi de mon Mémoire.

Je vous renouvelle mes souhaits et vous prie d'agréer l'assurance de mes sentiments bien dévoués.

Jh De Tilly

2.108 Lettre de Hoüel à De Tilly du 26 avril 1876

Bordeaux, le 26 avril 1876.

Monsieur et cher collègue,

Voilà trois mois d'écoulés depuis que j'ai reçu votre dernière lettre, et je n'ai pu encore trouver un seul instant pour vous en remercier. J'ai été et je suis encore accablé d'ouvrage de toute nature, et arrêté par des affaires extra-professionnelles qui me font perdre bien du temps. Je suis parvenu cependant à achever à peu près le remaniement de mon Cours de Calcul infinitésimal, dont l'impression ne tardera pas à commencer [1].

J'ai lu avec le plus vif plaisir ce que vous me communiquez sur votre Mémoire relatif à la Géométrie non-euclidienne. Ce sera une bonne fortune pour notre Société d'avoir ce travail à insérer dans son Recueil, et nous l'attendons avec impatience, ainsi que votre travail sur l'intégration des équations différentielles de la Balistique.

Notre *Bulletin* aurait aussi grand besoin de votre aide pour le remettre au courant avec les publications de l'Académie de Belgique. Nous sommes en arrière de plusieurs années, et cependant cette Académie produit des travaux que nos lecteurs nous reprocheraient de passer sous silence.

Je ne sais si je vous ai communiqué les nouvelles dispositions de la Direction du *Bulletin* relativement aux auteurs d'analyses d'ouvrages et de recueils périodiques [2]. Je vous envoie ci-jointe une feuille qui vous mettra au courant. J'ajoute que vous aurez, toutes les fois que vous en ferez la demande, 25 tirages à part *gratuits* de vos articles.

Je vous adresse, avec cette lettre, un exemplaire d'un opuscule à la réimpression duquel j'ai présidé, et qui a un certain intérêt pour l'histoire des logarithmes [3].

---

5. M. de Sparre, Mouvement des projectiles oblongs dans le cas du tir de plein fouet, *Bulletin de la Société de statistique, des sciences naturelles et des arts industriels du département de l'Isère* V (3), 1876, p. 321-408. De Tilly fera les rapports [DT90], [DT93], [DT110], [DT124] et [DT125] de travaux du comte de Sparre.

6. Voir la lettre précédente.

1. [H64].

2. Hoüel l'a déjà fait dans la lettre 2.106.

3. Hoüel s'est occupé de faire réimprimer un travail de Zecchini Leonelli [H63]. Voir la lettre adressée Hoüel par Bellavitis le 20 février 1869 [BGT98, p. 219].

Veuillez agréer, mon cher collègue, l'assurance de mes sentiments affectueux et dévoués.

J. Hoüel

2.109 Lettre de De Tilly à Hoüel du 7 août 1876

Bruxelles, le 7 août 1876.

Mon cher Monsieur,

Voilà bien longtemps que je dois vous écrire pour vous remercier de vos nombreux envois et m'excuser comme toujours, sur le retard des miens.

L'ouvrage de Leonelli [1], que j'ai reçu au mois d'avril, m'a intéressé d'autant plus que nous avons aussi, en ce moment, en Belgique, un inventeur de tables de logarithmes appelé Namur [2]. Dès que je reçus votre aimable envoi, un premier coup d'oeil me fit croire que la méthode qui y était développée enlevait la priorité à M. Namur, dont je ne connaissais pas alors explicitement l'idée. C'est pourquoi j'expédiai immédiatement l'ouvrage à M. Mansion qui me répondit dès le lendemain : « Le procédé de Briggs, Leonelli, etc., a été réinventé en ce siècle au moins cinq fois encore, mais il diffère de celui de M. Namur, qui a eu une idée absolument nouvelle. Grâce à cette idée, l'interpolation se fait avec le maximum de sûreté et de simplicité. »

Je donnerai une comparaison rapide de la méthode de Namur avec les autres dans le Bulletin des Sciences mathématiques [3], et j'espère que ce sera cette année, mais je ne sais si, après tous mes retards, vous conservez encore assez de confiance en moi pour croire que je parviendrai à me remettre au courant. C'est mon ferme espoir d'en finir complétement cette année. D'ailleurs, j'approche du terme de ma carrière professorale (les officiers ne restent généralement professeurs à l'École Militaire que dans le grade de capitaine) et, quelque position que l'on me donne, je serai plus libre qu'aujourd'hui pour m'occuper de mathématiques pures.

Je vous remercie aussi pour l'envoi du livre de M. Frischauf [4] et vous prie de vouloir bien, quand vous écrirez à ce Géomètre, le remercier de ma part. Le titre du livre m'avait fait croire un instant que le mien deviendrait inutile ; j'ai constaté par une lecture rapide qu'il n'en est rien. Il n'y aura presque rien de commun entre les deux méthodes d'exposition. Si je ne me trompe (mais je sais combien on est exposé à se tromper quand on est juge et partie), l'exposition de M. Frischauf l'emportera de beaucoup sous le rapport de l'érudition ; la mienne sous le rapport de l'imagination ; de la rigueur et de la simplicité. J'y reviendrai tout-à-l'heure. Je suppose que M. Frischauf fera paraître dans le Bulletin une analyse de son très-intéressant ouvrage [5]. Si, au contraire, vous désiriez que cette analyse fût faite par

1. [H63].

2. En 1876, après avoir longtemps été employé dans une banque (*Bulletins* XLI (2), 1876, p. 925), Albert Joseph Namur (1817-1880) est un haut fonctionnaire qui occupe la place de secrétaire de l'École moyenne de l'État à Thuin. Dans la séance du 2 décembre 1876, il sollicitera un subside de l'Académie afin de poursuivre ses travaux (*Bulletins* XLII (2), 1876, p. 826).

3. De Tilly ne tiendra pas promesse. Un compte rendu de Mansion sur l'ouvrage de Namur intitulé *Tables de logarithmes à 12 décimales jusqu'à 434 milliards*, Hayez, Bruxelles & Gauthier-Villars, Paris, 1877 est publié dans le *Bulletin* III (2), 1879, p. 12-13.

4. J. Frischauf, *Elemente der absoluten Geometrie*, Teubner, Leipzig, 1876.

5. Il semble que ce livre de Frischauf ne soit pas mentionné dans le *Bulletin*. Voelke évoque la polémique née en Allemagne suite à la publication de ce travail [Voe05, p. 251-257]. Hoüel publiera

moi, je m'en chargerai volontiers, mais je désirerai alors qu'elle parût en même temps que mon travail, car elle devrait nécessairement contenir quelques légères critiques et je craindrais que les Géomètres ne finissent par me considérer comme un critique présomptueux ou déloyal, blâmant toujours, promettant toujours de faire mieux et n'aboutissant jamais. Je me borne à signaler ici que deux des trois observations que je faisais sur l'ouvrage précédent de M. Frischauf, dans le Bulletin des Sciences mathématiques, peuvent s'appliquer au Traité actuel [6].

Enfin, je vous remercie encore pour l'annonce de votre Cours d'Analyse, actuellement en préparation [7]. M. Charbo [8], nouvellement nommé professeur d'Analyse à notre École, mais qui a déjà donné le Cours comme suppléant, a cherché à se procurer votre précis [9] dans le commerce et il n'y a pas réussi, bien qu'il soit annoncé en vente. Je lui ai prêté mon exemplaire. Il a été extrêmement satisfait du Calcul intégral et m'a dit qu'il l'a donné presque en entier d'après vous. Il n'a pas cru devoir vous suivre pour le Calcul différentiel, j'ignore pourquoi.

Revenons maintenant à ma promesse.

Dans ma lettre du 31 janvier [10], je vous disais que mon Mémoire de Géométrie [11] pouvait être considéré comme terminé. Je n'exagérais pas beaucoup, car je l'ai lu, le 21 février, à M. Mansion, en remplaçant, il est vrai, quelques passages par l'improvisation. M. Mansion m'a paru bien satisfait de l'ensemble, mais pas tout-à-fait convaincu de l'impossibilité, *pour un homme de génie*, d'arriver un jour à une exploration plus complète de l'idée d'espace, permettant de supprimer l'un ou l'autre de mes axiomes, ou plutôt mon axiome, car, au fond, il n'y en a qu'un [12]. J'ai modifié alors mon explication de manière à rendre ce point encore plus clair et plus tangible. Je devais lire ma nouvelle rédaction le mois passé à M. Catalan, mais une idée nouvelle, qui me parait devoir simplifier encore beaucoup l'exposition, m'ayant récemment traversé l'esprit, j'ai écrit à M. Catalan, que je remets pour la vingtième fois mon ouvrage sur le métier et que je ne pourrais le lui lire que plus tard.

À propos de M. Catalan, permettez-moi une digression. Mes études comprennent non seulement le premier livre, auquel on se borne d'ordinaire, mais les huit livres de la Géométrie élémentaire, dans lesquels j'indique les changements à effectuer, d'après moi, pour obtenir la Géométrie la plus générale, la plus rationnelle et la plus scientifique possible. J'ai pris comme point de départ, pour les livres autres que le premier, l'ouvrage qui m'a paru se rapprocher le plus du but parmi ceux qui

---

en 1878 un compte rendu favorable d'un autre ouvrage de Frischauf [H126], la seconde édition de son cours de géométrie élémentaire.

6. Dans son compte rendu [DT30], De Tilly écrivait : « Si, écartant le point de vue historique, on voulait juger les Ouvrages de J. et de W. Bolyai, même remaniés par M. Frischauf, avec les idées actuelles, on ne pourrait s'empêcher de les trouver un peu arriérés. » Toutefois, il nuance en affirmant que « ce n'est point là une critique » et que Frischauf « a écrit un Livre digne d'éloges, que nous considérons surtout comme un hommage rendu à deux mathématiciens de génie, dont le nom doit rester dans l'histoire de la Science. »

7. [H64].

8. Jean-Baptiste Charbo (1843-1901) est né à Namur. Après avoir obtenu son doctorat, il commence une carrière militaire qu'il poursuit comme professeur à l'École militaire. Il est nommé à l'Université libre de Bruxelles, d'abord professeur extraordinaire en 1879 puis professeur ordinaire en 1880 en charge du cours d'analyse. Il sera doyen de cette université entre 1883 et 1885.

9. [H55].

10. La lettre date en fait du 25 janvier. Voir la lettre 2.107.

11. [DT54].

12. L'axiome principal de la version définitive de son *Essai* [DT54], commun à toutes les géométries, affirme la possibilité de la notion de distance.

sont écrits en langue française, c'est-à-dire Rouché et de Comberousse (3e éd.) [13], mais j'y propose de très-nombreux changements [14].

J'ai rencontré une difficulté dans la mesure de l'aire des surfaces courbes. On dispose ici d'un moyen de démonstration de moins que pour les courbes, parce qu'on ne peut pas diviser les surfaces en parties qui soient séparément concaves ou convexes dans toute leur étendue. Je crois avoir vaincu cette difficulté, mais elle s'est représentée sous une autre forme quand il s'est agi de démontrer que la surface de la sphère est minimum (parmi celle des corps de même volume). La démonstration de MM. Rouché et de Comberousse pêche au moins en ce point qu'ils prétendent comparer des aires *quelconques* tandis qu'ils n'ont défini l'aire des surfaces courbes que pour des cas particuliers [15]. J'ai trouvé [†] une démonstration beaucoup plus courte et plus intuitive que celles que l'on connait, mais elle suppose que la surface minimum soit nécessairement convexe. Je crois que les démonstrations connues (celles de Steiner notamment [16]) contiennent aussi toutes, explicitement ou implicitement, ce lemme, que je n'ai pas réussi jusqu'ici à démontrer. Il y a une prétendue démonstration dans la Géométrie de M. Catalan (2e éd.) [17], mais elle n'est pas exacte. Je le lui ai signalé et il m'a répondu qu'il était trop accablé de besogne pour s'occuper actuellement de cette question. Avez-vous déjà eu l'occasion de penser à cette singulière difficulté ? C'était là l'objet de ma digression. Je reprends maintenant l'exposition de mon plan.

J'estime qu'en y allant sans trop de précipitation j'aurai fini ma nouvelle rédaction vers la fin d'août. Je vous l'enverrai à Thaon, afin que vous puissiez la lire à tête reposée pendant vos vacances et m'envoyer ensuite vos objections, car plus vous m'en ferez, plus je vous devrai de reconnaissance. Je ne demande pas une approbation ni une impression* hâtives : j'ai attendu longtemps pour produire mes idées et je puis attendre encore, mais je demande une critique sévère, ne laissant rien

13. [RC74].

14. Après avoir exposé les principes de la géométrie générale dans le premier chapitre de son *Essai* [DT54], De Tilly s'intéresse, dans le deuxième chapitre, aux modifications que ceux-ci apportent à l'exposition de la géométrie élémentaire. Pour illustrer son propos, il suit point par point le *Traité de géométrie élémentaire* de Rouché et de Comberousse auquel il propose une série de modifications.

15. Le reproche de De Tilly est justifié car Rouché et de Comberousse ne définissent que les aires de certaines surfaces (cylindres, cônes, sphère...) tout en prétendant montrer que la sphère possède la propriété de minimiser l'aire parmi les surfaces de volume donné [RC74, IIème partie, p. 230-231]. Dans la septième édition [RC00, IIème partie, p. 234], les auteurs donnent un argument selon lequel la figure qui réalise le minimum doit être nécessairement convexe, « sans quoi on pourrait augmenter le volume du corps sans augmenter l'aire ».

†. ~~ici~~

16. J. Steiner, Sur le maximum et le minimum des figures dans le plan, sur la sphère et dans l'espace en général, *Journal für die reine und angewandte Mathematik* XXIV, 1842, p. 93-152 & p. 189-250. Steiner utilise implicitement la convexité lorsqu'il suppose qu'il existe « une direction dans laquelle toutes les droites ne rencontrent la surface qu'en deux points. » (p. 239)

17. E. Catalan, *Éléments de géométrie*, Decq, Liège, deuxième édition, 1866.
Dans le deuxième tirage de la première édition de son ouvrage (1847), pour démontrer que le cercle est la figure d'aire maximum pour un périmètre donné, Catalan commence par montrer : 1. parmi toutes les figures ayant un périmètre donné il existe un ou plusieurs maxima, 2. nécessairement les figures réalisant l'aire maximale sont convexes, 3. « toute droite qui divise le contour d'une figure maximum en deux parties équivalentes divise aussi la surface de cette figure en deux parties équivalentes. » (p. 149)
Il prouve par l'absurde le point 2 :

> « Considérons, en effet, la figure non convexe $ACBD$ [non convexe entre A et B]. Si nous faisons tourner la partie rentrante ACB autour des points A et B, nous pourrons former une figure $AC'B$, ayant même périmètre que la première, et qui sera évidemment plus grande que celle-ci. » (p. 149)

passer qui ne soit pas absolument clair, absolument certain. Si je ne craignais pas d'abuser de votre bonté pour moi, je vous ferais encore une demande, c'est d'écrire vous-même la Préface, après que vous aurez vos apaisements sur le contenu de l'ouvrage. Si vous m'accordiez cela, je ne mettrai dans le manuscrit que des *Notes pour la préface*, c'est-à-dire des indications sans style, sans transitions, de certaines idées qui pourraient être exprimées dans la Préface, si vous le jugiez convenable. Je vous demande cela, parce que vous possédez, à bien plus haut degré que moi, le talent d'écrire ces Préfaces et de préparer le lecteur à apprécier ce qu'il peut y avoir de neuf et de remarquable dans un ouvrage, ainsi que l'érudition nécessaire pour rappeler les précédents de la question. Je suis donc certain que mon Mémoire y gagnerait beaucoup [18].

Comme je vous le disais, j'espère vous l'expédier vers la fin août. Je dois consacrer le mois de septembre à des affaires de service ; mais les trois derniers mois de l'année seront employés à une Note biographique sur M. Lamarle [19] et aux articles pour votre Bulletin, sur les publications belges, et je me flatte de l'espoir d'être au courant de tout le 31 septembre. Quant à la Balistique, je vous ai envoyé hier
1° pour vous un tout petit Mémoire imprimé [20].
2° pour la Société, ce même petit Mémoire accompagné de [††] trois autres que vous avez déjà, d'une collection de petits Rapports, et d'une Note manuscrite que je vous prie de vouloir bien lire en séance et faire insérer aux Procès-verbal, si cela peut se faire sans inconvénient [21].
En outre, je vous ai envoyé encore
3° L'ouvrage de Cassani, que j'ai analysé dans le temps [22], mais que j'avais conservé, croyant lui emprunter quelque chose, ce à quoi j'ai renoncé [23].
4° Le manuscrit de M. Souvorof sur les caractéristiques des systèmes de trois dimensions [24].
5° Les ouvrages de Spitz et de Wagner [25]. Je les ai examinés. Ces ouvrages témoignent bien certainement de l'intérêt qu'attachent les professeurs allemands à faire pénétrer, même dans l'enseignement élémentaire, les méthodes des inventeurs et des grands géomètres, en les simplifiant autant que possible. Mais, au point de vue de l'imagination, de l'invention, je ne suis pas parvenu à trouver dans ces deux ouvrages une seule idée que je puisse faire remarquer ou dont je puisse faire mon profit. Il conviendrait donc, je pense, de signaler simplement ces ouvrages au point de vue indiqué plus haut.

Il n'en est pas tout-à-fait de même de von Escherisch [26]. Bien que, au fond, il n'y ait peut-être rien de nouveau dans son Mémoire, sa lecture m'a aidé à comprendre certaines formules de Beltrami et cela suffit pour que j'en fasse volontiers une petite analyse. Je l'ai jointe à l'envoi [27]. Elle est peut-être un peu trop longue et un peu trop favorable au Mémoire, parce que, pour faire cette analyse, on est bien obligé de

18. Hoüel se chargera de rédiger une préface qui sera lue en séance [H136].
19. [DT53].
20. Il s'agit probablement de [DT27] dont De Tilly avait promis un exemplaire à Hoüel dans la lettre 2.96.
††. ~~deux~~
21. Le travail [DT47] sera présenté à la *Société* de Bordeaux. Voir la note 20 de la lettre 2.110.
22. [DT25].
23. Voir en particulier les lettres 2.49 et 2.81.
24. Voir la lettre 2.59.
25. Voir la lettre 2.100.
26. Voir la lettre 2.100.
27. [DT41].

considérer comme nouvelle des choses qui sont peut-être implicitement comprises dans les formules de Beltrami et autres. Il devient de jour en jour plus difficile de dire du neuf sur la matière ; mais il vaut mieux qu'un Compte-rendu pêche par excès de bienveillance que par l'excès contraire. Comme l'ouvrage m'a été utile, il peut être utile à d'autres.

Veuillez agréer, Monsieur et cher collègue, l'expression de mes sentiments de respect et d'affection.

Jh De Tilly

*au propre et au figuré

2.110 Lettre de Hoüel à De Tilly du 21 août 1876

Bordeaux, le 21 août 1876.

Mon cher Monsieur,

Pardonnez-moi si j'ai tardé deux semaines à vous remercier de votre excellente lettre et des envois qui l'accompagnaient, tant à mon adresse qu'à celle de la Société des Sciences physiques et naturelles. Il n'y a pas longtemps que j'ai terminée ma tâche d'examens, rendue encore plus pénible par la température sénégalienne qui nous a accablés ici pendant un mois et demi [1]. C'est seulement mercredi dernier que j'ai eu ma liberté, et que j'ai pu m'installer tranquillement à la campagne, sans être assujetti à des voyages quotidiens à Bordeaux.

J'ai grande hâte de connaître le nouveau système de logarithmes inventé par votre compatriote [2]. La découverte a-t-elle été publiée soit à part, soit dans quelque recueil ? Je m'empresserais alors de faire venir son travail. En attendant, vous rendrez un grand service à notre *Bulletin* en lui envoyant une Note sur ce sujet [3]. Je vous en dirai autant relativement à l'analyse de l'ouvrage de M. Frischauf, dont le *Bulletin* vous sera très-reconnaissant [4].

C'est surtout votre Traité élémentaire de Géométrie *absolue* que j'attends avec impatience [5] ; je crois que la publication doit toujours être considérée comme éminemment utile, malgré les essais faits jusqu'à présent. Aucun de ces essais ne me semble rédigé avec assez de clarté, ni assez dégagé des préoccupations des anciens géomètres, qui ne s'élevaient pas assez dans l'abstraction pour traiter les conceptions géométriques comme de simples créations de l'intelligence. On croyait qu'il existait une *vraie* géométrie et une *fausse*, et que pour les distinguer il ne s'agissait que de savoir laquelle s'accordait le mieux avec la physique. Il me semble que le point de vue doit être maintenant complétement changé, et que l'on doit faire une distinction profonde entre la vérité intrinsèque d'une doctrine abstraite et son utilité au point de vue des applications physiques.

1. L'été 1876 est réputé avoir été caniculaire en France, particulièrement dans le Sud-Ouest. Les relevés de température indiquent des records à 40° fin juillet à Carcassonne et des moyennes de 22° en juillet et 22° en août à Bordeaux.
2. Voir le début de la lettre 2.109.
3. Ce travail ne sera pas effectué par De Tilly. Voir la note 3 de la lettre 2.109.
4. De Tilly ne fera pas de compte rendu du nouvel ouvrage de Frischauf cité dans la note 4 de la lettre 2.109.
5. [DT54].

Pour notre *Bulletin*, il serait très-possible qu'à partir de l'année prochaine nous fissions quelques modifications à la forme adoptée jusqu'ici pour la Revue des publications périodiques [6]. L'expérience nous a fait voir que, avec le système actuel, il nous est absolument impossible de nous tenir au courant, et de réaliser notre désir de faire connaître au public tout ce qui se publie d'important en Europe dans les sciences mathématiques. Je propose une simplification, qui peut-être sera adoptée, et qui consisterait à publier les titres seuls des Mémoires de chaque volume ou fascicule, avec de très-courtes indications, de manière à nous tenir toujours au courant, mois par mois [7] ; d'autre part, tous les Mémoires importants seraient, autant que possible, analysés de la même manière que les ouvrages détachés, en les traitant plutôt par ordre de matières que d'après le titre de recueil où ils ont paru. De cette manière, chaque rédacteur n'aurait à s'occuper que des matières qui l'intéressent le plus particulièrement. Nous aurions peut-être un peu moins d'analyses ; mais elles seraient plus approfondies.

Si donc vous voulez bien continuer à nous faire les comptes rendus des publications de l'Académie de Bruxelles, vous pourrez choisir avant tout les Mémoires les plus intéressants pour vous, sans vous donner la peine de faire la transcription des titres des autres travaux. Je compte me charger moi-même, avec quelques aides, de cette besogne toute mécanique, de manière à ne laisser à nos collaborateurs que la tâche intéressante et vraiment scientifique. Je vous donnerai d'ailleurs de nouvelles indications, dès qu'il y aura quelque chose de décidé. Vous pourrez, en attendant, commencer votre travail par les articles qui rentreront le mieux dans vos études de prédilection.

Je crois que l'impression de mon Cours d'Analyse [8] ne tardera pas à commencer. Je voudrais pouvoir ajouter, comme l'a fait M. Gilbert, à la fin de chaque chapitre un recueil d'exercices correspondants [9]. Mais ce n'est pas une tâche facile, surtout quand on vient après tant d'autres auteurs, et qu'on ne voudrait pas trop copier ses prédécesseurs les plus connus. Aussi fais-je tous mes efforts pour trouver des exemples dans les auteurs les plus vieux et les moins connus, et quelques fois il s'y rencontre de bonnes choses. Quant à inventer moi-même tous les nouveaux énoncés, cela me semblerait une tâche trop dure [10].

Votre travail sur la Géométrie [11] sera, d'après ce que vous m'indiquez, bien utile et bien intéressant. Il contribuera certainement à faire sortir nos auteurs et fabri-

---

6. À partir de 1877, le *Bulletin* inaugure une nouvelle série.
7. Cette solution a été retenue pour la seconde partie du *Bulletin* I (2), 1877.
8. [H64].
9. Chacun des six livres de [H64] se termine par un recueil d'exercices, sauf le sixième et dernier qui traite de la théorie des fonctions complexes et de son applications aux fonctions elliptiques. Darboux a conseillé à Hoüel quelques mois auparavant de choisir cette disposition :

> « Je crois que vous feriez bien d'ajouter à chaque livre des exercices. À la fin ce serait un pêle mêle auquel les lecteurs n'entendraient rien. » (Lettre de Darboux à Hoüel du 28 mars 1876, AAS, dossier Darboux)

Hoüel, en publiant son cours, suit l'avis qu'il exprimait en écrivant que dans « (...) l'enseignement supérieur des mathématiques (...) le bon choix des exercices proposés aux étudiants est un élément de succès, parfois trop négligé. » [H88, p. 68]

10. Certains des exercices ont été proposés par Darboux :

> « J'ai jeté un coup d'œil sur vos exercices. Ils me semblent bien choisis et ajouteront à votre ouvrage un élément d'intérêt très appréciable. J'ai vu avec plaisir que vous aviez adopté ceux que je vous ai proposés. »
> (Lettre de Darboux à Hoüel du 22 septembre 1878, AAS, dossier Darboux)

Voir aussi la note 4 de la lettre 2.155.

11. [DT54].

cants de Traités élémentaires de l'ornière où ils pataugent depuis des siècles, sans parvenir à comprendre même le vieux Euclide. On se dirait en plein moyen âge, malgré les pièces d'étoffe neuve qu'ils cousent à leur vieil habit [12]. Ce que je vous dis s'applique entre autres au gros volume de Rouché et Comberousse, où les *principes* me semblent on ne peut plus mal compris, quel que soit d'ailleurs le mérite des auteurs lorsqu'ils traitent les parties plus élevées de la Géométrie. Je ne puis concevoir qu'au XIXe siècle on vienne encore nous *définir* la ligne droite comme *le plus court chemin entre deux points*. C'est d'une barbarie à n'y pas croire [13].

Les discussions auxquelles on se livre entre auteurs élémentaires me semblent souvent bien puériles. Par exemple, il y a des puristes qui s'ingénient à trouver une définition de la similitude des polygones, ne contenant que le nombre de conditions rigoureusement nécessaires. Ne serait-il pas plus simple de commencer par démontrer les théorèmes qui, au moyen de certaines conditions supposées, établissent l'existence des autres, et d'appeler *après cela* similitude la réalisation simultanée de toutes ces conditions, la définition équivalant alors à un résumé de tous ces théorèmes ? Je reçois un journal allemand (Zeitschrift für mathematischen und naturwissenschaftlichen Unterricht [14]) tout rempli de discussions semblables, lesquelles, même au point de vue pédagogique, ne me paraissent pas très-importantes. Ce sont des disputes de mots et non de choses [15].

Pour la question des aires des surfaces courbes, je crois qu'elle est un peu trop difficile et nullement indispensable pour les commençants, bien qu'il soit très-possible de l'exposer complétement sans invoquer d'autre principe que celui de l'existence d'une limite déterminée pour une somme d'éléments connus chacun à une fraction près infiniment petite par rapport à lui-même. Mais pour cela, il faut définir d'abord le plan tangent à une surface, et le définir simplement et rigoureusement. Sans cela, on n'a que des à peu près. Quant aux énoncés d'Archimède, ils étaient bons pour les temps antiques où l'on ne connaissait ni les infiniment petits ni les limites [16]. Aujourd'hui leur emploi ne serait plus qu'un véritable escamotage.

Si vous voulez bien me communiquer votre travail, je vous prierai de me l'adresser à Bordeaux. J'irai bien à Thaon cette année passer quelques semaines, mais non plus, comme les années précédentes, les vacances toute entière.

Quand j'aurai lu votre manuscrit, je vous enverrai toutes les remarques que cette

12. Voir la note 7 de la lettre 2.151.

13. Rouché et de Comberousse introduisent la ligne droite de la manière suivante :

> « La plus simple de toutes les lignes est la *ligne droite*, dont la notion est familière à tout le monde, et dont un fil tendu offre l'image.
> *La ligne droite est le plus court chemin entre deux quelconques de ses points.*
> *Deux points déterminent une droite.* En d'autres termes, par deux points on peut toujours faire passer une droite, et l'on n'en peut faire passer qu'une. D'où il suit que *deux droites qui ont deux points communs coïncident, non-seulement entre ces deux points, mais encore dans toute leur étendue* ; et, par conséquent, que *deux droites distinctes ne peuvent avoir qu'un point commun.*
> Ces propriétés fondamentales de la ligne droite sont intuitives, et de longs commentaires ne pourraient qu'obscurcir le sentiment que chacun en possède. » [RC74, p. 1-2]

La seconde phrase a été supprimée dans la quatrième édition [RC79, p. 1].

14. Le *Zeitschrift für mathematischen und naturwissenschaftlichen Unterricht*, souvent désigné comme le journal de Hoffmann est fondé en 1870 par J. V. C. Hoffmann, un professeur de mathématiques à Leipzig, dans l'intention de favoriser les discussions sur la didactique et l'enseignement.

15. Tous les débats du Journal de Hoffmann n'étaient pas aussi vains que ne le pense Hoüel ; on peut s'en convaincre en lisant l'article K. Volkert, Are there points at infinity ? – a debate among German teachers around 1870 in [BM11, p. 197-205].

16. Hoüel fait certainement allusion à la méthode d'exhaustion.

lecture m'aura suggérées. Je me chargerai, si vous le voulez, d'écrire la Préface [17] ; cependant je suis convaincu que vous vous acquiteriez de cette tâche bien mieux que moi ; car la rédaction d'une préface a toujours été pour moi le moment le plus pénible de l'enfantement d'un livre, et il n'y a pas une seule de mes préfaces dont je sois content, même à peu près [18].

Je communiquerai à la Société des Sciences physiques et naturelles les envois que vous lui avez faits, et en particulier votre Note manuscrite [19], qui paraîtra dans les Procès-verbaux. Je n'ai pu le faire lorsque votre envoi m'est arrivé, la Société ayant terminé ses séances avant le 1er août, comme c'est son habitude. La prochaine séance aura lieu en novembre [20].

Nous serons très-heureux d'avoir dans le *Bulletin* une note sur le Mémoire de v. Escherich.

Veuillez agréer, mon cher monsieur, l'assurance des sentiments les plus dévoués de votre affectionné collègue.

J. Hoüel
(Floirac, près Bordeaux, Gironde)
Timbre de 0,30

2.111 Lettre de De Tilly à Hoüel du 30 août 1876

Gand, le 30 août 1876.

Mon cher Monsieur,

Vers la fin de votre lettre du 21, vous me dites : Nous serions très-heureux d'avoir dans le *Bulletin* une Note sur le Mémoire de v. Escherisch. La Note en question [1] était jointe à mon envoi. Elle était annoncée dans la lettre et devait se trouver, comme la Note de Balistique [2], dans les papiers d'affaires, avec le manuscrit de M. Souvorof. L'aurais-je oublié ? Ou bien la phrase doit-elle être comprise autrement ?

La découverte de M. Namur n'a été publiée nulle part jusqu'à présent. Elle le sera pour la première fois dans les Bulletins de l'Académie de Bruxelles, mais les rapports ont paru déjà dans le Bulletin de mai [3].

La modification que vous vous proposez d'apporter à la forme adoptée jusqu'ici pour la Revue des publications périodiques me parait heureuse. Je ferai mon possible pour coopérer sérieusement aux travaux du Bulletin.

17. [H136].
18. Au sujet des préfaces de Hoüel, nous renvoyons à une discussion avec Darboux à propos de l'une d'elles. Voir les lettres 3.4, 3.5, 3.9, 3.18, 3.19, 3.20, 3.21, 3.22 et 3.23.
19. [DT47].
20. Hoüel présentera la note [DT47] de De Tilly dans la séance du 7 décembre 1876 de la *Société* de Bordeaux :

> « M. Hoüel analyse une note sur la *Théorie de la rotation des projectiles et sur la similitude mécanique*, adressée à la Société par M. de Tilly, membre honoraire ; cette note corrige et complète en quelques points un travail du même auteur, inséré au tome IX de la 1re série des *Mémoires*, sous le titre *Notice sur des traités récents de Balistique et sur l'état actuel de cette science*. Le mémoire de M. de Tilly est inséré dans le tome II de la nouvelle série des *Mémoires*. » (*Mémoires* II (2), 1878, p. II)

1. [DT41].
2. [DT47].
3. Les rapports de Catalan, de Folie et de Liagre sur les *Tables de logarithmes* de A. Namur (ouvrage cité à la note 3 de la lettre 2.109) sont publiés dans les *Bulletins* XLI (2), 1876, p. 921-932.

Je suis d'accord avec vous sur la puérilité de la plupart des discussions entre auteurs élémentaires et aussi sur ce point que le Livre Ier de R. et de C. [4], celui qui doit contenir les premiers principes, est fort mauvais, mais à partir du Livre II, je ne crois pas que l'on puisse contester que ce Traité est le meilleur de ceux qui existent en langue française. Ceux qui sont écrits dans d'autres langues sont naturellement beaucoup plus difficiles à apprécier.

Comme je ne puis écrire un Traité complet, j'ai pris R. et de C. comme point de départ (une fois l'exposition des principes terminée), mais en y proposant de très-nombreux changements.

Nous sommes aussi d'accord sur ce point que, pour comparer les aires des surfaces courbes, ce qui me paraît devoir faire partie de la Géométrie élémentaire, il faut d'abord connaître le plan tangent ; mais, même avec cela, la difficulté subsiste en ce qui concerne la question de l'aire minimum pour un volume donné. C'est un point sur lequel nous pourrons revenir quand vous me communiquerez, selon votre promesse dont je vous remercie, les observations que mon Mémoire [5] vous aura suggérées.

Veuillez croire que je ne tiens nullement à voir mon Ouvrage rapidement imprimé, mais seulement à ce qu'il soit complétement approuvé par vous. Il existe aujourd'hui suffisamment de livres sur cette matière. Si le mien n'a pas une supériorité marquée sur les autres, il vaut mieux qu'il reste en manuscrit. Mon temps n'aura pas été perdu, car je me suis instruit en écrivant. Mais si, après que nous aurons discuté ensemble les points douteux ou obscurs ; après que j'aurai apporté à mon travail les améliorations que vous m'indiquerez ; après que je l'aurai remanié au besoin pour arriver à l'accord complet, si alors, dis-je, vous êtes entièrement de mon avis sur tous les points et si vous trouvez que le Mémoire renferme suffisamment d'idées originales et utiles ; alors seulement je vous prierai d'en faire la présentation à la Société et alors aussi je désire vivement que vous en fassiez la Préface ou l'Introduction [6]. Je vous remercie d'avoir bien voulu ne pas me refuser cette faveur.

Veuillez agréer mon cher Monsieur, l'assurance des sentiments les plus dévoués de votre affectionné collègue.

Jh De Tilly
marché aux boeufs, 9, Gand

2.112 Lettre de De Tilly à Hoüel du 5 décembre 1876

Bruxelles, le 5 décembre 1876.

Monsieur et cher collègue.

Vous devez être bien étonné de ne pas recevoir l'envoi que je vous ai annoncé ; ou plutôt rien ne doit plus vous étonner de ma part en fait d'inexactitude.

Depuis environ deux mois, je n'ai pas pu ajouter une ligne à mon Mémoire de Géométrie [1], lequel est toujours sur le point d'être terminé.

4. [RC74].
5. [DT54].
6. [H136].
1. [DT54].

Je quitterai l'École Militaire et Bruxelles le 26 décembre ou le 26 mars (les mutations se se faisant dans notre armée que de trimestre en trimestre)[2]. Si mon départ ne doit avoir lieu que le 26 mars, je suis sauvé, et alors l'envoi de mon travail sera très-prochain. Mais si je n'ai plus que quelques jours à rester ici, la besogne que nécessiteront la remise du service à mon successeur et l'apprentissage de ma nouvelle position occasionneront à mon très-grand regret, un nouveau retard. Si comme je le pense, ma dernière Note[3] n'est pas encore imprimée, auriez-vous la bonté d'y changer une phrase dont la rédaction est vicieuse ?

Je n'ai pas la copie de cette Note, mais voici la phrase rectifiée ; il vous sera facile de voir à quel passage elle se rapporte[4].

« En effet, les trois axes d'impulsion, de rotation et de figure étant supposés respectivement parallèles, dans les deux mobiles, pour deux instants correspondants, les axes de figure le seront encore dans les instants qui suivent, s'ils ont tourné, autour des axes de rotation, de quantités angulaires égales, ce qui exige que les vitesses angulaires de rotation soient inversement proportionnelles aux temps, d'où résulte l'équation $\omega = \frac{1}{\tau}$. »

Je vous serais très-reconnaissant si vous pouviez me donner le renseignement suivant : Lorsque l'Académie de Paris, fatiguée de ne recevoir aucune démonstration sérieuse du théorème de Fermat ($x^m + y^m = z^m$ ne peut être résolue en nombres entiers), retira cette question du concours et décerna (je ne crois pas me tromper) le prix à M. Kummer, ce géomètre était-il au nombre des concurrents ? Ou, s'il n'avait pas concouru l'année même où le prix lui a été décerné, avait-il concouru l'une des années précédentes ?[5]

Cette décision de l'Académie, un peu en dehors du règlement (je ne dis pas formellement contraire), a-t-elle été approuvée ou critiquée ?

Nous nous trouvons ici dans un cas douteux du même genre et quand il s'agit de sortir du règlement (je ne dis pas de le violer), on aime à pouvoir s'appuyer sur des précédents[6].

J'espère recevoir un mot de vous le plus tôt possible et vous prie, mon cher collègue, d'agréer la nouvelle assurance de mes sentiments les plus affectueux et les plus dévoués.

Jh De Tilly

2. Voir la note 1 de la lettre 2.113.

3. [DT47].

4. La correction n'a pas été exécutée. Au lieu du mot « mobiles » on lit « projectiles » et la fin de la phrase imprimée est : « (...) s'ils ont tourné, autour des axes de rotation, de quantités angulaires inversement proportionnelles aux temps, ce qui exige l'équation $\omega = \frac{1}{\tau}$. » [DT47, p. 69]

5. Dans la séance du 26 décembre 1815, la « Commission chargée de proposer un nouveau sujet de mathématiques » choisit de donner comme question la recherche d'une démonstration générale du dernier théorème de Fermat (*Registre des procès-verbaux et rapports de la Classe des Sciences Physiques et Mathématiques* V, part. IV, 1815, p. 596). La récompense annoncée est une « médaille d'or de la valeur de trois mille francs ». Cette question est reproposée de nombreuses fois jusqu'en 1857, date à laquelle la commission formée par Bertrand, Liouville, Chasles et Cauchy considère que « la question en est restée au point où l'a laissée M. Kummer », choisit de la retirer du concours et d'adjuger « la médaille à M. Kummer pour ses belles recherches sur les nombres complexes composés de racines de l'unité et de nombres entiers. » (*Comptes rendus* XLIV, 1857, p. 208). Pour plus de précisions sur l'histoire du théorème de Fermat au XIXème siècle, voir [GSS07] et sur les contributions de Kummer [Kum47] et [Kum50].

6. Il n'a pas été possible de lever cette allusion.

2.113 Lettre de De Tilly à Hoüel du 5 mai 1877

Anvers, le 5 mai 1877.

Mon cher Monsieur,

Je vous écris pour que vous sachiez que je suis encore en vie, malgré mon long silence, motivé par des embarras de toute espèce, entre autres ceux de mon déménagement, car j'ai maintenant quitté l'École Militaire et Bruxelles, ainsi que je le prévoyais lors de ma dernière lettre [1].

Depuis cette dernière lettre, j'ai beaucoup travaillé à mon Mémoire pour la Société de Bordeaux [2] ; je vous écrivais il y a quelque temps qu'il était fini [3] ; vous avouerai-je aujourd'hui [†] que je l'ai entièrement recommencé par suite d'idées nouvelles qui me sont venues ?

Maintenant, je fais le ferme propos de ne plus rien inventer et de vous transmettre l'ensemble de mes idées dans leur état actuel.

Je vous envoie en même temps que cette lettre les logarithmes de M. Namur [4] ; vous pouvez conserver cette brochure, car j'en aurai très-probablement un second exemplaire.

J'espère que votre silence de plusieurs mois n'a eu, ainsi que le mien, d'autre cause qu'un excès de besogne, et que je recevrai bientôt de vos nouvelles.

Veuillez agréer, Monsieur et cher collègue, l'expression de ma respectueuse sympathie.

Jh De Tilly
rue du mai, 3, Anvers.

2.114 Lettre de Hoüel à De Tilly du 10 mai 1877

Bordeaux, le 10 mai 1877 [†].

Monsieur et cher collègue,

Votre lettre m'a fait le plus grand plaisir en me donnant de vos nouvelles, dont j'étais privé depuis longtemps, et m'apprenant que vous êtes maintenant délivré des ennuis d'un déménagement, opération dont je suis bien à même d'apprécier les désagréments.

Notre Société sera bien contente de recevoir votre Mémoire [1], qui doit résumer l'état actuel de la question et répondre à un desideratum bien général, surtout chez ceux qui ne sont pas à même de lire les ouvrages de Frischauf [2], les seuls, à ma connaissance, qui traitent élémentairement cette théorie au point de vue moderne.

Il y a longtemps que je comptais vous envoyer un nouveau fascicule des Mémoires de notre Société, contenant un important Mémoire de M. Darboux sur une

1. Voir la lettre 2.112. De Tilly est appelé à l'arsenal d'Anvers pour occuper le poste de sous-directeur. Il sera directeur à partir du 27 mai 1879 (voir la lettre 2.169 ainsi que [Man13, p. 232]).

2. [DT54].

3. Voir la lettre 2.107.

†. ~~maintenant~~

4. Il s'agit de l'ouvrage cité à la note 2 de la lettre 2.109.

†. Cette lettre est rédigée sur du papier de deuil. La mère de Hoüel née Élisabeth-Amicie Tranchant est décédée le 8 février 1877 dans sa 72ème année.

1. [DT54].

2. Il s'agit des deux ouvrages mentionnés, l'un dans la lettre 2.63 (voir en particulier sa note 2) et l'autre dans la note 6 de la lettre 2.109.

généralisation de la statique, qui a quelque analogie avec la Géométrie non euclidienne [3]. Malheureusement notre imprimeur, par sa négligence et celle de son fournisseur de papier, a été forcé de retarder le tirage depuis un temps incroyable, quatre mois ! J'en suis furieux ; mais qu'y faire ?

Je vous remercie de l'envoi que vous m'avez fait de votre exemplaire des Tables de M. Namur [4] ; mais je suis en mesure de vous le rendre sans m'en priver, l'auteur lui-même m'en ayant adressé un, deux ou trois jours auparavant.

Une chose m'a frappé dans l'Introduction, faite pourtant par un écrivain bien au courant de l'Histoire des Mathématiques [5]. C'est qu'il n'y soit pas fait la moindre allusion à la méthode abrégée de Briggs, reproduite et réinventée tant de fois, par Flower, par Leonelli, etc., etc., et qui a été récemment l'objet de nombreux perfectionnements [6]. Voir encore une table analogue publiée tout récemment par M. R. Hoppe [7].

---

3. G. Darboux, Mémoire sur l'équilibre astatique et sur l'effet que peuvent produire des forces de grandeurs et de directions constantes, appliquées en des points déterminés d'un corps solide, quand ce corps change de position dans l'espace, *Mémoires de la Sociétés des sciences physiques et naturelles de Bordeaux* II (2), 1877.
Dans l'introduction, Darboux explique que son mémoire « examine comment varie l'effet d'un système quelconque de forces appliquées en des points déterminés [d'un] corps solide, soit lorsque, leur grandeur et leur direction demeurant les mêmes, l'orientation du corps vient à changer ». En particulier, Darboux recherche les conditions nécessaires pour que les forces « se fassent équilibre dans toutes les positions du corps » (équilibre astatique). Après avoir décrit ses résultats et expliqué que toutes les compositions de forces appliquées à un solide se ramènent à trois opérations, il observe que la troisième doit ici être exclue et écrit :

> « On le voit, toutes les opérations que nous pourrons faire sont celles qui paraîtraient légitimes à un géomètre ayant établi la composition des forces concourantes et celle des forces parallèles, mais qui n'admettrait pas ou n'apercevrait pas que l'on a le droit de transporter une force en un point quelconque de sa ligne d'action. Ce que nous allons traiter, c'est donc la statique du corps solide, privé de ce dernier axiome. » (p. 4)

4. Voir la note 2 de la lettre 2.109.

5. Les tables produites par A. Namur sont précédées d'une introduction théorique et d'une notice sur l'usage des tables régigée par Mansion. Pour un commentaire sur les tables de Namur et l'introduction de Mansion, voir [Cat76].

6. Hoüel a publié lui-même plusieurs tables ([H10], [H20], [H23], [H24], [H25], [H26] et [H29]) et plusieurs articles se rapportant à cette question ([H21], [H28] et [H63]).

7. R. Hoppe, *Tafeln zur dreissigstelligen logarithmischen Rechnung*, Koch, Leipzig, 1876.
Dans le compte rendu que Hoüel rédige de cet ouvrage [H124], il reprend brièvement l'histoire du calcul des tables de logarithmes :

> « [Dans] certaines parties de l'Analyse qui confinent à la théorie des nombres, (...) on rencontre des formules, exigeant pour leur vérification l'emploi de Tables beaucoup plus approchées, auxquelles, par cette raison même, il est impossible de donner la forme développée des Tables ordinaires. On a proposé plusieurs moyens pour atteindre ce but au moyen de tableaux d'une étendue restreinte, et l'un des plus simples et des plus ingénieux est celui qu'a indiqué, en 1624, le grand calculateur Briggs, page 32 de son *Arithmetica logarithmica*, où l'on trouve une Table de moins d'une page, pouvant donner par un calcul très-court, avec 15 décimales, le logarithme correspondant à un nombre ou le nombre correspondant à un logarithme. Cette méthode de Briggs, n'ayant pas attiré l'attention qu'elle méritait, fut oubliée pendant un siècle, puis réinventée successivement par Flower, par Leonelli, et sans doute par d'autres. Aujourd'hui elle a pris place dans la plupart des recueils de Tables. » [H124, p. 185]

Dans un article intitulé « Sur une méthode particulière d'approximation et d'interpolation » et publié dans les *Nouveaux mémoires de l'Académie des sciences et belles-lettres* de Berlin pour l'année 1783, Lagrange signale que la méthode qu'il expose n'est qu'une généralisation de celle de Briggs :

> « Cette méthode de Briggs est peu connue, & dans la foule des auteurs qui, dans ce siècle-ci, ont traité des logarithmes, il n'y en a peut-être pas un qui en ait fait usage, ou même mention ; ils ont presque tous suivi la méthode indirecte & de tâtonnement qui

Quant à ce qui est dit, d'après M. Regnault, sur l'insuffisance des tables à 7 décimales dans les calculs de physique [8], je suis, je vous l'avoue, un peu incrédule à cet égard [9], et j'admettrais plus volontiers que M. Regnault n'a pas fait attention, dans la suite de ses calculs, à la limite d'approximation que permettait d'atteindre l'exactitude de chaque donnée. Il a dû plus d'une fois commettre la faute qui consiste à calculer un produit avec plus de chiffres que n'en a celui de ses facteurs qui en a le moins.

Les seules applications pour lesquelles j'admette la nécessité de plus de 6 ou 7 décimales, ce sont d'abord les calculs de finance, et ensuite et surtout les calculs de théorie pure, comme ceux qu'a signalés M. Hermite [10]. Or pour ceux-ci la disposition adoptée par M. Hoppe me paraît de beaucoup la meilleure. C'est une Table de logarithmes *naturels*, et non de logarithmes *décimaux*, qu'il faut construire avec

---

> est à la vérité préférable lorsqu'il s'agit de construire des Tables ; mais celle de Briggs a l'avantage d'être tout à fait directe & de donner immédiatement le logarithme de chaque nombre sans le faire dépendre d'aucun autre logarithme. Comme elle est applicable à plusieurs questions qui pourroient échapper aux méthodes connues, j'ai cru devoir en enrichir l'Analyse, en la généralisant & la présentant ainsi que je viens de le faire, avec tout l'étendue dont elle est susceptible. » (p. 284)

Dans un compte rendu anonyme de l'ouvrage de Leonelli dont Hoüel fera la réédition [H63], la reprise de la méthode de Briggs par Leonelli est évoquée : « Ce géomètre [Briggs] a calculé trente chiliades de 1 à 20'000 et de 90'000 à 100'000, avec quatorze décimales ; pour remplir la lacune, il propose deux méthodes : la première est celle de l'*interpolation*, et la seconde, qu'il donne dans son chapitre XIV, est précisément celle que Leonelli a *retrouvée* avec deux changements. » (*Nouvelles annales de mathématiques* XII (1), 1853, p. 175)

8. Dans son ouvrage intitulé *Relation des expériences (...) pour déterminer les principales lois et les données numériques qui entrent dans le calcul des machines à vapeur* (Firmin Didot, Paris, 1847), Henri Victor Regnault (1810-1878) écrit :

> « Cette formule ne reproduit pas, d'une manière très-exacte, les données numériques qui ont servi à la calculer. (...) Cette circonstance tient aux erreurs apportées dans le calcul par l'emploi des tables de logarithmes à 7 décimales, qui ne permettent pas de faire les calculs avec une rigueur suffisante (...). » (p. 601)

Cette affirmation est reprise dans les Tables de Namur :

> « Malheureusement, ces tables à 7 décimales ne peuvent donner par interpolation que les logarithmes des nombres inférieurs à un million et la septième décimale est douteuse. Au delà, les résultats trouvés ne sont plus sûrs. (...) Il en est de même en physique et en arithmétique supérieur. » (p. 5)

9. À ce sujet, Hoüel écrit dans un compte rendu : « Il serait temps de renoncer en France à la coutume peu rationnelle d'employer dans l'enseignement des tables à sept décimales. Ce luxe de chiffres ne sert qu'à masquer les méthodes de calcul, et à faire naître l'idée fausse d'une précision que les éléments du calcul ne peuvent jamais fournir » [H77, p. 84]. La même idée est aussi reprise dans [H91] où Hoüel affirme qu'il s'agit d'une question de « vulgaire bon sens ». Cette pratique pose en effet des problèmes pour la formation des élèves qui se doivent de mettre du sens dans les pratiques mathématiques, comme il l'explique avec verve :

> « Le mal est grave surtout lorsqu'on met dans leurs mains novices les grandes Tables qui conviennent seulement aux praticiens exercés, et dont le maniement n'apprend rien de plus, au point de vue de la théorie, que celui des Tables à trois ou quatre figures. On fausse en même temps leurs idées, en leur laissant supposer qu'une approximation à un dix-millionnième près de la valeur d'un résultat correspond aux cas ordinaires de la réalité. Aussi voit-on des élèves qui ne manifestent aucun étonnement lorsqu'on leur demande de calculer le diamètre de la Terre à un centimètre près. De pareils exercices, conséquence logique de l'emploi des grandes Tables, sont-ils propres à initier les jeunes gens à la solution des questions pratiques, comme on en a la prétention ? Il est permis d'en douter. » [H66, p. 202]

10. Sur la pratique calculatoire chez Hermite, voir [Gol11, p. 153-155] et [Gol11b].

une grande étendue, pour remplacer les Tables à 48 décimales de Wolfram[11].

Quant à la méthode de M. Namur, elle me paraît fort curieuse, et je vais m'occuper de l'étudier, pour en rendre compte dans notre *Bulletin*[12], pour lequel, à cette occasion, j'implore toujours votre assistance.

Veuillez agréer, mon cher collègue, l'assurance de mes sentiments bien sincèrement dévoués.

J. Hoüel

2.115 Lettre de De Tilly à Hoüel du 8 août 1877

Anvers, le 8 août 1877.

Monsieur et cher collègue,

Au moment de vous envoyer ma seconde lettre sur la Géométrie[1], je me mets à douter que vous ayiez reçu la première, adressée à Bordeaux[2]. Elle contenait l'invitation de venir passer quelques jours chez moi avec votre famille, à l'occasion des fêtes du troisième centenaire de Rubens, fêtes qui commenceront le 17 de ce mois[3].

En vous renouvelant cette invitation, dans la présente lettre envoyée en triple, à Bordeaux, à Floirac et à Thaon[4], je vous prie en même temps de[†] me faire connaître votre adresse actuelle, pour que j'y expédie la suite de mes Études géométriques[5].

Veuillez agréer, Monsieur et cher collègue, l'expression de mes sentiments respectueux et dévoués,

Jh De Tilly
rue du mai, 3.

2.116 Lettre de Hoüel à De Tilly du 10 août 1877

Floirac, le 10 août 1877[†].

Monsieur et cher collègue,

Je suis désolé du retard que j'ai été forcé de mettre dans la réponse à votre très-intéressante lettre du 17 juillet[1], que j'ai bien reçue, mais que je n'ai pas encore trouvé le temps d'étudier comme elle mérite de l'être. J'espérais précisément consacrer ma soirée d'aujourd'hui à cette étude. Jusqu'ici, j'ai été tellement absorbé par

11. Ces tables calculées par l'officier d'artillerie J. Wolfram ont été insérées dans les Tables de Schulze (Berlin, 1778) et dans le *Thesaurus logarithmorum* de Vega (Leipzig, 1794) [Dun80, p. 31].

12. Hoüel ne fera pas ce compte rendu.

1. De Tilly commence à envoyer à Hoüel des extraits de ce qui deviendra [DT54].

2. Cette lettre datée du 17 juillet est perdue mais Hoüel affirme l'avoir reçue.

3. Les fêtes du troisième centenaire de la naissance de Rubens (Pierre Paul Rubens est né le 28 juin 1577 à Siegen et décédé le 30 mai 1640 à Anvers) se sont déroulées à Anvers du 19 au 27 août 1877. De nombreux journaux (*L'Illustration*, *L'Art*, *Le journal des Beaux-Arts et de la Littérature*... relatent ces célébrations.

4. Deux exemplaires de cette lettre sont toujours conservés.

†. ~~m'envoyer~~

5. [DT54].

†. Cette lettre est rédigée sur du papier de deuil.

1. Voir la note 2 de la lettre 2.115.

les examens et par les voyages continuels qu'il me fallait faire, que je n'ai pas pu, depuis un mois, trouver une seule heure pour m'occuper sérieusement d'un sujet quelconque.

J'ai cependant pu jeter, à bâtons rompus, un coup-d'oeil sur votre lettre, et je me suis d'abord convaincu qu'une œuvre aussi méditée ne peut pas être comprise et jugée sans un mûr examen, auquel je vais actuellement me livrer sans obstacle, étant débarrassé pour trois mois de toute espèce d'examen ou de chose pareille. Voici cependant les impressions qui me sont venues après une première lecture, mais qui ne peuvent nullement être regardées comme définitives.

Jusqu'ici je ne suis pas encore convaincu de la nécessité de la distinction entre la Géométrie instantanée et la Géométrie dans le temps [2]. Je crois que la Géométrie devrait être traitée abstraction faite du temps, mais que faire abstraction du temps n'est pas la même chose que de supposer le temps = 0. Dans ma manière de voir, on ne suppose pas les phénomènes géométriques, s'accomplissant pendant tel ou tel temps ; mais on fait, sur la position d'un point, dit point mobile, une série d'hypothèses, se formant dans l'intelligence à certains intervalles de temps, puisque le temps est physiquement nécessaire pour tout changement réel, mais ces intervalles de temps répondent à des phénomènes purement subjectifs, et n'influent en rien sur les faits géométriques. Telle est, je crois, la supposition implicite que l'on fait quand on parle de *mouvements géométriques*. Nous ne pouvons nous représenter les phénomènes changeants qu'en invoquant le temps comme auxiliaire de notre opération intellectuelle, de même que nous ne pouvons concevoir un être quelconque sans lui attribuer une couleur, noir, blanc, rouge, etc., et il est évident que cette couleur n'influe en rien sur notre intuition des phénomènes géométriques. Il me semble donc que la considération explicite du temps n'est qu'une complication qui ne me paraît pas indispensable, et, par exemple, que supposer le temps = 0 c'est introduire l'hypothèse la plus embarrassante et la plus difficile à saisir.

La notion de l'invariabilité de forme me semble absolument indéfinissable autrement que par l'invariabilité des sensations que nous fait éprouver le corps sous le rapport de l'étendue.

La *distance* est absolument indéfinissable. On ne peut définir que son égalité, comme cas particulier de la notion de l'invariabilité d'un système de deux points. Quant à l'addition des distances, elle est susceptible d'autant de définitions qu'il y a d'espèces de lignes régulières ou superposables à elles-mêmes.

Je vous demanderai maintenant quelques jours de répit pour examiner encore vos considérations sur la sphère, sur les lignes à croissance continue, etc. Mais, que nous soyons ou non d'accord sur quelques détails, cela n'empêche pas votre étude d'être extrêmement importante, en ce qu'elle fait penser, et en pensant on finit bien souvent par se mettre d'accord.

2. Dans le premier chapitre de son *Essai* [DT54], De Tilly fait la différence entre une géométrie instantanée qui repose sur la simultanéité des comparaisons de distances et une géométrie dans le temps dans laquelle de telles comparaisons peuvent s'effectuer en des temps différents :

> « L'idée de la comparaison de deux distances à des époques différentes est une idée spéciale, entièrement distincte de la comparaison de deux figures existant à une même époque. Elle n'est pas indispensable théoriquement, car on pourrait se borner à l'étude d'une géométrie instantanée ; mais la notion du temps est indispensable pour les applications de la géométrie et de plus, en menant à la considération du mouvement réel, elle simplifie le langage géométrique et prépare à l'étude de la mécanique rationnelle. »
>
> [DT54, p. 15-16]

L'introduction du temps dans la géométrie permet à De Tilly de distinguer les transformations géométriques immédiates (instantanées) de celles s'effectuant dans le temps en un mouvement continu.

J'ai le regret de vous dire que l'imprimeur a *distribué* votre Note [3] sans en avoir fait de tirages à part. Une autre fois rappelez-moi, je vous prie, votre désir d'en avoir, afin que j'y fasse penser l'imprimeur. Vos corrections seront indiquées dans un errata à la fin du volume [4].

Vous avez dû recevoir du terrible professeur Genocchi un nouveau réquisitoire contre les surfaces pseudosphériques, contre l'espace à n dimensions, l'absolu de Cayley, et autres dangereuses innovations de l'esprit moderne. Nous y sommes vertement critiqués l'un et l'autre [5]. Mais l'auteur y traite surtout d'*extravagance*, la définition généralisée de l'angle de deux plans d'après Cayley et Klein [6].

M. Genocchi fait une confusion (toujours la même) lorsqu'il rappelle qu'une surface *fermée* n'est pas déformable (en tant qu'elle est considérée comme surface à *une* nappe), d'où il s'ensuivrait que la sphère et par suite toute surface à courbure constante positive n'est pas déformable [7]. J'espère que vous répondrez à ces attaques avec votre meilleure encre, et que l'ex-avocat de Turin [8] trouvera à qui parler.

Je vous suis bien reconnaissant de votre gracieuse invitation pour les fêtes d'Anvers. Jamais je ne retrouverai une aussi favorable occasion de faire connaissance avec les beautés artistiques de la Belgique et avec la généreuse hospitalité de ses habitants.

Malheureusement je suis retenu ici pendant une bonne partie de mes vacances par des devoirs de propriétaire d'une maison que je dois incessamment habiter. Ma famille est aux Pyrénées. Nous ne pouvons donc que vous remercier bien vivement, en espérant que notre entrevue ne sera pas trop longtemps différée, qu'elle ait lieu en Belgique ou en France.

Votre bien dévoué et affectionné,

J. Hoüel

2.117 Lettre de De Tilly à Hoüel du 31 décembre 1877

Anvers, le 31 x^{bre} 1877.

---

3. [DT47].

4. Voir la lettre 2.112.

5. Il s'agit du mémoire de Genocchi [Gen77b] qui contient un appendice « sur l'existence de la pseudosphère et sur l'impossibilité de démontrer le postulatum d'Euclide ». Dans ce texte, il expose ses remarques et critiques sur les travaux [H49a], [H49b], [DT8], [DT13] et [DT18] de Hoüel et De Tilly. Voir le paragraphe 1.2.7.

6. Dans ce passage du texte, Genocchi explique qu'« au point de vue géométrique l'esprit peut être choqué de certaines définitions adoptées par M. Klein : car les notions si simples et primitives de distance et d'angle sont remplacées par des définitions compliquées » [Gen77b, p. 385]. Il donne alors avec des mots les expressions de la distance et de l'angle obtenues par Klein en partant des travaux de Cayley qui toutes deux font intervenir le logarithme d'un birapport avant de mentionner une proposition de terminologie donnée par Darboux et de conclure : « Cela peut lever l'équivoque, et diminuer l'extravagance de ces énoncés. » [Gen77b, p. 385]

7. Le passage auquel Hoüel fait allusion est probablement le suivant : « On ne voit pas clairement, comment une surface continue, terminée à un contour fermé, puisse, même en devenant flexible, se déformer de manière à recevoir l'addition d'autres portions de la même surface, sans aucune discontinuité, et sous la condition de conserver dans tous les points la même courbure constante. » [Gen77b, p. 393] (Voir le paragraphe 1.2.7.)

8. A. Genocchi exerce la profession d'avocat entre 1838 et 1846 à Piacenzia (Plaisance).

Monsieur et cher collègue,

Je devais vous envoyer aujourd'hui ma 4e lettre [1] ; mais le temps et le courage m'ont manqué pour la recopier. Celle que j'ai envoyée à M. Cassani a 76 pages. Je l'ai prié de me la renvoyer dès qu'il en aura pris connaissance et je vous expédierai immédiatement le même exemplaire. Vous le recevrez donc sous peu.

La 5e lettre comprendra la Mécanique. Ensuite, je prendrai la liberté de vous redemander le tout; j'y intercalerai les discussions que j'en avais éloignées provisoirement (ainsi que les deux Géométrie et Trigonométrie abstraite) et je vous renverrai le Mémoire [2].

Veuillez agréer, Monsieur et cher collègue, avec l'expression de mes sentiments affectueux, mes bien sincères souhaits de nouvel an pour vous et les vôtres.

Jh De Tilly
rue du mai, 3, Anvers.

2.118 Lettre de De Tilly à Hoüel du 19 février 1878

Anvers, le 19 février 1878.

Monsieur et cher collègue,

M. Cassani vient de me renvoyer enfin les 76 pages relatives à l'exposition de la Géométrie dans les Traités élémentaires [1]. Je vous les transmets.

Je m'occupe des observations sur la Mécanique, lesquelles doivent terminer ce travail. Dès qu'elles seront prètes, je vous les enverrai et je vous redemanderai alors la Géométrie pour y intercaler ou y ajouter

1° Les démonstrations de l'impossibilité d'une preuve directe, pour chacun des axiômes que je conserve.

2° La discussion de l'axiôme de la rotation autour de deux points, lequel, peut être, est encore surabondant.

3° Les Géométries abstraite et doublement abstraite, sous forme de paragraphes supplémentaires, portant les mêmes numéros que ceux de la Géométrie usitée, avec des indices [2].

1. La troisième lettre de De Tilly sur la géométrie est perdue.
2. Voir la note 3 de la lettre 2.118.

1. Cette partie correspond au deuxième chapitre de [DT54].
2. Selon la terminologie adoptée par De Tilly, la géométrie abstraite est la géométrie hyperbolique et celle qualifiée de doublement abstraite correspond à la géométrie elliptique : « Suivant que l'on adopte l'une ou l'autre des formes (1), (2) ou (3) [pour la distance], on obtient trois systèmes de géométrie différents. Le premier a reçu le nom de géométrie usitée. Nous donnerons au second le nom de géométrie abstraite et au troisième celui de géométrie doublement abstraite. » [DT54, p. 12] Puis, De Tilly ajoute en note : « On donne aussi à ces trois géométries, d'après MM. Schering et Beltrami, les noms respectifs de géométrie euclidienne, géométrie gaussienne et géométrie riemannienne. » Plus loin, juste après avoir introduit son deuxième axiome (« Augmentation indéfinie de la distance de deux points »), il explique le choix des dénominations adoptées :

> « L'axiome en question, nous venons de le rappeler, n'est que secondaire ou de simplification; il n'est pas indispensable, car on peut établir sans son secours une géométrie complète, plus compliquée en théorie que la géométrie ordinaire, mais qui coïncide cependant avec elle dans les applications pratiques : c'est la géométrie de Riemann ou *géométrie doublement abstraite*. Nous l'appelons ainsi parce qu'on se prive, dans son exposition, de deux axiomes de la géométrie ordinaire ou usuelle, tandis que dans la *géométrie abstraite* (ou simplement abstraite), que nous rencontrerons plus loin, on invoque en outre l'axiome actuel et on se prive que du troisième (celui des parallèles). »
>
> [DT54, p. 24-25]

4° La Trigonométrie générale [3].

Tout cela, étant préparé, prendra fort peu de temps ; je vous rendrai alors l'ensemble ; en vous priant de le présenter de ma part à la Société de Bordeaux, et je me flatte de l'espoir que l'impression du Mémoire pourra encore être terminée cette année-ci. Mais auparavant je serais très-heureux de recevoir les observations que vous pourriez avoir à faire, afin que j'en tienne compte dans la rédaction définitive.

Mille remerciements pour l'envoi du premier volume de votre excellent Cours d'Analyse [4].

Veuillez agréer, Monsieur et cher collègue, l'expression de mes sentiments affectueux et dévoués.

Jh De Tilly

2.119 Lettre de Hoüel à De Tilly du 6 mars 1878

Bordeaux, le 6 mars 1878 [†].

Monsieur et cher collègue,

Vous devez me trouver bien négligent dans ma correspondance avec vous ; car je suis resté pendant bien des mois sans répondre aux bonnes lettres que vous m'avez adressées, et sans vous parler des intéressantes communications que vous m'avez faites. Bien que toutes les apparences soient contre moi, j'ose encore compter un peu sur votre indulgence, eu égard à tous les ennuis qui m'ont, dans ces derniers temps, rendu tout travail presqu'impossible. Parmi ces ennuis, il me suffira de vous citer un déménagement, après réparation de maison ; puis des épreuves à corriger tous les jours, tant pour ma propre publication [1] que pour le *Bulletin*, pour l'édition des œuvres de Laplace [2], etc., etc. Tout cela m'a empêché jusqu'ici d'étudier votre travail avec l'attention qu'il mérite. J'espérais toujours trouver un instant de répit pour le lire et vous envoyer mon approbation motivée. Mais en face de l'arriéré énorme qui est accumulé devant moi, je n'oserais prendre pour le moment l'engagement de faire cette étude sans causer de fâcheux retard à la publication de votre Mémoire [3] que notre Société des Sciences physiques et naturelles attend avec impatience. D'ici à ce que vous ayez mis votre travail sous sa forme définitive, j'espère bien m'être débarassé de tous les encombrements qui me laissent maintenant aucun loisir, et je me propose d'étudier à fond votre Mémoire, en en corrigeant les épreuves.

J'ai pu seulement parcourir les observations que vous faites à l'ouvrage de Rouché et Comberousse ; je les trouve très-justes et très-intéressantes. Si j'avais à écrire un Traité de Géométrie, une des choses sur lesquelles j'insisterais le plus, ce serait sur la convenance de rapprocher autant que possible les choses qui ont de l'analogie, afin de pouvoir, en même temps, en faire mieux ressortir les différences. Ainsi, au début, je voudrais donner en géométrie plane toutes les démonstrations (et ce

3. La version imprimée de l'*Essai* de De Tilly [DT54] comporte cinq chapitres : I. Géométrie générale, II. Exposition de la géométrie dans les traités élémentaires, III. Trigonométrie usitée, IV. Trigonométrie générale, V. Mécanique.

4. [H64].

†. Les cinq premiers paragraphes de cette lettre, ce qui correspond à deux pages et demi du feuillet, sont tracés d'un trait vertical.

1. [H64].

2. Voir les lettres 3.7 et 3.10 de Hoüel à Darboux.

3. [DT54].

sont justement les plus simples) qui peuvent être répétées mot pour mot en géométrie sphérique. Je voudrais - passez-moi la comparaison - bâtir autant que possible au rez-de-chaussée, c'est-à-dire employer des démonstrations s'appuyant le moins possible sur des démonstrations précédentes[4]. Je trouve monstrueuse la démonstration donnée par Legendre de la propriété fondamentale du triangle isoscèle[5].

En trigonométrie, il faudrait écarter d'abord complètement les logarithmes des fonctions circulaires, et remplacer les grosses tables de Callet[6], *e tutti quanti* par une table de fonctions circulaires écrite sur une carte à jouer. Il faudrait abandonner cette puérile préoccupation de mettre toutes les formules trigonométriques sous la forme monôme, sous prétexte de faciliter le calcul logarithmique, tandis qu'on le rend, en réalité, plus pénible[7].

La stéréométrie devrait se faire, autant que possible, sans figures, à moins que l'on n'emploie dans quelques cas les modèles en relief[8].

Je regrette de n'avoir pas en ce moment à ma disposition une traduction faite par un de mes anciens élèves d'un grand travail de Lobatchefsky sur les principes de la Géométrie, où il se trouve des choses très-remarquables sur la géométrie et la trigonométrie de la sphère[9]. Je n'ai plus en ce moment que l'original russe ; mais je tâcherai de vous procurer la traduction, si elle vous intéresse.

---

4. De Tilly, une fois obtenus les notions et les principes essentiels de la géométrie à partir de trois axiomes, poursuit en s'appuyant sur le traité de Rouché et Comberousse [RC79] :

> « Maintenant que nous avons fait voir comment tous les principes de la géométrie peuvent se déduire des trois axiomes par une démarche assez longue et assez compliquée, mais rigoureuse, nous allons indiquer les modifications qu'il faudrait, d'après nous, introduire dans les traités de géométrie élémentaire pour les mettre d'accord avec l'exposition la plus scientifique des principes fondamentaux, tout en conservant la simplicité que doit comporter l'enseignement surtout au début. [...] Elles ont surtout pour but, les unes, de rapprocher la géométrie de la sphère de celle du plan ; les autres , de n'employer que les principes strictement nécessaires (quand la simplicité n'en souffre pas trop), méthode qui est rationnelle en elle-même et qui prépare à l'étude des systèmes de géométrie non usuels. Nous prendrons pour base la 4e édition de MM. Rouché et Comberousse pour la géométrie plane, et la 3e pour la géométrie de l'espace. Les numéros sont ceux de ce traité. Nous réduisons nos modifications au minimum ; nous conservons autant que possible l'ordre raisonné des matières adopté dans le traité en question ; nous ne proposons aucune modification non motivée, qui se réduirait à un changement de rédaction. Nous ne nous sommes pas arrêté non plus à rétablir partout les principes sous entendus, ce qui occasionnerait des longueurs fastidieuses. Il suffit que les raisonnements ne donnent prise à aucune objection dont la réponse ne se trouve pas d'avance dans les études précédentes. » [DT54, p. 78-79]

5. Dans ses *Éléments de géométrie*, Legendre considère [Leg23, p. 14] un triangle isoscèle ABC tel que $AB = AC$ et prouve l'égalité des angles opposés aux côtés égaux en traçant la droite reliant A au milieu D du segment BC. Les triangles ABD et ACD étant égaux, le résultat est démontré. Ce n'est pas la preuve d'Euclide de la Proposition I.5 des *Éléments*. Celle-ci, reprise par Hoüel dans [H36, p. 17-18], ne fait pas intervenir le point D. Sans doute, la preuve la plus courte de cette proposition est celle attribuée par Proclus à Pappus qui dédouble le triangle et applique la Proposition I.4 des *Éléments* (cas d'égalité des triangles) aux triangles ABC, ACB. Dans [H36, p. 18], Hoüel note que cette preuve nécessite le fait d'avoir démontré que la somme des angles adjacents que forme une droite avec une autre est égale à deux angles droits.

6. Les tables de Jean-François Callet (1744-1798) ont connu de nombreuses éditions. En 1783, est publié à Paris par l'imprimerie Didot les *Tables portatives de logarithmes publiées à Londres par Gardiner, augmentées, et perfectionnées dans leur disposition par M. Callet*, puis une seconde édition paraît en 1795 chez Firmin Didot.

7. Voir les lettres 2.99 et 2.100.

8. Sur l'utilisation des modèles matériels en géométrie au 19esiècle, voir J. GRAY, U. HASHAGEN, T. HOFF KJESDSEN, D. ROWE, Models and Visualization in the Mathematical and Physical Sciences, *Oberwolwolfach Reports*, 47/2015.

9. [Lob29] ou [Lob35].

Jusqu'ici la seule objection que je puisse faire à vos considérations fondamentales, c'est l'inconvénient que je trouve à introduire la notion de temps dans la Géométrie. Je crois qu'elle doit y rester complétement étrangère, à tous les degrés de l'étude de cette science. Autrement, on fait non de la Géométrie, mais de la Cinématique. Il ne faut pas confondre le temps que met l'observateur à considérer successivement les diverses parties d'une figure, et qui n'a rien à faire avec la théorie, avec le temps qu'emploierait cette figure à se modifier. L'essence de la méthode géométrique consiste dans l'abstraction, et je crois que nous devons faire abstraction du temps, aussi bien que des propriétés physiques. Si, pour la commodité du langage, nous considérons un point comme se mouvant (dans le temps) sur une courbe, c'est absolument la même chose que si nous faisons mouvoir notre oeil, en le dirigeant successivement vers les divers points de la courbe, considérés chacun comme immobiles ; de telle sorte que la considération du temps, en géométrie, est purement *subjective*, et nullement *objective*. Je ne crois donc pas qu'il faille prononcer ici le mot de *temps* ; la considération du temps est, comme celle des figures qui nous rappellent grossièrement les points, les lignes, etc., un simple moyen de venir en aide à notre intelligence imparfaite et plus ou moins rebelle à l'abstraction.

Pardonnez, cher Monsieur, le décousu de cette lettre, que je termine en toute hâte pour aller faire une leçon sur l'intégration des fonctions circulaires. Soyez assez bon pour me dire ce que je dois vous renvoyer des pages que vous m'avez communiquées, et dans combien de temps notre Société peut espérer recevoir votre travail définitif. Veuillez agréer l'assurance de mes sentiments affectueux et dévoués.

J. Hoüel
Cours d'Aquitaine, 66

2.120 Lettre de De Tilly à Hoüel du 23 mars 1878

Anvers, le 23 mars 1878.

Monsieur et cher collègue,

Je vous remercie de la promesse que vous me faites d'étudier à fond mon Mémoire [1] en en corrigeant les épreuves. Je vous rappelle aussi votre promesse antérieure d'y ajouter une préface [2], mais cette préface peut se rédiger pendant la correction des épreuves.

Vous me feriez grand plaisir en me procurant, si vous le pouvez, la traduction du travail de Lobatchefsky dont vous me parlez.

La seule partie du travail que je vous ai envoyé ; dont je possède une copie lisible, se compose des 68 premiers numéros ; mais comme il pourra m'être avantageux, pour le Mémoire développé, d'avoir les feuilles en double, afin de pouvoir employer tantôt un exemplaire, tantôt l'autre, en séparant des matières actuellement écrites sur la même feuille, je vous prierai de vouloir bien me renvoyer le tout. Je crois pouvoir exprimer l'espoir fondé de vous faire parvenir le Mémoire complet dans les premiers jours du mois de mai [3], et alors je vous demanderai de

1. [DT54].
2. Voir la lettre 2.110. Hoüel fera la présentation du travail de De Tilly [H136] à la *Société des sciences physiques et naturelles de Bordeaux* le 14 novembre 1878 (voir la lettre 2.151). Par contre, ce texte ne sera pas inséré dans les tirés à part de [DT54].
3. De Tilly enverra le mémoire le 18 juillet (voir la lettre 2.122).

vouloir bien en activer l'impression de manière que celle-ci puisse être terminée vers le mois de décembre. J'ai pour cela une raison particulière que je vous expliquerai en détail dans ma prochaine lettre [4].

Venons maintenant à la question du *temps* en Géométrie.

Sans doute, on peut faire abstraction du temps ; mais plus j'y réfléchis, plus il me semble que cela équivaut à le supposer nul.

En faire abstraction sans le supposer nul, ou sans supposer qu'il n'ait aucune influence sur les distances, c'est s'exposer à des erreurs de fait. Revenons à l'image employée par Helmholtz pour faire comprendre la nature des axiômes de la Géométrie [5]. Supposons un être assujettis à demeurer sur une certaine surface et insensible à tout ce qui est en dehors de cette surface. Il pourra cependant établir une Géométrie. Mais supposons, de plus, que sa surface, d'abord plane par exemple, se déforme en se courbant de plus en plus, de manière à parcourir toute la série des surfaces sphériques de rayon de plus en plus petit. L'être en question ne pourra établir, sans se tromper, que deux espèces de Géométrie : une Géométrie instantanée, ou bien une Géométrie où le temps apparaîtra d'une manière explicite (s'il est parvenu à saisir, dans les figures tracées sur la sphère, la loi suivant laquelle son rayon varie avec le temps). Il ne peut pas *faire abstraction* du temps, mais seulement le supposer nul ou en tenir compte explicitement [6].

Nous avons, ou nous croyons avoir une troisième alternative : c'est de *supposer* que notre espace à trois dimensions, contrairement à l'espace à deux dimensions, dont je parlais tout-à-l'heure, ne change pas avec le temps ; ou, pour mieux préciser, qu'une figure de notre espace peut rester invariable dans le temps ; mais cela n'est pas absolument faire abstraction du temps, à moins que vous ne l'entendiez ainsi, auquel cas nous serions d'accord. Vous pourriez aussi vouloir dire qu'on fait abstraction du temps nécessaire pour *raisonner*. En cela aussi nous sommes d'accord, mais on ne peut pas faire abstraction du temps nécessaire pour *opérer*. En résumé, il y a deux manières différentes de comprendre la Géométrie sous ce point de vue : la Géométrie instantanée et la Géométrie dans le temps. La seconde seule peut avoir des applications pratiques. Quand je commence une épure quelconque, il me faut un certain temps pour l'achever et si, pendant ce temps, la Géométrie avait changé, ou si les *distances* des points de l'espace n'étaient pas restées invariables, l'épure pourrait me conduire à des résultats faux.

On peut se borner, en théorie, à faire de la Géométrie instantanée ; mais dans la pratique le temps intervient : il ne suffit pas de dire qu'on fait abstraction de son

4. Voir la lettre 2.122.

5. De Tilly fait allusion à l'article « Über den Ursprung und die Bedeutung der geometrischen Axiome. Vortrag, gehalten im Docentenverein zu Heidelberg im Jahre 1870 », *Populäre Wissenschaftliche Vorträge* III, Vieweg und Sohn, Braunschweig, 1876, p. 21-54 dont une traduction française vient de paraître dans la *Revue scientifique* LI, 1877, p. 1197-1207. Des traductions libres et résumées de la conférence étaient déjà parues en 1870 dans le *Moniteur scientifique* 318, 1870, p. 257-262 et dans la *Revue des cours scientifiques de la France et de l'étranger* 32, 1870, p. 498-501.
Pour montrer le caractère empirique de la géométrie, Helmholtz envisage des êtres « raisonnables » bidimensionnels vivant sur une surface. Si la surface est plane, la géométrie à laquelle seraient conduits ces êtres est la géométrie euclidienne à deux dimensions ; si la surface est sphérique, leur géométrie serait la géométrie sphérique ; enfin, dans le cas où la surface est ovoïdale, la géométrie qui en résulterait serait d'après lui celle de Gauss. Cette métaphore des êtres à deux dimensions est reprise dans le troisième chapitre « consacré aux géométries non euclidiennes » de *La science et l'hypothèse* de Henri Poincaré.

6. Un débat philosophique sur le statut des axiomes de la géométrie a démarré dans la *Revue philosophique de la France et de l'Étranger* avec, entre autres, les contributions de Paul Tannery [Tan76]. La discussion se poursuivra dans cette revue jusque dans les années 1890. Pour plus de détails, voir [Nab08].

influence ; il faut admettre implicitement qu'il n'y en a pas. C'est presque comme pour l'espace. Il ne suffit pas de faire abstraction du lieu où l'on se trouve ; il faut admettre qu'il n'a pas d'influence ; sans quoi la Géométrie vraie à Anvers pourrait être fausse à Bordeaux. [7].

Je vous quitte, mon cher Collègue, en exprimant de nouveau l'espoir de pouvoir vous envoyer le Mémoire complet, dans les premiers jours de mai.

Veuillez agréer, je vous prie, l'expression de mes sentiments d'affection et de reconnaissance.

Jh De Tilly

Adresse : major d'artillerie,
sous-directeur de l'Arsenal de construction,
à l'Arsenal (rue du mai).

2.121 Lettre de Hoüel à De Tilly du 2 avril 1878

Bordeaux, le 2 avril 1878.

Monsieur et cher collègue,

Je vous demande mille pardons de n'avoir pas répondu immédiatement à votre lettre du 23 mars, et d'avoir tardé jusqu'à ce jour à vous envoyer le manuscrit préparatoire de l'intéressant travail que vous me promettez à notre Société [1].

Je ne puis pour le moment vous envoyer ma traduction de Lobatchefsky [2] ; elle est depuis plusieurs mois entre les mains du relieur, dont j'ai suspendu le travail pour y intercaler quelques pages, et celles-ci, je n'ai pas encore trouvé le loisir de les achever. Dès que le volume sera transportable, je vous l'enverrai avec grand plaisir.

J'ai lu avec attention vos arguments en faveur de la considération du temps, et j'ai le regret de ne pouvoir absolument m'y rendre. Autre chose est *faire abstraction* du temps comme on fait abstraction de la couleur d'un corps quand on étudie sa forme, autre chose est de supposer le temps *nul*. Le temps est une condition intellectuelle [3] de notre perception du mouvement comme l'espace. Par ailleurs, il n'y pas pour nous de mouvement sans temps, absolument comme il n'y a pas de surface sans couleur. Nous faisons abstraction de la couleur en géométrie ; nous devons aussi faire abstraction du temps. Or *faire abstraction* n'est pas la même chose que *nier* ou bien *supposer nul* ; c'est tout simplement *ne pas s'occuper* d'une chose, pour porter toute son attention sur une autre, absolument comme nous pouvons faire abstraction d'une ou de deux dimensions dans une figure. Je considère le temps comme tout à fait hétérogène aux quantités géométriques ; il ne nous apparaît dans notre étude qu'à un point de vue tout à fait subjectif et, pour ainsi dire, physiologique, et je ne vois pas trop de quel secours sa considération peut être. Qu'importe, dans l'étude d'une ligne, que cette ligne soit parcourue en une seconde ou en une

7. Pascal écrivait à Fermat le 29 juillet 1654 : « (...) je voudrois désormais vous ouvrir mon cœur, s'il se pouvoit, tant j'ai de joie de voir notre rencontre. Je vois bien que la vérité est la même à Toulouse et à Paris. » (*Œuvres de Fermat*, tome 2, p. 290)

1. [DT54].

2. Voir la fin de la lettre 2.119.

3. Hoüel semble ici s'inspirer de la position de Kant selon laquelle le temps est une condition de notre expérience. Il en diffère en précisant qu'il s'agit d'une « condition intellectuelle » alors que chez Kant c'est une forme *a priori* de la sensibilité.

année ? La préoccupation de la vitesse du mouvement ne peut que distraire l'esprit, qui est tenté, pour employer le langage des vieilles grammaires latines, de se poser la question *quando* ? quand il ne doit s'occuper que de la question *ubi*[4] ?

Ma conviction est que, dans l'étude de toutes les sciences, il faut procéder du simple au composé ; la complication se présente toujours assez tôt, et on n'a pas besoin d'aller au devant[5]. Dans la géométrie, on dépouille déjà les corps de toutes leurs propriétés physiques, et l'on opère sur des êtres purement imaginaires, qui servent, en quelque sorte, de squelettes à l'ensemble des êtres réels. Après avoir dépouillé les corps de tout ce qui n'est pas espace pur, de leur couleur, de leur poids, de leur masse, etc., pourquoi conserver la notion du temps, et faire ainsi de l'espace à 4 dimensions, quand trois dimensions présentent déjà tant de difficultés ? Est-il donc impossible d'étudier un corps immobile ? Qu'est-ce d'ailleurs que le mouvement géométrique, si ce n'est celui de notre pensée, se portant successivement sur un suite de points ? Et pourquoi introduire cette opération, toute subjective et psychologique, dans la réalité objective ? En géométrie, le temps n'entre jamais que comme temps nécessaire *pour raisonner*, et non comme temps nécessaire pour opérer, attendu que l'on n'a pas de figure physique à déplacer, mais seulement divers points de l'espace à considérer successivement. Quant aux déplacements fictifs que l'on fait subir à un corps, pour l'amener, par exemple, à coïncider avec un autre, est-il jamais question du plus ou moins de temps qu'exige ce déplacement ? Si la Géométrie *changeait avec le temps*, ce serait une tout autre science ; ce serait purement et simplment la Cinématique, à la forme des lois près. Certainement, pour faire de la Géométrie, on est forcé, au commencement d'abord, et jusqu'à preuve d'une nécessité contraire, d'admettre que la Géométrie est la même en tous lieux et en tous temps, à Anvers et à Syracuse, de notre temps, et de celui d'Archimède. Ce sont là des hypothèses à joindre à celles de l'invariabilité des figures et de la fixité de l'espace. Je conclus de là, avec Alceste que... le temps ne fait rien à l'affaire[6], et que l'abstraction est l'essence de toute étude mathématique. Quant aux considérations de Helmholtz et d'autres sur la constitution de l'espace réel, je les classe dans la physique transcendante ; mais ce n'est plus là de la Géométrie.

Veuillez me pardonner de la franchise avec laquelle je vous exprime le dissen-

---

4. Ces deux mots latins signifient *quand* et *où*. Les rhéteurs ont compris toutes les circonstances dans le célèbre vers *quis, quid, ubi, quibus auxiliis, cur, quomodo, quando* qui exprime ainsi la personne (*qui*), la nature de la chose (*quoi*), le lieu (*où*), les moyens d'exécution (*quels moyens*), les motifs (*pourquoi*), la manière (*comment*) et le temps (*quand*).

5. En prônant d'aller « du simple au composé », Hoüel reprend le moto de la méthode synthétique :

> « Il y a une méthode facile aux plus ignorants pour s'instruire, c'est d'aller du simple au composé : on l'appelle synthèse ou composition. » (*Œuvres posthumes de Jacques-Henri-Bernadin de Saint Pierre*, Lefèvre, Paris, 1836, p. 404)

Poincaré décrit la méthode d'exposition de Weierstrass en utilisant la même expression :

> « Weierstrass procède donc par construction en partant du nombre entier ; il marche ainsi toujours du simple au composé. » [Poi98a, p. 17]

Hoüel n'entend pas tout à fait l'idée de simple comme Poincaré dans la citation ci-dessus. Pour lui, une entité simple possède les bonnes propriétés, celles que l'on attend ou dont on a besoin ; par exemple, dans les discussions qu'il a avec Darboux sur la présentation de l'analyse, il défend l'idée que dans un cours, il faut se placer dans le cas simple de fonctions qui vérifient au moins le théorème des accroissements finis. Voir à ce sujet la correspondance qu'il entretient avec Darboux, p. 423.

6. Alceste est l'amant de Célimène dans *Le Misanthrope* de Molière. Oronte, le prétendant de Célimène, veut présenter à Alceste un sonnet de sa composition pour que celui-ci juge s'il vaut la peine d'être exposé au public. Après en avoir récité le premier mot, Oronte s'interrompt : « Oronte – Au reste, vous saurez que je n'ai demeuré qu'un quart d'heure à le faire. Alceste – Voyons, Monsieur ; le temps ne fait rien à l'affaire. » (acte I, scène II)

timent qui nous sépare. Comme il est aussi abstrait que le sujet sur lequel il porte, j'espère qu'il ne portera pas atteinte aux sentiments, parfaitement concrets, d'attachement qui nous lient depuis longtemps.

Je n'avais pas encore pu vous féliciter de votre avancement en grade, que je n'ai appris que par votre dernière lettre. Mais je crois que jamais avancement ne fut mieux mérité, et que peu de vos collègues peuvent se vanter d'avoir rendu autant de services que vous à la science et à votre pays.

Votre bien affectionné collègue,

J. Hoüel

2.122 Lettre de De Tilly à Hoüel du 18 juillet 1878

Anvers, le 18 juillet 1878.

Monsieur et cher collègue,

Je viens enfin de vous expédier aujourd'hui mon Mémoire [1], promis depuis huit ans [2], sur les principes fondamentaux de la Géométrie et de la Mécanique ; je vous avais annoncé en dernier lieu qu'il vous parviendrait dans le premiers jours de mai ; mais, après tous mes retards, ce nouveau retard de deux mois n'a pas dû vous surprendre.

Enfin le travail est parti : j'espère qu'il ne fera pas regretter le temps que j'y ai mis et que, par sa publication, je pourrai mériter le titre de membre honoraire de votre Société, que vous m'avez accordé prématurément il y a cinq ans [3].

Tout d'abord, je dois m'excuser de l'état peu présentable du manuscrit ; j'aurais dû, pour bien faire, le recopier encore une fois en totalité ; mais j'ai vu par les Procès-verbaux des années précédentes, que la dernière séance de juillet se tient du 22 au 30, et qu'ensuite il n'y a plus de séance jusqu'en novembre [4]. J'étais donc arrivé à l'extrême limite et si j'avais employé quelques jours encore à faire la copie, le Mémoire n'eût pu être présenté dans cette dernière séance, et la publication en 1878 (publication à laquelle, comme je vous l'ai dit, je tiens beaucoup pour un motif que je vais vous expliquer tout de suite) serait devenue impossible.

Le manuscrit est donc, je le répète, peu présentable ; écrit sur toute espèce de papier et surchargé de renvoi ; néanmoins, je pense qu'il est assez clair et que l'on ne peut se tromper en suivant le texte avec attention. Ce texte ne renferme que quatorze figures, car j'ai laissé au lecteur le soin de tracer lui-même les figures, chaque fois que cela ne pouvait amener aucune confusion. Les 14 figures sont assez mal faites, mais j'en enverrai incessament un exemplaire parfaitement dessiné [5].

Voici maintenant, avec quelques détails, le motif pour lequel je désire vivement que la publication se fasse cette année et soit terminée avant le 31 décembre.

Il existe, en Belgique, un prix quinquennal de sciences physiques et mathématiques, qui doit être décerné en 1879 pour la période 1876-1878. Je suis bien loin de prétendre que l'ouvrage que je viens de terminer mérite ce prix, mais il me

1. [DT54].
2. Dès la lettre 2.7, Hoüel avait promis à De Tilly qu'il pourrait insérer son travail dans les *Mémoires de Bordeaux*.
3. Voir la lettre 2.75.
4. Le travail de De Tilly ne sera pas présenté à la séance de juillet mais à celle du 14 novembre. Voir la note 2 de la lettre 2.120.
5. Le travail final [DT54] possède deux planches de respectivement 8 et 9 figures.

semble pouvoir figurer honorablement au concours ; car, ainsi que vous pourrez en juger en relisant les épreuves, il contient un très-grand nombres d'idées nouvelles, les unes se rattachant aux théories transcendantes de Riemann, Helmholtz et Beltrami, les autres élémentaires, et appelées, si je ne me fais illusion, à entrer dans l'enseignement [6].

Or l'ouvrage serait exclu du concours si la publication n'était pas achevée en décembre prochain ; je ne vois là aucune impossibilité matérielle ; j'espère que la Société et son imprimeur en jugeront de même.

Une autre circonstance pourrait m'exclure du concours. Son règlement veut que les ouvrages soient publiés en Belgique. Je me propose de demander à la Société un certain nombre de tirés à part (aux conditions règlementaires), que je remettrai à mon éditeur belge, lequel *publierait* aussi l'ouvrage à Bruxelles, où il paraîtrait en même temps qu'à Bordeaux [7]. Il me semble que cela ne pourrait faire aucun tort à personne ; si toutefois un intérêt que je n'aperçois pas pourrait être lésé par cette combinaison, je vous serais très-reconnaissant de me le signaler, afin que je modifie ma manière d'agir en conséquence. Je raisonne, dans ce qui précède, comme si l'obligation de *publier* l'ouvrage en Belgique n'impliquait pas celle de l'*imprimer* dans ce pays. C'est mon avis ; s'il n'était pas partagé, ce dont j'aurai soin de m'assurer, cet obstacle ne serait pas encore insurmontable ; mais il n'y a pas lieu de s'en occuper maintenant, car je suppose que tout le monde trouvera, comme moi, que le lieu de l'*imprimerie* et le lieu de la *publication* sont deux choses absolument distinctes [8].

Le Chapitre V (Mécanique) n'est pas joint au Mémoire. Il n'est pas fort long et sera envoyé bien avant qu'on ne puisse avoir terminé l'impression des autres ; d'ailleurs si, par impossible, je ne l'envoyais pas, il suffirait d'ajouter, sur la feuille de titre, à tirer après le reste, les mots : « Première partie ».

Je vous rappelle votre promesse, à laquelle je tiens beaucoup, d'écrire la Préface de l'ouvrage [9] ; d'après les impressions que vous laisseront la lecture des épreuves. J'ai cru bien faire en rassemblant en tête du Mémoire, sous le titre de « Notes pour la Préface », et sans transition, quelques unes des idées et des phrases que je reproduirais dans cette Préface, si je l'écrivais moi-même, et dont plusieurs sont copiées dans vos ouvrages.

Mais comme je tiens beaucoup à ce que la Préface soit entièrement de vous, je vous prie de faire de ces notes absolument ce que vous voudrez et de n'en pas employer une seule, si vous le jugez bon.

Pour la révision des épreuves, je pense que le systême le plus pratique serait celui-ci. La première épreuve d'auteur me serait envoyée en double, avec la partie correspondante du manuscrit ; je collationnerais ; je renverrais l'une des épreuves corrigée (et le manuscrit si on le désire) et conserverais l'autre (aussi corrigée), afin de posséder l'ensemble et de pouvoir indiquer exactement les numéros auxquels on renvoie ; presque toujours laissés en blanc dans le manuscrit. La seconde épreuve vous serait envoyée en double ; vous enverriez l'une à l'imprimeur avec le *Bon à tirer* et conserveriez l'autre, pour pouvoir aussi juger de l'ensemble de l'ouvrage.

Il est question dans le manuscrit de numéros plus petits les unes que les autres,

6. Voir la note 3 de la lettre 2.118.

7. Le travail de De Tilly sera imprimé par G. Gounouilhou et publié à Bordeaux (voir la note 15, p. 90). Il sera ajouté à certains exemplaires une page de titre imprimée par Hayez à Bruxelles ce qui constituera l'édition belge du texte.

8. De Tilly sera finalement exclu du concours (voir la lettre 2.166).

9. Voir la note 2 de la lettre 2.120.

pour distinguer des paragraphes moins importants ; mais cela n'est pas exécuté. C'est aussi pendant la révision des épreuves que je désignerai ces paragraphes [10].

Veuillez agréer, Monsieur et cher collègue, avec mes excuses pour les embarras que je vais vous causer, l'expression de mes sentiments de reconnaissance et de sincère amitié.

Jh De Tilly
rue de mai, à l'Arsenal,
Anvers.

2.123 Lettre de Hoüel à De Tilly du 4 août 1878

Bordeaux, le 4 août 1878 [†].

Monsieur et cher Collègue,

Veuillez excuser le retard que j'ai mis à répondre à votre bonne lettre et à vous accuser réception de votre important travail, que notre Société sera heureuse de publier dans son recueil [1]. Le jour même où vous m'écriviez, je commençais la corvée des examens du baccalauréat, qui ne m'a laissé, depuis lors, ni loisir ni liberté d'esprit pour ma correspondance [2]. Je profite d'un jour de répit pour vous répondre en quelques lignes ; mais je ne tarderai pas à être quitte de cette désagréable tâche, et je pourrai alors causer plus longuement avec vous de votre intéressant travail, dont j'aurai eu le temps de lire les épreuves.

J'ai porté le commencement de votre manuscrit à l'imprimerie, en recommandant qu'on fasse diligence. J'espère que vous recevrez bientôt les premières épreuves. En attendant, je vous prierai de me faire parvenir aussitôt que possible vos figures mises au net, pour qu'on puisse les faire graver ou lithographier [3]. Si elles peuvent rentrer soit dans une seule page, soit dans deux, il sera peut-être préférable de les faire lithographier sur des planches séparées, de manière à pouvoir se déplier en dehors du texte [4]. Si vous préférez qu'elles soient intercalées dans le texte, on les fera graver, soit sur fond noir, soit sur fond blanc.

Quant au titre des tirages à part, vous n'aurez qu'à le faire imprimer en Belgique, et la question sera résolue. On vous enverra les tirages en feuilles, pliées ou non, et vous les ferez brocher [5] à Bruxelles ou à Anvers.

Si vous voulez distribuer ou débiter quelques tirages en France, on pourra les faire brocher ici pour éviter les transports.

---

10. Voir la lettre 2.128.

†. La fin de la lettre de Hoüel a été utilisée par De Tilly comme brouillon de la lettre 2.125. On peut y lire un court passage de cette lettre écrit au crayon.

1. [DT54].

2. Au 19e siècle, comme il y avait très peu d'étudiants en province, une des tâches les plus importantes des enseignants des facultés des sciences et des lettres était de faire passer le baccalauréat.

3. La gravure sur bois, métal, etc. nécessite l'apprentissage difficile de la technique qui consiste à creuser ou inciser le matériau. À la fin du XVIIIème siècle, l'invention de la lithographie simplifie le procédé puisqu'elle permet de dessiner directement sur une pierre calcaire à l'encre lithographique grasse avec des crayons spéciaux, plumes ou pinceaux, comme on le ferait sur du papier. Cette nouvelle technique ne se base plus sur le relief mais sur l'antagonisme entre l'eau et l'encre grassse. Après avoir préparé la pierre selon diverses recettes, celle-ci est humidifiée. Comme elle est poreuse, la pierre retient l'eau mais l'encre d'impression déposée ensuite est repousée par l'eau et ne reste qu'aux endroits dessinés au préalable. La lithographie permet ainsi de reproduire facilement des figures avec un calque.

4. C'est la solution qui sera adoptée.

5. Cette étape consiste à coudre et encoller les feuillets imprimés afin d'obtenir des cahiers.

Pour la révision des épreuves, je vous en enverrai une première, que je lirai aussi de mon côté. S'il y a peu de corrections, vous donnerez votre bon à tirer sur la seconde sinon, je vous enverrai seulement la troisième et dernière.

Je vais m'absenter de Bordeaux pendant une huitaine de jours pour une tournée d'examens à Pau[6]. Avant de partir je verrai à ce qu'on active votre travail. J'ose espérer qu'une fois en train, il sera terminé avant trois mois.

Veuillez agréer, Monsieur et cher collègue, l'assurance de mes sentiments les plus dévoués.

J. Hoüel
Cours d'Aquitaine, 66

2.124 Lettre de Hoüel à De Tilly du 14 août 1878

Bordeaux, le 14 août 1878[†].

Monsieur et cher Collègue,

L'impression de votre important Mémoire[1] est en pleine activité, et bientôt vous recevrez un paquet d'épreuves. Je suis chargé cependant par le compositeur[2], en vue d'accélérer le travail, de vous demander quelques indications indispensables, et sans lesquelles il sera exposé à des erreurs continuelles.

D'abord les renvois nombreux à des pages éloignées, en avant ou en arrière, sont pour lui la source de grandes difficultés. Ensuite les renvois ne sont pas suffisamment distincts des notes qui doivent être placées en caractères différents au bas des pages. Cela fait que le pauvre homme est dans une continuelle anxiété d'avoir à recommencer ce qu'il a déjà composé. Il vous prie, en conséquence, de vouloir bien revoir la copie, dont je vous envoie aujourd'hui une partie, de telle façon qu'il n'ait plus de cause d'erreurs à craindre. Il y a, en effet, beaucoup de passages où je n'ai pu prendre sur moi de lever ses doutes. Je vous prierai donc de vouloir bien marquer d'un trait vertical au crayon bleu les notes à mettre en bas des pages, et d'un trait au crayon rouge les renvois[††]. De plus, les passages raturés ne le sont peut-être pas assez distinctement. Il serait bon de les marquer de deux traits croisés et de les encadrer d'un autre trait.

Vous feriez bien de recopier les passages où les renvois sont nombreux et où il y a des intercalations en petite écriture ou avec des abréviations. Dans ce que vous recopierez, il sera bon, pour faciliter la distribution de la tâche entre plusieurs ouvriers, de n'écrire la copie que d'un seul côté.

Quand vous aurez arrangé la copie que je vous renvoie, je vous en adresserai d'autres, s'il s'y trouve encore des difficultés. Je vous prierai de faire ces changements le plus vite possible, afin de ne pas retarder le travail, qui sera poussé avec activité. La semaine prochaine vous recevrez les épreuves du commencement.

J'attends aussi votre réponse pour faire exécuter les figures. Il me faut pour cela les modèles tracés de la grandeur qu'ils doivent avoir, de manière que le graveur ou le lithographe n'aient qu'à calquer. Ensuite je vous prierai de m'indiquer lequel

6. Pau fait partie de l'académie de Bordeaux depuis 1854.

†. La fin de la lettre a été utilisée comme pense-bête par De Tilly.

1. [DT54].

2. Le compositeur est l'ouvrier chargé de disposer les caractères mobiles afin de composer les pages avant l'impression.

††. On peut voir sur la lettre un trait vertical au crayon bleu et un trait horizontal au crayon rouge.

des trois modes d'exécution vous préférez. 1° gravure sur bois, blanc sur fond noir, 2° id., noir sur fond blanc, 3° lithographie sur deux planches hors texte. Je crois que le dernier mode serait préférable au point de vue de la rapidité du travail.

Veuillez agréer, mon cher collègue, l'assurance de mon plus sincère dévouement.

J. Hoüel

2.125 Lettre de De Tilly à Hoüel du 15 août 1878

Anvers, le 15 août 1878 [†].

Monsieur et cher collègue,

Je vous remercie de votre bonne lettre du 4. Je vous fait parvenir les 14 figures et vous laisse entièrement juger de la manière de les placer.

On pourrait trouver étonnant, à première vue, que dans les figures relatives au Livre VII, j'aie représenté les axes de grand cercle par des lignes droites ; mais d'une part cela fait mieux sentir que les mêmes démonstrations peuvent servir pour le plan et la sphère ; d'autre part, ces figures sont réellement invoquées pour la Géométrie doublement abstraite du plan [1]. Je les ai mises au Livre VII, parce que c'est leur place naturelle dans la Géométrie ordinaire, mais on les invoque déjà au Livre III, dans la Géométrie doublement abstraite du plan. D'ailleurs si l'on en fait une planche, l'indication du Livre auquel elles se rapportent disparaîtra naturellement. Je ne l'ai mise que pour l'imprimeur.

Lorsque j'enverrai le premier *bon à tirer*, j'indiquerai en même temps le nombre des tirés à part à brocher à Bordeaux et le nombre à envoyer en feuilles pour être broché ici.

Veuillez agréer, Monsieur et cher collègue, l'assurance de mes sentiments les plus dévoués.

Jh De Tilly

2.126 Lettre de De Tilly à Hoüel du 28 août 1878

Anvers, le 28 août 1878.

Monsieur et cher collègue,

Je vous ai renvoyé hier la copie annexée à votre lettre du 14, sur laquelle j'ai fait les indications que vous demandez. J'ai aussi recopié quelques pages peu claires.

Je pense, comme vous que le meilleur système pour les figures serait la lithographie sur deux planches hors texte.

J'ai marqué dans le texte les numéros des figures, pour éviter toute méprise, mais en relisant le manuscrit, j'ai cru utile d'ajouter trois figures que j'avais primitivement comprises parmi celles que le lecteur peut tracer lui-même. Si, comme je le pense, il est encore temps de les ajouter aux planches, elles devraient prendre les n°s 2, 3 et 4. La figure 1 de la planche que je vous ai envoyée précédemment conserverait son numéro, et les figures 2 à 14 de ladite planche prendraient les

†. Il est conservé en sus un brouillon de cette lettre.

1. C'est-à-dire la géométrie elliptique dans le vocabulaire de De Tilly. Voir la note 2 de la lettre 2.118.

numéros 5 à 17. C'est dans cette hypothèse que j'ai marqué les numéros des figures dans le texte.

Veuillez agréer, mon cher collègue, l'assurance de mon plus sincère dévouement.

Jh De Tilly

P. S. J'ai été étonné d'apprendre que l'on n'a payé que 19 centimes pour le port des papiers d'affaires que je vous ai expédiés hier ; si par hasard ils vous arrivaient *insuffisament affranchis*, ne manquez pas, je vous prie, de me réclamer ce que vous auriez payé.

2.127 Lettre de De Tilly à Hoüel du 3 septembre 1878

Anvers, le 3 septembre 1878.

Monsieur et cher collègue,

J'ai renvoyé hier la première épreuve des 20 premières pages ; je désire que la seconde épreuve me soit envoyée *en double* ; je renverrai immédiatement un exemplaire avec le *Bon à tirer* et je garderai l'autre, pour pouvoir me rendre compte de l'ensemble de l'ouvrage, à mesure qu'il avancera, mieux que d'après un manuscrit. Je n'ai pas joint hier, le manuscrit à l'épreuve ; si vous le désiriez, je le joindrai à l'avenir, ou bien je pourrai le renvoyer dans son ensemble, à la fin de l'impression.

Voici quelques remarques sur l'épreuve des 20 premières pages.

J'espère que les deux espèces de numéros n'amèneront aucune confusion pour l'imprimeur. Je tenais à ce que le lecteur pût, s'il le désirait, ne lire que l'exposition synthétique, en passant les discussions de toute espèce et même tout ce qui se rapporte aux systêmes non usuels ; j'avais songé d'abord à introduire deux caractères d'impression différents, mais il me semble bien plus simple d'indiquer par des numéros plus petits les articles qui peuvent être passés dans une première lecture [1].

J'ai introduit, comme correction, une périphrase pour remplacer les mots *indispensabilité* et *indémontrabilité*, que j'avais employés dans le manuscrit et qui ne sont pas français, mais j'ai cependant laissé *indémontrable* qui n'est pas français non plus, d'après le Dictionnaire de l'Académie édition de 1877 [2].

L'Académie française se montre bien difficile pour certaines expressions claires et utiles, alors qu'elle admet, par exemple, *brandevin* dont je n'avais jamais entendu parler qu'en flamand [3].

D'après la même autorité, j'ai introduit les pluriels *maxima* et *minima*, tandis qu'auparavant je laissais *maximum* et *minimum* invariables en français.

On a mis de petites lettres aux mots *géométrie, analyse, mécanique, mémoire, traités, terre*. Je les ai laissées, mais c'est un point sur lequel les auteurs ne s'accordent pas ; souvent même un auteur écrivant dans deux publications différentes y suit des règles différentes. Veuillez décider la question sur la première feuille ; j'observerai la même règle dans la suite.

1. Voir la note 4 de la lettre 2.128.

2. Les termes « indispensabilité » et « indémontrable » sont admis par le dictionnaire de la langue française de Émile Littré (1872-1877). Par contre « indémontrabilité » ne l'est pas. Le mot « indémontrable » sera admis par la huitième édition (1932-1935) du dictionnaire de l'Académie française.

3. « Brandevin » signifie eau-de-vie de vin.

À la page 10, comprendra-t-on bien qu'il y a deux facteurs polynômes sous le signe radical au dénominateur ? Ne vaudrait-il pas mieux faire appuyer le tout vers la gauche ? En tous cas, c'est un détail.

Je vous quitte pour aujourd'hui. Dans ma prochaine lettre, je donnerai les indications nécessaires pour le tirage.

Veuillez agréer, Monsieur et cher collègue, l'assurance de mes sentiments respecteux et dévoués.

Jh De Tilly

2.128 Lettre de Hoüel à De Tilly du 7 septembre 1878

Bordeaux, le 7 septembre 1878.

Monsieur et cher Collègue,

Je vous renvoie les secondes épreuves, avec les corrections que vous avez indiquées, et un petit nombre d'autres que je m'étais permis d'y ajouter à l'encre rouge, et sur le sort desquelles vous aurez à [vous] prononcer.

J'ai arrangé de mon mieux, eu égard au matériel dont notre imprimerie peut disposer, les formules de la page 10. Vous savez que beaucoup d'auteurs, encore de nos jours, remplacent par des parenthèses la barre supérieure du radical [1]. Je n'ai pas trouvé d'autre manière de raccommoder la chose.

Je crois que l'on peut sans aucun scrupule employer l'adjectif *indémontrable*, puisqu'on peut dire *démontrable*. D'ailleurs l'autorité de l'Académie m'impose beaucoup moins depuis que j'ai vu qu'elle écrivait, en dépit de toutes les lois de l'étymologie, les barbarismes *parallélipipède* et *isocèle*, au lieu de *parallélépipède* et *isoscèle* [2].

Pour *maxima* et *minima*, je suis toujours l'usage généralement adopté par les géomètres, et en particulier par l'imprimerie Gauthier-Villars, et qui est constaté par le Dictionnaire de Littré (lequel a, à mes yeux, une autorité bien supérieure à celle de l'Académie) [3].

J'éprouve un vif scrupule à l'endroit de grands et petits chiffres. Cette distinction me semble tout à fait sans précédents dans la typographie, et j'aimerais infiniment mieux, au point de vue de l'art et surtout de la clarté, choisir un autre signe distinctif, par exemple, affecter d'un astérisque les chiffres qui doivent signaler les articles les plus importants, et écrire, par exemple 1^*, 2^*, 3^* ou bien $*1$, $*2$, ... Moi-même, quoique je sois prévenu et que j'aie plus d'habitude de la typographie que la plupart de vos futurs lecteurs, je ne me flatterais pas de faire toujours la distinction des chiffres des deux calibres. J'ose donc vous proposer ce petit changement [4].

1. La barre supérieure du radical est en effet remplacée par une accolade [DT54, p. 10].
2. Voir la note 1 de la lettre 2.11.
3. Dans le *Dictionnaire de la langue française* d'Émile Littré (t. 3, p. 480), « maximum » est présenté en premier lieu comme un terme mathématique. Il est précisé : « Au pluriel, les mathématiciens disent : des maxima. Déterminer les maxima et les minima d'une intégrale définie. »
4. La version imprimée reprend la suggestion de Hoüel d'utiliser des astérisques :

> « Les articles précédés de numéros sans astérisques ne font pas partie de l'exposition synthétique de la géométrie, mais renferment des observations, des discussions, ou des détails sur les systèmes de géométrie autres que le système usuel. On peut en faire abstraction dans une première lecture. » [DT54, p. 2]

Certains paragraphes dont la numérotation est suivie d'un D en exposant sont spécifiquement consacrés à la géométrie doublement abstraite [DT54, p. 24].

Vous trouverez encore une amélioration dans les radicaux superposés. Le compositeur se prépare d'y apporter encore un petit perfectionnement.

On travaille à vos figures. Mais le lithographe a été retardé par un accident qui lui est arrivé dimanche dernier. Il a failli mourir avec toute sa famille après avoir mangé des huitres, atteintes sans doute de quelque maladie, ou ayant pris quelque nourriture malsaine, comme les œufs de certains animaux, des méduses, par exemple. Heureusement on en a été quitte pour une semaine de maladie.

Veuillez agréer, Monsieur et cher collègue, l'assurance de mon bien sincère dévouement.

J. Hoüel

2.129 Carte de De Tilly à Hoüel du 14 septembre 1878

Anvers, le 14 septembre au soir †.

Je viens de recevoir les pages 22 à 58, sans le manuscrit. Probablement le manuscrit de ces pages renferme des parties relatives aux pages suivantes. D'ailleurs je puis revoir la partie reçue abstraction faite de sa concordance avec le manuscrit. Mais je ne la renverrai qu'après la réception de ce dernier pour éviter des erreurs.

Mille amitiés,

Jh De Tilly

2.130 Lettre de Hoüel à De Tilly du 15 septembre 1878

Bordeaux, le 15 septembre 1878 †.

Monsieur et cher collègue,

Je vous envoie par le présent courrier la copie des dernières épreuves que vous avez reçues, plus la 3e épreuve de la première feuille. L'imprimeur vous prie de lui renvoyer le plus tôt possible le bon à tirer, afin qu'il puisse dégager ses caractères pour continuer la composition. En même temps, vous voudrez bien lui indiquer combien il devra faire de tirages à part. Cette indication est pour lui aussi urgente qu'importante.

Je commencerai bientôt à rédiger la préface dont vous avez bien voulu m'envoyer les matériaux en demandant ma signature [1]. Bien que la vôtre seule eût en un tout aussi grand poids pour le moins, je n'en suis pas moins heureux de vous témoigner en cette occasion toute ma sympathie et toute l'estime que j'ai pour vos talents scientifiques.

Veuillez agréer, mon cher collègue, l'assurance de mes sentiments de confraternité et de bien sincère dévouement.

J. Hoüel

†. Carte-Correspondance adressée à Monsieur Hoüel, professeur à la faculté des sciences de Bordeaux.

†. Le papier de la lettre porte l'entête de la Société des sciences physiques et naturelles de Bordeaux.

1. Des notes pour la préface [H136] sont envoyées à Hoüel en même temps que la lettre 2.122.

2.131 Lettre de De Tilly à Hoüel du 18 septembre 1878

Anvers, le 18 septembre 1878.

Monsieur et cher collègue,

Je vous remercie de votre très-aimable lettre du 15. J'envoie les 21 premières pages, avec le Bon à tirer. Il va sans dire qu'il faut faire d'abord avec soin les petites corrections restantes.

Le nombre total des tirages à part est de 200 (deux cents). Comme j'ai déjà donné ce renseignement dans ma lettre précédente, je crains que vous n'ayiez pas reçu cette lettre [1]. S'il en était ainsi, je vous prierai de me le dire, afin que je tâche de me rappeler tout son contenu.

J'ai reçu le manuscrit des pages 22 à 58 que je corrige en ce moment, et que je renverrai le plus tôt possible. Veuillez, je vous prie, dire à l'imprimeur qu'il ne doit pas laisser de blancs, les figures ne devant pas être intercalées dans le texte.

Veuillez agréer, mon cher collègue, l'expression de mes sentiments de reconnaissance et de sincère amitié.

Jh De Tilly

2.132 Lettre de De Tilly à Hoüel du 21 septembre 1878

Anvers, le 21 septembre 1878.

Monsieur et cher collègue,

Je vous expédie la première épreuve, corrigée, des pages 22 à 58.

Je désire y voir introduire les deux intercalaires ci-joints. J'en ai la copie ; il est donc inutile de me les retourner.

Agréez, je vous prie, mon cher collègue, l'expression de mes sentiments les plus dévoués,

Jh De Tilly

2.133 Lettre de Hoüel à De Tilly du 21 septembre 1878

Bordeaux, le 21 septembre 1878.

Monsieur et cher collègue,

J'ai porté immédiatement vos épreuves chez l'imprimeur, en indiquant le nombre d'exemplaires à tirer ; on va s'occuper de suite du tirage.

Dans l'intérêt de la rapidité du travail, l'imprimeur vous prie d'envoyer aussitôt que possible le commencement au moins des épreuves du second paquet, pour qu'on puisse tirer la seconde feuille et continuer ensuite la composition. En ce moment il a presque tout son caractère du type de votre Mémoire engagé pour d'autres

1. Cette lettre est perdue et n'a pas été reçue par Hoüel (voir les lettres 2.133 et 2.134).

publications, dont les auteurs en cette saison prennent leurs vacances, de sorte qu'il est obligé de *distribuer* au fur et à mesure, pour continuer à composer.

J'ai sous les yeux vos lettres du 18 juillet, du 15 août, du 28 août, des 3 et 14 septembre, dont aucune n'indique le nombre des tirages à part [1].

Veuillez agréer, mon cher collègue, l'assurance de mes sentiments les plus dévoués.

J. Hoüel

2.134 Lettre de De Tilly à Hoüel du 23 septembre 1878

Anvers, le 23 septembre 1878.

Monsieur et cher collègue,

J'ai bien reçu votre lettre du 21, d'après laquelle il est évident que l'une de mes lettres a dû être égarée à la poste. Il est même facile d'en déterminer à peu près la date et le contenu. En effet je suis allé chez l'imprimeur Hayez, à Bruxelles, le samedi 7 de ce mois, pour le consulter sur le nombre d'exemplaires à tirer. Il me promet de me répondre par lettre, après avoir pris des renseignements, et la lettre dans laquelle il me conseille de faire tirer à 200 exemplaires est datée du 11.

D'un autre côté, vous m'avez écrit le 7 [1], et j'aurai certainement attendu l'avis de M. Hayez pour vous répondre, donc *la lettre qui vous manque est ma réponse à votre lettre du 7* et elle a dû vous être expédiée le 12 ou le 13, en même temps que la seconde épreuve corrigée (la 2de épreuve accompagnait votre lettre du 7).

Quant à ma lettre du 14 [2], dont vous parlez, c'est probablement une carte-correspondance expédiée à la hâte le samedi soir au moment où j'ai reçu la première épreuve des pages 22 à 58 (actuellement renvoyées) sans manuscrit.

Ma réponse à votre lettre du 7 devait contenir ceci :

L'approbation de toutes les corrections supplémentaires que vous aviez faites et notamment de la manière dont vous aviez disposé les formules de la page 10.

L'approbation du signe choisi par vous pour distinguer les numéros dont l'ensemble constitue la géométrie ordinaire, rigoureusement traitée.

L'indication du nombre des tirés à part (200). Sur ce nombre, je demandais que 35 exemplaires fussent brochés à Bordeaux (à mes frais bien entendu), et 165 envoyés à Bruxelles non brochés. Je demandais, de plus (mais pour autant que cela ne pût avoir aucun inconvénient d'aucune espèce, et seulement pour le cas où la distribution du volume en cahiers s'y prêterait : dans le cas contraire, j'y renonce d'avance), que mon mémoire formât un cahier séparé dans le volume, comme celui de M. Ordinaire de la Colonge sur les étuves à farine [3], lequel est moins étendu que le mien. Si cela pouvait se faire, les 35 exemplaires tirés à part et brochés à Bordeaux ne se distingueraient en rien de ceux qui sont imprimés pour la Société elle-même ; mais les exemplaires brochés à Bruxelles auraient une couverture spéciale, à déterminer plus tard.

1. Ce sont ici les lettres 2.122, 2.125, 2.126, 2.127 et 2.129.
1. Voir la lettre 2.128.
2. Voir la carte 2.129.
3. L. Ordinaire de Lacolonge, Mémoire sur les étuves à farine, leur théorie et leur construction, *Mémoire de la Société des sciences physiques et naturelles de Bordeaux* I (2), 1876, p. 303-384.

Voilà, je pense, tout ce que contenait la lettre égarée.

J'aurai soin, à l'avenir, de renvoyer, autant que possible, feuille par feuille, pour que l'on puisse tirer et dégager les caractères. Je dis : *autant que possible*, car c'est quelque fois difficile, surtout à la première épreuve. Si j'avais renvoyé les pages 22 à 32 (2de feuille) en conservant 33 à 58, je me serais embrouillé dans la correction et le numérotage des 26 dernières pages et surtout dans les renvois à des numéros précédents. Mais dès que je recevrai la seconde épreuve, je renverrai immédiatement les *bons à tirer*, et feuille par feuille si la marche contraire pouvait donner lieu au moindre retard.

Veuillez agréer, mon cher collègue, l'expression de mes sentiments les plus dévoués.

Jh De Tilly

2.135 Lettre de De Tilly à Hoüel du 30 septembre 1878

Anvers, le 30 septembre 1878.

Monsieur et cher collègue,

Je viens de vous expédier la fin de la feuille 2, et la feuille 3, revêtue du *Bon à tirer*. Cependant, comme vous le verrez, il reste encore à faire un certain nombre de corrections oubliées, et à corriger quelques erreurs qui n'existaient pas dans la première épreuve. Mais, pour aller plus vite et comme elles sont faciles à vérifier, j'ai trouvé inutile de demander une nouvelle épreuve. Voici quelques observations sur les épreuves :

P. 25, n°42. Cela était bon dans la 1ère épreuve. Ici je ne puis voir si c'est bon ou mauvais [1].

P. 27. 44^{D} Cette notation est expliquée à la page 24 (n°38) [2] ; elle est, d'ailleurs, bien indiquée dans l'épreuve, aux numéros 61 (page 40), 63 (p. 41) etc.

P. 31. 52^{D} C'était bon, me semble-t-il. En tout cas, même observation que ci-dessus. Comme la page 17 portait le n° 2 (de la feuille) j'ai mis à la page 33 le n°3. [3]

Veuillez agréer, mon cher collègue, l'expression de mes sentiments très affectueux. En hâte,

Jh De Tilly

Je conserve 49 à 58, la feuille n'étant pas finie, mais je les renverrai très prochainement.

1. Ce numéro correspond à un schéma de bifurcation des géométries : De Tilly considère qu'après l'exposé des notions premières et de l'axiome de la distance, il faut envisager une « première bifurcation » selon que « la distance n'a pas de limite » ou que « la distance a une limite » (« le cas de la géométrie de Riemann ou doublement abstraite »).
2. Voir la note 4 de la lettre 2.128.
3. Les numéros 44, 52, 61 et 63 sont suivis d'un exposant D et concernent donc la géométrie doublement abstraite (elliptique).

2.136 Carte de De Tilly à Hoüel du 6 octobre 1878

[†]J'ai bien reçu l'épreuve des[††] pages 58 à 81 et vais m'en occuper sans délai.

Je remarque à l'instant et par hasard une petite omission typographique qu'il est *peut être* encore possible de réparer et qui m'a échappé jusqu'ici. Au n° [‡] 75, on me fait dire « mais ce serait payer de mots ». J'ai probablement écrit « mais ce serait se payer de mots »[4].

Je puis d'autant moins juger si le tirage de ce n° est déjà définitif que, dans l'épreuve que je possède, ce passage tombe à la page 48, la dernière d'une feuille, de sorte que les remaniements peuvent le faire passer à la page 49. D'ailleurs, j'ignore si la page 48 est tirée. En tous cas, l'expression « ce serait payer de mots » n'est pas absurde, mais l'autre est ici plus juste.

Mille amitiés,

Jh De Tilly

2.137 Lettre de De Tilly à Hoüel du 10 octobre 1878

Anvers, le 10 octobre 1878.

Monsieur et cher collègue,

L'envoi des dernières pages de la 4e feuille a été retardé par un petit accroc qui s'est présenté dans l'exposition de la Géométrie doublement abstraite et que j'ai dû réparer par l'intercalaire ci-annexé de la page 58. J'ai perdu trois jours à la recherche de cette démonstration[1]. Je ne le regrette d'ailleurs qu'au point de vue de la rapidité de l'impression. Ne manquez pas, je vous prie, en relisant la dernière épreuve, de me signaler tout raisonnement qui ne vous paraîtrait pas absolument irréprochable. Je pourrais alors y revenir dans un *errata*.

Veuillez agréer, mon cher collègue, l'expression de mes sentiments les plus dévoués.

Jh De Tilly

TSVP

P. S. Reçu[†] la 1ère épreuve et le manuscrit jusqu'à la page 111. M. Gauthier-Villars vient de m'envoyer la 4e édition (1er volume) de Rouché et de Combe-rousse[2]. À première vue, je ne remarque pas de différence avec la 3e édition[3].

†. Carte-Correspondance adressée à Monsieur Hoüel, professeur à la faculté des sciences de Bordeaux. Il est rajouté au crayon : cours d'Aquitaine 66.

††. ~~feu~~

‡. ~~79~~

4. Cette expression corrigée apparaît à la fin du n°74 de [DT54].

1. De Tilly fait probablement allusion à une preuve de l'inégalité triangulaire dans le cas de la géométrie doublement abstraite [DT54, p. 58].

†. ~~le texte~~

2. Il s'agit de la première partie, traitant de la géométrie plane, de la quatrième édition du *Traité de géométrie* des deux auteurs mentionnés [RC79]. Il est intéressant du point de vue de la chronologie de noter que des parties d'un ouvrage publié en 1879 circulent en 1878.

3. De Tilly changera d'avis, voir les lettres 2.138 et 2.139.

2.138 Lettre de De Tilly à Hoüel du 11 octobre 1878

Anvers, le 11 octobre 1878.

Monsieur et cher collègue,

Je vous écrivais hier soir qu'à première vue, la 4e édition de la Géométrie de Rouché et de Comberousse me paraissait identique à la troisième. J'avais ouvert au hasard un certain nombre de pages et n'avais trouvé aucune différence, mais en y regardant de plus près, j'ai vu que le Livre I a subi une transformation, et est réellement amélioré.

L'une des nouvelles démonstrations introduites me permet d'améliorer, en le simplifiant et le raccourcissant, un passage de la feuille que je vous ai envoyée hier, et comme ce passage fait précisément suite à l'intercalaire que j'aurai donné hier, il aura peut être pour effet de rétablir la concordance des pages et de diminuer le remaniement.

Pour démontrer, dans mon Chapitre Ier, l'égalité de deux triangles ayant les trois côtés égaux [1], il me fallait une démonstration indépendante du plan. Je n'en vois pas d'autre rigoureuse que la démonstration par l'absurde [2]. Il fallait donc commencer par démontrer que

Si deux côtés d'un triangle sont égaux à deux côtés d'un autre triangle... au plus grand angle est opposé le plus grand côté [3].

Là encore il fallait de l'abstraction pour ne pas introduire implicitement l'idée du plan [4] ; c'est pourquoi la démonstration très-simple de Blanchet était inadmissible [5]. J'ai pris celle de Rouché et de Comberousse (en la transformant un peu) malgré l'inconvénient qu'elle présentait de se diviser en trois cas [6].

---

1. [DT54, p. 60].
2. Voir la lettre suivante.
3. L'énoncé complet, repris au paragraphe 94, est : « Si deux côtés d'un triangle sont égaux à deux côtés d'un autre triangle, chacun à chacun, et si l'angle compris entre les premiers est plus grand que l'angle compris entre les seconds, le troisième côté du premier triangle est plus grand que le troisième côté du second. » [DT54, p. 59], [RC74, p. 15], [RC79, p. 22] La démonstration de cette proposition est directe. Au paragraphe 95, De Tilly obtient le cas d'égalité des triangles qu'il cherche à prouver à partir de ce résultat : « Deux triangles qui ont les trois côtés égaux chacun à chacun sont égaux. C'est un corollaire évident du n°94. » [DT54, p. 60] Rouché et de Comberousse font de même dans la troisième édition et écrivent :

> « Soient (...) les deux triangles ABC, $A'B'C'$, tels qu'on ait $AB = A'B'$, $BC = B'C'$, $AC = A'C'$. L'angle A du premier triangle, compris entre les côtés AB et AC, doit être égal à l'angle A' du second triangle, compris entre les côtés $A'B'$ et $A'C'$, respectivement égaux aux côtés AB et AC ; car (...) si ces angles différaient, les côtés BC et $B'C'$ seraient inégaux contrairement à l'hypothèse. Dès lors, les deux triangles proposés sont égaux comme ayant un angle égal compris entre deux côtés égaux chacun à chacun. » [RC74, p. 18]

4. De Tilly a l'intention de donner des démonstrations valables indépendamment du système de géométrie choisi (voir la lettre 2.139).
5. Il s'agit de la démonstration contenue dans une édition des *Éléments de géométrie* de Legendre qui comporte des additions et modifications par Marie Alphonse Blanchet. L'idée de la preuve de ce résultat ne change pas entre les éditions de 1849, 1852, 1875 et 1878. Toutefois, si le texte des deux premieres éditions et des deux dernières sont identiques, il y a une différence de formulation entre les deux rédactions. De Tilly explique dans la lettre suivante pourquoi il trouve cette démonstration « inadmissible ».
6. Dans la preuve [RC74, p. 15-16], ces deux auteurs considèrent les triangles ABC, $A'B'C'$ tels que $AB = A'B'$, $AC = A'C'$ et $\angle BAC \geq \angle B'A'C'$ et « plac[ent] le triangle $A'B'C'$ en ABD, de manière que $A'B'$ coïncide avec son égal AB, et que le côté $A'C'$, qui fait avec $A'B'$ un angle A' moindre que BAC, tombe suivant AD dans l'intérieur de l'angle BAC. » Le point D est tel que $AD = A'C'$ et ils traitent les cas où D tombe sur BC, tombe à l'intérieur du triangle ABC, ou à l'extérieur de celui-ci.

Mais aujourd'hui ces auteurs donnent une démonstration nouvelle [*], facilement transformable (pour faire disparaître la notion sous-entendue du plan) et ne se divisant plus en trois cas [7]. Ce sera donc une amélioration que de la leur emprunter [8]. C'est pourquoi je vous envoie l'intercalaire (ou errata) ci-joint.

J'espère que cette lettre arrivera à peu près en même temps que celle d'hier soir et que, par conséquent, il n'y aura pas double remaniement.

Veuillez agréer, mon cher collègue, avec mes excuses pour tous les embarras que je vous cause, l'expression de mes sentiments respectueux et dévoués.

En hâte

Jh De Tilly

2.139 Lettre de De Tilly à Hoüel du 15 octobre 1878

Anvers, le 15 octobre 1878.

Monsieur et cher collègue,

Je vous envoie en même temps que cette lettre la feuille 5 (65 à 80). La feuille 6 suivra de très-près. Il y a malheureusement, encore une fois un intercalaire remplaçant la plus grande partie de la page 80. Cela provient de ce que les observations faites sur la 3e édition portaient à faux pour la 4e ; j'ai préféré prendre pour base cette dernière, où le Livre Ier est notablement amélioré ; je compte ne plus avoir à faire de changements semblables, précisément parce que les autres livres ont subi fort peu de modifications dans la 4e édition.

Vous remarquerez que j'ai été obligé de laisser un numéro en blanc. Cela m'arrivera peut-être encore et provient de ce que je ne possède aucune épreuve des pages 49 à 64 (4e feuille). Je mettrai les numéros à la seconde épreuve.

Vous serez peut-être étonné de [†] cette opinion émise dans ma dernière lettre que la seule démonstration exacte [††] de l'égalité des triangles qui ont trois côtés égaux, est la démonstration par l'absurde, quand on ne veut pas invoquer le plan. Elle aura pu vous sembler d'autant plus singulière que dans une de mes lettres, de mai ou de juin 1870 si j'ai bonne mémoire, j'ai dû vous envoyer une démonstration conçue à peu près comme suit [1] :

a. Dans un triangle le pied de la perpendiculaire abaissé sur le plus grand côté, du sommet opposé, tombe [‡] entre les deux autres sommets. En effet, si la perpendicu-

---

⋆. du moins nouvelle pour moi. Je n'y ai jamais pensé, parce qu'il me suffisait d'en avoir une.

7. La nouvelle preuve proposée dans [RC79, p. 23] débute comme l'ancienne (voir la note 6) en transportant le triangle $A'B'C'$ en ABC'' mais introduit la bissectrice de l'angle CAC''. Le point d'intersection I de cette droite avec BC permet de construire les triangles égaux CAI, $C''AI$ et donc $IC'' = IC$. Si l'on considère le triangle $BC''I$, on a

$$B'C' = BC'' < BI + IC'' = BI + IC = BC$$

d'où l'assertion.

8. C'est ce que fait De Tilly qui reprend la nouvelle preuve de Rouché et de Comberousse et qui cite en note, au bas de la page 59 de [DT54], la page 23 de [RC79]. Les seules modifications qu'il introduit dans la démonstration concernent le texte. Par exemple, il remplace l'expression « transportons le triangle $A'B'C'$ en ABC'' » par « on peut, à cause de la continuité, trouver sur BC un point D tel que l'angle BAD soit égal à l'angle $B'A'C'$ (...) [et] (...) portons sur AD une longueur $AC'' = A'C'$ ».

†. ~~l'assertion contenue~~

††. ~~du cas~~

1. Voir la lettre 2.11.

‡. ~~sur ce point~~

laire abaissée de A ne tombe pas entre B et C, on a $AC > DC$[2] et à fortiori $AC > BC$, donc BC n'est pas le plus grand côté.

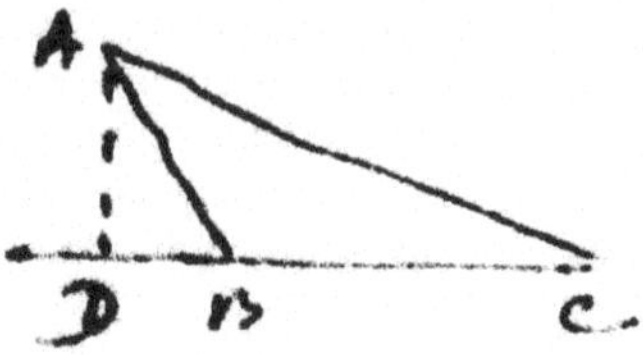

b.[‡‡] Deux triangles qui ont les trois côtés égaux sont égaux. Des sommets A et A', opposés aux plus grands côtés, abaissons sur ceux-ci la perpendiculaire AD, $A'D'$. Si AD était plus grand que $A'D'$, puisque $AB = A'B'$, on aurait, par compensation, $BD < B'D'$, et de même $DC < D'C'$[3], d'où, en ajoutant $BC < B'C'$, ce qui n'est pas. De même, $A'D'$ ne peut être plus grand que AD. Donc $A'D' = AD$, on en déduit $BD = B'D'$, $DC = D'C'$, et les deux triangles peuvent coïncider[4].

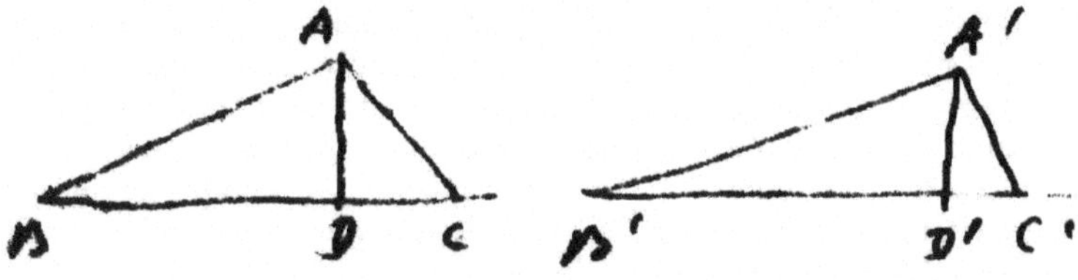

Mais, en raisonnant ainsi, je ne songeais ni à la Géométrie doublement abstraite, ni même à la convenance d'adopter des démonstrations analogues sur le plan et sur la sphère. Sur la sphère, ou sur le plan doublement abstrait, la proposition a n'est pas exacte[5]. Il faut donc chercher une autre combinaison, et je n'en vois pas d'autres que la réduction à l'absurde[6].

J'ai reçu hier soir les pages 112 à 135. J'ai reçu aussi le 3e cahier du Tome II des Mémoires et les *Bulletins* de mai et de juin. Je vois avec plaisir que l'auteur de l'article des pages 207 à 209 dans le Bulletin de *mai* partage au fond notre opinion[7]. La note que vous avez mise au bas de la page est parfaitement juste, mais je vais plus loin : j'accorde qu'on ne puisse pas développer la surface de révolution

2. La perpendiculaire DC (à AD) est plus courte que l'oblique CA.

‡‡. ~~Le plus grand côté est plus petit que la somme~~

3. Par hypothèse, on a $\sin\measuredangle B = \frac{AD}{AB} > \frac{A'D'}{A'B'} = \sin\measuredangle B'$ et, puisque la fonction sinus est croissante sur $[0, \frac{\pi}{2}]$, on trouve $\measuredangle B > \measuredangle B'$. Comme la fonction cosinus est décroissante sur $[0, \frac{\pi}{2}]$, on a l'inégalité $\frac{BD}{AB} = \cos\measuredangle B < \cos\measuredangle B' = \frac{B'D'}{A'B'}$ d'où $BD < B'D'$. On a de même l'autre inégalité.

4. D'après le premier cas d'égalité des triangles.

5. Dans un triangle sphérique dont un sommet est le pôle nord et les deux autres se trouvent sur l'équateur, toute droite reliant le pôle à l'équateur est perpendiculaire à l'équateur.

6. Voir la lettre 2.138.

7. Paul Tannery a rédigé dans le *Bulletin* II (2), 1878, p. 207-209 un compte rendu du mémoire [Gen77b] de Genocchi. À cette occasion, Hoüel n'a pas résisté a rajouter une note de bas de page qu'il signe de ses initiales :

> « Nous ferons cependant remarquer que, si l'on suppose la surface d'un cône composée, comme les surfaces de Riemann, d'un nombre indéfini de nappes enroulées, toute figure tracée sur le plan pourra être appliquée sur le cône, et réciproquement, de sorte que la Géométrie du plan peut être regardée comme identique avec celle du cône. Pourquoi n'en serait-il pas de même pour la pseudosphère et la surface de révolution engendrée

engendrée par la tractoire comme on peut développer le cône ; que la pseudosphère comme l'entend M. Genocchi n'existe pas ; la surface de révolution enroulée me suffit et je ne m'occupe que d'elle [8].

La question a d'ailleurs perdu de son importance pour moi depuis que j'ai donné une démonstration plus générale de l'impossibilité de prouver le postulatum, démonstration que je présente sous sa forme la plus simple précisément dans la feuille [‡‡†] envoyée en même temps que la présente lettre [9].

Le postulatum s'énonce ainsi : Étant donné sept points de l'espace... [10] Dans cet énoncé, il n'y a plus d'autre idée que celle de distance. D'un autre côté, tout ce qui peut se *démontrer* pour la distance physique dont il est question dans la Géométrie ordinaire, peut se *démontrer* pour l'une quelconque des distances analytiques, dans les mêmes conditions. Donc si, de l'admission des axiomes I et II, on peut tirer l'axiome III pour la distance physique, la distance analytique

$$\delta = \frac{A}{\pi}\text{arc cos hyp}\ldots$$

qui vérifie les axiomes I et II, vérifiera aussi l'axiome III, ce qui est analytiquement faux [11].

J'espère que cette fois M. Beltrami sera satisfait [12], bien que, au fond, cette démonstration soit la même que celle que j'ai donnée autrefois et aussi la même que la sienne, mais la question est de la présenter sous une forme simple et saisissante, et je crois y être parvenu.

J'ai lu aussi avec plaisir l'article sur Quetelet que renferme le Bulletin de *juin* [13]. Malgré ce que je vous ai écrit dans le temps relativement à Quetelet [14], je le tiens en haute estime et le considère comme une des gloires de notre pays. Si l'on s'arrête à la période de 1819 à 1830, Quetelet était l'un des premiers géomètre [⋆] de l'Europe et l'on pourrait discuter la question de savoir s'il n'était pas le premier [15].

---

par la tractoire ? » (p. 209)

8. Voir le paragraphe 1.2.7.

‡‡†. ~~annexée à~~

9. La démonstration dont parle De Tilly apparaît dans [DT54, p. 70-75].

10. De Tilly affirme que « l'une des mille formes possibles et équivalentes » du *postulatum* (axiome III de [DT54]) est la suivante : « Étant donné sept points de l'espace, O, O', A, B, C, D, E, tels que $OA = O'A$, $OB = O'B$, $OC = O'C$, $OD = O'D$, $OE = O'E$, $AB = BC$, $AC = 2AB$, $AD = BE$, $DB = EC$; on aura aussi : $AB = DE$. » [DT54, p. 72]

11. Une expression de la distance hyperbolique δ (sur la lettre originale la notation ressemble davantage à $\int$) est donnée dans [DT54, p. 10] tout comme celle d'une autre « distance analytique » : la distance euclidienne. L'axiome I correspond à la définition de la distance (voir la note 9 de la lettre 2.145) et l'axiome II affirme : « La distance de deux points de l'espace n'a pas de limite supérieure et peut augmenter indéfiniment. » [DT54, p. 24]

12. Voir la lettre 2.87.

13. Cet article est un compte rendu publié dans le *Bulletin* II (2), 1878, p. 240-242 de l'ouvrage : E. MAILLY, *Essai sur la vie et les ouvrages de L.-A.-J. Quetelet*, Bruxelles, 1875.

14. Voir l'avis exprimé par De Tilly au sujet de son livre sur l'histoire des mathématiques belges (lettres 2.22 et 2.26) ainsi que la lettre 2.51.

⋆. dans le sens naturel du mot : inventeur en géométrie pure

15. Dans leur notice sur les mathématiques en Belgique, Alfred Errera et Lucien Godeaux insistent sur l'importance de Quetelet pour le renouveau de cette discipline dans ce pays :

> « Ce n'est qu'après 1815 que l'on put voir le goût des spéculations scientifiques renaître d'une façon durable en Belgique et c'est en grande partie à l'influence d'Adolphe Quetelet (1796-1874) qu'est dû ce renouveau. Vers sa vingtième année, il commença à publier ses travaux géométriques. (...) S'il abandonna peu après les mathématiques pures pour se consacrer à l'astronomie et à la statistique, la graine qu'il avait semée allait germer et les

C'est depuis 1830 que la Géométrie a fait des progrès immenses, auxquels Quetelet n'a plus contribué et qu'il n'a même pas suivis. S'il était mort en 1830, il eut été considéré comme un grand génie et l'on eût dit de lui comme de Cotes : « S'il avait vécu, il nous eût appris bien des choses. »[16] Malheureusement pour sa gloire, il a vécu 44 ans de plus et n'a pas réalisé ce que sa jeunesse promettait. Je dis 44, car il est mort en février 1874, et non en 1871, comme le dit le *Bulletin*. (Son fils, Ernest Quetelet, membre de l'Académie, géomètre distingué, connu par un beau Mémoire sur les foyers, écrit il y a à peu près un quart de siècle, n'a survécu que quatre ans à son père ; il est mort le mois dernier[17].)

Ce qu'il y a de plus fâcheux pour Quetelet, au point de vue de sa réputation, du moins en Belgique, n'est pas d'être resté jusqu'en 1874 secrétaire perpétuel de l'Académie : les académiciens sont indulgents. Mais il est resté beaucoup trop longtemps professeur à l'École militaire, où je l'ai eu comme collègue en 1864, et où j'ai suivi ses cours comme élève en 1855. Des cours *impossibles*. Il se trouvait là devant des juges « dont l'âge est sans pitié » et comme tous les anciens élèves de l'École ont conservé l'impression que Quetelet leur a faite comme professeur, dans sa période de décadence ; que fort peu ont pu, comme moi, modifier cette impression, par la lecture attentive des ouvrages publiés par Quetelet avant 1830, vous devez comprendre la réputation dont il jouit dans l'armée belge. Aussi ai-je eu souvent l'occasion de rompre des lances en sa faveur, sans beaucoup de succès.

Mais je suis heureux de voir qu'on lui rend justice à l'étranger, et j'espère que cela contribuera à ramener ses compatriotes à une appréciation plus équitable, mieux que ne pourrait le faire le livre de M. Mailly, qui, malheureusement, a été aussi fort longtemps répétiteur à l'École militaire, et n'est pas considéré comme une autorité par les anciens élèves.

C'est par erreur que le Bulletin, d'accord avec Rouché et de Comberousse, et avec beaucoup de géomètres, attribue à Dandelin le célèbre théorème sur les sphères inscrites dans le cône et tangentes au plant sécant en des points qui sont les foyers de la section[18]. Ce théorème, le plus remarquable de tous ceux qu'on ait découverts dans cet ordre d'idées, selon moi, appartient à Quetelet, et se trouve dans sa thèse de 1819[19].

---

mathématiques ne devaient plus être délaissées dans notre pays. » [EG32, p. 6]

16. Cette phrase aurait été prononcée par Newton qui pensait alors à Roger Cotes (1682-1716). Nous retrouvons une citation sembable en introduction des *Œuvres complètes de N. H. Abel* (Tome I, 1839, p. XII) : « Aussi les talens extraordinaires de *Mr. Abel* ont ils été reconnus généralement dans les derniers temps, et certes, s'il eût été contemporain de *Newton*, celui-ci aurait dit de lui ce qu'il disait de *Cotes* : "s'il avait vécu plus long-temps, nous aurions pu apprendre encore beaucoup de lui." »

17. Le mémoire de Ernest Adolphe François Quetelet (1825-1878) auquel De Tilly fait allusion s'intitule « Mémoire sur les foyers » et est publié dans les *Mémoires couronnés et mémoires des savants étrangers, publiés par l'Académie royale des sciences, des lettres et des beaux-arts de Belgique* XXVI, 1856.

18. Nous lisons dans le *Bulletin* II (2), 1878, p. 241 : « Les recherches de Quetelet servirent de point de départ à celles de son ami Dandelin (*Mémoire sur quelques propriétés remarquables de la focale parabolique*). C'est dans ce Mémoire qu'est établi le théorème si connu sur les sphères inscrites dans le cône et tangentes au plan sécant en des points qui sont les foyers de la section. » Dans ce mémoire (*Nouveaux mémoires de l'Académie royale des sciences et belles-lettres de Bruxelles* II, 1822, p. 171-202), Germinal Pierre Dandelin (1794-1847) considère en particulier une sphère inscrite à un cône droit et tangente à un plan sécant de même pente qu'une génératrice du cône ce qui permet de démontrer que l'intersection du cône et du plan est une parabole (voir [OW12, p. 63]). Le point de tangence de la sphère « de Dandelin » avec le plan est alors le foyer de cette section conique.

19. A. QUETELET, *Dissertatio mathematica inauguralis de quibusdam locis geometricis, nec non de curva focali*, Houdin, Gandavi, MDCCCXIX.
Un tel résultat n'apparaît pas dans la thèse de Quetelet. Celle-ci est essentiellement consacrée à l'étude d'une courbe plane du troisième degré qu'il nomme la focale (et plus connue aujourd'hui sous le nom

Je termine, mon cher collègue, en vous priant d'agréer la nouvelle expression de mes sentiments les plus affectueux.

Jh De Tilly

2.140 Carte de De Tilly à Hoüel du 18 octobre 1878

†Je viens d'expédier la feuille 6 (81 à 96). Mais maintenant je suis arrêté, car il me manque une quarantaine de pages (59 à 96) et, au Livre VII, où les renvois sont nombreux et importants, je me tromperais nécessairement. Je devrai donc attendre, pour continuer la correction, que les secondes épreuves me soient parvenues. En revanche, dès que j'aurai celles-ci j'enverrai immédiatement les *Bons à tirer*.

Milles amitiés,

Jh De Tilly

P. S. Je reçois à l'instant, en 2de épreuve, les pages 49 à 64. Je les renverrai demain et vous écrirai en même temps.

2.141 Lettre de De Tilly à Hoüel du 19 octobre 1878

Anvers, le 19 octobre 1878.

Monsieur et cher collègue,

J'ai envoyé ce matin le *Bon à tirer* des pages 49 à 64 (feuille 4)⋆. Il reste quelques corrections à faire, pour lesquelles je me permets de compter sur votre vérification. J'appelle l'attention sur les trois points suivants :

1° Je n'ai pas le moyen de vérifier si la page 49 commence là où elle doit commencer ; toutefois je n'ai pas de raison d'en douter, l'impression étant conduite avec beaucoup d'ordre.

2° On s'est trompé dans les notes de pages 52 à 53.

Celle que l'on a placée comme note (1) page 53 doit devenir (1) page 52.

" " " " " " " (1) " 52 " " (2) " 52.

" " " " " " " (2) " 52 " " (1) " 53.

Heureusement, toutes ces notes ont à peu près la même longueur.

3° Après le départ de l'épreuve, j'ai aperçu une correction supplémentaire, que je vous prie de vouloir bien exécuter. Au haut de la page 62, après les mots *point d'intersection*, ajoutez la lettre *O*, de sorte que la première ligne deviendra : point

de strophoïde oblique). Dans un travail ultérieur (Mémoire sur une nouvelle théorie des sections coniques considérées dans le solide, *Nouveaux mémoires de l'Académie royale des sciences et belles-lettres de Bruxelles* II, 1822, p. 121-154), Quetelet déduit un résultat qui entraîne celui expliqué dans la note 18 [God28, p. 61] et permet à Dandelin de conclure dans son mémoire, indépendamment du fait que la section conique soit une ellipse, une parabole, ou une hyperbole : « Si l'on fait mouvoir dans un cône droit une sphère et que dans une position quelconque de cette dernière, supposée tangente au cône, on lui mène un plan tangent, l'intersection de ce plan et du cône aura pour foyer le point de contact de la sphère et du plan. » (p. 4-5) Ce théorème est aujourd'hui connu sous le nom de théorème de Dandelin, théorème de Dandelin-Quetelet ou théorème belge sur les sections coniques.

†. Carte-Correspondance adressée à Monsieur Hoüel, professeur à la faculté des sciences de Bordeaux.

⋆. J'avais oublié de l'inscrire sur l'épreuve même, mais je l'ai expédié immédiatement après l'épreuve, par carte-correspondance.

d'intersection *O* de cette perpendiculaire avec le plan [1]. En effet, dans la suite de l'article, il est question du point *O* et il convient que le lecteur ne doive pas recourir à un autre numéro pour savoir ce que cela signifie.

Je dois maintenant avoir recours à vos bons conseils dans l'occurrence suivante.

J'ai reçu [**] de M. Brugère père (typographe à *la Gironde*, rue de Cheverus, 8), une lettre dans laquelle il me dit qu'il a fait tout ce qui dépendait de lui pour mener aussi vite que possible cette quantité infinie d'équations, et qu'il espère les avoir réussies à ma satisfaction, ce que je confirme pleinement. Il regrette que la distance qui nous sépare ne lui permette pas de m'offrir le bouquet traditionnel [2] et termine par cette phrase : « mais j'ose espérer que vous voudrez bien considérer ma lettre de félicitations comme en tenant lieu et que vous saurez le prouver à votre dévoué serviteur ».

Absolument étranger aux usages suivis à Bordeaux en matière d'impression, je désire les connaître pour m'y conformer pleinement et, étant content de tout le monde, je désire que tout le monde soit content de moi.

Je vous prie donc de vouloir bien me renseigner au sujet des coutumes locales, et me faire l'amitié de me dire, par exemple, comment vous avez prouvé votre satisfaction à M. Brugère lorsqu'il vous a présenté le *bouquet traditionnel* après l'impression de votre théorie des quantités complexes [3]. J'espère que vous excuserez l'indiscrétion de ma question, à cause de la nécessité où je me trouve de la poser.

Je m'occupe de l'article supplémentaire (Ch. V) qui reste à faire sur la Mécanique [4], mais il n'est pas long et ne renferme pas de calculs. Ce sera donc une petite affaire et nous en aurons fini en temps utile.

Je vous remercie de nouveau, mon cher collègue, de toutes les peines que vous vous donnez pour moi et vous prie d'agréer l'expression de ma reconnaissance et de mes sentiments affectueux.

Jh De Tilly

P. S. 7h du soir. Je reçois à l'instant l'épreuve de la page 80, et je la renvoie corrigée.

2.142 Lettre de Hoüel à De Tilly du 23 octobre 1878

Bordeaux, le 23 octobre 1878.

Monsieur et cher collègue,

Je vous ai envoyé hier les secondes épreuves d'une nouvelle feuille, avec celles des deux pages 52 et 53, où l'on a remis les Notes à leur place.

Je vous renvoie aujourd'hui celles de la page 80, au sujet de laquelle Brugère m'a signalé une répétition de numéros dans les pages suivantes. Ainsi, tandis que la page 80 finit par le n°55, la page 81 recommence, je crois, par le n°44 ou un autre, mais différent de 56. Il vous prie de revoir ce numérotage [†].

1. La correction a été effectuée [DT54, p. 62].

**. hier au soir, en même temps que les pages 136 à 160 (fin du manuscrit envoyé).

2. « Autrefois, donner le bouquet s'est dit pour inviter à dîner, et rendre le bouquet pour rendre la politesse reçue, à cause qu'un bouquet était envoyé dans ces circonstances. » (*Dictionnaire de la langue française par E. Littré*, 1883) Voir aussi la lettre 2.142.

3. [H41].

4. [DT54, p. 161-190].

†. En marge, Hoüel a inscrit : « Il est inutile que je vous envoie cette feuille, d'après la lettre que je viens de recevoir. »

Quant au bouquet en question, c'est quelque chose comme une pièce de 20 francs qu'il est d'usage de donner au compositeur qui vient d'achever un travail important. Sans approuver beaucoup cette coutume, qui me semble peu digne de la noble profession des typographes, je m'y suis soumis à l'occasion, d'autant plus volontiers que Brugère est un ouvrier extrêmement consciencieux et laborieux. J'avais évalué à 40 francs le bouquet de mes Quaternions [1] ; mais le travail était d'une longueur double du vôtre et beaucoup plus chargé de formules.

J'ai commencé à parcourir vos trois premières feuilles, et, bien qu'une ou plusieurs nouvelles lectures me soient encore nécessaires pour comprendre les détails, j'en ai déjà retiré une haute idée de l'importance de votre travail, qui clora dignement la série de travaux publiée dans nos Mémoires, à partir de la traduction du Mémoire de Lobatchefsky [2]. Je suis tellement occupé en ce moment que je n'ai pu vous donner une collaboration suffisante pour la correction de vos épreuves. J'ai des traductions et des analyses à faire pour notre *Bulletin*, et de plus il faut que je m'occupe de la fin de mon premier volume du *Cours d'Analyse* et du commencement du second [3].

Je reçois à l'instant même votre carte du 21 [4] et les épreuves de la feuille 65-80. La page numérotée 81 sur ces épreuves correspond à peu près à celle que je vous renvoie numérotée 80, et dont les petites fautes ont été corrigées hier devant moi sur le *plomb*. Les intercalations et suppressions ont forcé de remanier la pagination. Je vais faire supprimer la ligne « 50 à 54 » et remplacer 55 par 49' ; tout alors sera dans l'ordre.

Vous me pardonnerez un léger dissentiment qui s'élève dans mon esprit au moment où je jette un coup-d'oeil sur la page 65. De même que je rejette absolument, vous le savez, la définition de la ligne droite par sa propriété de ligne de longueur minimum [5], de même il me répugne extrêmement de faire intervenir en quoi que ce soit la considération de distance minimum dans les démonstrations relatives à la perpendiculaire au plan [6].

Je n'ai pas encore assez médité votre plan de réforme de l'enseignement *élémentaire* de la géométrie [7], pour oser émettre un avis à ce sujet. Je vous dirai seulement que, pour l'enseignement pratique, l'expérience de 32 ans m'a prouvé qu'on ne peut jamais être trop simple dans son exposition. L'*honnêteté scientifique*, que je considère comme aussi importante que l'honnêteté morale, doit faire rejeter absolument

1. [H41].
2. [H27],[H38] [H39], [H40], [H43], [H49a].
3. [H64].
4. Cette carte est perdue
5. De Tilly introduit la droite joignant deux points comme un système de points invariants par rotations axiales [DT54, p. 42-43].
6. À cette page, De Tilly affirme reproduire une démonstration de Ossian Bonnet (publiée par Rouché et de Comberousse, 1ère édition, p. 334) en y supprimant l'idée de parallélisme. Il écrit :

> « D'un point pris hors d'un plan, on peut mener une et une seule perpendiculaire à ce plan.
> En effet, parmi toutes les droites que l'on peut mener du point *A* au plan, il y en a une ou plusieurs dont la longueur est minimum. Soit *AB* une de ces droites. Elle est nécessairement perpendiculaire à toutes les droites, telles que *BC*, qui passent par son pied dans le plan, sans quoi on pourrait mener du point *A* sur la droite *BC* une perpendiculaire, qui serait plus courte que *AB* et qui cependant aboutirait au plan. Ainsi *AB* est une perpendiculaire au plan. Dès lors elle est unique, car s'il pouvait y en avoir deux, elles seraient toutes deux perpendiculaires sur la droite qui joindrait leurs pieds, ce qui est impossible. » [DT54, p. 65-66]

7. Celui-ci est exposé dans le deuxième chapitre de [DT54].

toute démonstration illusoire. Mais si, parmi les raisonnements exacts, il y en a un qui soit plus facile à comprendre, et qui n'ait d'autre défaut que d'employer un axiome de plus, je n'hésiterais jamais à le préférer aux autres plus scientifiques, mais plus ardus. Exemple : Le théorème sur l'angle extérieur d'un triangle ; la démonstration de l'égalité de deux triangles ayant leurs côtés égaux.

Pour le théorème sur l'angle extérieur [8], il est bon d'insister sur la circonstance qui fait la force de la démonstration d'Euclide, et qui montre en même temps quelles restrictions il faut y apporter quand on veut l'étendre à la sphère [9].

Pour une foule de choses, je crois qu'il est bon, dans un premier enseignement, de s'en tenir à la notion vague d'*évidence*, l'utilité de la démonstration étant bien moins de convaincre le jeune lecteur que de lui faire approfondir la liaison intime des propositions. Si l'on prodigue les démonstrations au commencement, les élèves se disent, tout effarés : « Mais je comprenais cela avant qu'on me le démontrât ; maintenant je n'y vois plus rien ». Cela ne doit changer en rien votre opinion que je partage pleinement, sur la nécessité de faire apprendre aux aspirants aux grades élevés dans la science, la Géométrie d'une manière tout à fait scienfitique, suivant le plan que vous avez, le premier conçu d'une manière si profonde. Mais, si j'avais entre les mains les pouvoirs des anciens inquisiteurs, je ferais brûler solennellement tous les Traités (ou peu s'en faut) composés *après* et *d'après* celui de Legendre. Il est difficile d'imaginer un plus triste exemple des effets de la routine. Plus ils se perfectionnent, plus ils sont mauvais [10].

Aussitôt que je vais avoir quelques instants de liberté, je me mettrai à méditer vos réformes, sur lesquelles j'aurai sans doute quelques éclaircissements à vous demander. Mais ce que je ne mets pas en question, c'est l'immense pas que vous avez fait faire à la connaissance intime des principes de la science de l'espace.

Veuillez agréer l'assurance de mes sentiments de bien sincère dévouement.

J. Hoüel

2.143 Lettre de De Tilly à Hoüel du 25 octobre 1878

Anvers, le 25 octobre 1878.

Monsieur et cher collègue,

J'ai reçu aujourd'hui votre excellente lettre du 23, et me hâte d'y répondre au courant de la plume. Mille remerciements d'abord pour tout ce que vous m'y

8. [DT54, p. 81].

9. Voir les notes 3 et 4 de la lettre 2.144.

10. À propos d'un livre écrit sous la forme d'un précis et ne contenant pas une exposition théorique trop détaillée, Hoüel écrit :

> « Nous nous permettrons d'insister d'autant plus sur ce point, que les livres élémentaires qui se publient dans notre pays semblent s'éloigner de plus en plus de cet idéal, les auteurs cherchant à dissimuler la banalité du fond par la surcharge des accessoires ; d'où il résulte ce double inconvénient, de ne point s'adapter à la méthode d'enseignement d'un autre professeur, et d'empêcher les élèves de chercher par eux-mêmes, en leur présentant, qu'on nous passe le mot, la besogne toute mâchée. » [H77, p. 81]

Ainsi, Hoüel est d'avis que la routine poussant à une exposition détaillée des programmes sous la forme de livres se révèle néfaste et souhaite que « la concurrence [ne soit pas] pas entravée par des programmes uniformes » [H77, p. 80-81]. Il pense que la situation est différente dans l'enseignement en Allemagne « où la routine, déjà si puissante par elle-même, n'a pas pour auxiliaire les prescriptions impératives des programmes officiels » [H91, p. 234].

dites d'aimable et d'encourageant. Si mon ouvrage [1] obtient, auprès des géomètres, l'accueil auquel je crois, sans trop de présomption, pouvoir m'attendre, c'est certainement à vous que je le devrai, car c'est par suite de mes relations avec vous, de notre correspondance, et des ouvrages que vous m'avez envoyés, que presque toutes mes idées me sont venues ; avant nos relations, j'en étais au même point que Lobatschewsky sur la question des parallèles, et ne connaissais rien des autres questions.

Je suis maintenant votre lettre de point en point.

Je crois, comme vous, qu'il n'y a plus d'erreur possible dans les pages 80 et 81.

Pour M. Brugère, je vous remercie mille fois du renseignement que vous me donnez et qui me met à l'aise. Considérant que, si votre Mémoire était plus long et avait plus de formules, le mien en revanche a dû être imprimé très-vite, j'adopte votre tarif et j'envoie quarante francs à M. Brugère.

Nous sommes parfaitement d'accord sur tout ce que vous dites de la Géométrie élémentaire. Aussi, en continuant la lecture, vous trouverez des différences énormes entre le Chapitre I et le Chapitre II. Dans le premier, je raisonne rigoureusement, n'importe au prix de quelles complications.

Dans le Chapitre II, au contraire, j'applique le procédé que vous préconisez, je supprime les démonstrations de certains faits et alors, sans me mettre en contradiction avec mon Chapitre I, j'arrive à des démonstrations semblables à celles que l'on connait, ou, quand je les change, tout aussi simples.

Je ne suppose pas que vous vouliez brûler Rouché et de Comberousse : là nous ne serions plus d'accord. Je trouve que l'ordre des matières et le choix des démonstrations sont très-bien raisonnés dans cet ouvrage, et je m'efforce d'y apporter le minimum de changements [†] dans le Chapitre II, tout en ne violant aucun principe.

Cette distinction à faire entre le Chapitre I et le Chapitre II explique probablement les doutes que vous me signalez et qui portent sur les points suivants.

1° Introduction de la droite minimum à la page 65 [2]. J'ai beau consulter tous les Traités de Géométrie, à l'endroit de la perpendiculaire au plan ; j'y trouve, ou l'idée de la droite minimum, ou celle du parallélisme, ou enfin une démonstration fausse. Or entre la droite minimum, notion vraie dans tous les systèmes de Géométrie, et le parallélisme, je ne puis pas hésiter. Sans doute, en cherchant un peu, je trouverais probablement une démonstration indépendante à la fois de la longueur et du parallélisme, mais seulement pour l'exposition élémentaire [*]. Dans l'exposition scientifique, *je suis certain de ne pas pouvoir éviter l'idée de distance ou de longueur*. Comme, de plus, elle donne lieu à une démonstration simple, pourquoi chercherais-je à l'éviter dans les Éléments ?

2° L'angle extérieur du triangle. J'introduis cette proposition, que R. et de C. ne mentionnent pas explicitement [3]. J'y suis d'accord avec vous.

3° L'égalité de deux triangles qui ont trois côtés égaux. Au Chapitre Ier, je la dé-

---

1. [DT54].

†. ~~tout en ne vio~~

2. Voir la note 6 de la lettre 2.142.

⋆. et encore en bouleversant l'ordre suivi par l'auteur.

3. Il s'agit de la proposition selon laquelle : « Tout angle extérieur d'un triangle est plus grand que les angles intérieurs non adjacents » (voir aussi la note 3 de la lettre 2.144). De Tilly ajoute : « Cette proposition, implicitement contenue dans le n°34 de l'auteur, est utile par elle-même et mérite d'être énoncée séparément. » [DT54, p. 81] Au n°34, Rouché et de Comberousse démontrent le théorème affirmant : « si un triangle a deux côtés inégaux, l'angle opposé au plus grand de ces deux côtés est plus grand que l'angle opposé à l'autre » [RC79, p. 19]. En géométrie euclidienne, il est facile de déduire de ce résultat la propriété de l'angle extérieur.

montre par l'absurde, parce que je crois que c'est la seule démonstration irréprochable quand on ne dispose pas du plan ; mais au Chapitre II, j'emploie le plan, et me rallie à la démonstration très-élégante de R. et de C. [**][4].

Voici un autre cas, où vous verrez mieux encore la concordance de nos idées sur l'enseignement élémentaire.

Les trois médianes d'un triangle se coupent au même point.

Cela est vrai dans toutes les géométries possibles et doit, par conséquent, pouvoir se démontrer sans les parallèles.

Au Chapitre Ier, cette proposition n'est pas indispensable et je n'en parle pas. Au Chapitre II (n° 212), considérant qu'on se trouve ici dans un des cas très-rares où on compliquerait réellement les choses en évitant l'emploi des axiômes non obligatoires, je propose de conserver la démonstration ordinaire [5].

Mais, je le répète, ces cas sont rares : on dirait que les auteurs emploient par plaisir des axiômes inutiles, sans simplification réelle des démonstrations. Voilà ce que j'ai essayé de changer.

Veuillez agréer, Monsieur et cher collègue, l'expression de mes sentiments de reconnaissance et d'amitiés,

Jh De Tilly

P. S. Je suis un peu en retard pour les épreuves, parce que les livres V et VII me donnent encore un peu d'ennui, à cause des renvois au livre I, lequel est complètement changé par suite de l'apparition de la 4e éd. de R. et de C. [6] postérieure à l'établissement de mon manuscrit. Je travaille aussi à la Mécanique qui sera courte,

---

⋆⋆. Je parle de la 4e édition. C'est sur celle-ci qu'il faudra vous baser pour comparer. Si vous ne l'avez pas, je vous l'enverrai.

4. Rappelons (voir la lettre 2.138 et les notes relatives) que De Tilly reprend, au Chapitre I de [DT54] (qui est exposé général des géométries), l'idée de la démonstration de Rouché et de Comberousse contenue dans la troisième édition [RC74] et qui consiste à utiliser le théorème sur la longueur du troisième côté d'un triangle en fonction de l'angle qui lui est opposé. Toutefois, il modifie la preuve de cette dernière proposition conformément à la quatrième édition de l'ouvrage [RC79]. Dans le Chapitre II de [DT54] (qui est consacré à l'enseignement de la géométrie), De Tilly ne fait aucun commentaire sur les paragraphes 25 à 33 de [RC79] parmi lesquels apparaît le paragraphe 32 où sont démontrés les cas d'égalité des triangles et donc en particulier celui qui l'intéresse. Il inscrit seulement « 25 à 33 » [DT54, p. 81] ce qui signifie qu'il reprend le texte [RC79] de Rouché et de Comberousse sans discussion. La preuve « très-élégante » [RC79, p. 18] est la preuve classique par symétrie (voir aussi la note 1 de la lettre 2.144). Elle consiste à « port[er] le triangle $A'B'C'$ à côté de ABC, en le retournant de manière que B' tombe en B, C' en C et A' en A'', au dessous de BC » et à utiliser deux fois la propriété suivante du triangle isoscèle : « la droite qui joint le sommet A au milieu I de la base BC est perpendiculaire sur cette base et divise l'angle au sommet en deux parties égales » [RC79, p. 16]. Une application de cette propriété au triangle isoscèle ABA'' et une autre au triangle isoscèle ACA'' montrent que BC est la bissectrice de l'angle ABA''. Ainsi, les triangles ABC et $A''BC$ (ou $A'B'C'$) sont égaux car ils ont un angle égal compris entre deux côtés égaux. Voir aussi la lettre 2.139.

5. De Tilly écrit :

> « Le fait que les trois médianes d'un triangle se coupent au même point est indépendant des axiomes II et III, et vrai dans les trois systèmes de géométrie. Il en résulte qu'on pourrait le démontrer sans invoquer la notion de similitude, mais nous ne le proposons pas cependant, parce qu'ici [dans [RC79, n°212, p. 128-129]] cette notion simplifie très notablement la démonstration. Nous aurons l'occasion d'y revenir à propos des triangles sphériques. » [DT54, p. 86]

(Voir la note 11 de la lettre 2.139 pour l'axiome II, l'axiome III est le postulat des parallèles.)
La « démonstration ordinaire » consiste à tracer deux médianes et à joindre leurs extrémités. Ce segment étant parallèle à un côté du triangle, on déduit par triangles semblables que le point d'intersection des deux médianes se situe aux deux tiers de la longueur de la médiane depuis le sommet du triangle. Ainsi, en recommançant ce raisonnement avec la troisième médiane, on obtient qu'elles sont concourantes.

6. [RC79].

sans formules (ou à peu près) et sera envoyée au plus tard en même temps que la dernière feuille existante.

2.144 Lettre de Hoüel à De Tilly du 28 octobre 1878

Bordeaux, le 28 octobre 1878.

Monsieur et cher collègue,

Je suis heureux de voir, par votre intéressante lettre du 25, que nous sommes complétement d'accord sur la plupart des points. Mais je n'en suis que plus inquiet en voyant encore entre nous quelques discordances de détail. Vous avez plus approfondi que moi, et de beaucoup, les principes de la géométrie, et vous en devez bien mieux connaître les dépendances mutuelles. Cependant, je me fais peut-être illusion, mais il me semble que [l'introduction de l'idée de distance minimum n'est rien moins qu'indispensable, lors même (ce que je n'admets pas) qu'on prendrait pour règle générale d'écarter de l'enseignement la notion du parallélisme, toutes les fois qu'elle n'est pas absolument indispensable[†], et lors même qu'elle rendrait les démonstrations plus simples et plus naturelles.]

[Il me semble d'abord que la démonstration *directe* de l'égalité de deux triangles équilatères entre eux ne doit pas absolument dépendre du parallélisme, puisqu'elle s'applique *mot pour mot* à la sphère[††], et par suite aux angles trièdes. Elle dépend peut-être de la notion du plan ; mais je ne vois aucun inconvénient à admettre la notion du plan dans l'étude des figures planes.][Je ne connais pas la nouvelle démonstration de M. Rouché ; mais je doute qu'elle puisse être beaucoup plus simple que celle que j'ai reproduite, il y a quinze ans, dans mon *Essai sur les 32 premières propositions d'Euclide* (Archives[‡] de Grunert, 1863), et dont j'ignore le premier auteur ; mais elle est loin d'être neuve[1].]

[Quant à la perpendiculaire au plan, il me semble que l'on peut procéder ainsi sans pétition de principe :

En un point A d'une droite BC, je puis mener, dans un certain plan passant par la droite, une perpendiculaire AD. En faisant tourner le système autour de la droite, j'obtiens une seconde perpendiculaire AD'.

Soit maintenant a un point d'un plan donné. Je puis placer le point A en a, faire coïncider la droite DAE avec une droite quelconque dae du plan, puis faire tourner le système des trois droites BC, AD, AD' autour de DAE jusqu'à ce que AD' vienne se placer dans le plan. Alors BAC sera perpendiculaire[‡‡] aux deux droites

†. 1
Afin de ne pas oublier de répondre à chaque point contenu dans cette lettre, De Tilly a inséré des parenthèses autour de certains passages et les a numérotés. Il renverra cette lettre à Hoüel avec ses commentaires. Nous reproduisons en note la numérotation et avons inséré les crochets ajoutés par De Tilly dans le texte.

††. 2

‡. 3

1. Hoüel consacre le paragraphe 27 de son *Essai* [H19] (voir aussi [H36] et [H67]) aux cas d'égalité des triangles. Il renvoie à la preuve de la Proposition I.4 des *Éléments* d'Euclide pour démontrer que deux triangles ayant un angle égal compris entre deux côtés égaux sont égaux. La preuve de l'égalité de deux triangles qui ont trois côtés égaux donnée par Hoüel [H19, p. 193-194] est la preuve classique par symétrie reprise par Rouché et de Comberousse dès la quatrième édition [RC79] (voir la note 4 de la lettre 2.143). Hoüel n'a pas compris que la « démonstration nouvelle » à laquelle De Tilly fait allusion dans la lettre 2.138 concerne en fait un résultat intermédiaire duquel découle l'égalité des triangles « équilatères ».

‡‡. 4

ad, ad'. Donc on peut toujours élever une perpendiculaire commune à deux droites tracées dans un plan [2]. Le reste s'achève comme dans Euclide ou dans Legendre. Je ne vois, là-dedans, aucun principe invoqué, autres que ceux que vous admettez comme établis avant l'étude du plan et de la droite. Dans tous les cas, je ne vois rien qui ne soit compris dans les axiomes ou hypothèses, sur lesquels sont fondés les Éléments d'Euclide. Si je ne me trompe pas en cela, je croirai alors être en droit de rejeter comme essentiellement artificielle la démonstration fondée sur le minimum de la distance.]

[Une raison de nature analogue me ferait supprimer du nombre des propositions essentielles (dans l'enseignement) la proposition d'Euclide sur l'angle extérieur, qui résulte immédiatement de la somme des angles du triangle, démontrée si simplement par le secours [‡‡†] des parallèles [3]. Cette proposition n'ayant lieu pour la sphère qu'avec des restrictions qui en détruisent toute l'utilité, rien n'oblige à la conserver avec une démonstration spéciale dans la Géométrie plane [4].]

[Le Théorème de la médiane étant démontré pour le plan par les parallèles, peut s'étendre immédiatement à la sphère, par la considération du triangle des cordes. On épargne ainsi une démonstration [‡‡††] plus compliquée. [5]]

[Dans mon *Essai critique* dont je vous parlais tout à l'heure [6], je crois avoir refondu le 1er livre de Legendre de manière à satisfaire en grande partie aux conditions que vous posez comme règle à suivre [7]. Mais il ne faut pas perdre de vue que

---

2. En introduisant la perpendiculaire à un plan en utilisant la notion de rotation autour d'un axe, Hoüel reprend l'esprit de [DT54]. En effet, après avoir défini les premières notions dont celle de distance, De Tilly s'attache à montrer les propriétés des rotations autour d'un point, puis des rotations autour de deux points [DT54, p. 22-31 & p. 31-43].

‡‡†. 5

3. Le résultat connu sous le nom de théorème de l'angle extérieur constitue la Proposition I.16 des *Éléments* : « Dans tout triangle, un des côtés étant prolongé, l'angle extérieur est plus grand que chacun des angles intérieurs et opposés. » Bon nombre de livres de géométrie déduisent directement la preuve de cette proposition en utilisant que la somme des angles d'un triangle vaut deux angles droits, puisque les angles adjacents extérieur et intérieur sont supplémentaires. Cependant, dans sa preuve, Euclide ne recourt pas au postulat des parallèles. Ajoutons que dans les *Éléments*, la Proposition I.16 est à la base de la démonstration des inégalités géométriques comme celles des propositions I.18, I.19, I.20, I.21, I.24 ou I. 25.

4. Dans sa preuve [Euc90, I, p. 227], Euclide considère un triangle ABC, prolonge le côté BC jusqu'en D, construit le milieu E du côté AC puis trace le segment BEF tel que $BE = EF$. Il utilise ensuite de manière cruciale que le point F se situe à l'intérieur de l'angle ECD ce qui, en général, n'est pas vérifié sur la surface de la sphère à moins que le triangle ne soit petit. (Considérer par exemple un triangle sphérique équilatéral dont chaque côté vaut le quart de la circonférence de la sphère.)

‡‡††. 6

5. Hoüel fait ici allusion au théorème (rappelé par De Tilly dans la lettre précédente) affirmant que les trois médianes d'un triangle sont concourantes (voir la note 5 de la lettre 2.143). Comme Hoüel l'affirme, on peut déduire le théorème des médianes pour un triangle sphérique à partir du théorème dans le plan euclidien en s'appuyant sur le fait qu'un segment sphérique joignant deux points et la corde associée sont dans un même plan passant par le centre de la sphère. Chaque droite du triangle euclidien peut donc « être remontée » sur la sphère en conservant les relations d'incidence.

6. [H19].

7. Dans son *Essai*, De Tilly écrit :

> « (...) il faudrait, d'après nous, introduire dans les traités de géométrie élémentaire pour les mettre d'accord avec l'exposition la plus scientifique des principes fondamentaux, tout en conservant la simplicité que doit comporter l'enseignement, surtout au début. Les modifications dont il s'agit portent principalement, on le conçoit, sur le livre Ier ; cependant, nous en indiquerons aussi quelques-unes pour les autres livres. Elles ont surtout pour but, les unes, de rapprocher la géométrie de la sphère de celle du plan ; les autres, de n'employer que les principes strictement nécessaires (quand la simplicité n'en souffre pas trop), méthode qui est rationnelle en elle-même et qui prépare à l'étude des systèmes de géométrie non usuels. » [DT54, p. 76]

le but[‡‡‡‡] des démonstrations n'est nullement de *convaincre* les élèves, mais de leur montrer la dépendance mutuelle des vérités géométriques, et de leur apprendre ainsi à les combiner pour en faire jaillir d'autres.]

[Il faut que je vous parle aussi d'une difficulté que j'ai cru un instant avoir vaincue ; mais j'ai reconnu que j'en étais encore loin.

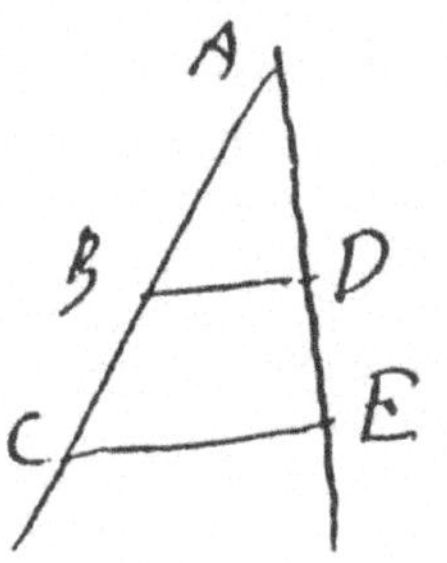

Il est facile de faire voir, en se fondant uniquement sur l'équivalence de deux parallélogrammes de même base et de même hauteur, que[†], si $BD \parallel CE$, le parallélogramme dont les côtés sont égaux et parallèles à *AB* et *DE* est équivalent à celui dont les côtés sont égaux et parallèles à *AD* et *BC*[8]. Si l'on désigne *provisoirement* les aires de ces deux parallélogrammes par $AB \times DE$ et $AD \times BC$, on pourra dire que quatre droites *AB*, *AD*, *BC*, *DE* sont *proportionnelles* quand on a entre elles (en grandeur et *en direction*) la relation

$$(1) \quad AB \times DE = AD \times BC.$$

On tire de là presque toutes les propositions relatives à la similitude des triangles, etc.

Si l'on parvenait à démontrer que l'égalité (1) continue à subsister lorsqu'on change l'angle commun des deux parallélogrammes en conservant les longueurs des côtés, on aurait ainsi une définition purement géométrique de la proportionnalité, qui aurait l'immense avantage d'éviter la considération de l'incommensurabilité[9]. Or ce théorème semble bien simple à établir au premier abord. Je ne suis

‡‡‡‡. 7

†. 8

8. Construisons les parallélogrammes *ABGI* et *AFHD* dont les côtés sont égaux et parallèles respectivement à *AB*, *DE* et *AD*, *BC* ; c'est-à-dire que $BG \parallel DE$ et $DH \parallel BC$ (voir la figure ci-dessous). Hoüel fait allusion à la Proposition I.35 des *Éléments* d'Euclide affirmant que « les parallélogrammes qui sont sur la même base et dans les mêmes parallèles sont égaux entre eux ». Il va l'utiliser deux fois : une fois pour obtenir $ABGI \equiv DBGE$ et une seconde fois pour avoir $BCHD \equiv AFHD$. Puisque de plus les triangles *DHE* et *BCG* sont égaux, on obtient

$$ABGI \equiv DBGE \equiv BCHD \equiv AFHD.$$

Ainsi, les parallélogrammes construits avec les côtés égaux et parallèles à *AB*, *DE* et *AD*, *BC* ont la même aire. (Tous nos remerciements à Gerhard Wanner pour nous avoir aidé à expliciter cette pensée de Hoüel.)

9. Dans le premier chapitre du premier livre de son *Cours de calcul infinitésimal* [H64], Hoüel est au prise avec le problème d'introduire les nombres incommensurables et d'expliquer le calcul sur des « grandeurs continues ». Il conçoit un nombre irrationnel comme une limite de rationnels et cette conception lui pose des problèmes qu'il veut résoudre. Ses difficultés apparaissent par exemple dans la définition qu'il donne du nombre $\sqrt{2}$:

> « Pour représenter ce nombre rationnel variable qui exprime la valeur indéfiniment approchée d'une grandeur incommensurable, on emploie un symbole qui rappelle les opérations concrètes qu'il faut exécuter pour obtenir cette grandeur. Ainsi la valeur variable de la fraction qui exprime approximativement la diagonale d'un carré de côté = 1 sera représentée par $\sqrt{2}$, symbole qui rappelle que cette diagonale est le côté d'un carré double du premier en surface. On appelle un tel symbole, pour abréger, un *nombre incommensurable.* » [H64, I, p. 110]

Hoüel doit expliquer à ses élèves pourquoi, étant donné la figure ci-dessus, la relation $\frac{AB}{BC} = \frac{AD}{DE}$ est vérifiée que les segments *AB*, *BC* soit commensurables ou non. Il se doit de justifier le fait que l'on puisse remplacer les segments incommensurables par des nombres incommensurables et étendre à ces derniers les règles connues « pour les nombres proprement dits », c'est-à-dire rationnels. C'est ce que

pourtant pas parvenu à le démontrer par de simples considérations de *congruence*. Cette nécessité, qui résulterait de l'impossibilité de ma tentative, de fonder les vérités géométriques sur des considérations d'arithmétique infinitésimale, me semble quelque chose de tout à fait étrange. Je serai fort surpris s'il n'y avait pas quelque moyen d'y parvenir, ou s'il n'y en a pas, on devrait arriver à expliquer pourquoi.][Je crois que cette question mérite d'être étudiée, et qu'il serait bon de la poser aux géomètres, dans la *Nouvelle Correspondance*, par exemple [10].

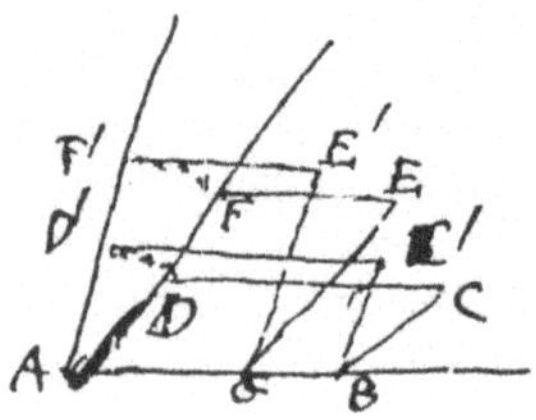

Voici l'énoncé dans toute sa simplicité. On a [††] $ABCD = AGEF$, $AD' = AD$, $AF' = AF$; prouver que $ABC'D' = AGE'F'$, sans recourir à la théorie des lignes proportionnelles [11].]

Pardonnez si je vous entretiens si longtemps de mes idées plus ou moins justes, et veuillez agréer l'assurance de mon affectueux dévouement.

J. Hoüel

Figure pour la note 8 :

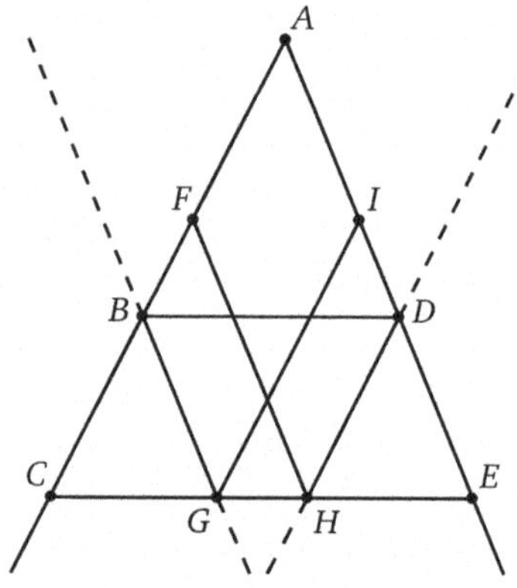

2.145 Lettre de De Tilly à Hoüel du 31 octobre 1878

Anvers, le 31 octobre 1878.

Monsieur et cher collègue,

Je compte vous envoyer ce soir la fin des épreuves relatives à la Géométrie, et demain toute la Trigonométrie.

---

fait Hoüel longuement dans son cours [H64, I, p. 110-114] et l'on comprend qu'il tente de simplifier son approche.

10. La suite de la correspondance avec De Tilly ne fait pas d'allusion au fait que cette question ait été posée dans cette revue.

††. 9

11. Chasles écrit que « la proposition qui est le fondement de la théorie des lignes proportionnelles » est la suivante : « une droite menée parallèlement à la base d'un triangle divise ses côtés en parties proportionnelles » [Cha37, p. 27]. Il n'est pas possible de justifier cette affirmation sans utiliser le parallélisme. En effet, l'égalité $ABCD = AGEF$ est équivalente à $EC \parallel BF$ et l'égalité $ABC'D' = AGE'F'$ à $E'C' \parallel BF'$. Il s'agit donc d'obtenir l'implication $EC \parallel BF \Rightarrow E'C' \parallel BF'$.

Je réponds, au courant de la plume, aux diverses observations contenues dans votre lettre du 28, que j'annexe à celle-ci pour plus de clarté, en vous priant de vouloir bien me la renvoyer quand elle ne vous sera plus nécessaire ; car je garde précieusement toute la collection de vos lettres [†].

1 [††]. Nous sommes d'accord. Il ne faut écarter la notion du parallélisme que quand elle ne rend pas les démonstrations plus simples et plus naturelles. Heureusement, c'est le cas général et je pense que la lecture de mon mémoire [1] vous en convaincra.

2. Je n'ai jamais dit que la démonstration *directe* de l'égalité de deux triangles équilatères entre eux doit dépendre du parallélisme, mais bien que les démonstrations ordinaires dépendent de la notion du plan. Vous ne voyez aucun inconvénient à admettre la notion du plan dans l'étude des figures planes. D'accord pour l'enseignement (Ch. II), mais en Géométrie absolue (Ch. I) il faut établir le cas d'égalité dont il s'agit pour pouvoir ensuite démontrer l'existence du plan [2].

3. Il est très possible que la *nouvelle* (?) démonstration de Rouché soit identique ou analogue à celle de votre Essai critique [3]. Je n'ai pas l'*Essai critique* sous la main [4]. Je vérifierai le fait, après-demain, à Bruxelles.

4. Parfaitement d'accord, mais vous ne parlez pas du cas où le point est extérieur. C'est là seulement que la difficulté se présente [5]. C'est là qu'il faut, ou l'idée de distance, ou celle de parallélisme. Je choisis la première, d'autant plus que je n'ai le choix qu'au Chapitre II, mais non au Chapitre I. Inutile de dire que la démonstration dans laquelle on fait glisser le plan sur lui-même, jusqu'à ce qu'une perpendiculaire construite en un point du plan passe par le point extrême donné, est une simple pétition de principe. Il faudrait prouver que, dans ce mouvement, la perpendiculaire rencontre tous les points de l'espace.

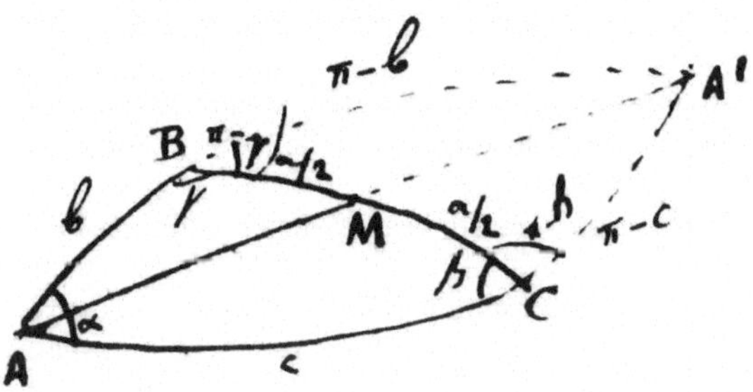

5. Voici, je crois, le seul point sur lequel il y a entre nous un désaccord réel, mais léger. Vous dites que la proposition relative à l'angle extérieur n'a lieu sur la sphère qu'avec des restrictions qui en détruisent toute l'utilité. Il s'agit de démontrer que $\pi - \beta > \gamma$. Je ne vois qu'une restriction : il faut que l'on ait $AM < \frac{\pi}{2}$ [6]. Cette restriction ne me parait nullement détruire l'utilité de la propriété, car si cette dernière a une application en Géométrie plane, on pourra la répéter, mot pour mot, sur l'un des deux triangles ABC ou $A'BC$ et on arrivera dans tous les

†. Cette dernière phrase est mise en évidence par plusieurs traits de crayon rouge dans la marge.

††. Les chiffres de 1 à 9 font référence à ceux indiqués en note dans la lettre précédente.

1. [DT54].

2. Voir les lettres 2.138 et 2.139.

3. [H19] ou [H36].

4. Voir la note 1 de la lettre 2.144.

5. Il est vrai que la démonstration de Hoüel ne prouve l'existence d'une perpendiculaire à un plan qu'en un point appartenant à celui-ci.

6. C'est ce que De Tilly écrit : « Pour que la propriété reste vraie, il faut et il suffit que l'arc de grand cercle mené, du milieu du côté joignant les sommets des angles comparés, au troisième sommet, soit inférieur à un quadrant. » [DT54, p. 106]

cas, à la propriété correspondante sur la sphère[7].
Exemple : R et de C. emploient cette propriété, au Livre I, pour démontrer que si $c > b$ on a $\gamma > \beta$[8].
Soit $AM > \frac{\pi}{2}$. Je raisonne sur l'autre triangle. De $c > b$, je déduis $\pi - c < \pi - b$, d'où, dans le triangle $A'BC$ qui satisfait aux conditions voulues $\pi - \gamma < \pi - \beta$, d'où $\gamma > \beta$ c. q. f. d.

6. D'accord.

7. Également. J'avais commencé par prendre votre *Essai critique* pour base. Plus tard, j'ai trouvé qu'il y avait un inconvénient pratique sérieux à changer d'auteur à partir du second livre ; et j'ai adopté Rouché d'un bout à l'autre, mais en changeant considérablement son Livre Ier en le rapprochant de mon Chapitre Ier tout en admettant le plan. Enfin, quand la 4e édition a paru, j'ai dû changer de nouveau, et ne puis me rappeler aujourd'hui si la 3e exposition redevient la même que la première. Je le saurai après demain.

8. J'ai déjà eu l'occasion de réfléchir à ce mode d'exposition. Je ne crois pas qu'il soit absolument impossible de le compléter, mais je pense qu'il présentera les trois inconvénients suivants :
1° Pour éviter d'employer l'Arithmétique en Géométrie, on sera obligé d'introduire un axiôme supplémentaire : la notion de l'égalité (ou équivalence) ou de l'inégalité (ou non équivalence) de deux *aires*, analogue à mon axiome I : égalité ou inégalité de deux *distances*[9]. Il ne suffit pas de dire que deux aires sont équivalentes quand elles peuvent se décomposer en parties respectivement superposables ; il s'agira en outre de faire voir que deux aires ne sauraient être, dans le sens de cette définition, tantôt équivalentes, tantôt non équivalentes, selon la manière dont on effectuera leur décomposition. Il ne me semble pas possible de démontrer cela, sans invoquer, soit les proportions des lignes (même incommensurables) soit des notions encore plus compliquées, et de même espèce. Il faudra donc se résigner à admettre l'axiome.
2° En admettant l'axiôme et en supposant que tout le reste réussira, l'exposition sera toujours beaucoup moins simple que l'exposition actuelle, bien que fort curieuse, j'en conviens.
3° Il restera à examiner si cette exposition sera applicable aux trois dimensions. Cela ne se saisit pas a priori.

Voilà pourquoi, jusqu'à meilleure information, je préfère l'exposition ordinaire, sauf à expliquer nettement que l'aire d'une figure se définit sans axiome nouveau, comme la longueur d'une ligne, tandis que R. et de C. en faisaient un axiome sous-entendu. C'est ce que[†] j'ai fait dans mon Mémoire. Il est bien entendu que la question reste ouverte et que, sur ce point comme sur tous les autres, je suis pret à me rendre aux bonnes raisons.

---

7. Sur la figure, les points A et A' sont antipodaux. Si AM est supérieur à $\frac{\pi}{2}$, la propriété de l'angle extérieur ne s'applique plus. Par contre, elle est vérifiée dans le triangle $A'BC$.

8. [RC74, p. 28].

9. Dans [DT54, p. 3], De Tilly énonce :

> « La *distance* ou l'*intervalle* de deux points de l'espace est une grandeur, dont nous avons la notion intuitive ou expérimentale, et qui est comparable aux grandeurs de même espèce, considérées en même temps, de telle sorte que nous possédons l'idée primordiale de deux intervalles égaux ou inégaux, de deux distances égales ou inégales, abstraction faite de tout moyen pratique et précis de mesure et en particulier de toute idée de superposition, laquelle constituerait une pétition de principe. »

†. ~~A cause de ce qui précède~~

9. J'examinerai avec soin cette question, en faisant complétement abstraction des trois inconvénients signalés ci-dessus ; mais je ne suis pas sûr de la résoudre. Il me semble que je serai ramené aux lignes proportionnelles. Je montrerai la question à M. Mansion, plus fort que moi sur le jeu de casse-tête. Si nous ne savons pas la résoudre, nous demanderons à M. Catalan de la poser dans la *Nouvelle Correspondance* [10].

Veuillez agréer, mon cher collègue, l'expression de mes sentiments affectueux et dévoués.

Jh De Tilly

2.146 Lettre de Hoüel à De Tilly du 4 novembre 1878

Bordeaux, le 4 novembre 1878.

Monsieur et cher collègue,

L'impression de votre travail étant presque achevée, sauf le dernier Chapitre dont vous m'annoncez la copie comme étant maintenant en route, il faut que je rédige maintenant la Préface [1], puisque vous avez voulu que ce fût moi qui portasse la parole pour annoncer votre travail à la Société des Sc. ph. et n. et à ses lecteurs. Vous m'avez grandement facilité la tâche par les notes développées que vous m'avez [†] envoyées [2], et grâce auxquelles je n'aurai le plus souvent qu'à copier, ne sachant comment mieux dire.

Il y a seulement une petite différence entre nos deux manières de nous exprimer à l'égard de la nature de la science géométrique. Vous l'appelez science *concrète* [3], en confondant, je crois, l'application au monde physique avec l'essence même de la science. La géométrie est née certainement du besoin d'étudier les objets réels sous le rapport de l'étendue. Mais pour se perfectionner, pour devenir une véritable science mathématique, elle a dû abandonner complétement la réalité, et la remplacer par un monde imaginaire partageant quelques-unes des propriétés que l'on a cru apercevoir dans le monde réel, et c'est cette communauté de propriétés fondamentales qui permet de prendre les figures idéales comme canevas ou squelette des figures réelles.

Ce monde imaginaire est une création de notre esprit. Les conditions d'admissibilité d'une telle création sont avant tout l'absence de contradiction dans les diverses hypothèses admises, puis la ressemblance aussi grande que possible entre les figures qui résultent de ces hypothèses et celles que nous obtiendrions en appliquant notre faculté d'abstraction au résultat de nos observations sur le monde matériel ; enfin la simplicité avec laquelle ces hypothèses peuvent se combiner entre elles. La Géométrie euclidienne satisfait à ces diverses conditions. On doit donc l'adopter toutes les fois qu'on a pour but des applications physiques quelconques.

Mais s'il s'agit de la *certitude* géométrique, au point de vue abstrait, c'est tout différent. La première condition suffit à elle seule, et (théoriquement parlant) l'expérience n'a rien à y voir. Dans la réalité, l'expérience nous a *suggéré* des idées,

10. Voir la note 10 de la lettre 2.144.
1. [H136].
†. Hoüel a ajouté au-dessus du texte, entre parenthèses : « non pour entraver ».
2. Voir la lettre 2.122.
3. Il ne semble pas que De Tilly ait utilisé ce terme dans [DT54] et lui-même ne se souvient pas l'avoir utilisé. Il est donc conduit à faire l'hypothèse que c'est dans les notes qu'il a transmises à Hoüel pour la préface qu'une telle expression apparaît (voir la lettre 2.149).

dont on a été plus de deux mille ans à bien comprendre la nature, et avec ces idées, on a construit la Géométrie la plus usuelle de toutes. Sans l'expérience, l'entendement humain n'aurait jamais été capable de construire un édifice analogue à la Géométrie ; mais cependant cette création n'aurait eu rien d'impossible *a priori* ; et quelque songe-creux désœuvré aurait pu faire un système de rêveries géométriques absolument pareil à notre système euclidien.

Je ne crois donc pas qu'il soit permis d'appeler nos axiomes des *axiomes expérimentaux*[4], l'expérience étant seulement l'*occasion*, mais non la *cause* qui les a fait naître[5]. De plus, l'expérience ne peut être une cause de *certitude*, mais seulement de *probabilité*, et si la Géométrie était fondée sur l'expérience, elle ne serait, en aucune façon, *certaine*. La certitude résulte uniquement de la combinaison logique, qui ne tire des hypothèses que ce qu'elles contiennent. Il faut donc, je crois, laisser entièrement de côté l'expérience quand on veut discuter la vérité d'une proposition géométrique au point de vue philosophique et abstrait. Bien entendu, ce que je dis ne s'applique pas d'une manière absolue à l'enseignement, où l'intelligence ne peut se développer qu'avec le concours des représentations matérielles. Mais il convient, dans une recherche approfondie des origines des idées géométriques, de bannir toute expression qui pourrait prêter à un malentendu, surtout quand elle semble se rapprocher des idées que vous combattez avec tant de force et de justesse.

Par ces considérations, je serai peut-être obligé de modifier un peu quelques passages de vos notes pour les faire accorder avec ma signature. Vous me pardonnerez peut-être ces chicanes dignes d'un métaphysicien, quoique pourtant je n'aie aucune espèce de tendresse pour cette prétendue science, dont les résultats échappent au contrôle de l'expérience. Je suis bien convaincu, que, sans l'expérience qui vient à chaque instant au secours de nos défaillances intellectuelles, on n'aurait même pas pu construire l'édifice géométrique. L'expérience n'est rien ici au point de vue théorique ; mais elle a un rôle indispensable au point de vue pratique.

Pardonnez mes dissertations, qui ne sont peut-être pas très-clairement exposées. On peut avoir vérifié l'une après l'autre toutes les liaisons d'un appareil, sans être pour cela capable d'en faire un dessin intelligible.

L'axiome sur l'équivalence des figures[6] ne pourrait-il pas être évité ou du moins simplifié, en définissant deux figures *équivalentes* comme la *somme* ou la *différence* de parties *égales*[7] ?

La complication qui résulterait de cette méthode ne me paraît pas être bien grande ; car on pourrait remarquer que, dans le cas de la commensurabilité, les formules peuvent se traduire par des proportions *arithmétiques*, et comme les opérations *géométriques* sont soumises aux mêmes règles en tant que leurs correspondants en arithmétique, on pourrait leur appliquer immédiatement le même langage.

---

4. De Tilly écrit : « Outre les notions premières que nous venons de rappeler, la géométrie emprunte à l'*expérience* un certain nombre de données, qu'on appelle *axiomes* » [DT54, p. 2]. Il poursuit en précisant que les axiomes sont obtenus par abstraction à partir de l'expérience et qu'elle « n'est donc que le point de départ, l'occasion qui fait naître dans notre esprit les idées dont nos axiomes sont la traduction » [DT54, p. 2].

5. On ne peut que rapprocher la position de De Tilly de celle de Poincaré selon laquelle une convention n'est jamais imposée par l'expérience. Selon Poincaré, une convention résulte des capacités de notre esprit et l'expérience n'est que l'occasion d'exercer celles-ci.

6. Voir le point 8. de la lettre 2.145.

7. Puisque deux figures planes ont la même aire si et seulement elles sont équidécomposables (Théorème de Bolyai-Gerwien), introduire l'idée de différence des figures pour définir l'équivalence n'apporte rien. On peut penser que Hoüel n'était pas au courant des travaux sur ce sujet.

Votre Note est à l'imprimerie ; on fera un *carton*, ce qui sera le mieux sous tous les rapports, sous celui même de l'économie [8].

Veuillez agréer l'assurance de mes sentiments affectueux et dévoués.

J. Hoüel

2.147 Lettre de De Tilly à Hoüel du 5 novembre 1878

Gand, le 5 9bre 1878.

Monsieur et cher collègue,

Je viens de vous expédier les feuilles 7 et 8 (97 à 128). Les feuilles 9 et 10 partiront très-probablement ce soir. J'ai recopié les pages 100, 104 et 105 qui eussent été trop embrouillées. Elles sont ci-jointes.

J'ai relu trois [fois] votre exposition du Livre Ier dans les archives de Grunert [1] (l'*Essai critique* [2] lui même était en lecture). Il est certain que R. et de C., dans leur dernière édition, se sont rapprochés beaucoup de votre manière de voir. Pour vous en faire juger, et vous permettre en même temps de suivre les modifications que je propose, je vous expédie les deux volumes d'après lesquels j'ai travaillé [3].

Je disais dans ma dernière lettre que le théorème de l'angle extérieur ne perd par son importance en Géométrie sphérique. En voici une nouvelle preuve. J'ajoute au théorème de la perpendiculaire et des obliques que l'angle fourni par l'oblique diminue toujours à mesure qu'on s'éloigne de la perpendiculaire, et la démonstration s'appuie sur le théorème de l'angle extérieur [4]. Or la restriction apportée à ce dernier théorème sur la sphère, montre immédiatement que les angles diminuent seulement jusqu'à ce que le pied de l'oblique soit distant d'un quadrant du pied de la perpendiculaire, puis qu'ensuite ces angles augmentent ; on peut certes le voir autrement, mais c'est moins simple.

Veuillez agréer, Monsieur et cher collègue, l'expression de mes sentiments affectueux et dévoués.

Jh De Tilly

2.148 Carte de De Tilly à Hoüel du 5 novembre 1878

[†]La poste m'a renvoyé le paquet contenant les deux volumes de Rouché et de Comberousse, comme étant trop lourd, avec prière de le diviser en deux. Seulement les timbres étaient déjà maculés. De là résulte que l'un des deux paquets n'est pas affranchi, les timbres se trouvant sur l'autre. Ce mode d'expédition a été accepté

8. Il s'agit probablement d'une note rédigée afin de corriger une partie de [DT54]. Voir aussi la note 3 de la lettre 2.99.

1. [H19].

2. [H36].

3. [RC74] & [RC79].
De Tilly exprime une idée analogue au début de la lettre 2.138. Le chapitre consacré aux triangles est modifié de manière significative dans la quatrième édition [RC79].

4. De Tilly précise explicitement que le théorème de l'angle extérieur est indépendant du postulat des parallèles [DT54, p. 81].

†. Carte-Correspondance adressée à Monsieur Hoüel, professeur à la faculté des sciences de Bordeaux.

comme régulier par la poste de Gand. Prière de refuser l'envoi, s'il vous était présenté comme n'étant pas bien affranchi. Je compte toujours vous envoyer ce soir les feuilles 9 et 10.

Mille amitiés.

Jh De Tilly
5 novembre

2.149 Lettre de De Tilly à Hoüel du 9 novembre 1878

Gand, le 9 novembre 1878.

Monsieur et cher collègue,

Les feuilles 9 et 10 sont enfin parties. Je n'ai donc plus que la Mécanique, laquelle partira bientôt. J'ai dû corriger les deux dernières feuilles en refaisant toutes les figures, car j'ai perdu la copie que j'en avais. L'aurais-je laissée, par mégarde, soit dans les épreuves précédentes, soit dans Rouché et de Comberousse ? Quoi qu'il en soit, je vous prierai de vouloir bien, si la chose est possible, m'envoyer un exemplaire de la planche, d'après lequel je pourrai faire la vérification des quatre feuilles dont il me reste à donner le *Bon à tirer*, car, bien que le projet de la planche ait été soigneusement vérifié, il est toujours dangereux de corriger séparément les figures et le texte.

Quant à la Préface, il est bien entendu que dès qu'il y a une différence, fût-elle des plus légères, entre nos deux manières de nous exprimer, c'est la vôtre qui doit prévaloir. Comme vous le dites fort bien, il faut que toutes les expressions employées dans la Préface s'accordent avec votre signature.

Si j'ai cru pouvoir vous envoyer quelques matériaux préparés d'avance, c'était uniquement pour faciliter la besogne dont vous avez eu l'extrême obligeance de vous charger, et il ne faut pas qu'en aucun point ces facilités deviennent des entraves. Mieux vaudrait remplacer tout que d'écrire une seule phrase qui n'exprimerait pas exactement votre pensée.

D'ailleurs, nous sommes au fond parfaitement d'accord et s'il y a des divergences apparentes, c'est que j'aurai employé, dans les Notes pour la Préface, des expressions impropres. [†] L'accord de nos idées ressort, par exemple, des trois citations suivantes extraites du corps de l'ouvrage.

Ch. 1, N°4. Il est bien entendu que le résultat de l'expérience est idéalisé par notre esprit, pour constituer alors un axiome ou une hypothèse, ou un point de départ absolu d'une science qui sera toujours logiquement exacte, mais pourra ne pas correspondre aux faits et s'en écarter de plus en plus, s'il se trouve que le point de départ [lui-même] n'était pas rigoureusement vrai. L'expérience n'est donc que le point de départ, l'occasion qui fait naître dans notre esprit les idées dont nos axiomes sont la traduction. Cette observation a déjà été faite dans la Préface. Chaque fois que les mots expérience ou principe expériemental se rencontreront dans la suite, il faudra les entendre dans ce sens [1].

Ch. 1, N°33 (note au bas de la page). Et sont même absolument vrais (les principes démontrés plus loins), au point de vue abstrait ou analytique, pour les

†. ~~Cela~~
1. [DT54, p. 2].

distances rationnelles auxquelles ils se rapportent, lors même que la distance physique n'existerait pas. Ainsi, même dans ce dernier cas, ce n'est pas dans l'exposition théorique d'un système [quelconque] de géométrie, mais seulement dans les applications, que des contradictions pourraient se présenter [2].

Ch. 4, N°19 (note au bas de la page). On pourrait objecter que, pour l'établir, nous nous sommes servi de la géométrie ordinaire ; mais ce serait là une interprétation très-fausse de nos théories. Le doute sur l'existence d'un système de Géométrie et sur le choix entre trois systèmes ne peut porter (n°33, Ch. 1) que sur leur applicabilité rigoureuse à la réalité physique. Au point de vue purement analytique, les trois systèmes de Géométrie (ou généralement tous les systèmes dans lesquels la distance s'exprime par une des fonctions indiquées au n°14 du Chapitre Ier) sont tous réels et valables, et tous les résultats purement analytiques que l'on peut en déduire sont rigoureux [3].

Je vous remercie remercie d'avoir fait disparaître la trace de la grave distraction que j'avais commise. J'espère bien qu'il n'y en aura pas d'autre de ce calibre et même qu'il n'y aura pas beaucoup de fautes à signaler dans un *Errata*. Toutefois j'en ai déjà découvert une et je vous prie de vouloir bien me signaler celles que vous apercevriez en lisant les feuilles définitives (que je n'ai pas). Il m'arrive bien souvent (et je ne suis probalement pas le seul) qu'en revoyant une épreuve je lise ce que j'ai dans la tête et non ce qui est sur le papier. Voici ce que j'ai découvert. Au Chapitre II, N°291, je dis que la flèche peut se définir comme étant la perpendiculaire abaissée d'une extrémité de l'arc sur la normale à l'autre extrémité. Évidemment j'ai voulu dire « comme étant la distance interceptée sur la normale à l'une des extrémités de l'arc, entre cet arc et la perpendiculaire abaissée de l'autre extrémité ». Cela devra être signalé dans un errata, d'autant plus que je fais un usage fréquent de cette définition [4].

Vous me demandez si l'axiome sur l'équivalence des figures ne pourrait être évité ou du moins simplifié en définissant deux figures égales comme la *somme*

---

2. Cette note [DT54, p. 21] apparaît à la suite du passage qui suit :

> « Puisqu'il est maintenant bien entendu que la distance physique, si elle existe (ce que nous admettons à partir de ce moment), n'est que l'une des distances analytiques, se distinguant des autres uniquement par une propriété vague, expérimentale, non susceptible de donner prise au raisonnement ou au calcul, tous les principes qui seront *démontrés* dans la suite se rapportent aussi bien aux distances analytiques quelconques qu'à la distance physique. »

3. De Tilly fait cette remarque juste après avoir rappelé que, dans le troisième chapitre, il a trouvé (selon notre notation)

$$\pi = \lim_{n\to+\infty}\left(2^n\underbrace{\sqrt{2-\sqrt{2+\sqrt{2+\cdots+\sqrt{2+\sqrt{2}}}}}}_{n \text{ racines}}\right)$$

et ajoute : « c'est là un fait purement analytique, indépendant du système de géométrie que l'on adopte » [DT54, p. 139].

4. L'erratum n'est pas présent dans tous les volumes III (2) des *Mémoires* contenant [DT54] ou dans tous les tirés à part de ce travail. Lorsqu'il est présent, il indique cette correction de la définition de la flèche d'un arc de cercle :

> "Page 88, lignes 9 et 10 : au lieu de « comme étant la perpendiculaire abaissée d'une extrémité de l'arc sur la normale à l'autre extrémité » lisez : « comme étant la distance, comptée sur la normale à l'une des extrémités de l'arc, depuis cet arc jusqu'à la perpendiculaire abaissée de l'autre extrémité. »"

La seule autre correction est un ajout : « Page 95, avant le titre particulier : Livre 5, ajoutez le titre général : Géométrie dans l'espace. »

ou la différence de parties égales. Pour bien préciser mon opinion, à cet égard, je vais indiquer ici, sous la forme la plus explicite possible (bien que singulière en apparence) l'axiome ou postulatum qui restera alors sous-entendu.

Soit S une surface décomposée en n surfaces $s_1, s_2, \ldots, s_n$, sans excédant. Il est impossible qu'au moyen d'une autre construction, on décompose, la même surface S dans les mêmes parties $s_1, s_2, \ldots, s_n$ (respectivement égales ou identiques aux précédentes) et qu'il reste un excédant.

Voici cependant une tentative de démonstration. *Coupons* l'excédent ε, puis remplaçons les surfaces $s_1, s_2, \ldots, s_n$ (des morceaux de papier par exemple) dans l'ordre primitif. Elles recouvriront de nouveau la surface S tout entière. Sur cette surface replaçons $s_1, s_2, \ldots, s_n$ dans le second ordre et coupons de nouveau l'excédent. Collons et coupons le papier de manière à reproduire $s_1, \ldots, s_n$ en papier, etc. On aurait donc un ensemble de morceau de papier, dont on couperait indéfiniment un même excédent ε, et qui cependant ne s'épuiserait pas. Cela semble *drôle*, mais c'est au fond un *axiome de l'aire*, du même ordre que mon *axiome de la distance*. L'aire est une grandeur ; c'est quelque chose de susceptible d'augmentation et de diminution ; elle jouit de la propriété qu'à force d'en ôter il n'en reste plus. On pourrait croire que ma démonstration du n°74 (Ch. I) est sujette à la même objection, mais là il suffit en tous cas de la notion déjà admise au n°58, tandis qu'ici il faut une notation supplémentaire [5]. Je la considère d'ailleurs comme parfaitement admissible. Je dis seulement que théoriquement elle n'est pas rigoureusement indispensable et que pratiquement elle n'apporte pas de véritable simplification.

Avez-vous lu l'article de M. Bertrand sur Boussinesq [6] ? M. Bertrand, dont les talents mathématiques sont d'ailleurs incontestables, semble décidément avoir choisi l'arme du ricanement contre les théories qui lui déplaisent ou qu'il ne comprend pas. C'est là un procédé détestable et qui pourra lui causer des désagréments. Je n'ai pas encore eu l'honneur de tomber personnellement sous ses griffes, mais cela pourra arriver et je ne me laisserai pas écorcher sans crier. J'ai peu de confiance dans les appréciations de M. Bertrand, d'abord depuis l'affaire Carton, ensuite depuis qu'il a ridiculisé dans son *Journal des Savants* un beau Mémoire d'un géomètre belge, Brasseur, en se basant sur quatre lignes, dont la rédaction était effectivement vicieuse, tandis qu'il ne paraît pas avoir lu le reste du mémoire [7].

Je rentre à Anvers demain soir, après un congé de huit jours, que j'ai demandé, non pour me reposer, mais pour pouvoir travailler davantage. J'avais conçu quelques doutes sur l'achèvement complet des ouvrages qui doivent paraître en décembre. Maintenant ces doutes ont disparu.

Veuillez agréer, Monsieur et cher collègue, l'expression de mes sentiments de dévouement.

Jh De Tilly

5. Au n°74, De Tilly propose une démonstration par l'absurde de la propriété d'égalité des distances AB et BA. Cette preuve est fondée sur le retournement du segment AB autour de son milieu C. Dans le cas où les deux distances sont différentes, De Tilly enclenche un processus itératif de diminution de la longueur du segment [DT54, p. 47-49].

6. Bertrand signe de ses initiales un compte rendu dans le *Bulletin* II (2), 1878, p. 393-400 de l'article : J. Boussinesq, Conciliation du véritable déterminisme mécanique avec l'existence de la vie et de la liberté morale, *Mémoires de la Société des Sciences, de l'Agriculture et des Arts de Lille* VI (4), 1878.

7. Voir le paragraphe 1.2.2 consacré à l'affaire Carton ainsi que la note 4 de la lettre 2.86.

2.150 Lettre de Hoüel à De Tilly du 11 novembre 1878

Bordeaux, le 11 novembre 1878.

Cher monsieur et ami,

Je viens de recevoir votre lettre, qui m'a rempli de joie, en me confirmant une fois de plus que mes idées géométriques ont votre complet assentiment. Il n'existe donc entre nous que des différences de style, différences inévitables, selon Buffon, puisque « le style c'est l'homme » [1], d'où il suit qu'on ne peut s'exprimer absolument comme un autre homme sans entrer absolument dans sa peau.

Je m'occupe en ce moment de rédiger d'après vos notes le résumé de votre travail que je dois lire jeudi prochain devant la Société des Sciences physiques et naturelles, et qui sera inséré dans les Procès-verbaux de la Société [2]. Je suis loin d'être complétement satisfait des raccords que j'ai dû faire aux excellents fragments que vous m'avez envoyés. Ainsi je serais, *pour le moment*, fort embarassé de remplir la lacune que vous avez signalée par ces trois lignes :
"Historique des autres travaux géométriques et analytiques ;
"Questions qui restent à éclaircir ;
"Importance de cette étude.

J'ai dit *pour le moment*, peut-être pourrais-je, avec plus de loisir, tracer un tableau de l'état de la question, inférieur à coup sûr à ce que vous feriez vous-même, mais contenant ce que j'ai pu en savoir à diverses époques. Mais actuellement je suis littéralement accablé de travaux qui me viennent de tous les côtés, sans compter l'impression de mon malheureux Traité [3]. Quoique votre Mémoire [4] traite du sujet qui m'a le plus intéressé dans toute mon existence, j'ai eu le regret de ne pouvoir vous aider comme j'aurais voulu dans cette importante publication, *eine epochemachende Schrift*, comme diront à coup sûr les géomètres allemands.

Je vous prierai donc de vouloir bien m'aider dans la tâche que vous m'avez confiée, et que je ne saurais achever seul d'une manière digne du sujet. Je vous enverrai vendredi matin le manuscrit que j'aurai lu, pour remplir une formalité administrative. Je vous prierai d'être assez bon pour en combler les nombreuses et graves lacunes ; avec votre secours je pourrai faire une préface convenable, qui figurera dans nos procès-verbaux et en tête de votre tirage.

Relativement à l'article Boussinesq-Bertrand, je l'ai lu ; j'ai trouvé que l'âne de Buridan était un peu vieux pour le faire sortir de son écurie [5] ; aussi est-ce malgré

---

1. Cette pensée est extraite du discours de Georges Louis Leclerc de Buffon (1707-1788) prononcé à l'Académie française le 25 août 1753, jour de sa réception. La citation exacte est :

> « Les ouvrages bien écrits seront les seuls qui passeront à la postérité. La quantité des connaissances, la singularité des faits, la nouveauté même des découvertes, ne sont pas de sûrs garants de l'immortalité ; si les ouvrages qui les contiennent ne roulent que sur de petits objets, s'ils sont écrits sans goût, sans noblesse et sans génie, ils périront, parce que les connaissances, les faits et les découvertes s'enlèvent aisément, se transportent et gagnent même à être mises en œuvre par des mains plus habiles. Ces choses sont hors de l'homme, le style est l'homme même. » (*Œuvres de Buffon, avec des extraits de Daubenton et la classification de Cuvier*, tome I, Furne et Cie, Paris, 1839, p. 30)

2. Le texte [H136] sera lu lors de la séance du 14 novembre 1878.
3. [H64].
4. [DT54].
5. Bertrand commence son compte rendu (voir la note 6 de la lettre 2.149) de la manière suivante :

> « Sans savoir bien précisément ce qu'était Buridan, tout le monde connaît l'anecdote hy-

moi que la rédaction du Bulletin s'est décidée à reproduire cette pièce, que nos chers voisins d'Outre-Rhin ne manqueront pas d'appeler *ein Muster von französischer Keckheit*[6]. Mon bien regretté ami Verdet[7] me disait jadis qu'il ne manquait à Bertrand, pour être un grand géomètre, qu'une toute petite chose : la conscience. Je crois qu'il avait raison. Dans l'espèce, je suis enclin à penser que Bertrand a raison contre la métaphysique[8]. La théorie de Boussinesq suppose la possibilité d'un équilibre instable. Or cette supposition a une probabilité

$$\left(\frac{1}{\infty}\right)^{\infty^{\infty^{\infty^{\cdot^{\cdot^{\cdot^{\text{à l'infini}}}}}}}},$$

dans un monde où l'équilibre instable le mieux combiné dans le système de la plus éloignée des étoiles de 15e grandeur serait instantanément détruit par le vol d'une mouche sur les bords de l'Escaut ou de la Garonne.

Je vous quitte pour ne pas manquer l'omnibus qui doit me servir pour une excursion nécessaire aux environs de la ville. J'espère avoir bientôt le plaisir de vous consulter de nouveau.

Votre bien dévoué et bien affectionné,

J. Hoüel

2.151 Lettre de Hoüel à De Tilly du 14 novembre 1878

Bordeaux, le 14 novembre 1878.

Cher monsieur et ami,

C'est aujourd'hui que doivent recommencer les séances de notre Société, et elles vont débuter par la présentation de votre beau travail[1] et la lecture de la préface provisoire que j'ai rédigée – ou plutôt transcrite – sur vos notes[2]. Je vous enverrai demain mon brouillon, pour que vous m'aidiez à le compléter. Je vous prierai de vouloir bien m'indiquer ce qu'il y aurait à dire sur les travaux de Flye Ste.-Marie, de Saleta, de Cayley, de Felix Klein, de Benno Klein[3], de Battaglini, etc., etc., que

pothétique de son âne. Cette vieille histoire, inventée par les maîtres en philosophie pour exercer à la dispute et au sophisme les débutants dans l'art de Lulle, semble avoir inspiré récemment l'auteur d'un Mémoire qui, par l'inutile étalage de formules très-savantes, pourrait écarter ou éblouir un lecteur peu versé dans les études mathématiques. » (p. 393)

6. Ce qui se traduit par « Un échantillon d'impertinence française ».

7. Hoüel a probablement connu Émile Verdet (1824-1866) à l'École normale supérieure puisque Verdet y entre en 1842 et Hoüel l'année suivante.

8. Boussinesq se place dans le cas d'« un système matériel tellement défini qu'entre deux routes différentes, les lois de la mécanique, qui les permettent toutes deux, ne lui en impose aucune. » (p. 393) Selon Bertrand, Boussinesq déduit qu'un tel système serait doté d'une volonté pour choisir la suite de son évolution. Bertrand, quant à lui, s'oppose à cette thèse et ne voit aucun paradoxe puisque pour lui une telle situation résulte d'un manque d'information.

1. [DT54].

2. [H136]

3. Benno Klein (1846-1891) obtient son doctorat à l'université de Strasbourg en 1876 et devient professeur à l'université de Marbourg en 1890.

l'on ne peut pas ne pas citer dans un historique de la question [4]. Pardonnez si je me décharge ainsi sur vous d'une partie du travail qui me revenait naturellement ; mais en ce moment je ne sais littéralement où donner de la tête. Je recommence mes cours demain ; je reçois chaque jour des paquets d'épreuves à corriger. J'ai mon Livre III à terminer, mon Livre IV à préparer pour l'impression [5] ; j'ai les archives de notre Société à mettre en ordre. Je ne parle pas de l'imprévu, auquel il faut toujours faire une part considérable. Je vous serai donc infiniment obligé si vous voulez bien me prêter votre concours pour me tirer d'embarras.

J'ai reçu, comme j'aurais dû vous le faire savoir plus tôt, vos deux volumes de Rouché et Comberousse [6]. J'ai remarqué, en effet, que, dans leur nouvelle édition, les auteurs ont mis quelques pièces de drap neuf à leur vieil habit, contrairement aux précepte de l'Écriture [7]. Mais ils auraient bien fait d'en mettre quelques-unes à leur préface, où il y a des *lapsus* de la force de celui-ci : « ... l'illustre philosophe » [Platon] « qui inscrivit sur la porte du *Lycée* (!!)... » [8]. J'avais toujours cru que c'était Aristote qui enseignait au Lycée, et Platon dans les jardins d'Académus. Toujours est-il que cette fameuse préface me rappelle toujours le plaidoyer de l'*Intimé* dans la comédie de Racine :

> « .... Avant donc
> La naissance du monde et sa création, ... » [9]

Et tout cela pour arriver à former des bacheliers ès sciences et des élèves de l'École de St.-Cyr.

Malgré tout cela, je crois, comme vous, que c'est là encore, de tous les Traités existants, celui qui renferme le plus de bonnes choses. Cela me prouve mathématiquement que votre travail était bien nécessaire pour remettre un peu d'ordre dans

4. Voir la fin de la lettre 2.153.
5. [H64].
6. Voir la lettre 2.147 ainsi que la carte 2.148.
7. C'est une allusion à l'Évangile selon Matthieu. Jésus, passant devant le bureau des péages, demande à Matthieu de le suivre, ce que celui-ci fait aussitôt. Il invite alors Jésus ainsi que d'autres à un repas :

> « Alors s'approchent les disciples de Jean. Ils disent : Pourquoi nous et les pharisiens jeûnons-nous et que tes disciples ne jeûnent pas ? Et Jésus leur dit : Les garçons de noce peuvent-ils faire deuil tant que l'époux est avec eux ? Des jours viendront où l'époux leur sera pris ; alors ils jeûneront. Personne ne rapièce un vieux manteau avec une pièce de drap écru, car la pièce enlève un bout de manteau et la déchirure est pire. On ne met pas non plus du vin nouveau dans de vieilles outres, sinon les outres crèvent, le vin se répand et les outres sont perdues. Mais on met le vin nouveau dans des outres neuves, et tous les deux se gardent. » (Matthieu 9.14-9.17)

Le texte cité par Hoüel apparaît parfois sous la forme : « Personne ne met une pièce de drap neuf à un vieil habit ; car la pièce emporte une partie de l'habit, et la déchirure en devient pire. »

8. Rouché et de Comberousse écrivent :

> « Mais l'essor de la Géométrie en Grèce date surtout de Platon (430-347 avant J.-C.). Introduire dans la science la méthode analytique, les sections coniques et la doctrine si féconde des lieux géométriques, c'était créer une Géométrie nouvelle ! Telle fut l'œuvre magnifique de l'illustre philosophe qui inscrivit sur la porte du Lycée : “Que nul n'entre ici, s'il n'est géomètre.” » [RC74, p. XIII], [RC79, p. XIII]

Ces quelques lignes seront modifiées. En particulier, dans la septième édition, nous trouvons : « Telle fut, en Mathématiques, l'œuvre magnifique de l'illustre Philosophe, chef du Lycée, qui inscrivit sur la porte de son École (...). » [RC00, p. XXIII]

9. Cette citation sortie de la bouche de l'*Intimé* provient de la scène 3 de l'acte 3 de la comédie *Les plaideurs* de Racine : la plaidoirie emphatique de l'Intimé tardant à en venir au but, Dandin le presse de conclure. La préface de Rouché et de Comberousse consacre un paragraphe à un grand nombre de figures des mathématiques de l'Antiquité à Chasles.

le fouillis qui s'est formé sur la base de la Géométrie de Boèce, l'oracle du moyen âge, par des additions successives, empruntées pêle-mêle aux anciens et aux modernes, sans nul souci de l'harmonie de l'ensemble [10]. Une preuve que l'enseignement de la Géométrie n'est pas encore arrivé à l'état normal, c'est cette obstination des auteurs à hacher leurs expositions en morceaux isolés, sous les titres de théorèmes et de problèmes, ce qui empêche l'auteur de raisonner tant soit peu avec son lecteur. Tant que cette disposition surannée subsistera, les traités de Géométrie auront toujours un air de pédantisme en complet désaccord avec l'esprit moderne.

J'ai dit hier à notre lithographe de vous envoyer une épreuve de vos figures ; quand vous l'aurez reçue, je vous prierai de me faire savoir si l'on peut procéder maintenant au tirage.

Veuillez agréer, cher monsieur et ami, l'assurance de mes sentiments bien sincèrement dévoués.

J. Hoüel

2.152 Lettre de De Tilly à Hoüel du 18 novembre 1878

Anvers, le 18 novembre 1878.

Cher Monsieur et ami,

J'ai maintenant à la fois la Préface, la Mécanique, les deux dernières feuilles de la Trigonométrie en dernière épreuve, et enfin les planches. J'en ai pour environ une semaine de travail et renverrai probablement le tout à la fois. Mais je ne veux pas attendre jusque là pour vous remercier de votre excellente Préface et surtout de l'éloge qui la termine. Quoique votre bienveillance et votre amitié pour moi vous aient peut-être entraîné un peu loin, j'accepte votre éloge parce que je sais qu'il est sincère et je vous en remercie du fond du cœur [1]. Croyez bien que votre approbation est la plus précieuse des récompenses que pourront me valoir vingt années de travaux.

Je dis vingt années, dont neuf sans aucun guide, à partir de ma sortie de l'École militaire ; les trois suivantes (1867 à 1870) guidé ou plutôt soutenu par la coïncidence constatée des mes résultats avec ceux de Lobatschewsky et enfin les huit dernières, puissamment aidé par ma correspondance avec vous et par les écrits que vous me signaliez. Aussi dois-je vous exprimer de nouveau toute ma reconnaissance.

Je ne vous proposerai que très peu de changements à votre Préface, laquelle est très-bien faite. Je tâcherai, comme vous le désirez, d'y intercaler encore quelques

10. Il est traditionnellement attribué à Boèce l'introduction du *quadrivium*. Dans ce cadre, il aurait rédigé une géométrie (aujourd'hui perdue) mais dont des variantes lui sont faussement attribuées (voir Boethius, *Biographical Dictionary of Mathematicians* I, Scribner, New York & Macmillan,Toronto, 1991, p. 290).

1. Hoüel termine sa préface en écrivant :

> « Tel est le résumé, bien incomplet, du beau travail que la Société sera, nous l'espérons, heureuse d'accueillir dans ses *Mémoires*, et qui nous semble appelé à attirer vivement l'attention du monde scientifique. Par l'insertion de ce travail, la Société, dans l'espace de douze ans, aura fait connaître à la France l'alpha et l'oméga de la nouvelle Géométrie. Lobatchefsky, le premier révélateur de cette doctrine, a été dépassé. Nous croyons que les conceptions de M. De Tilly ne seront pas dépassées de sitôt. » [H136, p. VIII-IX]

noms, mais quant à essayer de faire un véritable historique et de rendre à chacun ce qui lui est dû, ce serait là une tâche de beaucoup au-dessus de mes forces et qui dépasserait celle que je viens d'achever. En effet, je ne sais de l'historique de la science nouvelle que ce que vous m'en avez appris par vos lettres et par les ouvrages que vous m'avez envoyés. Encore m'est-il arrivé bien souvent de ne me servir de ces derniers que pour y recueillir quelques idées détachées ou quelques résultats, destinés à confirmer ou à compléter les miens, mais sans que je sois entré pour cela dans l'ordre d'idées de l'auteur, ni que j'aie suivi son travail d'un bout à l'autre.

En attendant le plaisir prochain de vous écrire de nouveau et de faire l'envoi de tout ce qui me reste ici, je vous prie, cher Monsieur et ami, d'agréer la nouvelle expression de ma profonde reconnaissance et de mes sentiments bien sincèrement dévoués.

Jh De Tilly

2.153 Lettre de De Tilly à Hoüel du 27 novembre 1878

Anvers, le 27 novembre 1878.

Cher Monsieur et ami,

J'ai envoyé il y a deux jours les épreuves corrigées de la fin de la Trigonométrie et je viens de mettre à la poste, comme papiers d'affaires, les planches corrigées, votre préface ou rapport [1], ainsi que le Chapitre V (Mécanique). Celui-ci n'est pas encore complétement copié, mais la fin partira demain sans faute.

J'ai reçu le second fascicule du Tome I de votre *Cours* [2] (qui ne m'arrive pas par la poste, probablement le facteur l'aura porté d'abord chez mon frère, capitaine commandant d'artillerie à Anvers ; quand l'adresse n'est pas complète, cette erreur se produit souvent).

Je vous remercie bien sincèrement pour cet envoi. Sans avoir pu encore *étudier* l'ouvrage, je vois par la Préface, par la Table des matières, et par un coup d'oeil jeté sur le corps de l'ouvrage, que c'est un livre d'une grande importance et appelé à rendre les services les plus réels à tous ceux qui s'occupent d'analyse. Je fais des voeux pour que le Tome II suive de près le Tome I et que nous possédions enfin un Traité au courant de l'état actuel de la science et terminé, ce qui n'existe pas aujourd'hui, à ma connaissance [3].

Voici une observation sur les dessins. Il est bien entendu que, le modèle ne m'ayant pas été renvoyé, je ne puis pas juger si les erreurs sont le fait du graveur, ou le mien.

La fig[ure] 1 est fausse. La perpendiculaire $P'A'$ doit être égale à PA et les points A, A' doivent être joints.

Dans la figure 6 (partie de gauche), il y a une ligne en trop que j'ai barrée au crayon. Dans la partie de droite, il manque les lettres C et C', que j'ai placées.

Dans la fig[ure] 7, C' doit devenir C et C doit devenir C', du moins d'après mon texte (je n'ai pas le tirage définitif).

1. [H136].
2. [H64].
3. Voir la fin de la lettre 2.56 ainsi que la note 2 de la lettre 2.167.

La figure 11 est complétement fausse. Je pense que le graveur aura voulu faciliter le placement des lettres, mais il a rendu la figure inintelligible (je joins aux papiers d'affaire un nouveau dessin des figures 1 et 11).

Dans la figure 12, il conviendrait de joindre AA' et BB'. Ces nouvelles droites pourraient obliger à déplacer un peu les lettres D et B'', qui devraient appuyer vers l'intérieur. À la rigueur, la figure pourrait rester telle qu'elle est.

Dans la figure 14, le côté supérieur doit porter la lettre d.

Dans la figure 15, le quart de cercle tracé dans l'angle supérieur doit être effacé.

Enfin, dans la figure 17, il conviendrait de marquer les lettres $x_1y_1z_1$ $x_2y_2z_2$ [4].

J'arrive enfin aux observations sur votre excellent rapport [5], dont je vous remercie de nouveau.

P. 2. L'objet de cette dernière note était de séparer d'une manière plus tranchée qu'on ne le fait d'habitude la géométrie des sciences physiques... [6] (je n'ai rien à dire sur le reste de la phrase). Est-ce bien cela ? Entre vous et moi, oui. Je pourrais me laisser entraîner à considérer la Géométrie comme une science physique, expérimentale ; et vous me dites avec raison : l'expérience n'est que l'occasion de mes hypothèses, mais celles-ci n'ont pas besoin d'être rigoureusement d'accord avec les faits ; il suffit qu'elles ne soient pas contradictoires entre elles pour que je puisse baser sur elle une géométrie, pure science de raisonnement. Je le répète : de vous à moi, c'est très-juste. Mais en disant que vous séparez d'une manière plus tranchée qu'*on* ne le fait d'habitude, vous semblez parler de la masse des géomètres ou des gens qui s'occupent de géométrie. Or pour eux, la géométrie ne se confond pas avec une science physique ; c'est pour eux une science entièrement crée par la raisonnement, et n'ayant pas même d'hypothèses. S'il y manque encore une démonstration du postulatum d'Euclide, un Carton quelconque la découvrira un de ces jours. Je pense donc que la phrase gagnerait à être tournée autrement, même au risque d'être un peu allongée.

P. 2. Entre Helmholtz et Cayley, j'intercalerais Beltrami, Lipschitz et Souvorof, puis je mettrai en note au bas de la page, après les mots : « l'historique de ces travaux » : Parmi les géomètres qui y ont contribué, et dont les ouvrages sont les plus connus en France, je crois toutefois devoir citer encore MM. Battaglini, Flye-Ste-Marie, Frischauf, Cassani, König, von Escherisch et Saleta [7].

---

4. Toutes les corrections ont apparemment été effectuées.

5. [H136].

6. Sans dire qu'il en est l'auteur, Hoüel mentionne le résumé de son travail [H60] publié dans les *Mémoires* I (2), 1876 et modifiera quelque peu la phrase suite à la remarque de De Tilly en écrivant finalement :

> « L'objet de cette dernière Note était de préciser d'une manière plus nette qu'on ne le fait d'habitude les caractères distinctifs qui séparent la Géométrie des Sciences physiques, et d'écarter des raisonnements mathématiques les preuves fondées sur cette chose si mal définie qu'on appelle l'*évidence* ou l'*intuition*. Il ne faut pas se lasser de répéter : l'intuition n'est autre chose que l'expérience faite sans se déranger, et dans laquelle la mémoire remplace l'activité physique. » [H136, p. II]

7. Hoüel suivra les recommandations de De Tilly et écrira :

> « La question qui fait l'objet du travail de notre savant collègue a donné lieu, depuis dix ans, à de nombreux et remarquables travaux. Aux considérations élémentaires de Lobatchefsky et de Bolyai ont succédé les points de vue plus élevés des Riemann, des Helmholtz, des Beltrami, des Lipschitz, des Cayley, des Klein, des Souvorof, et ces recherches profondes ont puissamment servi à éclairer les principes de la Géométrie euclidienne elle-même, en faisant connaître leur véritable dépendance mutuelle. Notre but n'est pas de faire ici l'historique de ces travaux (...). » [H136, p. II-III]

Hoüel ajoute en note, à l'endroit suggéré, la phrase proposée par De Tilly.

P. 3. Je n'ai sous la main que le 4e volume de Duhamel. Comme vous avez probablement l'ouvrage complet, prière d'ajouter le tome et la page. Si vous ne l'aviez pas, je le ferais revenir [8].

P. 4, ligne 10. *certainement*. J'avais mis *certain et*. J'ignore si c'est volontairement que vous avez changé. C'est d'ailleurs assez indifférent [9].

P. 4, ligne 9 inf. Il avait d'abord pensé à emprunter. Le mot *à* est de trop, me semble-t-il [10].

P. 8. Remplacer la phrase relative au Ch. V. par une autre, après avoir jeté un coup d'oeil sur le Chapitre *Mécanique* [11].

Même page. La dernière phrase, d'ailleurs fort bien tournée, renferme une légère incorrection grammaticale. Lobatschefsky... a été *dépassé* ... les conceptions ... ne *le* seront pas. Peut-être vaudrait-il mieux répéter le verbe [12].

En attendant mon dernier envoi et ma lettre de demain, je vous prie d'agréer, cher Monsieur et ami, l'expression de mes sentiments d'affection et de reconnaissance.

Jh De Tilly

2.154 Lettre de De Tilly à Hoüel du 30 novembre 1878

Anvers, le 30 novembre 1878.

Cher Monsieur et ami,

Enfin le dernier mot du Chapitre V (Mécanique) est parti. Voilà donc tout terminé, et maintenant que j'ai bien traîné moi-même, il ne reste plus qu'à recommander la célérité aux autres, de manière que je puisse distribuer l'ouvrage le plus tôt possible. J'avais compté en distribuer déjà des exemplaires le 15 décembre ; je crois que cela est devenu un peu difficile, mais il ne s'en faudra certainement que de quelques jours.

Veuillez ne pas oublier de mettre en tête de mes exemplaires les pages que vous avez bien voulu lire à la Société, sous forme de Préface ou sous forme de rapport, comme vous l'entendrez, mais en y mettant votre nom [1]. Je vous en remercie de nouveau.

---

8. Cette précision a été ajoutée. Hoüel renvoit à la page 7 du deuxième tome *Des Méthodes dans les Sciences de raisonnement* de Duhamel lorsqu'il écrit : « Nous ne parlons, bien entendu, que des vrais axiomes de cette science, et non des vérités banales, conventionnelles ou de définition, telles que celle-ci : « le tout est plus grand que la partie », que quelques auteurs ont abusivement introduites parmi les axiomes. » [H136, p. IV]

9. La phrase retenue finalement est : « (...) en permettant de faire toute la Géométrie sans figures, l'Analyse débarrasse le géomètre de cette cause permanente d'erreurs, qui l'entraîne à prendre un fait résultant ou semblant résulter de la figure pour un fait certain et démontré. » [H136, p. IV]

10. Dans son texte, Hoüel utilise une information que De Tilly lui a communiquée à la fin de la lettre 2.109 pour écrire : « Il [De Tilly] avait pensé d'abord emprunter à M. Cassani, outre le plan général de son ouvrage [*Geometria rigorosa*], deux propositions remarquables qu'il signalait [dans [DT25]] (...). » [H136, p. V].

11. Voir le début de la lettre 2.156.

12. Voir la note 1 de la lettre 2.152.

1. Certains des tirés à part de [DT54] commencent par un « Rapport lu par M. Hoüel dans la séance du 14 novembre 1878 de la Société des Sciences physiques et naturelles de Bordeaux ». Celui-ci reprend le texte de [H136] et est signé par Hoüel.

J'ai mis à la fin de la Mécanique une table des matières et un Errata. Dans la table des matières, j'ai dû laisser les pages en blanc, parce que je n'ai pas les feuilles définitives et qu'il peut y avoir des différences. Dans l'errata, je n'ai signalé que deux fautes ; je vous ai déjà fait remarquer l'une des deux ; si vous en avez remarqué d'autres, je vous prie de vouloir bien les ajouter à la liste [2].

Je n'ai plus l'énoncé exact du problème que je devais poser à M. Mansion, qui est très-habile dans ce genre de questions [3]. Je vous prie de vouloir bien me le renvoyer.

Veuillez agréer, cher Monsieur et ami, l'expression de mes sentiments les plus affectueux et tout dévoués.

Jh De Tilly

2.155 Lettre de Hoüel à De Tilly du 7 décembre 1878

Bordeaux, le 7 décembre 1878.

Mon cher collègue et ami,

Je vous envoie aujourd'hui les dernières épreuves de votre remarquable travail, et en jetant un coup d'oeil rapide sur votre Chapitre V, j'ai pu voir que ce Chapitre ne le cédait en rien en intérêt aux précédents.

La question du repos absolu, que vous considérez comme difficile à définir (d'autres disent impossible), a été traitée, il y a quelques années, dans un opuscule de C. Neumann intitulé : *Ueber die Principien der Galilei-Newton'schen Theorie. Akademische Antrittsvorlesung, gehalten in der Aula des Universität Leipzig am 3. November 1869*. Brochure in-8, 32 pages, 1870 [1]. L'auteur définit, comme vous, l'immobilité, en rapportant tous les corps à un corps hypothétique, qu'il désigne par *Alpha*, et qui est ancré immobile dans l'espace. Il fait ressortir la différence relativement aux phénomènes observables, entre un mouvement d'ensemble de translation, et un mouvement de rotation, ce dernier affectant seul les mouvements relatifs intérieurs d'un système mobile [2].

La paquet que je vous envoie contient une épreuve du Rapport que j'ai lu devant la Société des Sciences physiques et naturelles et qui sera imprimé dans les Procès-verbaux des séances [3]. Si vous trouvez un changement quelconque à y faire, il va sans dire que vous avez toute liberté. Je vous demande pardon du peu de concours effectif que j'ai pu vous prêter dans cette circonstance. Ce n'est pas la bonne volonté qui m'a manqué. Votre travail m'intéressait bien plus que ces maussades collections d'exercices que j'ai été obligé de rassembler pour les mettre dans mon Traité, et qui m'ont absorbé un temps inconcevable [4]. Le guignon a voulu que, pendant tout le temps qu'a duré votre impression, je n'ai pas eu un instant à moi. J'ai dû renoncer à mon voyage annuel dans mon pays natal, et c'est la première fois de ma vie

2. Voir la note 4 de la lettre 2.149. L'erratum suit directement la table des matières.

3. Voir la fin des lettres 2.144 et 2.145. De Tilly a renvoyé à Hoüel la lettre contenant l'énoncé du problème. Cette lettre sera réexpédiée à De Tilly en même temps que la lettre 2.160.

1. C. Neumann, *Ueber die Principien der Galilei-Newton'schen Theorie. Akademische Antrittsvorlesung gehalten in der Aula des Universität Leipzig am 3. November 1869*, Teubner, Leipzig, 1870.

2. « Un mouvement d'ensemble de translations » est inertiel et donc indétectable, au contraire d'un mouvement de rotation qui n'est pas inertiel.

3. Hoüel a lu une version du rapport [H136] dans la séance du 14 novembre 1878 de la *Société* de Bordeaux (voir la lettre 2.151).

4. En ce qui concerne les exercices de [H64], voir la note 9 de la lettre 2.110.

que j'ai passé ici toutes mes vacances, sans presque sortir de mon cabinet. J'ai donc été contraint de copier à peu près littéralement les notes que vous m'aviez communiquées ; il m'eût été difficile de mieux faire ; mais je crois que les lecteurs m'auraient su gré de leur donner plus de détails sur le contenu de l'ouvrage. Grâce à vous cependant il pourront se faire une idée de l'objet dès les premiers Chapitres. Je n'ai pu que mentionner le titre du Chapitre V. Je vous serai bien reconnaissant si vous voulez bien ajouter sur l'épreuve quelques lignes pour combler cette lacune [5].

L'imprimeur avait préparé un *titre* pour votre tirage à part. Mais j'ai réfléchi que, votre ouvrage devant être censé [être] publié en Belgique, il faut pour cela que vous fassiez imprimer au moins le titre dans ce pays [6].

La question de Géométrie que je vous avais posée est celle-ci : Deux parallélogrammes équiangles sont équivalents. On forme avec les mêmes côtés deux autres parallélogrammes équiangles entre eux, mais l'angle différent de celui du premier. Démontrer, *sans invoquer la théorie des proportions*, que ces nouveaux parallélogrammes sont aussi équivalents entre eux [7].

Veuillez agréer, mon cher collègue, l'assurance de mes sentiments les plus dévoués.

J. Hoüel [†]

2.156 Lettre de De Tilly à Hoüel du 12 décembre 1878

Anvers, le 12 décembre 1878.

J'ai expédié ce matin la première épreuve corrigée de la Mécanique. Quant à la seconde, je la renverrai *dès qu'elle me parviendra*, et j'espère qu'alors il suffira de très-peu de jours pour que les 165 exemplaires destinés à être publiés en Belgique soient entre les mains de M. Hayez. J'aurai soin, du reste, de vous écrire, en vous envoyant le dernier *Bon à tirer*.

Je vois avec un sensible plaisir que vous avez trouvé le Chapitre V aussi intéressant que les autres ; je vous avouerai que je n'étais pas sans inquiétude sous ce rapport. Espérons que votre appréciation sera confirmée, d'abord par vous même après une nouvelle lecture, puis par l'opinion publique des savants. J'ai beaucoup réfléchi sur les principes de la Mécanique, mais sur plusieurs des points que je traite, je suis peu d'accord avec les auteurs classiques ; et, je le répète, cela me causait d'autant plus d'inquiétude qu'ici je n'avais pas pour contrôle des idées déjà exprimées à ma connaissance, tandis que dans la Géométrie (sauf en deux points) l'accord de mes idées avec Beltrami et Helmholtz était pour moi une grande garantie [1].

5. Voir la lettre 2.156.
6. Voir la lettre 2.156.
7. Voir la fin de la lettre 2.144.
†. En dessous de la signature, on lit : ~~Corrections avec la lettre, puis avec la Note de (...) complétée par Boussinesq.~~
1. L'axiome le plus important selon De Tilly est l'axiome de la distance :

> « L'idée que nous nous faisons de la distance de deux points implique deux propriétés essentielles, qui peuvent servir à compléter la définition de cette notion de distance : 1° La distance varie, dans l'espace, d'une manière continue, c'est-à-dire, que si l'on considère une ligne limitée quelconque *AB*, la distance des points de cette ligne à l'une de ses extrémit"es, *B* par exemple, varie d'une manière continue depuis *AB* jusqu'à zéro. (...)

Vous me citez Neumann qui a traité la question du mouvement absolu. Il ne m'est malheureusement plus possible de tenir compte de ses idées, mais j'espère qu'elles différent assez des miennes, pour ne pas rendre la publication de ces dernières absolument inutile [2].

J'ai comblé, dans le Rapport, la lacune relative au Chapitre V en signalant les titres des paragraphes de ce Chapitre [3].

Je ferai imprimer ici les couvertures et les titres des 165 exemplaires qui doivent être envoyés à M. Hayez ; je vous renouvelle la demande d'en brocher 35 à Bordeaux, si toutefois cela ne donne lieu à aucun inconvénient d'aucun genre, sans quoi j'y renonce.

En attendant le plaisir de vous écrire de nouveau dans quelques jours, je vous prie, cher collègue et ami, d'agréer l'assurance de mes sentiments les plus dévoués.

Jh De Tilly

2.157 Lettre de De Tilly à Hoüel du 17 décembre 1878

Anvers, le 17 décembre 1878.

Mon cher collègue et ami,

Le dernier *Bon à tirer* vient de partir. Maintenant le temps presse, et je compte sur vous pour faire exécuter rapidement les dernières corrections, le tirage, et l'envoi des 165 exemplaires complets (c'est à dire avec rapport), à M. Hayez, imprimeur, rue de l'orangerie, 16, Bruxelles. M. Hayez m'a promis que cinq jours après réception des exemplaires l'ouvrage sera en vente à Bruxelles. Pour les 35 exemplaires, de Bordeaux, je vous prie de vouloir bien *me* les envoyer quand ils seront

---

> 2° Étant donné un système de points, en nombre fini ou infini, $ABCD\ldots$ (en d'autres termes une figure quelconque), et un point B' tel que $AB' = AB$, il existe des points $C', D', \ldots$, tels que le système $AB'C'D'\ldots$ soit absolument identique au premier, c'est-à-dire que, dans ces deux systèmes, les distances entre les couples de points correspondants ou homologues soient toutes égales deux à deux. » [DT54, p. 3-4]

De Tilly discute alors de la nécessité des différentes parties de cet axiome pour en conclure que si la géométrie peut se déduire d'autres propositions, son axiome a l'avantage d'être simple :

> « N'est-il pas évident qu'en plaçant l'une de ces propositions au d ébut, comme axiome ou comme hypothèse, toute la géométrie s'en déduirait rigoureusement ? Les hypothèses de Riemann ou de M. Beltrami en offrent des exemples frappants.
> Mais la question est de savoir si cet axiome, qui remplacerait notre axiome 1 [l'axiome de la distance] ; qui serait, comme celui-ci, une définition de la notion primordiale de distance, mériterait de lui être préféré, au moins sous le rapport de la simplicité. La distance est définie ici par deux propriétés simples ; lors même que l'on parviendrait à la définir par une propriété unique, il est fort probable que cette propriété serait plus compliquée, plus compréhensive, moins propre à être admise au début, comme point de départ de la science, vérifié par l'expérience de chaque jour. Il en est ainsi pour toutes les propriétés qui ont été proposées jusqu'ici ou que l'on peut aisément imaginer, et sans prétendre assigner des bornes infranchissables à l'esprit d'invention des géomètres futurs, il est permis de penser que la forme de notre axiome est l'une des meilleures possible. »
> [DT54, p. 5]

De Tilly se « sépare » de Helmholtz « en prétendant démontrer » la propriété de monodromie. Sophus Lie lui en fera mérite dans une lettre adressée à Poincaré en mars 1892 [PoiC4]. Voir [DT54, p. 31 & p. 41].

2. Voir la note 1 de la lettre 2.155.

3. De Tilly incorpore les titres des paragraphes dans des phrases qui décrivent le contenu du chapitre [H136, p. VIII].

brochés. Je vous prie aussi de vouloir bien me faire parvenir la note des frais de toute nature.

Voici les raisons des quelques petits changements que j'ai introduits.

Sur la couverture, j'ai effacé le mot *correspondant*, parce que l'Académie, dans sa séance d'hier, m'a nommé membre titulaire [1]. Au lieu du mot « chef d'escadron » absolument inusité en Belgique, j'ai mis major. J'ai ajouté « membre honoraire de la Société des sciences physiques et naturelles de Bordeaux ».

Au lieu de *mon* et *je me bornerai* qui faisaient exception dans votre rapport, j'ai mis *notre* et *nous nous bornerons* [2].

À la table des matières, j'ai ajouté : Rapport de M. Hoüel.

Enfin, voici un point sur lequel j'appelle votre attention. J'avais, dans l'épreuve précédente, demandé que les numéros des paragraphes fussent inscrits en chiffres romains. On a supprimé cette correction, et inscrit au crayon sur l'épreuve que dans tout le cours de l'ouvrage, on a employé des chiffres arabes pour le numérotage *des paragraphes*. Si cette dernière assertion est exacte, on a eu parfaitement raison de ne pas faire ma correction. Mais je pense qu'il y a erreur.

En effet, il n'y a de subdivisions en *paragraphes* qu'au Chapitre I et au Chapitre V. Le Chapitre V n'étant pas tiré, c'est sur le Chapitre I qu'il faut se baser. Or *dans les épreuves que je possède* (reste à voir s'il en est de même dans le tirage) les numéros des paragraphes du Chapitre Ier sont en *chiffres romains*, d'où je conclus qu'il faut les mettre aussi en chiffres romains au Chapitre V et dans la Table des matières. J'ai indiqué de nouveau ces corrections en ajoutant partout un point d'interrogation dont je viens d'indiquer la signification.

Je m'attends donc à ce que, sous très peu de jours, M. Hayez ait reçu les exemplaires qu'il doit brocher.

Veuillez agréer, mon cher collègue et ami, mes nouveaux et bien sincères remerciements pour l'appui que vous m'avez si généreusement prêté dans toute cette affaire, et croire à mes inaltérables sentiments de dévouement et d'amitié.

Jh De Tilly

2.158 Carte de De Tilly à Hoüel du 19 décembre 1878

[†]Je répare un oubli que j'ai commis dans ma dernière lettre. Prière d'expédier le paquet à M. Hayez (rue de l'Orangerie, 16, Bruxelles) *par la correspondance la plus rapide*, afin qu'aucun mécompte ne soit possible. On peut, à volonté, [††] porter à mon compte les frais du transport, ou les laisser à charge de M. Hayez, qui est

1. Dans le procès-verbal de la séance du 16 décembre 1878, on lit que « la Classe procède aux élections pour les places vacantes » et que « le résultat du vote sera proclamé en séance publique » (*Bulletins* XLVI (2), 1878, p. 943). La séance publique a lieu le lendemain : « [L'Académie] a appelé par ses suffrages, aux places de membre, sauf approbation royale, MM. le major De Tilly et l'ingénieur F.-L. Cornet, déjà correspondants. » (*Bulletins* XLVI (2), 1878, p. 987). Dans la séance du 4 janvier 1879, De Tilly et Cornet adresseront leurs lettres de remerciements (*Bulletins* XLVII (2), 1879, p. 2) et l'approbation royale de leur nomination sera donnée dans la séance du 1er février 1879 (*Bulletins* XLVII (2), 1879, p. 178).

2. Il est fait allusion à la phrase : « Notre but n'est pas de faire ici l'historique de ces travaux, et nous nous bornerons à dire encore quelques mots sur ce qui concerne les questions analogues relatives à la Mécanique rationnelle. » [H136, p. III]

†. Carte-Correspondance adressée à Monsieur Hoüel, professeur à la faculté des sciences, cours d'Aquitaine, 66, Bordeaux.

††. ~~me~~

prévenu. Je vous serais aussi bien reconnaissant de m'informer par carte ou par lettre du départ du paquet.

Mille amitiés,

Jh De Tilly

2.159 Télégramme de De Tilly à Hoüel du 25 décembre 1878

[†]Rien reçu peut être cause neiges si pas parti expédiez vitesse vingt exemplaires

De Tilly

2.160 Lettre de Hoüel à De Tilly du 31 décembre 1878

Bordeaux, le 31 décembre 1878.

Mon cher Collègue et ami,

J'espère que vous aurez enfin reçu le premier envoi, qui est parti vendredi dernier[1] à votre adresse. L'imprimerie y a mis une diligence qu'elle n'a pas toujours et malgré ses travaux extraordinaires de la fin de l'année, elle a fait ce qu'elle a pu pour arriver à temps. J'apprendrai avec plaisir que ses efforts n'auront pas été inutiles, et que vous aurez pu tirer de votre beau travail[2] tous les avantages qu'il mérite. Je désire surtout avoir toujours bien interprété vos désirs, et n'avoir causé aucun retard par malentendu.

Je vous renvoie ci-incluse ma lettre du 28 octobre, à la possession de laquelle vous voulez bien tenir, et qui renferme l'énoncé du problème que vous vous êtes chargé de soumettre à M. Mansion[3].

Sans l'encombrement qui règne à la poste à cause du jour de l'an, je vous aurais rendu vos deux volumes de *Rouché et Comberousse*, que j'ai demandé pour mon usage à M. Gauthier-Villars. Sans vouloir abuser de l'adage : *Cum hoc, ergo propter hoc*[4], je reconnais que MM. les auteurs ont suivi à très-peu près la même ligne que moi, dans leur nouvelle édition[5], et je serais très-heureux si j'étais pour quelque chose dans leur conversion, qui, j'espère bien, en entraînera d'autres[6].

J'ai hâte de voir les discussions que soulèvera votre grand travail ; car il sera certainement remarqué entre tous par les géomètres qui veulent suivre le progrès

†. En haut du document, on peut lire : « Télégramme pour Bordeaux Ouest de Anvers, N° 146. Mots 20. Dépôt le 25. Déc. 78 à 3 h 49 du soir ». Il est adressé « houel, cours aquitaine 66, B. » En bas du document, on lit : « Dans les dépêches imprimées en caractères romains par l'appareil télégraphique, le premier nombre qui figure après le nom du lieu d'origine est un numéro d'ordre, le second indique le nombre de mots taxés, les autres désignent la date et l'heure de dépôt. *L'État n'est soumis à aucune responsabilité à raison du service de la correspondance privée par la voie télégraphique.* (Loi du 29 novembre 1830, art. 6.) »

1. Soit le 27 décembre.
2. [DT54].
3. Voir la lettre 2.144.
4. Littéralement, cet aphorisme signifie : « avec ceci, donc à cause de ceci ».
5. [RC79].
6. Voir la lettre 2.147.

et aussi par ceux qui tirent le char par derrière, et auxquels vous porterez des coups sensibles.

Je vous quitte pour aujourd'hui, en vous priant d'agréer mes meilleurs souhaits de nouvel an.

Votre bien dévoué,

J. Hoüel

2.161 Lettre de De Tilly à Hoüel du 2 janvier 1879

Anvers, le 2 janvier 1879.

Mon cher collègue et ami,

Je viens de recevoir votre lettre du 31. Je vous remercie de vos bons souhaits, et vous prie d'agréer ceux que je forme, du fond du coeur, pour votre parfait bonheur et celui de votre famille.

Je suis arrivé à temps, et ne suis pas exclu du concours ; mais j'ai passé, comme on dit, par le trou d'une aiguille. Je vous dis cela en commençant, pour vous mettre à l'aise pendant la lecture des détails qui suivent.

Arrivé au 25 décembre, c'est-à-dire une semaine après l'envoi du dernier *Bon à tirer*, ne recevant rien et voyant toujours augmenter la neige en Belgique, je me dis que j'allais perdre la partie et je vous envoyai mon télégramme, demandant 20 exemplaires par grande vitesse [1]. Je reçus le lendemain votre réponse annonçant leur départ pour le 27 [2].

Du 26 au 29, je réfléchis que ni mon télégramme ni le vôtre n'indiquaient si l'envoi serait dirigé sur Bruxelles ou sur Anvers ; il y avait du pour et du contre ; je me décidai à faire surveiller les arrivages dans les deux villes. Jusqu'au 30 à midi, rien nulle part. Comme j'étais retenu ici par mon service, ma femme partit le 30 pour Bruxelles où devait, en tout cas, se jouer le dernier acte. Le 30 au soir et le 31 au matin, elle courut de l'entrepôt à l'imprimerie et de l'imprimerie à l'entrepôt. Le 31 à 11 heures, l'imprimerie lui dit de revenir une dernière fois à *deux heures* de l'après-midi ; qu'alors tout pourrait encore s'arranger si les exemplaires étaient arrivés ; que dans le cas contraire il ne lui restait plus qu'à se résigner et à retourner à Anvers.

Pendant ce temps, j'avais envoyé, comme la veille, mon ordonnance à la gare d'Anvers-Bassins, entre 9 et 10 heures, heure à laquelle arrivent ici toutes les marchandises venant de Paris [⋆]. Comme cet homme tardait à rentrer, je me doutai qu'il apporterait le paquet, et prévins mon beau-frère de se tenir prêt à partir pour Bruxelles à 10^h50. Mais il manqua ce train par une circonstance qui aurait pu faire tout échouer. J'avais compté sur 20 exemplaires. Or le paquet en renfermait 55 et l'ordonnance ne put franchir qu'avec une certaine lenteur la demi-lieue qui sépare la gare de l'Arsenal de construction. Avec quelques exemplaires de plus, il n'aurait pu porter le paquet et se serait avisé peut-être de venir demander des instructions, ce qui aurait fait perdre plus d'une heure. Bref, il rapporta le paquet. Le train de 10^h50 étant manqué, je télégraphiai à ma femme et à M. Hayez que les

1. Voir le télégramme 2.159.
2. Cette réponse est perdue.
⋆. L'arrivée à Anvers le 31 semble confirmer l'indication que je crois lire sur les feuilles de route, d'ailleurs peu déchiffrables (comme toujours), et d'après laquelle le départ de Bordeaux n'aurait eu lieu que le 28 et le départ de Paris le 30. Au reste cela importe peu aujourd'hui ; tout est bien qui finit bien.

exemplaires seront chez ce dernier à *deux heures précises* (heureuse coïncidence). Mon beau-frère partit à $12^{h}15$ avec le paquet et à 2^{h} lui et sa soeur se rencontraient à l'imprimerie. Un certain nombre d'exemplaires furent très-rapidement brochés et à $3^{h}1/2$ l'ouvrage était exposé en vente à la vitrine du libraire Mayoley et déposé au Ministère de l'Intérieur avec une lettre dont ma femme et son frère étaient tous deux porteurs, pour le cas où ils ne se seraient pas rencontrés à Bruxelles.

Ainsi donc, comme je le disais en commençant, je ne suis pas exclu, mais j'ai passé par le trou d'une aiguille.

Il ne me reste plus qu'à vous remercier bien vivement de tout ce que vous avez bien voulu faire pour moi et à m'excuser des embarras que je vous ai causés. Je suis persuadé qu'on n'a pas pu aller plus vite qu'on ne l'a fait ; il n'y a eu aucun malentendu ; aucune erreur n'a été commise.

Je tiens à faire observer que tout ce que nous avons fait, toute cette activité déployée dans les derniers jours, avaient uniquement pour but de ne pas exclure moi-même mon ouvrage du concours ; c'est, en quelque sorte, un acquit de conscience ; quand à obtenir le prix quinquennal, c'est là une toute autre affaire ; la probabilité est très-faible ; je n'y compte nullement et ne m'en occupe pas le moins du monde.

Je suppose que, maintenant, l'imprimerie enverra sans tarder ce qui reste, à l'adresse de M. Hayez et par les trains ordinaires.

Je vous prie aussi de vouloir bien me faire parvenir le compte des frais d'impression et autres. N'oubliez pas d'y ajouter la taxe du télégramme que vous avez bien voulu m'envoyer et dont je vous remercie. Il ne faut pas que vous, ni même la Société, vous imposiez une dépense occasionnée uniquement par le soin de mes intérêts personnels.

Je suppose bien que M. Brugère a reçu les quarante francs que je lui ai envoyés il y a environ deux mois [3] (mais un exemple tout récent m'a prouvé une fois de plus que la poste n'est pas infaillible) ; si vous étiez au courant du fait (sans toutefois le demander exprès pour cela), vous me feriez plaisir de me le dire, afin que je ne doive pas conserver indéfiniment le reçu de la poste d'Anvers.

Par suite de la rapidité du brochage, on a oublié dans les cinq premiers exemplaires brochés (dont un déposé au Ministère et quatre mis en vente) de mettre le faux-titre, ce qui fait que ces exemplaires ne portent pas non plus la mention règlementaire : « Extrait des mémoires de la Société des sciences physiques et naturelles de Bordeaux ». Je pense que, pour ces cinq exemplaires seulement, le mal ne sera pas grand et j'ai recommandé de veiller à ce que les autres soient complets.

J'ai conservé tout le manuscrit et toutes les épreuves, qui m'ont été successivement envoyés pendant l'impression de mon ouvrage. Désirez-vous que je vous expédie tout ce paquet, ou bien puis-je le détruire ?

Je termine, mon cher collègue et ami, en vous renouvelant mes sincères souhaits et en vous pressant d'agréer l'expression de mes sentiments de reconnaissance et d'amitié.

Jh De Tilly

2.162 Lettre de De Tilly à Hoüel du 6 février 1879

Anvers, le 6 février 1879.

3. Voir les lettres 2.141, 2.142 et 2.143.

Mon cher collègue et ami,

N'auriez-vous pas reçu ma longue lettre du 2 janvier ? ou bien est-il arrivé un accident quelconque expliquant le retard que subit l'envoi des 145 exemplaires restants, ainsi que l'absence de toute réponse de votre part ? J'ai bien appris qu'il y a eu accumulation de neige dans le centre de la France [1], mais cette raison ne me parait pas avoir pu occasionner un retard de plus d'un mois. Si, par hasard, ma lettre ne vous était pas parvenue, veuillez me le dire ; je tâcherais de la refaire. En tout cas, elle contenait des souhaits de nouvel an, que je vous renouvelle, et j'y ajoute le voeu bien sincère que votre silence ne soit dû à aucun événement fâcheux.

En attendant le plaisir de recevoir de vos nouvelles, je vous réitère, mon cher collègue et ami, l'expression de mes sentiments les plus affectueux.

Jh De Tilly

P. S. Veuillez presser, s'il se peut, l'envoi des 145 exemplaires, non brochés, à M. Hayez, rue de l'Orangerie, 16, Bruxelles.

2.163 Lettre de Hoüel à De Tilly du 7 février 1879

Bordeaux, le 7 février 1879.

Mon cher collègue et ami,

Si je n'ai pas répondu à votre lettre du 2 janvier, c'est que la poste me l'a égarée, ou bien que, contre mon habitude, je l'aurai égarée moi-même, malgré les soins que je prends ordinairement pour conserver les lettres que je reçois [1].

Mais je n'ai pas oublié pour cela de m'occuper de votre affaire, et je suis allé un nombre considérable de fois relancer le prote [2], qui a charge des envois. J'ai demandé aussi bien souvent votre compte. Malheureusement le caissier de l'imprimerie a perdu dernièrement sa mère, et quant au prote, il est comme tous les Bordelais ; il fait promptement les 99/100 de l'ouvrage ; mais il est impossible d'obtenir de lui le dernier centième. Cependant on m'a assuré avant hier que votre ballot était parti ; mais j'irai encore dès demain matin aux informations, et j'exprimerai mon peu de satisfaction de toutes ces lenteurs.

La seule circonstances fâcheuse qui m'ait privé du plaisir de vous écrire, c'est le long et pénible travail qu'exige de moi l'achèvement de mon livre [3]. Il me faut étudier plus sérieusement que je ne l'avais fait jusqu'ici les principes de la théorie des fonctions elliptiques [4], que je n'avais pas encore eu l'occasion d'apprendre par les nouvelles méthodes, et, joint avec mes occupations ordinaires, cela me laisse bien peu de repos.

J'ai distribué hier à la séance de la Société, les premiers exemplaires du fascicule qui contient votre travail [5] ; j'espère vous en faire bientôt parvenir un exemplaire.

Agréer, je vous prie, mon cher collègue, l'assurance de ma bien sincère amitié.

J. Hoüel

1. L'hiver 1879 est exceptionnel, le plus froid depuis 1709 d'après les sources météorologiques, dont certaines font état de chutes de neige abondantes.

1. Voir la lettre 2.165.
2. Le prote est le chef d'atelier de l'imprimerie. Il est chargé de diriger et de conduire tous les travaux.
3. [H64].
4. Ce sujet est traité dans le sixième livre contenu dans les tomes 3 et 4 de [H64].
5. [DT54].

2.164 Lettre de De Tilly à Hoüel du 18 février 1879

Anvers, le 18 février 1879.

Mon cher collègue et ami,

Puisque vous n'êtes pas certain d'avoir reçu ma lettre du 2 janvier, je vais tâcher de résumer en quelques mots ce qu'elle renfermait outre les souhaits de nouvel an :

1° Je vous annonçais que les 20 exemplaires étaient arrivés strictement à temps et que la publication de l'ouvrage en Belgique a pu être réellement faite quelques heures avant la clôture de la période quinquennale 1874-1878.

2° Je demandais l'envoi du compte des frais, en vous priant de vouloir bien y comprendre le télégramme que vous avez eu l'obligeance de m'envoyer.

3° Je demandais si vous aviez connaissance que M. Brugère ait reçu les 40 francs que je lui ai envoyé, afin que je puisse détruire le *Reçu* de la poste d'Anvers. Je suppose bien qu'il en est ainsi, mais la poste n'est pas infaillible : je m'en aperçois tous les jours.

4° Je demandais si je puis détruire le monceau de manuscrits et d'épreuves que j'ai conservé, ou si vous désirez que je les renvoie.

5° Enfin, je vous priais de hâter l'envoi du ballot ; on a dû vous induire en erreur lorsqu'on vous a dit le *5 février* qu'il était parti : nous sommes le 18, et je n'entends parler de rien.

Voilà, si j'ai bonne mémoire, la substance de tout ce que contenait ma lettre. Je vous écrirai de nouveau à la réception du paquet.

Veuillez agréer, mon cher collègue et ami, l'assurance de ma bien sincère reconnaissance et de mes sentiments dévoués.

Jh De Tilly

2.165 Lettre de Hoüel à De Tilly du 25 février 1879

Bordeaux, le 25 février 1879.

Mon cher collègue et ami,

Je suis toujours en retard avec vous, et voilà plusieurs jours que je voulais répondre à votre bonne lettre du 18 février. Mais je suis toujours de plus en plus absorbé par mon travail urgent, et je n'ai pu encore réorganiser ma correspondance.

Quand j'ai reçu votre dernière lettre, je venais de retrouver la précédente [1], que j'avais cru perdue, et qui était ensevelie sous une couche épaisse de paperasses. J'allais vous écrire deux lignes pour vous en informer, quand j'en ai reçu le résumé reproduit par vous [2].

Si j'avais oublié la lettre, je n'avais pas oublié la commission dont vous m'aviez chargé. Le samedi 8 ou 15, j'étais allé à l'imprimerie pour m'informer de votre envoi. J'appris avec surprise que vos exemplaires dormaient encore dans un coin de l'atelier. Je vous avoue que cette négligence me fit un peu sortir de ma placidité habituelle, et j'ai administré au prote ce qu'on appelle en langue vulgaire un bon sermon. J'espère maintenant que le ballot (qui est certainement parti d'ici) vous

1. Voir la lettre 2.161.
2. Voir la lettre 2.164.

est enfin parvenu en bon état. Si vous ne l'avez pas reçu, je vous prierais de m'en avertir de suite. Ce serait, cette fois, la faute des messageries.

Je crois savoir que M. Brugère a reçu votre lettre ; mais je m'en assurerai de nouveau.

J'ai demandé déjà trois ou quatre fois votre compte. Il y a eu du retard causé par le décès de la belle-mère de l'imprimeur, qui était en même temps la mère du caissier, mais j'espère que ce retard est maintenant réparé. Je m'en informerai d'ailleurs.

Quant aux manuscrits et aux épreuves, il est inutile de vous donner la peine de les renvoyer. Nous possédons maintenant le texte imprimé, qui nous permet de nous passer du reste.

Veuillez agréer, mon cher collègue, la nouvelle assurance de mon affectueux dévouement.

J. Hoüel

2.166 Lettre de De Tilly à Hoüel du 5 mars 1879

Anvers, le 5 mars 1879.

Mon cher collègue et ami,

Devant m'absenter demain, je vous écris un mot à la hâte pour vous annoncer

1° que les exemplaires sont enfin arrivés. J'en ai reçu la nouvelle de M. Hayez aujourd'hui même.

2° que je suis exclu du concours pour le prix quinquennal des sciences physiques et mathématiques. Dès la première réunion du jury, la question de savoir si les ouvrages pouvaient être imprimés à l'étranger a été soulevée. J'ai envoyé une Note dans laquelle je soutenais cette thèse : que le texte de l'arrêté disant *publiés* et non *imprimés*, ce texte, pris à la lettre, ne me condamnait pas ; et que l'on ne doit pas *étendre* la portée[†] des prescriptions légales dont on n'aperçoit pas les motifs ; qu'il faut au contraire les prendre dans leur sens le plus textuel et le plus restreint. En prenant le mot *publier* dans le sens de *mettre en vente* on comprend le but de la prescription, dans le sens d'*imprimer*, on le comprend beaucoup moins. Il faut donc, en l'absence d'un texte qui ordonne formellement l'*impression* en Belgique, interprêter l'arrêté dans le sens qui le rend le plus rationnel.

Telle était la thèse que je plaidais, mais au Ministère de l'Intérieur, on a déterré un arrêté royal de 1873, ignoré de tout le monde, et qui me donne tort. Devant un texte formel, la discussion du *pourquoi* devient inutile[1].

Je suis relativement heureux qu'on l'ait trouvé.

En effet, je me rends difficilement aux mauvaises raisons, et si l'on ne m'en avait pas donné d'autres, j'aurais pu être tenté d'entreprendre, contre le Ministère,

†. ~~le sens~~

1. Le jury pour le concours quinquennal est constitué lors de la séance du 4 janvier 1879 (*Bulletins* XLVII, 1879, p. 2) mais Folie, d'abord désigné comme membre, sera remplacé par Mailly car « il n'a pas accepté ces fonctions » (*Bulletins* XLVII, 1879, p. 178). De Tilly est présent lors de la réunion de la classe des sciences de l'Académie du 1er mars 1879 et offre un exemplaire de son travail [DT54] (*Bulletins* XLVII, 1879, p. 226). Dans le compte rendu de cette séance, il n'est pas fait mention des faits qu'il rapporte à Hoüel. L'arrêté royal est cependant mentionné dans le compte rendu de la séance du 5 avril 1879 (*Bulletins* XLVII, 1879, p. 306). Bien que son contenu soit défavorable à De Tilly, il autorise néanmoins « d'admettre aux concours pour les divers prix quinquennaux, les ouvrages écrits en langue néerlandaise par des auteurs belges, et imprimés en Néerlande. »

la lutte du pot de terre contre le pot de fer[2]. Maintenant qu'on me donne une bonne raison, je m'incline sans dépit.

D'un autre côté, si j'avais su d'avance que l'impression en France m'excluait du concours, je n'aurai rien changé pour cela à ma manière de procéder. C'est à la Société de Bordeaux, et à aucune autre, que j'aurais présenté mon mémoire, conformément à ce que je vous avais promis depuis 1870, et malgré les avantages matériels que j'aurais retiré de sa publication par l'Académie de Bruxelles par exemple. Je n'ai donc rien à regretter.

Tout au plus aurais-je peut être renoncé aux tirages à part supplémentaires, mais mon libraire me fait espérer qu'ils se vendront.

Veuillez agréer, mon cher collègue et ami, la nouvelle assurance de mon affectueux dévouement.

Jh De Tilly

2.167 Lettre de De Tilly à Hoüel du 7 mai 1879

Anvers, le 7 mai 1879[†].

Mon cher collègue,

J'ai bien reçu le premier fascicule du Tome II de votre *Cours de Calcul infinitésimal*[1] et je vous en remercie.

La rapidité avec laquelle ces fascicules se succèdent témoigne de votre activité exceptionnelle et me fait espérer que vous parviendrez à achever la publication de votre Cours, tandis que MM. Bertrand, Hermite, Catalan, Gilbert, Mansion se sont bornés, jusqu'ici, aux premiers volumes[2].

MM. Rouché et de Comberousse m'ont adressé une lettre de chaleureuses félicitations au sujet de mon Livre[3], mais ils ne me disent pas dans quelle mesure ils tiendront compte de mes observations. Je le leur ai demandé dans une lettre que je leur ai écrite il y a quelques jours pour les remercier.

Je n'ai pas encore reçu la note de frais de l'impression, etc. ; je vous en informe uniquement pour le cas où elle m'aurait été envoyée, et aurait été égarée à la poste.

J'avais demandé en tout 200 exemplaires tirés à part. Il m'en est arrivé en Belgique que 175, dont 55 par le premier envoi et 120 par le second. Ici encore le mal

2. *Le pot de terre & le pot de fer* est une fable de Jean de La Fontaine (1621-1695) inspirée d'un texte du grec Ésope (VIIème-VIème siècle av. J.-C.) et publiée pour la première fois en 1668.

†. Un brouillon à la plume est toujours conservé avec la lettre.

1. [H64].

2. Bertrand a publié son *Traité de calcul différentiel et intégral* en deux volumes (calcul différentiel : 1864 et calcul intégral : 1870), toutefois seule sera publiée la première partie de C. Hermite, *Cours d'analyse de l'École polytechnique*, Gauthier-Villars, Paris, 1873 ; idem pour E. Catalan, *Cours d'analyse de l'Université de Liège, Algèbre–Calcul différentiel–1ère partie du Calcul intégral*, Hayez, Bruxelles, 1870 & seconde édition revue et augmentée, 1879 ; idem pour P. Gilbert, *Cours d'analyse infinitésimale, partie élémentaire*, Peeters, Louvain, Decq, Bruxelles & Gauthier-Villars, Paris, 1872 qui sera réédité quatre fois (la dernière fois en 1892). Mansion a publié plusieurs ouvrages d'analyse : *Deux leçons d'analyse*, Hoste, Gand, 1876 ; *Résumé des leçons d'analyse infinitésimale de l'Université de Gand*, Hoste, Gand & Gauthier-Villars, Paris, 1877-1887 ; *Applications géométriques du calcul différentiel*, Lobel, Gand, 1881 & deuxième édition, 1896 ; *Cours de calcul intégral, 1ère partie*, Gand, 1883 ; *Cours de calcul intégral, 2ème partie*, 1883 & deuxième édition, 1891 ; *Théorie des équations aux dérivées partielles du 1er ordre*, Gauthier-Villars, Paris, 1875.

3. [DT54].

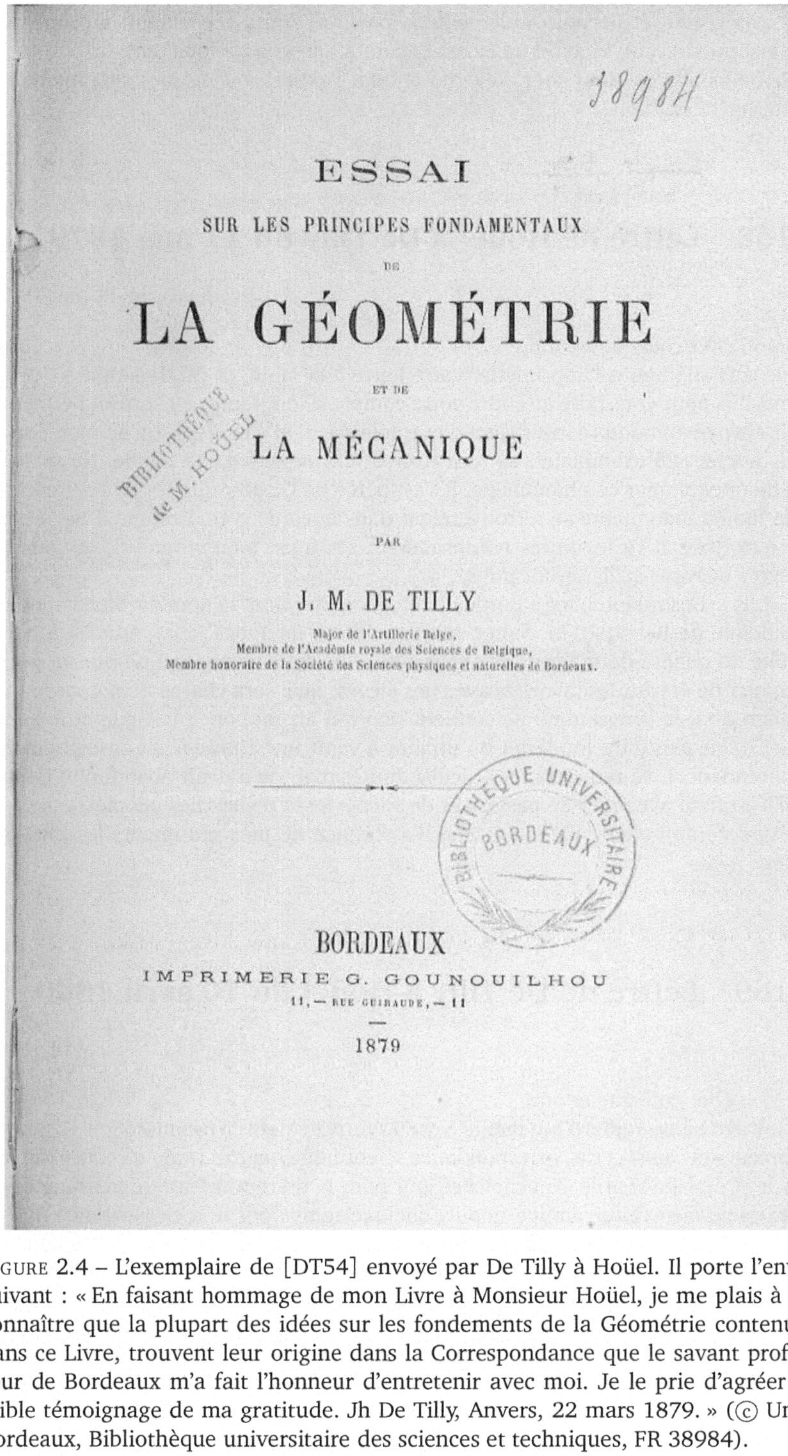

38984

ESSAI

SUR LES PRINCIPES FONDAMENTAUX

DE

LA GÉOMÉTRIE

ET DE

LA MÉCANIQUE

PAR

J. M. DE TILLY

Major de l'Artillerie Belge,
Membre de l'Académie royale des Sciences de Belgique,
Membre honoraire de la Société des Sciences physiques et naturelles de Bordeaux.

BORDEAUX

IMPRIMERIE G. GOUNOUILHOU

11, — RUE GUIRAUDE, — 11

1879

FIGURE 2.4 – L'exemplaire de [DT54] envoyé par De Tilly à Hoüel. Il porte l'envoi suivant : « En faisant hommage de mon Livre à Monsieur Hoüel, je me plais à reconnaître que la plupart des idées sur les fondements de la Géométrie contenues dans ce Livre, trouvent leur origine dans la Correspondance que le savant professeur de Bordeaux m'a fait l'honneur d'entretenir avec moi. Je le prie d'agréer ce faible témoignage de ma gratitude. Jh De Tilly, Anvers, 22 mars 1879. » (© Univ. Bordeaux, Bibliothèque universitaire des sciences et techniques, FR 38984).

n'est pas grand, et il s'agit seulement de savoir si l'on a réellement imprimé que 175 exemplaires, ou bien s'il en existe encore 25 égarés quelque part.

Veuillez agréer, mon cher collègue et ami, l'expression de mes sentiments les plus affectueux.

Jh De Tilly

2.168 Lettre de Hoüel à De Tilly du 11 mai 1879

Bordeaux, le 11 mai 1879.

Mon cher collègue et ami,

Je suis allé hier à l'imprimerie, votre lettre à la main, et j'ai demandé au prote ses raisons pour vous faire attendre votre compte si longtemps, et surtout pour vous avoir envoyé un nombre insuffisant d'exemplaires. Il m'a confessé qu'au moment de faire brocher, 25 exemplaires se sont trouvés incomplets d'une feuille. Ne sachant comment expliquer ce phénomène, il s'est bercé de l'espoir que les 25 exemplaires de la feuille manquante se retrouveraient dans quelque coin. Comme il ne se sont pas retrouvés, il va les faires réimprimer (à ses frais, bien entendu), et vous les recevrez aussitôt qu'ils seront prêts.

Nous avons maintenant à Bordeaux un géomètre dont le nom est bien connu de l'Académie de Belgique, M. Saltel, qui est, depuis quelques jours, attaché à notre Faculté en qualité de maître de conférences [1]. Pour le moment, il ne pourra guère s'occuper de ses études favorites avec nos élèves, qu'il sera chargé de préparer à un examen dont le programme ne contient rien qui ait rapport à la Géométrie supérieure. Mais peut-être fondera-t-on un jour à venir une chaire à cet enseignement. En attendant, il se remettra au Calcul infinitésimal, qu'il avait abandonné depuis qu'il s'est livré avec tant de passion et de succès à ses recherches géométriques.

Agréer, mon cher collègue et ami, l'assurance de mes sentiments les plus dévoués.

J. Hoüel

2.169 Lettre de De Tilly à Hoüel du 10 avril 1880

Anvers, le 10 avril 1880.

Mon cher collègue et ami,

Il y a dix ans, aujourd'hui même, vous m'écriviez pour la première fois [1], et nous commencions ainsi cette correspondance scientifique qui m'a toujours causé tant de plaisir et m'a été si utile. J'ai choisi ce jour pour la relire tout entière, renouer cette correspondance (interrompue depuis quelque temps par une circonstance que je vous ferai connaître tout-à-l'heure) et vous exprimer de nouveau les sentiments de sincère gratitude dont je ne cesserai d'être animé envers vous.

---

1. Louis Saltel publie de nombreuses notes dans les *Bulletins* (entre 1875 et 1879) et deux travaux dans les *Mémoires de l'Académie de Bruxelles* (1875 et 1876). À partir de 1880, il publie essentiellement dans les *Comptes rendus* et dans les *Mémoires* de Bordeaux, puis cesse toute publication à partir de 1881. Saltel sera élu membre titulaire de la *Société* de Bordeaux lors de la séance du 29 mai 1879 (*Mémoires* III (2), 1880, p. XXXIX).

1. Voir la lettre 2.1.

C'est, en effet, à l'influence bienfaisante de vos idées scientifiques, et de celles que j'ai puisées dans des écrits signalés par vous, que je dois d'avoir pu corriger ce que mes propres idées, notamment en Géométrie, avaient d'exagéré et d'erroné. C'est à la même influence et à votre bienveillant appui que je dois d'avoir pu faire paraître un exposé de mes idées sur la Géométrie et la Mécanique [2], exposé qui n'aura et ne peut avoir que de rares lecteurs, mais par la publication duquel j'ai (s'il est permis de s'exprimer ainsi) soulagé ma conscience scientifique.

Votre dernière lettre est du 11 mai 1879 et je ne crois pas y avoir répondu. Quelques jours après, un événement pénible est venu changer de nouveau ma position. Mon chef de service, le Colonel Directeur de l'Arsenal de Construction, a succombé le 16 mai à une triste maladie qui le minait depuis assez longtemps, et le 27 du même mois, je fus appelé à le remplacer (comme Directeur). Le changement d'habitudes et le service fort assujettissant de la Direction ; un nouveau déménagement (le cinquième en deux ans et demi) ; mais surtout la découverte (faite heureusement pour moi dès mon entrée en fonction) d'un abus grave, ce qui a nécessité la vérification retrospective des comptes des ouvriers pendant les six dernières années, la révocation et l'arrestation d'un employé qui était entré au service de l'Arsenal l'année même de ma naissance, et en qui tout le monde ici avait une confiance aveugle ; enfin l'instruction judiciaire qui dure encore ; tout cela m'a rendu ma première année de direction peu divertissante, et vous expliquera mon long silence [3].

Une autre circonstance, heureuse celle-ci, mais qui a contribué un peu aussi à m'empêcher de travailler, a été la célébration du jubilé de 50 ans de mariage des parents de ma femme. J'avais bien compté vous écrire à la nouvelle année, mais ensuite je remis la chose au 10e anniversaire du jour, heureux pour moi, où nous échangeâmes une première lettre.

J'espère pouvoir m'occuper bientôt de mathématiques et avoir souvent l'occasion de vous écrire et de recevoir vos nouvelles et vos avis.

En attendant, permettez moi de vous remercier de l'envoi de votre Cours de Calcul infinitésimal [4], et de vous féliciter sur la marche rapide et heureuse de cette publication. Je n'hésite pas à dire que ce sera le meilleur Traité existant sur la matière. À plusieurs reprises déjà, il m'a été fort utile.

Au milieu de mes embarras de l'été dernier, j'ai reçu le fascicule des Mémoires de Bordeaux qui contenait votre rapport et l'observation dont votre collègue M. Lespiault l'a fait suivre [5]. J'ai eu déjà l'occasion de vous exprimer ma reconnaissance

2. [DT54].
3. Mansion fait allusion à cet épisode :

> « (...) il [De Tilly] s'acquitta avec conscience et dévouement de sa tâche de directeur de l'arsenal de construction ; il sut en faire disparaître des abus qu'il faudrait peut être qualifier d'une manière plus sévère. Si nos souvenirs sont exacts, il ne fut pas toujours soutenu par l'autorité militaire supérieure, comme il aurait dû l'être, dans ses efforts pour établir une discipline exacte parmi le personnel de l'arsenal. » [Man13, p. 233]

4. [H64].
5. À la suite de la lecture du rapport de Hoüel [H136], Lespiault prend la parole pour attirer l'attention de l'auditoire sur le travail de De Tilly [DT33] publié dans la *Nouvelle correspondance mathématique* de Catalan :

> « M. Lespiault dit que le caractère original et primesautier des idées de M. De Tilly, en géométrie, se retrouve dans ses recherches sur d'autres parties de la science. C'est ainsi qu'il a donné dans le journal de M. Catalan une démonstration extrêmement simple du théorème fondamental relatif au déplacement infinitésimal d'un solide libre. Comme ce théorème, découvert simultanément par trois géomètres de premier ordre, Poinsot,

pour votre rapport si élogieux. Permettez moi de vous prier de vouloir bien remercier en mon nom M. Lespiault de son attention et de l'observation bienveillante qu'il a faite sur quelques unes de mes idées.

Veuillez agréer, mon cher collègue et ami, l'assurance de mes sentiments très affectueux et dévoués.

Jh De Tilly
rue du Canal, N°1 (à l'Arsenal
de construction), Anvers.

2.170 Lettre de Hoüel à De Tilly du 18 avril 1880

Bordeaux, le 18 avril 1880.

Mon cher collègue et ami,

Vous m'avez fait grand plaisir par votre bonne lettre où vous me rappeliez le dixième anniversaire de notre correspondance, qui ne m'a pas été moins agréable et moins utile qu'à vous. Il y a déjà longtemps que je voulais vous prévenir, et vous demander la cause de votre long silence. Votre lettre m'apprend tous les ennuis que vous avez éprouvés depuis un an, et qui n'ont pas dû vous laisser beaucoup de temps pour penser à la science et aux correspondances scientifiques. J'espère que maintenant vous en voilà quitte. Moi-même j'ai passé une année bien laborieuse, occupé à terminer le manuscrit de mon fameux *Calcul infinitésimal* [1], ce qui m'a fait travailler jour et nuit jusqu'au 30 octobre. Depuis, il m'a fallu remettre au courant mes autres occupations arriérées, et je ne puis me flatter d'y être encore parvenu.

J'ai eu, depuis quelques mois, l'occasion d'échanger quelques lettres avec un de vos compatriotes, dont les opinions scientifiques ne ressemblent guère aux nôtres, et qui a cru devoir publier un gros volume philosophique, qu'il m'a envoyé avec prière d'en rendre compte dans notre *Bulletin*. Je lui ai franchement déclaré, à plusieurs reprises, que, si je faisais un compte rendu de son ouvrage, il me serait impossible de le faire autrement que très-défavorable. Il a fini par cesser d'insister, et j'ai préféré garder le silence, plutôt que de commencer une polémique, qui, avec un philosophe, n'a pas de raisons pour finir [2].

J'ai appris par lui que l'Académie de Bruxelles avait accueilli avec restrictions votre beau travail sur la Géométrie. Je n'y ai répondu qu'un mot : « Tant pis pour l'Académie ! » J'espère cependant, pour l'honneur du corps, qu'il n'y a pas eu de condamnation officielle [3].

Maintenant que, comme je l'espère, vous aurez un peu plus de loisir à votre disposition, je me recommanderai à votre obligeance pour notre *Bulletin*, qui, plus que jamais, a besoin de secours, et surtout de secours *réguliers*. La seconde partie

Olinde Rodrigues et M. Chasles, a une importance capitale, et que, d'ailleurs, la démonstration de M. De Tilly n'a été reproduite dans aucun des récents traités de mécanique, M. Lespiault croit utile de l'exposer en quelques mots. (...) » (*Mémoires* III (2), 1880, p. IX)

1. [H64].
2. Hoüel fait allusion à H. Girard et à son ouvrage intitulé *La philosophie scientifique* [Gir80]. De Tilly fera part à son correspondant de ses remarques au sujet de ce livre (voir la lettre 2.171 et le document 2.196).
3. De Tilly dépose à l'Académie des sciences, lettres et beaux-arts de Belgique son ouvrage lors de la séance du 1er mars 1879. En dehors, des remerciements d'usage, le travail de De Tilly ne semble avoir donné lieu ni à un rapport, ni même à des commentaires. Voir la lettre 2.171.

du *Bulletin*, celle qui exigerait essentiellement une ponctualité mathématique, et qui, bien ordonnée, pourrait rendre aux chercheurs les plus sérieux services, est de plus en plus négligée par nos collaborateurs français et étrangers. Nous n'avons en Belgique que M. Mansion, dont le secours nous a été toujours très-précieux, d'autant plus que c'est celui de tous qui comprend le mieux la régularité [4]. Mais M. Mansion ne peut pas tout faire, et, même dans les publications belges, et bien plus encore dans celles des autres pays, nous aurions besoin de nouveaux auxiliaires. M. Mansion m'a appris dernièrement qu'il demeure actuellement la plupart du temps à Anvers. Ne pourriez-vous pas vous entendre avec lui pour faire un partage des publications de Belgique, de France, de Luxembourg, de Hollande, etc., etc., et nous envoyer les analyses, faite sur le modèle adopté par M. Mansion, des principaux recueils périodiques de ces pays ? Nous attendons toujours en vain un compte rendu des *Annales de la Société scientifique* de Bruxelles, qui renferment des articles très importants, et qui nous sont connues seulement par l'analyse de deux articles de M. Gilbert, faite par notre collaborateur M. Tannery. Ces deux articles sont intitulés : « Note sur l'interprétation géométrique du mouvement apparent d'un point pesant à la surface de la Terre », et « Sur quelques propriétés relatives aux mouvements plans » [5]. J'ai conservé les articles de M. Tannery en portefeuille, en attendant que nous eussions un article complet sur le recueil qui contient les deux Mémoires. L'auteur qui se chargerait de cet article aurait ces deux Mémoires de moins à analyser. Nous implorons votre aide dans cette circonstance ; car si nous ne parvenons pas à introduire dans notre publication la régularité qui nous manque, nous serons forcés de renoncer à notre *seconde Partie*, et pour ma part je suis décidé à me retirer de la rédaction, aussitôt que cette décision aura dû être prise. J'ajouterai, comme considération accessoire, que la Rédaction allouera à l'avenir une indemnité de 3 fr. (au lieu de 2) par page d'impression pour la 2e Partie.

J'espère que nous pourrons maintenant reprendre notre correspondance avec l'activité d'autrefois, et que vous penserez aussi à notre Société des Sciences de Bordeaux, qui vous est si redevable pour les travaux que vous lui avez envoyés [6], et pour laquelle je sollicite de votre part la reconnaissance qu'un bienfaiteur généreux a toujours pour son obligé.

Veuillez agréer, mon cher Collègue et ami, l'assurance de mes sentiments affectueux et dévoués.

J. Hoüel

---

4. Peut-être afin de faire face au manque de productivité de De Tilly pour le *Bulletin*, Hoüel avait sollicité l'aide de Mansion. Ce dernier écrivait à Hoüel le 10 novembre 1878 :

> « Je ferai bien volontiers l'analyse des recueils scientifiques belges, autres que la Nouvelle Correspondance mathématique. Ces recueils sont assez nombreux, outre les 4 séries de publications de l'Académie de Belgique, il y a encore les Mémoires de la Société royale de Liège et les Annales de la Société scientifique de Bruxelles, dont deux tomes sont déja paru.
> Si vous le voulez, je me chargerai aussi de l'analyse des *Comptes-rendus* de Paris, que je lis assidument. Mais je n'ose vous promettre la même chose pour les *Nouvelles Annales de Mathématiques* ou le *Nieuw Archief* hollandais, parce que je parcoure trop rapidement ces deux recueils. Mais je suis presque sur de vous trouver en Belgique un collaborateur qui fera chaque année une analyse soignée des *Nouvelles Annales*. »
>
> (AAS, dossier Hoüel)

5. Les deux articles cités de Gilbert sont insérés dans le deuxième tome des *Annales de la Société scientifique de Bruxelles* publié en 1878 et couvrant les années 1877-1878. Le contenu des deux premiers tomes de ces *Annales* est présenté par Mansion dans la seconde partie bibliographique du *Bulletin* IV (2), 1880, p. 80-89. Aucune analyse de Tannery de ces travaux n'est publiée dans le *Bulletin* IV (2), 1880, ni dans le volume suivant.

6. Voir la note 2 de la lettre 2.77.

2.171 Lettre de De Tilly à Hoüel du 10 juillet 1880

Anvers, le 10 juillet 1880.

Mon cher collègue et ami,

Si je n'ai pas répondu plus tôt à votre lettre du 18 avril, c'est que, au moment où je l'ai reçue, j'étais préoccupé par un événement dont je ne vous avais rien dit dans ma lettre du 10 ; je veux parler d'un nouvel accroissement de ma famille. Ma femme allant d'habitude faire ses couches à Gand, chez son père qui est médecin, je viens de passer encore une fois quelques semaines en voyages continuels. Maintenant les choses sont rentrées dans l'état normal [1].

Je suppose que le philosophe dont vous me parlez est M. Girard. Il m'a envoyé son livre [2] et, par camaraderie, j'ai été obligé de le lire ; d'ailleurs, comme M. Catalan l'a dit dans la *Nouvelle Correspondance*, il est écrit avec esprit, et on peut le lire sans trop craindre le sommeil [3] ; j'ai été obligé, de plus, de prouver à l'auteur que je l'avais lu, en lui envoyant mon avis sur les principaux passages. J'ai annexé à la

1. De Tilly parle de la naissance de sa fille Alice (voir aussi la lettre 2.182).
2. [Gir80].
3. Catalan mentionne le livre de Girard dans la *Nouvelle correspondance mathématique* VI, 1880, p. 265-266. Il commence son compte rendu de la manière suivante : « L'ouvrage dont nous donnons le titre ci-dessous est, certainement, l'œuvre d'un *remueur d'idées.* En outre, il est écrit avec verve, avec esprit. Mais comment un *ancien Professeur de Mathématiques supérieures* a-t-il pu être conduit à faire les étranges déclarations qui suivent ? » (p. 265) Catalan cite alors un extrait du livre et ajoute des notes de bas de page :

> « Personne ne semble se douter que la Géométrie enseigne une chose radicalement fausse, et qu'elle la démontre à l'égal de ses autres propositions, bien que cette fausseté soit établie avec la plus complète évidence depuis deux siècles. Et cette absurdité, qui suffirait à elle seule pour condamner la vieille Géométrie grecque, je ne l'ai vu relever nulle part (...) (p. 96).
> Cette erreur manifeste que la Géométrie élémentaire avance et *démontre* de la même manière que ses plus grandes vérités, consiste à prétendre que la tangente n'a qu'un point de commun avec la circonférence. Que les Grecs aient soutenu une telle hérésie, on le comprend, à la rigueur ; mais qu'en plein XIXe siècle, les géomètres la répètent tous, sans exception, alors qu'ils savent tous, également sans exception, qu'elle est contraire à la réalité (∗), c'est ce que l'on ne peut s'expliquer qu'en accordant à la routine le pouvoir surnaturel de cacher aux yeux de plusieurs générations la plus étonnante contradiction que mentionne l'histoire de la science. Qu'on remarque, en effet, que depuis deux siècles, le calcul infinitésimal a établi avec la plus flagrante évidence, que c'est précisément le caractère spécial de la sécante de n'avoir qu'un point de commun avec la courbe, tandis que la tangente en a deux (∗∗) (...) (*id.*). (...) Chacun sait qu'un point étant donné sur une courbe, il passe par ce point une infinité de sécantes, tandis que la tangente en ce même point occupe une position unique, et par conséquent déterminée. Or pour fixer la position d'une droite, il faut deux points ; et comme la tangente est purement locale, comme, en d'autres termes, il n'existe en dehors de la courbe aucune condition qui puisse entrer dans la détermination de la tangente, ces deux points doivent, de toute nécessité, se trouver dans l'élément de contact ; et il n'y peuvent coincider (∗∗∗), par la raison que s'ils le faisaient, la tangente cesserait d'être déterminée (p. 98). » (p. 265-266)

(∗) La *tangente* serait donc *sécante* ! La réciproque est-elle vraie ? (E. C.)
(∗∗) Nous devons modifier la note précédente : M. G. appelle *sécante* ce que tout le monde appelle *tangente, et vice versa* : il ne s'agit que d'être averti. Sérieusement, si l'Analyse infinitésimale était coupable des méfaits dont la félicite l'honorable auteur, on devrait la supprimer. (E. C.)
(∗∗∗) Si ces deux points ne coïncident pas, à quelle distance sont-ils, l'un par rapport à l'autre ? Cette distance est-elle un dixième, un centième, un millième ... de millimètre ? On croit rêver quand on lit de pareilles énormités, débitées avec tant d'assurance ! M. Girard est plus heureux quand il critique certaines définitions, par exemple celle-ci, que Molière, si elle avait été inventée en 1664, aurait pu mettre dans la bouche de Pancrace : "l'infiniment petit est l'extrême degré de petitesse que tend à acquérir une quantité qui tend indéfiniment vers zéro." ». (E. C.)

présente lettre une copie de l'appréciation dont il s'agit et sur laquelle, je pense, nous serons d'accord [4].

M. Girard s'est trompé en vous disant que « l'Académie » avait accueilli avec restriction mon travail de Géométrie [5]. L'Académie n'a pas eu à s'occuper de ce travail. M. Girard l'a confondue avec « le jury chargé de décerner le prix quinquennal ». Je vous envoie un exemplaire du rapport de ce jury [6]. La restriction consiste dans ces mots « on peut regretter que l'effet utile soit une faible fraction du travail intellectuel dépensé » [7]. Ils expriment l'opinion de M. Catalan, consciencieusement partagée par M. Liagre. Ces deux membres du jury sont les seuls qui aient essayé de lire mon livre [8]. M. Catalan en a lu une dizaine de page, je pense ; M. Liagre un peu plus. J'ai cru devoir m'abstenir de toute réponse à leur appréciation, pour le moment, d'abord parce que le jury avait le droit de ne rien dire de mon livre, et qu'il l'a mentionné dans une intention bienveillante ; ensuite parce que je ne puis pas vouloir contraindre les autres à penser comme moi ; en science, comme en politique, la vérité se fait jour lentement. Je crois que nous pouvons être satisfaits du terrain que nos idées ont gagné depuis 14 ans, et attendre tranquillement leur triomphe peut être prochain, sans vouloir convertir de force des hommes d'âge qui répugnent aux idées nouvelles, mais qui, dans la sphère où il prétendent se maintenir, ont rendu des services réels à la science.

M. Mansion, dont vous me parlez, est le meilleur collaborateur que vous puissiez avoir en Belgique. Il possède à la fois l'érudition, l'imagination, l'exactitude et la conscience. Avec cela il est jeune, et ses fonctions de professeur à l'Université de Gand lui laissent à peu près, si je ne me trompe, six mois de vacances par an, ce que je lui envie de tout coeur ! Je lui sais toujours gré de faire l'analyse de mes publications [9]. On voit qu'il les a lues. C'est le contraire de M. Catalan.

M. Mansion est, comme moi, un habitué de la ligne d'Anvers à Gand ; il se trouve dans des conditions absolument inverses des miennes, ayant ses fonctions à Gand, tandis que Madame Mansion est anversoise.

À propos des analyses du Bulletin, deux d'entre elles ont récemment appelé mon attention et mes doutes. La première se trouve à la page 236 du Bulletin de X^{bre}

---

4. Voir le document 2.196.
5. Voir la lettre précédente.
6. Le jury du concours quinquennal des sciences mathématiques et physiques pour la période de 1874 à 1878 est composé de MM. de Koninck, Mailly, Liagre, Brialmont, Catalan, Duprez et Steichen. Son rapport à l'attention du Ministre de l'Intérieur est publié dans les *Bulletins* XLVIII, 1879, p. 835-880.
7. Dans leur rapport, les membres du jury écrivent :

> « L'ouvrage le plus important que M. De Tilly ait publié pendant la période quinquennale, porte pour titre : *Essai sur les principes fondamentaux de la géométrie et de la mécanique*. Malheureusement pour l'auteur, ce livre très-remarquable a été imprimé à Bordeaux, dans les Mémoires d'une Société étrangère, et ne satisfait pas ainsi à l'une des conditions imposées par le règlement sur les concours quiquennaux. Néanmoins, nous allons essayer d'en donner une idée. » (*Bulletins* XLVIII, 1879, p. 837)

Après un résumé très succint du premier chapitre de [DT54], les jurés terminent en écrivant :

> « Le développement de ces idées fondamentales, et de quelques autres, est l'objet du travail actuel, sur lequel nous ne pouvons nous étendre davantage. Disons seulement comme conclusion que, tout en admirant la profondeur des raisonnements employés par l'auteur, on peut regretter que l'effet utile soit une faible fraction du travail intellectuel dépensé. » (*Bulletins* XLVIII, 1879, p. 838)

8. [DT54].
9. L'*Essai* [DT54] ne sera pas analysé par Mansion dans le *Bulletin* VI (2), 1882, p. 149-150. C'est une partie de la préface de Hoüel [H136] qui sera reproduite.

1879 (sur les maxima et les minima des figures planes) [10]. Tous les raisonnements de Steiner, aujourd'hui généralement adoptés, seraient illusoires ? J'ai de la peine à l'admettre. Vous savez que je suis revenu sur la question des maxima et des minima dans mon ouvrage, où je donne deux démonstrations nouvelles, et les plus simples je pense qu'on puisse imaginer, des propriétés de maximum pour l'aire du cercle et le volume de la sphère, et cela sous les seules conditions nécessaires pour que les énoncés mêmes aient un sens précis. Mais je dois voir si l'objection faite à Steiner ne m'est pas applicable. L'article original étant dans le Journal de Schlömilch, je pourrai le trouver. Le suivant est plus difficile à découvrir ; encore faudrait-il voir s'il y a moyen de le déchiffrer. L'analyse se trouve à la page 238 du Bulletin déjà cité. Elle est ainsi conçue : « Par un procédé ingénieux, l'auteur démontre une fois de plus l'impossibilité de la solution du problème de la quadrature du cercle. » [11]
Une fois de plus ? Je ne connais pas les autres démonstrations, et même je ne sais pas si l'auteur veut dire
a « qu'on a démontré l'impossibilité de l'existence d'une construction géométrique partant du rayon du cercle et aboutissant au côté du carré équivalent »
ou seulement
b « que si cette construction existait, il serait impossible d'en prouver l'exactitude ».
On comprend mieux cette distinction en se plaçant pour un instant, dans la Géométrie abstraite. Là on ne démontre pas, par exemple, l'impossibilité de la construction d'un quadrilatère ayant quatre angles droits, mais seulement l'impossibilité de prouver l'exactitude de cette construction. L'hypothèse *b* semble seule admissible, sans cela Lambert, Legendre et plus récemment M. Hermite [12] auraient perdu leur

---

10. Il s'agit du compte rendu d'un article de Fr. Edler publié dans le *Zeitschrift für mathematischen und naturwissenschaftlichen Unterricht* X, 1879, p. 245-259. On lit, aux sujet des travaux de Steiner mentionnés dans la note 16 de la lettre 2.109 :

> « On connaît les deux mémoires publiés par Steiner dans le *Journal de Crelle* t. XXIV, sur le maximum et le minimum des figures dans le plan, sur la sphère, et dans l'espace en général. La méthode de Steiner se distingue par son extrême simplicité. Malheureusement, ses démonstrations sont entachées d'un vice commun, que Lejeune-Dirichlet signala à l'auteur et qui rend les raisonnements illusoires. Personne jusqu'ici n'avait songé à faire disparaître cette erreur : M. Edler entreprend cette correction dans le présent travail, en se bornant au cas des figures planes. » (*Bulletin* III (2), part. II, 1879, p. 236)

Dans la lettre 2.172, Hoüel avoue qu'il est l'auteur de ces lignes.
La technique de symétrisation de Steiner ne prouve pas l'existence d'un extremum. Voir F. DRESS *et al.*, Quelques grands problèmes en mathématique, *Bulletin de la Société mathématique de France* 115, 1987, supplément, p. 42-43

11. De Tilly retranscrit ici les deux lignes qui suivent la mention de l'article d'un certain D. Néchitch intitulé « Essai de quadrature du cercle » et publié dans les *Recueils des Mémoires de la Société savante serbe* XLVI, 1878, p. 177-214 (*Bulletin* III (2), 1879, part. II, p. 238).

12. La première preuve de l'irrationalité de π est contenue dans le travail (lu en 1767) : J. H. LAMBERT, Mémoire sur quelques propriétés remarquables des quantités transcendantes circulaires et logarithmiques, *Histoire de l'Académie royale des sciences et belles-lettres* XVII (1761), 1768, p. 265-322. Lambert déduit ce résultat d'un théorème plus général qui affirme que si $q \in \mathbf{Q}$, alors $\tan(q) \notin \mathbf{Q}$ (« (...) ce qui fera une bonne partie de ce Mémoire. (...) Voila de quoi être un peu plus surpris. Cet énoncé paroissoit devoir admettre une infinité d'exceptions, & il n'en admet aucune. » (p. 266-267)) :

> « Donc *toutes les fois qu'un arc de cercle* $= \frac{\varphi}{\omega}$ *sera commensurable au rayon* = 1, *ou rationelle, la tangente de cet arc sera une quantité incommensurable au rayon, on irrationelle.*
> Et réciproquement, *aucune tangente rationelle n'est celle d'un arc rationel.*
> Or la tangente de 45° étant rationelle, en ce qu'elle est égale au rayon, il s'ensuit que l'arc de 45° dégrés, & partant aussi l'arc de 90, 180, 360 dégrés, est incommensurable au rayon. Donc *la circonference du cercle n'est point au diametre comme un nombre entier à un nombre entier.* Voilà donc ce théoreme en forme de corollaire d'un autre théoréme infiniment plus universel. » (p. 296-297)

Toutefois, pour démontrer son théorème général, Lambert utilise le développement en fraction continue

temps à démontrer péniblement que π^2 est incommensurable [13]. De l'hypothèse *a* résulterait que $\pi^{(2^n)}$ est incommensurable. Je serais heureux d'obtenir des renseignements complémentaires sur ces deux questions des maxima et du cercle.

Je termine par une invitation qui, j'espère, aura plus de succès que lors du jubilé séculaire de l'Académie, et du jubilé tri-séculaire de Rubens [14].

Dans un mois environ, c'est-à-dire du 16 au 19 août*, la Belgique célébrera le 50e anniversaire de son indépendance et de sa Constitution [15].

Les constitutions des peuples (vous le savez, hélas !) ne durent pas toujours

---

de la fonction tangente et déduit le résultat du calcul des premiers coefficients. Bien qu'il ne doute pas de la validité de la formule qu'il obtient, sa preuve est incomplète (voir aussi [HW96, p. 70]).
Dans son mémoire, Lambert prouve aussi l'irrationalité de *e* (déjà obtenue dès 1737 par Euler : L. EULER, De fractionibus continuis dissertatio [E71], *Commentarii academiae scientiarum Petropolitanae* IX (1737), 1744, p. 98-137).
Dans la Note IV de ses *Éléments de géométrie* (note qui apparaît dès la première édition de l'ouvrage en 1794 mais qui est absente des éditions ultérieures remaniées par Blanchet, voir par exemple [Leg23, p. 289-296]), Legendre se consacre à l'exposition d'une démonstration complète du théorème général de Lambert (voir aussi [HW96, p. 79]) et déduit en outre de ses résultats l'irrationalité de π^2.
En 1873, Hermite (*Comptes rendus* LXXVII, 1873, p. 18-24, p. 74-79, p. 226-233, p. 285-293) s'attaque à la transcendance de *e* en donnant deux démonstrations et propose aussi une preuve de son irrationalité. Il traite aussi de cette dernière propriété dans le *Report of the Forty-third Meeting of the British Association for the Advancement of Science Held at Bradford in 1873*, 1874, p. 22-23 car « on reconnaîtra volontiers que dans le domaine mathématique, la possession d'une vérité importante ne devient complète et définitive qu'autant qu'on a réussi à l'établir par plus d'une méthode » (p. 22). Dans une lettre à Borchardt (*Journal für die reine und angewandte Mathematik* LCCVI, 1873, p. 342-344), Hermite donne une nouvelle preuve de l'irrationalité de π à l'aide du calcul intégral mais avoue qu'il ne se lancera pas à la recherche d'une preuve de sa transcendance :

> « Je ne me hasarderai point à la recherche d'une démonstration de la transcendance du nombre π. Que d'autres tentent l'entreprise, nul ne sera plus heureux que moi de leur succès, mais croyez-m'en, mon cher ami, il ne laissera pas que de leur en coûter quelques efforts. Tout ce que je puis, c'est de refaire ce qu'a déjà fait Lambert, seulement d'une autre manière (...). » (p. 342)

La transcendance de π a été prouvée par C. L. F. Lindemann en 1882 (Über die Ludolph'sche Zahl, *Sitzungsberichte der königlich preussischen Akademie der Wissenschaften zu Berlin* 1882, p. 679-682 ; Über die Zahl π, *Mathematische Annalen* XX, 1882, p. 213-225). Dans une lettre à Genocchi, Hermite témoigne de la joie que lui a procuré cette découverte qui, écrit-il, « comble une immense lacune dans la science » [Mic05, p. 91] :

> « Permettez-moi aussi de vous faire part d'une nouvelle mathématique de grande importance, que je tiens de Madame de Kovalewski qui est en ce moment à Paris. M. Weierstrass lui a écrit que M. Lindemann avait démontré que π est un nombre transcendant ! Malheureusement, il ne donne dans sa lettre aucune indication sur la méthode de l'auteur, mais il annonce que son travail sera publié prochainement. L'annonce que j'ai reçu de cette belle découverte m'a fait penser de nouveau à l'arithmétique que j'ai abandonnée depuis longtemps pour l'analyse. L'arithmétique est fort avare de ses vérités et elle les fait payer chèrement, aussi je n'entreprendrai jamais plus une recherche de longue haleine. Mais à l'occasion j'éprouve quelque plaisir à lui faire comme un larcin, je veux dire à rencontrer sans le chercher un petit résultat. » [Mic05, p. 89-90]

Peu de temps après, Hermite recevra de Lindemann l'indication qu'il souhaite et publiera un extrait de la lettre (*Comptes rendus* XCV, 1882, p. 72-74).

13. Tout nombre transcendant est irrationnel mais la réciproque est fausse. Hoüel répond une phrase à ce propos dans la lettre 2.172.

14. Voir les lettres 2.43 et 2.115.

*. Ce sont les quatre jours officiels, mais ces dates ne sont pas obligatoires. Sauf une ou deux cérémonies, tout ce qu'il y aura à voir ou à visiter ces jours-là restera visible jusqu'au mois d'octobre. D'ailleurs il y a déjà des fêtes en juillet, mais elles se composent d'une revue (je suppose que ce n'est pas cela qui vous manque) et de l'inauguration d'un monument que l'on peut voir tout aussi bien, sinon mieux, à une autre époque.

15. La révolution belge de 1830 a vu les provinces du sud du Royaume des Pays-Bas se révolter contre le roi Guillaume Ier (1772-1843) et a mené à l'indépendance de la Belgique.

cinquante ans, et l'hommage rendu aux hommes qui, en 1830, ont su rédiger un contrat politique pouvant subsister sans modification jusqu'aujourd'hui est légitime.

Ce souvenir, et la constatation des résultats d'un demi-siècle de paix, d'ordre et de travail, donneront aux fêtes qui vont avoir lieu un caractère qui les distinguera des fêtes ordinaires, auxquelles généralement les hommes d'étude prennent une faible part.

Nous serions heureux de vous recevoir avec votre famille pendant cette période. D'Anvers à Bruxelles, il n'y a qu'une heure environ en train express et je m'arrangerais de manière à pouvoir vous montrer ce qu'il y a d'essentiel à voir. D'ailleurs il se peut qu'après les fêtes de Bruxelles il y en ait aussi à Anvers, d'un genre différent.

Vous ne seriez pas bien logés, tant s'en faut, mais vous auriez la *satisfaction* de penser que des milliers d'étrangers le seront encore plus mal.

Veuillez agréer, mon cher collègue et ami, l'expression de mes sentiments les plus affectueux.

Jh De Tilly

2.172 Lettre de Hoüel à De Tilly du 13 juillet 1880

Bordeaux, le 13 juillet 1880.

Mon cher collègue et ami,

Je m'empresse de vous remercier de votre excellente et très-intéressante lettre, et je commence par vous féliciter de l'heureuse issue de la crise qui vous a dérangé de vos occupations pour aboutir à un bon résultat. J'ai connu ces préoccupations, les inquiétudes qu'elles causent, et la joie qu'on éprouve quand on peut s'écrier : Tout va bien !

J'ai lu avec le plus grand plaisir votre réponse au philosophe [1], qui pour la forme vaut au moins la sienne. Je n'ai pas besoin de dire quel est mon avis sur le fond. Il y a des gens qui sont vraiment bien heureux ! Dès qu'il ont lu deux pages sur une science, ils la savent à fond, et ne se gênent pas pour gourmander les malheureux qui, accablés de scrupules, passent toute leur existence à se convaincre de plus en plus qu'ils ne savent rien. Nous en avons aussi pas mal de cette trempe en France, le tout sous prétexte de philosophie scientifique. Cette malheureuse philosophie a été mise à tant de sauces que j'ai conçu contre elle une haine implacable, et si j'étais directeur souverain de l'Instruction publique, je la proscrirais impitoyablement du territoire de la République, sous quelque forme qu'elle se présentât. Quand je vois les prétendus philosophes trancher des questions dont ils ne connaissent pas le premier mot, et nous traiter d'ignorants, etc., je ne sais plus vraiment quelle épithète leur appliquer. Heureusement les lois de la civilité nous apprennent que toute vérité n'est pas bonne à dire.

Je fais amende honorable à l'Académie de ce que je l'ai accusée sur la foi d'un rapport inexact. Alors mon « tant pis » [2] doit s'adresser seulement au jury. Je dirais donc, en répétant les paroles du Rapporteur : « On peut regretter que l'effet utile » relativement aux membres du jury « soit une faible fraction du travail intellectuel dépensé » [3], dont le dit jury n'a pas su profiter. Je ne sais si les géomètres de l'école

1. Voir le document 2.196.
2. Voir la lettre 2.170.
3. Voir la note 7 de la lettre 2.171.

de M.M. C[atalan] et L[iagre] sont entachés de philosophie ; mais certainement ils ont de grandes affinités avec les philosophes, et abusent comme ceux-ci des décisions *a priori*.

Ce n'est pas ainsi que procède M. Mansion. Si je ne suis pas en tout d'accord avec lui au sujet des critiques qu'il m'adresse [4], et dont une grande partie sont très fondées, je reconnais sans hésitation qu'il possède un esprit tout à fait mathématique, et certainement notre *Bulletin* est très-heureux qu'il ait bien voulu s'associer à nos travaux. Si vous le voyez avant que je ne lui écrive, renouvelez-lui, je vous prie, mes remerciements pour le soin avec lequel il a examiné mon tome I, et assurez-le du plaisir que j'ai à être critiqué par lui [5]. Cela vaut mieux que de la *philosophie*

4. Nous pouvons penser qu'il s'agit de critiques au sujet de son cours [H64] comme la suite de la lettre le laisse supposer. En effet, Mansion écrivait à Hoüel dans sa lettre du 29 octobre 1878 : « Je saisis l'occasion que m'offre cette lettre pour vous remercier de l'envoi du premier fascicule de votre *Cours de Calcul infinitésimal*. Je me propose de le lire, la plume à la main, avec l'attention qu'il mérite (...). » (AAS, dossier Hoüel) Le 5 janvier 1880, Mansion écrit :

> « J'ai commencé, depuis longtemps un compte-rendu de votre Cours d'analyse infinitésimale (interrompu par des occupations extra-académiques). Je puis dire que j'ai lu votre ouvrage *à la loupe*, au point de pouvoir en apprécier et les moindres mérites et les plus petites imperfections. C'est vous dire que mon compte-rendu ressemble plus à ceux que l'on fait outre-Rhin qu'à ceux qui paraissent en France. Il sera plus analytique que synthétique, et je crains de ne pas signaler aussi bien qu'il le faudrait les caractères *généraux* qui distinguent votre livre de la foule des manuels. Quoiqu'il en soit, quand ce compte rendu sera terminé, je vous demande la permission de vous le soumettre afin de pouvoir le modifier, s'il y a lieu d'après vos contre-observations. Je ne sais où le faire paraître : la Nouvelle Correspondance mathématique (qui peut-être va tomber faute d'abonnés) ne peut guère admettre une analyse aussi étendue. Dans le *Bollettino*, M. Boncompagni transformera mon article en volume. Le vrai recueil où ce compte-rendu devrait paraître serait votre *Bulletin* lui-même. Pouvez-vous l'y admettre ? » (AAS, dossier Hoüel)

Le 10 avril 1880, l'« analyse *microscopique* » est envoyée à Hoüel afin qu'il donne son avis. Mansion assure qu'il tiendra compte de ses remarques (pour autant qu'elles soient convaincantes) avant d'envoyer l'article au prince Boncompagni. L'article ne sera finalement pas publié dans le *Bullettino* mais dans la *Revue des questions scientifiques* [Man80]. Le compte rendu du premier tome de [H64] pour le *Bulletin* est effectué par Darboux (*Bulletin* IV (2), 1880, p. 5-9).

5. Dans son compte rendu [Man80] du premier tome de [H64], Paul Mansion met en évidence un grand nombre d'imperfections mais insiste également sur la valeur de l'ouvrage. Il reconnaît que « la matière est si délicate, qu'en critiquant autrui, l'on craint toujours de tomber soi-même dans l'erreur » [Man80, p. 601] et écrit :

> « (...) on rencontre à chaque page de petites améliorations de détail sans compter çà et là des questions qui sont traitées beaucoup mieux que dans les meilleurs manuels (...). Sur quelques autres points, il y a au contraire à redire au point de vue de la rigueur, moins toutefois encore que dans les parties correspondantes des *Éléments* de Duhamel. »
> [Man80, p. 603]

Mansion qualifie certaines preuves contenues dans des ouvrages antérieurs à celui de Hoüel de « misérables apparences de démonstration » [Man80, p. 604] et souligne le progrès sur ce plan de certaines parties de [H64, I]. Il conclut :

> « Le lecteur qui aura eu la patience de nous suivre jusqu'ici dans l'examen *microscopique* que nous venons de faire du Cours de M. Hoüel sera sans doute tenté de s'écrier : que de points critiqués dans ces cinq cents pages ! Cela est vrai. Mais nos critiques portent le plus souvent sur des exemples ou des théorèmes très particuliers, tandis que nous avons signalé souvent des théories, des paragraphes, ou même des chapitres entiers dignes de l'approbation de tous les géomètres. Ensuite, qu'on nous permette de le dire une dernière fois, si nous soumettions à un examen aussi rigoureux que celui qui précède, le *Cours* de M. Serret ou même les admirables *Éléments* de Duhamel, nous aurions bien plus de lacunes à signaler, nous trouverions bien plus de démonstrations dénuées de rigueur. Il n'y a que ceux qui ont tenté la même entreprise que M. Hoüel, *faire un exposé, à la fois complet, rigoureux et didactique, des principes du calcul infinitésimal, d'après l'état actuel de la science*, qui puissent se douter des difficultés qu'elle présente. Ceux-là ne s'étonneront pas de nous voir trouver encore dans le livre du savant professeur de Bordeaux un

scientifique. J'implore toujours son aide pour notre *Bulletin*, et il peut nous rendre de grands services non seulement en analysant les publications belges, mais encore en nous faisant connaître les publications de tous les pays voisins, telles que les *Monatsberichte* de Berlin, le *Zeitschrift* de Hofmann, les publications *hollandaises* comme les *Archives Néerlandaises* (à partir du tome XV), le *Journal de Mathématiques élémentaires*, etc., etc.

J'ai revu les deux passages du Bulletin, III_2, 236 et 238 [6]. Le premier est mon œuvre, je l'avoue. J'avoue aussi n'avoir lu ni les Mémoires de Steiner, ni la critique qui en a été faite. J'ai tâché seulement de résumer les paroles de l'auteur, que j'abandonne tout entier à votre jugement. Le second passage est l'œuvre d'un roumain, étudiant à Paris, et le seul, probablement, qui connaisse les idiômes serbe et croate [7]. Je suis bien un peu *slavisant*, mais bien peu, et d'ailleurs je n'avais pas l'original entre les mains pour en rectifier l'analyse. Je n'ai vu nulle part les remarques dont vous me faites part, et il serait bien désirable qu'elles fussent plus répandues. Il est bien certain que l'irrationnalité de π, de π^2 et même de π^{2^n} ne prouve nullement l'impossibilité d'une construction géométrique (dans le sens le plus large du mot) de la valeur de π.

À propos de langues slaves, j'ai reçu, il y a quelques temps, un volume excellent d'un professeur de Kief, M. Vachtchenko-Zakhartchenko (un nom qui sera bien embarrassant si l'auteur atteint la célébrité qu'il mérite !). C'est une nouvelle édition des éléments d'Euclide, dont j'ai essayé de rendre compte dans le *Bulletin*, comme vous le verrez d'après l'épreuve que je vous envoie [8]. Ce professeur a fait une étude très-complète de tout ce qui a été fait sur la Géométrie non-euclidienne ; il donne la liste des auteurs consultés, et je ne vois guère que votre dernier ouvrage [9] qui fasse lacune. Je pense que vous lui feriez grand plaisir si vous pouviez disposer d'un exemplaire en sa faveur. Je vous envoie son adresse, que vous n'aurez qu'à coller sur la bande. Vous verrez, par l'analyse que je me suis efforcé d'en faire, que l'auteur ne donne pas une liste d'axiomes aussi complète que la vôtre. Peut-être force-t-il un peu le sens d'Euclide, quoique je ne puisse m'empêcher de croire Euclide moins naïf que ne le présentent ses anciens traducteurs et commentateurs. Enfin, vous serez bien aise de voir la pleine justice que Lobatchefsky reçoit enfin dans sa patrie.

Permettez-moi de vous demander un petit renseignement philologique. Les deux dialectes, flamand et hollandais, tendent maintenant à se rapprocher, au moins pour l'orthographe. Mais il doit exister entre eux des différences de prononciation. Pourriez-vous me donner là-dessus quelques renseignements. Je connais *à peu près* la prononciation hollandaise, et il me suffirait de savoir les points principaux par lesquels se distingue la prononciation flamande. J'ai consulté cinq ou six grammaires, qui m'ont donné cinq ou six solutions différentes, ou qui m'ont appris que tel ou tel son n'avait pas d'équivalent en français : cela m'a beaucoup instruit !

---

certain nombre de détails à améliorer, et ils apprécieront à leur juste valeur, malgré les petites imperfections signalées, les qualités qui le distinguent de la foule des manuels : la clarté, la rigueur dans l'exposé des principes fondamentaux, le choix habile des applications, la bonne ordonnance de l'ensemble, enfin l'esprit scientifique qui y règne presque toujours, et qui est si éminemment propre à exciter chez le lecteur le goût des recherches originales. » [Man80, p. 604]

6. Voir la lettre 2.171.
7. Cet auteur signe par la lettre S et n'a pu être identifié.
8. [H129].
9. [DT54].

Par exemple, les lettres g, u, v, w, se prononcent-elles comme en hollandais ? De même pour ch, sch, ui, etc., etc. ?

Vous recevrez incessamment le 1e fasc. du t. IV des Mémoires de notre Société, lequel contient, entre autres, un joli travail de M. Imchenetsky [10].

Agréez, mon cher collègue et ami, l'assurance de mes sentiments bien affectueux.

J. Hoüel

Je termine en vous exprimant ma vive reconnaissance pour la gracieuse hospitalité que vous m'offrez pour ma famille et pour moi, une hospitalité belge, c'est tout dire. Ce serait pour nous un bien vif plaisir de profiter de cette occasion pour faire votre connaissance personnelle et pour visiter votre pays, qui représente le modèle le plus parfait de l'industrie, de l'activité et de la sagesse politique. C'est une bien belle fête que celle que vous allez célébrer ! La fête d'une *fondation* qui promet une longue durée. Celle que nous célèbrerons demain n'est encore que l'anniversaire d'une *démolition*. Puissions-nous, dans quarante-six ans, célébrer le cinquantenaire de notre constitution actuelle [11] ! Ma famille aurait été, comme moi, bien heureuse de visiter la Belgique. Mais notre temps est employé à l'avance. Je reste ici pendant le mois d'août, attaché que je suis par les examens – un triste divertissement ! Ma femme et mes filles sont attendues en Normandie, c'est-à-dire assez loin de Bruxelles, et nos parents normands ne consentiraient pas à leur donner congé. Mais j'espère bien que nous aurons, les uns et les autres, plus de liberté une autre année, et nous n'en pourrons pas profiter d'une manière plus agréable qu'en vous faisant visite. Et vous, ne viendrez-vous pas quelque jour en France, pour voir Bordeaux et les Pyrénées ?

2.173 Carte de De Tilly à Hoüel du 15 juillet 1880

[†]Je vous expédie en même temps que cette carte, les deux feuilles d'épreuves, supposant qu'elles vous sont encore nécessaires [1].

J'enverrai un exemplaire de mon ouvrage à M. Vachtchenko.

Je répondrai en détail aux autres parties de votre bonne lettre.

Mille amitiés,

Jh De Tilly

2.174 Lettre de De Tilly à Hoüel du 17 août 1880

Anvers, le 17 août 1880.

10. V. G. Imchenetsky, Détermination en fonction des coordonnées de la force qui fait mouvoir un point matériel sur une section conique, *Mémoires de la Société des Sciences physiques et naturelles de Bordeaux* IV (2), 1882, p. 31-40. Cette traduction d'un article paru à Kharkof en 1879 traite d'un problème proposé par Bertrand dans sa note intitulée « Sur la possibilité de déduire d'une seule des lois de Kepler le principe de l'attraction » (*Comptes rendus* LXXXIV, 9 avril 1877, p. 671-674).

11. Hoüel fait allusion aux lois constitutionnelles de 1875 qui instaurent en France la 3e République.

†. Carte-Correspondance adressée à Monsieur Hoüel, professeur à la faculté des sciences de Bordeaux.

1. Ce sont les épreuve de [H129]. Voir la lettre précédente.

Mon cher collègue et ami,

Me voilà en retard d'un mois de répondre à votre bonne lettre.

J'ai envoyé, il y a déjà quelque temps, mon ouvrage de géométrie [1] à M. Vachtchenko.

Je vais vous donner, autant que je le puis, le renseignement philologique que vous me demandez, et puisque vous avez déjà consulté le dictionnaire, je ne les consulterai pas pour ne pas faire double emploi, et je vous dirai simplement comment j'entends les choses. *En principe*, le flamand est d'autant meilleur, selon moi, qu'il se rapproche plus du hollandais, et puisque vous connaissez à peu près la prononciation hollandaise, vous en savez au moins autant que moi sur la bonne prononciation flamande. *En fait*, voici comment je prononce

1° les voyelles ou les diphtongues : selon les villes où je me trouve.

Exemples de voyelles ou de diphtongues	y	oo	ee	ui	
Prononciation à Anvers	eï	o	é	oeil	(sans prononcer l'l)
à Gand	aï	u	i	e	(muet, moins fort et allongé)
à Bruges	i	o	ê	u	

Ceci vous semblera peut être un peu compliqué. Je me trompe quelques fois moi-même dans ce gâchis.

2° les consonnes. Je les prononce tout simplement comme en français. Ainsi je prononce le mot gy (vous), comme le mot français *gai*, du moins à Anvers ; à Bruges je le prononcerai plutôt comme *gui* dans *guitare*.

Je dois vous dire qu'on se moque un peu de mon flamand. Je me venge en me moquant de ceux de mes compatriotes qui, en français, prononcent Han au lieu de Gand.

Je regrette beaucoup que vous n'ayez pu venir en Belgique ; espérons que ce sera pour une meilleure occasion. Seulement nous n'aurons plus l'Exposition nationale de l'Industrie, ni celle des beaux-arts, qui sont, dit-on, superbes [2]. Pour moi, je n'ai pas encore eu le temps de les voir. L'envie de voir un jour le midi de la France ne me manque pas, mais je doute que d'ici à longtemps je puisse réaliser cet espoir. Bordeaux est à une distance effrayante de Bruxelles, tandis que tout Français va de temps en temps à Paris, et de Paris à Bruxelles, il n'y a guère que six heures d'express.

Depuis que j'ai terminé mes recherches sur les fondements de la Géométrie, j'étudie, dans mes moments perdus, le Calcul intégral. Jusqu'à présent, je n'ai fait que des rêveries, c'est-à-dire que j'avance dans mes déductions, en laissant en arrière des points non résolus.

Voici un de ces points, dont je prends la liberté de vous dire un mot. En admettant que l'on sache intégrer $y'' = Xy$, pour une forme particulière de la fonction X, s'ensuit-il que l'on sache intégrer $y'' = aXy$, a étant une constante ? La question vous fera peut-être sourire par sa simplicité ; peut-être aussi est elle compliquée. Je n'en sais rien ; je ne l'ai pas examinée, et si je me permets d'en parler sans l'avoir

1. [DT54].

2. La célébration du cinquantenaire de l'indépendance de la Belgique avait donné lieu à une série de manifestations dont une exposition nationale de l'Art et l'Industrie Belge à Bruxelles. Pour plus de précisions, voir *Bruxelles, 175 ans d'une capitale*, Mardoyer, 2005, p. 133.

examinée, c'est qu'en feuilletant votre Tome II[3], 2e fascicule[⋆], j'ai cru y voir, en deux lignes, la solution de cette question.

Page 469

930. Équation de Riccati ... $x^m y - y'' = 0$.

Seulement la transformation indiquée ne me réussit pas. Il ne suffit pas même de changer le signe de z. Il y a un b^2 qui gêne. Y a-t-il là une faute d'impression[⋆⋆], de copie ou de calcul, ou bien est-ce moi qui interprète mal ? Cela peut arriver, quand on doit se borner à feuilleter[4].

En attendant un mot de réponse de votre part, je vous prie, mon cher collègue et ami, d'agréer l'assurance de mes sentiments les plus dévoués.

Jh De Tilly

2.175 Lettre de Hoüel à De Tilly du 20 août 1880

Bordeaux, le 20 août 1880.

Mon cher Collègue et ami,

Je m'empresse de vous remercier des documents que vous me donnez sur la langue flamande. Je désirais avoir quelques idées sur la prononciation pour ne pas trop écorcher les noms propres que l'on a souvent à citer. Il me manque encore la prononciation de l'*ae*, que les Hollandais ont partout remplacé par *aa*. D'après ce que je vois, le *gh* est une forme ancienne, pour laquelle on emploie aujourd'hui le *g* simple. Celui-ci n'a nullement en Belgique le son guttural que lui donnent les Hollandais, et qui équivaut à peu près à la *j* (jota) des Espagnols.

Il me semble ainsi que le flamand en Belgique est dans le même état de désagrégation que l'idiome provençal-gascon en France. Dans nos départements du midi, la prononciation du gascon varie souvent d'un village à l'autre. Ainsi, dans les Basses-Pyrénées, une partie des villages prononcent le mot *jou* (je, moi) comme on le prononcerait en français, tandis qu'aux environs de Pau on prononce *you*.

Si la distance de Bordeaux à Bruxelles vous épouvante, il y a un moyen plus facile de nous rencontrer sur le sol français. Je vais souvent passer quelques semaines dans mon pays natal, aux environs de Caen, à 5 heures de chemin de fer de Paris. Une fois dans la capitale, ce n'est plus qu'une petite course pour venir vous promener avec moi au bord de la mer (j'en demeure à 4 kilomètres).

Je vous envoie l'errata du tome II de mon *Cours*[1] ; je crois que vous y trouverez l'explication de la difficulté que vous avez rencontrée[2]. J'y joins un exemplaire de

3. [H64].

⋆. Je saisis cette occasion pour vous dire que je viens de recevoir le 2e fascicule du Tome III, et pour vous en remercier.

⋆⋆. Je n'ai reçu jusqu'ici, je pense, d'autres Errata que ceux du Tome Ier.

4. À cet endroit [H64, II, p. 469-470], Hoüel explique comment transformer l'équation de Riccati $z'+az^2+bx^m=0$ en l'équation linéaire à coefficients non constants $y''-x^m y=0$. Toutefois, le changement de variable $z=-\frac{b}{a}\frac{y'}{y}$ proposé dans le texte est incorrect. De plus, la transformation s'effectue en deux étapes et seule la première est indiquée. Hoüel réparera cet accroc dans l'erratum. Voir les lettres 2.175 et 2.176.

1. [H64, II, p. 477-479].

2. Voir la lettre 2.174. Dans l'erratum, Hoüel corrige le changement de variable $z=-\frac{b}{a}\frac{y'}{y}$ en $z=\frac{1}{a}\frac{y'}{y}$ qui permet de transformer l'équation de Riccati $z'+az^2+bx^m=0$ en $y''+abx^m y=0$. Il ajoute

mon élucubration sur l'Euclide de l'imprononçable professeur de Kief[3].

Agréer, mon cher collègue, l'assurance de ma bien sincère amitié.

J. Houël

2.176 Lettre de De Tilly à Houël du 25 août 1880

Gand, le 25 août 1880.

Mon cher collègue et ami,

J'ai bien reçu, avant de quitter Anvers (où je rentre ce soir), votre Errata du Tome II[1], mais, si je ne me trompe, vous devez apporter encore une légère modification à l'Errata lui-même.

Étant donné l'équation $z' + az^2 + bx^m = 0$, je vois bien qu'en posant $z = \frac{1}{a}\frac{y'}{y}$, on la ramène à $y'' + abx^m y = 0$. Seulement pour passer ensuite à $y'' - x^m y = 0$, je ne crois pas que la transformation à faire consiste à remplacer x par $(-ab)^{\frac{1}{m-2}} x$, mais plutôt par $(-ab)^{-\frac{1}{m+2}} x$. Je n'ai pas fait la vérification directe. C'est en prenant l'exposant de $-ab$ comme inconnue que je trouve $-\frac{1}{m+2}$. Vous verrez de quel côté est l'erreur[2].

Mais l'important est que la transformation rectifiée ne résout plus la question que je posais, parce que la forme $x^m y$ joue un rôle, tandis qu'elle n'y jouait pas, ou semblait ne pas en jouer dans la transformation primitive, dont le succès était d'ailleurs impossible. Je crois que de l'équation $y'' = Xy$, supposée[†] intégrable, on ne peut pas, en général, déduire l'intégrale de $y'' = aXy$, mais je me propose de faire une Note sur les conséquences qui résulteraient de la solution de cette question, si elle était trouvée[3].

Comme vous le dites fort bien, le flamand en Belgique est une langue en désagrégation. C'est de plus une arme de parti. Toutes les oppositions proclament les droits de la langue flamande, puis, arrivées au pouvoir, se reconnaissent impuissants à leur donner satisfaction complète ; mais on est parvenu cependant à faire traduire en flamand un certain nombre d'indications et d'avis officiels, comme vous

---

qu'il faut ensuite remplacer x par $(-ab)^{\frac{1}{m-2}} x$ pour arriver à $y'' - x^m y = 0$ mais ceci est inexact. Cette seconde faute sera corrigée dans une nouvelle impression de l'erratum. Voir la lettre 2.176.

3. [H129].

1. [H64, II, p. 477-479].

2. L'observation de De Tilly est exacte et cette correction est reprise dans une nouvelle version de l'erratum. Houël écrira à Darboux pour lui demander son avis. Dans sa réponse du 15 septembre 1880, Darboux lui confirme que les substitutions $z = \frac{1}{a}\frac{y'}{y}$ puis $x = (-ab)^{-\frac{1}{m+2}} x'$ sont correctes et il écrit en outre :

> « Votre lettre n'est pas très-claire en ce qui concerne les corrections à effectuer à la page 470. Veuillez me dire si ce qui suit vous suffira et si c'est bien là ce que vous me demandez. (...) Veuillez me dire si vous me demandez autre chose. Dans ce cas dites moi le point que vous désirez éclaircir ; je ferai de mon mieux. » (AAS, dossier Darboux)

Si $z(x) = y(\alpha x)$, on a $z''(x) = (y(\alpha x))'' = \alpha^2 y''(\alpha x)$ et l'équation $y'' + abx^m y = 0$ permet d'écrire

$$z''(x) = \alpha^2 y''(\alpha x) = -\alpha^2 ab(\alpha x)^m y(\alpha x) = -\alpha^2 ab(\alpha x)^m z(x)$$

d'où $z'' + \alpha^2 ab\alpha^m x^m z = 0$. Par conséquent, si $ab\alpha^{m+2} = -1$ on a $\alpha = \left(-\frac{1}{ab}\right)^{\frac{1}{m+2}} = (-ab)^{-\frac{1}{m+2}}$. Ajoutons que l'équation de Riccati est aussi traitée par Serret [Ser68, II, p. 585-586].

†. ~~résolue~~

3. Au sujet de l'équation de Riccati, De Tilly publiera le travail [DT72]. Voir aussi [DT79].

le voyez sur nos cartes postales[4]. Le flamand de l'État est tout simplement le hollandais. On y écrit aa, ij et non ae, y. Le ae se prononce â, sauf, encore une fois, les particularités locales. Ainsi, à Bruges, baes (hôteliers) se prononce bos.

Veuillez agréer, mon cher collègue et ami, l'assurance de mes sentiments les plus dévoués.

Jh De Tilly

2.177 Lettre de Hoüel à De Tilly du 24 novembre 1881

Bordeaux, le 24 novembre 1881[†].

Mon cher Collègue et ami,

Il y a bien longtemps que nous n'avons échangé de lettres, et c'est moi qui suis le coupable. J'ai pourtant quelques excuses dans les malheureuses circonstances que je viens de traverser depuis six mois, ainsi que dans les occupations absorbantes que l'organisation nouvelles des études nous impose.

J'espère que, depuis votre dernière lettre, il ne vous est rien arrivé que d'heureux pour vous et les vôtres, et que vous avez pu vous livrer tranquillement à vos occupations favorites.

Pour moi, je n'ai guère songé aux mathématiques depuis six mois. Au moment où le mariage de ma troisième fille avait répandu la joie dans la maison[1], sa soeur a commencé à ressentir les atteintes d'une maladie d'estomac, dont on n'avait pas d'abord soupçonné la nature, et qui, il y a trois mois, nous l'a enlevée, à l'âge de 24 ans[2] !

Je tâche maintenant de me remettre un peu à l'étude pour ne pas trop penser à cette perte si cruelle ! Mais, c'est bien difficile !

Je compte sur votre amicale correspondance pour me distraire de ces tristes pensées. Il y a bien longtemps que je n'ai trouvé l'occasion de causer de Mathématiques autrement que dans mes leçons. Aussi ne suis-je guère au courant des nouveautés. Quand pourrez-vous nous envoyer un travail pour notre Société des Sciences physiques et naturelles ?

J'ai reçu dernièrement un travail d'un de vos compatriotes, M. le Capitaine H. Girard[3], qui malmène assez vigoureusement ceux qui ne sont pas de son avis.

---

4. Sur le recto de la carte postale 2.173, l'indication « CE CÔTÉ EST RÉSERVÉ EXCLUSIVEMENT À L'ADRESSE. » est traduite en flamand : « ZIJDE VOOR HET ADRES ALLEEN TE GEBRUIKEN. »

†. Cette lettre est rédigée sur du papier de deuil.

1. Juste après avoir appris cette nouvelle, Darboux écrivait à Hoüel :

> « Permettez-moi de vous présenter mes félicitations bien cordiales au sujet du mariage que vous voulez bien m'annoncer. Votre famille a toujours été si aimable et si bonne pour moi que je prendrai la plus grande part à tout ce qui la concerne. Je vous prie de vouloir bien transmettre à Mme Hoüel mes meilleurs compliments et mes félicitations. »
>
> (Lettre de Darboux à Hoüel du 8 décembre 1880, AAS, dossier Darboux)

2. Hoüel parle du mariage de Elisabeth Hoüel née en 1858 avec René Perrotte, avocat à Caen. La première fille de Hoüel s'était mariée en 1872 (voir la note 1 de la lettre 2.47). La dernière fille de Hoüel, Henriette, née en 1862, se mariera avec Raymond Lhermitte. Hoüel parle du décès de sa deuxième fille Louise.

3. H. Girard, *Éléments de Géométrie par A. M. Legendre, revus et mis en rapport avec les méthodes scientifiques modernes, précédés d'une Histoire de la Géométrie élémentaire*, Wesmael-Charlier, Namur,

J'avais été en correspondance avec lui au sujet de son précédent volume [4], dont j'avais refusé de rendre compte dans le *Bulletin des Sc. math.*, par la raison que je ne me trouvais en aucun point du même avis que l'auteur. Notre correspondance avait été parfaitement courtoise. Mais je ne saurais en dire autant de l'article qu'il a consacré, à la fin de son nouveau volume, à ma brochure « Sur le rôle de l'expérience dans les sciences exactes » [5]. J'aurais trop de choses à dire là-dessus pour entamer une réponse, qui me mènerait trop loin. Décidément la métaphysique ne porte pas bonheur, de nos jours, à ses adeptes, et si, comme le prétendent les philosophes, c'est elle qui a soutenu les grands génies des Descartes et des Leibnitz, elle ne semble pas exercer une aussi heureuse influence sur nos contemporains. Mais qu'attendre de ceux qui prennent Wronski pour leur oracle, et traitent avec un dédain transcendantal les Gauss, les Cauchy, les Abel, les Weierstrass [6] ?

Je vous quitte, mon cher ami, en faisant les meilleurs souhaits pour vous et votre famille, et en attendant avec impatience de vos nouvelles.

Votre bien dévoué,

J. Hoüel

2.178 Lettre de De Tilly à Hoüel du 1er décembre 1881

Anvers, le 1er décembre 1881.

Mon cher collègue et ami,

J'ai bien reçu en son temps la lettre qui m'apprenait la perte cruelle que vous veniez de faire [1] et j'espère que vous avez reçu aussi ma réponse adressée, à tout hasard, chez Monsieur Perrotte, à Caen.

Votre bonne lettre du 24 novembre, tout en ravivant pour moi le souvenir du malheur qui vous a frappé, m'a cependant réjoui, puisqu'elle me montre que vous avez eu le courage de chercher dans la reprise de vos études favorites la distraction nécessaire.

C'est, dans d'aussi tristes circonstances, le seul parti à prendre. Quand nous examinons ce qui se passe autour de nous, combien trouvons nous de familles qui n'aient pas à déplorer la perte plus ou moins récente d'un de leurs membres ? Je ne veux pas dire que le malheur des autres doit être pour nous une consolation, mais bien un rappel des lois ordinaires de notre pauvre humanité : la souffrance, la résignation, et jusqu'à un certain point le devoir d'oublier quelques fois le passé, pour veiller au présent, préparer l'avenir, et ne pas faire souffrir les être chéris qui nous restent des regrets accordés à ceux qui ne sont plus.

Je vous félicite donc d'avoir repris vos occupations, et, selon votre désir, je vais vous parler de mathématiques.

1881 ou H. Girard, *Mémoire sur la Géométrie, précédé d'une histoire générale des sciences déductives*, Wesmael-Charlier, Namur, 1881.

4. [Gir80].

5. [H60].

6. Josef Hoëné Wronski (1776-1853) a publié une *Introduction à la philosophie des mathématiques et technie de l'algorithmie* (Courcier : Paris, 1811). L'allusion de Hoüel est un peu surprenante, les théories de Wronski n'ayant pas reçu un accueil particulièrement favorable ni chez les philosophes, ni chez les mathématiciens.

1. Cette lettre perdue devait sans doute contenir le faire-part de décès de la fille de Hoüel.

Un mot seulement de M. Girard. Nous avons fait, vous et moi, ce que nous pouvions pour le mettre dans le bon chemin. Il ne nous reste plus qu'à le laisser s'embourber dans la métaphysique, et je suis d'accord avec vous qu'il n'y a pas lieu de lui répondre.

Arrivons immédiatement à un sujet plus sérieux. Comme je vous l'ai dit, la lecture de votre excellent *Cours* [2] m'a poussé à faire quelques recherches de Calcul intégral qui pourraient, en certains points, cesser d'être de simples rêveries.

Je ne sais si vous vous rappelez que, dans l'une de mes lettres, j'avais (à propos de la question analogue relative à l'équation de Riccati) exprimé l'idée que si l'on savait passer de l'équation $\frac{\partial^2 y}{\partial x^2} = Xy$, supposée intégrée, à l'intégrale de $\frac{\partial^2 y}{\partial x^2} = aXy$, la question de l'intégration des équations linéaires du second ordre serait complètement résolue [3]. Aujourd'hui je vois cela très clairement, et même il suffirait de savoir résoudre le cas où $a = -\frac{1}{2}$. Il suffirait encore de savoir passer de $\frac{\partial^2 y}{\partial x^2} = Xy$ à $\frac{\partial^2 y}{\partial x^2} = (X + a)y$, pour une seule valeur déterminée de a.

On peut retourner ces deux énoncés et en ajouter un troisième :
« Une méthode générale d'intégration des équations linéaires du second ordre serait trouvée si l'on savait déduire l'intégrale de $\frac{\partial^2 y}{\partial x^2} = Xy$ de l'une des intégrales (supposée connue) des équations suivantes :

$$\frac{\partial^2 y}{\partial x^2} = XKy$$
$$\frac{\partial^2 y}{\partial x^2} = (X + K)y$$
$$\frac{\partial^2 y}{\partial x^2} = Xy + K$$

Il n'est pas nécessaire de savoir résoudre pour K quelconque. Dans la 2de et la 3e équation, on peut donner à K une seule valeur arbitraire déterminée. Dans la première, on doit pouvoir supposer $K = -2$. Tant qu'on ne particularise pas la valeur de la constante K, on doit naturellement admettre que X renferme K. » [4]

Avant de continuer et pour ne pas perdre trop de temps, je voudrais savoir s'il n'existe rien sur l'une de ces trois questions. Je l'ai demandé aussi tout récemment à M. Mansion et à M. Casorati. Ce dernier m'écrit pour m'encourager à continuer mes recherches, mais il ne connaît rien d'analogue. M. Mansion ne m'a pas encore donné les renseignements demandés.

En attendant, je reprends la théorie de la chaleur. Je l'ai exposée autrefois dans une brochure qui renferme beaucoup d'erreurs. Je voudrais la corriger et la compléter, et mettre cette théorie, non pas à la portée des gens du monde (entreprise dont le succès m'a toujours paru douteux), mais à la portée des mathématiciens qui pensent comme vous et moi, qui ne se paient pas de mots, et veulent bien admettre au début quelques hypothèses, pourvu qu'elles soient nettement avouées et que dans la suite le raisonnement soit rigoureux [5].

2. [H64].

3. Dans les lettres 2.174 et 2.176, De Tilly aborde cette question mais ne fait pas d'affirmation semblable.

4. Voir aussi la lettre 2.179.

5. Nous ne retrouvons pas la brochure à laquelle De Tilly fait allusion. Il semble qu'il n'ait rien publié sur cette question après 1881. Si De Tilly n'a pas consacré de travaux concernant directement la théorie de la chaleur ou la thermodynamique, il évoque à plusieurs reprises ces questions dans ses traités de balistique. Dans sa notice sur De Tilly [Man13], Mansion évoque les considérations de De Tilly dans le traité de balistique extérieure [DT32] publié en 1874 et dans deux notes toutes deux traitant de balistique ([DT42] et [DT47]) et publiées en 1876 et 1878 :

Une bonne exposition de la théorie de la chaleur serait d'une importance capitale comme trait d'union entre la Mécanique, d'une part, la Physique et la Chimie de l'autre.

Après cela, ou peut être avant de l'avoir achevé, j'aurai à répondre à quelques observations de MM. Mansion et Forti [6] (de Vérone) sur mon grand Mémoire de Géométrie [7]. Toutes celles qui m'ont été faites jusqu'à présent sont relatives à la notion de distance. M. Mansion ne pense pas qu'on puisse démontrer qu'entre deux points il existe une ligne à croissance continue. Cela doit être compris, dit-il, dans la notion même de distance. Il peut avoir raison, du moment que l'on combat les démonstrations par l'hypothèse des fonctions oscillantes [8].

C'est dans le même ordre d'idées que M. Forti n'admet pas ma démonstration de ce fait que dans tout mouvement *actuel*, il y a une ligne qui glisse sur elle même [9]. Je lui ai répondu qu'il peut ne pas avoir tort, mais qu'alors on peut contester avec les mêmes arguments les théorèmes d'Euler, Chasles, Poinsot, Rodrigues, Giulio Morri, etc. Le mouvement d'un corps autour d'un point n'est plus à chaque instant un mouvement autour d'un axe si l'on dirige le mouvement d'un second point d'après une fonction oscillante. Il y aura lieu de discuter tout cela et de rechercher la vraie valeur de ce genre d'arguments.

> « Le cours de balistique extérieure contient un exposé original des principes de la théorie mécanique de la chaleur, [...]. L'auteur a perfectionné sa balistique dans des notes publiées plus tard, notamment sur les principes de la thermodynamique (...). »
>
> [Man13, p. 219]

6. Angelo Forti (1818-1900) est un ancien élève de l'École normale supérieure de Pise dont il sort diplômé en 1851. Il est un correspondant de J. Hoüel. Les lettres envoyées par A. Forti à J. Hoüel sont conservées aux Archives de l'Académie des sciences de Paris (dossier Hoüel).

7. [DT54].

8. Pour De Tilly, une ligne à croissance continue entre deux points A et B est « une ligne le long de laquelle la distance des points à l'une des extrémités, A par exemple, de cette ligne, va toujours en croissant depuis zéro jusqu'à AB » [DT54, p. 23] où AB désigne la distance entre A et B. En particulier, une géodésique dans un espace métrique est une ligne à croissance continue mais la réciproque n'est pas vraie. De Tilly donne la preuve suivante de l'existence d'une telle ligne :

> « (...) supposons qu'un point mobile parte de la position A et chemine jusqu'en B sur une ligne quelconque AB et que l'on mesure à chaque instant l'intervalle qui le sépare du point A. Cet intervalle, ayant pour valeur initiale zéro, doit augmenter d'abord. S'il diminue ensuite, c'est qu'il aura eu un maximum. Soit AM ce maximum. Si AM était plus grand que AB, on aurait dû rencontrer, entre A et M, en vertu de la continuité, un point B' tel que $AB' = AB$. Mais alors on pourrait faire tourner AB', considéré comme système invariable, autour du point A et amener B' sur B (axiome I) ; donc AB' serait une ligne à croissance continue entre A et B. Supposons maintenant $AM < AB$; puisque, au delà de M, la distance diminue, on rencontrera de nouveau entre M et B la valeur AM. Supposons que ce soit en M'. On pourra, comme tout à l'heure, amener M sur M' et supprimer la portion de ligne MM'. Il en sera de même tant que l'on rencontrera un maximum quelconque, et comme le mobile doit finalement arriver au point B, il aura parcouru, grâce à la suppression de toutes les parties analogues à MM', une ligne sur laquelle les distances au point A auront crû d'une manière continue. » [DT54, p. 23-24]

Il existe des points dans des espaces métriques ne pouvant être reliés par aucune ligne à croissance continue. Par exemple, les extrémités de la courbe obtenue d'un cercle en supprimant un quart de sa circonférence, la courbe étant munie de la métrique induite par la métrique euclidienne de $\mathbf{R}^2$. L'objection de Mansion consiste peut être à affirmer que si deux points $A, B \in \mathbf{R}^2$ sont reliés par une courbe rectifiable qui oscille infiniment, alors la méthode de preuve de De Tilly exige une infinité de suppressions car la fonction distance à A possède une infinité de maxima.

9. De Tilly consacre plusieurs paragraphes de son mémoire au « mouvement d'un système invariable autour d'un point fixe » [DT54, p. 32]. Il explique que lorsque un système invariable tourne autour d'un point fixe, il existe toujours une ligne fermée qui glisse sur elle-même. Au sujet de « cette idée fondamentale », il revoie aussi à son travail [DT16].

Une autre remarque me forcera peut-être à revenir sur mes recherches de Géométrie (je ne parle pas de la Mécanique proprement dite, où j'ai collectionné aussi quelques idées nouvelles pour moi). Lorsque j'écrivis mes Études de Mécanique abstraite [10], j'étudiai fort longtemps les principes de la Statique et les différentes manières d'établir cette science, mais je m'arrêtai surtout à la méthode très ancienne des forces parallèles d'Archimède [11], et à la méthode moderne des poulies mouflées de Lagrange [12]. Je ne sais pourquoi la méthode intermédiaire d'un géomètre belge (Stevin [13]) n'attira pas autant mon attention. Elle se résume en ceci : « Pour qu'une chaine sans fin, absolument flexible, posée sur un support sans frottement, et soumise à des attractions déterminées, symétriques par rapport à sa partie libre, ne prenne pas un mouvement de plus en plus rapide, *il faut* que la décomposition des forces s'effectue suivant la loi ordinairement admise en Statique. » [14]

Stevin n'a pas songé que deux conditions sont nécessaires. *Il faut* 1° que la géométrie euclidienne soit vraie 2° que la décomposition etc. Hors de la Géométrie euclidienne, aucun système de décomposition des forces ne peut faire éviter le mouvement perpétuel et accéléré de Stevin. Ainsi tandis que les conditions posées par Archimède et Lagrange laissent le choix entre les 3 systèmes de Géométrie et de Mécanique, la condition posée par Stevin ne le laissait plus.

Je pense que cette remarque est nouvelle et si je l'avais faite il y a seize ou dix sept ans, alors que, étudiant la Statique au point de vue du postulatum d'Euclide, je considérais naïvement ce postulatum comme le seul point douteux en mathématiques, elle m'eut vivement frappée. J'avais songé cependant à la méthode de Stevin, mais un examen rapide m'avait fait supposer que j'aboutirais aux mêmes conclusions que par les autres méthodes. Aujourd'hui je n'attache plus la même importance à la remarque ci-dessus, mais je la crois cependant curieuse [15].

Voilà donc trois ordres de travaux où je suis engagé : Études de Calcul intégral, Théorie de la chaleur, Révision des études de Géométrie et de Mécanique. Qu'en

10. [DT6].

11. De Tilly fait allusion au texte « De l'équilibre des figures planes » d'Archimède dans lequel celui-ci expose sa théorie du levier et en particulier sa célèbre condition nécessaire et suffisante pour l'équilibre : deux corps s'équilibrent à des distances inversement proportionnelles à leur poids.

12. Lagrange traite ce sujet dans sa *Mécanique analytique*. Il écrit : « Mais il y a en Statique un autre principe général et indépendant du levier et de la composition des forces (...) on peut l'appeler le *principe des poulies.* » (*Mécanique analytique*, I, p. 23-24, 1811). Lagrange introduit des poulies multiples et explique :

> « Si plusieurs poulies sont jointes ensemble sur une même chape, on appelle cet assemblage *polispaste*, ou *moufle*, et la combinaison de deux moufles, l'une fixe et l'autre mobile, embrassées par une même corde dont l'une des extrémités est fixement attachées, et l'autre tirée par une puissance, forme une machine dans laquelle la puissance est au poids porté par la moufle mobile, comme l'unité est au nombre des cordons qui aboutissent à cette mouffle, en les supposant tous parallèles et faisant abstraction du frottement et de la roideur de la corde (...). » (*Mécanique analytique*, I, p. 23-24, 1811)

13. Simon Stevin (env. 1548-1620) est né à Bruges vers 1548 et est mort à La Haye en 1620. Ses œuves mathématiques ont été publiées par Albert Girard en 1634.

14. Lagrange consacre quelques paragraphes aux travaux de Stevin en statique au début de sa *Mécanique analytique*, I, 1811, p. 7-9. Ses travaux sur ce sujet ont été publiés en latin par Willebrord Snell (1580-1626) dans le quatrième tome de *Hypomnemata mathematica* (Leyde, 1605-1608) et Albert Girard (1595-1632) a traduit l'« art pondéraire » de Stevin pour son édition de *Les Œuvres Mathematiques de Simon Stevin de Bruges* (Leyde, 1634).

15. En cette année 1881, De Tilly est chargé de la rédaction d'un rapport à propos de deux notices sur Simon Stevin soumises à la Classe des lettres de l'Académie en réponse à un concours. Dans son rapport qui se charge de l'étude de la partie scientifique des notices [DT62], il admet que les découvertes de Stevin en mécanique sont « les plus remarquables et les moins contestables » qu'il ait faites.

adviendra-t-il et quand serai-je en mesure de produire quelque chose ? Je ne puis encore le dire.

Excusez moi de vous avoir parlé si longuement de mes petites recherches, et veuillez agréer, mon cher collègue et ami, l'expression des voeux ardents et sincères que nous formons tous pour votre bonheur et celui de votre famille.

Votre ami dévoué,

Jh De Tilly

2.179 Lettre de De Tilly à Hoüel du 4 décembre 1881

Anvers, le 4 décembre 1881.

Mon cher collègue et ami,

Ma lettre du 1er décembre renferme, entre autres choses, l'assertion suivante : « Si, de l'intégrale, supposée connue de $\frac{\partial^2 y}{\partial x^2} = Xy + K$, on pouvait déduire celle de $\frac{\partial^2 y}{\partial x^2} = Xy$, une méthode générale d'intégration des équations du 2d ordre serait trouvée. »

Cette assertion exige certains commentaires pour ne pas être prise dans un sens inexact. J'ai déjà fait observer que X doit être considéré comme renfermant K, puisque sans cela il suffirait de faire $K = 0$; mais j'ai omis une autre remarque importante. L'intégrale supposée connue de $\frac{\partial^2 y}{\partial x^2} = Xy + K$ ne doit être qu'une intégrale particulière, car si l'on connaissait l'intégrale générale de cette équation, la question proposée ne présenterait plus aucune difficulté, mais aussi elle ne conduirait plus au but. Cela revient, au fond, à demander de trouver une seconde intégrale de l'équation précédente [1].

Veuillez agréer, mon cher collègue et ami, la nouvelle assurance de mes sentiments les plus dévoués.

Jh De Tilly

2.180 Lettre de Hoüel à De Tilly du 24 avril 1882

Bordeaux, le 24 avril 1882 [†].

Mon cher collègue et ami,

Je viens de recevoir un envoi de Russie, dont une moitié vous est destinée et vous parviendra avec la présente lettre. C'est une nouvelle brochure de M. Vachtchenko-Zakhartchenko, ayant pout titre : Caractère du développement des sciences mathématiques chez les diverses nations de l'antiquité et du monde moderne, jusqu'au XVème siècle [1].

---

1. Si un moyen technique permettait de déduire d'une solution particulière de $\frac{\partial^2 y}{\partial x^2} = Xy + K$ une autre solution particulière de cette équation, on pourrait obtenir en les soustrayant une solution générale de $\frac{\partial^2 y}{\partial x^2} = Xy$.

†. Cette lettre est rédigée sur du papier de deuil.

1. Il s'agit d'un discours prononcé dans la séance solennelle de l'Université impériale de Saint-Vladimir le 9 (21) janvier 1882 et publié à Kiev cette même année. Ce discours a été traduit en français, peut-être par Hoüel, sous le titre « Considérations sur le développement des mathématiques depuis les temps les plus reculés jusqu'au XVe siècle et publié dans les *Mémoires de la Société des Sciences physiques et naturelles de Bordeaux* V (2), 1883, p. 256-291.

Après la lecture que j'ai faite, à grand renfort de dictionnaire, de la précédente brochure [2], (dont j'ai dû vous envoyer un exemplaire de la part de l'auteur), je suis sûr d'avance que celle-ci présentera aussi un grand intérêt.

J'ai bien des pardons à vous demander pour n'avoir pas encore répondu à vos deux lettres si intéressantes, du 1er et du 4 décembre de l'année dernière. Mais depuis ce temps-là, j'ai été tellement occupé que j'ai dû, à mon regret, laisser arriérer ma correspondance. À mes occupations normales, savoir, un cours avec 6 leçons par semaine, et la collaboration au *Bulletin des Sc. Math.*, est venue se joindre la confection du catalogue de la bibliothèque de notre *Société des Sciences physiques et naturelles* [3], et voilà bientôt quatre mois que j'y consacre tout mon temps disponible. Aussi vois-je avec un sensible plaisir s'approcher la fin de cette peu aimable besogne.

Vous êtes plus heureux dans le choix de vos travaux, qui vous conduisent à traiter des questions si intéressantes avec un éclatant succès. J'attends avec impatience le moment où je pourrai changer un peu d'occupation, et achever un petit travail élémentaire que je destine au recueil de notre Société [4].

Si vous n'avez pas encore disposé de vos études nouvelles sur la Géométrie et la Mécanique non-euclidiennes, j'espère que vous voudrez bien en réserver le résultat pour notre Société, qui compte parmi ses principaux titres la publication de votre premier Mémoire [5]. – Nous serions très heureux aussi de publier vos recherches de Calcul intégral. C'est vraiment une chose étonnante qu'une équation différentielle, comme celle de Riccati, possède tant de propriétés remarquables qu'on n'est pas encore parvenu, depuis un siècle et demi, à les connaître toutes. Il semble que ce sujet ne sera pas encore épuisé de longtemps.

Pardonnez-moi, je vous prie, mon long silence épistolaire, qui, je l'espère, ne se renouvellera plus, et agréez l'assurance de ma bien sincère amitié.

J. Hoüel

2.181 Lettre de De Tilly à Hoüel du 18 mai 1882

Anvers, le 18 mai 1882.

Mon cher collègue et ami,

J'ai bien reçu votre lettre du 24 avril dernier, ainsi que la brochure de M. Vachtchenko-Zakhartchenko. J'ai reçu aussi, antérieurement, l'autre brochure (du même auteur) que vous avez eu l'obligeance de m'envoyer.

Je compte profiter de la proposition que vous me faites de publier dans les Mémoires de votre Société le résumé des nouvelles études que j'ai entreprises (mais non poussées bien loin encore) sur la Géométrie et la Mécanique [1]. Quant à mes recherches de Calcul intégral, elles sont encore à l'état embryonnaire, et n'acquerraient une importance réelle que si je découvrais ou si l'on m'indiquait la solution de l'une des questions auxquelles je ramène l'intégration de l'équation linéaire du second ordre. Tant que cela ne sera pas fait, on sera en droit de dire que mes calculs

2. Voir la lettre 2.172.
3. Les livres de la bibliothèque de cette société sont aujourd'hui déposés à la Bibliothèque universitaire des sciences et techniques de l'Université de Bordeaux 1.
4. Hoüel fait probablement allusion à [H65].
5. [DT54].
1. Cette déclaration d'intention ne sera pas concrétisée.

n'aboutissent qu'à déplacer la difficulté, celle-ci se reportant tout entière sur mes questions.

Voici, à ce propos, une forme nouvelle de l'une de ces questions. Elle vous suggèrera peut-être une réflexion propre à m'aider.

Tout le monde sait que, dans l'étude de l'équation du second ordre $y''+py'+qy=0$, on peut remplacer p par une constante (et même par zéro), c'est-à-dire que si l'on savait intégrer $y''+ay'+qy=0$ (et même $y''+qy=0$), pour q quelconque, on saurait intégrer aussi $y''+py'+qy=0$, pour p et q quelconques. Mais ce que tout le monde ne sait pas (du moins je le crois), c'est que l'on peut faire sur q à peu près les mêmes hypothèses que sur p, c'est-à-dire que l'on peut remplacer q par une constante (non par zéro, ce qui rendrait la solution trop simple, mais illusoire), et que si l'on savait intégrer $y''+py'+ay=0$, pour p quelconque, on saurait intégrer $y''+py'+qy=0$, pour p et q quelconques. La constante a est arbitraire, et il suffit qu'on puisse résoudre la question en lui attribuant une valeur unique, au choix. Par exemple, on pourrait prendre $a=1$, et essayer d'intégrer $y''+py'+y=0$. La réussite de ce calcul suffirait pour assurer l'intégration de toutes les équations linéaires du second ordre, $a=0$ est la seule valeur exclue.

J'ignore, d'ailleurs, si, dans ces conditions ma remarque simplifie réellement le problème. Mais je veux écarter une objection que l'on pourrait faire à première vue.

L'équation

$$(1)\quad y''+py'+y=0$$

se ramène aisément à

$$(2)\quad z''+\left(1-\frac{p^2}{4}-\frac{p'}{2}\right)z=0.$$

On pourrait donc se dire que $1-\frac{p^2}{4}-\frac{p'}{2}$ étant, au fond, une fonction quelconque de x,† l'équation (2) représente l'équation générale du second ordre et qu'il est tout naturel, dès lors, que†† l'intégration de (1) entraîne celle de toutes les équations linéaires du second ordre.

Mais ce raisonnement serait un cercle vicieux, car pour résoudre ainsi une équation $z''+Xz=0$, il faudrait identifier cette équation avec (2), c'est à dire poser

$$(3)\quad 1-\frac{p^2}{4}-\frac{p'}{2}=X.$$

Alors seulement on intégrerait (2) au moyen de (1). Mais la détermination de (1) au moyen de (3) est de même ordre de difficulté que l'intégration de l'équation linéaire du second ordre. L'objection serait donc sans valeur, c'est à dire que le fait annoncé n'est nullement un fait évident, mais il est exact.

Veuillez agréer, mon cher collègue et ami, l'assurance de ma bien sincère amitié.

Jh De Tilly

2.182 Lettre de De Tilly à Hoüel du 25 août 1882

Anvers, le 25 août 1882.

†. ~~il est~~

††. ~~l'équation~~

Mon cher collègue et ami,

Depuis que j'ai reçu votre lettre du 24 avril, j'ai traversé de bien pénibles épreuves.

Le 16 mai au matin, ma plus jeune fille, âgée de deux ans comme vous le savez [1], est atteinte de convulsions ; le médecin l'en débarrasse, mais nous avertit que ces convulsions, suivies dès le 18 d'un abattement profond avec perte de connaissance, n'étaient que l'annonce d'une pneumonie très grave.

Après une série de mieux et de rechutes, deux de ses trois médecins (parmi lesquels mon beau père) la condamnent d'une manière absolue ; le troisième estime qu'un opération chirurgicale peut la sauver. L'opération (percement d'un abcès sous le poumon droit) a lieu le 21 juin ; l'enfant y résiste, mais perd son appétit et ses forces ; le 30 juin, le troisième médecin nous déclare qu'à son tour il n'a plus d'espoir, et que l'enfant ne passera pas la journée du lendemain. Nous faisons revenir nos enfants de tous les points du pays (nous n'avions chez nous que les deux plus jeunes), mais la journée du lendemain s'est passée sans accident, et beaucoup d'autres ensuite. (C'est heureusement la seule erreur que notre médecin ait commise).

En juillet, la forte constitution de l'enfant reprit le dessus ; mais nous dûmes consentir à une nouvelle opération qui eut lieu un mois après l'autre, le 21 juillet, et consista à couper un morceau carié d'une côte. Cette côte n'était pas du tout à découvert et la carie était du côté interne. Le médecin fut aussi habile dans l'opération qu'il l'avait été à constater le siège et la nature du mal, occasionné peut être par la première opération et les nombreux sondages qui l'ont suivie.

Enfin, depuis un mois, le mieux ne s'est plus démenti et tout le monde espère maintenant la guérison complète de notre petite martyre [2].

Pendant les éclaircies de ces jours sombres, et depuis l'amélioration, j'ai poursuivi mes recherches de Calcul intégral.

Au risque de répéter certains points de mes lettres précédentes, je vais vous exposer de manière plus précise, dans leur état actuel et en les accompagnant de quelques commentaires, les trois théorèmes que je considère comme les plus importants parmi ceux auxquels je suis parvenu.

I. On saurait intégrer toute équation linéaire du 2° ordre si on savait résoudre le problème suivant :

On donne l'intégrale de $y^{-1}y'' = X$, trouver celle de $y^{-1}y'' = KX$, K étant une constante.

La solution doit pouvoir s'appliquer à une fonction X quelconque de la variable indépendante x, mais il suffit de savoir résoudre pour une seule valeur de K, au choix. On pourrait prendre, par exemple $K = -1$, de manière qu'il faudrait pouvoir passer de l'intégrale de $y^{-1}y'' = X$ à celle de $y^{-1}y'' = -X$. Le problème se résout immédiatement quand X représente une fonction impaire, ou bien une fonction doublement paire (ne changeant pas quand on remplace x par $\pm x\sqrt{-1}$). Mais cela ne suffit pas : il faudrait une solution générale. On peut transformer autrement encore, mais ce n'est peut-être pas plus simple : on donne l'intégrale de $y' = \varphi(x, y)$, trouver celle de $y' = \varphi(x, y)\sqrt{-1}$.

1. De Tilly a annoncé à Hoüel la naissance de sa fille dans la lettre 2.171.

2. La jeune fille finira par succomber à son mal [Man13, p. 133] : « Pendant son séjour à Anvers, il [De Tilly] eut la douleur de perdre sa plus jeune fille, Alice, à l'âge de deux ans et demi. Chrétien convaincu, De Tilly accepta cette épreuve avec résignation, mais ce fut un rude coup pour ce père aimant et pour toute sa famille. Pendant deux ans, il porta le deuil de son enfant et alla chaque semaine visiter sa tombe. »

II. On saurait intégrer toute équation linéaire du second ordre si l'on savait résoudre le problème suivant :
On donne l'intégrale de $y^{-1}y'' = X$, *et celle* de $y^{-1}y'' = X + a$ (constante), trouver celle de $y^{-1}y'' = X + b$ (autre constante).
La solution doit encore pouvoir s'appliquer à une fonction X quelconque, mais il suffit de savoir résoudre pour deux valeurs numériques de a et de b au choix.
Si, au contraire, on laisse à a sa forme littérale, il faut supposer que X renferme a, sans quoi il suffirait de changer a en b dans le résultat.
On peut, par exemple, faire $b = \frac{1}{2}a$, et alors le problème se pose ainsi : on donne l'intégrale de $y^{-1}y'' = X+K$ et celle de $y^{-1}y'' = X-K$, trouver celle de $y^{-1}y'' = X$ (X renferme K).
Au lieu de a et de b, on pourrait mettre aU et bU, U étant une fonction de x, au choix, mais je ne crois pas que cela puisse simplifier les choses.
Voici une transformation du second théorème, peut être évidente a priori, mais qui ne l'est pas pour moi quand je fais abstraction du théorème.
On sait que, dans la théorie de l'intégration de $y'' + Py' + Qy = 0$, on peut considérer P comme constant et même comme nul, c'est à dire que si l'on savait intégrer $y'' + \alpha y' + \rho y = 0$ ou même $y'' + \rho y = 0$ (ρ restant une fonction quelconque), cela suffirait. Or, on peut au contraire, considérer ρ comme constant (pas comme nul), c'est à dire qu'il suffirait de savoir intégrer

$$(1) \quad y'' + Py' + \alpha y = 0,$$

P étant une fonction quelconque de x, et α une constante au choix, mais différente de zéro.
Il semble (je le répète) que cela soit évident a priori, parce que, sachant intégrer (1), qui se transforme aisément en

$$(2) \quad z'' + \left(\alpha - \frac{p^2}{4} - \frac{p'}{2}\right) = 0,$$

on saurait aussi intégrer (2) ; mais pour identifier avec (2) une équation donnée arbitrairement :

$$(3) \quad z'' + Tz = 0,$$

il faudrait commencer par résoudre $\alpha - \frac{p'}{2} - \frac{p^2}{4} = T$, ce qui serait une opération du même ordre de difficulté que l'intégration de (3). L'assertion n'est donc pas évidente (au mois dans ce sens là), mais elle est vraie.
III. On saurait intégrer toute équation linéaire du second ordre si l'on savait résoudre le problème suivant :
On donne une intégrale particulière de $y'' = Xy + K$ (constante). En trouver une seconde.
X est toujours quelconque ; K, valeur unique au choix. Si l'on conserve à K sa forme littérale, il faut supposer que X renferme K. Au lieu de K, on peut encore adopter une fonction de x, au choix.

J'ai déjà communiqué ces résultats à divers analystes. Ils les trouvent intéressants, nouveaux, mais ne me mettent pas sur la voie pour poursuivre la solution. M. Genocchi estime même que les problèmes restant à résoudre sont insolubles, mais les raisons qu'il en donne ne sont pas valables [3].

3. Deux lettres de De Tilly a Genocchi datées du 30 décembre 1881 et du 18 octobre 1882 sont

Je me permets, mon cher collègue et ami, de compter sur votre savante coopération dans ces recherches, et je vous prie d'agréer l'assurance de mes sentiments affectueux et dévoués.

Jh De Tilly

2.183 Lettre de De Tilly à Hoüel du 17 septembre 1882

Anvers, le 11 septembre 1882.

Mon cher collègue et ami,

J'ai reçu hier, d'un libraire de Bruxelles, une demande qui m'a causé beaucoup d'étonnement et une certaine satisfaction. Il me propose de publier une seconde édition, revue et modifiée à mon gré, de mon « Essai sur les principes fondamentaux de la Géométrie et de la Mécanique »[1], à 750 exemplaires, et cela à ses frais, risques et périls, en m'allouant encore un droit d'auteur proportionnel au nombre des exemplaires qui seront vendus. J'ai l'intention d'accepter sa proposition[2], mais, comme la première édition à été publiée par la Société de Bordeaux, je viens vous demander si cette Société n'a aucune objection à faire contre la publication d'une édition nouvelle, dans les conditions prémentionnées.

Je vous prie aussi de vouloir bien me communiquer les observations qu'une lecture à tête reposée de mon ouvrage aura pu vous suggérer, afin que j'en tienne compte dans la seconde édition.

Veuillez agréer, mon cher collègue et ami, l'expression de mes sentiments affectueux et dévoués.

Jh De Tilly
marché aux boeufs, 9, Gand (jusqu'au 1er octobre)
rue houblonnière, 2', Anvers (à partir du 2 octobre).

2.184 Lettre de Hoüel à De Tilly du 21 septembre 1882

Bordeaux, le 21 septembre 1882[†].

conservées parmi les papiers du savant italien à la Biblioteca Comunale Passerini-Landi de Piacenza. Voir *Angelo Genocchi e i suoi interlocutori scientifici (a cura di A. Conte e L. Giacardi)*, Deputazione subalpina di storia patria, Torino, 1991, p. 350.

1. [DT54].
2. Une telle seconde édition n'a pas vu le jour :

> « Le succès de l'*Essai sur les principes fondamentaux de la géométrie et de la mécanique* fut complet dans le monde savant, malgré les dédains des partisans de la géométrie cayleyenne et du jury belge pour le prix quinquennal des sciences physiques et mathématiques (1874-1878). En quelques années, le livre de De Tilly fut épuisé et devint introuvable ; l'auteur, trop accablé par ses occupations professionnelles, ne put jamais en donner une édition nouvelle, quelque désir qu'il en eût. » [Man13, p. 232]

†. Cette lettre est rédigée sur du papier de deuil.

Mon cher collègue et ami,

J'apprends avec grand plaisir la nouvelle que vous me communiquez au sujet d'une réédition de votre remarquable travail [1]. Une pareille proposition de la part d'un libraire, et si peu de temps après la première publication, est la démonstration la plus éclatante du mérite de votre ouvrage, et je ne comprendrais pas que la Société des Sciences physiques et naturelles, sur laquelle en doit rejaillir sa portion de gloire, fît la moindre difficulté pour favoriser une publication, dont le succès ne peut qu'être bienvenu parmi nous.

Aussi, bien que la Société soit maintenant en vacances et dans l'impossibilité de se réunir, je prends sur moi, sans hésitation, de vous encourager à accepter la proposition du libraire.

Je suis presque le seul des sociétaires qui soit resté ce mois-ci à Bordeaux. J'étais si gêné par l'imperfection de l'arrangement de mes livres que je suis resté pour les mettre en ordre et pour refondre mon catalogue, qui n'est pourtant pas très-long [2]. Je m'occuperai très volontiers à revoir votre travail, qui est de ceux qu'on relit avec plaisir, et je vous transmettrai mes impressions au fur et à mesure.

Veuillez agréer, mon cher collègue et ami, l'assurance de mes sentiments les plus affectueux.

J. Hoüel

2.185 Carte de De Tilly à Hoüel du 23 septembre 1882

[†]Mon cher collègue et ami, je reçois à l'instant votre bonne lettre du 21 et, par suite des renseignements qu'elle contient, j'accepte définitivement les propositions de mon libraire.

Votre lettre me fait voir que l'une des miennes ou l'une des vôtres doit avoir été égarée à la poste, car bien certainement vous n'auriez pas reçu, sans y répondre quelques mots, le récit des misères par lesquelles j'ai passé depuis quelques mois [1].

La même lettre qui contenait ce récit donnait aussi un résumé nouveau (et plus clair que les précédents) des résultats, malheureusement incomplets, auxquels je suis parvenu dans la théorie des équations linéaires du second ordre.

Je vous remercie de la promesse que vous me faites de relire la première édition de mon livre [2] et de me faire parvenir vos observations.

Agréez, je vous prie, l'assurance de mes sentiments les plus dévoués.

Gand, le 23 septembre 1882. Jh De Tilly

1. [DT54].

2. Une grande partie des livres de Hoüel se trouvant à Bordeaux, peut-être tous, ont été donnés en août 1890 à l'Université de Bordeaux et font donc partie de son catalogue. La grande majorité de sa collection se trouve aujourd'hui à la Bibliothèque universitaire des sciences et techniques de l'Université de Bordeaux 1 (BUST Bdx 1) (578 titres représentant 828 volumes) mais quelqu'uns font partie des ouvrages appartenant à l'Université de Bordeaux 3 (17 titres représentant 28 volumes). Hoüel a l'habitude de constituer des recueils factices avec les tirés à part reçus : 155 tels volumes sont conservés à la BUST Bdx 1 ainsi qu'un imposant registre manuscrit de la main de Hoüel permettant de connaître le contenu de chacun de ces volumes.

†. Carte Postale adressée à Monsieur Hoüel, professeur à la faculté des sciences de Bordeaux (France).

1. Voir la lettre 2.182.

2. [DT54].

2.186 Lettre de Hoüel à De Tilly du 27 septembre 1882

Bordeaux, le 27 septembre 1882 [†].

Mon cher collègue et excellent ami,

J'avais bien reçu votre lettre [1], dans laquelle vous m'aviez entretenu des inquiétudes cruelles que vous aviez éprouvées durant la maladie de votre chère enfant, qui a échappé si heureusement aux sentences du corps médical, et si je ne vous en ai pas parlé dans ma dernière lettre, c'est que je me proposais de vous répondre en détail, en vous félicitant d'abord de tout mon cœur de la guérison de votre chère malade, et en vous parlant des simplifications élégantes que vous avez faites à la forme de l'équation linéaire du second ordre.

Je l'aurais fait depuis plusieurs jours, si j'avais pu retrouver votre lettre, qui, dans la mise en ordre de mes papiers s'est dérobée jusqu'ici à mes recherches. Je suis parfaitement sûr que je la retrouverai, mes papiers devant tous subir l'inspection et me passer successivement par les mains. Mais dans la période de trouble par laquelle passent en ce moment mes paperasses, je ne puis préciser le jour où je remettrai la main sur cette lettre, déjà tant cherchée, mais qui n'est certainement pas perdue.

Je me suis complètement privé de vacances cette année. J'ai laissé ma famille se disperser de tous côtés, les uns au sud, les autres au nord, et je suis resté ici pour mettre de l'ordre dans mes livres et dans mes papiers. Je passe mes journées à faire des cartes de catalogue et autres choses très-divertissantes [2]. Ce qui me console, c'est qu'il fait un temps déplorable, et il ne me faut pas beaucoup de vertu pour résister à l'attrait de la promenade.

J'ai eu aussi beaucoup d'ouvrage pour la bibliothèque de notre Société, que j'ai cataloguée cette année, et qui contient environ 3500 volumes en ce moment [3].

Une fois tous ces travaux terminés, j'espère que l'ère des pluies le sera aussi, et je tâcherai de m'aérer, ce dont je commence à sentir le besoin.

Pardonnez-moi le retard que j'ai mis à vous répondre et recevez l'assurance de mes sentiments affectueux et dévoués.

J. Hoüel

2.187 Lettre de De Tilly à Hoüel du 16 janvier 1884

Anvers, le 16 janvier 1884 [†].

Mon cher collègue et ami,

Il y a bien longtemps que je me propose de vous écrire, pour renouer une correspondance qui m'était aussi agréable qu'utile. La nouvelle année m'en fournissait une occasion toute naturelle, mais des embarras de toute espèce m'ont fait retarder jusqu'au 16 ce qui aurait dû être fait dès le premier jour de janvier.

†. Cette lettre est rédigée sur du papier de deuil.
1. Voir la lettre 2.182.
2. Voir la lettre 2.184.
3. Voir la lettre 2.180.
†. Cette lettre est rédigée sur du papier de deuil.

Je viens donc vous adresser, pour vous et votre famille, mes bien sincères souhaits de bonheur. J'espère que les deux dernières années ne vous ont apporté que satisfaction et consolation.

Vous savez qu'il n'en a pas été de même pour moi en 1882. Je n'ai pas eu à me plaindre de 1883, mais le malheur était trop récent pour que je pusse reprendre mes allures habituelles [1].

Aujourd'hui le temps, aidé de la réflexion, de la vie de famille, et des occupations obligatoires, a pu, sans amener l'oubli, adoucir l'amertume de nos regrets, et je me suis remis avec ardeur à mes divers travaux.

J'espère, mon cher collègue et ami, recevoir bientôt de vos intéressantes nouvelles et je vous prie d'agréer, avec mes voeux réitérés, l'assurance de mes sentiments de respect et d'affection.

Jh De Tilly

2.188 Lettre de De Tilly à Hoüel du 17 avril 1884

Gand, le 17 avril 1884 [†].

Mon cher collègue et ami,

Après plus d'un an de silence, au sujet duquel j'invoquais pour excuse les circonstances pénibles que j'ai traversées, je vous ai écrit au mois de janvier dernier.

Dans ma lettre, d'ailleurs fort courte, je vous adressais mes souhaits pour la nouvelle année, et j'expliquais l'interruption de notre correspondance depuis 1882, interruption dont vous connaissiez, du reste, le triste motif [1].

Trois mois s'étant écoulés depuis la lettre dont il s'agit, et ne recevant pas de réponse, je crains que la lettre ou la réponse se soit égarée. C'est pourquoi je vous renouvelle, par la présente, les vœux que je forme pour votre bonheur et celui de votre famille ; j'espère apprendre bientôt que votre silence est effectivement le résultat d'une erreur de la poste, et qu'il ne vous est rien arrivé que d'heureux depuis un an et demi.

Veuillez agréer, mon cher collègue et ami, l'expression de mes sentiments affectueux et dévoués.

Jh De Tilly

2.189 Lettre de Hoüel à De Tilly du 23 avril 1884

Bordeaux, le 23 avril 1884.

Mon cher collègue et ami,

Je me suis fait déjà bien des fois [des reproches] du silence que j'ai gardé si longtemps avec vous, comme avec tous mes amis. L'explication peut être donnée en deux mots : c'est que mes occupations allaient en augmentant, et mes forces en diminuant. J'ai atteint ma 62e année, il y a 16 jours et cette époque ne me rassure pas sur l'avenir, et je crains que cette 62e année ne me réserve bien des

1. Voir la note 2 de la lettre 2.182.
†. Cette lettre est rédigée sur du papier de deuil.
1. De Tilly fait allusion au décès de sa plus jeune fille. Voir la note 2 de la lettre 2.182.

désagréments. Je m'occupe en ce moment de prendre ma retraite ; pour ne plus songer à ma santé, déjà bien fatiguée [1].

Cela ne m'a pas empêché de songer à mes amis, et particulièrement à vous, avec qui j'ai eu de si bonnes relations depuis que nous nous connaissons, – par lettres, à mon grand regret – J'aurais été si heureux de converser avec vous sans l'intermédiaire de la poste !

J'espère cependant que les circonstances favoriseront à l'avenir notre rapprochement ; j'habiterai maintenant le nord de la France, du moins une bonne partie de l'année, et ce sera une facilité pour nous voir, par exemple, si vous allez à Paris, dont mon pays natal, les environs de Caen, sont tout à fait voisins.

J'ai passé ces dernières années à réimprimer quelques petits opuscules, dont je vous envoie le plus récent [2]. C'est une brochure, insérée en partie dans les *Archives* de Grunert [3], puis plus complètement en 1867 [4]. Cette brochure étant épuisée, je me suis figuré que la science en avant grand besoin, et mon éditeur et ami Gauthier-Villars s'est prêté à cette fantaisie. Je pense que vous avez reçu le précédent [5], même en double exemplaire, par le canal de la Société des Sciences physiques et naturelles.

J'espère que rien ne m'empêchera plus maintenant de reprendre notre correspondance avec l'activité d'autrefois, surtout quand je jouirai des loisirs de la retraite.

En attendant, je vous prie de me pardonner les retards passés, qui ne proviennent certainement pas d'un oubli et qui ne se renouveleront plus à l'avenir.

Votre bien affectionné,

J. Hoüel

2.190 Lettre de De Tilly à Hoüel du 17 mai 1884

Anvers, le 17 mai 1884 [†].

Mon cher collègue et ami,

Je suis, à mon tour, assez en retard de répondre à votre bonne lettre du 23 avril. Je vois, par cette lettre, que vous n'avez pas à vous louer de l'état actuel de votre santé, je le regrette bien vivement et renouvelle de tout cœur les vœux que j'exprimais dans mes lettres précédentes. Espérons que la bonne saison vous remettra complétement. Je suppose qu'à Bordeaux elle a déjà commencé ; ici nous vivons dans des alternatives de chaleur et de froid aussi désagréables que malsaines.

Tout en reconnaissant que l'intérêt de votre santé doit primer les autres intérêts, j'estime que votre retraite sera une perte bien fâcheuse pour la faculté de Bordeaux. Abstraction faite de votre enseignement oral, que je n'ai pas le bonheur d'entendre, vous avez rendu des services éminents aux travailleurs par la publication de votre Cours [1] (le meilleur qui existe en langue française), par la publication de vos idées

1. Georges Brunel (1856-1900) sera le successeur de Hoüel à Bordeaux, d'abord comme chargé de cours (1884-1887), puis comme professeur titulaire.
2. [H67].
3. [H19].
4. [H36].
5. Il s'agit de [H66] ou [H36]. Dans la lettre 2.190, De Tilly comprend qu'il s'agit de [H36].
†. Cette lettre est rédigée sur du papier de deuil.
1. [H64].

sur la philosophie de la science, par vos traductions, et par la création du Bulletin des sciences mathématiques. J'espère que, contrairement à l'adage [2], ces services sont aussi appréciés en France qu'à l'étranger, et que vos compatriotes et votre gouvernement sauront vous en tenir compte.

Maintenant que vous habiterez le nord de la France, il nous sera plus facile qu'autrefois de nous rencontrer, par exemple à Paris. Nous avons, depuis quelque temps, un train éclair qui fait le trajet de Bruxelles à Paris en 5 heures, de manière que l'on peut partir le matin, passer 6 heures de la journée à Paris, et être rentré le soir. J'en profiterai bien certainement, quand je serai un peu moins accablé qu'aujourd'hui. Cet accablement d'affaires me pousse à vous envier l'avantage que vous aurez désormais (après avoir pris le temps du repos, et du raffermissement de votre santé) de pouvoir vous occuper exclusivement des choses qui vous intéressent.

Mais la diminution de la distance vous permettra aussi, je l'espère, de venir visiter la Belgique, par exemple à l'occasion de l'exposition universelle d'Anvers, qui aura lieu l'an prochain [3].

Je vous remercie de l'envoi de votre brochure [4]. Je possédais effectivement en double la première édition [5] ; mais, à ce sujet, je vous dirai que je ne trouve nulle part le 2e cahier du Tome V des Mémoires de Bordeaux, bien que j'aie déjà reçu le 3e cahier du même Tome. En consultant la table générale des matières du Tome V (placée à la fin du 3e cahier) j'y vois cependant des mémoires qui doivent appartenir au 2e cahier, et que je crois avoir lus, notamment deux des vôtres [6], mais c'est précisément là une cause d'erreur, parce que je puis les avoir lus dans les tirés à part que vous avez eu la bonté de m'envoyer. J'ai demandé le 2^{d} cahier à l'Académie afin de mieux me rendre compte de ce qu'il devait contenir, mais on ne l'avait pas reçu non plus.

En résumé, et bien que j'aie de l'ordre dans mes papiers et mes livres, je ne puis pas affirmer positivement que ce 2^{d} cahier du Tome V ne me soit point parvenu, mais il manque à ma collection.

Veuillez agréer, mon cher collègue et ami, l'assurance des sentiments les plus affectueux de

Votre bien dévoué,

Jh De Tilly

---

2. « Nul n'est prophète en son pays. »

3. L'exposition universelle d'Anvers est inaugurée le 2 mai 1885. Elle est, entre autres, l'occasion de présenter les ambitions coloniales de la Belgique du roi Leopold II (voir Z. Etambala, Carnet de route d'un voyageur congolais : Masala à l'exposition universelle d'Anvers en 1885, *Afrika Focus* IX (3), 1993, p. 215-237). Le comité exécutif de l'exposition la présente ainsi :

> « La Société organisatrice de l'Exposition, faut-il le dire, ne poursuit pas un but de lucre. Elle s'est imposé une tâche plus haute et plus noble, elle vise des résultats plus durables. Nous le répétons, son programme est celui-ci : développer les échanges internationaux, ouvrir aux produits de l'industrie et du sol belge de nouveaux débouchés et contribuer ainsi au bien-être universel. » (Circulaire du comité exécutif annonçant l'exposition universelle, *Rapport sur l'Exposition universelle d'Anvers 1885*, Vromant, Bruxelles, 1886, p. XXII)

4. [H67].

5. [H36].

6. [H65] & [H66].

2.191 Lettre de De Tilly à Hoüel du 10 mars 1885

Anvers, le 10 mars 1885.

Mon cher collègue et ami,

C'est avec un bien vif plaisir que j'ai appris, par le Compte-rendu de la séance du 23 février dernier de l'Académie des sciences de Paris, que ce corps savant vous a décerné le prix Poncelet [1].

On a donc rendu justice, au moins en partie, à votre mérite et à vos utiles travaux. Je vous prie d'en agréer mes sincères félicitations.

J'espère recevoir de vos nouvelles, dont je suis privé depuis longtemps, et en particulier j'espère apprendre que votre santé s'est améliorée.

J'ignore si vous avez reçu la lettre que je vous ai écrite vers le milieu de janvier, à la même adresse que la présente [2]. Outre les souhaits de nouvel an, et la demande d'informations sur votre santé, je vous prévenais (comme réponse à votre dernière communication [3]) que j'allais faire un voyage à Paris. Mais je comprenais parfaitement (et je le disais dans la lettre) qu'en supposant même que vous eussiez également l'intention d'y aller, je vous informais trop tard. Malheureusement, je n'étais maître, ni de la date de l'information, ni de celle du voyage. J'espère que la prochaine exposition universelle d'Anvers nous fournira une meilleure occasion de nous rencontrer [4].

Je vous renouvelle mes félicitations et mes souhaits, et vous prie, mon cher collègue et ami, d'agréer l'expression de mon respectueux dévouement.

Jh De Tilly
rue houblonnière, 2', Anvers.

---

1. Hoüel est lauréat du prix Poncelet de l'année 1884 « pour l'ensemble de ses œuvres mathématiques, et particulièrement pour son concours utile et dévoué à la publication des Œuvres de Laplace. » (*Comptes rendus* C, 1885, p. 497)

2. Cette lettre est perdue.

3. Voir la lettre 2.189.

4. Dans la lettre 2.190, De Tilly avait déjà exprimé le souhait de rencontrer Hoüel en Belgique lors de l'exposition universelle de 1885.

Annexes

2.192 *Note sur les surfaces* (manuscrit de De Tilly)

Note[1] sur les surfaces {dont la} [à] courbure moyenne[2] {est} constante ;
[par M. J.-M. De Tilly, capitaine d'artillerie, professeur à l'École militaire.]

Les surfaces dont la courbure moyenne est constante se divisent en trois catégories, suivant que cette courbure est nulle, positive ou négative.

Les surfaces dont la courbure moyenne est nulle (surfaces développables) peuvent s'appliquer sur un plan par [une] simple flexion de leurs éléments, sans extension, contraction, déchirure, ni duplicature[3]. On en {conclut} [déduit] aisément que la {trigonométrie} [géométrie (ou si l'on veut la trigonométrie)] des figures tracées sur une surface développable est la même que celle des figures tracées sur un plan, pourvu que l'on remplace les lignes droites par les lignes géodésiques de la surface développable[⋆][, lignes géodésiques parmi lesquelles se trouvent les génératrices rectilignes dans ce cas particulier].

Les surfaces dont la courbure moyenne constante est positive peuvent s'appliquer de la même manière sur une sphère, et leur[†] {trigonométrie} [géométrie] est la même que celle de la surface sphérique, les lignes géodésiques remplaçant les arcs de grand cercle.

Ces résultats sont connus, mais il restait une lacune en ce qui concerne la {trigonométrie} [géométrie] des surfaces dont la courbure moyenne constante est négative. Elle vient d'être comblée par M. Beltrami, professeur à l'université de Bologne[⋆⋆], qui a démontré que la géométrie {réelle ou} euclidienne de ces surfaces[, que j'appellerai, d'après lui, pseudosphères,] est la même que la géométrie {imaginaire[⋆⋆⋆] ou} non{-}euclidienne du plan[4].

À ce géomètre {et à lui seul} revient donc la priorité de cette découverte[*] que l'on doit considérer comme importante, puisque la géométrie des surfaces en question se trouve ainsi faite, tout d'une pièce, par les géomètres non{-}euclidiens, et à leur insu.

1. Il s'agit d'une version manuscrite d'une partie de la note [DT8] présentée par De Tilly à l'Académie de Bruxelles le 10 mai 1870 et envoyée à Hoüel en même temps que la lettre 2.2. Nous indiquons les variantes entre le texte manuscrit et la note imprimée, excepté la ponctuation, à l'aide d'accolades et de crochets. Le texte entre accolades correspond au manuscrit et les crochets renferment les modifications du texte mis sous presse.

2. Ce n'est pas la courbure moyenne telle qu'on l'entend de nos jours. De Tilly désigne par ce terme ce qu'il est convenu d'appeler courbure de Gauss. Voir le paragraphe 1.2.5.

3. Une surface réglée (*i.e.* qui peut être engendrée par le déplacement d'une droite dans l'espace) est dite développable si elle peut être appliquée localement sur le plan tout en préservant la première forme fondamentale et ses lignes génératrices. Intuitivement, ceci signifie que l'on peut faire correspondre l'une de ses génératrices à une droite du plan et « développer » la surface par bandes sur le plan, des deux côtés de la génératrice fixée, en préservant les angles et les longueurs. Pour une surface réglée, les conditions d'être développable et de posséder une courbure de Gauss nulle sont équivalentes.

⋆. {Parmi ces lignes géodésiques se trouvent les génératrices rectilignes dans ce cas particulier.}

†. ~~géométrie~~

⋆⋆. *Saggio d'interpretazione della geometria non euclidea*, *Giornale di matematiche* t. VI, 1868 ; traduit par M. Hoüel et inséré dans les *Annales scientifiques* de l'École Normale supérieure t. VI, 1869.

⋆⋆⋆. Elle n'est pas imaginaire pour moi, mais la présente note est écrite d'après les idées des géomètres euclidiens.

4. [H39].

*. [Il y avait cependant sur les propriétés des surfaces pseudosphériques quelques travaux antérieurs que M. Beltrami signale lui-même.]

Ceci posé, et au risque d'être rangé au nombre de ces calculateurs stériles dont parle Poinsot[5], qui vont après coup rechercher dans leurs formules des résultats qu'ils n'y eussent point vus si d'autres ne les [y] avaient découverts par des voies différentes, je demande la permission de faire observer que, pour celui qui connaît les raisonnements et les calculs développés dans mes *Études de mécanique abstraite*[⋆], le théorème de M. Beltrami peut se démontrer en moins de lignes que ce savant n'y consacre de pages.

En effet, si je considère une figure tracée sur une surface à courbure constante (nulle, positive ou négative) ;[†] que je la fasse glisser sur cette surface en la déformant par flexion, mais sans extension, contraction, déchirure, ni duplicature, et que j'assujettisse {un} [deux] de ses points à décrire {une} [la] ligne géodésique [qui les joint], je puis appeler un pareil mouvement une *translation*. Si, au contraire, j'assujettissais un point à rester immobile, je pourrais appeler ce nouveau mouvement [de la figure] une *rotation*.

Dès lors, cette belle définition donnée par M. Lamarle[6] :
« Une courbe plane est la trace d'un point qui glisse sur une droite mobile, qui est la tangente, pendant que cette droite tourne autour de lui dans le plan », peut se transformer et s'étendre comme suit :

---

5. Le paragraphe auquel De Tilly fait allusion est le suivant :

> « Qu'on me pardonne ces réflexions que je fais, j'ose le dire, dans l'unique intérêt de la science. Je connais le caractère propre et distinctif de l'analyse algébrique, et je pourrais même dire avec précision en quoi cet art a pu perfectionner la logique ordinaire du discours : je sais tout ce que les bons esprits doivent au calcul ; mais je tâche d'éclairer ceux qui se trompent sur la nature de cet instrument, et en même temps, de prévenir l'abus que d'autres en peuvent faire en profitant de cette illusion même. Car, sitôt qu'un auteur ingénieux a su parvenir à quelque vérité nouvelle, n'est-il pas à craindre que la calculateur le plus stérile ne s'empresse d'aller vite la rechercher dans ses formules, de la découvrir une seconde fois, et à sa manière, qu'il dit être la bonne et la véritable ; de telle sorte qu'on ne s'en croie plus redevable quà son analyse, et que l'auteur lui-même, quelquefois peu exercé, ou même étranger à ce langage et à ces symboles sous lequels on lui dérobe ses idées, ose à peine réclamer ce qui lui appartient, et se retire presque confus, comme s'il avait mal inventé ce qu'il a si bien découvert ? Singulier artifice, que je n'ai pas besoin de caractériser davantage, mais qu'il est bon de signaler comme un des plus nuisibles aux progrès des sciences, parce qu'il est sans contredit un des plus propres à décourager les inventeurs ! »
> (Louis Poinsot, *Théorie nouvelle de la rotation des corps*, Bachelier, Paris, 1834, p. 34-35)

⋆. Tome XXI des *Mémoires couronnés et autres mémoires* publiés par l'Académie royale de Belgique. (Coll. in-8°.)

†. ~~et~~

6. Le projet du traité *Exposé géométrique du calcul différentiel et intégral* [Lam61] de Ernest Lamarle est de ramener le calcul différentiel et intégral à des considérations cinématiques. Les deux notions fondamentales qu'il utilise sont « la vitesse d'un point et l'état de mouvement d'une droite dans un plan » [Lam61, p. 6]. Il définit la notion de courbe comme suit :

> « La courbe est la trace d'un point qui se meut sur une droite mobile, le point glissant sur la droite et la droite tournant autour du point incessamment. » [Lam61, p. 7]

La définition de la courbure donnée par De Tilly (voir la note 24 de la lettre 2.2) est fortement inspirée de ce point de vue :

> « (...) j'emprunte encore à M. Lamarle les idées simples et fécondes qu'il émet dans son *Exposé géométrique du calcul différentiel et intégral*, pages 7 et 9, sur la génération des courbes, et j'observe que dans toute courbe uniforme le rapport $\frac{\omega}{v}$ de la vitesse angulaire de rotation de la tangente à la vitesse de glissement du point décrivant peut être considéré comme mesure conventionnelle de la courbure et en même temps comme déterminant complètement la courbe. » [DT6, p. 38-39]

Dans sa notice consacrée à Lamarle, De Tilly analyse longuement l'ouvrage de son confrère [DT53, p. 216-223].

« Une courbe tracée sur une surface à courbure moyenne constante est la trace d'un point qui glisse sur une ligne géodésique [tangente à la courbe], pendant que cette ligne géodésique tourne autour de lui [dans la surface] », le mot *tourne* étant compris dans le sens qui vient d'être attaché à la rotation {d'une figure} sur une pareille surface.

Que l'on reprenne maintenant les *Études de mécanique abstraite* depuis la page 11, [mais en se plaçant dans la géométrie euclidienne ; que l'on remplace] {en remplaçant} partout l'expression *plan* par *surface à courbure moyenne constante* et l'expression *droite* par *ligne géodésique* ; que l'on fasse toujours *tourner* simultanément le système des deux lignes géodésiques, tangente et normale, et glisser celle-ci par *translation* avec le point décrivant ; que l'on engendre les circonférences et les équidistantes[7] comme dans le plan, sauf à tenir compte des conventions précédentes, ce qui rend circ$R$ et $eq R$ entièrement déterminées en fonction de R, ainsi que ω en fonction de v et de R dans ces deux courbes, d'après {les} [des] propriétés connues des surfaces considérées[8], et l'on s'apercevra très-aisément que tous les raisonnements subsistent comme je l'avais déjà remarqué (pp. 27 et 34) pour la sphère {et les surfaces à courbure uniforme} [, surface à courbure uniforme][9]. Mais maintenant il suffit que la courbure moyenne soit constante.

On ne fera aucune hypothèse sur le signe de $eq R[-1]$, sauf à remarquer que ce signe reste toujours le même sur une même surface. Il faudra donc se conformer aux prescriptions des pages 32 et 33, c'est à dire que les équations (13) à (16) et (21) devront s'écrire[⋆] :

$$(13)\ \mathrm{eq}AA' - 1 = \pm\frac{\pi'\omega'AA'}{v'\mathrm{circ}\,1}$$
$$(16)\ \mathrm{eq}(a+b) = \mathrm{eq}\,a\ \mathrm{eq}\,b \pm \sqrt{(\mathrm{eq}^2 a - 1)(\mathrm{eq}^2 b - 1)} \qquad (2.1)$$

7. De Tilly appelle « équidistante d'une droite », celle-ci étant la « base », la ligne constituée par les points à la même distance (« hauteur ») de la droite. Il souligne que cette ligne n'est une droite que dans le cas euclidien [DT8, p. 11]. Il désigne par $eq\,a$ « le rapport de la longueur d'une portion d'équidistante de hauteur a à sa base » et signale sans démonstration que ce rapport est indépendant de la base et ne dépend que de la hauteur [DT8, p. 12]. De Tilly note encore circ R la longueur de la circonférence de rayon R.

8. Tous les mouvements envisagés par De Tilly sont uniformes. Pour décrire un mouvement ponctuel le long d'une courbe, De Tilly utilise la définition d'une courbe donnée par Lamarle et décompose un mouvement uniforme en une rotation de la tangente et une translation sur la tangente. Pour lui, R désigne le rayon de la circonférence, ω la vitesse angulaire de la tangente et v celle du point sur la tangente.

9. En considérant le mouvement « d'une circonférence de rayon R, engendrée par le point A, glissant sur la tangente avec une vitesse v, tandis que cette tangente tourne autour du point de contact avec une vitesse angulaire ω » [DT6, p. 12], De Tilly montre que l'immobilité du centre de la circonférence entraîne l'égalité

$$\frac{\omega}{v} = \frac{\mathrm{eq}R\ \mathrm{circ}\ 1}{\mathrm{circ}\ R}.$$

Puis, en considérant le mouvement induit par le précédent sur la circonférence de rayon $2R$, il obtient [DT6, p. 13] l'égalité

$$\frac{\omega}{v} = \frac{\mathrm{circ}\ R\ \mathrm{circ}\ 1}{2\mathrm{circ}^2 R}.$$

De cette dernière égalité, De Tilly déduit l'égalité infinitésimale

$$\mathrm{circ}\ dR = 2\pi' dR$$

où π' est un paramètre dépendant de la géométrie.

⋆. {Les autres modifications de détail ne sont pas de nature à arrêter un géomètre.}

$$(14)\ \mathrm{eq}(a+b) = \mathrm{eq}\,a\ \mathrm{eq}\,b \pm \frac{\varphi}{4}\mathrm{circ}\,b \qquad (21)\ \frac{\mathrm{circ}\,2R}{\mathrm{circ}\,R} = 2\sqrt{1 \pm \frac{\mathrm{circ}^2 R}{M^2}}$$

$$(15)\ 1 = \mathrm{eq}^2\,a \mp \frac{\varphi}{4}\mathrm{circ}\,a$$

{On ne se trouvera donc arrêté qu'au moment de l'intégration (page 22) parce qu'il faudra choisir entre la première intégrale indiquée à cette page et la seconde (page 30) ou en d'autres termes entre les trois hypothèses $R' = 1$, $R' < 1$, $R' > 1$. Mais ce choix même ne représentera aucune difficulté.} [Moyennant ces modifications et quelques autres moins importantes qui ne sauraient arrêter un géomètre, on ne trouvera aucune difficulté jusqu'au moment de l'intégration (p. 22). Alors il faudra choisir (...) mais ce choix même ne saurait être douteux.] En effet, 1° sur les surfaces développables on a $R' = 1$ puisqu'elles doivent pouvoir être superposées par flexion sur un plan ; 2° sur les surfaces à courbure moyenne constante et positive on a $R' < 1$ puisqu'elles sont développables sur une sphère ; 3° sur les {surfaces à courbure moyenne constante et négative} [pseudosphères] on a $R' > 1$ puisque sans cela leur {trigonométrie} [géométrie] serait celle du plan ou celle de la sphère, et dès lors elles seraient développables sur l'une de ces {deux} surfaces, ce qui est impossible puisqu'elles n'ont pas même courbure moyenne [; d'ailleurs on verra plus loin que les pseudosphères ont des lignes géodésiques asymptotes entre elles, ce qui exclut l'analogie parfaite avec le plan et la sphère].

Prenant donc $R' > 1$, comme dans la géométrie {abstraite} [non euclidienne], on peut poursuivre toutes les conclusions de mon mémoire et il en résulte que *la géométrie {réelle} [euclidienne] des {surfaces à courbure moyenne constante négative} [pseudosphères] est la même que la géométrie {imaginaire} [non euclidienne] du plan.*

De même on peut considérer la cinématique, la statique et la dynamique des systèmes plans établis dans ce mémoire comme étant la cinématique, la statique et la dynamique des systèmes de points matériels assujettis à se mouvoir sur une {surface à courbure moyenne constante négative} [pseudosphère].

En somme, la méthode que j'ai exposée pour obtenir les formules fondamentales de la géométrie {n. e.} [non euclidienne] possède, par rapport aux autres méthodes connues**, outre l'avantage de n'employer que des constructions planes et des quantités réelles[, de se résumer en quelques résultats simples] et de conduire tout naturellement aux applications mécaniques, celui de se prêter mieux à l'interprétation {euclidienne} des résultats, du moins en ce qui concerne la géométrie plane***.

[De cette interprétation résulte, comme le fait remarquer, avec raison, M. Hoüel*, qu'il est désormais impossible de démontrer le postulatum d'Euclide sans sortir du plan, puisque, si l'on y parvenait, ce ne pourrait être, à moins de cercle vicieux, que par l'emploi de propriétés communes aux deux sciences euclidienne et non

**. Lobatschewsky {déjà} cité [dans mon mémoire précédent] ; Bolyai, *La science absolue de l'espace* traduit par M. Hoüel ; Battaglini, *Comptes rendus de l'Académie des sciences physiques et mathématiques de Naples*, juin 1867 ; *Giornale di matematiche*, t. V, p. 217, traduit par M. Hoüel et inséré aux *Nouvelles annales de mathématiques*, 2me série t. VIII, 1868.

***. {Ces deux avantages sont connexes.}

*. Hoüel, *Note sur l'impossibilité de démontrer, par une construction plane, le principe des parallèles dit* postulatum d'Euclide ; extrait des *Nouvelles annales de mathématiques*, 2me série, t. IX, 1870, p. 3. Ce mémoire est aussi inséré sous une forme un peu différente dans les *Procès verbaux* des séances de la *Société des sciences physiques et naturelles de Bordeaux* ; séance du 30 décembre 1869. (Voyez pp. 6 à 8 de cette édition.)

euclidienne ; dès lors la démonstration pourrait être répétée, mot pour mot, dans la science euclidienne, sur les surfaces à courbure moyenne constante négative ou pseudosphères, où elle conduirait, par conséquent, à une conclusion fausse, puisque la géométrie et la mécanique de ces surfaces ne sont pas les mêmes que celles du plan.

On voit donc qu'à l'avenir toute démonstration du postulatum par la géométrie plane ou la mécanique des systèmes plans peut être reléguée, sans examen, dans les casiers où dorment les projets de mouvement perpétuel⋆.]

Quant à l'interprétation de la géométrie non{-}euclidienne à trois dimensions, elle a été essayée aussi par M. Beltrami⋆⋆ {par} [en s'appuyant sur] la considération [analytique] des espaces à plus de trois dimensions {mais cette théorie me parait purement analytique et, d'accord} [. D'accord] avec M. Hoüel⋆⋆⋆, {j'admets que par la géométrie à trois dimensions la démonstration du postulatum est encore possible, quoique bien peu probable.} [je pense que, dans l'état actuel de la question, on ne peut pas décider d'une manière absolue si la démonstration du postulatum d'Euclide est encore possible par l'emploi des trois dimensions. J'espère y revenir.]

{Mais par une construction plane, la démonstration n'est plus possible, comme le fait remarquer avec raison M. Hoüel* puisque si on arrivait à démontrer le principe des parallèles sur le plan, ce ne pourrait être, à moins de cercle vicieux, que par l'emploi de propriétés communes aux deux géométries euclidienne et non-euclidienne ; et comme toutes les constructions possibles se réduisent en définitive à des réseaux de triangles, la démonstration pourrait être repétée, mot pour mot, dans la géométrie euclidienne, sur les surfaces à courbure moyenne constante négative, où elle conduirait, par conséquent, à une conclusion fausse puisque la trigonométrie de ces surfaces ne saurait être la même que celle du plan.

On voit donc qu'à l'avenir toutes les démonstrations du postulatum par la géométrie plane** peuvent être reléguées sans examen dans les casiers où dorment les projets de mouvement perpétuel***.}

Suite de la *Note sur les surfaces* (version imprimée [DT8, p. 34-37])

S'il s'était agi dès l'abord, non pas d'établir toute la géométrie des pseudosphères, comme cela vient d'être fait, mais seulement de prouver que le postulatum n'est pas démontrable par des constructions planes, on eût pu procéder d'une manière plus simple.

Que l'on considère une courbe plane, rapportée à des axes rectangulaires, tan-

⋆. Hoüel, *Note sur l'impossibilité, etc.*, édition de Bordeaux, p. 8.

⋆⋆. *Théorie fondamentale des espaces de courbure constante, Annali di Matematica pura ed applicata*, 2me série, t. II, traduit par M. Hoüel et inséré dans les *Annales scientifiques* de l'École normale supérieure, t. VI, 1869. On peut voir aussi, à cet égard, Helmholtz, *Sur les faits qui servent de base à la géométrie*, extrait des actes de la *Société d'histoire naturelle et de médecine de Heidelberg*, t. IV, et traduit par M. Hoüel.

⋆⋆⋆. Voir la note citée plus haut.

*. dans la note citée plus haut.

**. ou la mécanique des systèmes plans.

***. Hoüel, *Note sur l'impossibilité, etc.*, édition de Bordeaux, p. 8. Bien des géomètres n'ont pas attendu la découverte de M. Beltrami pour conclure comme M. Hoüel, mais ceci ne prouve rien : de tout temps, il a été plus facile de trancher que de résoudre.

gente à l'axe des x, asymptote à l'axe des y et ayant pour équation :

$$y = \frac{a}{2} \log \frac{a + \sqrt{a^2 - x^2}}{a - \sqrt{a^2 - x^2}} - \sqrt{a^2 - x^2},$$

et qu'on la fasse tourner autour de l'axe des y, on engendrera ainsi une pseudosphère de révolution, ou du moins le noyau de cette surface dont les nappes superposées s'enroulent indéfiniment sur ce noyau.

Alors, par des méthodes connues, on s'assurera très-aisément :

1° Qu'en chaque point de cette surface le produit des rayons de courbure des sections principales est constant et égal à $-a^2$ (– parce que ces sections laissent le plan tangent entre elles), d'où résulte qu'une partie quelconque de cette surface peut glisser sur la surface par flexion, mais sans extension, contraction, déchirure ni duplicature ;

2° Qu'entre deux points quelconques de cette surface il existe une seule ligne géodésique, ou un seul plus court chemin sur la surface, ce que l'on voit en amenant ces deux points sur une même ligne géodésique méridienne par le glissement d'une portion de surface qui le contient.

Cela suffit pour prouver que toute démonstration du postulatum sur le plan réussirait aussi sur la pseudosphère de révolution ; or, là le principe des parallèles ne peut pas exister puisqu'on voit clairement que toutes les lignes géodésiques méridiennes sont asymptotes entre elles.

La démonstration ainsi présentée ne peut soulever que des objections de détail faciles à réfuter.

Je me borne, en ce moment à en rencontrer deux, qui paraissent les plus importantes.

1° On pourrait dire que le plan jouit d'une d'une autre propriété fondamentale que ne possède pas la pseudosphère, le retournement. On répondra que le retournement n'est jamais nécessaire dans la géométrie plane ; on l'emploie quelquefois pour démontrer rapidement l'égalité de deux figures, mais cette égalité peut toujours se démontrer autrement.

2° On pourrait dire que les lignes géodésiques ne sont pas infinies dans les deux sens et s'arrêtent brusquement au parallèle maximum, mais cela n'infirme en rien la possibilité de répéter sur la pseudosphère les constructions qui seraient censées démontrer le postulatum sur le plan, car ces constructions devant, dans chaque hypothèse possible, être limitées, on pourrait toujours les commencer sur la pseudosphère en un point situé assez loin du parallèle maximum pour qu'elles ne pussent jamais arriver jusqu'à ce parallèle.

Il reste à indiquer quelle est, dans l'interprétation des formules non euclidiennes, le sens précis de la quantité M.

Dans le plan $M = \infty$; dans la sphère de rayon a, on a $M = 2\pi a$ (p. 32, des *Études de mécanique abstraite*).

On a déjà vu que, dans la pseudosphère de révolution, a peut être considéré comme jouant le rôle de rayon pseudosphérique, parce que la courbure s'exprime par $-\frac{1}{a^2}$. Je dis de plus que l'on a $M = 2\pi a$, comme dans la sphère.

Pour cela, on peut remarquer que circ a et circ x sont deux arcs semblables d'horicycles pseudosphériques dont les rayons géodésiques diffèrent de s, arc compris entre les points dont les abscisses sont x et a. On a donc

$$\frac{a}{x} = \frac{\frac{M}{2}\left(e^{\frac{2\pi(f+s)}{M}} - e^{-\frac{2\pi(f+s)}{M}}\right)}{\frac{M}{2}\left(e^{\frac{2\pi f}{M}} - e^{-\frac{2\pi f}{M}}\right)} = e^{\frac{2\pi s}{M}} \quad \text{(puisque } f \text{ est infini).}$$

D'où

$$s = \frac{M}{2\pi}\log\frac{a}{x}.$$

D'autre part,

$$s = \int_x^a dx\sqrt{1+\left(\frac{dy}{dx}\right)^2} = a\log\frac{a}{x}.$$

La comparaison des deux valeurs de s fournit $M = 2\pi a$, ce que l'on trouverait aussi en exprimant de deux manières l'aire de révolution engendrée par s autour de l'axe.

Dans toute autre surface à courbure moyenne constante, M a naturellement la même valeur que dans la surface plane, la sphère ou la pseudosphère de révolution sur laquelle elle peut se développer.

2.193 *Sur la théorie des parallèles* (manuscrit de De Tilly)

Sur la théorie des parallèles [1].

Le compte rendu de la séance du 20 x[bre] 1869 renferme une démonstration du postulatum d'Euclide par M. Carton, démonstration que M. Bertrand trouve exacte [2]. Le compte rendu du 3 janvier 1870 renferme une seconde note de M. Bertrand, moins affirmative que la première et dans laquelle il reconnait 1° que la démonstration n'est pas nouvelle 2° qu'elle ne satisfait pas aux conditions posées par les géomètres non-euclidiens, c'est à dire par ceux qui contestent l'exactitude du fait à démontrer. Or il importerait surtout de convaincre ces derniers, puisque les autres sont déjà convaincus. Mais M. Bertrand prétend que les conditions posées par eux pour reconnaître l'exactitude d'une démonstration sont exagérées. J'y reviendrai dans la suite.

Dans le compte rendu du 3 janvier, on trouve une note de M. Lionnet ainsi conçue [3] : « La démonstration de M. Carton exposée par M. Bertrand, dans la séance du 20 x[bre] dernier, n'est que la reproduction de celle de Minarelli... [4] Nouvelles annales de Mathématiques, t. VIII p. 312. Mais une objection que j'ai insérée dans le même recueil en janvier 1850 t. IX p. 37 est restée sans réponse » [5]. M. Lionnet

1. Ce document est reçu par Hoüel le 18 avril 1870 (voir la lettre 2.4). Une partie de ce texte est toujours conservé aux Archives de l'Académie des sciences dans la pochette de la séance du 28 février 1870.

2. Bertrand écrit qu'il trouve la démonstration « ingénieuse et exacte » [Ber70, p. 20].

3. De Tilly cite ici un extrait de la page 31 des *Comptes rendus* de 1870.

4. De Tilly ne transcrit pas le passage où l'on apprend que c'est Genocchi qui a communiqué cette démonstration à Terquem.

5. L'objection de Lionnet est la suivante : « La figure au moyen de laquelle M. Camillo Minarelli veut prouver que la somme des angles d'un triangle n'est pas moindre que deux angles droits, suppose que le point B_1 est situé dans l'angle B_1D_1K, (...) et ainsi de suite ; c'est ce qu'il faudrait d'abord démontrer. » Le rédacteur précise : « MM. Lebesgue [6], Breton (de Champ) et Finck nous ont adressé la même objection. Il est difficile de la rendre visible sans courber les droites. » (p. 37)

pourrait dire sans crainte « est restée et restera sans réponse »⋆.

La démonstration de M. Carton étant la reproduction d'une autre déjà connue et réfutée, on ne pourrait que regretter son insertion dans les comptes rendus qui lui donne une importance apparente et il n'y aurait pas lieu de s'en occuper davantage si l'Académie n'avait nommé une commission pour la question de la théorie des parallèles, commission à laquelle elle a renvoyé deux notes dans la séance du 3 janvier (p. 32) et quatre autres dans celle du 10 janvier (p. 91) [7].

Dès lors il ne s'agit plus seulement de la démonstration de M. Carton, mais de la théorie des parallèles en général et la commission sera amenée peut être à examiner les arguments que peuvent donner à l'appui de leur manière de voir les deux écoles de géomètres qui sont profondément divisées sur cette question. Comme je m'en suis beaucoup occupé, j'ose me permettre de donner quelques explications supplémentaires à ce sujet. Je dis supplémentaire, car on trouve dans la deuxième note de M. Bertrand d'abord une réfutation de la démonstration de M. Carton⋆, réfutation analogue d'ailleurs à celles qui avaient déjà paru dans le journal de M. Terquem, puis⋆⋆ un exposé très net de la manière dont les géomètres non-euclidiens entendent les premiers principes de la géométrie, c'est-à-dire ce qu'ils admettent et ce qu'ils veulent qu'on leur démontre, et c'est bien ainsi que la question doit être posée, sinon il n'y a plus de question. Mais j'ai cependant deux observations à présenter sur cet exposé des principes des géomètres non-euclidiens et sur les commentaires que M. Bertrand y ajoute.

1° De ce que les contradicteurs exigent que l'on déduise tout de cinq principes, M. Bertrand en conclut qu'ils ne veulent se servir que de la logique et non de la figure et que, pour traduire géométriquement leurs résultats, il faut tracer des droites « contournées »⋆⋆⋆ ou « crochues »∗. Ceci n'est pas exact. Les droites sont aussi droites dans la géométrie non euclidienne que dans l'autre ; les grandes lignes droites que les géomètres non-euclidiens considèrent seront engendrées, si l'on veut, par le glissement sur elle même d'une petite ligne droite, construite par un géomètre euclidien. Si M. Bertrand est obligé de tracer des droites contournées ou crochues, c'est qu'il travaille, ou bien sur des figures trop petites, ou bien sur des figures conventionnelles dans lesquelles les lignes n'occupent pas les mêmes positions relatives que dans les figures réelles.

Dans le premier cas, pour déduire ce qui se passerait dans la figure réelle de ce qui se passe dans la figure tracée en petit, il faudrait admettre implicitement la

⋆. En lisant l'objection de M. Lionnet dans le journal de M. Terquem, on peut s'arrêter après les mots « d'abord démontrer ». Ce géomètre ajoute : « On fait disparaître etc. » Il aura sans doute reconnu depuis qu'on ne peut nullement faire disparaître l'objection telle qu'il la présente d'abord et que la seconde forme qu'il lui donne est inutile.

7. Le 3 janvier, outre la note de Lionnet, la production d'un certain Fleury est aussi confiée à la Commission. Ce dernier pense avoir prouvé que le « *postulatum* n'est pas démontrable, même en accordant comme évidentes ou démontrées, non-seulement la proposition sur la somme des angles d'un triangle, mais toutes les vérités géométriques ». Le 10 janvier, ce sont les communications de Lionnet, Boillot, Hoüel [H49b] et Fuix qui sont renvoyées à la Commission. Le second « qui s'est depuis longtemps occupé de ce sujet et qui en a fait l'objet de longues réflexions, fait voir [dans une note] qu'il est impossible de se passer de la considération de l'infini, quand on veut démontrer le *postulatum* d'Euclide. » Le dernier assure pourtant qu'il a donné dans une brochure intitulée « Programme d'un nouveau mode d'enseignement de la Géométrie élémentaire » une « démonstration du *postulatum*, indépendante de la considération de l'infini ».

⋆. page 19, lignes 4 à 11.

⋆⋆. page 18, lignes 14 à 29.

⋆⋆⋆. page 20. On se borne à indiquer la page des citations. Les chiffres inférieurs à 1000 se rapportent aux compte rendus de 1870 ; les autres à ceux de 1869.

∗. page 19.

notion de similitude ce que l'on ne peut faire sans un énorme cercle vicieux. Le second cas est précisément celui de la figure tracée par M. Carton⋆. Sa démonstration serait rigoureuse si toutes les droites telles que C_2D_1, restaient entièrement au-dessus de la ligne brisée CC_1C_2 ... Je vois dans la figure (je ne refuse donc pas de m'en servir) qu'il en est ainsi pour les cinq premières, mais cela ne suffit pas pour prouver qu'il en sera de même plus loin ; je ne puis plus m'appuyer sur la figure qu'on ne saurait prolonger indéfiniment ; il faut donc bien qu'on m'indique la raison du fait géométrique observé et qu'on me prouve que cette raison subsistera dans la suite ; alors, sans prolonger la figure, je serai certain de sa possibilité. Il faudrait par exemple (et je crois que c'est l'énoncé le plus simple, mais, au fond, cela revient à l'objection des contradicteurs de M. Bertrand) il faudrait, dis-je, démontrer que les positions respectives des droites $C_{n+1}C_n$ et KX restent les mêmes dans la suite de la construction, car sans cela il n'est plus certain que l'on puisse prendre sur KX un point D_n tel que le triangle $C_nC_{n+1}D_n$ ne s'enchevêtre pas dans les constructions qui précèdent. Non seulement il fallait démontrer cela, mais on peut dire que « c'était là la seule chose à démontrer ». L'auteur ne l'a pas fait et ne le fera pas ; donc il n'a rien fait du tout et la question en est au même point que le 19 x^bre^.

Pourquoi ne le fera-t-il pas ? J'avoue que ceci n'est au fond qu'une hypothèse, mais elle a en sa faveur une très grande probabilité. J'y reviendrai. Je ne pourrais d'ailleurs mieux formuler l'ensemble de mes objections contre toutes les formes différentes que l'on essaie de donner au postulatum d'Euclide que par cette phrase, déjà rencontrée mais non réfutée suivant moi par M. Bertrand⋆ : *Cela n'est pas vrai dans la géométrie imaginaire et nous le savons depuis longtemps*. Seulement je proteste contre le mot *imaginaire*.

Les droites de la géométrie non-euclidienne n'étant ni contournées, ni crochues, mais étant les mêmes que celles de la géométrie euclidienne, le paragraphe commençant par les mots *Dans cette affectation de pure logique*..., se terminant par ceux-ci : *qu'il n'est nécessaire*⋆⋆ et renfermant à l'adresse des géomètres non-euclidiens un reproche de contradiction ; ce paragraphe, dis-je, me parait renversé ; il y a plus, le reproche de la contradiction se retourne contre son auteur. En effet, celui-ci dit⋆⋆⋆ : « M. Carton s'efforce de démontrer ce postulatum *avec une même rigueur que les autres* propositions de la géométrie élémentaire. » Or, dans les autres propositions de la géométrie, il est permis de tracer dans la figure des droites crochues et la démonstration n'en réussit pas moins si on ne viole aucun des principes de la page 18[8]. Puisqu'ici cela n'est plus permis selon M. Bertrand, la rigueur n'est donc *pas la même*.

Résumant toute cette première observation, on voit que les lignes droites de la géométrie imaginaire ne sont ni contournées, ni crochues, que les géomètres

⋆. page 1269.

⋆. pages 19 et 20.

⋆⋆. page 20. [Pour la commodité de la lecture, nous retranscrivons le passage : « Dans cette affectation de pure logique, n'y a-t-il pas même une contradiction choquante ? On admet que d'un point à un autre on ne peut mener qu'une seule ligne droite ; cela ne se démontre ni ne peut se démontrer, cela est *évident* (il faut bien se résigner à le dire), mais cela cesse de l'être dès que l'on admet les lignes droites contournées qu'exige la géométrie imaginaire. On répondra, je le sais, qu'il s'agit d'une vérité de définition, et qu'évidente ou non, on se borne à en suivre les conséquences ; mais les autres principes sur la ligne droite sont aussi des vérités de définition ; et n'est-ce pas s'écarter de la saine logique que d'accumuler dans une définition plus de conditions qu'il n'est nécessaire ? »]

⋆⋆⋆. page 1267.

8. Voir la note 99 du paragraphe 1.2.2.

non-euclidiens auraient le droit de se renfermer dans les cinq principes cités par M. Bertrand et de refuser d'en sortir puisque cela est permis dans les autres questions ; que cependant ils ne refuseraient nullement de raisonner sur la figure et de consulter en quelque sorte le dessin, si celui-ci pouvait être construit réellement et en grandeur naturelle, mais ces conditions sont indispensables ; chaque fois donc que la construction est rendue impossible par la longueur trop grande des lignes, il ne reste plus que la logique et ils l'emploient.

2° J'ai déjà reconnu que la question du postulatum d'Euclide est parfaitement posée par les contradicteurs de M. Bertrand en ces termes : « Étant admis, n'importe pour quels motifs, les principes de la page 18[9], en déduire la démonstration du postulatum. »

Mais examinons maintenant ces principes eux-mêmes. On peut les considérer de 3 manières :
a) Comme évidents, indémontrables et indispensables. C'est l'opinion de la majorité des géomètres.
b) Comme non-évidents, mais indémontrables et indispensables. C'est l'opinion des géomètres qui ont écrit à M. Bertrand puisqu'ils disent[⋆] : « Rien n'est évident ; les principes énoncés ne le sont pas plus que le reste ; on les admet : voilà tout » et plus haut : « Ces principes sont la base de la science ; il faut les accepter si l'on veut étudier la géométrie »[10].
c) Comme non-évidents, mais démontrables et indispensables.

Le seul point commun aux trois opinions[11] que l'on peut avoir de sur ces principes, c'est donc qu'ils sont indispensables ; sans eux pas de géométrie. Il n'en est pas de même, on le sait, du XIme principe d'Euclide, puisque sans lui on peut établir une géométrie plus générale qui se réduit à la géométrie ordinaire dans les systèmes très petits.

Sur cette différence capitale, tous les géomètres peuvent être d'accord, quelle que soit celle des deux géométries qu'ils considèrent comme la véritable. Il n'est donc pas juste de dire avec certains d'entre eux : « Pourquoi refuser d'admettre sans démonstration le postulatum d'Euclide, puisqu'on admet de cette manière d'autres propositions antérieures ? »

Il est moins juste encore de dire avec M. Bertrand : « La géométrie conserverait même après ce succès, des difficultés bien autrement insolubles. » C'est là une assertion sans preuves.

Mais il y a une seconde différence capitale entre le postulatum d'Euclide et les autres principes et cette seconde différence ne peut être admise que par les géomètres non-euclidiens qui en outre adoptent sur les principes fondamentaux l'une des opinions a) ou c). C'est que ces principes sont *absolument certains*, tandis

9. Dans sa note [Ber70], J. Bertrand définit les 4 principes sur lesquels « plusieurs géomètres fort distingués [...] sont tous d'accord » pour définir « le terrain sur lequel ils entendent se placer, en refusant absolument d'en sortir » :

> On admet sur la ligne droite quatre principes :
> 1° On peut d'un point à un autre mener une ligne droite, et l'on peut n'en mener qu'une ; 2° une ligne droite peut être prolongée indéfiniment dans les deux sens ; 3° deux portions de ligne droite peuvent coïncider ; 4o la ligne droite est le plus court chemin d'un point à un autre. [Ber70, p. 18]

⋆. page 1269.
10. [Ber70, p. 18].
11. C'est ici que s'arrête le manuscrit de la note conservé dans la pochette de la séance du 28 février 1870.

que le postulatum considéré comme vérité absolue leur paraît douteux.

La certitude absolue des principes, pour ces géomètres, peut provenir soit de la tournure de leur esprit qui les leur fait considérer comme évidents (c'est l'opinion a)) soit de ce qu'ils les rattachent à d'autres, plus évidents, plus primordiaux encore et pouvant servir à démontrer les premiers. C'est l'opinion c) et c'est la mienne.

Je ne puis la développer ici ; d'ailleurs je devrais en grande partie copier ce que Bolyai a écrit à ce sujet (Houël, Essai critique sur les principes fondamentaux de la géométrie, Note III. Voir aussi les Notes I et II ainsi que les §2, 3 et 4 (pages 37 et 38) jusqu'à Axiome 1 exclusivement) [12].

Tant que des objections sérieuses n'auront pas surgi contre sa théorie⋆, je la considérerai comme exacte, au moins dans les points principaux, et j'ose appeler sur elle l'attention des géomètres qui ne l'auraient pas encore examinée.

Pour la réfuter il ne suffit, ni du silence, ni d'assertion vagues telles que celles-ci : « C'est sur l'évidence seulement que peuvent reposer les idées premières de lignes droites et de plan »⋆⋆ [ou] « d'un point à un autre, on ne peut mener qu'une seule ligne droite, cela ne se démontre ni ne peut se démontrer »⋆⋆⋆.

Après une étude approfondie du travail de Bolyai [13], auquel je me réfère, on reconnaîtra je pense qu'il s'agit bien pour moi « d'établir l'entière certitude des vérités »* et que si je les rattache à d'autres, celles-ci ne sont pas « arbitrairement choisies à l'avance »**.

J'ignore si la commission nommée pour la théorie des parallèles se bornera à émettre un avis sur la tentative de M. Carton, ou bien si elle en émettra un sur l'ensemble de la question et sur les chances de réussite qui peuvent rester encore au tentatives futures.

Dans le premier cas, je pense qu'après toutes les communications reçues par elle, elle devra conclure ainsi : « Aux yeux des géomètres qui admettent implicitement l'évidence du postulatum d'Euclide, la démonstration de M. Carton est exacte, mais inutile ; aux yeux des autres, elle n'est qu'une forme particuilère de ce postulatum, plus compliquée, mais pas plus évidente ».

Dans le second cas je voudrais que les conclusions fussent les suivantes : « Le

12. [H36].
La note I de l'ouvrage de J. Hoüel traite de l'invariabilité des figures, la note II du mouvement géométrique et la note III des axiomes relatifs à l'existence du plan et de la ligne droite. Dans la note III, Hoüel reprend la présentation de l'engendrement des cercles, des plans et de la ligne droite en considérant des systèmes de sphères concentriques ([H36, p. 61-62]) donnée par F. Bolyai dans le *Tentamen* [BolF32]. Les pages 37 et 38 sont les premières pages de l'exposé de Hoüel. Il y décrit les premi ères notions : surface, ligne et point. Une figure est alors définie comme « une ensemble quelconque de points, de lignes ou de surfaces, considéré comme invariable de forme ». Le premier axiome affirme que « trois points suffisent en général, pour fixer dans l'espace la position d'une figure ».

⋆. La seule que j'aperçoive s'adresse à la phrase : « Or dans chaque cercle c, il y a deux points qui se trouvent dans leur position primitive après la demi-révolution » (page 62). Cela ne résulte pas clairement de ce qui précède, mais on peut l'établir de plusieurs manières. Voici la plus simple : On sait déjà qu'on peut faire en sorte qu'un point A d'un cercle donné C revienne sur son ancienne position. Mais y aura-t-il aussi sur un cercle c un point a qui soit revenu à son ancienne position a' ? S'il en était autrement, soit a le point tel que l'arc aa' soit un minimum. Cet écartement aa' devrait être porté d'un côté ou de l'autre. Or il n'y a pas plus de raison pour qu'il le soit de l'un que de l'autre.

⋆⋆. page 1266.

⋆⋆⋆. page 20.

13. De Tilly n'a certainement pas eu le temps de consulter la traduction du mémoire de Janos Bolyai ([H38]) que Hoüel lui a envoyée le 16 avril ; en effet, Hoüel reçit la présente note le 18 avril. De Tilly a dû étudier la note VII de l'*Essai critique* ([H36, p. 72-78]) consacrée à l'axiome des parallèles. Hoüel résume en quelques pages la question en évoquant les travaux de J. Bolyai, Lobatchevski et Legendre.

*. page 20.

**. page 20.

postulatum d'Euclide paraît impossible à démontrer ; comme d'ailleurs les résultats qu'on en déduit sont admis par tous les géomètres avec cette seule restriction qu'ils sont rigoureux pour les uns tandis qu'ils ne sont qu'approximatifs pour les autres, il parait utile de conseiller à tous d'abandonner cette recherche et de reporter sur d'autres problèmes les ressources de leur esprit ; si toutefois un géomètre se sentait pour la question des parallèles une vocation irrésistible, la marche la plus rationnelle, la seule que l'on puisse encore lui conseiller, c'est d'étudier d'une manière approfondie la géométrie imaginaire, ou non euclidienne, ou *abstraite* ainsi que les *applications* et d'y chercher une contradiction. Sans doute, la probabilité d'aboutir par cette voie est encore bien faible, mais en dehors de cette voie on peut la considérer comme nulle. »

J'ai un mot d'explication à donner sur ce que j'entends par les applications de la géométrie abstraite et à ce propos je demande la permission de dire un mot de mes propres travaux sur cette question, travaux resumés dans un Mémoire récemment publié par l'Académie Royale de Belgique[⋆] et dont j'ai l'honneur d'envoyer un exemplaire en même temps que cette note. Bien que j'aie écrit sur la géométrie abstraite, je ne suis pas un de ceux que Lobatchevsky a « entrainé » à sa suite[14]. J'avais trouvé, par une méthode spéciale, indiquée dans mon mémoire, toutes les formules fondamentales de la géométrie nouvelle avant de connaître même le nom du savant géomètre russe et avant de savoir qu'aucun géomètre eût douté du postulatum. Mais je dois avouer qu'à cette époque je n'en doutais pas moi-même et j'espérais encore trouver une contradiction dans mes formules. La lecture des travaux de Lobatchevsky fixa seulement mon opinion sur l'inanité de cet espoir, sans m'apprendre rien de nouveau en ce qui concernait les formules principales. Je conserve, dans mon mémoire, la méthode qui m'avait conduit à ces formules, bien que les formules mêmes ne m'appartiennent pas comme je l'avais cru d'abord 1° parce qu'elle est radicalement différente de celle de Lobatchevsky[⋆] et n'emploie que la géométrie et la cinématique planes, alors que celle du géomètre russe s'appuie sur la géométrie de l'espace et même sur l'étude d'une surface nouvelle, l'horisphère ; 2° parce qu'elle se résume en un petit nombre de résultats faciles à retenir et à appliquer dans une figure quelconque ; 3° parce qu'elle me paraît se prêter mieux aux applications mécaniques. Et c'est ici l'explication de ce que je disais tout à l'heure. Il ne suffit pas que la géométrie[†] pure puisse s'établir dans l'hypothèse non euclidienne. Il doit en être de même dans la mécanique rationnelle. Si l'on rencontrait dans celle-ci une contradiction ou une impossibilité, cela suffirait pour renverser l'édifice et démontrer le postulatum. Or si j'ai perdu la priorité dans la Géométrie, elle me reste, je pense, dans la Mécanique, et c'est là l'objet principal du Mémoire que j'ai l'honneur de joindre à cette Note.

En le signalant, je ne poursuis pas une vaine satisfaction d'amour propre. Je désire d'abord être utile à celui qui, malgré le peu de chance de réussite, voudrait encore reprendre la question du postulatum. Ensuite je veux faire connaître les motifs de mes opinions non-euclidiennes, y affermir les géomètres qui les ont déjà adoptées, convaincre ceux qui hésitent ; et quant à ceux qui ont définitivement

⋆. Tome XXI etc. [Il s'agit de [DT6].]

14. De Tilly reprend le mot de Bertrand. Voir la note 6 de la lettre 2.4.

⋆. Quant à celle de Bolyai, je ne la connais pas encore. Une traduction française d'une partie des œuvres de W. et J. Bolyai vient de paraître (Comptes rendus, 27 xbre 1869, Bibliographie), mais je ne l'ai pas lue. [De Tilly fait allusion à la liste des ouvrages reçus par l'Académie dans sa séance du 20 décembre 1869. Dans la liste, il apparaît (p. 1386) les travaux [H27] et [H38].]

†. ~~non-euclidienne~~

admis la géométrie ancienne, j'espère au moins les amener, sinon à partager nos opinions, du moins à les respecter. Or ce n'est pas respecter les opinions de ses adversaires que de dire qu'ils ne sont pas « sérieusement convaincus »**, qu'ils sont « curieux de disputer, non de s'instruire »*** et qu'ils poursuivent « le caprice d'une débauche de logique »*.

Note pour M. Hoüel : Dans ma dernière lettre il y a, je pense, une petite erreur. Au lieu de : On ne fera aucune hypothèse sur le signe de eq$R$, il faut lire évidemment : sur le signe de eq$R-1$.

2.194 Liste des périodiques consultables à Bruxelles

Cette liste est envoyée à Hoüel par De Tilly avec la lettre 2.30.

Liste des ouvrages périodiques que l'on peut consulter dans les Bibliothèques de Bruxelles**.

1° Publications des sociétés savantes.

Belgique.

Académie royale de Belgique à Bruxelles, Société des sciences etc du Hainaut à Mons, Société des sciences de Liège, Société scientifique et littéraire du Limbourg à Tongres.

Hollande (et colonies).

Koninglijke Akademie van wetenschappen te Amsterdam, Provinciaal utrechtsche genootschap van Kunsten en wetenschappen, Hollandsche maetschappy der wetenschappen te Harlem, Bataafsch genootschap der proefondervindelijke wijsbegeerte Rotterdam, Zeeurvsch genootschap der wetenschappen te Middelburg, Bataviaasch genootschap van Kunsten en Wetenschappen, Koninglijk instituut van ingenieurs.

France.

Académie des sciences de Paris, Académie des sciences, arts et lettres de Bordeaux, Société des sciences physiques et naturelles de Bordeaux, Société des sciences de Lille, Académie d'Arras, Académie des sciences... de la Somme à Amiens, Société dunkerquoise pour l'encouragement des sciences, Société des sciences de St Quentin, Académie de Stanislas Nancy, Académie des sciences de Rouen, Académie des sciences, belles-lettres et arts de Marseille, Société acad. de Maine et Loire à Angers, Société philotechnique de Paris, Société philomatique de Paris, Académie des sciences etc. de Dijon, Soc. d'agri., *sciences*, etc. de Valenciennes, Acad. sciences et lettres de Montpellier, Soc. litt., *scientifique* etc. d'Apt (Vaucluse), Soc. d'agri., *sciences* et arts de Douai, Académie des sciences etc. de Lyon, Institut des provinces de France.

Suisse.

Société de physique et d'histoire nat. de Genève, Institut national genevois.

Allemagne, Autriche, etc.

Académie des sciences de Berlin, Académie des sciences de Vienne, Académie des sciences de Munich, Physikalische Gesellschaft zù Berlin, Ferdinandennes für Tirol und Vorarlberg Inspruik, Physikalischer Verein zu Frankfort am Mein, Königliche sashsische Gesellschaft der Missebschaften zù Leipzig, Königliche Gesellschaft der Wissenschaften zù Göttingen, Oberlahausitzischen Gesellschaft der Wissenschaften zù Görlitz, Philomathie in Neisse, Astronomische Gesellschaft zù Leipzig, Königliche böhmische Gesellschaft der Wissenschaften zu Prag.

**. page 1266.
***. page 1269.
*. page 1266.
**. Observation : Plusieurs pub[lications] peuvent m'avoir échappé à cause de leur titre qui ne répondrait pas assez bien à leur contenu. Exemple : on trouve à la page 304 de votre Bulletin : Société des sciences *naturelles* de Luxembourg. Or le mémoire analysé se rapporte à la Physique Math[ématique].

Angleterre et peuples d'origine anglaise.

Royal Society of London, Royal astronomical Society of London, Royal irish academy of Dublin, American philosophical society of Philadelphia, Royal Dublin Society, American academy of arts and sciences Boston, National academy of sciences of Waschington, Chicago academy of sciences, Royal asiatic society of Great Britain and Ireland, Literary and philosophical society of Manchester, Essex institute of Salem, Connecticut academy of arts and sciences at New-Haven, Smithsonnien instiution at Washington, Albany institute, Academy of sciences of St Louis, Philosophical Society of Cambridge, Institution of civil ingenieurs of London, California academy of sciences at S. Francisco, Peabody academy of sciences at Salem, Royal physical society of Edinburgh, British association for the advancement of science, Royal society of arts and sciences Port-Louis, Royal society of Edimbourg, London mathematical society, Philosophical society of Glascow, American society of civil enginieurs at New York, Royal society of Victoria at Melbourne, Société asiatique du Bengale à Calcutta, Society of Tasmania at Melbourne.

Italie.

Instituto veneto di scienze lettere ed arti Venezia, Accademia pontificia di nuovi Lincei di Roma, Reale Accademia delle scienze in Torino, Accademia delle scienze dell Instituto di Bologna, Reale Istituto lombardo di scienze ed lettere in Milano, Accademia delle scienze fisiche e matematiche di Napoli, Regia accademia di scienze lettere ed arti in Modena.

Russie.

Académie des sciences de St Petersbourg.

Danemark, Suède et Norvège.

Kongelige Dansk-Videnskabernes Sels Rabs Kjobenkavy, Regia societatis scientiarum upsaliensis Nova acta, Videnskabs Sels Kabet i Christiania, Fisiska Vetenkaps societateus of Helsingforts, Kongliga Ivenska Vetenskaps-Akademiens i Stockholm, Kongelige Norske Videnskabers Selskabs i Throndhjem, Societeten (Vetenskaps) i Upsala, arskrift.

Portugal.

Academia real das sciencias de Lisboa.

Venezuela.

Sociedad de liencias fisicas y naturales de Caracas.

2° Universités et observatoires.

Belgique.

Annales de l'observatoire de Bruxelles, Annales des universités de Belgique.

Hollande.

Annales academiae Lugduni-Batavorum, Annales des université et athénées néerlandais, Annalen der sterrewacht in Leiden.

Autres pays.

Universität zù Erlangen Academischen Schriften, Universität zù Kiel Schriften, Dudley observatory annals Albany, Radcliffe observatory Oxford, Regia scientiarum universitas Hungaria Pestini, Université d'Upsal, Annales et Thèses, Nicolai Hauptsternwarte Pulkowa, Université de Kazan, Mémoires scientifiques, Universitet til Christianna Index scholarium, Annalen der Münchener Sternwarte, Université de Marbourg Thèses, Universität zù Tubingen Schriften, Annals of the astronomical observatory of Harvard college Cambridge, Université de St Petersbourg Travaux, Kongelige Frederiks Universitet til Christiania, Universitas Carolina Lundensis Acta, Königliche Sternwarte bei München, Astronomische Beobachtung auf der Sternwarte zù Bonn, Annales de l'observatoire physique central de Russie, Königliche Sternwarte zù Göttingen, Regio observatorio dell'Universita di Torino, Atti della universita di Genova, Universitätschriften (de différentes villes allemandes).

3° Journaux scientifiques.

Belgique.

Revue universelle des mines, Annales des travaux publics, Revue de l'Instruction publique, Messager des sciences de Gand.

Hollande.

Tydschrift voor math. en phys.

Autres pays.

Nouvelles annales de mathématiques, Bulletin des sciences math. (pour mémoire), Annales du génie civil, Annales des ponts et chaussées, Astronomische Nachrichten, Cosmos, Der Civil ingenieur, L'Institut, Journal de Liouville, Journal de l'École polytechnique, Journal de Crelle-Borchardt, The mechanic magazin, Revue des cours scientifiques de la France et de l'étranger, Zeitschrift für mathematik und physik, Annales de physique et de l'homme, L'ami des sciences, Annales de Pogendorff, Annales des mines de Paris, Annales scientifiques de l'École Normale supérieure, Annales des sociétés savantes, Archiv der mathematik und physik von Grunert, Moniteur scientifique de Quesneville, Bulletin scient. du dép. du Nord, Journal des savants, The american journal of science and arts, Revue populaire des sciences, Revue scientifique italienne, Revue des société savantes des départements, Smitsonian contribution to Knowledge, Scientific opinion London, The reader, review of litteratur science and art, Revue de l'I[on] publique, de la littérature et des sciences en France, Corrispondenza scientifica in Roma, La presse scientifique des deux mondes.

2.195 Compte-rendu sur la *Géométrie rigoureuse* de Cassani par De Tilly

[†]*Géométrie rigoureuse*, par le docteur Pierre Cassani, professeur de Mathématique et de Mécanique appliquées à l'Institut technique de Venise[⋆].

La Géométrie, comme toutes les sciences concrètes, s'appuie sur un certain nombre de postulats[⋆⋆], qu'il ne faut pas chercher à démontrer, parce qu'ils ne sont nullement des vérités nécessaires, s'appuyant exclusivement sur les lois de la raison mais seulement l'expression scientifique de *faits* reconnus par l'expérience.

L'indication précise de ces postulats sous la forme la plus simple, le rétablissement explicite de ceux qui sont habituellement sous-entendu, la suppression de ceux qui ne sont point primordiaux, c'est-à-dire qui sont des conséquences nécessaires des autres, tel est l'objet de la vraie philosophie géométrique, qui a fait, dans ces derniers temps, de remarquables progrès.

Mais ces progrès n'ont guère été suivis par les auteurs de Traités classiques, qui continuent généralement, soit à admettre des propositions que l'on peut démontrer, soit à sous-entendre certains postulats nécessaires, ou à en remplacer d'autres par des démonstrations vicieuses.

L'auteur du livre que nous analysons a entrepris d'établir les Éléments de la Géométrie sur des bases rationnelles depuis le début jusqu'au point où aucun postulat nouveau n'est plus nécessaire, et où les Traités ordinaires ne laissent plus rien à désirer, en général, sous les rapports de la rigueur. S'il n'a pas complétement réussi

†. Ce texte, envoyé peu après la lettre 2.81, n'a finalement pas été publié dans le *Bulletin* (voir la lettre 2.83) car De Tilly se voit offrir la possibilité de présenter un travail plus étendu sur les principes de la géométrie.

⋆. Geometria rigorosa, di Pietro dott. Cassani, prof. di Matematiche e di Meccanica applicata presso l'Instituto tecnico di Venezia ; Venise-Trieste-Milan, chez C. Coen, 1872.

⋆⋆. C'est l'expression employée par l'auteur ; nous avons déjà fait observer ailleurs que pour nous, les mots *postulat* ou *postulatum*, *axiome*, *hypothèse*, *principe expérimental*, sont synonymes en Géométrie.

dans cette entreprise méritoire, il a du moins, comme il le dit lui-même, « ouvert une voie » et ceux qui l'y suivront n'auront plus à faire qu'un travail de perfectionnement et de simplification. Nous l'avons essayé et nous présentons aujourd'hui le résultat de nos recherches.

Écartant toute discussion oiseuse sur les premières définitions de l'espace, des corps, des surfaces, des lignes, et des points géométriques, nous passeront immédiatement à l'examen des deux postulats adoptés par l'auteur dans les préliminaires.

1er *postulat.* « Un corps ou un système quelconque de points peut se mouvoir dans l'espace en conservant son identité ou son invariabilité. Le mouvement est encore possible, dans les mêmes conditions d'invariabilité, mais avec une liberté moindre, lorsque un ou deux points du système sont supposés fixes. Dans ce dernier cas, chaque point du système décrit une ligne fermée ou contour simple, lorsque le mouvement se continue toujours dans le même sens. »

Ce postulat nous parait susceptible de deux perfectionnements. D'abord, son énoncé est rendu obscur par les termes *identité, invariabilité, fixes*, tandis qu'il serait possible et utile de scinder cet énoncé, de manière à séparer nettement la partie vague et intuitive de la partie précise et définie. En second lieu, il est nécessaire d'expliquer plus clairement en quoi consiste la liberté du mouvement, quel est l'usage qu'on en peut faire et en quoi cette liberté diminue lorsqu'il y a un ou deux points fixes. Cette explication rendra inutile, pensons nous, la dernière partie du postulat. C'est pourquoi nous donnerons à celui-ci la forme suivante :

a. La *distance* ou l'*intervalle* de deux points de l'espace est une grandeur, dont nous avons la notion intuitive et qui est comparable aux grandeurs de même espèce considérées, soit en même temps, soit avant ou après*, de telle sorte que nous admettons l'idée primordiale de deux intervalles égaux, abstraction faite de tout moyen pratique de mesure et, en particulier, de toute idée de superposition.

b. Un corps ou un système quelconque de points peut se mouvoir dans l'espace, c'est-à-dire se rapprocher ou s'éloigner des autres corps ou systèmes de points, de manière que la distance entre deux quelconques des points du système considéré reste constante. On dit alors que ce corps ou ce système est *solide* ou *invariable**.

a'**. En Géométrie, on rapporte tous les points de l'espace à un système invariable déterminé***, et l'on appelle *point fixe* par rapport à ce système*, un point dont la position soit telle, dans la suite du temps, qu'il puisse être considéré comme faisant partie du système de comparaison. Un point qui n'est pas fixe est appelé *point mobile*. On dit qu'un système invariable se meut quand il renferme des points mobiles.

c. Le mouvement ou la mobilité d'un système invariable permet d'amener un point quelconque de ce système en coïncidence avec un point quelconque de l'espace, déterminé par rapport au système de comparaison.

$\star$. On voit que nous introduisons ici dans la Géométrie la notion du *temps*. Elle n'est point indispensable, mais, si l'on veut s'en passer absolument, on ne peut plus établir qu'une *Géométrie instantanée*, où l'idée de mouvement ne peut ~~plus~~ logiquement subsister et doit être remplacée par celle de congruence. Il nous parait préférable, à tous égards, de conserver l'idée du temps et du mouvement.

$\star$. L'expression *invariable* parait plus naturelle en Géométrie pure. L'invariabilité des corps *solides* de la Mécanique rationnelle est due aux forces (actions) qu'exercent les points matériels les uns sur les autres.

$\star\star$. Réservant les lettres a, b, c, ... pour désigner les postulats, nous plaçons ici la lettre a' parce que ce paragraphe renferme une simple explication qui n'est point un postulat.

$\star\star\star$. par exemple la Terre, ou quelquefois le système des étoiles fixes.

$*$. Lorsque l'on fait abstraction de la matière ou de la masse, comme on doit le faire en Géométrie pure, il est absolument impossible de définir la fixité absolue et le mouvement absolu.

Si l'on assujettit un seul point du corps ou du système considéré à rester fixe, la mobilité du système permet encore d'amener un second point quelconque de celui-ci en coïncidence avec un point quelconque de l'espace situé à la même distance du point fixe[**]. Ce postulat, donne le moyen de constater, par la superposition, l'égalité de deux distances.

d. Tous les points de l'espace qui sont à la même distance d'un point donné A forment une surface connexe et fermée, c'est-à-dire que cette surface est d'une seule pièce et qu'elle divise l'espace en deux parties telles qu'on ne saurait passer de l'une dans l'autre sans traverser la surface. Cette dernière prend le nom de *surface sphérique* ou de *sphère*. Le point A en est le *centre* et l'intervalle du centre à un point de la surface s'appellera *rayon*.

b'. Les points situés à l'intérieur de la sphère, c'est-à-dire du côté du point A, sont dits plus rapprochés de ce dernier point que ceux de la surface sphérique, ou, en d'autres termes, leur distance au point A est moindre. Les points extérieurs sont à une distance plus grande du point A que ceux de la surface[⋆]. On voit que la sphère nous sert ici à définir l'inégalité de deux distances, tandis que la définition de l'égalité est pour nous une notion première que l'on pourra bien déguiser, mais que l'on n'évitera jamais, et dont nous faisons le premier postulat de la Géométrie.

c'. Les notions de l'égalité et de l'inégalité permettent de définir rigoureusement la différence de deux distances ou intervalles. Soit $AC < AB$. Pour retrancher AC de AB, on imaginera que AC prenne toutes les positions possibles autour du point A, et, en s'arrêtant à celle, ou à l'une de celles qui rendent BC minimum, on considérera cette valeur de BC comme représentant, *par définition*, la différence $AB - AC$[⋆⋆].

Réciproquement, on aura $AB - BC = AC$. En effet, d'abord BC est moindre que AB, car la sphère AC a des points intérieurs à la sphère BA ; donc le minimum de BC qui est la valeur choisie, est moindre que BA ou AB. Ensuite, supposons que l'on puisse donner à BC une position BC' telle que $AC' < AC$; le point C' serait intérieur à la sphère AC, c'est-à-dire que cette sphère aurait des points intérieurs à la sphère BC et dès lors BC ne serait plus minimum. Lorsque $AB - AC = BC$, et $AB - BC = AC$, on peut écrire : $AC + CB = AB$, et cette nouvelle égalité n'a pas d'autres sens que les deux précédentes. Ainsi, AC et CB sont plus petits que AB.

Lorsque AB augmente, AC restant invariable, CB augmente. En effet, retranchons AC de AB' ($> AB$) par la construction précédente, puis décrivons les sphères AB et CB'. Cette dernière aura le point B' extérieur à la sphère AB, tandis que son centre C est intérieur. Donc la sphère AB a des points intérieurs à la sphère CB'. Soit B'' un de ces points. Alors on[†] peut placer AB sur AB'' et[††] et la différence entre AB et AC sera tout au plus égale à CB'' qui est plus petit que CB'.

Lorsque AC augmente, AB restant invariable, la différence BC diminue. En effet, si l'on prend $AC' > AC$, la sphère AC' renfermera dans son intérieur le point C de la sphère BC, dont le centre B lui est extérieur. Donc la sphère AC' a des points à l'intérieur de la sphère BC. Donc le minimum de BC' sera moindre que BC.

**. Le cas où il y aurait deux points fixes ne saurait être clairement expliqué ici : on le retrouvera plus loin.

⋆. Voir la note ⋆⋆.

⋆⋆. Ces deux propositions étant placées après les postulats relatifs à l'invariabilité, les opérations indiquées pour la comparaison et pour la soustraction des intervalles peuvent être exécutées indifféremment en un point quelconque de l'espace.

†. ~~pourrait~~

††. ~~CB'' se trouverait plus petit que la différence CB ce qui est contraire à la définition d'une différence.~~

d'. Théorème. Si deux points A et B sont fixes, et qu'un point C prenne dans l'espace toutes les positions pour lesquelles AC ($< AB$) reste constant, le minimum, le minimum de la somme $AC + CB$ sera égal à AB. En effet, arrêtons-nous à la position ou à l'une des positions pour lesquelles BC est minimum. On aura alors, par définition, $AB - AC = BC$, ou $AC + CB = AB$. Supposons maintenant que cette valeur de $AC + CB$ ne soit pas elle-même minimum et qu'on puisse avoir $AC' + C'B = AB' < AB$. On aurait aussi, d'après ce qui précède : $AB' - AC'$ ou $AB' - AC$ ou $CB' < AB - AC$ ou CB, ce qui est contraire à l'hypothèse faite tout d'abord.

Les préliminaires de l'auteur contiennent un second postulat que voici :
« Si une portion finie d'un solide, d'une surface, ou d'une ligne est tenue immobile, le solide, la surface, ou la ligne sera immobile. »
Abstraction faite de la partie relative à la ligne, qui serait en défaut si cette ligne renfermait des parties droites, nous croyons pouvoir nous passer de ce postulat.

Après les préliminaires, la suite de l'ouvrage se divise en trois parties principales, respectivement relatives à la sphère, à la droite et au plan.
L'idée de commencer la Géométrie par l'étude de la sphère est loin d'être nouvelle, mais l'auteur nous parait avoir fait faire à cette étude un progrès sérieux, que nous indiquerons plus loin.
Toutefois, le chapitre relatif à la sphère est sujet, dans plusieurs de ses propositions, à une objection grave, provenant de l'omission d'un postulat supplémentaire, indispensable pour écarter l'hypothèse de la Géométrie sphérique ⋆, hypothèse dont l'auteur ne parait pas soupçonner la possibilité.
Il nous suffira, pour justifier notre assertion, de considérer un seul théorème. L'auteur croit démontrer (§35) que le centre d'une sphère est dans l'intérieur de celle-ci. Il faudrait, pour cela, expliquer d'abord, sans invoquer la position du centre, ce que c'est que l'intérieur d'une sphère ; ou bien il faudrait démontrer *a priori* qu'une sphère n'a qu'un seul centre, démonstration qui est impossible à faire, parce qu'alors on pourrait prouver de même qu'un cercle tracé sur une sphère n'a qu'un seul pôle tandis qu'il en a deux. Cette comparaison de l'espace avec une surface sphérique montre que, pour rendre rigoureuses les déductions de l'auteur, il faudrait admettre d'abord l'un des trois postulats suivants, dont nous établirons plus loin l'équivalence :
Une sphère n'a qu'un seul centre.
La distance de deux points de l'espace peut croître au delà de toute limite.
Une sphère dont le rayon grandit ne peut se réduire, à la limite, à un point unique.
La nécessité d'admettre *a priori* ces propositions, et surtout la dernière, peut étonner à première vue. Mais supposons un observateur, placé en un point de la surface d'une sphère immense et qui ne puisse se mouvoir, sur la surface, que dans une petite région autour de ce point (comme nous ne pouvons nous mouvoir que dans une petite région de l'espace) ; cet observateur ne verrait-il pas grandir les circonférences de cercles, décrites du point où il se trouve, comme pôle, à mesure que leur rayon grandirait ? *Et s'il n'avait jamais pu observer que des figures construites sur la portion de surface sphérique qu'il habite* (comme nous n'avons pu observer que des figures construites dans la portion de l'espace que nous habitons), com-

⋆. La Géométrie *sphérique* de l'espace ou du plan est celle dans laquelle les relations entre les diverses parties des figures seraient analogues aux relations qui existent sur une sphère dans la Géométrie ordinaire ; dans la Géométrie *pseudo-sphérique*, ces relations correspondaient à la Géométrie ordinaire des pseudo-sphères. Les trois Géométries sphériques, pseudo-sphérique, et *ordinaire* (ou usitée ou euclidienne) sont quelquefois désignées sous les noms de Géométrie elliptique, hyperbolique et parabolique.

ment pourrait-il se douter que les circonférences, après avoir longtemps grandi, décroîtront ensuite et finiront par se réduire à un point ? Ne supposerait-il pas tout naturellement que les circonférences croîtront toujours ? Et nous-mêmes, ne sommes-nous pas les jouets d'une illusion semblable ? Nous n'en saurons jamais rien, mais ce que nous savons, c'est qu'on peut construire une Géométrie de l'espace complète dans l'hypothèse où les choses se passeraient dans l'espace comme sur une sphère. Pour écarter cette hypothèse et cette Géométrie, il faut donc un postulat nouveau, mais on peut ne l'introduire que plus tard, parce que la première partie de l'ouvrage peut en être affranchie et parce qu'il convient, selon nous, de n'introduire les *postulats de simplification*[**] qu'au moment où il devient impossible de faire des raisonnements communs au système de Géométrie que le postulat écarte et à celui qu'on veut conserver.

Résumons maintenant les propositions relatives à la sphère, dont nous aurons à nous servir plus loin. Une portion de surface sphérique peut se mouvoir sur la sphère en restant invariable. On dit que deux sphères se touchent sans se couper lorsqu'elles ont un ou plusieurs points communs et que cependant chacune des deux se trouve d'un seul côté par rapport à l'autre. Lorsque deux sphères se touchent extérieurement[***], la distance des centres est égale à la somme des rayons. Soient O et O' les centres, R et R' les rayons. D'après le paragraphe d', on peut trouver, sur la sphère R, au moins un point A tel que $OA + AO'$ soit minimum et égal à OO'.

Si A est l'un des points de contact, le théorème est démontré. Dans le cas contraire, A serait extérieur à la sphère R' mais alors $OA{+}AO'$ ne serait pa minimum, puisque, aux points de contact, cette somme serait moindre. La réciproque est vraie. Soit $OO' = R + R'$. Déterminons le point A comme tout-à-l'heure. On aura $AO' = R'$, donc les deux sphères ont le point A en commun. Comme le centre de chacune des deux est extérieur à l'autre, elles doivent donc être tangentes extérieurement ou bien se couper. Mais, dans ce dernier cas, on pourrait prendre sur la sphère R un point A' intérieur à la sphère R', et alors $OA' + A'O'$ serait moindre que $R + R'$, ou $OA + AO'$, ce qui est impossible.

Si l'on a $R = OO' + R'$, les deux sphères se toucheront intérieurement. Soit $OA = R$; cherchons,[†] à une distance OO' du point O, un point O'' tel que $OO'' + O''A =$ minimum $= OA$. Faisons mouvoir un système invariable contenant les trois points O, O'', A, de manière que OO'' tombe sur OO' qui lui est égale. Le point A sera sur la sphère R, et l'on aura $O''A = O'A = OA - OO' = R - OO' = R'$. Donc le point A sera aussi sur la sphère R'.

2.196 Remarques de De Tilly sur *La Philosophie scientifique* de Girard

De Tilly envoie à Hoüel, en même temps que la lettre 2.171, ses remarques sur l'ouvrage de Girard [Gir80].

[**] Voir, plus loin, la distinction entre les deux espèces de postulats.

[***] Dans cet énoncé et dans ceux qui suivent, le centre et le rayon sont ceux qui ont servi à construire la sphère. Nous laissons à l'écart la question de savoir s'il peut exister un autre centre et un autre rayon. L'intérieur d'une sphère est le côté du centre de construction. Deux sphères qui ne se coupent pas sont intérieures quand le centre de construction de l'un des deux est à l'intérieur de l'autre ; extérieures, dans le cas contraire.

[†] ~~sur OA~~

Voilà bien longtemps que j'ai promis de vous écrire au sujet de votre « Philosophie scientifique » et vous aurez pensé, sans doute, que je l'avais oublié ou que j'y avais renoncé. Cependant les occupations et les embarras de ma première année de direction à l'Arsenal sont les seules causes du retard que j'ai mis à vous écrire. J'ai enfin terminé la lecture complète de l'ouvrage, mais vous me pardonnerez de ne présenter des observations que sur les parties mathématiques, me déclarant incompétent dans la philosophie pure et dans les applications que vous faites de cette science en dehors des mathématiques. Je me borne, sur tous ces points, à constater que l'ouvrage est bien écrit, et renferme des idées spirituelles, élégamment exprimées. Voici maintenant mes critiques, au point de vue mathématique [1].

1

> « La dialectique semble avoir été le point de départ de la philosophie. Avant de raisonner sur les idées et sur les choses, l'homme a raisonné sur les mots au moyen desquels il représentait les unes et les autres. Les Grecs (...) tenaient la dialectique en haute estime. (...) Cependant, à mesure que l'idée philosophique se développait, sa manifestation originaire – la dialectique – voyait son importance décroître. Ainsi que nous cherchons à établir la concordance entre l'idée d'un objet et cet objet lui-même par l'élimination des erreurs résultant de l'imperfection de nos moyens de connaître, de même la philosophie éliminait peu à peu de son domaine la dialectique, qui l'empêchait de saisir l'idée ou la chose corps à corps. (...) Mais cet affranchissement, quels qu'aient été ses progrès, est loin d'être complet même aujourd'hui. La logique fondée sur le syllogisme, qu'on enseigne encore dans les écoles et qui fait consister le raisonnement dans une disposition particulière des phrases, n'est autre chose qu'une conception dialectique ; les mathématiques – la géométrie en particulier, – que l'on croit trop généralement avoir atteint leur point de perfection, sont fondées sur cette même dialectique, dont la disparition absolue est, pourtant, la condition nécessaire du progrès philosophique. » [Gir80, p. 3-4]

P. 4. C'est la mauvaise géométrie cela, mais non la bonne.

2

> « Quelque paradoxale que fût cette idée de faire consister principalement la science mathématique dans la connaissance de ses lois et de regarder les démonstrations comme de simples expériences destinées à établir celles-ci, j'avoue que je m'y arrêtai un instant [2] ; mais je ne tardai pas à voir combien les mathé-

1. Nous avons inséré ci-dessous de larges extraits des passages concernés du livre de Girard. Souvent, outre l'indication de la page, De Tilly les indique en n'en citant que quelques mots du début et de la fin.

2. Girard fait référence à ses réflexions précédentes. En tant que titulaire de la chaire de mathématiques supérieures de l'École de guerre de Bruxelles, il explique les problèmes que lui a posé l'élaboration de son cours dont le champ à couvrir en un nombre restreint de leçons était très vaste. Il vient de donner l'exemple suivant :

> « Cependant, ajoutai-je, il est clair que la vraie science mathématique consiste bien plus dans la connaissance des lois mathématiques que dans leurs démonstrations, - de même que l'on peut être très fort chimiste et très bon physicien sans avoir vérifié expérimentalement toutes les lois et tous les faits qui constituent la physique et la chimie. Ainsi, pensai-je, je pourrais dire à mes élèves, après leur avoir démontré l'équation $dx^m = mx^{m-1}dx$ pour le cas d'un exposant entier et positif, que cette formule est également vraie dans le cas d'un exposant fractionnaire ou négatif ; que le temps me fait défaut pour le leur prouver ; mais que s'ils mettent mon affirmation le moins du monde en doute, ils peuvent s'adresser à un traité quelconque de calcul différentiel, et qu'ils y trouveront plusieurs démonstrations de nature à établir leur conviction sur la base la plus solide. » [Gir80, p. 59]

maticiens avaient raison d'attacher un si haut prix aux démonstrations dont j'avais risqué de faire si peu d'état. Les mathématiques supérieures, débarrassées du miroitement trompeur de leur chiffrage à outrance, me laissaient entre les mains un squelette que je n'aurais certes pas osé présenter à mon auditoire. Qu'on vienne dire à de tout jeune gens : « l'infiniment petit est l'extrême degré de petitesse que tend à acquérir une quantité qui tend indéfiniment vers zéro(1) », qu'on noie immédiatement cette définition sous un déluge de lettres grecques et de signes algébriques, rien de mieux ; mais aurais-je vraiment pu venir exposer un pareil non-sens, sans fatras de calculs, sans fantasmagorie de chiffrages, devant une assemblée d'hommes faits dont la seule présence était un brevet de capacité et d'intelligence ? Qu'aurais-je pu répondre si, dans un des ces échanges d'idées prévu par le règlement, un de mes élèves m'avait adressé l'observation suivante : « L'expérience de tous les jours nous prouve, à moi et mes camarades, que, lorsque nous tendons indéfiniment vers un but fixe, nous y arrivons nécessairement, à moins que nous nous arrêtions en chemin. D'après la définition que vous nous en avez donnée, l'infiniment petit ne peut donc être que zéro, ou un point d'arrêt en avant de zéro. S'il est zéro, pourquoi ne pas nous le dire nettement ? S'il est un point d'arrêt en avant de zéro, c'est ce point d'arrêt que votre définition doit nous indiquer, faute de quoi elle n'est à nos yeux qu'une phraséologie creuse et inutile. » Qu'aurais-je pu répondre à cette protestation du sens commun contre la logomachie mathématique, si ce n'est que je n'en savais pas davantage, ni les autres non plus ; si ce n'est avouer qu'on faisait depuis des siècles du calcul infinitésimal sans en soupçonner la base fondamentale. Or, il est très désagréable pour un professeur d'être forcé de convenir qu'il parle sans savoir ce qu'il dit ; et ce désagrément, j'aurais bien voulu l'éviter. » [Gir80, p. 60-61]

(1) Van Ginderachter, *Cours d'analyse donné à l'École militaire de Belgique*, Bruxelles, 1848 ; autogr. ; p. 4. Je cite cet auteur car il me tombe sous la main : mais il n'a fait en ceci que copier d'autres, comme d'autres l'ont copié à leur tour.

PP. 60 et 61. La phrase que vous citez de van Ginderachter est certainement malheureuse, mais encore faut-il voir s'il n'y a pas injustice à la séparer de ce qui l'encadre et peut-être l'expliquer. Je n'ai plus van Ginderachter, mais vous pourriez, par exemple, cueillir dans Hoüel (T. 1, p. 105) ces mots : « On appelle infiniment petit une variable qui tend vers zéro » ; et votre « assemblée d'hommes faits dont la seule présence est un brevet de capacité et d'intelligence » pourrait aussi vous répondre : « Lorsque nous tendons vers un but, nous y arrivons ».
Mais Hoüel explique sa définition autrement que par « un déluge de lettres grecques ». Voyez ses n°s 159 à 162.
Maintenant, ceci n'excuse pas van Ginderachter, mais moi, élève de van Ginderachter, j'affirme que quand je suivais ses cours, à l'âge de 16 ans, je comprenais l'infiniment petit comme je le comprends aujourd'hui après avoir lu l'ouvrage de Hoüel (sauf, bien entendu, que je n'aurais pas su exprimer mes idées comme lui), et je n'admets pas que mon professeur comprît moins bien que moi le cours qu'il donnait.
Puisque je parle de Hoüel, lisez donc aussi son §1. Voilà, en 4 petites pages, un Cours de Philosophie mathématique qui en vaut bien d'autres.

∗3∗

« Il est de mode, parmi ceux qui n'ont pas approfondi les mathématiques, de considérer la géométrie élémentaire comme le nec plus ultra de la perfection

> scientifique. On veut bien admettre qu'il y ait encore quelque chose à faire dans le calcul infinitésimal, dans la mécanique, voir même dans l'algèbre ; mais la géométrie est au-dessus des atteintes du temps. Ceci paraît d'autant plus vrai, qu'on a prouvé, et que je prouverai à mon tour, que la plupart des changements apportés à l'œuvre d'Euclide ne sont que des insignes maladresses. Cependant, cette opinion générale, je ne pouvais la partager. Les axiomes me paraissaient des niaiseries, les définitions une pure logomachie ; surtout je ne parvenais pas à comprendre qu'une science qui prétend tout prouver admette organiquement des postulats. À côté des postulats avoués, j'en surprenais d'ailleurs bien d'autres malhabilement dissimulés. Je me demandais pour quel motif, alors qu'on admettait des choses qui ne me paraissaient pas le moins du monde évidentes, on dépensait un travail énorme pour en prouver d'autres qu'il suffisait d'énoncer pour qu'elles fussent entendues. » [Gir80, p. 68]

P. 68. Au point de vue tout à fait élémentaire, la critique peut quelques fois être fondée, mais vous, philosophes, devez comprendre le point de vue de la haute science : elle admet des choses que, parce qu'elle ne peut pas faire autrement, attendu que les choses sont *indémontrables* et cependant *indispensables*, mais elle dépense un travail énorme pour (...), parce qu'elle s'est proposée le but d'admettre le moins de notions primordiales possible et de faire la part la plus large possible au raisonnement. Remarquons en passant que, presque jamais ce travail énorme n'est perdu. Il trouve d'autres applications. Les sciences mathématiques, et notamment la Géométrie, ont moins en vue de forcer la conviction de l'élève que de lui montrer la relation entre les diverses vérités qu'on lui expose.

4

> « On dit bien, il est vrai, qu'une science exacte est une science certaine. À ce compte, la chimie est une science exacte, car elle est au moins aussi certaine que les mathématiques, – plus certaine même, attendu qu'on prouve tous les jours dans les laboratoires que la composition de l'hydrogène et de l'oxygène donne de l'eau, tandis qu'on n'est jamais parvenu à démontrer d'une manière satisfaisante que la somme des trois angles d'un triangle vaut deux angles droits. Il est vrai qu'on prouve par contre qu'une tangente a un seul point commun avec la circonférence, ce qui est manifestement faux. » [Gir80, p. 69-70]

P. 70. Pourquoi cela ? Je crois qu'ici peu de gens seront de votre avis.

5

> « Et si cette philosophie nouvelle avait besoin, pour établir à la fois sa nécessité et son existence, de renverser les idées passées à l'état d'axiomes dans le genre humain tout entier ; de prouver, par exemple, que les sciences exactes, que l'on croit les plus certaines, le sont beaucoup moins que les sciences naturelles, et même ne le sont pas du tout ; que leur seul guide est l'expérience, en dehors de laquelle elles risquent de verser instantanément dans l'erreur ; qu'elles reposent sur une base absolument fantastique ; que, loin d'aider au développement du raisonnement chez l'homme, elles ne font que le pervertir, et une foule d'autres choses semblables et également contraires à l'opinion universelle, tant dans les mathématiques que dans quantité d'autres sciences (...). » [Gir80, p. 82-83]

P. 82. Et les sciences naturelles ? Ne sont-elles pas basées sur l'expérience ? La différence est que dans les sciences exactes on l'invoque moins souvent.

6

« Je place les mathématiques en première ligne, en vertu de l'adage : « À tout seigneur, tout honneur. » Ces sciences ont, en effet, une incontestable prétention à l'infaillibilité et, par suite, elles doivent offrir le type le plus parfait de l'entité scientifique. Il faut cependant en rabattre. Je ne parlerai ni de l'arithmétique, sur laquelle il y a fort peu de choses à dire, ni de ce que l'on appelle l'analyse, basée sur cet indéchiffrable infiniment petit dont on dit de si curieuses choses(1). Je prendrai plutôt un sujet connu de tous, une science enseignée à tous comme l'expression la plus complète du savoir humain : j'ai nommé la géométrie élémentaire. » [Gir80, p. 89-90]

(1) La définition usuelle que j'en ai donnée p. 60, n'est pas la seule étrangeté qu'on en dise. Les mathématiciens voudraient, en effet, le faire passer pour un *être de raison*, autrement dit, pour une conception purement subjective. Mais ce qu'ils oublient de dire, c'est comment il peut se faire qu'une conception de cette nature puisse donner des résultats qui concordent avec la réalité. On tombe donc directement dans les idées innées, ou dans une espèce d'harmonie préétablie, et, finalement, dans le subjectivisme absolu qui, étant la négation de l'objectif, anhile à la fois le monde extérieur et la science. Il est très curieux de constater ainsi que la science dite par excellence, conduit inéluctablement à la négation de la science elle-même.

P. 90. Même observation sur l'infiniment petit. Voir pp. 60 et 61.

7

« Or les fondements de la géométrie sont : les axiomes, les définitions et les postulats. Les axiomes sont des vérités évidentes par elles-mêmes ; les postulats, des propositions que le géomètre demande qu'on veuille bien lui accorder, si on ne veut le mettre dans l'impossibilité d'aller plus loin ; quant aux définitions, personne n'a jamais dit ce qu'elles peuvent être. Telle est la base de granit sur laquelle l'esprit humain assoit l'expression la plus parfaite de sa certitude. En poussant plus loin cet examen, je constate les singularités suivantes. Les axiomes varient non-seulement en nombre, mais encore en essence, au gré des géomètres. (...) On voit déjà que c'est une singulière base pour un édifice que des fondements que l'on peut modifier à volonté et même supprimer complètement. - Un de ces axiomes, vérité évidente par elle-même, devient, à la fin du XVIIIe siècle, un postulat. Ce postulat, on cherche d'abord vainement à le démontrer ; puis on doute de son exactitude ; enfin, on le nie et on en démontre la fausseté. » [Gir80, p. 90-91]

P. 91. Qui donc ? On résout tout cela en deux lignes : axiomes, postulats, etc., c'est la même chose. Voyez ce que j'ai dit sur la page 68. Il faut y comprendre les propositions qui sont à la fois indispensables et indémontrables.

8

« Les nombreux postulats primitifs se sont tous évanouis sans que l'on sache bien ce qu'ils sont devenus. La géométrie élémentaire, telle qu'on l'enseigne de nos jours, n'en possède plus qu'un, qui est un des axiomes d'Euclide, et sur lequel, depuis un siècle, on a écrit plusieurs dizaines de volumes sans qu'on soit parvenu à se mettre d'accord sur le point de savoir s'il est vrai ou s'il est faux, et jusqu'à quel point il est faux. Ainsi, la géométrie, science de raisonnement, repose sur une base en tous points contraire à la raison ; science exacte, elle ne peut subsister qu'à la condition qu'on lui accorde une ou plusieurs propositions fondamentales, dont l'exactitude est purement expérimentale ou hypothétique ; science certaine, elle l'est si peu, qu'il est loisible à chacun de la nier de sa base à son couronnement. Aussi, cette foi naïve que les écoliers accordent à la géométrie, – laquelle partage ainsi le sort réservé, dans ces jeunes têtes, à l'histoire de la fondation de Rome par Romulus et Remus recueillis par un louve, – ne tarde pas à s'évanouir dans l'esprit de ceux qui reprennent l'étude des mathématiques élémentaires dans leur maturité. En ceux-ci, le doute ne tarde pas à germer ; du doute, ils passent à l'examen, et de l'examen, à la négation : témoin Gauss, Lobatschewski, Bolyai, Riemann, de Tilly, Zöllner, Hoüel, Helmholtz, Flye Ste-Marie, Baltzer et d'autres. Les philosophes s'emparent de la question, sans davantage la résoudre. » [Gir80, p. 91-92]

P. 92. Non, je proteste, je ne nie rien du tout, ou plutôt je nie que la Géométrie usuelle soit démontrée, mais je ne nie pas qu'elle soit vraie. Je n'en sais rien. Je veux dire que je ne sais pas si elle est rigoureusement vraie et si plus tard une science plus perfectionnée n'y découvrira pas d'erreurs. Quant à être approximativement vraie, il faudrait être fou pour en douter.

∗9∗

« Or, si le postulatum n'est pas vrai, la similitude ne l'est pas non plus ; et si celle-ci n'existe pas, l'astronomie devient un mensonge. On sait, en effet, comment s'évaluent les distances stellaires : des mesures angulaires prises de la terre en des points opposés de son orbite, fournissent les éléments d'un immense triangle, dont le diamètre de l'orbite terrestre est un des côtés et dont les valeurs observées sont les angles à la base. Appliquant à ce triangle les procédés de résolution qu'enseigne la trigonométrie, on déduit la valeur d'un des deux autres côtés, laquelle représente la distance de l'étoile à la terre. N'est-il pas évident que cette application de formules reconnues vraies pour un triangle terrestre, à un autre triangle plusieurs milliards de fois plus grand, présuppose la réalité de la loi de similitude ? Or cette loi n'étant pas rationnellement prouvée, son objectivité ne peut être établie que par l'expérience. » [Gir80, p. 92-93]

P. 93. Ce que vous dites là de l'Astronomie me plait, mais ne croyez pas qu'il suffise d'écrire quelques phrases pour résoudre la question. J'y ai touché dans mes « Études de Mécanique abstraite ». Lobatschewsky est allé plus loin, mais je n'ai pas examiné ses calculs. La question est celle-ci, et le temps me manquant pour pour m'en occuper je la signale à votre attention : « Si la constante de la Géométrie ($\frac{1}{A^2}$ ou $\frac{1}{D^2}$) n'est pas rigoureusement *zéro*, comme l'admet la Géométrie usitée, c'est dans les grands triangles, c'est-à-dire en Astronomie, que la différence doit devenir la plus palpable. Dès lors on demande de déterminer expérimentalement, au moyen de l'Astronomie, le maximum de la valeur que la constante pourrait affecter. »

∗10∗

« Cette erreur manifeste que la géométrie élémentaire avance et *démontre* de la même manière que ses plus grandes vérités, consiste à prétendre que la tangente n'a qu'un point de commun avec la circonférence. Que les Grecs aient soutenu une telle hérésie, on le comprend à la rigueur ; mais qu'en plein XIXe siècle, les géomètres la répètent tous, sans exception, alors qu'ils savent tous, également sans exception , qu'elle est contraire à la réalité, c'est ce qu'on ne peut s'expliquer qu'en accordant à la routine le pouvoir surnaturel de cacher aux yeux de plusieurs générations la plus étonnante contradiction que mentionne l'histoire de la science. (...) On pourra dire que la question est de minime importance, vu qu'en admettant que la tangente ait deux points points en commun avec la courbe, ceux-ci sont tellement rapprochés qu'il n'y a aucun inconvénient à les regarder comme se confondant en un seul. Cette objection, qui prouverait d'abord à quel degré d'illogisme peut conduire la logique géométrique, serait renversé par cette remarque : qu'il ne s'agit point de savoir s'il y a inconvénient ou non à regarder deux points infiniment rapprochés comme n'en formant qu'un seul, mais bien d'établir que la géométrie avance et prouve un fait faux. » [Gir80, p. 96-97]

P. 97. Je crains que cette page ne prouve beaucoup plus contre votre philosophie que contre la géométrie. Vous comprenez mal l'idée de limite. Voir Hoüel déjà cité.

$*11*$

« Il est vrai que le perfectionnement des armes à feu entraîne un peu plus tard l'amincissement des lignes [de bataille] ; mais il est clairement prouvé aujourd'hui que cet amincissement, considéré par les historiens comme un progrès, a conduit à une période de complète décadence. A un progrès dans l'armement correspond donc une décadence dans la technique. (...) Il est vrai que la tactique contemporaine est le résultat de l'armement nouveau : devant les fusils à tire rapide, devant les canons à longue portée, cette admirable tactique française s'est évanouie. Mais par quoi est-elle remplacée ? Par un effroyable désordre qui rend toute direction illusoire, qui met les vainqueurs dans l'impossibilité de profiter de la victoire et d'équilibrer les pertes effroyables subies pendant l'attaque. La science positive par excellence, la tactique, n'existe plus. Les matérialistes de l'art de la guerre ne voient-ils pas ce chaos, ne comprennent-ils pas que ce qui manque à la tactique moderne, ce n'est pas un nouveau fusil, un nouveau canon ou une nouvelle cartouche, mais un génie qui, saississant dans sa main puissante ces innombrables armées, ces canons et ces fusils perfectionnés, en fasse une synthèse d'où sorte une tactique nouvelle ? Et si ce génie, ayant conçu cette synthèse, ne voit pas s'évanouir devant lui les armées qui lui seront opposées, fussent-elles doubles des siennes, ce sera que les mêmes causes auront cessé de produire les mêmes effets, ou que l'histoire qui a enregistré les exploits des Grecs, des Romains, des communiers flamands, des princes d'Orange, de Gustave-Adolphe, de Frédéric II, des généraux de la république de Napoléon, n'est qu'un absurde mensonge. Et si ces preuves ne suffisent pas pour convaincre tous les esprits de la spontanéité du génie humain, je demanderais au matérialisme de fournir, à son tour, les raisons sur lesquelles il s'appuye pour la nier. Et en présence de la pauvreté de ces raisons, je dirais ceci : Hypothèse pour hypothèse, choisissons celle qui est la plus propre au développement de l'intelligence humaine. » [Gir80, p. 126-128]

P. 128. Ici nous sommes tout à fait d'accord.

$*12*$

« Avant d'examiner ce qu'est un axiome en lui-même, je crois utile de reproduire quelques propositions de cette catégorie, en les accompagnant d'observations critiques dont j'adoucirai autant que possible la forme. (...) *Axiome d'arithmétique.* - « Tout nombre est pair ou impair » - Sans doute, puisqu'on appelle *impair* tout nombre qui n'est pas *pair* ! Veut-on peut-être dire par là que tout nombre est ou n'est pas divisible par 2 ? Mais la même chose existe pour les diviseurs 3, 4, 5, . . ., 100, 1000, 1000000, etc. A ce compte il y a donc autant d'axiomes que de chiffres, c'est-à-dire une infinité, tous aussi fondés que le premier, tous revêtus du même caractère de vérité évidente, tous aussi incapables de constituer une matière scientifique, tous aussi absurdes au point de vue philosophique, tous également propres à corrompre la faculté de raisonner chez l'homme. *Axiome de mécanique.* - « Des durées égales correspondent à des espaces égaux parcourus par deux mobiles identiques, sous les mêmes

conditions et dans les mêmes circonstances. » - Cet axiome est une application, à un cas particulier, de la loi de causation[3]. Or cette loi étant universelle, il n'y a aucune raison, si l'on pose une de ses manifestations en axiome, de ne pas faire la même chose pour toutes. On arrivera ainsi à enrichir les sciences d'une nouvelle infinité d'axiomes, moins futiles peut-être que l'infinité précédente, mais à coup sûr aussi inutiles. (...) *Axiomes de géométrie*. - I. « Deux quantités égales à une troisième sont égales entre elles. » - Ce ne sont pas seulement les quantités, mais encore toutes les choses quelconques qui jouissent de cette propriété. (...) on ferait mieux de dire en quoi consiste l'*égalité*. II. « Le tout est plus grand que sa partie. » - Cet axiome marque le point extrême de la puérilité dialectique. En présence d'une pareille niaiserie, la critique reste sans voix. »
[Gir80, p. 190-192]

P. 191. J'admets que les auteurs ont donné souvent comme axiomes des vérités banales, conventionnelles, ou des définitions. Voyez p. 68 et mon livre.

∗13∗

« Je place l'hypothèse à la suite des axiomes et des définitions, par la raison que certains géomètres modernes, lassés sans doute de la puérilité prétentieuse des premiers et des vaines discussions de mots auxquelles les secondes ont donné lieu, ont choisi ce terme pour désigner les éléments fondamentaux des sciences exactes. (...) Le mot *hypothèse* a deux significations absolument distinctes. Tantôt il indique un choix, tantôt une opinion plus ou moins plausible, mais toujours contestable. La première acception est d'un usage fréquent en géométrie. (...) « Tel triangle » dira-t-on, « est *par hypothèse* plus grand que tel autre ». La deuxième acception est plutôt employée dans les sciences naturelles proprement dites, où l'hypothèse est un puissant moyen d'investigation (...). Or c'est dans cette seconde acception de *croyance hypothétique* que certains géomètres modernes ont introduit ce terme dans la géométrie, pour désigner ce que, à leur grand regret, ils sont obligés d'emprunter à la nature, c'est-à-dire à la réalité. (...) Pour les adeptes de cette école, la géométrie est une conception analytique pure, c'est-à-dire un produit pur de leur activité cérébrale, traduite au moyen d'équations à l'aspect effroyable. (...) cet idéal n'est pas atteint, les géomètres-analystes n'étant pas encore parvenus à créer une géométrie qui ait quelque apparence d'une science de l'espace, sans emprunter quelque chose à la nature. Au moins lui empruntent-ils le moins possible, et ce qu'une dure nécessité les oblige à y puiser, ils l'appellent *hypothèses* ; (...) ils accordent aux choses quelconques écloses dans leur intelligence (...) une valeur qu'ils refusent aux lois de la nature. La spéculation à vide vient se superposer, chez certains d'entre eux, à cette singulière conception de la science. Riemann, par exemple, admet la notion de *dimension* ; mais c'est pour imaginer des espaces qui en offriraient deux, ou quatre, ou une quantité quelconque ! On conçoit que, pour des savants « promenés de la sorte par un esprit malin sur la bruyère aride de la spéculation », les admirables lois de la nature ne soient qu'un *grossier empirisme* (...). (...) Cette rapide esquisse suffit pour indiquer les tendances philosophiques de la nouvelle école. Il n'en faut pas davantage pour montrer

3. L'expression « loi de causation » apparaît dans la traduction en français du traité de logique de John Stuart Mill :

> « Certains faits succédent et, croyons-nous, succéderont toujours à certains faits. L'antécédent invariable est appelé la Cause ; l'invariable conséquent l'Effet ; et l'universalité de la loi de causation consiste en ce que chaque conséquent est lié de cette manière avec quelque antécédent ou quelque groupe d'antécédents particuliers. » [Mil43, p. 370]

Girard utilise cette expression dans le sens plus trivial selon lequel « Les mêmes causes produisent toujours les mêmes effets ».

le péril qu'il y aurait à laisser se répandre, dans le langage scientifique vulgaire, cette appelation d'*hypothèse* dont le subjectivisme géométrique décore les choses dont nous possédons la connaissance la plus complète. »
[Gir80, p. 216-218]

P. 218. Nous ne possédons jamais la connaissance complète des choses.

Vous l'avez dit vous même plus haut, et l'hypothèse consiste précisément à admettre que ce que nous constatons au moyen du sens commun étant vrai au moins à peu près, soit rigoureusement vrai.

∗14∗

« (...) on ne s'est guère inquiété jusqu'ici de rechercher les bases fondamentales de l'algèbre, et le mystère de l'infiniment petit, base du calcul infinitésimal, est encore insondé. » [Gir80, p. 235]

P. 235. Il n'y a pas de mystère de l'infiniment petit. Voir pp. 60 et 61.

∗15∗

« Au point de vue scientifique, enfin, la question géométrique se présente dans les conditions suivantes. Il s'est élevé une nouvelle école de géomètres qui affirment l'existence de plusieurs géométries. De celles-ci, l'une est fausse, les autres sont vraies. La géométrie fausse sera enseignée aux jeunes gens comme vraie, pour développer en eux la saine logique. Les géométries vraies seront le lot d'un groupe restreint de savants, devenus ainsi les prêtres de nouveaux mystères, soigneusement cachés aux millions d'hommes intelligents et instruits qui, se consacrant à l'étude des sciences naturelles ou sociales, n'ont ni le loisir, ni le goût de se livrer à des spéculations de haute analyse. La question est donc de savoir si le résultat du progrès scientifique doit être de simplifier la science ou de la rendre inaccessible à l'immense majorité des hommes ; si les lois de la natures sont réellement admirables dans leur simplicité et dans leur harmonie, ou si elles présentent de puériles anomalies (...). » [Gir80, p. 237]

P. 237. Personne n'a jamais affirmé cela, mais il peut arriver que la Géométrie usitée soit fausse, c'est-à-dire ne soit qu'approximative, et tout ce que vous pourrez dire n'y changera rien. Vous dites que « les lois de la nature sont admirables dans leur simplicité ». On pourrait dire tout aussi bien : « les lois de la nature sont admirables dans leur complication ». L'un vaut l'autre ; ce sont des mots, et les mots ne changent pas les faits.

∗16∗

« Vers la même époque, en 1832, J. Bolyai, capitaine au corps du génie de l'armée autrichienne, publiait sur ce sujet un travail dont le titre même exprimait une incertitude au sujet de la question controversée [4]. Peu à peu, cependant, les géomètres-analystes se départirent de cette prudente réserve : ils en arrivèrent d'abord à comprendre dans la même conception scientifique la géométrie euclidienne et la géométrie imaginaire, puis à regarder celle-ci comme plus certaine que la première ; - oubliant ainsi que, du moment que l'on admet l'intervention de l'analyse dans les questions de géométrie pure, le postulatum d'Euclide est démontré depuis plus d'un demi-siècle[(2)]. » [Gir80, p. 239]

4. Rappelons que dans le titre du travail de Bolyai apparaissent les mots : « la vérité ou la fausseté de l'axiome XI d'Euclide ».

(2) Legendre, en effet, a donné une démonstration analytique du théorème de la somme des trois angles d'un triangle, démonstration que je ne sache pas avoir jamais été réfutée (Voir A.-M. Legendre, *Éléments etc.* ; p. 280 et suiv.).

P. 239. Il y a là deux choses.

1° Pourquoi n'admettrait-on pas l'intervention de l'Analyse dans les questions de Géométrie pure ? L'Analyse est elle autre chose qu'une manière d'écrire plus facilement des égalités ou des inégalités qu'on pourrait écrire géométriquement, et à la rigueur énoncer en langage ordinaire ? Si le postulatum était démontré analytiquement, il le serait de toutes les manières. Voilà, me semble-t-il, un singulier manque de logique de votre part.

2° La démonstration de Legendre à laquelle vous faites allusion ne pouvait sembler spécieuse qu'aux philosophes, non aux géomètres. Elle a été réfutée par ceux-ci dès son apparition. Si cette démonstration était juste, elle le serait aussi bien sur la sphère que sur le plan, et cela se voit encore mieux aujourd'hui qu'à l'époque de Legendre, puisque, dans l'hypothèse de celui qui nie le postulatum, les formules des triangles plans renferment un paramètre constant, tout comme les formules des triangles construits sur une sphère donnée.

∗17∗

« Telle est la voie sur laquelle sont engagés la presque totalité des géomètres modernes(3). Cependant, à quel but cette voie doit-elle conduire ? Ce but peut être considéré dès aujourd'hui comme atteint. Dans un ouvrage des plus remarquables dû à la plume du major de Tilly(1), la question est traitée ex professo avec une clarté et une franchise complètes. Après avoir admis sous la dénomination de *notions premières* la surface, la ligne et le point, l'auteur « emprunte à l'*expérience* un certain nombre de données » qu'il appelle indifféremment *axiomes* ou *hypothèses*(2). Le premier de ces axiomes (lequel est commun à toutes les géométries) est la *distance*(3) ; le second est l'*augmentation indéfinie de la distance*, sur la négation duquel est établie la *géométrie riemannienne* ou *doublement abstraite*(4) ; le troisième, enfin, est le postulatum d'Euclide, dont le rejet produit la *géométrie gaussienne*, ou *simplement abstraite*, tandis que de son admission résulte la *géométrie euclidienne* ou *usuelle*(5). Dans la géométrie gaussienne, la similitude n'existe pas ; dans la géométrie riemannienne, « la droite est un cercle », « le plan est une sphère », et les lignes droites peuvent se rencontrer en deux points sans pour cela coïncider(1). » [Gir80, p. 239-241]

(3) Je parle évidemment ici des géomètres qui écrivent sur la géométrie, et encore faut-il retrancher de ces derniers ceux qui, se bornant à rééditer pour la millième fois les *Éléments* d'Euclide, feignent d'ignorer ou ignorent réellement l'importance que la question géométrique a acquise de nos jours. Voir, entre autres, Eugène Rouché et Ch. de Comberousse, *Traité de géométrie élémenatire*, Paris, 1866.

(1) J. M. de Tilly, *Essai sur les principes fondamentaux de la géométrie et de la mécanique* ; Bordeaux, 1879. - N'ayant eu communication de ce travail que pendant l'impression de ces pages, j'ai dû, à mon grand regret, limiter mes emprunts aux quelques lignes du texte auxquelles se rapporte cette note. La haute estime que je professe pour l'œuvre en question est pleinement justifiée par l'appréciation de M. Hoüel, qui termine son rapport fait à la Société des sciences physiques et naturelles de Bordeaux par les paroles suivantes : « Lobatchefsky, le premier révélateur de cette doctrine, a été dépassé. Nous croyons que les conceptions de M. de Tilly ne seront pas dépassées de sitôt. » (Ibid. p. VIII) Il m'est du reste agréable de rendre justice à un savant que je dois nécessairement rencontrer comme adversaire sur le terrain philosophique ; et je le fais d'autant plus volontiers que la partie de son œuvre consacrée à la géométrie élémentaire, constitue un pas immense fait dans la voie de la réforme de la géométrie réelle.

(2) Ibid. ; p. 2 (3) Ibid. ; p. 3 et suiv. (4) Ibid. ; p. 24 et suiv. (5) Ibid. ; p. 71 et suiv. (1) Ibid. ; p. 69 et suiv.

P. 240. Résumé exact et bien fait. Merci de la note élogieuse du bas de la page.

∗18∗

« Laissant de côté ce que ces conclusions peuvent présenter d'étrange à première vue, j'insisterai seulement sur ce fait, que l'immense travail des géomètres-analystes n'a pas réussi à faire avancer la question d'un seul pas : aujourd'hui, comme il y a deux mille ans, la géométrie réelle repose sur une proposition que l'on est forcé d'admettre, bien qu'elle ne découle pas logiquement de ses prémisses. On pourrait même dire qu'au lieu de faire avancer la question, les géomètres-analystes l'ont plutôt fait reculer, en prétendant d'abord que le postulatum était indémontrable, sans établir néanmoins d'une façon précise sa fausseté objective, puis en mettant sur le même rang l'hypothèse plus que hasardée de l'impossibilité d'augmenter indéfiniment la distance (ce qui revient à *nier* l'infinité de l'espace), et un postulat qui peut se ramener à cet énoncé : que, dans un plan, le lieu de points situés à égale distance d'une ligne droite, est une ligne droite(2). » [Gir80, p. 241]

(2) Je crois devoir rappeler que le postulatum d'Euclide peut revêtir les formes les plus diverses. Celle que je lui donne dans le texte est la plus simple, la plus directe, la forme qu'il faut lui donner si l'on veut en tenter une démonstration. En effet, l'axiome d'Euclide, que les géomètres modernes traduisent en disant que « par un point on ne peut mener qu'une seule parallèle à une droite », renferme un élément indémontrable, en même temps qu'elle repose sur une définition absurde du parallélisme ; car cette définition, au lieu de constituer une *génération*, est purement négative et transporte sa vérification à l'*infini*. Il est vraiment extraordinaire que les géomètres ne se soient jamais aperçus de cette double confusion qui, à elle seule, aurait suffit à rendre le postulatum d'Euclide à jamais indémontrable, alors même qu'un vice radical dans les fondements de la science n'y aurait largement contribué. Mis sous la forme que je lui ai donné dans le texte, le postulatum acquiert du reste un rare degré d'évidence, et je doute que si Euclide l'eût adoptée, on eût jamais contesté son 11e axiome. Comme preuve à l'appui, je citerai la très remarquable préface des *Éléments* de Becker, dans laquelle ce géomètre admet comme évident que « par chaque point de l'espace, il passe une droite dont tous les points sont équidistants d'une autre droite donnée à volonté » (Johann Karl Becker, *Die Elemente u.s.w.* ; p. V.)

P. 241. Je ne réclame pas, puisque vous vous bornez à remplacer la forme actuelle du postulatum par une autre, qui pour moi n'est pas plus mauvaise, mais pas aussi supérieure que vous le croyez. La discussion nous entraînerait trop loin en ce moment. Je me borne à faire observer que si j'ai *conservé* la† forme actuelle, c'est pour le seul motif que je viens d'indiquer. Si Rouché et de C[omberousse] avaient adopté votre forme (qui est l'une de celles que j'ai indiquées, et avant moi Lamarle, et avant lui Nassir-Eddin-Al-Tussi[5]) je l'aurais *conservée* aussi. Je me désintéresse dans cette question. Je ne vous y donne pas tort, mais elle n'a pas l'importance que vous croyez. Vous dites en note que c'est la forme qu'il faut adopter si l'on veut tenter une démonstration du postulatum. C'est précisément en lui donnant cette forme là que j'ai vu clairement, pour la première fois, qu'il est indémontrable. Voir mes Études de mécanique abstraite.

†. ~~cette~~

5. Nasir al-Din al-Tusi est un astronome et mathématicien perse du XIIIème siècle auquel on doit une édition en arabe des *Éléments* d'Euclide publiée à Rome en 1594. L'orthographe de son nom ici, sous la plume de De Tilly, est la même que celle qui apparaît chez Montucla.

N'y a-t-il pas, à cette page, une erreur de copie ou d'impression ? « en mettant sur le même rang l'hypothèse ... de l'impossibilité ... la distance ... et un postulat qui ... »
Il me semble que cela est mauvais au point de vue de la rédaction, et qu'il faudrait dire : En mettant sur le même rang l'hypothèse de la possibilité d'augmenter ... la distance ... et un postulat qui ...
Mais si j'ai raison, il ne suffit pas de changer la mot *impossibilité* ; toute la phrase doit changer.

∗19∗

« Il est juste de dire que quelques rares géomètres modernes ont su éviter l'écueil de la spéculation à vide. Parmi ceux-ci, je citerai Delbœuf, Ueberweg et Becker. Le premier, à la fois géomètre, physiologiste et psychologiste distingué, est l'auteur d'un ouvrage important consacré tout entier à l'examen de la question géométrique. L'idée dominante de son œuvre est la distinction qu'il établit entre la *forme* et la *grandeur*, celle-ci pouvant, en vertu de l'homogénéité de l'espace, varier sans que la première subisse de modification[(1)]. C'est ce que l'auteur appelle la *majoration* et la *minoration* des figures. On voit immédiatement que ce système consiste à admettre la loi de similitude, et par suite, le postulatum d'Euclide. Il eût été plus simple, et surtout plus logique, d'admettre purement et simplement ce dernier, attendu que l'on pourra toujours objecter que, si en vertu de l'homogénéité de l'espace, la majoration a pour résultat d'augmenter proportionnellement les côtés d'une figure, on ne voit pas à priori pourquoi il n'en serait pas de même pour les angles. » [Gir80, p. 242]

J. Delbœuf, *Prolégomènes philosophiques de la géométrie et solution des postulats*, Liège, 1860 ; p. 128 et suiv.

P. 242. D'accord sur l'appréciation de Delbœuf, sauf que je ne parlerai pas des angles. Majorer indéfiniment les angles d'une figure ne me parait pas très-clair.

∗20∗

« D'après [le] système [de Ueberweg], la géométrie doit chercher sa base dans des *expériences* choisies avec soin et présentant un caractère aussi certain que possible. Voici les expériences dont Ueberweg fait choix : « D'après le témoignage des sens » dit-il[(1)] « I. un corps matériel solide peut, s'il est libre, aller partout où un autre corps ne se trouve pas ; II. s'il a une de ses places fixe, quoique plus limité dans ses mouvements, il peut cependant encore se mouvoir ; III. s'il a deux de ses places fixes, aucune de ses parties n'est plus susceptible de tous les mouvements possibles dans II, bien qu'elles puissent encore être mues, et une certaine série de places liées entre elles et avec les points fixes reste immobile ; IV. enfin, si l'on rend fixe une troisième place, tout mouvement du corps devient impossible. » Sans doute, ces expériences présentent un caractère prononcé de certitude ; mais sont-elles réellement de nature à constituer les fondements d'une science exacte semblable à la géométrie ? » [Gir80, p. 243]

Fréd. Ueberweg, *Exposition scientifique des principes de la géométrie, précédée d'une discussion sur le fondement de la certitude des propositions premières de cette science*, trad. par J. Delbœuf, dans J. Delbœuf, *Prolégomènes etc.* ; p. 277.

P. 243. I et II sont au fond mon axiome I ; III et IV sont démontrables ; mais Ueberweg n'a pas vu que ses 4 axiomes laissent possibles les 3 géométries. Il faut donc, à ses 4 axiomes, ajouter mon axiome II et mon axiome III.

∗21∗

« (...) ces expérience [de Ueberweg] sont exclusivement matérielles, tandis que les lois géométriques doivent être applicables aux manifestations immatérielles de l'univers : il suffit d'ouvrir un traité d'optique pour s'en assurer. » [Gir80, p. 243]

P. 244. Peu clair, même avec un Traité d'optique.

∗22∗

« On sait qu'en vertu de la loi d'inertie, tout état de repos ou de mouvement de la matière persiste jusqu'à ce qu'une cause vienne le modifier. Dans le cas où il y a mouvement, celui-ci se fait en ligne droite. La loi que j'appelle l'*inertie linéaire* englobe cette manifestation matérielle ; mais, faisant abstraction du temps pour ne plus viser que le *mouvement géométrique*, elle s'applique non plus seulement au mouvement de la matière, mais encore à toutes les transmissions quelconques de forces ou de phénomènes. Elle est une extension de la loi de causation, parce qu'elle ne fait qu'exprimer ce fait : « qu'une cause toujours identique à elle-même dans l'espace produit constamment le même effet dans l'espace. » Il en résulte qu'un mouvement ou une transmission non contrariés s'opérant suivant la ligne AB, si l'on transporte le tronçon CB de cette ligne sur le tronçon AC, C tombant en A, ces deux tronçons, abstraction faite de leur longueur, doivent coïncider. De cette application géométrique de l'inertie linéaire, il est plus que facile de déduire directement toutes les propriétés de la ligne droite, sauf bien entendu, celle de la plus courte distance, qu'à très bon droit Euclide avait cru nécesssaire de démontrer, et dont Legendre a fait, je ne sais par quelle aberration logique, la définition même de cette ligne. » [Gir80, p. 253]

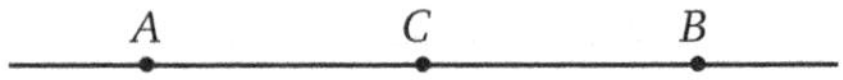

P. 253. Un seul mot sur votre définition de la ligne droite : « si l'on transporte le tronçon AB (sic)... ». Mais vous supposez que dans ce *transport* le tronçon soit *invariable*, qu'il ne se *déforme* pas, car sans cela ce ne serait plus vrai. Or qu'est ce que rester invariable ? Qu'est ce que se déformer ? Ce sont des notions premières, me direz-vous. Soit, mais on peut les ramener à une notion plus primordiale encore. D'ailleurs, une fois ces notions premières admises, on peut *démontrer* l'existence de la droite. Vous croyez pouvoir vous passer de ces idées, mais c'est une erreur. Votre définition n'a pas de sens, si elle ne présuppose pas les notions d'invariabilité et de déformation, et une fois cela présupposé, le reste peut se démontrer.

Chapitre 3

La correspondance avec Gaston Darboux (décembre 1874-avril 1875)

Gaston Darboux naît à Nîmes au mois d'août 1842. Après y avoir effectué sa scolarité, il entre en classe de mathématiques spéciales à la rentrée 1859 au lycée de Montpellier. Classé premier en octobre 1861 aux concours de l'École polytechnique et de l'École normale supérieure, il choisit cette dernière en raison de sa détermination à devenir enseignant, choix qui apparaît de nos jours comme emblématique d'une évolution du lieu de formation des universitaires scientifiques. Reçu premier à l'agrégation de mathématiques en 1864, Darboux occupe pendant deux années (1864-1866) une position de préparateur agrégé de mathématiques à l'École normale supérieure, poste créé spécialement à son intention par le directeur des études scientifiques Louis Pasteur [1]. Durant cette période, Darboux rédige une thèse *Sur les surfaces orthogonales*, qu'il soutient le 14 juillet 1866, le jury étant composé de Michel Chasles, Jean-Claude Bouquet et Joseph-Alfred Serret qui avait présenté à l'Académie des sciences en 1864 une note rédigée par Darboux sur le même sujet.

À la rentrée de septembre 1866, Darboux fait fonction de professeur au collège Rollin et remplace Joseph Bertrand pour le cours de physique mathématique au Collège de France [2]. En 1867, il supplée Bouquet dans la chaire de mathématiques spéciales au lycée Louis le Grand ; il est titularisé sur cette chaire en 1868, fonction qu'il occupera jusqu'en 1872. À la rentrée 1872, il supplée Ossian Bonnet à l'École normale supérieure [3] et est finalement nommé maître de conférences de mathématiques à l'École normale supérieure en septembre 1873. En janvier de la même année, il avait été appelé à suppléer Joseph Liouville à la chaire de mécanique rationnelle de la Faculté des sciences de Paris, suppléance qui sera renouvelée tous les ans jusqu'à l'année universitaire 1877-1878. À partir de 1878, tout en conser-

1. [Leb13, p. 2].
2. [Leb13, p. 3].
Durant sa scolarité à l'École normale, Darboux avait suivi le cours de physique mathématique de Bertrand au Collège de France : « Ce fut l'origine de l'amitié de ce géomètre [J. Bertrand] pour M. Darboux, qui, plus tard, conquit aussi l'estime et la bienveillance d'autres savants, notamment de Bouquet, de Briot et de Serret. » [Leb13, p. 2].
3. Merci à Barnabé Croizat pour cette précision.

P. Henry, P. Nabonnand (eds.), *Conversations avec Jules Hoüel*, Publications des Archives Henri Poincaré Publications of the Henri-Poincaré Archives, DOI 10.1007/978-3-319-56403-6_3

vant sa fonction de maître de conférence à l'École normale, il devient le suppléant de Chasles à la chaire de géométrie supérieure de la Faculté des sciences de Paris jusqu'au 9 avril 1881, date à laquelle il nommé titulaire de cette chaire. Il occupera cette position jusqu'à sa retraite en 1917. Il assurera la charge de doyen de la Faculté des sciences de Paris entre 1889 et 1903.
Le 3 mars 1884, Darboux est élu membre de l'Académie des sciences dans la section de géométrie. Seize ans plus tard, il occupera la fonction de secrétaire perpétuel pour les sciences mathématiques. À la fin de sa vie, Darboux est membre à divers titres d'une vingtaine d'Académies étrangères et d'une dizaine de Sociétés scientifiques [4].

En hiver 1869, Darboux contacte Hoüel pour lui proposer de participer au projet de création du *Bulletin des sciences mathématiques et astronomiques* qui était promu par la commission des hautes études [5] :

> « Aujourd'hui, ce projet a abouti et nous allons commencer au mois de janvier. Je suis chargé par les membres de la Commission de vous écrire à ce sujet. On a la plus grande confiance en vous et on désire vivement comme une condition essentielle de succès votre collaboration assidue à notre *Bulletin*. »
>
> [Gis87, p. 86]

Dans cette même lettre, Darboux évoque une rencontre avec Justin Bourget [6] durant laquelle ce dernier avait évoqué le soutien de Hoüel à ce projet de nouveau journal. En effet, depuis plusieurs années, Hoüel souhaitait la création d'un journal de mathématiques qui diffuserait les nouvelles idées :

> « Que je donnerais de bons sous pour que le ministre, qui va s'occuper à ce qu'il paraît, de réorganiser les facultés, nous fit une organisation raisonnable, en créant de grandes universités ! On pourrait alors fonder un organe de publicité scientifique qui fit concurrence au journal boiteux de Prouhet [*Les Nouvelles annales de mathématiques*], et qui pût faire connaître à la France la profondeur de l'abîme d'ignorance dans lequel elle est en train de glisser. Que de bons livres d'*x* on publie en Allemagne ! »
>
> (Lettre de Hoüel à Berger, 3 mars 1867, BC, Ms. in-4° 333, folio 38)

Darboux souhaite vivement associer Hoüel à la rédaction du nouveau journal et lui propose de publier dans celui-ci les travaux de recension et de traduction qu'il a en cours [7]. Le premier numéro du *Bulletin des sciences mathématiques et astronomiques* paraît au cours du premier trimestre de l'année 1870 ; la page de titre signale que le *Bulletin* est rédigé par « M. G. Darboux avec la collaboration de MM. Hoüel et Lœwy » [8]. Dès le deuxième tome, Hoüel apparaît comme rédacteur au même titre que Darboux [9].

La correspondance active et passive que nous publions ci-après fait suite à la discussion de Hoüel et Darboux présentée en introduction [10]. La « querelle » reprend

4. Pour plus de précisions sur la biographie de Darboux, on peut consulter la thèse de Barnabé Croizat, *Gaston Darboux : naissance d'un mathématicien, genèse d'un professeur, chronique d'un rédacteur* [Cro16].

5. Cette commission était une émanation de la première section (mathématiques) de l'École pratique des hautes études qui venait d'être créée l'année précédente. Elle était composée de Michel Chasles (qui en est le président), Joseph Bertrand, Charles Delaunay, Victor Puiseux et Joseph-Alfred Serret.

6. Bourget avait été nommé en 1868 directeur de l'École Sainte Barbe.

7. Sur la correspondance échangé durant cette période entre Darboux et Hoüel, voir [Gis87].

8. Le comité de rédaction est présidé par Chasles et les membres sont Bertrand, Delaunay, Puiseux et Serret.

9. Le *Bulletin* est présenté comme « rédigé par G. Darboux et J. Hoüel avec la collaboration de MM. André, Lœwy, Painvin, Radau, Simon et Tisserand.

10. Voir le paragraphe 1.3.7.

entre les deux hommes lorsque Hoüel se voit remettre une liste précise de critiques au sujet de son *Cours de calcul infinitésimal*[11]. Bien que ce dernier soit heureux de pouvoir échanger à ce sujet car « cela fait du bien d'avoir à se tâter de temps en temps[12] », vu les observations transmises, il hésite à se lancer dans une nouvelle édition de son ouvrage. Toutefois, Darboux l'encourage vivement. Il est persuadé qu'il est possible de faire quelque chose de « rigoureux et simple »[13]. Après avoir combattu les affres du doute[14], Hoüel publiera son ouvrage[15].

Les échanges qui suivent témoignent également des ouvrages en cours de travaux et, en particulier, du souci constant apporté à l'élaboration du *Bulletin*. La publication a pris du retard car elle manque de collaborateurs : au mois de janvier 1875, le numéro de novembre 1874 n'est toujours pas achevé. Se pose alors la question, pour Hoüel, de l'abandon de cette publication[16]. Il se montre très affecté par la mauvaise direction que semble prendre le *Bulletin* et se verra vivement soulagé lorsque Darboux l'épaulera à nouveau dans cette entreprise.

11. [H55].
12. Voir la lettre 3.23.
13. Voir la lettre 3.11.
14. Voir par exemple la lettre 3.29.
15. [H64].
16. Voir la lettre 3.30.

FIGURE 3.1 – Portrait de Jean Gaston Darboux (1842-1917) probablement réalisé par le photographe Eugène Pirou (1841-1909) (AAS, dossier Darboux, © Institut de France).

FIGURE 3.2 – Portrait de Jean Gaston Darboux extrait de [Pic17].

3.1 Lettre de Darboux à Hoüel reçue le 9 décembre 1874

9/12/74 [1]

Mon cher ami,

Vous tenez donc à ce que nous recommencions notre discussion. Pour ma part je ne demande pas mieux. Bien qu'il me manque une feuille de votre traité [2] je vais d'abord commencer par vous dire quels sont les points où selon moi vous n'êtes pas assez rigoureux.

art. 45 [3]. Si la fonction croit la dérivée est positive ou nulle. Si elle décroit la dérivée est négative ou nulle. Donc si la dérivée est positive la fonct[ion] est croissante. Si elle est négative la fonction est décroissante, mais qu'arrive-t-il si elle est nulle dans tout l'intervalle ? On ne le voit pas d'après les remarques que vous faites. En outre vous prouvez bien que la fonct[ion] est croissante dans tout l'intervalle si la dérivée est positive en résulte-t-il que $f(x_1)$ est plus grand que $f(x_0)$ si x_1 et x_0 sont des valeurs de x dans l'intervalle telles que l'on ait $x_1 > x_0$?

art. 52. Vous savez ce que je vous reproche je vous en ai parlé bien des fois. J'y reviendrai si vous le désirez [4].

art. 58 [5]. La quantité ε tendant vers zéro quand $y + dy$ restant constant dx tend vers zéro, vous ne pouvez rien conclure pour ce qui arrive lorsque dx, dy tendent vers zéro en même temps. C'est toujours ma remarque relative aux inf[iniment] petits fonctions de deux variables. Par exemple $\frac{dx^2}{dx+dy}$ tend vers zéro quel que soit

1. Cette date est indiquée par Hoüel sur la lettre et correspond donc au jour où il l'a reçue. Darboux n'a pas l'habitude systématique de dater ses lettres.
2. [H55].
3. L'article mentionné traite du signe du rapport $\frac{y_1-y}{x_1-x}$ où $y = f(x)$ et $y_1 = f(x_1)$:

> « 45. Le rapport $\frac{y_1-y}{x_1-x}$ est positif ou négatif, suivant que ses deux termes sont de même signe ou de signe contraire, c'est-à-dire, suivant que la fonction y croît dans le même sens que la variable indépendante x, ou en sens contraire. Il en sera de même évidemment pour la limite de ce rapport, toutes les fois où elle ne sera pas nulle.
> Donc la dérivée d'une fonction sera positive ou négative, suivant que la fonction croîtra dans le même sens que la variable indépendante, ou en sens contraire. Et réciproquement. » [H55, I, p. 25]

4. Darboux a déjà formulé une objection dans la lettre 3.51 en annexe. Voir aussi la note α de la lettre 3.2 pour le texte de Hoüel.
5. Dans cet article 58, Hoüel s'intéresse à l'expression de la différentielle totale d'une fonction de deux variables réelles $z = f(x,y)$. Son calcul correspond à écrire

$$\begin{aligned} dz &= f(x+dx,y+dy) - f(x,y) = [f(x+dx,y+dy) - f(x,y+dy)] + [f(x,y+dy) - f(x,y)] \\ &= d_x f(x,y+dy) + d_y f(x,y) = \Big(\frac{\partial f}{\partial x}(x,y+dy) + \varepsilon\Big)dx + \Big(\frac{\partial f}{\partial y}(x,y) + \varepsilon'\Big)dy \\ &= \Big(\frac{\partial f}{\partial x}(x,y) + \varepsilon_1\Big)dx + \Big(\frac{\partial f}{\partial y}(x,y) + \varepsilon'\Big)dy \end{aligned}$$

où il utilise la continuité de la dérivée partielle par rapport à x pour obtenir $\frac{\partial f}{\partial x}(x,y+dy) = \frac{\partial f}{\partial x}(x,y) + \varepsilon''$ et où il pose $\varepsilon_1 = \varepsilon + \varepsilon''$. Ainsi,

$$dz = \frac{\partial f}{\partial x}(x,y)dx + \frac{\partial f}{\partial y}(x,y)dy + (\varepsilon_1 dx + \varepsilon' dy)$$

et « la différentielle totale dz se compose de deux parties, dont la seconde $\varepsilon_1 dx + \varepsilon' dy$ est infiniment petite par rapport à la première. » [H55, I, p. 31-32] Il appelle cette dernière la partie principale.

dy nul ou fixe quand dx tend vers zéro dy restant fixe, mais si dy tend vers zéro par exemple de telle manière que l'on ait $dx + dy = dx^3$ votre inf[iniment] petit augmente indéfiniment [6]. Cette objection se répercute sur votre théorie de la dérivée des fonctions composées.

[art.] 126. Votre théorème IV est inexact [7]. Je vous ai donné des exemples [8] et du reste il ne sert pas.

[art.] 154 [9]. Vous établissez le théorème des accroissements finis par une méthode qui suppose la continuité de la dérivée et qui est beaucoup plus longue que celle de Bonnet[α] qui ne la suppose pas. En outre ce théorème des accroissements finis comprend comme simples corollaires tous les développements que vous donnez ensuite et démontrez par des méthodes directes. Par exemple pour la série de Taylor il faut simplement appliquer ce théorème à la fonction

$$f(a) - f(x) - \frac{a-x}{1} f'(x) \ldots - \frac{(a-x)^n}{1 \cdot 2 \cdot 3 \cdots n} f^n(x).$$

art. 188 [10]. Le th[éorème] est établi avec une restriction qu'il ne comporte pas. Il

---

6. En effet, nous nous retrouvons alors avec le rapport $\frac{1}{dx}$.

7. Ce théorème de la 9ᵉ leçon consacrée aux « infiniment petits et infiniment grands des divers ordres » affirme :

> « 126. Théorème IV. Soit $\omega = f(x, \beta)$ une fonction de la variable x, et d'une autre variable β infiniment petite et indépendante de x. Si ω est infiniment petit de l'ordre n, quel que soit x, on pourra poser $\omega = \alpha^n X$, X étant une fonction de x qui ne sera, en général, ni nulle ni infinie, et α étant la base des infiniment petits, indépendante de x comme l'est β lui-même, qui est fonction de α. Si X n'était pas fini, on remplacerait α^n par une des expressions infiniment petites d'ordre n, indiquée au n°122, et l'on rendrait X fini.
> La dérivée de ω par rapport à x, $D_x\omega = \alpha^n D_x X$, sera aussi infiniment petite de l'ordre n ; et, si la différentielle dx est considérée comme un infiniment petit du premier ordre, alors la différentielle $d\omega = \alpha^n D_x X dx$ sera un infiniment petit de l'ordre $n+1$. »
> [H55, I, p. 69]

8. Voir la lettre 3.51 en annexe.

9. Le texte de cet article est le suivant :

> « 154. Soient maintenant m et M deux constantes telles que, pour toute valeur de x comprise entre x_0 et X, on ait $m < f'(x) < M$. La fonction $f'(x) - m$ étant constamment positive, son intégrale $f(x) - f(x_0) - m(x - x_0)$, prise entre les limites x_0 et $x \leq X$, sera [153], toujours positive ; et par une raison analogue, la fonction $f(x) - f(x_0) - M(x - x_0)$ sera toujours négative.
> Supposons maintenant que dans la fonction $f(x) - f(x_0) - \mu(x - x_0)$ qui est continue par rapport à μ, on fasse varier d'une manière continue le paramètre μ depuis la valeur m jusqu'à la valeur M. La fonction, passant ainsi d'une valeur positive à une valeur négative, devra s'annuler une seule fois dans l'intervalle. Donc μ étant une moyenne convenablement choisie entre la plus petite et la plus grande des valeurs que prend la fonction $f'(x)$ dans l'intervalle de x_0 à X, on aura $f(x) - f(x_0) - \mu(x - x_0) = 0$.
> Si $f'(x)$ est continue entre x_0 et X, ou si seulement elle passe, dans cet intervalle, par toute les valeurs comprises entre la plus petite et la plus grande, il existe au moins une valeur ξ, comprise entre x_0 et X, et pour laquelle $f'(x)$ prendra la valeur μ. On pourra alors écrire [78] $f(x) - f(x_0) = (x - x_0)f'(\xi)$ $(x_0 < \xi < X)$, ou encore, si l'on pose $x - x_0 = h$ et $0 < \theta < 1$, on aura $f(x_0 + h) - f(x_0) = hf'(x_0 + \theta h)$. » [H55, I, p. 91-92]

10. « 188. Supposons qu'une série $[a_0 + a_1 x + \ldots + a_n x^n + \ldots]$ ordonnée suivant les puissances positives et entières d'une variable x, soit absolument convergente pour $x = X$, c'est-à-dire que, pour cette valeur de x, sa convergence subsiste, lorsqu'on prend tous les termes avec leur valeur absolue. Je dis que cette série sera convergente pour toute valeur de x numériquement moindre que X. »
[H55, I, p. 111]

n'est pas nécessaire qu'il y ait une limite pour le rapport $\frac{a_{n+1}}{a_n}$ [11] et il arrive fréquemment que cette limite n'existe pas. Ex[emple]

$$1 + x\sin\alpha + x^2\sin 2\alpha \ldots + x^n \sin n\alpha + \ldots .$$

[art.] 191. Votre théorème relatif à l'intégration [12] est inexact. Il est aussi dans Serret [13] mais j'ai donné dans mon mémoire des exemples qui le mettent en défaut. En particulier il n'est pas vrai pour les séries trigonométriques [14].

[art.] 192. Ce théorème [15] corollaire du précédent n'est pas démontré [16] il est inexact.

[art.] 201 [17]. Vous n'estimez pas d'une man[ière] suff[isamment] nette la formule

$$\lim \frac{f(x)}{\varphi(x)} = \lim \frac{f'(x)}{\varphi'(x)}$$

[art.] 206 [18]. Le raisonnement de cet article 206 prouve seulement que la dérivée

11. La preuve de Hoüel utilise comme condition nécessaire à la convergence que $\lim_{n\to\infty} \frac{a_{n+1}X^{n+1}}{a_n X^n} \leq 1$ et donc si $\lim_{n\to\infty} \frac{a_{n+1}}{a_n} = \lambda$, il faut que $X \leq 1/\lambda$. Ainsi, pour $x < X \leq 1/\lambda$ la série est absolument convergente et donc la série converge pour $-1/\lambda < x < 1/\lambda$.

12. Ce théorème affirme qu'étant donné une série $f(x) = u_0(x) + u_1(x) + \ldots + u_n(x) + R_n(x)$ qui converge pour $x_0 \leq x \leq X$, alors l'intégration terme à terme livre la série $\int_{x_0}^X u_0(x)dx + \int_{x_0}^X u_1(x)dx + \ldots + \int_{x_0}^X u_n(x)dx + \ldots$ qui converge vers $\int_{x_0}^X f(x)dx$ car « le terme complémentaire » $\int_{x_0}^X R_n(x)dx$ « est infiniment petit pour n infiniment grand » [H55, I, p. 112].

13. [Ser68, II, p. 109].

14. Voir la fin de la lettre 3.2 ainsi que le paragraphe 1.3.6 de l'introduction (p. 68).

15. « Si la série des dérivées des termes du développement d'une fonction $f(x)$ est convergente, elle aura pour somme la dérivée $f'(x)$ de cette fonction. » [H55, I, p. 113]

16. Hoüel donne un semblant d'argument. Il note $f(x) = u_0 + u_1 + \ldots + u_n + R_n$ et suppose que $\varphi(x) = u_0' + u_1' + \ldots + u_n' + \rho_n$ converge pour $x_0 \leq x \leq X$. Par le théorème de l'article précédent, il obtient

$$\int_{x_0}^x \varphi(x)dx = [u_0 + \ldots + u_n]_{x_0}^x + \int_{x_0}^x \rho_n dx = [f(x) - R_n]_{x_0}^x + \int_{x_0}^x \rho_n dx = f(x) - f(x_0) - [R_n]_{x_0}^x + \int_{x_0}^x \rho_n dx$$

et conclut : « Or, d'après ce qu'on a supposé sur la convergence des deux séries, R_n et ρ_n sont infiniment petits lorsque n est infiniment grand, pour toutes les valeurs de x comprises entre x_0 et X, et il en résulte que la quantité $-[R_n]_{x_0}^x + \int_{x_0}^x \rho_n dx$ est infiniment petite dans les mêmes circonstances, et que, étant égale à une quantité $\int_{x_0}^x \varphi(x)dx - [f(x)]_{x_0}^x$ indépendante de n, elle doit être rigoureusement nulle. On a donc $f(x) - f(x_0) = \int_{x_0}^x \varphi(x)dx$ d'où l'on tire $f'(x) = \varphi(x)$, ce qui démontre le théorème énoncé. » [H55, I, p. 113]

17. Cet article est consacré à la règle de Bernoulli-de L'Hospital : « la limite du rapport de deux fonctions qui s'évanouissent simultanément pour $x = a$ est égale au rapport des valeurs de leurs dérivées pour $x = a$ » [H55, I, p. 119].

18. Hoüel s'attelle à la preuve du théorème suivant :

> « Théorème. Si une fonction $f(x)$ est finie et continue pour toute valeur de x voisine de la valeur finie a, et si en même temps $f(x)$ devient infinie pour $x = a$, $f'(x)$ sera aussi infinie pour $x = a$.
>
> Soient, en effet, ε et $\varepsilon + h$ deux accroissements de même signe : $f(x)$ étant continue entre $a + \varepsilon$ et $a + \varepsilon + h$, on pourra appliquer le théorème du n°154, qui donnera
>
> $$\frac{f(a+\varepsilon+h) - f(a+\varepsilon)}{h} = f'(a+\varepsilon+\theta h),$$
>
> quelque petit que soit ε. Si ε décroît indéfiniment, $f(a+\varepsilon+h)$ tendra vers la limite finie $f(a+h)$, tandis que $f(a+\varepsilon)$ tendra vers l'infini. Donc le premier membre est infiniment grand pour ε infiniment petit. Il en sera donc de même de $f'(a+\varepsilon+\theta h)$, quel que

deviendra infinie pour un grand nombre de valeurs de x très voisines de a mais elle peut être indéterminée dans le voisinage de a.

Vous voyez que je porte la guerre sur votre camp ne m'en veuillez pas. C'est que je voudrais que votre Traité si excellent à tant d'égards devint tout à fait irréprochable. Si vous voulez adopter la marche que je vous propose et accepter la dém[onstration] Bonnet pour le théorème des accroissements finis[α] tout irait sur des roulettes.

Quant à ce que vous me dites de mon travail c'est bien vrai mais ne croyez pas que ce soit l'ambition de l'Institut qui me guide[19]. J'ai un but supérieur à celui d'arriver à l'Institut, apprendre les mathématiques et rendre des services à mes élèves. Sur ce mon cher ami.

Votre bien dévoué,

G. Darboux

α. La preuve du théorème des accroissements finis de Bonnet est exposée par Serret dans son *Cours de calcul différentiel et intégral* de 1868. La voici *in extenso* :

> « THÉORÈME I. - *Soit $f(x)$ une fonction de x qui reste continue pour les valeurs de x comprises entre des limites données, et qui, pour ces valeurs, ait une dérivée $f'(x)$ déterminée. Si x_0 et X désignent deux valeurs de x comprises entre les mêmes limites, on aura*
>
> $$\frac{f(X)-f(x_0)}{X-x_0}=f'(x_1),$$
>
> *x_1 étant une valeur comprise entre x_0 et X.*
> En effet, le rapport $\frac{f(X)-f(x_0)}{X-x_0}$ a, par hypothèse, une valeur finie, et si l'on nomme A cette valeur, on aura
>
> $$(1) \qquad [f(X)-AX]-[f(x_0)-Ax_0]=0.$$
>
> Désignons par $\varphi(x)$ la fonction de x définie par la formule
>
> $$(2) \qquad \varphi(x)=[f(x)-Ax]-[f(x_0)-Ax_0]$$
>
> on aura, à cause de l'égalité (1), $\varphi(x_0)=0$, $\varphi(X)=0$, en sorte que $\varphi(x)$ s'annule pour $x=x_0$ et pour $x=X$. Supposons, pour fixer les idées, $X>x_0$ et faisons croître x de x_0 à X ; la fonction $\varphi(x)$ est d'abord nulle. Si l'on admet qu'elle ne soit pas constamment nulle, pour les valeurs de x comprises entre x_0 et X, il faudra qu'elle commence à croître en prenant des valeurs positives, ou à décroître en prenant des valeurs négatives, soit à partir de $x=x_0$, soit à partir d'une valeur de x comprise entre x_0 et X. Si les valeurs dont il s'agit sont positives, comme $\varphi(x)$ est continue et qu'elle doit s'annuler pour $x=X$, il est évident qu'il y aura une valeur x_1 entre x_0 et X telle, que $\varphi(x_1)$ sera supérieure ou au moins égale aux valeurs voisines $\varphi(x_1-h)$, $\varphi(x_1+h)$, h étant une quantité aussi petite que l'on voudra. Si la fonction $\varphi(x)$, en cessant d'être nulle, prend des valeurs négatives, le même raisonnement prouve qu'il existe une valeur x_1 entre x_0 et X telle, que $\varphi(x_1)$ sera inférieure ou au plus égale aux valeurs voisines $\varphi(x_1-h)$, $\varphi(x_1+h)$. Ainsi, dans l'un et l'autre cas, la valeur

soit h. Donc $f'(a+\theta h)$ est infini, quel que soit h. Or, en prenant h assez petit, $a+\theta h$ s'approchera autant que l'on voudra de a, et comme la dérivée d'une fonction ne peut pas être infinie pour toutes les valeurs de la variable comprises dans un intervalle fini [43], il faut que $a+\theta h$ se réduise à a ou θ à zéro. Donc $f'(a)=\infty$. » [H55, I, p. 122]

19. Darboux est élu membre de la section de géométrie de l'Académie des sciences de Paris le 3 mars 1884.

x_1 sera telle, que les différences $\varphi(x_1-h)-\varphi(x_1)$, $\varphi(x_1+h)-\varphi(x_1)$ seront de même signe, et, par suite, les rapports

$$(3) \qquad \frac{\varphi(x_1-h)-\varphi(x_1)}{-h}, \quad \frac{\varphi(x_1+h)-\varphi(x_1)}{h}$$

seront de signes contraires.

Il faut remarquer que nous n'excluons pas l'hypothèse dans laquelle l'un des rapports précédents se réduit à zéro, ce qui exige que la fonction $\varphi(x)$ conserve la même valeur pour les valeurs de x comprises dans un intervalle fini. En particulier, si la fonction $\varphi(x)$ est constamment nulle pour les valeurs de x comprises entre x_0 et X, les rapports (3) sont nuls l'un et l'autre.

Les rapports (3) tendent vers la même limite quand h tend vers zéro, car nous admettons que la fonction $f(x)$ a une dérivée déterminée, et la même chose a lieu, en conséquence, à l'égard de $\varphi(x)$; d'ailleurs ces rapports sont de signes contraires, donc leur limite est zéro. Ainsi l'on a $\lim \frac{\varphi(x_1+h)-\varphi(x_1)}{h} = 0$, ou, à cause de l'équation (2), $\lim \left[\frac{f(x_1+h)-f(x_1)}{h} - A\right] = 0$, c'est-à-dire

$$A = \lim \frac{f(x_1+h)-f(x_1)}{h} = f'(x_1).$$

On a donc $\frac{f(X)-f(x_0)}{X-x_0} = f'(x_1)$, ou $f(X)-f(x_0) = (X-x_0)f'(x_1)$, comme on l'avait annoncé.

Nous avons supposé $X > x_0$, mais comme la formule précédente ne change pas par la permutation des lettres x_0, X, elle est évidemment indépendante de cette hypothèse.

Si l'on fait $X = x_0 + h$, la quantité x_1, comprise entre x_0 et x_0+h, pourra être représentée par $x_0+\theta h$, θ étant une quantité comprise entre 0 et 1 ; on peut donc écrire $f(x_0+h)-f(x_0) = hf'(x_0+\theta h)$.

REMARQUE. - La démonstration qui précède est due à M. Ossian Bonnet. Il faut remarquer qu'elle ne suppose en aucune façon la continuité de la dérivée $f'(x)$; elle exige seulement que cette dérivée existe et ait une valeur déterminée. » [Ser68, I, p. 17-19]

3.2 Lettre de Darboux à Hoüel reçue le 12 décembre 1874

12/12/74

Mon cher ami,

Oui nous aurons de la peine à nous entendre et ce n'est pas ma faute : à chaque instant quand je vous fais une objection vous l'écartez par des raisons qui équivalent à peu près à ceci. J'écarte les fonctions pour lesquelles l'objection est valable. Remarquez que je ne limite pas votre droit de traiter seulement certaines classes de fonctions, de faire dans les énoncés toutes les restrictions que vous voudrez. J'attaque seulement la logique de vos raisonnements. Ainsi, pour prendre votre raisonnement sur l'intégrale comme exemple, celui de la page 28 art. 52^{α}, je vous dis ceci. Si l'on pose

$$\frac{f(x+h)-f(x)}{h} - f'(x) = \varepsilon$$

on sait vous admettez [1] sur ε une chose que je vous accorde c'est que ε tend vers zéro (quel que soit x) quand x restant fixe h tendant vers zéro. C'est la définition

1. *Sic.*

de la dérivée. Par conséquent ε est une fonction de deux variables x, h qui tend vers zéro avec h quand l'autre reste fixe. Ceci est incontestable. Mais ici je vous dis faites attention. Vous commettez une erreur de logique car dans votre raisonnement quand h tend vers zéro x varie. Vous admettez donc que ε qui tend vers zéro avec h quand x reste fixe tendra encore vers zéro avec h quand x variera. Vous admettez donc quelque chose de plus que vous ne savez sur ε car il est facile de montrer que la première supposition n'entraine pas la seconde et je vous cite l'exemple de $\frac{h^2}{x-a+h}$ qui tend vers zéro avec h quel que soit x quand x reste fixe mais qui ne tend plus vers zéro quand x variant est égal à $a-h+h^3$ [2]. Ainsi, je crois ainsi vous montrer clairement que vous admettez plus que vous ne savez, que vous faites une erreur de raisonnement et à cela que me répondez-vous ? Montrez-moi dites vous une fonction où ε soit de cette forme. À coup sûr je ne pourrais pas vous en montrer, puisque le théorème est vrai : mon but est de vous montrer que votre raisonnement remplace une supposition parfaitement admissible par une autre qui n'est pas équivalente.

Et remarquez le bien. Il serait bien inutile de répondre : j'écarte les fonctions pour lesquelles on n'a pas le droit de faire cette substitution car alors autant vaudrait dire j'écarte les fonctions pour lesquelles le théorème est inexact. Et du reste le criterium que vous seriez obligé d'introduire serait loin d'être commode à vérifier.

La dém[onstration] Bonnet est plus courte et meilleure [3].

Autre exemple art. 58 [4], ε tend vers zéro avec dx quand $y+dy$ reste constant ; mais si dy varie vous n'avez le droit de rien conclure. Même objection que dans le cas précédent. J'aime mieux la démonstration suivante qui évite cette objection.

$$f(x+h,y+k)-f(x,y+k)=hf'_x(x+\theta h,y+k)$$
$$f(x,y+k)-f(x,y)=kf'_y(x,y+\theta' k)$$

d'où

$$f(x+h,y+k)-f(x,y)=hf'_x(x+\theta h,y+k)+kf'_y(x,y+\theta' k).$$

Or si f'_x est *continue* on a

$$f'_x(x+\theta h,y+k)=f'_x(x,y)+\varepsilon$$

ε tendant vers zéro quand h, k tendent vers zéro,

$$f'_y(x,y+\theta' k)=f'_y(x,y)+\varepsilon'$$

ε' tendant vers zéro avec k. D'où résulte la démonstration. On voit qu'elle suppose la continuité de f'_x, f'_y sans cela le théorème serait faux. Ainsi voilà une dém[onstration] qui met en évidence les condit[ions] néc[essaires] du théorème et qui est rigoureuse. Elle s'appuye sur le th[éorème] des accroissements finis que vous pourriez mettre dans le premier quart d'heure de votre Cours.

Je maintiens les objections au n°188 [5]. Pour la série $\sum x^n \sin n\alpha$ le rapport $\frac{a_{n+1}}{a_n}$ n'est pas compris entre deux limites fixes comme vous le supposez. Il peut devenir

2. Nous avons en effet $\lim_{h\to 0}\frac{h^2}{x-a+h}=\lim_{h\to 0}\frac{1}{\frac{x-a}{h^2}+\frac{1}{h}}=0$ et $\lim_{h\to 0}\frac{h^2}{(a-h+h^3)-a+h}=\lim_{h\to 0}\frac{1}{h}$.

3. Darboux fait probablement allusion à la démonstration de Bonnet du théorème des accroissements finis. Voir la note α de la lettre 3.1.

4. Voir la note 5 de la lettre 3.1.

5. Voir la lettre 3.1 et en particulier les notes 10 et 11.

supérieur à toute quantité donnée $\frac{\sin(n+1)\alpha}{\sin n\alpha}$ quand $n\alpha$ [†]est près d'un multiple de π. J'aime mieux la dém[onstration] qui s'appuye sur ce th[éorème :]

Si on multiplie les termes d'une série absolum[ent] converg[ente] par des nombres finis, on obtient une série absol[ument] converg[ente].

Alors soit

$$a_0 \quad a_1 x \qquad a_n x^n$$

la série prop[osée] dont les termes ne croissant pas indéfin[iment] soit

$$1 + \frac{X}{x} + \qquad + \frac{X^n}{x^n}$$

la série [est] abs[olument] conv[ergente] si $X < x$, en multipliant par les termes de la première série on a

$$a_0 + a_1 X +$$

série absol[ument] convergente.

Votre théor[ème] sur l'intég[ration] des séries est absol[ument] faux [6]. Ex[emple]

$$u_1 + u_2 + u_3 + \ldots + u_n + \ldots$$

où $u_n = -2n^2 x e^{-n^2 x^2} + 2(n+1)^2 x e^{-(n+1)^2 x^2}$ [7] série dont la somme est

$$S = -2xe^{-x^2}.$$

En intégrant de zéro à x on a

$$\int_0^x S\,dx = e^{-x^2} - 1$$

et en intégrant les termes de la série on trouve pour la suite des intégrales, entre 0 et x, e^{-x^2} et non $(e^{-x^2} - 1)$ [8].

Votre dévoué,

G. Darboux

α. Dans son cours [H55, I, p. 28-29], Hoüel définit l'intégrale de la manière suivante :

> « 52. La substitution de la partie principale de la différentielle [9] à la différentielle elle-même peut se faire aussi dans la recherche des limites de sommes. Ainsi l'accroissement $f(X) - f(x_0)$ de la fonction $f(x)$, lorsque x croît depuis la valeur x_0 jusqu'à la valeur X, est la somme des accroissements successifs
>
> $$f(x_1) - f(x_0),\ f(x_2) - f(x_1),\ \ldots,\ f(X) - f(x_{n-1}),$$

†. ~~s'appr~~

6. Voir l'objection de Darboux à l'article 191 exposé dans la lettre 3.1.

7. Dans sa lettre, Darboux indique $u_1 = \ldots$ mais il est clair que c'est l'expression du terme général qu'il veut donner et que la série proposée est « télescopique ».

8. Suivant Darboux, on a bien $\int_0^x u_n dx = \int_0^x -2n^2 x e^{-n^2x^2} dx + \int_0^x 2(n+1)^2 x e^{-(n+1)^2x^2} dx = (e^{-n^2x^2} - 1) + (-e^{-(n+1)^2x^2} + 1)$ d'où la somme indiquée. Cet exemple est repris dans [Dar75, p. 77-78, p. 84] (voir le paragraphe 1.3.6 de l'introduction (p. 68)).

9. Étant donné une fonction y, Hoüel nomme $y'dx$ la partie principale de la différentielle. Par exemple, si $y = ax^2$, alors on a $y + dy = a(x + dy)^2 = ax^2 + 2axdx + a(dx)^2$ où $2axdx$ est la partie principale et $a(dx)^2$ est la partie secondaire.

qu'éprouve la fonction, lorsque x prend tour à tour les valeurs $x_1, x_2, \ldots, x_{n-1}$, intermédiaires entre x_0 et X. Donc cet accroissement total sera la limite de la somme des accroissements partiels, si on les suppose infiniment petits, c'est-à-dire si on les considère comme des différentielles de sorte qu'on aura

$$f(X) - f(x_0) = \lim[df(x_0) + df(x_1) + \ldots + df(x_{n-1})].$$

Or on a [48] [10] $df(x) = f'(x)dx + \varepsilon dx$. Donc, en faisant successivement $x = x_0, x_1, \ldots, x_{n-1}$, la somme précédente deviendra

$$f(X) - f(x_0) = \lim[f'(x_0)dx_0 + f'(x_1)dx_1 + \cdots + f'(x_{n-1})dx_{n-1}] \\ + \lim(\varepsilon_0 dx_0 + \varepsilon_1 dx_1 + \cdots + \varepsilon_{n-1} dx_{n-1}),$$

en se rappelant que $dx_0, dx_1, \ldots, dx_{n-1}$ représentent les accroissements successifs infiniments petits $x_1 - x_0, x_2 - x_1, \ldots, X - x_{n-1}$ de la variable x, ou les différences entre deux valeurs consécutives attribuées à x dans cette sommation.

Or on verrait, comme au n°39 [11], que la somme $\varepsilon_0 dx_0 + \varepsilon_1 dx_1 + \cdots + \varepsilon_{n-1} dx_{n-1}$ peut se mettre sous la forme $(X - x_0)\varepsilon$, ε étant un infiniment petit. Donc l'accroissement $f(X) - f(x_0)$ est égal à la somme

$$f'(x_0)dx_0 + f'(x_1)dx_1 + \cdots + f'(x_{n-1})dx_{n-1}$$

plus un infiniment petit, et par suite il est égal à la limite de cette somme. Donc l'accroissement d'une fonction entre les valeurs x_0, X de la variable est égal à la limite de la somme des parties principales des différentielles des valeurs de la fonction correspondante à des valeurs de la variable croissants par intervalles infiniment petits depuis x_0 jusqu'à X.

53. Cette limite de somme s'indique par le signe $\int$, initiale du mot somme, en bas et en haut duquel on inscrit les valeurs de x auxquelles commence et finit l'accroissement. On écrit de cette manière

$$\int_{x_0}^{X} f'(x)dx = \lim[f'(x_0)dx_0 + f'(x_1)dx_1 + \cdots + f'(x_{n-1})dx_{n-1}].$$

Une telle limite de somme s'appelle une *intégrale*. Lorsqu'on indique, comme dans le cas actuel, les valeurs de la variable indépendante où commence et où se termine la sommation, l'intégrale est dite une intégrale définie. Les valeurs initiale et finale de x, inscrite en bas et en haut du signe $\int$, s'appellent la limite inférieure et la limite supérieure de l'intégrale.

54. D'après cela, nous avons la formule fondamentale

$$f(X) - f(x_0) = \int_{x_0}^{X} f'(x)dx.$$

10. Dans cet article 48, après avoir dénoté la dérivée par $D_x y = y' = \lim \frac{dy}{dx}$ ou $D_x f(x) = f'(x) = \lim \frac{df(x)}{dx}$, Hoüel observe qu'« en désignant par ε une quantité infiniment petite, on a $\frac{dy}{dx} = y' + \varepsilon$, d'où l'on tire $dy = y'dx + \varepsilon dx$. » [H55, p. 26]

11. Dans l'article 39, Hoüel affirme et utilise que la somme $(x_1 - x_0)\varepsilon_0 + (x_2 - x_1)\varepsilon_1 + \ldots + (X - x_{n-1})\varepsilon_{n-1}$ peut être écrite sous la forme d'un produit entre la somme des premiers facteurs et une moyenne ε entre les seconds facteurs $\varepsilon_0, \varepsilon_1, \ldots, \varepsilon_{n-1}$. Il applique ainsi le résultat qu'il donne explicitement : « si dans une somme de produits $ab + a'b' + a''b'' + \cdots$ les premiers facteurs $a, a', a'', \ldots$ sont tous de même signe, la somme sera égale à la somme des premiers facteurs $a + a' + a'' + \cdots$, multipliée par une moyenne entre les seconds facteurs $b, b', b'', \ldots$ » [H55, p. 17]. Hoüel a certainement lu ce résultat dans le *Cours d'analyse* de Cauchy où ce dernier « appelle *moyenne* entre plusieurs quantités données une nouvelle quantité comprise entre la plus petite et la plus grande de celles que l'on considère » [Cau21, p. 14] et introduit une notation pour désigner une moyenne : $a\alpha + a'\alpha' + a''\alpha'' + \ldots = (\alpha + \alpha' + \alpha'' + \ldots)M(a, a', a'', \ldots)$ [Cau21, p. 17].

Cette formule revient à dire, au point de vue géométrique, que l'accroissement de l'ordonnée d'une courbe est égal à la limite de la somme des accroissements infiniment petits de l'ordonnée de la tangente. »

3.3 Lettre de Hoüel à Darboux du 12 décembre 1874

Bordeaux, le 12 décembre 1874 [1].

Mon cher ami,

Ou je ne comprends pas le premier mot de la logique, ou je ne comprends pas le premier mot de votre objection. Pas de milieu entre ces deux affirmations. Je pose mon affaire bien carrément, ce me semble. Je prends pour but de mon ouvrage l'étude des fonctions algébriques, et de quelques autres qui leur ressemblent. Voilà qui est net, n'est-ce pas ? Pour procéder analytiquement dans mon étude, je fais des hypothèses restrictives à mesure seulement qu'elles se présentent comme nécessaires. Ces restrictions n'ont pas nécessairement d'effet rétroactif, mais elles s'appliquent à tout ce qui suit. Ce que je considère comme permis, c'est ce dont je *vérifie plus tard* l'existence dans les fonctions qui font le but de mon étude. Jamais vous ne parviendrez à me faire croire que tout cela n'est pas parfaitement irréprochable.

Vous me lancez votre objection de $\frac{h}{x-a-h^3}$ pour la $\left(\frac{1}{h}\right)^{\text{ième}}$ fois [2]. J'y aurai bien égard ; mais ce sera lorsque je traiterai des points singuliers, et non pas quand je m'occupe des intervalles dans lesquels la fonction est soumise à aucune singularité. Il me semble que ce cas, de la *continuité complète*, vaut bien la peine qu'on s'y arrête. Or, je traite ce cas *exclusivement* tant que je ne dis pas le contraire. Cela suffit pour écarter *a priori* vos $\frac{h}{x-a-h^3}$.

Ainsi, je repousse énergiquement et de toute la force de mes convictions vos objections générales, et je soutiendrai contre quiconque que mon plan est parfaitement logique. Notez que c'est là une question de *logique générale*, et nullement une question particulière aux mathématiques. Ce n'est pas comme mathématicien, mais comme être raisonnant que je parle.

Dans l'espèce, la valeur $x = a$ est exclue par mes hypothèses sur la continuité. Ensuite, quand j'arrive aux applications qui font le but des théories générales, on voit bien que je n'ai à faire qu'à des fonctions vérifiant les hypothèses. Je ne demande rien de plus.

Autre chose. Je définis l'existence de la dérivée ainsi : Pour toute valeur de x, comprise entre a et b, ces limites *incluses*, la fonction $f(x)$ est dite avoir une dérivée lorsque, *quel que soit* $x \geq a$ et $\leq b$, le rapport $\frac{f(x+h)-f(x)}{h}$ est de la forme $f'(x)+\varepsilon$, $f'(x)$ étant constant avec x et indépendant de h, et ε étant toujours infiniment petit quelque soit x, quand h est infiniment petit [3]. Si tout cela n'est pas vrai, il y a lieu à examiner le cas à part, avant de se prononcer sur l'existence de la dérivée. Mais cela est vrai pour les fonctions que je traite, hors certaines valeurs isolées, que j'exclus provisoirement.

1. BI, MS 2719, lettre 2.
2. Voir l'objection de Darboux à l'article 58 dans la lettre 3.1 et le début de la lettre 3.2.
3. C'est ce que Hoüel explique dans l'article 37 de son cours où $x_1 - x = h$: « Puisque l'on a, par définition, $\lim \frac{f(x_1)-f(x)}{x_1-x} = f'(x)$, cela revient à poser $\frac{f(x_1)-f(x)}{x_1-x} = f'(x)+\varepsilon$, ε étant une quantité infiniment petite en même temps que $x_1 - x$. On peut donc, en général, mettre l'accroissement de la fonction sous la forme $f(x_1)-f(x)=(x_1-x)[f'(x)+\varepsilon]$ (...). » [H55, I, p. 21]

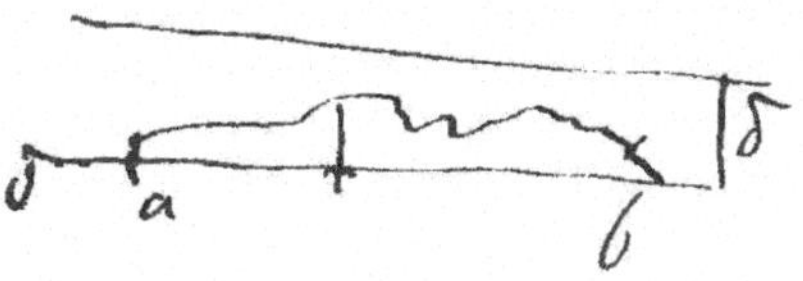

Donc, quelque soit x, pourvu que h puisse être pris assez petit, $\frac{f(x+h)-f(x)}{h} - f'(x)$ pourra devenir $< \delta$, quel que petit soit δ, et cela (notez-le bien), quelle que soit la valeur que vous choisissiez pour x entre a et b [4]. C'est-à-dire que, pour les fonctions dont je m'occupe, on peut prendre h assez petit pour que l'ordonnée de la courbe qui représente cette cette différence soit *tout au long*, moindre que δ, quel que soit ce δ. Cela *se vérifie* pour x^m, pour a^x, pour tang$x$, etc, etc. Dès lors que x varie ou ne varie pas, cela m'est bien égal, puisque, dans tous ses états de variation, $\frac{f(x+h)-f(x)}{h} - f'(x)$ satisfera toujours à mon égalité. Quant à la possibilité de le vérifier, je ne crois pas qu'elle soit sujette à objection. Ainsi, il n'est pas bien difficile de voir que quel que soit $x > 0$ et $< \frac{\pi}{2}$, $\frac{\text{tang}(x+h)-\text{tang}(x)}{h} - \text{séc}^2(x)$ est aussi petit que l'on voudra, quel que soit x, si je prends h assez petit.

Maintenant il ne faut pas dire que la variation de x soit une objection. Une fois que je me suis arrangé de manière que $\frac{f(x+h)-f(x)}{h} - f'(x)$ *ne puisse pas* (entre a et b) devenir $> \delta$, δ étant fixé *arbitrairement*, tout est dit, et il n'y a plus d'objection possible. Ainsi,

$$\frac{\text{tang}(x+h)-\text{tang}(x)}{h} - \text{séc}^2(x) = \text{séc}^2(x)\frac{\frac{\text{tang}\,h}{h} - 1 + \text{tang}\,x\ \text{tang}\,h}{1 - \text{tang}\,x\ \text{tang}\,h}$$
$$= \text{séc}^2(x)\left[\frac{\frac{\text{tang}\,h}{h}}{1 - \text{tang}\,x\ \text{tang}\,h} - 1\right].$$

Il n'est pas difficile d'assigner une valeur de h telle que, pour x compris entre ε et $\frac{\pi}{2} - \delta$, cette quantité soit $< \theta$. C'est un bon exercice d'écolier. Une fois cette condition remplie, on pourra faire varier x tant qu'on voudra entre les limites en question, *que x dépende ou non de h*, pourvu que cette dépendance, si elle a lieu, ne fasse pas sortir x des limites a et b.

Pour ce que vous me dites sur l'art. 58 [5], c'est bien la même chose au fond. Je suppose que, pour $a < x < a'$, $b < y < a'$ on puisse toujours prendre h assez petit pour quc $\frac{f(x+h,y)-f(x,y)}{h} - f'(x)$ soit $< \delta$, et k assez petit pour que $\frac{f(x,y+k)-f(x,y)}{h} - f'(y)$ soit $< \varepsilon$. Faites maintenant varier comme vous voudrez x et y entre ces deux limites ; que ces variations dépendent ou non de h et de k, cela m'est tout un [6]. Ma condition est posée d'une manière assez générale pour que les inégalités subsistent quand même.

Les seuls reproches que vous puissiez me faire sont : 1° d'imposer des conditions trop étroites, 2° d'imposer des conditions trop difficiles à vérifier. Si mes conditions sont trop étroites, les conséquences n'en sont que plus vraies. Seulement il me faudra veiller avec d'autant plus de soin à ce qu'elles ne soient pas transgressées. Quant à la difficulté pratique de la vérification, êtes-vous bien sûr qu'elle soit moindre dans votre méthode ?

Je suppose tout aussi bien que vous, et très-formellement, la continuité de f'_x et de f'_y.

4. Cette condition d'uniformité est plus restrictive (voir le paragraphe 1.3.7) et va être la cause d'une longue discussion.
5. Voir la lettre 3.1 et en particulier la note 5.
6. C'est un expression désuète signifiant que cela lui est indifférent.

Je vous ai dit qu'au sujet des séries, j'étais disposé à admettre tout ce que vous m'objecterez. Il s'agit ici de mathématiques et non de logique générale, et je ne suis plus aussi sûr de mon fait.

J'examinerai l'objection que vous me faites au sujet de l'intégration [7]. Il doit y avoir quelqu'obstacle à l'intégration définie elle-même, et non aux conséquences qui en découleraient si l'intégration était possible. On a, en prenant la somme S_n des n premiers termes [8],

$$\int_0^x S_n \, dx = e^{-x^2} - e^{-(n+1)^2 x^2},$$

à la condition que n soit fini, sans quoi on ne voit pas trop ce que deviendrait le 2e terme pour $x = 0$ et $n = \infty$, et par suite on n'aurait plus le droit de supposer la constante d'intégration nulle. C'est là une série où l'on ne voit pas clair, et où je n'oserais appliquer aucune espèce de théorème.

Dans ce que j'ai dit, j'ai supposé que la convergence ne faisait pas plus de difficulté pour les limites de l'intégration que pour les autres valeurs de x. Si vous intégrez à partir de a au lieu d'intégrer à partir de zéro, vous n'aurez plus rien à objecter.

Je ne vous en remercie pas moins de me signaler les difficultés. J'y ferai attention. Tout à vous,

J. H.

3.4 Lettre de Darboux à Hoüel du 30 décembre 1874

30/12/74 [1]

Mon cher ami,

Je ne veux pas tarder à vous accuser réception de l'envoi de votre bel ouvrage [2] dont j'ai déjà parcouru une grande partie. Les développements me paraissent très clairs et je crois qu'on sera heureux d'avoir une exposition aussi satisfaisante de la théorie des quaternions. J'ai été assez occupé, mais pourtant j'ai eu le temps de voir les points essentiels et je comprends maintenant ce que c'est qu'un quaternion [3].

7. Voir la fin de la lettre 3.2.

8. Hoüel écrit par distraction e^{-x} au lieu de e^{-x^2}.

1. Le 30 décembre 1874 est un mercredi et c'est Hoüel qui a utilisé l'indication du jour en fin de lettre pour inscrire cette date en haut à droite.

2. Les quatre mémoires de Hoüel sur les quantités complexes sont réunis sous la forme d'un livre [H41]. La quatrième partie traite des quaternions.

3. Darboux avait fait part à Hoüel de son scepticisme au sujet des quaternions :

> « (...) Grassmann (...) quoique lourd et compliqué est très intéressant. Vous savez qu'il a fait 2 volumes que j'ai tous les deux, la première [4] et la seconde Ausdehnungslehre [5]. (...) Tout cela est bien supérieur aux Quaternions selon moi. Le tort de Grassmann est d'avoir trop de multiplication - stéréométrique, progressive, régressive, planimétrique, etc, etc. Il en a au moins une douzaine. On s'y perd. Aussi tournez vos travaux de ce côté là. Vous vous en trouverez bien. »
> (Lettre de Darboux à Hoüel du 26 juin 1873, BC, Ms. in-4° 333, folio 154)

> « Quant à Grassmann il est beaucoup plus ennuyeux mais il est rigoureux. Songez-y, il y a là quelque chose à faire et qui serait plus *neuf* et plus *utile* que les quaternions. »
> (Lettre de Darboux à Hoüel du 29 juin 1873, AAS, dossier Darboux)

> « Certainement il y a de très bonnes choses dans l'ancien Grassmann [6] et même dans

Venez donc je vous en prie à notre secours pour le Bulletin. Me voilà empoigné par les équations aux dérivées partielles. Nous aurions besoin de quelques comptes rendus de livres. Nous allons mettre la préface de vos quaternions [8] mais cela ne suffit pas. Vous devez m'accuser d'être bien paresseux pour le Bulletin mais c'est plus fort que moi ; quand j'ai quelque chose en tête rien n'y fait.

Serret va beaucoup mieux il n'y a que la voix qui fasse défaut [9]. Nous avons aujourd'hui été voir M. le vicomte de Cumont [10] que j'espère bien ne plus voir l'année prochaine. Pourvu qu'il ne soit pas remplacé par un père [11].

M. Chasles avait reçu une lettre de faire part signée de votre nom. Il vous croyait à Paris et voulait vous inviter à dîner ; l'autre jour.

Je ne veux pas laisser passer le premier janvier sans vous présenter tous les vœux que je forme pour la continuation de votre bonheur et vous prie de présenter mes respects à Mme Hoüel et à toute votre famille. Ne m'oubliez pas aussi auprès de M. Dauchamay [12] qui m'a accueilli avec tant de bienveillance et de cordialité à mon passage à Bordeaux. Ah ! que vous m'avez attrapé cette fois là.

Votre bien dévoué,

G. Darboux

mercredi

3.5 Lettre de Hoüel à Darboux du 5 janvier 1875

Bordeaux, le 5 janvier 1875 [1].

Mon cher ami,

Je vous envoie les cartons pour mes fameux quaternions, en vous priant de couper les pages correspondantes, en laissant un onglet de 5 millimètres, et d'y coller les dits cartons, après avoir allumé votre feu avec l'ancien texte.

le nouveau [7]. Mais l'ancien est plus intéressant et moins rigoureux. C'est un avantage incontestable.

Vous êtes toujours sans doute dans les Quaternions. Je ne suis pas de votre avis sur les applications de cette théorie. Il n'y en a aucune qui soit réellement à l'honneur de la théorie. C'est ce qui lui fait tant de tort. Aussi vous feriez bien de donner dans votre ouvrage surtout les applications intéressantes. Cela pourrait amener à s'en occuper. »
(Lettre de Darboux à Hoüel du 16 juillet 1873, AAS, dossier Darboux)

« J'espère que vous aurez du succès. En tout cas ce ne sont pas les concurrents en France qui vous gêneront. J'espère que vous ferez tomber en particulier les préventions que j'ai contre les quaternions, préventions qui me paraissent partagées par les plus grands géomètres de l'Angleterre car je ne crois pas que Cayley, Sylvester abusent de cette théorie. »
(Lettre de Darboux à Hoüel du 4 mars 1874, AAS, dossier Darboux)

Pour plus de détails sur l'histoire de la réception de la théorie des quaternions en France, on peut consulter la thèse de J. Auvinet [Auv11].

8. Voir la lettre suivante 3.5.

9. J. A. Serret a été victime d'une attaque en 1871. Il est suppléé à la Sorbonne par J.-C. Bouquet.

10. Arthur de Cumont (1818-1902) est ministre de l'Instruction publique, des Cultes et des Beaux-Arts du mois de mai 1874 au mois de mars 1875.

11. Darboux fait allusion à la réaction cléricale et aux tentatives de restauration de la monarchie au début de la III° République. Pour plus de précisions, voir [May84].

12. Il n'a pas été possible d'identifier cette personne.

1. BI, MS 2719, lettre 3.

J'envoie un exemplaire du bouquin à Painvin, mon critique attitré [2], et je désirerais, non dans l'intérêt de ma gloire, dont je me soucie comme d'une figue, mais dans celui de la doctrine que j'ai prétendu faire connaître, que l'on ne se contentât pas, comme on l'a fait assez mal à propos pour Argand, de copier dans le *Bulletin* ma préface [3], qui n'a rien de fameux et qui s'occupe moins du livre que de la matière dont il a été composé. Cela deviendrait une manière d'analyser trop commode, et bientôt notre *Bulletin* deviendrait un recueil moins scientifique que le Bulletin de la librairie Gauthier-Villars. J'aime beaucoup mieux que le *Bulletin* ne dise rien de mon livre que d'en parler de cette manière.

Nous voilà bientôt de quatre mois en retard. Cela sent bien la décadence, et, pour peu que cela continue, le *Bulletin* ira rejoindre les vieille lunes. J'ai bien un ou deux articles à vous faire ; mais cela ne suffit pas. Vous savez que je ne connais rien aux mathématiques modernes et peu de chose aux anciennes. Il faut donc vous retourner d'un autre côté, ou vous résigner à fermer la boutique. Vous verrez quelle débacle cela va faire dans le nombre des abonnés. C'est à peine si nous étions aussi en retard que cela il y a quatre ans. Nous nous ferons oublier, prenez-y-garde. J'ignore à qui en est la faute ; j'y suis peut-être pour quelque chose moi-même. Mais je vous assure que cela ne me donne guère le cœur à la besogne de voir tout aller ainsi à l'abandon. Il y a déjà longtemps que je vous ai prédit ce qui arrive aujourd'hui. Je ne veux pas vous attrister par de nouvelles prédictions. Mais tant que nous n'aurons pas des collaborateurs réguliers, ayant chacun sa tâche déterminée, retenus au près de nous par une récompense quelconque, cela marchera de mal en pis. Ohrtmann [4] progresse, et nous dégringolons. Si j'étais plus mathématicien que je ne le suis, je ne me contenterais pas de gémir comme une colombe ; je vous enverrais des paquets de copies. Mais n'étant pas ce que je ne suis pas, il ne me reste que le rôle de la pauvre Cassandre, de son temps prophétesse de malheur [5].

Que dites-vous du moyen suivant de démontrer la formule

$$\Delta^n y = \Delta x^n f^{(n)}(x+\theta h)\,?$$

On établit sans peine la formule

$$\Delta^n y = (e^{hD_x}-1)^n y,$$

$(e^{hD_x}-1)y$ étant mis, pour abréger, à la place de

$$hf'(x)+\frac{h^2}{2}f''(x)+\ldots+\frac{h^m}{m!}f^{(m)}(x+\theta h),$$

2. Louis Painvin a publié une recension de la 1ère partie du *Cours de calcul infinitésimal* de Hoüel (*Bulletin des sciences mathématiques et astronomiques* 2 (1871), p. 257-259).

3. Il s'agit de la recension [H112] de l'ouvrage d'Argand [H58] qui reproduit la préface de Hoüel. Darboux avait fait part de son intention dans sa lettre du 4 novembre 1874 :

> « Il y a longtemps que je voulais vous remercier de l'envoi de votre Argand et vous demander de nous laisser insérer votre excellente Préface dans le Bulletin. Voila un travail de plus et joliment bien fait. Votre ouvrage sera indispensable et aura beaucoup de succès. À ce propos je dois vous dire que M. Chasles m'a chargé d'une commission pour vous. Il tient absolument à ce que vous conserviez le volume d'Argand sur lequel l'édition a été faite. » (AAS, dossier Darboux)

Voir aussi la note 6 de la lettre 2.97 de Hoüel à De Tilly.

4. Carl Ohrtmann est l'éditeur du *Jahrbuch über die Fortschritte der Mathematik*. Voir la note 4 de la lettre 2.15 de Hoüel à De Tilly.

5. Afin de séduire Cassandre, Apollon lui offre le don de prédire l'avenir. Cependant, comme elle se refuse à lui, il se venge en faisant en sorte que personne ne croit à ses prophéties. Ainsi, elle avertira en vain de la chute de Troie.

où m peut être pris aussi grand que l'on voudra. Dès lors, $(e^{hD_x} - 1)^n$ étant un polynôme de la forme $h^n f^{(n)}(x) + h^{n+1}X$ une quantité finie, on en conclut $\lim \frac{\Delta^n y}{\Delta x^n} = f^{(n)}(x)$. Il y a bien quelques explications à donner sur la manière de former cette puissance $(e^{hD_x} - 1)^n$; mais cela ne me paraît pas impossible à arranger. J'ai d'ailleurs commencé à familiariser mes disciples avec les formules symboliques, qui employées à propos (et bien rigoureusement démontrées), sont si utiles pour rendre les calculs plus courts et plus clairs !

Vous voyez que je m'étudie par tous les moyens à vous satisfaire. Je veux éviter cette fois de m'appuyer sur le théorème, dit de Duhamel, qui est certainement vrai pour les fonctions algébriques et pour celles qui leur sont analogues, mais dont la démonstration peut donner lieu à des objections ou des chicanes. Seulement, je ne puis me décider à adopter la démonstration-Bonnet du théorème des accroissements finis, qui me semble aussi artificielle que possible. Il y a d'ailleurs, dans les objections que vous me présentez, fondées sur la variation *simultanée* de deux variables indépendantes, un point sur lequel vous ne vous êtes jamais expliqué. Je rejette complètement, pour ma part, la variation *simultanée* ; je ne considère que des variations successives. Une fonction $f(x,a)$ peut être démontrée infiniment [petite] avec x pour toutes les valeurs du paramètre a, comprises entre a_0 et a_1. Dès lors je puis, pour chaque a, rendre $f(x,a) < \varepsilon$ en prenant pour x la plus petite des valeurs qu'il a fallu employer successivement pour les diverses valeurs de a. Cela est parfaitement vrai pour les fonctions algébriques et on peut le vérifier sans peine pour une quelconque de ces fonctions. Les seules fonctions que vous puissiez me citer comme exception sont des fonctions n'ayant pas de dérivées pour toutes les valeurs de la variable. Vous ne m'en avez jamais cité d'autres et dès lors vous n'avez rien prouvé contre ma thèse. Je prends comme hypothèse (et j'en ai le droit dans les limites où je me renferme) la condition

$$\lim_{x=x_0} f(x, \lim_{y=y_0} y) = \lim_{y=y_0} f(\lim_{x=x_0} x, y)$$

qui suppose uniquement que la fonction $f(x,y)$ est, dans tout l'intervalle considéré, *uniforme* et *continue*. Notre guerre serait bientôt finie si vous consentiez à répondre clairement à mes objections et à m'indiquer à quelles conditions j'ai raison. Car j'ai raison en fait, lors même que je m'y prendrais mal pour le démontrer.

J'ai fini la lecture du livre de Hankel, et j'en conclus que c'est un bien grand malheur pour la science que ce livre n'ait pas été achevé. Je me mettrai bientôt à le traduire, après avoir demandé l'autorisation au puissant Teubner [6]. Cela m'intéressera plus que la traduction de Clebsch et Gordan [7]. J'achèverai celle-ci quand on voudra. Mais si c'est pour la laisser moisir entre les mains d'Hermite, grand merci ! C'est pour cela que je n'y toucherai que quand l'impression sera en train.

Voilà donc le gros Briot et Bouquet terminé [8]. Vous lui consacrerez sans doute

6. Hermann Hankel est mort en 1873 et son livre *Zur Geschichte der Mathematik in Alterthum und Mittelalter* est publié à Leipzig par Teubner l'année suivante. Le projet de traduction sera abandonné par Hoüel (voir la note 4 de la lettre 3.23).

7. A. Clebsch & P. Gordan, *Theorie der Abelschen Functionen*, Teubner, Leipzig, 1866. Hoüel ne publiera jamais de traduction de ce livre.
Au lieu d'une traduction de l'ouvrage de Hankel, Hoüel en fera un long compte rendu [H117]. Darboux, après avoir lu [Han70], avait conseillé à son ami de s'occuper plutôt du livre de Clebsch et Gordan : « Vous me parlez de l'histoire de Hankel. À votre place je ne me chargerais pas de ce travail. Hankel est loin de m'inspirer confiance et le peu que j'ai lu de lui manque de solidité. Vous feriez mieux de faire Clebsch. » (Lettre de Darboux à Hoüel du 16 février 1874, AAS, dossier Darboux)

8. Gaston Darboux signe un compte-rendu de la deuxième édition de la *Théorie des fonctions elliptiques* de Ch. Briot et J.-C. Bouquet dans le tome VII (2^e^semestre 1874) du *Bulletin* (p. 193-195).

un second article, si le *Bulletin* va au bout de son 7e volume. Et notre Haut Comité de direction[9], que dit-il de cela ? Je crois que cela ne l'empêche pas de dormir.

Quand vous verrez M. Chasles, dites-lui que Hankel parle d'Oresme, quoiqu'il n'en dise pas tout le bien que mon compatriote[10] mérite[11].

Je vous souhaite le bonsoir ; car il est plus que temps d'aller au lit. Rassurez-moi, si vous pouvez ; car je ne suis pas plus satisfait de la marche du *Bulletin* que de celle des affaires politiques. Tout à vous,

J. H.

3.6 Lettre de Darboux à Hoüel reçue le 7 janvier 1875

7/1/75

Mon cher ami,

Oui c'est vrai que voila longtemps que je ne vous ai écrit, mais au moment où j'allais finir mon cours[1], Briot m'a prié de faire l'hydrostatique et l'hydrodynamique et comme je ne les avais jamais enseignés (elles faisaient partie du cours de Bouquet) j'ai eu un surcroit de travail qui ne m'a pas laissé grand temps je vous assure. J'y ai gagné de lire l'excellent traité de physique mathématique de Kirchhoff[2] ce qui me fournira un bon article pour le Bulletin.

J'en arrive maintenant à votre aperçu sur les solutions des équations linéaires. Tout ce que vous dites sur les solutions des équations sans second membre me parait très intéressant et très correct. Mais pour les équations simultanées je crois vous avoir communiqué l'an dernier une méthode de Bouquet à peu près identique à celle que vous proposez. Si vous ne vous en souvenez pas je vous la recommuniquerai.

Bienaymé m'écrit qu'en ouvrant le 1er cahier du tome 5 du Jahrbuch d'Ohrtmann[3] il a lu p. 124 l'analyse assez longue d'un mémoire suédois sur les moindres

9. En 1874, la commission des hautes études qui patronne le *Bulletin* est composée de Chasles, Bertrand, Puiseux et Serret.

10. Oresme effectue à partir de 1361 une carrière ecclésiastique en Normandie, région natale de Hoüel.

11. Dans son livre, Hankel ne consacre qu'un très court passage à Nicole Oresme (env. 1320-1382). Hoüel souhaitait qu'une édition des œuvres mathématiques de ce mathématicien né dans l'actuelle région Basse-Normandie voit le jour. Ce projet a été abandonné :

> « Le Comité des travaux historiques avait accepté en principe le projet de publication que je lui avais soumis des Œuvres mathématiques de Nicole Oresme. Malheureusement pour ce projet, il a été réorganisé et on y a introduit M. Berthelot. Quand j'ai fait le rapport sur ce sujet, M. Berthelot s'y est opposé en disant qu'Oresme lui était inconnu ; depuis j'ai eu l'occasion de lui causer. Il prétend que cela ne peut avoir aucune utilité etc, que c'est un compilateur, etc. J'admire beaucoup les personnes qui savent tout sans l'avoir étudié. Je suis convaincu que M. Berthelot ne connaît pas la question. Il a néanmoins un jugement tout pret. Les savants sont incompétents pour ces choses la ; c'est à l'Académie des Inscriptions etc. Jamais je n'avais été autant impatient et il n'y a rien de plus insupportable que de voir un bon esprit raisonner de travers. En attendant, comme Berthelot est vice président du Conseil supérieur, alors même que le Comité déciderait la publication, les employés ne la proposeraient pas au Ministre. Voila un projet à l'eau. »
> (Lettre de Darboux à Hoüel du 23 mars 1881, AAS, dossier Darboux)

1. Outre sa maitrise de conférences à l'École normale supérieure, Darboux supplée Liouville à la Sorbonne.

2. G. Kirchhoff, *Vorlesungen über mathematische Physik. Mechanik. 1 und 2 Lieferung*, Teubner, Leipzig, 1874.

3. *Jahrbuch über die Fortschritte der Mathematik*.

carrés qui n'est autre que son mémoire à lui, Bienaymé, intitulé Mémoire sur la probabilité des erreurs d'après la méthode des moindres carrés [4]. Cependant cette analyse attribue ce Mémoire à M. J. Wrede et il aurait paru dans le recueil Öfversigt af Kongl. vet. Akad. Förhandlingar pour 1870 3-34 21-26. L'analyse est de Björling en suédois, et elle a été traduite par Hoppe pour le Jahrbuch [5]. Bienaymé voudrait savoir si Wrede a eu le front de s'emparer de son mémoire ou bien s'il le cite et présente son travail comme dérivant de celui de Bienaymé. Pourriez-vous m'avoir quelques renseignements à ce sujet ?

Avons-nous parlé de cela dans le Bulletin ? Avons-nous commis la boulette ?

Vous seriez bien aimable de me donner quelques renseignements sur cela. Je n'ai pas une minute à moi. Bien entendu je ne vous demande pas de renseignement sur le Bulletin où je vais me mettre à chercher mais sur l'Öfversigt que vous recevez je crois.

J'ai vu ici Tchebychevv qui est le plus original mathématicien qu'on puisse trouver. Il n'y a pour lui que les sujets dont il s'occupe, le reste n'existe pas et on ne devrait pas s'en occuper. Il va partir pour la Suisse.

Jordan qui vient de faire un voyage a vu Weierstrass qui lui a répété ce que vous tenez de Berlin que Clebsch aurait commis des erreurs dans un de ses travaux.

J'envoye à Mittag-Leffler mon travail et je vous en adresse aussi un exemplaire.

Votre bien dévoué,

G. Darboux

3.7 Lettre de Hoüel à Darboux du 8 janvier 1875

Bordeaux, le 8 janvier 1875 [1].

Mon cher ami,

Permettez-moi de vous déranger encore quelques instants de vos méditations sur les équations *à différences partielles*, comme dit Maurice Levy [2], pour vous demander quelques conseils sur les circonstances présentes. Vous me trouvez sans doute parfois trop prêcheur et trop donneur d'avis. En revanche, j'ai la qualité de mon défaut, et j'aime à connaître l'avis des gens compétents avant de prendre un parti dans les grandes circonstances.

J'ai reçu une lettre de M. Dumas [3] au sujet de l'édition de Laplace [4]. Je lui ai répondu que je corrigerais autant d'épreuves que cela pourrait être agréable

4. J. Bienaymé, Sur la probabilité des erreurs d'après la méthode des moindres carrés, *Journal de mathématiques pures et appliquées* XVII, 1852, p. 33-78.

5. Le mémoire de J. Wrede est intitulé *Nagra anmärkningar rörande minste qvadratmethoden* et son analyse en allemand dans le *Jahrbuch* signée « Bg. (H.) » couvre une page. Il est indiqué qu'il est publié dans le *Öfversigt af Kongl. vetenskaps-akademiens förhandlingar* de Stockholm de 1873 et non de 1870.

1. BI, MS 2719, lettre 4.

2. *Sic.* En 1874, Maurice Lévy (1838-1910) est nommé professeur suppléant au Collège de France. L'année suivante, il enseigne également la mécanique à l'École centrale Paris.

3. Jean Baptiste Dumas (1800-1884) est secrétaire perpétuel de l'Académie des sciences pour les sciences physiques à partir de 1868.

4. Il s'agit de la seconde édition des *Œuvres de Laplace* qui est publiée par la famille du savant sous les auspices de l'Académie des sciences et qui comprend, contrairement à la précédente en sept volumes (1843-1847) et sur la suggestion de Hoüel, les mémoires du marquis dans l'ordre chronologique. Le premier volume est publié par Gauthier-Villars en 1878 et le quatorzième et dernier en 1912.

à Mme la marquise de Colbert [5] et à lui, mais que je désirerais fortement avoir ma responsabilité sauve, et me décharger sur Puiseux de la délivrance des *bons à tirer* [6].

Gauthier-Villars m'écrit dans le même sens, seulement avec plus de détails. Je vais lui répondre à ce sujet de la même manière. Tout cela est beaucoup d'honneur, trop d'honneur, plus que je n'en puis soutenir. Certes j'aime bien qu'on me rende justice, mais je suis aussi vexé quand on va *au delà* que quand on reste en deçà, et je ne suis pas plus flatté quand on m'accuse de fausse modestie que si l'on m'accusait de folle présomption. Or, ce n'est pas à un personnage de ma force que l'on devrait confier la direction d'une édition de Laplace. On me dit bien que Puiseux y présidera, mais *de loin*. Je sais bien ce que ces présidences *in partibus* signifient, et je veux un appui un peu plus effectif. La seule chose qui me fasse plaisir là dedans c'est que, sur ma suggestion, on a décidé de joindre aux sept volumes des précédentes éditions quatre ou cinq volumes comprenant les Mémoires détachés de Laplace, ceux du moins qui ne font pas double emploi avec la Mécanique céleste ou avec le Calcul des Probabilités.

Mais ce n'est pas tout. À propos des mes *Quantités complexes* [7], Gauthier-Villars me parle de l'édition de mon *Calcul infinitésimal*, et cela sans aucune provocation de ma part [8]. Il est tout disposé à en faire l'impression, à des conditions telles que je pourrai les choisir, c'est-à-dire en participant au tout ou à une partie des frais d'impression. Mais avant d'entreprendre une aussi grande affaire, il faut que j'aie bien fixé le texte de mon bouquin, et c'est sur ce point que je veux vous consulter sérieusement.

Je vous ai prouvé dans mes dernières lettres à quel point j'étais animé de l'esprit de conciliation et du désir de me conformer à vos vues. À quelques petites exceptions près, sur lesquelles vous ne m'avez pas fourni des explications suffisamment probantes pour moi, j'ai adopté, dans mes leçons de cette année, la marche que vous m'avez préconisée, quoique, au fond, elle ne me semble pas différer bien essentiellement de celle que j'avais suivie, et qu'elle repose la plupart du temps exactement sur les mêmes hypothèses. N'importe, je m'y déciderais définitivement, pour avoir votre approbation, dont l'absence me met mal à l'aise, si je n'éprouvais pas un certain scrupule à copier l'ouvrage de Serret dans un livre destiné à lui faire concurrence. Si mes démonstrations primitives étaient bien décidément fausses, et qu'il n'y eût qu'une seule voie ouverte pour le salut, je n'aurais pas à hésiter, et j'adopterais immédiatement les démonstrations fournies par le rigoureux Ossian

5. La marquise de Colbert est la petite-fille de l'astronome et, dans l'avertissement du premier volume, on lit qu'elle « a mis à la disposition de l'Académie la somme importante qu'exigeait la publication » de l'œuvre entière de son aïeul.

6. Dans l'avertissement du premier volume, Puiseux et Hoüel sont chaleureusement remerciés pour leur travail :

> « Les soins qu'exigeait ce travail considérable, long et délicat, rendaient indispensable l'active coopération de collaborateurs dévoués et offrant à la Science toutes les garanties nécessaires.
> M. Puiseux, Membre de l'Académie des Sciences, et M. Houël (*sic*), professeur à la Faculté des Sciences de Bordeaux, ont saisi avec empressement l'occasion de donner à la mémoire de Laplace un témoignage de leur vénération. C'est à leurs soins respectueux et à leur profonde intelligence des questions sur lesquelles s'est exercé le génie de Laplace que les astronomes et les géomètres devront reporter toute leur gratitude, lorsqu'ils reconnaîtront avec quelle scrupuleuse fidélité les textes ont été arrêtés, après des études et des comparaisons qui ont toujours permis de remonter à la vraie pensée de l'Auteur. »

7. [H41].

8. C'est donc Gauthier-Villars qui le premier a voulu imprimer l'ouvrage [H64].

Bonnet. Mais vous ne m'avez pas encore convaincu par d'autres raisons que par le principe d'autorité, et j'attends toujours en vain que, vous plaçant au point de vue restreint, qui seul convient à un livre tout à fait élémentaire, vous m'ayez fait voir la fausseté soit de mes énoncés, soit de mes démonstrations. J'ai beau me frotter les yeux, je ne vois pas plus d'objections à faire à mes raisonnement qu'à ceux de Bonnet. L'ordre est un peu différent, les notations aussi ; mais le fond me semble le même, et je serais tout aussi bien collés dans un système que dans l'autre par vos fameux exemples de fonctions excentriques. Voilà ce que je vois à travers les lunettes plus ou moins brouillées de mon intelligence. Vous m'avez jeté l'inquiétude dans l'âme ; ne me laissez pas dans ce gâchis, si analogue à la politique du jour, et dont j'ai encore plus de désir de sortir que la France n'a de désir de sortir du sien. Si je dois copier Serret pour faire un livre passable, autant vaut faire acheter son Traité et laisser le mien dormir. S'il m'est permis de m'en écarter, jusqu'où peut aller la permission ? Jusqu'à quel point, en formulant suffisamment mes restrictions, puis-je conserver les énoncés et les démonstrations actuels, qui ne sont pas entièrement faux, et qui ne doivent pécher, le plus souvent, que par l'insuffisance de certaines explications ? Soyez pour moi la lance d'Achille[9] ; vous avez fait une grande blessure à ma confiance en moi-même ; c'est vous seul qui pouvez la guérir par cicatrisation ou par amputation. Je vous demande, comme un service d'ami, quelques instants d'attention. Ne cherchez pas à m'indiquer des fonctions mettant mes énoncés en défaut ; mais plutôt montrez-moi à quelles conditions ils sont vrais (car ils sont certainement vrais pour tous les cas que je traite), et quelles restrictions j'y dois apporter, mon plan me permettant d'en admettre autant qu'il vous plaira de m'en imposer. Dites-moi plutôt que mes raisonnements ne s'appliquent, si vous voulez, qu'aux fonctions rationnelles. Alors j'intitulerai mon bouquin : Calcul infinitésimal appliqué aux fonctions rationnelles. Seulement je ne puis admettre qu'un théorème soit faux par cela même qu'il souffre des exceptions et qu'il faut avoir soin de formuler certaines restrictions en l'énonçant.

En attendant que je sois un peu éclairé sur tous ces points, je me trouve fort embarrassé de répondre aux ouvertures de Gauthier-Villars. Je ne puis lui dire que mon texte est fixé définitivement. J'hésite même à lui manifester un désir quelconque de faire imprimer l'ouvrage, si tout ce qu'il contient de neuf est sujet à caution, et s'il y a de bon que ce qui a été pillé à droite et à gauche dans les autres ouvrages. Si tout ce que vous m'avez signalé comme défectueux était *irraccommodable*, il ne me resterait plus grand'chose, et autant vaudrait tout refaire, ou laisser là l'entreprise. En cas de doute, j'aurai scrupule à demander à l'éditeur de se charger des risques dans une mesure quelconque, et je n'ai pas une envie démesurée de me voir imprimé, que je consente à courir moi-même ces risques. Conseillez-moi donc sérieusement : vous me tirerez d'un fameux embarras !

Gauthier-Villars est, comme moi, assez inquiet pour le *Bulletin*, qui se trouve en retard au moment du renouvellement des abonnements. Il est évident que vous et moi, pour des raisons tout opposées, ne pourrons suffire à nous deux à alimenter ce recueil. Je n'ai pas, dans la plupart des cas, les connaissances suffisantes, et vous avez un meilleur emploi à faire de votre temps qu'à analyser les productions d'autrui. Il faut donc absolument, et sous peine de fermer la boutique, que vous vous arrangiez avec la commission (ou prétendue telle) des Hautes-Études, ou avec le ministère, pour allécher des collaborateurs. Sans cela, nous sommes f...lambés.

9. Dans la mythologie grecque, Télèphe est blessé par la lance d'Achille et sa plaie ne peut être guérie qu'avec la rouille prise à cette même lance du héros.

Pardonnez mon bavardage : c'est que les deux sujets dont je vous entretiens me tiennent fort au coeur.

Votre tout dévoué,

J. H.

3.8 Lettre de Hoüel à Darboux du 11 janvier 1875

Bordeaux, le 11 janvier 1875 [1].

Mon cher ami,

Je m'attendais à recevoir une lettre de vous aujourd'hui ou hier. Rien n'est venu. Je suppose que vous êtes abîmé dans les équations aux dérivées partielles, et je me garde bien de vous en faire des reproches. Toutefois je voudrais savoir à quoi m'en tenir, non-seulement sur la question scientifique au sujet de laquelle je vous consulte avec tant d'anxiété, mais encore, ce qui me semble plus urgent, sur la question du *Bulletin*, dont je n'entends pas plus parler que de celui de l'Académie de Pékin, s'il y en a un. J'ai bien reçu avant-hier le n° d'octobre, ce qui est déjà quelque chose. Mais que mettrons-nous dans ceux de novembre et de décembre ? Je ne parle pas de celui de janvier, où nous ne mettrons peut-être rien du tout, si les choses continues ainsi quelque temps. Je voudrais savoir s'il existe encore un *Bulletin*, et si je dois m'occuper ou non d'y fabriquer quelques articles et d'en commander à l'étranger. Je vous assure qu'en voyant vous désintéresser ainsi de l'entreprise, cela ne me donne guère de courage pour m'en occuper moi-même, attendu que je ne me sens pas les épaules assez robustes pour porter tout seul le fardeau. Je n'ai pas le courage d'y toucher, tant que je serai dans l'incertitude.

Il y a pourtant un ou deux articles qui me démangent la plume. C'est au sujet de la prétendue histoire des mathématiques de cet ex-allemand de Hoefer [2], qui a cru

1. BI, MS 2719, lettre 5.

2. F. Hoefer, *Histoire des mathématiques depuis leurs origines jusqu'au commencement du dix-neuvième siècle*, Hachette et Cie, Paris, 1874. Une seconde édition est publiée en 1879.
Hoüel rend compte de ce livre dans le 10ᵉ tome (1876) du *Bulletin* [H115] :

> « Le *Bulletin des Sciences mathématiques et astronomiques* a pris pour tâche de signaler à ses lecteurs les livres qui peuvent rendre des services à la Science, et il a généralement gardé le silence sur les ouvrages auxquels il n'aurait eu que des critiques à adresser. Nous croyons cependant devoir nous départir aujourd'hui de cette réserve à propos d'une publication dont l'auteur, connu depuis longtemps par de nombreux et utiles travaux d'histoire scientifique, et plus porté que la plupart de nos compatriotes de consulter les documents parus à l'étranger, se présente en invoquantle patronage d'un nom vénéré du monde savant [M. Chasles], et faisant admettre son Livre dans une Collection historique qui renferme tant d'excellents volumes [Hachette]. [...] Toutes ces circonstances réunies, en favorisant dans notre pays la diffusion de cet Ouvrage, en font presque un livre dangereux, à cause des graves erreurs qu'il tend à propager dans la partie du public qui n'est pas à portée d'en contrôler les assertions [...].
> Le livre II traite des Mathématiques dans l'antiquité. Nous y relèverons surtout les attaques de l'auteur contre la science des Hindous, qui selon lui n'ont été que des plagiaires et des mystificateurs, dont toute la science ancienne a été dérobée aux Grecs, et qui n'ont eu qu'à traduire en vers sanscrits les formules découvertes par Euler, pour les présenter ensuite aux Européens comme d'antiques produits de la science indienne. [...] Il suffit enfin de lire les Notes de l'*Aperçu historique* et les fragments écrits par Hankel pour concevoir de la science indienne une opinion toute différente de celle que M. Hoefer a cru devoir emprunter à M. Sédillot fils. » [H115, p. 196-198]

F. Hoeffer a aussi publié une histoire de l'astronomie, de la botanique, de la physique et de la chimie ainsi que de la zoologie. Il était d'origine allemande, vivait en France depuis 1830 et avait acquis la

qu'il était nécessaire, pour devenir un *pour Vranzais* de se parer du ton cavalier et léger que ses anciens compatriotes nous reprochent si souvent. Lisez, je vous prie, les quelques pages qu'il a consacrées aux mathématiques des Hindous. C'est monumental ! Il prétend que la science hindoue n'est qu'une mystification d'un bout à l'autre ; que les algébristes de ce pays n'ont fait que piller Diophante, etc., etc [3]. Si j'ai le temps et la capacité de faire un article convenable sur le livre de Hankel, vous verrez que rien n'est plus absurde qu'une pareille opinion [4]. Or voilà un bouquin que le nommé Brocard (qu'est-il de son métier ?) [5] s'avise de recommander chaudement dans le dernier *n*° des *Nouvelles Annales* [6] ! J'ai une furieuse envie d'éreinter ce Hoefer. Il reste à trouver le moyen le plus convenable et le plus *français*.

Les livres et les brochures sur la géométrie non-euclidienne pleuvent de tous côtés depuis quelque temps. Je viens d'en recevoir deux d'Italie, *plus* quatre d'Allemagne et d'Autriche. C'est comme une averse météorique. La chose commence pourtant à s'acclimater, et je ne suis pas peu satisfait d'avoir été un des premiers (chronologiquement) ouvriers de la vigne du seigneur.

Là-dessus, je vous laisse à vos équations, en vous priant seulement, pendant que vous laisserez sécher une page avant de la retourner, d'envoyer quelques lignes à

Votre tout dévoué,

J. H.

---

nationalité française après la révolution de 1848.

3. Dans son ouvrage, Hoefer écrit :

> « L'astronomie si défectueuse et si bornée des Indiens (Hindous) donne la mesure de leur savoir mathématique. Les choses les plus saillantes qu'on y remarque, comme leurs méthodes de calculer les éclipses, qui supposent au moins la connaissance de la règle de proportion, ne sont, en dernière analyse, que les emprunts faits à d'autres nations plus occidentales, telles que les Égyptiens et les Grecs. » (1879, p. 49)

> « Ainsi, tout bien considéré, la science indienne ne remonte pas au delà du sixième siècle de notre ère. Mais à cette époque les mathématiciens grecs, les fondateurs de la science dont l'histoire nous occupe, étaient depuis longtemps connus. Diophante est incontestablement antérieur à Arya-Bhatta, et l'auteur [Bhāskara II] du *Lilawati* et du *Vija-Ganita*, de deux siècles postérieur à Gerbert [d'Aurillac], n'a pas dépassé le niveau de la science de Diophante, où il pouvait, comme dans bien d'autres ouvrages de notre Occident, puiser à pleine mains. » (1879, p. 305-306)

4. Hermann Hankel consacre un chapitre aux mathématiques hindoues dans son ouvrage *Zur Geschichte der Mathematik in Alterthum und Mittelalter* [Han74, p. 172-222].
Hoüel rend compte longuement et très favorablement de ce livre dans le 10[e]tome (1876) du *Bulletin* [H117].

5. Ancien élève de l'École polytechnique (1865), Henri Brocard est en 1875 capitaine du génie, affecté en Algérie. Depuis 1869, il est un contributeur actif des *Nouvelles annales* et sera un acteur important de la géométrie du triangle. Voir la lettre suivante.

6. H. Brocard écrit dans les *Nouvelles annales* XIV (2), p. 46 :

> « L'esprit de méthode et la concision dans l'exposé recommandent cet Ouvrage à toutes les personnes qui s'intéressent au progrès des Mathématiques. Les élèves des classes de Mathématiques spéciales, les candidats à la licence et à l'agrégation y trouveront des éléments utiles à leurs recherches et à leurs travaux ; enfin ce livre sera lu aussi pas les personnes qui n'ont pas faits des Mathématiques élevées l'objet de leurs études, l'auteur ayant écarté soigneusement les théories arides et les formules compliquées. »

3.9 Lettre de Darboux à Hoüel reçue le 12 janvier 1875

12/1/75

Mon cher ami,

Je reçois votre lettre à l'instant et je me hate d'y faire une première réponse. J'ai fait un article sur Bachet[1], on imprime votre préface à laquelle j'ajouterai un compte-rendu de votre livre, mais la Préface est nécessaire pour donner un aperçu général de l'ensemble et elle ne fera pas tort au Compte rendu que je ferai[2]. Enfin, d'après le conseil de M. Gauthier nous réimprimerons le mémoire de 1829 de Cauchy sur les intégrales définies prises entre des limites imaginaires[3]. Vous voyez que cela fait de la copie. Je crois que vous approuverez cette idée de réimprimer un ou deux mémoires de Cauchy. Si vous saviez combien cela fait plaisir aux pauvres gens qui ont entendu parler de ces mémoires et qui soupirent après sans pouvoir mettre la main dessus. Du reste nous avons bien réimprimé le Riemann[4]. Ce qui a fait un médiocre plaisir sans doute aux allemands abonnés. À ce propos je vous demanderai si vous avez le fameux mémoire de 1831 sur les rapports qui existent entre le Calcul des Résidus et le calcul des limites en français[5].

Indépendamment de l'utilité dont serait ces publications qui seront je vous le garantis fort bien accueillies il y a une considération. Vous allez faire le Laplace, réimprimer votre traité de Calcul intégral. Nous avons absolument besoin d'avoir un bouche-trou quelque chose d'analogue au feuilleton des grands journaux. Cauchy remplira admirablement ce rôle, ce sera un feuilleton de genre.

J'ai en outre arrangé un de mes travaux sur le théorème de Sturm qui pourra servir de résumé à tout ce que l'on sait sur cette partie et qui ne sera qu'à moitié original. Je le destine au Bulletin[6].

J'ai analysé Briot et Bouquet[7] et je prépare d'autres comptes-rendus aussi des M[athematische]. Annalen, en particulier, qui tiendront beaucoup de place. Ce qui m'a perdu, c'est qu'à un moment vous nous fournissiez assez de copie pour que je n'aie rien à faire. Je vais m'y remettre et vous laissez pour que vous ne soyiez pas écrasé.

Je suis abruti. J'ai sur ma table 20 pages allemandes de lettres de Fiedler[8] que je n'ai pas lues, du Genocchi, du Beltrami, de mes élèves et camarades et avec cela

1. Il s'agit du compte rendu de la réédition des *Problèmes plaisants et délectables qui se font par les nombres* de C.-G. Bachet par A. Labosne chez Gauthier-Villars en 1874 et publiée dans le *Bulletin* VII, 1874, p. 195-197.

2. C'est la préface de la quatrième partie de [H41]. Voir la lettre 3.4 et le début de la lettre 3.5.

3. A.-L. Cauchy, Mémoire sur les intégrales définies, prises entre des limites imaginaires, *Bulletin* VII, 1874, p. 265-304 ; VIII, 1875, p. 41-55 & p. 148-159. D'après Darboux, ce travail est « parmi les plus beaux de Cauchy » (*Bulletin* VII, 1874, p. 265).

4. B. Riemann, Sur la possibilité de représenter une fonction par une série trigonométrique, *Bulletin* V, 1873, p. 20-48 & p. 79-95.

5. A.-L. Cauchy, Sur les rapports qui existent entre le calcul des résidus et le calcul des limites et sur les avantages que présentent ces deux nouveaux calculs dans la résolution des équations algébriques ou transcendantes, *Œuvres* II (2), p. 169-172 ; *Bulletin de Férussac* XVI, 1831, p. 116-119.

6. G. Darboux, Mémoire sur le théorème de Sturm, *Bulletin* VIII, 1875, p. 56-63 & p. 92-112.

7. Il s'agit des deuxième et troisième fascicules de la seconde édition de leur livre *Théorie des fonctions elliptiques* dont le compte rendu est publié dans le *Bulletin* VII, 1874, p. 193-195.

8. Wilhelm Fiedler est un mathématicien suisse-allemand. Ses contributions concernent la géométrie analytique et la géométrie descriptive. Il est en particulier le traducteur en allemand de plusieurs éditions du livre de G. Salmon, *Treatise of conic section* (1848).

une migraine affreuse. Mais je vous répondrai bientôt sur votre traité et je suivrai point par point toutes le demandes que vous m'avez adressées.

Si[†] la réimpression de quelque mémoire vous parait désirable, dites-le moi. Nous l'entreprendrons. Tapez sur Hoefer je ne demande pas mieux[9].

Brocard est [un] anc[ien] élève de l'École Polytechnique[10].

Sur ce, mon cher ami, je vous laisse. À bientôt et ne perdons pas courage. Croyez bien que le Bulletin est fort apprécié. *C'est la seule publication* qu'on demande à la bibliothèque de la Société mathématique.

Votre bien dévoué,

G. Darboux

3.10 Lettre de Hoüel à Darboux du 13 janvier 1875

Bordeaux, le 13 janvier 1875[1].

Mon cher ami,

Enfin vous voilà ressuscité, épistolairement parlant, et je m'en réjouis triplement. J'espère que votre migraine est maintenant passée. Le seul remède à cette indisposition si désagréable, c'est de dormir suffisamment. Je m'en aperçois quand je suis obligé de me lever trois jours de suite à 7h1/2 après m'être couché à 2 ou 3 heures.

Je vois que vous allez mettre le Bulletin au régime de ces sauvages qui, quand ils n'ont plus rien à manger se bourrent l'estomac de boulettes de terre. J'avoue ne voir aucune espèce d'urgence à la réimpression d'un Mémoire de Cauchy qui n'a, à mes yeux, qu'un mérite historique, et qui représente tout à fait l'enfance de l'art. Si ce Mémoire était peu connu et quelqu'un se plaignît de ne pouvoir le consulter, alors j'adhérerais à votre projet. Mais ce Mémoire est cité par tous ceux qui en ont besoin, et ce n'est plus qu'une rareté au point de vue bibliographique, d'où l'on a tiré tout le parti scientifique qu'il comporte. Il va sans dire que c'était un chef-d'œuvre quand il a paru. Mais nous devons nous mettre au service des étudiants et non des archéologues.

D'autre part, que deviendra l'utilité de cette *republication*, si l'on se décide à faire une édition des Œuvres de Cauchy[2] ? Je suis vivement contrarié de voir le *Bulletin* entrer dans cette voie. Je comprends les *traductions*, comme celle du Mémoire de Riemann. Cela est très-utile à tous ceux qui savent mieux le français que l'allemand. Il y a une traduction que les Italiens ont faite, et même refaite, et qui me semblerait bien autrement utile à nos lecteurs que le Cauchy en question. C'est la notice sur les travaux de Clebsch, qui a paru dans les *Math. Annalen*[3]. Si vous voulez quelques traductions russes, j'ai vu certains travaux qui m'ont paru intéressants, entre autres un petit Mémoire d'Imchenetsky sur les éq[uations] aux dérivées

†. ~~quel~~

9. Voir la lettre précédente.

10. Voir la lettre précédente.

1. BI, MS 2719, lettre 6.

2. Le premier volume des *Œuvres complètes d'Augustin Cauchy* est publié par Gauthier-Villars en 1882. L'ouvrage complet comporte deux séries de douze et quinze tomes.

3. Zur Andenken an Rudolf Friedrich Alfred Clebsch, *Mathematische Annalen* VI, 1873, p. 197-202. Beltrami a publié une traduction d'un texte sur l'œuvre de Clebsch : A. von Brill, P. Gordan, F. Klein, etc., Alfredo Clebsch ei suoi lavori scientifici (traduzione di E. Beltrami), *Annali di matematica pura ed applicata* VI, 1873, p. 153-207.

partielles simultanées. Si vous pouviez aussi avoir quelque traductions de l'arabe, en vous adressant à Aristide Marre [4], par exemple, cela ferait très-bon effet, et il y a là des choses bien intéressantes à connaître.

Je ne connais pas le Mémoire de 1831, et je ne puis vous en donner de nouvelles [5].

Nous avons besoin de remplissage, parce que nous sommes mal montés en rédacteurs. Ohrtmann, que je ne me lasserai jamais de vous citer comme modèle, ne met pas de feuilletons dans son *Jahrbuch*, et celà parce qu'il s'est donné la peine de s'associer un personnel nombreux et laborieux, et qu'il connait sans doute les bon moyens pour les tenir en action. Si vous faisiez seulement le quart des efforts que j'ai faits et que je fais encore, nous aurions du monde. Mais quand j'en attire d'un côté, la mesquinerie de l'édition (à laquelle vous n'avez pas porté remède) les repousse de l'autre. Témoin R. Wolf, qui a l'air de me bouder depuis ce temps là, quoique je ne sois absolument pour rien dans l'affaire.

Si je me permets de vous donner des avis, c'est que j'ai acquis, dans la direction de la Soc. des Sc. ph. et nat. une certaine expérience administrative, et que j'ai vu que, dans cette espèce de batailles, le général fait beaucoup plus que les soldats. Le général en chef a bien moins à manier l'épée que la longue-vue, et, si vous voulez tout faire, vous y perdrez votre temps, et vous n'y suffirez pas, lors même que je me mettrais de la partie.

Je ne sais pas faire les choses à moitié. Si le Bulletin change de nature, et n'a plus pour mission de faire connaître (autant que possible) *tout* ce qui se publie en Europe, et si nous sommes en arrière pour les recueils les plus importants, sans espoir de nous rattraper, je n'ai plus rien à faire là-dedans. Le travail de feuilletoniste ne me sourit pas, et je préfère me reposer. J'aimerais encore mieux un peu plus de retard, puisque nous sommes déjà engagés dans cette voie, pourvu que nous restions fidèles à notre ancienne direction. *Il ne tiendrait qu'à vous, avec un peu plus d'activité administrative, de modifier tout cela, et de nous associer autant d'hommes sérieux et consciencieux qu'en a Ohrtmann.* Quant à moi, si le *Bulletin* change de but, je me contenterai désormais du rôle de correcteur d'épreuves, *le seul* que j'aie accepté pour les Œuvres de Laplace [6].

J'espère que, dans votre article sur Bachet [7], vous avez flétri comme il le fallait la barbarie de l'éditeur, qui a agi avec un ouvrage destiné aux bibliophiles comme il eût fait avec un manuel de Baccalauréat. Je déclare Labosne un béotien de première force. Si vous ne l'avez pas dit, vous me permettrez d'ajouter une petite note dans ce sens [8].

---

4. Aristide Marre (1823-1918) s'est consacré aux mathématiques arabes et indiennes et à la traduction d'ouvrages non uniquement mathématiques. Spécialiste de la Malaisie, on lui doit aussi des traductions de poésies ou de légendes orientales.

5. Voir la note 5 de la lettre 3.9.

6. Voir le début de la lettre 3.7 et en particulier la note 4. Darboux avait regretté cette décision de Hoüel : « Quant à Laplace, vous avez tort de ne pas accepter la direction de cette publication. Quand on a toutes les peines dans une entreprise, on doit aussi en conserver l'honneur et je suis sûr que vous serez parfaitement en mesure de faire mieux que Binet. » (Lettre de Darboux à Hoüel du 21 novembre 1874, AAS, dossier Darboux)

7. Voir la note 1 de la lettre 3.9.

8. Darboux avait déjà demandé à Hoüel son avis sur Labosne :

> « Que dites-vous de Labosne ? Est-ce absurde d'avoir changé l'orthographe de Bachet et de l'avoir tronqué. Mais les additions qu'il a faites sont bonnes. Ce pauvre homme est mort ces jours-ci. On a vendu sa bibliothèque, malheureusement je ne l'ai su qu'au dernier moment sans cela je vous aurais envoyé son catalogue. »
> (Lettre de Darboux à Hoüel du 4 novembre 1874, AAS, dossier Darboux)

Ce qui m'occupe en ce moment, c'est d'une part la rédaction d'un ou deux articles pour Weyr [9] et pour le Periodico-Bertini [10], d'autre part la confection d'une Table générale des Mémoires de la Soc. des Sc. etc. Enfin, je remanie mon *Traité* [11], qu'il doive ou non s'imprimer, et cela dans le sens de vos indications. Êtes-vous content, cette fois ? Je ne vous promets pas d'en passer par tout ce que vous me dites, parce que le but que je me propose n'est pas tout à fait celui que vous voudriez atteindre. Il faut d'abord que vous partiez de ceci : que je veux exposer la théorie des fonctions continues, ayant une dérivée continue, et n'offrant aucune espèce de singularité, en un mot, la théorie des fonctions algébriques et de celles qui leur ressemblent. J'admets plus volontiers une restriction inutile qu'une démonstration compliquée ou trop synthétique. Je répugne par dessus tout à faire trop d'emprunts aux ouvrages auxquels je prétends faire concurrence, et j'aime mieux faire moins bien que Serret (pourvu que je ne dise pas d'absurdités) que de le copier. Enfin, depuis que je me suis mis à étudier les démonstrations Bonnet, j'ai vu qu'elles différaient seulement des miennes par un développement plus détaillé, mais qu'elles étaient *énormément plus difficiles* à retenir. Je tâcherai de remédier autant que possible à ce dernier inconvénient ; mais il existe.

Je vais faire Hankel [12] et Hoefer [13], dès que j'aurai envoyé à Weyr mon travail sur le calcul des perturbations par la méthode de Cauchy et sur le procédé d'interpolation [14].

Votre tout dévoué serviteur,

J. H.

J'attends avec impatience la réponse que vous me promettez.

3.11 Lettre de Darboux à Hoüel reçue le 15 janvier 1875

15/1/75

Dans son compte rendu, il signale les modifications mais se montre mesuré :

> « Le nouvel éditeur, on le voit, n'a pas suivi la méthode des commentateurs modernes ; loin de regarder comme sacré le texte de son auteur et de s'abstenir de lui faire subir le moindre changement, il l'a profondément modifié, changeant l'orthographe, supprimant certains passages, en ajoutant d'autres. Nous le regrettons ; mais nous devons reconnaître que les additions faites à l'Ouvrage ont une réelle valeur, et que la nouvelle édition mérite de prendre place dans les bibliothèques, à côté des précédentes. » (*Bulletin* VII, 1874, p. 197)

9. Emil Weyr (1848-1894) dirige la publication des *Archiv mathematiky a fysiky*.
Hoüel parle d'un article sur le calcul des perturbations [H59] et d'une note sur le rôle de l'expérience dans les sciences exactes qu'il prépare pour les *Archiv* [H60].

10. Il s'agit du *Periodico di scienze matematiche e naturali per l'insegnamento secondario* dont le premier numéro est celui des années 1873-1874. Hoüel fera le compte rendu de ce volume pour le *Bulletin* VII, 1874, p. 106-112. Voir aussi la note 7 de la lettre 3.19 ainsi que la note 12 de la lettre 2.100 de Hoüel à De Tilly.
Ici, Hoüel parle de la notice biographique sur Le Besgue qu'il prépare pour le *Periodico* [H62].

11. [H55].
12. [H117].
13. [H115].
14. [H59].

Mon cher ami,

Je ne suis pas de votre avis sur le Mémoire de Cauchy [1]. En admettant même qu'il n'ait plus qu'un intérêt historique, cet intérêt est considérable. Plusieurs auteurs français reprochent aux allemands de piller Cauchy sans le citer. Je crois que si les allemands ne citent pas Cauchy c'est qu'il ne le connaissent pas. Du reste, ces objections ne s'appliqueraient pas au mémoire de 1831 sur les rapports qui existent entre le Calcul des Rés[idus] etc. [2] qui est encore fort intéressant. Quoi qu'il en soit, nous ferons comme vous voudrez et après ces deux Mémoires nous verrons comment on les accueille et nous nous arrêterons si vous le voulez. Gauthier m'a affirmé que ces publications seraient extrêmement bien accueillies.

Quant au Bulletin vous me faites des reproches en me disant que si je voulais nous aurions des rédacteurs et récemment vous me citez l'exemple de d'Almeida [3]. D'abord je vous ferai remarquer que le journal de Physique publie des articles originaux (dans la pensée des auteurs exclusivement) et que notre publication a un autre but. Mais nous à qui voulez vous que nous nous adressions. Les étrangers pourraient nous donner des articles. Mais les français où en croyez-vous qui voudraient travailler pour nous. J'ai envoyé deux ou trois fois des ouvrages à des Polytechniciens ; ils ont gardé les livres et n'ont pas fait de compte-rendu. Ils nous donneraient des articles originaux mais pas de comptes rendus.

J'ai demandé à Mayer [4] de nous envoyer les Math. Annalen il a refusé. Enfin je profiterai de ce que vous me dites. Tous les étrangers venus ici, j'essaye de les enrôler, mais ils ne consentent que rarement.

Quant à votre traité de Calcul infinitésimal [5], je vous ai dit bien des fois ma manière de voir à ce sujet. Il y a moyen de faire quelque chose de simple et de rigoureux. Vous me dites que vous ne voulez pas copier Serret et vous avez raison. Mais il vous sera possible de faire mieux. Bonnet n'est pas content de la manière dont Serret a arrangé son affaire et il n'a pas tort. Du reste votre méthode si vous ne voulez pas la changer est celle de Duhamel et de ce côté encore il y aurait double emploi. Je ne vous propose pas d'établir des propositions sur les fonctions bizarres, mais de faire quelque chose de rigoureux et simple.

Voici quel en serait le plan que je vous proposerai :

- fonctions continues - leur définition. Exemples. Dérivées des fonctions simples. - théorème des accroissements finis (dém[onstration] Bonnet arrangée) - Étude de la variation des fonctions.

- Série de Taylor par le th[éorème] des acc[roissements] finis et par la dém[onstration] que vous me donnez de Sturm je crois - inf[iniment] petits d'ordres entiers. - d'ordres fract[ionnaires] - d'ordre nul - ou infini - l'ordre ent[ier] est appuyé sur la série de Taylor.

- [†] dérivée des fonctions de plus[ieurs] variables - dérivée des fonctions composées (dém [-onstration] rigoureuse) - différentielle [††] - f[onctions] d'une var[iable] de plus[ieurs] variables.

1. Voir le début de la lettre 3.10.
2. Voir la note 5 de la lettre 3.9.
3. Joseph Charles d'Almeida (1822-1880) est agrégé de physique en 1848 et professeur au lycée Corneille. Il fonde, en 1872, le *Journal de physique pure et appliquée*.
4. Adolph Mayer (1839-1908) est l'un des éditeurs des *Mathematische Annalen*.
5. [H55].

†. ~~diffé~~

††. ~~définie c. le p. terme~~

- dérivées d'ordres supérieurs (je vous c[ommuniquerai] quelq[ue] chose là dessus)
- chang[ement] de l'ordre des dérivations.
- Not[ions] gén[érales] sur les séries. - dével[oppement] p[our] la série de Taylor et de Maclaurin - Séries a pl[usieurs] variables - chang[ement] de variables - appl[ications] analytiques - th[éorème] $\frac{\varphi(x+h)-\varphi(x)}{f(x+h)-f(x)}$
- vraie val[eur] $\frac{0}{0}$... - max[imum] min[imum] etc. - appl[ications] géométriques.

Si vous voulez vous en donner la peine vous pouvez faire quelque chose d'aussi rigoureux qu'Euclide, et de simple. Si vous voulez, nous traiterons chaque sujet à mesure et une fois un ordre adopté nous bataillerons sur chaque point. Je me mets entièrement à votre disposition.

Si vous tenez à l'introd[uction] de l'intégrale dans le calcul différentiel, ce qui n'a plus de raison d'être avec les démonst[rations] que je vous propose, j'y consens. Vous la placerez où vous voudrez.

Oui, j'ai flétri l'éditeur qui m'a changé le beau français de Bachet mais j'ai rendu justice à ce qu'il y a de bon chez lui [6].

Votre bien dévoué,

G. Darboux

3.12 Lettre de Hoüel à Darboux du 16 janvier 1875

Bordeaux, le 16 janvier 1875 [1].

Mon cher ami,

Je vous remercie beaucoup de ce que vous voulez bien vous intéresser à mon bouquin. Comme je suis plus docile à vos conseils que vous ne vous l'imaginez, j'ai ruminé longuement sur ce que vous m'avez dit, et j'y rumine encore.

D'abord je vous avouerais que mes ruminations ne m'ont pas encore convaincu de l'insuffisance de la démonstration que j'ai donnée de ce que $f(x) = \text{const.}$ si $f'(x) = 0^{\alpha}$. J'ai tâché de mieux préciser les conditions, et je ne vois pas la possibilité d'une fausse conclusion, lorsque je pose d'avance ce principe : que toutes les fonctions à propos desquelles j'invoquerai le théorème devront avant tout vérifier les conditions de la démonstration. La seule question est de savoir si les conditions ont été suffisamment indiquées. Je le crois, et il me semble qu'au fond elles sont identiques avec celles que Bonnet demande.

Quant au théorème des accroissements finis, il me semble rigoureusement établi, lorsqu'on a prouvé que

$$f(x) - f(x_0) = \lim[f'(x_0)(x_1 - x_0) + f'(x_1)(x_2 - x_1) + \ldots],$$

ce qui résulte de la définition même de la dérivée [2]. Il me paraît, en effet, que la supposition même de l'existence d'une dérivée comprend toutes les conditions dont

6. Voir la note 8 de la lettre 3.10. Darboux écrit encore : « (...) l'orthographe a été changée, bien des passages ont été remplacés par des explications de M. Labosne, que nous aurions préféré ne pas voir mêlées au français si élégant de Bachet. » (*Bulletin* VII, 1874, p. 196).

1. BI, MS 2719, lettre 7.

2. Voir la note α de la lettre 3.2. Une fois l'égalité $f(X) - f(x_0) = \int_{x_0}^{X} f'(x)dx$ établie, il s'agit ensuite pour Hoüel, dans les articles 78 & 79 [H55, I, p. 41-42], d'obtenir l'existence de ξ entre x_0 et X tel que $f(X) - f(x_0) = (X - x_0)f'(\xi)$ (voir la note 7 de la lettre 3.51).

on a besoin, et que cette supposition est précisément en défaut pour les fonctions bizarres que vous m'objectiez jadis. Je suis prêt, du reste, à ajouter de nouvelles restrictions pour tranquiliser toutes les consciences.

Avec le théorème des accroissements finis (ou même directement par l'intégration), il est aisé de démontrer le lemme Serret-Bonnet, par lequel je consens à remplacer le théorème de Duhamel[3] ; et, cela fait, je crois que tout sera irréprochable, même à votre point de vue. Examiner bien ma démonstration de $\lim \sum f'(x_i)(x_{i+1} - x_i)$, et vous verrez qu'elle n'est pas si fausse qu'elle en a l'air. C'est une démonstration par l'absurde, qui montre que $f(x) - f(x_0)$ ne peut pas différer de $\lim \int f'(x)\,dx$ d'une quantité quelconque.

Je donnerais la démonstration de $f''(x) = \lim \frac{d^2f(x)}{dx^2}$ à peu près comme Serret[4].

Quant à la démonstration de $D_y(D_x f(x,y)) = D_x(D_y f(x,y))$ je crois la donner beaucoup plus simplement[β]. On a

$$f_1(x,y) = D_x f(x,y) = \frac{f(x+h,y) - f(x,y)}{h} + \varepsilon(x,y,h),$$

ε étant une fonction de trois variables *indépendantes* x, y et $h = dx$, qui s'évanouit, quels que soient x et y, pour $h = 0$, et il en est par suite de même de sa dérivée en y. On a maintenant, $\varepsilon'(x,y,k)$ s'évanouissant avec $k = dy$,[5]

$$\begin{aligned} D_y(D_x f) &= \frac{f_1(x,y+k) - f_1(x,y)}{k} + \varepsilon' \\ &= \frac{f(x+h,y+k) - f(x,y+k) - f(x+h,y) + f(x,y)}{hk} \\ &\quad + \frac{\varepsilon(x,y+k,h) - \varepsilon(x,y,h)}{k} + \varepsilon' \\ &= \frac{d_y(d_x f)}{hk} + D_y\varepsilon + \varepsilon_1 + \varepsilon' \end{aligned}$$

$D_y\varepsilon_1$ s'évanouissant avec h, ε_1 et ε' s'évanouissant avec k. Donc

$$D_y(D_x f) = \lim_{dx=0, dy=0} \frac{d_y(d_x f)}{dx\,dy}, \quad \text{etc.} \qquad \text{C. q. f. d.}$$

Notez que je m'appuie uniquement sur le théorème Serret-Bonnet qui est le théorème de Duhamel particularisé et précisé.

3. Voir la note 7 de la lettre 2.55 de Hoüel à De Tilly.

4. Dans son *Cours*, Serret explique cette égalité de la façon suivante :

« La différentielle d'une fonction $y = f(x)$ a été définie (n°18) par la formule

$$(2) \qquad dy = hf'(x) \quad \text{ou} \quad dy = f'(x)dx,$$

dans laquelle h ou dx désigne un accroissement arbitraire attribué à la variable indépendante. Jusqu'à présent nous n'avons fait aucune hypothèse sur cet accroissement ; mais ici nous le supposerons constant, c'est-à-dire indépendant de la variable x.

La quantité dx étant ainsi constante, si l'on différentie l'équation (2), on aura

$$d\,dy = dx df'(x) = dx[f''(x)dx] = f''(x)dx^2;$$

$d\,dy$ est dite la *différentielle deuxième de* y, ou la *différentielle du deuxième ordre* de cette fonction : on la représente par la notation d^2y, et l'on a en conséquence $d^2y = f''(x)dx^2$. » [Ser68, I, p. 69-70]

5. Nous avons corrigé les fautes de Hoüel dans la transcription ci-dessous. Pour le numérateur du premier terme de la deuxième ligne, il a écrit : $f(x+h+k, y+k - f(y+k) - f(x+h,y) + f(x,y)$.

Si je ne m'abuse, ces divers petits changements peuvent me dispenser de changer l'ordre que j'ai adopté après mûres réflexions, et qui me semble plus régulier que celui que vous me proposez d'y substituer. Je ne crois pas mériter le reproche de faire varier *à la fois* deux variables indépendantes, ce qui, j'en conviens, mettrait la confusion partout. Je ne sais jusqu'à quel point la démonstration Bonnet est supérieure à celle de Serret, mais, jusqu'à nouvel ordre, je considère celle-ci 1° comme beaucoup moins naturelle que la mienne [j'en donne même deux : l'une fondée sur l'existence de $\lim \sum f'(x)\,dx$, laquelle me suffit pour les 12 premières leçons [6] ; l'autre, celle que je donne dans la 13e leçon, en l'étendant aux dérivées d'ordre quelconque [7]. (Celle-ci, entre parenthèses, n'est pas de Sturm, que je sache. Je ne sais plus où je l'ai prise, mais elle a dû m'être inspirée par celle de Cauchy. Je n'ai jamais pu me fixer dans la Mémoire pendant 24 heures la démonstration de Sturm [8].)], 2° comme s'appuyant au fond sur les mêmes hypothèses. Si vous la trouvez plus compréhensible, c'est, je crois, parce que vous n'attachez pas la même rigueur que moi à l'hypothèse de l'existence d'une dérivée.

Ainsi voici ce que je vous proposerais.

La première leçon est à changer. J'y vois clair maintenant dans la question des nombres incommensurables, sur laquelle j'avais conservé jusque là des préjugés Duhaméliens [9]. Mes idées duhaméliennes ont maintenant, comme le couteau de Jeannot, changé successivement de lame et de manche [10]. Duhamel a eu un grand mérite, celui d'attaquer la routine. Mais Cauchy était bien plus fort que lui. Je considère maintenant Carnot [11] et Duhamel comme ne présentant plus qu'un intérêt historique, ainsi que le Mémoire sur les intégrales entre des limites imaginaires. (Notez que j'ai vu ce Mémoire cité *très-souvent*, preuve qu'il n'est pas si inconnu que vous croyez [12].)

---

6. Voir la note 2 de la lettre 3.12.

7. Pour la preuve du théorème des accroissements finis donnée dans la treizième leçon, nous renvoyons à la note 9 de la lettre 3.1.

8. Voir la FIGURE 1.17 du paragraphe 1.3.7.

9. Cette leçon s'intitule « Des grandeurs en général, et de leur représentation numérique à l'aide du principe des limites ».

10. Nous lisons dans les *Études historiques, littéraires et morales sur les proverbes français et le langage provençal* de P. M. Quitard publiées chez Techener à Paris en 1860 :

> « C'EST LE COUTEAU DE SAINT HUBERT. Cette métaphore proverbiale s'employait autrefois en parlant d'une chose réputée toujours la même, quoiqu'elle eût subi des changements qui ne lui avaient rien laissé des éléments primitifs dont elle était composée, comme le couteau de saint Hubert, qui, après de nombreuses réparations dans lesquelles il avait été complètement renouvelé, n'en passait pas moins, aux yeux des fidèles à qui on le montrait, pour être matériellement tel qu'il avait été entre les mains de ce saint. On s'avisa de substituer Jeannot à saint Hubert, dans un temps où l'on jugeait prudent et sage de ne pas mettre en jeu un nom consacré par la religion, et l'on dit : C'EST LE COUTEAU DE JEANNOT, ce qui fit perdre au dicton son caractère historique et en rendit la raison beaucoup plus difficile à expliquer. Mais on remédia à ce dernier inconvénient en introduisant la glose dans le texte : c'est le couteau de Jeannot, dont on change tantôt le manche et tantôt la lame, et qui reste toujours le couteau de Jeannot. Notez que ce que nous disons du couteau de saint Hubert ou du couteau de Jeannot, les Athéniens le disaient de la théorie de *Thésée*, fameux navire qui, à force d'être radoubé, n'avait pas conservé une seule pièce de sa construction primitive, et dont le nom n'avait pas cessé d'être le même. » (p. 250-251)

11. Lazare Carnot (1753-1823) a publié l'ouvrage *Réflexions sur la métaphysique du calcul infinitésimal*, Duprat, Paris, an V (1797). Une seconde édition augmentée est imprimée chez Courcier à Paris en 1813 et en suivront plusieurs autres. En 1875, la plus récente est la quatrième édition de 1860 par Mallet-Bachelier.

12. Voir le début de la lettre 3.9.

Dans la 2e leçon, j'introduirais, à propos de la continuité, le théorème démontré par Cauchy dans une Note de l'*Analyse algébrique*, que, si $f(x)$ est continue dans le voisinage de toutes valeurs de x, elle passe par toutes les valeurs intermédiaires entre $f(x_0)$ et $f(X)$ [13]. Je laisserai le reste tel quel.

Dans la 3e leçon, j'accentuerais davantage les restrictions qu'apportent l'hypothèse de l'existence de la dérivée, et tout le reste me semble exact.

Je ne changerais rien aux leçons 4, 5, 6, les propositions qui vous semblent sujettes à objections, devant d'ailleurs être reprises plus tard d'une manière indépendante. Id[em] pour les leçons 7 et 8.

La 9e leçon ne me paraît pas mauvaise, sauf la fin, que je remplacerais par le Lemme Serret-Bonnet. Par ce moyen, la 10e leçon irait toute seule, ainsi que la 11e.

La 12e serait un peu modifiée, comme je vous l'ai indiqué.

Je conserverais la 13e et les 2 suivantes.

Il resterait à voir ce qu'il faudrait modifier dans la 16e, relative à l'intégration et à la différentiation des séries. La difficulté me semble réduite à ceci : $f(x) - \sum_0^n u_n$ est-il une fonction intégrable ? J'attends du reste là-dessus votre avis.

Vous pensez bien que je saisis avec empressement et *reconnaissance* votre offre si obligeante de soumettre le bouquin à une révision détaillée. Il ne me reste plus de place pour vous parler du *Bulletin*. Teubner me donne carte blanche pour la traduction de Hankel, moyennant une indemnité de 300 francs [14]. Je l'ai fait savoir à Gauthier-Villars. Tout à vous et mille fois merci,

J. H.

α. Hoüel donne cette preuve dans l'article 39 de son *Cours* après avoir observé que si f est constante, alors sa dérivée est nulle :

> « Réciproquement, si une ligne ne se réduit pas à une parallèle à l'axe des abscisses, sa tangente ne pourra être constamment parallèle à cet axe dans un intervalle donné. Si donc le coefficient angulaire de la tangente est constamment nul, il faut que la courbe se réduise à une parallèle à l'axe des abscisses, et par suite que l'ordonnée soit constante.
> De même, si un mobile n'est pas en repos, sa vitesse ne peut être constamment nulle. Si donc la vitesse est nulle durant un intervalle de temps fini, c'est que la position du mobile n'aura pas changé, et que sa distance à l'origine sera restée constante.
> On conclut de là que, si la dérivée d'une fonction est constamment nulle pour toutes les valeurs de la variable comprises dans un intervalle donné, la fonction doit se réduire à une constante dans cet intervalle. Mais il est bon de démontrer ce théorème important, indépendamment de tout mode particulier de représentation.
> L'égalité (1) du n°37 [15] devient, lorsqu'on suppose $f'(x) = 0$ pour toutes les valeurs de x comprises entre x_0 et X,
>
> $$(2) \qquad f(x_1) - f(x) = (x_1 - x)\varepsilon,$$

13. Dans son *Cours d'analyse*, Cauchy énonce le théorème suivant :

> « 4.e Théorème. *Si la fonction $f(x)$ est continue par rapport à la variable x entre les limites $x = x_0$, $x = X$, et que l'on désigne par b une quantité intermédiaire entre $f(x_0)$ et $f(X)$, on pourra toujours satisfaire à l'équation $f(x) = b$ par une ou plusieurs valeurs réelles de x comprises entre x_0 et X.* » [Cau21, p. 43]

Il en explique la preuve intuitive et indique que dans la note III, en fin d'ouvrage, il va en donner une démonstration « par une methode directe et purement analytique » [Cau21, p. 44].

14. Voir la fin de la lettre 3.5 et en particulier la note 6.

15. Cette égalité provenant de la définition de la dérivée est $f(x_1) - f(x) = (x_1 - x)[f'(x) + \varepsilon]$ où « ε est une quantité infiniment petite en même temps que $x_1 - x$ ».

ε étant une quantité infiniment petite en même temps que $x_1 - x$.
Cela posé, partageons l'intervalle $X - x_0$ en un nombre infiniment grand de parties infiniment petites, et soient $x_1, x_2, \ldots, x_{n-1}$ les valeurs de x correspondantes à ces divisions. On aura, en appliquant la formule (2) à chacun des intervalles partiels $x_1 - x_0, x_2 - x_1, \ldots, X - x_{n-1}$, les équations

$$\begin{array}{l} f(x_1) - f(x_0) = (x_1 - x_0)\varepsilon_0, \\ f(x_2) - f(x_1) = (x_2 - x_1)\varepsilon_1, \\ \ldots\ldots\ldots\ldots\ldots\ldots\ldots\ldots \\ f(X) - f(x_{n-1}) = (X - x_{n-1})\varepsilon_{n-1}, \end{array}$$

$\varepsilon_0, \varepsilon_1, \ldots, \varepsilon_{n-1}$ étant des quantités infiniment petites en même temps que les intervalles correspondants. Si l'on ajoute ensemble toutes ces égalités, il vient

$$f(X) - f(x_0) = (x_1 - x_0)\varepsilon_0 + (x_2 - x_1)\varepsilon_1 + \cdots + (X - x_{n-1})\varepsilon_{n-1}.$$

Or, d'après un théorème d'algèbre dont nous avons déjà fait usage [31] [16], les facteurs $x_1 - x_0, x_2 - x_1, \ldots, X - x_{n-1}$ étant supposés tous de même signe, le second membre de l'égalité précédente sera égal à la somme de ces facteurs, qui est $X - x_0$, multipliée par une moyenne ε entre les seconds facteurs $\varepsilon_0, \varepsilon_1, \ldots, \varepsilon_{n-1}$, de sorte qu'on a

$$f(X) - f(x_0) = (X - x_0)\varepsilon.$$

ε étant une moyenne entre des infiniment petits, est aussi un infiniment petit, ainsi que son produit par $X - x_0$. Donc l'accroissement $f(X) - f(x_0)$ est égal à une quantité qui est infiniment petite en même temps que toutes les divisions de l'intervalle $X - x_0$. Mais $f(X) - f(x_0)$ est indépendant de ces divisions variables, et joue par rapport à elles le rôle d'une constante. Nous savons d'ailleurs qu'une constante infiniment petite est rigoureusement nulle. On a donc, en toute rigueur, $f(X) - f(x_0) = 0$, et par suite la fonction $f(x)$ ne change pas de valeur, lorsque x passe de la valeur x_0 à toute autre valeur X comprise, comme x_0, dans l'intervalle pour lequel la dérivée est constamment nulle. Donc, dans cet intervalle, la fonction $f(x)$ se réduit à une constante. » [H55, I, p. 22-23]

Malgré les conseils de Darboux, cette preuve sera reprise dans [H64] (voir l'annexe 3.67).

β. Dans son *Cours*, Serret expose la démonstration due à Bonnet :

« 60. THÉORÈME. - *Si $f(u,v)$ désigne une fonction des deux variables u et v, dont les dérivées relatives à u et v soient respectivement $\frac{df(u,v)}{du}$, $\frac{df(u,v)}{dv}$, la dérivée de la fonction $\frac{df(u,v)}{du}$ par rapport à v sera égale à la dérivée de $\frac{df(u,v)}{dv}$ par rapport à u, c'est-à-dire que l'on aura*

$$\frac{d\left[\frac{df(u,v)}{du}\right]}{dv} = \frac{d\left[\frac{df(u,v)}{dv}\right]}{du},$$

pourvu que $f(u,v)$, $\frac{df(u,v)}{du}$, $\frac{df(u,v)}{dv}$ restent fonctions continues de u et de v.
Nous emploierons les caractéristiques Δ_u, Δ_v pour désigner les accroissements que prend une fonction de u et de v, quand ces variables augmentent de Δu et de Δv respectivement. Ainsi l'on aura

$$(1) \quad \left\{ \begin{array}{l} \Delta_u f(u,v) = f(u+\Delta u, v) - f(u,v), \\ \Delta_v f(u,v) = f(u, v+\Delta v) - f(u,v). \end{array} \right.$$

16. Voir la note 11 de la lettre 3.2.

Si l'on donne à v l'accroissement Δv, dans la fonction $\Delta_u f(u,v)$, cette fonction prendra l'accroissement $\Delta_v \Delta_u f(u,v)$; pareillement la fonction $\Delta_v f(u,v)$ prendra l'accroissement $\Delta_u \Delta_v f(u,v)$, si l'on donne à u l'accroissement Δ_u, et l'on aura, par les formules (1),

$$(2)\qquad \begin{cases} \Delta_v \Delta_u f(u,v) = \Delta_v f(u+\Delta u, v) - \Delta_v f(u,v), \\ \Delta_u \Delta_v f(u,v) = \Delta_u f(u, v+\Delta v) - \Delta_u f(u,v). \end{cases}$$

Les formules (1) donnent les valeurs de $\Delta_u f(u,v)$, $\Delta_v f(u,v)$, et, en remplaçant v par $v+\Delta v$ dans la première, u par $u+\Delta u$ dans la seconde, on en conclura les valeurs de $\Delta_u f(u, v+\Delta v)$ et de $\Delta_v f(u+\Delta u, v)$. La substitution de ces valeurs dans les formules (2) donne

$$(3)\qquad \begin{cases} \Delta_v \Delta_u f(u,v) = \Delta_u \Delta_v f(u,v) \\ = f(u+\Delta u, v+\Delta v) - f(u+\Delta u, v) - f(u, v+\Delta v) + f(u,v). \end{cases}$$

Cela posé, faisons, pour abréger l'écriture, $\frac{df(u,v)}{du} = \varphi(u,v)$, $\frac{df(u,v)}{dv} = \psi(u,v)$ puis $\frac{d\varphi(u,v)}{du} = \varphi'(u,v)$, $\frac{d\psi(u,v)}{du} = \psi'(u,v)$, et reportons-nous aux équations (1). Considérons $\Delta_u f(u,v)$ ou $f(u+\Delta u, v) - f(u,v)$ comme une fonction de la seule variable v, et donnons à v l'accroissement Δv, il en résultera pour notre fonction l'accroissement $\Delta_v \Delta_u f(u,v)$, dont l'expression sera (n°14) [17]

$$\Delta_v \Delta_u f(u,v) = \Delta v[\psi(u+\Delta u, v+\theta\Delta v) - \psi(u, v+\theta\Delta v)],$$

θ désignant une quantité comprise entre 0 et 1. Mais le facteur $\psi(u+\Delta u, v+\theta\Delta v) - \psi(u, v+\theta\Delta v)$ est l'accroissement que prend $\psi(u, v+\theta\Delta v)$ quand on remplace u par $u+\Delta u$, sans changer ni v, ni θ ; donc, par le théorème du n°14, l'accroissement dont il s'agit peut être représenté par $\Delta u \psi'(u+\lambda\Delta u, v+\theta\Delta v)$, λ étant une quantité comprise entre 0 et 1. On a donc

$$(4)\qquad \Delta_v \Delta_u f(u,v) = \Delta u \Delta v \psi'(u+\lambda\Delta u, v+\theta\Delta v).$$

De même, en partant de la deuxième équation (1) et en donnant à u l'accroissement Δu, on aura, d'après le théorème du n°14, $\Delta_u \Delta_v f(u,v) = \Delta u[\varphi(u+\lambda'\Delta u, v+\Delta v) - \varphi(u+\lambda'\Delta u, v)]$, λ' étant une quantité comprise entre 0 et 1, puis, comme la différence entre crochets est égale d'après le même théorème à $\Delta v \varphi'(u+\lambda'\Delta u, v+\theta'\Delta v)$, θ' étant une nouvelle quantité comprise entre 0 et 1, on aura

$$(5)\qquad \Delta_u \Delta_v f(u,v) = \Delta u \Delta v \varphi'(u+\lambda'\Delta u, v+\theta'\Delta v).$$

Les premiers membres des formules (4) et (5) sont égaux entre eux d'après la formule (3) ; donc on a $\varphi'(u+\lambda'\Delta u, v+\theta'\Delta v) = \psi'(u+\lambda\Delta u, v+\theta\Delta v)$. Enfin, comme cette égalité a lieu, quelque petits que soient les accroissements Δu et Δv, si on les fait tendre vers zéro, on aura, à la limite, $\varphi'(u,v) = \psi'(u,v)$, c'est-à-dire

$$\frac{d\left[\frac{df(u,v)}{du}\right]}{dv} = \frac{d\left[\frac{df(u,v)}{dv}\right]}{du},$$

conformément à l'énoncé du théorème.

La démonstration que nous venons de présenter est due à M. Ossian Bonnet. Elle suppose la continuité de la fonction $f(u,v)$ et des dérivées $\frac{df(u,v)}{du}$, $\frac{df(u,v)}{dv}$. » [Ser68, I, p. 76-78]

17. Cet article est l'exposition du théorème des accroissements finis (voir la note α de la lettre 3.1) qui s'applique ici deux fois à l'équation (3).

3.13 Lettre de Darboux à Hoüel reçue le 18 janvier 1875

18/1/75

Mon cher ami,

Voici la démonstration du théorème : Si $f'(x) = 0$, $f(x) =$ cte comme vous l'exposez [1]. Je la reprends parce que cette page me manque. Vous dites sans doute soient x_0 x_1 deux valeurs de x entre lesquelles la [†] dérivée $f'(x) = 0$. Je pose

$$x_1 - x_0 = nh$$

et j'ai les équations

$$\begin{aligned} f(x_0+h) - f(x_0) &= h\varepsilon_1 \\ f(x_0+2h) - f(x_0+h) &= h\varepsilon_2 \\ &\dots \\ f(x_1) - f(x_0+(n-1)h) &= h\varepsilon_n \end{aligned}$$

d'où

$$f(x_1) - f(x_0) = \frac{x_1 - x_0}{n}(\varepsilon_1 + \ldots + \varepsilon_n).$$

Or lorsque n augmente indéfiniment toutes les quantités ε et par conséquent la plus grande en valeur absolue η tendent vers zéro, donc, etc.

Voici ce que je reproche à votre raisonnement que personne ne trouve plus rigoureux. Quand on pose

$$\frac{f(x+h) - f(x)}{h} - f'(x) = \varepsilon$$

ε est une fonction de deux variables x et h qui tend vers zéro quand x restant fixe, h tend vers zéro. Mais si x et h varient comme dans votre démonstration, bien mieux, si à chaque nouvelle subdivision des intervalles $x_1 - x_0$ il nait de nouvelles quantités ε, je n'y vois plus clair du tout et votre démonstration n'a plus qu'une apparence de rigueur. Ceci est tellement vrai que vous seul vous entêtez et qu'elle a été abandonnée par *tous les professeurs de spéciales d'ici*.

Supposez par exemple que vous divisiez les intervalles en deux puis ceux-ci en deux égaux et ainsi de suite. Quand vous aurez 2^n intervalles la subdivision en amenera 2^{n+1} il naitra 2^n quantités ε. Je suppose que chacune de ces quantités qui naissent tendent vers zéro mais commencent toujours par être supérieures à $\frac{1}{2}$ par exemple. Vous verrez que la démonstration ne s'applique plus. Vous ne pouvez vous tirer de là que de deux manières différentes 1° en changeant la démonstration, ce que je vous conseille 2° en prouvant que si une fonction a toujours une dérivée entre x_0 et x_1 on peut trouver une quantité h telle que pour toutes les valeurs de x comprises entre x_0 et x_1 et toutes les valeurs h_1 de h plus petites qu'une certaine limite on a [2]

$$\frac{f(x+h_1) - f(x)}{h_1} - f'(x) < \varepsilon$$

1. Voir la note α de la lettre 3.12.
†. ~~variable~~
2. Nous corrigeons le dénominateur de l'expression suivante et changeons h en h_1.

ε étant [††] pris fixe mais aussi petit qu'on le veut, ce qui est difficile.

Pour rendre rigoureux tout cela vous seriez obligé de faire quelque chose de lourd et d'impossible. Toutes les fois que vous calculeriez une dérivée $f'(x)$ vous seriez obligé de démontrer que

$$\frac{f(x+h)-f(x)}{h}-f'(x)$$

est un infiniment petit quand h tend vers zéro et x varie tendant vers une certaine limite. Comment pourriez-vous faire cela pour les dérivées des fonctions composées, des fonctions de fonctions, etc.

Je ne vous parle pas des autres points. Les objections sont les mêmes, elles sont universellement acceptées, ces objections, par Thomae [3], Weierstrass, et tous les autres. On reprocherait beaucoup à votre traité de n'en pas tenir compte. Il n'y a que deux moyens d'établir rigoureusement le théorème des acc[roissements] finis, le calcul intégral et la dém[onstration] Bonnet que du reste je donnais de moi-même dans mon Cours.

Présentez-là comme cela.

1ère leçon - déf[inition] de la dérivée - acc[roissements] finis.

Soit la fonction

$$\varphi(x)=f(a+h)-f(x)-M(a+h-x)$$

où M est défini par l'équation

$$f(a+h)-f(a)-Mh=0.$$

La fonction $\varphi(x)$ s'annule pour $x=a$ et pour $x=a+h$ dans l'intervalle elle passe donc par un maximum. Pour ce maximum la dérivée est nulle donc

$$M=f'(a+\theta h).$$

Supposons maintenant le théorème établi. Vous démontrez très simplement tout ce qui se rapporte à la variation des fonctions.

1° Si une fonction a sa dérivée nulle elle est constante car

$$f(x_1)-f(x_0)=(x_1-x_0)f'(\xi)$$

ξ étant compris entre x_1 et x_0 donc

$$f(x_1)=f(x_0).$$

2° Si la dérivée est positive entre x_0 et x_1

$$f(x_1)-f(x_0)>0$$

donc la fonction est croissante.

3° Si la dérivée est négative la fonction est décroissante, etc.

[4°] Dérivée des fonctions composées.

$$\begin{aligned}f(x+h,y+k)-f(x,y)&=f(x+h,y+k)-f(x+h,y)+f(x+h,y)-f(x,y)\\&=f'_y(x+h,y+\theta k)k+f'_x(x+\theta_1 h,y)h\end{aligned}$$

††. ~~aussi~~

3. [Tho73, p. 13].

d'où en passant aux limites, etc.
Posons $\Delta f(x) = f(x+h) - f(x)$

$$\frac{\Delta f(x)}{\Delta x} = f'(\xi) \quad x < \xi < x+h.$$

Posons

$$f(x) = \frac{\varphi(x+h) - \varphi(x)}{h} = \frac{\Delta\varphi(x)}{\Delta x}$$

et substituons dans la f[ormule] précédente

$$\frac{\Delta}{\Delta x}\frac{\Delta\varphi(x)}{\Delta x} = \frac{\Delta^2\varphi(x)}{\Delta x^2} = \left[\frac{\varphi'(x+h) - \varphi'(x)}{h}\right]_{x=\xi} = \varphi''(\xi+\theta h) = \varphi''(x+2\theta h)$$

et en général vous démontrerez de même

$$\frac{\Delta_n\varphi(x)}{\Delta x^n} = \varphi_n(x + n\theta\Delta x)$$

ce qui est une jolie formule prouvant que la limite de la différence $n^{\text{ième}}$ ‡ divisée par $(\Delta x)^n$ est la dérivée $n^{\text{ième}}$.

Prenant de même

$$\varphi(x+h, y+k) - \varphi(x, y+k) - \varphi(x+h, y) + \varphi(x, y) = \Psi(x, y)$$

on a en posant

$$f(x,y) = \varphi(x+h, y) - \varphi(x, y),$$

$$\Psi(x,y) = f(x, y+k) - f(x,y) = f'_y(x, y+\theta k)k$$

$$f'_y(x,y) = \varphi'_y(x+h, y) - \varphi'_y(x,y) = \varphi''_{yx}(x+\lambda h, y)h$$

donc

$$\Psi(x,y) = kh\varphi''_{yx}(x+\lambda h, y+\theta k)$$

de même, on aurait

$$= kh\varphi''_{xy}(\qquad\qquad)$$

donc on a le droit d'intervertir ‡‡ les différentiations, etc.

Que voulez vous que je vous dise de plus. En une heure si je vous voyais, nous ferions plus de besogne qu'en cent lettres.

Ainsi en résumé je ne vous approuverais pas de conserver les démonstrations pour le théorème fondamental des accroissements finis, et je vous ai indiqué pourquoi. Demandez à Bourget s'il trouve rigoureuse votre dém[onstration] du th[éorème] si $f'(x) = 0$ etc. et du th[éorème] des accroissements finis ; il vous répondra que non. Demandez le à Painvin, à qui vous voudrez.

Sur ce, mon cher ami à bientôt,

Votre bien dévoué,

G. Darboux

‡. ~~est~~

‡‡. ~~toutes les~~

3.14 Lettre de Hoüel à Darboux du 19 janvier 1875

Bordeaux, le 19 janvier 1875 [1].

Mon cher ami,

Je vous remercie beaucoup de tout ce que vous m'envoyez, et je chercherai à en faire mon profit. Cependant permettez-moi de vous dire que je considère le théorème : « Si $f'(x) = 0$, $f(x) = \text{const.}$ » comme *devant pouvoir* se démontrer par la méthode ordinaire, laquelle est *absolument identique* pour le fond à la démonstration de l'existence d'une intégrale définie. Si le raisonnement ordinaire, que j'ai reproduit avec quelques modifications [en supposant $x_{k+1} - x_k \leq h$ au lieu de supposer $= h$], ne paraît pas rigoureux, c'est, sans doute de ma part, qu'il n'est pas bien présenté ou qu'il n'est pas bien compris. Cela ne veut pas dire que je le présente bien moi-même, mais je crois qu'un plus habile que moi, avec quelques nuances changées, en tirerait absolument le Bonnet [2].

Entendons-nous bien d'abord sur la signification de l'hypothèse de l'existence d'une dérivée. C'est là le point cardinal [cardo = gond = pivot] de l'affaire. J'entends par là qu'il existe une certaine fonction $f'(x)$, indépendante de h, et telle que, pour $h \leq \delta$, δ étant convenablement choisi, on puisse toujours poser, quel que soit x ($< X$ et $> x_0$),

$$\frac{f(x+h) - f(x)}{h} - f'(x) < \varepsilon.$$

D'après cela, toujours en vertu de mon hypothèse, étant donné ε à volonté, je pourrai déterminer δ. Ce sera $\frac{1}{1000}$, $\frac{1}{10}$, $\frac{1}{(1000)^{1000}}$, peu importe. Pour tout ε que vous m'offrirez, je suppose que je puisse vous offrir un δ, quel que soit $x \left\{ \begin{matrix} < X \\ > x_0 \end{matrix} \right\}$. Tel est le cas pour $f(x) = x^m$, $\sin x$, $\log x$, $\sin(\cos(\log x))$, etc., les points singuliers mis de côté, bien entendu. Que pouvez-vous objecter à cela ? Je l'ignore [3].

Nous supposerons tout cela vrai, et de plus on vient nous dire que $f'(x)$ est toujours 0. Je vous réponds que, je ne puis pas accorder votre dire avec l'hypothèse de $f(x)$ variable. Car si $f(x)$ variait d'une quantité k pour x variant de x_0 à X, il faudrait que, pour toute valeur de h imaginable, j'eusse

$$f(x_0 + h) - f(x_0) + \ldots + f(X) - f(X - h) = f(X) - f(x_0) = k.$$

Prenons maintenant $\varepsilon < \frac{k}{X - x_0}$, et choisissons δ en conséquence, ce que j'ai supposé *permis* (et ce qui revient tout simplement à supposer la dérivée continue). Je prends alors $h < \delta$, et je fais mon raisonnement, d'où il résulte que le 1er membre est < que le second, ce qui est absurde [4]. Vous voyez qu'il ne s'agit pas ici d'entremêler les variations simultanées de deux variables indépendantes, et que je ne m'occupe pas de savoir ce que devient le premier membre lorsqu'on diminue chaque terme

1. BI, MS 2719, lettre 8.
2. Voir la note α de la lettre 3.1.
3. Darboux n'objectera pas clairement à cette définition qui suppose plus que la simple hypothèse de la dérivabilité de f sur l'intervalle $]x_0, X[$. L'hypothèse de Hoüel entraîne la continuité de la fonction dérivée. Hoüel semble en être plus ou moins conscient car il l'indique quelques lignes plus bas mais affirme cependant à la fin de la lettre que son hypothèse est équivalente à l'existence de la dérivée.
4. Hoüel peut choisir n tel que $h := \frac{X - x_0}{n} < \delta$ et obtient alors $f(x_0 + h) - f(x_0) < \frac{k}{X - x_0} h$, $f(x_0 + 2h) - f(x_0 + h) < \frac{k}{X - x_0} h$, etc. d'où l'affirmation en additionnant. Ce raisonnement est à comparer avec celui de la note α de la lettre 3.12.

en augmentant le nombre des termes. Je démontre (ou je crois démontrer) que la supposition d'une variation quleconque k de la valeur de $f(x)$ est incompatible avec la double hypothèse que la fonction $f(x)$ ait une dérivée, et que cette dérivée soit toujours nulle.

Remarquez que dans $\frac{f(x+h)-f(x)}{h}$ je fais jouer à x d'abord le rôle de *paramètre*, et vous ne me refuserez pas d'admettre qu'une fonction d'une variable et d'un paramètre indéterminé puisse être assujettie à une inégalité donnée pour toutes les valeurs de ce paramètre, lorsqu'on est maître de disposer à volonté de la variable. Or, pour $f(x) =$ une fonction algébrique et x compris entre 2 limites (ne renfermant entre elles aucun infini de $f(x)$ ni de $f'(x)$), il est facile de constater que l'on peut toujours disposer de h de telle manière que, quel que soit x (entre x_0 et X), $\frac{f(x+h)-f(x)}{h} - f'(x)$ soit toujours $< \varepsilon$, tant pour la valeur choisie de h que pour *toutes* les valeurs moindres. Expliquez-moi, de grâce, en quoi ceci peut pécher. Ainsi, pour $f(x) = x^3$, $\frac{f(x+h)-f(x)}{h} = 3x^2 + 3xh + h^2$, d'où $\frac{f(x+h)-f(x)}{h} - f'(x) = h(3x+h)$. Si $x < X$, cette quantité est $< h(3X+h)$. On peut donc faire cette quantité $< \varepsilon$ en prenant $h < \frac{\varepsilon}{3X+h} < \frac{\varepsilon}{3X}$. Vous allez me dire qu'ici $f'(x)$ n'est pas nul. Mais il peut se faire qu'il y ait une expression algébrique compliquée ou inconnue, dont je sache seulement que $f'(x) = 0$. Je prends l'intervalle continue $X - x_0$, et je vois que, dans cet intervalle $f(x) =$ const. S'il y a plusieurs intervalles séparés par des discontinuités, je fais la démonstration pour chaque intervalle ; mais *je ne conclus rien* d'un intervalle à l'autre : *notez bien cela*. Cela tient à ce que, pour un point de discontinuité, *il n'y a plus de dérivée*, et partant plus de démonstration.

Je crois que la manière dont je vous expose la chose, et qui est *la seule* qui soit conforme aux principes d'où je pars, ne laisse prise à aucune des objections qui vous ont effrayé et qui effraient les professeurs de spéciales de Paris.

Vous avez du reste prévu en partie ma réponse, et si vous aviez commencé par me présenter la chose ainsi, il y longtemps que nous serions d'accord. Oui, j'admets, *comme un fait d'expérience* (sans chercher à le démontrer en général, ce qui est peut être difficile), que, dans les fonctions que je traite, on peut toujours trouver h satisfaisant à l'inégalité

$$(1) \qquad \frac{f(x+h)-f(x)}{h} - f'(x) < \varepsilon$$

quel que soit le paramètre x, et je vous avoue que j'ignore ce que pourrait signifier le mot *dérivée*, s'il n'en était pas ainsi. Cette hypothèse se vérifie précisément par les mêmes calculs qui servent à trouver la dérivée. S'il se rencontre une fonction qui ne soit pas compatible avec cette hypothèse, hé bien ! mon livre ne s'appliquera pas à cette fonction, et je m'en consolerai. J'aime mieux me priver de de la considération de ces fonctions que d'introduire une démonstration tant soit peu artificielle. Telle est la démonstration qui s'appuie sur ce que la dérivée s'annule pour un maximum [5]. S'il n'y a pas moyen de se passer de celle-ci sans prendre la voie de l'intégration, je me contenterai de la voie de l'intégration, que vous avouez possible (quoiqu'elle ressemble singulièrement à celle que vous condamnez).

Je crois maintenant le débat bien circonscrit et bien précisé. J'attends que vous me donniez un éclaircissement sur les objections que vous avez encore à faire. Mon but est de traiter toutes les fonctions pour lesquelles l'inégalité (1) sera possible. Est-ce déraisonnable ? Croyez-vous que celui qui connaitrait bien ces fonctions-là ne se mettrait pas bien vite au courant des autres ?

5. Voir la lettre 3.13.

Vous voyez bien qu'on peut s'entendre par écrit, et, si nous ne nous sommes pas entendu plus tôt, c'est que vous ne lisez pas assez attentivement mes lettres, pour savoir où porte le débat. Je vous ai écrit hier[6], en vous satisfaisant, j'espère, sur tous les points excepté sur l'inégalité (1). Je voudrais maintenant savoir ce que vous avez à dire contre l'admission de celle-ci *comme hypothèse*. Je crois cette hypothèse identique avec celle de l'existence de la dérivée. Si elle ne l'est pas, je l'y ajoute. Je ne l'ai pas dit assez expressément, je l'avoue. Si vous le voulez, je le dirai. Cela me semblera plus clair et plus net que la maximum de Bonnet. Si c'est une restriction trop étroite, je n'y vois pas grand malheur. Réfléchissez donc, je vous en supplie, à l'inégalité (1), comme *hypothèse*.

Tout à vous,

J. H.

P. S. Je profiterai de toutes vos autres indications dont je vous remercie.

3.15 Lettre de Hoüel à Darboux du 24 janvier 1875

Bordeaux, le 24 janvier 1875[1].

Mon cher ami,

Je vous envoie de nouvelles additions de Weyr à l'article sur les *Sitzungsberichte* de Vienne[2]. Vous voudrez bien vous occuper de les faire ajouter aux autres que je vous ai envoyées il y a quelques jours.

J'ai passé bien près de vous l'autre jour, et, s'il n'eût pas été si matin, j'aurais été vous surprendre. Je me rendais à Caen pour une triste circonstance. Ma belle-mère est morte mardi dernier, après une crise de quelques heures, qui a terminé, sans souffrances, un long affaiblissement qui durait depuis trois ans[3]. Malheureusement c'était pour arriver plus vite que j'avais pris la voie de Paris, et entre six heures et neuf heures du matin il n'était guère possible d'aller vous faire visite.

C'est dommage car nous aurions pu terminer notre duel mathématique. Pour le moment, mon opinion de plus en plus accentuée est que cette proposition fondamentale que vous mettez en suspicion, que l'on peut toujours prendre h assez petit pour que $\frac{f(x+h)-f(x)}{h} - f'(x)$ soit aussi petit que l'on voudra, n'est autre chose que la définition même de la dérivée, et que dire qu'une fonction *a une dérivée pour* $x_0 < x < X$, c'est *absolument la même chose* que d'énoncer l'hypothèse en question. Débarassez-vous de cette préoccupation de variation *simultanée* de deux quantités, qui n'a rien à faire ici, et vous verrez que j'ai raison. Je vois aujourd'hui la chose beaucoup plus clairement que je ne la voyais en vous écrivant ma dernière lettre. Sauf ce point, sur lequel je tiens bon jusqu'à ce que vous me prouviez le contraire d'une manière acceptable pour moi, nous nous arrangerons très-bien sur le reste.

Quand verrons-nous le n° de novembre ?

Adieu pour aujourd'hui, et à bientôt, j'espère.

Tout à vous,

J. H.

6. Cette lettre est perdue.

1. BI, MS 2719, lettre 9.

2. Il s'agit probablement de l'analyse des tomes XLI à XLVII publiés entre 1870 et 1873 des *Sitzungsberichte der Kaiserlichen Akademie der Wissenschaften zu Wien* effectuée par Weyr et imprimée dans le *Bulletin* VII, 1874, p. 203-222.

3. Voir la note 1 de la lettre 2.100 de Hoüel à De Tilly.

3.16 Lettre de Darboux à Hoüel reçue le 24 janvier 1875

24/1/75

Mon cher ami,

Nous ne nous entendons pas autant que vous le croyez et vous faites trop bon marché dans votre exposition d'un point auquel j'attache une grande importance. Il importe peu que les théorèmes établis soient plus ou moins généraux, mais il importe beaucoup d'habituer les jeunes gens à raisonner juste et c'est une condition à laquelle ne me parait pas satisfaire votre exposition des principes du calcul infinitésimal.

Vous n'avez en aucune manière répondu à mon objection. Pour que votre exposition fut juste il faudrait que vous puissiez démontrer que étant donnée une quantité ε, on peut toujours trouver une quantité h telle que l'on ait

$$\frac{f(x+\theta h)-f(x)}{\theta h}-f'(x)<\varepsilon$$

pour toute valeur de x comprise entre les deux limites, θ étant plus petit que 1. Or c'est ce que vous ne prouvez pas et si vous voulez le prouver, vous aurez une marche très compliquée.

La seule marche que je connaisse et qui soit conforme aux principes est la méthode si simple que j'essaye en vain de vous faire adopter. Essayez donc un peu comme application de votre méthode de démontrer l'équation

$$\frac{\Delta_n f(x)}{\Delta x^n}=f_n(x+n\theta h)$$

et vous verrez un peu si vous aurez une marche aussi simple que celle que je vous propose.

Les objections que vous adressez à la méthode de Bonnet ne sont véritablement pas équitables. Elle est très naturelle quoi de plus simple que d'admettre qu'une fonction qui va de 0 à 0 passe par un maximum en valeur absolue. La simplicité avec laquelle tout se déduit d'un principe uniforme est loin de se rencontrer dans la votre où vous mêlez calcul différentiel et calcul intégral. Voyez ce que deviennent vos théorèmes si on veut les énoncer rigoureusement.

Parmi les fonctions satisfaisant à cette condition que pour chaque valeur de ε on puisse trouver une valeur de h telle que

$$\frac{f(x+\theta h)-f(x)}{\theta h}-f'(x)<\varepsilon$$

celles dont la dérivée est constamment nulle sont des constantes.

Alors chaque fois que vous prendrez une dérivée et que vous voudrez appliquer les théorèmes fondés sur la supposition précédente, vous serez donc obligé de vérifier si elle est satisfaite. Allez donc le faire pour les fonctions de fonctions et les fonctions composées.

Allez donc un peu m'expliquer je vous prie pourquoi si l'on prend par la règle des fonctions composées la dérivée de $y=x^2\sin\frac{1}{x}$ on trouve

$$-\cos\frac{1}{x}+2x\sin\frac{1}{x}$$

ce qui pour $x = 0$ est indéterminé tandis que la vraie valeur est

$$\lim \frac{y}{x} = 0$$

et pourtant il n'y a là que des sinus et des puissances de x [1].

Vous craignez de paraitre copier Serret. Si vous persistez dans votre méthode vous paraitrez copier tout le monde. Voilà tout.

Ainsi, en résumé, pour défendre votre méthode, vous êtes obligé d'admettre un principe dont il faudra faire la vérification à chaque instant et qui transformera la science en quelque chose d'empirique et cela parce qu'il ne vous semble pas que la démonstration Bonnet soit[†] *naturelle*. En outre vous feriez des raisonnements inexacts pour $\frac{\partial^2 u}{\partial x \partial y} = \frac{\partial^2 u}{\partial y \partial x}$, pour la dérivée des fonctions composées, etc., quand vous auriez un avantage énorme de simplicité et de *nouveauté* à adopter la marche la plus exacte.

J'admettrais à la rigueur que dans les applications, vous teniez moins à être général. Mais dans l'exposition de la théorie, vous devez à mon avis, être avant tout rigoureux.

Remarquez bien que maintenant vous avez tous les éléments pour juger puisque vous énoncez nettement la supposition qu'il faut admettre pour mettre vous raisonnements à l'abri de toute objection, mais cette supposition me parait moins *naturelle* que la méthode Bonnet.

Votre bien dévoué,

G. Darboux

3.17 Lettre de Hoüel à Darboux du 25 janvier 1875

Bordeaux, le 25 janvier 1875 [1].

Mon cher ami,

Je viens de jeter à la boîte une lettre que vous recevrez en même temps que celle-ci [2], et à laquelle la vôtre, que je trouve en rentrant, me force d'ajouter un *post-scriptum*.

Je vous déclare d'avance que je ne comprends pas ce que peut signifier le mot dérivée, si cela ne veut pas dire, *par définition*, une fonction telle que l'on ait

$$f'(x) = \lim \frac{f(x+h) - f(x)}{h} = \frac{f(x+h) - f(x)}{h} + \varepsilon,$$

ε étant aussi petit que l'on voudra pour h suffisamment petit *et pour toute valeur de h plus petite encore*. C'est l'hypothèse de la possibilité de cette égalité qui est l'hypothèse de l'existence d'une dérivée. C'est *absolument identique*. Démontrer l'existence d'une valeur de h satisfaisant à l'inégalité

$$\frac{f(x+h) - f(x)}{h} - f'(x) < \varepsilon$$

---

1. Darboux met ici en évidence la non continuité au point 0 de la dérivée de la fonction $f(x) = x^2 \sin(x)$. On a, par définition, $f'(0) = \lim_{x \to 0} \frac{x^2 \sin(1/x)}{x} = \lim_{h \to 0} x \sin(1/x) = 0$ et $f'(x) = -\cos(1/x) + 2x \sin(1/x)$ si $x \neq 0$. Cependant, $\lim_{x \to 0} -\cos(1/x) + 2x \sin(1/x)$ n'existe pas.

†. ~~rigoureuse~~

1. BI, MS 2719, lettre 10-11.

2. Cette lettre est perdue.

cela reviendrait à démontrer l'existence d'une dérivée, ce que vous considérez vous-même comme impossible *a priori*.

Que veut dire le mot *limite* ? C'est sur le sens que vous attribuez à ce mot qu'il y a dans mon intelligence de graves incertitudes. $a = \lim u$ ne signifie pour moi rien autre chose que ceci : On peut trouver une valeur de u telle que la différence $u - a$ soit $<$ une quantité quelconque ε prise à volonté, et continue à rester $< \varepsilon$ lorsque u continue à varier dans le même sens (ou plus exactement, lorsque la variable dont dépend u continue à varier dans un certain sens déterminé). Voilà ce que j'appelle *limite*, et en dehors de cela tout n'est pour moi que ténèbres et bruit de mots.

D'après cela, je dirai que

$$f'(x) = \lim \frac{f(x+h) - f(x)}{h},$$

si $\frac{f(x+h)-f(x)}{h}$ peut, pour une valeur de h assignable et *pour toutes les valeurs plus petites*, différer de $f'(x)$ d'une quantité $< \varepsilon$. Telle est pour moi la *définition* de la dérivée, et ce que vous voudriez me faire prouver n'est à mes yeux que l'hypothèse pure et simple de l'existence d'une dérivée.

Vous revenez toujours à vos fonctions $x^2 \sin \frac{1}{x}$. Hé bien, de deux choses l'une : ou bien

$$\frac{(0-h)^2 \sin \frac{1}{0-h} - 0^2 \sin \frac{1}{0}}{h}$$

a une limite finie, c'est-à-dire que l'on peut trouver h de manière que ce quotient par $h \leq \delta$ diffère d'une certaine constante de moins que ε ; ou bien votre fonction n'a pas de dérivée pour $x = 0$. Dans les deux cas j'ai raison. Je ne sors pas de là : Ou le théorème s'applique à la fonction, ou la fonction n'a pas de dérivée pour $x = x_0$.

Vous voyez qu'il ne s'agit pas ici de la discussion entre l'excellence de ma méthode ou de celle de Bonnet. Il s'agit de la définition même du Calcul infinitésimal, du sens précis qu'il faut attacher au mot *limite*. Vous comprenez sans peine qu'ayant porté sur les fondements de l'analyse toute mon attention, et ayant cru trouver une manière plus simple et plus rigoureuse que toutes les autres pour expliquer tous les points réputés litigieux, je ne puisse, en tant qu'*être raisonnant*, abandonner de confiance ce qui me semble plus clair que le jour. La discussion entre nous est maintenant réduite à la *définition* même de la dérivée, c'est-à-dire à la *définition* même du mot *limite*. J'entends ce mot dans un sens très-net et très-précis (je me l'imagine, du moins), tandis que j'ignore complètement de quelle manière vous l'entendez. Ce que vous me dites a déplacé le point précis de la discussion. Nous voici maintenant au pied du mur, au premier début, à la notion fondamentale. Hé bien ! je vous le répète : dire que l'on peut prendre h assez petit pour que l'on ait, pour $h \leq \delta$, $\frac{f(x+h)-f(x)}{h} - f'(x) \leq \varepsilon$, c'est *absolument la même chose* que de dire : Pour la valeur considérée de x, $f(x)$ *a une dérivée*. Cela n'est ni plus ni moins compréhensif ; c'est une parfaite synonymie. Si je me trompe en cela, je n'ai qu'à renoncer au métier, et à vous avouer que, depuis l'α jusqu'à l'ω, je n'ai fait toute ma vie que radoter. Si pourtant vous avez une autre définition de la dérivée, vous me feriez grand plaisir en me la communiquant. Seulement, je ne serai forcé de l'adopter que si vous me faites voir que la mienne implique contradiction, et que *ce n'est pas en vertu de cette définition même que l'on détermine les dérivées de toutes les fonctions qui en ont une*.

Croyez le bien, mon cher ami, ce n'est pas moi qui sentirais la moindre répugnance à convenir que je me suis trompé, surtout vis à vis de vous, au-dessous duquel il y a dans la Science tant de places honorables à occuper. Mais comment voulez-vous que je cède, au moment même où les réflexions que m'inspirent vos arguments me confirment de plus en plus dans l'opinion que je suis dans la bonne voie, au moment même où ce que vous attaquez me semble, clair comme le jour, être le fondement même de l'analyse des grandeurs continues ? Commencez par me dire ce que vous entendez 1° par *limite*, 2° par *dérivée*. Si c'est la même chose que moi, expliquez-moi comment vous en tirez *immédiatement* des conclusions contraires aux miennes. Si c'est autre chose, instruisez-moi sur des idées à moi inconnues ; mais alors cela ne prouvera pas qu'en partant de principes différents je n'aie pas le droit de suivre une voie différente.

Quant aux détails, vous avez vu que je vous ai fait toutes les concessions imaginables. Pour moi, *cela n'est qu'un détail*. Mais pour le principe des principes, j'ai besoin de vous.

Votre fonction $x^2 \sin \frac{1}{x}$ *n'a pas de dérivée pour* $x = 0$, voilà tout ce que j'ai à vous répondre là-dessus : par conséquent, je n'aurais jamais l'idée de la faire entrer dans mon énoncé entre les limites $-a$ et $+b$. $\lim \frac{f(x+h)-f(x)}{h}$ est indéterminée ; $\lim \frac{y}{x}$ est une des valeurs possibles.

J'aimerais mieux copier tout le monde que de copier Serret, parce que, si mon livre doit paraître, ce ne peut être qu'en concurrence directe avec celui de Serret. Voilà une raison qui me semble avoir quelque poids. Je consens néanmoins à y prendre ce qu'il sera indispensable de prendre. Si vous examiner la démonstration que je vous ai envoyée pour prouver que $D_x(D_y u) = D_y(D_x u)$ [3], je crois que vous n'aurez pas grand'chose à y relever d'inexact. C'est la même chose, simplifiée, que la démonstration de Serret-Bonnet [4], puisque je m'y appuie, non plus sur le fameux théorème de Duhamel, qui vous offusque tant, mais sur le Lemme Serret-Bonnet dont vous ne pensez que du bien. Seulement je vous déclare, par expérience personnelle que le mode de démonstration de Serret est on ne peut plus difficile à retenir pour une mémoire faite comme la mienne. Je l'ai étudié trois ou quatre fois pour l'exposer à mes disciples ; chaque fois, au moment de le développer au tableau, la mémoire m'a complètement manqué, et j'ai dû, par un tour adroit, remettre la partie à la prochaine fois. Ce mode d'exposition ultra-synthétique est tout ce que l'on peut m'offrir de plus antipathique à ma nature, et jamais je me résignerais à l'adopter.

Maintenant donc c'est moi qui prend l'offensive, et qui vous provoque sur la définition de la *limite* et de la *dérivée*. Quand je saurai ce que vous entendez par là, et seulement alors, je pourrai apprécier quelle est la distance qui nous sépare, et jusqu'à quel point je pourrai la franchir. Toute discussion portant sur la suite est maintenant oiseuse. Tant que nous partirons de points différents, nous ne pourrons jamais nous entendre. Commençons donc, comme nous aurions dû le faire tout d'abord, par nous comprendre relativement à la valeur des mots. Il me semble à présent que le débat est ramené *à la limite*, et qu'il n'y a plus moyen de passer à côté.

Adieu donc pour cette fois et répondez-moi aussitôt que vous pourrez. Votre tout dévoué,

J. H.

3. Voir la lettre 3.12.
4. Voir la note β de la lettre 3.12.

3.18 Lettre de Hoüel à Darboux du 26 janvier 1875

Bordeaux, le 26 janvier 1875 [1].

Mon cher ami,

Je viens de recevoir les épreuves du n° de novembre de notre pauvre infirme de *Bulletin*, et je commence par vous dire que je suis contrarié au maximum que vous ayez persisté, malgré mes supplications, à insérer textuellement ma *Préface* dans ce numéro [2]. Si vous n'avez personne pour faire un article sur mon livre, n'en publiez pas. Je vous ferai une analyse modeste du contenu, laquelle sera bien plus instructive qu'une *Préface*, qui n'était nullement faite pour paraître isolée, et qui n'avait d'autre but que d'expliquer *à ceux qui auraient le livre entre les mains* la provenance des divers chapitres et la liste des auteurs à qui j'avais fait des emprunts. Cette préface n'a absolument aucun sens, détachée du livre. Je suis bien fâché de causer des frais inutiles à l'édition du *Bulletin*. Mais je m'oppose de tout mon pouvoir (si j'en ai un quelconque) à ce que cette préface paraisse. Cela est d'autant plus hors de saison, que, à la date que porte le fascicule (nov. 1874), le livre n'était pas encore entièrement *tiré*. Cet article dérouterait donc tous les bibliographes qui, comme le prince Boncompagni, par exemple, attachent une grande importance aux dates de publication. Je n'irai pas jusqu'à faire interdire par autorité de justice la reproduction de ma préface ; mais jusque là (exclusivement) j'userai de tous les moyens pour arrêter cela.

Autre chose. Vous avez dû recevoir aujourd'hui de nouvelles additions de Weyr à son analyse des *Sitzungsberichte* [3]. Il faut les faire ajouter ; cela aidera à remplir la place laissée vide par la suppression de ma malencontreuse préface. À l'avenir, j'écrirai au bas de toutes les préfaces que je pourrai commettre – fussent-elles aussi mauvaises que celle-ci – : « Reproduction rigoureusement interdite ».

Je me transporte de ce pas à la bibliothèque de la ville, pour voir si j'y trouve un Bachet, afin de contrôler vos citations, qui – c'est sans doute la faute de l'imprimeur – ne sont pas plus exactes que celles de Labosne. Vous prétendez avoir *flétri* (sic) [4] le système du dit préparateur de bacheliers [5] – un pareil vandale ne peut pas être autre chose – Je ne vous trouve pas méchant dans vos flétrissures. J'aurais appuyé un peu plus fort [6].

Adieu pour aujourd'hui. Supprimez la préface. Sinon je vous voue une haine implacable... si je puis. En attendant, je suis toujours votre bien dévoué,

J. H.

Votre article Bachet contient des négligences de style qu'il faudra absolument corriger.

3.19 Lettre de Hoüel à Darboux du 31 janvier 1875

Bordeaux, le 31 janvier 1875 [1].

1. BI, MS 2719, lettre 12.
2. Voir la lettre 3.4 et le début de la lettre 3.5.
3. Voir la note 2 de la lettre 3.15.
4. Cet ajout est de Hoüel bien que se soit lui qui ait utilisé le premier ce verbe dans la lettre 3.10.
5. A. Labosne est professeur de mathématiques. Il édite pendant une année (1872) le *Journal des sciences mathématiques* destiné aux élèves des lycées.
6. Voir la note 1 de la lettre 3.9, la note 8 de la lettre 3.10 et la note 6 de la lettre 3.11.

1. BI, MS 2719, lettre 13.

Mon cher ami,

Je vous ai expédié hier les épreuves de ce pauvre numéro de novembre [2], avec beaucoup de changements qui vont encore retarder la publication. J'en suis désolé ; mais qu'y faire ? Je ne puis accepter ma préface telle qu'elle est comme compte rendu de mon livre, d'autant que rien ne presse pour ce compte rendu, le livre, par la faute de l'imprimeur, *n'étant pas encore en vente*. C'est bien assez que de rendre compte de livres *après* leur publication. C'est plus même que nous ne pouvons le faire. Ajoutez donc quelques séances de l'Académie des Sciences [3], plus les articles supplémentaires de Weyr [4], et remettez l'annonce de mon bouquin à des temps plus propices.

Du reste, tous les retards ne viennent pas de moi. Pourquoi, par exemple, la Table des matières du tome VI, composée depuis plus d'un mois, n'est-elle pas encore tirée ? C'est que les imprimeurs de Paris ont leurs lecteurs comme ceux de Bordeaux.

Je viens de recevoir un Mémoire de D. Chelini « Intorno ai poligoni inscritti e circoscritti alle coniche » [5]. Vous devriez bien lui faire un article sur ses élucubrations. Cela lui ferait, je crois, grand plaisir, et à mon ami le prince Boncompagni aussi [6].

Faites-moi savoir, je vous prie, *aussitôt que possible* quels sont les volumes qui vous manquent pour avoir la collection complète des Mémoires de notre Société des Sc. ph. & n.

Je suis enfoncé maintenant dans l'aimable travail qui consiste à faire une Table générale des dix premiers volumes des dits Mémoires. Je veux faire un chef d'œuvre, digne de servir de modèle pour le *Bulletin*. C'est ce qui m'empêche de collaborer plus activement à ce dernier. Heureusement j'ai bientôt fini.

Je mets au net en ce moment, pour l'envoyer à Bertini pour son *Periodico*, une notule sur l'enseignement de la Trigonométrie et sur l'absurde pratique de rendre les formules soi-disant *calculables par logarithmes* [7]. J'ai encore une ou deux productions analogues à terminer, et je serai ensuite tout à votre disposition.

J'ai eu bon nez de ne pas trop m'échiner pour l'achèvement de la traduction de Clebsch et Gordan [8]. J'ai reçu ces jours-ci une lettre d'Hermite, qui ne m'en dit pas un mot. Gauthier-Villars, dans ces dernières lettres, ne m'en parle pas davantage. Hermite me parle seulement du fameux Mémoire de Borchardt sur l'élasticité. Est-ce bien sûr que c'est bien le *Bulletin* qui le publiera ? Si oui, je me déciderai à y travailler [9]. Mais quelle scie ! *Ma che sciagura* !

À propos, que devient le surnommé Gauthier-Villars ? Je lui ai écrit deux ou trois lettres, auxquelles il n'a pas répondu. Je lui parlais, entre autres, de la traduc-

2. Le tome 7 du *Bulletin* comporte 335 pages.

3. Il n'y a pas de recension des *Comptes rendus* dans le tome 7 du *Bulletin*.

4. Le tome 7 du *Bulletin* propose deux recensions des *Sitzungsberichte der Kaiserlichen Akademie der Wissenschaften zu Wien (Mathematische-naturwissenschaftliche Classe)* ; la première (p. 138-141) est anonyme, la seconde (p. 203-222) est signée de E. Weyr.

5. D. Chelini, Intorno ai poligoni inscritti e circoscritti alle coniche, *Memorie della Accademia delle scienze dell'Istituto di Bologna* V, 1874, p. 353-357.

6. Il n'y a pas de recension de l'article de Chelini dans les tomes suivants du *Bulletin*.

7. Ce travail [H61] est finalement inséré dans le *Giornale di matematiche* car le *Periodico* a suspendu ses publications. Voir la note 12 de la lettre 2.100 de Hoüel à De Tilly.

8. Voir la note 7 de la lettre 3.5.

9. C. W. Borchardt, Ueber die Transformation der Elasticitätsgleichungen in allgemeine orthogonale Coordinaten, *Journal für die reine und angewandte Mathematik* LXXVI, 1873, p. 45-58. Un traduction non signée de ce travail, très certainement due à Hoüel, est publiée dans le *Bulletin* VIII, 1875, p. 191-207.

tion de Hankel [10]. Vous devriez bien lui mettre en tête de publier cela.

Je n'ai pas encore pu lui envoyer de prix au sujet de l'impression éventuelle de mon bouquin [11]. Cet animal d'imprimeur, que je tracasse depuis un mois pour qu'il me donne quelques indications, m'en promet toujours pour le lendemain, comme le fameux barbier promettait de raser gratis [12]. Je ne sais ce qui sortira de tout cela. Et puis vous me donnez des inquiétudes mortelles sur les points que je croyais les mieux établis et vous ne voulez pas condescendre à vous mettre à ma portée pour m'expliquer mes erreurs ou prétendues telles. Comment voulez-vous que j'adopte votre méthode si je n'en comprends pas l'avantage, lors même que j'adopterais de confiance vos affirmations ? Il ne suffit pas d'avoir ici la foi, il faut de plus avoir l'intelligence. Je crois pourtant vous avoir bien mis les points sur les i, et avoir précisé avec la dernière netteté l'endroit où je cesse de vous comprendre. Quand nous serions pendant 24 heures en conversation là-dessus, vous ne pourriez jamais m'en dire plus que ce qui tiendrait dans 3 lignes d'écriture.

A bientôt, j'espère. Donnez-moi aussi, je vous prie, quelques indications sur la manière de corriger ce que j'ai dit sur les séries (16e Leçon, p. 114 et suiv.). Tout à vous,

J. H.

3.20 Lettre de Darboux à Hoüel reçue le 31 janvier 1875

31/1/75

Mon cher ami,

Je ne vous ai pas écrit plus tôt car je suis excessivement occupé. J'ai appris avec le plus grand regret la mort de votre belle-mère, veuillez exprimer à Mme Hoüel toute la part que je prends à l'épreuve qui vient de vous frapper. Espérons que la sante de Mme votre mère se raffermira et que vous pourrez la conserver longtemps encore.

Pourquoi n'êtes-vous pas venu me trouver après un tel voyage et accompli dans de telles circonstances. Vous vous seriez reposé une heure ou deux à la maison et loin de me déranger vous m'auriez causé un vif plaisir. Je compte bien qu'une autre fois si vous passez si près de moi, vous me donnerez bien quelque peu de votre temps.

À toutes nos complications actuelles vient se joindre celle d'un déménagement que j'opérerai dans un mois à peu près et qui m'occupe beaucoup. Aussi ne puis-je presque rien faire. Mais je vais tacher de m'installer de manière à ne plus avoir à changer de longtemps.

Je vous avais demandé votre autorisation pour la préface. Vous me l'avez donnée et je vous avais promis de faire un article sur votre livre. Je ferai toujours l'article je vous le promets [1]. Dans ces conditions pourquoi ne laisseriez-vous pas

10. Voir la note 6 de la lettre 3.5.
11. Il s'agit de la version remaniée de son *Cours de calcul infinitésimal* [H55].
12. Selon la légende, il existait un barbier qui pour se faire de la publicité avait fait accrocher un panneau devant sa boutique indiquant « demain on rase gratis ».
1. Voir la lettre 3.4 et le début de la lettre 3.5.

pas passer la préface[2]. Répondez-moi, je vous prie à ce sujet[3].

Je n'ai pas reçu le n° de novembre. L'avez-vous envoyé directement à l'imprimeur où faut-il mettre les additions à l'article de Weyr[4] ?

Pauvre Bulletin il n'a pas de chance depuis quelque temps. Au moment où j'allais faire les mathem. annalen on m'emprunte les volumes ; mais c'est égal j'ai commencé.

Et l'article Borchardt que vous nous aviez promis[5] ?

Pour en revenir à notre fameuse discussion, je vous dirai que vous ne lisez pas mes lettres et en voici la preuve.

Je vous demandais de m'expliquer pourquoi la fonction $x^2 \sin \frac{1}{x}$ qui a une dérivée pour $x = 0$ met en défaut la règle de la dérivée des fonctions composées. Car

$$y = x^2 \sin \frac{1}{x} \quad \lim \frac{y}{x} = 1. x \sin \frac{1}{x} = 0.$$

Vous lisez que cette fonction n'a pas de dérivée pour $x = 0$. Là n'est pas la nature de l'objection que je vous ai adressée. Je vous ai dit. D'après la règle des fonctions composées, on a

$$\frac{dy}{dx} = 2x \sin \frac{1}{x} - \cos \frac{1}{x}$$

expression indéterminée pour $x = 0$. Tandis que d'après le raisonnement primitif la dérivée est parfaitement déterminée elle est nulle. Si vos méthodes sont bonnes, il faut que vous puissiez m'expliquer très nettement quel point de votre raisonnement est en défaut dans le cas actuel ; sans cela vos démonstrations ne sont pas des démonstrations. Ainsi voilà une première question que je vous adresse[6].

En second lieu, il n'est nullement exact de dire que supposer

$$\lim \frac{f(x+h) - f(x)}{h} = f'(x)$$

quand h tend vers zéro, et supposer qu'on puisse trouver pour chaque ε une quantité h telle que

$$\frac{f(x+\theta h) - f(x)}{\theta h} - f'(x) < \varepsilon$$

pour toutes les valeurs de x comprises entre deux limites soient une même chose absolument parlant. Il y a un abîme entre ces deux propositions et en voici la preuve.

Imaginez une fonction pour laquelle on aurait

$$\frac{f(x+h) - f(x)}{h} - f'(x) = \frac{h^3}{x - a + h}\,^{7}.$$

La première supposition serait vérifiée, la seconde ne le serait pas.

Quant à vos observations qu'il importe peu que vos théorèmes s'appliquent ou ne s'appliquent pas à telles fonctions, je tomberai d'accord avec vous sur ce point

2. Voir les lettres 3.18 et 3.19.
3. Voir la lettre suivante 3.21.
4. Voir la note 2 de la lettre 3.15 et les lettres 3.18 et 3.19.
5. Voir la note 9 de la lettre 3.19.
6. Voir la note 1 de la lettre 3.16.
7. Voir la note 2 de la lettre 3.2. Dans la lettre originale, les deux termes h du membre de gauche ont remplacé la fraction $\frac{p}{q}$ inscrite tout d'abord.

mais il importe beaucoup que vos raisonnements soient justes et que si certains exemples mettent vos règles en défaut, vos élèves soient en mesure de dire pourquoi. Sans cela, vous justifierez ceux qui prétendent comme La Gournerie [8], que le calcul infinitésimal est une affaire d'expérience, et qu'il est vrai parce que jusqu'ici on n'a pas pu prouver le contraire. Remarquez bien que c'est là que vous en êtes.

Quant aux dém[onstrations] Bonnet, il est vrai qu'elles sont présentées d'une manière peu attrayante ; mais cela pourrait s'arranger.

Tenez au lieu de fourrer ces Δ voilà comment on pourrait en présenter une [9]. Soit

$$f(x+h,y+k)-f(x+h,y)-f(x,y+k)+f(x,y).$$

Si on pose

$$f(x+h,y)-f(x,y)=\Psi(y)$$

[†] La fonction précédente peut s'écrire

$$\Psi(y+k)-\Psi(y)$$

et elle est égale à

$$\Psi'_y(y+\theta k)=f'_y[x+h,y+\theta k] \quad f'_y[x,y+\theta k]$$

ou encore, d'après le th[éorème] des acc[roissements] finis

$$=f''_{yx}(x+\lambda h,y+\theta k).$$

On a donc

$$f''_{yx}(x+\lambda h,y+\theta k)=f''_{xy}(x+\lambda' h,y+\theta' k)$$

ou, en faisant tendre h et k vers zéro

$$f''_{yx}=f''_{xy}.$$

Cela est très naturel. Si vous fourrez les Δ_u Δ_v, Ψ Φ Θ... etc. comme Serret, cela parait très compliqué.

Votre bien dévoué,

G. Darboux

3.21 Lettre de Hoüel à Darboux du 1er février 1875

Bordeaux, le 1er février 1875 [1].

Mon cher ami,

---

8. Après une brève carrière d'ingénieur, Jules de La Gournerie (1814-1883) enseigne à l'École Polytechnique depuis 1850 et au Conservatoire des Arts et Métiers depuis 1854.

9. Le raisonnement qui suit est à comparer avec celui de la note β de la lettre 3.12.

†. ~~L'équ~~

1. BI, MS 2719, lettre 14.

Je crois que notre discussion sera plus facile à terminer, quoi que vous en disiez, que celle de l'Assemblée, même après le vote d'Avant-hier [2].

J'avais très-bien lu votre lettre où vous montrez la contradiction entre l'application de la règle ordinaire à la fonction $x^2 \sin\frac{1}{x}$ [qui] donne, pour $x = 0$, un résultat contradictoire à celui que donne la considération de l'expression $\lim_{x=0} \frac{y}{x}$. Je concluais de là que, placé entre cette alternance : ou de déclarer les théorèmes généraux faux, ou d'exclure les fonctions, telles que celle-là, qui les mettent en défaut, je prenai le dernier parti, et je vous disais que la seule préoccupation qui me restât était de savoir bien préciser quelles étaient les catégories frappées d'exclusion. Dans le doute, je n'hésite pas à faire les exclusions aussi larges qu'on voudra. Je dirai, par exemple, si vous voulez, que la règle des fonctions composées ne s'appliquera pas aux fonctions dont quelques-unes des composantes ou leurs dérivées deviennent indéterminées ou discontinues pour la valeur considérée de x. C'est ce que j'avais toujours supposé implicitement ; je le dirai explicitement, si vous le voulez ; je ne tiens en aucune manière à ce que mon raisonnement s'applique à la fonction $x^2 \sin\frac{1}{x}$. Cela vous satisfait ?

Je vous demanderai à mon tour jusqu'à quel point il est avantageux de compliquer les démonstrations (car vous les compliquez, et vous les rendez *plus difficiles à retenir*, j'en ai fait l'*essai loyal*), pour le seul plaisir d'englober dans la théorie générale le cas des valeurs singulières. Car, pour $x = 0$, $x^2 \sin\frac{1}{x}$ présente une valeur singulière, et certainement la courbe qu'elle représente a en ce point des propriétés exceptionnelles.

En second lieu, dites-vous, il n'est nullement exact de dire que supposer

$$\lim_{h=0} \frac{f(x+h)-f(x)}{h} = f'(x)$$

est la même chose que de dire que pour chaque ε on peut trouver h assez petit pour que $\frac{f(x+\theta h)-f(x)}{\theta h} - f'(x) < \varepsilon$. Là dessus, vous me citez encore le cas d'une *valeur singulière*, qui ne m'ébranle pas plus que votre $x^2 \sin\frac{1}{x}$. Il me semble, à vous parler franchement, que vous êtes dans votre tort en plein. Écoutez bien ceci.

Qu'est-ce que $\lim f(x)$ pour $x = 0$? N'est-ce pas une constante A telle que l'on puisse toujours trouver une valeur de $x-a$ assez petite pour que en donnant à $x-a$ cette valeur ou *toute valeur plus petite*, on ait $f(x) - A < \varepsilon$? Si vous connaissez une autre définition, enseignez-la-moi ; mais je ne vous réponds pas de l'adopter.

D'après cela, pour moi, du moins, dire que

$$\lim_{h=0} \frac{f(x+h)-f(x)}{h} = f'(x),$$

c'est identiquement la même chose que de dire ceci : on peut prendre h assez petit pour que, pour $h \leq h_0$ on ait toujours $\frac{f(x+h)-f(x)}{h} - f'(x) < \varepsilon$. Cela aura donc

2. Le 30 janvier 1875 est voté l'amendement Wallon qui instaure, dans le cadre de la Troisième République, l'élection du président pour sept ans à la majorité absolue des suffrages exprimés par le Sénat et par la Chambre des députés : « Le Président de la République est élu à la majorité des suffrages par le Sénat et par la Chambre des députés réunis en Assemblée nationale. Il est élu pour sept ans. Il est rééligible. » Cet amendement préparé par Henri Wallon (1812-1904) est âprement débattu et finalement adopté à une voix près en première lecture, 353 voix contre 352. Ce texte de quelques lignes est très dense : gouvernement de forme républicaine, bicamérisme, présidence sous la forme d'un septennat renouvelable. C'est la première fois que des dispositions d'une telle importance sont votées par amendement sur la proposition d'un parlementaire.

lieu aussi, si je remplace h par θh. Je ne vois absolument rien, dans tout ce que vous me dites, qui puisse détruire cela. Il y a bien le cas des points singuliers, celui des fonctions oscillantes, et mille autres colles pareilles. Mais, quand même vous les auriez englobés tous dans vos démonstrations, je n'y verrais pas pour un liard d'avantage, car ce ne pourrait être qu'aux dépens de la simplicité. Je dis de plus que je n'entrevois aucun moyen, même par les procédés de Bonnet, de résoudre les difficultés ou questions, parce que vos cas exceptionnels mettent en défaut des règles générales que vous entendez conserver, de quelque manière que vous les démontriez.

Je crois donc avoir mis le doigt sur la plaie. C'est que nous ne nous entendons pas sur la signification du mot *limite*. Je vous l'ai déjà dit dans ma dernière lettre, et je le vois maintenant de plus en plus clairement. Je crois être en droit d'appliquer cette définition aux fonctions dont je m'occupe, et je laisse expressément de côté les fonctions qui ne s'y prêterai pas.

Je vous ai communiqué récemment la manière dont je démontre que $D_x D_y = D_y Dx$[3]. Je crois que cela est aussi rigoureux, même au point de vue de Bonnet, que ce que vous m'indiquez, et cela me semble plus simple.

Vous avez dû recevoir un paquet contenant les dernières additions de Weyr, avec la traduction[4]. Je n'ai pas gardé d'autre exemplaire. Cela indique bien la place de chaque addition.

Je vous avais écrit une grande lettre pour vous prier de ne pas insérer ma préface telle qu'elle est[5]. Vous l'avez prise pour un *permis d'impression*, tandis que c'était tout le contraire. Je vous assure que vous lisez souvent mes lettres trop rapidement. D'abord rien ne presse pour l'annonce du livre qui, pour peu que l'impression continue à marcher au même train, ne sera pas en vente dans un mois d'ici. Il y a cinq mois que tout est composé, et vous voyez où nous en sommes. C'est pis que pour la Table du tome VI du *Bulletin*. Ensuite, il y a des passages qui n'ont aucune signification quand on les isole du livre, celui, par exemple, où je parle des nombreuses fautes d'impression. Dans cette préface, que je n'ai pas pourléchée avec beaucoup de soin, je n'ai pas eu pour but de faire connaître le livre, mais d'indiquer les sources où j'ai puisé. Supprimez-moi donc cet article, je vous en conjure, lors même que vous ne devriez pas le remplacer plus tard.

Je deviens un rédacteur bien paresseux pour notre pauvre et infortuné *Bulletin*. Mais je vous avoue que je suis sujet au découragement quand je ne suis pas dans un rang où l'on se sert les coudes. Pour la Soc. des Sc. ph. & n., je fais en ce moment un effort suprême pour me procurer des aides actifs et doués d'un peu d'initiative. Si j'échoue, je lâche tout, et tout tombera à plat. J'éprouve le même sentiment à l'égard du *Bulletin*. – Vous avez dû recevoir le nº de novembre.

Revoyez votre article Bachet, qui a des négligences de style choquantes[6].

Oui, comme le dit La Gournerie, les principes du Calcul infinitésimal sont affaire d'expérience. C'est par expérience que l'on sait que les fonctions algébriques, les exponentielles, etc., ont une dérivée. Je le crois et je le dis bien haut. Quand on aura trouvé le moyen de le démontrer *a priori*, je serai curieux de m'en instruire. Mais je crois que cela ressemblera beaucoup au postulatum d'Euclide.

3. Voir la lettre 3.12.
4. Voir la note 2 de la lettre 3.15.
5. Voir les lettres 3.4, 3.5, 3.18, 3.19 et 3.20.
6. Hoüel a déjà fait cette remarque dans la lettre 3.18.

J'ai encore bien des choses à vous dire ; ce sera pour une autre fois. Tout à vous,

J. H.

3.22 Lettre de Darboux à Hoüel reçue le 2 février 1875

2/2/75

Mon cher ami,

Non, nous ne sommes pas aussi près de nous entendre que vous voulez bien le dire et cela par votre faute. Je vous répète que je ne fais pas plus de cas que vous des fonctions bizarres, que je ne tiens pas à les introduire. Mais j'ai le droit de vous demander de raisonner juste dans un livre élémentaire et c'est ce que vous ne faites pas. Quand je vous présente l'exemple de $x^2 \sin \frac{1}{x}$ auquel la règle des fonctions composées ne s'applique pas, j'ai le droit de vous demander comment il se fait que votre raisonnement ne s'y applique pas et c'est sur ce point que vous êtes muet. Il ne suffit pas dire je l'écarte à priori, mais il faut montrer que vos raisonnements ne seraient pas applicables ici et c'est ce que vous ne faites pas. C'est du reste une condition à laquelle satisfait pleinement la démonstration que je vous ai proposée. En sorte que si vous ne montrez pas comment les suppositions faites dans votre raisonnement exculent cet exemple et ceux du même genre j'aurai le droit de dire qu'il manque de netteté ou qu'il est inexact.

Je ne complique pas les raisonnements « pour le simple plaisir d'englober des fonctions comme $x^2 \sin \frac{1}{x}$ » mais je tiens à raisonner juste et à donner des théorèmes et non des à peu près de théorèmes. Voila tout.

Quant à la question de la dérivée cette fois vous déplacez la question. Il est clair que pour une valeur x_0 de x dire que

$$\lim \frac{f(x_0+h)-f(x_0)}{h} = f'(x_0)$$

c'est la même chose que de dire on peut trouver h telle que

$$\frac{f(x_0+h)-f(x_0)}{h} - f'(x_0) < \varepsilon$$

pour cette valeur de h et pour toutes les valeurs plus petites. Mais il y a un abime entre cette proposition et la suivante.

Étant donné une fonction $f(x)$ qui a une dérivée pour toutes les valeurs de x comprises entre a et b, on peut à toute quantité ε faire correspondre une quantité h telle que

$$\frac{f(x+\theta h)-f(x)}{\theta h} - f'(x) < \varepsilon$$

pour toute valeur de x comprise entre a et b.

Car il est bien certain certain que pour toute valeur x_1 de x comprise entre a et b, il y aura une quantité h_1 telle que

$$\frac{f(x_1+\theta h_1)-f(x_1)}{\theta h_1} - f'(x_1) < \varepsilon,$$

mais rien ne prouve ni n'exige que lorsqu'on fera varier x_1 entre a et b cette quantité h_1 demeurera au dessus d'un certain minimum h [1]. Par exemple si la fonction $f(x_1)$ était telle que poser $x_1 = \frac{p}{q}$, $\frac{p}{q}$ étant réduit à sa plus simple expression, $h_1 = \frac{1}{q}$ vous voyez qu'entre a et b, h_1 n'aurait pas de minimum, que vous ne pourriez pas appliquer la seconde proposition le première étant toujours vraie. Donc elles ne sont pas identiques.

Ainsi, en résumé, la définition de la dérivée vous donne pour chaque x_1 une quantité h_1 telle que

$$\frac{f(x_1+\theta h_1)-f(x_1)}{\theta h_1} - f'(x_1) < \varepsilon.$$

Vous ajoutez pour obtenir l'autre proposition que h_1 demeure quand x varie de a à b au dessus d'un certain minimum h. Cette seconde supposition n'est ni prouvée ni même vraie.

J'ai reçu et posté à l'imprimerie les épreuves de novembre. Vous savez qu'il était convenu que je ferais un article sur vos quaternions [2]. Voulez-vous (j'ai fait ôter la préface) que je la réserve pour la faire paraître plus tard, en y ajoutant un compte-rendu de votre livre, ou faut-il la faire détruire [3] ?

Quant au passage sur les fautes d'impression, on pourrait le supprimer et garder le reste ?

Si je vous tourmente sur les principes du Calcul infinitésimal c'est que je voudrais vous voir produire quelque chose de véritablement neuf. La rigueur au lieu de l'à peu près de Duhamel et de ses prédécesseurs qui a donné lieu au mot célèbre de D'Alembert allez en avant et la foi vous viendra [4]. Non, on peut exposer toutes ces choses là comme de la Géométrie, savoir ce qu'on admet, ce qu'on démontre et c'est un grand point. Avec les excellentes choses que contient déjà votre traité, vous feriez un ouvrage parfait. Ce besoin de la netteté est si répandu que Moigno a un succès fou [5], malgré ses démonstrations indigestes, dans les universités anglaises et allemandes. On commence à tenir à la rigueur et j'ai la conviction que vous vous trouveriez bien de suivre mes conseils.

Votre bien dévoué,

G. Darboux

3.23 Lettre de Hoüel à Darboux du 3 février 1875

Bordeaux, le 3 février 1875 [1].

Mon cher ami,

1. Si un tel minimum h existait, on pourrait choisir cette valeur pour obtenir ainsi $\frac{f(x+\theta h)-f(x)}{\theta h} - f'(x) < \varepsilon$ pour tout $x \in [a,b]$.
2. [H41].
3. Voir les lettres 3.4, 3.5, 3.18, 3.19, 3.20 et 3.21.
4. Voir la note 464 du paragraphe 1.3.7.
5. L'abbé Moigno, *Leçons de calcul différentiel et de calcul intégral rédigées d'après les méthodes et les ouvrages publiés ou inédits de M. A.-L. Cauchy*, Bachelier, Paris, 2 vol., 1840 & 1844.
François Napoléon Marie Moigno est rédacteur en chef de la revue de vulgarisation *Cosmos* entre 1852 et 1862 ainsi qu'entre 1874 et 1884.

1. BI, MS 2719, lettre 15.

Vous faites bien de me tracasser ; cela fait du bien d'avoir à se tâter de temps en temps, et je vous remercie de m'en fournir l'occasion. Je vous remercie surtout mille fois de l'intérêt que vous prenez à mon bouquin, qui vous devra beaucoup d'améliorations : C'est vous qui m'avez fait apercevoir le défaut de rigueur de Duhamel, dont j'avais déjà aperçu l'étroitesse de vues. Aussi ne suis-je plus *Duhaméliste* ; mais je n'en sais pas moins gré à mon vieux maître qui m'a préparé à devenir *Darbouxien*.

Vous voyez par cette profession de foi que je ne suis pas dans de mauvaises dispositions pour recevoir les idées nouvelles. Cependant il y a encore entre nous des questions de fait et de principe, sur lesquelles je vois de moins en moins clair quand je veux vous suivre, et de plus en plus clair, au contraire, quand je suis mon courant d'idées.

D'abord pourquoi exclure la fonction $x^2 \sin \frac{1}{x}$? Ma réponse est bien simple. Pour que la règle des fonctions composées s'applique à $f(u, v, \ldots)$, il faut et il suffit 1° que chacune des fonctions u, v, … ait une dérivée pour la valeur de x considérée ; 2° que $f(u, v, \ldots)$, considérée tour à tour comme fonction de la seule variable u, de la seule variable v, …, ait une dérivée dans chacun de ces cas. Or, $\sin \frac{1}{x}$ n'ayant pas de valeur pour $x = 0$, et par suite pas de dérivée, la règle ne s'y applique pas non plus qu'à la fonction composée $x^2 \sin \frac{1}{x}$. C'est tout simple. Vous voyez que c'était bien renfermé dans mes principes, et qu'il n'était pas difficile de l'en tirer. Je ne me charge pas de faire le catalogue de tous les cas qui mettent mes théorèmes en défaut ; il me suffit que ces exceptions puissent s'expliquer d'après les hypothèses que j'ai admises plus ou moins explicitement. Or le cas présent en est un exemple éclatant.

Je ne vois pas l'abîme que vous me signalez entre la possibilité de

$$(1) \qquad \frac{f(x+h) - f(x)}{h} - f'(x) < \varepsilon$$

et

$$(2) \qquad \frac{f(x+\theta h) - f(x)}{\theta h} - f'(x) < \varepsilon.$$

Mais je ne le vois pas du tout, du tout ! ! Si j'ai pris h assez petit pour que la condition (1) soit remplie pour tout accroissement $\leq h$, si je viens ensuite à mettre au lieu de h la valeur numérique θh, (2) sera forcément satisfaite. Je parle, bien entendu, de fonctions continues d'une variable continue, et nullement des fonctions où entrent des fonctions arithmétiques telles que $E(x)$. Je vous abandonne ces cas là de très-bon cœur. Trouvez-moi une fonction algébrique au trigonométrique qui mette mes raisonnements en défaut pour une valeur de x qui ne corresponde pas à une singularité de la fonction, et je mets la crosse en l'air.

Expliquez-moi donc un peu ce que vous entendez lorsque vous me parlez de *minimum*. J'ai lu et relu ce que vous m'avez écrit, et que je vous reproduis pour que vous me le commentiez :

« Car il est bien certain que, pour toute valeur x_1 de x, comprise entre a et b, il y aura une quantité h_1 telle que

$$\frac{f(x_1+\theta h_1) - f(x_1)}{\theta h_1} - f'(x_1) < \varepsilon.$$

Mais rien ne prouve (ni n'exige) que, lorsque on fera varier x_1 entre a et b, cette quantité h_1 demeurera au-dessus d'un certain minimum h. Par exemple, si la fonction $f(x_1)$ était telle que, pour $x_1 = \frac{p}{q}$ ($\frac{p}{q}$ étant réduit à sa plus simple expression),

$h_1 = \frac{1}{q}$, vous *voyez* qu'entre a et b, h_1 n'aurait pas de minimum, que vous ne pourriez pas appliquer la seconde proposition, la première étant toujours vraie. Donc elles ne sont pas identiques. »

Vous faites trop d'honneur à ma clairvoyance en me disant que *je vois* cela. Je n'y vois rien du tout, absolument rien, sinon que jamais un pareil cas ne se présentera dans les fonctions dont je parle à mes élèves.

Merci d'avoir fait enlever ma préface. Mais pourquoi voulez-vous la réserver ? Elle peut tout au plus fournir quelques renseignements à celui qui voudra faire un article ; mais elle est parfaitement inutile à conserver, du moment où il y aura un article, quelque court qu'il soit. Faites-la donc distribuer, à moins que vous n'y trouviez – ce dont je doute – quelque passage remarquable pour le style ou pour la pensée, et dont vous teniez à orner votre article [2].

J'espère que vous avez bien reçu les *nouvelles* additions de Weyr, que je vous ai envoyées la semaine dernière. Si vous ne les aviez pas, il faudrait s'en priver, car je vous ai tout adressé, texte et traduction, plus l'indication claire des *points d'insertion* [3].

Gauthier-Villars m'a écrit hier ; il ne paraît pas bien disposé pour le Hankel [4]. Il m'allègue Lagrange [5], Laplace [6] et les *fonctions abéliennes* [7]. Pour ce dernier bouquin, je voudrais qu'Hermite l'eût... Je me tais, je dirais des grossièrtés. Cet animal – pardonnez-moi d'envisager un aussi illustre académicien sous ce point de vue – me fourre toujours des besognes assommantes, et puis quand c'est fait, il me plante-là. Aussi ai-je bien juré de ne pas écrire une seule lettre du second tiers de ma traduction, avant d'avoir reçu les épreuves de la première feuille. J'ai déjà perdu mon temps fort désagréablement à traduire un tiers de ce grimoire (c'en est un vrai pour moi) ; et à présent qu'il a reçu ce tiers et qu'il m'a envoyé de grandes phrases édulcorées de sucre et de miel, il n'est plus question de rien. Gordan m'a envoyé des notes (que j'ai traduites aussi), et quand il verra que ses notes ne paraissent pas, c'est moi qu'il traitera de farceur.

J'aimerais bien mieux traduire Hankel, que je comprends et que j'apprécie, et qui, de plus, serait un antidote nécessaire contre les Hoefer [8] qui courent. Lisez ce livre, et vous serez de mon avis.

J'ai répondu à Gauthier, et, à propos du *Bulletin*, je lui ai dit que, quand il renouvellera son Traité, il fera bien d'exiger une subvention pour récompenser les auteurs, soit en espèces, soit par des tirages à part. Sans cela, point de salut. J'en suis à me demander si jamais nous achèverons le tome VII, et j'ai de fortes craintes de ne voir jamais le premier n° du tome VIII. Cela n'encourage pas au travail, je vous l'assure.

Merci de nouveau, et tout à vous,

J. H.

---

2. Voir les lettres 3.4, 3.5, 3.18, 3.19, 3.20, 3.21 et 3.22.
3. Cette lettre n'a pas été retrouvée. Voir les lettres 3.15, 3.18 et 3.19.
4. Voir la note 6 de la lettre 3.5. Hoüel écrira à Mittag-Leffler : « J'avais proposé à l'éditeur Gauthier-Villars de lui traduire le remarquable volume de Hankel : *Zur Geschichte der Mathematik*. Il a décliné cette offre, quoiqu'il fût du plus haut intérêt pour les lecteurs français d'avoir sur l'histoire des Mathématiques un livre au courant de la science, écrit dans leur langue. » (Lettre de Hoüel à Mittag-Leffler du 9 mai 1875, IML)
5. La publication des *Œuvres de Lagrange* s'effectue chez Gauthier-Villars entre 1867 et 1892.
6. Voir la note 4 de la lettre 3.7.
7. Voir la note 7 de la lettre 3.5.
8. Voir la note 2 de la lettre 3.8.

3.24 Lettre de Hoüel à Darboux du 7 février 1875

Bordeaux, le 7 février 1875 [1].

Mon cher ami,

Enfin voilà un n° de novembre acceptable ! Vous avez eu bien raison de mettre en tête un article sur Briot et Bouquet [2]. En revoyant l'épreuve, tâcher donc de ne pas mettre « beaux travaux » deux fois en cinq lignes. À cela près, votre péroraison est parfaite.

Je vous trouve toujours trop mou à l'endroit de Labosne [3]. J'espère que vous n'en direz pas autant de moi à l'endroit de Hoefer [4]. Vous verrez si je l'arrange suivant ses mérites. À ce propos, tâcher donc de voir quelque philologue, quelqu'indianiste surtout, et de lui demander ce qu'il y a à penser d'un historien qui fait venir *sanscrit* de *san(ctum) script(um)*, comme *cadaver* de *ca(ro) da(ta) ver(mibus)* et *Gargantua* de *Que grand tu as* (sous-entendu *le gossier*). Vous lui demanderez aussi jusqu'à quel point il est probable que le sanscrit vienne du grec, et que tous les Traités d'algèbre et d'analyse indéterminée que nous avons, venant de l'Inde, ne soient que des mystifications, fabriquées d'après les découvertes modernes des Européens, telles que la résolution du fameux problème de Pell. Outre ces gros péchés, j'aurai à relever un nombre incalculable de petites peccadilles dont l'intégration forme un beau total. Je mène de front l'analyse de Hoefer et celle de Hankel [5], pour avoir toujours le remède à côté du mal.

Je vois qu'en effet vous avez fait réimprimer le Mémoire de Cauchy [6]. Que voulez-vous ? *cha tient de la plache !* Mais j'aurais mieux aimé que l'on eût publié du moderne et de l'inédit, ou bien du tout à fait vieux, comme un Traité d'Oresme. Vous auriez à Paris mille occasions de faire une telle publication, et je vous réponds que, si la Bibliothèque de la ville de Bordeaux possédait un manuscrit d'Oresme, il ne se passerait pas six mois avant qu'il fut publié, n'importe où. Ce serait bien autrement important pour l'histoire de la science française qu'un travail qui n'est guère plus au courant des idées actuelles que ceux d'Oresme, et qui est connu de tout le monde et se trouve dans toutes les bibliothèques, même dans la mienne.

Ce que vous dîtes de la dépréciation des anciennes éditions du livre de Bachet depuis la publication de l'édition de Labosne, me paraît inexact [7]. Le livre de Bachet ne peut avoir qu'un intérêt d'antiquaille, au point de vue de l'histoire de la science et de la langue mathématique au 17e siècle. Le vandale qui a traité ce livre comme un manuel de bachot, en a réduit l'intérêt à celui d'une arithmétique de Bourdon [8], et je vous assure que je serais tout aussi avide que jadis de la possession d'une des éditions originales, et que je pense en cela absolument comme quiconque a la moindre touche de bibliomanie [9].

---

1. BI, MS 2719, lettre 16.
2. Voir la note 7 de la lettre 3.9.
3. Voir la lettre 3.9 ainsi que la note 8 de la lettre 3.10.
4. [H115].
Voir les lettres 3.8, 3.9 et 3.10.
5. [H117].
6. Voir la note 3 de la lettre 3.9.
7. Cette affirmation a été supprimée dans la version définitive du compte rendu de Darboux sur le livre de Labosne (voir la note 1 de la lettre 3.9).
8. Les *Éléments d'arithmétique* de Louis Bourdon (1779-1854) ont été édités de nombreuses fois.
9. La première édition de 1612 des *Problèmes plaisants et délectables qui se font par les nombres* de Bachet, ou même la seconde de 1624, est extrêmement rare. Dans son compte rendu, Darboux écrit : « Depuis longtemps le Livre de Bachet était devenu fort rare, et la découverte d'un exemplaire de cet

Savez-vous ce qui aurait été 200000 fois plus utile et plus intéressant que la réimpression du Mémoire de Cauchy? Ç'aurait été une Note de vous résumant et classant les divers travaux faits depuis Pfaff jusqu'à MayerMayer, Lie et vous, sur les équations aux dérivées partielles du 1er ordre. Cela aurait appris quelque chose à nos lecteurs. Tandis que le Mémoire de Cauchy ne sera lu de personne que de quelques vieux arriérés. Ne persévérez pas, je vous en supplie, dans cette voie de remplissage quand même. Elle est détestable.

Je voudrais bien vous faire aussi un article sur la Géométrie non-euclidienne au point de vue élémentaire, à propos des nombreux travaux qui ont paru dernièrement sur ce sujet. J'essaierai [10].

Sur ce, je vous envoie ma bénédiction. Tout à vous,

J. H.

3.25 Lettre de Hoüel à Darboux du 13 février 1875

Bordeaux, le 13 février 1875 [1].

Que devenez-vous donc, mon cher ami ? Êtes-vous malade ? Hâtez-vous, je vous en supplie, de me dire que non. Voilà des éternités que je n'ai entendu parler de vous, ni de Gauthier-Villars, ni de quoi que ce soit de Paris. Dites-moi si vous avez reçu les épreuves que je vous ai adressées ; ce que vous décidez pour le n° de décembre ; si ce sera le dernier du dernier volume ; si c'est assez de deux mois pour tirer les deux ou trois feuilles de la Table du tome VI ; si vous voulez un *long* article sur Hankel (je vous ferais vingt ou trente pages si cela vous plaît) [2] ; si je dois me montrer bien méchant pour Hoefer (j'y suis tout disposé) [3] ; si vous êtes pressé d'avoir l'*élasticité* de Borchard [4], dont j'ai déjà traduit une page ; si vous avez trouvé du monde pour s'occuper de notre arriéré, dont je vous rappellerai quelques articles ci-après ; si vous avez déjà commencé votre déménagement, etc., etc., etc.

Je ne sais si Gauthier-Villars est remis sur ses pieds ; il l'était, aux dernières nouvelles, retenu au lit par les suites d'une écorchure à la jambe. Je vais lui envoyer (enfin ! ! ! !) une caisse d'exemplaires de ma 4e partie [5], qui sera bientôt suivie d'une autre caisse des œuvres de la Société.

Je lui ai transmis, à titre de renseignements approximatifs, le chiffre maximum de 150 fr. la feuille pour composition et tirage de mon futur bouquin à 1000 exemplaires. Que pensez-vous de ce chiffre ? Ce serait dans la justification du Mémoire de Dupuy [6], plus grande que celle des Quantités complexes [7]. Tout cela est encore

Ouvrage était, pour un bibliophile, un véritable succès ; car il pouvait se vanter alors d'avoir conquis un Ouvrage d'une réputation universelle, mais dont la possession était réservée à un petit nombre d'amateurs » (*Bulletin* VII, 1874, p. 195).

10. Hoüel ne publiera jamais un tel travail.

1. BI, MS 2719, lettre 17.

2. Hoüel rédigera une recension de 33 pages [H117] de l'ouvrage *Zur Geschichte der Mathematik in Alterthum und Mittelalter* [H74] de Hankel.

3. [H115].
Voir les lettres 3.8, 3.9, 3.10 et 3.24.

4. *Sic.* Voir la note 9 de la lettre 3.19.

5. Il s'agit de la quatrième partie de [H41].

6. Hoüel doit faire allusion à un mémoire de L. Dupuy, *Exposition de la méthode de Hansen relative au calcul des perturbations des petites planètes* publié en 1874 chez Gauthier-Villars.

7. [H41].

bien incertain, ni plus ni moins que certaine constitution[8]...

Voici le tableau peu consolant d'*une partie* de notre arriéré.

Thomae, 2e édition ;	Giornale di Matematiche ;
Schlömilch, Comp. d. höh. An., t. II, 2e éd. ;	Accademia Pontificia dei Nuovi Lincei ;
———— Zeitschrift, année 1874 ;	Bollettino-Boncompagni (Potocki s'en occupe) ;
Mathematische Annalen (vous les faites) ;	Mémoires de l'Académie de Naples ;
Nouvelles Annales de Mathématiques ;	Atti de l'Académie de Turin ;
Nouvelle Correspondance mathem. (de Catalan) ;	Mémoires de l'Académie de Bologne ;
Analectes de Nicolaïdès ;	Il Nuovo Cimento ;
Dernier cahier du Journ. de l'Ec. Polyt. ;	Annales de Poggendorff ;
Annales de l'Ecole Normale ;	Philosophical Transactions (2 années) ;
Journal de Liouville ;	Proceed. of the R. Soc. of London ;
Astronomische Nachrichten ;	Philosophical Magazine ;
Publications de la Société Astronomique ;	Königsberger, Fonct. elliptiques ;
Monatsberichte de Berlin ;	Etc., etc., etc.

Et de tout cela (et j'en passe un bon nombre), rien de fait ! Décidément, je commence à croire que vous et moi nous avons du *Bulletin* par dessus la tête. L'entrain est passé, et malgré votre artifice de bourrer les vides avec du vieux Cauchy, ce sera un Bulletin empaillé, mais non plus un Bulletin vivant. Je laisse maintenant venir les choses ; comme l'occupation n'est pas près de me manquer, l'absence du Bulletin ne fera pas dans mon existence un vide *incomblable* (pardonnez-moi ce barbarisme), et une fois que son décès sera bien constaté, je n'aurai plus à traîner ce bout de chaîne, auquel pendait jadis un boulet un peu lourd, mais que je traînais alors avec plaisir, voyant que cela marchait pour le bien de tous. Tâchons donc de finir notre tome VII, après quoi je propose de passer à un autre exercice. Si vous tenez à continuer, je ne vous abandonnerai pas ; mais je travaillerai avec un entrain qui dépendra du vôtre. Pour le moment, je regarde la maladie comme mortelle.

Adieu pour aujourd'hui. Pardonnez-moi ma mauvaise humeur, causée par le détraquement simultané des affaires scientifiques et politiques, et tâchez, si vous pouvez, de me rasséréner un peu.

Tout à vous,

J. H.

3.26 Lettre de Darboux à Hoüel reçue le 15 février 1875

15/2/75

Mon cher ami,

Voilà en effet un temps infini que je ne vous ai écrit ; enfin j'espère que mes tribulations vont bientôt cesser et qu'à la fin du mois ou au commencement du mois prochain je transporterai, pour longtemps, mes pénates rue Gay Lussac. À un moment où j'ai tant de travail, être obligé de déménager, c'est dur.

8. Hoüel fait allusion au vote de la constitution de la 3e République le 16 juillet 1874 et aux lois de 1875 qui définissent les équilibres entre les pouvoirs des deux assemblées et de la présidence du Conseil. Pour plus de détails, voir [May84].

Gauthier Villars est remis sur pied. Je ne sais pas trop quelle combinaison il prépare pour le journal de Liouville. Il fera sans doute quelque comité avec des polytechniciens de deux liards comme Resal [1]. Enfin, nous verrons.

Vous pourriez nous donner sans inconvénient une douzaine de pages sur Hankel. Une vingtaine ce serait peut être beaucoup ; mais c'est à vous à être le seul juge de cette question [2].

Oui, mon cher ami, je désirerais beaucoup le Borchardt [3]. Car je crains bien que nous ne l'ayons faché. Je n'ai pas reçu le cahier de décembre de son Journal qui cependant a paru depuis longtemps.

Je ne comprends pas bien ce que vous entendez par 150 fr. la feuille de votre futur bouquin. Est-ce vous qui l'imprimez à vos frais. Donnez-moi quelques éclaircissements à ce sujet.

Sacristi [4], n'abandonnez pas le Bulletin je vais faire tout l'arriéré que vous me signalez. Le malheur nous en veut. Ce pauvre Painvin a une bronchite qui m'inquiète [5]. Après avoir trainé, le voilà qui a interrompu son Cours au lycée. Nous nous tirerons d'affaire tout de même mais je compte sur vous. Il y a à l'imprimerie un mémoire sur le théorème de Sturm qui convient au Bulletin car j'y résume ce qu'on a fait sur cette question [6]. Je vais faire des comptes rendus de livres pour janvier.

Genocchi m'a écrit deux lettres ; il n'est pas content qu'on ait simplement donné le titre de sa réclamation en faveur de F. Chio [7] ; il aurait voulu qu'on l'analysât parce que, dit-il, on a inséré le rapport de Puiseux, on devrait aussi parler de ses remarques.

Il me parle encore de la pseudosphère et il termine ainsi :

« Je voudrais que dans le Bulletin on s'occupât un peu de la *Relazione* sur un concours publié en Italie pour le meilleur ouvrage d'arithmétique, d'algèbre et de géométrie auquel j'ai fait allusion dans ma lettre précédente. Il faudrait discuter les principes que la commission voulait prendre pour guide et qu'elle se proposait d'indiquer mais qu'à cause du style boursouflé et mystique de la préface de son travail il semble difficile de comprendre. On vient de fixer un nouveau concours sur les mêmes matières et il parait utile de bien fixer les principes d'après lesquels les concourants aurait à rédiger les ouvrages envoyés au Concours. Par exemple, qu'est ce que la *méthode euclidienne* prescrite pour les traités de géométrie ? Cette méthode est-elle vraiment utile ? »

1. Henri Aimé Resal (1828-1896) fait partie de la promotion 1847 de l'École polytechnique. À partir de 1872, il y enseigne la mécanique et, l'année suivante, il est élu membre de l'Académie des sciences. Le premier volume de la 3e série du *Journal de mathématiques pures et appliquées* est présenté comme publié par H. Resal, « avec la collaboration de plusieurs savants. Pour plus de détails, on peut consulter la thèse de N. Verdier [Ver09].

2. Voir la lettre précédente 3.25.

3. Outre une traduction qui paraîtra dans le tome 8 (voir la note 9 de la lettre 3.19, une recension de l'article que Borchardt a consacré à ses « recherches sur l'élasticité des corps solides isotropes soumis à l'action de la chaleur » est publié dans le tome 7 (1874) du *Bulletin* (p. 131-32). Elle fait partie d'un compte rendu signé A.P. du *Monatsberichte der Königlich Preussichen Akademie der Wissenschaften zu Berlin*.

4. D'après le *Trésor de la langue française*, « Sacristi » est juron exprimant la surprise, la contrariété, l'agacement ou l'impatience.

5. Louis Painvin décède le 12 octobre 1875. Une notice nécrologique est publiée dans le tome 9 (1875) du *Bulletin* (p. 145), accompagnée de la liste de ses travaux (p. 188-191).

6. Voir la note 6 de la lettre 3.9.

7. Il s'agit du travail de Genocchi intitulé *Observations relatives à une Note précédente de M. Menabrea, concernant la série de Lagrange* mentionné dans le *Bulletin* VI, 1874, p. 288.

Voilà si vous y pouvez quelque chose, si vous savez de quoi il s'agit tachez de le contenter. Car il n'a pas l'air d'être commode.

Pour en revenir à notre fameuse discussion, je crois de plus en plus qu'il est impossible de s'entendre par lettre. Voilà que nous ne savons plus que quoi nous discutons et que vous me soutenez maintenant que c'est la même chose de dire : pour chaque valeur de x comprise entre a et b

$$\frac{f(x+h)-f(x)}{h}-f'(x)=\varepsilon$$

ε est une fonction qui tend vers zéro avec h, x restant fixé. Ou bien étant donnée une quantité ε on peut trouver une quantité h telle que l'inégalité

$$\frac{f(x+\theta h)-f(x)}{\theta h}-f'(x)<\varepsilon$$

soit vérifiée quel que soit x. Il y a un abîme entre ces deux propositions. Vous aviez paru l'admettre autrefois.

Votre bien dévoué,

G. Darboux

3.27 Lettre de Hoüel à Darboux du 16 février 1875

Bordeaux, le 16 février 1875 [1].

Enfin, mon cher ami, vous voilà ressuscité au point de vue épistolaire, et je m'en réjouis grandement ; car j'étais tout triste d'attendre des lettres de tous côtés et de n'en point recevoir, de vous surtout.

Je vous ferai un article Hankel de la dimension désirée, ou à peu près [2]. Mais vous devriez bien me trouver un éditeur pour la traduction de ce livre, puisque Gauthier-Villars n'a pas l'air d'y mordre. Cet ouvrage, joint à celui de Bretschneider [3] et enrichi de quelques notes Notes faites par un connaisseur (tel que Th. H. Martin [4], par exemple), formerait une histoire bien autrement exacte et complète que ce que l'on possède en France actuellement, et de plus le livre est assez intéressant pour se laisser lire.

On va vous faire votre Borchardt [5].

J'ai indiqué 150 fr. la feuille comme prix total de revient pour 1000 exemplaires, que ce soit moi ou tout autre qui en fasse les frais. C'est un simple renseignement dont Gauthier-Villars fera tel usage qu'il lui plaira [6].

Je vous ai dit que je ne vous abandonnerai pas, et que je tirerai le même joug que vous [7]. Mais vous savez que, pour que la charrette marche, il faut que les deux

1. BI, MS 2719, lettre 18.
2. Voir la note 2 de la lettre 3.25.
3. Hoüel a redigé le compte rendu [H96] de ce livre.
4. Thomas Henri Martin (1813-1884) est professeur de littérature ancienne et doyen de la Faculté des lettres de Rennes. Il s'intéresse à l'histoire des sciences, discipline dans laquelle il a publié de nombreux travaux, en particulier dans le *Bollettino di bibliografia e di storia delle scienze matematiche e fisiche* de Boncompagni.
5. Voir la note 9 de la lettre 3.19 et la note 3 de la lettre 3.26.
6. Voir les lettres 3.25 et 3.26.
7. Voir la lettre 3.25.

bœufs tirent ensemble, et ensuite qu'ils ont souvent besoin de renfort pour monter les côtes. Or nous sommes au bas d'une côte en ce moment, et d'une côte assez raide. J'ai demandé du renfort à tout le monde ; faites-en autant.

Ce Genocchi est-il ennuyeux avec ses tartines anti-pseudo-sphériques ! En effet, je ne le crois pas commode. Quant à l'euclidianisme dans l'enseignement élémentaire, je crois avoir dit là-dessus le dernier mot dans mon article sur le Periodico-Bertini [8] (n° de septembre dernier). – La *Relazione* du dit Bertini me semble écrite avec beaucoup de bon sens. Mais l'introduction de l'Euclide pur dans l'enseignement me paraît insensée. C'est une imagination saugrenue du trio Betti-Brioschi-Cremona, du temps où ils n'étaient pas encore à couteaux tirés [9]. Il paraît, d'après ce que m'a dit Beltrami, que Cremona fait là bas le Le Verrier au petit pied, et qu'il devient fort désagréable [10].

Oui, je voudrais bien vous voir et causer avec vous de beaucoup de choses. Mais ce ne serait pas à cause de notre sempiternelle dispute ; car, si je ne comprends rien, mais rien de rien, à vos lettres, je comprendrais encore beaucoup moins à toutes les explications orales que vous pourriez me fournir.

Je crois partir d'une vérité bête à force d'être simple. Si $f(x)$ est une fonction renfermant un paramètre a, on peut, pour une valeur donnée de a, exprimer la condition pour que $f(x)$ soit $< k$; ce sera, par exemple, pour $\alpha < x < \beta$. La quantité a étant une constante littérale, on pourra concevoir qu'elle puisse recevoir telle ou telle valeur comprise entre a_0 et a_1, et chercher la condition pour que l'inégalité $f(x) < k$ subsiste toujours, pour chacune des valeurs de la constante. Maintenant, au lieu de x, écrivez h, au lieu de a, écrivez x et voila la question *en question*. Cela me semble tout aussi simple que cela, parce que les deux variables x et h sont indépendantes, et que je ne les fais varier que l'une après l'autre. Vous les faites varier simultanément : alors je ne comprends plus rien. Je vous le répète encore avec la dernière énergie : Si j'ai tort, c'est que je suis absolument incapable de comprendre quoi que ce soit à l'analyse, et je n'ai plus qu'une chose à faire, c'est de renoncer complètement à mon métier pour lequel j'ai l'intelligence complètement bouchée. S'il m'est prouvé qu'il y a un abîme entre les deux célèbres inégalités, l'une en h, l'autre en θh, je vous jure que jamais mon Cours de Calc[ul] inf[initésimal] ne sera imprimé, et que je déclarerai digne des flammes tout ce qui a été imprimé sur l'Analyse, y compris tout ce qu'a fait Cauchy. Heureusement, votre abîme n'est pas encore démontré pour moi ; car vous employez pour m'instruire un langage telle-

8. Il s'agit de [H61] (voir la note 7 de la lettre 3.19 ainsi que la note 12 de la lettre 2.100 de Hoüel à De Tilly).

9. En 1868, E. Betti, F. Brioschi et L. Cremona avaient proposé et défendu une réforme de l'enseignement de la géométrie s'appuyant sur un retour au texte des *Éléments* d'Euclide. Pour plus de détails, on peut consulter [Bot98].
Dans l'analyse du premier volume du *Periodico di Scienze matematiche e naturali per l'Insegnamento secondario*, Hoüel exprime sa pensée à ce sujet :

> « (...) Euclide a composé un livre admirable qui, aujourd'hui encore, peut être consulté avec profit, mais qui est loin de répondre au niveau de la Science actuelle. Les illustres savants qui ont décidé son introduction dans les écoles étaient mieux que personne en état de composer eux-mêmes un Traité unissant à la rigueur d'Euclide la largeur de vues de la Géométrie moderne ; ils auraient offert à l'intelligence des jeunes gens une gymnastique non moins profitable, en les conduisant plus loin par une route plus aisée. »
> (*Bulletin des sciences mathématiques* VII, 1874, p. 109)

10. Le Verrier a la réputation d'avoir dirigé très autoritairement l'Observatoire de Paris (Pour plus de précisions, voir [Loc12]). Hoüel fait allusion à une lettre que Beltrami lui a envoyée le 5 janvier 1875 dans laquelle ce dernier l'informe du refus de Cremona de le laisser quitter l'Université de Rome pour celle de Padoue [BGT98, p. 180].

ment au-dessus de ma faible portée qu'autant vaudrait me parler assyrien ou sanscrit. Peut-être quelques mots d'explication m'auraient-ils fait, sinon comprendre, du moins soupçonner le sens de vos objections. À l'heure qu'il est, je ne vois dans tout cela qu'une affirmation qui me semble contredire ce que je crois voir avec la plus grande clarté. Tout ce que je sais là-dessus, je l'ai puisé dans les ouvrages élémentaires de Cauchy, que vous m'opposiez l'autre jour à ceux de Duhamel, sur quoi je partage bien votre avis. Je comprends ce que me dit Cauchy, ou quand je ne comprends pas, je vois bien ce qui me manque pour cela. Mais votre doctrine m'épate tout simplement, et votre « abîme » me donne la berlue. Je n'ai donc au sujet de mes productions d'autre réponse à faire que la célèbre réponse : Sint ut sunt, aut non sint [11] ! Car, s'il faut que je me métamorphose au point d'aller jusqu'à vos vues, il faudra que je change mon couteau de lame et de manche [12], ce qui équivaut à l'annihilation. Jamais, après m'être si fortement blousé sur le *premier* point de départ, je n'oserais plus avoir la moindre confiance dans le moindre de mes raisonnements. Si donc j'ai tort en cela, je renonce à tout jamais à avoir une opinion quelconque en mathématiques, et je me contenterai, jusqu'à ma retraite, d'apprendre Serret par cœur et de le débiter tel quel à mes disciples. – Jamais je ne pourrai admettre sans suicide qu'on fasse varier simultanément deux variables indépendantes. – Sur ce, je vais vous faire un peu de Borchardt [13]. Votre tout dévoué,

J. H.

3.28 Lettre de Darboux à Hoüel reçue le 25 février 1875

25/2/75

Mon cher ami,

Me voici toujours avec mon déménagement ; enfin jeudi prochain je serai 36 rue Gay-Lussac et je pourrai respirer un peu.

Je commence par vous remercier de l'envoi de votre bel exemplaire des Quaternions sur papier magnifique. Vous êtes bien aimable d'avoir songé à moi sur ce sujet [1].

Painvin que j'ai vu a aussi reçu votre exemplaire et doit vous écrire. Je vous dirai que sa santé m'inquiète vivement. Il a une bronchite, la fièvre tous les jours. C'est mauvais signe [2]. Pour le soulager un peu, je lui fais des leçons à la Faculté ; ce qui m'en fait quatre par semaine. Quant au lycée, il a été obligé de quitter. Tout cela est bien triste.

Sans que Gauthier-Villars le sache, j'ai des renseignements précis sur ce qu'il veut faire du Journal de Liouville [3]. Il va le donner à un syndicat composé de Resal ! Laguerre, Jordan et Mannheim ! Joli quatuor mais admirez cette délicatesse.

11. Cette phrase signifiant « qu'ils soient comme ils sont ou, qu'ils ne soient pas » est attribuée au prêtre jésuite Lorenzo Ricci (1703-1775) qui désignait alors les statuts de la Compagnie de Jésus.

12. C'est une allusion à la lettre 3.12. Voir la note 10 de cette lettre.

13. Voir la note 5 ci-dessus.

1. Darboux avait déjà reçu un exemplaire sur papier standard. Voir la lettre 3.4 et en particulier la note 3.

2. Voir la note 5 de la lettre 3.26.

3. Voir la note 1 de la lettre 3.26.

Comme Mannheim est soutenu par Liouville que ne peut sentir ni Briot ni Bouquet, on tient la chose secrète jusqu'à l'élection afin de se ménager un appui, après si Liouville n'est pas content cela n'y fera rien. Voilà de la tactique ou je ne m'y connais pas. Mannheim aurait bien dû pendant le siège, au lieu de coucher dans les caves de l'École, déployer ces brillantes qualités en face de l'ennemi.

Vous me faites enrager avec votre manière de raisonner. Comment si je vous prouve que j'ai raison, vous jetterez le manche après la cognée et vous enverrez promener les mathématiques. Mais c'est très mal employer de pareils arguments car alors la discussion doit cesser. Parce qu'il s'agit d'un point très délicat où je voudrais vous voir réformer les idées à peu près universellement admises et faire œuvre de novateur, et que dire vous voilà à menacer de vous désespérer.

Mais votre théorie des solutions singulières est fausse [4] ou ce que j'ai écrit est faux et dans cette dernière hypothèse je ne me désespérerais pas. Il y a pas moyen de raisonner avec vous.

Vous avez bien tort dans tous les cas de croire que vous imiteriez Serret. Vous exposeriez, si vous adoptez mes idées, très bien ce que Serret a gâté. Vous vous obstinez pour une vétille. Est-ce que lorsqu'il y a un seul moyen d'exposer convenablement le calcul intégral, on a le droit de soutenir que ce moyen est peu naturel. Oui si vous aviez le choix entre des procédés rigoureux et inégalement simples, non dans le cas actuel.

Vous devez veiller à être avant tout rigoureux, je le soutiens mordicus. C'est à ce soin d'être rigoureux que Cauchy doit ses plus belles découvertes. Le vent souffle de ce côté. Croyez-moi. Pour aujourd'hui ne discutons plus, vous employez des arguments trop graves mais croyez m'en et vous verrez comme tout se simplifiera.

Pour aujourd'hui je vous laisse, j'ai tant de leçons à préparer.

Votre bien dévoué,

G. Darboux

3.29 Lettre de Hoüel à Darboux du 26 février 1875

Bordeaux, le 26 février 1875 [1].

Mon cher ami,

Je m'empresse de vous répondre à la hâte quelques mots, auxquels j'ajouterai un supplément, quand j'aurai un peu plus de temps.

Ce qui me désole – et, quoi que vous en disiez, il y a bien là de quoi se désoler – c'est que vous voulez m'expliquer les premiers mots du Calcul infinitésimal, et que (je vous jure mes grands dieux que je ne fais pas de grimaces) je ne comprends pas le plus léger mot à ce que vous mettez tant de bonne volonté à m'expliquer. Si vous avez raison, que puis-je en conclure, sinon que je suis absolument incapable de comprendre les *toutes premières* idées de l'Analyse, et que par suite je ne puis faire le reste de la théorie que comme une mécanique inintelligente ? Et, ce qu'il y a de pis dans mon cas, c'est que je me figure comprendre comment et pourquoi j'ai raison, comment et pourquoi vous avez tort ! Et ce qu'il y a de plus pis encore, c'est que plus vous me forcez à réfléchir sur la chose, plus mon illusion redouble, plus je crois être rigoureux, et plus je me figure que vous êtes dans l'erreur en faisant varier

4. Cette théorie est traitée par Hoüel dans la neuvième leçon de la seconde partie de [H55].
1. BI, MS 2719, lettre 19.

simultanément deux variables indépendantes, au lieu de les faire varier *séparément*. Mettez-vous un instant à ma place, et voyez ce que je dois penser de la chose. Si vous avez raison, la conséquence logique n'est pas que je me trompe sur tel ou tel calcul, sur telle ou telle démonstration, ce qui peut arriver à tout le monde, mais que j'ai l'esprit radicalement et incurablement *faux*, ce qui est bien plus grave, vous en conviendrez. À moins toutefois qu'ayant raison vous ne vous expliquiez absolument comme si vous aviez tort. Car, ou je suis incapable de comprendre un raisonnement, ou vos objections vont *toutes* à côté du but. Ainsi les erreurs que vous me reprochez au sujet des solutions singulières *n'existent pas*, et je vous défie de me les montrer dans ma rédaction. Je n'ai pas plus dit que $f'(y') = 0$ ne donne que des solutions singulières, que je n'ai dit que $f'(x) = 0$ ne donne que des maxima ou des minima. J'ai seulement dit qu'*en général* une enveloppe satisfait à la condition $f'(y') = 0$, et je ne vous ai jamais entendu dire le contraire. Il se peut que je n'aie pas assez insisté sur certains points dans ma rédaction ; mais j'ai précisément donné des exemples pour prévenir contre l'erreur dont vous m'accusez. Vous voyez donc que je ne fais aucune menace et que je ne vous donne lieu d'en faire aucune. J'aime la rigueur autant que qui que ce soit, et il y a longtemps que j'ai cherché à la rencontrer en suivant autant que j'ai pu les idées de Cauchy, dont je crois connaître assez bien le Traité de Calcul différentiel [2]. Je me suis même permis quelquefois de trouver à redire à quelques formules de Cauchy relatives aux intégrales définies.

J'ai fait tout ce que je puis pour aller en avant jusqu'à ce que la foi me vienne, mais elle s'en va plutôt que de venir [3]. Tant que vous ne m'aurez pas montré plus clairement que vous ne le faites le vice de mes raisonnements, il m'est impossible de les abandonner pour d'autres qui ne me paraissent ni assez clairs, ni plus solides. Vous redoublez vos décharges, qui tombent toujours sur des points que je n'ai jamais songé à défendre, et vous me traitez ensuite d'obstiné parce que je ne me rends pas ! Puisque vous parlez de tactique, convenez que c'en est là une étrange.

Vous dites que je m'obstine pour une vétille. Mais cette vétille est précisément l'idée fondamentale de la dérivée et celle de l'indépendance de deux variables. Si je ne comprends rien à ces deux bagatelles, ce n'est pas une présomption en faveur de mes aptitudes mathématiques et je ferai mieux de me faire maçon, suivant le conseil de Boileau, si toutefois c'est là mon talent [4]. Pour le moment, je ne puis souscrire à l'*acte de foi* que vous me demandez, attendu que je suis profondément incapable (non pas *moralement*, mais *intellectuellement*) de réciter ce que je ne comprends pas. Que voulez-vous que je fasse du manche, si vous m'enlever la cognée ?

L'histoire du complot polytechnique au sujet du Journal de Liouville est très-jolie [5]. Heureusement Briot et Bouquet ont pour eux les Annales de l'École Normale et le suffrage de tous les géomètres européens. Ils peuvent bien se passer après cela de la collaboration de Liouville et même d'être de l'Institut, à la gloire duquel ils manqueront, comme feu Molière.

---

2. A.-L. Cauchy, *Résumé des leçons données à l'École royale polytechnique sur le calcul infinitésimal*, Debure, Paris, 1823 & A.-L. Cauchy, *Leçons sur le calcul différentiel*, De Bure, Paris, 1829.

3. Voir la note 464.

4. Dans le Chant IV de *L'Art poétique* publié en 1674, Nicolas Boileau (1636-1711) écrit les vers suivants :

> « Son exemple est pour nous un précepte excellent.
> Soyez plutôt maçon, si c'est votre talent,
> Ouvrier estimé dans un art nécessaire,
> Qu'écrivain du commun, et poëte vulgaire. »

5. Voir la note 1 de la lettre 3.26.

Là-dessus, je vous quitte, en vous priant de mieux tirer puisque vous voulez me fusiller. Ne prolongez pas ainsi mon supplice. Tout à vous,

J. H.

3.30 Lettre de Hoüel à Darboux du 27 février 1875

Bordeaux, le 27 février 1875 [1].

Mon cher ami,

Comme j'ai un peu plus de temps devant moi aujourd'hui, je veux achever la lettre dont je vous ai envoyé hier le 1er fascicule. Les jours se suivent et se ressemblent... sous un certain point de vue du moins : l'absence de toutes nouvelles de feu le *Bulletin*. Il faudrait au moins liquider la succession, et payer aux lecteurs qui ont fait les frais d'un abonnement les deux numéros et la Table des matières que nous leur devons encore. Alors, l'honneur commercial du défunt étant satisfait, nous le laisserons dormir en paix dans sa tombe.

Ce que je vous dis n'est pas une lugubre plaisanterie, c'est la triste vérité. L'abandon dans lequel vous avez laissé le pauvre *Bulletin* depuis le mois d'août dernier l'a blessé à mort, et il ne s'en relèvera pas. Nous sommes maintenant tous seuls, vous et moi, à faire tourner la machine, et je vous avertis que *la moitié* d'une pareille tâche est beaucoup trop pour moi. Nos collaborateurs principaux ne collaborent plus. Painvin est malade [2] ; Lespiault s'occupe des orages [3], et il est, de plus, absolument dégoûté, *comme je vous l'avais prédit plusieurs fois*, du refus qu'on lui a fait (non pas expressément, mais de fait) de lui donner des tirages à part de ses œuvres [4]. Nous ne pouvons plus compter que sur quelques collaborateurs d'occasion, auxquels j'écris lettres sur lettres pour en arracher quelques maigres notices. Et encore ai-je bien du mal à en obtenir. R. Wolf est fâché depuis l'affaire des tirages à part [5] ; du moins il ne m'a pas écrit depuis lors [6].

Pendant ce temps-là, Ohrtmann publie tranquillement son annuaire, avec une cinquantaine de collaborateurs *effectifs* pour le moins. Tout cela est fait avec ordre ; rien n'est oublié ; c'est un vrai exercice à la prusienne. Nous, nous ressemblons à des Français... du temps de la bataille de Rosbach [7].

---

1. BI, MS 2719, lettre 20.
2. Voir la note 5 de la lettre 3.26.
3. À partir de 1872, une grande partie de l'activité éditoriale de G. Lespiault est consacrée à des rapports sur les orages dans l'*Atlas météorologique*, dans les *Annales du bureau central météorologique de France* ou dans les *Mémoires de la soci'eté des sciences physiques et naturelles de Bordeaux*. Pour autant, son nom ne disparaît pas de la liste des collaborateurs du *Bulletin*.
4. Voir la lettre 3.33.
5. Le Suisse Rudolf Wolf (1816-1893) a été professeur d'astronomie à l'Université de Berne et directeur de l'observatoire de cette ville. En 1855, il enseigne l'astronomie à l'Université de Zurich et à l'École polytechnique.
Hoüel a rédigé en 1873 un compte rendu [H95] d'un de ses ouvrages.
6. La question de la rémunération des collaborateurs du *Bulletin* est récurrente. En 1876, la situation s'améliore puisqu'une circulaire de Gauthier-Villars indique que « la Direction du *Bulletin des sciences mathématiques et astronomiques* alloue, depuis 1876, 32 francs par feuille, soit 2 francs par page aux Collaborateurs qui font insérer dans ce Recueil des analyses de Publications périodiques, des comptes-rendus d'Ouvrages, ou d'autres articles bibliographiques ou historiques. Les Mémoires originaux ne donnent pas droit à cette allocation ».
7. *Sic*. La bataille de Roßbach (près de Braunsbedra, à moins de vingt kilomètres au sud-ouest de Merseburg) s'est déroulée le 5 novembre 1757. Elle a vu la victoire de Frédéric II de Prusse (1712-1786) face à une coalition composée du Royaume de France, du Saint-Empire et de l'Archiduché d'Autriche malgré le fait que les Alliés soient près de deux fois plus nombreux.

Comme preuve du merveilleux à-propos de la réimpression du Mémoire de Cauchy sur l'intégration entre des limites imaginaires, vous n'avez qu'à consulter le catalogue de Gauthier-Villars, où il est annoncé (page 29) au prix de 3 fr. 50c., ce qui n'est pas le prix d'un ouvrage épuisé !

Aussi je vous le déclare, et *pour de bon*, si vous ne songez pas à prendre quelque remède héroïque, et à le prendre *immédiatement*, je m'occuperai du *Bulletin* jusqu'à la fin du tome VII inclusivement, après quoi je l'abandonnerai définitivement à son malheureux sort. Vous verrez que je tiens parole quand je dis les choses sérieusement, et aujourd'hui je suis très-sérieux.

Pour vous prouver jusqu'au bout du tome VII ma bonne volonté, je vous enverrai, aujourd'hui ou demain, un peu de copie, savoir : un article de Battaglini sur son *Giornale*[8], et la traduction d'un article du dit *Giornale* sur les travaux du P[ère] Chelini[9]. Vous savez que ce digne membre *delle Scuole Pie* et son ami le prince[10] vous ont jadis tourmentés pour avoir un article dans le *Bulletin* sur les élucubrations du bon Père. Celui que j'ai trouvé tout fait m'a paru intéressant pour le vulgaire, et je l'ai traduit. *Cela tiendra de la place* au moins aussi bien que la réimpression de travaux qui se trouvent encore en nombre chez les libraires.

Il faut donc *deux mois* pour tirer une table des matières ! Décidément Gauthier-Villars vous aide puissamment à démolir le *Bulletin*. Quand une table (de bois) a trois pieds et que deux viennent à rompre, que voulez-vous que fasse le troisième ?

Conclusion : Si vous ne prenez pas des mesures *promptes* et énergiques pour ressusciter le *Bulletin*, *ne comptez pas sur moi* à partir de l'achèvement du tome VII, ... s'il s'achève jamais.

Vous allez m'objecter que je ne vous indique pas en quoi doivent consister ces fameuses mesures. Je vous répondrai que, n'étant pas comme vous au centre des opérations, je ne suis pas à même de juger de tout ce que l'on peut et doit faire. Cependant il y a certaines choses que je vous ai bien souvent prêchées (et cela sans aucun succès), et que je n'en persiste pas moins à considérer comme pouvant avoir leur influence. D'abord et avant tout : Ne pas froisser les auteurs en leur refusant leurs demandes, ou, ce qui est pis, en ne daignant pas leur répondre, surtout quand ils s'offrent à payer la dépense. Ensuite écrire, sans se lasser, à tous les indigènes et étrangers que l'on connaît pour leur demander aide et secours. Troisièmement : quand on est professeur à l'École Normale, utiliser ses élèves en leur faisant faire quelquefois l'exercice, très-profitable pour eux-mêmes, de l'analyse d'un livre ou d'un journal ; parmi les analyses faites, on publierait celles qui en valent la peine, ce qui serait une récompense et un motif d'émulation pour l'auteur. Etc., etc. Vous pourrez trouver vous même bien d'autres recettes de ce genre. Ce sont de petites influences, qui, intégrées, pourront produire un effet considérable.

Si vous voulez des documents pour rendre compte de mes *quaternions*, je pourrai vous donner beaucoup mieux que la triste préface que je vous ai prié de supprimer[11]. C'est une Note que j'avais un peu oubliée, et que j'ai retrouvée, en corrigeant les épreuves des Procès-Verbaux de la Société. Vous pourrez y faire quelques emprunts. Je vous l'enverrai bientôt.

Pardon si je ne vous écris que des lettres de polémique ou de désespoir. Tout cela est de votre faute. Mais je n'en suis pas moins

8. Le *Bulletin* VII de l'année 1874 propose une recension (p. 90-93) signée G. B. du tome XI (1873) du *Giornale di Matematiche*.

9. Ce texte est publié dans le *Bulletin* VII, 1874, p. 241-248.

10. Baldassare Boncompagni.

11. Voir les lettres 3.4, 3.5, 3.18, 3.19, 3.20, 3.21, 3.22 et 3.23.

Votre bien dévoué,

J. H.

3.31 Lettre de Hoüel à Darboux du 5 mars 1875

Bordeaux, le 5 mars 1875 [1].

Mon cher ami,

Je viens de recevoir les épreuves du n° de décembre du *Bulletin*. Je suis plus qu'étonné d'y voir figurer en tête un article que je vous avais prié avec toute l'insistance imaginable, non pas de *changer de place*, mais de *supprimer* [2]. Si c'est ainsi que vous tenez compte de mes voeux, je dirai même de mes exigences, j'aurai recours au grand moyen, en vous priant cette fois d'effacer mon nom de la liste des collaborateurs, et j'espère que cette dernière prière finira par être écoutée. Je vous anoncerai que je suis très-sérieusement mécontent de la marche que prend cette entreprise. Vous prétendez que j'y suis utile, et précisément tout s'y passe au mépris de mes avis. Si vous pensez que cela réussit mieux ainsi, libre à vous. Mais libre à moi aussi de m'en laver les mains.

Je vous envoie une Note que j'avais lue à la Société en lui présentant mes Quaternions [3]. Si vous voulez absolument que ce soit *moi* qui fasse l'article sur mon livre, en parlant à la *première personne* (ce qui est assez ridicule dans l'espèce), choisissez au moins quelque chose de plus convenable au but proposé [4]. Je crois ma Note de beaucoup meilleure que la préface. Elle est plus longue, mais on peut aisément la raccourcir, en remplaçant les pages enlevées par quelques lignes à la *troisième* personne, et mettant les parties conservées entre guillemets. Ce n'est pas un bien grand travail que je vous demande là. Si cela fait quelques frais de remaniement, je les paierai, s'il le faut. Mais à aucun prix je ne veux que la préface paraisse, ni qu'elle *reparaisse* dans le numéro suivant. Je crois m'être expliqué maintenant d'une manière assez catégorique. Si vous ne jugez pas à propos d'en tenir compte, ce sera une preuve évidente de l'impossibilité de notre collaboration.

Votre tout dévoué,

J. H.

3.32 Lettre de Hoüel à Darboux du 8 mars 1875

Bordeaux, le 8 mars 1875 [1].

Mon cher ami,

J'espère que votre aménagement s'avance et que vous pourrez bientôt me donner quelques nouvelles sur la crise du Bulletin, qui, même toutes proportions gardées, me semble se perpétuer d'une manière encore plus surprenante que la crise

1. BI, MS 2719, lettre 21.
2. Voir les lettres 3.4, 3.5, 3.18, 3.19, 3.20, 3.21, 3.22, 3.23, 3.30 et 3.33.
3. Ce texte n'a pas été publié.
4. Finalement, un compte rendu du travail de Hoüel signé Darboux sera publié dans le *Bulletin* VIII, 1875, p. 9-13 et il se termine par cette phrase : « La publication de M. Hoüel est un nouveau service que doivent à l'auteur les géomètres français. »

1. BI, MS 2719, lettre 22.

ministérielle [2]. Je suis là, avec des volumes à analyser qui gisent devant moi et que je n'ai pas le courage d'ouvrir. Car, je vous l'avoue, je deviens d'une paresse absolue, quand j'ignore si ce que je fait doit être utile à quelque chose. J'ai grande hâte de sortir de cette incertitude, et il faut que vous soyez d'une nature beaucoup plus calme que la mienne si cette situation ambiguë vous satisfait. Aussi, pour que cela dure encore, je prendrai un parti, qui assurera mon repos.

J'ai eu l'occasion d'écrire l'autre jour à Gauthier-Villars, à Lons-le-Saunier. Je lui ai parlé, et ce n'est pas la première fois, de la situation périlleuse (si ce n'est pas pis) du *Bulletin*, en lui attribuant franchement sa part de responsabilité dans les lenteurs de la publication, mais en rejetant l'autre part sur l'organisation vicieuse de notre Recueil. Je vous ai déjà communiqué mes idées à ce sujet, et vous les avez rejetées bien loin. Vous voyez cependant que nous nous trouvons dans une position d'où je ne vois pas trop comment nous pourrons sortir. J'ai beau mendier des articles tous les azimuts ; on m'en promet, et je ne reçois rien. J'ai beau vous demander ce qu'il faut penser de la situation et si vous en savez plus long que moi là-dessus. Vous me répondez par un silence peu instructif. Or vous saurez, si vous ne le savez déjà, que peu de gens ont la même horreur que moi pour le provisoire et pour l'incertain. Répondez-moi donc, je vous en supplie, en deux lignes à cette question : « Prendrez-vous des mesures *efficaces* pour que le *Bulletin* soit assuré de vivre, et ne soit plus à la merci de deux mois de vacances que vous aurez besoin de vous accorder ? ». Il ne s'agit pas ici de faire l'éloge du malade et de l'utilité dont il était quand il se portait bien. Il faut le sauver ou se préparer à l'enterrer. Je crois que la guérison serait possible, mais ce serait avec le secours de remèdes autrement sérieux que votre réimpression d'une antiquaille de Cauchy, qui ne trouvera pas un lecteur, tant cette méthode est vieillie, par rapport même aux travaux suivants de l'auteur. Ç'a été un admirable travail pour le temps où il a paru. Mais les travaux d'Archimède n'ont pas été moins admirables dans leur temps, et vous ne les reproduirez pas sans doute.

J'espère que vous ne me laisserez pas longtemps dans cette incertitude, et que vous serez un peu plus communicatif dès que vous aurez terminé votre installation.

Votre tout dévoué,

J. H.

3.33 Lettre de Darboux à Hoüel reçue le 10 mars 1875

10/3/75

Mon cher ami,

Si je ne vous ai pas écrit plus tôt j'espère que vous voudrez bien m'excuser. 7 leçons par semaine, un déménagement qui me privait de tout moyen d'écrire, voilà plus qu'il n'en faut pour vous faire comprendre le retard que j'ai mis à vous écrire. Enfin me voila en état à présent et nous allons pouvoir nous occuper sérieusement de nos affaires.

2. Les majorités politiques sont assez fluctuantes en 1874 et 1875. Pour autant, les travaux de l'Assemblée nationale débouchent en 1875 sur les lois de 1875 qui « établissent un régime représentatif sans souveraineté du peuple, un régime parlementaire, conforme à l'idée orléaniste, auquel se rallie la nouvelle génération républicaine convertie aux réalités, mais non les républicains intransigeants » [May84, p. 57].

Je suis très étonné, je vous l'avouerai, que vous puissiez penser que, malgré votre désir formel, j'ai fait remettre votre préface sur les Quaternions [1]. C'est à l'imprimerie qu'ils ont fait cette addition sans me consulter. Je leur avais seulement dit de ne pas décomposer l'article parce que je pouvais me servir de quelques passages. Mais ne croyez pas que je veuille faire quoi que se soit qui vous puisse être désagréable.

Quant au Bulletin le semestre finit le 15 mars et je vous assure que je vais sérieusement m'en occuper et mettre au courant tout ce qui est en retard. Je vous demande seulement jusqu'à la fin de la semaine pour achever de classer mes livres et mettre tout en ordre chez moi. Je ne prendrai pas de vacances à Pâques pour regagner le temps perdu.

Painvin va un peu mieux [2], je n'ai pas eu le temps d'aller le voir, mais on me l'a dit. Figurez-vous qu'à toute mes occupations se joignent des inspections au lycée de Versailles qui achèvent de me mettre en déroute. Je suis dans un profond chagrin de voir tout en retard, mes travaux obligés, mes travaux personnels. Mais enfin cela ne peut durer. Vous savez que j'ai de la facilité. Je vous proposerai un paquet de copie. Si vous pouvez nous donner un article de tête pour remplacer la préface il sera le bienvenu.

Quant aux collaborateurs du Bulletin je suis très étonné de ce que vous me dites au sujet de Lespiault [3]. Car à l'imprimerie il est convenu qu'on lui fera de tout des tirages à part.

D'un autre côté rien ne serait plus facile que d'attribuer aux rédacteurs que vous pourriez nous avoir une rétribution à tant la page ou la feuille [4]. Si vous pensez que cela puisse avoir de l'effet, dites moi à peu près ce qu'il faudrait offrir à nos collaborateurs étrangers, il ne sera pas difficile d'avoir les moyens de leur donner des tirages à part et une rétribution comme pour le Annales de Clebsch [5].

Sur ce, mon cher ami, je vous laisse pour aujourd'hui car je suis éreinté. Je suis maintenant 36 rue Gay-Lussac.

Votre bien dévoué,

G. Darboux

3.34 Lettre de Hoüel à Darboux du 11 mars 1875

Bordeaux, le 11 mars 1875 [1].

Mon cher ami,

Je vous plains d'être tellement absorbé par des devoirs extra-professionnels, tels que votre déménagement et vos inspections à Versailles. On prétend me faire faire aussi des inspections à Bordeaux ; mais je les ferai avec si peu de conscience que cela ne me prendra pas grand temps. On a voulu quelquefois me faire faire quelque chose de complet ; alors je priais le professeur inspecté de vouloir bien me faire le

1. Voir les lettres 3.4, 3.5, 3.18, 3.19, 3.20, 3.21, ??, 3.23 et 3.31.
2. Voir la note 5 de la lettre 3.26.
3. Voir la lettre 3.30.
4. Voir la note 6 de la lettre 3.30.
5. En 1868, Alfred Clebsch (1833-1872) a fondé les *Mathematische Annalen* avec Carl Neumann (1832-1925).
1. BI, MS 2719, lettre 23.

travail écrit, je le signais et la farce était jouée. C'est ainsi que je m'y prend quand on veut me faire faire ce qui ne concerne pas mon état.

Je ne me suis pas plaint absolument de la malice préméditée que vous auriez eue en *reservant* la préface déjà renvoyée. Je me plains seulement de ce que c'est le metteur en pages de Gauthier-Villars qui est le vrai rédacteur en chef du *Bulletin*. Il me semble que ce n'est pas à un ouvrier imprimeur de décider la composition de chaque numéro. C'est bon quand il d'agit d'articles sur les chiens perdus dans un petit journal d'annonces. Ainsi suis-je abasourdi de temps en temps par la distribution saugrenue des articles. C'est vous, mon cher ami, qui devriez vous charger excusivement de ce soin.

Je vous ai envoyé dernièrement deux petits articles, l'un sur les œuvres du P. Chelini, l'autre sur le Giornale de Battaglini[2]. Vous ne m'en parlez pas, ce qui me fait craindre qu'ils n'aient été égarés dans la bagarre. J'avais eu soin cependant d'indiquer vos deux domiciles successifs, en les séparant par la conjonction *ou*. L'article Chelini pourrait peut-être remplacer ma maudite préface, sauf à causer quelques dérangements dans tout le reste du fascicule. Je vous ai également adressé une note sur les dits *Quaternions*, où vous pourrez puiser avec plus de fruit que dans la Préface[3].

Mais il faut absolument sortir de l'ornière où nous sommes en ce moment. Ou laissons-là le *Bulletin* et je ne demande pas mieux, car il me fait faire plus de manvais sang qu'il ne rapporte d'utilité au public ; ou débarrassez-vous de vos occupations surabondantes pour y consacrer le temps nécessaire. Vous me parlez avec raison de votre facilité à faire des articles. Mais c'est là un talent qui ne suffit pas pour la direction d'un journal. Il faut aussi s'occuper de la partie administrative, et je crois que sur ce point je pourrais vous donner des leçons. J'ai fait, depuis une dizaine d'années, un apprentissage qui peut compter, en créant, avec des éléments nuls ou négatifs, le recueil de notre Société des Sc., etc., qui, dans des conditions plus favorables, aurait déjà une importance plus grande que le *Bulletin*. Mais ce n'est pas par les compilations que j'ai publiées moi-même dans ce recueil que j'en ai assuré le succès ; c'est par les travaux, tels que les vôtres, que j'y ai fait arriver, et cela en *administrant*[4]. J'y ai consacré beaucoup de temps, mais je ne m'en repens pas. Malheureusement je ne puis pas vous offrir pour le *Bulletin* le secours de mon expérience ; il faudrait être sur les lieux, et je suis à 600 kilomètres. Il faut donc vous résoudre à sacrifier un peu de votre temps à écrire des lettres à tous les savants que vous connaissez ou que vous désirez connaître ; il faut leur demander des articles sur leurs propres travaux, leur faire avoir des abonnements gratis, leur procurer des tirages à part, leur envoyer en cadeau quelques ouvrages que vous auriez en double, etc., etc. Il faut demander pour moi mille francs de subvention *dont je ferai l'abandon entier au Bulletin* pour payer les frais dont il vient d'être question. Pour les tirages à part, il faut, comme pour bien d'autres choses, que le metteur en page ne soit tellement occupé de ses fonctions de rédacteur en chef qu'il néglige celles de son métier. Je m'en suis plaint à Gauthier-Villars, qui m'a dit n'en pouvoir mais, il accordera à quiconque 25 exemplaires gratis, et 125 pour une indemnité de

2. Voir les notes 8 et 9 de la lettre 3.30.

3. Voir les lettres 3.30 et 3.31.

4. Darboux a publié dans les *Mémoires de la Société des sciences physiques et naturelles de Bordeaux* les travaux suivants : Sur une classe remarquable de courbes et de surfaces algébriques, et sur la théorie des imaginaires (1870 & 1873), Sur les théorèmes d'Ivory relatifs aux surfaces homofocales du second degré (1872), Mémoire sur l'équilibre astatique (1877), Note sur deux intégrales elliptiques qui se présentent sous forme indéterminée (1880).

12 francs. Mais il n'a jamais entendu parler des demandes que je vous ai faites *plus de trente fois* de la part de Lespiault. Tout cela est du désordre, ou, si vous aimez mieux, du gâchis. Si vous voulez que je continue à tirer la charrue du *Bulletin* de concert avec vous, il faut que vous commenciez par remettre un peu d'harmonie dans ce tohu-bohu. Aujourd'hui, c'est descendu à l'extrême limite de l'anarchie, et, si le *Bulletin* se relève de là, c'est qu'il aura la vie dure. Songez qu'un journal est comme un navire en mer, et que si le capitaine s'endort ou s'amuse dans sa cabine à faire des hautes mathématiques, le naufrage ne tardera pas.

Mais quelle diable d'idée avez-vous eue de nous encombrer de ce vieux Mémoire de Cauchy ! Et dire que nous ne serons pas encore quittes après celui-là, et que vous nous menacez encore d'un autre ! Il fallait me dire la chose *avant* de l'avoir décidée. Je vous aurai traduit n'importe quoi ; je vous aurais procuré quelque article de n'importe qui. Cela aurait mieux valu. Mais vous voulez faire tout à vous seul, malgré vos occupations envahissantes et sans prendre le temps de la réflexion. Je crois pourtant que souvent j'aurais pu vous donner de bons avis. Je vous tiens ce langage parce que vous ne l'attribuerez pas, j'espère, à un amour excessif de la domination. Seulement, quand mon capitaine s'endort, je crois devoir le réveiller.

Tout à vous,

J. H.

3.35 Lettre de Darboux à Hoüel reçue le 17 mars 1875

17/3/75

Mon cher ami,

Il y a deux questions importantes pour le Bulletin 1° nous mettre au courant 2° songer à l'avenir. J'ai causé avec M. Gauthier de ces deux questions et je me suis engagé à fournir à partir de cette semaine la valeur de 2 feuilles de copie. Je vais donc sérieusement me mettre en ce qui me concerne au courant et reprendre sérieusement la confection des articles. J'ai plusieurs choses en préparation mais j'espère bien que vous allez nous aider un peu et reprendre dans l'avenir de la publication une confiance qui vous manque. Painvin ne va pas mieux [1], je vais lui reprendre les C. R., le journal de Liouville et toute affaire cessante m'occuper du retard.

Quant à l'avenir nous avons avec M. Gauthier pensé que ce qu'il y a de mieux à faire c'est d'assurer une rétribution aux collaborateurs. Surtout aux étrangers. Nous avons été amenés à penser qu'on pourrait diviser les articles en 2 séries, l'une à 2 fr[ancs] la page, l'autre à 3 fr[ancs]. M. Gauthier m'a proposé ces chiffres comme maximum [2]. Mais ils n'ont rien de définitif. Qu'en pensez-vous ? L'établissement de 2 séries de prix me paraîtrait justifié par ce fait qu'on a pas de mal à faire une analyse des C. R. ou de Liouville comparable à celui d'analyser un gros bouquin. [†] Enfin donnez votre avis précis, je vous le demande instamment quoique rien ne presse. Toutes les fois que j'écris à l'étranger je demande des articles. J'ai écrit à Genocchi, je récrirai à Beltrami, à Klein, etc., etc.

1. Voir la note 5 de la lettre 3.26.
2. Voir la note 6 de la lettre 3.30.
†. ~~D'autre part~~

Je suis accablé de travail, ajoutez à cela mon déménagement et toutes sortes d'ennuis, ma notice à faire [3], mais je vais abattre de la besogne, je vous le garantis. J'espère donc que vous allez reprendre foi.

Que pensez-vous de la reproduction des discours prononcés sur la tombe de Mathieu [4]. L'un d'eux est très bien, nous devrions, il me semble, le donner à nos lecteurs, d'autant plus qu'il contient le récit des travaux et de la vie de Mathieu [5].

Enfin, je n'ai plus que 2 leçons par semaine et je commence à être installé. Quant au baccalauréat Dupanloup [6], il ne fonctionne pas encore pour nous, Dieu merci. Sur ce, mon cher ami, je vous laisse pour aujourd'hui.

Votre bien dévoué,

G. Darboux

3.36 Lettre de Hoüel à Darboux du 18 mars 1875

Bordeaux, le 18 mars 1875 [1].

Mon cher ami,

Vous avez bien raison de vous préoccuper des deux questions : le présent et l'avenir du *Bulletin*. Je m'en préoccupe aussi ; mais je n'ai pas, comme vous, la satisfaction de croire en posséder la solution. Pour le présent, cela pourra se faire, je le veux bien. Quand vous vous y mettez, cela marche vite. Mais l'avenir ? Croyez-vous, par hasard, à l'efficacité de vos quarante sous par page ? Pour moi, je tiens la solution comme aussi peu *psychologique* que possible. D'abord votre idée des deux catégories est on ne peut plus malheureuse. Et l'amour-propre des rédacteurs, qu'en faites-vous, s'il vous plaît ? Croyez-vous qu'un rédacteur à 40 sous n'enragera pas de voir son voisin traité à trois francs ? Et puis, si Genocchi ou Beltrami vous envoie un article de deux pages, aurez-vous l'idée de lui répondre par un mandat sur la poste de 4 francs ? Moi-même, je ne méprise pas les pièces de 40 sous, il en faut bien ; mais, tout mauvais que sont mes articles, je n'aurai pas beaucoup de courage pour en faire à deux francs la page. D'autre part, il y a des rédacteurs qui prennent cette prime au sérieux, croyez-vous qu'ils ne pourront pas bien se mettre à tirer à la page, en nous en donnant pour l'argent ? Il serait, je crois, beaucoup plus digne de payer vos collaborateurs en nature, en donnant au plus actifs des abonnements

---

3. Darboux parle de l'actualisation de la notice de présentation de ses travaux pour une candidature à l'Académie des sciences. Il sera classé en deuxième ligne par la section de géométrie mais ne recevra aucun suffrage lors du vote (voir la note 7 de la lettre 3.40). Par contre, l'Académie lui attribue en 1875 le prix Poncelet « pour ses travaux d'Analyse et de Géométrie » (*Comptes rendus hebdomadaires des séances de l'Académie des sciences* (t. 81, p. 1291).

4. L'astronome Claude-Louis Mathieu (1783-1875) est un ancien élève de l'École polytechnique. Il a été membre du Bureau des longitudes, de l'Académie des sciences et suppléant de Delambre dans la chaire d'astronomie du Collège de France. De 1817 à 1863, il a travaillé à l'École polytechnique, d'abord comme répétiteur, puis comme examinateur.

5. Seule l'annonce de son décès est publiée dans le *Bulletin* VIII, 1875, p. 162-164. Une notice nécrologique est publiée dans *La Revue des cours scientifiques de la France et de l' étranger* (Revue rose) du 13 mars 1875.

6. Félix Dupanloup (1802-1878) entre au Conseil supérieur de l'instruction publique le 4 juin 1873. Il se pose comme vif adversaire aux projets de réforme du Ministre de l'Instruction publique Jules Simon et parvient à en faire ajourner certains. Il est aussi le rapporteur et le principal promoteur de la réforme du baccalauréat ès lettres introduisant un dédoublement des épreuves en deux examens successifs à une année d'intervalle.

1. BI, MS 2719, lettre 24.

gratis, en faisant des tirages à part de tous les travaux qui en sont susceptibles, en offrant des exemplaires des ouvrages dont on désire un compte rendu, en ajoutant même, pour les rédacteurs, de première qualité, des primes consistant en volumes de la librairie Gauthier ou du Ministère. On arrêterait les faveurs dès que le zèle du favorisé se ralentirait. Cela ne coûterait pas plus cher, et cela ferait plus d'effet, surtout à l'étranger [2].

Je ne crois pas que vous obteniez grand'chose de Genocchi [3], non plus que de Beltrami (quoique plus aimable) [4].

Que voulez-vous donc conter à nos lecteurs sur le vieux compère Mathieu ? C'est vraiment trop de remplissage. Ce brave homme a vécu 92 ans, pour démontrer que le séjour de l'École Polytechnique ne ruine pas la santé. C'est là le plus intéressant de son histoire, et tous les journaux l'ont répété [5]. On trouve le reste dans Vapereau [6].

Je vous ai donné, je crois, mon avis précis, qui n'est pas conforme au vôtre. Je crois que vos moyens ne seront d'aucune efficacité. Mais je ne réponds pas de ceux que je propose timidement pour les remplacer. Je crois le *Bulletin* très-malade, malgré sa bonne mine. Le climat de la France convient moins que jamais à une semblable publication. Je reprendrai foi le jour où je verrai discuter sérieusement et raisonnablement la question de l'instruction publique, et où nous aurons l'espoir d'échapper à l'influence des hommes *résolument conservateurs*... de toutes les chinoiseries jésuitiques de l'Université de Napoléon-le-Grand et de M. de Fontanes [7]. D'ici là, rien de sérieux à faire.

Je n'en passe pas moins mon temps à vous faire une belle table du tome VII. Je compte vous l'envoyer à la fin de la semaine.

Vous avez dû recevoir ce matin votre Sturm [8], que, autant que j'en ai pu juger, vous avez retourné sur tous les sens, de manière à ne laisser plus grand'chose à dire après vous. Si je redevenais jeune, j'étudierais cela. Maintenant je ne suis plus bon à rien.

Cela posé, je vous quitte, en vous souhaitant toute sorte de prospérités. Tout à vous, J. H.

---

2. Voir la lettre 3.30, plus particulièrement la note 6 et la lettre 3.33.

3. Genocchi ne publie aucun article dans le *Bulletin*.

4. Beltrami publie dans le tome 11 (1876) du *Bulletin* un article sur la cinématique dans les espaces de courbure constante [Bel76]. Beltrami évoque cet article dans la lettre qu'il adresse à Hoüel le 31 juillet 1876 ([BGT98, p. 185-86].

5. Le *Livre du centenaire de l'École polytechnique* (t. 1) (1895) évoque presque de manière identique la mémoire de C.-L. Mathieu :

> Ceux qui fréquentaient l'Académie des Sciences vers la fin de 1874 étaient assurés d'y voir, chaque lundi, un vieillard plus que nonagénaire, doyen de cette Compagnie à laquelle il appartenait depuis beaucoup plus d'un demi-siècle, et assidu aux séances, où il ne laissait voir aucun signe de fatigue. Ce représentant d'un autre âge avait intimement connu Delambre, et il était le beau-frère d'Arago. Si son œuvre scientifique manquait de l'éclat qui avait entouré ces grands noms, on n'en saluait pas moins avec un respect unanime ce travailleur consciencieux et modeste, préoccupé toute sa vie de se rendre utile, et en même temps patriote ardent, toujours fidèle à ses amitiés comme aux convictions de sa jeunesse.
>
> Ce vieillard était Claude-Louis Mathieu, né à Mâcon en 1783. (p. 226)

6. G. Vapereau, *Dictionnaire universel des contemporains contenant toutes les personnes notables de la France et des pays étrangers*, quatrième édition, Hachette, Paris, 1870. La notice de C.-L. Mathieu se trouve p. 1229.

7. Louis de Fontanes est nommé le 17 mars 1808 « Grand-maître de l'Université impériale ». à ce titre, il contribue à favoriser l'enseignement littéraire au détriment des sciences.

8. Voir la note 6 de la lettre 3.9.

3.37 Lettre de Hoüel à Darboux du 21 mars 1875

Bordeaux, le 21 mars 1875 [1].

Mon cher ami,

Je vous écris pour me reposer un peu après le coup de collier que je viens de donner, et dont vous recevrez le résultat en même temps que la présente. Si vous jettez un coup d'œil sur la dernière partie de la Table, vous y remarquerez un léger perfectionnement, que vous approuverez peut-être. J'ai subdivisé les 5 grandes divisions des tables précédentes, et cela donnera une idée un peu moins vague du contenu des travaux [2]. Cela rentre aussi dans le plan que vous aviez primitivement adopté, avec cette différence que la division se fait sur la table des noms, et non sur le catalogue des Mémoires. Je crois que l'usage en sera ainsi facilité.

Je joins à cela le compte rendu du journal bohême, que Weyr m'a envoyé jeudi matin, et que je viens d'achever de traduire. Weyr me promet encore des articles sur la Société de Prague et sur l'Académie de Vienne [3].

Je vais maintenant tâcher de vous faire quelques petites analyses [4]. Malheureusement les mathématiciens ne s'occupent plus que des choses que j'ignore, et je me trouve de plus en plus démodé et gavache au milieu de ce mouvement auquel je suis resté étranger. Si j'étais plus au courant, je ferai les analyses avec bien plus d'ardeur. Mais mon ignorance me rend paresseux.

Je travaille lentement à l'analyse du livre de Hankel [5]. Une idée : Si nous en fourrions un bout de chapitre dans le *Bulletin*, par exemple, le chapitre sur l'Algèbre des Hindous, afin de détruire le mauvais effet produit sur le vulgaire par le bouquin de Hoefer [6] ? Mais vous devriez bien décider Gauthier-Villars à en publier la traduction complète. Lisez l'éloge que Cantor fait de ce livre dans le dernier n° du *Zeitschrift Schlömilch* [7]. Nous sommes en France tout à fait dénués de moyens d'apprendre l'histoire des mathématiques. Le livre de Chasles, que l'on réimprime en ce moment [8], contient beaucoup d'erreurs et de lacunes, dont j'ai indiqué quelques unes dans le *Bulletin* [9]. On peut être un grand géomètre sans avoir la patience de

1. BI, MS 2719, lettre 25.

2. Les cinq « grandes divisions » sont : Histoire des sciences – Généralités, Arithmétique – Analyse, Géométrie, Mécanique – Physique mathématique, Astronomie – Physique du globe. Hoüel a ajouté des subdivisions à l'intérieur de ces catégories. Par exemple, la troisième est subdivisée en « Géométrie élémentaire. Trigonométrie », « Géométrie descriptive. Projections. Géométrie appliquée. Systèmes de mesures », « Géométrie synthétique. Complexes. Représentation de surfaces, etc. », « Géométrie analytique dans le plan », « Géométrie analytique dans l'espace » et enfin « Courbes et surfaces spéciales ».

3. Le tome VII du *Bulletin* propose des comptes-rendus signés E. W. du tome 2 du journal *Časopis pro Pěstování Mathematiky a Fysiky* (p. 260-264) et des tomes 60 (p. 138-141), 61-67 (p. 203-222) des *Sitzungsberichte der Kaiserlichen Akademie der Wissenschaften zu Wien*.

4. Hoüel signe dans le tome VII du *Bulletin* les comptes-rendus du *Zeitschrift für matematischen und naturwissenschaften Unterricht* (Journal de Hoffmann) (p. 93-96), du *Periodico de Scienze matematiche e naturale per l'Insegnamento secondario* (p. 106-112) avec une longue recension d'une lettre de G. Jung à l'éditeur du journal, E. Bertini, sur la question de l'enseignement de la géométrie et un commentaire sur l'édition à des fins pédagogiques par Bertini du 5e livre d'Euclide, du *Bolletino di Bibliografia e di Storia delle Scienze matematiche e fisiche* (p. 120-126) avec une analyse serrée d'un article de D. Bierens de Haan sur les tables logarithmiques hollandaises.

5. [H117].

6. Voir la lettre 3.8.

7. *Zeitschrift für Mathematik und Physik*, volume 20, 1875, p. 27-38.

8. M. CHASLES, *Aperçu historique sur l'origine et le développement des méthodes en géométrie*, Hayez, Bruxelles, 1837 ; seconde édition augmentée, Gauthier-Villars, Paris, 1875.

9. Il ne semble pas que Hoüel fasse allusion à un texte particulier. Il a profité de mettre en évidence

fouiller les bouquins grecs, et pourtant il est impossible de faire aujourd'hui de l'histoire sérieuse de l'antiquité sans savoir le grec et l'allemand.

Gauthier-Villars paraît vouloir tout de bon imprimer mon bouquin [10]. Mais auparavant il faut que je tâche de lui faire sa toilette (au bouquin) avant de le conduire dans le grand monde. Si vous étiez un homme plus conciliant, vous me donneriez de fameux avis. Mais vous m'empoignez sur un point spécial, vous me torturez, vous me faîtes perdre la tête et douter si je connais encore ma gauche et ma droite, et quand vous m'avez mis dans ce triste état, vous m'y laissez, m'abandonnant à mon sens pervers. Laissons donc pour un instant le point en litige, et voyons ce qu'il y aurait bien à faire sur les points non sujet à contestation. Je voudrais, en attendant qu'il existe un traité d'Algèbre à la hauteur des idées modernes, conserver tout ce que j'ai dit sur les quantités complexes, mais le distribuer autrement. Je ferais une *introduction* comprenant les chapitres suivants : Notions sur les quantités complexes, précédées d'un chapitre sur la théorie des opérations ; Quelques leçons sur les déterminants.

J'aborderais ensuite mon sujet, en modifiant considérablement la Ire leçon naturelle, qui est trop *Duhamélienne*. Et puis... Je ne sais plus trop ce que je ferais des suivantes ; je suis placé entre les deux alternatives fâcheuses, ou de ne plus me comprendre moi-même, ou d'encourir vos critiques. Si vous ne voulez pas m'éclairer sur ce qui m'embarrasse, et que vous continuiez à répandre vos lumières dans la pièce à côté, je serai forcé de conclure comme le meunier de la fable, qui se détermina à disposer à sa tête de son âne et de son fils [11]. J'ai déjà conféré de cela avec Schwarz, qui n'est pas aussi sévère que vous, et avec qui j'espère bien arriver à m'entendre. Je vais reprendre notre correspondance, interrompue depuis un an et tâcher de couler la question à fond. Alors, si je suis encore dans l'erreur, j'y serai en bonne compagnie.

Pour ce qui est des premières notions sur les fonctions de grandeurs complexes (2e partie de mon bouquin), j'ai envie d'en faire un supplément à la première partie du Calcul intégral, avant les applications géométriques. Du reste, je ne suis rien moins que décidé sur ce point.

Vous m'avez signalé des hérésies dans mon chapitre sur la différentiation des séries. Mais vous ne m'avez pas donné là-dessus des détails suffisants. Je n'ai pu découvrir en quoi consistait la faute, et j'ai dû, en attendant mieux, exposer ma leçon à mes élèves sans y rien changer.

Ne serait-il pas bon de faire comme tout le monde fait aujourd'hui, de mettre à la suite de chaque chapitre un recueil d'exercices, non pas, comme fait Bertrand, un recueil de problèmes difficiles pour exercer le génie d'invention, mais un recueil d'exemples, où l'on n'aurait qu'à appliquer avec un peu d'intelligence les préceptes de la leçon, et qui serait au recueil-Bertrand ce que les gammes et les exercices de Czerny sont aux fantaisies de Liszt [12] ? C'est à peu près ce qu'ont fait Boole et Todhunter [13]. Je serais même plus terre à terre qu'eux. Pour me préparer, j'achève

---

certaines « erreurs » ou « lacunes » dans ses différents travaux. Voir par exemple, [H92, p. 326].

10. Le *Cours de calcul infinitésimal* de Hoüel paraît chez Gauthier-Villars en 4 tomes (1878, 1879, 1880 et 1881).

11. Il s'agit de la fable de Jean de La Fontaine intitulée *Le Meunier, son fils et l'âne*. Celle-ci contient les mots : « "Qu'on dise quelque chose ou qu'on ne dise rien, j'en veux faire à ma tête." Il le fit, et fit bien. »

12. Le pianiste Franz Liszt (1811-1886) est l'élève de Carl Czerny (1791-1857).

13. G. Boole, *A treatise on differential equations*, Macmillan, Cambridge, 1859 & I. Todhunter, *A treatise on the differential calculus and the elements of the integral calculus : with numerous examples*, Macmillan, Cambridge, 1852.

de faire collection de tous les Traités anciens et modernes de Calcul différentiel et intégral. J'ai tous les principaux. Il ne me manque plus que quelques-uns de 5e ou 6e ordre. Je les aurai, car on trouve dans tous les fumiers quelque perle.

Me voici reposé de ma table, tandis que vous, vous devez être las de mon bavardage. Je vous quitte donc dans l'espoir que vous m'écriviez bientôt. Irez-vous dans le midi pendant les vacances de Pâques ?

Tout à vous,

J. H.

3.38 Lettre de Hoüel à Darboux du 22 mars 1875

Bordeaux, le 22 mars 1875 [1].

Mon cher ami,

J'espère que cette fois vous ne me traiterez pas de fainéant. Voici encore un paquet d'épreuves, plus de la copie, dont j'ai reçu ce matin le texte, de Copenhague, et dont je viens de vous emballer la traduction du danois [2].

Relativement aux épreuves, il faudra que vous vérifiiez une ou deux corrections importantes que j'ai indiquées vers la fin. Je les ai trouvées écrites au crayon, de ma main, je crois, sur mon exemplaire ; mais je ne sais plus où je les avais prises. J'ai vérifié au moins l'une d'elles dans les Tables de Bierens de Haan [3]. Puisque vous faites tant que de réimprimer le Mémoire, il faut le faire correctement.

Ils ont à l'imprimerie des tics qui m'agacent. D'abord ils ont la manie de remplacer partout sans exception les *etc.* par des points. Il y a des cas où c'est affreux et absurde. Ensuite ils prétendent effacer les distinctions entre l'adjectif *correspondant*, qui se décline, et le participe présent *correspondant*, qui est invariable. Or cela altère parfois le sens de la phrase. J'ai partout rétabli la manière d'écrire de Cauchy, qui savait bien le français.

Je vais maintenant vous faire quelques petites analyses de recueils hollandais [4] ou autres semblables. Je reprendrai en même temps l'étude de Hankel, que je veux mener à bonne fin. J'y trouverai, sans grands efforts de génie, la matière d'un article intéressant.

L'imprimerie a de la copie sur la planche, cette fois ; les retards futurs ne seront plus sur notre compte. Mais c'est tout de même effrayant, l'arriéré que nous avons à rattraper :

Les *Nachrichten* de Göttingen pour les années 1871,1872,1873,1874 (Il y a beaucoup d'articles importants)	Le Zeitschfift de Schlömilch
Les *Mathematische Annalen*, tomes V, VI, VII.	Les Philosophical Transactions
Le journal de Liouville	Le Thomae, 2e édition
Les Nouvelles Annales	Königsberger, Fonctions elliptiques.
Les Annali di Matematica	et deux pages d'*etc.*

1. BI, MS 2719, lettre 26.
2. Le tome VII du *Bulletin* propose une recension signée Z. (certainement Zeuthen) de « Publications danoises » (p. 86-90).
3. D. Bierens de Haan, Tables d'intégrales définies, *Mémoires de l'Académie royale des sciences d'Amsterdam* IV, 1858 & *Nouvelles tables d'intégrales défnies*, Engels, Leide, 1867.
4. Le tome VII du *Bulletin* propose une recension rapide non-signée des tomes 4, 5, 6, 7 des *Verslagen en Mededeelingen der Koninklichke Akademie der Wetenschappen te Amsterdam*.

De Tilly me promet toujours l'Académie de Bruxelles ; mais je ne vois rien venir.

Bref, les grands recueils (sauf le Journal-Borchardt) sont tous analysés fort irrégulièrement : je ne m'en mêle pas. Les petits, ceux qui rentrent dans ma spécialité, remplissent à eux seuls le *Bulletin*, qui a l'air d'un hôpital des infirmes.

Je vous enverrai bientôt

Archives Néerlandaises, T. VIII et IX[5].
Bulletin de l'Acad. de S^t. Pétersbourg, t. XIX[6].
Mittheilungen de Berne[7], etc.

Lespiault, que la promesse des tirages à part a tout ragaillardi (mais il faut la tenir, cette promesse)[8], vous fera les *Astronomische Nachrichten*[9] et les *Philosoph. Transactions* (les 2 dernières années)[10].

Je vous donnerai quelque chose sur Hoefer[11].

J'ai reçu le commencement du second volume de Suter[12]. Cela me paraît beaucoup plus sérieux que le premier. Cependant je ne saurais garantir que cela soit bon. Il éreinte un peu Leibnitz, et accorde, avec Sloman[13], la priorité à Newton, en insinuant que Leibnitz a eu très-probablement connaissance de la découverte des fluxions.

Adieu pour aujourd'hui, et à bientôt.

J. H.

Je vais travailler à finir le Borchard[t][14] (élasticité).

3.39 Lettre de Hoüel à Darboux du 26 mars 1875

Bordeaux, le 26 mars 1875[1].

Mon cher ami,

Si je vous reproche quelquefois de batailler contre mes œuvres plus qu'elles ne le méritent, je vous adresserai le reproche absolument contraire au sujet de leur auteur. Autant il serait juste et désirable que vous parvinssiez le plus tôt possible au fauteuil comme titulaire[2], autant il serait peu souhaitable, même pour moi, que l'on me rattachât d'une manière quelconque à un corps savant qui ne doit s'occuper que des hommes ayant fait quelque découverte. Or je n'en ai fait et *a fortiori* n'en ferai jamais aucune. En dehors des premiers éléments, j'ai des connaissances mathématiques trop incomplètes pour oser jamais prendre rang dans une société à la porte de laquelle attendent tant de savants géomètres « dont je ne serais pas

8. Voir la lettre 3.30.
9. Le tome 9 (1875) du *Bulletin* propose un compte-rendu signé G. L. du tome 79 des *Astronomische Nachrichten* (p. 27-36).
10. Les *Philosophical Transactions* ne donnent lieu à aucune recension dans les tomes suivants du *Bulletin*.
11. [H115].
12. Hoüel a déjà effectué le compte rendu [H103] du premier volume de cet ouvrage.
13. H. Sloman, *The Claim of Leibniz to the Invention of the Differential Calculus*, Macmillan, Cambridge, 1860.
14. Voir la note 9 de la lettre 3.19, la note 3 de la lettre 3.26 et la note 5 de la lettre 3.27.
1. BI, MS 2719, lettre 27. Cette lettre est la réponse à une lettre perdue de Darboux.
2. Voir la note 3 de la lettre 3.35.

digne, en me baissant, de délier la chaussure »[3]. Je puis vous assurez que jamais mon nom ne figurera avec mon consentement sur une liste de candidats à la *correspondance*. Si par une aberration, que je juge plus sciemment que tout autre, on venait à me choisir, je me trouverais trop mal à l'aise, et je serais beaucoup plus accablé que flatté d'un honneur aussi peu adéquat à mon humble personne. Merci donc de votre extrème bonne volonté pour moi. Si dans cette occasion l'amitié vous aveugle, je ne puis que vous en être reconnaissant, en regrettant de ne pouvoir vous rendre le même service, qui serait bien mieux placé.

Je viens d'examiner votre article auquel j'ai fait quelques annotations au crayon rouge[4]. Je n'ai jamais entendu parler des travaux personnels du fils d'Hamilton, qui n'a fait autre chose, que je sache, que de surveiller la fin de l'impression des *Elements of Quaternions*[5]. Ensuite, avant de parler de Kelland et Tait, il conviendrait de parler de Tait tout seul, qui a publié les deux éditions de son *Treatise*[6] avant que l'ouvrage fait en collaboration avec Kelland[7] ne vît le jour. Tâchez d'arranger cela de manière à ne pas blesser la vérité historique.

Êtes-vous bien sûr que Thomson n'ait pas fait usage des quaternions[8] ? Dans tous les cas, Maxwell s'en est servi[9]. Voir *Bulletin*, t. V, p. 243[10]. Quant à Cayley et Sylvester, ils ne manquaient pas de sujets à traiter sans celui-là.

Votre paragraphe sur les équipollences n'aurait-il pas été mieux placé entre le paragraphe sur le Chap. IV et le paragraphe sur le Chap. VI ?

Je n'ai fait *aucun choix* de symboles, simples ou non. J'ai changé parfois la forme des lettres, mais voilà tout. Ce qui ne veut pas dire que le calcul des quaternions n'aurait pas besoin d'une grande et radicale réforme. Seulement ce n'est pas moi qui la ferai, et pour cause.

Si vous voulez trouver l'occasion de me faire des compliments, je vous signale mon chapitre XIII, qui me semble assez joliment arrangé. Il ne s'agit, bien entendu, que d'un arrangement[11].

Je respecte vos scrupules à l'endroit de *ma* théorie des quantités négatives et imaginaires, puisque vous ne pensez pas devoir l'adopter. Je vous ferai observer seulement que mes idées sur ces divers sujets descendent en droite ligne de celles de Gauss, en passant par Hankel, et se rattachant par beaucoup de points à Cauchy, tandis que les vôtres sont précisément celles que j'ai entendu pendant trois ans

3. C'est un passage de l'Évangile selon Jean. Lorsque des pharisiens l'interrogent, Jean répond : « Il y a au milieu de vous quelqu'un que vous ne connaissez pas, qui vient derrière moi et dont je ne suis pas digne de délier le lacet de chaussure. » (I, 26-27)

4. Il s'agit du compte rendu rédigé par Darboux de la quatrième partie du travail [H41] sur les quaternions et publié dans le *Bulletin* VIII, 1875, p. 9-13.

5. Cette information est contenue sur la page de titre de l'ouvrage : *Elements of Quaternions* by the late Sir William Rowan HAMILTON edited by his son William Edwin HAMILTON, Longmans, Green & Co, London, 1866. Dans le compte rendu de Darboux, il n'y a plus de mention aux travaux du fils d'Hamilton.

6. P. G. TAIT, *An Elementary Treatise on Quaternions*, Clarendon Press, Oxford, 1867 ; second edition, 1873.

7. P. KELLAND & P. G. TAIT, *Introduction to Quaternions with Numerous Examples*, Macmillan & Co, London, 1873.

8. W. Thomson était même opposé à leur utilisation en physique au contraire de Taits. Pour plus de précisions, voir [Cro67, p. 119].

9. La formulation originale (1873) de Maxwell utilise les quaternions. Pour plus de précisions, voir [Fam15].

10. Il s'agit d'un compte rendu de l'ouvrage J.-C. MAXWELL, *A Treatise on Electricity and Magnetism*, Clarendon Press, Oxford, 1873 rédigé par Joseph Bertrand.

11. Darboux écrit donc : « Nous signalerons surtout le Chapitre XIII, qui contient une théorie élégamment exposée des lignes et des surfaces courbes. » (*Bulletin* VIII, 1875, p. 13)

développer par Duhamel. Or, en Algèbre comme en Calcul infinitésimal, j'ai abandonné après mûres réflexions presque toute la façon de voir de mon ancien maître, et je les ai remplacées par d'autres pour l'exactitude desquelles je me ferais hâcher en morceaux, et qui me semblent mille fois plus simples que les fictions de Duhamel. Je me figure comprendre ce que c'est que l'Analyse, quelque maladroit que je sois à me servir de cet instrument. Or ce que je prétends entendre mieux que la plupart de mes compatriotes, c'est précisément l'origine de l'Analyse et ses dépendances avec la réalité. Je vous avouerai, au risque de passer pour un orgueilleux, que je me crois plus éclairé sur ce sujet que les 3/4 au moins des membres de l'Académie des Sciences. Je n'ai rien inventé de ce que je sais là-desssus ; seulement je me suis laissé guidé par des esprits plus philosophiques (dans le bon sens du mot) que tous les élèves de l'École Polytechnique depuis sa fondation. Si je ne vous ai pas convaincu, c'est d'abord parce que je ne me sens pas un talent d'exposition suffisant pour traiter cette délicate question avec la clarté qu'elle exige, et ensuite parce que je n'ai pas eu l'occasion de publier le résultat de mes réflexions ni de vous l'exposer. Quant au fond, je suis *sûr*, ce qu'on appelle *sûr*, de mon affaire, et je ne suis pas moins sûr de vous voir un jour partager ma manière de voir, pour peu que vous consentiez à examiner la question sans parti pris. Croyez-bien que la philosophie des mathématiques et l'emploi, la pratique des mathématiques sont deux choses bien distinctes, et qui se trouvent rarement réunies dans la même personne. D'Alembert, Gauss, Poinsot, Dirichlet sont peut-être les seuls grands géomètres qui aient été philosophes. Ainsi Argand était bien plus philosophe que Lagrange, Laplace et Legendre ; Duhamel l'était plus que Poisson. Ne vous plaignez donc pas si je prétends, *jusqu'à votre conversion*, l'être plus que vous.

Je vous envoie, en attendant mieux, un article sur le Bulletin de l'Ac. de S^{t}.-Pétersbourg, que j'ai terminé hier au soir [12].

Quant à l'éloge du bonhomme Mathieu, je ne vous conseillerais de l'insérer que si vous manquiez absolument de copie [13]. La production de Lœwy me semble assez faible au point de vue littéraire, et je ne crois pas qu'il soit urgent de commencer par là la collaboration au *Bulletin* de notre ex-prétendu collaborateur [14].

Ce que vous me dites sur ce pauvre Painvin est bien triste. Ce sera une grande perte pour nous [15] ! Qui le remplacera ? Toujours des soustractions, jamais d'additions à votre personnel !

Guérissez votre migraine, et écrivez-moi bientôt.

J. H.

3.40 Lettre de Darboux à Hoüel reçue le 30 mars 1875

30/3/75

Mon cher ami,

12. Le tome 8 du *Bulletin* propose un compte-rendu (p. 143-145) non-signé du tome 19 du *Bulletin de l'Académie impériale de Saint-Petersbourg*.

13. Voir la lettre 3.36.

14. Maurice Lœwy était signalé jusqu'au tome 3 comme un collaborateur du *Bulletin*. Hoüel ne s'entendait pas très bien avec lui.

15. Voir la note 5 de la lettre 3.26.

Je ne vous ai pas écrit mais j'ai travaillé au Bulletin. Comme nous commençons à avoir de l'avance je vous enverrai dorénavant ma copie. En attendant voici ce qui est fait.

Comptes Rendus [1]

Math. Annal. tout un volume ouf [2]

Journal de Liouville – id ————————– [3]

Nouvelles Annales – id ————————– [4]

Article sur la statique graphique [5]

Article sur les surfaces de Brill découpées avec des feuilles en papier [6]

et je ne me rappelle plus quoi.

J'ai préparé autre chose et si rien ne m'arrête j'aurai encore fait pas mal de copie à la fin des vacances.

Pourquoi ne figureriez-vous pas sur une liste de correspondants ? Du reste ce ne sont pas des démarches que je fais et vous n'y êtes mêlé en rien. C'est seulement mon opinion que j'énonce et ai bien le droit d'énoncer. Vous aussi mon cher ami vous avez un double défaut [†]. D'une part vous êtes trop modeste ; d'autre part il est impossible de discuter avec vous. Vous prétendez toujours que dès qu'on n'adopte pas vos idées c'est parce qu'on croit que vous n'entendez rien aux mathématiques.

Que devenez-vous pendant ces vacances ? Pour moi j'ai bien des préoccupations. Je voudrais bien voir achever Bouquet et *l'autre* se remue comme un diable. Au commencement il n'espérait pas dix voix, maintenant il se dit sûr du succès. Ce serait navrant et extrêmement regrettable pour l'École Normale, heureusement que la section est unanime à part le père Chasles. Mais on démolit la section en disant que c'est une section de géometrie et que le père Chasles est seul géomètre. C'est un argument que les médecins et les polytechniciens de l'Académie gobent parfaitement, les intrigues aidant. Enfin qu'y faire [7].

1. Le tome 8 du *Bulletin* propose des recensions (non-signées) des tomes 79 et 80 des *Comptes rendus hebdomadaires des séances de l'Académie des sciences* (p. 37-42, 67-78 et 161-170). Le compte-rendu du tome 79 contient une longue citation d'une note de Le Verrier sur une théorie nouvelle de la planète Neptune, celui du tome 80, des citations des discours prononcés lors d'une séance d'hommage à C.-L. Mathieu.

2. Le tome 8 du *Bulletin* offre une recension (non-signée) du tome 5 des *Mathematische Annalen* (p. 78-91).

3. Le tome 8 du *Bulletin* propose une recension (non signée) du tome 19 du *Journal de mathématiques pures et appliquées* (p. 19-25).

4. Le tome 8 du *Bulletin* offre une recension (non signée) du tome 13 des *Nouvelles annales de mathématiques*.

5. Il s'agit du compte rendu (signé G. D.) de M. Lévy, *La statique graphique et ses applications aux constructions*, Gauthier-Villars, Paris, 1874 publié dans le *Bulletin* VIII, 1875, p. 13-17.

6. Il s'agit d'un article sur des modèles en carton de surfaces du deuxième degré obtenus suivant une idée de Ludwig Brill consistant à représenter la surface à l'aide de deux familles de sections parallèles. Le texte comprend la figure d'un ellipsoïde obtenu par ce mode de représentation. Voir *Bulletin* VIII, 1875, p. 7-9.

†. Ce mot est illisible.

7. Darboux évoque les tractations qui ont lieu au sein de l'Académie concernant l'élection du successeur de J. Bertrand, élu secrétaire perpétuel. J.-C. Bouquet sera élu le 19 avril 1875. Son principal rival était A. Mannheim, le candidat de l'École polytechnique alors que Bouquet était celui de l'École normale. Cette opposition ne se réduit pas seulement à une rivalité d'institutions. Elle recouvre aussi une opposition entre les tenants des mathématiques anciennes (Mannheim est disciple de Poncelet) et ceux qui, tant en analyse qu'en géométrie, prônent des conceptions nouvelles.
Le compte-rendu de la séance du 19 mars indique que J.-C. Bouquet est élu avec 31 voix et que A. Mannheim et C. Jordan en ont respectivement obtenu 24 et 5 (*Comptes rendus*, t. 80, p. 996). Le compte-rendu de la séance précédente rapporte le classement proposé par la section de géométrie :

Vous ne m'avez pas donné de grands détails sur ce que [††] Beltrami vous dit de Cremona [8]. Ce Cremona m'a l'air d'un homme joliment habile. Le père Chasles ne peut pas le sentir.

J'ai vu aujourd'hui M. Gauthier-Villars qui va vous écrire à propos des œuvres de Laplace. Il parait que c'est grâce à votre initiative qu'on réimprimera les Mémoires [9]. Je vous en félicite.

Comment diable Suter revient-il sur cette affaire de Leibnitz [10]. Comment il ne vous répugne pas d'admettre que ce grand esprit qu'on appelle Leibnitz ait jamais menti. La question me parait jugée depuis longtemps et les géomètres anglais auraient bien pu garder leur Commercium plus ou moins epistolicum.

Ah que vous êtes aimable de finir le Borchardt [11]. Hermite lui a écrit que vous vous en occupiez et que nous publierons la traduction de son Mémoire.

J'ai envie de traduire un mémoire tout récent de Lie. J'attends la fin [12]. Cela nous ferait pour les Mélanges, du pain sur la planche. Du reste les Mélanges ne manqueront pas.

Je vais faire le Zeitschrift de Schlömilch [13]. En voilà des gens canulants et le Grunert continue [14]. Vous en chargez-vous ?

J'ai envie de faire un éreintement à la théorie des Solutions singulières de

---

> « La Section de Géométrie, par l'organe de son doyen, M. Chasles, présente la liste suivante de candidats, pour la nomination d'un membre, en remplacement de M. Bertrand, élu Secrétaire perpétuel.
>
> 1. *en première ligne*, M. Bouquet.
> 2. *en deuxième ligne et par ordre alphabétique*, M. Darboux, M. Jordan, M. Laguerre.
> 3. *en troisième ligne et par ordre alphabétique*, M. Mannheim, M. Moutard. »
>
> (*Comptes rendus*, t. 80, p. 979)

Darboux n'avait donc pas complètement tort de craindre le vote de l'Académie puisque celui-ci ne suit pas intégralement la proposition de la section de géométrie en donnant un nombre plus que respectable de voix à Mannheim pourtant classé en 3e ligne. En 1881, Darboux retirera sa candidature pour assurer l'élection de C. Jordan toujours contre A. Mannheim.

††. ~~Cremo~~

8. Voir la note 10 de la lettre 3.27.

9. Hoüel avait déjà donné cette information à Darboux dans sa lettre du 8 janvier 1875 (voir la lettre 3.7).

10. Voir la lettre 3.38.

11. Voir la note 9 de la lettre 3.19.

12. Les volumes du *Bulletin* des années 1875 et 1876 ne publient pas de traduction d'un mémoire de Lie.

13. Le tome 8 du *Bulletin* propose une recension (non-signée) des tomes 55 et 56 des *Archiv der Mathematik und Physik* (p. 170-181) avec en particulier un long compte-rendu d'un article de R. Hoppe sur les « principes de la théorie analytique des courbes ».

14. Le tome 8 du *Bulletin* propose une recension (non-signée) du tome 19 du *Zeitschrift für Mathematik und Physik* (p. 185-191).

Laurent [15]. Il me critique sans me lire [16], je le critiquerai après l'avoir lu. Qu'en pensez-vous ?

À bientôt

Votre bien dévoué,

G. Darboux

3.41 Lettre de Hoüel à Darboux du 31 mars 1875

Bordeaux, le 31 mars 1875 [1].

Mon cher ami,

Je vous félicite bien sincèrement d'avoir travaillé à notre pauvre Bulletin. Il avait besoin d'un effort surhumain pour reprendre vie ; car il était bien malade ! Je n'ai pas abattu autant de besogne que vous ; mais j'ai pourtant rudement pioché. Je vous enverrai tantôt ou demain 1° la traduction du Borchardt, qui est, Dieu merci, terminée (Oh ! que c'est embêtant de traduire des choses dont on ne comprend pas le premier mot ! ! ! !) [2] ; 2° une analyse de 4 volumes des Actes de l'Université de Lund. J'y ai introduit pas mal de citations des auteurs. Si vous trouvez que ces citations ne contiennent rien d'intéressant, biffez-en ce que vous voudrez. Je n'ai pas pu faire mieux à propos de complexes, de caractéristiques et autres choses également inconnues pour moi [3] ; 3° une analyse de deux volumes des Archives Néerlandaises [4]. Je n'en ai encore fait qu'un ; dès que l'autre sera terminé, le tout partira ensemble.

Ce n'est pas tout : j'ai encore en train la rédaction de mes vieilles petites notes sur le développement de la fonction perturbatrice, dont je vais composer un gros Mémoire que je destine à Weyr pour son *Archiv* [5].

Pourquoi ne figurerais-je pas sur la liste des candidats correspondants ? Parce que, si d'autres s'y font mettre sans titres suffisants, ce n'est pas une raison pour que j'imite leur exemple. Je vous dirai d'ailleurs, outre la raison peremptoire ci-dessus,

15. Darboux parle de la brochure d'Hermann Laurent, *Théorie des équations différentielles ordinaires simultanées* [Lau73]. Dans la préface, H. Laurent décrit rapidement l'état de la question des solutions singulières des équations différentielles depuis Clairaut jusquà Cauchy et Serret. Il termine en évoquant quelques travaux plus récents :

> « Après eux, on doit surtout citer MM. Catalan, Serret et Darboux, qui ont étudié avec soin la question des solutions singulières.
> Si j'ai pris le parti de reprendre un sujet qui paraît presqu'épuisé, c'est qu'il m'a semblé rencontrer quelques erreurs ça et là. J'ai essayé de les relever ; peut-être me suis-je trompé moi-même, mais j'espère que l'on voudra bien me tenir compte de ma bonne volonté, et, en évitant les citations, je pense que l'on comprendra que je ne me suis pas laissé guider par l'esprit de dénigrement pour publier ce travail. » [Lau73, p. 5]

16. Outre deux notes publiées en 1870 dans les *Comptes rendus hebdomadaires des séances de l'Académie des sciences*, les travaux de Darboux sur la question des solutions singulières des équations différentielles ont été exposés à la Société philomatique de Paris et publiés dans le tome 4 du *Bulletin* [Dar73]. Dans une note, Darboux répond à des critiques de Mansion.

1. BI, MS 2719, lettre 29-30.
2. Voir la note 9 de la lettre 3.19.
3. Le tome 8 du *Bulletin* propose une recension (non-signée) des tomes 6,7,8 et 9 des *Acta Universitatis Ludensis* (p. 130-137).
4. Le tome 8 du *Bulletin* propose une recension (non-signée) des tomes 8 et 9 des *Archives néerlandaises des Sciences exactes et naturelles* (p. 181-184).
5. [H59].

que personne n'a moins que moi la soif des honneurs. Je n'apprécie les titres qu'en raison de l'influence qu'ils procurent pour réaliser des projets utiles, et comme je n'ai ni n'aurai aucun projet, utile ou autre, à réaliser en dehors que ceux que je réalise en ce moment, il s'ensuit de là que je ne puis considérer les honneurs, quels qu'ils soient, que comme des causes d'ennui, vous imposant la corvée de répondre des bêtises à tous ceux qui viennent vous en féliciter.

Vous vous méprenez complètement sur ma modestie prétendue excessive, et sur ce que vous regardez comme un contraste, sur ce que je prétends que l'on m'accuse de ne rien entendre aux mathématiques quand on diffère d'opinion avec moi. Je vous assure pourtant que je n'ai mérité

Ni cet excès d'honneur, ni cette indignité. [6]

Ce ne sont pas les auteurs qui m'accusent de ne rien entendre, etc. C'est moi-même qui le fais conditionnellement. Et voici comment. Depuis que je suis sorti des mains de Duhamel, j'ai continué à suivre l'impulsion qu'il m'avait donnée, et j'ai, depuis bientôt trente ans, employé toute ma ration d'intelligence à chercher à comprendre ce que c'est que le commencement des Mathématiques. J'ai toujours été traité d'hérétique, de métaphysicien, etc., etc. par les non-philosophants. Toujours, sans exception, la marche forcée de la science m'a donné raison contre eux. C'est ainsi qu'aujourd'hui il est peu de géomètres sérieux qui prétendent qu'on peut définir la ligne droite comme le plus court chemin, ou qui jettent les hauts cris contre la géométrie non-euclidienne. Or la marche qui m'a conduit à adopter constamment les bonnes tendances, reconnues depuis comme telles, cette marche est simple et une. À mesure qu'une question s'éclaircissait pour moi, elle rentrait dans mon système (ou plutôt dans mon absence de système), et réciproquement, et toujours j'ai pu regarder par dessus la tête de mes contradicteurs, comprenant tout ce qu'ils me disaient, expliquant ce qu'il y avait de bon comme conséquence de ma manière de voir, et apercevant très-clairement que leurs erreurs tenaient à ce qu'eux *ne me comprenaient pas*. Si je ne me fais pas une illusion profonde, cette position est ce qu'on appelle une position avantageuse. Seulement, de deux choses l'une, ou j'ai raison partout, ou je suis victime d'une hallucination qui met toutes mes idées à néant. Ainsi je ne puis pas vous céder un iota de mon opinion sur les quantités négatives sans me trouver plonger dans l'obscurité complète. Je suis aussi certain d'être dans le vrai que je puis l'être de n'importe quelle règle de calcul ou de n'importe quel théorème de géométrie. Je suis certain parce que je vois les choses en elles-mêmes ; que je suis en mesure d'en tirer comme cas particulier toutes les ficelles algébriques plus ou moins bien cordées, toutes les considérations philosophiques plus ou moins creuses que l'on rencontre dans les livres et ailleurs. Je me sens fort vis à vis des autres comme vous pouvez vous sentir fort vis à vis de ceux qui voudraient juger de la géométrie de Plücker au moyen de celle de Legendre. En un mot, pour vous dire tout, ou je connais les quantités négatives mieux que vous et que bien d'autres, ou je n'ai fait que rêver depuis trente ans. Vous voyez que je ne mets dans cet aveu aucune fausse modestie, ni même aucune vraie modestie, si vous voulez. Mais voilà les choses telles qu'elles sont. Je crois me sentir supérieur à vous sur ce point particulier ; je crois savoir là-dessus ce que vous savez et quelque chose de plus. Quand on arrive aux principes du Calcul infinitésimal, je commence à perdre un peu de ma confiance, quoique le commencement s'arrange si parfaitement avec

6. C'est une réplique de Junie dans la tragédie *Britannicus* (1669) de Jean Racine (1639-1699) : « J'ose dire pourtant que je n'ai mérité - Ni cet excès d'honneur, ni cette indignité. » (acte II, scène III)

le reste de mon système, que j'ai bien de la peine à croire que je sois dans l'erreur. Ce qu'il y a de sûr, c'est que si je me trompe pour ce commencement, je ne me reconnais plus le droit de publier un Traité *ex professo* sur cette matière. Si vous me prouvez donc (ce que vous n'avez pas fait jusqu'ici) que mon Cours doive être nécessairement remanié au commencement, j'en conclurai mon incapacité à traiter le sujet, absolument comme vous renoncerez à vous occuper de Géométrie, si l'on vous prouvait que le rapport de la circonférence au diamètre est exactement $= 3\frac{1}{4}$. Remarquez bien que ces questions de principes sont d'une tout autre nature que les questions d'application. On vous prouverait, par exemple, que votre volume sur les courbes et les surfaces (des Mém. de la Soc. des Sc. ph. et nat.) [7] repose sur un théorème faux, qui détruit la vérité de tous vos résultats ; vous n'auriez qu'à dire : « Je me suis trompé par une faute de signe qui rend tout le reste inexact. C'est un coup manqué ; nous ferons mieux une autre fois ». Mais, dans mon cas, c'est tout différent. Tout ce que je crois avoir compris dans les mathématiques est indissolublement lié à la série d'idées dont mes idées sur les quantités négatives forment un des termes fondamentaux. Si vous me coupez cet anneau de ma chaîne, patatras ! tout le monde tombe, et des débris rien ne vaut plus la peine d'être ramassé. Si vous me piquez là, c'est au cœur que vous me piquez, tandis que si je vous pique sur le même point, à peine cela vous atteint-il au mollet.

J'espère que maintenant vous comprendrez mon point de vue, et que vous ne vous étonnerez plus de me trouver tantôt si rogue, tantôt si humble en apparence. Si vous m'attaquez dans le petit domaine où je crois avoir droit de régner, je me défendrai jusqu'à la dernière extrémité. Pour tout le reste, je n'y ai d'autre prétention que celle de disciple obéissant. Les principes du Calcul infinitésimal forment la transition. J'ai encore des prétentions sur le commencement, y compris la démonstration du théorème : Si $f'(x) = 0$, $f(x) =$ const. À partir de là, je deviens de plus en plus docile, et je reconnais de plus en plus que votre infaillibilité croît en même temps que ma *faillibilité*. Seulement ce que je n'admets pas, c'est votre système de lire entre les lignes, et de m'attribuer des idées que je n'ai jamais eues dans l'esprit et que je n'ai jamais écrites. Par exemple, l'idée que toute solution de l'équation $\frac{\partial f(x,y,y')}{\partial y} = 0$ donne une solution singulière de $f(x, y, y') = 0$.

Ce que je deviens pendant mes vacances ? Hé bien ! je reste dans mon cabinet, j'y griffonne ; je prends pour récréation la promenade d'ici à la porte ou à la Faculté. Et je ne vois pas la fin possible de ce régime ! tant j'ai de besogne en train !

Le père Chasles a du bon, mais il a aussi du mauvais. Il réimprime son *Aperçu* [8] sans avoir le cœur d'y ajouter une petite Note pour faire réparation à son quasi-compatriote Oresme, au sujet duquel je lui ai écrit cependant une lettre assez pressante. Joint à cela qu'il est polytechnicien maniaque, comme si c'était à la Polytechnique qu'il a appris ce qu'il sait !

Sur le différend entre Beltrami et Cremona, je n'en sais guère que ce que je vous ai écrit. Beltrami voulait quitter Rome, où il se porte mal, pour aller à Padoue. Cremona, digne d'être né dans la capitale du polytechnisme et de la centralisation, a mis des bâtons dans les roues, et forcé Beltrami à orner pendant une année de plus l'Université de la *Capitale* [9].

Le preuve *morale* que vous m'alléguez en faveur de Leibnitz me plaît plus qu'elle

7. Voir la note 4 de la lettre 3.34.

8. Une seconde édition de l'*Aperçu* « conforme à la première » paraît en 1875. Voir la note 8 de la lettre 3.37.

9. Voir les lettres de Beltrami à Hoüel du 23 juin 1874 et du 5 janvier 1875 dans [BGT98, p. 178-181].

ne me convainc. Car, si Leibnitz n'a pas menti, c'est donc Newton. Or Newton, vous en conviendrez, n'est pas un moins grand esprit que son adversaire, quoique Biot et Lefort lui reprochent d'avoir vu le pape dans la bête de l'Apocalypse et de n'être pas entré en pourparlers avec Bossuet pour la fusion des deux églises [10]. Je ne prends parti ni pour ni contre Suter ; je serais plutôt disposé à me défier de lui. Cependant son travail, assez étendu, me semble mériter, sinon confiance, du moins examen.

Quant à Hermite, dont vous me rappelez le nom à propos de Borchardt, en voilà un pour lequel je me presserai une autre fois de me mettre en besogne ! J'ai eu bien de la chance de n'avoir traduit encore que cent pages de Clebsch et Gordan [11] ! Comment ai-je été assez imbécile pour me laisser jouer par ce farceur là, qui m'avait déjà fait tant travailler pour le roi de Prusse !

N'abusez pas des *mélanges*.

Si vous saviez comme j'enrage de ce que vous avez encombré le *Bulletin* de la vieille rocambole de Cauchy ! C'était un travail admirable pour le temps. Mais, comme tous les travaux où la forme est absolument négligée, les mémoires de Cauchy ne supportent pas la réimpression. J'aurais pu, si je l'avais su plus tôt, vous fournir une multitude d'autres *remplissage* bien plus convenables, ne fût-ce que le chapitre de Hankel sur les mathématiques dans l'Inde [12].

Je me charge du tome 56 de Grunert-Hoppe. Seulement, si quelqu'article m'embarrasse trop, je le laisserai en blanc et vous comblerez le vide [13].

Éreintez Laurent [14]. C'est un polytechnicien [15], et à ce titre seul il a droit à un éreintement. Joignez-y sa suffisance, et cela fera un second titre bien solide.

Je m'arrête, car je n'en finirais pas de bavarder, ce qui ne ferait avancer ni mon ouvrage ni le vôtre. A bientôt donc, et tout à vous,

J. H.

Si vous passez à la librairie Gauthier-Villars, demandez-leur s'ils ont expédié à la Soc. des Sc. ph. et nat. son n° de décembre du Bulletin. Il n'était pas arrivé hier, tandis que j'avais reçu mes 2 exemplaires deux jours avant. S'ils avaient mis les 3 exemplaires sous la même bande à mon adresse (sans plus ample désignation), tout serait arrivé à bon port.

---

10. *Commercium epistolicum J. COLLINS aliorum De analysi promota, etc. ou correspondance de J. Collins et d'autres savants célèbres du XVIIe siècle relative à l'analyse supérieure réimprimée sur l'édition originale de 1712 avec l'indication des variantes de l'édition de 1722, complétée par une collection de pièces justificatives et de documents et publiée par* J. B. BIOT & F. LEFORT, Mallet-Bachelier, 1856.
Dans cet ouvrage, Lefort écrit :

> « Je ne cache pas mes sympathies pour Leibnitz. Inférieur à Newton quant au sentiment des réalités physiques et à l'esprit d'intuition des lois qui régissent les phénomènes naturels, peut-être au moins son égal dans les spéculations abstraites de l'analyse mathématique, il lui était certainement supérieur par le caractère. Newton inspire l'admiration, Leibnitz attire davantage. Pour moi, il y a tout un monde de passions et de préjugés entre l'esprit généreux, qui correspondait avec Bossuet et rêvait la réunion de toutes les communions chrétiennes, et le sectaire ardent, qui commentait l'*Apocalypse* et signalait l'Église de Rome dans la onzième corne du quatrième animal de Daniel. » (p. 293)

11. Voir la note 7 de la lettre 3.5.
12. [Han74, p. 172-222].
13. Le tome 8 du *Bulletin* propose une recension non-signée des tomes 55 et 56 des *Archiv der Mathematik und Physik* (p. 170-181)
14. Voir la note 15 de la lettre 3.40.
15. H. Laurent entre à l'École polytechnique en 1860. Il y est par ailleurs répétiteur depuis 1866 et sera examinateur en 1883.

3.42 Lettre de Hoüel à Darboux du 31 mars 1875

Bordeaux, le 31 mars 1875 [1].

Mon cher ami,

Il semblerait que ma lettre de ce matin fut assez longue pour n'avoir point besoin de supplément. Il n'en est rien pourtant, et me revoici.

Je vous dirai que j'ai expédié cette après-midi le volume des Archives Néerlandaises qu'il me restait à analyser [2]. Je vous envoie, avec la présente lettre, le résultat de mes travaux de la semaine.

J'avais oublié de vous faire une proposition, qui vous épargnera beaucoup d'écriture inutile et à moi pas mal de corrections à faire à votre manuscrit. Quand vous avez à analyser un recueil quelconque qui me soit accessible (j'ai ici à peu près tous ceux dont s'occupe le Bulletin), contentez-vous de faire sur des feuilles volantes de petite dimension, ou du moins écrites d'un seul côté de la page, les analyses des mémoires sur lesquels vous avez quelque chose à dire, en indiquant par un simple chiffre le n° de la page du volume. Je me chargerai de remplir tous les vides, ou plutôt d'intercaler vos notes dans mes vides, en les découpant avec des ciseaux. N'écrivez plus sur vos grandes pages in-folio, qui sont très-incommodes pour les compositeurs. Cela leur cache la moitié de leur casse. Ainsi, pour le Zeitschrift-Schlömilch, ne m'envoyer que les *analyses*, écrites *d'un seul* côté, sur des pages *in-4°* de votre papier ordinaire. Je me charge du reste. De même, si cela en vaut la peine, pour les tomes VI et VII des *Math. Annalen*, pour les trois dernières années des *Nachrichten* de Göttingue, etc., etc., etc., etc. Je suivrai à votre égard le système inverse.

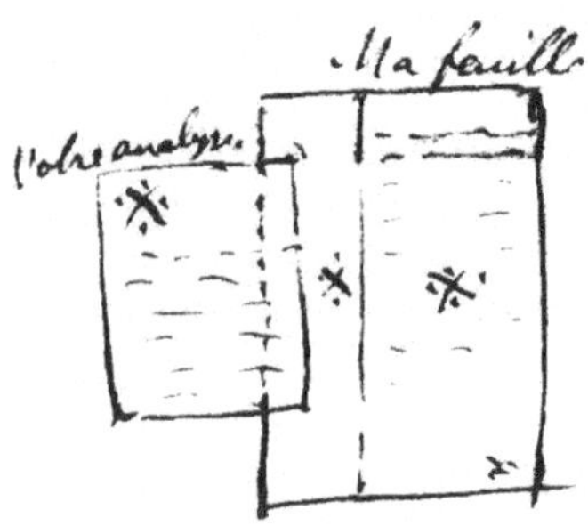

Quand j'analyserai un recueil où il y aura des articles importants (ou me paraissant tels) et au dessus de mes connaissances, je ferai un 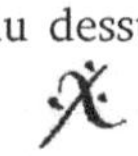, et vous ferez votre analyse sur une feuille détachée que vous collerez sur la marque de la mienne ainsi [que le montre la figure ci-contre]. De cette manière vous vous dispenserez d'une besogne de scribe, qui ne me déplaît pas trop et que je fais mieux que vous, et je serai dispensé de parler à tort et à travers de choses que j'ignore. J'espère que vous accepterez ce projet d'association fondé sur la division du travail.

Voilà ce que je tenais à vous expliquer, et cela fait, je vous laisse tranquille jusqu'à nouvel ordre, pour me mettre à analyser le Grunert-Hoppe d'après le système sus-décrit.

Tout à vous,

J. H.

Je vous avais adressé dans mes lettres précédentes un tas de questions auxquelles vous seriez bien gentil de répondre. Ne vous moquez pas trop des confidences orgueilleuses que je vous ai faites ce matin. Je crois qu'entre nous, nous pouvons tout nous dire.

1. BI, MS 2719, lettre 28.

2. Il s'agit de l'analyse du tome VIII de 1873 des *Archives néerlandaises des Sciences exactes et naturelles* publiée dans le tome 8 du *Bulletin* (p. 181-184).

3.43 Lettre de Darboux à Hoüel du 4 avril 1875

Dimanche 4 avril 1875.

Mon cher ami,

Je vous envoie le Zeitschrift qui était fait quand j'ai reçu votre dernière lettre et où par conséquent je n'ai pu tenir compte de votre proposition et quelques Comptes Rendus d'ouvrages dont l'un comporte une figure qu'on me fait attendre depuis quinze jours mais que j'espère avoir pour le numéro de janvier, c'est l'article Brill[1].

J'espère avoir le temps de fabriquer encore de la copie avant la fin des vacances. Du reste, comme mes conférences de troisième année ne reprennent que dans quinze jours à cause des leçons dans les lycées je vais avoir des loisirs.

Je voudrais bien batailler avec vous mais cela est bien difficile. Vous me parlez d'un système philosophique infaillible qui vous sert de pierre de touche et vous ne me le décrivez pas. Que puis-je vous en dire ? Pour moi, je vous avouerai que je n'ai aucune philosophie. Quant à la pierre de touche j'en ai une seule ; c'est la rigueur. J'admets tout ce qui est rigoureux, je rejette tout ce qui ne l'est pas. Et comme depuis bien longtemps j'ai appris par mon enseignement qu'on peut exposer la théorie des quantités négatives sans y méler aucune considération de longueurs portées en ligne droite, j'en conclus que la représentation géométrique n'est pas indispensable dans cette théorie. Pour peu que vous désiriez un aperçu de ma méthode la voici : L'algèbre pour avoir son utilité doit reposer sur des propositions indépendantes de la valeur des lettres et applicables sans restriction. C'est un instrument (au moins dans la partie réservée au Calcul algébrique) auquel nous nous confions aveuglement et qui nous doit dispenser de raisonnements toujours les mêmes. Dans le Calcul des polynomes il y a une proposition fondamentale. C'est qu'on peut intervertir l'ordre des termes et par conséquent détruire deux termes égaux et contraires. Or une telle proposition a des restrictions quand on n'admet pas la théorie des quantités négatives. Ainsi,

$$4-3+8-4$$

je ne puis pas supprimer les deux 4 ou encore je ne puis pas écrire

$$4-3-4+8$$

donc au début de l'algèbre je suis obligé si je veux satisfaire à la définition même de cette science[†] je rencontre une difficulté que je lève en posant

$$3-7=-(7-3) \qquad a-b=-(b-a)$$

et en introduisant les quantité négatives. Je *définis* ensuite l'addition, la soustraction, la multiplication et la division de deux quantités positives ou négatives et tout est dit.

Quant aux problèmes, pas de difficultés. Si j'ai introduit au début les quantités négatives, je n'ai pas à le rejeter comme solutions. Sinon, les solutions négatives montrent que le problème est impossible.

Vous pouvez me dire que cela est peu naturel, que vous préférez votre théorie, mais vous ne pouvez affirmer que ce soit inexact.

1. Voir la note 6 de la lettre 3.40.

†. ~~qui est à proprement parler~~ *sic.*

Et pour les imaginaires de même. Pouvez-vous représenter les unités complexes de Grassmann et cependant vous les étudiez, les intégrales quadrupes et cependant vous les étudiez, et ainsi de suite.

Croyez le bien un être qui n'aurait aucune notion de géométrie pourrait parfaitement comprendre les imaginaires. J'accorde pourtant que la représentation aide beaucoup et qu'elle est une excellente chose.

Quant à ce qui concerne Leibniz et Newton permettez-moi une distinction. Newton n'a jamais passé pour un beau caractère, et il a été pris la main dans le sac écrivant des calomnies non signées contre son rival [2]. Leibniz pas. Comme homme il n'y a pas à comparer Leibniz à Newton à mon avis au moins. Il est vrai qu'il y a des niaiseries de Leibniz aussi fortes que l'apocalypse, entre autres son harmonie préétablie [3] et bien d'autres choses.

Je viens de recevoir un travail de F. Müller [4] qui est inoui. Il fait dater une 4e époque pour les fonctions elliptiques de qui vous ne le devineriez jamais ! de Riemann ! ! Pour lui c'est Riemann qui a surtout étudié les fonctions de variables imaginaires. Et vous dites que notre publication de Cauchy n'est pas utile. Mais Sacrebleu elle l'est infiniment. Il n'y manque que la date du Mémoire. Nous la mettrons à la fin.

J'ai reçu la copie annoncée. Je vous remercie beaucoup de la peine que vous vous êtes donnée pour Borchardt. Je vais traduire un mémoire de Lie qui me parait intéressant [5]. Nous aurons du pain sur la planche.

Votre bien dévoué,

G. Darboux

3.44 Lettre de Hoüel à Darboux du 6 avril 1875

Bordeaux, le 6 avril 1875 [1].

Mon cher ami,

Je reçois votre paquet de copie, et je vous le renverrai bientôt, avec les points virgules et les accents nécessaires. Je suis en train de faire le Grunert-Hoppe [2]. Il y a quelques articles pour lesquels je vous fais des signes de détresse, afin que vous remplaciez, s'il y a lieu, mon insuffisance à en parler.

J'ai reçu, comme vous, le F. Müller. Mais soyez sûr qu'il connaît aussi bien que nous le Mémoire de Cauchy. Seulement, comme Cauchy a représenté ses idées

2. Sur la connaissance que l'on avait de la controverse entre les newtoniens et les leibniziens sur la paternité de l'invention du calcul infinitésimal, on peut consulter la préface de la seconde édition du *Traité de calcul différentiel et du calcul intégral* (Paris, Courcier, 1810) de C. F. Lacroix ou la 1er chapitre du second tome de l'*Histoire générale des mathématiques* (Paris, F. Louis, 1810) de Ch. Bossut.

3. Dans sa *Monadologie*, Leibniz expose sa théorie de l'harmonie préétablie dont le but est d'expliquer comment les choses sont reliées dans le monde. Selon lui, chaque monade est telle une horloge. Celle-ci se comporte de manière indépendante des autres monades mais est synchronisée avec une autre par Dieu.

4. À partir de 1868, Hermann Felix Müller (1843-1928) enseigne à Berlin dans différents établissements préuniversitaires. Il est le co-fondateur avec C. Ohrtmann du *Jahrbuch über die Fortschritte der Mathematik*.
Le tome 10 (1876) du *Bulletin* propose une analyse de « Étude sur la représentation géométrique des fonctions elliptiques par Maclaurin » (p. 249-250). Voir la lettre 3.44.

5. Voir la note 12 de la lettre 3.40.

1. BI, MS 2719, lettre 31.

2. Voir la note 13 de la lettre 3.41.

d'une manière obscure et entortillée, et que Riemann n'a trouvé pour les dites idées une représentation géométrique d'une clarté parfaite, les Allemands ont été enchantés de trouver un prétexte pour rejeter Cauchy à l'arrière-plan. Mais croyez bien que le Mémoire que vous avez fait réimprimer est des plus archi-connus, et qu'ils n'ont pas besoin que vous y mettiez la date. Ils ne s'aviseront pas de dire que Cauchy ait pillé Riemann.

Ceci m'amène tout naturellement au sujet sur lequel vous voulez à toute force me démolir. Je me tue à vous répéter sur tous les tons et modes que je ne donne pas la représentation géométrique comme une définition ni comme un mode de démonstration, mais seulement comme un *exemple*, qui n'est nullement nécessaire pour l'établissement logique de la théorie, mais qui, pour l'enseignement est aussi indispensable que le sont les figures dans un Cours de géométrie élémentaire. Vous raisonnez certainement avec une extrême rigueur (et moi aussi) ; mais vous faites absolument ce que ferait un professeur qui enseignerait la géographie sans cartes. Un élève dressé par votre système sera prêt à clore la bouche à tout contradicteur ; mais aura-t-il la conscience de ce qu'il fait ? J'en doute.

Quant à ma philosophie ou prétendue telle, elle est bien simple. Elle consiste à partir toujours des *suggestions* fournies par la réalité pour les généraliser ensuite, et de se former sur les opérations, dès le commencement, des idées moins étroites que celles que l'on puise dans l'enseignement des quatre règles. Votre système consiste dans un procédé pour passer d'un lieu à un autre les yeux clos ; j'aime mieux que l'élève apprenne le même procédé en ouvrant d'abord les yeux, pour se rendre compte de ce qu'il fera plus tard.

Mes *démonstrations* n'ont rien à faire avec la question de la réalité ou non des symboles. Il serait d'ailleurs oiseux de juger d'une notion *abstraite* d'après la réalité de ce qu'elle représente, attendu que les mathématiques pures ne s'occupent d'aucun objet réel. Mais, au point de vue de l'enseignement, les choses se passent d'une manière toute différente. Je vous citais tout à l'heure l'exemple d'une géométrie sans figure. L'assimilation est de tout point exacte. Croyez-vous par hasard que ce soit *sur les figures elles-mêmes* que ce fasse la démonstration ? Quel est leur rôle, si ce n'est de servir de *notation* pour aider l'esprit à suivre les raisonnements faits sur des conceptions *abstraites* et véritablement *imaginaires* ! Hé bien ! cette notation si indispensable pour les commençants, n'est on pas forcé plus tard d'y renoncer complètement ? Personne ne songe à dessiner un *complexe* sur le tableau. Personne ne songe à représenter géométriquement les unités imaginaires de Grassmann.

Vous partez d'une idée étroite et d'un point de vue mal choisi : le point de vue *arithmétique*. C'est dans la Géométrie, et non dans l'Algèbre, que l'on devrait traiter pour la première fois les quantités négatives. Vous vous tromperiez étrangement si vous vous figuriez que votre manière d'envisager ces choses est la seule qui soit susceptible de rigueur. Elle est rigoureuse, mais c'est une vraie ficelle, passez-moi le mot. Au point de vue de l'enseignement, elle est détestable. C'est là une opinion fortement ancrée dans mon esprit. J'ai fait trop de mauvais sang dans le temps où je m'épuisais à rendre intelligibles les élucubrations de Duhamel, pour ne pas avoir conservé de tout cela un très-mauvais souvenir. Maintenant je suis en mesure de donner quelque chose de plus simple, de plus clair, de plus général. Je conviens parfaitement de la difficulté qu'il y a à bien expliquer tout cela. Mais si je me fais mal comprendre, la faute n'en est pas à la méthode, mais à celui qui l'explique. Je ne comprends pas comment vous ont pu venir de tels préjugés contre ma manière de voir dont le seul défaut est de ne pas être enseignée à l'École Polytechnique. Si vous aviez la patience de lire sans prévention les deux chapitres que j'y ai consacrés [3], vous verriez d'abord qu'en fait de rigueur cela ne laisse rien à désirer, et qu'ensuite toute votre théorie artificielle y est comprise et logée fort à son aise. Je ne diffère de vous qu'en ce que je présente les choses dans l'ordre naturel, tandis que vous, avec les autres *traditionalistes*, vous les présentez au rebours. Tout ce que vous me dites dans votre lettre se trouve dans mes deux chapitres, et vous ne m'y apprenez rien du tout.

Pour Leibniz et Newton, je suis très-disposé à penser comme vous. Cependant il faut écouter tout le monde, même Suter, ne fût-ce que pour le réfuter.

Le prince Boncompagni m'a envoyé un tirage à part de la vie de Monsignor Tortolini, avec le catalogue de ses ouvrages ; il nous propose de nous faire faire de cela une traduction française, si le *Bulletin* veut l'insérer [4]. Répondez-moi *vite* à ce sujet, et sur d'autres questions *non résolues* que vous retrouverez en *relisant*, ou du moins en *lisant* mes cinq ou six dernières lettres. Le prince vous offre encore de reproduire la notice de Mansion sur Clebsch [5], qui sera bientôt imprimée. R. S. V. P.

À propos de F. Müller, j'ai retrouvé ce qu'il dit sur Maclaurin dans les Instit. analyticæ de Riccati et Saladini (un fameux livre !), t. II., p. 191 [6].

Tout à vous,

J. H.

3.45 Lettre de Hoüel à Darboux du 6 avril 1875

Bordeaux, le 6 avril 1875 [1].

Je vous renvoie, mon cher ami, le résultat de ma révision. Mais n'oubliez pas surtout 1° que vous n'avez fait que les 2/3 du tome VI des *Mathematische Annalen*, 2° que vous n'avez rien fait sur le tome V, 3° qu'il vous restera encore le tome VII [2].

Autre remarque : Retouchez avec un peu de soin votre article sur les surfaces de Brill [3]. Si vous le relisez une seule petite fois, vous verrez que ce n'est qu'un tissu de répétitions. Vous dites partout deux ou trois fois la même chose dans les mêmes termes. Quand vous vous y mettez, vous écrivez mieux que cela ; mais vous maniez trop bien la prose mathématique pour vous contenter d'un morceau aussi négligé.

J'ai fait par ici et par là quelques petites corrections à vos traductions.

On écrit Bernoulli, et non Bernouilli.

Je joins à mon *renvoi* quelques articles pour la *couverture*.

Pour vous faciliter le travail sur les Nachrichten de Göttingue, je vous ferai le squelette [4]. Envoyez-moi vos analyses des principaux articles.

3. Hoüel fait probablement allusion au début de son travail [H41].

4. V. Diorio, Sur la vie et les travaux de Mgr D. Barnabé Tortolini, *Bulletin* VIII, 1875, p. 272-287 traduit de l'italien des *Atti dell'Accademia Pontificia de'Nuovi Lincei*, 1874 par M. E. Narducci.

5. P. Mansion, Notice sur la vie et les travaux de Rodolphe Frédéric Alfred Clebsch, *Bollettino di bibliografia e di storia delle scienze matematiche e fisiche* VIII (marzo 1875), 1875, p. 121-131.

6. *Institutiones analyticæ a Vincentio Riccato (Societatis Jesu) et Hieronymo Saladino (Monacho Cælestino) collectæ*, Bononiæ, Typographia Sancti Thomæ Aquinatis, 1765 & 1767 (deux volumes).

1. BI, MS 2719, lettre 32.

2. Le tome 8 du *Bulletin* propose une recension des tomes 5, 6 et 7 des *Matematische Annalen*.

3. Voir la note 6 de la lettre 3.40.

4. Le tome 9 du *Bulletin* propose une recension des années 1871-72 des *Nachrichten von der K. Gesellschaft der Wissenschaften und der Georg-August-Universität zu Göttingen* (p. 186-187 et 276-279).

J'ai reçu (et peut-être vous aussi) un livre d'un anglais nommé Renshaw [5], habitant de Nottingham, et me priant dans une lettre qu'il m'envoie avec le bouquin, de rendre compte dudit bouquin dans le *Bulletin*, si le bouquin a mon approbation. Voici la description extérieure de ce livre. Format petit in-4° ; cartonné en toile verte, avec une figure gravée sur le plat et représentant les diverses sections d'un cône oblique à base circulaire. En dedans, beaucoup de figures dans le texte, assez grossièrement exécutées, mais suffisamment claires ; de plus, une vingtaine de planches détachées. En tout, 100 figures, 148 pages de texte. Dans sa Préface, l'auteur annonce qu'il a repris la marche d'Apollonius, et qu'il déduit les propriétés des sections coniques de celles du cône lui-même. Le tout est traité par la géométrie pure, en employant les notations modernes. À chaque chapitre sont ajoutés des recueils de problèmes assez nombreux. Ce livre me semble pouvoir être utile aux commençants. Qu'en pensez-vous d'après cet aperçu [6] ?

Que pensez-vous de la publication d'un chapitre de Hankel ? Cela instruira les Français, ce qui m'importe bien plus que de convaincre les Prussiens d'injustice envers Cauchy. Ils ont connu Cauchy et l'ont étudié avant nous, dans le temps où Bertrand, parlant à ma personne, avait l'air de dire que les élucubrations de Cauchy n'avaient pas grande importance. Il est revenu depuis à de meilleurs sentiments ; mais cela n'empêche pas que Cauchy de son vivant n'avait de disciples qu'en Prusse (à l'exception d'Hermite, qui a profité pour le moins autant de ses pieux exemples que de ses leçons mathématiques). Cela n'empêche pas que ce sont les Allemands qui ont rendu Cauchy intelligible pour ses compatriotes, et que, si je n'avais eu à ma disposition que les ouvrages de Bertrand et de Briot et Bouquet, je n'aurais jamais compris un seul mot sur les matières sur lesquelles je me suis permis de faire un gros bouquin (dont vous méprisez, d'accord avec le sénateur Bellavitis, les deux meilleurs chapitres). Quand on ouvre le *Calcul différentiel et intégral* de Bertrand [7], on se sent transporté trente ans en arrière des Traités de Neumann [8], de Durège [9], de Thomæ [10], etc., etc. J'en conclus qu'il faut tâcher d'instruire les Français, en leur transmettant des notions sur la science prussienne, et nous moquer comme de ce qu'il se passe sur Jupiter des bévues historiques plus ou moins involontaires que les Germains commettent. Qu'ils fassent de bons Traités sur les fonctions elliptiques ; nous les franciserons, tout en les laissant soutenir, s'ils osent, que Legendre et Cauchy n'ont pas fait grand chose dans cette partie, et que c'est Riemann qui a tout inventé. Les Français ne seront pas assez bêtes pour donner dans ces bourdes là.

Achetez, si vous le trouvez, les *Institutiones analyticæ* de Riccati et Saladini [11]. C'est un ouvrage où il y a énormément de choses à prendre, malgré l'aspect barbare des notations. Vous y trouverez des masses d'exercices pour vos élèves.

5. S. A. Renshaw, *The Cone and its Sections Treated Geometrically*, Hamilton, Adams & Co, London, 1875.

6. Une recension favorable (non signée) du livre de S. A. Renshaw sur les coniques paraît dans le tome 9 du *Bulletin* (p. 266).

> « Nous croyons devoir recommander ce Traité comme pouvant rendre de grands services dans l'enseignement synthétique de la théorie des courbes du second ordre. »

7. J. Bertrand, *Traité de calcul différentiel*, Gauthier-Villars, 1864 & *Traité de calcul intégral*, Gauthier-Villars, 1870.

8. C. Neumann, *Vorlesungen über Riemann's Theorie der Abel'schen Integrale*, Teubner, Leipzig, 1865.

9. H. Durège, *Elemente der Theorie der Funktionen einer komplexen veränderlichen Grösse*, Teubner, Leipzig, 1864.

10. J. Thomæ, *Abriss einer Theorie der komplexen Funktionen und der Thetafunktionen einer Veränderlichen*, Louis Nebert, Halle, 1870.

11. Voir la note 6 de la lettre 3.45.

Ihr Ergebenster

J. H.

3.46 Lettre de Hoüel à Darboux du 12 avril 1875

Bordeaux, le 12 avril 1875 [1].

Mon cher ami,

Vous recevrez avant cette lettre un paquet contenant des placards corrigés [2], plus vos feuilles de copies, que j'ai ponctuées, accentuées, etc. Il y a quelques points où vous aurez à examiner les corrections que je propose. Il y avait quelquefois des mots oubliés, que j'ai tenté de rétablir. Je vois que vous avez solidement pioché ; j'essaye bien de piocher, mais je n'avance pas vite. J'en suis toujours à replâtrer mon travail sur les perturbations [3] pendant que vous produisez des Mémoires originaux en quantité et en qualité remarquables.

J'ai vu déjà deux numéros du *Journal de Resal*. Il y a entre autres un article de Laurent [4], qui démolit Gauss de main de maître. Il peut avoir raison, même contre Gauss. Mais je crains cependant qu'il n'ait pas en lui tout ce qu'il faut pour refaire à neuf le Calcul des probabilités. Un homme qui affirme d'une manière aussi tranchante l'impossibilité d'appliquer ce calcul aux sciences morales manque certainement de quelque chose [5]. Je lui pardonnerais s'il était bon catholique ; sinon, il est inexcusable.

J'attends de vous avec impatience une réponse au sujet des deux questions que m'a adressées le prince Boncompagni à propos de la notice de Mansion sur Clebsch et de la notice sur Monsignor Tortolini [6]. Le prince est quelquefois un peu collant, c'est vrai ; mais il a des qualités incontestables, et je ne voudrais pour rien au monde être accusé de lui manquer d'égards. Vous me forcerez, si vous ne vous décidez pas, à lui répondre qu'il m'a été impossible d'obtenir une décision de vous, et qu'il vous écrive lui-même pour voir s'il sera plus heureux.

A bientôt, j'espère. Votre tout dévoué, J. H.

3.47 Lettre de Darboux à Hoüel reçue le 13 avril 1875

13/4/75

1. BI, MS 2719, lettre 33.
2. Un placard est la première épreuve d'un texte. Il est imprimé seulement sur le recto, sans pagination et avec de larges marges afin de permettre de faire facilement des additions ou des corrections.
3. [H59].
4. H. LAURENT, Sur la méthode des moindres carrés, *Journal de mathématiques pures et appliquées* I (3), 1875, p. 75-80.
5. H. LAURENT, *Traité de calcul des probabilités*, Gauthier-Villars, Paris, 1873.
Dans sa préface, Laurent écrit : « On regrettera peut-être que je n'aie point parlé de l'espérance morale, ni de la probabilité des jugements ou des témoignages ; je dois avouer que ces théories, malgré l'autorité des savants qui les ont proposées, ne m'ont pas semblé présenter un caractère assez scientifique ; et d'ailleurs il n'est pas besoin d'avoir recours à la considération métaphysique de l'espérance morale pour expliquer les paradoxes analogues à ceux que présente le jeu de Saint-Petersbourg. Quant à la *probabilité d'un témoignage*, je n'ai jamais compris ce que pouvait signifier une pareille locution, le mot *probabilité* impliquant en soi l'idée de cas possibles et également possibles auxquels un événement relatif à un témoignage ne peut évidemment pas se rapporter. » (p. x)
6. Voir la fin de la lettre 3.44.

Mon cher ami,

Enfin me voilà à peu près tranquille et la liste de présentation a été faite aujourd'hui : Bouquet 1er Jordan Laguerre Darboux 2e Mannheim Moutard 3e ligne. Je ne desespère pas de voir brosser Mannheim [1].

Ils ne vont pas fort à l'imprimerie. J'ai beau les houspiller. Pourtant vous avez du recevoir quelques placards qui vous montrent que le tome V des Math. Annalen est fait. Ainsi vous n'avez pas de reproches à m'adresser. Je vous prie de croire que ce n'est pas une sinécure d'analyser des volumes de cette force là et que cela me prend beaucoup de temps. J'en suis maintenant au tome VII que je vais faire avant peu et que j'ai lu en partie.
Ils me réclament de la copie à l'imprimerie, ils sont donc insatiables.
Quant à l'article Brill ne vous inquiétez pas. Il y aura une figure qui fera passer l'article et je l'arrangerai encore à l'impression [2].

Je n'ai pas reçu l'ouvrage anglais dont vous me parlez [3] mais d'après votre aperçu je doute fort qu'il vaille la peine d'être mentionné d'autant plus que l'on sait depuis longtemps déduire les propriétés des coniques de celles du cone. Cependant, si vous pensez que le bouquin en vaille la peine, je serai loin de vous contredire.

Si la publication d'un chapitre de Hankel vous parait utile, faisons-la je n'y vois pas d'inconvénient. Et à ce propos je vous dirai que j'ai déjà reçu *de Moldavie* des félicitations à propos du Cauchy réimprimé.

Remarquez que je ne méprise pas du tout vos deux chapitres sur les quantités négatives et imaginaires [4]. Je m'inscris seulement en faux contre cette affirmation que vous avez reproduite qu'on a là la vraie, l'unique théorie de ces quantités et que sans cela on n'aurait que des : compensations d'absurdités. Il est vrai que dans votre dernière lettre vous mettez de l'eau dans votre vin et vous [vous] rejetez sur la question pédagogique qui est toute autre et sur laquelle je serais assez de votre avis au moins pour les imaginaires.

Acceptez l'offre du prince Boncompagni mais je n'ai pas compris ce que vous me dites sur l'offre que nous fait le prince de reproduire la notice de Mansion sur Clebsch. Éclairez moi à ce sujet. Quelle notice [5] ?

J'ai vu ces jours-ci Stéphan [6] et Tisserand [7] qui sont ici. Stéphan avait l'intention de passer à Bordeaux, mais depuis Mme Stéphan est venue le retrouver hier ou avant-hier et j'ignore ce qu'il fera.

J'espère cette fois avoir répondu à tout et que vous n'allez pas me cribler de reproches et d'épigrammes. Il vous est bien facile de nous critiquer, nous autres pauvres Parisiens. Mais je ne sais où donner de la tête.

J'ai une idée que vous approuverez sans doute. Les C. R. seront mis au courant puis je les ferai tous les mois et les tiendrai au courant. Cela nous vaudra des abonnés isolés. Cette fois j'ai fait reproduire des articles de Leverrier sur ses grandes et belles recherches et pardonnez moi mes deux articles sur la méthode de Jacobi [8].

1. Voir la note 7 de la lettre 3.40.
2. Voir la note 6 de la lettre 3.40.
3. Voir la note 5 de la lettre 3.45.
4. Voir la note 3 de la lettre 3.44.
5. Voir la lettre précédente 3.45.
6. Édouard Jean-Marie Stephan (1837-1923) est le directeur de l'Observatoire de Marseille depuis 1864.
7. Félix Tisserand (1845-1896) est le directeur de l'Observatoire de Toulouse depuis 1873.
8. G. Darboux, Sur la première méthode donnée par Jacobi, pour l'intégration des équations aux dérivées partielles du premier ordre, *Bulletin* VIII, 1875, p. 249-255. Il s'agit du seul article imprimé.

Et votre travail pour Weyr[9] ? L'avez-vous fini ? Tisserand me demandait ces jours-ci votre thèse[10] qu'il a déjà lue mais où il désirait revoir quelque chose. Tisserand montre de la sagesse. On voulait le garder ici pour écarter Wolf[11] et le faire arriver partout à la place de Mathieu[12]. Par peur de ne pas réussir, il retourne à Toulouse où du reste il a une belle situation. C'est moi qui à sa place, m'enterrerais à Toulouse pour toute la vie. Ah ! comme vous êtes heureux à Bordeaux.

Allégret[13] s'appuyant sur ses beaux travaux veut être doyen, ou membre de l'Institut, ou suppléant de Serret, ou professeur de mathématiques spéciales à Paris. C'est bien le moins qu'on lui doive.

Votre bien dévoué, G. Darboux

Annexes

3.48 Lettre de Darboux à Hoüel de 1869

[non datée (1869)][1]

Monsieur,

J'ai vu ces jours derniers M. Bourget qui m'a dit que vous étiez fort partisan du projet de *Bulletin* formé par la commission des Hautes Études[2] et que vous consentiez à devenir notre collaborateur[3] Aujourd'hui ce projet a abouti et nous allons commencer au mois de janvier[4]. Je suis chargé par les membres de la Commission de vous écrire a ce sujet. On a la plus grande confiance en vous et on désire vivement comme une condition essentielle de succès votre collaboration assidue à notre *Bulletin*. Nous proposons de reprendre simplement, sans rien changer d'essentiel au plan, le *Bulletin de Férussac* qui vous le savez Monsieur avait obtenu la confiance et la faveur des géomètres[5]. Nous ne publierons que très rarement des mémoires

9. E. Weyr signe dans le tome 8 du *Bulletin* la recension du tome 2 de *Časopis pro Pěstování Mathematiky a Fysiky* (p. 122-130), du tome 68 des *Sitzungsberichte der Kaiserlichen Akademie der Wissenschaften zu Wien* (p. 223-226) et de l'année 1872 des *Sitzungsberichte der Königlichen Böhmischen Gesellschaft der Wissenschaften in Prag* (p. 229-232).

10. [H2].
La seconde thèse de Hoüel est consacrée à l'*application de la méthode de M. Hamilton au calcul des perturbations de Jupiter*.

11. Charles Joseph Étienne Wolf (1827-1918) est nommé professeur suppléant de Le Verrier à la faculté des sciences de Paris entre 1875 et 1877. Il occupera ensuite une position de chargé de cours de physique céleste entre 1877 et 1882, pour obtenir en 1892 la chaire d'astronomie physique.

12. Émile Mathieu insatisfait de sa position de professeur à la faculté des sciences a postulé de nombreuses fois pour obtenir une chaire à la faculté des sciences de Paris.

13. Alexandre Ferdinand Marie Allégret (1829-1896) est professeur de calcul différentiel et intégral à la faculté des sciences de Clermont-Ferrand. Il ne parviendra pas à obtenir une position à Paris puisque il est nommé en 1877 professeur de mathématiques appliquées à Lyon où il terminera sa carrière.

1. Cette lettre non datée inaugure la correspondance entre Darboux et Hoüel (AAS, dossier Darboux, [Gis87, p. 86-87]).

2. Le *Bulletin des sciences mathématiques et astronomiques* est placé sous l'autorité de la Commission des hautes études dont le président est Chasles et les membres sont Bertrand, Delaunay, Puiseux et Serret.

3. Quelques années auparavant, Hoüel faisait part à son cousin Berger de son envie de fonder un journal (voir l'introduction à la correspondance avec G. Darboux (p. 423).

4. Le premier numéro du *Bulletin* est celui de l'année 1870.

5. André Étienne d'Audebart de Ferussac publie entre 1823 et 1831 le *Bulletin général et universel des annonces et nouvelles scientifiques* dit bulletin de Férussac. Le projet est divisé en 8 sections, chacune donnant lieu à une série. La première est dévolue aux sciences mathématiques, physiques et chimiques.

étendus, nous ferons surtout des comptes rendus, des analyses de mémoires, des résumés de travaux des savants étrangers. Tout ce qui intéresse l'histoire des mathématiques trouvera donc sa place dans notre *Bulletin*. Je serais très heureux pour ce qui me concerne d'avoir l'honneur d'être votre collaborateur. Les services que vous avez rendus aux savants français ne sont pas encore appréciés et j'espère que grâce au *Bulletin* vous ne serez pas obligé d'envoyer des mémoires aux *Archives de Grunert*. J'ai lu votre traduction du mémoire sur l'intégration des équations aux dérivées partielles [6]. L'auteur a évidemment pillé les leçons de Bertrand au Collège de France, mais j'ai été charmé de la clarté et de l'ordre qu'il a su mettre dans cette théorie. J'ai vu dans le même journal quelque chose de vous sur une lettre de Lagrange [7]. Nous serons heureux si vous le voulez bien d'imprimer les articles de cette nature que vous voudrez bien me confier. Je vous ferai part des ouvrages qu'on enverra et dont vous voudrez bien faire un compte rendu.

Nous avons dernièrement perdu, Monsieur, un bien excellent ami commun. J'avoue que sa perte m'a été particulièrement sensible car je lui étais vivement attaché et je crois qu'il avait aussi de l'affection pour moi. J'ai vu à Montpellier Mme Berger [8] ; il n'y a pas d'ennui que ne lui cause la famille de son mari.

J'irai prochainement au Ministère pour voir si on veut bien lui accorder une pension.

Veuillez agréer, Monsieur, l'assurance de mes sentiments d'estime et de respect.

G. Darboux

Je saisis cette occasion pour vous remercier d'avoir bien voulu m'envoyer quelques-uns de vos travaux.

3.49 Lettre de Hoüel à Darboux du 6 septembre 1872

Thaon, le 6 septembre 1872 [1].

Le projet d'un *Bulletin des sciences mathématiques et astronomiques* fait explicitement référence au bulletin de Ferussac :

> « Les géomètres n'ont pas oublié les utiles services qu'a rendus M. de Ferussac par la publication de son *Bulletin* consacré aux différentes branches de la science. Établir un lien entre les savants, faire connaître à ceux qui sont le plus isolés les principaux travaux accomplis dans les différentes parties du monde, telle était la tâche que s'était proposée M. de Ferussac et qu'il a remplie pendant plusieurs années avec le plus grand succès. Nous nous proposons de reprendre, sous les auspices du Ministère de l'Instruction publique, et de la Commission des Hautes Études, la publication du *Bulletin* interrompue au grand regret des géomètres. Nous nous rattachons directement par le but et le plan de notre publication au *Bulletin des Sciences mathématiques*, et nous serions heureux si le public mathématique voulait bien nous accueillir avec la même faveur que notre savant prédécesseur. » (Avertissement du tome 1 du *Bulletin*)

6. Darboux parle de la traduction d'un ouvrage de V. Imchenetsky publié par Hoüel dans les *Archiv der Mathematik und Physik* [H47].

7. Darboux fait allusion à un article rédigé par les éditeurs des *Archiv der Mathematik und Physik* d'après un article de Genocchi intitulé « Ein merkwürdiger Brief des achtzehnjärigen Lagrange an den Conte Giulio Carlo da Fagnano » (*Archive der Mathematik und Physik*, t. 50 (1869), p. 223-231). Un passage d'un article de Hoüel sur la formule de Leibniz [H42] qui traite de la formule pour la dérivée $(f \cdot g)^{(n)}$ découverte par Leibniz et redécouverte par le jeune Lagrange est cité.

8. Le cousin de Hoüel, C. H. Berger est décédé en 1869.

1. BI, MS 2719, lettre 1.

Mon cher ami,

J'ai reçu votre paquet, et je vous remercie des discours que vous m'envoyez. Celui de Villarceau, malgré les adoucissements que vous m'avez dit y avoir été faits, ressemble un peu à l'ouvrage que ferait une poule dans un buffet à vaisselle. Quand on n'a que cela à dire, il me semble que *le silence est d'or*. En tout cas, la parole n'est pas d'argent.

Quand j'aurai fini ma version Lipschitz [2] (j'en suis à peu près au quart), je me mettrai à copier Argand, et j'y ferai deux mots de préface [3]. Après quoi, je vous enverrai le manuscrit, pour en disposer suivant votre sagesse.

Je viens de corriger les épreuves de notre n° d'octobre. L'éloge de Duhamel par Jamin [4] ne me paraît pas très-fort au point de vue littéraire. Je dirai plus, il me semble laisser à désirer au point de vue scientifique. Je ne suis pas compétent pour dire si *la théorie mathématique de la chaleur, telle qu'on l'entendait* du temps de Fourier était chose à traiter par dessous la jambe [5] comme le fait l'honorable conférencier du temps de Duruy [6]. Tout ce que je puis affirmer, c'est que la dernière phrase du premier *alinéa* de la page 316 est *cocasse*, et que la clarté qu'elle apporte n'est pas soulageante du tout [7].

M. le Président de l'Académie à l'air d'être en très-bons termes avec la *main suprême*, et donne aux jeunes gens de l'Académie d'excellents conseils à ce sujet. En voilà un... phraseur [8] !

2. Il s'agit de la traduction d'une présentation par Rudolf Lipschitz de six articles qu'il venait de publier dans le *Journal für die reine und angewandte Mathematik* (tomes 70, 71, 72 et 74) : *Bulletin* 4, 1873, p. 97-110, p. 142-157, p. 212-224, p. 297-320.
Dans une lettre adressée à Hoüel fin septembre 1872, Darboux évoque ce travail de traduction en signalant que Lipschitz lui « fait des compliments sur la première partie de [cette] traduction qu'il a lue seule jusqu'ici ».

3. En 1874, Hoüel publie la réédition [H58] d'un travail du genèvois Jean-Robert Argand (1768-1822) (voir la note 6 de la lettre 2.97). À l'exception de modifications mineures, Hoüel n'a pas changé les notations de l'édition originale de 1806. Par exemple, chez Argand, les notations *cos.*, *Cos.* deviennent chez Hoüel cos, une accolade { peut devenir [et, par soucis de lisibilité, une expression du type $\frac{1}{n}\cdot\frac{1}{n}-1\cdot\frac{1}{n}-2$ est transcrite par Hoüel en ajoutant des parenthèses : $\frac{1}{n}(\frac{1}{n}-1)(\frac{1}{n}-2)$.

4. Le discours prononcé, au nom de l'Académie des sciences, par le physicien Jules Célestin Jamin (1818-1886) est imprimé dans le *Bulletin* III, 1872, p. 314-317.

5. L'allusion à ces travaux est en effet discrète. Jamin affirme : « Fourier l'attirait vers la théorie mathématique de la chaleur, telle qu'on l'entendait alors ; et c'est dans cette direction que Duhamel exécuta ses premiers travaux. Il y débuta par un coup de maître, en étudiant la conductibilité dans les cristaux, ce qui le conduisit à des lois qui ont été, longtemps après, vérifiées dans leur ensemble par les belles expériences de Sénarmont. » (p. 314-315)

6. Victor Jean Duruy (1811-1894) est ministre de l'Instruction publique entre 1863 et 1869.

7. Jamin qui, comme Hoüel, a suivi des cours de Duhamel consacre cet alinéa à « l'influence heureuse qu'il exerça sur l'enseignement » :

> « Poisson admettait que les fonctions algébriques croissent par *infiniment petits*, et toute les démonstrations dérivaient de cette conception qui n'était point claire. On en était réduit au conseil de d'Alembert : « Avancez et la foi vous viendra, » ce qui veut dire qu'on peut habituer l'esprit sans le convaincre. Quand Duhamel succéda à Poisson, il substitua aux infiniment petits l'idée de la continuité et la *méthode des limites*, et ce fut comme un soulagement, tant la clarté devint soudaine et vive. » (p. 316)

8. En sa qualité de président de l'Académie, l'astronome Hervé Faye (1814-1902) est chargé du discours aux funérailles de Charles Eugène Delaunay (1816-1872) qui est imprimé dans le *Bulletin* III, 1872, p. 317-319. Faye parle de la mort de son confrère et s'exclame :

> « Il y aurait, dans cette brusque exécution des décrets mystérieux d'une apparente fatalité, de quoi confondre nos esprits, si nous ne savions qu'il faut être prêt à toute heure. N'oublions pas, Messieurs, que nous sommes, grands et petits, dans une main suprême qui nous départit la vie et l'intelligence en vue du bien et du progrès, et qui soudainement peut clore à son gré la page où nous inscrivons les actes de notre vie ; heureux si,

Vous tenez donc absolument à la moindre virgule de votre article *sur la Continuité des fonctions* [9] ! Mais est-ce que vous croyez sérieusement que les doutes, auxquels ont donné lieu dans votre esprit les fonctions bizarres et discontinues dont vous m'avez cité des exemples, puissent raisonnablement s'appliquer au cas d'une fonction aussi *uniforme* et aussi *continue* qu'une fonction algébrique *entière* ? Si nous devons démontrer cela, que ne faudra-t-il pas alors démontrer, et sur quoi nous appuierons-nous ? Dans tous les cas, votre démonstration demande, pour être suivie, trop de contention d'esprit pour qu'on puisse songer à l'introduire dans un enseignement élémentaire, comme celui de la licence, et je vous promets solennellement de ne pas la donner à mes disciples, lors même que vous me convaincriez de sa nécessité [10].

Mais ce sur quoi vous ne m'avez pas donné d'explications, et ce sur quoi je persiste à vous en demander, c'est sur votre bout de phrase (p. 309, l. 4 et 3 en remontant) : « *mais elle est loin de lui être équivalente* » [11]. Instruisez-moi, de grâce, et dites-moi donc ce que vous entendez par le mot *limite*. Car jusqu'à présent j'ai cru dur comme fer que ce mot n'était rien autre chose que l'expression de la condition énoncée au haut de la même page [12]. Dites-moi donc depuis quand vous *avez changé cela* ; car je serais honteux de continuer à faire un cours de calcul infinitésimal, fondé sur le principe des limites, sans avoir la première notion de ce que c'est qu'une limite. Songez que, pour les *premiers éléments* de l'analyse, je puis avoir la prétention de faire parie de la *moyenne* de vos lecteurs, et que ce passage *m'arrête tout court*. Il en arrêtera donc bien d'autres. Donnez-moi au moins quelques

---

comme Delaunay, nous avons bien usé du temps qui nous est laissé ; si, comme lui, nous avons augmenté la science et fait avancer l'esprit humain vers la vérité divine ! »

9. [Dar72].
10. Une réflexion semblable est faite par Hermite, après lecture de [Dar75], dans sa lettre à Genocchi du 31 octobre 1884 :

> « Or est-ce bien dans l'enseignement élémentaire qu'il convient de faire si large place à ces exigences [en fait de rigueur] ? Ce serait parfait certainement, si la rigueur se conciliait avec une grande simplicité, et surtout une extrême clarté, mais dites-le-moi, mon cher ami, est-ce toujours le cas ? Je suis pour mon compte tellement effrayé de l'appareil compliqué de certaines démonstrations du mémoire de M. Darboux sur les fonctions discontinues (dans les Annales de l'École Normale), que jamais, de mon plein gré, je consentirai à les faire entrer dans mes leçons de la Sorbonne. Je juge que se serait faire perdre leur temps à mes élèves et quelque soit l'honneur dû à la rigueur, en âme et conscience, j'irai de l'avant et pour rien au monde je ne consacrerai de longues heures à établir que $\frac{d^2u}{dxdy} = \frac{d^2u}{dydx}$, et autres belles et grandes choses du même genre. »
>
> [Mic05, p. 180]

11. Dans son article, Darboux donne la définition suivante de la continuité en un point (x_0, y_0) d'une fonction f de deux variables réelles :

> « Une fonction $z = f(x,y)$ est dite continue pour un système (x_0, y_0) de valeurs des variables, représenté par un point M, quand on peut assigner autour du point M une courbe, quelque petite qu'elle soit, telle que, pour tous les points $M'(x,y)$ compris à l'intérieur de cette courbe, on ait la différence $f(x,y) - f(x_0, y_0)$ plus petite en valeur absolue que δ, δ étant pris aussi petit qu'on le veut. » (p. 308-309)

Dans une note de bas de page, il fait observer que l'on pourrait aussi dire que la fonction f est continue en (x_0, y_0) lorsque $f(x_0+h, y_0+k)$ a pour limite $f(x_0, y_0)$ quand h et k tendent vers zéro d'une manière quelconque. Dans la version définitive du texte, il ajoute le passage suivant, plus précis que celui cité par Hoüel : « Cette définition est comprise dans celle que nous avons choisie, mais elle ne lui est pas absolument équivalente ».

12. En haut de la page se trouve la définition de la continuité donnée par Darboux (voir la note précédente).

explications, si vous ne me jugez pas trop incurable. Je conçois, à la rigueur, les chicanes sur l'existence du minimum [13] ; mais ici je ne conçois plus rien du tout. En résumé, cela peut être ma faute si je ne comprends pas la nécessité de compléter par votre démonstration celle qu'a reçu d'aussi *heureux éclaircissements dans la nouvelle édition, déjà presque épuisée, etc.* [14] (et qui me semble encore plus claire dans mon bouquin [15]) ; mais je crois, nonobstant cela, que votre rédaction a grand besoin d'être remaniée, et je *maintiens* mon observation quant au mot *limite*.

Je vous ai envoyé hier de la copie. Je crois que mon article sur Oresme [16] mérite qu'on y fasse attention, et l'on ferait bien mieux de réimprimer quelques cartulaires d'abbaye [17] de moins et de conserver les fonds pour une édition de ce précurseur de Viète et Descartes.

Vous pourrez faire des coupures à l'article sur le *Tijdschrift* hollandais [18]. Mais tâcher de vous procurer un dictionnaire de cet horrible patois pour vérifier le sens du mot *Gewestelijk* [19].

Pour l'article Oresme, vous en augmenteriez beaucoup l'intérêt, si vous pouviez envoyer quelqu'un à la Bibliothèque Nationale ou aux autres, pour collationner les citations que j'ai faites d'après l'auteur prussien [20]. Ces citations doivent être exactes lettre pour lettre, et elles ne sont pas sans importance pour l'histoire de la langue française.

A-t-on pensé à mes tirages à part de l'article Grunert [21] ?

Je viens d'apprendre par hasard le succès de votre frère. Mille félicitations [22].

Si votre *Zeitschrift* Schlömilch pour 1871 n'est pas relié, pourriez-vous m'en-

---

13. L'objet de la note de Darboux est de démontrer qu'une fonction continue de deux variables sur un compact atteint ses bornes :

> « Si une fonction continue de deux variables prend, pour tous les points situés à l'intérieur d'un contour fermé, des valeurs qui demeurent comprises entre deux nombres H et K, elle obtient nécessairment, pour un système au moins de valeurs des deux variables indépendantes, la valeur qui marque la limite minimum ou maximum de toutes les valeurs qu'elle peut prendre. » (p. 308)

En introduction, Darboux souligne qu'en voulant démontrer que toute équation algébrique $f(z) = 0$ possède une racine réelle ou imaginaire, Cauchy a prouvé que le module de la fonction f ne peut avoir d'autre minimum que zéro [Cau21, Note III]. Toutefois, sa preuve admet « que si une fonction continue reste comprise entre deux limites fixes, et ne décroit pas, par conséquent, au-dessous d'une certaine quantité, elle atteint nécessairement la valeur qui marque la limite inférieure de toutes celles qu'elle peut avoir. » (p. 307) Il conclut : « Ainsi la démonstration de Cauchy prouve bien que, si le module a un minimum, ce minimum ne peut être que zéro ; mais l'existence même de valeurs faisant acquérir au module cette valeur minimum n'est pas démontré et demeure sujette à contestation. » (p. 307)

14. Darboux écrit que la démonstration de Cauchy « a été beaucoup simplifiée et reproduite avec d'heureux éclaircissements, que nous recommandons à l'attention des professeurs, dans la nouvelle édition, déjà presque épuisée, du *Cours d'Algèbre supérieure* de M. Serret » (Gauthier-Villars, Paris, 1866) (p. 307). Voir *Cours d'Algèbre supérieure*, p. 97-101.

15. [H55].

16. [H92].

17. Ce sont les registres contenant les titres de propriété ou les privilèges temporels de l'abbaye.

18. Le tome 3 du *Bulletin* propose une recension d'une livraison (1872) du *Tijdschrift voor reken-, stel- en Meetkunde* (p. 204-205).

19. « Régional ».

20. Il s'agit de Maximilian Curtze (1837-1903) qui est professeur au gymnase de Thorn et dont le livre est l'objet du compte-rendu de Hoüel [H92]. Dans son ouvrage, Curtze traite de plusieurs manuscrits de Oresme conservés à la Bibliothèque nationale.

21. [H56].

22. Hoüel doit faire allusion à l'admissibilité de Louis Darboux, le frère de Gaston, aux épreuves orales de l'agrégation de mathématiques (source : Journal Officiel de la République Française du 24 août 1872 (p.5666). Il ne sera pas reçu qu'en 1875. Au sujet de Louis Darboux, on peut consulter H. GISPERT, *La France mathématique : la Société mathématique de France (1872-1914)*, 1991, p. 319.

voyer pour quelques heures le numéro (ou la fraction de numéro) qui contient l'analyse de l'ouvrage : *Die Geometrie und die Geometer vor Euklides* de Bretschneider (*Literaturzeitung*) ? Je vous dois un article sur cet intéressant ouvrage, et je ne serai pas fâcher de profiter un peu de ce qu'on dit les autres [23].

J'ai négligé d'écrire à Painvin, qui doit avoir maintenant quitté Paris. Où le trouver à l'heure qu'il est ? Car je voudrais bien lui écrire.

Ne pensez-vous pas pouvoir me visiter un peu cette année ? Que ce soit avant le 15 octobre ; car, s'il faut en croire les journaux, le beau Jules Simon [24] aurait décidé de nous faire avancer de 15 jours la session du bachot, dans l'intérêt des saines études, et je tremble d'être obligé de partir plus tôt que d'habitude. Si vous pouviez voir figurer tout ce que j'amasse de haine et d'exécration contre l'*Université* et son *grand-maître* ! N'aurai-je donc jamais l'occasion de leur cracher au museau ma façon de penser sur leur compte !

Adieu, et à bientôt. Tout à vous,

J. H.

3.50 Lettre de Darboux à Hoüel reçue le 7 décembre 1873

7/12/73 [1]

Mon cher ami,

J'ai réfléchi à la démonstration de l'équation

$$\frac{\partial^2 u}{\partial x \partial y} = \frac{\partial^2 u}{\partial y \partial x}$$

et il me semble que de la manière suivante elle est moins compliquée que celle de Bonnet [2] et se retient aisément.

Je m'appuye sur le [†] théorème des accroissements finis

$$\frac{\varphi(x+h) - \varphi(x)}{f(x+h) - f(x)} = \frac{\varphi'_x(x+\theta h)}{f'_x(x+\theta h)}.$$

Ce théorème dont vous trouverez dans Serret une démonstration (de Bonnet) bien préférable à celle de Duhamel [3], suppose seulement que f'_x φ'_x sont finies dans l'intervalle de x à $x+h$. Cela posé remplaçons dans l'équation précédente

$$\varphi(x) \text{ par } \Phi(x, y+k) - \Phi(x, y)$$
$$f(x) \text{ par } F(x, y+k) - F(x, y)$$

23. Hoüel fera en effet le compte rendu [H96] de cet ouvrage.

24. Jules Simon (1814-1896) est ministre de l'Instruction publique du Gouvernement de la défense nationale.

1. AAS, dossier Darboux.

2. Voir la note β de la lettre 3.12.

†. ~~demon~~

3. La preuve de Bonnet est exposée par Serret dans [Ser68, I, p. 23-25] et celle de Duhamel dans [Dhu56, I, p. 251-252].

elle deviendra

$$\frac{\Phi(x+h,y+k)-\Phi(x+h,y)-\Phi(x,y+k)+\Phi(x,y)}{F(x+h,y+k)-F(x+h,y)-F(x,y+k)+F(x,y)} = \frac{\Phi'_x(x+\theta h,y+k)-\Phi'_x(x+\theta h,y)}{F'_x(x+\theta h,y+k)-F'_x(x+\theta h,y)} \quad (2)$$

Cela posé appliquons une seconde fois le théorème des accroissements finis en remplaçant dans la première équation $\varphi(x)$ par $\Phi'_x(x+\theta h,y)$, y étant cette fois la variable à laquelle on donne l'accroissement k. On aura

$$(3) \quad \frac{\Phi'_x(x+\theta h,y+k)-\Phi'_x(x+\theta h,y)}{F'_x(x+\theta h,y+k)-F'_x(x+\theta h,y)} = \frac{\Phi''_{xy}(x+\theta h,y+\lambda k)}{F''_{xy}(x+\theta h,y+\lambda k)} \quad 0<\lambda<1$$

Et par suite l'expression (1) est égale au quotient (3). Si on eut commencé par y au lieu d'opérer d'abord sur x, on eût trouvé pour la même expression (1)

$$(4) \quad \frac{\Phi''_{yx}(x+\theta' h,y+\lambda' k)}{F''_{yx}(x+\theta' h,y+\lambda' k)}$$

et par suite en comparant (3) et (4) et faisant $h=0$ $k=0$

$$\frac{\Phi''_{xy}(x,y)}{F''_{xy}(x,y)} = \frac{\Phi''_{yx}(x,y)}{F''_{yx}(x,y)}.$$

Prenant $F(x,y)=xy$ on a $F''_{xy}=F''_{yx}=1$ et par suite

$$\Phi''_{xy}(x,y)=\Phi''_{yx}(x,y)$$

C. q. f. d.

Cette méthode a l'avantage d'établir une formule curieuse tout-à-fait analogue au théorème des accroissements finis. Mais relative à deux fonctions de deux variables. Il me semble qu'elle peut se retenir.

Le même théorème des accroissements finis peut servir à établir que

$$\lim \frac{\Delta^n y}{\Delta x^n} = \frac{d^n y}{dx^n}$$

et plus rigoureusement que ne le fait Serret[4].

Remplaçons ici

$$\varphi(x) \text{ par } \Phi(x+h)-\Phi(x)$$
$$f(x) \text{ par } F(x+h)-F(x)$$

nous aurons

$$\frac{\Phi(x+2h)-2\Phi(x+h)+\Phi(x)}{F(x+2h)-2F(x+h)+F(x)} = \frac{\Phi'(x+h+\theta h)-\Phi'(x+\theta h)}{F'(x+h+\theta h)-F'(x+\theta h)}$$

4. [Ser68, I, p. 73-75].

ou en appliquant le théorème des accroissements finis

$$= \frac{\Phi''(x+\theta h+\theta' h)}{F''(x+\theta h+\theta' h)} = \frac{\Phi''(x+2\theta_1 h)}{F''(x+2\theta_1 h)}$$

en général on a

$$\frac{\Delta^n \Phi(x)}{\Delta^n F(x)} = \frac{\Phi^n(x+n\theta h)}{F^n(x+n\theta h)}.$$

Cette formule ne vous parait-elle pas curieuse. La connaissez-vous. Prenant $F(x) = x^n$ on a

$$\frac{\Delta^n \Phi(x)}{\Delta x^n} = \Phi^n(x+n\theta h)$$

d'où

$$\lim \frac{\Delta^n \Phi(x)}{\Delta x^n} = \frac{d^n \Phi(x)}{dx^n}.$$

Je suis furieux. Mannheim a eu l'audace de faire des visites. Sa femme, la générale Poncelet l'ont pistonné [5]. On lui donne le prix Poncelet. C'est triste quand Briot et Bouquet ne l'ont pas. En voila un qui peut se vanter d'égaler la providence. Il crée quelque chose avec rien c'est a dire avec ses travaux. Et dire que Serret et Liouville font partie de la commission [6].

Votre bien dévoué,

G. Darboux

3.51 Lettre de Darboux à Hoüel reçue le 24 janvier 1874

24/1/74 [1]

Mon cher ami,

J'avais copié dans ma dernière lettre un passage tout entier que vous m'aviez écrit et j'y avais répondu de mon mieux [2]. Maintenant vous me demandez en quoi péche la démonstration que vous insérez d'après Duhamel à la page 69 de votre Traité [3]. Avant de vous répondre, je vous demanderai si dans l'ouvrage que vous voulez publier vous avez l'intention de faire comme plusieurs qu'il serait facile de nommer et de donner des quasi théorèmes qui sont généralement vrais mais qui peuvent être faux. Ou bien si vous avez l'intention tout en vous bornant aux fonctions les plus élémentaires d'énoncer d'une manière précise les restrictions et

5. La veuve de Poncelet avait fait une donation à l'Académie pour fonder un prix annuel « destiné à récompenser l'Ouvrage le plus utile aux progrès des Sciences mathématiques pures ou appliquées, publié dans le cours des dix années qui auront précédé le jugement de l'Académie » (*Bulletin* I, 1870, p. 260). Ce prix est une médaille d'or de deux milles francs.

6. Un rapport, lu et adopté dans la séance du 10 novembre 1873, attribue à Amédée Mannheim le prix Poncelet de l'année 1872 « pour l'ensemble de ses recherches géométriques » (*Comptes rendus* LXXIX, 1874, p. 1537). La commission « chargée de juger le Concours du prix Poncelet pour l'année 1872 » est composée de Bertrand, Fizeau, Serret, Liouville et Puiseux (*Comptes rendus* LXXV, 1872, p. 1805).

1. AAS, dossier Darboux.

2. Voir l'extrait de la lettre de Darboux à Hoüel du 19 janvier 1874 au paragraphe 1.3.7 de l'introduction (p. 80).

3. Il s'agit du théorème et de la démonstration cités à la note 7 de la lettre 3.1.

les hypothèses sur lesquelles s'appuyent tous les théorèmes. En un mot voulez-vous introduire dans le Calcul Infinitésimal la rigueur de la géométrie ou vous contenter d'à peu près, comme l'ont fait beaucoup de personnes. Dans ce dernier cas vous ne seriez pas un élève de Duhamel et par conséquent je pense qu'avant tout vous devez tenir à la rigueur.

Pour en venir à votre démonstration elle commence par un principe qui me parait juste. Si ω est d'ordre n dans tous les cas $\omega = \alpha^n X$, X étant une fonction qui n'est ni nulle ni infinie. Vous avez parfaitement raison à mon sens. Mais que savez-vous sur la dérivée de X ? rien du tout. Pourquoi supposez-vous qu'elle demeure finie ? Pourquoi n'introduirait-elle pas un dénominateur αP etc. etc. Donc je n'accorde pas qu'il est démontré que $D_x X$ demeure fini, premier point.

Exemple. Prenons

$$\omega = \alpha^n (x^2 + \alpha \sin \frac{x}{\alpha^{2n}}).$$

Voila un infiniment petit qui est à coup sur de l'ordre n et qui satisfait à toutes les conditions auxquelles on reconnait les infiniments petits. Sa dérivée par rapport à x devient infiniment grande quand α est infiniment petit et je pourrais vous indiquer un nombre illimité d'exemples du même genre. Il est vrai que vous pourriez objecter à l'exemple précédent que suivant la valeur de[4] $\frac{x}{\alpha^n}$ la dérivée

$$2x\alpha^n + \frac{1}{\alpha^{n-1}} \cos \frac{x}{\alpha^n}$$

est tantôt nulle tantôt très grande, mais à coup sur elle n'est pas infiniment petite de l'ordre n.

En second lieu[†] dans votre démonstration vous faites allusion au numéro 122 où vous donnez une évaluation des infiniment petits qui ne me parait pas générale et à laquelle échappent tous les infiniment petits de la forme

$$\varphi(x, \alpha) \sin \frac{x}{\alpha^n}$$

par exemple où $\varphi(x, \alpha)$ est infiniment petit avec α[5].

Vous voyez que je réponds très nettement quand vous me demandez des choses précises.

Quant à votre démonstration par le Calcul Intégral du théorème des accroissements finis elle me parait irréprochable et très élégante[6].

Mais celle qui vient après par la géométrie n'est sans doute considérée par vous même que comme un aperçu sur la question plutôt qu'une démonstration rigoureuse[7].

4. Darboux a modifié l'expression précédente en supprimant le facteur 2.

†. ~~l'exemple précédent~~

5. Au n°122, Hoüel traite de la question suivante [H55, I, p. 67] : « Dans certains cas, l'évaluation de l'ordre infinitésimal d'une quantité, fondée sur la comparaison avec les puissances positives ou négatives de α, est insuffisante. C'est ce qui peut arriver dans les cas exceptionnels où cette comparaison indique pour ω l'ordre n, quoique la limite du rapport $\frac{\omega}{\alpha^n}$ soit nulle ou infinie. » Il compare alors de tels infiniment petits avec des logarithmes.

6. Darboux sera plus critique dans la lettre 3.1. Le texte de la preuve de Hoüel est cité dans la note 9 de cette lettre.

7. À l'article 154 qui traite du théorème des accroissements finis et qui en donne la preuve « par le Calcul Intégral », Hoüel renvoie à l'article 78 où il expose la formule $F(x_0+h)-F(x_0) = \int_{x_0}^{x_0+h} f(x)dx = hf(x_0 + \theta h)$. Il écrit alors :

Les démonstrations de Bonnet dont je vous ai parlé se trouvent dans le Calcul de Serret [8]. Elles ont cet avantage qu'elles sont simples et pourraient être placées dans une première leçon de Calcul Différentiel et que tout en découle ensuite.

Pour le §52 qui dans votre exposition est fondamental, j'ai aussi à vous présenter une objection qui est la suivante [9].

Vos quantités ε sont des fonctions de 2 variables. Vous avez par exemple en posant $x_3 - x_2 = h$

$$f(x_2+h)-f(x_2)=hf'(x_2)+h\varepsilon_2$$

et il est clair que ε_2 est infiniment petit fonction de x_2 et de h et dont vous connaissez *l'unique* propriété suivante : il tend vers zéro avec h quand x_2 reste fixe. Mais je dis que vous ne savez plus ce qu'il devient quand h tendant vers zéro x_2 varie avec h comme cela a lieu dans votre mode de décomposition.

Prenez par exemple $\frac{h^2}{x_1-a+h}$. Quel que soit x_1 *pourvu qu'il reste fixe* cet[te] [††] expression tend vers zéro avec h. Elle satisfait donc bien à l'unique propriété des ε que vous connaissez. Mais si x_1 varie par exemple si l'on a

$$x_1 = a - h + h^4$$

alors l'expression se réduit à $\frac{1}{h^2}$ et devient infiniment grande quand h tend vers zéro.

Si je vous dis tout cela c'est que j'ai la conviction qu'en vous attachant à la rigueur vous arriveriez à faire un traité de Calcul Infinitésimal ayant un intérêt exceptionnel. Vous voyez que déja on a enlevé votre première partie [10]. Raison de plus. À votre place je lacherais le théorème de Duhamel sur les limites se sommes qui ne vaut rien et aussi bien d'autres choses. Avec le théorème des accroissements finis tel qu'il est démontré dans Serret vous pouvez élever un édifice solide. Ça et la définition de l'intégrale, il n'y a pas autre chose. C'est comme cela je crois que procède Weierstrass.

À propos de votre démonstration géométrique du théorème des accroissements finis je vous dirai que j'ai rencontré dans mon travail des fonctions qui ne sont pas continues et qui ne peuvent aller d'une valeur à une autre sans passer par tous les intermédiaires [11].

« Cette dernière formule résulte encore très-simplement de la considération de la tangente, que nous avons déjà employée au commencement de cette Leçon. Étant donné la courbe $y = F(x)$, l'accroissement de l'ordonnée $Y - y_0 = F(X) - F(x_0) = \int_{x_0}^{X} F'(x)\,dx$ est égal au produit de $X - x_0$ par le coefficient angulaire de la corde que joint les deux points extrêmes (x_0, y_0) et (X, Y) de la courbe. Or, si $F'(x)$ est toujours finie et continue, et qu'elle passe par toutes les valeurs comprises entre la plus petite et la plus grande, on voit, en transportant la corde parallèlement à elle-même, de manière que ses deux points d'intersection avec la courbe se rapprochent indéfiniment l'un de l'autre, on voit, dis-je, qu'il existera, en un point au moins de la courbe compris entre les extrémités, une tangente parallèle à cette corde. Si l'on appelle ξ l'abscisse du point de contact de cette tangente, le coefficient angulaire de la corde sera égal à $F'(\xi)$. On aura donc la formule $F(X) - F(x_0) = \int_{x_0}^{X} F'(x)\,dx = (X - x_0)F'(\xi)$ ou $F(x_0 + h) - F(x_0) = \int_{x_0}^{x_0+h} F'(x)\,dx = hF'(x_0 + \theta h)$ pour $0 < \theta < 1$. En faisant $F'(x) = f(x)$, on retrouve la formule du $n°$ précédent. » [H55, I, p. 42]

8. [Ser68].
9. Voir la note α de la lettre 3.2.
††. ~~infinime~~
10. [H55, I].
11. Voir le paragraphe 1.3.6 de l'introduction (p. 68).

Je crois que *les autres* branlent dans la manche, toute l'Europe les déteste et ils ne savent nous attirer que des affronts. Enfin espérons que le 24 mai ne les verra plus au pouvoir [12].

Sur ce, mon cher ami, ne vous plaignez plus de ce que je ne réponds pas d'une manière précise et pourtant je suis bien éreinté.

Votre bien dévoué,

G. Darboux

3.52 Lettre de Darboux à Hoüel reçue le 29 janvier 1874

29/1/74 [1]

Mon cher ami,

Ah oui vous êtes un terrible homme car vous me répondez sans lire mes lettres. Je prends d'abord le point essentiel sur la fonction

$$\varepsilon = \frac{f(x+h)-f(x)}{h} - f'(x).$$

Vous ne savez qu'une chose c'est qu'elle tend vers zéro x restant fixe quand h tend vers zéro. Est-ce vrai ? Dites-moi si vous admettez ce point. Cela étant dans votre théorème vous faites varier à la fois h et x et vous les faites varier *simultanément* et vous admettez que ε tend vers zéro. Cela posé la question suivante doit être introduite.

Un infiniment petit ε au sujet duquel on ne sait qu'une chose, il tend vers zéro avec h quand x reste fixe, et quelle que soit la valeur fixe de x, tend-il vers zéro nécessairement quand x varie en même temps que h tend vers zéro ?

À cela je réponds non et je reprends l'exemple $\frac{h^2}{x-a+h}$. *Même pour* $x = a$ cette expression tend vers zéro avec h quel que soit x pourvu que x reste fixe. Donc il satisfait à tout ce que vous savez sur votre ε déjà nommé. Mais faisons varier x en même temps que h. Par exemple posons $x - a + h = h^3$ alors x variera avec h comme dans votre théorème et l'expression $\frac{h^2}{x-a+h}$ deviendra égale à $\frac{1}{h}$ et croîtra indéfiniment. On a donc pas le droit d'admettre qu'un infiniment petit ε qui tend vers zéro avec h quel que soit x fixe tend vers zéro quand x varie en même temps que h. Cela me parait incontestable.

Revenons maintenant au théorème sur les infiniment petits [2]. Je prends l'infiniment petit

$$\alpha^n(x + \alpha \sin \frac{x}{\alpha^{2n}})$$

et vous me dites : « Je suppose avant tout que l'inf[iniment] petit $\alpha^n X$ reste fini, continu et qu'il ait une dérivée pour toutes les valeurs considérées de x et pour

12. Darboux doit faire allusion aux difficultés du régime républicain et aux tentatives de restauration de la monarchie durant cette période. Thiers avait trouvé une majorité étroite en défendant l'idée d'une « République conservatrice » mais il sera amené à la démission le 24 mai 1873. Depuis, le gouvernement Mac Mahon composé de monarchistes et de bonapartistes travaillait à provoquer un retour de la monarchie. Pour plus de précisions, voir [May84].

1. AAS, dossier Darboux.

2. Voir la lettre 3.51.

toutes les valeurs de α de part et d'autre de zéro, zéro compris. Or cette supposition écarte complétement des fonctions avec des $\sin\frac{x}{\alpha}$. » À cela je réponds non. La fonction que je vous offre est finie, continue ; elle a une dérivée pour toutes les valeurs de x et de α, même pour $\alpha = 0$ puisqu'alors elle se réduit à 0. Par conséquent mon exemple subsiste. X aussi a une dérivée puisque pour $\alpha = 0$ il se réduit à x fonction bien définie.

Quant aux démonstrations de Bonnet vous ne voulez pas les lire.

Mon humble avis pour ce qui concerne les quaternions est que vous ne changiez rien aux notations reçues (à propos j'ai vu chez Klincksieck [3] un nouveau volume de Tait et d'un autre intitulé Introduction aux quaternions [4]). Remarquez que ces théories ne sont pas trop répandues. Vous risqueriez de décourager les personnes un peu au courant qui voudraient lire votre ouvrage. Si donc il n'y a pas à vos yeux un intérêt capital à changer les notations, ne changez rien. Voila du moins ce que je ferais à votre place.

Soyez tranquille, mon cher ami, la troisième page de votre lettre ne sera pas imprimée dans le Bulletin mais je vous soupçonne d'être l'auteur de la poésie que vous m'envoyez. Tudieu vous tenez toutes les parties.

Je vais apporter aujourd'hui à l'imprimerie les placards. Mais je trouve qu'ils sont bien mous, cette fois. Pourtant la copie ne leur manque pas.

J'ai fait les nouvelles annales [5]. Ce journal est d'une faiblesse pitoyable depuis quelque temps. Enfin il faut qu'il y en ait comme cela.

Sur ce mon cher ami je vous serre la main.

Votre tout dévoué,

G. Darboux

3.53 Lettre de Darboux à Hoüel reçue le 4 février 1874

4/2/74 [1]

Mon cher ami,

Réellement je conçois qu'on ne s'entende pas ailleurs qu'en mathématiques puisque déjà en mathématiques il est si difficile de s'entendre. Je vois bien que vous m'accordez le point pour $\alpha^n X$ mais pour l'autre, vous ne voulez pas examiner mes objections. Vous avez un parti pris. Quant à votre point de vue d'après lequel vous introduisez dans vos théorèmes toutes les restrictions nécesssaires, il est évidemment inexact. Car du moment que je vous donne un exemple en contradiction avec vos propositions, quelque bizarre qu'il soit, il ne faut pas répondre j'écarte votre exemple mais bien, il y a dans le raisonnement un défaut que je n'aperçois pas, je vais le chercher.

Je prends par exemple votre article 52 [2], et pour vous prouver que votre raisonnement est nécessairement inexact je vous ferai remarquer que dans votre raisonnement vous n'admettez qu'une chose c'est que la dérivée existe dans le sens positif

3. Voir la note 337 de l'introduction (p. 59).
4. P. Kelland & P. G. Tait, *Introduction to quaternions*, Macmillan and Cie, London, 1873.
5. Le tome 6 (1874) du *Bulletin* propose une recension des tomes 11 et 12 (de la 2e série) des *Nouvelles annales de mathématiques* (p. 178-188).
1. AAS, dossier Darboux.
2. Voir la note α de la lettre 3.2.

si $X > x_0$ comme vous le supposez. Ainsi si votre raisonnement est exact j'espère que vous voudrez bien reconnaitre qu'il s'appliquera à toute fonction pour laquelle

$$\lim \frac{f(x+h)-f(x)}{h} \quad \text{existe}$$

lorsque h tend vers zéro par des valeurs positives. Ce point me parait incontestable. Du moment que les seules hypothèses sur lesquelles repose un raisonnement sont maintenues les conclusions doivent subsister.

Cela posé soit $x_0 = 0, X = 2$ on aura d'après vous

$$f(2) - f(0) = \lim[f'(0)dx_0 + f'(1)dx_1 + \ldots + f'(x_{n-1})dx_{n-1}]$$

et je vous le répète, la seule hypothèse sur laquelle vous vous appuyez dans le raisonnement c'est que la dérivée existe dans le sens positif.

Cela posé j'ajoute à $f(x)$ une fonction $\varphi(x)$ définie par les équations

$$\begin{aligned} \varphi(x) &= 0 \quad \text{pour} \quad x = 0 \quad x < 1 \\ \varphi(x) &= 1 \quad \text{pour} \quad x = 1 \quad x > 1. \end{aligned}$$

La dérivée de cette fonction prise dans le sens positif existe toujours et elle est égale à zéro. On a

$$\lim \frac{\varphi(x+k)-\varphi(x)}{k} = 0$$

k étant positif tendant vers zéro. Donc en posant $F(x) = f(x) + \varphi(x)$ et en appliquant le théorème j'aurai

$$F(2) - F(0) = \lim \sum F'(x_i)dx_i$$

et comme $F'(x) = f'(x)$

$$F(2) - F(0) = \lim \sum f'(x_i)dx_i = f(2) - f(0).$$

C'est-à-dire

$$\varphi(2) = \varphi(0) \quad 1 = 0$$

ce qui est absurde.

Donc, en ne laissant subsister que les seuls points admis dans votre raisonnement on trouve qu'il conduit à des résultats inexacts ; il y a donc un défaut dans votre raisonnement.

Je vous ai envoyé un peu de copie. Vous seriez bien aimable d'ajouter quelque chose à l'article des nouvelles annales sur la méthode des équipollences. Vous pouvez mettre la une page ou deux. Vous seul êtes compétent [3].

Quant à votre préface je l'ai remise à Gauthier. Elle me parait excessivement intéressante. Nous pourrions la publier dans le Bulletin [4]. Qu'en pensez-vous ?

3. Darboux fait allusion à l'analyse des tomes 11 (2) et 12 (2) des *Nouvelles annales* plubliée dans le tome 6 du *Bulletin* (p. 178-188). Le deuxième volume analysé contient la traduction de plusieurs parties d'un long article de Bellavitis intitulé « Exposition de la méthode des équipollences ». Hoüel avait déjà publié une introduction à cette méthode [H46] dans les *Nouvelles annales* en 1869. Pour plus de précisions sur le rôle joué par Hoüel dans la diffusion de la théorie des équipollence, voir [Auv11].

4. Il s'agit peut-être déjà de la préface au futur [H58]. Voir la note 3 de la lettre 3.5.

Pour l'arriéré je vous promets de ne pas commencer d'autre Mémoire avant d'avoir mis tout au courant. Vous savez que je travaille d'une manière irrégulière mais tout cela finira par être fait d'autant plus que la copie nous fait défaut.

Je n'ai pas eu le temps d'aller chez Klincksieck. Ce cours de mécanique et l'École normale m'écrasent, et j'ai toujours mal aux yeux.

Avez-vous de bonnes nouvelles de Madame votre mère. N'y a-t-il pas de ressources pour sa vue ? Vous ne m'avez pas répondu à ce sujet.

Votre bien dévoué,

G. Darboux

3.54 Lettre de Darboux à Hoüel reçue le 19 février 1874

19/2/74 [1]

Mon cher ami,

Que voulez-vous que je vous dise ? Vous ne voulez pas examiner mes objections. Quand on attaque un raisonnement il y a plusieurs manières de le faire. La première consiste à dire à l'auteur : Vous avancez la quelque chose que je ne puis admettre et pour tel et tel motif. Celle là je l'ai employée. Après cela je vous ai donné des exemples dans lesquels vos propositions sont en défaut. Mais aussitot vous me dites j'écarte toutes les fonctions bizarres, je n'en veux pas.

La question n'est pas qu'elles soient saugrenues, il importe peu à mon avis que vous les admettiez ou que vous les rejetiez formellement. L'unique question est de savoir si vos raisonnements s'y appliquent mot pour mot, si elles satisfont à toutes les hypothèses et aux seules hypothèses sur lesquelles vous appuyez vos raisonnements, et comme elles y satisfont à ces hypothèses, vous n'avez pas le droit de les rejeter à priori en disant je ne veux pas de fonctions pareilles. Vous avez beau inscrire sur la porte de votre édifice le Calcul Différentiel est la théorie des fonctions qui ont une dérivée, pour mettre en défaut vos raisonnements j'ai le droit de prendre toute fonction pourvu qu'elle satisfasse non pas aux conditions que vous énoncez sans vous en servir, *mais aux seules conditions employées dans votre raisonnement*. Maintenant je peux avoir le malheur de ne pas être clair, mais n'y a-t-il pas un peu de votre faute ?

Ainsi premier point *j'ai le droit de prendre tous les exemples possibles pourvu qu'ils satisfassent aux conditions de vos raisonnements* et je soupçonne fort que votre définition d'exemples *bizarres, saugrenus* coïncide avec la suivante *génants, contraires au théorème*.

Deuxième point, je ne connais aucun exemple mettant en défaut les propositions de Bonnet (ne pas confondre avec toutes celles de Serret) en particulier sa démonstration du théorème des accroissements finis.

Quant à la manière dont vous définissez nos positions respectives, elle ne me parait pas exacte. Vous voulez faire un traité sérieux, mais destiné à des commençants. Soit. Alors vous pouvez leur donner des démonstrations telles que votre apercu géométrique sur le théorème des accroissements finis [2]. Vous pouvez vous

1. AAS, dossier Darboux.
2. Voir la note 7 de la lettre 3.51.

passer de démonstration ou tout au moins donner des démonstrations peu rigoureuses, mais en ne vous faisant pas illusion à vous même ce qui n'est pas le cas ici. En outre je vous le répète, à mon avis vous gagneriez en simplicité à introduire la démonstration Bonnet qui permet de mettre si l'on veut *le théorème des accroissements finis et la série de Taylor dans la première leçon*.

Quant au fond du dissentiment, le voici très nettement expliqué en gros. Il y a à chaque instant dans le calcul différentiel des infiniment petits de cette forme $\varphi(x,\alpha)$ fonctions de deux variables l'une finie x, l'autre infiniment petite α. Par exemple

$$\frac{f(x+h)-f(x)}{h}-f'(x).$$

La seule chose qu'on connaisse sur ces infiniment petits c'est qu'ils tendent vers zéro avec α quand x reste fixe et l'on admet à tort qu'ils continuent encore à tendre vers zéro quand α tendant vers zéro x ne reste plus constant mais varie infiniment peu. Cela peut être bizarre mais je n'admets pas au sujet de ces infiniment petits $\varphi(x,\alpha)$ qui apparaissent dans toutes les questions fondamentales que par cela seul qu'ils tendent vers zéro avec α quel que soit x fixe, ils tendent aussi vers zéro quand x varie. Remarquez du reste que je pourrais vous citer une foule d'auteurs qui sont de mon avis. Weierstrass, Bonnet, Thomae, etc.

Je vous ai envoyé un peu de copie accompagnée d'une solution cocasse de la quadrature du cercle. En feuilletant le Todhunter j'ai vu qu'on pourrait faire un très joli article rien qu'en écourtant la préface. Vous seriez bien aimable vous qui savez l'anglais de faire ce travail [3].

En attendant je ferai les Nachrichten de Göttingue [4] et ce qu'il y aura en retard mais pour l'anglais j'aurais peur de prendre le Pirée pour un homme [5]. Pourtant j'espère que vous ferez tomber en particulier les préventions que j'ai contre les quaternions, préventions qui me paraissent partagées par les plus grands géomètres de l'Angleterre car je ne crois pas que Cayley, Sylvester abusent de cette théorie [6].

3. Le tome 6 du *Bulletin* propose une analyse (non-signée) de l'ouvrage de I. Todhunter, *A History of the Mathematical Theories of Attraction and the Figure of Earth, from the time of Newton to that of Laplace* (Londres, McMillan & co, 1873), (p. 276-285). Hoüel signe dans le tome 6 du *Bulletin*, le compte rendu [H106] de la traduction russe d'un traité de calcul différentiel et intégral du même Todhunter. La recension de Hoüel est très favorable, même s'il déplore l'emploi exclusif de la méthode des limites :

> « Le seul reproche que nous croyons pouvoir adresser à ces Ouvrages, c'est l'attachement trop exclusif de l'auteur à la *forme* d'exposition du Calcul infinitésimal, dite *méthode des limites*. Il est certain que l'introduction des infiniment petits, lorsqu'on ne lui donne pas le principe des limites comme fondement, ne peut conduire qu'à des conclusions dénuées de toute espèce de rigueur ; mais cette méthode, dont Poisson a été l'un des derniers représentants, est aujourd'hui abandonnée par tous les auteurs qui attachent quelque prix à l'exactitude des raisonnements.
>
> Tous les géomètres considèrent maintenant les infiniment petits comme caractérisés, non par leur *petitesse actuelle*, mais par leur *variabilité* et par la *possibilité* de leur attribuer des valeurs aussi voisines de zéro que l'on voudra. On tire de cette définition les règles d'après lesquelles on peut altérer les infiniment petits ou les remplacer par d'autres, sans changer les limites de leurs rapports ou de leurs sommes. Grâce à l'emploi de ces règles, rien n'empêche, tout en restant dans la rigueur la plus absolue, de conserver les siplifications qu'offrait l'ancienne conception rudimentaire des infiniment petits. On peut s'en convaincre en lisant la première édition du *Cours d'analyse* de Duhamel (1840-1841). » [H106, p. 22-23]

4. Le tome 6 ne propose pas d'analyse de cette revue.

5. C'est-à-dire confondre deux choses sans rapport. Dans la fable de La Fontaine *Le singe et le dauphin*, le singe prend le nom du port principal d'Athènes pour celui d'un homme.

6. L'opinion de Darboux est sinon erronée, très exagérée. A. Cayley, P. G. Taits et J. J. Sylvester

J'ai causé l'autre jour avec Hermite qui m'a avoué franchement que la France lui faisait l'effet d'un homme qui roule sur un terrain fortement incliné qui rencontre une tranche de salut, l'unique, la dernière (Chambord) qui refuse de s'y accrocher et qui roule dans le précipice. Il parait que MM. les légitimistes ont des espérances encore car il m'a avancé à moitié que Mac Mahon est bien démonétisé. Conclusion il faut le remplacer par Chambord[7]. Encore si tous les légitimistes étaient aussi bons mathématiciens que lui, je passerai dans leur camp. Mais hélas, il est bien seul comme cela. Je ne sais pas si à Bordeaux, Bouquet était déja retourné mais sous l'influence d'Hermite il me parait être devenu joliment conservateur[8].

3.55 Lettre de Darboux à Hoüel reçue le 16 avril 1874

Jeudi soir. 16/4/74[1]

Mon cher ami,

En effet au moment où je croyais la paix signée vous recommenciez les hostilités. Toutes[†] fois je crois que nous tomberons d'accord cette fois ci et je reprends la démonstration que j'ai eu l'honneur de vous proposer[2].

Soit $f(x)$ une fonction au sujet de laquelle je ferai seulement les suppositions suivantes 1° $f(x)$ est continue entre a et b 2° $f(x)$ entre les mêmes limites a une dérivée finie pour toutes les valeurs de x (sauf pour a et b qui n'interviennent pas dans la démonstration, il n'est pas nécessaire de supposer qu'il y ait une dérivée finie pour ces valeurs). Cela posé je définis la constante M par l'équation

$$f(b)-f(a)-M(b-a)=0$$

et ensuite je considère la fonction

$$f(b)-f(x)-M(b-x)=\varphi(x).$$

Cette fonction est évidemment *continue* entre a et b et elle a une dérivée pour toutes les valeurs de x comprises entre a et b puisqu'elle est la somme de $-f(x)$ qui jouit de ces propriétés et de fonctions simples proportionnelles à x. Ce point étant admis on a évidemment

$$\varphi(b)=0 \quad \varphi(a)=0.$$

Or on peut démontrer et on n'a aucune peine à admettre qu'une fonction *continue*[††] qui varie de 0 à 0 quand x varie de a à b passe dans l'intervalle par une valeur plus

entretiennent par exemple des correspondances au sujet des quaternions (pour plus de détails, voir [Cri05], [Kno11] et [Par06]).

7. Le comte de Chambord est le prétendant au trône de France et donc l'espoir des royalistes. P. Mac Mahon avait été élu président de la République le 24 mai 1873 et avait formé un gouvernement réunissant des orléanistes, des bonapartistes et des légitimistes dans le but de mener une politique d'« ordre moral » et d'œuvrer à une restauration monarchiste. L'échec de celle-ci conduit au septennat. Pour plus de détails, voir [May84].

8. Hermite et Bouquet n'étaient pas très favorables à la république.

1. AAS, dossier Darboux.

†. ~~les~~

2. Darboux expose la preuve du théorème des accroissements finis de Bonnet qui est expliquée par Serret dans son *Cours de calcul différentiel et intégral* de 1868 [Ser68, I, p. 17-19] (voir la note α de la lettre 3.1).

††. Ce mot est souligné quatre fois.

grande en valeur absolue que toutes les autres correspondante à $x = x_1$

$$b < x_1 < a \quad \text{par exemple}$$

x_1 n'étant ni a ni b. On a donc

$$\varphi(x_1 - h) - \varphi(x_1), \quad \varphi(x_1 + h) - \varphi(x_1)$$

de même signe quelque petit que soit h. Donc

$$\frac{\varphi(x_1 - h) - \varphi(x_1)}{-h}, \quad \frac{\varphi(x_1 + h) - \varphi(x_1)}{h}$$

sont de signes contraires. Or ces deux rapports d'après la définition de la dérivée et les hypothèses faites ne peuvent tendre que vers une limite commune finie. Comme ils sont de signes contraires cette limite est nécessairement zéro. Donc $\varphi'(x_1) = 0$, $f'(x_1) = Mx_1$[3], $x_1 = a + \theta(b - a)$.

Je suis étonné de vous voir objecter à cette démonstration qu'elle est peu naturelle. Cela peut être vrai, mais ce n'est pas une objection à lui faire. Euclide n'est pas naturel, le calcul intégral non plus. L'essentiel c'est d'admettre des notions ayant une grande portée et dispensant de considérations nouvelles. Or vous pouvez adopter le même mode de démonstration pour le théorème

$$\frac{\varphi(x + h) - \varphi(x)}{f(x + h) - f(x)} = \frac{\varphi'(x + \theta h)}{f'(x + \theta h)}$$

et dans un grand nombre de cas.

J'arrive maintenant à la démonstration que vous me proposez. « La fonction $\frac{f(x+h)-f(x)}{h} - f'(x)$ est infiniment petite avec h quel que soit $x \geq x_0$ $x \leq X$ sa valeur dépend de h et de x. Pour chaque x elle sera plus petite que ε si $h < \delta_x$. La fonction δ_x de x a un minimum comme toute autre espèce de fonction comme en a le $F'(x)$ dans votre démonstration, etc. »

Ce sont vos expressions textuelles. Or je vous ferai remarquer que je ne suppose rien sur $F'(x)$ ni sur son maximum ou minimum. Il est vrai que j'admets qu'il y a une fonction allant de 0 à 0 et ayant un minimum. Mais quelque ingénieuse que soit l'introduction de votre fonction δ_x il y a entre elle et la mienne une différence capitale. La mienne est continue, *vous ne savez rien* sur la votre pas même si elle est continue. Or admettre qu'une fonction qui peut être discontinue a des propriétés quelque simples qu'elles soient c'est un peu hardi à mon avis. On peut fabriquer toute espèce de fonction. Du reste je pourrais vous fabriquer des exemples dans lesquels votre fonction δ_x n'est pas même continue. Ainsi l'idée de maximum ou de minimum disparait complétement.

Pour ce qui concerne le prince Boncompagni répondez lui que les mémoires du p[ère] Chelini ont déja été analysés [4]. Il m'avait envoyé dans le temps une cargaison analogue d'un certain Marsano que j'ai proprement laissée de coté. Il est par trop exigeant. Il a du reste un secrétaire et nous n'en avons ni l'un ni l'autre. On a Dieu merci assez parlé de Chelini. N'ai-je pas reçu ce matin d'Amérique une lettre non affranchie que j'ai eu la folie d'accepter où un auteur m'annonce l'envoi d'un

3. Darboux commet ici une légère erreur. On a $\varphi'(x) = -f'(x) + M$ d'où $0 = -f'(x_1) + M$.

4. Deux mémoires de D. Chelini sont analysés (p. 248-249 et p. 250-251) dans la recension du tome 9 (2) (1869) des *Memorie dell'Academie delle Scienze dell'Istituto di Bologna*.

mémoire (prob. non affranchi mais que je refuserai) sur les dérivées des fonctions en me priant d'en rendre compte.

Ne vous exagérez pas l'affaire Wronski. Si j'étais seulement moins paresseux et si j'avais deux heures à moi, il me serait facile de montrer que la formule de Wronski n'est pas autre chose que la formule de Lagrange un peu arrangée et qu'elle n'est ni plus ni moins générale. Quant à la prétention de Wr[onski] que Transon a gobée que ces séries soient toujours convergentes c'est du plus haut comique.

Et cette prétendue réfutation de la th[éorie] des f[onctions] an[alytiques] basée sur ce fait que Lagrange employe un seul développement au lieu qu'il faudrait en employer plusieurs c'est insensé. La seule objection qu'on puisse faire à Lagrange c'est d'avoir tout voulu tirer des séries et on doit le complimenter de s'être borné alors à la plus simple. Wronski ne ferait qu'ajouter aux objections raisonnables à adresser à Lagrange.

Je crois que la réforme nouvelle nous aménera beaucoup d'élèves au baccalauréat es Sciences. Cet examen en deux parties séparées par une année sera désastreux, dès qu'on échouera une fois. On renoncera au bac es lettres résultat peu prévu par Dupanloup [5].

Le mauvais temps qui a signalé mon passage à Nimes et à Bordeaux nous coute bien cher. Je viens d'apprendre que ma pauvre petite nièce qui avait 20 mois et qui était on ne peut plus gentille est morte d'une fluxion de poitrine ou bronchite. C'est très malheureux pour mon frère qui avait ce seul enfant et qui en était fou. Et voila le beau temps qui revient quand il est trop tard.

J'ai reçu le paquet de copie ; mais l'imprimerie aurait besoin d'être secouée ; ils ne vont plus. Vous devriez leur écrire un peu pour les émoustiller.

Votre bien dévoué,

G. Darboux

3.56 Lettre de Darboux à Hoüel reçue le 22 avril 1874

22/4/74 [1]

Mon cher ami,

Vous ne lisez pas mes lettres et en voici la preuve. Dans votre avant dernière lettre vous m'avez proposé une démonstration dans laquelle figurait une fonction δ_x définie de la manière suivante : pour [†] une valeur de x on aura certainement

$$\frac{f(x+h)-f(x)}{h} - f'(x) < \varepsilon$$

ε étant une quantité fixe si h est plus petit que δ_x. Donc à chaque valeur de x correspond une valeur δ_x de h et l'on a ainsi défini une fonction δ_x de x dont vous

5. Le baccalauréat ès lettres est « scindé » en deux parties par les décrets du 9 avril 1874 et du 25 juillet 1875. Pour plus de précisions on peut consulter l'article d'André Chervel, « Les sujets de composition latine du baccalauréat ès lettres (1853-1880) », janvier 2008, http ://rhe.ish-lyon.cnrs.fr/ ?q=complat (consulté le 9 août 2016). F. Dupanloupp, évêque d'Orléans et député était un défenseur de l'enseignement classique et s'était opposé en 1872 aux tentatives de réforme du ministre J. Simon. Les décrets de 1874 et le plan d'étude qui accompagne ces décrets scellent la victoire de F. Dupanloupp (voir la note 6 de la lettre 3.35). Pour plus de précisions, voir [Mar69].

1. Paris, AAS, dossier Darboux.

†. ~~chaque~~

avez l'intention de faire usage. Je vous ai objecté que vous ne saviez rien sur cette fonction que vous ne saviez même pas si elle est continue et voici ce que vous me répondez : « Pourquoi diable voulez-vous que la fonction

$$\delta_x = \frac{f(x+h) - f(x)}{h} - f'(x)$$

soit continue puisqu'elle est formée d'éléments continus » textuel. À cela je me contente de vous faire remarquer que je ne puis plus même faire d'objection puisque *vous avez oublié la définition même de votre fonction* qui n'est pas du tout une fonction mal définie de 2 variables (au sujet desquelles vous ne me dites pas comment elles varient) mais bien la valeur de h définie pas la condition que pour cette valeur et pour toutes les valeurs plus petites

$$\frac{f(x+h) - f(x)}{h} - f'(x) \leq \varepsilon.$$

Ainsi si vous voulez que je vous critique d'une manière sérieuse faites une démonstration qui tienne, gardez-en le double et nous bataillerons. Quant à moi je suis sur du résultat ; il n'y a que le procédé que je vous ai indiqué et au point de vue du naturel permettez moi de vous dire que vous avez mis à propos du théorème des accroissements finis quelque chose qui doit effrayer les élèves bien autrement que tout ce que je vous propose[2]. Vous considérez une fonction au sujet de laquelle vous n'admettez pas qu'elle soit continue, vous exigez seulement qu'elle aille d'une valeur à une autre en passant par toutes les valeurs intermédiaires ; il y a là quelque chose qui est tout aussi peu naturel que ce que je vous propose.

J'ai reçu les exemplaires de la Société des Sciences Phys. et naturelles que je porterai ce soir et je réclamerai les 4 premiers numéros pour la Société des Sc. Ph. et Nat.[3].

Le mémoire américain qui m'a été si pompeusement annoncé a fini par arriver[4]. Cela n'existe pas ; il se termine par la dérivée de $\sin x$.

Veuillez remercier M. Dupuy[5] quand vous le verrez en attendant que je lui envoie en signe de gratitude quelques uns de mes travaux. Malheureusement je ne suis guère compétent en fait d'astronomie.

Gauthier que j'ai vu m'a parlé de votre projet d'imprimer votre cours ; il m'a dit que vous en aviez causé ; que c'était une bien grosse affaire, qu'il ne disait pas qu'il ne la ferait pas, etc etc[6].

Painvin me remettra ce soir le Compte rendu de votre Seconde partie que je vous enverrai[7].

Sur ce, mon cher ami, tout dépend de vous, nous pouvons nous entendre puisque nous nous entendions à Bordeaux ; mais ne soyez pas un Protée insai-

2. Voir la note 2 de la lettre 3.12.

3. La pratique des échanges entre éditeurs de journaux savants était courante. Darboux évoque ici l'échange entre le *Bulletin des sciences mathématiques et astronomiques* et les *Mémoires de la société des sciences physiques et naturelles de Bordeaux*.

4. Voir la lettre 3.55.

5. L. Dupuy, professeur de mathématiques à Bordeaux, a publié en 1874 chez Gauthier-Villars une *Exposition de la méthode de Hansen relative au calcul des perturbations des petites planètes*.

6. Darboux évoque soit la publication des quatre parties de la *Théorie élémentaire des quantités complexes* (1874), soit le projet d'édition du *Cours de calcul infinitésimal* (1878, 1879, 1880).

7. Un compte rendu de [H55, II] signé par Painvin est publié dans le *Bulletin* VII, 1874, p. 7-10.

sissable[8] et ne changez pas vos définitions à chaque objection. Je vous serre cordialement la main.

Votre bien dévoué,

G. Darboux

3.57 Lettre de Darboux à Hoüel reçue le 25 avril 1874

25/4/74[1]

Mon cher ami,

Décidément vous êtes plus fort que M. de Broglie[2] qui s'entend pourtant joliment bien à ne pas répondre aux questions qu'on lui adresse. Pourtant j'avais essayé d'être clair et de vous mettre votre prose sous les yeux pour bien vous faire remarquer vos contradictions et vous engager à vous mettre d'accord avec vous même. Dans l'état actuel des choses vous m'aviez parlé d'une modification à faire subir à votre démonstration. J'attendrai que vous m'envoyiez le texte exact de cette démonstration, sans cela il n'y a plus moyen de discuter avec vous. Il ne s'agit pas de dissertations sur la continuité mais de raisonnements. Présentez-moi les vôtres si vous désirez avoir mon avis et prenez en copie afin que nous puissions nous entendre. Je vous préviens seulement que ce n'est nullement pour vous empêcher de publier votre traité, mais tout au contraire pour contribuer dans la mesure de mes forces à le rendre aussi rigoureux que possible que je vous adresse mes objections, et que je vous envoie mes bombes qui peuvent fort bien être en caoutchouc mais en caoutchouc très durci je vous prie de le croire. Ainsi je ne vous critique pas, je ne contredis même pas vos affirmations actuelles, elles ont bien assez de se contredire les unes les autres sans que je m'en mêle. Seulement je vous préviens que si vous conservez telle quelle votre exposition du théorème des accroissements finis et de ce qui s'y rattache, elle ne satisfera personne.

J'ai reçu le Compte-Rendu de votre seconde Partie par Painvin et je m'empresse de vous l'envoyer. Il me parait de nature à vous satisfaire, mais si vous avez des modifications à lui demander, dites le moi cela ira comme sur des roulettes[3].

Je ne vous demande pas d'acheter une presse à copier. Seulement à Bordeaux je vous ai exposé une démonstration du théorème des accroissements finis que vous avez acceptée sans objection, puis à peine vous ai je quitté que vous me décochez une lettre où vous affirmez que cette démonstration est peu naturelle, et que vous voulez lui en substituer une autre différente de votre première à plusieurs égards. C'est cette nouvelle démonstration que je vous demande de me communiquer en en prenant copie. Vous auriez tort d'acheter en vue de cet unique objet une presse à copier. Vous comprendrez mon insistance sur ce point puisqu'il s'agit d'un théorème dominant le Calcul infinitésimal et par conséquent l'entente sur ce point est une

8. Dans la mythologie grecque, Protée est une divinité de la mer qui a le don de prophétie et le pouvoir de se métamorphoser. Toutefois, il ne partage que difficilement son savoir. Dans l'*Odyssée*, Ménélas raconte à Télémaque que pour éviter de répondre à ses questions, Protée s'est métamorphosé tour à tour sous la forme d'un lion, d'un serpent, d'un léopard, d'un cochon et a même pris l'aspect de l'eau ou d'un arbre.

1. AAS, dossier Darboux.

2. Albert de Broglie (1821-1901) est le chef du gouvernement de l'ordre moral. Il est orléaniste. Pour plus de précisions, voir [May84].

3. Voir la note 7 de la lettre 3.56 de l'annexe (p. 536).

chose essentielle au point de vue des autres remarques que je pourrais avoir à présenter.

Sur ce, mon cher ami, je vous envoie cette lettre espérant que nous touchions à la fin de notre première querelle. Quand nous nous serons entendus sur ce diable de théorème, le reste viendra peu à peu.

Votre bien dévoué,

G. Darboux

3.58 Lettre de Darboux à Hoüel reçue le 27 avril 1874

Lundi soir. 27/4/74 [1]

Enfin, mon cher ami, nous allons pouvoir nous entendre grâce à votre résumé que je vais reprendre pas à pas.

« $f(x)$ a une dérivée finie et déterminée pour toute valeur de $x \geq x_0$ et $\leq X$. »
accordé c'est l'hypothèse

« $\frac{f(x+h)-f(x)}{h} - f'(x)$ peut toujours, pour toute / une valeur de $h \leq$ une limite H convenablement choisie être rendue plus petite que K. »
accordé encore H devient ainsi une fonction de x définie par la phrase précédente. C'est du reste ce que vous reconnaissez par ce qui suit.

« La valeur-limite H dépend de x mais n'est jamais nulle si K ne l'est pas. »
accordé encore

« On peut toujours trouver une quantité H_0 moindre que les valeurs-limites correspondantes à un x quelconque, pris entre x_0 et X. »
non accordé.

Ainsi voila le point précis de notre discussion et je pourrais vous arreter la en vous demandant de me fournir une démonstration de ce dernier point. Cela vaudrait mieux peut-être car vous allez me faire des objections qui embrouilleront tout peut-être et oteront la clarté que nous avons obtenue à toute cette discussion.

Remarquez 1° que dans la démonstration que je vous propose on admet bien qu'une certaine fonction a un maximum, mais cette fonction est continue, et on peut démontrer qu'elle a un maximum. Votre fonction de x, la valeur-limite H (j'adopte vos notations) est une fonction implicite. C'est la plus petite racine de l'équation en h

$$\frac{f(x+h)-f(x)}{h} - f'(x) = K.$$

Ainsi vous ne pouvez pas affirmer qu'elle soit continue (et dans ma conviction elle ne l'est pas toujours). Peut-on maintenant admettre qu'une fonction (discontinue peut-être) et qui n'est jamais nulle reste toujours au dessus d'une certaine quantité *non*.

Considérez par exemple la fonction

$$\varphi(x) \quad \text{définie par} \quad \begin{array}{ll} \varphi(x) = 1 & x > 0, x < 0 \\ \varphi(0) = 0 & \end{array}$$

1. AAS, dossier Darboux.

il y a des fonctions de ce genre dans le calcul intégral et formez

$$1 - \varphi(x)(1 - x).$$

Cette fonction sera égale à x en général sauf pour $x = 0$ et alors elle devient égale à 1. Elle n'est donc jamais nulle, et pourtant comme elle est égale à x pour des valeurs très voisines de 0, elle sera au dessous de toute quantité donnée.

Mais je vois arriver votre objection : je ne veux pas entendre parler de telles fonctions. Vous ne pouvez pas la faire ici puisque cette *valeur-limite H fonction de x* que vous introduisez pour les besoins de votre démonstration *vous n'en être pas le maitre* et elle ne possède à votre connaissance que les propriétés consignées dans les points énoncés plus haut que je vous ai accordés.

Voila donc la différence entre nos deux démonstrations, la mienne admet le maximum d'une fonction continue (point qu'on peut démontrer) ; la votre admet *qu'une fonction discontinue qui n'est jamais nulle a un minimum*, proposition plus que contestable puisqu'elle est fausse.

J'ai présenté les deux fascicules de la S. des Sc. Ph. et Nat. à la S. Math. et j'ai remis une Note écrite pour qu'on vous envoie à votre domicile les fascicules destinés à la Soc. des Sc. Ph. et Nat.

Laguerre vient d'être nommé exam[inateur] à l'École Polyt[echnique] [2].

Votre bien dévoué,

G. Darboux

3.59 Lettre de Darboux à Hoüel reçue le 2 mai 1874

2/5/74 [1]

Mon cher ami,

Vous avez je l'espère bien présente à l'esprit la définition de votre [†] valeur-limite H et au besoin vous pourriez consulter la dernière lettre que je vous ai écrite. Pour chaque valeur de x elle est définie par l'inégalité

$$\frac{f(x+h) - f(x)}{h} - f'(x) \leq K$$

pour $h \leq H$.

Cela posé, vous n'avez le droit de donner le nom de fonction à cette valeur H dépendant de x qu'à la condition d'appeler fonction toute variable définie d'une manière claire pour chaque valeur de la variable indépendante x entre des limites données.

D'après cela si vous adoptez cette définition de la fonction, et je viens de vous prouver que vous êtes obligé de le faire, vous ne saurez pas grand chose sur H et j'aurai le droit de vous contester la proposition que vous voulez absolument regarder comme évidente.

2. « En 1874, Laguerre devint examinateur d'admission à l'École Polytechnique. Personne ne se montra, dans ce poste, plus compétent ni plus scrupuleux ; personne ne sut mieux distinguer le vrai savoir parmi tant d'apparences souvent trompeuses. En même temps, il poursuivait ses savantes recherches, et créait la Géométrie de direction, en y introduisant la notion féconde des cycles. » (*École Polytechnique, Livre du centenaire 1794-1894*, Gauthier Villars, Paris, 1895, volume I, p. 152)

1. AAS, dossier Darboux.

†. ~~fonction~~

Voyez du reste à quelles conséquences inexactes vous êtes conduit. Ne soutenez-vous pas que toute fonction a pour valeur pour $x = x_0$ la limite vers laquelle tend $f(x_0 + h)$ quand h tend vers zéro par des valeurs positives ou négatives. Et tudieu que devient cette limite quand la fonction est discontinue. On ne peut même pas en parler. Vous supposez donc implicitement que H est continue et c'est ici le point que je conteste.

Vous ferez ce que vous voudrez de mes objections. Mais descendez en votre for intérieur et dites moi franchement s'il y a deux ans vous n'auriez pas accumulé contre moi les objections si j'étais venu vous raconter qu'il y a des fonctions continues n'ayant pas de dérivée. Vous m'auriez envoyé promener en refusant de me lire comme vous le faites aujourd'hui et pourtant « elle tourne »[2].

Maintenant je vous demande une seule chose puisqu'il n'y a pas moyen de s'entendre. C'est de faire l'essai *loyal* de mon système et de voir si votre exposition ne vous paraitra pas plus satisfaisante en adoptant comme base le théorème tel que je vous en ai indiqué la démonstration.

Remarquez bien que dans tout ceci je ne me laisse guider que par le désir de vous voir faire quelque chose de bien en calcul différentiel car en définitive n'étant pas un collaborateur officiel je n'aurai aucunement la responsabilité de vos opinions[3]. Mais cela me fait de la peine de voir que vous voulez absolument passer à coté de la seule exposition rigoureuse et simple du Calcul Différentiel pour vous faire critiquer par des Schwarz et des Gilbert et d'une manière très spécieuse car Gilbert à eu en partie raison contre vous dans la Note qu'il a mise aux Nouvelles Annales[4].

Zwischenform forme adjointe, Ueberschreibung superposition, déja traduit comme cela dans le Bulletin.

J'ai rencontré Bourget aujourd'hui qui m'a demandé de vos nouvelles. Il va très bien et vous fait ses compliments.

Votre bien dévoué,

G. Darboux

3.60 Lettre de Darboux à Hoüel reçue le 26 mai 1874

26/5/74[1]

2. Darboux fait allusion à une célèbre phrase que Galileo Galilei (1564-1642) aurait chuchotée lors de son procès en 1633, après avoir été obligé de renier ses convictions.

3. Darboux écrivait à Hoüel :

> « Pour ce qui concerne le Traité de Calcul infinitésimal vous savez que je vous ai toujours offert mes services. La divergence de nos idées s'oppose à ce que nous collaborions officiellement et d'ailleurs je ne voudrais pas profiter de la peine que vous avez prise et m'en attribuer le mérite. Mais voici ce qu'on pourrait faire très facilement. Il est clair que vous allez réimprimer votre Cours lithographié sans y faire des changements essentiels. Je m'offre à lire avec le plus grand soin et à mesure toutes les parties que vous me signalerez leçon par leçon et à vous soumettre mes observations. Si vous voulez quelques Notes je les ferai avec plaisir. (...) Vous avez bien avancé ce travail et vos feuilles me paraissent susceptibles de donner naissance à un excellent Traité. Je le dirai à Gauthier. »
>
> (Lettre de Darboux à Hoüel du 9 septembre 1873, AAS, dossier Darboux)

4. [Gil72b].

La polémique entre Hoüel, De Tilly et P. Gilbert autour des fonctions continues sans dérivée occupe une bonne part de la correspondance entre De Tilly et Hoüel durant l'année 1873 (p. 215-252). Voir aussi les paragraphes 1.3.2 (p. 46), 1.3.3 (p. 55), 1.3.5 (p. 66) et 1.3.6 (p. 68) de l'introduction.

1. AAS, dossier Darboux.

Mon cher ami,

C'est en vain, je le vois, qu'on peut compter ici bas sur la logique. Vous me dites, au sujet de notre querelle, beaucoup de très bonnes choses ; mais vous ne faites pas un seul raisonnement et vous ne répondez jamais aux miens. Reprenons une fois pour toute cette question.

Vous commencez par affirmer qu'étant donné

$$\frac{f(x+h)-f(x)}{h}-f'(x)$$

pour chaque valeur de x fixe prise entre x_0 et x_1 on peut trouver une valeur H de h telle que pour cette valeur et les valeurs plus petites l'expression précédente soit plus petite que ε. Accordé. Voila donc une expression parfaitement définie pour chaque valeur de x en ce sens que vous concevez qu'on puisse la déterminer pour chaque valeur de x et que vous savez qu'elle n'est jamais nulle. Sur tous ces points nous nous entendons. Mais à quoi bon venir me parler ici de fonctions algebricoïdes. Je vous accorde que vous avez le droit dans vos énoncés de faire toutes les restrictions possibles pourvu qu'elles soient précises. Mais ce n'est pas là la question ici. Vous admettez *à tort* que toute fonction continue ou discontinue qui ne devient jamais nulle a un minimum au dessus de laquelle elle se trouve toujours. Je vous réponds, en vous donnant des exemples que vous paraissez admettre aujourd'hui et qui vous prouvent que votre proposition est fausse. À cela vous me répondez : mais on ne sait pas ce que c'est une fonction, je ne considère pas des fonctions comme cela, je les exclus.

Il est bien facile de vous répondre. Vous auriez le droit d'introduire des restrictions pareilles dans vos énoncés, mais ce n'est pas le cas ici. La fonction H que vous introduisez dans vos raisonnements vous n'en êtes pas le maitre. *Vous ne pouvez lui donner le nom de fonction qu'à la condition de définir ainsi une fonction.* C'est une quantité déterminée pour chaque valeur de la variable. Et alors mes objections conservent toute leur force ; il suffit que je vous montre une telle fonction en contradiction avec ce que vous admettez pour que votre affirmation ne tienne plus. Remarquez bien ce point-ci. C'est que votre fonction H figure non dans l'énoncé où vous pourriez lui donner telles propriétés que vous voudrez, mais que vous l'introduisez dans le raisonnement pour le besoin de la cause et qu'alors vous êtes obligé de démontrer sur son compte tout ce qu'on vous contestera avec raison.

J'approuve beaucoup votre méthode (la première) pour les équations différentielles. Elle est élégante et simple et me parait préférable à celle du comte Daru (en voila un esprit faux).

Je suis plongé dans le marasme. Où allons-nous grands Dieux ? le bras droit de de Falloux à l'instruction publique [2]. Les partis qui laissent faire de telles choses ou qui les préparent ne se doutent pas de tout le mal qu'ils nous font. Nous allons voir les universités catholiques et ce ne sera rien encore si on ne tape pas sur nos pauvres collègues de l'Enseignement supérieur.

Serret a eu une petite congestion cérébrale mais ne le dites pas ; il y a des choses qu'il vaut mieux cacher, il est a peu près remis mais il a besoin de repos [3].

Votre bien dévoué, G. Darboux

2. Arthur de Cumont (1818-1902), le ministre de l'Instruction publique, des Cultes et des Beaux-Arts sous le gouvernement de Ernest Courtot de Cissey du 23 mai 1874 au 9 mars 1875, était un disciple de A. de Falloux, le promoteur des lois qui portent son nom et qui favorisaient l'enseignement religieux.

3. J.-A. Serret avait déjà été victime d'une attaque en 1871 qui l'avait amené à renoncer à ses enseignements. Il était depuis suppléé par J. C. Bouquet.

3.61 Lettre de Darboux à Hoüel reçue le 27 novembre 1875

27/11/75 [1]

Pour ce qui concerne votre Traité avez-vous commencé votre introduction. À votre place je développerais moins la partie relative aux opérations plus la théorie des variables imaginaires et les déterminants. Et les séries ? qu'en ferez-vous ?

Pour ce qui concerne votre plan et ce fameux théorème des accroissements finis au sujet duquel nous avons tant bataillé voici à peu près la nature des objections que je vous ai adressées. Je vous ai dit mais votre démonstration n'est pas bonne à moins que vous n'admettiez un certain point A qui n'est pas vrai pour toutes les fonctions. Vous m'avez dit mais j'exclus les fonctions pour lesquelles ce point A n'est pas vrai. À cela je n'ai rien à dire si ce n'est que vous feriez peut etre bien de définir clairement à quel caractère on reconnait si l'hypothèse A est vraie ou fausse pour une fonction. Je vous ai proposé alors de prendre cette démonstration du théorème des accroissements finis qui se trouve dans le Cours de Serret [2], dans celui de Weierstrass et qui n'admet pas le point A, qui est euclidien en un mot. Vous n'avez pas voulu et il a été entendu que vous laisseriez votre démonstration et que je ne la critiquerais plus. Mais puisque vous me demandez d'y revenir j'ai essayé de vous expliquer la nature des objections que je fais à ce point A que vous admettez. Si un infiniment petit $f(x,y)$ fonction de deux variables s'annule toujours quand x restant fixe y tend vers zéro il ne s'annule pas nécessairement quand x et y varient. Exemple

$$\frac{y^3}{x-a+y}$$

qui tend vers zéro avec y quel que soit x fixé mais si x varie et tend vers a par la formule $x-a+y=y^4$ l'infiniment petit présumé devient infiniment grand.

Or vous admettez dans votre démonstration que $f(x,y)$ finit par devenir infiniment petit même quand x varie y tendant vers zéro. Voila le point A admis par vous.

À titre de renseignement je dois vous dire que depuis que des objections de cette nature ont été faites, ici même dans les Cours de spéciales on a adopté la marche que vous attribuez à Serret et qui n'est pas plus à lui qu'à un autre (Elle serait dans tous les cas de Bonnet). Il n'y aurait donc pour vous aucun inconvénient à la suivre d'autant plus que votre Traité se recommande par beaucoup d'autres mérites. Si vous ne voulez pas de celle de Bonnet que n'adoptez vous pas la suivante. Soient $f(z)$, $\varphi(z)$ deux fonctions. Supposons que pour la seconde $\varphi'(z)$ conserve son signe entre z_0 et z_1. Qu'il soit par exemple positif. Soient m et M le minimum de $\frac{f'(z)}{\varphi'(z)}$ et le maximum de la même fonction entre z_0 et z_1. On aura

$$\frac{f'(z)}{\varphi'(z)} > m \quad f'(z) > m\varphi'(z)$$

d'où $f(z)-m\varphi(z)$ croissant et par suite

$$f(z_1)-m\varphi(z_1) > f(z_0)-m\varphi(z_0)$$
$$f(z_1)-f(z_0) > m[\varphi(z_1)-\varphi(z_0)]$$

1. Paris, AAS, dossier Darboux.
2. Voir la note α de la lettre 3.1.

de même

$$f(z_1) - f(z_0) < M[\varphi(z_1) - \varphi(z_0)]$$

donc

$$\frac{f(z_1) - f(z_0)}{\varphi(z_1) - \varphi(z_0)} = \mu$$

μ étant intermédiaire entre M et m et par suite

$$\mu = \frac{f'(z_0 + \theta(z_1 - z_0))}{\varphi'(z_0 + \theta(z_1 - z_0))}.$$

Elle est moins bonne que celle de Bonnet mais me parait plus simple que la vôtre.

Votre dévoué,

G. Darboux

J'ai le prix Poncelet grâce à Puiseux et Chasles [3].

3.62 Lettre de Darboux à Hoüel du 11 juillet 1877

le 11/7 1877 [1 †]

Mon cher ami,

Voila une éternité que je ne sais plus où donner de la tête. Les compositions de l'École normale, les thèses au nombre desquelles je vous citerai celle de Laisant [2], et par dessus tout une véritable rage de dents me mettent tout-à-fait hors de combat. Je vous assure que tout cela est organisé en dépit du bon sens et que je trouve qu'on devrait bien nous décharger de toutes ces corvées qui nous font perdre un temps précieux et nous empêchent de travailler.

Laisant a une de ses thèses qui roule sur les applications mécaniques des quaternions [3]. À ce sujet, j'ai repris votre ouvrage [4] et je serai encore obligé de le lire avant la soutenance.

J'ai reçu de la copie pour le Bulletin que je vais vous envoyer incessamment. Il y a en particulier la traduction d'un mémoire de Borchardt par Appell [5] et le compte rendu du second volume de Clebsch par Zeuthen [6].

Pour ce qui concerne le théorème des accroissements finis ne vous tourmentez pas. Je vous assure que quoique la première démonstration que vous donnez soit

3. La commission composée de Puiseux, Rolland, Hermite, Phillips et Chasles décerne « à l'unanimité » le prix Poncelet pour 1875 à Darboux « pour ses travaux d'Analyse et de Géométrie » (*Comptes rendus* LXXXI, 1875, p. 1305).

1. Paris, AAS, dossier Darboux.

†. Papier avec entête de la Faculté des sciences de Paris.

2. C.-A. Laisant soutient sa thèse à la faculté des sciences de Paris devant un jury composé de Ch. Briot, P.-O. Bonnet et G. Darboux. La première thèse de C.-A. Laisant est consacrée aux *Applications mécaniques du calcul des quaternions*. La seconde porte *Sur un nouveau mode de transformation des courbes et des surfaces*. Pour plus de détails, voir [Auv11].

3. C.-A. Laisant, *Applications mécaniques du calcul des quaternions*, Gauthier-Villars, Paris, 1879. Sa seconde thèse s'intitule « Sur un nouveau mode de transformation des courbes et des surfaces ».

4. [H41].

5. Le *Bulletin* I (2), 1877, p. 337-348 publie une traduction anonyme de l'article de Borchardt intitulé « Sur la moyenne arithmétique-géométrique de quatre éléments ».

6. Il s'agit du compte rendu de la seconde partie de l'ouvrage A. Clebsch, *Vorlesungen über Geometrie*, Teubner, Leipzig, 1876 publié dans le *Bulletin* I (2), 1877, p. 313-318.

sujette à des objections, on ne pourra pas vous faire un reproche de l'avoir donnée puisque vous faites connaître la bonne [7].

Mon objection, je vous l'ai dite je ne sais combien de fois. Si un infiniment petit $f(x,h)$ tend vers zéro avec h, quel que soit x *pourvu que x soit fixe*, on ne peut pas en conclure qu'il tendra vers zéro avec h si x varie. Exemple

$$\frac{h^2}{x-h}$$

qui tend vers zéro avec h quel que soit x même $x=0$ mais qui ne tend plus vers zéro si x varie si l'on a par exemple

$$x = h + h^3.$$

Or vous employez des infiniment petits

$$\frac{f(x+h)-f(x)}{h} - f'(x) = \varepsilon$$

qui sont fonctions de 2 variables et auxquels mon objection s'applique.

À bientôt, votre bien dévoué,

G. Darboux

Peut-on toujours espérer vous voir à Nîmes ?

3.63 Lettre de Darboux à Hoüel du 27 décembre 1880

27 décembre 1880 [1]

Mon cher ami,

Je ne demanderais pas mieux que de discuter avec vous sur tous ces principes du Calcul Infinitésimal que Mansion d'ailleurs agite sans les bien comprendre [2]. Que de fois nous avons discuté sur cette question. Quand une fonction est finie continue et réelle et que l'on considère toutes les valeurs de la variable x comprises entre a et b, la fonction a une certaine valeur minimum qui est effectivement atteinte pour une valeur de x comprise entre a et b ou égale à une des valeurs extrêmes [3]. Vous considérez ce théorème comme évident et je le veux bien. Je crois que j'en ferais de même si j'écrivais un traité élémentaire mais la preuve qu'il n'est pas évident c'est qu'il y a des fonctions discontinues pour lesquelles il n'est pas vrai. Du moment qu'un théorème n'est pas vrai pour toutes les fonctions, il est clair qu'il a besoin d'être démontré dans le cas des fonctions auxquelles il est applicable.

7. Dans le premier volume de [H64], Hoüel donne deux démonstrations du théorème des accroissements finis dont celle sujette aux critiques de Darboux. Voir la note 9 de la lettre 3.1 et la note 7 de la lettre 3.51.

1. Paris, AAS, dossier Darboux.

2. Voir la note 4 de la lettre de Hoüel à De Tilly 2.172.

3. Ce résultat est démontré par Darboux pour les fonctions réelles d'une variable dans [Dar75] et pour celles de deux variables dans [Dar72].

Remarquez que vous insérez une belle démonstration de Cauchy pour prouver que si une fonction continue varie de a à b, elle passe par toutes les valeurs intermédiaires [4]. Or ce théorème à l'époque où Cauchy l'a énoncé et même plus tard, une foule de gens le considéraient comme évident [5].

En ce qui concerne la différentiation sous le signe $\int$ je ne vous répondrai pas grand chose. Je ne connais aucune démonstration qui me satisfasse là dessus. Par conséquent ce n'est pas moi qui irai chercher chicane aux autres.

Si vous désirez que je vous renvoie la critique somme toute très flatteuse pour vous de Mansion [6], je vous l'expédierai par mon prochain envoi. En attendant je vous envoie un Compte-Rendu du 1er volume de Lipschitz par Tannery [7]. M. Hermite m'a prié d'accepter deux mémoires l'un de Picard [8], l'autre de Floquet [9]. Vous savez que Picard va devenir son gendre [10], j'en suis content de toute manière, car Picard est gentil et intelligent. Vous voyez que nous avons besoin de faire autre chose que des Mélanges. Je vais donc faire appel à votre bonne volonté, car dans quelque temps il va falloir que je fasse une Notice [11].

Pauvre père Chasles
indexChasles@Chasles, Michel. Je m'étais habitué à le regarder comme devant vivre encore longtemps. Et de fait il est mort d'une imprudence [12]. Il avait une paralysie intestinale qui l'obligeait à des soins continuels. Il parait qu'il a été à Versailles sans déjeuner et qu'il a pris une grande quantité de pate de guimauve. Il s'est formé une boule qui a determiné une obstruction des intestins. Gosselin [13] voulait lui faire une opération qui l'aurait sauvé. Il n'a pas voulu. On m'a conté tout cela depuis car j'ignorais qu'il fût malade. Il est resté huit jours seulement alité. J'espère que j'aurai sa succession à la Sorbonne [14] ; tout le monde est disposé à me la donner ou à me la laisser. Quant à l'institut, c'est une autre affaire et je ferai tous mes efforts pour me dispenser de me présenter. Hermite, je vous le dis confidentiellement, veut me présenter en première ligne, mais cela m'ennuierait beaucoup car je courrais à un échec certain [15].

Mais il est inutile de vous entretenir de tous ces détails. L'essentiel pour moi c'est la Sorbonne.

Votre bien dévoué,

---

4. [H64, I, p. 116-117].

5. [Cau21, Note III]. Voir aussi le Théorème dit de Darboux au paragraphe 1.3.6 de l'introduction (p. 68).

6. P. Mansion publie un « compte-rendu critique du Cours de calcul infinitésimal » (t. 1) dans le tome 8 (1880) de la *Revue des questions scientifiques* (p. 594-604).

7. Le *Bulletin* IV (2), 1880, p. 385-394 publie un compte rendu (non-signé) du traité de R. Lipschitz, *Lehrbuch der Analysis, Erster Band, Grundlagen der Analysis*, Cohen und Sohn, Bonn, 1877.

8. É. Picard, Sur une propriété des fonctions uniformes d'une variable liées par une relation algébrique et sur une classe d'équations différentielles, *Bulletin* IV (2), 1880, p. 416-432.

9. Le *Bulletin* ne publie pas de mémoire de Gaston Floquet mais un compte rendu de sa première thèse intitulée « Sur la théorie des équations différentielles linéaires » (*Bulletin* III (2), 1879, p. 289-292). Darboux a peut-être reçu un exemplaire de cette thèse. Sur G. Floquet, voir [RoNa11].

10. En janvier 1881, Émile Picard épouse Marie, la fille de Charles Hermite.

11. [Dar84].

12. Chasles est décédé le 18 décembre 1880. Le *Bulletin* IV (2), 1880, p. 433-442 publie le discours de Bertrand et celui de Bouquet à ses funérailles ainsi qu'un texte de Darboux.

13. Léon Athanase Gosselin (1815-1887) est professeur à la Faculté de médecine de Paris.

14. Darboux succède en effet à Chasles à la chaire de géométrie supérieure ; il en était le suppléant depuis 1878.

15. Darboux est présenté en deuxième ligne à la succession de Chasles pour l'Institut. En première ligne se trouve C. Jordan qui sera élu et la troisième ligne est occupée par E. Laguerre (*Comptes rendus* XCII, 1881, p. 801). Darboux retirera sa candidature pour assurer l'élection de C. Jordan.

G. Darboux

3.64 Lettre de Hoüel à Darboux du 27 septembre 1883

Bordeaux, le 27 septembre 1883 [1]

Mon cher ami,

J'ai fini, comme vous, mon temps de villégiature, et je suis rentré définitivement à Bordeaux. Le temps n'est pas assez beau pour me faire regretter ma résolution. Je continue la traduction de l'*Abel* [2] par petites doses ; car il ne m'en faut pas beaucoup pour me faire tourner la tête. On pourra me reprocher tous les défauts de traduction possibles ; mais on n'aura pas le droit d'avoir fait cela pour m'amuser ; je suis entrain de démolir la copropriété de Jacobi. Voilà peut-être que je viens de traduire une vingtaine – et quelles pages ! – là-dessus, et Jacobi n'en est pas près d'être au bout de sa démolition. Supposez une livraison entière du *Bulletin* consacrée à cette besogne, et vous n'en aurez pas encore une idée. Il y a déjà longtemps que je suis complètement converti à la priorité d'Abel ; à force d'être convaincu à l'excès, je finirai sans doute par n'y plus croire du tout. – Je n'ai plus qu'une quarantaine de pages (= 60 à 65 pages du *Bulletin*) à traduire, lesquelles ne font plus que le dernier tiers de la corvée ! Mais s'il fallait recommencer !... Horreur !

J'ai reçu votre envoie de copie pour le *Bulletin*, et je vais la faire pour Paris par le premier courrier.

J'ai reçu deux petits articles (Ière partie) de Günther, ainsi qu'une analyse des *Mathem. Annalen* de Harnack, tous les trois en allemand. Il m'est absolument impossible en ce moment d'en faire la traduction. Je vous ait décrit, dans ma précédente lettre [3], comment je suis accablé d'ouvrages, et d'autre part fatigué par les années ou je [ne sais] quoi [d'] autre. Il m'est impossible de travailler comme autrefois. J'ai en ce moment 1° pour la *Société des Sciences physiques et naturelles* une foule de tables de matières qui prennent du temps en diable, et *tout cela sans la moindre exception*, doit être fait par moi, mes chers collègues ayant une confiance en moi on ne peut trop exclusive, et préférant aller se promener quand je travaille à cette agréable besogne ; 2° L'horrible tâche de la traduction d'Abel, avec correspondance continue avec l'auteur [4], qui m'aide, lui, avec une complaisance que je ne puis trop reconnaître, et qui fait un peu pâlir celle de mes compatriotes ; 3° Le travail pour le *Bulletin*, qu'Abel m'a rendu bien lourd. Tout ce que j'y puis faire en ce moment, c'est d'inscrire les envois et de jetter un coup-d'œil rapide sur les épreuves. J'avais l'intention de vous parler de quelques publications russes ; mais je suis obligé de remettre la chose à plus tard ; 4° Mon cours qui recommencera dans six semaines, et pour lequel il faudra préparer six leçons par semaine. Or, comme ma mémoire s'est affaiblie d'une manière inquiétante, il me faudra les travailler toutes comme si j'enseignais les matières pour la première fois ; 5° Je ne sais si mon livre [5] aura jamais une nouvelle édition. Si j'avais cependant le temps de

1. BI, MS 2719, lettre 34.
2. [H68].
3. Cette lettre est perdue.
4. Une partie de cette correspondance est conservée à la Bibliothèque de Caen sous la cote Ms. in-4° 333.
5. [H64].

m'en occuper, je désirerais beaucoup laisser à l'éditeur quelques instructions pour faire exécuter les corrections par un autre. D'abord je me repens amèrement d'avoir cédé à l'idée saugrenue de Gauthier-Villars de diviser l'ouvrage en 4 tomes. Cela a fait le plus grand tort à la commodité de l'ouvrage, et j'exigerai, mort ou vif, qu'on me le réimprime en trois volumes [6]. Ensuite, il y a des critiques que vous m'avez faites, *a posteriori* malheureusement, mais qui n'en sont pas [moins] excellentes, si l'occasion se présente d'en faire usage. Tel est mon chapitre sur les fonctions elliptiques [7], qui n'est guère dans l'*esprit abélien*, je l'avoue ; mais je me suis jeté sur cette méthode, faute de temps nécessaire pour en apprendre [une] plus savante, mais plus longue à se mettre dans l'esprit. Il y d'autres petites choses qui devraient aussi être modifiées. Vous ne m'en voudriez pas trop, je pense, si je donnais la primauté à l'amélioration de mon pauvre vieux bouquin. Je crois qu'il y a beaucoup de parties faibles et surannées ; mais il me semble que tout n'y ait pas mauvais, et avec quelques corrections il pourrait rendre quelques services dans l'enseignement.

Je viens de vous énumérer mes occupations de l'avenir – plus ou moins long – dont j'aurai à disposer. Je vous avoue que je crains beaucoup qu'il ne reste plus beaucoup de temps pour m'occuper du *Bulletin*. Je vous ai avoué déjà plus d'une fois que bien des choses ont été arrangées en opposition à mes vues, et, par exemple, je suis absolument convaincu que les analyses énormes des *Comptes rendus de l'Acad. des Sc.* sont une garniture inutile, à la confection de laquelle il est fâcheux de faire perdre le temps de notre plus vaillant collaborateur [8]. Voyant que je ne pouvais [faire] la besogne d'un régiment, vous auriez dû vous procurer un ou plusieurs collaborateurs, français ou étrangers. Je n'aurais pas été découragé comme je l'avoue être, de me trouver seul pour une tâche qui en exigerait six. Je ne sais si vous avez aussi fait le nécessaire pour encourager les auteurs, qui ne correspondaient avec moi seul, et qui auraient été plus satisfaits d'être en rapport avec le directeur en chef.

Mais vous aller me dire que vous êtes surchargé d'ouvrage, aussi bien que moi. Que voulez-vous y faire ? Les jours n'ont que 24 heures, et il en faut passer une bonne partie dans l'inaction. Pour suppléer à la rapidité du temps, il faut organiser la collaboration d'un nombre suffisant de rédacteurs, et trouver le moyen de les exciter au travail !

Adieu pour aujourd'hui, mon cher ami. Écrivez-moi dès que vous serez à Paris, et en attendant, veuillez me rappeler au bon souvenir de votre famille.

Votre bien dévoué,

J. H.

---

6. Darboux, avant de connaître l'ampleur finale de l'ouvrage, proposait de faire deux volumes :

> « Êtes-vous assuré de faire trois volumes ? Ne vaudrait-il pas mieux, du point de vue de la vente, n'en faire que deux. Je vous soumets cette question que vous n'avez peut être pas manqué de discuter avec Gauthier-Villars. »
>
> (Lettre de Darboux à Hoüel du 22 septembre 1878, AAS, dossier Darboux)

Il partage aussi l'avis de Hoüel :

> « Je vous avoue que je regrette que votre 3e volume soit bissecté ; je crois que tous ces compléments auraient gagné à ne former qu'un seul volume ; mais enfin puisque cela est fait, n'en parlons plus (...). »
>
> (Lettre de Darboux à Hoüel du 1er mai 1880, AAS, dossier Darboux)

7. Voir la note 4 de la lettre de Hoüel à De Tilly 2.163.
8. Ces comptes rendus ne sont pas signés.

3.65 Lettre de Darboux à Hoüel du 18 avril 1884

18 avril 1884 [1]

Mon cher ami,

Puisque votre médecin vous ordonne un repos temporaire, il faut vous hâter de lui obéir. Je me reprocherai beaucoup de vous imposer un travail qui pourrait retarder votre rétablissement. Vous m'avez assez souvent aidé et quand il m'était impossible de m'occuper du Bulletin vous avez fait vaillamment mon travail et le vôtre. Permettez-moi à mon tour de vous soulager et de m'occuper de tous les détails. Envoyez les registres à Gauthier-Villars qui me les fera tenir quand je viendrai à Paris, et reposez-vous. Vous avez tellement travaillé que le repos vous est nécessaire et vous rétablira. Bien que je sois plus jeune que vous, je vous assure qu'il y a des moments où il m'est impossible d'assembler deux idées tant je suis fatigué ; nous sommes capables que d'une certaine somme de travail ; dès que nous dépassons la limite, la nature nous en avertit et nous invite à nous reposer afin que nous puissions recommencer.

Le pauvre Dumont est mort bien rapidement [2] ; je n'ai aucun détail sur la manière dont il est mort, j'étais à la campagne où je ne vois personne.

Adieu, mon cher ami, faites comme moi, reposez-vous, mettez-vous au vert. Vous êtes à Floirac dans une si heureuse situation. Laissez les x et les y. Nous tâcherons de maintenir le Bulletin dans la bonne situation où vous nous le laissez. Présentez bien mes compliments et mes amitiés à Mme Hoüel et à toute votre aimable famille.

Votre bien dévoué,

G. Darboux

3.66 Lettre de Darboux à Hoüel du 16 mai 1884

[non datée] [1]

Mon cher ami,

J'ai reçu votre lettre qui m'a fait beaucoup de peine. Ce n'est pas le moment de songer à quitter le Bulletin. Nous avons à décider des questions très graves tenant à la création du Bulletin astronomique*En 1884, Félix Tisserand fonde avec le soutien de E. Mouchez, le directeur de l'observatoire de Paris, le Bulletin astronomique. Il dirigera cette revue assisté de G. Bigourdan, O. Callandreau et R. Radau jusqu'à sa mort en 1896. Le Bulletin des sciences mathématiques et astronomiques devient en 1885 (t. 9 (2)) le Bulletin des sciences mathématiques* que j'ai d'ailleurs favorisée autant que possible ; car je crois qu'elle sera très utile. Vous pouvez nous rendre encore de très grands services et il n'est pas nécessaire, si vous êtes fatigué, que vous augmentiez votre fatigue en collaborant activement. L'essentiel est que vous nous restiez car vous nous êtes indispensable. Au reste, je vous écrirai plus longuement à ce sujet.

1. Paris, AAS, dossier Darboux.

2. Albert Dumont (1842-1884), ancien élève de l'École normale supérieure (promotion de 1861), agrégé d'histoire en 1864, docteur ès lettres en 1870, est le chargé des questions d'enseignement supérieur du gouvernement.

1. Paris, AAS, dossier Darboux.

J'ai été et je suis encore excessivement occupé. C'est quelque chose d'incroyable ; mais ici, qu'on le veuille ou qu'on le veuille pas, on est chargé d'une foule d'occupations parasites qui vous prennent tout votre temps. Ajoutez à cela la fatigue de mon cours et celle qui résultait de ma candidature [2] et j'espère que vous voudrez bien m'excuser d'avoir tardé à vous donner de mes nouvelles.

J'ai vu ces jours ci différents géomètres et en particulier Catalan qui m'a demandé des nouvelles d'une lettre qu'il m'avait écrite et que je vous ai transmise pour le Bulletin avec des annotations de Tannery. L'avez-vous gardée ? je n'en ai pas trouvé trace sur le registre de Montreuil.

M. Rodet vient de me donner un exemplaire d'un calcul algébrique en persan, destiné au Bulletin [3]. Je vous l'enverrai prochainement mais je crois que nous ne manquons pas de copie.

Et cette traduction de la vie d'Abel avance-t-elle [4] ? Avez-vous reçu la nouvelle d'une allocation de 500 fr que j'ai demandée pour la S. des S. P. et N. Je sais qu'elle a été votée par la Commission ; mais l'administration est libre et si elle n'a pas d'argent elle pourrait négliger ce vote favorable [5].

J'ai vu aujourd'hui Cremona qui vient d'Edimbourg, et qui s'en retournera prochainement à Rome. Il m'a parlé de Beltrami et de tous les géomètres italiens.

Adieu pour aujourd'hui, mon cher ami, je vous écrirai encore, car j'ai plusieurs choses intéressantes à vous raconter.

Votre bien dévoué,

G. Darboux

vendredi 16 mai 1884

---

2. Darboux est élu à l'Académie des sciences en 1884.
3. L. Rodet, Un exemple de calcul algébrique en persan, *Bulletin* VIII (2), 1884, p. 245-254.
4. [H68].
5. Cette subvention sera en effet revue à la baisse :

> « Je regrette beaucoup que l'on ne vous ait donné que 300 f pour Abel. J'en avais demandé 1000. Il parait que la Commission Centrale avait réduit à 500 et le Ministère enchérissant la dessus vous a envoyé 300 f. Consolez-vous. S'il n'y a pas d'argent pour une foule de choses utiles, il y en aura pour les instituteurs et les agents électoraux. »
>
> (Lettre de Darboux à Hoüel du 12 juin 1884, AAS, dossier Darboux)

3.67 Extrait du *Cours de calcul infinitésimal* de Hoüel

CHAPITRE II.

DÉRIVÉES ET DIFFÉRENTIELLES. — INTÉGRALES. — MÉTHODES DE DIFFÉRENTIATION ET D'INTÉGRATION. DIFFÉRENTIELLES ET DÉRIVÉES PARTIELLES. — LEURS PROPRIÉTÉS

§ I.

PROBLÈME DES TANGENTES. — VITESSES, FLUXIONS, DÉRIVÉES.

198. Toute fonction continue d'une seule variable peut être représentée par l'ordonnée d'une courbe plane, en prenant pour abscisse la valeur correspondante de la variable indépendante.

Si la fonction croît proportionnellement à la variable, elle sera représentée par l'ordonnée d'une ligne droite, et elle croîtra plus ou moins rapidement avec la variable, suivant que cette droite fera un angle plus ou moins grand avec l'axe des abscisses.

Cet angle est déterminé par le *coefficient angulaire* de la droite, lequel est égal au rapport constant

$$\frac{y_1 - y}{x_1 - x}$$

d'un accroissement quelconque de l'ordonnée à l'accroissement correspondant de l'abscisse.

Si la fonction est liée à la variable par toute autre relation que celle de proportionnalité, la ligne qui la représentera sera une courbe. Pour juger de la rapidité plus ou moins grande avec laquelle croît la fonction, à partir de la valeur représentée par le point (x, y) de la courbe, on considérera la corde qui joint ce point à un point voisin (x_1, y_1) pris sur la même courbe; suivant que cette corde fera un angle plus ou moins grand avec l'axe des x, et, par conséquent, suivant que son coefficient angulaire

$$\frac{y_1 - y}{x_1 - x}$$

sera plus ou moins grand, on jugera approximativement de la rapidité plus ou moins grande avec laquelle croîtra la fonction.

Cette évaluation, qui pourrait devenir tout à fait illusoire, si le point (x_1, y_1) était pris trop loin du point donné (x, y), sera, au contraire, d'autant plus précise que les deux points seront plus rapprochés. Toutes les fois, en effet, que l'on a affaire à une fonction continue, telle que celles qui résultent des opérations algébriques ou des opérations transcendantes élémentaires, on reconnaît que le coefficient angulaire de la corde, qui représente la *pente moyenne* de l'arc de courbe, varie dans des limites de plus en plus étroites, à mesure que la corde diminue, et que la direction de la corde infiniment petite tend vers une limite déterminée, que l'on nomme la *tangente* à la courbe au point considéré. D'après cela, le coefficient angulaire de la tangente est la limite de l'expression $\frac{y_1 - y}{x_1 - x}$, lorsque $x_1 - x$ tend vers zéro, et c'est cette limite qui donne la mesure précise de la rapidité d'accroissement de la fonction, pour la valeur considérée de la variable.

199. On peut donner encore une autre représentation d'une fonction, en considérant la variable indépendante comme exprimant un *temps*, et la fonction comme exprimant l'*espace* parcouru pendant ce temps par un point mobile sur une droite donnée.

Le mouvement du point pourra être ou *uniforme* ou *varié*. Dans le premier cas, la rapidité d'accroissement de la fonction sera représentée par la vitesse du mobile, et elle aura pour expression le rapport constant d'un espace quelconque $y_1 - y$ au temps $x_1 - x$ employé à le parcourir.

Dans le second cas, la rapidité d'accroissement, ou la vitesse du mobile à l'instant considéré, sera la limite de la *vitesse moyenne*

$$\frac{y_1 - y}{x_1 - x},$$

pour un intervalle de temps infiniment petit $x_1 - x$.

Newton, qui avait fondé sur cette considération le Calcul infinitésimal, assimilait l'accroissement de la variable indépendante à l'*écoulement* du temps. De là le nom de *fluente* par lequel il désignait une variable, et qu'il étendait aussi bien à la fonction qu'à la variable indépendante. De là aussi le nom de *fluxion*, qu'il donnait à la rapidité d'accroissement d'une fluente, c'est-à-dire à la vitesse du mobile qui représentait cette fluente.

200. On est donc conduit, en partant de l'un ou de l'autre de ces deux points de vue, à chercher la limite du rapport de l'accroissement infiniment petit de la fonction à l'accroissement infiniment petit correspondant de la variable indépendante.

Cette limite (sauf le cas de la proportionnalité ou du mouvement uniforme) varie généralement avec la valeur de la variable x à laquelle elle correspond. Elle est donc, comme la quantité y, une fonction de x, dont la forme *dérive* de cette fonction y. On l'appelle pour cette raison la *fonction dérivée*, ou simplement la *dérivée* de la fonction proposée *par rapport à la variable indépendante* x.

La fonction proposée, considérée relativement à sa dérivée, est dite la *fonction primitive* de cette dérivée.

La fonction dérivée d'une fonction donnée

$$y = f(x)$$

s'indique en faisant précéder le signe représentatif de la fonction de la caractéristique D, au bas de laquelle on place, en forme d'indice inférieur, le signe représentatif de la variable par rapport à laquelle a été prise cette dérivée. On écrira, d'après cela,

$$\lim \frac{y_1 - y}{x_1 - x} = \mathrm{D}_x y,$$

ou

$$\lim \frac{f(x_1) - f(x)}{x_1 - x} = \mathrm{D}_x f(x).$$

Souvent on emploie, pour désigner la dérivée, une notation plus simple, quoique moins explicite, qui consiste à affecter d'un accent supérieur la lettre représentative de la fonction. On a ainsi

$$\lim \frac{y_1 - y}{x_1 - x} = \mathrm{D}_x y = y', \quad \lim \frac{f(x_1) - f(x)}{x_1 - x} = \mathrm{D}_x f(x) = f'(x).$$

D'après cette définition, le coefficient angulaire de la tangente est la dérivée de l'ordonnée par rapport à l'abscisse ; la vitesse d'un mobile est la dérivée de l'espace par rapport au temps.

201. Puisque l'on a, par définition,

$$\lim \frac{f(x_1)-f(x)}{x_1-x}=f'(x),$$

cela revient à poser

$$\frac{f(x_1)-f(x)}{x_1-x}=f'(x)+\varepsilon,$$

ε étant une quantité infiniment petite en même temps que x_1-x. On peut donc, en général, mettre l'accroissement de la fonction sous la forme

$$(1)\qquad f(x_1)-f(x)=(x_1-x)[f'(x)+\varepsilon],$$

ou, en développant,

$$f(x_1)-f(x)=(x_1-x)f'(x)+(x_1-x)\varepsilon.$$

Le rapport

$$\frac{\varepsilon}{f'(x)}$$

de la seconde partie de l'accroissement à la première étant généralement infiniment petit (comme nous le verrons bientôt), on voit que l'accroissement d'une fonction, correspondant à un accroissement infiniment petit de la variable, se compose de deux parties, dont l'une, que nous appellerons la *partie principale*, est proportionnelle à la dérivée; tandis que l'autre, que nous appellerons la *partie secondaire*, est infiniment petite par rapport à la première, et peut, par conséquent, être négligée dans les recherches de limites de rapports ou de limites de sommes [**194**, **195**].

202. L'existence de la dérivée d'une fonction suppose essentiellement que la fonction soit continue. Mais la continuité de la fonction n'est pas, réciproquement, une condition suffisante de l'existence d'une dérivée, et l'on peut exprimer par les signes de l'Analyse une infinité de fonctions continues n'ayant pas de dérivée.

Les fonctions élémentaires et celles qui résultent de la combinaison d'un nombre fini de ces fonctions ont généralement une dérivée, dont nous établirons l'existence en même temps que nous déterminerons sa valeur. Il en sera de même pour les transcendantes provenant de l'intégration, et qui sont définies par leur dérivée même.

Pour les fonctions provenant de toute autre origine, l'existence d'une dérivée sera une hypothèse, qu'il faudra préalablement admettre avant de pouvoir appliquer à ces fonctions les méthodes du Calcul infinitésimal.

§ II.

PROPRIÉTÉS DES DÉRIVÉES. — RELATION ENTRE L'ACCROISSEMENT D'UNE FONCTION ET LA VALEUR MOYENNE DE SA DÉRIVÉE. — CAS OU LA DÉRIVÉE EST NULLE. — DÉPENDANCE ENTRE LE SIGNE DE LA DÉRIVÉE ET LE SENS DE L'ACCROISSEMENT DE LA FONCTION.

203. 1° Soit u une fonction de x, a une constante, et

$$y = au.$$

On aura

$$\lim \frac{y_1 - y}{x_1 - x} = \lim \frac{a(u_1 - u)}{x_1 - x} = a \lim \frac{u_1 - u}{x_1 - x},$$

c'est-à-dire

$$D_x(au) = a D_x u.$$

2° Soient u et v deux fonctions de x, et

$$y = u + v$$

leur somme. On a

$$\lim \frac{y_1 - y}{x_1 - x} = \lim \frac{(u_1 + v_1) - (u + v)}{x_1 - x} = \lim \frac{u_1 - u}{x_1 - x} + \lim \frac{v_1 - v}{x_1 - x},$$

c'est-à-dire

$$D_x(u + v) = D_x u + D_x v.$$

On trouverait de même, pour une différence,

$$D_x(u - v) = D_x u - D_x v.$$

204. Si, à partir d'une valeur x, la fonction $f(x)$ croît dans le même sens que la variable, le rapport

$$\frac{f(x_1)-f(x)}{x_1-x}$$

sera positif. Donc [164] la limite de ce rapport ou la dérivée $f'(x)$ ne peut être négative.

On verra de même que, si $f(x)$ croît en sens contraire de la variable, la dérivée $f'(x)$ ne peut être positive.

Si $f(x)$ conserve une valeur constante lorsque x varie de x_0 à X, le rapport

$$\frac{f(x_1)-f(x)}{x_1-x}$$

étant toujours nul dans cet intervalle, sa limite, savoir *la dérivée $f'(x)$, sera aussi nulle pour toute valeur de x comprise entre x_0 et X.*

205. De cette dernière proposition il résulte d'abord que, si la dérivée d'une fonction $f(x)$ n'est pas constamment nulle pour les valeurs de x comprises entre x_0 et X, la fonction ne conservera pas une valeur constante dans tout cet intervalle.

Si maintenant cette dérivée est positive, il résulte du numéro précédent que l'accroissement de la fonction aura lieu dans le même sens que celui de la variable.

Si la dérivée est négative, l'accroissement de la fonction aura lieu en sens contraire de celui de la variable.

Il résulte encore de ce qui précède que, si C désigne une constante quelconque, la dérivée de la fonction $f(x)+C$, étant égale à $D_x f(x) + D_x C$, se réduira à $f'(x)$. Donc, quelque valeur que l'on donne à la constante C, toutes les fonctions $f(x)+C$, qui ne diffèrent entre elles que par une constante, auront la même dérivée.

Nous démontrerons plus tard les réciproques de ces diverses propositions.

206. Nous allons maintenant établir la relation fondamentale qui existe entre les accroissements finis d'une fonction et les valeurs moyennes de sa dérivée.

D'après la définition même de la dérivée d'une fonction, il est toujours possible, si cette dérivée existe, d'assigner à l'accroissement h de la variable x une valeur h_1 telle que, *pour cette valeur et pour toute valeur plus petite de h*, on ait (en n'ayant égard qu'aux valeurs numériques) l'inégalité

$$(1) \qquad \frac{f(x+h)-f(x)}{h} - f'(x) < \varepsilon,$$

ε étant une quantité donnée aussi petite que l'on voudra.

Cela posé, soient x_0 et X deux valeurs de x, dans l'intervalle desquelles $f(x)$ ne cesse pas d'être continue et d'admettre une dérivée. Partageons l'intervalle $X - x_0$ en parties toutes $\overline{\lessgtr} h_1$, h_1 étant la valeur de l'accroissement à partir de laquelle l'inégalité (1) est toujours satisfaite. Dès lors, en désignant par

$$x_1 - x_0, \quad x_2 - x_1, \quad \ldots, \quad X - x_{n-1}$$

ces intervalles partiels, toutes les différences

$$\frac{f(x_1)-f(x_0)}{x_1 - x_0} - f'(x_0), \quad \frac{f(x_2)-f(x_1)}{x_2 - x_1} - f'(x_1), \quad \ldots,$$
$$\frac{f(X)-f(x_{n-1})}{X - x_{n-1}} - f'(x_{n-1})$$

seront moindres que ε, ce qui donnera les inégalités

$$\begin{aligned}
&f(x_1)-f(x_0) \quad -(x_1-x_0) \quad f'(x_0) \quad < (x_1-x_0)\varepsilon,\\
&f(x_2)-f(x_1) \quad -(x_2-x_1) \quad f'(x_1) \quad < (x_2-x_1)\varepsilon,\\
&\ldots\ldots\ldots\ldots\ldots\ldots\ldots\ldots\ldots\ldots\ldots\ldots,\\
&f(X)-f(x_{n-1}) - (X-x_{n-1})f'(x_{n-1}) < (X-x_{n-1})\varepsilon.
\end{aligned}$$

En ajoutant ensemble ces inégalités, et désignant par S_n la somme

$$S_n = (x_1 - x_0)f'(x_0) + (x_2 - x_1)f'(x_1) + \ldots + (X - x_{n-1})f'(x_{n-1}),$$

on aura

$$f(X) - f(x_0) - S_n < (X - x_0)\varepsilon.$$

Or, ε pouvant être choisi aussi petit que l'on voudra, il s'ensuivra que l'on pourra toujours, en partageant l'intervalle $X - x_0$ en parties suffisamment petites, faire en sorte que la somme S_n diffère aussi peu que l'on voudra de l'accroissement fini $f(X)-f(x_0)$ de la fonction. Cet accroissement tendra donc, lorsque tous les intervalles partiels seront infiniment petits, vers la limite

$$(2) \qquad f(X)-f(x_0) = \lim S_n \quad (^1).$$

D'ailleurs, en vertu du théorème d'Algèbre invoqué au n° **195**, la somme S_n est égale au produit de la somme $X - x_0$ de ses premiers facteurs, de signe constant, par une moyenne entre la plus grande et la plus petite des valeurs des seconds facteurs $f'(x_0)$, $f'(x_1)$, ..., $f'(x_{n-1})$, c'est-à-dire par une moyenne entre la plus grande et la plus petite des valeurs que peut prendre la dérivée $f'(x)$ lorsque x varie de x_0 à X. Nous aurons donc ce théorème fondamental :

Si la fonction $f(x)$ est toujours continue lorsque x varie depuis la valeur x_0 jusqu'à la valeur X, *et si elle admet une dérivée pour toute valeur de x comprise dans cet intervalle, on aura la relation*

$$(3) \qquad f(X)-f(x_0) = (X-x_0)\,\mathfrak{M} f'(x),$$

c'est-à-dire que l'accroissement fini de la fonction, lorsqu'on passe de $x = x_0$ à $x =$ X, sera égal au produit de l'accroissement de la variable par une valeur moyenne, relative à cet intervalle, de la dérivée $f'(x)$.

207. Si la fonction $f'(x)$ est elle-même continue dans cet intervalle, elle passera au moins une fois, pour une valeur de x comprise entre x_0 et X, par une valeur moyenne quelconque entre la plus grande et la plus petite de ses valeurs [175], et par conséquent par celle des valeurs moyennes qui satisfait à l'égalité (3).

En désignant donc par $\mathfrak{M}(x)$ une valeur convenablement choi-

(¹) Cette égalité n'est autre chose qu'un cas particulier de celle qui a été démontrée au n° 195; elle s'obtient en remplaçant les accroissements infiniment petits

$$f(x_1)-f(x_0),\quad f(x_2)-f(x_1),\quad \ldots$$

par les quantités

$$(x_1-x_0)f'(x_0),\quad (x_2-x_1)f'(x_1),\quad \ldots,$$

qui en *diffèrent infiniment peu*, en vertu de la définition même de la dérivée.

sie entre x_0 et X, on pourra poser

$$(4) \qquad f(\mathrm{X}) - f(x_0) = (\mathrm{X} - x_0) f'[\mathfrak{M}(x)] \quad (^1).$$

Si l'on pose

$$\mathrm{X} - x_0 = h,$$

la moyenne $\mathfrak{M}(x)$ entre x_0 et $x_0 + h$ pourra se représenter par $x_0 + \theta h$, θ désignant une moyenne entre zéro et l'unité, telle que

$$0 \leqq \theta \leqq 1.$$

L'égalité (4) prendra alors la forme

$$(5) \qquad f(x_0 + h) - f(x_0) = hf'(x_0 + \theta h).$$

208. L'importance capitale de ce théorème nous engage à en donner encore d'autres démonstrations.

I. Soit $\varphi(x)$ une fonction qui s'annule pour chacune des valeurs x_0 et X, et qui admette une dérivée et reste par suite continue pour toute valeur de x comprise entre x_0 et X.

Si $\varphi'(x)$ n'est pas nul dans tout l'intervalle de x_0 à X, la fonction $\varphi(x)$ variera, et par suite ne restera pas nulle dans tout cet intervalle [205]. Si nous supposons, pour fixer les idées, qu'elle commence, à partir de x_0, à croître dans le même sens que la variable, soit positivement, on aura d'abord [204]

$$\varphi'(x) \geqq 0.$$

Pour passer ensuite de cette valeur positive de $\varphi(x)$ à la valeur nulle $\varphi(\mathrm{X})$, il faudra que la fonction se mette au moins une fois à varier dans le sens opposé, ce qui donnera

$$\varphi'(x) \leqq 0.$$

Si donc une fonction $\varphi(x)$ s'annule pour chacune des valeurs x_0, X, et qu'elle admette une dérivée dans tout l'intervalle de

---

(1) Cette égalité subsisterait encore lors même que $f'(x)$ éprouverait entre x_0 et X des solutions de continuité, pourvu que cette fonction n'en passât pas moins par toutes les valeurs intermédiaires entre sa plus grande et sa plus petite valeur.

ces valeurs, cette dérivée éprouvera au moins une fois un changement de signe ou passera au moins une fois par zéro dans ce même intervalle.

Si cette dérivée $\varphi'(x)$ est supposée elle-même toujours finie et continue, elle devra nécessairement [175] passer au moins une fois par la valeur zéro, intermédiaire entre sa valeur positive et sa valeur négative. On a donc, dans ce cas, relativement à la fonction $\varphi(x)$, ce théorème, connu sous le nom de *théorème de Rolle* :

Si $\varphi(x)$ est une fonction continue, ainsi que sa dérivée $\varphi'(x)$, entre deux racines x_0, X de l'équation

$$\varphi(x) = 0,$$

l'équation dérivée

$$\varphi'(x) = 0$$

aura au moins une racine comprise entre les deux racines x_0, X de l'équation primitive.

II. Considérons la fonction

$$f(x) - f(x_0) - \frac{f(\mathrm{X}) - f(x_0)}{\mathrm{X} - x_0}(x - x_0) = \varphi(x).$$

Cette fonction s'annule évidemment pour $x = x_0$ et pour $x = \mathrm{X}$. Donc, d'après le théorème précédent, sa dérivée [203 et 205]

$$\varphi'(x) = f'(x) - \frac{f(\mathrm{X}) - f(x_0)}{\mathrm{X} - x_0}$$

devra, au moins une fois, changer de signe ou s'annuler; donc la dérivée de $f(x)$ prendra des valeurs plus grandes et des valeurs plus petites que le rapport $\frac{f(\mathrm{X}) - f(x_0)}{\mathrm{X} - x_0}$, et même, si elle est continue, passera au moins une fois par une valeur égale à ce rapport. Donc ce rapport est compris entre la plus grande et la plus petite des valeurs de $f'(x)$, ou bien est égal à une des valeurs que prend $f'(x)$ dans l'intervalle de x_0 à X. On a donc généralement

$$\frac{f(\mathrm{X}) - f(x_0)}{\mathrm{X} - x_0} = \mathfrak{M} f'(x),$$

et, dans le cas de la continuité de $f'(x)$,

$$\frac{f(X)-f(x_0)}{X-x_0}=f'[\mathfrak{M}(x)],$$

ce qui n'est autre chose que les relations (3) et (4).

209. On peut encore démontrer le théorème comme il suit :

Supposons que $f'(x)$ satisfasse, pour toute valeur de x comprise entre x_0 et X, à la double inégalité

$$m < f'(x) < M,$$

et considérons la fonction

$$f(x)-f(x_0)-m(x-x_0)=\chi(x).$$

La dérivée de cette fonction

$$\chi'(x)=f'(x)-m$$

sera positive pour toute valeur de x comprise dans l'intervalle donné; donc la fonction $\chi(x)$ croîtra, dans tout cet intervalle, dans le même sens que la variable, et, comme $\chi(x)$ s'annule pour $x=x_0$, il s'ensuit que, pour $x>x_0$, $\chi(x)$ sera positif (¹); donc on aura, en divisant par le facteur positif $x-x_0$,

$$\frac{f(x)-f(x_0)}{x-x_0}>m.$$

On trouverait de même

$$\frac{f(x)-f(x_0)}{x-x_0}<M;$$

donc le rapport $\frac{f(x)-f(x_0)}{x-x_0}$ est égal, pour $x_0<x\leqq X$, à une moyenne entre les valeurs de $f'(x)$, ce qu'il s'agissait de démontrer.

210. De ce théorème on déduit immédiatement une conséquence importante.

(¹) En supposant, pour fixer les idées, $X>x_0$.

Si l'on suppose que, pour toute valeur de x comprise entre x_0 et X : 1° la fonction $f(x)$ soit continue et déterminée, 2° qu'elle ait une dérivée déterminée, 3° que cette dérivée soit constamment nulle, alors la valeur moyenne de cette dérivée qui entre dans la formule (3) sera nécessairement nulle, et il en sera par suite de même de l'accroissement $f(X)-f(x_0)$. Comme ce que nous pouvons dire de X s'applique aussi à une valeur quelconque intermédiaire entre x_0 et X, il s'ensuit que l'accroissement $f(x)-f(x_0)$ est toujours nul, quel que soit x, dans l'intervalle considéré; donc la fonction $f(x)$ a une valeur constante dans cet intervalle, ce qui est la réciproque du théorème du n° **205**.

Ainsi, *si la dérivée d'une fonction est constamment nulle dans un intervalle donné, la fonction se réduit dans cet intervalle à une constante.*

Cela revient à dire qu'une ligne dont la tangente est constamment parallèle à l'axe des abscisses se réduit à une droite parallèle à cet axe, ou qu'un point dont la vitesse est constamment nulle ne change pas de place.

211. Ce théorème peut se démontrer directement de la manière suivante.

Considérons la fonction

$$\pm[f(x)-f(x_0)]+k(x-x_0)=\psi(x),$$

k étant une constante. Si l'on suppose $f'(x)=0$, $\psi'(x)$ se réduira à k. Pour $k>0$, $\psi(x)$, qui est nul pour $x=x_0$, aura sa dérivée positive, et ira toujours en croissant de x_0 à X, de sorte qu'il aura son maximum pour $x=X$; donc $\psi(X)$ est positif, et l'on aura ainsi

$$\pm[f(X)-f(x_0)]+k(X-x_0)>0.$$

On verra de même que

$$\pm[f(x)-f(x_0)]-k(x-x_0),$$

ayant sa dérivée négative, est négatif, de sorte que

$$\pm[f(X)-f(x_0)]-k(X-x_0)<0;$$

donc $f(X)-f(x_0)$ est compris entre $-k(X-x_0)$ et $+k(X-x_0)$, quel que soit k. Or on peut supposer k infiniment petit, d'où il résulte [**162**] que $f(X)-f(x_0)$ est rigoureusement nul.

212. Enfin on peut se servir du procédé de démonstration du n° **208**. Si la fonction $\varphi(x)$, qui s'annule pour $x=x_0$ et pour $x=X$, n'est pas nulle quel que soit x, il faudra, comme nous l'avons vu, que sa dérivée s'annule dans l'intervalle de x_0 à X. Or la supposition de $f'(x)=0$ réduit cette dérivée à la valeur constante

$$-\frac{f(X)-f(x_0)}{X-x_0}.$$

Il faut donc que l'on ait $f(X)-f(x_0)=0$, et, comme on peut remplacer X par une valeur quelconque prise dans l'intervalle considéré, on en conclut que $f(x)$ est constant.

213. De ce théorème il résulte réciproquement que, si une fonction ne se réduit pas à une constante dans un intervalle donné, sa dérivée ne peut pas s'annuler dans cet intervalle, sauf pour certaines valeurs particulières de la variable.

Si donc la fonction est toujours croissante avec la variable, sa dérivée est toujours positive; si elle croît en sens inverse de la variable, sa dérivée est toujours négative, ce qui complète les réciproques des propositions des n^{os} **204** et **205**.

214. Nous avons vu [**205**] que deux fonctions toujours égales entre elles, ou, plus généralement, deux fonctions dont la différence est constante ont des dérivées égales; car, si l'on a

$$u-v=0, \quad \text{ou} \quad u-v=\text{const.},$$

on en conclut

$$D_x(u-v)=D_xu-D_xv=0.$$

Réciproquement, si les dérivées de deux fonctions sont toujours égales entre elles, la différence de ces fonctions primitives sera constante; car, si $D_xu=D_xv$, on en conclut

$$D_xu-D_xv=D_x(u-v)=0,$$

d'où résulte

$$u-v=\text{const.}$$

Si donc on connaît une fonction primitive ayant pour dérivée une fonction donnée, on connaîtra par là même toutes les autres fonctions primitives qui auront la même dérivée, et on les obtiendra en ajoutant à la fonction primitive connue une *constante arbitraire*, c'est-à-dire une constante à laquelle on peut attribuer toutes les valeurs imaginables.

215. Les variables x et y étant liées entre elles par une relation quelconque, on peut, au lieu de considérer y comme une fonction de x, considérer x comme une fonction de y. Les deux quantités

$$\frac{y_1-y}{x_1-x}, \quad \frac{x_1-x}{y_1-y}$$

étant inverses l'une de l'autre, il en sera de même de leurs limites, de sorte qu'on aura

$$D_y x = \frac{1}{D_x y}.$$

216. Si $D_y x$ est nulle, $D_x y$ sera infinie, et réciproquement; donc, si la dérivée d'une fonction y est toujours infinie, cela indique que la variable x, que l'on avait prise pour variable indépendante, doit rester constante pour toute valeur de y. C'est le cas où la fonction y peut être représentée géométriquement par une droite parallèle à l'axe des ordonnées.

Donc, si deux variables sont liées entre elles de manière que, l'une d'elles variant, l'autre ne reste pas constante, la dérivée de l'une quelconque de ces variables, prise par rapport à l'autre, ne pourra pas prendre, pour toute valeur de celle-ci, une valeur toujours nulle ou toujours infinie.

§ III.

DIFFÉRENTIELLES DES FONCTIONS D'UNE OU DE PLUSIEURS VARIABLES INDÉPENDANTES.

217. Nous avons vu que la dérivée de la fonction

$$y = f(x)$$

Chapitre 4

La correspondance avec Victor-Amédée Le Besgue (1867-1868)

Victor-Amédée Le Besgue naît à Grandvilliers, dans l'Oise, au mois d'octobre 1791 et meurt à Bordeaux en juin 1875. Une fois sa scolarité effectuée à Amiens et à Beauvais, il est incorporé dans l'armée en 1809 et occupe un poste administratif durant une année. Préférant la vie civile, il parvient à obtenir une place de maître d'études au lycée de Reims. Après avoir séjourné à Saint-Quentin et à Abbeville, il part pour Londres une année afin d'occuper un emploi de précepteur. Ce travail l'emmène également en Russie, avant son retour en France en 1830. Il est alors chargé de cours au collège royal de Nantes, puis professeur au collège d'Épinal durant deux ans.

En 1834, Le Besgue fréquente les cours de la Sorbonne dans le but d'obtenir l'agrégation. Toutefois, il abandonne rapidement ce projet et parvient néanmoins à rejoindre l'enseignement supérieur. Il devient suppléant du recteur de l'Académie de Grenoble et régularise sa position en obtenant son doctorat ès sciences en 1837. À la fin de l'année 1838, la Faculté des sciences de Bordeaux lui offre la possibilité d'occuper la chaire de Mathématiques pures. Le Besgue accèpte et occupe cette position jusqu'à sa retraite en 1858.

Les travaux de Le Besgue concernent principalement la théorie des nombres [1]. En 1862, il publie une *Introduction à la Théorie des nombres* reprenant le contenu d'une série de conférences données à Bordeaux. Toutefois, son projet de réaliser un ouvrage « présentant à peu près l'état actuel de la science des nombres [2] » ne verra pas le jour, son livre en constituant uniquement la première partie.

La correspondance avec Le Besgue publiée dans ce chapitre s'ouvre sur une lettre de Hoüel. Celui-ci recherche l'aide et l'autorité de son prédécesseur à la chaire de Mathématiques pures afin de réfuter une tentative de preuve du *postulatum*. Hoüel sait que lorsqu'« un homme a la témérité de croire qu'il va trouver un passage où tant d'autres (...) se sont empêtrés, cela prouve une confiance en soi-même qui ne présage rien de bon [3] ».

1. Voir le catalogue de ses travaux comportant 124 titres dans [H62, p. 119-128].
2. V.-A. Le Besgue, *Introduction à la Théorie des nombres*, Mallet-Bachelier, Paris, 1862, p. 5.
3. Voir la lettre 4.2

P. Henry, P. Nabonnand (eds.), *Conversations avec Jules Hoüel*, Publications des Archives Henri Poincaré Publications of the Henri-Poincaré Archives, DOI 10.1007/978-3-319-56403-6_4

4.1 Lettre de Hoüel à Le Besgue du 5 décembre 1867

Bordeaux, le 5 décembre 1867 [1].

Monsieur,

Je regrette bien, ainsi que mes collègues en mathématiques, que vous soyez en ce moment absent de Bordeaux. Vous pourriez nous tirer d'embarras, en défendant avec une autorité et une expérience qui nous manquent, la cause des bons principes. Voici de quoi il s'agit.

Un de nos collègues de la Société des Sciences physiques et naturelles [2] nous a exposé, il y a quinze jours, une démonstration du *postulatum* d'Euclide [3]. Dans la rapidité du débit, nous n'eûmes pas le temps de saisir au vol le défaut de la dite démonstration, et nos souvenirs ne suffisent pas pour la retrouver tout entière.

Aujourd'hui, l'auteur nous a remis son manuscrit. Outre pas mal de propositions connues, les unes indépendantes du postulatum, les autres y étant intimement liées et l'entraînant forcément, j'ai remarqué comme suspecte la proposition suivante, sur laquelle seule doit rouler le débat, et qui, j'en suis intimement convaincu, doit renfermer une pétition de principe. Comme l'auteur m'a remis deux rédactions successives, je vous donne textuellement les deux formes sous lesquelles il a présenté son lemme fondamental.

1re rédaction.

[Après avoir montré, ce qui est facile, que si des points de l'un des côtés d'un angle aigu on abaisse des perpendiculaires sur l'autre côté, ces perpendiculaires vont en croissant à partir du sommet, l'auteur dit :]

« Si, au lieu de deux côtés d'un angle aigu, on a deux droites telles que la perpendiculaire sur l'une soit oblique sur l'autre, en faisant avec elle un angle encore aigu, les perpendiculaires à la première droite, menées dans la partie où se trouve l'angle obtus, vont toujours en croissant.

---

1. Paris, Bibliothèque de l'Institut, Ms. 2031, lettre 181.

2. Il s'agit de l'ancien professeur de mathématiques et inspecteur d'académie Jacques Pierre Valat. Celui-ci a été nommé recteur de l'académie de l'Aveyron en août 1850 avant d'être mis à la retraite en 1853.

3. Nous n'avons pas trouvé trace de cette épisode dans les *Mémoires de la Société des sciences physiques et naturelles*. Toutefois, Valat n'en est pas à son coup d'essai. En juin 1865, il présente un mémoire intitulé « Plan d'une géométrie nouvelle, ou réforme de l'enseignement élémentaire de la géométrie » (*Actes de l'Académie impériale des sciences, belles-lettres et arts de Bordeaux*, série 3, année 27, 1865, p. 61-72) et profite de l'occasion pour déposer un pli cacheté :

> « L'honorable membre confie en même temps à l'Académie un pli cacheté, à ouvrir ultérieurement sur sa demande, et contenant, dit-il : 1° la démonstration du *postulatum* d'Euclide, jusqu'à présent accepté sans démonstration, bien qu'on ait essayé très souvent de le démontrer ; 2° une lettre d'un géomètre, ami de l'auteur, qui l'estime bonne et rigoureuse. Ce pli est accepté et déposé aux archives.
>
> M. Baudrimont rappelle, à cette occasion, qu'il y a treize ou quatorze ans qu'il a déposé un traité complet de géométrie où tout est prouvé par le mouvement. » (p. 102)

Trois des travaux de Valat son présentés dans la *Revue des sociétés savantes* II, septembre-octobre 1867, p. 217-220 mais « sa preuve » du *postulatum* n'est pas mentionnée.

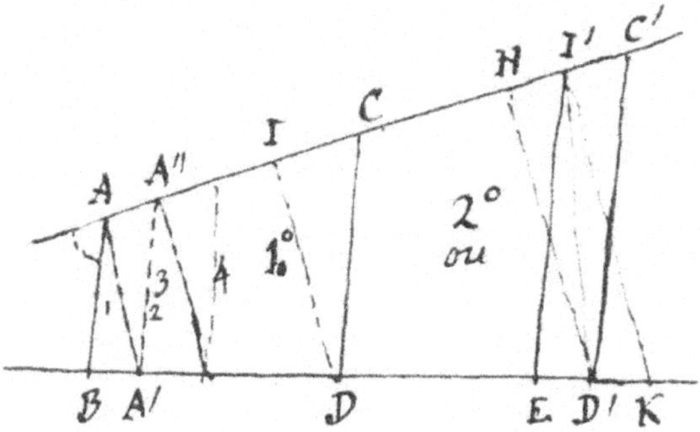

Ainsi l'angle aigu étant à gauche de AB sur AC, on aura $AB < CD$.

1°. En menant successivement des perpendiculaires, la première de A sur AC, la 2e de A' sur BD, la 3e de A'' sur AC, ..., il est évident qu'on a $AB < AA' < A'A'' < \ldots$. Donc, si nous approchons de CD, nous arrivons à la perpendiculaire $DI < DC$, et, à plus forte raison $AB < CD$.

2°. On pourrait arriver à $I'K$ franchissant $C'D'$, soit après plusieurs opérations, soit immédiatement, alternative inévitable dans le cas où le premier cas n'aurait pas lieu. Abaissant alors de D' la perpendiculaire $D'H$ et de I' la perpendiculaire $I'E$, on a d'une part $AB < I'E$[4], par suite $< I'D'$[5]; de l'autre, l'oblique $D'I'$[6] (par rapport à la perpendiculaire $D'H$) < l'oblique $D'C'$. Donc on a $AB < C'D'$.

Nota 1°. Si au lieu d'un angle aigu formé par la première droite, il y avait un angle obtus à gauche de AB, il est évident qu'un raisonnement tout à fait analogue nous conduirait à démontrer qu'on doit avoir $AB > CD$.

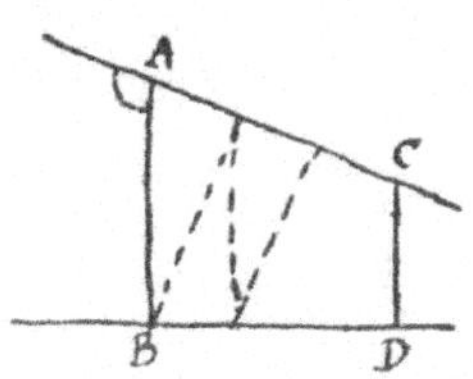

Nota 2°. Nous ne voulons pas dissimuler une objection qui s'est présentée à nous dès le premier abord, et bien qu'elle nous ait paru futile, nous n'avons pas le droit de la négliger puisqu'elle nous a frappé.

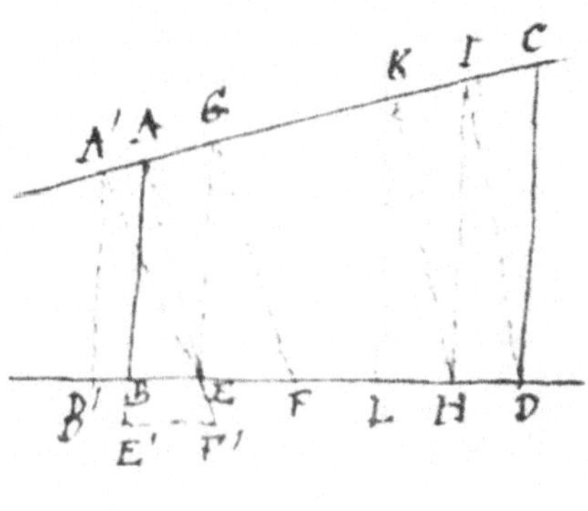

Au contraire des précédentes suppositions qui nous mènent de AB à CD ou au delà, on peut dire que les perpendiculaires successives se trouvent serrées de plus en plus, et qu'en si grand nombre qu'on les suppose, elles n'atteindront jamais CD.

Cette objection spécieuse s'évanouit, ce nous semble, si l'on remarque qu'en allant de B vers D, les intervalles BE, EF, ... vont en grandissant et par suite, si seulement égaux, ils atteindraient la longeur BD ou la dépasseraient ; à plus forte raison ce résultat aura lieu quand ils seront de plus en plus grands[⋆].

4. Sur la lettre, il est écrit $AB < IE$.

5. Sur la lettre, il est écrit $< ID$.

6. Sur la lettre, il est écrit DI'.

⋆. « Si les intervalles BE, EF, ... allaient en diminuant, par contre les intervalles DH, HL, ... iront en augmentant, et l'on arrivera sans obstacle de DC à BA ou $B'A'$; dans le 1er cas, on a $DC > BA$; dans le second $DC > GE > EA$, oblique de EA' comme EG, et à plus forte raison $> AB$.

En effet, faisant glisser l'angle G jusqu'en A, on a GE qui tombe sur AB comme perpendiculaire sur BD et GF qui rencontre AE comme perpendiculaire sur AC avec AE. D'ailleurs GE dépasse AB et GF dépasse AE de manière à fournir le triangle $AE'F'$, dans lequel $E'F' = EF$; d'ailleurs on a $E'F' > BE$ en vertu du 2e lemme ; donc l'intervalle EF surpasse l'intervalle BE. »

[Cela supposé démontré, il s'en suit aisément que, si l'on élève sur AB deux perpendiculaires égales $AC = BD$, la figure $ABDC$ a ses 4 angles droits, etc.]

2e rédaction.

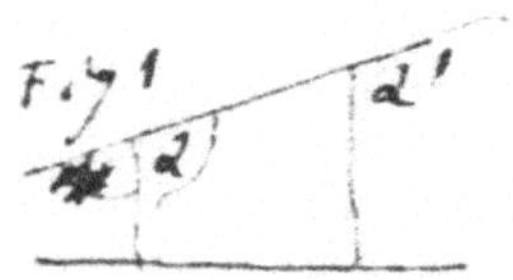

« Lemme. Entre deux droites tracées sur un plan, on mène de divers points de la 1re des perpendiculaires sur la 2e. Si l'une fait avec la première droite un angle obtus ou aigu, toutes les autres feront aussi et dans le même sens avec la droite un angle obtus ou aigu. Ainsi (fig. 1), si α est un angle obtus, α' l'est aussi, et si (fig. 2) α est un angle aigu, α' l'est pareillement.

Démonstration. Prenons en premier lieu (fig. 3) l'angle α obtus et menons les perpendiculaires successives $b, c, \ldots$, alternativement sur la droite supérieure et sur la droite inférieure où tous arriveront nécessairement [7].

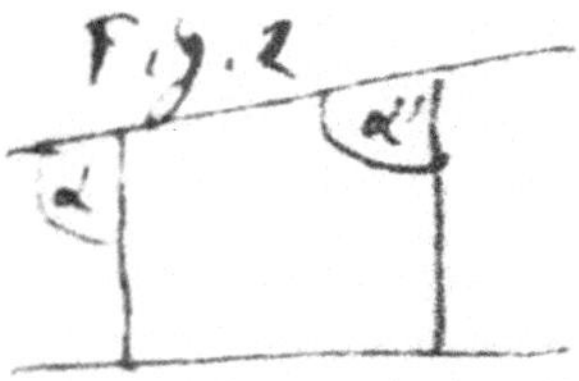

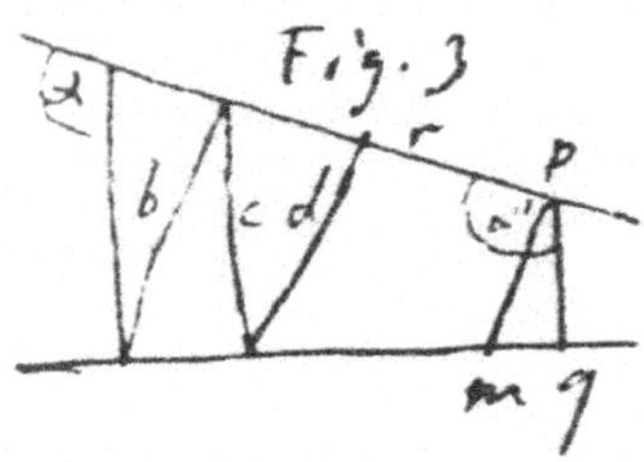

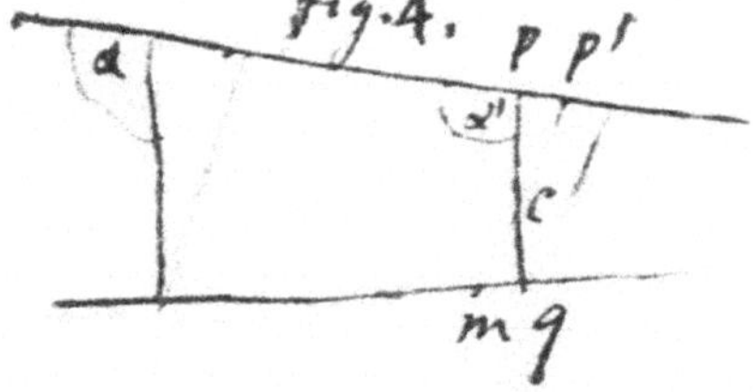

1° à la position mp et par suite à la perpendiculaire pq ; dès lors on a nécessairement l'angle rpm droit, et par suite l'angle $rpq = \alpha'$ obtus comme l'angle α (fig. 3).

Toute objection cesse en partant de CD pour arriver à AB. Car les perpendiculaires successives vont rencontrer les droites sur lesquelles on les fait tomber perpendiculairement.

Conclusion, l'angle ne peut être aigu sans qu'on ait $AB < CD$; il ne peut être obtus sans qu'on ait $AB > CD$. »

7. Il n'est pas difficile de montrer que cette affirmation est fausse en géométrie hyperbolique.

2° ou à la position mp' (fig. 4), dans laquelle la perpendiculaire a traversé pq et l'a coupée en c ; d'où l'on conclut que l'angle cpp' est aigu, et par suite l'angle α' obtus comme α.
Nota. Il est utile de considérer des perpendiculaires qui dépassent pq, puisqu'alors le supplément de α' est toujours un angle aigu.

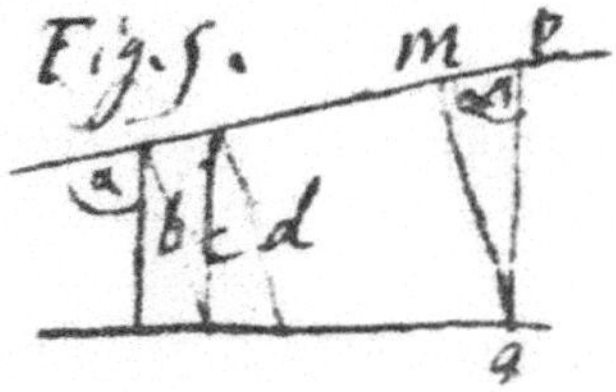

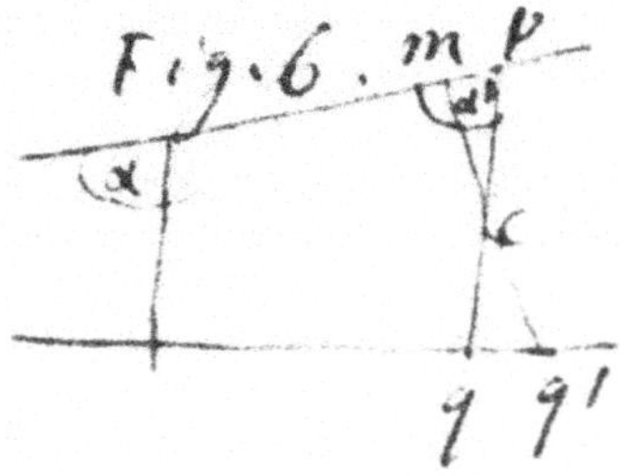

Prenons maintenant (fig. 5) l'angle α aigu. Élevant les perpendiculaires successives $b, c, d, \ldots$ nous devrons arriver
1° en q, d'où qm perpendiculaire, et par conséquent pq oblique, ce qui fait l'angle α' aigu comme α (fig. 5).
2° ou bien à la position mq' (fig. 6), et dans ce cas la droite pq étant coupée en c, on a le triangle cmp rectangle en m, d'où résulte un angle aigu en p. Donc α' est aigu. »
[Le reste à peu près comme dans la 1re rédaction.]

Tels sont les fondements de la découverte de notre collègue. Il me semble vous avoir entendu dire autrefois que, parmi les nombreuses tentatives que vous aviez faites pour faire un pas vers la question, vous aviez considéré précisément l'énoncé de la 1re rédaction. Si je ne me trompe pas, vous connaissez alors d'avance la réponse. Sinon, vous n'aurez pas de peine à la trouver.

Il me semble que toute la difficulté consiste à démontrer que les perpendiculaires successives finissent par dépasser la seconde des perpendiculaires données. L'auteur a bien senti l'objection. Il reste à savoir s'il s'en est tiré. Nous comptons méditer cela ensemble avec grande attention ; car j'ai la foi assez robuste aux vrais principes pour ne pas me laisser ébranler parce que je ne vois pas tout de suite le faible d'un raisonnement. Mais nous vous serions bien reconnaissants si vous venez à notre secours. Nous avons d'autant plus besoin d'armes invincibles que l'auteur est très-chatouilleux à l'endroit de sa production, et que nous avons failli avoir aujourd'hui le pendant de la scène que vous eûtes [un] certain jour avec un autre collègue qui s'aventurait sur un terrain étranger à ses connaissances.

Vous avez sans doute deviné que ce collègue, qui démontre ce que ce pauvre Gauss croyait indémontrable, n'est autre que M. Valat[8]. Aidez-nous, je vous prie

8. Originaire de Montpellier, Jacques Pierre Fanny Valat (1796-1881) entre à l'École polytechnique en 1815. Obligé de quitter cette école lors de sa fermeture au moment de la Restauration, il enseigne les mathématiques dans divers établissement dans le sud de la France. Il est licencié de mathématiques à Toulouse et est reçu au concours de l'agrégation en 1829. Il est alors nommé professeur de mathématiques au collège de Bordeaux et devient dans les années 1850 recteur du département de l'Aveyron. Il se retire à Bordeaux en 1853 où il est très actif dans les milieux savants. Il est président de la Société d'économie politique de Bordeaux, archiviste de la Société des sciences physiques et naturelles de Bordeaux et un temps président de l'Académie nationale des sciences, lettres et arts de Bordeaux. Il entretient avec Auguste Comte une correspondance entre 1815 et 1844 (éditée en 1870 chez Dunod) et

à le réfuter victorieusement. Il ne faut pas que notre Société, qui a eu l'honneur d'appeler la première l'attention des savants européens sur Lobatschewsky[9], en soit réduite à reculer devant la tentative rétrograde du géomètre en question.

Si j'avais votre adresse exacte, je vous aurais envoyé une ou deux brochures que j'ai publiées depuis que j'ai eu le plaisir de vous voir, et que je n'ai pu encore vous faire parvenir[10]. Soyez assez bon, je vous prie, pour me la faire connaître.

J'ai reçu de Russie les œuvres à peu près complètes de Lobatschewsky. Je travaille, avec un jeune polonais qui sait le russe, à faire un extrait de ses travaux géométriques, où il y a de fort bonnes choses[11]. Je serais fâché de vous imprimer des Valateries dans le même volume.

Veuillez agréer, Monsieur, l'assurance de mes sentiments les plus respectueux.

J. Hoüel

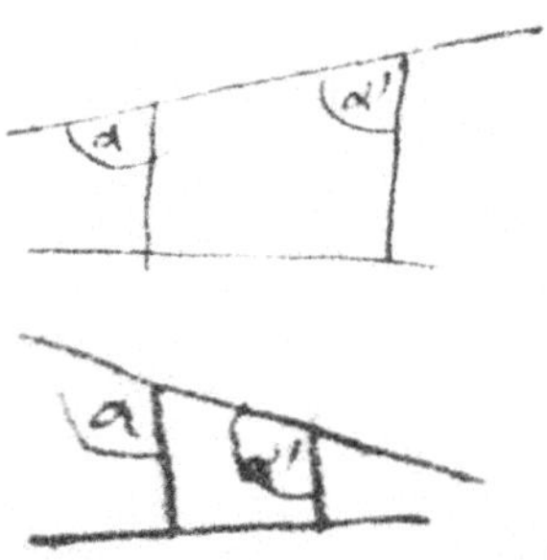

P. S. On peut démontrer, sans le secours de l'axiôme 11 d'Euclide, que, si α est *aigu*, α' est aussi aigu, sans quoi le quadrilatère aurait une somme d'angles > 4 droits. Mais on ne peut voir sans le secours du dit axiôme que la réciproque est vraie, c'est-à-dire que, si α' est aigu, α l'est aussi, autrement, que si α est obtus, α' l'est aussi. Donc toute démonstration conduisant au théorème pour α aigu doit cesser d'être applicable au cas de α obtus. Peut-être ? cette considération nous aidera-t-elle à trouver *la faute* ou *les* fautes ; car je soupçonne qu'elles s'appellent *légion*. J'ai marqué en marge au crayon bleu un passage qui me paraît de la plus fine absurdité.

4.2 Lettre de Hoüel à Le Besgue du 15 décembre 1867

Bordeaux, le 15 décembre [1867][1].

Monsieur,

J'ai reçu vos deux lettres, et je vous remercie vivement de l'appui que vous voulez bien nous prêter dans cette lutte contre un *quadrateur du cercle*[2]. Vous savez que cette sorte de gens sont difficiles à convaincre, et quand un homme a la témérité de croire qu'il va trouver un passage où tant d'autres (et pas les premiers venus) se sont empêtrés, cela prouve une confiance en soi-même qui ne présage rien de bon. Votre autorité donnera à notre avis un grand poids, et tout autre qu'un *quadrateur*

est l'auteur de nombreux ouvrages dont des *Éléments d'arithmétique* (1838) et un *Plan d'une géométrie nouvelle ou réforme de l'enseignement de la géométrie élémentaire* (1866).

9. La traduction de Hoüel du mémoire de Lobatchevski [H27] est publiée en 1866.

10. En 1867, Hoüel a publié les trois notes [H34], [H42], [H43] et la première partie [H41, I] du mémoire sur les quantités complexes. Hoüel fait allusion à ce dernier travail dans le lettre qui suit.

11. Il s'agit de Potocki. Voir la lettre 2.47 de Hoüel à De Tilly.

1. Paris, Bibliothèque de l'Institut, Ms. 2031, lettre 187.

2. Nous rappelons que cette expression a déjà été utilisée par Hoüel par analogie (voir la lettre 2.47 de Hoüel à De Tilly).

trouverait qu'il y a là de quoi réfléchir. Nous communiquerons jeudi prochain la réfutation telle que vous nous l'indiquez, et, si l'auteur ne consent pas à rengaîner son œuvre, nous rédigerons collectivement une réfutation, que nous vous enverrons pour vous demander votre avis et, s'il y a lieu, votre adhésion, et dont nous exigerons l'insertion à la suite immédiate de la fameuse découverte. Nous ferons en sorte de ne pas vous brouiller avec l'auteur, en assumant sur nous la responsabilité de ce qu'il pourra y avoir de raide dans la forme, et vous étant seulement comme ayant approuvé le *fond*. Mais, au risque de déplaire à ce savant universel et rageur [3], nous emploierons tous les moyens légaux pour éviter à nos volumes la honte d'être salis par une telle production. C'est encore pire que les travaux arithmologiques et géométriques de M. B... [4]. Au moins, celui-ci avait-il pour excuse à ses bricoles que ce n'était pas son métier. M. V... ne m'a pas traité de j... f..., il est vrai, mais j'ai vu le moment où il aurait presque mérité qu'on lui appliquât cette disgracieuse épithète. Décidément ce ne sont pas que les poètes seuls qui ont un *genus irritabile* [5] ; il faut y joindre les quadrateurs.

Vous me rendrez un vrai service, si vous avez le temps de lire mes *quantités complexes* [6]. Vous verrez que je n'y trouve rien absolument d'imaginaire, et que tout roule sur des opérations *réelles*, complètement définies. Aussi la méthode me semble-t-elle aussi claire et aussi sûre que n'importe qu'elle autre. On peut se tromper en s'en servant. Mais on se trompe bien dans les éléments de géométrie !

Je n'ai pas vu l'Algèbre du *jeune* géomètre *distingué* en question [7]. Quoique je ne sois ni jeune ni distingué, je me flatte d'avoir sur les quantités complexes des idées un peu plus claires que celles qu'il a exposé dans son *Traité des résidus*, superbe petit bouquin avec l'épigraphe : *Et his via ad majora sternitur* [8] (*gallice*, en attendant mieux), et un nombre inouï de fautes d'impressions et d'amphigouris [9]. Je termine en ce moment un travail sur le même sujet [10] ; Mais je déclare que je ne me suis rendu coupable d'aucun plagiat envers M. L..., attendu que je n'ai pu rien comprendre absolument à son livre. Cela ne prouve peut-être pas en faveur de mon intelligence ; mais je crois que cela peut bien aussi tenir à un défaut d'*intelligibilité* de sa part. Quand on est Cauchy, on peut dire : comprenne qui pourra ! Mais quand on est son humble écolier, et qu'on a la permission de se taire, on devrait en profiter, si l'on ne parle pas pour être compris.

Je n'entends nullement que vous couriez à Gauthier-Villars pour avoir un Lo-

3. Voir la note 8 de la lettre précédente 4.1.

4. Il s'agit certainement du médecin et pharmacien Édouard Alexandre Baudrimont (1806-1880) qui occupe la chaire de Chimie de la Faculté des sciences de Bordeaux et publie de nombreux articles de chimie dans les *Mémoires*. En outre, A. Baudrimont avait publié dans le même journal un article proposant des « démonstrations élémentaires relatives à la théorie des nombres premiers » (*Mémoires* III, 1864, p. 419-444) et un autre dans lequel il montre de manière élémentaire qu'« un tétraèdre quelconque est inscriptible dans une sphère » (voir la note 2 de la lettre 4.4).

5. Dans les *Épitres*, Horace pointe la susceptibilité des littéraires en écrivant « Genus irritabile vatum » (liv. II, épitre 2, v. 102) ce qui peut se traduire par « l'engeance susceptible des poètes ».

6. À cette date, seule la première partie de [H41] est publiée.

7. H. Laurent, *Traité d'algèbre à l'usage des candidats aux écoles du gouvernement*, Gauthier-Villars, Paris, 1867.

8. H. Laurent, *Théorie des résidus*, Gauthier-Villars, Paris, 1865. L'épigraphe est inspirée par la dernière phrase du *Tractatus de Quadratura Curvarum* de Newton publié en appendice de son *Opticks* (Londres, 1704) : « Et his principiis via ad majora sternitur ». Une traduction pourraît être : « et par ces principes la voie est préparée pour de plus grandes choses ».

9. D'après le *Trésor de la langue française*, un amphigouri est un discours ou écrit burlesque volontairement obscur ou incompréhensible.

10. Il s'agit probablement de la deuxième partie de [H41].

batschewsky [11], puisque j'en ai encore ici des exemplaires disponibles. Je vous en enverrai un immédiatement.

À propos de Lobatschewsky, je possède maintenant la collection de ses travaux géométriques, écrits en langue russe [12]. Je ne sais pas, il est vrai, le premier mot de cette langue ; mais heureusement j'ai à ma disposition un polonais, très-intelligent, que nous avons reçu licencié au mois de juillet, et qui m'en fait la traduction. Avec le concours de M. Humblot, professeur de Math. élémentaires au lycée, nous ferons un extrait de ses travaux, qui renferment beaucoup de choses neuves et intéressantes, et dont les *Études géométriques* ne sont qu'un résumé écourté [13].

Les Italiens sont bien plus en progrès que nous dans leur enseignement. Je viens d'apprendre que, sur l'avis de MM. Betti, Brioschi et Cremona, le gouvernement vient de recommander aux professeurs l'usage des Éléments d'Euclide, et que certains géomètres en préparent en ce moment une édition annotée [14]. On ajoute même (ce dont je suis naturellement très-flatté) que l'auteur de la préface, M. Brioschi me fait l'honneur de citer assez souvent mon *Essai critique* [15]. Pareille chance ne m'arrive pas souvent en France. Nul n'est prophète dans son pays.

À propos, j'ai vu annoncer une *Théorie des parallèles*, par M. Laurent, 32 pages. Chez Hachette. L'auteur serait-il le jeune géomètre déjà nommé [16] ? Aurait-il été plus habile que M. Valat ? Il est probable que l'abbé Moigno, grand amateur de *parallèles*, nous en dira quelques mots dans ses *Mondes*, où il fait collection de ces choses-là [17].

Cette année encore, un instituteur du Gers, dont j'ai oublié le nom, n'a-t-il pas présenté à l'Institut une démonstration, que dis-je ? deux démonstrations, qu'il m'a fait l'honneur de m'envoyer, et dont l'une commence par s'appuyer sur ce que les angles aigus d'un triangle rectangle sont complémentaires [18] ? Décidément, si,

11. [H27].

12. Hoüel a obtenu les travaux de Lobatchevski par l'intermédiaire de Kowalski (voir la lettre 5.4 de Kowalski à Hoüel). Par ailleurs, un ami russe d'Antoine d'Abbadie lui a fait parvenir la Pangéométrie [Lob56] :

> « Le 15 juillet dernier, M. de Khanikoff que j'ai trouvé chez lui m'a promis de faire venir les ouvrages de Lobatschewsky que vous désiriez et dont je lui ai donné la note. Il demandait trois mois pour les faire venir. »
>
> (Lettre de d'Abbadie à Hoüel du 9 août 1867, AAS, dossier d'Abbadie)

> « Je vous adresse par cette poste la Pangéométrie de Lobatcheffsky que M. de Khanikoff a fait venir de Kasan pour vous. J'ai reçu cet exemplaire fatigué et maculé, car on l'a enlevé d'un ouvrage, comme on le voit par la pagination. L'édition est épuisée et l'on va en faire une nouvelle que l'Université m'enverra, à ce que me dit M^{r}. de Kh, et que je tiendrai à votre disposition quand je l'aurai reçue. »
>
> (Lettre de d'Abbadie à Hoüel du 25 décembre 1867, AAS, dossier d'Abbadie)

13. Voir la note 11 de la lettre 4.1. Ce projet n'a pas vu le jour.

14. E. Betti & F. Brioschi, *Gli Elementi d'Euclide, con note aggiunte ed esercizi ad uso de' Ginnasi e de' Licei*, Le Monnier, Firenze, 1867-1868. Pour plus d'informations sur cette publication, on peut consulter [BGT98, p. 126-127] et [Gia06].

15. [H36].

16. Il s'agit de N. Laurent inspecteur de l'Académie de Clermont et ancien professeur de mathématiques au lycée de Chaumont. Il existe une édition antérieure de son ouvrage : *Théorie des parallèles*, Clermont-Ferrand, Typographie de Mont-Louis, 1864. Cet ouvrage est cité par J. Bourget dans une correspondance publiée dans les *Nouvelles annales* VII (2), 1868, p. 48.

17. Il n'y a pas de recension du livre de Laurent dans *Les Mondes* en 1868.

18. Dans le compte rendu de la séance du 17 juin 1867, nous lisons : « M. Darget transmet à l'Académie, par l'intermédiaire du Ministère de l'Instruction publique, une démonstration du *postulatum* d'Euclide. (Renvoi à la Section de Géométrie) » (*Comptes rendus*, LXIV, 1867, p. 1236) En outre, le compte rendu de la séance du 8 juillet 1867 mentionne : « M. Darget adresse de Sainte-Radegonde

comme on l'assure, on prépare une loi sur les aliénés, on devrait y faire une place pour les *quadrateurs* et les *postulateurs*, s'il m'est permis de créer ce nouveau mot pour désigner les démonstrateurs du postulatum.

En attendant le plaisir de vous revoir, comme vous me l'annoncez, j'espère que la discussion actuelle me fournira l'occasion de recevoir encore de vos nouvelles. Agréez l'assurance de mes sentiments respectueux et dévoués.

J. Hoüel

4.3 Lettre de Hoüel à Le Besgue du 2 janvier 1868

Bordeaux, le 2 janvier 1868 [1].

Monsieur,

Je ne vous ai pas encore donné de nouvelles de la grande lutte scientifique que nous soutenons, nous autres pauvres gens, contre le grand géomètre V..., *ancien élève de l'École Polytechnique, ancien recteur, licencié ès sciences mathématiques, licencié ès sciences physiques, etc., etc.* (il a fait écrire tout cela à la suite de son nom dans la liste des membres de la Société) [2]. Nous avons réussi à moitié. Après l'avoir presqu'ahuri de nos réclamations unanimes, il a fini par reconnaître que sa démonstration n'était pas parfaite. Mais j'ai eu beau lui dire que Gauss était plus fort que lui, qu'il se battait contre des moulins à vent, qu'il cherchait la quadrature du cercle, etc. il n'en est pas moins sorti convaincu qu'il parviendrait à rafistoler son raisonnement et à le rendre inattaquable. Et en effet, quelqu'un qui l'a rencontré nous a dit qu'il avait trouvé un argument irréfragable, dont il nous fera part à la prochaine séance, jeudi prochain. Que n'êtes-vous là pour lui donner la réplique et le pulvériser séance tenante ! Pour nous, qui sommes loin de connaître la question aussi bien que vous, nous pourrons bien ne voir le défaut qu'à la réflexion, ce qui ne produit pas le même effet. Le géomètre V... a trouvé naturellement un demi-appui dans la personne du géomètre B... [3], désireux sans doute de combattre votre autorité en cette circonstance. Je tâche de monter une cabale pour étouffer toutes ces niaiseries sous les huées, puisque la raison est impuissante.

Quand viendrez-vous nous voir, et nous aider à mettre ordre à celà ? Nous aurons séance le jeudi 9 et peut-être aussi le jeudi suivant 16. Si je ne vous vois pas d'ici là, je vous enverrai le radotage V..., dès que je l'aurai par écrit.

Je vais lire, dans la prochaine séance, une notice biographique sur les deux Bolyai, père et fils, composée par M. Schmidt, architecte à Temesvàr en Hongrie, et traduit par votre serviteur [4].

J'ai attendu un jour de trop pour vous offrir mes souhaits pour l'année 1868 tout entière. Heureusement qu'elle est bisextile, et qu'il me reste encore 365 jours pour lesquels je vous fais les vœux les plus sincères.

(Gers) une nouvelle rédaction de sa démonstration du *Postulatum* d'Euclide. (Renvoi à la Section de Géométrie) » (*Comptes rendus*, LXV, 1867, p. 70). Darget adresse encore « une nouvelle lettre concernant sa démonstration du théorème relatif à la somme des angles d'un triangle » ainsi qu'une autre note (*Comptes rendus*, LXV, 1867, p. 205 & p. 454).

1. Paris, Bibliothèque de l'Institut, Ms. 2031, lettre 182.
2. Voir la note 8 de la lettre 4.1 et la lettre 4.2.
3. Il s'agit probablement à nouveau de Baudrimont.
4. Cette note sera publiée dans les *Mémoires* en introduction de [H38]. Hoüel la lira dans la séance du 16 janvier 1868 de la *Société des sciences physiques et naturelles* (*Mémoires* VI, 1868, p. IV).

Veuillez agréer, Monsieur, l'assurance de mes sentiments de respect et de sincère dévouement.

J. Hoüel

4.4 Lettre de Le Besgue à Hoüel du 4 janvier 1868

Agen, 4 janvier 1868 [1].

Monsieur et cher collègue,

Je viens de recevoir votre lettre et je vous en remercie. Je devine que M. V. rafistole comme vous dites sa démonstration, il est facile de mettre une pièce à un soulier et il y a des savetiers bons rafistoleurs, mais quand une démonstration est radicalement mauvaise comme celle de M. V. et aussi celle de M. B. pour l'inscription du triangle [2] cela devient difficile et je crois qu'il est sage de ne pas essayer de faire comprendre à leurs auteurs le vice de la démonstration car en faire de telles, c'est réellement montrer que l'on ne sait pas ce que c'est qu'une démonstration géométrique, ne pas confondre avec bavardage géométrique.

Je ne pourrais je crois être à Bordeaux le 6 mais bien certainement je m'y trouverai le 16. Je désire fort que d'ici là, on ait enfin démontré, même laborieusement, le postulatum ou si vous voulez l'axiome d'Euclide, ou bien encore démontré que la somme des angles d'un triangle vaut deux droits. Si vous aviez séance le 16 de ce mois, je crois que j'aurais quelque chose à dire sur ce sujet dont je voudrais qu'il ne fut plus question dans les académies qui se respectent. Donner une démonstration ridicule c'est faire tort à l'académie. Substituer un postulatum à un autre c'est chose facile mais fort inutile, à moins qu'il ne paraisse bien plus facile à accorder que celui d'Euclide.

On démontre aisément que la somme des 3 angles d'un triangle ne peut surpasser deux droits, il resterait à prouver qu'en supposant que la somme est inférieure à deux droits on est conduit à quelque absurdité ou à quelque proposition démontrée inexacte, par exemple qu'il y a des triangles où la somme des angles surpasse deux droits, alors on en conclurait que la somme ne pouvant être inférieure ni supérieure à 2 droits, elle est nécessairement égale à deux droits.

Dans ma prochaine entrevue, je vous dirai ce que j'ai trouvé à cet égard.

Mille remerciements de vos bons souhaits. Je vous les renvoie multipliés, c. a. d. étendus à tous les membres de votre famille.

Votre dévoué serviteur,

V. A. Le Besgue

---

1. Caen, Bibliothèque municipale, Ms. in-4° 333, folio 48.
2. A. Baudrimont publie dans les *Mémoires de la Société des sciences physiques et naturelles de Bordeaux* III, 1865, p. 445-447 un texte intitulé « Un tétraèdre quelconque est inscriptible dans une sphère, démonstration élémentaire de ce théorème ». Comme préliminaire, on trouve « la preuve » suivante :

> « Avant d'arriver à ce théorème important, il convient de démontrer, par des moyens du même ordre, qu'un triangle quelconque est inscriptible dans un cercle.
> Soit un triangle donné : un de ses côtés pourra être considéré comme la corde d'un cercle, et pourra, par conséquent, toucher une circonférence par ses deux extrémités, pourvu qu'il puisse y être contenu.
> Si le troisième angle du triangle donné ne touche pas la circonférence, il est évident qu'on pourra l'y amener en faisant varier la grandeur du cercle, sans que pour cela les deux autres points cessent d'être en contact avec sa circonférence.
> On peut donc démontrer ainsi qu'un triangle est inscriptible dans un cercle. »

4.5 Lettre de Le Besgue à Hoüel du 25 janvier 1868

Agen, 25 janvier 1868 [1].

Mon cher collègue,

J'ai été chez vous mardi jour de mon départ pour vous remettre une petite note sur la valaterie, qui n'est autre chose qu'un cercle vicieux bien conditionné. Je ne le dis pas d'une manière très précise dans les dernières lignes de ma note écrite pour ceux qui comprennent la question [2].

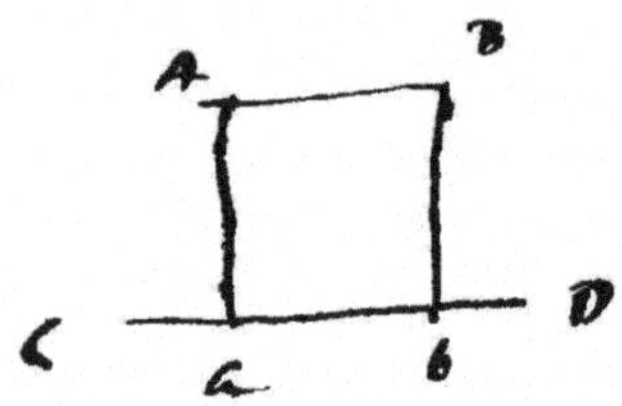

Soient $Aa = Bb$ deux perpend(iculaires) à CD, M. V. suppose, par exemple, qu'il y a décroissance de A en B, alors il faut l'admettre de B en A autrement il faut dire que toutes les perpendiculaires entre A et B sont égales [3]. C'est là, autant que je puis me le rappeler le résumé de vos remarques sur la valaterie.

Pour en finir avec votre vaniteux et rageur collègue, peut-être serait-il bon de dire tout simplement dans la prochaine séance, que nous continuons à voir une simple pétition de principe dans la soi disante démonstration et que nous nous en rapportons d'ailleurs au jugement de M. Chasles de l'Institut, qui est chargé d'examiner deux notes de M. Valat sur le postulatum (n°s 16 et 26 des C. R. Octobre et Décembre, à l'article correspondance) [4].

Si je vous avais trouvé chez vous, je vous aurais remis 10 francs pour ma cotisation comme membre de la Société des amis des sciences. C'est à M. Baudrimont qu'il faut les remettre [5]. C'est un *jeune fou* [6] auquel je pardonne ses théories mathématiques. Savez-vous qu'on lui doit une belle démonstration du postulatum ?

Théorème : Tout triangle est inscriptible dans un cercle.

Cor. l'oblique OB rencontre la perp(endiculaire) PQ.

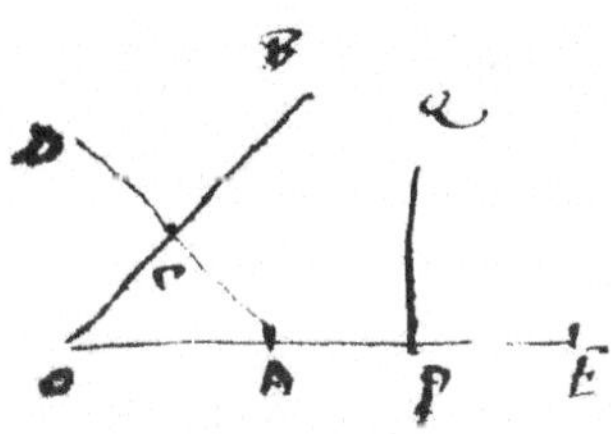

Du point A entre O et P menez AC perp(endiculaire) sur OB, prenez $CD = AC$, puis $PE = PA$, faites passer une circonférence de cercle par les points D, A, E autrement circonscrire un cercle au triangle DAE ; AD, AE seront deux cordes, l'oblique OB sera perpendiculaire sur AD et [passera] par son milieu C, la perp(endiculaire) PQ a la corde AE passera par son milieu, voilà, et les perp(endiculaires) se croiseront donc au centre.

1. Paris, AAS, dossier Le Besgue.
2. Voir le document 4.6. Malheureusement, seule une feuille de cette note est toujours conservée.
3. Le Besgue résume l'argument évoqué à la fin de la première rédaction de la lettre 4.2 et parle de la décroissance de la longueur des perpendiculaires.
4. Lors de la séance du 14 octobre 1867 de l'Académie des sciences, « M. Valat adresse une Note relative à la somme des angles d'un triangle et au *postulatum* d'Euclide » et « cette Note sera soumise à l'examen de M. Chasles » (*Comptes rendus* LXV, 1867, p. 648). Deux mois plus tard, durant la séance du 23 décembre, « M. Valat adresse une "Note supplémentaire sur le postulatum d'Euclide" » et celle-ci aura le même destin que la précédente (*Comptes rendus* LXV, 1867, p. 1095).
5. Baudrimont est membre correspondant de la *Société des Amis des sciences naturelles de Rouen*.
6. Le Besgue fait allusion au « j... f... » par lequel Hoüel a désigné Baudrimont dans la lettre 4.2. Il est clair que pour les deux correspondants cette abréviation signifie « jean foutre » puisque Baudrimont a 54 ans en 1868.

Bravo ! M. B. seulement il faudrait démontrer autrement votre théorème [7].

Je lis la Pangéométrie [8], peut-être vous enverrais-je quelque chose là dessus.

Je suis revenu dans mon gîte, or que faire en un gîte, à moins que l'on n'y songe [9].

Votre dévoué serviteur,

V. A. Le Besgue

4.6 Partie d'une note de Le Besgue sur le *postulatum*

(Sur) une prétendue démonstration (du) postulatum d'Euclide [1].

Le lemme posé par M. V. est d'une vérité incontestable et incontestée [2].

L'académie des sciences de Paris en ne refusant pas les envois beaucoup trop fréquents de démonstration du postulatum déclare par là qu'il n'est pas démontré que la démonstration est impossible. Ainsi, les deux envois de M. V. Octobre et Décembre 1867 (n°16 et 26) ont été soumis à l'examen de M. Chasles, son silence est, à mon avis, une réponse assez intelligible [3].

En me consultant sur la question dont je m'étais, comme je vous l'ai dit, trop occupé, vous n'avez en aucune manière engagé la responsabilité d'un complaisant collègue, il n'y a point de complaisance qui permette d'accorder comme vrai, ce qui est faux. M. V. demande avec raison qu'on lui prouve que son raisonnement est faux. C'est chose facile, mais au contraire, la démonstration de l'impossibilité de parvenir au but en suivant le sentier parc(ouru) par tant d'auteurs et en (premier) lieu par M. V. serait fort difficile. Seulement jusqu'ici la route a été impraticable. Toutes ces concessions faites, je prouve comme il suit l'inexactitude de la Conclusion. Vous verrez facilement qu'au fond nous disons la même chose, mais en termes différents.

(...)

4.7 Lettre de Hoüel à Le Besgue du 28 janvier 1868

Bordeaux, le 28 janvier [1868] [1].

Cher Monsieur,

Je dois vous donner des nouvelles de la fameuse discussion qui menaçait de faire verser des flots d'encres, dignes d'un meilleur usage, et qui maintenant, Dieu merci, grâce à nos efforts collectifs et surtout au poids que vous avez jeté dans la

7. Voir la note 7 de la lettre 4.7. Le fait d'admettre que par trois points non alignés passe un cercle entraîne le *postulatum*.

8. [Lob56].

9. Il s'agit d'un vers de la fable *Le Lièvre et les Grenouilles* de Jean de la Fontaine :

> « Un lièvre en son gîte songeait
> (car que faire en un gîte, à moins que l'on ne songe ?)
> Dans un profond ennui ce lièvre se plongeait :
> Cet animal est triste, et la crainte le ronge. »

1. Paris, AAS, dossier Darboux.
2. Le lemme de Valat (voir la lettre 4.1) dépend de l'axiome des parallèles.
3. Voir la note 4 de la lettre 4.5.

1. Paris, Bibliothèque de l'Institut, Ms. 2031, lettre 186.

balance, semble sur le point de rentrer dans le néant, d'où elle n'aurait jamais dû sortir.

Le lendemain du jour où j'ai eu la contrariété de manquer votre visite, j'ai rédigé longuement et avec toute la clarté dont je suis capable la note dont vous aviez approuvé le fond, et qui combattait pied à pied le raisonnement *valatologique*. J'y ai joint la partie de votre note qui ne contenait pas les dures vérités à l'endroit du géomètre en question. J'ai enveloppé le tout dans une longue lettre, où j'ai fait peut-être quelques sacrifices à l'amour de la paix aux dépens de la dure vérité, mais sans rien concéder sur le point scientifique.

Le lendemain, j'ai reçu une réponse très conciliante, très-affable, où le géomètre s'avouait presque vaincu. *Cependant* (il y avait un *cependant*), avant de recevoir ma lettre, il avait entrevu de lui-même la difficulté qui je lui signalais, et il avait trouvé quelque chose de *mieux* à nous dire. Il me remettait, pour cela à trois jours, c'est-à-dire à dimanche dernier 26.

La même lettre (du 23) m'apprenait, à ma grande épouvante, qu'un autre géomètre, M. Glotin [2], dont vous avez déjà examiné les élucubrations géométriques, lui avait envoyé la veille « une communication (véritable mémoire sur la question) », que, pour surcroît de douleur, « il avait aussi reçu d'un ami une nouvelle démonstration du *postulatum*, qu'il n'avait pas encore eu le temps de lire. » Comme dit Virgile, ... uno avulso, non deficit alter. Quand il n'y en a plus, il y en a encore [3] ! C'est passé de l'état sporadique à l'état epidémique ! Pourvu que ces messieurs ne veuillent pas aussi nous faire avaler leurs pilules !

En terminant, M. V. m'assure que la Société n'aura plus à subir de sa part de *leçons de géométrie élémentaire* (et par conséquent, elle n'aura plus à lui en donner), et que tout se décidera désormais entre lui et moi. Voilà ce que j'appelle parler d'or !

La lettre annoncée pour le dimanche est, en effet, arrivée, commençant par ces mots :

« Prenez et lisez : » (Il a oublié de mettre 6 points d'exclamation). « C'est mon dernier argument ; je l'avais trouvé » (il a toujours trouvé tout) « avant de connaître vos belles et bonnes considérations, ainsi que la note de M. Le Besgue » etc., etc.

Ce dernier argument, cette dernière cartouche, se réduit à prouver, à ce qu'il croit, que le théorème a lieu pour un quadrilatère infiniment petit. D'où il s'ensuivrait évidemment, d'après sa manière de raisonner, que la somme des angles d'un quadrilatère sphérique serait = 4 angles droits. C'est ce que je lui ai répondu, et la chose en est là.

Je me suis aperçu depuis que sa démonstration par les zig-zags  n'était rien moins qu'inédite. Un de mes camarades d'École Normale, nommé Bouché, que vous avez reçu agrégé en même temps que moi, en 1847, et qui est actuellement professeur à Angers, a publié dans la *Société Académique* de cette ville, en 1854, je crois, une *Nouvelle démonstration de la théorie des parallèles*, où les zig-zags se retrouvent, et où il prétend établir que le lieu des points équidistants d'une

2. Pierre Joseph Glotin est un ancien officier de la Marine Impériale et apparaît dans la liste des membres titulaires de la *Société des sciences physiques et naturelles* pour l'année 1868. En 1868, il est aussi le vice-président de la *Société* (*Mémoires* VI, 1868, p. I). Ses publications dans les *Mémoires* avant 1868 concernent « les propulseurs à mouvements alternatifs » (*Mémoires* II (1), 1863, *Mémoires* III (1), 1864), « quelques moyens pratiques de diviser les angles en parties égales » (*Mémoires* II (1), 1863 ; *Mémoires* III (1), 1864) et la « disposition des rangs de rames sur les navires anciens » (*Mémoires* III (1), 1864).

3. La belle Proserpine exige de recevoir un rameau d'or. Quand celui-ci a été cueilli sur l'arbre, il ne manque pas d'en surgir un nouveau à la place (Virgile, *Enéide*, liv. VI, v. 143).

droite est une droite [4].

Je commence à espérer que ce malheureux débat se terminera, sinon parce que M. V. comprend nos raisons du moins parce qu'il voit, à notre attitude résolue, que nous sommes disposés à le malmener, s'il y revient.

Connaissez-vous son travail sur les polyèdres demi-symétriques, pour faire suite aux recherches d'Archimède, de Kepler et de Poinsot [5] ? Il m'a fait hommage de cette brochure, et, s'il m'est permis d'exprimer une simple impression, dans une matière où je suis si peu versé, il m'a semblé, au coup-d'œil, que ce travail valait mieux que les autres que je connaissais de lui. Du moins, il ne cherche à se heurter contre aucune chose jugée par de plus habiles que lui. Il ferait donc beaucoup mieux de nous donner les développements de ce travail que de persister dans sa malheureuse entreprise.

Il faut que je répare un oubli dont dont je me suis rendu coupable à votre égard. Lespiault, ne pouvant venir vous l'offrir lui-même, m'avait chargé de vous offrir de sa part un exemplaire d'un petit Mémoire qu'il vient de faire imprimer dans les Mém(oires) de notre Société, et qui vaut un peu mieux, je crois, que celui dont nous étions menacés [6]. J'ai oublié de vous le remettre, et, pour réparer mon défaut de mémoire, je vous l'adresse par la poste.

Hier les *Comptes Rendus* n'étaient pas encore arrivés à la Faculté. Cela passe vraiment les bornes !

La démonstration de M. B. (*jeune* comme *géomètre*) apprend au moins une chose, que Bolyai avait déjà signalée : c'est que, si l'on admet que par trois points quelconques on puisse faire passer un cercle, toute la théorie des parallèles est démontrée ; ce qui est une transformation de l'axiôme d'Euclide [7].

La Pangéométrie serait susceptible d'une grande simplification, en admettant la *notation* des fonctions hyperboliques, qui mettrait bien mieux en évidence l'analogie avec la trigonométrie sphérique [8]. N'oubliez pas, je vous prie, de nous envoyer

4. A. BOUCHÉ, Nouvelle théorie des parallèles, *Mémoires de la Société académique de Maine et Loire*, III & IV, 1858, p. 162-176. Bouché avait d'abord prévu de faire imprimer sa « théorie des parallèles » dans les *Nouvelles annales*, toutefois Gérono a refusé en lui écrivant :

> « Je suis loin d'en contester le mérite, je trouve seulement qu'elle s'écarte trop du programme officiel et de l'enseignement des lycées pour pour qu'il soit possible de l'insérer dans un journal destiné aux candidats aux écoles. » (p. 162)

5. VALAT, Des polyèdres semi-réguliers dits solides d'Archimède, *Mémoires de la Société des sciences physiques et naturelles de Bordeaux* V, 1867, p. 319-369. Valat annoncera son mémoire lors de la séance du 27 février et le lira lors de la séance du 12 mars (*Mémoires* VI, 1868, p. V & VI).

6. G. LESPIAULT, Théorie géométrique des tautochrones dans le cas ou la force est fonction de l'arc à parcourir, *Mémoires de la Société des sciences physiques et naturelles de Bordeaux* V, 1867, p. 389-394.

7. Dans [BolF51], F. Bolyai observe : « Si par trois points non colinéaires on peut faire passer un cercle, alors le XIe axiome d'Euclide est démontrable. » [Pon86, p. 229]

8. Dans sa *Pangéométrie*, Lobatchevski définit la fonction angle de parallélisme $\Pi(x)$ [Lob56, p. 281]. Il obtient la formule $\tan\frac{1}{2}\Pi(x)=e^{-x}$ d'où il déduit

$$\sin\Pi(x)=\frac{2}{e^x+e^{-x}} \quad \text{et} \quad \cos\Pi(x)=\frac{e^x-e^{-x}}{e^x+e^{-x}}.$$

En utilisant la définition des fonctions hyperboliques, ces formules deviennent $\sin\Pi(x)=\frac{1}{\cosh(x)}$ et $\cos\Pi(x)=\tanh(x)$. L'analogie de la trigonométrie hyperbolique avec la trigonométrie sphérique apparaît : par exemple la formule (14) [Lob56, p. 296] obtenue par Lobatchevski

$$1-\cos\Pi(b)\cos\Pi(c)\cos A=\frac{\sin\Pi(b)\sin\Pi(c)}{\sin\Pi(a)}$$

s'écrit en reprenant les mêmes notations $\cosh(a)=\cosh(b)\cosh(c)-\sinh(b)\sinh(c)\cos(A)$ ce qui est l'analogue de la formule de trigonométrie sphérique $\cos(a)=\cos(b)\cos(c)+\sin(b)\sin(c)\cos(A)$. La

toutes vos recherches sur ce sujet. Ce sera un bon antidote contre les *valatologies* et autres *ejusdem farinae*[9].

Veuillez agréer l'expression de mes sentiments de respectueux dévouement.

J. Hoüel

4.8 Lettre de Hoüel à Le Besgue du 30 janvier 1868

Bordeaux, le 30 janvier 1868[1].

Cher Monsieur,

Quand on a commis une erreur au préjudice de son prochain, il ne faut pas se coucher sans l'avoir réparée. Je ne veux donc pas me mettre au lit, avant d'avoir justifié complètement notre collègue Glotin de l'accusation que j'avais portée contre lui de soutenir les Valatographies[2]. J'avais été trompé par la teneur des lettres du dit Valat, d'après lesquelles, je m'étais figuré qu'il présentait M. Glotin comme son auxiliaire. J'ai été détrompé par une conversation que j'ai eue avec ce dernier, de laquelle il résulte que, loin d'être un *postulateur*, il a poussé même assez loin l'étude de la théorie de Gauss-Lobatschewsky-Bolyai. Ainsi, il sait parfaitement qu'un octogone pourrait avoir 8 angles droits ; qu'on peut, sur un cercle assez grand, porter le rayon une infinité de fois, etc.

Donc le Valatographe reste seul avec ses lubies. Or elles ne sont pas encore passées. Il se rejette sur les quadrilatères infiniment petits etc., etc. Quand cela finira-t-il !

Nous n'avons pas encore reçu aujourd'hui les Comptes rendus ! ! ! !

Veuillez agréer, Monsieur, l'assurance de mes sentiments respectueux et sincèrement dévoués.

J. Hoüel

4.9 Lettre de Le Besgue à Hoüel du 1er février 1868

Agen, 1er février 1868[1].

Mon cher collègue,

J'aurais répondu hier à votre avant dernière lettre si je n'avais dû courir après un colis égaré.

Veuillez remercier Mr Lespiault, il est possible que je ne[†] lise pas son mémoire[2], mais je suis certain d'avance qu'il est bon et fait avec soin par un homme qui n'ignore pas ce qui a été fait à ce sujet.

---

transformation des formules de Lobatchevski à l'aide des fonctions hyperboliques est effectuée dans la traduction de l'article de Battaglini [H130].

9. Ceci se traduit par : « même farine ».

1. Paris, Bibliothèque de l'Institut, Ms. 2031, lettre 183.

2. Voir le début de la lettre 4.7.

1. Paris, AAS, dossier Le Besgue.

†. ~~le~~

2. [Les68].

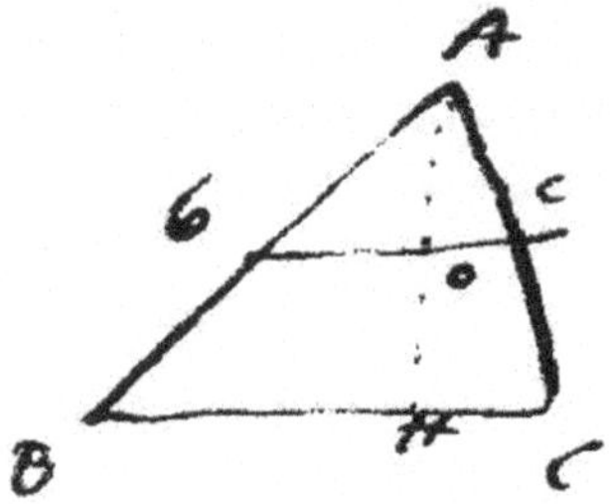

Pour en revenir à notre petit recteur vaniteux et rageur, quand il veut boucher un trou, il a la maladresse d'en faire un plus grand. Il ne voit pas que son quadrilatère infiniment petit ne prouve absolument rien. Soit le tri(angle) ABC où B, C sont aigus. Si par le milieu O de la hauteur AH vous menez bo perp[endiculaire] à AH, la somme des angles de ABC étant $2-\delta$, celle des angles de Abc sera $> 2 - \frac{\delta}{2}$[3] ; par une suite de constructions semblables, on arrivera à un triangle infiniment petit dont la somme [de ses angles approche] de deux droits autant qu'on voudra. Par conséquent, dans un quadrilatère infiniment petit, la somme des angles approche autant qu'on voudra de 4 droits.

La démonstration en zig-zags est bien vieille. Il y a bien 60 ans qu'à l'âge de 18 ans, un peu après ma sortie du lycée d'Amiens, il me tomba entre les mains une vieille géométrie fort logique et qui je crois était de Nicole, l'un des auteurs de la Logique de Port Royal, et considérait ces zig-zags[4]. Je ne sais plus trop qu'elle était la conclusion. Peut-être disait-il qu'une droite après s'être approchée de plus en plus d'une autre ne pouvait s'en éloigner[5].

J'apprends avec plaisir que Mr Glotin n'est pas un postulateur. J'ai lu de lui un mémoire qui indiquait peu de lecture, qui aurait pu être simplifié, mais rien n'indiquait un esprit faux.

En écrivant dernièrement à Mr Gérono, je lui ai promis une note sur l'opuscule de Lobatchewsky[6]. Je lui ai parlé de la dém[onstration] du post[ulatum]. Il me répond envoyez moi votre note. Je la ferais insérer le plus tôt qu'il sera possible. Rédigez la avec une clarté *opportune* comme le disait *l'excellent Mr Terquem* et avec les ménagements que réclame un tout petit savant *vaniteux et rageur*.

Il me semble que vous auriez bien fait d'envoyer un exemplaire de l'opuscule de Lob[atchewsky] à Mr Chasles. C'est lui le plus souvent qui est chargé d'examiner les nombreuses dém[onstrations] du postulatum et comme il n'en dit rien communément, cela prouve que généralement elles ne signifient rien. Est-ce que l'opinion de Gauss sur le mémoire de Lob[atchewsky] ne suffirait pour que l'Institut déclarât qu'à l'avenir on laisserait de côté les démonstrations du postulatum ?

Dans ma note, je ne nommerai pas M. V. mais il lui sera facile de se reconnaître. Il est bon que nos jeunes professeurs lisent l'étude sur les parallèles, ils perdront l'envie de démontrer ce postulatum.

Votre dévoué collègue, V. A. Le Besgue

---

3. En utilisant le fait que « l'aire de tout triangle rectiligne est égal à l'excès de deux angles droits sur la somme des trois angles du triangle » [Lob56, p. 314], l'aire du $\triangle ABC$ vaut δ. Par construction, l'aire du $\triangle Abc$ est plus petite que la moitié de l'aire du $\triangle ABC$ et on obtient donc le résultat annoncé par Le Besgue. On notera que Le Besgue a une connaissance certaine de la *Pangéométrie* (voir la lettre 4.5). De plus, Lobatchevski insiste à plusieurs reprises pour signaler « que la Pangéométrie donne la géométrie ordinaire si nous supposons les lignes infiniment petites » [Lob56, p. 300].

4. Le Besgue fait ici une petite confusion. Il ne s'agit pas de Pierre Nicole (1625-1695) mais de son ami Antoine Arnauld (1612-1694) qui consacre le livre VI de ses *Nouveaux élémens de géométrie* aux lignes parallèles (Paris, 1667 & seconde édition en 1883) et considère une courbe en zigzags.

5. Arnauld utilise en particulier les zigzags pour raisonner sur la longueur d'une perpendiculaire à une droite donnée abaissée à partir d'un point d'une autre droite, tout comme Valat ci-dessus.

6. Le Besgue ne publiera pas de note sur Lobatchevski dans les *Nouvelles annales*. Par contre, cette même année, ce journal propose une traduction par Hoüel d'un article de Battaglini sur la géométrie imaginaire de Lobatchevski [H130].

4.10 Lettre de Le Besgue à Hoüel du 1er juin 1868

Agen, 1er juin [1868] [1].

Monsieur,

J'ai reçu la science absolue de l'espace [2]. Je ne la comprends pas absolument, mais je ferai mon possible pour y parvenir. Lobats[chewsky] est plus clair que J. Bolyai qui aurait bien pû se dispenser d'imaginer tant de signes qui souvent sont loin d'éclairer la matière. Je ne vois pas de grande différence entre les deux mémoires. Il est bon de les comparer ; un travail utile à faire serait de fondre les deux mémoires en un tout, mais pour cela il faut n'y plus voir la moindre obscurité et ce n'est pas le cas où je me trouve.

Il est possible que j'aille à Bordeaux vers le milieu de ce mois ; ici je n'ai aucun livre à ma disposition, tandis qu'à Bordeaux j'ai la bibliothèque de la faculté. D'un autre côté, ici je me porte bien et à Bordeaux, l'hiver surtout, je me porte mal. Il y a, savez vous, un moyen tout simple c'est d'habiter Bordeaux pendant la belle saison et Agen pendant la mauvaise ; c'est très vrai, mais cela augmenterait mes dépenses, et j'ai juste le nécessaire.

Votre dévoué serviteur,

V. A. Le Besgue

4.11 Lettre de Hoüel à Le Besgue du 3 juin 1868

Bordeaux, le 3 juin 1868 [1].

Monsieur,

Je regretterais beaucoup pour mon *protégé* J. Bolyai que son ouvrage vous causât définitivement une impression désagréable. Car c'est principalement en comptant sur votre suffrage et sur celui d'un petit nombre d'autres juges compétents que je me suis lancé dans l'entreprise de la réédition de cette œuvre, qui m'avais semblé vraiment remarquable, et que j'avais engagé la Société des Sciences physiques et naturelles à y concourir. Je conviens que les notations, les traits, les cercles employés par l'auteur, donnent à son mémoire un aspect insolite. J'aurais trèsvolontiers supprimé toutes ces nouveautés dans ma traduction ; mais quand j'ai essayé de le faire, j'ai vu qu'il me faudrait employer à chaque instant de longues circonlocutions, pour remplacer ce que dit un simple signe, expressif par lui-même. Par exemple, comment énoncer simplement ce théorème : Si $ab \,|||\, \triangleq cd$, et $|||\, \triangleq ef$, alors $cd \,|||\, \triangleq ef$, sans employer une demi-page [2] ? Je pense que vous vous accoutumerez facilement, comme je l'ai fait sans peine, à cette innovation, qui me paraît vraiment très-ingénieusement inventée pour ajouter à la clarté de l'écriture, quoique, en thèse générale, je sois l'ennemi déclaré des nouveaux mots et des nouveaux signes.

Je conviens que la rédaction de J. Bolyai est excessivement serrée, et que la lecture de son travail demande, pour moi, une attention soutenue. Mais si j'ai fini

1. Paris, AAS, dossier Le Besgue.
2. [H38].

1. Paris, Bibliothèque de l'Institut, Ms. 2031, lettre 185.
2. Chez J. Bolyai, le symbole $|||$ désigne le parallélisme et $ab \triangleq cd$ signifie l'égalité des angles $cab = acd$. Le fait que ab soit parallèle à cd et que les angles $cab = acd$ soit égaux s'énonce brièvement : $ab \,|||\, \triangleq cd$. Le résultat cité par Hoüel est celui qui est démontré par Bolyai dans le §10 de [H38].

par le comprendre, c'est une preuve qu'il ne vous présentera aucune difficulté sérieuse. Son travail est beaucoup plus complet que le mémoire de Lobatschewsky que j'ai traduit [3] (lequel ne renferme, il est vrai, qu'une bien petite partie des recherches du géomètre russe) ; il comprend à peu près les matières résumées des *Études géométriques* et de la *Pangéométrie*. J'espère donc que vous finirez par être plus favorable à mon Transylvain. Sans cela, je serais désapointé d'avoir manqué mon but principal.

Je serai très heureux si vous persistez dans votre projet de venir nous voir dans quelques jours. Je compte alors que nous pourrons vous avoir plus longtemps.

J'ai reçu hier matin les trois premières livraisons du Bulletin du Prince Boncompagni. Je n'ai encore eu que le temps de lire les titres des articles, parmi lesquels j'ai vu effectivement un panégyrique de la Géométrie de Catalan [4]. J'enverrai au prince un Bolyai : cela le décidera peut-être à en dire quelques mots, surtout si vous voulez bien recommander la question à son attention. Je ne suis pas, d'ailleurs, le seul traducteur de Bolyai. Le *Giornale di Matematiche* de Naples en a fait paraître une traduction italienne en même temps que j'ai publié ma traduction française [5].

Je ne demanderais pas mieux que de faire les études sur l'identité des *factorielles* et des fonctions Γ, identité qui est établie au moins pour les valeurs entières de la variable. Mais je vous avoue que je suis un peu neuf sur ce sujet, n'ayant jamais poussé mes études au delà de ce que donnent les Traités élémentaires. Je n'ai pas d'ailleurs l'*Arithmétique universelle* de Kramp [6], ni l'*Algèbre* de Lobatcheffsky qui traite également de ce sujet [7]. Je ne me sens donc pas prêt à entreprendre un travail en réponse aux questions du prince [8].

Veuillez agréer, Monsieur, l'assurance de mes sentiments respectueux et dévoués.

J. Hoüel

3. [H27].

4. Il s'agit d'un compte rendu du livre E. Catalan, *Éléments de géométrie*, Gauthier-Villars, Paris, 1866 publié dans le *Bollettino di bibliografia e di storia delle scienze matematiche e fisiche* I, 1868, p. 54-56.

5. C'est Battaglini qui a fait paraître cette traduction (voir la lettre 2.1 de Hoüel à De Tilly).

6. Les *Elémens d'arithmétique universelle* (Cologne, Th. Thiriart imp., 1808) de Christian Kramp (professeur de mathématiques à l'école de Cologne) parcourt le champ de l'arithmétique en commençant par l'étude des quatre opérations pour arriver à celle des fonctions symétriques. Un chapitre est consacré aux factorielles.

7. Lobatchevski a publié en 1834 à Kazan une *Algèbre ou calcul des finis* ([Kag74]).

8. La lettre de Hoüel à Le Besgue du 11 mai 1868 conservée à la Bibliothèque de l'Institut (Ms. 2031, lettre 184) a pour objet principal de donner des informations sur « la question posée par le prince Boncompagni » dont nous ignorons l'énoncé. Hoüel explique qu'il n'écrit pas directement au prince car les renseignements qu'il possède sont trop peu importants. Nous apprenons tout de même ce qu'entend Hoüel par « facultés » : « Il me semble, d'après cela, que les facultés ne sont autre chose, à la forme près, que les intégrales eulériennes de Legendre, ce qui explique le sens de ces fonctions pour le cas des exposants fractionnaires. »

Chapitre 5

Documents supplémentaires

5.1 Lettre de Catalan à Hoüel du 7 août 1868

[Lettre non-datés] [1].

Monsieur,

Depuis un an peut-être, la dernière lettre que vous m'avez fait l'honneur de m'écrire est sur la cheminée de mon cabinet, attendant que j'y réponde. Mais l'homme propose, et X. dispose !

En attendant que nous reprenions cette intéressante et amicale polémique [2], je vous écris quelques lignes, tout en surveillant, à l'Université, une composition que font mes élèves ; voici le motif de cette courte lettre.

En revenant, il y a trois semaines, d'un voyage en Suisse, nous avons passé vingt-quatre heures, ma femme et moi, chez M. et Mme Liouville, à Toul [3]. Naturellement, on a parlé de Géométrie, même de Géométrie *imaginaire*. À ce propos, Liouville m'a montré un Mémoire que vous ne connaissez peut-être pas, et dont voici le titre exact :

« *Pangéométrie, par Lobatcheffsky* ; Kasan, 1856. » [4]

À ce propos, M. L. me faisait observer que *Pangéométrie* [5] n'est pas exact (ou *exacte*). Lobat. s'occupe de la Géométrie dans laquelle la somme des angles de tout triangle est inférieure à deux droits ; tandis que, suivant Dirichlet (qui n'a rien publié sur ce sujet) [6], il y a une autre Géométrie, *plus générale*, dans laquelle la somme $A+B+C$ est $\gtrless 2^{\mathrm{d}}$. Quoiqu'il en soit, Lobatcheffsky fait des disciples. L'Académie de

1. Paris, AAS, dossier Catalan.
2. Dans sa longue lettre de dix pages du 13 octobre 1867 (AAS, dossier Catalan), Catalan fait part à Hoüel de ses « réflexions plus ou moins critiques » sur les travaux [H34] et [H36]. Il vient aussi de se procurer la traduction [H27] qu'il n'a pas encore lue. En ce qui concerne le travail [H34] sur les nombres imaginaires, Catalan souhaite attirer l'attention de Hoüel sur les travaux de Ambroise Faure (1795-1871) et probablement sur son mémoire intitulé « Essai sur la théorie et l'interprétation des quantités dites imaginaires » et imprimé en 1845.
3. Liouville a passé son enfance à Toul et y possède encore une maison familliale dans laquelle il passe la plupart de ses vacances.
4. Hoüel a déjà reçu l'ouvrage [Lob56] (voir la note 12 de la lettre 4.2 de Hoüel à Le Besgue).
5. Voir la note 11 de la lettre 2.1 de Hoüel à De Tilly.
6. Voir la note 13 de la lettre 2.47 de Hoüel à De Tilly.

P. Henry, P. Nabonnand (eds.), *Conversations avec Jules Hoüel*, Publications des Archives Henri Poincaré Publications of the Henri-Poincaré Archives, DOI 10.1007/978-3-319-56403-6_5

Belgique m'a renvoyé un Mémoire, fort remarquable, intitulé *Mécanique abstraite* [7]. L'auteur, M. de Tilly, capitaine d'Artillerie, part des découvertes ou des hypothèses de Lobatcheffsky. Moi, qui suit un profane, je me demande où cela peut conduire.

Pourriez-vous, Monsieur, découvrir à Bordeaux (peut-être à la Société Philomathique) une *Note sur les polyèdres semi-réguliers*, qui a paru il y a plus d'un an [8] ? Vous savez que ce sujet m'intéresse. J'ai demandé cette Note chez Gauthier-Villars ; mais il n'a pu me la procurer. Si vous étiez plus heureux, vous m'obligeriez beaucoup en me la faisant parvenir par le libraire de Bordeaux.

Agréez, je vous prie, l'assurance de mes sentiments de cordialité.

E. Catalan

Liège, 7 août 1868.

Ne faites pas attention, je vous prie, aux répétitions, incorrections, etc. : je ne sais pas écrire mais je suis entouré. C'est M. Liouville qui m'a prié de vous communiquer le renseignement ci-dessus.

5.2 Lettre de Beltrami à Hoüel du 24 mai 1869

Bologne, 24 mai 1869 [1].

Mon cher collègue,

J'ai reçu a son temps la seconde épreuve de la Note de M. Helmholtz [2], puis votre excellente lettre du 8, puis encore votre brochure sur la formule de Leibnitz [3]. Je vous remercie bien vivement de toutes ces marques d'affection, auxquelles je n'ai pu répondre plus tôt. Je vous ai déjà dit que j'étais sous le coup d'un déménagement : il s'est fait, mais j'ai eu d'autres occupations pressantes. J'avais entr'autres, un peu légèrement, promis aux étudiants de leur passer des feuilles contenant les résumés de mes leçons (sur la Mécanique rationnelle). Comme j'avais déjà beaucoup de notes, dressées pour mon usage particulier dans les années passées, cette besogne m'a été facile jusqu'à un certain point ; mais dans la seconde moitié du [cou]rs j'ai voulu remanier tout ce matériel, le cla[sser] différemment, ajouter des développements par-ci et en retrancher par-là ; et tout cela, avec la *conditio sine qua non* de me renfermer dans les limites les plus étroites possibles, a fini par me donner une peine assez considérable, dont je suis bien aise de m'être enfin délivré, aujourd'hui précisément. Car autant j'aime à pénétrer dans un sujet spécial, même lorsque je n'ai pas l'intention d'en faire une étude suivie et exclusive, autant il m'est désagréable de m'entourer de traités pour en faire des *excerpta* dans un but purement scholastique. Et cependant, dans l'état actuel des études en Italie, il n'y a pas [†] moyen de faire autrement, car le nombre des leçons est tellement borné, et les connaissances qu'on doit supposer aux élèves sont tellement légères, qu'il n'y a

7. [DT6].
8. M. Valat, Des polyèdres semi-réguliers dits solides d'Archimède, *Mémoires de la Société des sciences physiques et naturelles de Bordeaux* V, 1867, p. 319-369.
1. Caen, Bibliothèque municipale, Ms. in-4° 333, folio 78.
2. Hoüel a communiqué à Beltrami une première épreuve de [H43] au début du mois d'avril [BGT98, p. 88].
3. [H42].
†. ~~de~~

absolument pas la possibilité de choisir un livre de texte et d'en développer régulièrement les diverses parties ; il manquerait le temps pour combler l'immense lacune qui existerait entre l'intelligence des élèves et le niveau de culture préliminaire qui est supposé dans un traité quelconque, dans c[elui] de M. Delaunay par exemple [4], qui est un des plus élémentaires, quoique, à mon avis, excellent.

J'ai fait quelque allusion à vos difficultés, dans une lettre que j'ai écrit à M. Helmholtz pour le remercier de son adhésion : mais jusqu'à présent je n'ai reçu aucune réponse [5]. Il me semble que tout se résume dans la difficulté que vous avez d'attribuer un sens géométrique à une expression telle que $\sqrt{dx^2+dy^2}$ avant d'avoir expliqué la géométrie analytique. Je dois avouer que, indépendamment de tout le reste, je suis peu approprié à porter un jugement sur cette question, car j'ai tellement *bearbeitet* cette conception à tous les points de vue, qu'il m'est très-difficile de me placer maintenant au point de vue de l'incrédulité. Cependant je ne perdrais pas de vue vos doutes et je tacherai de m'affranchir de tout préjugé pour m'en rendre complètement raison. Votre principe de ne faire intervenir les infiniment petits qu'après les quantités finies est certainement très exact en lui même ; mais il me semble que dans le cas actuel on ne pêche pas nécessairement contre cette règle, du moins en adoptant un mode d'exposition convenable. En tout cas on prouve par l'analyse qu'il est toujours possible, au moins par les séries, d'assigner trois fonctions X, Y, Z de $[u]$ et de v, telles que l'on ait identiquement [6]

$$dX^2+dY^2+dZ^2 = Edu^2+2Fdudv+Gdv^2$$

E, F, G étant des fonctions arbitraires de u et v. En admettant donc l'existence de l'espace ordinaire (et ce serait la même chose si on voulait admettre un espace différent, pourvu que l'expression de son élément linéaire fût quadratique) il existe toujours une surface (réelle ou imaginaire) dont l'élément linéaire a une forme donnée d'une manière quelconque.

Quant au procédé qui consiste à admettre certaines propriétés dans les éléments infiniment petits (procédé dont on trouve plusieurs exemples chez Riemann,

4. Ch. Delaunay, *Traité de mécanique rationnelle*, Victor Masson & Langlois et Leclercq, Paris, 1856 ; troisième édition, Garnier frères & Victor Masson et fils, Paris 1862.

5. Le 24 avril 1869, Beltrami écrit à Helmholtz car celui-ci semble nier l'existence d'une surface à courbure constante et d'étendue infinie autre que le plan. Sa lettre est publiée dans [BGT98, p. 204-205] (voir aussi [BGT98, p. 75, p. 88-89]). Helmholtz reconnaît son tort et Beltrami transcrit à Hoüel le 30 avril quelques passages de la lettre qu'il a reçue de Helmholtz [BGT98, p. 93-94] autorisant des modifications de son texte dont Hoüel va publier la traduction [H43]. Dans sa lettre de remerciements écrite de Bologne le 16 mai [BGT98, p. 205-207], Beltrami mentionne les difficultés de Hoüel :

> « Monsieur Hoüel, quant à lui, garde des doutes sur quelques points de l'article. Le premier concerne l'affirmation qu'une surface de courbure nulle est un plan. Il me semble que cela ne puisse pas donner lieu à des difficultés, si, comme il convient dans ce genre de considérations, par plan on n'entend rien d'autre que "la surface sur laquelle se trouve vérifiée la géométrie d'Euclide". Les autres doutes se rapportent principalement à la notion de courbure. Monsieur Hoüel est d'avis que cette notion ne puisse être fondée que sur un ensemble de théorèmes qui ne peuvent pas faire partie des principes plus généraux et abstraits. À cela j'ai répondu que par courbure d'une surface on ne doit entendre rien d'autre que la valeur d'une certaine expression analytique douée de la propriété caractéristique de ne dépendre que des coefficients de l'élément linéaire et de conserver sa forme indépendamment du choix du système de variables ; en d'autres termes, de posséder une signification intrinsèque et absolue. Mais il ne m'a pas semblé que de telles explications aient complètement satisfait cet émérite Monsieur, qui a été habitué à considérer le même sujet d'un point de vue uniquement synthétique. » (p. 206)

6. La première forme fondamentale décrit complètement les propriétés métriques d'une surface.

et aussi chez moi, – quoique dans une occasion où cela n'était pas nécessaire, comme je l'ai reconnu depuis), je crois qu'on peut l'adopter quelques fois, faute de mieux, et en voie provisoire. Il peut devenir nécessaire de le suivre, lorsqu'il s'agit de questions qui impliquent l'idée de *continuité* car nous reconnaissons la continuité d'après les caractères des éléments infiniment petits.

J'ai reçu dernièrement un mémoire de M. Christoffel (différent de celui dont je vous ai déjà parlé [7]), extrait des Mémoires de Berlin pour 1868, et intitulé *Allgemeine Theorie der geodätischen Dreiecke* [8]. Il m'a semblé très intéressant et il faut que je l'étudie avec soin. Il termine par une *Geodätische Classification der Krummen Oberflächen* fondée sur la possibilité de déplacer sur la surface un triangle géodésique sans en altérer les éléments trigonométriques. Selon que ce déplacement est impossible ou possible de différentes manières, on a des classes différentes. La dernière classe est celle des surfaces où ce déplacement n'est sujet à aucune limitation, et ce sont les surfaces sphériques ou pseudosphériques.

Tout à vous,

E. Beltrami

5.3 Lettre de Beltrami à Hoüel du 8 juillet 1870

Bologne, le 8 juillet 1870 [1].

Mon cher collègue et ami,

Les examens m'ont ôté dans ces derniers jours tout loisir de songer à la correspondance ; c'est une chose très assomante, pour tout le monde. Les braves allemands ont bien trouvé le moyen de s'en priver, ou du moins de les réduire à leur plus simple expression : mais nous sommes encore bien loin de là.

Je vous remercie infiniment d'avoir bien voulu demander à M. Baltzer si mes envois lui étaient parvenus, et je vous prie de lui présenter « gelegentlich » mes salutations respectueuses. Je viens de recevoir de mon libraire la 3me édition de ses Déterminants [2], dont je remets cependant l'examen à mon retour de Padoue, où je me rends demain matin pour voir M. Cremona, comme je crois vous avoir annoncé déjà. M. Cremona a opéré sa réconciliation avec M. Bellavitis, et il est même logé chez celui-ci. Ils n'ont pas du reste échangé un mot sur les deux lignes qui avaient été la pomme de discorde [3]. À propos de M. Bellavitis, vous aurez vu, par sa dernière *Rivista*, qu'il approuve la manière de penser de Bertrand, ce qui était bien à prévoir [4]. Je me hâte d'ajouter que les doutes qu'il élève au sujet des lignes géodésiques de ce qu'il appelle la *tractoïde* sont absolument dénués de fondement et ne reposent que sur une équivoque.

7. E. B. Christoffel, Über die Transformation der homogenen Differentialausdrücke zweiten Grades, *Journal für die reine und angewandte Mathematik* LXX, 1869, p. 46-69. (Voir [BGT98, p. 90].)

8. E. B. Christoffel, Allgemeine Theorie der geodätischen Dreiecke, *Abhandlungen der Königlichen Akademie der Wissenschaften in Berlin*, 1868, p. 119-176.

1. Caen, Bibliothèque municipale, Ms. in-4° 333, folio 106.

2. R. Baltzer, *Theorie und Anwendung der Determinanten*, Hirzel, Leipzig, dritte verbesserte Auflage, 1870.

3. Il s'agit d'une querelle de priorité (voir les lettres de Beltrami à Hoüel du 10 mars et du 1er avril 1870 dans [BGT98, p. 130-134]).

4. Il s'agit du compte rendu des deux articles [Ber69] et [Ber70] de Bertrand : G. Bellavitis, *Atti del Reale Istituto veneto di scienze, lettere ed arti* (3), 15, p. 1665-1672, 1869-1870.

J'ai bien eu à « inspecter » le lycée de Pistoia et à faire par conséquent la connaissance de M. Corsi, qui a bien voulu me faire hommage (phrase consacrée) de son opuscule [5]. Comme professeur, il n'est pas des pires, et il possède assez de routine ; mais il a été un de ceux dont la commission a dû demander le déplacement à cause de circonstances regrettables d'ordre moral. Vous aurez vu du reste qu'il voit une absurdité là où il n'y en a point.

Pour répondre d'une manière précise à vos demandes de renseignements au sujet du personnel de la Faculté je vais vous envoyer, à mon retour de Padoue, l'Annuaire officiel que l'Université publie chaque année, avec les noms de tous les professeurs, leurs enseignements et leurs leçons. En attendant, pour ce qui me regarde, je vous dirai que j'ai la chaire de mécanique rationnelle, appartenant à la dernière des trois années du cours de mathématiques (la quatrième année, de complément, n'existe que dans trois universités), et que je fais trois leçons (obligatoires) par semaine, que je double après Pâques pour faire répéter le cours aux élèves. D'après le Règlement chaque professeur aurait le droit de faire jusqu'à cinq leçons par semaine, mais comme tous les professeurs sans exception ne font que les trois qui constituent le minimum, j'ai renoncé à me mettre hors la loi vis à vis de mes collègues. À Pise on ne fait de même que trois leçons, mais elles sont d'une heure et demie, et puis les vacances pendant l'année sont moins fréquentes et moins longues. Au reste tout cela va peut-être subir de grands changements si les Chambres adoptent le nouveau projet présenté par la commission parlementaire et [†] appuyé par le Ministre, et dans ce cas il ne serait pas impossible que je dusse, en mon particulier, changer ou de résidence ou d'enseignement.

Je vous remercie d'avance du soin que vous voulez bien prendre de me procurer la Géométrie de Terquem, que je verrai avec plaisir [6]. Mais quoique votre offre de collaboration soit tout ce qu'il y a de plus propre à aplanir les difficultés de l'œuvre, je crois que je n'aurai jamais le courage d'entreprendre l'essai dont vous me parlez. La malheureuse issue de la tentative analogue faite par M. Cremona par la traduction des Éléments de Baltzer est de nature à décourager quiconque voudrait donner de l'impulsion sérieuse à l'enseignement des mathématiques élémentaires dans ce pays, où la politique envahit tout (au moins à cette époque) au grand détriment des autres intérêts.

Je m'occuperai aussi des sujets de cours supérieurs en Italie.

Je n'ai pas encore votre traduction du mémoire d'Imchenetsky [7], que j'ai vu chez M. Betti à Pise ; ni l'article sur Lobatschewsky [8] non plus. Je vous serai bien obligé pour ce dernier, mais je veux me réserver le droit d'acquérir le premier par le moyen libraire, car c'est un travail trop considérable pour être accepté à titre d'amitié.

Je ne connais l'ouvrage de Taine dont vous me parlez que par les éloges que j'en ai vu dans les Journaux [9]. Il doit y avoir sans doute du ton ; mais, quant aux mathématiques, il est généralement admis que les plus grands phylosophes aient le droit de s'en mêler sans avoir pris la peine de les apprendre. Je dois, à ma honte, avouer de ne connaître aussi que de nom le fameux ouvrage de Comte [10], quoique je crois d'avoir une idée suffisamment exacte de ses principes par le grand nombre

5. Il n'a pas été possible d'identifier cet ouvrage.

†. ~~adopt~~

6. O. Terquem, *Manuel de géométrie*, Roret, Paris, 1829.

7. [H47].

8. [H53].

9. Il s'agit probablement de l'ouvrage *De l'intelligence* publié chez Hachette en 1870 par le philosophe et historien français Hippolyte Taine (1828-1893).

10. Il s'agit bien sûr du *Cours de philosophie positive* de Auguste Comte (1798-1857).

de disputes que j'ai entendu[†] ou que j'ai lu[††] à ce sujet. Je vous dirai que c'est le seul livre de phylosophie qui ait pu pénétrer dans la bibliothèque de M. Brioschi, esprit très-peu disposé de sa nature à ce genre de choses.

Je vous donne le bonjour, dans l'espoir de retrouver de vos nouvelles à mon retour à Bologne. Votre tout dévoué,

E. Beltrami

Je viens de recevoir une aimable lettre de M. Darboux à laquelle je réponds de suite[11]. Je vous remercie aussi de cette bonne fortune, que je vous dois entièrement.

5.4 Lettre de Kowalski à Hoüel du 2/14 juin 1867

Kazan, $\frac{2}{14}$ juin 1867[1].

Monsieur,

Conformmement à Votre désir j'ai expédié à Leipzig à M. Engelmann les ouvrages de Lobatschewsky sur la Géométrie. En voici les titres :

1. Nouveaux principes de la géométrie avec la théorie complète des parallèles, 1. 2. 3. 4. et 5. mém.
2. Application de la géométrie imaginaire à la réduction de quelques intégrales.
3. Géométrie imaginaire 1 mém.
4. Abaissement du degré de l'équation binome quand l'exposant moins l'unité est divisible par 8.

Tous ces ouvrages sont en russe.

5. Pangéométrie, deux exemplaires.

Le dernier mémoire fait partie d'une collection d'autres mémoires écrits par d'autres auteurs et qui, par cette raison, ne peut que Vous intéresser. L'auteur a fait tirer à part quelques exempl[aires] de Pangéométrie pour les distribuer à qui s'interessa de la question. J'espère de me procurer encore quelques exempl[aires] du dernier ouvrage et de Vous l'envoyer et Vous aurez la bonté de les distribuer selon Votre désir.

Recevez Monsieur mes remerciements pour la théorie des parallèles que Vous avez traduit et annoté et recevez l'assurance de la plus haute considération.

Kowalski[2]

Il faut que vous vous adressiez à Fr. Klincksieck à Paris pour que les ouvrages en question soient reçus par Vous le plus promptement possible.

†. ~~es~~

††. ~~es~~

11. Cette lettre de Beltrami à Darboux du 8 juillet 1870 est publiée dans [BGT98, p. 208-209].

1. Paris, AAS, dossier Hoüel.

2. Marian Albertovich Kowalski (1821-1884) est un astronome russe, professeur à la Faculté de physique et de mathématiques de Kazan à partir 1852. Depuis 1855, il est directeur de l'Observatoire de Kazan.

5.5 Lettre de Kowalski à Hoüel du 3/15 octobre 1869

Kazan, $\frac{3}{15}$ octobre 1869[1].

Monsieur et très cher collègue,

Je vous demande mille pardons pour un si grand retard de ma réponse à votre aimable lettre $\frac{29}{17}$ juillet ; étant pendant les vacances à la campagne pour rétablir ma santé attaquée depuis quelques années par le mal à la gorge, je n'étais de retour qu'au commencement du mois de septembre. J'ai trouvé Votre lettre et celle du trésorier de la société des sciences physiques et naturelles à Bordeaux, par lesquelles je fut informé de mon élection au nombre des membres honoraires de la société[2]. Je Vous suis bien reconnaissant de la haute distinction que vous m'avez procurée, néanmoins je dois avouer, mon très honorable et cher collègue, que Vous avez grandement exagéré les services que j'ai rendu à la société. Les services sont minimes en comparaison de ce que Vous avez fait pour la mémoire de feu Lobatchefsky, en tirant de l'oubli son nom, vous avez fait en même temps tourner l'attention de notre gouvernement à sa femme et la famille qu'il a laissée à sa mort : Mme Lobatchefsky vous doit, quoique indirectement, l'augmentation de sa pension.

Vous désirez savoir si les deux frères de nôtre Lobatchefsky vivent encore. Son frère ainé Alexandre est mort bien avant le géomètre, mais son frère cadet Alexis vit encore et il mène sa vie retirée à Kazan en reçcvant une petite pension pour son service civile. Mme Lobatchefsky avec ses enfants demeure à présent à Petersbourg et c'est d'elle que vous recevez le portrait de son mari et qu'elle m'a envoyé depuis peu de temps.

J'ai reçu les deux mémoires en deux exemplaires : 1) sur équipollences[3] et 2) la traduction du mémoire de M. Helmholtz[4], j'en remet à l'université les exemplaires que vous avez destinés pour la bibliothèque. Le conseil de l'université m'engage à Vous remercier pour cet envoi.

Votre bien dévoué,

Kowalski

5.6 Nécrologie de Hoüel rédigée par Darboux

(Extrait du *Bulletin des sciences mathématiques* X (2), 1886, p. 145)

Nous avons une douloureuse nouvelle à annoncer à nos lecteurs. Notre cher ami, notre collaborateur dévoué, Jules Hoüel est mort à Périers près de Caen, dans la matinée du 14 juin, à la suite d'une longue maladie qui, depuis longtemps, lui interdisait tout travail suivi. Le coup qui nous frappe est trop récent et la vie de M. Hoüel est trop bien remplie pour qu'il nous soit possible dès à présent d'apprécier avec le soin et l'autorité nécessaires les services nombreux que Jules Hoüel a rendus à la Science et à l'Enseignement. Par son zèle, par l'étendue incroyable de son esprit

1. Paris, AAS, dossier Hoüel.
2. Lors de sa séance du 29 juillet 1869, la *Société des sciences physiques et naturelles de Bordeaux* nomme membre honoraire plusieurs savants étrangers « pour [leur] témoigner sa reconnaissance des services rendus ». Il s'agit du prince Boncompagni, de Matthew Collins, Angelo Forti, Johann August Grunert, Kowalski, Magnus, Rubini , Franz Schmidt (*Mémoires* VII, 1869, p. XXXVIII).
3. [H46].
4. [H43].

et de ses connaissances, par son activité incessante et infatigable, M. Hoüel était devenu depuis longtemps un des représentants les plus éminents de l'Enseignement supérieur dans notre pays. La part si active qu'il a prise à la fondation de ce Recueil, la vie nouvelle qu'il a réussi à imprimer à la Société des Sciences physiques et naturelles de Bordeaux, les nombreuses publications dans lesquelles il nous a fait connaître tant de recherches importantes faites à l'étranger, les travaux originaux qu'on lui doit sur le Calcul infinitésimal et la Mécanique céleste, son admirable habileté pour les Calculs numériques avaient rendu son nom justement célèbre en France et à l'étranger où il comptait de nombreux amis. Pour nous, qui sommes maintenant privés de son amitié et de ses conseils, il ne nous restera qu'à retracer tous ces mérites et à rendre à la mémoire de ce savant éminent, de cet homme de bien, l'hommage qui lui est dû.

G. D.

5.7 Notice de Gaston Lespiault

(Extrait du *Mémorial de l'Association des anciens élèves de l'École normale* pour 1887)

NOTICE
SUR
GUILLAUME-JULES HOUEL

Promotion de 1843 - HOUEL (Guillaume-Jules), né à Thaon (Calvados), le 7 avril 1823, mort à Périers, près Caen, le 14 juin 1886.

Hoüel naquit à Thaon en 1823, d'une très ancienne famille protestante de Normandie. Après de très bonnes études au lycée de Caen, puis au collège Rollin, il entra à l'École normale en 1843, l'un des premiers de sa promotion. Son instruction était déjà aussi variée qu'étendue. On assure qu'aux examens d'entrée, sa composition en version latine fut classée la première sur les sections réunies des sciences et des lettres.

Dès son séjour à l'École, ses camarades furent frappés de la profondeur et de l'originalité de ses idées, de ses aspirations à la rigueur, de sa défiance des à-peu près. Ils s'émerveillaient aussi de sa puissance de travail, de l'art qu'il avait déjà et qu'il garda toujours de ne jamais perdre une minute. C'est à cette période de sa vie que remontent ses premiers efforts vers une théorie claire et rigoureuse des quantités négatives, des quantités imaginaires et des infiniment petits. Les jeunes géomètres de nos jours ne soupçonnent guère au milieu de quels doutes et de quelles erreurs se débattaient leurs aînés. Si ces obscurités sont aujourd'hui dissipées, c'est à Hoüel qu'on le doit, plus qu'à personne.

Au sortir de l'École, il professa successivement dans les lycées de Bourges, de Bordeaux, de Pau, d'Alençon et de Caen. Ses thèses de docteur, qu'il soutint à la Sorbonne, en 1855, furent très remarquées. La première [1] développait et perfectionnait, sur quelques points importants, les méthodes d'Hamilton et de Jacobi relatives aux équations différentielles de la mécanique. La seconde [2] appliquait ces méthodes aux calcul des perturbations de Jupiter.

1. [H1].
2. [H2].

Il débutait ainsi, comme la plupart des jeunes docteurs de cette époque, par des travaux de mécanique céleste ; mais, seul, parmi eux, il avait eu le courage de choisir un sujet exigeant de longs et difficiles calculs numériques. Il avait vu, dans cette occasion, tout ce que les tables de Callet avaient d'incommode, et autant pour son propre usage que pour épargner à d'autres beaucoup de travail inutile, il édita de nouvelles tables à cinq décimales [3], très suffisantes pour l'immense majorité des calculs astronomiques. Les nombreux perfectionnements qu'il introduisit dans la construction de ces tables, en y joignant, malgré l'exiguïté du format, des tables de sinus naturels, d'antilogarithmes, de logarithmes d'addition, etc., les ont rendues d'un usage presque universel. En même temps il signalait de nombreuses erreurs dans les tables de Callet [4], tandis que, d'autre part, l'habileté et la simplicité des dispositions matérielles qu'il avait imaginées frappaient certains libraires qui le chargèrent plus tard de rééditer les tables de Lalande et de donner une édition française des tables de Schrön [5].

Une fois rompu à la pratique du calcul, Hoüel entreprit une œuvre devant laquelle tous les astronomes avaient reculé jusqu'alors, je veux parler de la construction des tables de Pallas. La prespective de dix ou douze ans du travail le plus assidu ne l'effrayait pas trop. Il s'arrêta cependant au bout de trois ou quatre ans, en voyant, dans les *Comptes rendus de l'Académie des sciences*, l'extrait d'un mémoire qui lui fit croire à tort qu'un autre géomètre était déjà tout près du but qu'il poursuivait lui-même. Mais, ne voulant pas que sa peine fût complètement perdue, il communiqua à l'Académie la substance de ses procédés analytiques. Son mémoire [6], qui apportait de grands perfectionnements à la méthode proposée par Le Verrier, pour le calcul des perturbations des comètes et des planètes à la fois très inclinées et très excentriques, fut l'objet d'un rapport extrêmement favorable de M. Serret [7]. À ce mémoire était joint le calcul complet de la grande inégalité de Pallas.

Hoüel, alors en congé, absorbé par ses difficiles recherches, refusait de quitter sa maison de Thaon, malgré les instances de Le Verrier, qui cherchait à l'attirer à l'Observatoire. Les conditions étaient trop dures : peu d'argent, un travail de manœuvre, aucune indépendance. Mais en 1859, il fut appelé à la Faculté des sciences de Bordeaux où la retraite de Lebesgue venait de laisser vacante la chaire de mathématiques pures. Il trouvait là à la fois dignité et facilité de travail. Il se regarda dès lors comme en possession de son bâton de maréchal. Il repoussa désormais très loin toute idée d'avancement, même quand on lui proposa d'aller à Paris fonder et diriger le *Bulletin des sciences mathématiques et astronomiques*.

À cette époque, l'enseignement de l'analyse était en voie de rénovation. L'usage des déterminants, la théorie des quantités complexes, celle des fonctions elliptiques, des fonctions hyperboliques, y prenaient une importance toujours croissante. Ce fut une occasion pour Houel de livrer de temps à autre à la publicité, des travaux dont il n'introduisait dans son cours que la substance, sous la forme la plus élémentaire. C'est ainsi qu'il dota successivement le monde savant d'une traduction des *Déterminants* de Baltzer [8], d'un *Recueil de formules et de tables numériques* [9], d'un autre sur le *Calcul des équipollences* [10], d'une *Théorie élémentaire*

3. [H10].
4. [H11].
5. [H24], [H25].
6. [H22].
7. [Ser61].
8. [H18].
9. [H21], [H26].
10. [H46].

des quantités complexes [11], etc., etc. La plus grande partie de ces publications furent plus tard coordonnées et refondues dans son *Cours de Calcul infinitésimal* [12], en quatre volumes, ouvrage à la fois très clair et très complet, tout à fait au courant de la science, un peu trop étendu peut-être pour les étudiants, mais indispensable pour les professeurs.

Tous ces travaux, qui auraient suffi à honorer une vue bien remplie, ne sont cependant que la moindre partie de l'œuvre de Hoüel. Sa véritable originalité consiste, d'une part, dans l'ardeur qu'il apporta à faire connaître en France les travaux étrangers, de l'autre, dans la merveilleuse sagacité avec laquelle il contribua, plus que personne, à mettre en lumière la vraie nature des principes fondamentaux de la science mathématique.

La géométrie élémentaire l'occupa d'abord. Pénétré, comme son maître, Duhamel, de l'immense superiorité des vues profondes d'Euclide sur celles des divers géomètres qui avaient essayé d'y substituer les leurs, il publia, en 1863, dans les *Archives de Grünert*, un *Essai d'une exposition rationnelle des principes fondamentaux de la Géométrie* [13]. Cet essai n'était guère qu'un commentaire sur les trente-deux premières propositions des *Éléments d'Euclide*. Deux ou trois ans plus tard, il eut l'occasion de montrer le défaut de plusieurs de ces communications intitulées : « *Nouvelle théorie des parallèles* » qui revenaient alors à intervalles presque réguliers, devant les Académies et les Sociétés savantes. Les chercheurs ne se laissaient jamais décourager par les échecs de leurs devanciers, et ils faisaient très souvent preuve d'une ingénieuse sagacité qui aurait pu rendre difficile la découverte du vice de raisonnement, si Hoüel n'avait eu pour guide un complète possession des travaux déjà anciens qu'il était peut-être le seul à connaître. Ces travaux étaient ceux du professeur russe Lobatchefski et de l'officier hongrois Jean Bolyai qui, simultanément, sans avoir pu se communiquer leurs idées, avaient construit jadis, par des méthodes différentes, un système entier de géométrie dans lequel n'entrait pour rien le postulatum d'Euclide. Ils avaient pu tous deux aller jusqu'au bout sans rencontrer de propositions contradictoires. Il en résultait nécessairement que le postulatum n'était pas une vérité de raison et que la Géométrie était, au même titre que la Mécanique rationnelle, bien qu'à un degré différent, une science *expérimentale*. Hoüel donna, dans les *Mémoires de la société des sciences physiques et naturelles de Bordeaux*, une traduction des deux traités [14] ; il y joignit des notes de Gauss, desquelles il résultait, non seulement que le grand géomètre partageait absolument les idées de Lobatchefski, mais qu'il y était arrivé, bien des années auparavant, par ses propres recherches, et qu'ayant négligé de les publier en temps utile, il en laissait, suivant son habitude, tout l'honneur à ses rivaux. Cette révélation étonna d'abord profondément le monde savant, mais, devant une démonstration aussi éclatante, la conviction se fit bientôt partout, et « les nouvelles théorie des parallèles », allèrent rejoindre, dans les paniers des Académies, « les découvertes du mouvement perpétuel ». Plus tard M. Beltrami [15] et d'autres savants à sa suite développèrent ces idées que Hoüel avait tirées de l'oubli et montrèrent que la géométrie de Lobatchefski n'était nullement, comme son auteur l'avait dénommée, une *Géométrie imaginaire*, mais une géométrie parfaitement réelle, qui s'appliquait aux Surfaces *pseudosphériques*, lesquelles ont avec les surfaces sphériques une limite commune

11. [H41].
12. [H64].
13. [H19].
14. [H27], [H28].
15. [H39], [H40].

qui est l'*horisphère* ou le plan.

Il y a trente ans, les principes fondamentaux de l'analyse n'étaient guère mieux fixés que ceux de la géométrie. On n'était même pas d'accord sur la meilleure théorie des incommensurables. Quant aux quantités négatives et imaginaires, on les regardait généralement comme des symboles mystérieux dont le calcul, bien que fondé sur des démonstrations d'une rigueur inattaquable, semblait ne correspondre à rien de réel.

Dès les premières années de son enseignement, Hoüel parvint à établir les règles de ces divers calculs, sans introduire dans le raisonnement autre chose que des quantités réelles et mesurables sur lesquelles on exécute des opérations définies, mais plus générales que les opérations simples de l'arithmétique. Il fut conduit ainsi par la logique de ses propres idées au principe des généralisations successives des opérations, ou de la *permanance des règles du calcul*, suivant la dénomination adoptée plus tard par Hankel [16].

Des conceptions analogues, en effet, se faisaient jour simultanément en Allemagne. Dès 1842, Grassmann les avait indiquées dans une brochure qui, soit obscurité de l'exposition, soit inattention du public savant, était passée inaperçue. L'auteur la réimprima en 1862, tandis que, d'autre part, Hankel, Durège et Neumann précisaient ces mêmes idées ou les étendaient à la théorie des quantités complexes à un nombre quelconque de caractéristiques. Il sera donc très difficile d'établir la part exacte de Hoüel dans cette rénovation scientifique, jusqu'au jour où il sera permis de puiser dans sa correspondance avec les savants de tous les pays. Disons seulement qu'il ne se préoccupa jamais d'une question de priorité. Son unique objet était de propager les idées justes, en en laissant toute la gloire aux autres. Il ne mettait d'ardeur qu'à défendre les droits de la France, et c'est son patriotisme scientifique qui le porta à réimprimer l'opuscule d'Argand [17] antérieur de vingt-cinq ans à la célèbre note de Gauss qu'on a tant de fois citée comme contenant la première trace de la représentation géométrique des imaginaires.

Tout en tirant d'un injuste oubli d'autres noms français tels que ceux d'Oresme [18], de Mourey [19], etc., Hoüel était le premier à apprécier et à proclamer avec une équité parfaite les mérites des savants étrangers. Il s'appliqua plus que personne à faire connaître leurs travaux en France, estimant avec raison que toute ignorance à cet égard serait funeste à notre pays ; c'est ainsi qu'il a développé avec sa clarté habituelle, les théories et les découvertes de Riemann, d'Hamilton, de Bellavitis [20]. Familier, dès l'École Normale, avec l'anglais, l'allemand, l'italien et l'espagnol, il apprit successivement le hollandais, le danois, le suédois, le norwégien, le bohême et le russe, pour traduire en français les mémoires les plus importants publiés dans ces diverses langues. Ses remarquables facultés, de polyglotte lui furent particulièrement utiles dans la part considérable qu'il a prise à la fondation et à la direction du *Bulletin des sciences mathématiques et astronomiques*, dans l'énorme développement qu'il a donné à la bibliothèque de la Société des sciences physiques et naturelles de Bordeaux, dans les innombrables analyses qu'il semait à profusion dans tous les recueils français et étrangers. La monographie de ces publications, avec de très courts commentaires, constitue à elle seule un travail considérable dont s'occupe

16. [H65]
17. [H58].
18. [H92].
19. [H41, I, p. 9].
20. [H41, III], [H44], [H52], [HD73], [H41, IV], [H46].

en ce moment M. Brunel, son successeur à la Faculté des sciences[21].

Aujourd'hui, grâce surtout au *Bulletin*, les mathématiciens français se tiennent très exactement au courant des travaux de leurs émules du monde entier. S'il n'en était pas de même jadis, Hoüel en accusait particulièrement l'influence trop exclusive des savants parisiens, victimes de leur propre rayonnement. Il les comparait volontiers aux étoiles d'une nébuleuse, qui, s'aveuglant de leur éclat mutuel, ne peuvent apercevoir les soleils de systèmes voisins. Paris, d'ailleurs, par sa puissance de concentration, épuisait incessamment le province. Aussi Hoüel, essayant de réagir de toutes ses forces contre cette attraction fatale, fut-il toute sa vie au premier rang de ceux dont les efforts ont réussi, dans ces dix dernières années, à ranimer en France quelques foyers presque éteints. Peut-être cependant touchait-il, sur quelques points, à l'exagération. Non seulement il refusa pendant toute la dernière moitié de sa vie, d'aller passer un seul jour à Paris, non seulement il n'avait pas assez de sarcasmes contre ces distributions annuelles où des savants parisiens couronnaient jadis leurs collègues des départements, mais il poussait ces sentiments d'indépendance scientifique, jusqu'à méconnaître le rôle souvent utile des académies. Aussi, lorsque l'Académie des sciences, par une justice peut-être un peu tardive, lui conféra le prix Poncelet, son attitude fut telle que ses amis se gardèrent bien de le féliciter. Quant à la médaille, sa famille elle-même n'a jamais su ce qu'elle était devenue.

Inutile d'insister sur ce qu'il pensait des décorations. Il employa, à plusieurs reprises, à les refuser autant d'énergie que d'autres en mettent à les demander. Une seule distinction trouva grâce à ses yeux ; c'est celle qui lui vint de Russie lorsqu'il reçut les diplômes de membre des Académies de Moscou et de Kasan. Là, du moins, il ne pouvait craindre d'être soupçonné d'intrigues.

Hoüel était par dessus tout l'homme du devoir, fait tout entier d'honneur et de loyauté ; il aima ses amis d'une affection profonde et que rien n'altéra jamais. D'un caractère remarquablement doux et égal, d'une bienveillance constante pour tout le monde, mais particulièrement pour les travailleurs, il prenait sur ses heures les plus précieuses quand il s'agissait de rendre service aux autres. Ce n'est pas seulement dans son cours qu'il propageait la science. Il la répandait à profusion autour de lui ; plus d'une thèse remarquable est sortie de l'enseignement supplémentaire de Mécanique céleste qu'il donna pendant plusieurs années consécutives à la Faculté. Fidèle, du reste, au précepte du sage, il cacha sa vie qui resta partagée entre son travail, sa famille et ses amis. Il avait trouvé, dans sa parenté même, une femme digne de lui. La mort d'une de ses quatre filles, particulièrement bien douée, lui porta, il y a quatre ans, un coup funeste. Il chercha des consolations dans un redoublement de travail ; mais ses forces étaient à bout. Malgré sa fatigue croissante, il voulut achever une traduction qu'il avait entreprise de la *Vie d'Abel*, par M. Bjerknes, professeur à Christiania[22]. C'était une œuvre longue et difficile dont ses amis essayèrent en vain de le détourner. Il ne l'avait d'ailleurs commencée que par respect pour le nom d'Abel et non pour ajouter quelque chose à ses propres titres. « Il a poussé l'abnégation jusqu'au bout, écrivait l'auteur à ses collègues de Bordeaux ; après avoir usé à ce travail ses dernières forces, il a refusé de mettre son nom sur notre livre commun ; mais l'histoire le gardera. »

G. Lespiault

21. [Bru88].
22. [H68].

Bibliographie

Catalogue des travaux de Hoüel constitué par Brunel :

Mémoires et traductions

[H1] Sur l'intégration des équations différentielles dans les problèmes de mécanique, Mallet-Bachelier, Paris, 1855, in-4°, 104 p. (Première thèse pour le doctorat).
Cité aux pages 2 et 590.

[H2] Application de la méthode de M. Hamilton au calcul des perturbations de Jupiter, Mallet-Bachelier, Paris, 1855, in-4°, 78 p. (Seconde thèse pour le doctorat).
Cité aux pages 2, 518 et 590.

[H3] Note sur le théorème d'Hamilton et de Jacobi et sur son application à la théorie des perturbations planétaires, Caen, 1856, in-4°, 17 p. (Texte autographié).

[H4] Sur la détermination des valeurs moyennes dans la théorie des nombres par M. Lejeune-Dirichlet (Traduction) (Lu à l'Académie des Sciences de Berlin le 9 août 1849), *Journal de Liouville* I (2), 1856, p. 353-370.
Cité à la page 2.

[H5] Sur un problème relatif à la division par M. Lejeune-Dirichlet (Traduction), *Journal de Liouville* I (2), 1856, p. 371-376.
Cité à la page 2.

[H6] Sur le polygone régulier de 17 côtés (Restauration et traduction d'un texte), *Nouvelles annales de mathématiques* XVI, 1857, p. 310-311.

[H7] Sur une nouvelle formule pour la détermination de la densité d'une couche sphérique infiniment mince, quand la valeur du potentiel de cette couche est donnée en chaque point de la surface par M. Lejeune-Dirichlet (Traduction), *Journal de Liouville* II (2), 1857, p. 57-80.
Cité à la page 2.

[H8] Éloge de Charles-Gustave-Jacob Jacobi par M. Lejeune-Dirichlet (Traduction), *Journal de Liouville* II (2), 1857, p. 217-243.
Cité à la page 2.

[H9] Simplification de la théorie des formes binaires du second degré à déterminant positif par M. Lejeune-Dirichlet (Traduction), *Journal de Liouville* II (2), 1857, p. 353-372.
Cité à la page 2.

[H10] *Tables de logarithmes à cinq décimales pour les nombres et les lignes trigonométriques, suivies des logarithmes d'addition et de soustraction ou logarithmes de Gauss et de diverses tables usuelles*, Mallet-Bachelier, Paris, 1858, 1 vol. gr. in-8°. (Une seconde édition de ces tables est publiée en 1864 chez Gauthier-Villars et encore une autre en 1871. Il existe aussi un tirage de la deuxième édition avec texte en allemand.)
Cité aux pages 2, 294 et 591.

P. Henry, P. Nabonnand (eds.), *Conversations avec Jules Hoüel*, Publications des Archives Henri Poincaré Publications of the Henri-Poincaré Archives, DOI 10.1007/978-3-319-56403-6

[H11] Note ayant pour objet de signaler les erreurs nombreuses qui existent dans les tables de Callet (en collaboration avec F. LEFORT), *Bulletin de Bibliographie des Nouvelles annales de mathématiques* XVII, 1858, p. 41-45.
Cité aux pages 3 et 591.

[H12*] Sur la réduction des formes quadratiques positives à trois indéterminées entières par M. LEJEUNE-DIRICHLET (Traduction) (Lu à l'Académie des Sciences de Berlin le 31 juillet 1848), *Journal de Liouville* IV (2), 1859, p. 209-232.
Cité aux pages 2 et 3.

[H13] Sur la possibilié de la décomposition des nombres en trois carrés par M. LEJEUNE-DIRICHLET (Traduction), *Journal de Liouville* IV (2), 1859, pp. 233-240 ; *Journal de Crelle* XL, p. 228.
Cité aux pages 2 et 3.

[H14] Sur le caractère biquadratique du nombre 2, Extrait d'une lettre de M. LEJEUNE-DIRICHLET à M. STERN (Traduction), *Journal de Liouville* IV (2), 1859, p. 367-368.
Cité aux pages 2 et 3.

[H15] Sur la première démonstration donnée par Gauss de la loi de réciprocité dans la théorie des résidus quadratiques par M. LEJEUNE-DIRICHLET (Traduction), *Journal de Liouville* IV (2), 1859, p. 401-420 ; *Journal de Crelle* XLVII.
Cité aux pages 2 et 3.

[H16] Sur le nombre de classes différentes de formes quadratiques à déterminants négatifs par M. KRONECKER (Traduction), *Journal de Liouville* V (2), 1860, p. 289-299.
Cité à la page 3.

[H17] Sur les diviseurs de certaines formes de nombres qui résultent de la théorie de la division du cercle par M. KUMMER (Traduction), *Journal de Liouville*, V (2), 1860, p. 369-386.

[H18] *Théorie et applications des déterminants, avec l'indication des sources originales* par R. BALTZER (Traduction), Mallet-Bachelier, Paris, 1861, in-8°, XII pp. & 235 p.
Cité aux pages 5, 110, 113 et 591.

[H19] Essai d'une exposition rationnelle des principes fondamentaux de la Géométrie élémentaire, *Archiv der Mathematik und Physik* XL, 1863, p. 171-211 ; tirage à part, grand in-8°, 41 p.
Cité aux pages 4, 23, 106, 329, 330, 333, 337, 389 et 592.

[H20] Tables diverses pour la décomposition des nombres en leurs facteurs premiers. Tables donnant pour la moindre racine primitive d'un nombre premier ou puissance d'un nombre premier : 1° les nombres qui correspondent aux indices ; 2° les indices des nombres premiers et inférieurs au module (en collaboration avec M. LE BESGUE, *Mémoires de la Société des Sciences physiques et naturelles de Bordeaux* III, 1864-1865.
Cité aux pages 4 et 294.

[H21] Note sur les fonctions hyperboliques et sur quelques tables de ces fonctions, *Nouvelles annales de mathématiques* III (2), 1864, p. 416-482.
Cité aux pages 4, 294 et 591.

[H22] Mémoires sur le développement des fonctions en séries périodiques au moyen de l'interpolation, *Annales de l'Observatoire de Paris* VIII, 1866, p. 83-152. (Reproduction, à quelques changements de rédaction près, d'un mémoire présenté à l'Académie des sciences en 1861 dont Serret à donné le rapport [Ser61].)
Cité aux pages 4 et 591.

[H23] Tables arithmétiques, pour servir d'appendice à l'introduction à la Théorie des nombres de M. LE BESGUE, Paris, 1866, grand in-8°, 44 p.
Cité aux pages 4 et 294.

[H24] *Tables de logarithmes à sept décimales pour les nombres depuis 1 jusqu'à 10'800 et pour les fonctions trigonométriques de dix secondes en dix secondes* par L. SCHRÖN, précédées d'une Introduction par J. HOÜEL, 1 vol. grand in-8°, Gauthier-Villars, Paris, 1866. (Nouvelle édition en 1877.)
Cité aux pages 4, 294 et 591.

[H25] *Table d'interpolation pour le calcul des parties proportionnelles, faisant suite aux tables de logarithmes à sept décimales* de L. SCHRÖN, précédée d'une Introduction par J. HOÜEL, 1 vol. grand in-8°, Gauthier-Villars, Paris, 1866. (En 1884, paraît une nouvelle édition de ces Tables en même temps qu'une nouvelle édition des Tables de logarithmes à cinq décimales.)
Cité aux pages 4, 294 et 591.

[H26] Recueil de formules et de tables numériques, *Mémoires de la Société de Sciences physiques et naturelles de Bordeaux* IV (supplément au deuxième cahier), 1866, LXXI p. & 64 p. (Une seconde édition paraît en 1875 à Paris chez Gauthier-Villars ; une troisième toujours chez Gauthier-Villars en 1885.)
Cité aux pages 4, 294 et 591.

[H27] Études géométriques sur la théorie des parallèles par N. I. LOBATCHEWSKY, suivies d'un extrait de la correspondance de GAUSS et de SCHUMACHER (Traduction), *Mémoires de la Société des Sciences physiques et naturelles de Bordeaux* IV, 1866 ; Paris, 1866, 42 p.
Cité aux pages xv, 4, 21, 26, 89, 93, 94, 96, 104, 109, 143, 213, 272, 325, 403, 570, 572, 582, 583 et 592.

[H28] Note sur les avantages qu'offrirait pour l'Astronomie théorique, et pour les sciences qui s'y rapportent, la construction de nouvelles tables trigonométriques suivant la division décimale du quadrant, *Vierteljahrschrift der astronomischen Gesellschaft* I, Leipzig, 1866, p. 86.
Cité aux pages 4, 294 et 592.

[H29] Tables pour la réduction du temps en parties décimales du jour, *Publicationen der astronomischen Gesellschaft* IV, Leipzig, 1866, 27 p.
Cité aux pages 4 et 294.

[H30] Note de M. Kronecker sur ses travaux algébriques (Traduction), *Annales scientifiques de l'École Normale Supérieure* III, 1866, p. 279-286 ; *Monatsbericht der Akademie der Wissenschaften zu Berlin*, 27 juin 1861.
Cité à la page 3.

[H31] Sur une nouvelle propriété des formes quadratiques de déterminant négatif par M. KRONECKER (Traduction), *Annales scientifiques de l'École Normale Supérieure* III, 1866, p. 287-294.
Cité à la page 3.

[H32] Sur la multiplication complexe des fonctions elliptiques par M. KRONECKER (Traduction), *Annales scientifiques de l'École Normale Supérieure* III, 1866, p. 295-302.
Cité à la page 3.

[H33] Sur la résolution de l'équation de Pell au moyen des fonctions elliptiques par M. KRONECKER (Traduction), *Annales scientifiques de l'École Normale Supérieure* III, 1866, p. 303-308.
Cité à la page 3.

[H34] Notice historique sur la représentation géométrique des quantités imaginaires, *Mémoires de la Société des Sciences physiques et naturelles de Bordeaux* V, 1867, p. I-IV.
Cité aux pages 570 et 583.

[H35] Quelques réflexions au sujet de la ligne de longueur minimum sur la sphère, *Nouvelles annales de mathématiques* VII (2), 1868, p. 73-78.
Cité aux pages 4 et 86.

[H36] *Essai critique sur les principes fondamentaux de la géométrie élémentaire ou commentaire sur les XXXII premières propositions des Éléments d'Euclide*, in-8°, Gauthier-Villars, Paris, 1867, 85 p.
Cité aux pages 4, 23, 93, 94, 101, 105, 110, 111, 121, 127, 132, 139, 150, 151, 192, 301, 329, 333, 337, 389, 390, 402, 572 et 583.

[H37] Les infiniment petits, *Les Mondes* XVI, p. 567-568 & XVII, p. 287-289, 1868.

[H38] La science absolue de l'espace, indépendante de la vérité ou de la fausseté de l'axiome XI d'Euclide (que l'on ne pourra jamais établir *a priori*) ; suivie de la quadrature géométrique du cercle, dans le cas de la fausseté de l'axiome XI. Par Jean BOLYAI, capitaine au corps du génie dans l'armée autrichienne ; précédé d'une notice sur la vie et les travaux de W. et de J. BOLYAI, par M. Fr. SCHMIDT, architecte à Temesvár (Traduction), *Mémoires de la Société des Sciences physiques et naturelles de Bordeaux* V, 1867, p. 189-248 ; in-8°, Paris, 1868, 64 p. ; trad. fr. de [BolJ32].
Cité aux pages 4, 93, 102, 107, 109, 272, 325, 402, 403, 573, 581 et 614.

[H39] Essai d'interprétation de la Géométrie non euclidienne par M. E. BELTRAMI (Traduction), *Annales scientifiques de l'École Normale Supérieure* VI, 1869, p. 251-288 ; trad. fr. de [Bel68].
Cité aux pages 4, 23, 26, 27, 28, 29, 93, 105, 112, 132, 247, 250, 253, 325, 392, 592 et 613.

[H40] Théorie fondamentale des espaces de courbure constante par M. E. BELTRAMI (Traduction), *Annales scientifiques de l'École Normale Supérieure* VI, 1869, p. 347-375 ; trad. fr. de [Bel69].
Cité aux pages 4, 29, 30, 93, 99, 101, 112, 247, 250, 325, 592 et 613.

[H41] Théorie élémentaire des quantités complexes, *Mémoires de la Société des Sciences physiques et naturelles de Bordeaux* ; Première partie : Algèbre des quantités complexes, V, 1867, p. 1-64 ; Deuxième partie : Théorie des fonctions uniformes, VI, 1868, p. 1-144 ; Troisième partie : Théorie des fonctions multiformes, VIII, 1870, p. 97-175 ; Quatrième partie : Éléments de la Théorie des Quaternions, I (2), 1876, p. 1-298. (Les quatre mémoires ont été réunis en un volume grand in-8° de 585 pages, Paris, Gauthier-Villars, 1874. La quatrième partie a aussi été tirée à part sous son titre à Paris chez Gauthier-Villars en 1874 (avec un compte-rendu BSMA 8 p. 9-13). Il existe une traduction en russe de la première partie [voir BSMA 3, p. 212]).
Cité aux pages 6, 107, 185, 239, 240, 249, 260, 267, 324, 325, 438, 444, 448, 477, 481, 502, 514, 543, 570, 571, 592 et 593.

[H42] Sur une formule de Leibniz, *Mémoires de la Société des Sciences physiques et naturelles de Bordeaux* V, 1867, p. 379-388. (Il existe une réimpression chez Gounouilhou, Bordeaux, 1869.)
Cité aux pages 519, 570 et 584.

[H43] Sur les faits qui servent de base à la géométrie par M. HELMHOLTZ (Traduction), *Mémoires de la Société des Sciences physiques et naturelles de Bordeaux* V, 1867, p. 372-378.
Cité aux pages 4, 93, 106, 139, 141, 196, 325, 570, 584, 585, 589 et 618.

[H44] Notice sur la vie de Riemann, *Mémoires de la Société des Sciences physiques et naturelles de Bordeaux* VII, 1869, p. VI-VIII.
Cité à la page 593.

[H45] L'enseignement de la géométrie élémentaire en Italie, *Nouvelles annales de mathématiques* VIII (2), 1869, p. 278-283.
Cité aux pages 4 et 5.

[H46] Sur la méthode d'analyse géométrique de M. Bellavitis (calcul des équipollences), *Nouvelles annales de mathématiques* VIII (2), 1869, p. 289-312 et p. 337-357.
Cité aux pages 6, 107, 111, 244, 530, 589, 591 et 593.

[H47] Sur l'intégration des équations aux dérivées partielles du premier ordre par M. IMCHENETSKY (Traduction), *Archiv der Mathematik und Physik* L, 1869, p. 278-474.
Cité aux pages 519 et 587.

[H48] Estratto di una lettera del Prof. Hoüel al Redattore, *Giornale di matematiche* VII, 1869, p. 50.

[H49a] Note sur l'impossibilité de démontrer par une construction plane le principe de la théorie des parallèles dit *postulatum* d'Euclide, *Mémoires de la Société des Sciences physiques et naturelles de Bordeaux* VIII, 1870, p. XI-XVIII ; *Giornale di matematiche* VIII, 1870, p. 84-89.
Cité aux pages 4, 21, 22, 23, 24, 93, 95, 97, 98, 100, 101, 104, 106, 174, 250, 253, 298 et 325.

[H49b] Note sur l'impossibilité de démontrer par une construction plane le principe de la théorie des parallèles dit *postulatum* d'Euclide ; *Institut*, I sect., XXXVIII ; *Nouvelles annales de mathématiques* IX (2), 1870, p. 93-96 ; *Bulletin de la Société philomathique de Paris* VII, 1870, p. 46-49.
Cité aux pages 4, 21, 22, 24, 25, 93, 95, 101, 104, 106, 250, 298 et 399.

[H50] Sur le choix de l'unité angulaire, *Comptes rendus* 70, 27 juin 1870, p. 1387-1390.
Cité à la page 270.

[H51] Sur une simplification apportée par M. F. Burnier à la méthode de Flower pour l'usage des Tables de Logarithmes abrégées, *Mémoires de la Société des Sciences physiques et naturelles de Bordeaux* VIII, 1870, p. 188-196.

[H52] Sur les hypothèses sur lesquelles est fondée la géométrie par M. B. RIEMANN (Traduction), *Annali di matematica pura ed applicata* III (2), 1869-1870, p. 309-326 ; in *Œuvres mathématiques de Riemann*, L. Laugel (éd.), Gauthier-Villars, Paris, 1898, p. 280-299.
Cité aux pages 4, 106, 145, 210, 593 et 622.

[H53] Notice sur la vie et les travaux de N.-I. Lobatchewsky, *Bulletin des sciences mathématiques et astronomiques* I, 1870, p. 66-71 & p. 324-328 & p. 384-388.
Cité aux pages 4, 7, 94, 95, 105, 106, 111, 121, 131, 132, 136, 145 et 587.

[H54] Sur les fonctions de Jacques Bernoulli et sur l'expression de la différence entre une somme et une intégrale de mêmes limites par M. IMCHENETSKY (Traduction), *Giornale di Matematiche* IX, 1871, 17 p.
Cité à la page 7.

[H55] *Cours de calcul infinitésimal, professé à la Faculté des sciences de Bordeaux*, Autographié, 1871-1872, 2 vol. in-4°, 365 p. et 332 p.
Cité aux pages 56, 71, 80, 153, 217, 223, 229, 255, 277, 284, 425, 428, 429, 430, 431, 434, 435, 436, 451, 452, 453, 457, 471, 487, 522, 526, 527 et 536.

[H56] Étude sur les méthodes d'intégration des équations aux dérivées partielles du second ordre d'une fonction de deux variables indépendantes, *Archiv der Mathematik und Physik* LIV, 1872, 52 p.
Cité à la page 522.

[H57] Die sogenannte "separirte Tangentenformel" und die Hilfswinkel, *Zeits. f. math. Unter.* III, 1872, p. 377.

[H58] *Essai sur une manière de représenter les quantités imaginaires dans les constructions géométriques* par R. ARGAND, 2e édition précédée d'une préface par M. J. HOÜEL et suivie d'un appendice contenant des extraits des *Annales de Gergonne*, relatifs à la question des imaginaires, 1 vol. petit in-8°, Paris, Gauthier-Villars, 1874, XIX-126 pages.
Cité aux pages 264, 265, 440, 520, 530 et 593.

[H59] Sur le développement de la fonction perturbatrice suivant la forme adoptée par Hansen dans la théorie des petites planètes, *Archiv mathematiky a fysiky (Jednota českých matematyků)* I, Prague, 1875-1876, p. 133-214 ; Gauthier-Villars, Paris, 1875, in-8°, 84 p.
Cité aux pages 267, 281, 451, 506 et 516.

[H60] Du rôle de l'expérience dans les Sciences exactes, *Archiv mathematiky a fysiky (Jednota českých matematyků)* I, Prague, 1875-1876, p. 81-91 (Ce mémoire a été traduit en allemand par F. Müller sous le titre « Ueber die Rolle der Erfahrung in den exacten Wissenschaften », *Archiv der Mathematik und Physik* LIX, 1876, p. 65-75. Hoüel republiera une version abrégée du texte dans les procès-verbaux de la *Société des sciences physiques et naturelles* (*Mémoires* I (2), 1876, p. XIII-XV) et intégralement dans [H67, Note 1, p. 63-70].)
Cité aux pages 4, 267, 273, 346, 376 et 451.

[H61] Remarques sur l'enseignement de la trigonométrie, *Giornale di matematiche* XIII, 1875, p. 72-79.
Cité aux pages 4, 267, 269, 271, 470, 485 et 600.

[H62] Notice sur la vie et les travaux de Victor-Amédée Le Besgue (en collaboration avec O. Abria), *Bullettino di bibliografia e di storia delle scienze matematiche e fisiche* IX, 1876 ; *Nouvelles annales de mathématiques* XVI (2), 1876, p. 116-128.
Cité aux pages 3, 278, 451 et 565.

[H63] Supplément logarithmique de Zecchini Leonelli, précédé d'une notice sur l'auteur, *Publications de la Société des bibliophiles de Guyenne* II, Gounouilhou, Bordeaux, 1876.
Cité aux pages 282, 283, 294 et 295.

[H64] *Cours de calcul infinitésimal*, Gauthier-Villars, Paris ; vol. I : 1878 ; vol. II : 1879 ; vol. III : 1880 ; vol IV : 1881.
Cité aux pages 281, 282, 284, 288, 300, 325, 331, 332, 341, 343, 345, 348, 355, 358, 361, 362, 369, 373, 374, 377, 389, 425, 444, 457, 544, 545, 546, 592 et 621.

[H65] Considérations élémentaires sur la généralisation successive de l'idée de quantité dans l'analyse mathématique, *Mémoires de la Société des Sciences physiques et naturelles de Bordeaux* V (2), 1883, p. 149-196.
Cité aux pages 381, 390 et 593.

[H66] Remarques sur l'enseignement de la trigonométrie, *Mémoires de la Société des Sciences physiques et naturelles de Bordeaux* V (2), 1883, p. 197-209. (Réimpression de [H61].)
Cité aux pages 4, 252, 267, 269, 270, 295, 389 et 390.

[H67] *Essai critique sur les principes fondamentaux de la géométrie élémentaire ou commentaire sur les XXXII premières propositions des Éléments d'Euclide*, deuxième édition, Gauthier-Villars, Paris, 1883, 93 p.
Cité aux pages 23, 329, 389, 390 et 600.

[H68] Niels-Henrik Abel. Sa vie et son action scientifique par C.-A. Bjerknes (Traduction), *Mémoires de la Société des Sciences physiques et naturelles de Bordeaux* I (3), 1884, 365 p.
Cité aux pages 3, 546, 549 et 594.

Analyses et comptes rendus non publiés dans le *Bulletin*

[H69] C. Bremiker, Logarithmorum VI decimalium nova Tabula Berolinensis, et numerorum vulgarium ab 1 usque ad 100000, et functionum trigonometricarum ad decades minutorum secundorum, Berolini, 1852, *Bulletin de Bibliographie des Nouvelles annales de mathématiques* XVII, 1858, p. 12-21.

[H70] R. Baltzer, Die Elemente der Mathematik, deuxième partie, Leipzig, 1862, *Nouvelles annales de mathématiques* II (2), 1863, p. 124-132.
Cité aux pages 110 et 113.

[H71] O. Schlömilch, Handbuch der algebraischen Analysis, troisième édition, Iéna, 1862, *Nouvelles annales de mathématiques* III (2), 1864, p. 512-518.

[H72] A. Forti, Lezioni elementari di Meccanica ad uso dei RR. Licei, 1865, *Nouvelles annales de mathématiques* V (2), 1866, p. 235-236.

[H73] O. Schlömilch, Compendium der höheren Analysis, erster Band, Braunschweig, 1869, *Nouvelles annales de mathématiques* IX (2), 1870, p. 385-392.
Cité aux pages 55 et 206.

[H74] G. Friedlein, Die Zahlzeichen und das elementare Rechnen der Griechen und Römer und des christlichen Abendlandes von 7. bis 13. Jahrhundert, Erlangen, 1869, *Bullettino di bibliografia e di storia delle scienze matematiche e fisiche* III, 1870, p. 67-90.
Cité à la page 481.

Analyses et comptes rendus publiés dans le *Bulletin*

[H75] F. Casorati, Teorica delle funzioni di variabili complexe, volume primo, Pavia, 1868, *Bulletin des sciences mathématiques et astronomiques* I, 1870, p. 16-23.
Cité aux pages 7 et 111.

[H76] H. Durège, Theorie der elliptischen Functionen, zweite Auflage, Leipzig, 1868, *Bulletin des sciences mathématiques et astronomiques* I, 1870, p. 49-54.

[H77] R. Baltzer, Die Elemente der Mathematik, erster Band, Leipzig, 1868, *Bulletin des sciences mathématiques et astronomiques* I, 1870, p. 80-85.
Cité aux pages 110, 295 et 326.

[H78] H. Hankel, Untersuchungen über die unendlich oft oscillirenden und unstetigen Functionen, Tübingen, 1870, *Bulletin des sciences mathématiques et astronomiques* I, 1870, p. 117-124.
Cité aux pages 7, 42, 43 et 204.

[H79] L. Hoffmann & L. Natani, Mathematisches Wörterbuch, sieben Bände, Berlin, 1858-1867, *Bulletin des sciences mathématiques et astronomiques* I, 1870, p. 137-139.
Cité à la page 7.

[H80] V. Imchenetsky, Étude sur les méthodes d'intégration des équations aux dérivées partielles du second ordre d'une fonction de deux variables indépendantes, Kazan, 1868, *Bulletin des sciences mathématiques et astronomiques* I, 1870, p. 164-166.
Cité à la page 7.

[H81] C. Bruhns, Nouveau manuel de logarithmes à sept décimales pour les nombres et les fonctions trigonométriques, Leipzig, 1870, *Bulletin des sciences mathématiques et astronomiques* I, 1870, p. 171-175.
Cité à la page 7.

[H82] G. Dillner, Grunddragen af den geometriska kalkylen (Éléments de Calcul géométrique), Upsala, 1868-1870, *Bulletin des sciences mathématiques et astronomiques* I, 1870, p. 249-254.

[H83] A. Forti, Tavole dei logaritmi de' numeri e delle funzioni circolari ed iperboliche, Torino, Firenze & Milano, 1870, *Bulletin des sciences mathématiques et astronomiques* I, 1870, p. 265-269.

[H84] A. Sannia & E. d'Ovidio, Elementi di Geometria, seconda edizione, Napoli, 1871, *Bulletin des sciences mathématiques et astronomiques* I, 1870, p. 329-330.

[H85] C. Spitz, Erster Cursus der Differential und Integralrechnung, Leipzig & Heidelberg, 1871, *Bulletin des sciences mathématiques et astronomiques* I, 1870, p. 331.

[H86] A. Mayr, Construction der Differenzial-Gleichungen aus partikularen Integralen, Würzburg, 1870, *Bulletin des sciences mathématiques et astronomiques* I, 1870, p. 361-362.

[H87] J. Lieblein, Sammlung von Aufgaben aus der algebraischen Analysis, Prag, 1867, *Bulletin des sciences mathématiques et astronomiques* I, 1870, p. 362-363.

[H88] O. Schloemilch, Uebungsbuch zum Studium der höheren Analysis, Leipzig, 1868-1870, *Bulletin des sciences mathématiques et astronomiques* II, 1871, p. 66-68.
Cité aux pages 203 et 288.

[H89] C. Jordan, Traité des substitutions et des équations algébriques, Paris, 1870, *Bulletin des sciences mathématiques et astronomiques* II, 1871, p. 161-169.
Cité à la page 203.

[H90] П. ЧЕБЫШЕВЪ, Теорія сравненіи (P. Tchebychef, Théorie des congruences), Saint-Pétersbourg, 1849, *Bulletin des sciences mathématiques et astronomiques* II, 1871, p. 259-262.
Cité à la page 203.

[H91] F.-G. Gauss, Fünfstellige vollständige logarithmische und trigonometrische Tafeln, Berlin, 1870, *Bulletin des sciences mathématiques et astronomiques* III, 1872, p. 234-237.
Cité aux pages 295 et 326.

[H92] M. Curtze, Die mathematischen Schriften des Nicole Oresme, Thorn, 1870, *Bulletin des sciences mathématiques et astronomiques* III, 1872, p. 321-327.
Cité aux pages 499, 522 et 593.

[H93] V. Vassal, Nouvelles tables donnant avec cinq décimales les logarithmes vulgaires et naturels des nombres de 1 à 10'800, et des fonctions circulaires et hyperboliques pour tous les degrés du quart de cercle de minute en minute, Paris, 1872, *Bulletin des sciences mathématiques et astronomiques* III, 1872, p. 353-357.

[H94] F.-R. Friis, Tyge Brahe. En historisk Fremstilling, Copenhague, 1871, *Bulletin des sciences mathématiques et astronomiques* III, 1872, p. 358-361.

[H95] R. Wolf, Handbuch der Mathematik, Physik, Geodäsie und Astromie, Zürich, 1869-1872, *Bulletin des sciences mathématiques et astronomiques* IV, 1873, p. 70-71.
Cité à la page 489.

[H96] C.-A. Bretschneider, Die Geometrie und die Geometer vor Euclides, Leipzig, 1870, *Bulletin des sciences mathématiques et astronomiques* IV, 1873, p. 113-125.
Cité aux pages 484 et 523.

[H97] F. Souvorof, Sur les caractéristiques des systèmes de trois dimensions, Kazan, 1871, *Bulletin des sciences mathématiques et astronomiques* IV, 1873, p. 180-192.
Cité aux pages 172, 180, 181, 183, 212 et 216.

[H98*] J.-H. Jellett, A Treatise on the Theory of Friction, London, 1872, *Bulletin des sciences mathématiques et astronomiques* IV, 1873, p. 225-227.

[H99] P. Riccardi, Biblioteca matematica italiana, Modena, 1870, *Bulletin des sciences mathématiques et astronomiques* IV, 1873, p. 227-228.

[H100] F.-G. Gauss, Fünfstellige vollständige logarithmisch-trigonometrische Tafeln für Decimaltheilung des Quadranten, Berlin, 1873, *Bulletin des sciences mathématiques et astronomiques* V, 1873, p. 261-262.

[H101] Fr. Grelle, Leitfaden zu den Vorträgen über höhere Mathematik, Hanover, 1871, *Bulletin des sciences mathématiques et astronomiques* V, 1873, p. 262.

[H102*] A. d'Abbadie, Géodésie d'Éthiopie & Observations relatives à la physique du globe, Paris, 1873, *Bulletin des sciences mathématiques et astronomiques* VI, 1874, p. 7-14.

[H103] H. Suter, Geschichte der mathematischen Wissenschaften, erster Theil, Zürich, 1873, *Bulletin des sciences mathématiques et astronomiques* VI, 1874, p. 14-18.
Cité à la page 501.

[H104] H. LAURENT, Traité du Calcul des Probabilités, Paris, 1873, *Bulletin des sciences mathématiques et astronomiques* VI, 1874, p. 18-21.

[H105] R. RUBINI, Trattato d'Algebra, parte prima & seconda, Napoli, 1872-1873, *Bulletin des sciences mathématiques et astronomiques* VI, 1874, p. 21.

[H106] И. ТОТГЁНТЕРЪ, Дифференціальное Вычисленіе (I. TODHUNTER, Calcul différentiel avec un recueil d'exemples pour servir d'exercices), traduction de l'anglais en russe de V.-G. IMSCHENETSKY, Saint-Pétersbourg, 1873, *Bulletin des sciences mathématiques et astronomiques* VI, 1874, p. 22-24.
Cité à la page 532.

[H107] F. FRENET, Recueil d'Exercices sur le Calcul infinitésimal, troisième édition, Paris, 1873, *Bulletin des sciences mathématiques et astronomiques* VI, 1874, p. 70-72.

[H108] P.-G. TAIT, An Elementary Treatise on Quaternions, second edition, Oxford, 1873 ; P. KELLAND & P.-G. TAIT, Introduction to Quaternions with numerous Examples, London, 1873, *Bulletin des sciences mathématiques et astronomiques* VI, 1874, p. 161-166.

[H109] H. DURÈGE, Elemente der Theorie der Functionen einer complexen veränderlichen Grösse, zweite Auflage, Leipzig, 1873, *Bulletin des sciences mathématiques et astronomiques* VI, 1874, p. 225-227.

[H110*] J. HRABÁK, Gemeinnütziges mathematisch-technisches Tabellenwerk, Leipzig, 1873, *Bulletin des sciences mathématiques et astronomiques* VII, 1874, p. 49-50.

[H111*] J.-Ph. HEERR, Lehrbuch der höheren Mathematik, zweite Auflage, Wien, 1872-1874, *Bulletin des sciences mathématiques et astronomiques* VII, 1874, p. 51-52.

[H112] R. ARGAND, Essai sur une manière de représenter les Quantités imaginaires dans les constructions géométriques, deuxième édition, Paris, 1874, *Bulletin des sciences mathématiques et astronomiques* VII, 1874, p. 145-151.
Cité à la page 440.

[H113] A. LUCCHESINI, Tavole dei logaritmi comuni a sette cifre decimali, Firenze, 1875, *Bulletin des sciences mathématiques et astronomiques* VIII, 1875, p. 257-259.

[H114*] S.-A. RENSHAW, The Cone and its Sections treated geometrically, London, 1875, *Bulletin des sciences mathématiques et astronomiques* IX, 1875, p. 266.

[H115] F. HOEFER, Histoire des Mathématiques, depuis leurs origines jusqu'au commencement du XIXe siècle, Paris, 1874, *Bulletin des sciences mathématiques et astronomiques* X, 1876, p. 136-139.
Cité aux pages 446, 451, 480, 481 et 501.

[H116] Н. АЛЕКСѢЕВЪ, Интегральное Исчисленіе (N. ALEXÉIEF, Calcul intégral), tome I, deuxième édition, Moscou, 1874, *Bulletin des sciences mathématiques et astronomiques* X, 1876, p. 168-169.

[H117] H. HANKEL, Zur Geschichte der Mathematik in Alterthum und Mittelalter, Leipzig, 1874, *Bulletin des sciences mathématiques et astronomiques* X, 1876, p. 209-242.
Cité aux pages 273, 441, 447, 451, 480, 481 et 498.

[H118] M. FALK, L robok i determinant-teoriens första grunder (Exposition des premiers principes de la théorie des déterminants), Upsala, 1876, *Bulletin des sciences mathématiques et astronomiques* X, 1876, p. 257-258.

[H119] P.-E. BERGSTRAND, Fem-siffrige Logaritmer till 11000. Femsiffriga trigonometriska Logaritmer, Stockholm, 1872-1874, *Bulletin des sciences mathématiques et astronomiques* X, 1876, p. 260-261.

[H120] R.-W. BAUER, Femciffrede Logarithmer til hele Tal fra 1-15500 og Anti-Logarithmer, Copenhague, 1876, *Bulletin des sciences mathématiques et astronomiques* X, 1876, p. 262.

[H121] П. РОМЕРЪ, Основныя начала метода кватерненовъ (P. ROMER, Principes fondamentaux de la méthode des Quaternions), Kiev, 1868, *Bulletin des sciences mathématiques et astronomiques* XI, 1876, p. 113-114.

[H122] R. RUBINI, Elementi di Calcolo infinitesimale, seconda edizione, Napoli, 1874-1875, *Bulletin des sciences mathématiques et astronomiques* XI, 1876, p. 145-147.

[H123] F.-J. STUDNIČKA, Základové nauky o číslek (Éléments de la Théorie des nombres), livre I, Prague, 1875, *Bulletin des sciences mathématiques et astronomiques* XI, 1876, p. 147-149.

[H124] R. HOPPE, Tafeln zur dreissigstelligen logarithmischen Rechnung, Leipzig, 1876, *Bulletin des sciences mathématiques et astronomiques* I (2), part. I, 1877, p. 185-186.
Cité à la page 294.

[H125] H.-T. DAUG, Differential-och integralkalkylens anvandning vid undersökning af linier i rymden och bugtiga ytor (Application du Calcul différentiel et intégral à l'études des lignes et des surfaces courbes), première partie, Upsala, 1876, *Bulletin des sciences mathématiques et astronomiques* I (2), part. I, 1877, p. 328-329.

[H126] J. FRISCHAUF, Elemente der Geometrie, zweite Auflage, Leipzig, 1877, *Bulletin des sciences mathématiques et astronomiques* II (2), 1878, p. 27-29.
Cité aux pages 218 et 284.

[H127] A. SANNIA & E. D'OVIDIO, Elementi di Geometria, 3ª edizione, Napoli, 1876 ; G. MORENO, Elementi di Geometria, 4ª edizione, Napoli, 1877 ; A. FAIFOFER, Elementi di Geometria, Venezia, 1878, *Bulletin des sciences mathématiques et astronomiques* III (2), part. I, 1879, p. 5-9.

[H128] F.-J. STUDNIČKA, Základové vyšši mathematiky (Éléments de Mathématiques supérieures), tome I : Calcul différentiel, deuxième édition, Prague, 1878, *Bulletin des sciences mathématiques et astronomiques* III (2), part. I, Prague, 1879, p. 9-12.

[H129] М.-Е. ВАЩЕНКО-ЗАХАРЧЕНКО, Начала Евклида (M.-E. VACHTCHENKO-ZAKHARTCHENKO, Les Éléments d'Euclide avec une introduction explicative et des commentaires), Kiev, 1880, *Bulletin des sciences mathématiques et astronomiques* IV (2), part. I, 1880, p. 65-76.

Cité aux pages 370, 371 et 374.

Complément au catalogue des travaux de Hoüel

[H130] Sur la géométrie imaginaire de Lobatcheffsky par G. BATTAGLINI (Traduction), *Nouvelles annales de mathématiques* VII (2), 1868, p. 209-221 & p. 265-277.
Cité aux pages 113, 120, 579 et 580.

[H131] Caractère de convergence des séries par M. V ERMAKOV (Traduction), *Bulletin des sciences mathématiques et astronomiques* II, 1871, p. 250-256.

[H132] B. WILLIAMSON, An Elementary Treatise on the Differential Calculus containing the Theory of Plane Curves with numerous Examples, *Bulletin des sciences mathématiques et astronomiques* V, 1873, p. 158.

[H133] Nécrologie de Joseph-Ivanovitch Somoff par A. SOMOFF (Traduction), *Bullettino di bibliografia e di storia delle scienze matematiche e fisiche* XI, 1878, p. 453-459.

[H134] Sur les fonctions elliptiques et sur la théorie des nombres par L. KRONECKER (Traduction), *Journal de mathématiques pures et appliquées* III (2), 1858, p. 265-270.

[H135*] Sur la géométrie dite non euclidienne par F. KLEIN (Traduction), *Bulletin des sciences mathématiques et astronomiques* II, 1871, p. 341-351. (Traduction de [Kle71a].)
Cité aux pages 185 et 189.

[H136] Préface à l'*Essai sur les principes fondamentaux de la géométrie et de la mécanique* par J. De Tilly, *Mémoires de la Société des sciences physiques et naturelles de Bordeaux* III (2), 1880, p. I-IX.
Cité aux pages 286, 290, 291, 302, 313, 335, 341, 342, 344, 345, 346, 347, 348, 350, 351, 361 et 365.

[HD73] Sur la possibilité de représenter une fonction par une série trigonométrique par B. Riemann (Traduction en collaboration avec G. Darboux), *Bulletin des sciences mathématiques et astronomiques* V, 1873, p. 20-48 & p. 79-96.
Cité aux pages 60, 73, 75, 76, 216, 219, 221, 251, 593 et 622.

Catalogue des travaux de De Tilly constitué par Mansion

Mémoires, analyses et comptes rendus

[DT1] *Recherches sur les éléments de la géométrie*, Bruylant-Christophe et Cie, Bruxelles & Ch. Tanera, Paris, 1860, in-8°, 120 p.
Cité aux pages 7, 8, 9, 10, 11, 38, 89, 107 et 140.

[DT2] Mémoire sur la mesure des petits angles et l'appréciation des distances en artillerie, *Revue de technique militaire*, 1863, 42 p.

[DT3] Cours de mécanique élémentaire, autographié, 1866. (Première édition de [DT5].)

[DT4] Cours d'artillerie 1866-1867, autographié, 1867, in-4°, 288 p.
Cité à la page 89.

[DT5] Cours élémentaire de mécanique, autographié, 1868, in-4°, 73 p.
Cité aux pages 89 et 605.

[DT6] Études de mécanique abstraite, *Mémoires in-8° de l'Académie de Bruxelles* XXI, 1870, 100 p.
Cité aux pages 7, 11, 30, 32, 89, 93, 94, 95, 97, 98, 99, 100, 107, 109, 110, 113, 114, 115, 132, 133, 134, 139, 177, 246, 259, 271, 379, 393, 394, 403 et 584.

[DT7] Note relative au frottement de glissement sur les surfaces hélicoïdes réglées, *Mémoires in-8° de l'Académie de Bruxelles* XXII, avril 1872, 32 p.
Cité aux pages 107, 142 et 145.

[DT8] Note sur les surfaces à courbure moyenne constante, *Bulletins de l'Académie royale des sciences, des lettres et des beaux-arts de Belgique* XXX (2), 1870, p. 28-37. Compte rendu dans le *Bulletin des sciences mathématiques et astronomiques* II, 1871, p. 294-295.
Cité aux pages 30, 31, 38, 96, 97, 107, 110, 142, 146, 147, 239, 298, 392, 394, 396, 605 et 616.

[DT9] Sur le roulement des rouleaux et des roues sur un plan d'appui, *Bulletins de l'Académie royale des sciences, des lettres et des beaux-arts de Belgique* XXXI (2), 1871, p. 262-289.
Cité aux pages 146, 186, 187 et 607.

[DT10] Analyse de travaux publiés dans les *Bulletins de l'Académie royale de Belgique*, 2e série, XXIX, XXX, XXXI par Van der Mensbrugghe, Catalan, Beernaerts, Montigny, Quetelet, De Tilly [DT8], J. Plücker, Melsens, Duprez, *Bulletin des sciences mathématiques et astronomiques* II, 1871, p. 289-298.
Cité aux pages 30, 31, 32, 90, 169, 170, 171, 174, 175, 177 et 188.

[DT11] *Cours d'artillerie*, premier volume, autographié, 1872, in-4°, 480 p.
Cité aux pages 90, 156, 166 et 187.

[DT12] Rapport sur un mémoire de M. Meerens, *Bulletins de l'Académie royale des sciences, des lettres et des beaux-arts de Belgique* XXXIII (2), 1872, p. 307-310.

[DT13] Compte rendu des *Études analytiques sur la théorie des parallèles* de FLYE S[TE] MARIE, Gauthier-Villars, Paris 1871, 154 p., *Bulletin des sciences mathématiques et astronomiques* III, 1872, p. 131-138.
Cité aux pages 33, 34, 90, 138, 168, 179, 180, 182, 183, 187, 189, 194, 196, 201, 202, 203, 205, 208 et 298.

[DT13b] Analyse des travaux de géométrie non euclidienne de SALETA et KÖNING, *Bulletin des sciences mathématiques et astronomiques* IV, 1873, p. 28 & p. 38.
Cité aux pages 90, 191, 193, 195, 201, 205 et 220.

[DT14] Note sur quelques formules de balistique appliquée, *Bulletins de l'Académie royale des sciences, des lettres et des beaux-arts de Belgique* XXXIV (2), 1872, p. 43-50.
Cité aux pages 90 et 208.

[DT15] *Rapport séculaire sur les travaux mathématiques de l'Académie royale de Belgique 1772-1872*, in-8°, 1872, 201 p. (Extrait du second tome de l'ouvrage *Académie royale de Belgique. Centième anniversaire de fondation (1772-1872)*, Hayez, Bruxelles, 1872.)
Cité aux pages 90, 165, 187, 204, 208, 209, 210 et 215.

[DT16] Note sur les axes instantanés glissants et les axes centraux dans un corps solide en mouvement, *Bulletins de l'Académie royale des sciences, des lettres et des beaux-arts de Belgique* XXXV (2), 1873, p. 24-30.
Cité aux pages 209, 215 et 378.

[DT17] Note sur la formule qui donne, en série convergente, la somme des logarithmes hyperboliques des $x - 1$ premiers nombres entiers, *Bulletins de l'Académie royale des sciences, des lettres et des beaux-arts de Belgique* XXXV (2), 1873, p. 30-40.
Cité aux pages 35, 209, 215 et 238.

[DT18] Rapport sur une lettre de M. A. Genocchi à M. A. Quetelet sur diverses questions mathématiques, *Bulletins de l'Académie royale des sciences, des lettres et des beaux-arts de Belgique* XXXVI (2), 1873, p. 124-139. (Réponse à [Gen73a].)
Cité aux pages 32, 39, 40, 106, 209, 238, 239, 243, 244, 247, 250, 252, 256 et 298.

[DT19] Rapport sur une lettre de M. A. C. d'Andrada Mendoça sur le calcul de la vitesse d'un projectile, *Bulletins de l'Académie royale des sciences, des lettres et des beaux-arts de Belgique* XXXVI (2), 1873, p. 140-142.
Cité à la page 214.

[DT20] Note sur la similitude mécanique dans le mouvement des corps solides en général, et en particulier dans le mouvement des projectiles lancés par les armes à feu rayées, *Bulletins de l'Académie royale des sciences, des lettres et des beaux-arts de Belgique* XXXVI (2), 1873, p. 160-170.
Cité aux pages 90, 234, 243 et 607.

[DT21] Rapport sur une seconde lettre de M. A. Genocchi à M. A. Quetelet sur quelques développements de la fonction $\log \Gamma(x)$, *Bulletins de l'Académie royale des sciences, des lettres et des beaux-arts de Belgique* XXXVI (2), 1873, p. 454-468.
Cité aux pages 238, 250 et 256.

[DT22] Rapport sur un mémoire de concours de Mansion, *Bulletins de l'Académie royale des sciences, des lettres et des beaux-arts de Belgique* XXXVI (2), 1873, p. 644-652.

[DT23] Notice sur deux traités récents de balistique et sur l'état actuel de cette science, *Mémoires de la Société des Sciences physiques et naturelles de Bordeaux* IX (1), 1873, p. 359-387.
Cité aux pages 90, 210, 214, 216, 217, 218, 219, 220, 222, 224, 227, 229, 231, 232, 234, 237, 241, 243, 244, 245, 247, 248, 249, 252, 258, 259, 262 et 280.

[DT24] Analyse des travaux publiés dans les *Bulletins de l'Académie royale de Belgique* XXXII (2), 1871, par QUETELET, MONTIGNY, TERBY, HOUZEAU, J. PLATEAU, DE TILLY

[DT9], *Bulletin des sciences mathématiques et astronomiques* IV, 1873, p. 55-58. Cité aux pages 90, 138, 167, 187, 200, 201, 202, 203, 205, 208, 209 et 217.

[DT25] Analyse de la *Geometria rigorosa* de Cassani, *Bulletin des sciences mathématiques et astronomiques* V, 1873, p. 263-264.
Cité aux pages 90, 139, 195, 200, 208, 209, 217, 220, 222, 224, 226, 237, 241, 242, 245, 261, 262, 286 et 347.

[DT26] Rapport sur un mémoire de Catalan : Remarques sur la théorie des courbes et des surfaces, *Bulletins de l'Académie royale des sciences, des lettres et des beaux-arts de Belgique* XXXVII (2), 1874, p. 804-809.

[DT27] Note sur la similitude mécanique et, en général, sur le mouvement d'un corps solide de révolution, *Bulletins de l'Académie royale des sciences, des lettres et des beaux-arts de Belgique* XXXVII (2), 1874, p. 815-829. (Suite de [DT20].)
Cité aux pages 234, 262 et 286.

[DT28] Sur la généralisation de la formule de Binet, *Bulletins de l'Académie royale des sciences, des lettres et des beaux-arts de Belgique* XXXVIII (2), 1874, p. 67-70.
Cité à la page 275.

[DT29] Rapport sur un mémoire de concours à propos de la théorie des fonctions d'une variable imaginaire, *Bulletins de l'Académie royale des sciences, des lettres et des beaux-arts de Belgique* XXXVIII (2), 1874, p. 716-718.
Cité à la page 276.

[DT30] Compte rendu d'un ouvrage de géométrie non euclidienne de Frischauf, *Bulletin des sciences mathématiques et astronomiques* VII, 1874, p. 105-106.
Cité aux pages 90, 139, 218, 220, 254, 259, 261, 262 et 284.

[DT31] *Conférences militaires belges. Balistique* par le Capitaine J. M. De Tilly, professeur à l'École militaire, Libraire militaire C. Muquardt, Bruxelles & J. Dumaine, Paris, 1874 (postdaté 1875).
Cité aux pages 90, 166, 218 et 258.

[DT32] *Balistique intérieure*, C. Annoot-Braeckman, Gand, 1874 (postdaté 1875). (Extrait de l'*Annuaire d'art, de sciences & de technologie militaires* II, 1874.)
Cité aux pages 90, 218 et 377.

[DT33] Note sur les axes instantanés glissants et les axes centraux dans un corps solide en mouvement, *Nouvelle correspondance mathématique* I, 1875, p. 40-46.
Cité aux pages 276 et 361.

[DT34] Note sur le principe de la moyenne arithmétique et sur son application à la théorie mathématique des erreurs, *Nouvelle correspondance mathématique* I, 1875, p. 159-170.
Cité à la page 276.

[DT35] Sur une série proposée par M. Catalan, *Nouvelle correspondance mathématique* I, 1875, p. 232-235.

[DT36] *Instruction sur les levers du matériel d'artillerie et, en général, sur le dessin géométrique dans ses rapports avec le cours d'artillerie*, autographié, 1875, in-4°, 30 p.

[DT37] Rapport sur un mémoire de M. Boussinesq relatif à l'équilibre d'élasticité des massifs pulvérulents et à la poussée des terres, *Bulletins de l'Académie royale de Belgique* XXXIX (2), 1875, p. 63-71 et complément, *Bulletins de l'Académie royale de Belgique* XLII (2), 1876, p. 242-243.

[DT38] Rapport sur un mémoire de M. le capitaine Reinemund relatif aux polygones réguliers, *Bulletins de l'Académie royale de Belgique* XL (2), 1875, pp. 671-673 et complément, *Bulletins de l'Académie royale de Belgique* XLIII (2), 1877, p. 332.

[DT39] Sur les asymptotes des courbes algébriques, *Nouvelle correspondance mathématique* II, 1876, p. 49-53.

[DT40] Extrait d'une lettre à M. Catalan, *Nouvelle correspondance mathématique* II, 1876, p. 149-152.

[DT41] Compte rendu d'un ouvrage de géométrie non euclidienne de von Escherich, *Bulletin des sciences mathématiques et astronomiques* XI, 1876, p. 111-112.
Cité aux pages 90, 139, 269, 271, 286 et 290.

[DT42] Mémoire sur diverses questions de balistique, *Revue belge d'art, de sciences & de technologie militaires* II, 1876 (première année), p. 118-144.
Cité aux pages 279 et 377.

[DT43] Note sur le cerclage des canons, à propos de deux mémoires relatifs à cette question, *Revue belge d'art, de sciences & de technologie militaires* IV, 1876, in-12°, 8 p.
Cité à la page 90.

[DT44] Rapport sur un mémoire de M. Gilbert relatif à la formule d'Ampère pour l'attraction des courants, *Annales de la Société scientifique de Bruxelles* I, 1876, p. 86.

[DT45] Rapport sur un mémoire de concours relatifs à la théorie des imaginaires, *Bulletins de l'Académie royale de Belgique* XLII (2), 1876, p. 936-939.
Cité à la page 276.

[DT46] Sur un problème relatif au cylindre, *Nouvelle correspondance mathématique* III, 1877, p. 126.

[DT47] Note sur la théorie de la rotation des projectiles et sur la similitude mécanique, *Mémoires de la Société des Sciences physiques et naturelles de Bordeaux* II (2), 1878, p. 67-72.
Cité aux pages 237, 263, 286, 290, 292, 298 et 377.

[DT48] Sur la résolution des problèmes qui exigent des constructions dans l'espace avec la règle et le compas, *Nouvelle correspondance mathématique* IV, 1878, p. 272-278.

[DT49] Extrait d'une lettre de M. Catalan, *Nouvelle correspondance mathématique* IV, 1878, p. 289-292.

[DT50] *Précis du cours d'artillerie professé en 1876 par le capitaine J.-M. de Tilly*, École d'application de l'artillerie et du génie, autographié, 1878, in-4°, 172 p. et complément *Données numériques relatives au cours d'artillerie.*
Cité aux pages 90 et 279.

[DT51] Note sur un nouveau système d'engrenages, avec embrayage automatique, 1878.

[DT52] Note sur les surfaces orthogonales, *Comptes rendus de l'Académie des sciences de Paris*, LXXXVII, (26 août) 1878, p. 361-362.

[DT53] *Notice sur la vie et les travaux de Lamarle*, F. Hayez, Bruxelles, 1878 (postdaté 1879), in-12°, 58 pp. (Extrait de l'*Annuaire de l'Académie royale de Belgique* XLV, 1879, p. 205-253.)
Cité aux pages 207, 274, 275, 286 et 393.

[DT54] *Essai sur les principes fondamentaux de la géométrie et de la mécanique*, Gounouilhou, Bordeaux & Mayolez, Bruxelles, 1878 (posdaté 1879), in-8°, 200 p. (Extrait des *Mémoires de la Société des Sciences physiques et naturelles de Bordeaux* III (2), 1880.)
Cité aux pages 90, 113, 193, 196, 217, 219, 222, 237, 243, 244, 245, 246, 249, 258, 261, 278, 281, 284, 285, 287, 288, 291, 293, 296, 297, 299, 300, 301, 302, 304, 306, 308, 309, 312, 317, 318, 319, 321, 324, 325, 326, 327, 328, 330, 333, 334, 335, 336, 337, 338, 339, 340, 341, 342, 347, 350, 352, 355, 357, 358, 359, 361, 365, 370, 372, 378, 381, 385 et 386.

[DT55] *Notice sur les travaux scientifiques de J.-M. de Tilly*, Hayez, Bruxelles, 1878, in-8°, 10 p.

[DT56] Note sur le cerclage des canons (lettre du 8 octobre 1879 au directeur de la revue), *Revue belge d'art, de sciences & de technologie militaires* IV, 1879 (quatrième année), p. 211-217.

[DT57] Extrait d'une lettre à M. Catalan, *Nouvelle correspondance mathématique* V, 1879, p. 438-443.

[DT58] Extrait de deux lettres à M. Catalan, *Nouvelle correspondance mathématique* VI, 1880, p. 410-414.

[DT60] Sur le principe de la théorie des faisceaux de M. Folie, *Bulletins de l'Académie royale de Belgique* XLIX (2), 1880, p. 155-157 & p. 169-171.

[DT61] Rapport sur un mémoire de M. le Paige sur la théorie des polaires, *Bulletins de l'Académie royale de Belgique* I (3), 1881, p. 73-74.

[DT62] Rapport sur deux notices sur Simon Stevin, *Bulletins de l'Académie royale de Belgique* I (3), 1881, p. 695-697.
Cité à la page 379.

[DT63] Sur le théorème de Chasles relatif aux axes centraux, *Bulletins de l'Académie royale de Belgique* V (3), 1883, p. 401-403.

[DT64] Rapport sur un mémoire de C. Lagrange sur la méthode de Wronski pour la résolution des problèmes de mécanique céleste (loi universelle), *Bulletins de l'Académie royale de Belgique* V (3), 1883, p. 593-598.

[DT65] Rapport sur un mémoire de concours, *Bulletins de l'Académie royale de Belgique* VI (3), 1883, p. 820-823.

[DT66] Sur les diverses lois proposées pour la résistance de l'air, les tables balistiques qui en résultent et une découverte récente de M. Greenhill, *Revue militaire belge* II, 3e année, 1883, 7 p.

[DT67] Rapport sur un mémoire de Gilbert sur une transformation des équations de l'électrodynamique, *Annales de la Société scientifique de Bruxelles* VII, 1883, p. 4.

[DT68] Rapport sur le concours quinquennal de sciences physiques et mathématiques (1879-1883), *Moniteur belge* n° 355, (21 décembre) 1884.

[DT69] Rapport sur un mémoire de Henrard sur la pénétration des projectiles dans les milieux résistants, *Bulletins de l'Académie royale de Belgique* VIII (3), 1884, p. 312-315.

[DT70] Rapport sur un mémoire de concours relatif à la surface des ondes, *Bulletins de l'Académie royale de Belgique* VIII (3), 1884, p. 712.

[DT71] Analyse des *Coordonnées parallèles et axiales* de M. d'Ocagne, *Bulletins de l'Académie royale de Belgique* IX (3), 1885, p. 208-209.

[DT72] Sur l'équation de Riccati et sa double généralisation, *Bulletins de l'Académie royale de Belgique* IX (3), 1885, p. 216-235 ; *Mathesis* V, 1885, supplément.
Cité à la page 374.

[DT73] Rapport sur un mémoire de M. Leman intitulé : Sur la recherche des moments fléchissants et des efforts tranchants qui se produisent dans une poutre appliquée à ses extrémités et fléchie sous l'action d'une surcharge mobile, *Bulletins de l'Académie royale de Belgique* IX (3), 1885, p. 528-530.

[DT74] Rapport et note complémentaire sur un mémoire de M. Lagrange intitulé : Solution du problème universel de Wronski et d'un autre problème relatif à l'intégration des équations différentielles, *Bulletins de l'Académie royale de Belgique* X (3), 1885, p. 536-549 ; *Annales astronomiques de l'Observatoire* VII, nouvelle série, 1886.

[DT75] Sur une lacune qui semble exister au début de la géométrie descriptive, *Annales de la Société scientifique de Bruxelles* IX, 2e partie, 1885, p. 95-104 ; *Mathesis* V, 1885, supplément.

[DT76] Sur les équations différentielles linéaires simultanées, *Mathesis* V, 1885, p. 121-124.

[DT77] Sur les constructions dans le plan et dans l'espace avec la droite seule, *Mathesis* V, 1885, p. 124-127.

[DT78] Sur l'axe central et l'axe instantané glissant, *Mathesis* V, 1885, p. 145-152.

[DT79] Recherches sur l'intégration des équations différentielles du second ordre, *Mémoires in-8° de l'Académie de Bruxelles* XL, 1886, 98 p. ; *Mathesis* VII, 1887, supplément.
Cité à la page 374.

[DT80] Rapport sur un mémoire de M. Lagrange intitulé : Théorèmes de mécanique céleste indépendants de la loi de l'attraction, *Bulletins de l'Académie royale de Belgique* XII (3), 1886, p. 231-233 & p. 489-493.

[DT81] Rapport sur un mémoire de Gilbert sur la série de Binet, *Annales de la Société scientifique de Bruxelles* X, 1re partie, 1886, p. 55-57

[DT82] Discours prononcé aux funérailles de L.G. de Koninck, *Bulletins de l'Académie royale de Belgique* XIV (3), 1887, p. 189-193.

[DT83] Sur les notions de force, d'accélération et d'énergie en mécanique, *Bulletins de l'Académie royale de Belgique* XIV (3), 1887, p. 975-1020.

[DT84] Note bibliographique sur Lebeau : Moments d'inertie, *Bulletins de l'Académie royale de Belgique* XV (3), 1888, p. 501.

[DT85] Notice sur certains travaux de Genocchi, *Memorie della reale Accademia delle Scienze di Torino* XXXIX (2), 1889, p. 477-480.

[DT86] Preuve d'une inégalité proposée par M. Catalan, *Mathesis* X, 1890, p. 213-214.

[DT87] Discours aux funérailles de M. Liagre, *Bulletins de l'Académie royale de Belgique* XXI (2), 1891, p. 81-89.

[DT88] Discours aux funérailles de M. Steichen, *Bulletins de l'Académie royale de Belgique* XXI (2), 1891, p. 308-311.
Cité à la page 142.

[DT89] Rapports sur divers mémoires de G. Cesàro sur la théorie des polyèdres, *Bulletins de l'Académie royale de Belgique* XXII (2), 1891, p. 195-197 ; XXV (2), 1893, p. 75-77 ; XXXII (2), 1896, p. 225-229 ; XXXIII (2), 1897, p. 392-394.

[DT90] Rapport sur un mémoire de M. de Sparre sur le mouvement des projectiles, *Annales de la Société scientifique de Bruxelles* XV, 1re partie, 1891, p. 60-66.
Cité à la page 282.

[DT91] Introduction au mémoire : Essai de géométrie analytique générale, *Bulletins de l'Académie royale de Belgique* XXIII (3), 1892, p. 459-460.

[DT92] Essai de géométrie analytique générale, *Mémoires in-8° de l'Académie de Bruxelles* XLVII, 1892, p. 1-80 ; *Mathesis* III (2), 1893, supplément.

[DT93] Rapport sur le mémoire de M. de Sparre intitulé : Sur le développement en série des formules du mouvement du pendule conique et sur quelques propriétés de ce mouvement, *Annales de la Société scientifique de Bruxelles* XVI, 1re partie, 1892, p. 77-78.
Cité à la page 282.

[DT94] Système sans rotation ni accélération, *Annales de la Société scientifique de Bruxelles* XVI, 1re partie, 1892, p. 85.

[DT95] Rapport sur un mémoire de M. Goedseels sur le mouvement d'un solide, *Annales de la Société scientifique de Bruxelles* XVII, 1re partie, 1893, p. 47-49.

[DT96] Sur les principes de la géométrie, *Bulletin de la Classe des sciences de l'Académie royale de Belgique* (3), 1893, p. 707-708.

[DT97] Lettre à M. Vorochilof, recteur de l'Université de Kazan dans *Le centenaire de Lobatchefski 1793-1893*, Kasan, 1894, p. 65-66.

[DT98] Rapport sur un mémoire de M. Folie, *Bulletins de l'Académie royale de Belgique* XXVIII (3), 1894, p. 411-413.

[DT99] Rapport sur un mémoire de concours, *Bulletins de l'Académie royale de Belgique* XXVIII (3), 1894, p. 478-479.

[DT100] Note communiquée à M. Mansion sur la somme des angles d'un triangle sphérique, *Mathesis* IV (2), 1894, p. 180-181.

[DT101] Rapport sur une note de M. Ch.-J. de la Vallée Poussin sur la géométrie non euclidienne, *Annales de la Société scientifique de Bruxelles* XIX, 1re partie, 1895, p. 45-46 ; *Mathesis* V (2), 1895, supplément.

[DT102a] Sur les valeurs principales des radicaux, *Mathesis* V (2), 1895, p. 177-183 & p. 217-223.

[DT102b] Sur les valeurs principales des radicaux, *Mathesis* VI (2), 1896, p. 5-7.

[DT103] *Notes sur les examens d'admission à l'École militaire*, autographié, 1897, in-4° ; seconde édition identique imprimée, Hayez, Bruxelles, 1899, in-8°, 86 p.

[DT104] Simple remarque sur le triangle, *Mathesis* VIII (2), 1898, p. 217-218.

[DT105] Démonstration générale du second théorème de Legendre, *Mathesis* IX (2), 1899, p. 5-9.

[DT106] Sur la somme des angles dans un triangle, *Mathesis* IX (2), 1899, p. 265-266.

[DT107] Discours aux funérailles de M. le baron de Selys Longchamps, *Bulletin de la Classe des sciences de l'Académie royale de Belgique*, 1900, p. 981-984.

[DT108] Sur les trois principes fondamentaux, ou axiomes, ou hypothèses de la mécanique rationnelle (inertie, indépendance, réaction), *Annales de la Société scientifique de Bruxelles* XXIV, 2e partie, 1900, p. 214-238.

[DT109] *Exposé de mon dissentiment avec M. le général-major Cousebant*, Lamertin, Bruxelles, in-8°, 36 pp. (Comme complément ou correctif, voir *Lettre ouverte adressée à M. De Tilly* par M. G. Leman, Verhavert, Bruxelles, 1900, in-8° ; Note de De Tilly, *Annales parlementaires de 1900-1901, Chambre des Représentants*, p. 375.)
Cité à la page 612.

[DT110] Sur un mémoire de M. de Sparre intitulé : Sur l'emploi des tables de Siacci pour résoudre les problèmes du tir, dans le cas des grands angles de projection et lorsque la vitesse est supérieure à 300 mètres, *Annales de la Société scientifique de Bruxelles* XXV, 1re partic, 1901, p. 108 109.
Cité à la page 282.

[DT111] Sur les principes fondamentaux de la mécanique, *Annales de la Société scientifique de Bruxelles* XXV, 1re partie, 1901, p. 130-131.

[DT112] Sur Hermite, *Bulletin de la Classe des sciences de l'Académie royale de Belgique*, 1901, p. 40.

[DT113] Sur la réunion de l'Association internationale des Académies, *Bulletin de la Classe des sciences de l'Académie royale de Belgique*, 1901, p. 277-278.

[DT114] Sur le pendule horizontal, *Bulletin de la Classe des sciences de l'Académie royale de Belgique*, 1901, p. 422-425.

[DT115] Sur un mémoire de M. Ferron, *Bulletin de la Classe des sciences de l'Académie royale de Belgique*, 1901, p. 515-516.

[DT116] Sur divers points de philosophie mathématique, *Bulletin de la Classe des sciences de l'Académie royale de Belgique*, 1901, p. 779-822.

[DT117] Lettre à l'*Étoile belge* sur le même sujet du 3 janvier 1902, publiée le 7 janvier 1902. (Complément à [DT109].)

[DT118] Sur une trigonométrie non symétrique, *Annales de la Société scientifique de Bruxelles* XXVI, 1902, p. 109-114.

[DT119] Annexe au *Cours de mécanique rationnelle à l'usage des ingénieurs et des officiers* de A. Janssen, Lamertin, Bruxelles & Hermann, Paris, 1902, p. 336-346.

[DT120] Sur l'Association internationale des Académies, *Bulletin de la Classe des sciences de l'Académie royale de Belgique*, 1903, p. 729-732.

[DT121] Géométrie des êtres plans, *Mathesis* III (3), 1903, p. 217-226.

[DT122] Note bibliographique sur l'histoire de la langue universelle de L. Couturat et de L. Léau, *Bulletin de la Classe des sciences de l'Académie royale de Belgique*, 1904, p. 86-89.

[DT123] Toast au Pape et au Roi, *Annales de la Société scientifique de Bruxelles* XXIX, 1re partie, 1905, p. 284-286.

[DT124] Rapport sur un mémoire de M. Sparre relatif à la chute des corps libres à la surface de la terre, *Annales de la Société scientifique de Bruxelles* XXX, 1re partie, 1906, p. 63-66.
Cité à la page 282.

[DT125] Rapport sur un mémoire de M. de Sparre sur la stabilité du mouvement du cerceau, quand l'angle de son plan avec la verticale est très petit, *Annales de la Société scientifique de Bruxelles* XXX, 1re partie, 1906, p. 159.
Cité à la page 282.

[DT126] Les premiers principes de la géométrie, *Mathesis* VI (3), 1906, p. 5-14.

Autres sources bibliographiques

[Abb01] S. Abbott, *Understanding Analysis*, Springer, New York, 2001.
Cité aux pages 79 et 83.

[And70] L. André-Nuytz, Le postulatum d'Euclide à l'Académie des sciences, *La philosophie positive* VI, troisième année, 1870, p. 310-311.
Cité à la page 21.

[App93] P. Appell, Note sur la vie et les travaux de Pierre-Ossian Bonnet, *Comptes rendus hebdomadaires des séances de l'Académie des sciences*, 97, 1893, p. 1014-1024.
Cité à la page 260.

[Auv11] J. Auvinet, *Charles-Ange Laisant. Itinéraires et engagements d'un mathématicien, d'un siècle à l'autre (1841-1920)*, thèse soutenue à l'Université de Nantes en 2011.
Cité aux pages 6, 244, 260, 439, 530 et 543.

[Auv13] J. Auvinet, *Charles-Ange Laisant. Itinéraires et engagements d'un mathématicien de la 3e république.*, Hermann, Paris, 2013.
Cité à la page 260.

[Bal67] R. Baltzer, *Die Elemente der Mathematik, zweiter Band. Planimetrie, Stereometrie, Trigonometrie*, zweite Edition, Teubner, Dresden, 1867.
Cité à la page 110.

[Bal68] R. Baltzer, *Die Elemente der Mathematik, erster Band. Gemeine Arithmetik, allgemeine Arithmetik, Algebra*, Dritte verbesserte Auflage, Hirzel, Leipzig, 1868.
Cité à la page 110.

[Bal70] R. Baltzer, Ueber die Hypothese der Parallelentheorie, *Journal für die reine und angewandte Mathematik* LXXIII, 1870, p. 372-373
Cité aux pages 5 et 21.

[Bar26] P. BARBARIN, La correspondance entre Hoüel et De Tilly, *Bulletin des sciences mathématiques* 50 (2), 1926, p. 50-62 & p. 74-88.
Cité à la page xiii.

[Bar28] P. BARBARIN, *La géométrie non euclidienne*, 3ème édition, Gauthier-Villars, Paris, 1928.

[BEA07] T. HOCKEY (ed.), *The Biographical Encyclopedia of Astronomers*, Springer, New York, 2007.

[Bel66] E. BELTRAMI, Risoluzione del Problema : Riportare i punti di una superficie sopra un piano in modo che le linee geodetiche vengano rappresentate da linee rette, *Annali di Matematica Pura ed Applicata* VII, 1866, p. 185-204.
Cité à la page 26.

[Bel67] E. BELTRAMI, Delle variabili complesse sopra una superficie qualunque, *Annali di matematica pura ed applicata* I (2), 1867, p. 329-366.
Cité à la page 37.

[Bel68] E. BELTRAMI, Saggio di interpretazione della geometria non-euclidea, *Giornale di matematiche* VI, 1868, p. 284-322 ; trad. fr. [H39].
Cité aux pages 26, 28, 35 et 598.

[Bel69] E. BELTRAMI, Teoria fondamentale degli spazii di curvatura costante, *Annali di matematica pura ed applicata* II (2), 1868-1869, p. 232-255 ; trad. fr. [H40].
Cité aux pages 26, 101, 106 et 598.

[Bel76] E. BELTRAMI, Formules fondamentales de cin ématique dans les espaces de courbure constante, *Bulletin des sciences mathématiques et astronomiques*, 11, 1876, p. 233-240.
Cité à la page 497.

[Ber64] J. BERTRAND, *Traité de calcul différentiel et de calcul intégral*, Gauthier-Villars, Paris, 1864.
Cité aux pages 31, 63 et 181.

[Ber69] J. BERTRAND, Sur la somme des angles d'un triangle, *Comptes rendus* LXIX, 1869, p. 1265-1269.
Cité aux pages 12, 13, 14, 104, 109 et 586.

[Ber70] J. BERTRAND, Sur la démonstration relative à la somme des angles d'un triangle, *Comptes rendus* LXX, 1870, p. 17-20.
Cité aux pages 17, 18, 86, 104, 109, 398, 401 et 586.

[Bez70] L. BÉZIAT, Solutions de quelques problèmes célèbres par la méthode des équipollences du professeur Giusto Bellavitis, *Nouvelles annales de mathématiques* IX (2), 1870, p. 124-136.
Cité à la page 111.

[BM11] L. BIOESMAT-MARTAGON, *Éléments d'une biographie de l'espace projectif*, Presses universitaires de Nancy, Nancy, 2011.
Cité à la page 289.

[BR75] P. DU BOIS-REYMOND, Versuch einer Classification der willkürlichen Functionen reeller Argumente nach ihren Aenderungen in den kleinsten Intervallen, *Journal für die reine und angewandte Mathematik* 79, 1875, p. 21-37.
Cité aux pages 57 et 274.

[BGT98] L. BOI, L. GIACARDI & R. TAZZIOLI, *La découverte de la géométrie non euclidienne sur la pseudosphère. Les lettres d'Eugenio Beltrami à Jules Hoüel (1868-1881)*, Albert Blanchard, Paris, 1998.
Cité aux pages xiii, 13, 15, 16, 17, 22, 23, 24, 26, 30, 37, 38, 98, 99, 145, 146, 219, 236, 247, 249, 250, 253, 282, 485, 497, 508, 572, 584, 585, 586 et 588.

[Boi95] L. Boi, *Le problème mathématique de l'espace : une quête de l'intelligible*, Springer, Berlin, Heidelberg & New York, 1995.
Cité à la page 26.

[BolF32] F. Bolyai, *Tentamen juventutem studiosam in elementa matheseos puræelementaris ac sublimioris, methodo intuitiva evidentiaque huic propria introducendi, cum appendice triplici*, Maros Vásáhely, 1832-1833.
Cité aux pages 105, 179, 402 et 614.

[BolF51] F. Bolyai, *Kurzer Grundriss eines Versuchs &c*, Maros Vásáhely, 1851.
Cité aux pages 103, 105, 117, 132 et 578.

[BolJ32] J. Bolyai, *Appendix. Scientiam spatii absolute veram exhibens : a veritate aut falsilate Axiomatis XI Euclidei (a priori haud unquam decidenda) independentem*, appendice au premier volume de [BolF32] ; publication préliminaire en 1831 ; trad. fr. [H38].
Cité à la page 598.

[Bon43] O. Bonnet, Note sur la convergence et la divergence des séries, *Journal de mathématiques pures et appliquées*, (1) 8, 1843, p. 73-109.
Cité à la page 260.

[Bon55] R. Bonola, *Non-Euclidean Geometry*, Dover, New York, 1955.
Cité à la page 218.

[Bot98] U. Bottazzini, Francesco Brioschi e la cultura scientifica nell'Italia post-unitaria, *Bollettino dell'Unione Matematica Italiana*, Serie 8, vol. 1-A, 1998, p. 59-78.
Cité à la page 485.

[BrM05] B. Bru & Th. Martin, Le Baron de Férussac, la couleur de la statistique et la topologie des sciences, *Journ@l électronique d'histoire des probabilités et de la statistique*, vol 1, n°2, 2005, http ://www.jehps.net/Novembre2005/BruMartin.pdf.
Cité à la page 209.

[Bru88] G. Brunel, Notice sur l'influence scientifique de Guillaume-Jules Hoüel, *Mémoires de la Société des Sciences physiques et naturelles de Bordeaux* IV (3), 1888, p. 1-78.
Cité aux pages xiii, xvii, 7, 23 et 594.

[Cal95] J.-F. Callet, *Tables portatives de logarithmes*, Firmin Didot, Paris, 1795.
Cité à la page 3.

[Car70] J. Carton, *Vrais principes de la géométrie euclidienne et preuves de l'impossibilité de la géométrie non euclidienne*, A. Vibien & Lefèvre, Paris, 1870.
Cité aux pages 22 et 191.

[Cas72] P. Cassani, *Geometria rigorosa*, Stab. di C. Coen, Venezia-Trieste-Milano, 1872.
Cité à la page 195.

[Cat72] E. Catalan, Rapport sur un manuscrit de P. Gilbert sur l'existence d'une dérivée dans les fonctions continues, *Bulletins* XXXIII (2), 1872, p. 360-368.
Cité aux pages 46, 48 et 53.

[Cat76] E. Catalan, Rapport sur les tables de logarithmes à 12 décimales, jusqu'à 434 billions de M. A. Namur et M. P. Mansion, *Bulletin de l'Académie royale des sciences, des lettres et des beaux arts de Belgique*, (2) 41 (1876), p. 921-928.
Cité à la page 294.

[Cau21] A.-L. Cauchy, *Cours d'analyse de l'École royale polytechnique; 1re partie : analyse algébrique*, Imprimerie royale, Paris, 1821.
Cité aux pages 78, 82, 435, 456, 522 et 545.

[Cav02] M. Caveing, *Zénon et le continu : étude historique et critique des fragments et témoignages*, J. Vrin, Paris, 2002.
Cité à la page 227.

[CG96] P. Calleri & L. Giacardi, Le lettere di Giuseppe Battaglini a Jules Hoüel (1867-1878). La diffusione delle geometrie non euclidee in Italia in *Giuseppe Battaglini. Raccolta di lettere (1854-1891) di un matematico al tempo del Risorgimento d'Italia* (a cura di M. Castellana e F. Palladino), Levante Editori, Bari, 1996, p. 47-160.
Cité aux pages xiii, 94, 113, 122 et 130.

[Cha37] M. Chasles, *Aperçu historique sur l'origine et le développement des méthodes en géométrie, particulièrement de celles qui se rapportent à la géométrie moderne, suivi d'un mémoire de géométrie*, Hayez, Bruxelles, 1837. Seconde édition, Gauthier-Villars, Paris, 1875.
Cité à la page 332.

[Cri05] T. Crilly, *Arthur Cayley, Mathematician Laureate of the Victorian Age*, Baltimore, The Johns Hopkins University Press, 2005.
Cité à la page 533.

[Cro16] B. Croizat, *Gaston Darboux : naissance d'un mathématicien, genèse d'un professeur, chronique d'un rédacteur*, thèse soutenue le 8 novembre 2016 à l'Université de Lille.
Cité à la page 424.

[Cro67] J. Crowe, *A History of Vector Analysis*, Notre Dame University, Notre Dame, 1967.
Cité à la page 502.

[Dar72] G. Darboux, Sur un théorème relatif à la continuité des fonctions, *Bulletin des sciences mathématiques et astronomiques* III, 1872, p. 307-313.
Cité aux pages 521 et 544.

[Dar73] G. Darboux, Sur les solutions singulières des équations aux dérivées ordinaires du premier ordre, *Bulletin des sciences mathématiques et astronomiques* IV, 1873, p. 158-176.
Cité à la page 506.

[Dar75] G. Darboux, Mémoire sur les fonctions discontinues, *Annales scientifiques de l'École normale supérieure* IV (2), 1875, p. 57-112.
Cité aux pages 61, 62, 64, 67, 68, 69, 70, 72, 73, 74, 75, 76, 77, 78, 79, 81, 87, 434, 521 et 544.

[Dar79] G. Darboux, Addition au mémoire sur les fonctions discontinues, *Annales scientifiques de l'École normale supérieure* VIII (2), 1879, p. 195-202.
Cité aux pages 68 et 78.

[Dar84] G. Darboux, *Notice sur les travaux scientifiques de M. Gaston Darboux*, Gauthier-Villars, Paris, 1884.
Cité aux pages 68, 71, 75, 76, 78 et 545.

[Del60] J. Delbœuf, *Prolégomènes philosophiques de la géomètrie et solution des postulats*, J. Doeser, Lièges, 1860.
Cité à la page 4.

[Dhu56] J.-M.-C. Duhamel, *Éléments de calcul infinitésimal*, Mallet-Bachelier, Paris, 1856.
Cité aux pages 206 et 523.

[Duh66] J.-M.-C. Duhamel, *Des Méthodes dans les Sciences de raisonnement*, Gauthier-Villars, Paris, part. I : 1865, part. II : 1866, part. III : 1868, part IV : 1870, part. V : 1873.

[Dun80] M. Duncan-J.-M. Mc Kenzie, Erreurs dans les tables mathématiques, *Bulletins des sciences mathématiques et astronomiques* IV (2), 1880, p. 31-32.
Cité à la page 296.

[EG32] A. Errera & L. Godeaux, Les Mathématiques en Belgique de 1830 à 1930, *Mathesis* XLVI, 1932, supplément.
Cité aux pages 149, 221 et 322.

[Euc90] EUCLIDE, *Les Éléments*, introduction de M. Caveing & traduction et commentaires de B. Vitrac, Presses universitaires de Frances, Paris, 4 volumes, 1990-2001.
Cité aux pages 101, 192 et 330.

[Fam15] J. C. FAMILTON, *Quaternions : A History of Complex Noncommutative Rotation Groups in Theoretical Physics*, Thesis, University of Columbia, 2015.
Cité à la page 502.

[FG91] L. FENOGLIO & L. GIACARDI, La polemica Genocchi-Beltrami sulle superficie pseudosferiche : una tappa nella storia del concetto di superficie in *Angelo Genocchi e i suoi interlocutori scientifici* (a cura di A. Conte e L. Giacardi), Deputazione subalpina di storia patria, Torino, 1991, p. 155-209.
Cité aux pages xiii, 100, 103, 105, 106, 107, 192 et 240.

[Fla03] D. FLAMENT, *Histoire des nombres complexes. Entre algèbre et géomètrie*, CNRS Éditions, Paris, 2003.
Cité aux pages 260, 264 et 265.

[Fly70] C. FLYE SAINTE-MARIE, Sur le postulatum d'Euclide, *Bulletin de la Société philomathique de Paris* VII, 1870, p. 9-13.
Cité aux pages 20, 168 et 196.

[Fly71] C. FLYE SAINTE-MARIE, *Études analytiques sur la théorie des parallèles*, Gauthier-Villars, Paris, 1871.
Cité aux pages 20, 33, 34, 90, 172, 179, 180, 182, 188 et 247.

[Fol70] F. FOLIE, Rapport sur la note de De Tilly [DT8], *Bulletins* XXX (2), 1870, p. 15-24.
Cité aux pages 31 et 32.

[Gau28] C. F. GAUSS, Disquisitiones generales circa superficies curvas, *Commentarii societas göttingensis* VI, 1828, p. 99-146 ; *Werke* IV, p. 217-258 ; première trad. fr. par E. ROGER, Recherches générales sur les surfaces courbes, Grenoble, 1855 ; deuxième trad. fr. par T. ABADIE, *Nouvelles annales de mathématiques* XI, 1862, p. 195-252.
Cité aux pages 100 et 143.

[Gen69a] A. GENOCCHI, Intorno ad una dimostrazione di Daviet de Foncenex, *Atti della Reale Accademia delle Scienze di Torino* IV, 1869, p. 323-327.

[Gen69b] A. GENOCCHI, Dei primi principi della meccanica e della geometria in relazione al postulato d'Euclide, *Memorie di matematica e fisica della Società italiana delle Scienze (detta dei XL)*, II (3), 1869, p. 153-189.
Cité aux pages 35 et 106.

[Gen73a] A. GENOCCHI, Lettre à M. A. Quetelet sur diverses questions mathématiques, *Bulletins de l'Académie royale des sciences, des lettres et des beaux-arts de Belgique* XXXVI (2), 1873, p. 181-196.
Cité aux pages 16, 35, 36, 37, 39, 40, 41, 209, 238, 240, 243, 244, 247 et 606.

[Gen73b] A. GENOCCHI, Seconde lettre à M. A. Quetelet sur quelques développements de la fonction $\log\Gamma(x)$, *Bulletins de l'Académie royale des sciences, des lettres et des beaux-arts de Belgique* XXXVI (2), 1873, p. 546-569.
Cité aux pages 35 et 238.

[Gen77a] A. GENOCCHI, Sunto di una memoria di A. Genocchi. Intorno ai principi della geometria, *Atti della Reale Accademia delle Scienze di Torino* XII, 1877, p. 489-494.

[Gen77b] A. GENOCCHI, Sur un mémoire de Daviet de Foncenex et sur les géométries non euclidiennes, *Memorie della Reale Accademia delle Scienze di Torino* XXIX (2), 1877, p. 365-404 ; Compte rendu [Tan78] dans le *Bulletin des sciences mathématiques et astronomiques* II (2), 1878, p. 207-209.
Cité aux pages 35, 36, 37, 38, 40, 41, 298, 320 et 623.

[Gia06] L. Giacardi, From Euclid as Textbook to the Giovanni Gentile Reform (1867-1923) : Problems, Methods and Debates in Mathematics Teaching in Italy, *Paedagogica Historica* 42, 2006, p. 587-613.
Cité à la page 572.

[Gil72a] P. Gilbert, *Cours d'analyse infinitésimale, partie élémentaire*, Peeters, Louvain, 1872.
Cité aux pages 55, 56 et 204.

[Gil72b] P. Gilbert, Extrait d'une lettre adressée à la rédaction, *Nouvelles annales de mathématiques* XI (2), 1872, p. 217-227.
Cité aux pages 55, 57, 61, 63, 206 et 540.

[Gil73a] P. Gilbert, Mémoire sur l'existence de la dérivée dans les fonctions continues, *mémoires couronnés et autres mémoires publiés par l'Académie de Belgique* XXIII, 1873, p. I-VI & p. 1-31.
Cité aux pages 43, 44, 46, 47, 48, 50, 51, 52, 53, 54, 56, 59, 61, 64, 66, 204, 215, 216, 218, 224, 226 et 230.

[Gil73b] P. Gilbert, Rectification au sujet d'un mémoire précédent, *Bulletins de l'Académie royale de Belgique* XXXV (2), 1873, p. 709-717.
Cité aux pages 61, 62, 64, 65, 66, 67, 223, 224, 225, 232 et 242.

[Gil78] P. Gilbert, *Cours d'analyse infinitésimale, partie élémentaire*, deuxième édition, Peeters, Louvain, Gauthier-Villars, Paris, 1878.
Cité aux pages 64 et 67.

[Gil05] A. Gilkinet, Notice sur Joseph Delbœuf, *Annuaire de l'Académie royale de Belgique*, 1905, p. 46-147.
Cité à la page 256.

[Gir80] H. Girard, *La Philosophie scientifique - Science, Art & Philosophie - Mathématiques, Sciences physiques et naturelles, Sciences sociales, Art de la guerre*, Baudry, Paris & Muquardt, Bruxelles, 1880.
Cité aux pages 362, 364, 376, 410, 411, 412, 413, 414, 415, 416, 417, 418, 419, 420, 421 et 422.

[Gis83] H. Gispert, Sur les fondements de l'analyse en France (à partir de lettres inédites de G. Darboux et de l'étude des différentes éditions du « Cours d'analyse » de C. Jordan), *Archive for History of Exact Sciences* 28, 1983, p. 37-106.
Cité à la page 82.

[Gis87] H. Gispert, La correspondance de G. Darboux avec J. Hoüel. Chronique d'un rédacteur (déc. 1869-nov. 1871), *Cahiers du séminaire d'histoire des mathématiques* 8, 1987, p. 67-202.
Cité aux pages xiii, 12, 15, 17, 424 et 518.

[Gis90] H. Gispert, Principes de l'analyse chez Darboux et Hoüel (1870-1880) : textes et contextes, *Revue d'histoire des sciences* 43, 1990, p. 181-220.
Cité à la page xiii.

[Gis02] H. Gispert (dir.), *Par la science, pour la patrie. L'Association française pour l'avancement des sciences (1872-1914), un projet politique pour une société savante*, Presses universitaires de Rennes, Rennes, 2002.
Cité à la page 248.

[God28] L. Godeaux, Le mathématicien Adolphe Quetelet (1796-1874), *Ciel et Terre, Bulletin de la Société belge d'astronomie*, Bruxelles, 1928, p. 60-64.
Cité à la page 323.

[Gol11] C. Goldstein, Un arithméticien contre l'arithmétisation : les principes de Charles Hermite in *Justifier en mathématique*, édité par D. Flament & P. Nabonnand, Éditions de la Maison des sciences de l'homme, Paris, 2011, p. 129-165.
Cité à la page 295.

[Gol11b] C. GOLDSTEIN, Charles Hermite's Stroll through the Galois Fields, *Revue d'histoire des mathématiques* 17 (2) (2011), p. 211-270.
Cité à la page 295.

[Gra44] H. G. GRASSMANN, *Die lineale Ausdehnungslehre, eine neuer Zweig der Mathematik, dargestellt und durch Anwendungen auf die übrigen Zweige der Mathematik, wie auch auf die Statik, Mechanik, die Lehre vom Magnetismus und die Krystallonomie erläutert*, Verlag von O. Wigand, Leipzig, 1844.

[Gra62] H. G. GRASSMANN, *Die Ausdehnungslehre. Vollständig und in strenger Form bearbeitet*, Verlag von Th. Chr. Fr. Enslin, Berlin, 1862.

[GSS07] C. GOLDSTEIN, N. SCHAPPACHER & J. SCHWERMER, *The Shaping of Arithmetic after C. F. Gauss's Disquisitiones Arithmeticae*, Springer, Berlin & Heidelberg, 2007.
Cité à la page 292.

[Hal78] G. B. HALSTED, Bibliography of Hyper-Space and Non-Euclidean Geometry, *American Journal of Mathematics* 1, 1878, p. 261-276.

[Hal97] G. B. HALSTED, Hoüel's biography, *The American Mathematical Monthly* 4, 1897, p. 99-101.

[Han70] H. HANKEL, *Untersuchungen über die unendlich oft oszillierenden und unstetigen Functionen, ein Beitrag zur Fesstellung des Begriffes der Function überhaupt*, Gratulationsprogramm der Tübinger Universität vom 6. März 1870, Tübinger Universitätsschriften aus dem Jahre 1870 ; *Mathematische Annalen* XX, 1882, p. 63-112 ; traduction en français par J. PEIFFER, *Cahiers du séminaire d'histoire des mathématiques* IX, 1988, p. 139-209.
Cité aux pages 42, 43, 44, 45, 46, 50, 51, 59, 79, 204, 206, 224, 230, 255 et 441.

[Han74] H. HANKEL, *Zur Geschichte der Mathematik in Alterthum und Mittelalter*, Teubner, Leipzig, 1874.
Cité aux pages 273, 447 et 509.

[Haw01] T. HAWKINS, *Lebesgue's Theory of Integration, its Origins and Development*, AMS Chelsea Publishing, Providence, Rhode Island, 2001 (première édition 1970).
Cité à la page 70.

[Hel68a] H. VON HELMHOLTZ, Über die Thatsächlichen Grundlagen der Geometrie, *Verhandlungen des naturhistorisch-medicinischen Vereins zu Heidelberg*, 4, 1868, p. 197-202 ; Œuvres II, 610-617 ; fr. tr. Sur les faits qui servent de base à la géométrie [H43].
Cité aux pages 38 et 141.

[Hel68b] H. VON HELMHOLTZ, Über die Thatsachen, die der Geometrie zum Grunde liegen, *Nachrichten von der Königl. Gesellschaft der Wissenschaften zu Göttingen* XIV, 1868, p. 193-221 ; *Wissenschaftliche Abhandlungen* II, Leipzig, 1883, p. 618-639.
Cité à la page 141.

[Hel70a] H. VON HELMHOLTZ, Über den Ursprung und Sinn der geometrischen Sätze, Vorträge und Reden, 2, Vieweg, Braunschweig, p. 1 ?32 ; trad. fr., *La revue scientifique de la France et de l'Etranger*, 51 (1877), p. 1197 ?1207.
Cité aux pages 145 et 618.

[Hel70] H. VON HELMHOLTZ, Les axiomes de la géométrie, *Moniteur scientifique de Quesneville* XII, Paris, 1870, p. 257-262 ; traduction partielle de [Hel70a].
Cité à la page 182.

[Hen07] P. HENRY, *Leonhard Euler, « incomparable géomètre »*, Catalogue de l'exposition « Euler, l'imagination souveraine » (Musée d'histoire des sciences de Genève), éditions M+H, Genève, 2007.
Cité à la page 42.

[HW96] E. HAIRER & G. WANNER, *Analysis by Its History*, Springer, New York, 1996.
Cité aux pages 74 et 367.

[Kag74] V. KAGAN, *Lobatchevski*, Moscou, Éditions MIR, 1974.
Cité à la page 582.

[Kle71a] F. KLEIN, Über die sogenannte nicht-euklidische Geometrie, *Göttinger Nachrichten*, 1871.
Cité aux pages 38, 185 et 604.

[Kle71b] F. KLEIN, Über die sogenannte nicht-euklidische Geometrie I, *Mathematische Annalen* IV, 1871.
Cité aux pages 185, 189 et 192.

[Kle28] F. KLEIN, *Vorlesungen über nicht-euklidische Geometrie*, Springer, Berlin, 1928.

[Kno11] C. G. KNOTT, *Life and Scientific Work of Peter Guthrie Tait*, Cambridge, Cambridge University Press, 1911 ; rééd. 2015.
Cité à la page 533.

[Kön72] J. KÖNIG, Ueber eine reale Abbildung der s. g. nicht-Euklidischen Geometrie, *Nachrichten von der Königl. Gesellschaft der Wissenschaften und der G. A. Universität zu Göttingen*, 1872, 157-163.
Cité à la page 195.

[Kum47] E. KUMMER Sur la théorie des nombres complexes, *Comptes rendus hebdomadaires des séances de l'Académie des sciences*, 24 (1847), p. 899-900.
Cité à la page 292.

[Kum50] E. KUMMER, Allgemeiner Beweis des Fermatschen Satzes, dass die Gleichung $x^\lambda + y^\lambda = z^\lambda$ durch ganze Zahlen unlösbar ist für alle diejenigen Potenz-Exponenten λ, welche ungerade Primzahlen sind und in den Zählern der ersten $\frac{1}{2}(\lambda - 3)$ Bernoullischen Zahlen nicht vorkommen, *Journal für die reine und angewandte Mathematik*, 40 (1850), p. 130-138.
Cité à la page 292.

[Lam55] E. LAMARLE, Étude approfondie sur les deux Équations fondamentales $\mathrm{Lim}\frac{f(x+h)-f(x)}{h} = f'(x)$ et $dy = f'(x).\Delta x$, *Mémoires de l'Académie royale des sciences, des lettres et des beaux-arts de Belgique* XXIX, 1855, p. 1-118.
Cité aux pages 43, 47, 53, 59, 207, 215, 216, 224 et 226.

[Lam57] E. LAMARLE, *Démonstration du postulatum d'Euclide*, Librairie polytechnique, Bruxelles & Librairie Dalmont, Paris, 1857.

[Lam61] E. LAMARLE, *Exposé géométrique du calcul différentiel et intégral*, Mallet-Bachelier, Paris, 1861.
Cité aux pages 43, 277, 279 et 393.

[Lau73] H. LAURENT, *Théorie des équations différentielles ordinaires simultanées*, Gauthier-Villars, Paris, 1873.
Cité à la page 506.

[Leb13] E. LEBON, *Gaston Darboux, biographie, bibliographie analytique des écrits*, seconde édition, Gauthier-Villars, Paris, 1913.
Cité à la page 423.

[Lef58] F. LEFORT, Bulletin bibliographique, *Nouvelles annales de mathématiques* 17, 1858, p. 50-58.
Cité à la page 3.

[Leg23] A. M. LEGENDRE, *Éléments de géométrie, avec des notes*, Firmin Didot, Paris, douzième édition, 1823.
Cité aux pages 8, 9, 107, 301 et 367.

[Leg33] A. M. LEGENDRE, Réflexions sur différentes manières de démontrer la théorie des parallèles ou le théorème sur la somme des trois angles du triangle, *Mémoires de l'Académie royale de l'Institut de France* XII, 1833, p. 367-410.
Cité à la page 13.

[Les68] G. LESPIAULT, *Théorie géométrique de la variation des éléments des planètes*, Gauthier-Villars, Paris, 1868.
Cité à la page 579.

[Les87] G. LESPIAULT, Notice sur Guillaume-Jules Hoüel, *Mémorial de l'Association des anciens élèves de l'École normale*, 1887, p. 1-7.

[Lie92] S. LIE, Bemerkungen zu neueren Untersuchungen über die Grundlagen der Geometrie, *Gesammelte Abhandlungen* II, erster teil, 1935, p. 469-476.

[LiE93] S. LIE & F. ENGEL, *Theorie der Tansformationsgruppen*, t. 3, Teubner, Leipzig, 1893.
Cité à la page 196.

[Lio50] E. LIONNET, Note sur la théorie des parallèles, *Nouvelles annales de mathématiques* 9 (1), 1850, p. 37.

[Lob29] N. LOBATCHEVSKI, Sur les principes de la géométrie, (*en Russe*), *Le Courrier de Kazan*, 25 (1829), p. 178-187, p. 228-241, 27 (1829), p. 227-243, 28 (1830), p. 251-283, p. 536-571 ; trad. all. F. Engel, *Zwei geometrische Abhandlungen*, Teubner, Leipzig, (1898), p. 1-66.
Cité à la page 301.

[Lob35] N. LOBATCHEVSKI, Nouveaux principes de la géométrie avec une théorie complète des parallèles, traduction en français par F. MALLIEUX, *Mémoires de la Société royale de sciences de Liège* II (3), 1900, n°5, p. 1-101 & III (3), n°2, p. 1-89, trad. all. F. Engel, *Zwei geometrische Abhandlungen*, Teubner, Leipzig, (1898), p. 67-236.
Cité aux pages 93, 105, 121 et 301.

[Lob36] N. LOBATCHEVSKI, Application de la géométrie imaginaire à quelques intégrales (en russe), Mémoires de l'Université de Kazan, 1836 ; trad. all. N. J. Lobatschefskijs imaginäre Geometrie und Anwendung der imaginären Geometrie auf einige Integrale, aus dem Russischen übersetzt und mit Anmerkungen herausgegeben von HEINRICH LIEBMANN, Teubner, Leipzig, 1904.
Cité à la page 95.

[Lob37] N. LOBATCHEVSKI, Géométrie imaginaire, *Journal für die reine und angewandte Mathematik* XVII, 1837, p. 295-320.
Cité aux pages 89, 93, 94, 95 et 213.

[Lob56] N. LOBATCHEVSKI, Pangéométrie ou précis de géométrie fondée sur une théorie générale des parallèles, *Sbornik uchenykh statej, napisannykh professerami imperatorskogo Kazanskogo universiteta v pamyat' pyatidesyatiletiya ego sushchestvovaniya* I, Kazan, 1856, p. 277-340 ; traduction en italien par G. BATTAGLINI, *Giornale di matematiche* V, 1867, p. 273-336 ; traduction en anglais (avec reproduction du texte original en français) par A. PAPADOPOULOS, *Pangeometry*, European Mathematical Society, 2010.
Cité aux pages 22, 94, 105, 572, 576, 578, 580 et 583.

[Loc12] F. LOCHER, De quoi Urbain le Verrier est-il nom ?, *in* L. Rollet et P. Nabonnand (dir.), *Les uns et les autres... Biographies et prosopographies en histoire des sciences*, Nancy, Presses Universitaires de Nancy, 2012, p. 205-223.
Cité à la page 485.

[Man73] P. MANSION Notice sur les travaux de Jules Plücker, *Bulletin des sciences mathématiques et astronomiques*, (1) 5, 1873, p. 313-319.
Cité à la page 261.

[Man80] P. Mansion, Compte rendu du premier volume du *Cours de calcul infinitésimal* [H64] de Hoüel, *Revue des questions scientifiques* VIII, 1880, p. 594-604.
Cité aux pages 369 et 370.

[Man95] P. Mansion, Notice sur les recherches de M. De Tilly en métagéométrie, *Mathesis* V (2), 1895, supplément.
Cité aux pages 9 et 90.

[Man06] P. Mansion, Joseph-Marie De Tilly (1837-1906), Esquisse biographique, *Mathesis* VI (3), 1906, supplément.

[Man13] P. Mansion, Notice sur Joseph-Marie De Tilly, *Annuaire de l'Académie royale des Sciences, des Lettres et des Beaux-Arts de Belgique* 1913-1914, 1913, p. 203-285.
Cité aux pages xiii, 92, 139, 187, 208, 293, 361, 377, 378, 383 et 385.

[Mar69] A. Mareuil, Les programmes de français dans l'enseignement du second degré depuis un siècle (1872-1967), *Revue française de pé dagogie*, 7, 1969, p. 31-45.
Cité à la page 535.

[Maw92] J. Mawhin, Une brève histoire des mathématiques à l'Université Catholique de Louvain, *Revue des Questions Scientifiques* 163, 1992, p. 369-386.
Cité aux pages 56 et 63.

[Maw04] J. Mawhin, Les fondements de la mécanique en amont et en aval de Poincaré : réactions belges à l'expérience du pendule de Foucault, *Philosophiques* 31, 2004, p. 11-38.

[May84] J.-M. Mayeur, *La vie politique sous la Troisième République, 1870-1940*, Seuil, Paris, 1984.
Cité aux pages 439, 482, 492, 528, 533 et 537.

[Med91] F. A. Medvedev, *Scenes from the History of Real Functions*, Birkäuser, Basel, 1991.
Cité aux pages 42 et 63.

[Mer10] J. Merker, *Le problème de l'espace. Sophus Lie, Friedrich Engel et le problème de Riemann-Helmholtz*, Hermann, Paris, 2010.
Cité aux pages 182 et 196.

[Mic05] G. Michelacci, Le lettere di Charles Hermite a Angelo Genocchi (1868-1887), *Bollettino di storia delle scienze matematiche*, anno XXV, numero 1-2, 2005, p. 9-270.
Cité aux pages 367 et 521.

[Mil43] J. S. Mill, *A System of Logic, Ratiocinative and Inductive*, J. W. Parker, London, 1843 ; trad. fr. par L. Peisse, *Système de logique déductive et inductive*, Ladrange, Paris, 1866.
Cité à la page 417.

[Min49] C. Minarelli, Théorie des parallèles, *Nouvelles annales de mathématiques* 8 (1), 1849, p. 312-314.
Cité à la page 16.

[Nab08] P. Nabonnand, Le conventionalisme géométrique, une alternative radicale au réalisme spatial. Le contexte français du conventionalisme géométrique de Poincaré, *Cahiers de philosophie de l'Université de Caen*, 45 (2008), p. 63-86.
Cité à la page 303.

[Nab10] P. Nabonnand, La théorie de l'espace de Poincaré, *Recherche sur la philosophie et le langage*, Lambertiania, numéro hors-série 2010, p. 373-391, https ://hal.archives-ouvertes.fr/hal-01082336.
Cité à la page 153.

[Neu84] E. Neuenschwander, *Die Edition mathematischer Zeitschriften im 19. Jahrhundert und ihr Beitrag zum wissenschaftlichen Austausch zwischen Frankreich und Deutschland*, Mathematisches Institut der Universität Göttingen, 1984.
Cité à la page xiii.

[OW12] A. OSTERMANN & G. WANNER, *Geometry by Its History*, Springer, Berlin & Heidelberg, 2012.
Cité à la page 322.

[Par06] K. PARSHALL, *James Joseph Sylvester, Jewish Mathematician in a Victorian World*, Baltimore, The Johns Hopkins University Press, 2006.
Cité à la page 533.

[Pic17] É. PICARD, *Notice historique sur Gaston Darboux lue dans la séance publique annuelle du 10 décembre 1917*, Gauthier-Villars, Paris, 1917.
Cité à la page 427.

[Poi37] L. POINSOT, *Élémens de statique*, 7[e]éd., Bachelier, Paris, 1837.
Cité à la page 107.

[Poi98] H. POINCARÉ, On the Foundations of Geometry, *The Monist*, 9 (1898), p. 1-43 ; trad. fr. L. Rougier, *Des Fondements de la Géométrie*, Chiron, Paris ; *in* Laurent Rollet (éd.), *L'opportunisme scientifique*, Basel : Birkhäuser, 2002, 5- 31.
Cité à la page 153.

[Poi98a] H. POINCARÉ, L'Œuvre mathématique de Weierstrass, *Acta mathematica*, 22 (1898), p. 1-18.
Cité à la page 305.

[Poi02] H. POINCARÉ, *La science et l'hypothèse*, Flammarion, Paris, 1902.
Cité aux pages 145 et 214.

[PoiC4] H. POINCARÉ, *La correspondance d'Henri Poincaré avec les mathématiciens*, P. Nabonnand, J. Mahwin, K. Volkert & S. Walter (éds.), Birkhaüser, Bâle, 2017.
Cité aux pages 196 et 350.

[Pon86] J.-C. PONT, *L'aventure des parallèles, Histoire de la géométrie non euclidienne, Précurseurs et attardés*, Peter Lang, Berne, 1986.
Cité aux pages xiii, 8, 9, 12, 15, 22, 192, 200 et 578.

[Ray97] G. RAYET, Histoire de la Faculté des Sciences de Bordeaux (1838-1894), *Actes de l'Académie nationale des sciences, belles-lettres et arts de Bordeaux* 3e série, 59e année, 1897, p. 5-369.
Cité aux pages 2 et 7.

[RC74] E. ROUCHÉ & CH. DE COMBEROUSSE, *Traité de géométrie élémentaire*, Gauthier-Villars, Paris, troisième édition, 1873-1874.
Cité aux pages 285, 289, 291, 318, 328, 334, 337 et 343.

[RC79] E. ROUCHÉ & CH. DE COMBEROUSSE, *Traité de géométrie*, Gauthier-Villars, Paris, quatrième édition, 1879.
Cité aux pages 289, 301, 317, 318, 319, 327, 328, 329, 337, 343 et 352.

[RC00] E. ROUCHÉ & CH. DE COMBEROUSSE, *Traité de géométrie*, Gauthier-Villars, Paris, septième édition, 1900.
Cité aux pages 285 et 343.

[Res73] A. H. RESAL, *Traité de mécanique générale (comprenant les leçons professées à l'École polytechnique)*, tome premier, Gauthier-Villars, Paris,1873.
Cité à la page 234.

[Rie54] B. RIEMANN, Ueber die Hypothesen, welche der Geometrie zu Grunde liegen, *Abhandlungen der Königlischen Gesellschaft der Wissenschaft zu Göttingen*, 13 (1867) ; *Werke*, p. 304-319 ; cité d'après la traduction française [H52].
Cité à la page 213.

[Rie67] B. RIEMANN, Über die Darstellbarkeit einer Function durch eine trigonometrische Reihe, *Abhandlungen der Königlichen Gesellschaft der Wissenschaften zu Göttingen* XIII, 1866-1867, p. 87-132 ; trad. française [HD73].
Cité aux pages 43, 44, 60, 73 et 251.

[RoNa11] L. ROLLET & P. NABONNAND, La carrière du mathématicien Gaston Floquet à Nancy : le choix de l'Est, *in*, R. D'ENFERT & V. FONTENEAU (dir.), *Espaces de l'enseignement scientifique et technique*, Paris, Hermann, 2011.
Cité à la page 545.

[Sal72] F. SALETA, *Exposé sommaire de l'idée d'espace au point de vue positif ou remarques sur les principes de la géométrie et notamment sur le postulatum d'Euclide*, Dunod, Paris, 1872.
Cité aux pages 190, 198 et 199.

[Sal73] F. SALETA, *Principes de logique positive ou Traité de scepticisme positif*, G. Baillière, Paris, 1873.
Cité à la page 198.

[Sch73a] H. A. SCHWARZ, Nouvel exemple d'une fonction continue qui n'admet pas de dérivée, *Archives des sciences physiques et naturelles* 48, 1873, p. 33-38 ; [Sch90, II, p. 269-274].
Cité aux pages 64, 65, 66, 251 et 273.

[Sch73b] H. A. SCHWARZ, Sur les hypothèses qui font la base du théorème $\frac{\partial}{\partial y}\left(\frac{\partial f(x,y)}{\partial x}\right) = \frac{\partial}{\partial x}\left(\frac{\partial f(x,y)}{\partial y}\right)$, *Archives des sciences physiques et naturelles* 48, 1873, p. 38-44 ; [Sch90, II, p. 275-284].
Cité aux pages 255 et 258.

[Sch90] H. A. SCHWARZ, *Gesammelte mathematische Abhanlungen*, Springer, Berlin, 1890.
Cité aux pages 255 et 623.

[Ser61] J.-A. SERRET, Rapport sur Mémoire relatif à l'application de l'interpolation au développement des fonctions en séries périodiques, par M. Hoüel, chargé du cours de mathématiques pures à la Faculté des sciences de Bordeaux, *Comptes rendus* LIII, 1861, p. 830-832.
Cité aux pages 591 et 596.

[Ser68] J.-A. SERRET, *Traité de trigonométrie*, Gauthier-Villars, Paris, 4ème édition, 1868.
Cité aux pages 269, 270, 374, 430, 432, 454, 458, 523, 524, 527 et 533.

[Spi80] M. SPIVAK, *Calculus*, second edition, Publish or Perish Inc., Berkeley, 1980.
Cité aux pages 79 et 83.

[Stä02] P. STÄCKEL, Franz Schmidt, *Jahresbericht der deutschen mathematiker-Vereinigung* 11, 1902, p. 141-146.
Cité aux pages 102, 103 et 201.

[Stu57] C. STURM, *Cours d'analyse de l'École polytechnique*, Mallet-Bachelier, Paris, 1857-1859.
Cité aux pages 80 et 82.

[Syl08] J. J. SYLVESTER, *The Collected Mathematical Papers of James Joseph Sylvester*, Volume II, University Press, Cambridge, 1908.
Cité à la page 253.

[Tan76] P. TANNERY, La géométrie imaginaire et la notion d'espace, *La Revue philosophique de la France et de l'Étranger*, 2 (1876), p. 433-451, 3 (1877), p. 553-575.
Cité à la page 303.

[Tan78] P. TANNERY, Compte rendu du mémoire [Gen77b] de Genocchi, *Bulletin des sciences mathématiques et astronomiques* II (2), 1878, p. 207-209.
Cité aux pages 41 et 616.

[Tan39] P. TANNERY, *Mémoires scientifiques publiés par J.-L. Heiberg et H.-G. Zeuthen, tome XV, Correspondance*, Gauthier-Villars, Paris & Privat, Toulouse, 1939.
Cité à la page 41.

[Tho73] C. J. THOMAE, *Abriss einer Theorie der Complexen Functionnen und der Thetafunctionen einer Verändlichen*, Verlag von Louis Nebert, Halle, 1873.
Cité à la page 460.

[Tor78] R. TORRETI, *Philosophy of Geometry from Riemann to Poincaré*, D. Reidel, Dordrecht-Boston-London, 1978.
Cité à la page 115.

[Tra71] A. TRANSON, *De l'Infini, ou Métaphysique et géométrie à l'occasion d'une pseudo-géométrie*, A. Hérissey, Évreux, 1871.
Cité à la page 174.

[Ver09] N. VERDIER, *Le journal de Liouville et la presse de son temps : une entreprise d'édition et de circulation des mathématiques au XIXe siècle (1824-1885)*, thèse soutenue à l'Université de Paris Sud, 2009.
Cité à la page 483.

[Voe05] J.-D. VOELKE, *Renaissance de la géométrie non euclidienne entre 1860 et 1900*, Peter Lang, Berne, 2005.
Cité aux pages 20, 34, 169 et 283.

[Voe16] J.-D. VOELKE, *La naissance du concept d'espace non euclidien*, *in* L. BIOESMAT-MARTAGON (dir.), *Éléments d'une biographie de l'Espace géométrique*, PUN-Éditions Universitaires de Lorraine, 2016, p. 107-140.
Cité à la page 4.

[Vol89] K. VOLKERT, Zur Differenzierbarkeit stetiger Funktionen - Ampère's Beweis und seine Folgen, *Archive for history of exact sciences* 40, 1989, p. 37-112.
Cité à la page 44.

[Vol93] K. VOLKERT, On Helmholtz' Paper "Ueber die thatsächlichen Grundlagen der Geometrie", *Historia Mathematica*, 20, 1993, p. 307-309.
Cité à la page 38.

[Vol11] K. VOLKERT, Essai sur la tératologie mathématique in *Justifier en mathématique*, édité par D. FLAMENT & P. NABONNAND, Éditions de la Maison des sciences de l'homme, Paris, 2011, p. 167-213.
Cité à la page 44.

[Wei72] K. WEIERSTRASS, Über continuirliche Functionen eines reellen Arguments, die für keinen Werth des letzteren einen bestimmten Differentialquotienten besitzen (Gelesen in der Königl. Akademie der Wissenschaften am 18. Juli 1872) in *Mathematische Werke von Karl Weierstrass* II, Mayer & Müller, Berlin, 1895, p. 71-74.
Cité aux pages 57, 63 et 274.

[Wei86] K. WEIERSTRASS, *Abhandlungen aus der Functionenlehre*, Springer, Berlin, 1886.
Cité à la page 57.

Index

P. Henry, P. Nabonnand (eds.), *Conversations avec Jules Hoüel*, Publications des Archives Henri Poincaré Publications of the Henri-Poincaré Archives, DOI 10.1007/978-3-319-56403-6

C

D

E

F

M

N

O

The manufacturer's authorised representative in the EU is Springer Nature Customer Service Centre GmbH, Europaplatz 3, 69115 Heidelberg, Germany. If you have any concerns regarding our products, please contact ProductSafety@springernature.com

Printed and bound by CPI Group (UK) Ltd, Croydon, CR0 4YY
20/08/2026
02201319-0007